"十一五"国家重点图书 化学与应用化学丛书

高等有机化学基础

第四版

荣国斌 编著

化学工业出版社

·北京·

本书是大学基础有机化学的后续教材，共分九章。分别论述有机分子的内外性质、酸和碱、立体化学、活泼中间体、周环反应、有机光化学、金属有机化学、天然产物化学和有机反应机理和测定方法。

书中给出了直至2014年初与书中所论内容相关的2770多篇综述性的知识进展论文及原创性的科学研究论文，其中近半数是2000年后发表的，近1/6是2010年后发表的以综述性进展为主的论文。各章均有以思考性为主的习题；书末附有部分习题参考答案、主题词索引、西文（中文）人名索引、西文符号及缩写、有机化学学科常用英文期刊及缩写，方便读者对所需内容进行复习和检索。

本书可用作应用化学专业和化学专业的本科及硕士研究生教学用书，也可供科研人员参考使用。

图书在版编目（CIP）数据

高等有机化学基础/荣国斌编著．—4版．—北京：化学工业出版社，2014.7（2023.2重印）

“十一五”国家重点图书　化学与应用化学丛书

ISBN 978-7-122-20615-2

Ⅰ.①高…　Ⅱ.①荣…　Ⅲ.①有机化学-高等学校-教材　Ⅳ.①O62

中国版本图书馆CIP数据核字（2014）第091983号

责任编辑：刘俊之　　文字编辑：糜家铃

责任校对：陶燕华　　装帧设计：关　飞

出版发行：化学工业出版社（北京市东城区青年湖南街13号　邮政编码100011）

印　　装：北京虎彩文化传播有限公司

787mm×1092mm　1/16　印张 $35\frac{3}{4}$　字数963千字　2023年2月北京第4版第4次印刷

购书咨询：010-64518888　售后服务：010-64518899

网　　址：http://www.cip.com.cn

凡购买本书，如有缺损质量问题，本社销售中心负责调换。

定　　价：98.00元

前 言

大学基础有机化学主要介绍有机化学的官能团化学。本书是大学基础有机化学的后续教材，新版的主题与前相同：仍主要就结构-性能及反应机理和有机化学的二级学科领域展开讨论。

拙作《高等有机化学基础》于 1994 年出版，2001 年作为“面向 21 世纪课程教材”出版了修订本，2009 年作为［“十一五”国家重点图书　化学与应用化学丛书］之一出版了第三版。时隔 5 年，本书再次做了全面的修订增补。为更好地适于高等有机化学的课程教育，删去了前版中有机化合物的四谱综合解析和有机合成设计两章的内容，增加了有机分子的内外性质、酸和碱及立体化学三章内容。其他各章，包括活泼中间体、周环反应、有机光化学、金属有机化学、天然产物化学及有机反应机理和测定方法的框架基本与前版相同，但全文均已逐句逐段重新编写并充实了大量较新、较重要的内容。希望读者学完全书能对涉及有机化学各个领域的基本概念有较全面的认识和理解、并有足够的理论基础应对工作和学习中遇到的与有机化学有关的问题，在学到有关知识的同时，领悟当代有机化学全貌，并能欣赏有机化学学科发展所带来的新景象和新成果。

本书的编写主要从以下几个方面考虑。

• 依据教育部化学类教学指导分委员会制定的应用化学专业和化学专业化学教学基本内容中对有机化学部分的高标准要求来选材。书中的部分内容超出本科要求范围，教师可根据专业特色、学生对象和不同课时的要求作适当取舍。本书也可用作有关专业的研究生教学用书。

• 要努力为培养科研创新型人才服务，能反映出有机化学学科本身的巨大进步及其与其他学科的交叉渗透和应用发展。本书在前版基础上进一步介绍了过去数年间有机化学所取得的令人鼓舞的新进展和新观点。全书主要以运用物理的和化学的实验成果来介绍有机化学中所涉及的基本理论、概念和进展，努力提供发现问题和解决问题的策略。本书并未对一些具体的多为描述性的如加成、消除、取代、重排和氧化还原等有机反应作专题专章讨论。读者在了解和熟悉本书所介绍的内容后已有足够能力能够通过自学相关文献和参考书去理解这些反应。

• 熟悉及学习相关国内外专业期刊和著作是学生从事毕业论文和日后进行科研工作所必备的基本科学素养之一。本书精选了截至 2014 年初与书中所论内容相关的按年份和词序排列的 2770 多篇文献，其中近半数文献是 2000 年后发表的，近 1/6 是 2010 年后发表的以综述性进展为主的论文。读者对某个专题感兴趣或想深入了解扩展时，可方便地通过这些参考文献得到更为宽广、坚实的专门知识和实验技巧。

• 每章均有以思索性为主的习题，书末附有部分习题参考答案、主题词索引、西文(中文)人名索引、西文符号及缩写、有机化学学科常用英文期刊及其缩写，方便读者对所需内容进行复习和检索。化合物的编号次序自二级标题(9.3.X 以三级标题)下以粗体阿拉伯数字按序表示，同一分子的不同构象用数字加后缀英语字母表示，对映异构体用数字加撇号表示；图、表和方程式的编号次序自章开始。化学名词尽可能按照《英汉化学化工词汇》和全国自然科学名词审定委员会颁布的《化学名词》两书给出。一些关键词在首次出现时附有相应的英语。英文人名和一些已在学术界普遍得到广为应用的英语短词或词头，如 *cis*-、*trans*-等保留不译以方便和有利读者理解及阅读文献。

有机化学学科范围日益广泛，充满活力，发展可谓日新月异。作者力求合理取材、注重逻辑并启发思维，努力体现教材应有的新颖性、科学性和基础性，在写作上注意循序渐进、清晰论述并能适于教学和自学。但囿于学识水平，也未能详尽全面地查考文献内容，选材和编排上会有过简、过繁或不贴切地下了结论和评语之处，诚望广大读者不吝赐教，斧正为盼。

本书的相关内容已有 PPT 文档，所有化合物的结构式和反应方程式均有 Word 格式图片文本，可无偿提供用于教学。需要此类文本的教师可向作者或化学工业出版社发电子邮件索取。

荣国斌（ronggb@ecust. edu. cn）

2014 年 5 月于华东理工大学，上海

目　录

1 有机分子的内外性质

分子的物理、化学和生物学等各种性能是由其固有的结构及试剂、溶剂、催化剂、温度和引起各种吸引-排斥作用并对其产生影响的一切外在环境而决定的，即存在着构效关系。分子结构相当于分子的身份证，分子固有的静态结构和分子随外加环境而变的动态结构及反应均可运用化学键理论来理解。有机分子中的键主要就是原子间的共享电子，分子结构是由原子位置和电荷密度决定的，分子的形状和大小由一系列重要的结构参数来表达。理解分子结构要先了解原子，其中最重要的是原子中的电子。[1]

1.1 共价键

位于原子间且结合成分子的化学键是化学学科中最基本的一个概念，化学键的本质就是因成键原子间的电子配对而产生的作用，这类作用有共价键和配位键两种形式。遗憾的是这种无处不在的相互作用的本质至今仍未能完全理解。电荷或质量可分别用来描述或决定静电力或引力，但化学键的强度很难用任何已知的性质来直接评估。化学键理论解释分子结构源自 19 世纪后半叶用线条代表价及用点描述单个电子的概念。20 世纪 20 年代，由 Heisenberg、Schrondiger 和 Dirac 等发展出的量子力学为现代价键结构理论奠定了基础，Pauling 提出的杂化轨道概念则对此理论做了进一步的丰富和发展，这一切都对代表价键的线条赋予了专业意义，为理解有机化学给出了一个极为重要而又方便的工具和理论基础。化学键理论主要有 Lewis 八隅律、共价键（valence bond，VB）理论、分子轨道（moleculer orbital，MO）理论和主要用于说明元素有机化合物和配合物的配位场（ligand field theory，LFT）理论。共价键理论和分子轨道理论是有机化学最常用的，它们互有所长，在大部分场合下往往给出相同或相近的结论。[2]

1.1.1 杂化和价电子对排斥规则

Pauling 运用共价键理论首先对第二周期的 C、N、O 等元素在有机分子中的轨道提出了杂化（hybridization）的概念。他认为，为了使重叠更好、更强，应使原子轨道的方向性更强。通过在同一个原子上同时增加和减少某个能量相近的原子轨道，即杂化这一方法可以达成此目的。碳的 2s 和 2p 轨道杂化后形成的两端大小不等的哑铃状轨道兼具 s 和 p 轨道的特性，但有更强的方向性使成键更易、更强。杂化轨道用于形成 σ 键，p 轨道用于形成 π 键；它们还均可容纳孤对电子或成为空轨道。σ 键数加上孤对电子数若各为 4、3 或 2，则该原子的杂化模式为 sp^3、sp^2 或 sp。氨分子中的氮是三价的，若仅用 p 轨道成键、2s 轨道不参与成键的话，将使各个轨道间的电子对排斥不能达到最小，故氮原子成键时还是取 sp^3 杂化，如图 1-1 所示。氨中的∠HNH 为 106°46′，接近标准 sp^3 杂化轨道上的键角 109°28′。

原子之间在最大键连的同时还持有最小的电子-电子和其他类型的排斥作用。排斥除了静电效应外，还与只有自旋量子数相反的两个电子可以占据同一个空间点的 Pauli 不相容原理有关。价电子对排斥（valence shell electron-pair repulsion，VSEPR）规则指出，键连电子和孤对电子（非键电子）在空间上都是相互排斥、尽量远离的，受到两个原子核束缚的价键电子对空间的要求比孤对电子小。[3] 四价、三价和二价碳所以分别具有正四面体、平面三角形和线形的构型也是因为键连电子之间因这样的取向可以达到相互最大的分离，如图 1-1 所示。

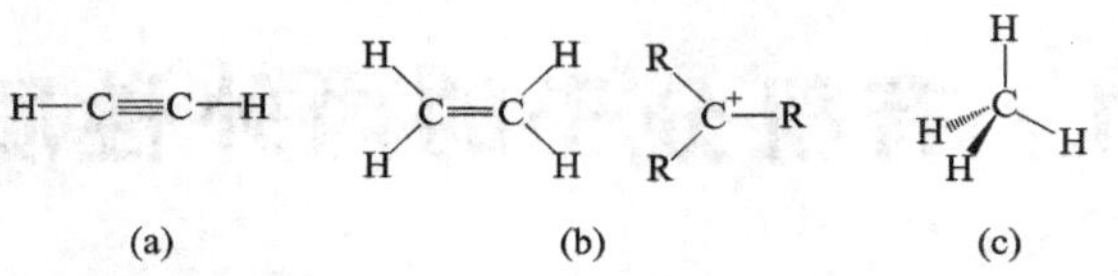

H—C≡C—H (a) H₂C=CH₂ (b) R₃C⁺ (c) CH₄

图 1-1 基于 VSEPR 规则的直线形（a）、平面三角形（b）和四面体形（c）的分子

两个取代基在空间上由于轨道电子负电性的相互排斥而产生立体效应，这种排斥作用随其体积的增大而增大，故同系物或具有相同官能团的分子间也会有形状上的细小差别。如，叔丁烷中∠CCC 比∠CCH 大。孤对电子为单一原子所独占，分布比成键电子散乱，占有轨道要更大一些，排斥作用相对比成键电子要大，键角也因而相对较小。如，甲胺和甲醇中的氮原子和氧原子上各有一对和两对孤对电子占有未成键的 sp^3 杂化轨道，孤对电子更靠近氮或氧原子，对 N(O)—H 键造成压缩，∠HNH 和∠COH 分别为 105.9°和 108.9°。另一种解释认为键连原子的电负性差异引致杂化态的改变，电负性更大的原子要求更多的 p 轨道，而 p 轨道间的键角只有 90°。如，甲胺和甲醇中的碳并非是完整的 sp^3 杂化。孤对电子因无键连可视为是分子中电负性最小的“原子”而带有更多的 s 轨道特性，键则带有比 sp^3 更多的 p 轨道特性，故导致键角变小。[4]

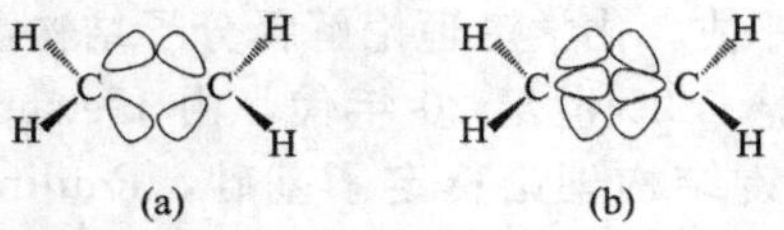

(a) (b)

图 1-2 仅以 sp^3 杂化轨道键连而成的乙烯（a）和乙炔（b）的结构示意

综合 Lewis 理论和分子轨道理论的 Pauling 杂化理论对分子的三维几何构型、电荷密度及化学反应性均可给出较合理的描述，有利于理解分子的成键轨道或反键轨道是如何受到在某特定原子上的配体和电荷影响的。[5] 但缺乏物理基础的杂化理论只是处理成键的一种数学手段，也不是描述分子结构的唯一模式。如图 1-2 所示，烯烃中的碳碳双键也可以用 2 个等价 sp^3 杂化轨道组成的弯曲键（banana bond，τ 键）来描述，数学计算的结果与通过 sp^2 杂化轨道和 p 轨道组成的 Pauling 杂化模式得出的一样，也给出一个平面几何构型和椭圆形电荷密度。同样，乙炔的碳碳三键也可以用 3 个等价的、弯曲的 sp^3 杂化轨道的键连来描述。但仅仅用 sp^3 杂化来理解结构远不如分别用 sp^3、sp^2 和 sp 杂化的概念来得方便和有效。[6] 美国出版的化学教育期刊 *J. Chem. Educ.* 在 2012 年第 5 期有几篇文章对杂化问题做了专题讨论。

1.1.2 八隅律

1916 年 Lewis 提出的八隅律（octet rule）指出，由共享电子对成键而使价壳层（valence shell）达到 8 个电子的原子将有最稳定的结构，分子中价壳层多于 8 个电子的结构是极其不稳定的，会离解；而价壳层少于 8 个电子的结构有极强的亲电反应活性。如图 1-3 所示，稳定的烯烃应有符合八隅律的非极化的双键结构（a）而不是极化的带分离正负电荷（b）或双自由基（c）的结构。八隅律也有例外，基态分子氧的稳定结构是不符合八隅律的带单电子的双自由基（d）而不是符合八隅律的全带电子对的双键（e）。此外，第三周期以上元素的原子有 d 轨道，其价壳层电子可达 18 个或 32 个。如，容纳 10 个价电子的 P（O）$(OR)_3$ 和容纳 12 个价电子的 SF_6 等许多化合物都是稳定的。SF_6 中，硫原子基态 $3s^2 3p^4$ 中的一个 s 轨道和一个 p 轨道跃迁到空的 d 轨道，形成 6 个 sp^3d^2 杂化轨道而成键。另一方面要注意的是，八隅律计数的是外层价电子数，成键原子拥有全部成键电子，形式电荷（formal charge）计数的是成键原子拥有一半成键电子。配位共价键的两个电子在计数形式电荷时仅归供体原子所有，故胺氧化物 $R_3N\rightarrow O$ 中的氮、氧原子的形式电荷均为 0。但也有不少文献习惯上仍有电荷分离的标记，记为 $R_3N^+\rightarrow O^-$ 或 $R_3N^+-O^-$。

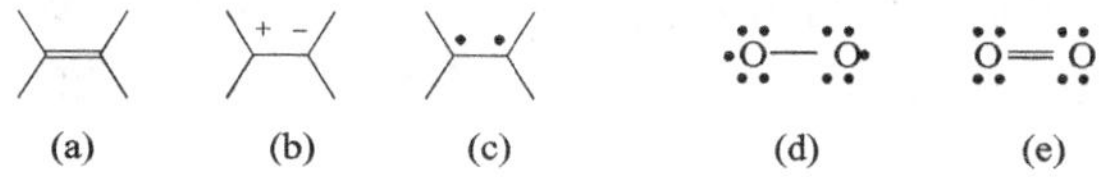

(a)　(b)　(c)　(d)　(e)

图 1-3　稳定的烯烃结构（a）和氧分子的结构（d）

1.1.3　价键理论

通常认为电负性差值为 1.7 时，键的成分中离子键和共价键各占一半，差值大于 1.7 时主要为离子键，差值小于 1.7 时主要为共价键。价键理论指出，两个原子各提供一个价电子可形成共享电子对而建立共价键并使分子中的每个原子都满足八隅律，成键电子对位于成键原子核之间的概率最大。价键理论对理解原子相对位置及电荷分布给出了简捷而又合理的解释，但该理论将电子仅作粒子处理却未考虑其波的性质，未说明原子内层电子对形成分子的贡献且将成键电子局限于两个原子之间，故不能说明键的方向性，也解释不了如氧分子有顺磁性而氮分子无顺磁性等性质的物理基础。[7]

1.1.4　分子轨道理论

Schrodinger 方程能计算出分子的总能量和以波函数（wave function，Ψ）形式给出的电子构型。分子轨道理论认为，形成分子的共价键来自所有原子轨道（Φ）经整体线性组合成形状、大小和能级高低不等的分子轨道（Ψ），分子的性质由分子轨道的总和所决定。分子轨道涉及所有原子，属于整个分子而非只是特定的单个原子。也就是说，电子在分子中是高度离域（delocalization）的，遍布整个分子而不是简单地定域于成键原子之间。分子轨道的数目与原子轨道的总数相等，n 个原子轨道线性组合形成 n 个分子轨道，成键电子依次分布于能级由低到高的轨道之中，也遵守 Pauli 不相容原理和 Hund 分布规则。分子轨道中电荷密度为零的地方就是节面（点）所在处，轨道的节点或节面越多，能量也越高。[8] 如，一个由 k 个原子轨道组成的某个分子轨道如式(1-1) 所示：

$$\Psi = c_1\Phi_1 + c_2\Phi_2 + \cdots c_k\Phi_k \tag{1-1}$$

式中，c_n 是个常数，反映其附属的原子轨道对分子轨道的贡献度。[9]

原子轨道线性地有效组合成分子轨道时必须遵守成键三原则。能量近似原则指出参与成键的两个原子轨道的能量愈接近生成的化学键愈有效；最大重叠原则指出两个原子核间的重叠愈多形成的化学键愈牢固；对称性原则指出只有对称性相同的原子轨道才能重叠形成分子轨道。对称性原则是这三条原则中是最关键的，决定了两个原子轨道能否结合成为分子轨道，另两条原则则是形成化学键的效率问题。原子轨道相位符号相同的重叠使原子间电荷密度增大而成键，其能量较原来的原子轨道低而形成分子的成键轨道（bonding orbital）；若两个原子轨道以相反的相位重叠，则在这两个原子轨道之间将产生排斥作用，形成分子的反键轨道（antibonding orbital）。反键轨道的能量比组成原子轨道的高，电子绝大部分时间将处于离核较远的空间而难以形成稳定的化学键。能级位于成键轨道和反键轨道之间的分子轨道是非键轨道（nonbonding orbital）。分子的电子组态中，电子总是先占据成键轨道，而后再占据非键轨道，反键轨道常为空轨道。

分子轨道理论用于共轭体系比价键理论更有优势，但对简单体系的分子则未必一定有更大用处。如，要预测或理解丙酮的特性，只要考虑羰基的 π 体系和氧原子上的孤对电子即可，不必运用分子轨道理论去分析 3 个碳原子、1 个氧原子和 6 个氢原子上所有的轨道。分析表明，对复杂分子中的官能团得出的分子轨道与简单分子中同一官能团得出的分子轨道的差别很小。故复杂分子中的双键、羰基和羧基等官能团可以分别用乙烯、甲醛和乙酸来替代，这就大大方便了分子轨道理论的推广应用。多年来，分子轨道理论一直仅仅应用于静态分子。20 世纪 60 年代后发展出经各种不同理论方法修饰的新分子轨道理论亦可用于分子动态性质的研究，但要熟悉和应用分子轨道理论尚需具备较专业的数理功底。

1.1.5 σ键和π键

轨道的不同能级用水平线来表示，由下往上排列，轨道的位置愈高能量也愈高。两个原子的两个 s 轨道之间、一个原子的 s 轨道与另一个原子的杂化轨道之间或两个原子的杂化轨道之间沿核间轴方向头头同相正叠加形成成键 σ 分子轨道；异相负重叠将形成能量更高的反键 σ^* 分子轨道。最常见的 π 键是由 2p 轨道形成的。二甲亚砜中的 π 键由氧原子充满电子的 p 轨道与硫原子的空 d 轨道形成，称 p_π-d_π 键（参见 4.2.2）。具有 S═O 或 P═O 键的许多分子都含有 p_π-d_π 键，其中的 π 电子都是由氧原子提供的。另一类含 p_π-d_π 键的分子称叶立德（Ylide），其中提供 π 电子的是碳原子，另一方是 P、S、N、As 和 Se 等原子。叶立德分子常用极化的共振结构式来表示，如图 1-4 所示的是两个常见的磷叶立德和硫叶立德。

$$Ph_3P{=}CR_2 \longleftrightarrow Ph_3P^+{-}C^-R_2 \quad \text{(a)} \qquad R_2S{=}CR_2' \longleftrightarrow R_2S^+{-}C^-R_2' \quad \text{(b)}$$

图 1-4 磷叶立德（a）和硫叶立德（b）

1.1.6 电负性

电负性(electronegativity）指分子中原子吸引电子能力的相对大小，与原子核中的质子数密切相关。位于元素周期表左侧的金属元素的电负性较小，位于元素周期表右侧的非金属元素的电负性较大，同族元素的电负性在周期表中从上到下变小。电负性相同的两个原子（团）的成键电子云是对称分布的，电负性不同的两个原子（团）的成键电子云偏向电负性大的那个原子（团）。理解和应用电负性的要点是得知两个原子（团）电负性差异的相对大小和差异值有多大，从而可以评判反应的可能性及反应点所在，而孤立考察某个原子（团）电负性大小的意义并不大。

电负性的物理起源与核屏蔽或接受电子的能量相关。位于氟原子中的电子比其他原子感受到的核电荷影响最大，氟成为电负性最强的元素。而惰性元素的原子是不接受任何额外电子的，也谈不上有电负性。电负性是理解化学键的一个非常重要的概念，但并不是一个直接可测的物理量，也无绝对的数值。[10]根据化学环境、键能、键上的电子分布或原子的其他性质提出的电负性标度已有 20 多个，它们的单位值都不同，不可直接对照，但相对大小趋势都是一致的，彼此仍有较好的相干性，如表 1-1 所示。相对而言，Pauling 根据双原子分子的键能数据提出的电负性值在文献中用得较多，具最大值的 F 和最小值的 F_r 各为 4.0 和 0.7。

根据孤立原子性质得出的电负性标度有如下几个。如，从有效核电荷（Z_{eff}）和共价半径［r（Å）］出发，电负性 χ_{AR} 可由式(1-2）得出：

$$\chi_{AR}=(0.359\ Z_{eff}/r^2)+0.744 \tag{1-2}$$

从价层电子数 n 和有效原子半径 r 出发，电负性 V 可由式(1-3）得出：

$$V=n/r \tag{1-3}$$

从原子或分子上移去一个电子所需的离子势能（ionization potential，IP）和从原子或分子上结合一个电子所需的亲和势能（electro affinity potential，EA）出发得出的电负性 χ_{abs} 如式(1-4）所示：

$$\chi_{abs}=(IP+EA)/2 \tag{1-4}$$

该定义以电荷密度函数为理论依据，有时也称绝对电负性，单位为 eV（电子伏特）。

从一个原子中价电子能的平均值可得出光谱学电负性值（spectroscopic scale for electronegativity，χ_{spec}）。该平均值越大，电负性越强：

$$\chi_{spec}=\frac{aIP_s+bIP_p}{a+b} \tag{1-5}$$

式中，a、b 分别是 s 轨道和 p 轨道的电子数；IP_s、IP_p 分别是可以实验测量的 s 轨道和 p 轨道的离子势能。

表 1-1　几个元素根据不同的测量方法给出的电负性值

元素	Pauling	χ_{AR}	V	χ_{abs}	χ_{spec}
H	2.1	2.20		2.17	2.30
Li	1.0	0.97	0.93	0.91	0.91
B	2.0	2.01	1.93	1.88	2.05
C	2.5	2.50	2.45	2.45	2.54
N	3.0	3.07	2.96	2.93	3.07
O	3.5	3.50	3.45	3.61	3.61
F	4.0	4.10	4.07	4.14	4.19
Na	0.9	1.01	0.90	0.86	0.87
Mg	1.2	1.23	1.20	1.21	1.29
Al	1.5	1.46	1.50	1.62	1.61
Si	1.8	1.74	1.84	2.12	1.92
P	2.1	2.06	2.23	2.46	2.25
S	2.5	2.44	2.65	2.64	2.59
Cl	3.0	2.83	3.09	3.05	2.87
As	2.0	2.20	2.11	2.25	2.21
Se	2.4	2.48	2.43	2.46	2.42
Br	2.8	2.74	2.77	2.83	2.69
Sn	1.8	1.72	1.64	2.12	1.82
I	2.5	2.21	2.47	2.57	2.36

如表 1-2 所示，分子中各个原子的电负性值与它们的杂化状态密切相关。如，碳原子的电负性值大小为 $sp^3<sp^2<sp$，sp^3 碳原子的电负性值与氢原子相仿，而 sp^2 和 sp 碳原子的电负性值均比氢原子大。故丙酸、丙烯酸和丙炔酸的 pk_a 值分别为 4.87、4.25 和 1.84；C—H 键的酸性在有张力的环丙烷上要比一般烷烃强的原因也可从 C—H 键在环丙烷上要比一般烷烃有更多的 s 成分以补偿环丙烷上 C—C 键带有的更多 p 成分来理解。

表 1-2　不同杂化状态下的碳原子用不同的测量方法得出的相对电负性值

测量方法	甲基碳	乙烯基碳	乙炔基碳
V	1.0	1.15	1.28
χ_{abs}	1.0	1.01	1.60
χ_{spec}	1.0	1.50	3.15

不同的基团也有不同的电负性，故可由基团的电负性概念来描述基团吸引电子的能力大小，如表 1-3 所示。如，若不考虑基团，CF_3 和 CH_3 都是碳原子与其他原子的键连，但 CF_3 远比 CH_3 更能影响分子内的电荷分布，用基团的电负性来衡量更合适。相对氢的电负性值为 2.18，甲基、乙基、异丙基、叔丁基、苯基、乙烯基和乙炔基的相对电负性值分别为 2.52、2.46、2.41、2.38、2.55、2.55 和 2.79。该次序既与基团大小有关，也与取代基为多个烷基比甲基有更多供电子效应一致的。[11]

表 1-3 某些基团的电负性值

基团	烷基	Ph	烯基	炔基	NH_2	NH_3^+
电负性值	2.47	2.72	3.0	3.3	3.4	3.8
基团	CH_2Cl	$CHCl_2$	CBr_3	CF_3	CN	NO_2
电负性值	2.54	2.60	2.56	3.0	3.20	3.42

1.1.7 键能和键序

键断裂生成两个键连原子（团）自由基所需的能量称键离解能（bond dissociation energy，BDE）。同一类键在不同的分子中有不同的键离解能，键离解能的平均值即为该键的键能（bond energy，E，参见 1.6.4）。键能可以用不同或易或难的方法来测量和计算，不同的方法给出的结果有些差异。[12] $D_{[A-B]}$（kJ/mol）与 A 和 B 的电负性差值（$\Delta\chi$）有如式(1-6)所示的关系，差值越小，键能越大，共价键的成分也愈大。

$$D_{[A-B]}=(D_{[A-A]}+D_{[B-B]})/[2+23(\Delta\chi)^2] \tag{1-6}$$

成键的强度也可用键序（bond order）来描述。[13] 键序又称键级，其值相当于成键轨道上的电子数减去反键轨道上的电子数后除以 2 所得，反映出两个原子间的成键数目和电子量。正常单键、双键和三键的键序分别为 1、2 和 3，键序愈大键能也愈强；键序为零，反映出两个原子间没有任何成键。分子中某个特定键的键序是各个共振结构式的键序之和的平均值。如，苯分子中总的 C—C 键序为 9，任何一根 C—C 键的键序在一个共振结构式 **1a** 中是 1，在另一个共振结构式 **1b** 中是 2，平均是 1.5。若再考虑如 Dewar 结构 **1c** 等其他共振结构式及它们对分子结构的贡献，相邻 C—C 键的键序为 1.463。

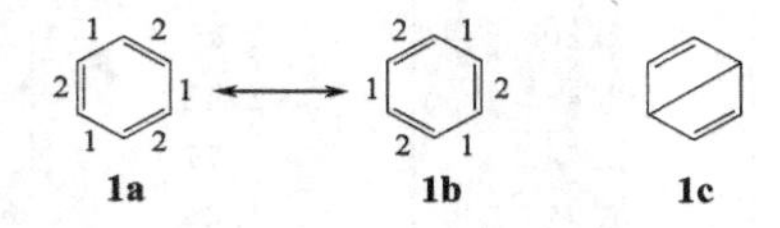

1.1.8 极性、偶极矩、极化和诱导

分子的几何构型可以用 VSEPR 和杂化的概念来解释，但要预测和理解分子的特性，则需分析分子内的电荷分布。共价键上的电子虽归两个原子所共享，但不一定是等同分配的。不同的元素具有不同的电负性，键连的必然结果是生成的键会有极性（polar）。极性反映出共享电子偏向两个键连原子的一方，或者说出现在两个键连原子周围的概率不等。如羰基 $R_2C=O$ 中的电子出现在氧和碳的时间概率约为 7∶3，氧和碳原子分别带有部分负电荷和部分正电荷。非极性分子或者是所有原子的电负性非常接近，或者是虽有偶极键，但它们在分子中的方向和大小正好相互抵消而致向量和为零，如四氯化碳、乙炔等对称的线性分子都是这种情况。极性可用偶极矩（dipole moment，μ），即电荷与距离的乘积来定量［单位 C·m或 Debye（用 D 表示），1D＝10^{-18} esu×cm＝3.335641×10^{-30} C·m；esu 是静电单位，电子与质子各为负与正的 4.8×10^{-10} esu；C 为库仑］，只要分子中的正、负电荷中心不相重叠就有偶极矩。[14] 极性分子通常意味着其具有永久偶极矩。分子的偶极矩来源于分子中每个极性键的矢量之和，是永久存在的，其大小反映出分子内电荷的分离大小及其周围的电场和强度。但键的偶极矩无法实验测量，键偶极的存在也不能保证分子有无偶极的存在。如图 1-5 所示，CF_4 和 NF_3 上的 C、N 和 F 各带不同的电荷密度，前者的偶极矩为零，后者的偶极矩为 0.78 ×10^{-30} C·m。极性键的一

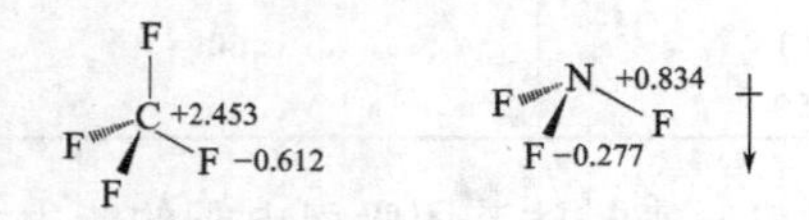

图 1-5 CF_4 和 NF_3 上 C、N 和 F 的电荷密度及它们的偶极矩

端带有部分正电荷，另一端带有部分负电荷，分别用定性的 δ^- 和 δ^+ 表示，占有多少电荷或者说极性的大小可用它们的电负性值来估量。两个偶极特定排列后不再有净偶极存在的称四极（quadrupole）。如苯分子中六个 C—H 偶极相加就是苯的四极矩。但苯也可通过 π 键与正离子或一些氢键供体发生相互作用，若从能产生静电作用这一点来看，苯也可归入是有极性的分子。[15]

分子中的电子云受外界环境，如溶剂或其他分子产生的外电场影响会有响应并产生不同程度的移动或扭曲，这称极化（polarization）或诱导出极性了，极化后产生的诱导偶极会叠加于分子原有的永久偶极上。电场梯度有方向性，电场与键的方位不同产生的作用方式也不同。分子对外电场的响应能力大小用极化率（polarizability，α）或可极化性来表述，定义为一个单位的电场梯度所能诱导的偶极大小。如式(1-7）和表 1-4 所示，其大小取决于原子核电荷受屏蔽的程度和价壳层电子数量，可用体积单位（$10^{-24}cm^3$ 或 $Å^3$）来定量化处理。表现为原子的电负性愈小，原（离）子半径愈大，电子占据的体积愈大极化率愈大。极化率也与杂化状态有关，如，同碳原子数的极化率是烷烃＞烯烃＞炔烃，共轭分子的极化率也较大。极化率也与分子的折射率（n）及偶极矩相关。[16]分子的极性和极化率并无对应关系，极性大的分子其极化率也可能小。如，4 个卤化氢的极性大小为 HF＞HCl＞HBr＞HI，但极化率大小正相反。

$$\alpha=\mu_{ind}/E \tag{1-7}$$

式中，α 为极化率；μ_{ind} 为感应偶极矩；E 为外加电场。

表 1-4 一些原子、离子和分子的极化率 单位：$\times10^{-24}cm^3$

原子	极化率(α)	离子	极化率(α)	分子	极化率(α)
Li	24.3	I^-	7	正己烷	11.9
Xe	6.9	Br^-	4.5	环己烷	10.9
Be	5.6	Cl^-	3	苯	10.3
I	5.3	F^-	1.2	新戊烷	10.2
Kr	4.8	K^+	2.3	正戊烷	9.99
Ar	3.6	Na^+	0.9	正丁烷	8.20
Br	3.1			异丁烷	8.14
B	3.0			丙烷	6.29
Cl	2.2			丙烯	6.26
C	1.8			丙炔	6.18
Ne	1.4			CS_2	8.8
N	1.1			CF_4	3.84
O	0.8			CCl_4	11.2
H	0.67			CH_4	2.59
F	0.06			BF_3	3.31
				CO_2	2.91
				NH_3	2.81
				CO	1.95
				N_2	1.74
				H_2O	1.45

可极化性还可用硬度（hardness）和软度（softness）的概念来反映（参见 2.2.4）。电负性、硬（软）度和极化率都取决于物种的结构且相互之间是有关联的。这些非常重要的概念经常被用于对反应发生的可能性及反应是涉及部分电荷转移还是生成了共价键或仅仅是静电的吸引作用做出定性判断。除固有结构的影响外，动态的极化也是非常重要的。如 C—I 键从电负性差值看是无极性的，但碘原子易极化，也易带上一个负电荷，故在亲核取代反应中是一个极好的离去基团。

1.1.9　键长、原子半径和键角

通过 X 衍射（固态）、电子衍射（气态）、微波谱等光谱方法和计算机模拟均可给出成键原子间的距离，即键长这一非常重要的参数，如表 1-5 所示。分子总是处于振动状态，取代基的体积和电子效应均可影响键长，如，二苯基四正丁基乙烷的中心 C—C 键长可达 0.164nm，键角达到 119°。故键长不是恒定的，而是有一个在较小范围内变动的值，其中有几个明显的规律：s 成分愈少，原子半径愈大，键长愈长；重键比单键要短。改变键长会引产生较大的张力，远比改变键角困难。

表 1-5　一些键的键长[17]　　单位：nm

键	键长	键	键长
单键		单键	
C(sp^3)—C(sp^3)	0.153～0.155	C—F	0.139～0.143
C(sp^3)—C(sp^2)	0.149～0.152	C—Cl	0.178～0.185
C(sp^2)—C(sp^2)	0.147～0.148 0.145～0.146(共轭)	C—Br	0.195～0.198
C(sp)—C(sp)	0.137～0.138	C—I	0.215～0.218
C(sp^3)—O(sp^3)	0.142～0.144	双键	
C(sp^3)—N(sp^3)	0.146～0.148	C(sp^2)═C(sp^2)	0.131～0.134(烯烃) 0.138～0.140(芳烃)
C(sp^3)—H	0.109～0.110	C(sp^2)═O(sp^2)	0.119～0.122(醛、酮) 0.119～0.120(酯) 0.123～0.124(酰胺)
C(sp^2)—H	0.108～0.109		
C(sp)—H	0.106	C(sp^2)═N(sp^2)	0.135(亚胺)
O—H	0.096～0.097	三键	
N—H	0.100～0.102	C(sp)≡C(sp)	0.117～0.120

分子的大小、体积和表面积可以从其组成原子的原子半径和离子半径来衡量。原子半径的大小受到原子核及电荷分布的影响，有共价半径（covalent radius）和范氏半径（van der Waals radius，r_{vdw}）之分。两个相同成键原子距离的一半称共价半径，同周期中自左到右而变短，反映出更多的原子核电荷和原子硬度的增加导致原子变形不易。同族中自上而下共价半径自然是变长的。有几种共价半径的定义方法。如，利用简单的同核化合物或通过结构数据的测定来度量；通过从碳化物中减去碳原子的共价半径来度量其他原子的共价半径；通过计算机处理后也能得到更多化合物中的原子的共价半径，如表 1-6 所示。[18]

电荷密度距原子核越远越低，达到原子的边沿时将降低到一个无限小的极值。该边沿到原子核的距离即范氏半径，也就是原子开始感受到另一个非键原子产生作用时的距离（参见 1.4）。[19]范氏半径可衡量共价键中的原子周围电子云的有效大小，对识别分子的大小和原子（团）的立体位阻大小特别有意义，在分子构型、场效应、非键排斥作用、供体-受体匹配等方面都有实际应用意义。范氏半径通常由晶体中不直接成键的原子之间的堆积数据推导所得。各种文献给出的范氏半径并不相同，但差别不大且相对大小是一致的，表 1-7 所示的是其中的一种。

表 1-6 几种不同的方法得出的原子共价半径 单位：pm

原子	共价键长法	结构测定法	碳化物处理法
H	37	25	32
Li	134	145	122
Be	90	105	91
B	82	85	79
C(sp^3)	77	70	76
C(sp^2)	67		
C(sp)	60		
N	75	65	70
O	73	60	66
F	71	50	63
Al	118	125	120
Si	111	110	1123
P	106	100	111
S	102	100	107
Cl	99	100	104
Se	119	115	120
Br	114	115	120
I	133	140	140

表 1-7 几个原子的 van der Waals 半径（r_{vdw}） 单位：pm

H	C	N	O	F	S	Cl	Br	I
109	175	161	156	144	179	174	185	200

基团的大小也可用范氏基团体积（cm^3/mol，r_w）来表示。如，CH、CH_2 和 CH_3 的范氏基团体积分别为 6.78cm^3/mol、10.23cm^3/mol 和 13.67cm^3/mol。丙烷由两个甲基和一个亚甲基构成，其分子体积可利用加和得出：$2 \times 13.67cm^3/mol + 10.23cm^3/mol = 37.57cm^3/mol$。[20]

键角（bond angle）是原子上两根键之间的夹角，相当于两个轨道偏离原子核的指向。键角偏离正常值在表观上与原子所连基团的体积和性质有关（参见 1.1.1）。

1.1.10 离域和共振结构

许多分子的 π 电子和非键电子的分布都需要用多个而不是单个 Lewis 结构式才能表达，此类分子称共振杂化体。[21]各个 Lewis 结构式称共振贡献者，代表了对共振杂化体的结构有所贡献的共振结构。共振杂化体分子的波函数是这些共振贡献者的波函数的混合，即共振而形成的。共振贡献者并非实际存在，也不会互相转变，但它们叠加而成的杂化体，即共振杂化体才是分子的真正结构。共振杂化体的 π 电子和非键电子并非定域在某个共振结构的某个原子上，而是离域分布于各个共振结构中多个非相邻的原子上。这些离域主要有共轭的重键、与相邻 p 轨道共轭的重键及超共轭等几种表现，如图 1-6 所示。

参与离域 π 键的原子都有相互平行的轨道以满足轨道间能有最大程度的重叠，最合理的共振结构对共振杂化体，即分子真实结构的贡献是最大的。下列三条标准可用于判断众多共振结构中何者是最重要的或最合理的。

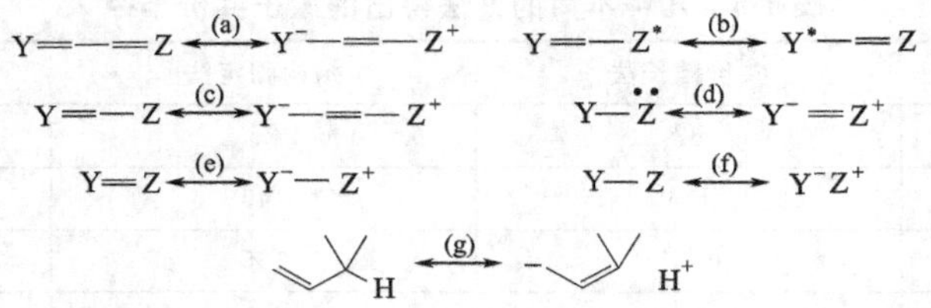

Y═—═Z ←(a)→ Y^-—═—Z^+　　Y═—Z^* ←(b)→ Y^*—═Z

Y═—Z ←(c)→ Y^-—═—Z^+　　Y—$\ddot{Z}$ ←(d)→ Y^-═Z^+

Y═Z ←(e)→ Y^-—Z^+　　Y—Z ←(f)→ Y^-Z^+

←(g)→ H　H^+

图 1-6　常见的共振和离域模式

(a) π-π 共轭；(b) p-π 共轭，* 表示 p 轨道上有单电子或双电子（负离子）或无电子（正离子）；(c) 单双键迁移；(d) 孤对电子迁移；(e) π 键迁移；(f) σ 键迁移；(g) 超共轭

（1）共振结构中有更多原子符合八隅律　如，**2a** 比 **2b** 更接近 NO^+ 的真实结构，氮氧原子间的键更接近三键而非双键。

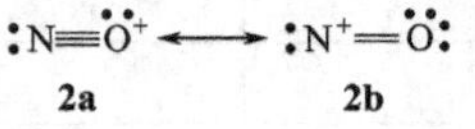

:N≡$\ddot{O}^+$ ⟷ :N^+═$\ddot{O}$:

2a　**2b**

（2）负电荷位于电负性相对较大的原子上而非相反　如，**3a** 比 **3b** 更接近烯醇负离子的真实结构；**4a** 比 **4b** 更接近重氮甲烷的真实结构。当该条标准与第一条标准有矛盾时，第一条标准的影响更大，如 **2a** 比 **2b** 更接近真实的结构。

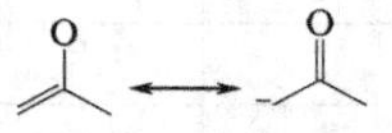

3a　**3b**

CH_2═N^+═N^- ⟷ CH_2^-—N^+≡N:

4a　**4b**

（3）结构带较少相反电荷分离　如，**5a** 比 **5b** 更接近羰基的真实结构，碳氧原子间更接近双键而非带分离电荷的单键。当该条标准与第一条标准有矛盾时，同样第一条标准的影响更大。如，**6a** 比 **6b** 更接近一氧化碳的真实结构，二甲亚砜也更接近带分离电荷的 **7a** 而非无分离电荷且硫原子带 10 个价电子的 **7b**。

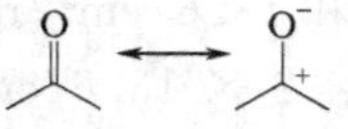

:C^-≡$\ddot{O}^+$ ⟷ :C═$\ddot{O}$:

5a　**5b** 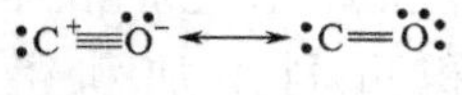　**6a**　**6b**

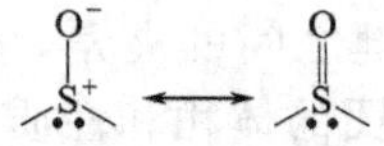

7a　**7b**

离域效应表现在一个共振杂化体分子具有的共振结构愈多愈稳定；即电子占据的轨道愈多愈分散，能量也愈低。共振产生的稳定能又称共振能或离域能。具有相同共振结构的共振杂化体有最强的共振能和相对稳定性。苯分子有两个等价的共振结构，共振能（约 150kJ/mol）大而表现出芳香性。[22] 电子离域和共振能很好地解释分子或中间体的稳定性、颜色、导电性、酸碱强度、反应活性及其所在位置点和生理特性等众多性能，是有机化学中应用最广的概念之一。分子结构中某个原子为了满足共振效应而改变杂化形态的并不少见。如，吡咯中含孤对电子的氮原子是四配位的，似为 sp^3 杂化。但实际上为了能让孤对电子参与环上共轭双键的离域以实现芳香性，氮原子取 sp^2 杂化而让孤对电子位于 p 轨道。至于何种共振结构参与某个反应的概率更大还与底物和环境有关系，不可一概而论。

1.2 张力

分子本身具有的能量称内能（internal energy）或热力学能。分子自身处于永恒的运动状态中，同一分子的不同结构形式对应着不同的内能。与电负性的概念相似，讨论一个孤立结构的内能意义不大，但比较各种结构的内能是非常重要的。具有相对较高内能的结构是相对不稳定的，或称有张力（strain）的。分子总是取使总张力为最小的几何构型，以使结构处于可能的能量最低状态并达到相对最稳定的状态（参见 1.6.4、1.6.5 和 1.6.8），但此时仍会存在某种程度的张力和不稳定性。

张力是分子内的各种键、构型、构象因偏离最佳状态产生的内部应力。[23]如，sp^3 杂化碳原子的最佳键角为 109.5°，若该键角被压缩或放大，就会产生键角张力并导致体系的能量上升。实验中某个分子的张力能是其生成热和根据基团加和法（group increments）给出的标准生成热之间的差值。分子力学（molecular mechanics）是利用键的伸缩、键角和扭转角的改变、原子间的静电吸引、氢键和范氏力等经典力学的方法来分析分子间或分子内的相互作用并通过电脑建立起来的模型。[24]该方法应用较广，能在个人计算机上操作，其计算程序较量子力学或半经验方法相对要少而简单，也能较好地得出分子和一些活泼中间体的平衡构象及能量数据，故特别适于处理有机分子。目前对键长和键角已可处理到 10^{-4}nm 和 1°的误差精确度。一些用于有机化学的绘图软件也常包含分子力学的运行软件，故该法很受非计算专业出身的有机化学工作者的欢迎，其代表性的方法有 MM4、PM3 等。

分子总张力能（E_{strain}）包括如式(1-8) 所示的偏离正常键长的键长张力能（E_r）、偏离正常键角的键角张力能（E_θ）、扭转张力能（E_φ）和非键张力能（E_d）四个成分，如此分类对理解分子结构和立体效应对平衡和反应性的影响是非常重要而有用的。如，小环主要有 Baeyer 角张力，普环有 Pitzer 重叠张力（参见 3.12），其他环和不饱和环有小角、大角和 Bredt 桥头张力等。

$$E_{strain}=E_r+E_\theta+E_\varphi+E_d \tag{1-8}$$

键长偏离最佳平衡键长时引起的内能升高用 E_r 表示，其量值与键长 r、正常键长 r_0 及键伸长力常数 k_r 有如式(1-9) 所示的关系：

$$E_r=0.5k_r(r-r_0)^2 \tag{1-9}$$

键角变化偏离平衡值时引起体系的能量升高用 E_θ 表示，其量值与偏离正常键角的值 $\Delta\theta$ 及键弯曲力常数 k_θ 有如式(1-10) 所示的关系：

$$E_\theta=0.5k_\theta(\Delta\theta)^2 \tag{1-10}$$

扭转角（torsional angle）指由于单键旋转而形成非键连基团之间的夹角（参见 3.10.1），扭转角又称两面角（dihedral angle），最常见的存在于相邻原子上。如图 1-7 所示，在 Newman 投影式中，若相邻两个碳原子上的取代基分别为 A 和 B，位于键 A—C—C—B 中的 A—C 和 C—B 间的角∠ACB 即称扭转角。

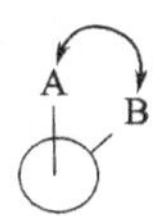

图 1-7 键 A—C—C—B 的两面角∠ACB

偏离交叉式排列的扭转角引起的体系能量升高用 E_φ 表示，其量值与旋转能障（V_0，乙烷的 V_0 约为 13 kJ/mol）及扭转角（φ）有如式(1-11) 所示的关系：

$$E_\varphi = 0.5V_0(1+\cos 3\varphi) \tag{1-11}$$

这 4 种改变体系能量的强弱次序通常为：$E_{nb} > E_l > E_\theta > E_\varphi$。扭转角偏离最佳值引起能量变化的数值最小，压缩范氏半径引起的能量升高数值最大。当分子由于几何原因使两个非键连的原子（团）靠得太近时，它们相互排斥的结果大多使扭转角发生改变，若单靠扭转角度变化还不足以使两个靠得太近的原子（团）分开，则某些键角和键长就会发生改变来使这两个原子（团）能够容纳在有限的空间内以尽量减少非键作用。探究具有非同寻常的键长、键角和非键作用结构的分子也是化学家们很感兴趣的课题。[25]

1.3 取代基效应

分子中的任何基团都可视为取代基。取代基效应指分子的活性随取代基改变而发生改变的效应，涉及结构-反应性能关系。改变取代基可使反应中心的电性和电荷量发生变化而影响到过渡态的形成及其稳定性，同时还会改变亲核（电）性、酸（碱）性、离去基团的离去能力、立体位阻、溶剂化及疏水效应等一系列物理属性和化学活性。由取代基引起的反应自由能的变化与描述取代基供（吸）电子效应的参数之间则有一个线性自由能关系（参见 9.4）。[26]

取代基效应包括静电效应（electrostatic effect）、位阻效应和主-客效应。静电效应包括极性效应（polar effect）、共轭效应（conjugative effect）和极化效应；位阻效应是立体的非键作用；主-客效应是如氢键、邻基效应等与环境及特有结构相关的效应。在不同的主体和不同的客体环境下取代基所产生的各种效应往往同时起到作用，它们的大小和方向不尽相同。已有许多学者给出多种方法和计算程序，但至今仍很难对每个因素给出可靠的定量分析。

1.3.1 诱导效应和场效应

诱导效应（inductive effect）和场效应（field effect）都是因原子的电负性差异而产生的静电效应。通过分子链上键连原子之间的 σ 键传递产生的称诱导效应，通过空间对另一端传递产生的称场效应，两者通常是共同起作用，故统称极性效应。极性效应的大小与原子本身的电负性及外界电场强度有关。如图 1-8 所示，2-氟乙醇负离子 $H_2FCCH_2O^-$（**1**）中氟原子产生的吸电子诱导效应（a，用单箭头符号表示键连电子的移动方向）和因极化的 C—F 键对氧负离子产生的场效应都使该氧负离子比乙醇氧负离子稳定，2-氟乙醇的酸性比乙醇强。[27]

图 1-8 2-氟乙醇负离子（**1**）中的诱导效应（a，单箭头符号表示键连电子的移动方向）和场效应（b，双箭头符号在此特指场效应）

诱导效应用“I”表示，与氢原子相比，吸电子原子（团）的诱导效应表现在其比氢更易吸引键连电子，故用“$-I$”表示；供电子原子（团）则可用“$+I$”表示。如，NO_2 是吸电子或称受电子的，产生“$-I$ 效应”；O^- 是供电子或称斥电子的，产生“$+I$ 效应”。但产生诱导效应的吸或供电子原子（团）并不是真的得到或给出电子，这些术语仅仅指出在氢和吸或供电子原子（团）之间因电负性差异造成键连电子会分别处于不同的位置。诱导效应的强弱与电负性有关，可通过测定偶极矩、取代羧酸的离解度和反应速率来进行比较。大部分原子（团）与氢原子相比均表现出吸电子诱导效应。由强到弱有 $NR(H)_3^+$、SR_2^+、NO_2、SO_2R、CN、SO_2Ar、CO_2H、F、Cl、Br、I、OAr、CO_2R、OR、COR、OCOR、SH（R）、OH、Ar、NO、CH_2Ar、烯基、炔基等。[28]元素周期表同族中自上而下是减弱的，同周期中自左到右是增强的，故 F＞Cl＞Br＞I；F＞OH＞NH_2。带正电荷的原子（团）产生的 $-I$ 效应较中性的大。原子所处杂化轨道中的 s 成分愈多吸电子能力愈强，故芳基、烯基和炔基均有 $-I$ 效应。具 $-I$ 效应的原子（团）也是钝化芳香族亲电取代反应的原子（团）。表现出斥电子诱导效应的主要有氘、烷基、带形式负电荷的 O^- 及 NH^- 和低电负性的原子（团）。强度次序为叔烷基＞仲烷基＞伯烷基＞甲基＞H。

由分子中的原子（团）或外来溶剂分子产生的场效应的强度与两者间距离的平方成反比，电荷的诱导方向与诱导效应可能相同或相反。连在不饱和原子上的烷基产生场效应的大小为叔烷基＞仲烷基＞伯烷基＞甲基，但连在不饱和原子上的烷基场效应的大小并不如此有规律。

诱导效应与键相关，场效应则与分子的几何形态相关。改变取代基和检测位之间键连数通常也改变了两者的距离，故不易严格区分何者在产生作用。为此要设计一些分子骨架固定的化合物以使取代基和检测位的相对构象不会变化。3-(8-取代-1-萘)丙炔酸[**2a**(G＝H)、**2b**(G＝Br)和 **2c**(G＝Cl)]的 pK_a 分别为 4.42、4.70 和 4.90，这些分子中的取代基 G 对羧基的诱导效应相同且已几乎无影响，但酸性的差异很好地反映出取代基通过空间的场效应对羧基解离的影响。4-取代立方烷羧酸（**3**）和 4-取代双环［2.2.2］-辛酸（**4**）也都可用于场效应的研究。[29]

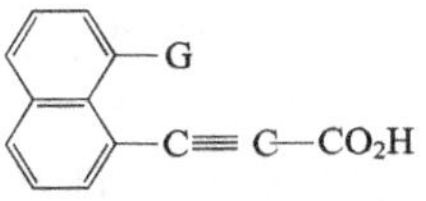

G; C≡C—CO₂H; CO₂H; G; G; CO₂H

2a~2c 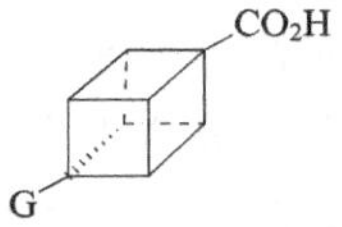 **3** 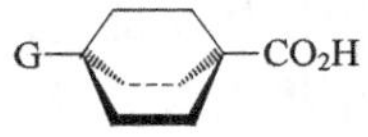 **4**

分子固有结构产生的诱导效应称静态诱导效应（static inductive effect. I_s），是分子的一种不随时间改变的永久性基态静电效应。静态诱导效应不会引起化学反应，当某个化学反应发生时，其对该反应的进行可能是不利的或是有利的。外界溶剂或反应试剂的原子（团）和电场接近分子时也会暂时产生动态诱导效应（dynamic inductive effect，I_d）。动态诱导效应是分子的可极化性对外来环境影响的一种随时间改变的响应，外来因素一旦消除后也不复存在。多数情况下动态诱导效应对反应是有利的或可能引发化学反应。同周期中原子的原子序数愈大电负性也愈大，对电子的约束性增加，产生的动态诱导效应则愈弱，故 CR_3＞NR_2＞OR＞F。同族元素中原子的原子序数愈大、原子核外的电子层愈厚、键愈易极化及外来电场愈强的，动态诱导效应也愈强。如，氯原子的电负性比碘原子大，C—I 键的静态诱导效应比 C—Cl 键弱，但 C—I 键的动态诱导效应比 C—Cl 键强，反应中碘代烃比氯代烃表现出更大的活性。此外，带负电荷的原子（团）对电子的约束作用较小，故动态诱导效应也较中性的大；带正电荷的原子（团）产生的动态诱导效应则较中性的小。静态和动态诱导效应的传导方式和供（吸）电性是相同的，但在传导方向和诱导效果上未必一致。

1.3.2 烷基的供（吸）电性

烷基通常被认为具供电子诱导效应，如，伯碳正离子远不如叔碳正离子稳定、乙酸的酸性比甲酸弱等都反映出这一点。但从几种羧酸羰基碳的 δ_C 看，乙酸、丙酸各为 177 和 180，比甲酸的 166 大，说明甲基、乙基与 H 相比又是具吸电子诱导效应的。甲基、乙基、异丙基和叔丁基的电负性值各为2.20、2.21、2.24和2.26，略大于氢原子的2.10，也说明烷基的静电效应是吸电子的。实际上烷基的诱导效应并不单一，供或吸电子效应是极化、位阻、超共轭、溶剂化效应及与烷基相连的原子（团）的电负性等各种因素综合的结果，根据环境不同会分别表现出供或吸电子性。一般可以看到的是：与烷基相连的原子（团）的电负性大，烷基表现出供电性；若这些原子（团）的电负性小，烷基会表现吸电子性。如，在碱和质子的结合反应中，生成如 R_3N^+H、R_2O^+H 一类正离子，这些杂原子都带正电荷，电负性很大，烷基（R）在这里表现出供电性使正离子得到稳定，碱性增强，故表现出的碱性次序是 $R_3N>R_2NH>RNH_2$。在胺、醇的解离过程中，形成 R_2N^-、RO^- 一类负离子，这些原子都带负电荷，电负性小，此时烷基就表现吸电子性。量子化学的计算结果也支持这一观点。从 ^1H NMR 和 ^{13}C NMR 看，化学位移值都是 $CH_3<RCH_2<R_2CH$，甲苯的苯环中与甲基相连的碳的 δ 值最大，这都反映出因碳的电负性比氢大而使烷基表现出具吸电子效应。烷基与电负性小的Na、Mg、Zn或B、Al等相连时也表现吸电子效应。各种醇在气相状态下的酸性强弱次序为：$Me_3CCH_2OH>Me_3COH>C_5H_{11}OH>C_4H_9OH>Me_2CHOH>C_2H_5OH>CH_3OH$。气相下乙苯的酸性比甲苯的酸性强；硝基乙烷的酸性比甲基乙烷的酸性强。这都反映烷基有吸电子效应。[30]

从另一个角度看，所有的烷基均比氢原子容易极化，无论邻近的电荷是正是负，烷基都能使它稳定。所以，烷基的数量愈多体积愈大，容纳电荷的非定域容量也愈大，稳定正或负电荷的诱导效应也愈大。[31]

1.3.3 共轭效应

一个 π 体系上再连有一个 π 体系或带有未成键电子的原子（团）就能形成最常见的共轭体系。前者产生 π-π 共轭效应，后者产生 p-π 共轭效应（参见1.1.5），它们都涉及 π 电子的转移效应。共轭效应使体系能量降低而稳定、各分子轨道间的能差减小、键上电子云密度和键长平均化、折射率增大及吸收光谱向长波方向移动。共轭效应也有供电子和吸电子之分。供电子共轭效应（+C）主要是 p-π 共轭，随原子序数增加和原子半径增大，将使 p 轨道与碳原子 π 轨道重叠的有效性降低，故强弱次序为 $NR_2>OR>Cl$。非第二周期元素的原子半径大，外层 p 轨道不易与碳原子的 π 轨道交盖，离域产生的共轭效应也小。吸电子共轭效应（−C）主要是 π-π 共轭，同周期中原子序数愈大电负性愈大，−C 效应愈强，如羰基>亚氨基>烯基；同族中原子序数愈大原子半径也愈大，与碳原子差别也愈大，−C 效应则愈弱，如羰基>硫羰基。表1-8是一些常见取代基的共轭效应和极性效应。[32]共轭醛的偶极矩因受

表1-8 常见取代基的共轭和极性效应

取代基	共轭效应	极性效应
烷基	EDG	EDG
烯基、炔基、芳香基	EDG/EWG	EWG
RO、RCO_2、R_2N、RCONH	EDG	EWG
醛或酮羰基、ROCO、R_2NCO	EWG	EWG
卤素	EDG	EWG
CX_3	EWG	EWG
CN、NO_2、R_3N^+	EWG	EWG
RS、RSO	EDG	EWG
RSO_2	EWG	EWG
R_3Si	EDG	EDG

注：EDG（electron donating group）：供电子基团；EWG（electron withdrawing group）：吸电子基团。

诱导和共轭的影响比仅有诱导影响的同碳数饱和醛大，但共轭氯代烃的偶极矩因受诱导和共轭的影响比仅有诱导影响的同碳数饱和氯代烃小。反映出前者是吸电子共轭效应，后者是供电子共轭效应。

共轭效应同样也有静态和动态之分。在外界环境影响下，原来参与静态共轭效应的 p 电子的流动增大且一般总是有利于反应的进行。如，卤苯在外来试剂进攻时产生的动态共轭效应使 p-π 共轭效应增强，促进了邻对位上的取代；1,3-丁二烯受到卤化氢进攻时发生的动态共轭效应使分子极化，p 电子云向 H^+ 进攻的方向移动而促进加成反应的进行。共轭效应对物种的酸碱性、反应方向、反应速率、反应产物和化学平衡都能产生比诱导效应强得多的影响。烷氧基正离子上的氧原子因吸电子诱导效应使正离子更不稳定，但又因可提供电子对产生共轭效应而在 C—O 间形成双键使正离子稳定，在这两个矛盾的效应中，共轭发挥了更重要的影响，烷氧基正离子也比一般的正离子稳定得多（参见 4.1.2）。

产生共轭效应的轨道应处于共平面以使轨道间达到最大程度的交盖，全平面构象的共轭体系能产生最强的共轭效应。共轭体系偏离共平面愈大共轭效应愈小。但在共轭的螺环化合物中，通过 IR、UV 和 ^{13}C NMR 等波谱解析表明，如螺［4.4］壬四烯（**5**）那样在相互垂直的双键之间仍有螺共轭效应（spiroconjugation effect）。具共轭螺环结构的材料也能表现出特殊的光、电、磁等特性。此外还有一种交叉共轭（cross conjugation）：组成共轭体系的 a、b、c 3 个组分中 a 与 b 及 a 与 c 呈共轭关系，但 b 与 c 不呈共轭关系。[33] 如苯基乙烯基酮（**6**）、二乙烯基醚（**7**）和［3］枝烯（**8**）（参见 5.6.3）等化合物都是。

5 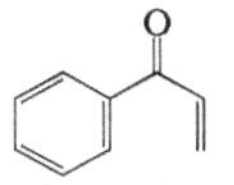　**6** 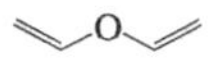　**7** 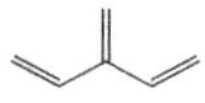　**8**

场效应也可对共轭效应产生影响。如图 1-9 所示，甲氧基与烯基之间的共振可受到如氟、氰基、硝基等吸电子取代基产生的场效应影响，使电荷分离的共振结构对共振杂化体的贡献有所增加。

共轭效应产生的原因和对分子的影响与诱导效应并不相同，主要表现在以下几个方面。起因上共轭效应是轨道交盖引起电子离域而产生，仅存在于共轭体系，诱导效应因键的极性而产生，在任何键上都有；传导途径上共轭效应是沿着共轭体系，诱导效应是沿着 σ 单键或重键；在传递距离的影响上共轭效应几乎不变地可以一直传达到共轭体系链的另一端，而诱导效应是短途的，每经过一个 σ 键递减 1/3，经 3 根 σ 键后诱导效应就基本无影响了；电性的影响上，共轭效应是极性交替传送的，而诱导效应的正（负）电性在传导过程中不会改变；表示方式上，共轭效应用弯箭头而诱导效应用直箭头，如图 1-10 所示。

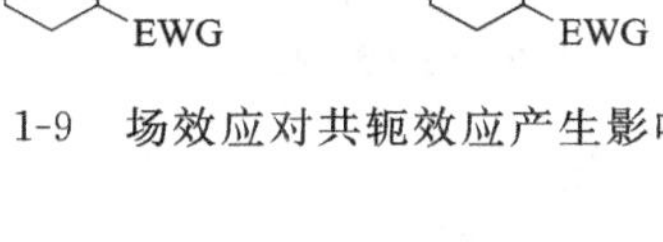

OCH_3　EWG　⟷　O^+CH_3　EWG

图 1-9　场效应对共轭效应产生影响

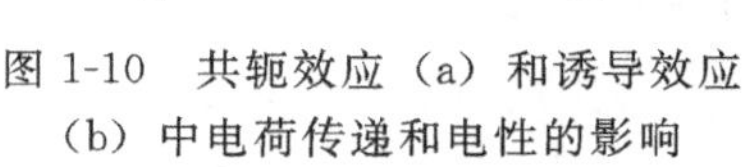

δ^+ δ^- δ^+ δ^- C═C—C═X (a)　δ^{+++} δ^{++} δ^+ C—C—C—X (b)

图 1-10　共轭效应（a）和诱导效应（b）中电荷传递和电性的影响

1.3.4　超共轭效应

超共轭（hyperconjugation）是处理 σ-π*、σ-p* 及 n-σ* 中电子相互作用的一个共价键理论（参见 4.1.2）。在某些场合中 σ 键电子和 π 电子一样也能参与共轭离域。如，丙烯中的 C2 尽管连有一个有供电子效应的甲基，但其电荷密度（－0.20）却比 C1 的电荷密度

(−0.44) 少，电荷密度是从 C—H σ 键移向空 π* 轨道并产生如图 1-11 所示的 σ-π* 超共轭效应。[34]

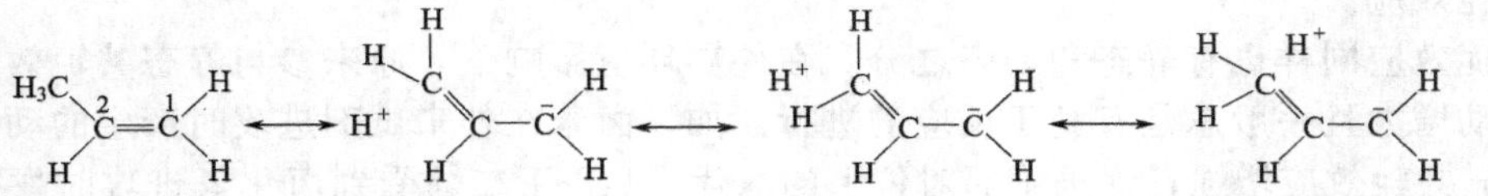

图 1-11　烯丙基的超共轭效应

甲苯中苯环上邻、对位的电荷密度比间位大也是由于甲基超共轭效应的结果，如图 1-12 (a)所示。烷基苯的亲电取代反应中往往可以看到甲苯的反应速率比叔丁苯的大，这与这两个基团产生诱导效应的大小是相悖的，而用 C—H 键 σ 电子离域引起的超共轭效应就能做出较好的解释。杂原子上的孤对电子也会与相邻的 σ* 键之间发生 n-σ* 超共轭效应。如图 1-12 (b) 所示，键也因超共轭效应而变弱，键长加大。反映在 IR 光谱上有更高的振动频率(键能变小)，NMR 上的 δ_H 则移向高场（电荷密度增加)。[35]

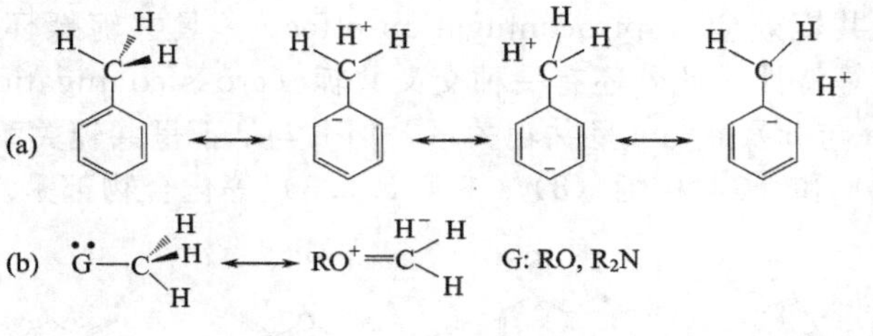

图 1-12　甲苯 (a) 和杂原子与相邻的 σ* 键间 (b) 的超共轭效应

以下几个现象也都可从超共轭效应的角度来解释：碳正离子的稳定性是叔＞仲＞伯；羰基 α-H 有较大活性；乙醛的偶极矩较甲醛大等。超共轭效应也会引起键长的平均化，使碳正离子和自由基稳定，但影响还是比共轭效应小得多。

1.3.5　位阻效应

位阻效应（steric effect）又称空间效应、立体效应或体积效应，表现为两个原子（团）因体积太大或形状特殊而必须改变正常的键角、扭转角或键长才能共处某特定空间（参见 1.1.1)。如，苯环邻位大基团间因难以避免的拥挤而产生张力（参见 1.2)，六异丙苯上的 6 个异丙基呈同方向排列，不能自由旋转；大基团四取代的烯烃因位阻太大而难以合成和存在。最常见的位阻效应是分子内或分子间因非键原子间的距离超出它们的范氏半径之和时所形成的范氏张力对分子的理化性质产生的一种影响，在分子的基态或过渡态中均能表现出来。位阻效应的定性较为直观，原子（团）的体积愈大位阻效应也愈大，乃至可影响反应的发生和方向。如，芳香取代反应中对位的选择性比邻位的大；2,6-二叔丁基苯甲酸的酯化反应速率比 3,5-二取代异构体的小；式(1-12) 所示的环氧化反应中试剂总是从位阻小的一面进攻等都是位阻效应产生的影响。但位阻效应不易定量，也少有经验规律。

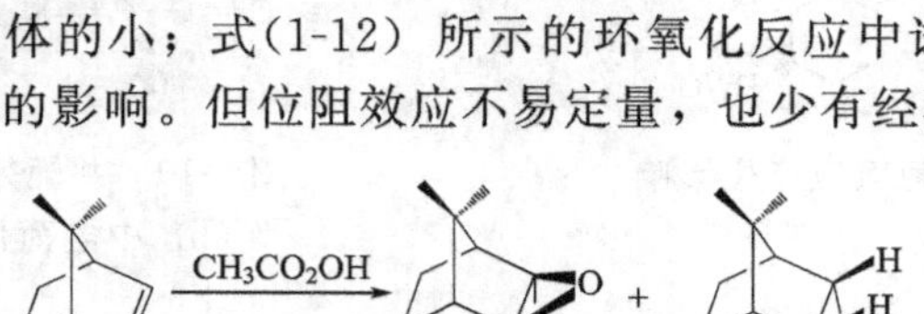

CH_3CO_2OH　　90%　　10%　　(1-12)

甲胺的 Bronsted 碱性大小为 $Me_3N > Me_2NH > MeNH_2$，与 Lewis 酸 Me_3B 作用（形成配位键）的碱性大小为 $Me_2NH > MeNH_2 > Me_3N$。反映出氮原子上供电子的甲基取代氢原

子后会增加胺的碱性，但同时又增加了氮原子上取代基的体积，它们之间相互吸引或成键时将产生面张力（face strain，又称 F 张力）而不利于胺与也有一定体积的 Lewis 酸配位（参见 2.1.8）。

4 个叔氯丁烷 Me_3CCl、Me_2EtCCl、Me_2^iPrCCl 和 $^iPr_3CCl$ 在 80%丙酮水溶液中发生 S_N1 反应的相对速率为 1.0、2.1、2.4 和 6.9。该差异反映出碳正离子随着取代基体积的增加而更易生成。这是因为这些卤代烃解离时，键角从 109°变为 120°，取代基之间的非键空间效应得以减轻，这称为背张力或后张力（back strain，参见 4.1.2）。故卤代烃上的取代基体积愈大愈易发生 S_N1 反应。

官能团的活性除了取决于其自身的热力学特性外，还与官能团上的取代基有关。要使本是不稳定的活泼的官能团得到一定的稳定性，可以通过添加或修饰如叔丁基及苯基一类大体积的取代基团来提高其反应活化能而起到动力学稳定作用，即反应速率极小而抑制反应的发生（参见 1.6.4）。如，四面体烷因骨架环的张力极大而难以存在，但四叔丁基四面体烷（**9**）早已制备成功。第三周期后的重元素因原子半径较大及内层 s 电子的相互排斥，使 p 轨道之间难以重叠，生成的重键很不稳定而极易分解和水解。引入大体积的苯环取代基仍可得到如 **10** 和 **11** 这类带重元素重键的化合物，它们与常见的 C、N 和 O 元素之间的重键化合物有不同的电子特性，可望开发出具特殊电学性质的材料。

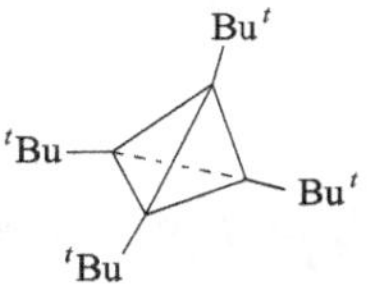

9 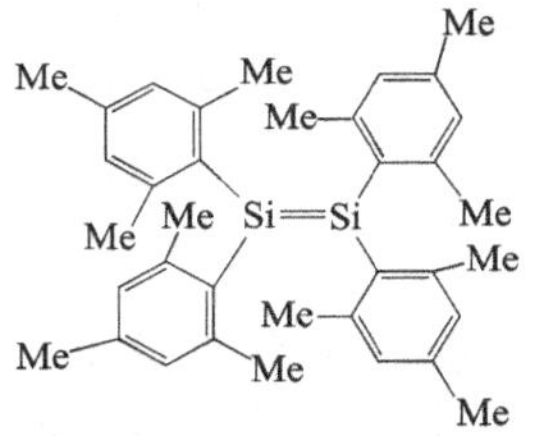 **10** 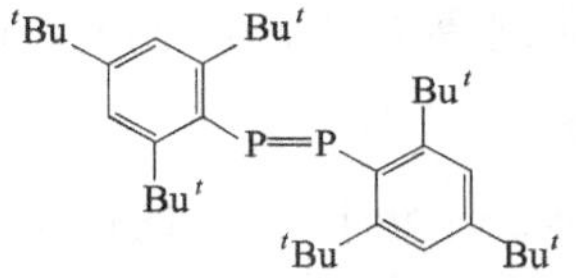 **11**

含氮、氧、硫等原子的杂环化合物占有芳香性化合物的一半以上，但其他芳香性杂环化合物相对不多。如，与碳同族的 Si、Ge、Sn、Pb 等金属杂环芳香性化合物（metallaaromatic heterocyclo moleculer，参见 9.3.2）因活性大而不易获得，但通过引入大体积基团造成的动力学稳定性原理也得到了这类新型的芳香化合物。[36]通过改变取代基的体积来促进或阻碍反应的发生已成为常用而有效的方法。

1.4 比共价键弱的作用力

原子之间通过共价键、离子键、配位键及金属键等强化学键的作用形成分子、盐或晶格等稳定的物种。分子内部存在着各种化学键和比共价键弱的作用力，分子之间则依靠离子-离子、离子-偶极、氢键、范氏引力、疏水（溶剂）效应、Lewis 酸-碱、金属配位和电荷转移及 π 效应等各种作用力而结合在一起。这些弱作用力具有不同的方向性和选择性，协同发挥作用而形成分子间的有序结构。*Chem. Rev.* 1988 年第 6 期和 1994 年第 7 期全期均对此有专论。[37]

1.4.1 范氏力

分子之间存在着各种由偶极-偶极、偶极-诱导偶极和诱导偶极-诱导偶极作用而产生的各吸引力，这些吸引力统称范氏引力（van der Waals force），包括库仑引力、诱导力和色散力（伦敦力）。偶极-偶极之间的作用是一个极性分子的正端对另一个极性分子的负端产生的吸引作用，这是一种取向的强弱与分子极性、距离和温度有关的库仑引力。分子中的电子处在不断的运动状态之中，所以在任一瞬间它的电荷分配可能变化而形成一个小的瞬时偶极(fluctuating dipole)。这种瞬时的偶极会影响其附近的另一个分子，偶极的负端排斥电子，正端吸引电子，因此感应另一个分子产生方向相反的诱导偶极。偶极-诱导偶极间可产生诱导力。诱导力的强弱与温度无关，与极性分子的偶极矩大小、被诱导分子的极化率及两者之间的距离有关。虽然瞬时偶极和感应出的诱导偶极都不断在变，但总的结果是在分子之间产生了吸引作用。非极性分子之间通过诱导偶极-诱导偶极之间的色散力（来自量子力学导出的这种力的公式与光的色散效应相似，早期称伦敦力）产生相互作用。色散力是非定向的，故大量原子集合体中不同偶极趋向不会相互抵消，分子的表面积和变形性愈大，色散力也相对愈强。但色散力比库仑力弱得多，与分子间距离的六次方成反比，从而对分子间的靠近产生一定限制。距离太短时，原子核-原子核之间的斥力和电子-电子之间的斥力将超过吸引力。总的来看，在非极性分子和非极性分子之间只有色散力；在非极性分子和极性分子之间有色散力和诱导力；在极性分子和极性分子之间则有色散力、诱导力和库仑力。

两个非键原子间产生的非键作用是颇为复杂的，可以是吸引或排斥。当这两个非键原子再靠近而小于它们的范氏半径之和时产生用 E_{nb} 表示的排斥力，又称范氏张力（van der Waals strain）或非键张力。这是因原子过于靠近后引起电子-电子之间的排斥力发挥主要作用而造成的，引起体系能量升高，它的定量分析不易进行。在核磁共振领域的 Overhouser 效应就是由非键原子间微小的相互作用而使信号产生变化的现象。[38]

1.4.2 氢键

氢键（hydrogen bond）的概念是 20 世纪 20 年代提出的。氢原子的原子半径小，与电负性较大的原子 X 形成的极性共价键中电子云严重偏离氢原子，从而使氢原子核带有较多正电荷而能以静电引力和另一个电负性大、原子半径小、具有孤对电子或带有部分负电荷的原子 Y（如 F、O、N 或 Cl、S）之间产生库仑作用而形成氢键。氢键实际上是一种特别强的偶极-偶极作用力，在各种相态的同种或异种分子间、分子内都可以形成，是研究得最多的一类弱作用力，也可归于 Lewis 酸碱化学（参见 2.2）。通过原子力显微镜在超高真空和低温条件下可观测吸附在铜单晶表面的 8-羟基喹啉分子间氢键的高分辨图像。

氢键用接在氢原子上的符号“---”表示，如 X—H---Y 所示。氢键是不对称的，氢原子离 X 比离 Y 近，H---Y 键长在其范氏半径和共价半径之间，键能介于范氏作用力和共价键能之间，8～150kJ/mol。大多数氢键都很弱，其强度与原子 X、Y 的电负性及它们的半径大小密切相关，供体 H 上的部分电荷值愈大氢键愈强；氢原子处于 X—Y 中心点的氢键最强。此外，氢键对环境效应非常敏感，溶剂化会参与竞争性氢键的形成。氢键有动态可逆的特点，有相当大的适应性和灵活多样性。固态环境下的氢键往往是缔合的，液态和气态环境下的分子处于不断的热运动变化中，氢键的形成和断裂速率很大，处于快速的动态平衡之中。[39]

不同官能团的供氢键能力为 CF_3CO_2H＞CCl_3CO_2H＞CH_3CO_2H；RCO_2H＞ROH＞RNH_2＞RSH。F 的电负性最大，原子半径又小，F—H 是最强的供氢键。受氢键能力为 RNH_2＞ROH＞RF。S 和 P 等原子因它们位于第三周期的孤对电子易于扩散而也能成为氢键的受体。C—H 键一般不易形成氢键，但在生物体系中存在大量 C—H---O 的氢键，某些分子间也有 C—H 键形成的氢键。如 N≡C—H---N≡C—H 和 Cl_3C—H---O═C（CH_3）$_2$ 等。通过测量一些染料在各种溶剂中的紫外-可见光谱可以建立供体形成氢键的能力标度（α）和受体形成氢键的能力标度（β），如表 1-9 所示。

表 1-9 各类溶剂形成氢键供体的标度（α）和受体的标度（β）

溶剂	α	β	溶剂	α	β	溶剂	α	β
H_2O	1.17	0.47	$CHCl_3$	0.20	0.10	C_5H_5N	0	0.64
CH_3CO_2H	1.12	0.45	CH_3CN	0.19	0.40	THF	0	0.55
CH_3OH	0.93	0.66	CH_2Cl_2	0.13	0.10	Et_2O	0	0.47
C_2H_5OH	0.83	0.75	Me_2CO	0.08	0.43	$EtCO_2Et$	0	0.45
$^iC_3H_7OH$	0.76	0.84	HMPA	0	1.05	C_6H_6	0	0.10
$HCONH_2$	0.71	0.48	DMSO	0	0.76	CCl_4	0	0.10
$^tC_4H_9OH$	0.42	0.93	DMF	0	0.76	$^nC_6H_{14}$	0	0

氢键有方向性，理想的几何形状是 X—H---Y 三个原子同处一条直线，此时 X 和 Y 间的距离相对最远，电子云的交叠可以达到最大而形成最大强度的氢键。但直线形虽在能量上有利，却因受到原子排列和堆积的限制而很少存在。另外，当 Y 上的孤对电子的对称轴和氢键方向一致时，Y 原子上电荷密度最大的那部分和氢原子最接近，形成的氢键也最牢固。当 X 上的 H 与 Y 之间相隔 4～5 个原子时就可形成五元环或六元环的分子内氢键。分子内氢键此时不在一条直线上，但因五元环和六元环的稳定性而很易形成，如图 1-13 所示。

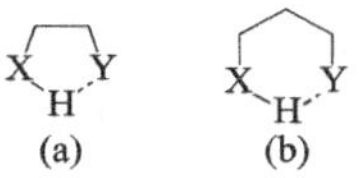

图 1-13 五元环的分子内氢键（a）和六元环的分子内氢键（b）

氢键也有饱和性，这包括两个方面：X—H 通常只能与一个 Y 原子形成氢键，这是因为第二个 Y 再接近氢原子时会受到原有 Y 上电子云的排斥。大多数氢键只是一个氢原子指向 Y，但也有许多例外，如氨晶体中的氮原子可接受 3 个其他氨分子的氢原子，一个水分子的氧原子可形成 4 个氢键。多个共存的氢键会协同作用而使方向性和选择性进一步得到提高。

氢键只是一种静电引力，故不光是电负性强的原子，任何部分的负电荷体系，如富电子 π 键（X—H---π）那样也可接受氢键。近年来，人们还发现了一些以往被忽视的非常规氢键，如 X—H---M（富电子的过渡金属原子）、带电正性的氢原子与带电负性的氢原子间生成的二氢键（X—H^{δ^+}---H^{δ^-}—Y）、H---自由基、H---离子等。氢桥键是一种非定域的多中心的特殊共价键，存在于缺电子原子的氢化物中。模拟自然界的各类人工氢键体系已是一个非常活跃的研究领域。[40]

氢键对分子理化性质和生物体的结构稳定性及生存都有重要的影响，可举例如下。

（1）沸(熔)点和比热容、相态　分子间氢键使化合物的沸点和熔点升高，如，乙醇的沸点（78℃）比其同分异构体二甲醚的沸点（−24℃）高得多。但分子内氢键使化合物的沸点和熔点降低，如图 1-14 所示，形成分子内氢键的邻硝基苯酚的熔点（45℃）比只能形成分子间氢键的同分异构体——间位的（96℃）或对位的（114℃）都低。

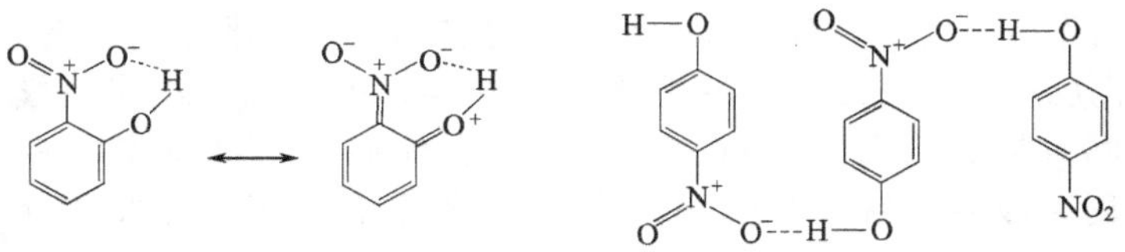

图 1-14 邻硝基苯酚的分子内氢键和对硝基苯酚的分子间氢键

水分子间靠强有力的氢键而缔合在一起，因受热时要消耗能量去破坏分子间的缔合能而有很大的比热容。分子间的氢键对各种液晶相（liquid crystal phase）的形成和稳定性也有非常大的影响。

（2）溶解度　好的氢键给(受)体溶剂一般也能很好地溶解好的氢键受(给)体溶质。如乙醇与水是混溶的，醚与水是微溶的。乙醚的溶解度为8%，但含多个氧原子的醚，如乙二醇二甲醚因分子中具有两个能与水形成氢键的氧原子而能与水混溶。对硝基苯酚和间硝基苯酚都能与水形成分子间氢键，它们的溶解度比其已形成分子内氢键的同分异构体——邻硝基苯酚大。含分子内氢键的物质在极性溶剂中的溶解度比在非极性溶剂中的溶解度小。氨溶于水的第一步就是通过氢键生成水合氨（**1**），水合氨中氮原子的Lewis碱性比水强，夺取氢生成铵离子并电离出羟基离子。THF、CH_3CN、DMSO、DMF和HMPA等极性非质子溶剂都能通过氢键溶解许多极性的有机化合物。

$$NH_3 + H_2O \rightleftharpoons H_3N \cdot H_2O \rightleftharpoons H_3N\text{---}HOH \rightleftharpoons NH_4^+ + OH^-$$

1

（3）酸性　氢键使化合物的酸性产生影响（参见2.1.8）。如，2-羟基苯甲酸的酸性是苯甲酸的17倍，而4-羟基苯甲酸的酸性只有苯甲酸的1/2；2,6-二羟基苯甲酸的酸性（k_a为6×10^{-2}）比磷酸还强。过氧乙酸（**2**）因五元环分子内氢键的生成，酸性比乙酸要弱。

（4）互变异构体　氢键使互变异构体的组成发生变化。乙酰乙酸乙酯因分子内氢键的存在而比一般的羰基具有更多的烯醇式结构（**3**）。

（5）构象　能形成氢键的构象更稳定。如，环己烷上的取代基一般取e键向位，但*cis*-二羟基环己烷（**4**）的稳定构象上两个羟基因有分子内氢键都取a键向位。

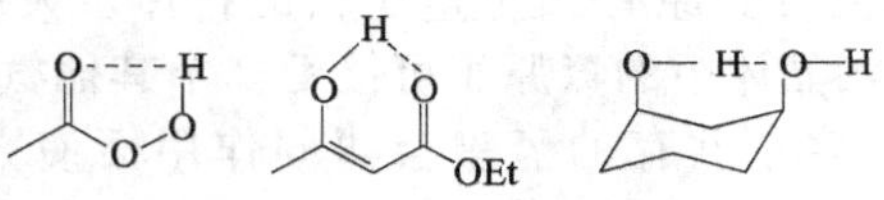

2　　**3**　　**4**

（6）波谱　氢键使分子的谱学数据发生变化。红外光谱中，氢键的存在使O—H、N—H键拉长，力常数变小，振动频率向低频移动，谱峰变宽。如，游离的羟基伸缩振动在3650～3580cm^{-1}处有强而窄的吸收，带氢键的羟基在3500～3200cm^{-1}处有强而宽的吸收；羧酸的羟基在3500～2500cm^{-1}处有强而更宽的吸收。羧酸的羰基伸缩振动吸收在1710cm^{-1}处，而醛、酮羰基伸缩振动吸收在>1720cm^{-1}处。^1H NMR谱中，氢键的存在降低了O、N等原子周围的电子云密度，使该质子的化学位移移向低场。温度或溶剂的改变会影响分子间氢键的生成而引起化学位移变化。此外，分子间氢键的谱峰随浓度增加而增强，但分子内氢键的谱峰强弱与浓度无关，利用这一特性可区分氢键是分子间的还是分子内的。

氢键的存在还使熔化热、蒸发热、相对密度、黏度、表面张力、偶极矩和介电常数等增大。反应溶剂和底物之间的氢键使反应速率降低；与色谱的固定相形成氢键的化合物不易被洗脱。生物大分子的高级结构中，氢键在决定蛋白质、DNA和许多生物大分子与超分子的结构、自组装识别作用及反应过程中都起着非常独特而又关键的作用。氢键促成的手性识别和不对称有机催化反应也有许多成功的报道。2013年，中国国家纳米科学中心的研究团队首次在三维实空间直接观测到分子间的氢键作用。他们在超高真空和低温条件下，通过原子力显微镜观测到吸附在铜单晶表面8-羟基喹啉分子的化学骨架和分子间氢键的高分辨图像。

1.4.3　电荷转移作用

芳烃或重键中的π体系与正离子、极性分子或相互之间都有作用，称π效应。如，二茂铁中就有茂环上的大π芳香体系和Fe^{2+}之间的作用，苯环和水分子之间也存在着π极性作用。当两个分子中的π轨道分别具有能量差不大的HOMO（如对苯二酚中的富电子苯环）和LUMO（如对苯醌中的缺电子苯环）且两者又有适当排列时，电子供体（donor，D）一方的HOMO可向电子受体（acceptor，A）一方的LUMO转移一对电荷并产生较强的π-π相互作用。此时供体-受体间并无新键形成，但化学计量的供体和受体相互均受到稳定作用而生成电荷转移配合物（charge transfer complex，CTC）或称电荷授受配合物（electro donor-acceptor complex，DAC）。[41]电荷转移的程度随供体和受体供、受电荷的能力不同而不同，程度较大时能产生有色的配合物。如，等物质的量的两个原本无色的底物对苯二酚和对苯醌能形成一种称之为醌氢醌（**5**）的配合物；六甲基苯和四氰基乙烯可生成深紫色的配合物（**6**）。

原子、离子也可成为电荷转移配合物中电荷的供体或受体。按照受体类型可以将电荷转移配合物分为如下3类（结构式中宽的虚线指分子间的弱键）。

（1）分子受体电荷转移配合物　如多硝基苯或酚、四氯醌和四氰基取代乙烯等许多缺电子的多取代有机化合物可以与许多富电子的多取代芳香烃、烯烃和胺等化合物形成有一定熔点的固体电荷转移配合物。它们往往都如（**5**）或（**6**）那样形成平面平行重叠。盘状液晶相也是通过平面分子间的π-π相互作用在一维方向上的有序排列而实现的。[42]

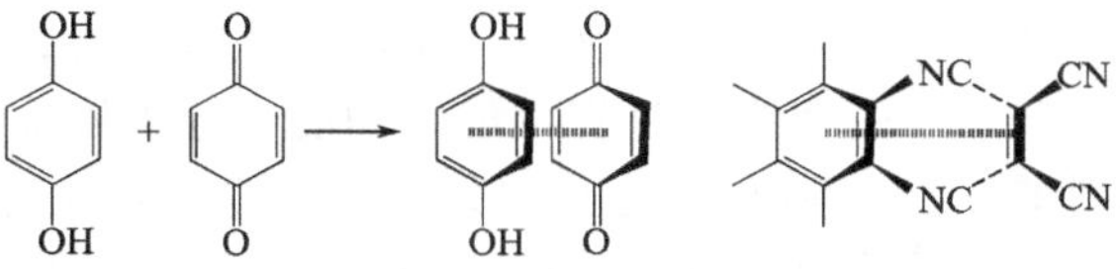

OH　O　OH　O　NC　CN　NC　CN　OH　O　OH　O

5　**6**

（2）离子受体电荷转移配合物　如（**7**）这类配合物的供体常见的是不饱和体系中的π键。受体可以是金属离子或有机正离子，π电子与金属离子的空LUMO重叠，金属离子上的HOMO又向不饱和键上的π^*反馈成键。总的效果仍是整个π体系向金属离子转移电荷。利用有机正离子与π电子产生相互作用形成离子受体电荷转移配合物后，π电子所在部分成为缺电子部分而可用于有机合成。[43]

（3）卤素受体电荷转移配合物　卤素作为电子受体可与具有孤对电子的原子或π电子之间发生与氢键相似的静电作用，称卤键（halogen-bonding）。[44]碘可与氨形成加合物$I_2 \cdot NH_3$；在苯、乙醇或丙酮中呈现不同寻常的紫色，这也是由于碘和这些分子之间发生了电荷转移。溴、碘卤素原子外层轨道扩大后能容纳10个电子，故可接受芳烃、醇、胺和羰基等π或n供体的电荷，如酮羰基上氧的孤对电子与碘之间形成的卤素受体电荷转移配合物（**8**）。卤键在化学和生物的分子识别中也具有相当重要的特殊性。

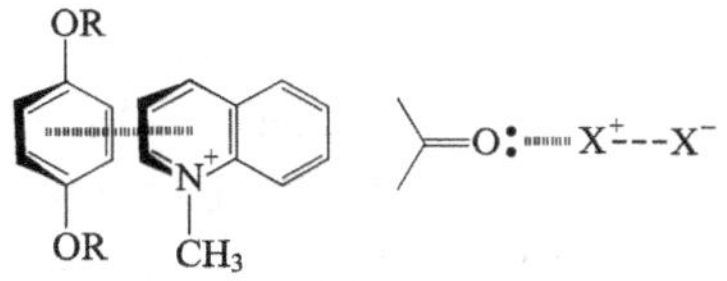

OR　N^+　CH_3　OR　$O: \cdots X^{+} - - X^{-}$

7　**8**

各种不同类型的电荷转移配合物具有各自特有的性质，可用于有机化合物的分离分析工作。如，一些生物碱的UV吸收系数不大，但与碘形成的电荷转移配合物有较大的吸光度，使定性、定量分析的精确度大大提高。某些药物分子在应用时因某些子结构而不够稳定，将其制成电荷转移配合物后在增加稳定性、提高水溶性、改善抗光感性等方面都很有效果。

1.4.4 分子识别和超分子化学

分子识别（moleculer recognization）指两个特定的主体-客体分子间或离子-分子间能基于相互间良好的选择性、方向性和协同性而自发地通过不断重组的配位、断裂和氢键、范氏力、静电等弱识别作用而组装成具明确结构和特定功能的有序复杂的分子聚集体结构，即超分子体系（superamoleculer）。发生分子识别的两个分子的结构和形状是相互匹配的，即有互补性（complementarity）而可产生选择性；同时，受体在结合前会形成能量上更有利的互补结构来适应识别，即有预组织性（preorganization）而可决定识别能力的大小。特定的溶剂-溶质作用也是分子识别的一种类型。基于离子-偶极、偶极-偶极、离子对、盐桥、众多氢键组分和 π 作用力等的分子识别已经是有机化学和生物化学中的一个富有挑战性和迅猛发展的研究领域之一。在分子识别的基础上，创造构筑出全新结构和功能物质的过程又称分子自组装（moleculer self-assembly）。在一定界面上的组装或动态的组装也能形成超分子，但缺少有序性。

超分子体系虽具有完整而又确切的微观和宏观结构，但也会随外界环境的改变而改变。超分子涉及的相对分子质量多在 5000～100000，位于一般的有机化合物和聚合物之间。超分子组成的是最稳定的基态，反应通常是受热力学控制而非动力学控制。生命大分子中的许多反应都是超分子化学过程。物质的性能不光与分子结构相关，也与它们的聚集形式，即超出分子级别的组成形式有关。超分子化学与物理、生物、材料、信息等学科有着极为密切的合作，化学家正努力设计和合成这些类似计算机编程功能的分子体系，在理论性、实际性和美学上都是非常引人注目的。设计和研究这些超分子，可以模拟生命过程，发生类似钥匙-锁的专一性分子间结合，在手性识别、催化反应、相转移反应、分子器件、复杂物质的分离分析和药物设计、制剂，模拟自然界的识别、转化、复原等可循环功能方面已取得许多实质性的成果。[45]

超分子化学概念也改变了化学工作者创造新物质的途径。合成（synthesis）只是一种方法，利用单元之间的非化学键作用组装成有序聚集体已成为另一种令人瞩目的新方法。化学发展至今，创造新物质已以“合成＋组装”，即建造（make）为特征，合成一词在许多场合下已为建造所取代。如，冠醚作为主体，其中的氧原子可以与作为客体的金属正离子产生较强的静电吸引作用。小的冠醚选择小的正离子，大的冠醚选择大的正离子。冠醚的这种分子识别已被广泛应用于相转移催化反应（参见 1.5.6）并发展出一系列新颖的穴醚、大环多胺和三维的冠醚族。冠醚本身是一个大环，合成冠醚时需将长链的两端接近并不容易，此时加入金属正离子往往可大大加速反应并提高产率。这也是一种特殊的分子识别，称模板效应（template effect）。

某些分子具有较大的多为类似隧道的槽形或笼形的空间结构而能成为空间供体，另一些被称为空间受体的分子则能占据空间供体的空间，两者可组成包结配合物。组成包结配合物的供体和受体分子的化学计量不必相同，它们之间没有化学键存在，依靠范氏作用力、静电引力、氢键和配位键而结合在一起。能否形成包结配合物主要与分子的形状和大小有关，化学性质和电子效应的影响相对不大。如，结晶态尿素有一个筒状螺旋体，内有一个宽度达 0.5nm 的空腔通道，正好可以容纳如正辛烷和反丁烯二酸二丁酯一类直链的化合物形成结晶态包结配合物，带支链的同分异构体如 2-甲基庚烷和顺丁烯二酸二乙酯则因空间不匹配而进不了该通道。由 6 个、7 个或 8 个互为椅式构象的 D-(＋)-吡喃葡萄糖单元以 α-1,4-苷键成环可形成环糊精（cyclodextrin，CD），它们分别被称为 α-环糊精（**9**）、β-环糊精和 γ-环糊精。环糊精分子呈截顶圆锥的笼状结构，兼具内腔疏水和外壁亲水的特性。葡萄糖单元上的羟基指向有一定规律，腔内的 α-1,4-苷键使电子云密度较高，复曲面形成一个疏水性的中心空穴；腔外则因羟基的存在而具亲水性。由 m 个葡萄糖单元组成的环糊精分子有 $5m$ 个手性中心，形成独特的手性环境而能成为具优异立体选择性的主体分子。环糊精的腔内外对各种不同大小和形状的有机分子表现出不同的亲和性，当两者的大小和形状匹配时就能产生很高的亲和性而形成稳定的包结配合物（参见 3.11.3）。此时环糊精在水相中能像酶一样作为主体分子为客体底物分子提供一个疏水环境，通过羟基与底物的各种弱相互作用而起到催化作用。但冠醚和环糊精的空穴体积和疏水特性不易修饰改变。化学家们又设计合成了许多种类繁多的功能大环供体化合物。如，由 4～8 个 4-取代苯酚与甲醛缩合而成的杯（柱）芳烃[calixarene（pillararene），**10**] 分子的洞穴内部是苯环电子云集中区域，杯的下部是开口较大的疏水性烃基部分，上部则是开口较小的亲水性羟基部分。空腔大小易于调节的杯芳烃具有模拟酶功能，分子又易于进行官能团的衍生化，**10** 和由多个苯环在 1,4-位以亚乙基或杂原子相连而成的环番（cyclophane，**11**）被称为继环糊精和冠醚之后的第三代主体超分子化合物。[46] 它们基本上都是以特定形状的空腔、不同大小及形状的取代基和非键作用力等因素对受体产生不同的识别功能。

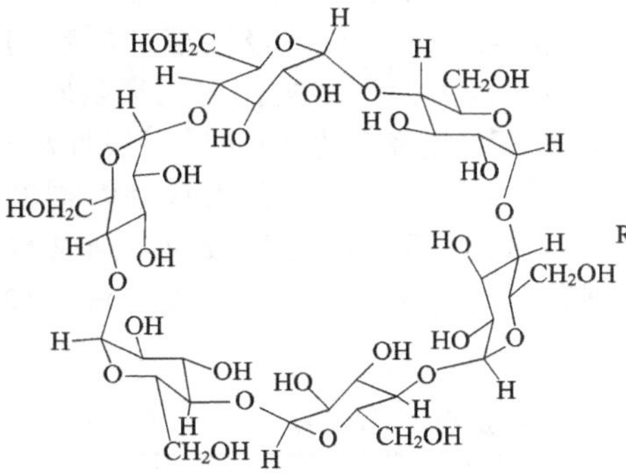

R: ^{i}Bu

9 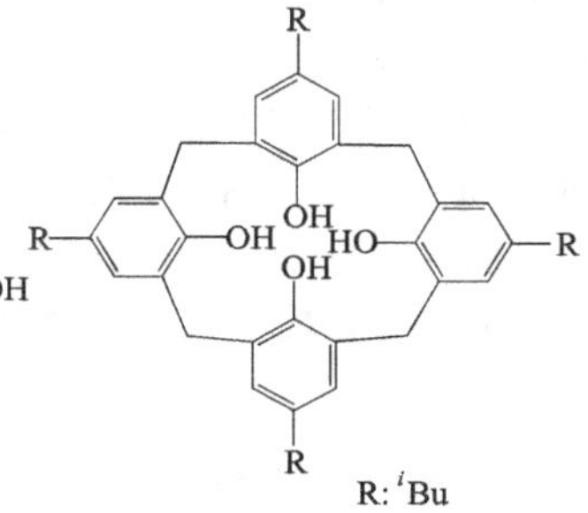　　**10** 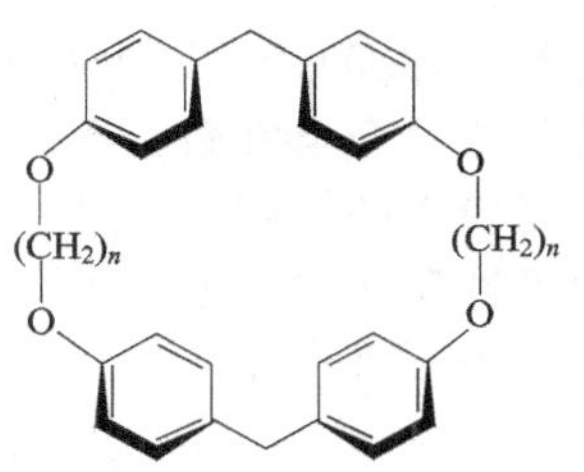　　**11**

1.5　溶剂和溶剂化效应

大部分有机反应在溶剂中进行，了解溶剂的特点及其对反应的影响无疑是非常重要的。合适的溶剂对环境的污染小，在溶解溶质的同时使反应体系均匀分散而易于流动和传热传质，保证反应的可控性，同时还能对反应机理提供线索。有机化学中的溶剂分子间的作用及溶剂溶质间的作用主要依靠氢键、偶极-偶极、电荷转移及范氏引力的影响，这与许多生物体系中出现的主体-客体间的作用是非常相似的。

1.5.1　溶剂的分类

绝大部分溶剂是液态的。液态可定义为一种在分子间保持高度内聚作用且分子序列不断快速变化而介于高度有序和完全无序之间的物质形态。溶剂常被分为含有一个连接在 O、N、S 等杂原子上的氢原子从而可与溶质或其他溶剂分子形成氢键并能快速发生氢原子交换的质子性溶剂（protic solvent）和氢原子全部与碳原子相连的非质子性溶剂（aprotic solvent）这两大类。反应体系中的溶剂又可分为电子供体溶剂或电子受体溶剂。如，水在卤化氢的加成反应和卤代烃的 S_N1 中可作为电子供体稳定卤素负离子；HMPA 可作为电子受体稳定格氏试剂中的卤化镁而促进烷基的亲核活性。此外，溶剂还可从结构、酸碱性或按照如熔点、沸点、蒸气压、蒸发热、折射率、密度、黏度、表面张力、偶极矩、电导率、极化度、相对介电常数（relative permittivity，ε）等宏观性质的物理常数的大小进行分类。以

Bronsted 酸碱性分类的如表 1-10 所示。

表 1-10 常见溶剂的相对 Bronsted 酸碱性

类别	酸性	碱性	实例
中性	+	+	H_2O,ROH,PhOH
生质子	+	—	H_2SO_4,RCO_2H
亲质子	—	+	RNH_2,$RCONH(R')_2$
偶极亲质子	—	+	DMF,DMSO,THF,Et_2O,Py
偶极疏质子	—	—	CH_3CN,CH_3NO_2,$(CH_3)_2CO$,R_2SO_2
惰性	—	—	RH,PhH,RCl

注："+"和"—"分别表示比水的酸碱性强或弱。

介质在静电场中产生的分离电荷或称极化或偶极定向的能力可以用介电常数来衡量。通常所称的介电常数是介质的介电常数和真空的介电常数之比，故实际上是相对介电常数。相对介电常数又称电容率，是一个没有单位的参数。大的分子偶极矩、大的可极化性和强的氢键结合能产生大的相对介电常数，能更有效地屏蔽极性分子两端的引力或斥力。相对介电常数大（$\varepsilon>15$）的溶剂可作为离解性溶剂，称极性溶剂（polar solvent），极性溶剂所带的部分电荷可降低溶质的有效电荷，从而削弱其相互间的引力或斥力。许多极性溶剂都是质子性溶剂，如 DMF、DMSO 和 HMPA 等既有极性又不带活泼氢的溶剂称偶极非质子极性溶剂。溶剂相对介电常数小于 15 的称非（无）极性溶剂（nonpolar solvent）。取代基对溶剂的极性有较大的影响（参见 1.3）。加入离子盐可影响极性溶剂的性质而产生盐效应，通常也会使极性反应的速率加大。以相对介电常数的大小为溶剂分类也是用得最多的分类方法，如表 1-11 所示。[47]

表 1-11 常见溶剂的相对介电常数（ε）和偶极矩（μ，D）

非极性溶剂	ε	μ	极性溶剂	ε	μ	极性溶剂	ε	μ
C_6H_{14}	1.9	0	BuOH	17.5	1.8	MeOH	32.7	2.9
CCl_4	2.2	0	^{i}PrOH	19.9	3.1	CH_3CN	35.9	3.5
C_6H_6	2.3	0	PrOH	20.4	3.0	CH_3NO_2	35.9	3.6
Et_2O	4.2	1.2	Me_2CO	20.6	2.7	DMF	36.7	3.2
$CHCl_3$	4.8	1.0	NH_3	22	1.5	DMSO	46.5	4.1
EtOAc	6.0	1.8	EtOH	24.5	1.7	HCO_2H	58.5	1.8
CH_3CO_2H	6.2	1.7	HMPA	29.3	4.3	H_2O	78.4	1.8
$(CH_3OCH_2)_2$	7.2	1.7				$HCONH_2$	111	3.37
THF	7.6	1.7						
CF_3CO_2H	8.6							
CH_2Cl_2	8.9	1.1						
^{t}BuOH	12	1.7						
C_5H_5N	12.9	2.2						

分子的极性和大小含义与溶剂的不同。分子的极性可以用偶极矩来定义，偶极矩为零的分子是没有极性的，偶极矩愈大分子的极性也愈大。甲苯($\mu=1.24\times10^{-30}$C·m)是极性分子，但属非极性溶剂（$\varepsilon=2.38$）。溶剂和溶质之间的作用大小除了与它们的电荷分布、体积、形状有关外，也和偶极矩密切相关。但单从介电常数或偶极矩来比较溶剂的极性都有一定的片面性，故可采用静电因子（$\varepsilon\mu$），即介电常数和偶极矩的乘积值作为度量溶剂极性的

一种指标。静电因子在 2 以下的为烃类溶剂；2～20 的为电子供体类溶剂；15～50 的为质子性极性溶剂；大于 50 的为非质子性极性溶剂。

1.5.2 绿色溶剂

据统计，污染环境的挥发性有机化合物（volatile organic compounds，VOCs）中溶剂占 35%，废物中溶剂占 85%。根据绿色化学的要求可将常见溶剂分为绿色、红色和橙色三大类，如表 1-12 所示。绿色和红色分别代表推荐的和不建议应用的，橙色表示若找不到绿色替代物时可谨慎使用的。

表 1-12 绿色、红色和橙色的溶剂①

绿色溶剂	红色溶剂	橙色溶剂
水，丙酮，乙醇，正丙醇，异丙醇，乙酸乙酯，乙酸异丙酯，甲醇，丁酮，正丁醇，叔丁醇	戊烷，己烷，异丙醚，乙醚，二氯甲烷，1,2-二氯乙烷，氯仿，DMF，*N*-甲基吡咯烷-2-酮，吡啶，1,4-二噁烷，1,2-二甲氧基乙烷，苯，四氯化碳	环己烷，庚烷，甲苯，甲基环己烷，甲基叔丁基醚，异辛烷，乙腈，2-甲基四氢呋喃，THF，二甲苯，DMSO，乙酸，乙二醇

① Alfonsi K.，Colberg J.，Dunn J.，Fevig T.，Jennings S.，Johnson T A.，Kleine H P.，Knight C.，Nagy M A.，Perry D A.，Stefaniak M. *Green. Chem.* **2008**，10：31.

绿色溶剂（green solvent）指环境友好的反应溶剂，绿色溶剂的研制和开发应用是非常重要而又极富价值的课题。如，水、超临界二氧化碳和可再生的是较满意的替代物；碳酸酯、多羟基化合物、离子液体、全氟烃溶剂及可开关的溶剂（switchable solvent）等也是可考虑的。[48] 最好的溶剂实际上是无溶剂，无溶剂的固态负载的固相反应或无载体、无溶剂和无催化剂的反应也已有许多成功的报道。[49] 当然，无溶剂的反应能应用的并不多，有些还有爆炸的隐患。

1.5.3 溶解性

亲水性和疏水性是两个对立的概念，可采用水中的溶解度或在正辛醇-水体系中的分配系数来描述。含有多于一种物质的均相液体称溶液（solutions），由溶质（solutes）和溶剂（solvents）组成，组分少的称溶质，组分多的称溶剂，它们都可以是单一的物种或混合物。溶质成分很小的称稀溶液。固态物质的溶解度（solubility）有热力学溶解度和动力学溶解度之分。热力学溶解度指饱和悬浊液在一定的溶剂、温度及压力下的平衡态浓度，是固态物质固有的物理性质，又称平衡溶解度。通常利用在 DMSO 溶液中测定浊度的方法得出的动力学溶解度是新药研究中常用到的方法，指尚未到达热力学溶解度时的溶解度。动力学溶解度受晶型的影响较大，低熔点的一般较大且易成为过饱和状态。

在考虑或选择溶剂时常作为首选指导性的相似相溶（like dissolves like）原则认为，低或高极性溶剂可分别溶解低或高极性溶质，结构上有相同（似）官能团的是相溶的。但这个已有 100 多年历史凭经验提出的预估方法能实际应用的非常有限。如，甲醇与苯、乙醚与苯胺、氯仿与聚苯乙烯、水与 DMF 在结构上虽无相同之处却是互溶的；聚乙烯醇不溶于乙醇；聚丙烯腈不溶于丙烯；水的极性很大却不能溶解大多数极性有机分子；非极性的 CCl_4 的可极化性也大而能溶解许多极性分子。25℃时，乙醚在水中的溶解度为 15mg/g，而水在乙醚中的溶解度为 60mg/g。

溶解的操作和反应溶剂的选择并不简单。溶解实际上是涉及多种影响因素的一个复杂的热力学和动力学过程。当溶质分子与溶剂分子间的相互作用，如离子间和偶极间的静电作用、π 效应、疏水效应、软硬匹配（参见 2.2.4）等大于溶质之间和溶剂之间的这些相互作用时，该溶质就能溶解于该溶剂之中。[50] 如，好的氢键供体或受体的溶剂一般也能溶解能形成氢键的溶质（参见 1.4.2）。但溶解性还受到如溶质的相对分子质量、扩散性；溶剂、溶质及其形成溶液后的稳定性；溶质分离和进入溶液的速率控制等热力学和动力学因素的影响。高温一般有利溶解，但并不总是如此。如，室温时三乙胺在水中的溶解度远比0℃时小。实际上不少反应体系应用的是混合溶剂，如聚氯乙烯不溶于丙酮或二硫化碳，但可溶于丙酮或二硫化碳组成的混合溶剂中。两种溶剂混溶后的液相体积有的符合加和性，也有的变得增大了或减小了；多层互不混溶的液相体系也有不少。3份浓硝酸和1份浓盐酸组成的王水可以溶解金属金，由吡啶和氯化亚砜组成的有机/无机混合物也可溶解金、银、钯等金属，但不溶解铂。估计是经吡啶活化的氯化亚砜易使这些贵金属离子化。调整吡啶和氯化亚砜的相对比例能影响溶解特性。这一新发现可应用在电子工业等材料领域，如，从印刷线路板中溶出某种贵金属。

1.5.4 溶剂化效应

溶剂常被当成惰性载体处理，认为其仅以被动的方式，如作为一个质子供体等来参与反应，但实际上溶剂的极性、氢键、酸碱性、配位能力及其与溶质分子间的相互作用等对于化学平衡、反应速率以及反应机理均会产生重要的影响。溶质分子在溶剂中被溶剂分子或紧或松地包裹起来的现象称溶剂化效应（solvation）。[51]溶剂为水的溶剂化效应又称水合作用（hydration）。溶剂化过程通常是放热的且使体系的有序度增加。溶质-溶剂的相互作用状况与底物分子的结构、大小、电荷的非定域化和氢键等多种因素都有关，涉及两者之间一切相互作用力（库仑力、定向力、诱导力、色散力、氢键、电荷转移等）的总和。但引起溶质发生化学变化的作用，如质子化、配合、氧化还原等过程不属溶剂化范围。

各种溶剂对溶质底物、过渡态、中间体和产物的溶剂化效应都不尽相同，某些情况下溶剂化效应要比分子结构产生的影响还要大。如，在溶剂化能力不同的溶剂中酸的酸性是不同的（参见2.1.8）；在极性非质子性溶剂中许多负离子的亲核活性得到增强；两可亲核试剂在极性不同的溶剂中有不同的反应取向；非极性溶剂的偶极矩小，没有氢键，不能对电荷分离提供稳定效应，故在非极性溶剂中进行涉及电荷分离过渡态的反应是不利的；叔丁基氯的相对溶解速率在水相中比在乙醇中快10^4倍；卤代烃在极性大的溶剂体系中易进行亲核取代反应，在极性小的溶剂体系中则易进行消除反应；环加成反应的产率、位置选择性和立体选择性都与溶剂有关。如式(1-13)的两个反应所示，异丙基溴代物在60%乙醇-水相体系中反应得到几乎等量的消除产物和溶剂解产物，在无水乙醇体系中反应则仅得到溶剂解产物异丙基乙基醚。混合溶剂产生的溶剂化效应则更为复杂。

$$R_2CXCHR'_2 \xrightarrow{KOH/H_2O} R_2C{=}CR'_2 + R_2C(OH)CHR'_2$$
$$R_2CXCHR'_2 \xrightarrow{EtOH} R_2C(OEt)CHR'_2 \qquad (1\text{-}13)$$

尽管溶剂化效应的概念已常常用来解释一些实验现象，但目前仍缺少通用的能定量预测的基本理论。

1.5.5 水相反应体系

水因纠缠在一起的氢键和范氏力而有高度复杂的多样性结构。如，已发现水有16种不同的结晶冰、3种非结晶冰和−157℃下的液态水。水具有疏脂性，故有机反应通常使用来源于原油的碳基溶剂（carbonbased solvent），并且还要设法除去反应体系中出现的水。许多有机溶剂是碳基溶剂，它们绝大部分易燃、有毒，有挥发性而方便去除的同时也易于散播于大气层而产生各种污染环境和有害健康的问题；废弃有机溶剂的处理也是颇为棘手的一大难题；用毒性较小的甲苯、环己烷等替代毒性较大的苯为溶剂仅可改善这一情况。水作为一个被自然界和生物体所应用的天然最佳溶剂，资源丰富、价廉、不燃、无毒而成为替代有机溶剂的首选。实际上第一个有机反应，即Wohler得到尿素的反应就是在水相体系中进行的。Breslow在20世纪80年代发现式(1-14)所示的Diels-Alder反应在水相体系中要比在四氢呋喃中快 700 倍，*endo*-产物（**1**）：*exo*-产物（**2**）在水相体系中是 21：1，在四氢呋喃中则是 4：1。[52]

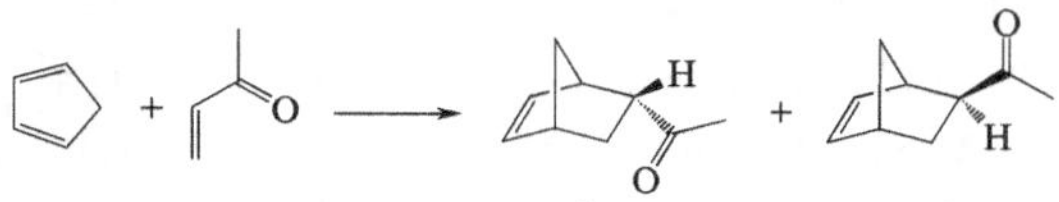

(1-14)

如式(1-15) 所示的烯丙基化金属有机反应也可在水相体系中进行：

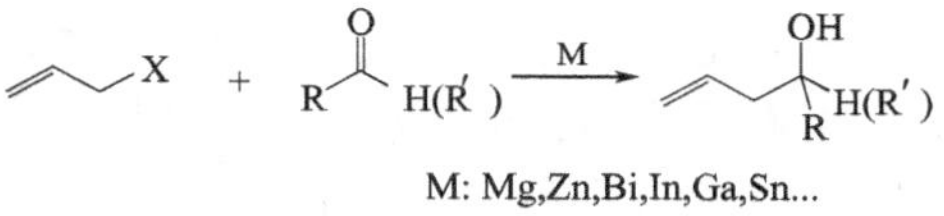

(1-15)

M: Mg,Zn,Bi,In,Ga,Sn...

Lewis 酸是有机反应中最为普遍存在和广为应用的催化剂，通常要求严格的无水条件，因为常见的 Lewis 酸与水的反应速率远大于其与有机底物的反应速率。一些稀土元素的 Lewis 酸，如 $Bi(OTf)_3$ 和 $Ga(OTf)_3$ 本身与水要反应，但它们的有机碱配合物在水相中是稳定的而可应用于水相体系。当有机碱具有手性时，还可实现水相中由 Lewis 酸催化的不对称反应，如式(1-16) 所示（式中 $^*L$ 是手性配体）。

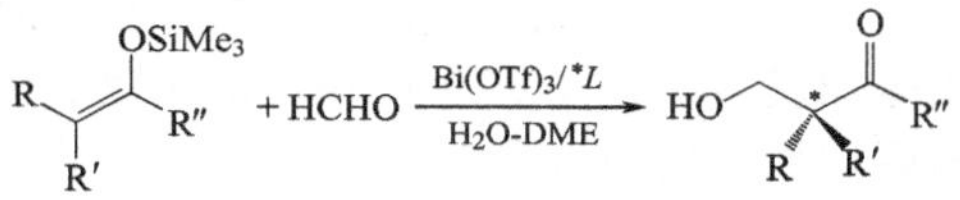

(1-16)

水相体系中进行的有机反应大大简化了实验条件，某些反应更兼有快速、高选择性等优点。许多在水相体系中进行的有机反应能产生意想不到的结果。如式(1-17) 所示的 Claisen 重排反应分别在甲苯、甲醇和水相中进行生成重排产物（**3**）的产率各为 16%、56%和定量；以等物质的量比例混合的两个环加成反应底物在室温无溶剂参与下，经 2 天反应得到产率 85%的环加成产物（**4**），而在水参与的异相环境下同样的反应只需 10min 即有 82%的产物生成。

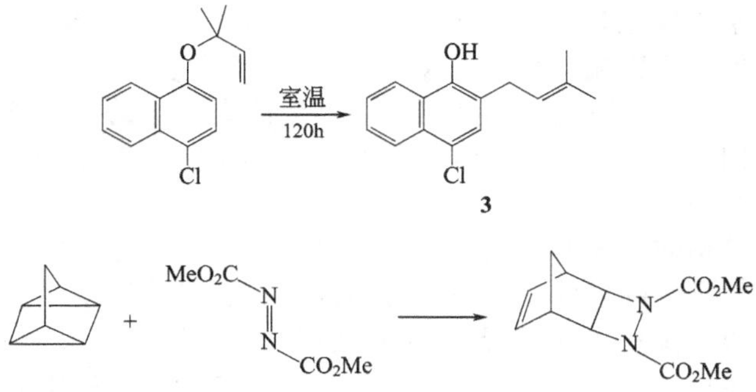

(1-17)

有机底物之所以难以在水相中反应，除了与水反应外，主要是不能形成溶液的关系，但有时有机分子“浮”在水表面进行反应时效果会更好，称水上效应（on water effect）。剧烈搅拌下，非极性的有机化合物处于水环境中与极性的水因疏水效应保持最小的接触表面并乳化起泡而聚集在一起，为此更易到达过渡态并加速实现反应平衡。1992 年度诺贝尔化学奖得主 Marcus 通过计算机模拟提出，在大块溶剂相中，水分子都被约束在复杂的氢键网络中，但在乳化的有机溶剂表面的水分子层上，氢原子突出在外、悬挂于有机底物上而没有参与氢键，从而起到了异相催化反应的效果。[53]

此外，水还是一个极佳的热吸收剂，有利于放热的反应过程。水还可以消除羟基、氨基等质子性官能团对反应的干扰，减少额外的保护、去保护等反应步骤。超热水表现出优异的理化性质：可溶解非极性材料而不溶解盐；305℃时可与苯混溶。除了学术界外，工业部门利用水相体系来操作有机反应也已日益完善。如，甲基丙烯酸酯聚合反应由悬浮聚合已改为以水为分散剂的乳液聚合；辉瑞（Pfizer）公司生产神经中枢用药普瑞巴林（Pregabalin，商品名 Lyrica ®）［(*R*)-2-氨甲基异戊酸］的工艺中用到的每一步反应都在水相体系中进行，关键的一步则是由酶催化的水相反应完成的。人们仍在继续努力探索扩大水相体系下的有机反应及其在全合成反应中的应用。缩短反应路线，减少保护、去保护和不能有水存在的反应步骤，更多运用酶催化的生物反应是一个方向。化学家们使用有机溶剂来进行反应已有 200 多年的历史，可谓得心应手，积累了相当多的经验。但水相体系下发生的有机反应才起步不久，还有许多理论和实践问题，污水的处理也是一个不容忽视的问题。

1.5.6　相转移催化

相转移催化技术具有促进反应速率、提高选择性、低能耗、可使用价廉的绿色溶剂等优点，已广泛应用于如亲核取代和氧化等众多有机反应及 600 多个工艺流程中。[54]常见的相转移催化反应是将反应负离子从一个相态带入另一个反应的有机相。相转移催化剂主要是季铵盐、季鏻盐、冠醚及聚氧乙烯（polyethylene glycol，PEG）。许多场合下这些催化剂的效果差别不大，选择时需考虑价格、来源和亲脂-亲水性的平衡等因素。此外，带长烷基链的季铵鏻盐有较好的亲脂性而能增加反应负离子在有机相中的浓度；季鏻盐对热和碱的稳定性较季铵盐好。各种冠醚的选择要根据反应负离子的配对正离子来定。聚氧乙烯是相对价廉的冠醚替代物，但因有终端羟基而催化效果稍逊。相转移催化的效果涉及反应负离子、催化剂和溶剂体系。一些负离子的相对亲脂性强弱有如下次序，但不同的配对正离子也可改变此次序：苦味酸根 $> MnO_4^- > ClO_4^- > SCN^- > I^- \sim ClO_3^- \sim$ 对甲苯磺酸根 $> NO_3^- > Br^- > CN^- \sim BrO_3^- \sim PhCO_2^- > NO_2^- \sim Cl^- > HSO_4^- > HCO_3^- > AcO^- > F^- > OH^- > SO_4^{2-} > CO_3^{2-} > PO_4^{3-}$。

1.5.7　其他反应介质

除了有机溶剂和水相体系外，混合溶剂、含氟流体、离子液体（参见 4.4）、固相无溶剂体系和超临界流体等也都已成为合成反应的介质。[55]含氟流体主要是一些黏度小、相对密度大、化学稳定性好、无毒、不会破坏臭氧层或产生温室效应的全氟碳化物（perfluorocarbons）或多氟烃。它们可溶解氧气等气体，但不与大部分有机溶剂混溶，是非常有潜在应用价值的反应介质。

一个气液共存的平衡体系经升温加压后液体的密度降低，气体的密度增加，至气液两相密度相等时相态归一而到达临界状态。临界态的温度、压强和密度称临界温度（T_c）、临界压强（P_c）和临界密度（ρ_c）。常压下无溶剂的气相催化反应中，反应分子和催化剂直接碰撞，反应速率快。液相反应中，溶剂分子常与催化剂内的金属活性中心结合使催化剂稳定，故反应有较好的选择性，但反应速率不快。临界态下物质的相对密度、极性、黏度、扩散系数和溶解性等物理常数都有变化而能改变其溶解性和扩散性等特性。超临界流体（super critical fluid，SCF）是处在临界温度及临界压力以上的状态，兼具气态的黏度、液态的溶解度和很高的传质速率，因而能保留气相的高反应活性和液相的高选择性优点，作为反应溶剂及分离提取体系已在生产实践中取得很大的成功。水在近临界（150～350℃）状态和超临界（T_c＝374℃，P_c＝21.8MPa）状态下，其相对介电常数由 78.5 分别下降为 27.1 和 5.9，成为准有机溶剂而可溶解许多有机化合物。反应后冷却，有机产物的溶解度变小而自然分离。中性的超临界水能溶解许多包括烷烃在内的有机化合物，还能像魔酸一样溶解铂、铱、钯等贵金属。无毒、不燃、流动性好、易循环使用且又价廉的超临界流体二氧化碳（$T_c=304.2K$，$P_c=7.39MPa$，$\rho_c=0.468g/mL$）作为分离介质和反应介质已有许多成功的应用，它还能代替氟利昂作为各种材料的发泡剂及油漆、涂料的喷雾剂。超临界甲醇（$T_c=239℃$，$P_c=8.1MPa$）除具有独特的理化性质外，还兼具反应介质和反应物的作用。[56]

1.6 有机反应

化学反应后在一个或几个底物分子的结构间原子的连接次序和立体取向重新分配，还涉及能量的变化。大部分有机反应涉及双电子的极性反应，小部分涉及单电子的自由基反应。阅读文献中的反应方程式时要注意箭头左右或上下记载的底物、计量或催化量的试剂、催化剂、溶剂及未标示的溶剂、副产物、盐、水、气体小分子产物的存在。此外，反应结束后需经酸性水相处理才能得到产物的操作，在反应方程式中通常也是未被标示的。有些方程式包含多个先后参与反应的试剂，可能是最后才作后处理，也可能每个试剂反应后都需后处理操作。

1.6.1 类型

一般将有机反应的反应物中提供含碳成分的称底物（substrate，S），其他成分则称试剂（reagent，R）、催化剂或溶剂。有机反应可分为一步（one-step）就完成的和多步（stepwise）才完成的两大类。反应过程中新键的生成和旧键的断裂同时发生，反应只有一个过渡态而没有正离子、负离子或中性的自由基、卡宾等中间体过程的一步完成的反应称协同反应（concerted reaction）。[57]多步完成的反应则有中间体（intermediate，I）生成。从有机反应的实质就是旧键的断裂和新键的形成这一角度来分析，可以把有机反应分为均裂反应（hemolytic reaction）、异裂反应（heterolytic reaction）和协同反应3类。从底物和产物的因果关系出发，所有的有机反应又可以被归纳为取代反应（substitution）、加成反应（addition）、消除反应（elimination）、重排反应和氧化或还原反应5大类。许多有机反应不是单纯地进行某一特定类型的过程，更多的是上述几种反应的组合，如先发生了加成，随后又消除了……

1.6.2 成名反应、试剂和缩略词

有机化学在某种程度上是一个高度依赖于个人创造能力并一直保持着不断创新和发展的特色学科，它的进步在很大程度上也正在于发展或应用着200多年来由许多伟大的科学家所发现或发明的新反应、新试剂。在近代有机化学的发展过程中，人们已习惯于用发现或发明新反应和新试剂的化学家的名字来命名相关的这些新反应和新试剂，即产生了成名反应（name reaction）和成名试剂或称人名反应和人名试剂。如，描述卤代烃与金属镁反应的格氏反应（Grignard reaction）及所得的格氏试剂（Grignard reagent）；描述卤代烃与三苯膦反应的Wittig反应及所得的Wittig试剂等。还有一些命名是反映反应或试剂特色要点的术语来给出的。如，Claisen重排反应（Claisen Rearrangement），烯烃复分解反应（alkene metathesis）等。现在更多的有机化学中文出版物在提及西文人名时也不再将西文人名译为中文人名，这对读者能更好地熟悉西文出版物的用语，避免翻译中出现的随意性和不统一给读者带来的混乱和困惑是有好处的。缩略词（abbreviations）则是为了方便书写、交流而对一些命名用词（字）较多的试剂或反应取英语词汇中的前几个或词组中每个单词的第一个或几个字母的组合来予以命名、使用的词汇。[58]

有机成名反应、试剂及缩略词既是有机化学学科的一大特色，又占有机反应的核心重要地位而在教科书和科研文献中被广为使用。现代有机化学在19世纪开始发展起来后，成名

反应、试剂及缩略语也就随之产生并一直在不断增加。一个反应和试剂能否冠以成名或缩略语并无定论和严格的标准要求，但通常是与它的重要性、新颖性及应用上的广泛性密切相关的，成名也主要依据发现者或有重要贡献者或反应的特点而给出。绝大部分成名反应、试剂是人名反应和人名试剂，其中有不少冠名者获得过诺贝尔奖，也有少数是公司单位的名称或发现者所在单位所处的地名。迄今为止，尽管难以确切统计，大概有近千个成名反应和试剂曾被提及或应用过，为人们广为熟知和应用的也有几百个。有些成名反应和成名试剂随着时间的推移因各种原因而失去应用价值后逐渐被人们所淡忘，有些则由于后人的改进工作而更趋完善，所冠的成名也有变化或增加。缩略语的应用则相对随意性稍大一点，各个文献资料所使用的也不尽一致。

成名反应、试剂及缩略词在有机化学中的应用极为重要而普遍，对此不熟悉不了解的人是难以从事有机化学工作的，也不可能去理解他人的工作成果或读懂相关文献资料。毫无疑问的是，要学好有机化学，熟悉成名反应和成名试剂及缩略语是一个基本要求；要做好有机化学，掌握更多的成名反应和成名试剂及缩略语就是一个素质要求了。

1.6.3 电子源（坑）和电子移动的弯箭头符号

有机反应是电子移动的结果，旧键的断裂和新键的形成都涉及成对电子或单电子的得失和移动过程，正确认识和描述这些过程是理解有机反应和提出反应机理的基础。电子对或单电子在反应过程中的流向移动可用弯箭头［doubled headed (curved) arrow］"↷"或钓钩 (single headed arrow；fish hook) "⇀"来分别给出。箭头的尾巴指出电子移动的来源，即电子源 (electron sources) 所在地，箭头的头部指向电子移动的终端目标，即电子坑 (electron sinks) 所在地。[59]

常见的电子源包括如下 6 种。

① 杂原子上的孤对电子，如 X^-、HO^-、RO^-、R_2O、R_3N、R_2N^-、RCO_2^-、RC(O)R(OR,NR_2)、R_2S、RS^-、NH_2^-、CN^-、N_3^-、R_3P、R_2Se 和 RSe^- 等。

② 有机金属试剂中的富电子烷基基团，如 RMgX、RLi、$R_2CuLiRC{\equiv}C^-M^+$ 及原位生成的 EtO_2CCH_2ZnBr 等。

③ 负氢试剂中的 H^-，如 $LiAlH_4$、$NaBH_4$、NaH、KH、BH_3 等。

④ 有张力的 σ 键，如环丙烷。

⑤ 与带有孤对电子的杂原子相连的烯基、炔基等重键因共振效应而在 π 键上带有负电荷，如烯醇、烯胺的 π 键和苯酚、苯胺之类芳环上的富电子 π 键。

⑥ 碱金属、硫和低价金属离子等还原剂。

一般的 C—C σ 键不会发生反应，但若有足够亲电性的电子坑存在时，无张力的 σ 键也会成为电子源，如碳正离子的重排。可以看出，亲核物种都是电子源，因为它们提供电子到正性的原子上，但电子源并不都是亲核物种。如，烷氧基夺取羰基的 α-H 生成烯醇负离子的反应中烷氧基、C—H σ 键和 C═O π 键都是电子源，但 C—H σ 键并不是亲核的。

常见的电子坑包括如下 5 种。

① 具空轨道的物种，如碳正离子，含 Al、B 的 Lewis 酸和过渡金属试剂上的过渡金属等。

② 酸性氢，如无机酸、羧酸、水、醇、胺和炔基上的氢等。

③ 弱的 σ 键，如卤素、次卤酸、臭氧、过氧化物中的 σ 键等。

④ 极性 σ 键上的烷基碳，如 RX、ROTs、ROH_2^+ 等分子中连在 X、OTs 或 OH_2^+ 上的碳原子。

⑤ 极性 π 键，如 $R_2C(O)$、RCN、RC(O) X(OCOR，OR，NR_2)、α,β-不饱和羰基化合物上的 β-碳等。

亲电物种就是电子坑，但电子坑是一个可以接受负电荷并相对稳定的一个原子，未必一定是亲电物种。CN^- 与羰基反应，电子源是 CN^- 上的碳，电子坑是极化羰基上的碳，但反应并不是两者之间简单的成键，不然，羰基上的碳要成为 5 价了。故接受进攻后，羰基碳上必有一根键要断裂，这里是羰基 π 键打开，羰基氧原子变为电子源。带负电荷的氧通常是稳定的，故该反应能够顺利进行。

电荷守恒规则（conservation of charge rule）指出，每一步有机反应前后的电荷总量是不会变化的。也就是说，若一个负性亲核物种加到中性化合物上，产物必定也是负性的；若一个负性中间体失去一个离去基团生成中性产物，则离去基团必带负性；若一个中性物种裂解，产物或者都是中性的或者一个是正性的，另一个是负性的。若发现反应前后的电荷总量发生改变了，则肯定有什么地方的讨论出错了。

在讨论或表述电子移动或共振结构时注意如下一些易犯的差错：

(1) 误用弯箭头和钓钩符号　弯箭头表示一对电子的移动，钓钩表示一个电子（单电子）的移动，两者不可混淆。

(2) 误用共振结构式之间的双箭头符号　共振结构式之间要用双箭头符号“⟷”，不可用等号“═══”或表示可逆反应的符号“⇌”。

(3) 弯箭头或钓钩的头尾指向颠倒或无理　电子而非原子从箭头的尾巴流向箭头所在地，是成键或未成键电子流向另一个正性点或能接受电子的点。弯箭头或钓钩的头尾指向颠倒也就错误地给出了电子源和电子坑。芳香硝化反应中如 **2** 所示的模式是不合理的，应如 **1** 所示。失去质子形成 π 键的反应中如 **4** 那样箭头无理指向的模式也是不正确的，应如 **3** 所示。

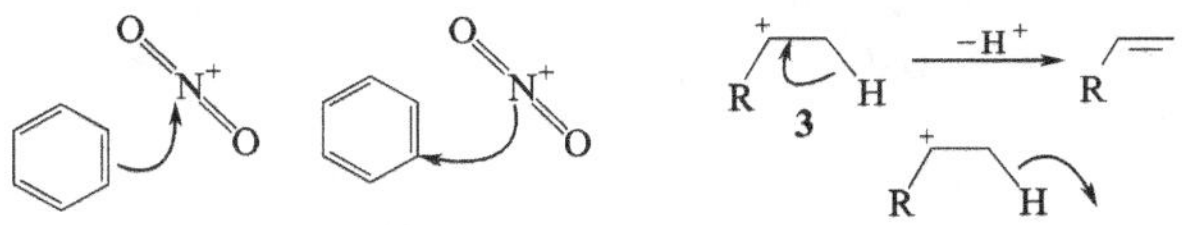

(4) 漏缺弯箭头　电子移动才能导致键的形成、断裂或电子的得失。如下面一个 E2 反应过程中，若遗漏中间一个弯箭头，则双键无从产生，氢原子上无键断裂，必是一个不合理的过程。

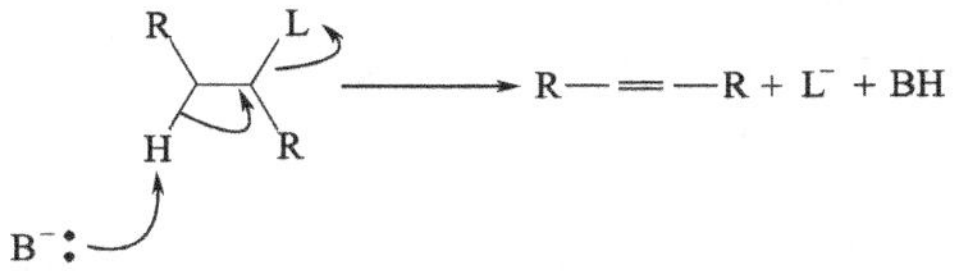

(5) 违反八隅体规则　给出一个不符合八隅体规则的结构总是错误的。如 **5** 中的氧离子尽管带正电，但它不是电子坑，它也不能和氰基成键，否则它将成为带 10 个电子的物种。

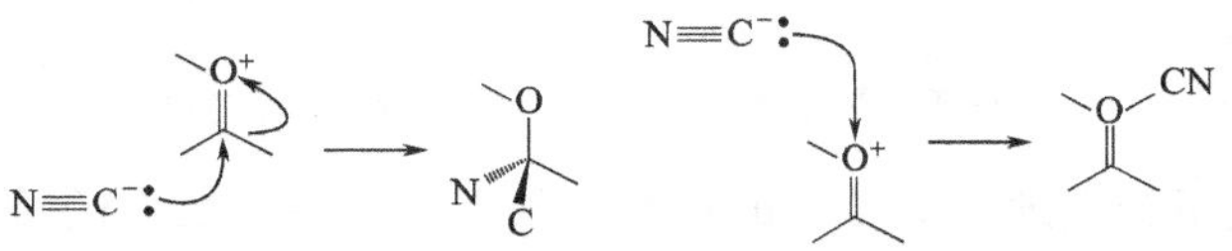

（6）分子内电荷的不合理迁移 NO_3^- 上的 N^+ 并不是电子坑，下面那个不合理的共振结构式(**6**) 中 N 上带 10 个电子。明确了解结构式中每个原子的价键数和孤对电子数就可避免此类错误。

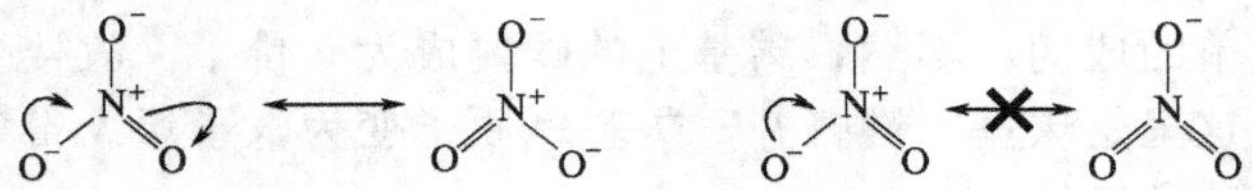

6

（7）忽视氢原子的存在 一般的结构式中不会标注给出氢原子和孤对电子，若不能确切地、完整地理解结构就会有问题。如 **7** 中的 C2 上有 3 个氢原子，成了 5 价；氧原子又带有 2 个正电荷，该共振结构式是不合理的。

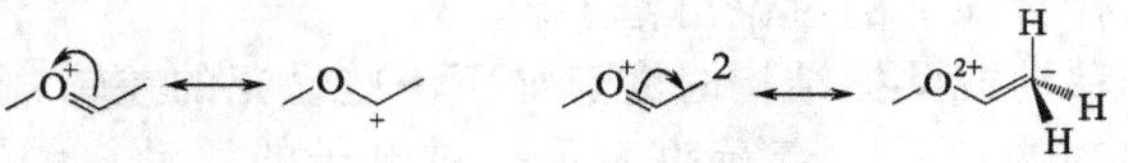

7

（8）强酸强碱同存的体系 一个反应若是在强酸环境下发生的，则体系中不可能有强碱性物种出现；同样，一个反应若是需要加碱的，则产生一个强酸的过程肯定是不合理的。反应介质中同时存在强酸强碱也是不可能的。如式(1-18) 得到的产物中兼有强酸和强碱是不合理的，这个反应也是不可能的。

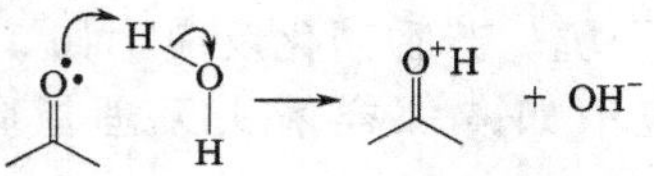

$$+ OH^- \qquad (1\text{-}18)$$

① $\xrightarrow{H_3O^+}$

$\xrightleftharpoons{H_3O^+}$

② $\xrightleftharpoons[-H_2O]{H_2O}$

③

④ $\xrightleftharpoons{-HOR'}$

⑤ $\xrightarrow{-H^+}$

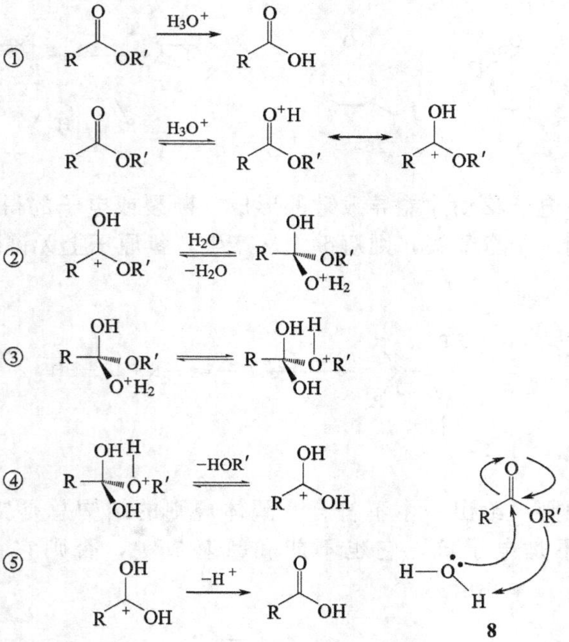

8

图 1-15 酯的酸性水解反应的 5 步反应过程

（9）分步反应被不合理地混为单一的过程 虽然一个多步反应的过程也可以只用一个反应方程式来给出，但不能简单地用复杂的由多类电子协同进行的一步转移来表示，事实上这是不可能的。反应过程中不同的键的断裂有先后之分，必须要正确地表达出来。如图 1-15 所示的酯的酸性水解反应是分 5 步完成的，用模式 **8** 来简化全过程是不合理的。

当孤对电子是电子源或在新的位置上形成孤对电子时，常常会在许多文献或教材被专门标示出来，但不予标示的也很常见；涉及反应过程中电子转移的弯箭头符号也不是都会给出的。和常见的通用教材及科研文献一样，本书除有必要外，在许多结构式和反应式上也未标出化合物中某个原子上存在的孤对电子和反应中电子转移的箭头符号。

1.6.4 热力学要求

任何有机反应都有平衡和快慢问题。[60] 反应平衡涉及反应的热力学（thermodynamic），反应快慢涉及反应的动力学（kinetic）。这两者都与底物与产物之间的能量差距及反应过程变化有关，但属于两个必须分别予以考虑的范畴。

水只向低处流，除非给以其他能量手段，它绝不会向高处跑。化学反应也与此类似，反应体系总是趋向最稳定状态。产物比底物稳定的反应正向进行的程度就较好。热力学研究体系在化学或物理变化过程中始态与终态间的能量变化，给出反应体系转移到最稳状态（即最低自由能）的趋势及体系组成可能达到的限度，即平衡问题。要使反应自发进行，产物（product，P）的 Gibbs 自由能（Gibbs free energy，$G^{\ominus}$，单位 kJ/mol，简称自由能）必须小于底物的自由能。热力学第二定律圆满地解决了化学反应进行的方向和程度问题，定量地给出反应始态和终态之间的焓变(单位 kJ/mol) $\Delta H^{\ominus}$ 和熵变[单位 eu：(kJ/mol)] $\Delta S^{\ominus}$ 及自由能变化 $\Delta G^{\ominus}$ 的关系，如式(1-19) 所示：

$$\Delta G^{\ominus}=\Delta H^{\ominus}-T\Delta S^{\ominus}=-2.30RT\lg K \tag{1-19}$$

产物的热力学稳定性比反应物强，$\Delta G^{\ominus}$ 为负值，反应后有能量放出，称放能（exergonic）的反应，负值越多，反应进行得越完全。反之，若 $\Delta G^{\ominus}$ 为正值，此时产物的热力学稳定性比反应物差，反应需要外加能量才能发生，称吸能（endergonic）的反应。低焓变和高熵变过程的反应有较大的 $-\Delta G^{\ominus}$ 值，也能使反应平衡点大大偏向于产物。许多反应的熵变很小而可以忽略不计，故常温下 $T\Delta S^{\ominus}$ 很小，此时就能以实验可测量的放热（exorthermic，$\Delta H^{\ominus}$ 为负值）的或吸热（endothermic，$\Delta H^{\ominus}$ 为正值）的标准生成焓变来定量表达反应的能量变化过程。焓 $H^{\ominus}$ 包括键能、分子间和分子内的作用力、振动能和转动能，与电子构型、结构张力及溶剂等客体环境也都相关。通常将键离解能（BDE）大于或小于 250kJ/mol 作为强键或弱键的参考值。键离解能的大小是可以实验测量的热值，反映出化合物的基态稳定性大小并能用来预测分子的反应活性，Δ_{BDE} 是度量焓变最简单的方法。要注意溶剂化效应（参见 1.5.4）对 $\Delta H^{\ominus}$ 和 $\Delta S^{\ominus}$ 也都会产生影响。

表 1-13 是标准状态下有机化合物中一些常见键的平均离解能值，又称键能（参见 1.1.7 和 4.5.3）。许多因素，包括溶剂也都会对键能的强弱产生影响。原子（团）A 和 B 的大小与能量愈接近，键长愈短，A—B 键的强度（$D_{[A-B]}$）愈大。单键中的 C—C 键和 C—H 键都是很强的键，Si—F 键是最强的单键。同种杂原子之间形成的单键都可归于弱键。同族中自上而下键能减弱。如，C—F＞C—Br＞C—Cl＞C—I；C—O＞C—S。反映出成键原子的电负性差异愈大键能愈强。碳卤键中的 C—F 键最强，C—I 键最弱，此处除了电负性的影响外，还反映出因价层随着原子序数的增大而增大，导致与碳原子的轨道大小不匹配而使电子云重叠减弱的效应。杂化对键能的影响也很明显，s 成分愈多键能愈大。重键的键能比单键大，但 π 键的键能比 σ 键弱而有更大的反应性，双键或三键的键能少于单键键能的 2 倍或 3 倍。碳原子和杂原子间重键键能亦小于碳原子和杂原子间单键键能的简单重倍数。如，碳氧双键与碳氧单键的键能差值（340kJ/mol）比碳氧单键的键能值略小一点；碳氮键也有类似现象。

表 1-13 标准状态下一些常见键的平均离解能 (BDE)[61] 单位：kJ/mol

键	BDE	键	BDE
链 C(sp^3)—H	420	O(sp^3)—H	460
环戊二烯 C(sp^3)—H	300	N(sp^3)—H	390
环戊烯 C(sp^3)—H	340	S(sp^3)—H	360
环己二烯 C(sp^3)—H	305	F—H	570
烯丙基 C(sp^3)—H	360	Cl—H	430
苄基 C(sp^3)—H	370	Br—H	370
烯基 C(sp^2)—H	420	I—H	300
芳基 C(sp^2)—H	465		
羰基 C(sp^2)—H	360	C(sp^3)—O(sp^3)	380
C(sp)—H	550	C(sp^3)—N(sp^3)	290
链 C(sp^3)—C(sp^3)	365	C(sp^3)—S(sp^3)	310
		C(sp^3)—F	470
苄基 C(sp^3)—C(sp^3)	320	C(sp^3)—Cl	350
烯丙基 C(sp^3)—C(sp^3)	315	C(sp^3)—Br	300
烯基 C(sp^2)—C(sp^3)	420	C(sp^3)—I	240
芳基 C(sp^2)—C(sp^3)	430	C(sp^3)—Si	370
烯 C(sp^2)═C(sp^2)	650	C(sp^3)—Ge	350
		C(sp^3)—Sn	300
芳 C(sp^2)═C(sp^2)	490	C(sp^3)—Pb	240
C(sp^2)═O(sp^2)	720	F—F	160
C(sp^2)═N(sp^2)	620	Br—Br	190
N(sp^2)═N(sp^2)	420	Cl—Cl	240
C(sp)≡C(sp)	880	I—I	150
		Si—F	590
C(sp)≡N	890	O(sp^3)—O(sp^3)	160～200
N≡N	950		

表 1-13 是标准状态下所测得的平均值，但键离解能与分子中其他结构因素有关，在各个化合物中是不同的。如碳氧双键的键能在 CO_2、HCHO、RC(O)H 和 RC(O)R′中分别为 802kJ/mol、694kJ/mol、736kJ/mol 和 848kJ/mol。由不同的实验方法测得的值也不尽相同，但相对强弱的趋势是一样的。另外要注意的是，键均裂得出的离解能 BDE 与键异裂所需的离解能是两个概念，前者和后者分别涉及自由基反应和极性反应。如，RO—H 键易发

生键异裂的反应，R_3C—H 键则不易发生键异裂的反应。但 RO—H 键的 BDE 比 R_3C—H 键的大，发生自由基夺氢反应的可能性也小得多。

以式(1-20) 所示的乙腈水解反应为例，反应涉及底物两根 C—N π 键（600kJ/mol）和两根 H—O 键（920kJ/mol）断裂，共 1520kJ/mol；产物中新生成一根 C—O π 键（340kJ/mol）、一根 C—O σ 键（380kJ/mol）和两根 N—H 键（780kJ/mol），共 1500kJ/mol。底物和产物的 Δ_{BDE} 相当于焓变，为 20kJ/mol，是平衡点不利于产物的反应。

$$H_3C—C\equiv N + H_2O \longrightarrow CH_3C(=O)NH_2 \quad (1\text{-}20)$$

熵反映体系的混乱度，与原子或分子的平动、转动和振动运动的自由度联系在一起，其中平动能的影响最大。运动形式愈多体系有序性愈小，S 值愈大混乱度愈大。故气体的 S 值比液体的大，液体的又比固体的大。分子具有的几何构型、构象愈多熵也愈大，故链状分子比环状分子有更大的熵值，像环丙烷开环形成丙烯这类反应，底物中僵硬的环被打开，产物形成的开链结构绕碳碳单键的旋转性增加，熵值也加大了；溶液浓度愈低分子平动受限也愈少，熵也愈大；键的旋转受限自然也会使熵变减小。熵变 ΔS 是对一个体系变化前后的无序性量度，熵变增大是有利于反应进行的。但 S 值的测量并不容易，好在两个相似结构的熵变一般都很小，导致许多有机反应的 ΔS 值也较小，因而可忽略，所以经常可用焓变 ΔH 来预测反应的进行程度。但 ΔS 在某些情况下是不可忽略的，如反应前后相态和分子数变化较大的及开闭环一类反应的熵变对反应的影响都很重要。[62] 乙酸与乙醇之间的酯化反应和 γ-羟基丁酸分子内的酯化反应的焓值大致相同，但后者的熵增值大得多，反应平衡常数也大得多。此外，ΔS 的影响与温度密切相关。许多有机反应只能在高温发生即使由于温度升高时，使 $T\Delta S$ 变得重要甚至超过焓变的影响。一些类型的反应标准熵变值大致如下所示：

反应类型	分解反应	消除反应	重排反应	缩合反应
$\Delta S^{\ominus}$ (kJ/mol)	8～17	−3～4	−20～0	−20～−15

有用的有机反应都是应该能完全正向进行的，不然将底物从产物中分离也是一件很麻烦的操作过程，有 99.9%的底物在达到平衡时被转化为产物的有机反应就是很完全的了。有机反应原则上都是可逆的，许多反应在底物还存在时就终止了，此时正向反应和逆向反应的速率相同，反应达到平衡（equilibrium）。平衡点的产物浓度和底物浓度之比称平衡常数 k_{eq}。如式(1-21) 所示，利用热力学方程式，从 $\Delta G^{\ominus}$ 可以知道这个反应达到平衡点时反应体系中的产物组成（表 1-14）。

$$aA + bB \xrightleftharpoons{k_{eq}} cC + dD$$

$$k_{eq} = \frac{[产物]}{[底物]} = \frac{[C]^c[D]^d}{[A]^a[B]^b}$$

$$\Delta G^{\ominus} = -RT\ln k_{eq} \quad (1\text{-}21)$$

表 1-14 298K 下反应 A $\xrightleftharpoons{k_{eq}}$ B 的 G(kJ/mol)与平衡常数 k_{eq}([B]/[A])

$-\Delta G$	k_{eq}	[A]/%	[B]/%	$-\Delta G$	k_{eq}	[A]/%	[B]/%
0	1	50	50	5.45	9	10	90
0.95	1.5	40	60	11.35	99	1	99
2.10	2.33	30	70	17.0	999	0.1	99.9
3.40	4	20	80	23.0	9999	0.01	99.99

由式(1-21) 可知，在 298K 温度下，$\Delta G^{\ominus}$每变化 5.7kJ/mol，平衡常数变化 10 倍。当[B]/[A]＝1，$\Delta G^{\ominus}$＝0kJ/mol；[B]/[A]＝9，$\Delta G^{\ominus}$＝－5.44kJ/mol；当[B]/[A]＝99，即浓度比增加10 倍，自由能变化不过增加了 2 倍，为－11.35kJ/mol；当[B]/[A]＝999，即再增加 10 倍，自由能变化仍又再增加了 2 倍而已，为－22.8kJ/mol。这反映出相对 C—C 键能(340kJ/mol)的大小，$\Delta G^{\ominus}$即使小有变化就会引起反应平衡较大的变化。

不少有机化合物的标准自由能数值已经得到测定，这对预测许多反应进行的程度是很有益的。除了改变反应的自由能外，增大底物浓度，减小产物浓度或在体系中移去产物也都使平衡移向产物。平衡不光出现在化学反应中，构象平衡也是一类常见的平衡。如取代基在环己烷上占有更多的 e 键相位，取代基越大，占有 e 键相位与占有 a 键相位的平衡也越大。

可知，要使反应进行得完全，应更多地降低焓变值和增加熵变值。底物愈活泼产物愈稳定，$\Delta G^{\ominus}$愈大反应结果也愈好。温度对平衡的影响不可忽视，若 $\Delta G^{\ominus}$为－4.18kJ/mol 时，室温下 B 和 A 的比例为 85：15；在－78℃下成为 93：7。可以看出，对于放热（$\Delta H^{\ominus}<0$）和分子数增大（$\Delta S^{\ominus}>0$）的反应，体系的自由能变化 $\Delta G^{\ominus}$必定是负值的，该反应在所有温度范围内都能自发进行。对于 $\Delta H^{\ominus}>0$ 和 $\Delta S^{\ominus}<0$ 的反应，则在任何温度下都不能自发进行。对于放热（$\Delta H^{\ominus}<0$）和分子数减少（$\Delta S^{\ominus}<0$）的反应，只有绝对值 $|\Delta H^{\ominus}|>|T\Delta S^{\ominus}|$ 时反应是有利的，此时低温下进行较好。如乙烯催化加氢的反应在常温时就可，而其逆反应，乙烷脱氢并生成乙烯的反应或裂解生成自由基的反应虽然都有较大的熵变，但吸热的焓变也很高，故可增加温度，使 $T\Delta S^{\ominus}$增大，抵消 $\Delta H^{\ominus}$的影响使反应发生。同样缘由，高温是有利于吸热（$\Delta H^{\ominus}>0$）和分子数增大（$\Delta S>0$）的反应的。如环戊二烯的二聚反应，$\Delta H^{\ominus}$为－72kJ/mol，$\Delta S^{\ominus}$为－1.5kJ/(mol・K)，$\Delta G^{\ominus}$在室温和 115℃下分别为－27kJ/mol和 0 左右，对应的反应平衡常数 k_{eq}分别为 50000 和 0 左右。故环戊二烯在室温时以二聚体形式(**9**) 存在，而高温时，如到达它的沸点（115℃）时可慢慢分解为单体，如式(1-22) 所示。

(1-22)

9

1.6.5 动力学要求

一个反应的 ΔG 为负值（$-\Delta G$）表明产物的热力学稳定性大于反应物，但并未说明该反应是否有一个能量有利的反应途径。如，氯甲烷和碱混合即可发生反应生成产物甲醇；甲烷燃烧或乙烯加氢则需有火花、热、光或催化剂引发才能发生；也有许多反应则在非常苛刻的条件下都不易进行。$-\Delta G$ 只是一个反应能发生的必要条件而非充分条件。反应的发生还涉及能障，即反应是快或慢，多快或多慢的动力学问题，可用反应速率常数（k）、反应级数和动力学方程式来反映（参见 9.2.7）。

恒温条件下的反应速率与反应物的浓度和反应速率常数相关，故比较两个反应何者更快应比较它们的速率常数而非速率。对反应速率的处理研究主要有 Arrhenius 碰撞理论和过渡态理论两种学说。绝大部分化学反应的速率常数都随温度升高而呈指数增长并有如式(1-23) 所示的 Arrhenius 方程式：

$$k = A\exp(-E_{活}/RT) \tag{1-23}$$

多用于气相反应的碰撞理论认为，反应速率取决于有足够浓度和足够活化能的分子在一定方向产生的有效碰撞频率。在 Arrhenius 方程式中，R 是气体常数[8.314J/(mol・K)]，

前项因子 A 为空间碰撞因素，$E_{活}$（$E_{活}=\Delta H^{\neq}+RT$，$\Delta S^{\neq}$ 已置于 A 中）是经验活化能。活化能是由统计力学给出的解释，指在反应温度 T（单位：K）时，全部活化分子的平均能量与全部反应物分子平均能量之差，与 $\Delta G^{\neq}$ 并不相同。当 $\Delta S^{\neq}$ 可以忽略不计时，两者是非常接近的，但许多反应的速率与 $\Delta H^{\neq}$ 和 $\Delta S^{\neq}$ 都有关，$E_{活}$ 不能替代 $\Delta G^{\neq}$。碰撞理论把分子简单地设定为刚性球体，忽略实际分子的复杂结构，因子 A 的计算误差不易控制，用于多为液相的有机反应时有较大误差。[63]

过渡态理论认为，分子间的简单碰撞并不能就会发生有机反应，它们都需经过一个能量比始态和终态都更高的过渡态（transition state，T）或称活化配合物（activatedcomplex）的过程；每个产物都来自各自独立的过渡态，主产物来自位能最低的那个过渡态。除了自发反应外，每个基元反应（elementary reaction）都有一个连续的两步电子变迁过程。第一步是底物和试剂吸收能量并严格地按反应要求相互靠拢，在经过所需能量最小途径的最高点生成过渡态，第二步由过渡态不可逆地瞬间分解为产物或中间体。该全过程如图 1-16 所示，图 1-16（a）和图 1-16（b）分别表示无中间体生成的从底物到产物的一步放热反应和一步吸热反应。只经过一个过渡态而无中间体生成的反应称基元反应，分步反应或称多步反应则是多于一个过渡态且有中间体生成的反应。

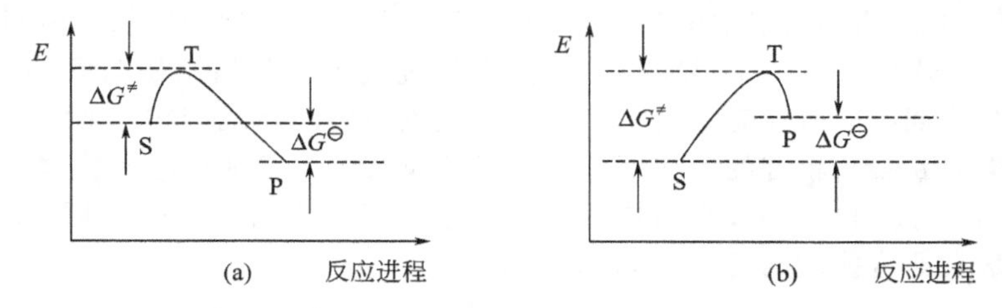

图 1-16 放热反应(a)和吸热反应(b)中体系能量的变化(不涉及 $\Delta G^{\ominus}$ 和 $\Delta G^{\neq}$ 绝对值相对大小)

具有足够高的能量并可形成过渡态的分子为活化分子。活化分子彼此以适当的空间取向相互靠近到一定程度时，不一定要相互碰撞也会引起分子或原子内部结构的连续性变化：底物中要断键的键连原子间距离增加；非键连但在产物中要成键的原子间距离变短，最终形成无法分离或用实验观察的过渡态。过渡态常用在右上角带斜杠的等号（≠）表示，它不是一个真正的分子，反应中心的原子上含有即将断裂的旧键和即将形成的新键及超过价键规则所允许的原子（团）。过渡态在底物与产物或中间体之间或两个中间体之间或中间体与产物之间建立起一个快速平衡，任何能稳定过渡态的因素也都可降低反应活化能而加快反应速率。以式(1-24) 所示的 S_N2 反应为例：

$$A+B-C \longrightarrow [A\cdots B\cdots C]^{\neq} \longrightarrow A-B+C \qquad (1\text{-}24)$$

如图 1-16 所示，反应开始时，体系能量在 S 点，A 只有沿着 B—C 轴侧向靠近 B 形成线性配合物时能量最为有利，才能反应。反应进程中 B—C 键逐渐变弱，键长增加而开始断裂过程，A—B 之间的键同时开始形成。旧键断裂吸收能量较多，新键开始形成时放出的能量较少不足以补偿断键要吸收的能量，故整个体系的能量开始升高，直到最高点 T，即过渡态 $[A\cdots B\cdots C]^{\neq}$。底物一旦到达过渡态，就不会再回到底物而一定向产物方向转化，所以过渡态也是反应物向产物过渡的一个不折回点（point of noreturn）。随之反应继续，能量逐步下降，直至 B—C 键完全断裂，A—B 键完全形成，到达产物 P 点。微观可逆性原理（principle of microscopic reversibility）指出，当某一体系达到平衡态时，正反应与逆反应的速率就总体而言是相等的。故正逆反应具有相同的过渡态，两者所需能量最低的途径只有一条，一个正反应所经过的途径也是在同一条件下逆反应要经过的途径，只不过两者的方向正好相反而已。[64]故根据正反应研究所推出的过渡态和中间体的信息可以讨论同样条件下的逆过程。但光化学反应是例外，因为被激发的分子失去能量的方式并不完全相同，微观可逆性原理是不适用的。

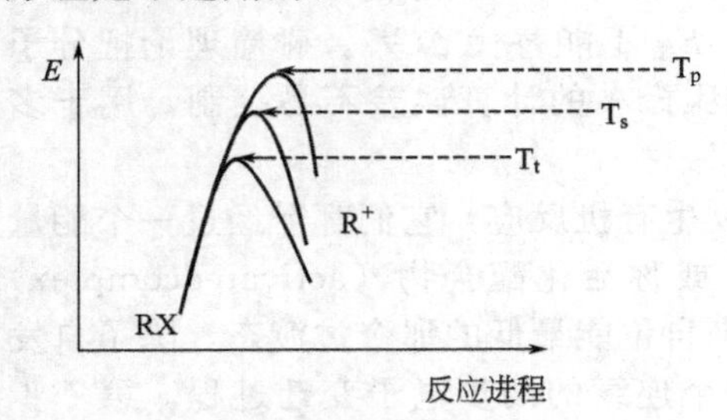

图 1-17　卤代烷发生 S_N1 反应生成各级碳正离子的能量-反应进程

图 1-17 是卤代烷 RX 发生 S_N1 反应时生成各种不同级碳正离子的能量-反应进程。碳正离子 R^+ 的稳定性是叔碳正离子＞仲碳正离子＞伯碳正离子，生成叔碳正离子的过渡态（T_t）能量也是最低，该过渡态（T_t）结构也相对最接近底物卤代烷；生成伯碳正离子的过渡态（T_p）能量最高。

由于过渡态只是瞬时存在的，难以用实验手段予以表征，只能由推理来得到它的结构信息，故任何一种有助于了解过渡态结构的指导原则都是很有用的。Hammond 假说（postulate）认为：分子的能量变化愈小结构的变化也愈小，故过渡态和与其能量最相近的底物或中间体或产物间只需经很小的结构变化就可相互转化。Leffler 则将其进一步明确地表述为：在一个连续的反应中，相似的结构具有相似的能量，过渡态的结构也应与能量上与之最接近的底物、中间体或产物中的一个更类似。[65]放热反应有一个早期(到)过渡态，过渡态的几何结构与底物或中间体相似；吸热反应有一个晚期(到)过渡态，过渡态的几何结构与中间体或产物相似。在表示过渡态时只需表示出旧键的断裂和新键的形成部分而不必涉及其余不参加反应的价键。如，底物 RR′CHCR″R‴X 发生失去 HX 的 E2 反应中，过渡态涉及 C—H 和 C—X 的断裂及 C═C 键生的成，可用虚线来表征这些键的变化，如 **10** 所示。

10

Hammond 假说并未预测反应物和产物的能量，但对过渡态在反应进程中的位置作了给定，该假设对无中间体的反应特别有用。图 1-18（a）所示的放热反应中过渡态的结构更接近底物 S 而不是产物 P；图 1-18（b）所示的吸热反应的情况正相反，过渡态的结构更接近产物 P 而不是底物 S。按照涉及原子核位置及电子构型变化最小的基元反应是有利的这一最小运动原理或称最小构象变化原理（参见 4.6.2，principle of least motion），[66]底物构象的选择和反应过渡态所需构象相互制约并决定了初生产物的构象，初生产物较底物构象的改变应最小。

大部分有机反应都是多步完成的，反应过程中有一个或多个中间体生成。中间体位于两个过渡态之间的能量最低处，有一定寿命，其结构是可以测定或推知的，故可用于推测过渡态的结构。在能量曲线图上，中间体的寿命可从曲线凹陷的深度看出。凹陷浅，提示下一步的 $\Delta G^{\neq}$ 小，中间体寿命短；凹陷愈深，提示中间体愈稳定、寿命愈长。在图 1-18（a）所代表的反应中，第一步反应与第二步相比到达过渡态 T_1，要求较大的 $\Delta G_1^{\neq}$，是一个慢反应步骤，也是决定整个反应速率的一步，故称决速步或限速步、控速步（rate-determing step）；第二步反应的 $\Delta G_2^{\neq}$ 较小，这意味着中间体生成后容易经 T_2 到达产物。图 1-18（b）所代表的反应则情况相反，第二步是决速步。

过渡态转变为中间体或产物时的速率极快，仅需约 10^{-13} s 即可完成。底物与过渡态之间存在一个速率平衡常数 k，其大小反映出整个反应的速率。k 与活化（自由）能 $\Delta G^{\neq}$ 的关系也符合如式(1-25) 所示的函数关系，$\Delta G^{\neq}$ 愈大，k 愈小。大部分有机反应的 $\Delta G^{\neq}$ 在 40～

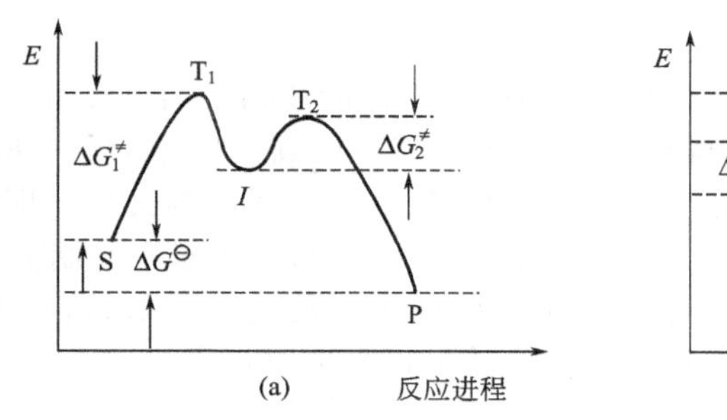

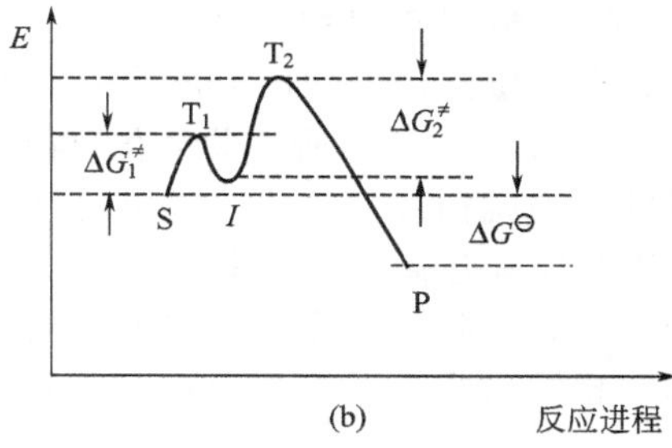

图 1-18 有一个中间体过程的反应进程和能量的关系

80kJ/mol，$\Delta G^{\neq}<40$kJ/mol 的反应进行较快，而 $\Delta G^{\neq}>120$kJ/mol 的反应很慢。k 值大于 $10^4/\mathrm{s}^{-1}$是很快的反应，在 $1\sim10^4\mathrm{s}^{-1}$之间是快反应，在 $10^{-4}\sim1\mathrm{s}^{-1}$之间是慢反应，小于 $10^{-4}\mathrm{s}^{-1}$是很慢的反应。

$$\Delta G^{\neq}=\Delta H^{\neq}-T\Delta S^{\neq}=-2.303RT\lg k \tag{1-25}$$

$\Delta G^{\neq}$与温度密切相关，通常可以看到，温度每升高 10℃反应速率增加一倍。有机反应常常在加热回流的溶剂体系中进行，在提供能量的同时增加了反应物之间的碰撞频率以降低 $\Delta G^{\neq}$。[67]微波的引入也是一个提供能量的方法。活化能 $\Delta G^{\neq}$ 相当于 $E_{活}$，即过渡态的能量和底物分子的平均能量之差。$\Delta G^{\neq}$与反应的自由能变化 ΔG 不同，是反应发生必须要克服的能障，大多数情况下均小于要断裂的旧键的离解能。放热反应的 $\Delta G^{\neq}$大于零，吸热反应的 $\Delta G^{\neq}$大于反应热。$\Delta H^{\neq}$又称活化焓，许多场合下反映出反应物和过渡态之间的键能差或反应热，与 $E_{活}$ 相差不大。新键的生成可补充额外的能量，但它发生在过渡态之后，也就是说只影响 ΔH 而非 $\Delta H^{\neq}$。活化熵 $\Delta S^{\neq}$指反应物和过渡态之间的熵变，反映出反应分子需要以特定的方位接近才显得重要而有意义。如，羟基和卤代烃进行 E2 反应成烯，过渡态中羟基一定要靠近 H，而且这个 H 的取向必须和 X 原子成为共平面的构象，OH^- 靠近其他原子或卤代烃上的 H 和 X，取其他空间排列都使反应很难发生。2-丁烯与 HBr 反应时，HBr 上的 H 只有接近 2-丁烯中的 π 键才能反应，与 2-丁烯中的甲基碰撞对反应是无效的。同样道理，大环的闭环反应不易发生是因为它要求处于端基的两个基团靠近相遇，而这仅是众多构象中仅有的一个，生成过渡态时会损失许多熵，而 $\Delta S^{\neq}<0$ 使 $\Delta G^{\neq}$变正而不利反应。$\Delta H^{\neq}$越小，$\Delta S^{\neq}$越大，则 $\Delta G^{\neq}$越小，反应动力学越有利。

利用两个不同温度下测得的速率常数 k 和式(1-23) 就可用作图法得出 $E_{活}$；由 $E_{活}$ 可得出 $\Delta H^{\neq}$；$\Delta G^{\neq}$可由式(1-26) 给出：

$$-\Delta G^{\neq}=RT\ln kh/Tk_{\mathrm{B}}{}^{\neq} \tag{1-26}$$

式中，h 是 Plank 常数，$6.63\times10^{-34}\mathrm{J\cdot s}$；$k_{\mathrm{B}}$ 是 Boltzmann 常数，$1.38\times10^{-23}\mathrm{J/K}$。$\Delta S^{\neq}$即可由式(1-25) 得出。

在酸碱催化的反应中，从氧或氮原子上加上或移去一个质子是很快的反应，而从碳原子上转移一个质子是很慢的反应。式(1-27) 所示的两个反应中，邻氯酚和 2-硝基异丙烷的酸性相同，前者与碱的反应极快（$\Delta G=-40$kJ/mol，$\Delta G^{\neq}$ 接近 0），但后者与碱的反应很慢（$\Delta G=-40$kJ/mol，$\Delta G^{\neq}=60$kJ/mol）。

OH, Cl $\xrightarrow[-H_2O]{OH^-}$ O^-, Cl

O_2N, H $\xrightarrow[-H_2O]{OH^-}$ NO_2

(1-27)

1.6.6　热力学控制和动力学控制

同一底物在一定条件下的反应可能因竞争反应而生成不同的产物。如，底物S反应可生成B或C，从B或C回到S所需的活化自由能足够大而不能再回到S。此时反应速率快的那个反应生成的产物就相对多一些。这种反应产物的比率决定于各自的反应速率，即生成这些产物的过渡态相对能量高低的过程称动力学控制（kinetic control）或速率控制的反应。根据质量作用定律和过渡态理论的基本方程可以求得产物B或C的比例，如式(1-28）所示。$\Delta G_B^{\neq}$ 和 $\Delta G_C^{\neq}$ 相差只要约 11.5kJ/mol，B和C的产率就可相差达100倍。

$$S \xrightarrow{k_B} B \qquad S \xrightarrow{k_C} C$$

$$\frac{B}{C}=\frac{dB/dt}{dC/dt}=\frac{k_B}{k_C}=\exp\left(\frac{\Delta G_C^{\neq}-\Delta G_B^{\neq}}{RT}\right) \tag{1-28}$$

反应产物的比例取决于它们的相对热力学稳定性大小的反应称热力学控制或平衡控制（thermodynamic control）的反应。热力学控制的反应最终是有利于生成平衡状态下稳定性最好、即内能最低（参见1.2）的产物，故只有在平衡的反应条件下或产物之间的相互转化完全建立后才能实现。有机反应通常不快，常常在尚未建立起完全的平衡之前就已中止反应分离产物了，得到的多是动力学控制的产物。在大多数情况下，热力学更稳定的产物往往也是反应速率较快反应形成的产物，两者的方向是一致的。[68]

图 1-19（a）所示的反应中热力学控制和动力学控制的产物都是B。B的位能比C低，且 S ⟶ B 所需的 $\Delta G_B^{\neq}$ 又比 S ⟶ C 所需的 $\Delta G_C^{\neq}$ 小，因此 S ⟶ B 的反应速率更大，B的比例也要大一点。如4-苯基-1,3-丁二烯与溴化氢的加成反应得到的热力学控制和动力学控制产物的方向是一致的：生成1,2-加成产物（**11**）的反应速率快，**11** 又比1,4-加成产物（**12**）稳定，故占的比例也多。

$$\text{PhCH=CH—CH=CH}_2 \xrightarrow{\text{HBr}} \underset{\mathbf{11}}{\text{PhCH=CH—CHBrCH}_3} + \underset{\mathbf{12}}{\text{PhCHBr—CH=CHCH}_3}$$

图 1-19（b）中B的位能比C低，但 $\Delta G_C^{\neq}$ 又比 $\Delta G_B^{\neq}$ 小，故热力学控制的产物是B而动力学控制的产物是C。如果反应是可逆的，根据微观可逆性原则，C ⟶ S所需的活化能也较低，C能较快地反应到S，最终累积的结果到达平衡时B的比例就要大一点了。Curtin-Hammett原理指出：若S是一个快速互变的异构体，每个异构体竞争反应生成不同的产物，则产物之比也取决于各个反应的活化能之比。[69]不同 $\Delta G^{\neq}$ 的反应速率随温度变化的关系也不相同，故温度在这些竞争性反应中起着极为重要的作用。改变温度对于各个竞争反应的平衡位置产生不同的影响，利用这一点可以用来控制反应方向。

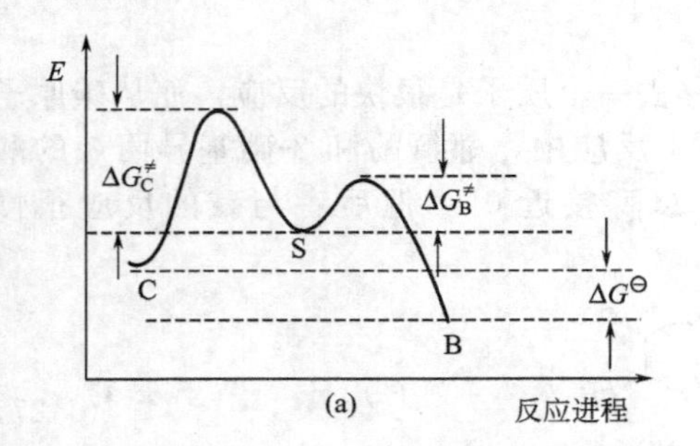

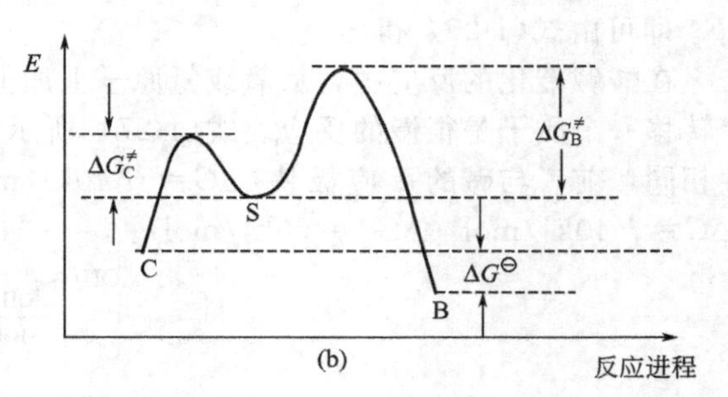

图 1-19　热力学控制和动力学控制的反应坐标

不对称酮可生成两种烯醇产物。如式(1-29)所示，2-甲基环己酮发生 α-去质子时，无甲基所在的C6—H因位阻小而易于失去，该处反应在动力学上是有利的；而甲基所在的C2失去质子后形成的烯醇离子中，因在 sp^2 碳上有更多的烷基取代而相对较稳定，反应在热力学上是有利的。若以 EtO^- 为碱，产物烯醇盐也会与碱的共轭酸EtOH反应再回到底物，故该反应是可逆的去质子-质子化的平衡反应，主要产物将是从立体障碍较大的次甲基C2—H被夺取而生成的热力学控制的多取代烯基烯醇化物（**13**）。若以 Ph_3C^- 为碱，位阻最小的亚甲基C6—H最易被夺取，产物烯醇盐的碱性比 Ph_3CLi 弱得多，不会与碱的共轭酸 Ph_3CH 反应再回到底物，故该反应是不可逆的反应，动力学控制的少取代烯基烯醇化物（**14**）为主产物。

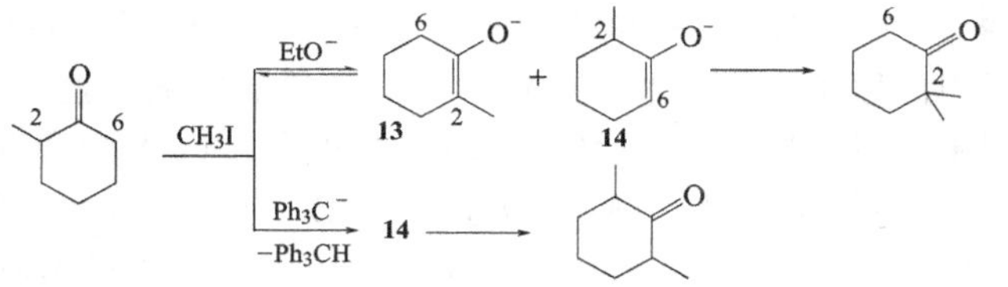

(1-29)

除了底物酮的结构外，酮烯醇化的竞争反应也与实验条件密切相关。试剂的浓度、碱的配对正离子、溶剂、加料次序和加料速率均有影响；低温反应常常无益于平衡而有利于动力学控制的过程，高温反应则有利于创造一个易于达到平衡的热力学控制的过程。若在质子性溶剂中将相对弱一点的碱缓慢地加入到有过量酮底物存在的热力学控制的条件下，去质子反应是一个可逆的平衡过程，主要产物将是从立体障碍较大的次甲基氢被夺取而生成的**15**。在低温的四氢呋喃或1,2-二甲氧基乙烷等非质子性溶剂中，将底物酮缓慢地加入用二异丙基胺锂等为强碱的反应体系中，则是位阻最小的质子最易被夺取而给出动力学控制的产物**16**。如式(1-30)所示，2-戊酮在LDA作用下生成夺H1的烯醇离子产物（**17**）和夺H3的*Z*-烯醇离子产物（**18**）和*E*-烯醇离子产物（**19**）。在4个不同的反应条件下这些产物的组成如表1-15所示。

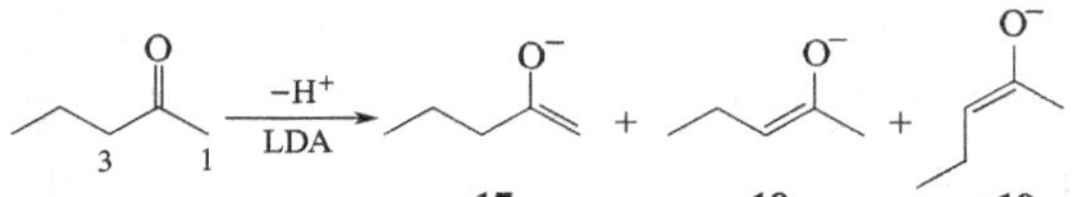

(1-30)

表 1-15 2-戊酮以LDA为碱发生烯醇化反应的产物在几个不同条件下的组成

反应条件	**17/18+19**	**18/19**
0℃,THF	7.9	0.20
0℃,THF-HMPA	8.0	1.0
−60℃,THF	7.1	0.15
−60℃,THF-HMPA	5.6	3.1

底物的体积愈大，溶剂化作用愈弱，愈有利于少取代烯基的烯醇化物。如式(1-31)所示，3-甲基-2-丁酮的烯醇化产物无论在热力学控制（KH为碱）或动力学控制[$(Me_3Si)_2NK$ 为碱]的条件下，主要中间体烯醇化产物都是少取代烯基的**20**而非多取代烯基的**21**。[70]

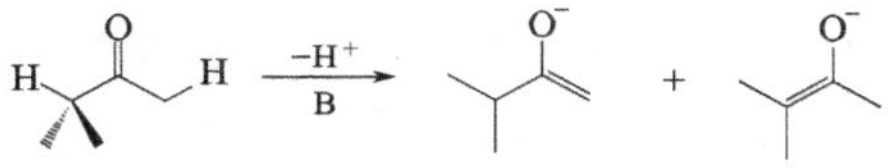

(1-31)

总之，能量相近的三种状态间变化时，活化自由能较小的反应较易发生。放热反应中过渡态的结构与底物的结构相似，此时底物的稳定性对过渡态有明显影响，稳定性低的底物较易到达过渡态。吸热反应中的过渡态结构与中间体或产物的更接近，此时中间体而非底物的稳定性对反应速率影响更大。

1.6.7 反应过程的理论研究和实验观测

有机反应的底物、试剂、条件及产物组成等宏观数据是能检测的，但反应发生时电子的转移过程极为迅速，经典化学很难捕捉到这一瞬间。分子和电子的大小各为 10^{-10} m 和 10^{-15}m，电子显微镜的分辨率约为 10^{-9}～10^{-8}m，扫描隧道显微镜的分辨率可达 10^{-10}m，故通过探针可觉察到分子晶体的结构，但仍难以观测液态分子或动态分子。反应中旧键的断裂和新键的形成约在 10^{-13}s 完成，故需要有分辨力高于 10^{-13}s 的分析仪器来观察反应全过程，并准确标出分子中的原子在反应过程中作为时间函数的准确位置。

寿命为毫秒级到微秒级，即 10^{-3}～10^{-6}s 的物种可利用闪光光谱（flash spectroscopy）观测，寿命为纳秒（nanosecond，10^{-9}s，ns）级、皮秒（picosecond，10^{-12}s，ps）级及飞秒（femtosecond，10^{-15}s，fs）级，即 10^{-9}～10^{-15}s 的物种可利用激光闪光光谱（laser flash spectroscopy）观测。如，环丁烷热解生成乙烯及其逆反应都发现有寿命仅 750fs 的中间体而非一步过程。飞秒化学的成果使人们能在分子振动的时间尺度内研究物理、化学和生物的变化，并用量子力学的基本原理予以解释，Zewail 也因该工作被授予 1999 年度诺贝尔化学奖。量子化学的研究成果不仅能给出分子结构，也能提供化学反应过程更深层次的线索。1998 年的诺贝尔化学奖授予 Kohn 和 Pople。Kohn 发展奠定了简化的用于描述原子结合数学基础的密度泛函理论，提出不必考虑分子内众多电子中每一个电子的运动，而只要知道定域在空间任意一点的平均电子数就够了，如果电子的空间分布（电子密度）已知，则体系的总能量可以计算出来。基于该理论的计算机程序已经问世，可以计算分子的几何构型、能量及描述化学反应。Pople 则发展了量子化学的计算方法论，其设计的 GAUSSIAN 系列程序功能完善且易于被研究人员所接受。[71] 美国三位科学家 Karplus、Levitt 和 Warshel 于 1970 年年底开始为了解和预测化学过程而研发的结合经典物理运算和量子物理法则的计算机编程构建模型工作奠定基础，他们因发展复杂化学系统的多尺度模型所做的工作而获得了 2013 年度诺贝尔化学奖的表彰。这些工作都已表明，量子化学的发展正引发化学研究的深层次革命，化学实验除传统的操作方法外，还可以由电脑虚拟来实现数据的采集、整理、分析及可视化。对今天的大部分化学研究而言，理论与实践相辅相成，互相促进。

1.6.8 分子的稳定性、活性和持久性

有机化学中经常用由 Ingold 提出的稳定性（stability）和活性（reactivity）来讨论某个物种的性质。如，叔碳正离子比伯碳正离子稳定、活性小等等。稳定性或不稳定性（unstability）并没有严格的定义，也常被含糊应用。说某个有机化合物不稳定，是指温度升高要分解还是遇水或遇氧就被破坏。格氏试剂在室温下是稳定的，但又易于水解和氧化而能被认为是不稳定的。合成的某个有机化合物因不稳定而难以分离，这很有可能是因为实验条件没掌握好：若温度升高要分解，就应在低温下保存处理；若遇水或遇氧要分解，就应在无水、无氧的隔绝空气或惰性气体环境下操作处理。故有必要表达清楚该化合物究竟对什么不稳定。

分子的固有稳定性受到电子效应和体积效应两方面的影响。稳定性好的应是 HOMO 能级低或 LUMO 能级高；体系中正、负电荷能分别落在电负性小或大的原子上且电荷又能得到最大程度的分散或具芳香性；有正常的键长、键角、扭转角，具尽量小的非键张力、环张力和小的立体拥挤。稳定性原理也就是能量最低原理，稳定性高的价键易于建立；稳定性高

的构象为优势构象；稳定性高的碱的共轭酸的酸性较强；稳定性高的反应中间体和产物易于生成，导致反应易于进行和在异构体混合产物中所占比例较大。稳定性原理可用于判断体系的稳定性，预测反应过程并解释反应现象和结果。

稳定性可从两方面来讨论。一个含义是可用生成热来定量比较的热力学稳定性，属分子的内在性质。但孤立讨论两个物种的生成热意义不大。如，苯和环己烯的生成热分别为+83kJ/mol和−4.3kJ/mol。由此看，环己烯比苯在热力学上要稳定，但事实上环己烯远比苯易于参与化学反应。故比较不同分子间的相对稳定性大小多根据等键反应（isodesmic reaction）的能量变化 Δ_H（反应热）来得出。[72] 如式(1-32) 的两个反应所示，从环己烯出发生成苯和环己烷（生成热为−124kJ/mol）的反应前后都有三根双键，放热约 151.9kJ/mol，即反映出苯比环己烯稳定。正辛烷异构化为 2,2,4-三甲基戊烷（**22**），放热约 16kJ/mol，说明带支链的烷烃比直链的同分异构体稳定。

3 + 2

22

(1-32)

如式(1-33) 的两个反应所示，同样测量反应热可以得知 e-甲基环己烷比 a-甲基环己烷稳定，亚甲基环己烷不如甲基环己烯稳定。

CH_3 H —−10.5kJ/mol→ CH_3 H

CH_2 —−4.2kJ/mol→ CH_3

(1-33)

测量从同分异构体出发得到同一产物的反应热也可得到这些同分异构体之间相对稳定性大小的信息。从丁烯、*cis*-2-丁烯及 *trans*-2-丁烯到丁烷放出的反应热分别是 125kJ/mol、119kJ/mol 和 115kJ/mol。这表明相对稳定性的大小次序是：*trans*-2-丁烯＞*cis*-2-丁烯＞丁烯。通过如式(1-34) 所示的等键反应还可对 $ArNH_2$ 和 $Ar'NH_2$ 的酸碱性强弱做出判断：

$$Ar'N^+H_3 + ArNH_2 \rightleftharpoons ArN^+H_3 + Ar'NH_2 \qquad (1\text{-}34)$$

任何 C_{10} 的三环烷烃经 $AlCl_3$ 等 Lewis 酸处理都会转变为所有 C_{10} 环烷烃分子中最稳定的金刚烷（**23**），大于 C_{10} 的三环烷烃生成取代金刚烷；大于等于 C_{14} 的三环烷烃则会形成双金刚烷或取代双金刚烷。此类转化又称 Schleyer 金刚烷化（adamantization），如式(1-35)所示。之所以发生这些转化反应都是因为金刚烷结构有更大的热力学稳定性。Schleyer 金刚烷化反应达到平衡时的产物 C_mH_n 被称为稳定体（stabilomer）。但金刚烷的张力比环己烷的还是要大一点。

H H —$AlCl_3$→ **23**

(1-35)

稳定性的另一个含义是动力学稳定性，指其维持存在状态和性质不变，即缺乏活性的能力。活性反映出分子的动力学性质，涉及到达反应过渡态所需活化能的大小，即反应速率的快慢。底物在一定环境下的反应活性可以从内能、Lewis 酸(碱)性、亲核(电)性等几个方面来预测。反应活性高的分子的内能通常也高，易发生放热反应。结构上更接近过渡态，反应选择性也较差。高反应活性本质上是有一个动力学有利的途径，故同一个底物在不同环境下的活性差别可以很大。如，自由基在惰性气氛下是很稳定的，一旦有氧气存在，其稳定性又极差，生存期变得极短而很快反应掉了。许多小环化合物，如立方烷（**24**）、[1.1.1] 螺桨烷（**25**）、四叔丁基四面体烷（1.3 节 **9**）等都有很大的张力，但实际上它们在室温下都是很稳定的。

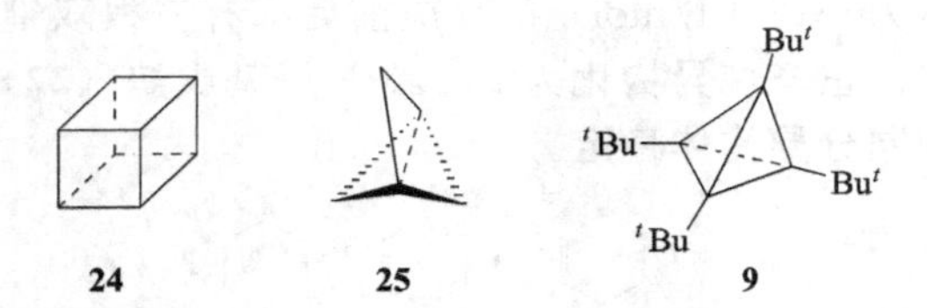

24 **25** **9**

许多情况下稳定性低的物种的反应活性要高。如环丙烷氢化开环可以在 80℃时进行，环丁烷和环戊烷在相同条件下则分别需 200℃和 300℃以上的高温，这是由于环张力引起它们的内能从环丙烷到环戊烷是从高到低的，稳定性由低到高，反应性则由高到低。

在环己烷上发生 S_N1 或 E1 反应过程中，离去基位于 a 键时，第一步生成碳正离子后将使 1,3-竖键作用（参见 3.12.2）得到解除，拥挤程度降低，因此反应相对比离去基位于 e 键的快。发生 S_N2 时，亲核基团从 e 键方向进攻与 a 键离去基相连的碳，如亲核基团比离去基团大，过渡态中的空间作用较小，同样也是离去基位于 a 键的异构体反应稍快；反之，若进攻基团比离去基团小，则它从 a 键方向进攻 e 键离去基比从 e 键方向进攻 a 键离去基所需活化能低一点，此时离去基位于 e 键的快一点。当是 E2 反应时，则两个离去基团只有在 a，a 键即反式共平面才最为有利。如式(1-36) 所示，羟基位于 a 键上的顺-4-叔丁基环己醇（**26**）用铬酸氧化到 4-叔丁基环己酮的反应速率要比羟基位于 e 键上的反式异构体快，处于张力较大的 a 键羟基的铬酸酯更倾向于消除张力以得到产物，因此反应速率较快。这些都和对稳定性及反应活性的一般理解一致。

26 —[O]→ (1-36)

如式(1-37) 所示的顺-4-叔丁基环己基甲酸乙酯水解的速率是反式异构体的近 1/20。环己烷上的叔丁基总是优先处于 e 键（参见 3.12.2），故反式和顺式的酯基分别位于 e 键和 a 键。酯基水解过程中羰基碳的杂化由 sp^2 转化为空间要求更大的 sp^3，故顺式的 a 键酯基取代物（**27**）形成的中间体（**28**）会产生相对较大的空间张力，也需要更大的活化能，反应速率就要慢一点。反之，若反应中的过渡态比基态的空间要求小，则 a 键取代物所需的活化能较少，反应也快，如 **26** 的氧化反应反映出的那样。

27 —OH^-→ **28** ⟶ (1-37)

但是也有一些反应表明，稳定性低的底物不一定比其稳定性高的异构体有高的反应活性，即底物的稳定性和反应性之间并无一定规律。如 4 种丁烯异构体与溴加成的相对反应速率是 *trans*-2-丁烯：*cis*-2-丁烯：异丁烯：丁烯为 18：27：57：1，与氯反应时相对速率却是 50：63：58：1，而它们的相对稳定性是 *trans*-2-丁烯＞*cis*-2-丁烯＞异丁烯＞丁烯。故虽然大多数分子的热力学稳定性与动力学稳定性一致，但这两类不同的稳定性也有可能正好相悖。故在讨论底物的稳定性和反应性时要注意反应类别和反应条件，只有在反应历程一定、反应条件也相等的情况下比较不同底物的稳定性和反应性才有意义。[73]

反应中间体越是稳定，意味着越容易生成，根据 Hammond 原理，相应的过渡态也越易形成，所以底物的活性也越大。也就是说，中间体的稳定性和底物不同，是一种和反应活性及进程密切相关的动力学性质。如式(1-38) 的两个反应所示，异丁烯与氯化氢进行的加成反应可生成两种可能的碳正离子中间体，叔碳正离子中间体（**29**）比伯碳正离子中间体（**30**）稳定，也更容易生成，经由 **29** 历程生成的产物（**31**）也要比经由 **30** 历程生成的产物（**32**）多。

HCl　**29**　**31**　Cl　**30**　**32**　Cl　(1-38)

活泼中间体的稳定性主要来自决定物种反应性大小的电子构型，也可以用持久性（persistence），即寿命（lifetime）的长短这一概念来讨论物种，尤其是中间体物种的稳定性。某物种有持久性，意味着其寿命长，对任何反应都需要较大的活化能。当然，这里所说的长短也是相对而言的，某些极为活泼的物种中有的寿命能达到毫秒级就可被认为有持久性特点了。持久性的定义和活性有点相似，是动力学性质，也与所处环境相关，温度和浓度的变化也常常会影响到活泼中间体的持久性。如，苄基正离子通常被认为是稳定的、长寿命的，因为它在热力学上比一般的参考正离子稳定得多，但在反应条件下就不能被认为是持久性的。

分子的反应活性与其酸碱性及某个原子的电负（正）性的强弱密切相关。电正性的分子是缺电（electron-deficient）的，意味着其是亲电的，而要进攻带负电荷的部分或孤对电子；电负性的分子是富电（electron-sufficient）的，意味着其是亲核的，负电荷部分或孤对电子要进攻带正电荷的部分。电负（正）性、缺（富）电性和形式电荷都是相互独立的概念。如，自由基 $CH_3\cdot$ 和 BF_3 中的碳和硼原子都是缺电性的，但它们都无形式电荷；R_4N^+ 和 R_3C^+ 的形式电荷都为＋1，但前者的氮原子不缺电，满足八隅体规则而几乎无反应活性；后者的碳原子是缺电的，未达到八隅体结构而化学反应性极强；CH_3^+、CH_3I 和甲醛都是亲电的，但只有 CH_3^+ 是缺电的，后两者都不缺电；硼和氮原子各是电正性和电负性的，但 BH_4^- 与 R_4N^+ 一样都是稳定的离子，硼和氮原子都不缺电。

1.7　绿色有机化学

人类研究自然和改造自然的过程迄今一直在加速进行。占人类历史总长度的 99%以上的旧石器时期中，人类学会了制作石器工具和掌握取火技术；距今一万年前后开始的新石器时期中，人类学会了耕种和饲养家畜及制陶技术；距今约 5000 年前，人类进入了青铜和铁器时代。如果把 Newton 发表“自然哲学的数学原理”的 1687 年作为近代科学的诞生日，300 多年来新知识以正反馈效应级数快速增长，造就出一个全新的物质文明世界。化学起源于炼金术和医学，17 世纪时仍从属于冶金学，化学家仅把提取贵金属和炼制药物作为自己的任务。英国科学家 Boyle 在 1661 年指出，化学是一门独立的科学，化学家要运用哲学的观点来研究化学。恩格斯对此作了很高的评价，认为“Boyle 把化学确立为科学”。1828 年 Wohler 由无机物氰酸盐制得有机物尿素的成功为有机化学成为一门独立的分支学科奠定了基础。从合成 DDT 开始的化学农药和从合成氨开始的化学肥料把农业生产推向前所未有的高度，“化学农业时代”满足了人类美好生活的物质需要。当初若无 DDT 扑灭病蚊虫，世界上热带和亚热带地区的开发必定难以开展。

全世界生产应用着约 10 多万种化工产品，已知的化合物有 7000 多万个，而且还在以每年新增 100 多万个化合物的速度扩大队伍。绝大多数化合物都是人工合成的有机化合物，没有人工有机化合物的世界只能是一个缺衣少食、没有电脑和合成材料，也无阿司匹林和书报的环境。但无可否认的是，人工合成的化学品多数不具备环境相容性和自净能力。残留的化学品日积月累，不仅破坏生态环境和引发疾病，经过生物链富集后还会危害生物和人类自身的生存和正常繁衍。当今世界上大约一半的死亡病例被认为与环境有关，其中化学污染是一大因素。1972 年，联合国人类环境会议发表了“人类环境宣言”，揭开了全球向环境污染宣战的序幕，20 世纪 80 年代提出了废物最少化，90 年代则上升为建立绿色化学的理念。绿色化学（green chemistry）又称环境无害化学（environmental benign chemistry）、环境友好化学、清洁化学。绿色化学的进展反映出化学已经进入了一个更高层次的成熟期，其宗旨为使用无毒无害的原料，不再产生和处理废料。[74]

1.7.1 无毒无害的原料

绿色化学是一门从源头上阻止污染的化学，以往常用的有毒有害的 $COCl_2$、HCN、HCHO、$(CH_3O)_2SO_2$ 和含卤试剂等的应用限制日益严格。如，用碳酸二甲酯替代硫酸二甲酯进行甲基化反应；双酚 A 和二苯酯在熔融态下进行催化酯交换和去酚反应来替代用光气和碱及双酚 A 生产聚碳酸酯材料；以葡萄糖为原料，通过酶反应生产己二酸、邻苯二酚或对苯二酚等化工产品。

早期的化学化工主要利用自然界提供的生物质（biomass）为原料，近代工业有机化工的基础原料则主要来自储量有限且不可再生的石油和煤。煤和石油化学工业对环境已带来明显的负面影响。用可再生的生物质资源来代替煤和石油生产化学品是紧迫而又是可持续的发展目标。[75] 地球上的植物每年由光合作用获得的太阳能约相当于当今人类消耗能量的 100 倍，是自然界给予人类最宝贵的资源之一。生物质主要包括淀粉和纤维素两大类。如玉米、土豆、小麦和树木、草类、玉米秆及麦草秆等农业废物都含有糖类聚合物，可用于发酵并生产酒精。与半纤维素和木质素紧密地连接在一起的纤维素是生物圈中最丰富的有机物，但其葡萄糖单体是以 β-1,4 化学键连成苷的，而且大多数还处于结晶状态，故水解要比淀粉困难得多。现在用固体稀酸处理、有机溶胶技术、高压蒸汽中迅速降压和超临界萃取等手段都已可处理纤维素。将纤维素与木质素、半纤维素完全分开的技术已取得成功，纯纤维素可非常有效地转化为葡萄糖，而木质素能通过传统的化学方法生产出许多化学物品来。用石灰水高温处理和细菌发酵等简单技术，也能把废生物质转化成动物饲料、工业产品及燃料等有用产品。石油化学工业已经走过了一个多世纪的道路，现在的生物质化学工业可以说还正在起步。[76]

页岩气（shale gas）的成功开发已爆出一抹亮丽的曙光。分流企业将页岩气分离出各个烷烃成分，乙烷和丙烷再转变为乙烯和丙烯。丰富储量和低廉成本的页岩气将替代石油并极大地改变能源和石化工业的面貌，为改善人类生活和提升世界经济带来难以估量的全新动力。

1.7.2 安全的工艺

绿色化学的另一个任务是高选择性地实现零排放无害的原子经济性反应。各种新颖的更富艺术性的反应策略如“一锅煮”完成的串联反应［tandem（domino，cascade，consecutive）reaction］[77]和多组分反应（mouticomponenet reaction）[78]、组合化学（combinational chemistry）[79]和点击化学（click chemistry）[80]、无需或尽量少用的保护基的反应、酶促的仿生合成等不断出现并应用于工业生产实践。如式(1-39）的两个反应所示，乙酸苄酯的合成在老工艺中先由氯苄浓碱皂化转化成苄醇再与乙酐作用得到，后采用氯苄与乙酸钠在相转移催化条件下一步就能得到产物，使三废大为减少。

$$PhCH_2Cl \xrightarrow[AcONa/PTC]{OH^-\quad Ac_2O} PhCH_2OAc \tag{1-39}$$

传统的芳香族苯的溴化反应中原料溴有一半生成副产物 HBr，改进后的氧化-溴化反应能将副产物 HBr 转化为溴去继续反应，使所有的溴都转化为了产物。如式(1-40）的反应所示：[81]

$$2\,C_6H_6 + Br_2 \xrightarrow{H_2O_2} 2\,C_6H_5Br \tag{1-40}$$

老的酯化反应常用无机酸为催化剂，傅-克反应所用的 $AlCl_3$ 等 Lewis 酸或质子酸催化剂都使设备严重腐蚀且反应后有大量的废液或废渣要处理。用离子交换树脂或分子筛、杂多酸、氟磺酸盐、超强酸等固体酸作催化剂就能大大改变这一状况（参见 2.5.2）。如式(1-41)的两个反应所示，洋茉莉醛（**1**）合成中的氧化剂已用臭氧替代重铬酸盐，肉桂醛（**2**）的还原已用催化氢化替代汞盐。

$$Ar'CH_2CH{=}CH_2 \xrightarrow{KOH} Ar'CH{=}CHCH_3 \xrightarrow{O_3} Ar'CHO\ (\mathbf{1})$$
$$PhCH{=}CHCHO \xrightarrow{H_2} PhCH{=}CHCH_2OH\ (\mathbf{2}) \tag{1-41}$$

（Ar′ = 3,4-亚甲二氧基苯基）

化学家和工程师合作追求环境友好的工艺在精细化工和制药工业中也取得了许多成果。如式(1-42）所示，常用止痛药布洛芬（ibuprofen，**3**）的传统制备工艺步骤长，许多操作还产生大量不易处理的无机盐。

$$ArH \xrightarrow[AlCl_3]{Ac_2O} ArCOCH_3 \xrightarrow{ClCH_2CO_2Et} Ar(CH_3)C(O)CHCO_2Et \xrightarrow{H_3O^+} ArCH(CH_3)CHO \xrightarrow{NH_2OH}$$
$$ArCH(CH_3)CH{=}NOH \xrightarrow{-H_2O} ArCH(CH_3)CN \xrightarrow{H_3O^+} ArCH(CH_3)CO_2H\ (\mathbf{3}) \tag{1-42}$$

Ar：4-^{t}Bu-C$_6$H$_4$—

新开发的工艺只需三步反应而且实现了无盐生产过程，如式(1-43) 所示：

$$\text{}^{t}\text{Bu-C}_6\text{H}_5 \xrightarrow[\text{HF}]{\text{Ac}_2\text{O}} \text{}^{t}\text{Bu-C}_6\text{H}_4\text{-COCH}_3 \xrightarrow[\text{Pd/C}]{\text{H}_2} \text{}^{t}\text{Bu-C}_6\text{H}_4\text{-CH(OH)CH}_3 \xrightarrow[\text{Pd}^{2+}]{\text{CO}} \mathbf{3} \qquad (1\text{-}43)$$

染料靛蓝（**4**）的传统工艺生产用碱熔法，生产过程中也有大量无机盐形成，如式(1-44)所示：

$$\text{C}_6\text{H}_5\text{NH}_2 \xrightarrow{\text{ClCH}_2\text{CO}_2\text{Et}} \text{C}_6\text{H}_5\text{NHCH}_2\text{CO}_2\text{H}_2 \xrightarrow[\text{NaOH}]{\text{NaNH}_2} \text{3-ONa-indole} \xrightarrow[\text{[O]}]{\text{空气}} \mathbf{4} \qquad (1\text{-}44)$$

20 世纪 90 年代开发成功银催化的反应工艺，后来又采用以葡萄糖发酵法生产的色氨酸（**5**）为原料的一种接近大自然自我生产方式的绿色工艺。这些新工艺对环境的友好程度都很大，如式(1-45) 的两个反应所示：

$$\text{C}_6\text{H}_5\text{NH}_2 \xrightarrow[\text{Ag}]{\text{HOCH}_2\text{CH}_2\text{OH}} \text{indole} \xrightarrow{\text{ROOH}} \mathbf{4} + \text{ROH} + \text{H}_2\text{O}$$

$$\mathbf{5} \xrightarrow{\text{色氨酸酶}} \text{indole} \xrightarrow{\text{萘氧化酶}} \text{2,3-dihydroxyindoline} \xrightarrow[\text{[O]}]{\text{空气}} \mathbf{4} \qquad (1\text{-}45)$$

少用甚至不用保护基的有机合成工艺也取得很大进步。[82]

1.7.3 环境友好的化学产品

无论是天然的还是人工合成的化学品都不是完全良性的，或多或少都有一定副作用，要求一个化合物完全无毒无害且效果最好是难以做到的。某种意义上，求得化合物的有效性和毒性的最优平衡是化学面临的最富挑战性的任务之一。当一个化合物十分稳定，又具有疏水亲脂性能时，就应该注意到它可能产生的环境污染和对健康的影响问题了。

生产环境友好的化工产品也是绿色化学的一个重要目标。如，水基有机涂料是人们所熟悉的最为成功的大宗化学品；用生物降解塑料聚门冬氨酸和聚乳酸等替代造成“白色污染”的聚合物产品；用无害的生物和农业废料多糖类物质制造的新型聚合物具有生物降解功能；一些不积累、不挥发、黏附在叶子表面但能被阳光分解，同时又不会渗入地下水的对环境友好的杀虫剂；等等。Hexaflumuron（**6**）是被美国环境保护署登录的第一个无公害杀虫剂，它不但对人畜无毒，且药效极慢而难以被白蚁警觉。白蚁接触该化合物后其甲壳素的合成受到阻抑，因不能长出新的外壳而死去。它只需导入引诱白蚁的系统中而不必像一般杀虫剂那样到处喷洒应用。船体水下部分的表面由于海洋动植物的附着生长形成的污垢会大大增加航行阻力和维修的麻烦。过去广泛使用的防垢剂主要是毒性高、不易分解且产生较严重生态毒性的三丁基氧化锡等有机锡类化合物。从毒性大小和暴露接触两方面着手，科学家已经找到了一个对生态环境危害很小、防垢性能优良的 4,5-二氯-2-正辛基-4-异噻唑啉-3-酮（**7**）。

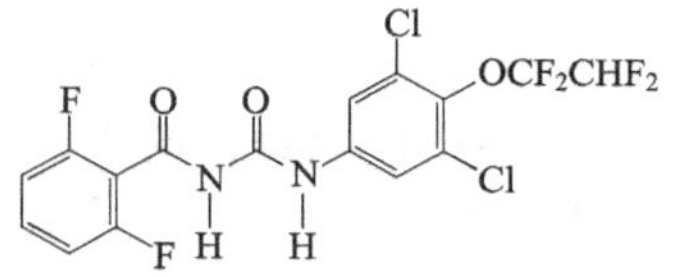

6 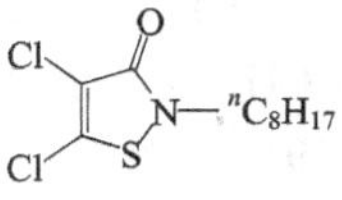　　7

臭名昭著的多氯多芳烃化合物二噁英实际上也是生产许多有用的工业助剂和农用化学品的副产物。由于其脂溶性好，极为稳定，通过食物链进入人体后伤害性强，又有累积效应，不易分解。二噁英之类有害化合物的形成更是化学家在设计选择工艺路线时要谨慎决策而决定取舍的重要因素，在不能有效解决有害问题之前，再好的经济路线也不能采用。另一方面，事物有它的二重性。DDT 被广泛禁用以后，由蚊子等害虫传播的疟疾之类传染病发病率上升，而至今尚未找到比 DDT 更好的杀虫剂。故世界卫生组织（WHO）报告认为应有控制地应用 DDT 而不是全面禁用。抗药性的问题也一直困扰着人类，新一代抗生素的诞生就是为了对付有抗药性的细菌。但人类在疲于应付抗药性问题的同时，一些害虫传播病菌的能力也下降了，这也可以说是抗药性产生的有益作用了。

1.7.4 环境因子、环境商和原子经济性

在判断化学产品的生产过程对环境造成的相应影响时，可用环境因子（E 因子）、环境商（EQ）和原料的利用率等概念来定量表达。[83] 相对于每个化工产品而言，任何非期望产品的产物都是废料。一个期望产品在生产过程中对环境造成的影响可以用 E 因子来衡量，其定义如式(1-46) 所示，即期望产品与同时产生的废料量之比，其值越小越好。

$$E\text{因子}=\text{废料质量}/\text{产品质量} \tag{1-46}$$

炼油业的 E 因子最小，约 0.1 左右；基本化工和精细化工分别在 1～5 和 5～50；制药工业则在 25～100 或以上。反应步骤愈长废料愈多，每步反应所用的非催化量试剂及纯化过程和中和操作等产生的无机盐及反应都使废料增加，减少全合成步骤和开发无盐生产工艺是降低 E 因子的重要手段。

废料对环境的污染程度还与其在环境中的毒性行为有关。对此可用环境商来评价一种合成方法相对于环境的好坏。EQ 的定义如式(1-47) 所示，兼顾废料的排放量和其对环境的影响度。式(1-47) 中的 E 即 E 因子，Q 是废料对环境给出的相对不友好程度，Mr 是质量。NaCl 和 $(NH_4)_2SO_4$ 是相对无害的，Q 值定为 1，重金属离子盐的毒性大小不一，Q 值为 100～1000。故无金属参与的反应更合乎绿色化学的要求。[84]

$$\begin{gathered}\mathrm{EQ}=E\times Q\\ Q=Mr(\text{目的物})/Mr(\text{底物}+\text{试剂})\end{gathered} \tag{1-47}$$

绿色化学中常用的另一个概念涉及原子利用（atom utilization）或原子效率（atom efficiency）问题，即底物分子中的原子转化成产物的百分数，Trost 将其统称为原子经济性(atom economy)。[85] 原子经济性为 100％的反应无疑是最理想的，这意味着所有反应物的原子反应后全部转化为所需产物而无任何副产物或废物，即废料的零排放。如式(1-48) 所示的 Wittig 反应是个很好的由羰基转化为亚甲基的反应，但从原子经济性考虑就并不理想：底物的相对原子质量失去 16（羰基），产物则仅增加了 14（亚甲基）；试剂的相对原子质量[292(278＋14)]中只有 14(CH_2)转变为产物，原子经济性小于 5％[14/292]：

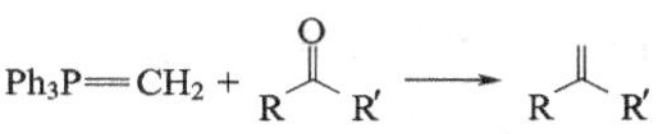

$$Ph_3P{=}CH_2 + RC(O)R' \longrightarrow RC(=CH_2)R' \tag{1-48}$$

如式(1-49) 的两个反应所示，经典的环氧乙烷生产工艺是将乙烯转化为 2-氯乙醇后再脱氯化氢。即使化学产率达到 100%，其原子经济性也仅为 25%[44/(28+71+75)]，每生产 1kg 产物会产生 3kg 副产物，新工艺利用乙烯一步催化氧化反应，原子经济性达到 100%[44/(28+16)]，产率 99%，其对环境的友好度大大提高了：

$$H_2C{=}CH_2 \xrightarrow[-HCl]{Cl_2/H_2O} Cl\text{—}CH_2CH_2\text{—}OH \xrightarrow[-CaCl_2]{Ca(OH)_2} \text{环氧乙烷}; \quad H_2C{=}CH_2 \xrightarrow{\frac{1}{2}O_2} \text{环氧乙烷} \tag{1-49}$$

如式(1-50) 的两个反应所示，聚合物原料甲基丙烯酸甲酯传统上是利用制取苯酚的副产物丙酮和丙烯腈工业的副产物 HCN 经两步反应制取的，但每生产 1kg 产物产生 2.5kg 的副产物 $(NH_4)_2SO_4$，E 因子为 2.5，原子经济性也只有 46%。20 世纪 90 年代初开发的一步催化法以乙炔为原料，生产甲基丙烯酸甲酯反应的原子经济性达到 100%，化学选择性和产率均达到 99%以上：

$$CH_3COCH_3 \xrightarrow{HCN} (CH_3)_2C(OH)CN \xrightarrow[H_2SO_4]{MeOH} CH_2{=}C(CH_3)CO_2Me; \quad HC{\equiv}CH + CH_3OH + CO \xrightarrow{\triangle,\text{催化剂}} CH_2{=}C(CH_3)CO_2Me \tag{1-50}$$

绿色化学已经成为化学发展的代表和方向而使化学学科更加繁荣兴旺。基于对 E 因子、EQ 值、原子经济性和产出率（productivity，即单位时间、单位反应器体积所生产的物质量）的综合估价和分析来开发新的反应和探索新的合成工艺一直是绿色化学的要点。长期以来，有机化学家未将基本有机化工视为有机合成化学，催化科学则大多在物理化学领域和基本有机化工范围内运作。有机合成化学、催化科学和基础有机化工如今正日益密切结合。[86] 科学技术绝不能危及自然界和人类的生存，在化学化工及要和自然界和睦相处的目标下发展起来的一些崭新的交叉学科不仅包含自然科学的基本原理，也有人文和社会科学的基本原理。如，利用 DNA 非同寻常的信息储存功能发展出的 DNA 处理器已应用于生物医学之外的程序设计和存储领域。化学家是环境的好朋友，在治理和保护环境问题中起着最主要的作用，在创造大量物质财富的同时能够为人类留下一个更为洁净的自然界，并创造出一个可持续发展的和谐社会。

习　题

1-1　解释

(1) 氟乙醇的构象以邻位交叉最稳定。

(2) 甲醛的偶极矩（7.64×10^{-30} C·m）比一氧化碳（0.36×10^{-30} C·m）大得多；甲酰胺有很大的介电常数。

(3) 羧酸（**1**）的两种构象中的有利构象为 *s-trans*，即 OH 上的 H 与 R 基团呈反式，为什么？哪个构象有更大的偶极矩？

(4) 4-薁甲酸（**2**）的偶极矩比异构体 9-薁甲酸（**3**）的大；溴甲烷和氟溴甲烷的偶极矩相等。

s-trans　⇌　*s-cis*

1　　　HO₂C—（薁）**2**　　　（薁）—CO₂H **3**

(5) C≡C 和 C≡N 的电负性相同，但丙炔和丙腈的偶极矩各为 2.60×10^{-30} C·m 和 12.99×10^{-30} C·m。

（6）KCl 可溶于水而非苯。
（7）正丁醇、仲丁醇、异丁醇和叔丁醇在水中的溶解度（g/100g）依次增大，各为 7.5、12.5、10 和无穷大。
（8）提供氢键的能力为 RCO_2H>ROH>RNH_2>RSH，接受氢键的能力为 RNH_2>ROR>RF。
（9）下列互变异构体在溶液中酮式是主要的：

（10）吡咯的沸点（131℃）比呋喃（31℃）和噻吩（84℃）的高得多。
（11）苯比环己烷更易被极化。
（12）2-甲基吡啶的碱性比吡啶强，但与 Me_3B 的配位作用比吡啶弱。
（13）螺戊烷和环丙烷的张力哪个大？
（14）丙烷中的∠CCC 为 112.4°。
（15）相同条件下，环戊酮的还原反应速率比环己酮的大。
（16）2,4,6-三硝基碘苯中 2-位和 4-位的 C—N 键长各为 0.145nm 和 0.135nm。

参考文献

[1] Hudson J J., Kara D M., Smallman I J., Sauer B E., Tarbutt M R., Hinds E A. *Nature*, **2011**, 473: 493; Everest M A., Vargason J M. *J. Chem. Educ.*, **2013**, 90: 926.

[2] Klein D J., Trinajstic N. *J. Chem. Educ.*, **1990**, 67: 633; 王连生，韩朔睽. 分子结构、性质与活性. 北京：化学工业出版社，**1997**; Wu W., Su P., Shaik S., Hiberty P C. *Chem. Rev*, **2011**, 111: 7557; Tro N J. *J. Chem. Educ.*, **2012**, 89: 567; Autschbach J. *J. Chem. Educ.*, **2012**, 89: 1032; Yayon M., Mamlok-Naaman R., Fortus D. *Chem. Educ. Res. Pract.*, **2012**, 13: 248; Jensen W B. *J. Chem. Educ.*, **2013**, 90: 802; Himmel D., Krossing I., Schnepf A. *Angew. Chem. Int. Ed.*, **2014**, 53: 370.

[3] Gillespie R J. *J. Chem. Educ.*, **1970**, 47: 18; 赖树明，牛树强. 化学通报，**1987**，(4): 44; Takahashi M. *Bull. Chem. Soc. Jap.*, **2009**, 82: 751.

[4] Bent H A. *Chem. Rev.*, **1961**, 61: 275; Lambert J B., Featherman S I. *Chem. Rev.*, **1975**, 75: 611; Laing M. *J. Chem. Educ.*, **1987**, 64: 124; ten Hoor M J. *J. Chem. Educ.*, **2002**, 79: 956.

[5] Hsu C Y., Orchin M. *J. Chem. Educ.*, **1973**, 50: 114; Pritchard H O. *J. Chem. Educ.*, **2012**, 89: 301.

[6] Wintner C E. *J. Chem. Educ.*, **1987**, 64: 587; Schultz P A., Messmer R P. *J. Amer. Chem. Soc.*, **1993**, 115: 10943.

[7] Pauling L. *J. Chem. Educ.*, **1992**, 69: 519; Simons J. *J. Chem. Educ.*, **1992**, 69: 522; Liebau F., Wang X., Liebau W. *Chem. Eur. J.*, **2009**, 15 (12): 2728; Truhlar T G. *J. Chem. Educ.*, **2012**, 89: 573.

[8] McKelvey D R. *J. Chem. Educ.*, **1983**, 60: 112; Pyykko P. *Chem. Rev.*, **1988**, 88: 563; Nelson p G. *J. Chem. Educ.*, **1990**, 67: 643.

[9] Herndon W C., Parkanyi C. *J. Chem. Educ.*, **1976**, 53: 689; 黄正国，徐梅芳. 大学化学，**2010**，25 (6): 75.

[10] Sanderson R T. *J. Chem. Educ.*, **1988**, 65: 112, 233; Pearson R G. *Acc. Chem. Res.*, **1990**, 23: 1; Allen L C. *Acc. Chem. Res.*, **1990**, 23: 175; Allen L C. *Can. J. Chem.*, **1992**, 70: 631; Mann J B., Meek T L., Allen L C. *J. Amer. Chem. Soc.*, **2000**, 122: 2780; Jensen W B. *J. Chem. Educ.*, **2012**, 89: 94; 杨忠志. 化学进展，**2012**，24: 1038.

[11] Wells P R. *Prog. Phys. Org. Chem.*, **1968**, 6: 111; Bratsch S G. *J. Chem. Educ.*, **1988**, 65: 223; Boyd R J., Edgecombe K E. *J. Amer. Chem. Soc.*, **1988**, 110: 4182; Li K., Wang X., Xue D. *J. Phys. Chem. A*, **2008**, 112: 7894.

[12] Miller S I. *J. Chem. Educ.*, **1978**, 55: 778; Cohen N., Benson S W. *Chem. Rev.*, **1993**, 93: 2419; Matsnaga N., Rogers D W., Zavitsas A A. *J. Org. Chem.*, **2003**, 68: 3158; Coote M L., Pross A., Radom L. *Org. Lett.*, **2003**, 5: 4689; Song K. -S., Liu L., Guo q X. *Tetrahedron*, **2004**, 60: 9909.

[13] Herndon W C., Parkanyi C. *J. Chem. Educ.*, **1976**, 53: 689; Sannigrahi A B., Kar T. *J. Chem. Educ.*, **1988**, 64: 674.

[14] Rosenberg A., Ozier I., Kudian A K. *J. Chem. Phys.*, **1972**, 57: 568; Mendiara S N., Perrissinotti L J. *J.*

Chem. Educ.，**2002**，79：64.

[15] Meyer E A.，Castellano R K. *Angew. Chem. Int. Ed. Engl.*，**2003**，42：1210.

[16] Le Ferve R J W. *Adv. Phys. Org. Chem.*，**1965**，3：1；Muller P. *Pure Appl. Chem.*，**1994**，66：1077.

[17] Von Schleyer P R.，BremerM.，*Angew. Chem. Int. Ed. Engl.*，**1989**，28：1226；Kaupp G.，Boy J. *Angew. Chem. Int. Ed.*，**1997**，36：48；Tanaka T.，Takamoto N.，Tezuka Y.，Kato M.，Toda F. *Tetrahedron*，**2001**，57：3761；Huntley D R.，Markopoulos G.，donovan P M.，Scott L T. Hoffmann R. *Angew. Chem. Int. Ed.*，**2005**，44：7549.

[18] Slater J. *J. Phys. Chem.*，**1964**，39：3199；Idoux J P.，Schreck J O. *J. Org. Chem.*，**1978**，43：4002；Suresh C H.，Koga N. *J. Phys. Chem. A.*，**2001**，105：5940.

[19] O'Keefe M.，Brese N E. *J. Amer. Chem. Soc.*，**1991**，113：3226；Chauvin R. *J. Phys. Chem.*，**1992**，96：9194；Rowland R S.，Taylor R. *J. Phys. Chem.*，**1996**，100：7384；Tang K-T.，Toennies J P. *Angew. Chem. Int. Ed.*，**2010**，49：9574.

[20] Bondi A. *J. Phys. Chem.*，**1964**，68：441；Charton M. *J. Org. Chem.*，**1978**，43：3995.

[21] Jr. Flurry R L. *J. Chem. Educ.*，**1976**，53：554；Hoffman D K.，Ruedenberg K.，Verkade J G. *J. Chem. Educ.*，**1977**，54：590；Gasteiger J.，Saller H. *Angew. Chem. Int. Ed. Engl.*，**1985**，24：687.

[22] Jensen J L. *Prog. Phys. Org. Chem.*，**1976**，12：189；George P.，Bock C W.，Trachman M. *J. Chem. Educ.*，**1984**，61：225.

[23] Liebman J F.，Greenberg A. *Chem. Rev.*，**1976**，76：311；van Zeist W-J.，Bickelhaupt M. *Org. Biomol. Chem.*，**2010**，8：3118.

[24] Osawa E.，Musso H. *Angew. Chem. Int. Ed. Engl.*，**1983**，22：1；Wiberg K B. *Angew. Chem. Int. Ed. Engl.*，**1986**，25：312；Allinger N L.，Chen K S.，Liu J H. *J. Comput. Chem.*，**1996**，17：642；Box V G S. *J. Mol. Model.*，**1997**，3：124；Boeyens J C A.，Comba P.，*Coordn. Chem. Rev.*，**2001**，212：3.

[25] Michl J.，Gladysz J A. *Chem. Rev.*，**1989**，89：973；Konarov I V. *Russ. Org. Rev.*，**2001**，70：991.

[26] Clark J.，Perrin D D. *Q. Rev. Chem. Soc.*，**1964**，18：295；Katritzky A R.，Topsom R D. *J. Chem. Educ.*，**1971**，48：427；曹晨忠. 有机化学中的取代基效应. 北京：科学出版社，**2003**.

[27] Stock L K. *J. Chem. Educ.*，**1972**，49：400；Grob C A. *Helv. Chim. Acta*，**1985**，68：882；Sacher E. *Tetrahedron Lett.*，**1986**，27：4683.

[28] Ceppi E.，Echhardt W.，Grob C A. *Tetrahedron Lett.*，**1973**，3627.

[29] Levitt L S.，Widing H F. *Prog. Phys. Org. Chem.*，**1976**，12：119；Grubbs E J.，Wang C.，Dearburff L A. *J. Org. Chem.*，**1984**，49：4080.

[30] Brink T.，Murray J S.，Politzer P. *J. Org. Chem.*，**1991**，56：5012.

[31] Wahl Jr. G H.，Jr. PetersonM R. *J. Amer. Chem. Soc.*，**1970**，92：7238；Sebastian J F. *J. Chem. Educ.*，**1971**，48：97；Aitken E J.，Bahl M K.，Bomben K D.，Gimzewski J K.，Nolan J S.，Thomas T D. *J. Amer. Chem. Soc*，**1980**，102：4873；Taft R W. *Prog. Phys. Org. Chem.*，**1983**，14：247.

[32] Truhlar D G. *J. Chem. Educ.*，**2007**，84：781.

[33] Phelan N F.，Orchin M. *J. Educ. Chem.*，**1968**，45：633；Durr H.，Gleiter R. *Angew. Chem. Int. Ed. Engl.*，**1978**，17：559；Traetteberg M.，Liebman J F.，Hulce M.，Bohn A A.，Rogers D W. *J. Chem. Soc. Perkin Trans.* 2，**1997**，1925.

[34] De la Mare P D B. *Pure Appl. Chem.*，**1984**，56：1755；Alabugin I V.，Zeiden T A. *J. Amer. Chem. Soc.*，**2002**，124：3175.，Mullins J J. *J. Chem. Educ.*，**2012**，89：834；Wu J I-C.，von Rague Schleyer P. *Pure Appl. Chem.*，**2013**，85：921.

[35] Pross A.，Radom L.，Riggs N V. *J. Amer. Chem. Soc.*，**1980**，102：2253.

[36] West R.，Fink M J.，Michl J. *Science*，**1981**，214：1343；Yoshifuji M.，Shima I.，Inamoto N.，Hirotsu K.，Higuchi T. *J. Amer. Chem. Soc.*，**1981**，103：4587；Raabe G.，Michl J. *Chem. Rev.*，**1985**，85：419；Lee V Y.，Tokitoh N. *Acc. Chem. Res.*，**2004**，37：86；Sekiguchi A.，Kinjo R.，Ichinohe M. *Science*，**2004**，305：1755；Roos B O.，Borin A C.，Gagliardi L. *Angew. Chem. Int. Ed.*，**2007**，46：1469；Sekiguchi A. *Angew. Chem. Int. Ed.*，**2007**，46：6596；Sasamori T.，Yuasa A.，Hosoi Y.，Furukawa Y.，Tokitoh N. *Organimetallics*，**2008**，27：3325；Scheschkewitz D. *Chem. Eur. J.*，**2009**，15：2476；Kira M. *Chem. Commun.*，**2010**，46：2893；Schwarz W H E.，Schmidbaur H. *Chem. Eur. J.*，**2012**，18：4470.

[37] Buckingham A D.，Fowler P W.，Hutson J M. *Chem. Rev.*，**1988**，88：963；Muller-Dethlefs K.，Hobza P. *Chem. Rev.*，**2000**，100：143；Hunter C A. *Angew. Chem. Int. Ed.*，**2004**，43：5310；Murthy P S. *J. Chem. Educ.*，**2006**，83：1010；Becke A A A.，Kannemann F O. *Can. J. Chem.*，**2010**，88：1057.

[38] Peckham G D.，McNaught I J. *J. Chem. Educ.*，**2012**，89：955.

[39] Paleos C M.，Tsiourvas D. *Liq. Cryst.*，**2001**，28：1127；Schultz A. *J. Chem. Educ.*，**2005**，82：400A；Sigalov M.，Shainyan B.，Chipanina N.，Ushakov I.，Shulunova A. *J. Phys. Org. Chem.*，**2009**，22：1178；Nedeltcheva D.，Antonov L. *J. Phys. Org. Chem.*，**2009**，22：274；黎占亭. 化学进展，**2011**，23：1；Schneider H. -J. *Chem. Sci.*，**2012**，3：1381；Goymer P. *Nat. Chem.*，**2012**，4：863；Lange K M.，Aziz E F. *Chem. Asi. J.*，**2013**，8：318；Oziminski W P.，Krygowski T M. *J. Phys. Org. Chem.*，**2013**，26：575.

[40] Taylor M S.，Jacobsen E N. *Angew. Chem. Int. Ed.*，**2006**，45：1520；Yu X.，Wang W. *Chem. Asi. J.*，**2009**，3：516；Falvello L R. *Angew. Chem. Int. Ed.*，**2010**，49：10045；Grabowski S J. *Chem. Rev.*，**2011**，111：2597；Das A. Molla M. R. Baneriee A.，Paul A.，Ghosh S. *Chem. Eur. J.*，**2011**，17：6061；Schneider H-J. *Chem. Sci.*，**2012**，3：1381；张丹维，黎占亭. 有机化学，**2012**，32：2009；Grabowski S J. *J. Phys. Org. Chem.*，**2013**，26：452；Schmidbaur H.，Raubenheimer H. G.，Dobrzanska L. *Chem. Soc. Rev.*，**2014**，43：345.

[41] Banthorpe D V. *Chem. Rev.*，**1970**，70：295；Bebder C J. *Chem. Soc. Rev.*，**1986**，15：475；Reed A E.，Curtiss L A.，Weinhold F. *Chem. Rev.*，**1988**，88：899；王宇宙，吴安心. 有机化学，**2008**，28：997.

[42] Felker P M.，Maxton P M.，Schaeffer M W. *Chem. Rev.*，**1994**，94：1787；Kato S. -I. Diederich F. *Chem. Commun.*，**2010**，46：1994；Martinez C R.，Iverson B L. *Chem. Sci.*，**2012**，3：2191.

[43] Ma J C. Dougherty D A. *Chem. Rev.*，**1997**，97：1303；Meyer E A. Castellano R K. Diederich F. *Angew. Chem. Int. Ed.*，**2003**，42：1210；Tsuzuki S.，Misami M.，Yamade S. *J. Amer. Chem. Soc.*，**2007**，129：8656.

[44] Legon A C. *Angew. Chem. Int. Ed.*，**1999**，38：2686；Pierangolo P.，Neukirch H.，Pilati T.，Resnati G. *Acc. Chem. Res.*，**2005**，38：386；Gales L.，Almeida M R.，Arsequell G.，Valencia G.，Saraiva M J.，damas A M. *Biochim. Biophys. Acta*，**2008**，1784：512；Desiraju G R.，Ho P S.，Kloo L.，Legon A C.，Marquardt R.，Metrangolo P.，Politzer P.，Resnati G.，Rissanen K. *Pure Appl. Chem.*，**2013**，85：1711.

[45] 刘育，尤长城，张衡益. 超分子化学——合成受体的分子识别与组装. 天津：南开大学出版社，**2001**；李昊，许曦晨，陈嘉伟，杨楚罗，秦金贵. 有机化学，**2008**，28：2057；Bartlett G J. Choudhary A.，Raines R. T & Woolfson D N. *Nat. Chem. Biol.*，**2010**，6：615；张华承，刘召娜，辛飞飞，郝爱友. 有机化学，**2012**，32：30，219.

[46] Lehn J M. *Angew. Chem. Int. Ed.*，**1990**，29：1304；李来生，达世禄，冯玉绮，刘敏. 化学进展，**2005**，17：523；张华承，郝爱友，申健. 有机化学，**2008**，28：954；沈海民，纪红兵. 有机化学，**2011**，31：791；周冬香，孙涛，邓维. 有机化学，**2012**，32：239.

[47] Parker A J. *Chem. Rev.*，**1969**，69：1；*Pure Appl. Chem.*，**1971**，25：345；Abboud J. -L M.，Notario R. *Pure Appl. Chem.*，**1999**，71：645；Katritzky A R.，Fara D C.，Yang H.，Timm K.，Karelson M. *Chem. Rev.*，**2004**，104：175.

[48] Clark J H.，Tavener S J. *Org. Proc. Res. Dev.*，**2007**，11：149；Raj M.，Singh V K. *Chem. Commun.*，**2009**，6687；Hernaiz M. J.，Alcantara A R.，Garcia J I.，Sinisterra J V. *Chem. Eur J.*，**2010**，16（31）：9422；Fischmeister C.，Doucet H. *Green Chem.*，**2011**，13：741；Jessop P G. *Green Chem.*，**2011**，13：1391；Gu Y. *Green Chem.*，**2012**，14：2091；Gu Y.，Jerome F. *Chem. Soc. Rev.*，**2013**，42：9550.

[49] Hermkens P H H.，Ottenheijm H C J.，Rees D. *Tetrahedron*，**1996**，52：4527；许家喜. 有机化学，**1998**，18：1；李伟章，恽榴红. 有机化学，**1998**，18：403；Tanaka K，Toda F. *Tetrahedron*，**2000**，56：1025；Thomas J M.，Raja R.，Sankar G.，Johnson B F G.，Lewis D W. *Chem. Eur. J.*，**2001**，2973；Jansen M. *Angew. Chem. Int. Ed.*，**2002**，41：3746；王德心. 固相有机合成. 北京：化学工业出版社，**2004**；Toda F. *Top. Curr. Chem.*，**2005**，254：1；Zhang W，Curran D P. *Tetrahedron*，**2006**，62：11827；Grice J D，Maisonneuve V，Leblanc M. *Chem. Rev.*，**2007**，107：114；Clark J H.，Tavener S J.，*Org. Proc. Res. Dev.*，**2007**，11：149；Stobrawe A.，Makarczyk P.，Maillet C.，Muller J. -L.，Leitner W. *Angew. Chem. Int. Ed.*，**2008**，47：6674；Zhang W，Cai C. *Chem. Commun.*，**2008**，5686；Anastas P T.，Eghbali N. *Chem. Soc. Rev.*，**2010**，39：301.

[50] Franks F.，Ives D J G. *Quart. Rev. Chem. Soc.*，**1966**，20：1；James K C. *Educ. Chem.*，**1972**，9：220；Dack M R J. *Chem. Soc. Rev.*，**1975**，4：211；Kochansky J. *J. Chem. Educ.*，**1991**，68：655；蒋锡夔，张劲涛. 有机分子的簇集和自卷. 上海：上海科学技术出版社，**1996**；Battino B.，Letcher T M. *J. Chem. Educ.*，**2001**，78：103；van der Sluys W G. *J. Chem. Educ.*，**2001**，78：111；Francisco M.，van den Bruinhorst A.，Kroon M C. *Angew. Chem. Ent. Ed.*，**2013**，52：3074；Gamsjä ger H. *Pure Appl. Chem.*，**2013**，85：2059.

[51] Schuster P.，Jakubetz W.，Marius W. *Top. Curr. Chem.*，**1975**，60：1；Cox B G.，Waghorne W E. *Chem.*

Soc. Rev., **1980**, 9: 381; Langhals H. *Angew. Chem. Ent. Ed. Engl.*, **1982**, 21: 724; Cainelli G., Galletti P., Giacomini D. *Chem. Soc. Rev.*, **2009**, 38: 990; Bagchi B., Biman B. *Chem. Soc. Rev.*, **2010**, 39: 1936; Mayr H., Ofial A R. *Pure Appl. Chem.*, **2009**, 81: 667; Seoud O A E. *Pure Appl. Chem.*, **2009**, 81: 697.

[52] 荣国斌，有机化学，**1993**，8：38；CornilsB. *Org. Proc. Res. Dev.*, **1998**, 2: 121; *J. Mol. Cat. A*, **1999**, 143: 1; 张岩，王柏祥，王东，黄志镗. 化学进展，**1999**，11：394；Manabe K., Kobayashi S. *Chem. Eur. J.*, **2002**, 8: 4094; Pirrung M C. *Chem. Eur. J.*, **2006**, 12: 1312; Li C J., Chen L. *Chem. Soc. Rev.*, **2006**, 35: 68; Hailes H C. *Org. Proc. Res. Dev.*, **2007**, 11: 114; Ball P. *Chem. Rev.*, **2008**, 108: 74; Chanda A., Fokin V V. *Chem. Rev.*, **2009**, 109: 725；李朝军，陈德恒. 王东，刘利，陈拥军译. 水相有机反应大全. 北京：科学出版社，**2009**；Bryant R G., Johnson M A., Rossky P J. *Acc. Chem. Res.*, **2012**, 45: 1; Szostak M., Spain M., Parmar D., Procter D J. *Chem. Commun.*, **2012**, 48: 330; Simon M. -O., Li C. -J. *Chem. Soc. Rev.*, **2012**, 41: 1415; Kobayashi S. *Pure Appl. Chem.*, **2013**, 85: 1089.

[53] Nasayan S., Muldoon J., Fin M G., Fokin V V., Kolb H C., Sharpless H B. *Angew. Chem. Ent. Ed.*, **2005**, 44: 3275; Shen Y R., Ostroverkhov V. *Chem. Rev.*, **2006**, 106: 1140; Kobayashi S., Ogawa C. *Chem. Eur. J.*, **2006**, 12: 5954; Jung Y., Marcus R A. *J. Amer. Chem. Soc.*, **2007**, 129: 5492; Moore F G., Richmond G L. *Acc. Chem. Res.*, **2008**, 41: 739; Chanda A., Fokin V V., *Chem. Rev.*, **2009**, 109: 752; Marcus R A. *J. Phys. Chem. C*, **2009**, 113: 14598; Acevedo O., Armacost K. *J. Amer. Chem. Soc.*, **2010**, 132: 1966; Kitanosono T., Kobayashi S. *Adv. Synth. Cat.*, **2013**, 355: 3095; Mlynarski J., Bas S. *Chem. Soc. Rev.*, **2014**, 43: 577.

[54] Makosza M. *Pure Appl. Chem.*, **2000**, 72: 1399; Jwo J. -J. *Catal. Rev.*, **2003**, 45: 397.

[55] Kirsch P. 当代有机氟化学——合成反应应用实验. 朱士正，吴永明译，荣国斌校，上海：华东理工大学出版社，**2006**；Mikami K. 绿色反应介质在有机合成中的应用. 王官武，张泽译，北京：化学工业出版社，**2007**；Pollet P., Eckert C A., Liotta C L. *Chem. Sci.*, **2011**, 2: 609; Eckelmann J., Luning U. *J. Chem. Educ.*, **2013**, 90: 224; Morris R., James S L. *Angew. Chem. Ent. Ed.*, **2013**, 52: 2163. 固相反应：TodaF., TanakaK. *Chem. Rev.*, **2000**, 100: 1025; Cave G W V., Raston C L., Scott J L. *Chem. Commun.*, **2001**, 2159.

[56] Hyatt J A. *J. Org. Chem.*, **1984**, 49: 5097; Jessop P G., Ikariga T., Noyori R. *Chem. Rev.*, **1999**, 99: 475; Savage P E. *Chem. Rev.*, **1999**, 99: 603; Prajapati D., Gohain M. *Tetrahedron*, **2004**, 60: 815; Weingartner H., Franck E U. *Angew. Chem. Int. Ed.*, **2005**, 44: 2672; Zhang W. *Green Chem.*, **2009**, 11: 911; 王连鸳，徐文浩，杨基础. 化学进展，**2010**，22：796.

[57] Lowe J P. *J. Educ. Chem.*, **1974**, 51: 785; Bernasconi C F. *Acc. Chem. Res.*, **1992**, 25: 9.

[58] Kurti L., Czako B. *Strategic Applications of Named Reactions in Organic Synthesis*（有机合成中命名反应的战略性应用. 陈耀全，吴毓林导读. 北京：科学出版社，**2007**；荣国斌，马汝建. 成名反应、试剂和缩略词. 上海：华东理工大学出版社，**2008**；Li J. 有机人名反应——机理及应用. 荣国斌译，朱士正 校，北京：科学出版社，**2011**.

[59] Alvarez S. *Angew. Chem. Int. Ed.*, **2012**, 51: 590; Grove N P., Cooper M M., Rush K M. *J. Chem. Educ.*, **2012**, 89: 844; Bhattacharyya G. *J. Chem. Educ.*, **2013**, 90: 1282.

[60] Hulett J R. *Quart. Rev. Chem. Soc.*, **1964**, 18: 227; Menzinger M., Wolfgang R. *Angew. Chem. Int. Ed. Engl.*, **1969**, 8: 438; Benson S W., Cruickshank F R., Golden D M., Hugen G R., O'Neal H E., Rodgers A S., Shaw R., Walsh R. *Chem. Rev.*, **1969**, 69: 279; Kozliak E I. *J. Chem. Educ.*, **2002**, 79: 1435; Le Vent S. *J. Chem. Educ.*, **2003**, 80: 89; Schmitz G. *J. Chem. Educ.*, **2005**, 82: 1091; Arnaut L G., Formosinho S J. *Chem. Eur. J.*, **2008**, 14: 6578; Roux M Victoria., Foces-Foces C., Notario R. *Pure Appl. Chem.*, **2009**, 81: 1857; Turanyi T., Toth Z. *Chem. Educ. Res. Pract.*, **2013**, 14: 105.

[61] Benson S W. *J. Chem. Educ.*, **1965**, 42: 502; Blanksby S J., Ellison G B. *Acc. Chem. Res.*, **2003**, 36: 255; Stanger A. *Eur. J. Org. Chem.*, **2007**, 5717; Atkins P. *Pure Appl. Chem.*, **2011**, 83: 1217.

[62] Menger F M. *Acc. Chem. Res.*, **1985**, 18: 128; Nakagaki R., Sakuragi H., Mutai K. *J. Phys. Org. Chem.*, **1989**, 2: 187; van Zeist W. -J., Bickelhaupt F M. *Org. Biomol. Chem.*, **2010**, 8: 3118.

[63] Gowenlock B G. *Q. Rev. Chem. Soc.*, **1960**, 14: 133; Hulett J R. *Q. Rev. Chem. Soc.*, **1964**, 18: 227; Kalantar A H. *J. Phys. Chem.*, **1986**, 90: 6301; Revell L E., Williamson B E. *J. Chem. Educ.*, **2013**, 90: 1024.

[64] Morrissey B W. *J. Chem. Educ.*, **1975**, 22: 296; Mahan B H. *J. Chem. Educ.*, **1975**, 22: 299; Laidler K., King M C. *J. Phys. Chem.*, **1983**, 87: 2657; Truhlar D G., Hase W L., Hynes J T. *J. Phys. Chem.*, **1983**, 87: 2664; Laidler K J. *J. Chem. Educ.*, **1988**, 65: 540; van EldikR., AsanoT., Le Nobel W J.

Chem. Rev., **1989**, 89: 549; Albery W J. *Adv. Phys. Org. Chem.*, **1993**, 28: 139; Williams I H. *Chem. Soc. Rev.*, **1993**, 22: 277., Ess D H. *J. Chem. Educ.*, **2012**, 89: 817.

[65] Hammond G S. *J. Amer. Chem. Soc.*, **1955**, 77: 334; Farcasill D. *J. Chem. Educ.*, **1975**, 52: 76; Fong F K. *Acc. Chem. Res.*, **1976**, 9: 433; Miller A R. *J. Amer. Chem. Soc.*, **1978**, 100: 1984; Laidler K J., King M C. *J. Phys. Chem.*, **1983**, 87: 2664; Jencks W P. *Chem. Rev.*, **1985**, 85: 511; Albery W. J. *Adv. Phys. Org. Chem.*, **1993**, 28: 139; Meany J E., Minderhout V., Pocker Y. *J. Chem. Educ.*, **2001**, 78: 204; Scala A A. *J. Chem. Educ.*, **2004**, 81: 1661.

[66] Hine J. *J. Org. Chem.*, **1966**, 31: 1236; Tee O S T. *J. Amer. Chem. Soc.*, **1969**, 91: 7144; Farcasiu D. *J. Chem. Educ.*, **1975**, 52: 76; Jochum C., Gasteiger J., Ugi I. *Angew. Chem. Int. Ed. Eng.*, **1980**, 19: 495; Rabideau P W., Huser D L. *J. Org. Chem.*, **1983**, 48: 4266.

[67] Winnik M A. *Chem. Rev.*, **1981**, 81: 491; Donahue N M. *Chem. Rev.*, **2003**, 103: 4593.

[68] Brown M E., Buchanan K J., Goosen A. *J. Chem. Educ.*, **1985**, 62: 575; Snadden R B. *J. Chem. Educ.*, **1985**, 62: 653; Benson J A. *Angew. Chem. Int. Ed.*, **2006**, 45: 4724.

[69] Seeman J I. *Chem. Rev.*, **1983**, 83: 83; Dorwald F Z. 有机合成中的副反应——成功合成设计指南. 田伟生，彭逸华译，荣国斌校. 上海：华东理工大学出版社，**2006**.

[70] House H O., Trost B M. *J. Org. Chem.*, **1965**, 30: 1341; D'Angelo J. *Tetrahedron*, **1976**, 32: 2979; Xie L., Sauders Jr. W H. *J. Amer. Chem. Soc.*, **1991**, 113: 3123; Xie L., van Landeghem K., Isenberger K M., Bernier C. *J. Org. Chem.*, **1991**, 39: 2475; Mahrwald R., Gundogan B. *J. Amer. Chem. Soc.*, **1998**, 120: 413.

[71] Hilinski E F., Rentzepis P M. *Acc. Chem. Res.*, **1983**, 16: 224; Simon J D., Peters K S. *Acc. Chem. Res.*, **1984**, 17: 277; Polanyi J C. *Angew. Chem. Int. Ed.*, **1987**, 26: 939; Laidler K J. *J. Chem. Educ.*, **1988**, 65: 540; Zewail A H. *Nature*, **1990**, 343; 何国钟. 化学进展，**1997**，9：141; Pople J A. *Angew. Chem. Int. Ed.*, **1999**, 38: 1894; 陈志达. 大学化学，**1999**，14（3）：3; Zewail A H. *Pure Appl. Chem.*, **2000**, 72: 2219; Zewail A H. *Angew. Chem. Int. Ed.*, **2000**, 39: 2586; 兰峥岗，王鸿飞. 化学通报，**2000**，（1）：1; 孔繁数，熊铁嘉，吴成印. 大学化学，**2000**，15（3）：5; Greerings P., de Proft F., Langenaeker W. *Chem. Rev.*, **2003**, 103: 1793; Carter E A., Rossky P J. *Acc. Chem. Res.*, **2006**, 39: 71; Andresen B. *Angew. Chem. Int. Ed.*, **2011**, 50: 2690; 张颖，徐昕. 化学进展，**2012**，24：1023.

[72] George P., Trachtman M., Bock C W. Brett A M. *Tetrahedron*, **1976**, 32: 317; *J. Chem. Soc. Perkin Trans.* 2, **1977**, 1036.

[73] Chandrasekher S. *Chem. Soc. Rev.*, **1987**, 16: 313; 李天全. 化学通报，**1989**，（11）：53; 胡秀贞. 化学通报，**1994**，（6）：59; Mayr H. Ofial A R. *Angew. Chem. Int. Ed.*, **2006**, 45: 1844.

[74] 陆熙炎. 化学进展，**1998**，10：123; 朱清时. 化学进展，**2000**，12：410; 麻生明，魏晓芳. 原子经济性反应. 北京：中国石化出版社，**2006**; Horvath I T, Anastas P T. *Chem. Rev.*, **2007**, 107: 2167; Anastas P., Eghbali N. *Chem. Soc. Rev.*, **2010**, 39: 301; Andraos J., Dicks A P. *Chem. Educ. Res. Pract.*, **2012**, 13: 69; Sheldon R A. *Chem. Soc. Rev.*, **2012**, 41: 1437; Leahy D K., Tucker J L., Mergelsberg I., Dunn P J., Kopach M E., Purohit V C. *Org. Proc. Res. Dev.*, **2013**, 17: 1099; Clark J., Sheldo R., Raston C., Poliakoff M., Leitner W. *Green Chem.*, **2014**, 16: 18.

[75] 闵恩泽. 化学进展，**2006**，18：131; 匡廷云，白克智，杨秀山. 化学进展，**2007**，19：1060; Zhou C. -H., Xia X., Lin C. -X., Tong D. -S., Beltramini J. *Chem. Soc. Rev.*, **2011**, 40: 5588; Gallezot P. *Chem. Soc. Rev.*, **2012**, 41: 1538; Song J., Fan H., Ma J., Han B. *Green Chem.*, **2013**, 15: 2619; Rabinovitch-Deere C A., Oliver J W. K., Rodriguez G M., Atsumi S. *Chem. Rev.*, **2013**, 113: 4611; 张家仁，邓甜音，刘海超. 化学进展，**2013**，25：192.

[76] 曲英波. 化学进展，**2007**，19：1098; Alonso D M., Bond J Q., Dumesic J A. *Green Chem.*, **2010**, 12: 1493; Marshall A. -L., Alaimo P. J. *Chem. Eur. J.*, **2010**, 16（17）: 4970; Knothe G. *Green Chem.*, **2011**, 13: 3048; Huang Y. -B., Fu Y. *Green Chem.*, **2013**, 15: 1095.

[77] Nicolaou K C., Montagnon T. Snyder S A. *Chem. Commun.*, **2003**, 551; Broadwater S J., Roth S L., Price K E., Kobaslija M., McQuade D T. *Org. Biomol. Chem.*, **2005**, 3: 2899; Pellissier H. *Tetrahedron*, **2006**, 45: 2143; 万红敬，黄红军，李志广，张敏. 大学化学，**2008**，23（3）：28.

[78] Zhu J., Bienayme H. 多组分反应. 张书圣，温永红，杨晓燕等译. 北京：化学工业出版社，**2008**.

[79] Corbett P T., Leclaire J., Vial L. West K R., Wietor J. -L., Sanders J K M., Otto S. *Chem. Rev.*, **2006**, 106: 3652.

[80] Kolb H., Finn M G., Schapless K B. *Angew. Chem. Int. Ed.*, **2001**, 40: 2004; 张涛，郑朝晖，成煦，丁小

斌，彭宇行. 化学进展，**2008**，20：1090；刘清，张秋禹，陈少杰，周健，雷星锋. 有机化学，**2012**，32：1846.

[81] Muklopadhyay S.，Ananthakrishnan S.，Chandalia S B. *Org Proc. Res. Dev.*，**1999**，3：451.，Cardinal P.，Greer B.，Luong H.，Tyagunova Y. *J. Chem. Educ.*，**2012**，89：1061.

[82] Greener T W.，Wuts P G M. 有机合成中的保护基. 第3版. 华东理工大学有机化学教研组译，荣国斌校. 上海：华东理工大学出版社，**2004**；Hoffman R W. *Synthesis*，**2006**，3531；李旭琴，刘安. 化学进展，**2010**，22：81.

[83] Scheldon R A. *Pure Appl. Chem.*，**2000**，72：1233；Cann M C，Dickneider T A. *J. Chem. Educ.*，**2004**，81：977；Scheldon R A. *Green Chem.*，**2007**，9：1273；，**2008**，10：3352；Lipshutz B H.，Isley N A.，Fennewald J C. Slack E D. *Angew. Chem. Int. Ed.*，**2013**，52：10952.

[84] Rueping M.，Dufour J.，Schoepke F R. *Green Chem.*，**2011**，13：1084.

[85] Trost B M. *Angew. Chem. Int. Ed. Engl.*，**1995**，34：259. *Acc. Chem. Res*，**2002**，35：695.

[86] Blaser H U.，Schmidt E. 工业规模的不对称催化. 施小新，冀亚飞，邓卫平译，邓卫平校. 上海：华东理工大学出版社，**2006**.

2 酸 和 碱

酸碱概念和亲电亲核、氧化还原相辅相成地在有机化学中发挥着重要作用。pH、缓冲液、质子化形态等酸碱性问题与有机化合物的反应、分离、提纯、鉴定、合成及有机理论的发展密切相关。有机分子或有机溶剂本身就是酸或碱，也具有得失电子的性能；有机反应基本上都涉及酸碱反应，每个反应能否发生及速率大小都与底物和环境的酸碱性强弱有关。有机化学中应用最广泛的酸碱概念是质子理论（Bronsted 理论）和电子理论（Lewis 理论），这两种理论基于不同的依据，应用于不同的场合，但相互间也是兼容协调的。[1]

2.1 Bronsted 质子理论和酸性强度

酸性或碱性都来自古代对尝试物质产生的生理感性所作的一种表述。实验化学揭示出所有矿物酸的共性是都含有在各种化学转化中起到相同作用的质子（proton，H^+）。Arrhenius 在 1903 年提出的电离理论认为：在水溶液中电离产生 H^+ 的物质是酸，在水溶液中电离产生 OH^- 的物质是碱，酸碱反应是 H^+ 和 OH^- 结合生成水。该理论首次简要地明确了水溶液中的酸碱定义，但没有解释溶剂的作用及在非水或无水体系中的酸碱反应，也不能说明不少盐为何有酸性或碱性的问题，且水相中实际上并无 H^+ 存在。Franklin 则进一步提出了溶剂理论：能生成与溶剂正离子相同的正离子的是酸，生成与溶剂负离子相同的负离子的是碱。溶剂理论明显扩展了酸碱的范围，但仍不能用于那些不电离的溶剂和非极性的体系。电离理论和溶剂理论的适用性都较差，故应用也已很少见了。

Bronsted 和 Lowry 于 1923 年分别独立提出质子理论：能放出质子的物质为酸（HA），能接受质子的物质为碱（B）。故酸可称为质子供体，碱可称为质子受体，酸碱反应就是质子转移的反应。质子理论大大扩展了酸碱范围，特别是碱的范围，任何含氢原子的分子都是潜在的 Bronsted 酸，许多负离子和中性分子也如羟基离子一样可视为碱；分子或离子都可以成为酸碱，同一物质可以既是酸也是碱；酸碱反应可以在任何相态中进行。Bronsted 酸碱有着共轭关系：酸失去质子后的物质（A^-）保留了原来与质子结合的电子对，有能力再接受一个质子而成为该酸的共轭碱；碱接受质子后增加了一个正电荷并有能力再失去一个质子而成为该碱的共轭酸。即 HA 是 A^- 的共轭酸，A^- 是 HA 的共轭碱，这一依存关系称共轭酸碱关系，酸碱反应也就是两对共轭酸碱间的反应。[2]。酸总是比它的共轭碱多一个正电荷，碱总是比它的共轭酸多一个负电荷；酸碱之间由质子相联系。

质子理论不仅包含了电离理论和溶剂理论，更进一步将反应的底物和产物有机地结合起来，从外而内阐明了物质的酸碱性，且表述明确易懂，实用性大，故建立后即被广泛用于科研和教学的实践工作。但质子理论局限于质子的得失，无法解释不含氢原子的酸碱及其反应。

2.1.1 质子、水合氢离子和酸碱平衡反应

单个氢原子的质量已于 2012 年测得为 1.7yg（yoctogram，10^{-24}g）。氢原子可以失去其唯一的一个电子成为质子，也可以得到一个电子达到惰性气体 He 的电子构型而成为负氢离子（hydride ion，H^-）。氢只有单一的 1s 轨道用于成键，反应时不会涉及轨道层的重组，

质子的体积比任何正离子都小（相差达 10^5 数量级），这一切都使反应体系中很易发生质子的转移。

质子通常是指氢同位素中质量最小的氢正离子，一般表述形式为 H^+（^1H）。但实际使用时 H^+ 还常包括两个同位素离子^2H（D，氘）和^3H（T，氚）。英语文献中的“proton”一词特指质子（^1H），指不含氘和氚的氢或体系中含有的氘和氚对氢的反应不会产生同位素效应（参见 9.2.7）。质子的直径只有 10^{-12}m，正电荷密度是相当大的，故除了在气相条件下能以孤立状态存在外，总会和一个或更多的碱或环境溶剂发生缔合。星际云中存在着 $H_3{}^+$。[3] 质子与甲烷或稀有气体都有配位作用，在溶液中被数量不等的溶剂分子（S）所包围而产生溶剂化效应（参见 1.6）并生成溶剂化质子（SH^+），如在甲醇或乙醚中分别成为 $CH_3O^+H_2$ 或 $(C_2H_5)_2O^+H$。质子在水溶液中与水的氧原子上的孤对电子缔合而成为水合氢离子（hydronium ion，H_3O^+）。H_3O^+ 常在文献中简写为 H^+，可视为饱和氧鎓离子的母体，具有一个非角锥形的平面结构，能和水、冠醚等电子对供体的分子继续配位形成如 $H_3O^+\cdot(H_2O)_n$ 一类簇状化合物。H_3O^+ 的结构在气相和溶液中的 IR、MS 和中子衍射等都得到了研究，^1H NMR 的化学位移为 11.0。[4] −70℃下 $RCH_2OH_2{}^+$ 的 $OH_2{}^+$ 在 HF-BF_3 中的化学位移为 9.3～9.5（*t*）。质子与配对负离子 $SbF_6{}^-$、$AsF_6{}^-$、BF_4^- 等组成的晶体盐也都被分离鉴定过。

HA 常称 Bronsted 酸或往往简称为酸，在溶剂 S 中形成离解平衡。平衡常数 k_{eq} 通常是在稀水溶液中进行测量的，在该测试条件下水是大大过量的，$[H_2O]$ 可以认为是一个常数(55.6mol/L)，故酸的强度可用另一个酸解离常数（acid dissociation constant，k_a）来量化和表示，如式(2-1) 所示：[5]

$$HA + S \overset{k_{eq}}{\rightleftharpoons} SH^+ + A^-$$

$$k_a = k_{eq}[H_2O] = \frac{[H_3O^+][A^-]}{[HA]} \tag{2-1}$$

与 pH 和 $[H_3O^+]$ 的关系一样可以定义更便于应用的 pk_a 来替代 k_a。酸的强度，即 pk_a 是固有不变的，但其所处体系环境的 pH 是可以由实验调节的。pH 反映出溶液体系的供质子能力，改变 pH 就可改变或调节体系中酸 HA 的质子化状态（protonation state），从而为控制反应条件提供非常重要的手段，这对研究体系中底物及试剂的酸碱形态组成及转化是非常重要的。一个溶液的 pH 愈小，其给予溶质质子的能力愈强。若 pH 低于溶质共轭酸的 pk_a，其共轭碱会被 H_3O^+ 饱和，则溶质的大部分会被质子化；若 pH 等于溶质共轭酸的 pk_a，则溶质的 50％会被质子化；若 pH 高于溶质共轭酸的 pk_a，则溶质的大部分不会被质子化。只要知道酸的 pk_a 和溶液的 pH 就能得知该酸在此溶液中的质子化状态，将 pk_a 的形式转化为如式(2-2) 所示：

$$pk_a = -\lg k_a = pH + \lg[HA]/[A^-] \tag{2-2}$$

根据式(2-2) 即可方便地计算出一个酸 HA 和其共轭碱 A^- 在某 pH 环境下的比例或主要存在形式，它们与稀溶液中酸 HA 的绝对浓度无关。如，某酸 HA 的 pk_a 为 9.0，在 pH 为 9.0 的环境下其酸式(HA) 和碱式(A^-) 各占一半，浓度相等；pH 每下降一个单位，酸式的浓度将相对增加 10 倍，pH 为 7.0 的环境下酸式和碱式浓度之比为 100∶1。反之，pH 为 11.0 的环境下酸式和碱式浓度之比为 1∶100。故实验操作时控制体系的 pH 是很重要的关键一步。一些酸的酸度值（pk_a）见本章末附件。

2.1.2 强酸和弱酸

分子的酸碱性及酸碱性的强弱不单是其基本属性，而且会直接影响其能否反应及反应的机理和结果。判别一个酸的强弱可以有两个思路，一是从结构来推断离解 H^+ 的难易；二是分析离解前后酸（HA）及其共轭碱（A^-）的相对稳定性大小。一个酸的酸性强度可以用平衡常数 k 来表征。如式(2-3) 所示，在一定温度（T）下 k 主要与酸 HA 及其共轭碱 A^- 的相对焓变（ΔH）有关，但随环境的不同，熵（ΔS）对酸性的贡献也会很大，甚至超过焓变，产生仅用结构效应难以解释的结果。

$$\mathrm{H{-}A} \overset{k}{\rightleftharpoons} \mathrm{H^+ + A^-}$$

$$\lg k = -\Delta G^{\ominus}/RT = (T\Delta S^{\ominus} - \Delta H^{\ominus})/RT \tag{2-3}$$

通常将 pk_a 小于 1 或大于 4 的酸区分为强酸或弱酸。如，HBr 和乙酸的 pk_a 各为－5.8 和 4.7，两者各为强酸和弱酸。酸碱反应就是酸中的质子转移给碱，反应总是向着质子从强酸（弱碱）转移到强碱（弱酸）的方向进行的。因此，有较小 pk_a 的酸（强酸）总是易于和有较大 pk_a 的酸的共轭碱（强碱）反应。当强酸底物与弱酸产物的 pk_a 相差 4 以上时，如式(2-4) 所示的酸碱反应就能基本达到了完全（$k_{eq}>10^5$）。

$$\mathrm{HA + B} \overset{k_{eq}}{\rightleftharpoons} \mathrm{BH^+ + A^-}$$

$$k_{eq}=\frac{[A^-][BH^+]}{[HA][B]}=\frac{[A^-][BH^+][H_3O^+]}{[HA][B][H_3O^+]}=\frac{k_a(\text{底物})}{k_a(\text{产物})} \tag{2-4}$$

酸愈强愈易于失去质子，它的共轭碱自然也愈弱，即愈不易与质子结合。一个酸^{1}A 若比另一个酸^{2}A 强，则^{1}A 的共轭碱^{1}B 比^{2}A 的共轭碱^{2}B 弱。要注意，强酸的共轭碱是弱碱，强碱的共轭酸是弱酸，但弱酸的共轭碱不一定是强碱，弱碱的共轭酸也不一定是强酸。如，NH_3 是弱酸，其共轭碱 NH_2^- 是强碱；CH_3CO_2H 也是弱酸，其共轭碱 $CH_3CO_2^-$ 仍是弱碱。NH_4^+(pk_a＝9.3)和 F^- 都是弱碱，它们各自的共轭酸 NH_3(pk_a＝36)是很弱的酸，HF(pk_a＝3.1)也不是强酸。

2.1.3 热力学酸度和动力学酸度

pk_a 是一个平衡酸度，即热力学酸度，通过测定酸的脱质子速率得出的数值是动力学酸度（kinetic acidity）。动力学酸度并不测量共轭碱的浓度，而是研究外消旋化、NMR 测试或与氘代溶剂（SD）发生 H/D（T）交换等反应的脱质子速率。反应速率愈大，动力学酸性也愈强。当一个酸脱质子后，其共轭碱负离子的浓度小到不易测定时就很难再用热力学平衡方法测定酸性，此时用动力学测定的方法就比较好，如烃等一类很弱的酸的酸度测定。[6]

极化的 X—H 键上的脱质子速率受原子（团）X 所处轨道的杂化形式和结构的影响较大。端基炔烃、氯仿和噻唑（鎓）盐的脱质子速率很快，它们在脱质子后不发生显著的杂化形态和结构形态的变化。质子从羧酸、酚或铵盐转移到碱的速率通常很快[k＝1010L/(mol·s)]，相似的脱质子速率说明其负离子通过共振的电荷离域所致的动力学稳定性并不大。大多数 C—H 的脱质子速率随着其共轭碱的负电荷向杂原子离域程度的增加而降低，如，酮、砜和硝基烷的脱质子速率很慢。碳负离子通过共振和溶剂化所产生的稳定作用愈强，脱质子速率愈慢。酸在非水溶剂中的脱质子速率会有所提高。[7]烷基脱质子速率的活性次序为 $CH_4>RCH_3>R_2CH_2>R_3CH$。这里除了电子效应外，空间效应起了较大作用，取代基愈多，质子受到碱进攻的位阻也愈大，脱质子反应愈不易进行。在 Na_2CO_3 为碱的水溶液中通过 H-D 同位素交换或卤仿反应实验测得酮羰基化合物 $RCOCHG_2$ 上 α-H 的相对脱质子速率 k_{re_l} 为 1(G＝H)、0.4(G＝H,R)和 0.001(G＝R)。

平衡的热力学酸度与脱质子反应速率的动力学酸度是两个不同的概念，酸度的次序在许多情况下是一致的，但也有例外，并非一定相关。如，酚和硝基甲烷热力学酸性相同（pk_a 约为 10），但酚的脱质子速率比硝基甲烷大 10^6。双环[4.4.0]-2-酮(1)上 α-H 的动力学酸性比 α'-H 的强，在－78℃反应 2∶3＝98∶2；但 α'-H 的热力学酸性强，在 20℃反应 2∶3＝

34 : 66，如式(2-5)的反应所示：[8]

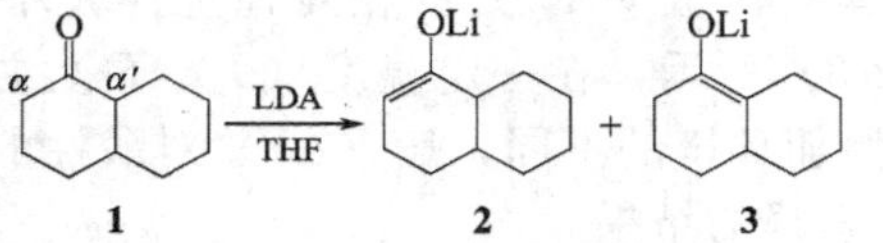

$$\text{1} \xrightarrow[\text{THF}]{\text{LDA}} \text{2} + \text{3} \tag{2-5}$$

硝基烷烃上的烷基取代给 α-H 的动力学酸度和热力学酸度带来的影响是不同的。增加烷基取代后，因位阻效应在动力学上对脱去质子是不利的，造成动力学酸度下降，但有利于平衡，即取代基有更好的稳定硝基烷基负离子的作用，使热力学酸度增加，如表 2-1 所示。[9]

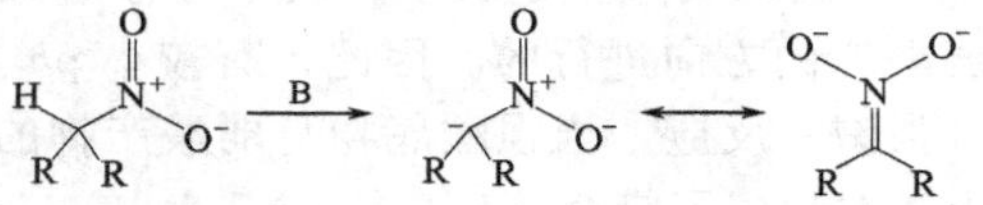

表 2-1 硝基烷烃 α-H 的动力学酸度和热力学酸度

硝基烷烃	动力学酸度 k/[mol/(min·L)]	热力学酸度(pK_a)
CH_3NO_2	238	9.2
$CH_3CH_2NO_2$	39	8.5
$(CH_3)_2CHNO_2$	2	7.7

2.1.4 拉平效应

物种的酸碱性及其强弱是相对的，与其所处介质的酸碱性密切相关。在某溶剂中能存在的最强的酸或最强的碱只能是该溶剂的共轭酸或该溶剂的共轭碱，比溶剂的共轭酸强的酸在该溶剂中不会存在或者说它的 pk_a 不能在该溶剂中被测得，这称溶剂的区分效应。水是一个标准溶剂，水作为溶剂的同时又起到碱的作用并可区分绝大部分中等强度酸的给质子能力。但是，一个比 H_3O^+ 更强的酸 HA 在水中因全部被 H_2O 转变成 H_3O^+ 而无 HA 存在，故比 H_3O^+ 强的酸在水中都表现出同样的强度而没有差别。如，HA 和 HA′的 pk_a 各为−2 和−3，在 0.1mol/L 的水溶液中的 [H_3O^+] 各为 0.09990mol/L 和 0.09999mol/L，pH 相差仅 0.0004 而几乎没有差别。CF_3SO_3H、HBr、HCl 和 CH_3SO_3H 在水中的强度相等，在 DMSO 体系也都能使 DMSO 发生质子化，测得的 pk_a 反映的是 DMSO 的共轭酸 DMSO-H^+ 的 pk_a（−1.8），而不是溶质酸本身。水或 DMSO 都区分不出这 4 种酸的强度差异。

另一方面，比溶剂的共轭碱强的碱在该溶剂中也不会存在，或者说它的 pk_a 在该溶剂中也是测不出的。若一个酸的酸性比 H_2O 还要弱（碱性比 OH^- 强）时，其在水溶液中能产生的 H_3O^+ 比水经质子自递化产生的 H_3O^+ 还要少，故已无法测量由这个弱酸产生的 H_3O^+，碱性强度完全是水给出的。如，若在水溶液中测量氨基碱金属的碱度，由于 NH_2^- 将完全夺取水的质子，水溶液中存在的碱只是 OH^- 而非 NH_2^-。故 NaOH、Ca $(OH)_2$ 和 $LiNH_2$ 等许多强碱在水中也都具有相等的酸度。

也就是说，只有比 H_2O 强、比 H_3O^+ 弱的酸才可在水中测量其强度，pk_a 范围不在 1.74～15.74 之间的酸的强度在水溶液中是测不出的。水对于此类酸的酸性强度起了一种拉平效应（leveling effect）。显示这种特性的溶剂称拉平溶剂。若一个酸比 H_3O^+ 还要强，则要找一个比水的碱性更弱的溶剂碱来作介质，让强酸在这个介质中只能部分电离，从而可以区别出它们的相对强度，这样的溶剂称为辨别溶剂或区分溶剂。如，在 1mol/L 环丁砜溶液中测得的一系列无机酸的酸度大小次序为：$HBF_4 > HClO_4 > HSO_3F > HBr > H_2SO_4 > HCl$。[10]该次序与通过在乙酸中测定电导得出的实验结果是一致的。每种溶剂都有其特定的区分范围，水是最常用的，其他常见的还有乙酸、甲酸、硫酸、高氯酸、乙醚、乙醇、液氨及胺等。乙腈和乙醚等惰性溶剂是一类很弱的碱或酸，也是很好的区分溶剂。

2.1.5 酸度函数

酸碱反应多数是在溶液中进行的，H^+ 因所处溶剂环境不同可发生不同数量的溶剂化或与碱（介质）发生缔合，故质子浓度 $[H^+]$ 的确定并不容易。实际上用于定量特定介质下某物种的酸度常数是基于质子活度（a_{H^+}）的测定。$[a_{H^+}]$ 和溶剂化质子 $[SH^+]$ 在稀溶液体系中是相等的，pH 与溶剂化质子的浓度有如式(2-6) 所示的关系：

$$pH=-\lg[SH^+] \tag{2-6}$$

稀酸溶液的酸度与浓度成正比关系，在稀溶液水相体系（离子浓度小于 0.1mol/L 的酸）中测量 pH 还是较为方便和可靠的，许多系列的标准 pH 都已经建立起来了。但高浓度强酸溶液测得的 pH 由于非理想活度和拉平效应的影响并不能真正代表它们的酸性。pH 只可代表稀溶液的给质子能力，那些不能用 pH 估量的强酸的给质子能力则需要另外定出一个酸度函数（acidity function)，即度量溶剂系统热力学质子化或去质子化能力的函数来衡量。[11] Hammett 提出通过测量一系列弱碱（B）指示剂的质子化程度来度量强酸介质的酸性强度，反应平衡如式(2-7) 所示。他应用一系列带吸电子基团（EWG）的苯胺为指示剂，当吸电子基团增多或基团吸电子效应增强，氨基的碱性将持续下降。这些苯胺衍生物及它们在酸性溶剂中经质子化生成的共轭酸因为带苯环结构，$[BH^+]$ 或 $[B]$ 的存在都可方便地通过肉眼观测颜色的变化或由紫外-可见光谱得到测定。

$$\text{EWG-C}_6\text{H}_4\text{-NH}_2\ (\mathbf{B}) \xrightleftharpoons{H_3O^+} \text{EWG-C}_6\text{H}_4\text{-NH}_3^+\ (\mathbf{BH^+}) \tag{2-7}$$

碱（B）具有能在一个稀酸（HA）溶液中正常地被测出其质子化的碱性，反应平衡如式(2-8)所示：

$$BH^+ + HA \rightleftharpoons B + H_2A^+ \tag{2-8}$$

式(2-8) 中的质子是在溶剂 HA 中溶剂化为 H_2A^+ 的，故该平衡方程式可简化为式(2-9)：

$$BH^+ \xrightleftharpoons{k_{BH^+}} B + H^+ \tag{2-9}$$

式(2-9) 中的热力学平衡常数 k_{BH^+} 值可由式(2-10) 所得：

$$k_{BH^+}=\frac{a_{H^+}a_B}{a_{BH^+}}=\frac{a_{H^+}[B]}{[BH^+]}\times\frac{\gamma_B}{\gamma_{BH^+}} \tag{2-10}$$

式中，a 为活度；γ 为活度系数；$[B]/[BH^+]$为碱（B）的质子化程度。在同一个稀酸溶液体系中，某个碱（B^1）的 $pk_{B^1H^+}$ 和具相似结构的另一个碱性再稍强一些的碱（B^2）的 $pk_{B^2H^+}$ 的差如式(2-11) 所示：

$$pk_{B^1H^+}-pk_{B^2H^+}=\lg\frac{[B^1H^+]}{[B^1]}-\lg\frac{[B^2H^+]}{[B^2]}+\frac{\gamma_{B^1H^+}\gamma_{B^2}}{\gamma_{B^2H^+}\gamma_{B^1}} \tag{2-11}$$

这两个系列指示剂碱具有相似的碱性结构，故如式(2-12) 所示活度系数之比可以认为是相同的：

$$\frac{\gamma_{B^1H^+}}{\gamma_{B^1}}=\frac{\gamma_{B^2H^+}}{\gamma_{B^2}} \tag{2-12}$$

故式(2-11) 可简化为式(2-13)：

$$pk_{B^1H^+}-pk_{B^2H^+}=\lg\frac{[B^1H^+]}{[B^1]}-\lg\frac{[B^2H^+]}{[B^2]} \tag{2-13}$$

这些指示剂碱又称 Hammett 碱，其浓度可以通过实验测量，几个取代苯胺类 Hammett 碱的 pk_{BH^+} 值如表 2-2 所示。由式(2-13) 可知，只要得到某个碱（B^1）在某个酸溶液体系中的 $pk_{B^1H^+}$ 的值，就可在同一个酸溶液体系中测定第二个碱(B^2)的$[B^2H^+]/[B^2]$，从而得出第二个碱（B^2）的 $pk_{B^2H^+}$ 值。再将第二个碱（B^2）和第三个碱（B^3）在另一个酸性再强一点的体系中测量比较，又可得到第三个碱（B^3）的 $pk_{B^3H^+}$ 值。不断比较类推，就能得到各种很强的酸的酸度和很弱的碱的 pk_{BH^+} 值了。故此法又称成对比较法或重叠指示剂法。[12]

表 2-2 几个取代苯胺类 Hammett 碱的 pk_{BH^+} 值

取代基	pk_{BH^+}	取代基	pk_{BH^+}	取代基	pk_{BH^+}
3-NO_2	2.50	2-Cl-6-NO_2	−2.46	4-Cl-2,6-$(NO_2)_2$	−6.17
2,4-Cl_2	2.00	2,6-Cl_2-4-NO_2	−3.24	6-Br-2,4-$(NO_2)_2$	−6.71
4-NO_2	0.99	2,4-Cl_2-6-NO_2	−3.29	3-CH_3-2,4,6-$(NO_2)_3$	−8.37
2-NO_2	−0.29	2,6-Cl_2-4-CH_3	−4.28	3-Br-2,4,6-$(NO_2)_3$	−9.62
4-Cl-2-NO_2	−1.03	2,4-$(NO_2)_2$	−4.48	3-Cl-2,4,6-$(NO_2)_3$	−9.71
5-Cl-2-NO_2	−1.54	2,6-$(NO_2)_2$	−5.48	2,4,6-$(NO_2)_3$	−10.10
2,4-Cl_2-4-NO_2	−1.82				

Hammett 定义酸度函数 H_0 如式(2-14) 所示：

$$H_0=\lg a_{H^+}\times\frac{\gamma_B}{\gamma_{BH^+}}=-\lg k_{BH^+}+\lg\frac{[B]}{[BH^+]} \tag{2-14}$$

通常它又以式(2-15) 的形式来表示，可理解为酸将质子转移给中性的碱 B 并使其成为其共轭酸 BH^+ 的能力。若成对比较法中指示剂碱的结构不同，特别是具碱性的子结构有较大差异时，$\lg([BH^+]/[B])$和 H_0 会偏离线性关系而出现较大的偏差，式(2-15) 不再成立。

$$H_0=pk_{BH^+}-\lg\frac{[BH^+]}{[B]} \tag{2-15}$$

水溶液体系中的酸性是用 pH 来度量的。稀水溶液体系中的 $[H_3O^+]$ 和 a_{H^+} 是等值的，某个碱的活度系数 γ_{B^+} 和其共轭酸的活度系数 γ_{BH^+} 也可认为是相同的，比值为 1，故 H_0 和 pH 是等值的。需要指出的是，H_0 是借用弱碱测得某溶液中的溶剂将质子转移到底物碱上的能力，故称其为酸度函数，属溶剂的一种特性。H_0 并不是氢离子的浓度或活度的数值，与 $[H_3O^+]$ 也没有线性关系。如，80%和 90%的硫酸水溶液的酸浓度相差不是太大，即氢离子浓度差别不大，然而它们的酸度函数相差约 1.5，故对某个有机反应的速率影响也可能很大。

Hammett 首先以伯苯胺类碱为指示剂来应用这一原理测定 H_2SO_4/H_2O 体系中直至 100% H_2SO_4 的酸度值及 $HClO_4/H_2O$ 体系中直至 60% $HClO_4$ 的酸度值。发现几个无机强酸中，高氯酸 $HClO_4$ 的给质子能力最大，盐酸和硫酸的能力相仿，纯的甲酸和三氟乙酸的给质子能力也很大，它们的 H_0 都接近−2。CF_3SO_3H、HBr、HCl 和 CH_3SO_3H 的酸度函数分别为－14、－8、－6 和－0.6，差别比较明显。表 2-3 所示的是 H_2SO_4/H_2O 溶液的酸度函数。

表 2-3 不同浓度（溶液体积分数）硫酸水溶液的酸度函数（H_0）

H_2SO_4/%	5	10	20	30	40	50
H_0	0.24	－0.31	－1.01	－1.72	－2.41	－3.38
H_2SO_4/%	60	70	80	90	95	98
H_0	－4.46	－5.80	－7.34	－8.92	－9.85	－10.41

选择合适的如表 2-4 中所示的弱碱指示剂，能使其形成共轭酸的强酸的酸度函数必等于或小于该指示剂的共轭酸的 pk_a。如，能使无色的 2,4-二硝基甲苯变为其黄色共轭酸的酸强度 H_0必≤－13.75；能使 2,4-二硝基甲苯变为黄色但又不能使无色的 2,4-二硝基氟苯变为其黄色共轭酸的强酸的 H_0 必在－14.52～－13.75 之间；不能使表 2-4 中的所有指示剂变色的酸的 H_0 必≥－11.35；使 pk_a 为－19.50 的指示剂也能变色的酸一定能使表 2-4 中的所有指示剂变色。

表 2-4 一些弱碱指示剂及它们的 pk_a

指示剂	pk_a	指示剂	pk_a	指示剂	pk_a
$4\text{-}NO_2C_6H_4CH_3$	－11.35	$4\text{-}NO_2C_6H_4Cl$	－12.74	$2,4,6\text{-}(NO_2)_3C_6H_2CH_3$	－15.60
$3\text{-}NO_2C_6H_4CH_3$	－11.99	$3\text{-}NO_2C_6H_4Cl$	－13.16	$m\text{-}(NO_2)_3C_6H_3$	－16.04
$C_6H_5NO_2$	－12.14	$2,4\text{-}(NO_2)_2C_6H_3CH_3$	－13.75	$m\text{-}Cl_3C_6H_3$	－16.12
$4\text{-}NO_2C_6H_4F$	－12.44	$2,4\text{-}(NO_2)_2C_6H_3F$	－14.52	$p\text{-}(MeO)C_6H_4CHOH^+$	－19.50

H_0 利用不带电荷的弱碱而得出，也是对 pH 标度的补充。H_0 和 pH 结合可用来表达整个浓度范围的酸溶液的酸度。可以看出，在任何一个给出的酸溶液体系中，只要结构类似的不同指示剂碱之间的活度系数之比是一个常数，则利用同样的原理，还能产生其他酸度函数。如，根据带负电荷的碱、带正电荷的碱和带双正电荷的指示剂碱可分别得到 H_-、H_+ 和 H_{2+} 等酸度函数。但这些酸度函数的应用远不如 Hammett 酸度函数 H_0 普及。利用取代苯甲醇 ROH 上的质子转移反应还可以得出另一类如式(2-16) 所示的酸度函数 H_R。H_R 又称 J_0，可衡量醇的离解能力和碳正离子的相对稳定性，也能用来测定一些强酸-水体系的酸度。J_0 和 H_0 的差别随着体系中的酸浓度的增加而越来越大。

$$ROH + H^+ \rightleftharpoons R^+ + H_2O$$

$$H_R = pk_{R^+} - \lg \frac{[R^+]}{[ROH]} \tag{2-16}$$

所有酸度函数的测定原理基本上都是基于 Hammett 的设想，故所有的 Hammett 酸度函数 H_X 可简单地统一用式(2-17) 表示。式中的 HA 和 A 分别是指示剂的酸式和共轭碱式。不同的酸度函数（H_X）有不同的数值和正负号，它们只有在高度稀释的酸溶液体系中才是相同的，其值与 pH 一样。

$$H_X = pk_A - \lg \frac{[HA]}{[A]} \tag{2-17}$$

与酸度函数相似，pH 达到 26 的强碱体系的碱性可以用与强碱性非水溶液的 pH 相当的碱度函数（H_-）来表征。H_- 表示溶液去质子能力的量度，其值愈大反映夺取质子的能力也愈大。一些碱性体系的碱度函数 H_- 的值如表 2-5 所示。

表 2-5 一些碱性体系的碱度函数（H_-）

碱性体系	H_-	碱性体系	H_-
1mol/L KOH	14.0	5mol/L NaOMe/MeOH	19.0
5mol/L KOH	15.5	0.01mol/L NaOMe/MeOH-DMSO(1∶1)	15.0
10mol/L KOH	17.0	0.01mol/L NaOMe/MeOH-DMSO(1∶10)	18.0
1mol/L NaOMe/MeOH	17.0	0.01mol/L NaOMe/MeOH-DMSO(1∶20)	21.0

尽管由 Hammett 于 1932 年提出的酸度函数这一概念还有诸多不足和操作不便之处，但至今仍无其他更好的能普遍推行的应用于浓酸水溶液或非水相体系的酸度定量测定方法。这也反映出在理解溶剂-溶质的作用及溶液结构方面还非常欠缺，仍有大量基础性的工作需深入去做。在各种类型的溶剂中都同样正确，而且既可适用于平衡状态，又可适用于动力学场合的单一酸碱标度则是不存在的。[13]

2.1.6 介质效应和气相酸度

大部分酸在水中都有一定的溶解度和酸性而呈现出离子型特点，它们的 pk_a 都可在水相体系中测得。如式(2-1) 所示的那样，一个酸的解离是提供质子给溶剂，故溶剂，即介质接受质子的能力对酸的解离能力影响极大。表现出同一物种在不同的溶剂体系中有不同的酸度，最明显可见的一个情况是溶剂的碱性越强，酸表现出的酸性也越强。乙酸在水相、10％甲醇的水相或 20％甲醇的水相中的 pk_a 各为 4.76、4.90 或 5.08，均是弱酸；在液氨中则完全解离，成为强酸。溶剂除了本身的酸性外，对酸碱性影响的大小主要取决于溶剂的介电常数和其溶剂化能力。具有高介电常数，即极性较大或能通过氢键使共轭碱离子得到稳定的溶剂有利于酸的酸性增强。水有很大的介电常数（$\epsilon=78.4$），氢键产生的溶剂化作用比一般的有机溶剂强得多，稳定离子的能力强。物种在水溶液中的酸性要大于一般有机溶剂中的酸性。如，水的 pk_a 在水和 DMSO 中各为 15.7 和 31。

如式(2-18) 所示的一类平衡两侧的电荷相同的反应受溶剂的影响很小：

$$HA^+ + B \rightleftharpoons HB^+ + A \tag{2-18}$$

如式(2-19) 一类平衡右侧的电荷增加时，介电常数大的溶剂可以把平衡更多地推向右侧，酸性得以增强：

$$HA + H_2O \rightleftharpoons H_3O^+ + A^- \tag{2-19}$$

酸的共轭碱的电荷密度越大，其酸性受溶剂的影响也越大；共轭碱的电荷能通过共轭分散的受溶剂的影响就较小。如，乙酸在乙醇中的酸性只有在水中的百万分之一，这是由于乙酸根 $CH_3CO_2^-$ 的水合效应远比乙醇的溶剂化强；但苦味酸（2,4,6-三硝基苯酚）负离子上的负电荷因高度离域而受溶剂化作用的影响很弱，其酸性在水中仅比在乙醇中强约 1500 倍。丙二腈的酸性在水中（pk_a＝11.2）比酚弱得多，但在 DMSO 中（pk_a＝11.1）反而略强一点。

溶剂相中测得的酸度又称液相酸度，测定的是被溶剂介质分子包围的分子，即溶剂化分子。[14]溶质-溶剂的作用相当复杂，液相酸度既反映出酸溶质的给质子能力，又受到溶剂化效应的极大影响。如，甲酸和乙酸间的 Δpk_a 为 1，而乙酸和丙酸间的 Δpk_a 仅为 0.1。甲酸和乙酸间的酸度差别之大不能简单地仅用甲基的给电子诱导效应来解释，应该还与这两个负离子具有不同程度的溶剂化作用有关。无溶剂气相环境下测得的气相酸度又称内在酸度，给出酸由本身固有结构所决定的给质子能力，反映出分子和离解后离子的性质。[15]如，气相条件下几个卤代甲烷中的碘甲烷的酸性最强，氟甲烷的酸性最弱。这反映出在无外来溶剂接受负离子电荷的情况下，体积大且易极化的碘比氟更易接受并分散负电荷。又如式(2-20) 所示，芴失去质子后形成的负电荷可得到更大的共轭分散。芴的酸性在气相中比环戊二烯强 2 倍，但在水相中仅为环戊二烯的 $1/10^5$。这可归因于小分子的环戊二烯有更强的溶剂化效应，而大分子的芴则能更有效地离域负电荷。

(2-20)

R—H 气相酸度的大小反映的是 R—H 键的异裂能 ΔH^- 而非质子给予溶剂的能力。ΔH^- 愈小，酸的酸性愈强。一些碳氢酸在气相中发生如表 2-6 所示的焓变。

$$R—H \longrightarrow H^+ + R^-$$

表 2-6 一些碳氢酸在气相中的焓变 ΔH^- 单位：kJ/mol

R	CH_2NO_2	CH_2CN	苄基	CH_2I	CH_2Br	C_6H_5	乙烯基	CH_3	C_2H_5
ΔH^-	1490	1560	1575	1610	1640	1670	1700	1740	1755

烷基比氢易于极化。烷基的数量愈多、体积愈大，结构愈复杂极化能力愈大，对邻近的正或负电中心产生的稳定效应也愈大。气相状态下一些醇的酸性强弱次序为：PhOH>C_2H_5SH>CH_3SH>$^tBu_2CHOH$>$PhCH_2OH$>$^tBuCH_2OH$>^tBuOH>^nBuOH>Me_2COH>$^nC_3H_7OH$>C_2H_5OH>CH_3OH>H_2O，表现为叔醇>仲醇>伯醇。液相中的溶剂化效应比离解产生更重要的作用，故水溶液中醇的酸性强弱次序为伯醇>仲醇>叔醇。[16]某些种类化合物气相状态下的酸性强弱次序为：$CH_2(CN)_2$>HOAc>芴>环戊二烯>CH_3NO_2>$PhCOCH_3$>CH_3CHO>CH_3COCH_3>CH_3CN>CH_3SOCH_3>乙炔>$PhCH_3$>CH_3OH>H_2O>CH_4。甲苯的酸性在气相状态下居然比水强，而在水相环境下仅约为水的 $1/10^{20}$。α-卤代乙酸的酸性在气相状态下的强弱次序为碘乙酸>溴乙酸>氯乙酸>氟乙酸>乙酸，4 个卤素的效应与液相中的相反，反映出液相中影响酸性的除了诱导效应外，溶剂化效应也绝不可忽略。不能仅从孤对电子的离域来解释水溶液中苯胺的碱性比氨弱，同样必须考虑水合效应的影响。

氢卤酸的酸性强弱次序在气相或液相中都是相同的。晶体中酸性氢的强度也有一个可测量的值。[17]

2.1.7 碳氢酸的酸度测量

解离 C—H 键的烃类酸称碳氢酸 (carbon acids)，碳氢酸的共轭碱即烷基碳负离子。电化学、化学动力学、质子化热、光电比色、核磁共振和气相酸度的理论计算等方法都可用于质子酸的酸度测量，但测量值的精确度都不大。[18]碳氢酸的酸性强弱次序为：C(sp)—H>C(sp^2)—H>C(sp^3)—H，与碳所处杂化状态的 s 成分有如式(2-21) 所示的定量关系：

$$pk_a = 83.1 - 1.3(s\%) \tag{2-21}$$

除个别如环戊二烯一类有特殊结构的物质外，碳氢酸的酸性都很弱 (pk_a<18)，即使用氨基铯一类极强的碱也不容易从弱酸烷烃中夺取质子。以水或醇为溶剂是无法测量烃的酸性的，因为任何强碱只会从这些溶剂而不是烃上夺取质子，常用的可用于测量烃的酸性的弱酸性溶剂有 THF、DMSO、环己胺等。此时需要建立一套可以定量比较的实验方案，将一个待测分子的 pk_a 用另一个已知 pk_a 的分子作标准来比较，反复该操作直到可与一个其 pk_a 能在水

相中测得的分子进行比较。环己胺的酸性很弱（pk_a为 42 左右），它对铯盐的溶剂化能力很差，其铯盐在液相中以紧密离子对（参见 4.3）形式存在，稀溶液中并无离子对的聚集，可应用于在溶液中以离子对形式存在的弱酸解离的酸度测定。如式(2-22) 所示，环戊二烯的 pk_a 为 16，与氨基铯（体积大的、软的正离子）反应生成的环戊二烯铯盐再与待测分子 RH 在环己胺体系中达到平衡，经光谱方法可测出 RH 的 pk_a。RH 的共轭碱 R^- 再用来与另一个酸性更弱的 R′H 建立平衡，如此又可得到 R′H 的 pk_a。[19]

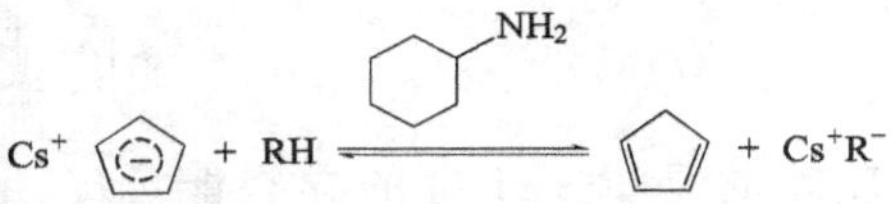

$$Cs^+ \; C_5H_5^- + RH \xrightleftharpoons{\text{环己胺 } (C_6H_{11}NH_2)} C_5H_6 + Cs^+R^- \tag{2-22}$$

但要通过测量 $pk_a>35$ 的中性物种及其碳负离子的浓度得到热力学酸度很不容易，误差也较大。当酸碱平衡不能快速建立时，取而代之的是采用动力学酸度的测定方法。如，观测^1H-^3H 交换速率再测量^3H NMR 可建立一些烃的动力学酸度。对酸性更弱的饱和烃而言，交换速率太慢，参考点不易建立，动力学酸度的测定也有很多困难。另一个方法是通过在 DMF 中测量烃自由基的单电子还原所需电化学势能的方法来给出 pk_a。[20]

2.1.8 影响 Bronsted 酸性强度的因素

除了 2.1.6 章节中讨论过的外在溶剂化效应外，分子结构的多种因素均会共同影响 Bronsted 酸性强度，如苯酚的酸性就要比全氘苯酚的强。多种因素往往同时都在对酸度产生影响，但不易建立每种因素的定量情况。[21] 各类酸的酸度（pk_a）参见本章附件。

(1) 极性效应　所有能分散电荷的基团都能产生稳定作用。从本章附件列出的一些酸的酸性可以发现，羧基上有吸电子基团存在使羧酸的酸性增强。这可从两个方面来解释，吸电子诱导效应（$-I$）使羧酸中 O—H 键的电子更靠近氧，使氢周围的电荷密度减少而易于离去；其次，吸电子基团从带负电荷的—COO 上可以吸引电子从而分散负电荷起到稳定作用。具$-I$效应的原子（团）使酸性增强是一个普遍现象。如，氟是电负性最大的元素，CF_3CO_2H 的 pk_a 为 0.50；CF_3CH_2OH、（CF_3）$_2$CHOH 和（CF_3）$_3$COH 的 pk_a 各为 12.39、9.3 和 5.4；（C_6H_5）$_3$C—H 和（C_6F_5）$_3$C—H 的 pk_a 各为 31 和 16，相差达 10^{15}！[22] 酯羰基 α-H 的酸性小于酮羰基 α-H 的酸性也是因烷氧基的给电子能力比烷基强而造成的差异。

(2) 共轭效应　使酸稳定而使其共轭碱不稳定的共轭（共振）效应导致酸性降低；反之，使碱稳定的共轭效应使酸性提高。如羧酸的酸性比醇强，这可以从氧上的负电荷能平衡分散到两个氧上的共振得到说明，这和静电学定律“带电体系的稳定性随电荷分散而增大”是一致的。羰基 α-H 也有较强的酸性，但碳的电负性比氧小，诱导效应和共轭效应都远不如羧酸，其酸性比羧基氢的小多了，如图 2-1 所示。

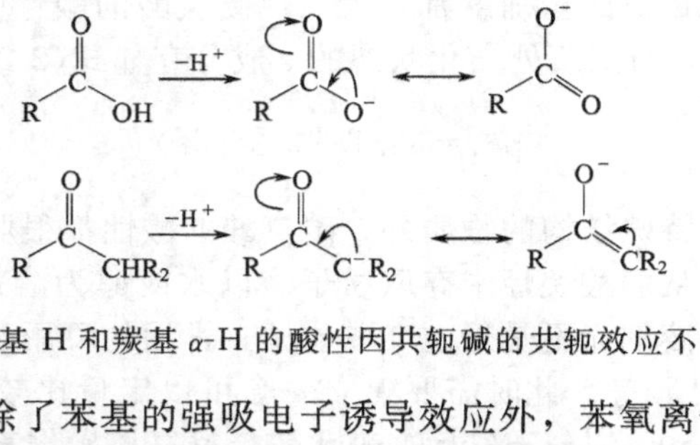

$$RC(=O)OH \xrightarrow{-H^+} RC(=O)O^- \longleftrightarrow RC(O^-)=O$$

$$RC(=O)CHR_2 \xrightarrow{-H^+} RC(=O)C^-R_2 \longleftrightarrow RC(O^-)=CR_2$$

图 2-1　羧基 H 和羰基 α-H 的酸性因共轭碱的共轭效应不同而不同

苯酚的酸性比醇大，除了苯基的强吸电子诱导效应外，苯氧离子上的负电荷可以通过共轭效应分散到苯环上而稳定也是一个重要的因素。硝基取代苯胺由于硝基的吸电子效应使其酸性增加，但对位的影响比间位的更大。已很少有吸电子诱导效应的对位取代基仍有共轭吸电子效应，而间位硝基取代则只有吸电子诱导效应。甲氧基取代的苯甲酸衍生物中，间位和对位取代物的酸性分别比苯甲酸强和弱。对位甲氧基同样因供电子共轭效应使与羧基相连的碳带负电荷，这是不利于羧基离解出质子的，如图 2-2 所示。

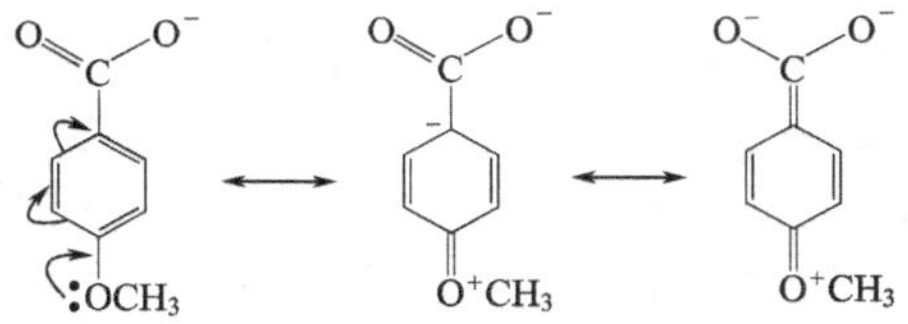

图 2-2 羧基负离子因对位甲氧基的共轭效应而不够稳定

一旦共轭碱上的电荷已被共振所稳定，再追加的共振效应的影响就小得多了，称共轭饱和效应（resonance saturation effect）。[23]如，甲烷和乙腈的 pk_a 各在 45 和 25，氰基吸电子的诱导和共轭效应十分明显。但二氰基甲烷 $CH_2(CN)_2$ 和三氰基甲烷 $CH(CN)_3$ 的 pk_a 各为 11.8 和 5.1，反映出每个氰基产生的酸性增加效应随氰基的增多而越来越小。因为第一个取代基已经在母体分子上分散掉部分电荷，其次取代基又产生了立体效应，使共平面才能产生的共振有效性下降。该现象在多取代分子中是常见的，如，CH_3NO_2、$CH_2(NO_2)_2$ 和 $CH(NO_2)_3$ 的 pk_a 分别为 10.2、3.6 和 0.1；CH_3COCH_3、$CH_2(COCH_3)_2$ 和 $CH(COCH_3)_3$ 的 pk_a 分别为 20、9.0 和 6.1。超共轭效应对酸性的强弱也会产生影响（参见 3.12.2）。

（3）立体效应 取代基的立体障碍降低影响质子的转移速率，但可使物种的基态热力学酸性，特别是由共振效应引起的酸性产生影响。如，邻位取代苯甲酸的酸性要比对位取代的异构体强。这就是因为在羧基的邻位存在的基团使羧基和苯环的共平面性较对位取代物而言得到削弱，从而使苯环的供电共轭效应减弱（参见 1.4.3）。几个取代苯酚衍生物中，$4\text{-}NO_2C_6H_2OH$、$3,5\text{-}Me_2\text{-}4\text{-}NO_2C_6H_2OH$ 和 $2,6\text{-}Me_2\text{-}4\text{-}NO_2C_6H_2OH$ 的 pk_a 各为 7.14、8.24 和 7.16。硝基邻位两个甲基的空间效应阻碍了硝基和苯环的共平面性，削弱了硝基的吸电子共轭效应，这称空间阻碍共振（steric inhibition of resonance）。当质子被大的取代基团包围时还可得到如 **4** 和 **5** 一类手性 Bronsted 强酸，它们在 DMSO 中的 pk_a 分别为 4.0 和 1.8，而磷酰氧原子又是 Bronsted 碱和 Lewis 碱，酸碱协同效应使其在不对称有机合成反应（参见 2.5.3）中得到广泛应用。[24]

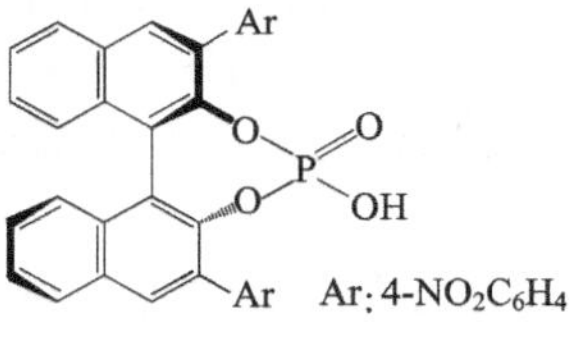

Ar: $4\text{-}NO_2C_6H_4$

4 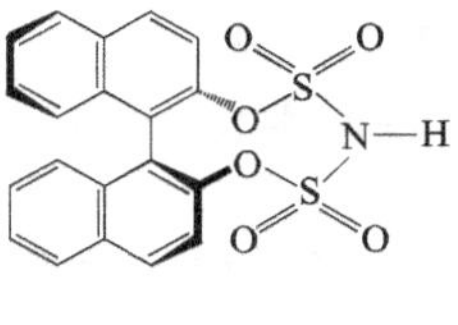 **5**

立体效应也可以由另一种张力效应而产生。如 1,8-二乙基氨基-2,7-二取代萘（**6**）的碱性极强（pk_{HB^+} 为 16.3，*N*，*N*-二甲基苯胺的 pk_{HB^+} 为 5.1），两个氮原子上的两对孤对电子间的空间相当拥挤。质子被捕获后与另一对孤对电子间形成氢键，从而使张力得以降低而形成非常稳定的共轭酸。**7**、**8** 与 **6** 相似，这类化合物又称质子海绵（proton sponges），它们和磷氮类化合物（参见 2.1.9）都属于有机中性化合物中碱性最强的超强碱（super-base）。[25]

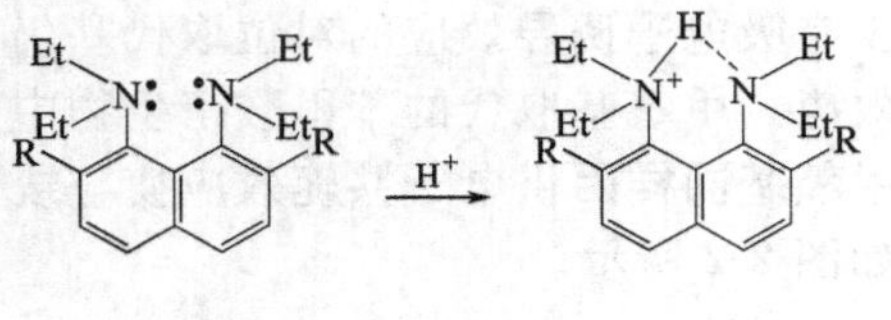

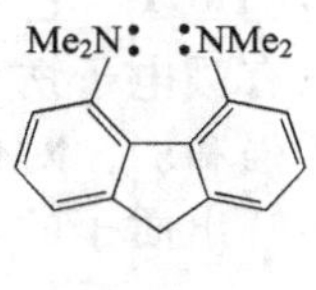

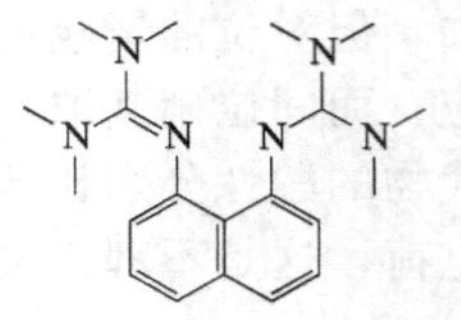

6 7 8

由于立体电子效应的影响，某些物种因构象差异也会对酸性产生影响。[26] 如，β-二酮（酯）环合后都会增加酸性：2,4-戊二酮（pK_a 为 9.0 左右）与 **9** 之间的 pK_a 相差 2.1，而 **10**（pK_a 为 13.3 左右）和 Meldrum 酸（**11**）之间却相差 8.6。**10** 的有利构象是两个甲氧基分开更远的 *anti*-**10a**，**11** 只有 *syn*-构象，是一个酸性特别强的1,3-二酯。理论计算表明，乙酸甲酯 $CH_3C(O)—OCH_3$ 的 *Z*-构象（**12a**）比 *E*-构象（**12b**）脱去一个羰基 α-H 耗能量要少，这与酯氧原子上的孤对电子对两个构象产生的立体电子效应不同有关（参见 3.13.3）。只有 *E*-构象的内酯（**13**）的 pK_a 约为 25，比 **12** 小 5 左右。另一类立体效应是由熵变造成的。如 2,6-二叔丁基吡啶的碱性较弱，它的共轭酸 **14** 与溶剂水分子之间有氢键作用。较大体积的叔丁基使氢键上的水分子旋转受阻，即熵降低而导致稳定性受影响。

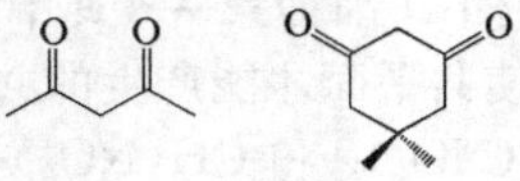

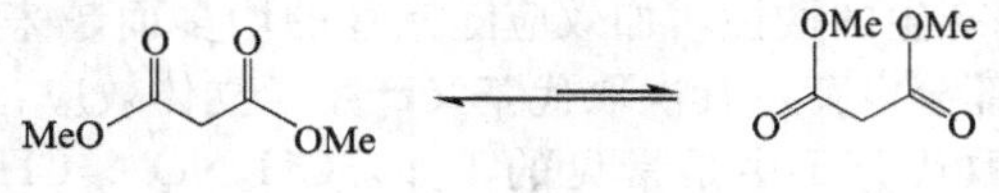

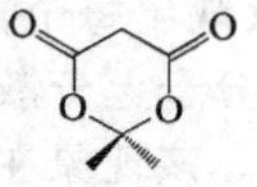

9 10a 10b 11

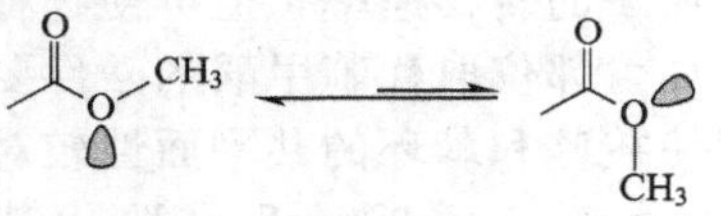

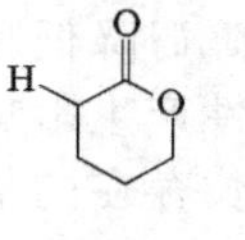

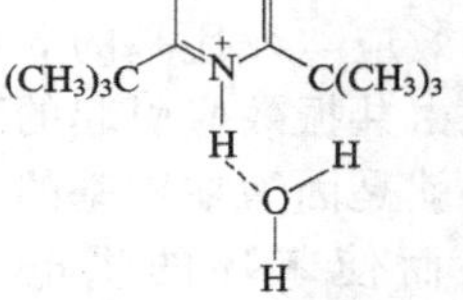

12a 12b 13 14

(4) 电负性和原子体积　同一周期元素的原子体积相差不大，但从左到右电负性逐渐增大，相对稳定性是 $F^- > OH^- > NH_2^- > CH_3^-$；故酸性增加有下列次序：$HF > H_2O > NH_3 > CH_4$；$RCOOH > RCONH_2 > RCOCH_3$。当原子体积相差较大时，电负性大小的影响就减弱了，故可以看到同族元素自上而下原子的体积和极化度逐渐变大，容纳负电荷的能力也逐渐增加。如，氢卤酸中尽管碘的电负性比其他卤素小，负电荷扩展在体积更大的 $5sp^3$ 上，远比落在体积较小的氟的 $2sp^3$ 上稳定，电子-电子间的排斥作用也随之降低，故酸性增加有下列次序：$HI > HBr > HCl > HF$；$AsH_3 > PH_3 > NH_3$；$H_2Se > H_2S > H_2O$。CF_3CO_2H 是常见的强酸，CF_3COSH 的酸性比 CF_3CO_2H 强得多，2011 年制备成功的 CF_3COSeH 的酸性比 CF_3COSH 还强。

(5) 杂化轨道　当主量子数相同时，s 轨道比 p 轨道能量低。碳负离子处在 s 成分愈多的轨道上愈稳定，酸性也愈强。如，$Py \cdot H^+$ 的酸性比 R_3NH^+ 强；端基炔氢和 HCN 都有较强的酸性，而烷烃的去质子就很困难。$C(sp^3)—H$ 键的活化，即脱质子化反应也是有机化学上的一个非常具有实用意义的重大课题（参见 7.7.6）。酚的酸性比环己醇强，除了共轭效应外，与 C—O 键上的 C 在酚中是 sp^2 杂化而在醇中是 sp^3 杂化也有一定关系。

(6) 芳构化效应　共轭碱是芳香性的酸 HA 有较强的酸性。芳构化效应对稳定碳负离子是非常有效的，环戊二烯的酸性与醇相当。

(7) 氢键　分子内的氢键对酸性强度的影响很大。如，*o*-$HOC_6H_4CO_2H$ 的酸性（pK_a 2.98）比 *p*-$HOC_6H_4CO_2H$（pK_a 4.58）大。其离去一个质子后的负离子有分子内氢键而更稳定。顺式丁烯二酸的一级电离常数比反式异构体的大，因顺式酸生成的羧基负离子与另一个羧酸氢之间可形成分子内氢键而稳定。因氢键的存在，顺式丁烯二酸的二级电离常数比反式异构体的就小了。

(8) 温度 酸度测量一般在室温下进行。温度也是影响酸性强度的一个不可忽略的因素，虽然强度不大。如，高于 50℃时，酸性强弱次序为 BuOH＞H_2O＞Bu_2O，1～50℃时为 BuOH＞Bu_2O＞H_2O，低于 1℃时，则次序为 Bu_2O＞BuOH＞H_2O。

(9) 基态和激发态 酸度测量通常都在基态，但激发态（参见 6.1.3）与基态的酸性并不相同。一般可以看到的是，酸性基团若是如羟基一类电子供体，则激发态的酸性比基态大，酸性基团若是如羧基一类电子受体，则激发态的酸性比基态小。1-萘酚在基态和单线激发态的 pk_a 分别为 9.2 和 2.8；萘-1-羧酸在基态和单线激发态的 pk_a 分别为 3.7 和 10.0。而基态芳香胺的碱性要比单线激发态强 10^8。三线激发态的 pk_a 的改变方向与单线激发态的相同，但程度较小。[27]

2.1.9 碱、碱性和亲核性

接受质子或把电子对供给质子的碱称为 Bronsted 碱，其他的碱则都称为 Lewis 碱。有机碱和无机碱在溶解度和空间位阻上有较大差异，但都可用于攫取质子、中和反应体系中的酸、活化催化剂和促进催化剂再生。碱中的金属阳离子主要对碱在有机溶剂中的溶解度及碱与底物或溶剂间的相互作用力上产生较大影响；阴离子则主要对碱与金属的配位方式和稳定性上产生较大影响。碱在有机反应中的总体影响能力与许多因素相关，包括碱性、溶解度、电离度、体系溶剂、聚集度、阳离子大小及金属离子的 Lewis 酸性和“软硬度”的强弱、阴离子的大小及其特定的配位作用等。

碱的强度是观测具有酸指示剂的颜色变化而算得的。碱的去质子能力与其 pk_a（无机碱的共轭酸的 pk_a）及其在体系中的溶解度有着十分紧密的联系。大部分无机碱在有机溶剂中的溶解性都不是很好，在多数有机溶剂中 KOH 则与 ^{t}BuONa 相当，Cs_2CO_3 的碱性与 DBU 相当。若以 A^+B^- 表示一个碱，若需得到强碱性，碱 B^- 应是弱酸的共轭碱，如，C—H 酸共轭碱的碱性比 O—H 酸和 N—H 酸的共轭碱的碱性（basicity）都强。此外，A^+ 的电负性愈小，B^- 的碱性愈强。元素周期表中第一族和第二族金属氧化物中的金属电负性小，氧的负电荷大，碱性也强。碱土金属氧化物的碱性强度次序是 BaO＞SrO＞CaO＞MgO；Cs^+ 为配对正离子的碱性应是最强的，但铯盐的溶解性较差而不易解离是不利因素。如锍酚盐［三（二烷基氨基）酚锍盐］（TAS，**15**）那样，A^+ 体积大而稳定，B^- 的碱性也随之加强。[28] B^- 上有位阻大的取代基可减少其与配对正离子的相互作用和减小溶剂化效应，也能增强 B^- 的碱性。如，叔丁氧基钾的碱性比甲氧基钾的碱性强。氨基锂化物是强碱，2，2，6，6-四甲基哌啶锂（**16**）的碱性比二异丙基氨基锂{$[(CH_3)_2CH]_2NLi$，LDA} 更强，只起夺取质子的作用而无亲核性。醚类溶剂有利于解离，在 DMF、DMSO 和 HMPT 等非质子性极性溶剂中或冠醚等相转移催化剂存在下，B^- 呈裸露状态而表现出极强的碱性和亲核性。许多有机碱的溶解性较差或在溶液中呈缔合状态而影响碱性。如，二金刚烷基胺锂是单体，二异丙基胺锂在 THF 或 HMPA 中都是二聚体。正丁基锂在烃类溶剂中呈六聚体结构，加入能与锂配位的 N,N,N',N'-四甲基乙二胺后形成如 **17** 那样的结构，碱性明显得到增强。混合碱的碱性也常能得到增强，如氨基碱金属盐和醇的碱金属盐混合、烷基锂和叔丁氧基钾混合、碱土金属氧化物与碱金属混合得到的复合碱都是碱性极强的强碱。[29] 相对超强酸（参见 2.3）而言，通常将 pk_a＞26 的碱称超强碱。也可简单地将比氢氧化钠的碱性还强的称超强碱。$Me_3SiMgCl$ 和 AgB_2H_5 都是超强液体碱（Me_3SiH 和 B_2H_6 的 pk_a 分别为 70 和 110），Li_4C、Na_3B 和 Mg_2Si 则是比这些超强液体碱还要强的固体超强碱。

$(Et_2N)_3S^+C_6H_5O^-$

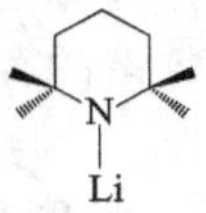

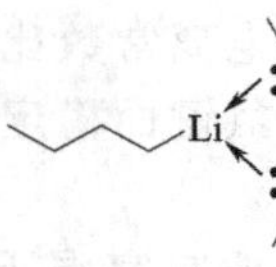

15 16 17

某些磷腈类化合物被发现有极强的碱性而用于各种有机反应中。较有代表性的如 1985 年开发出的磷氮烯碱（phosphazene base，**18**）和 2003 年开发出的磷氮烷（proazaphosphatrane，**19**）。[30] **18** 的碱性与 LDA 相当，是一个最强的非金属有机碱，易溶于有机溶剂且对水和氧气均非常稳定，又因位阻效应而无亲核活性。**18** 在当初制备时是从得到优秀的 *N*-配体出发考虑的，结果发现其 *N*-配位能力极低而化合物却有极强的碱性，共轭酸也相当稳定。从 N—P 间距离可看出，质子化发生在 P 上，N—P 间距在质子化前后分别为 0.34nm 和 0.20nm。**18 和 19** 的 pk_{BH^+} 值（乙腈中测得）分别为 42.7 和 32.9，而三乙胺的 pk_{BH^+} 值只有 18.8。

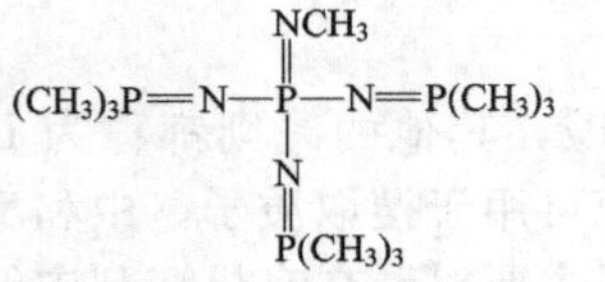

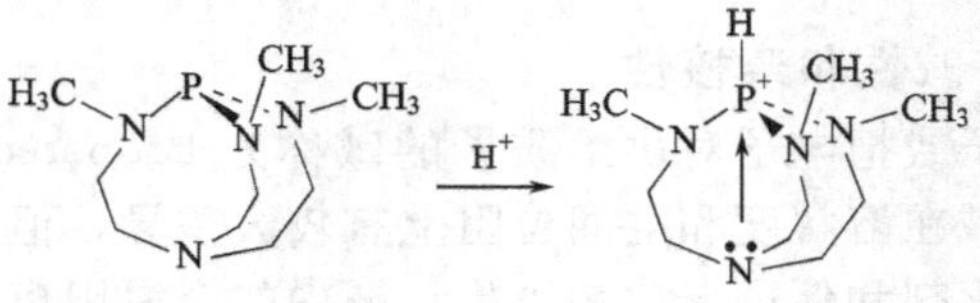

18 19

碱性和亲核性都涉及供电子性及给出电子对来形成一个新键的能力，故有内在的关联但又是不同的两个概念。碱性的强弱即 Bronsted 碱的强弱，可从与一个质子供体发生平衡反应的位置得到反映，为热力学控制的概念。如式(2-23) 所示的甲基酮与三个碱反应生成烯醇负离子的相对平衡常数（k_{rel}）可以看出，若以叔烷氧基负离子为 1，伯烷氧基负离子和氨基负离子各小于 1 和远大于 1。

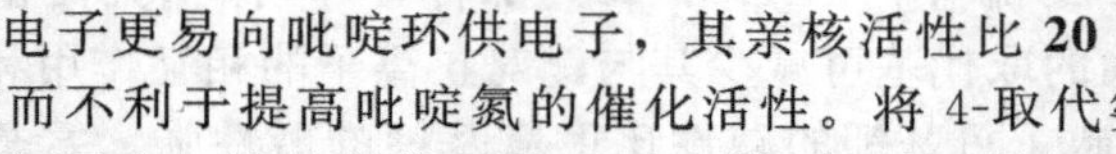

$$RCOCH_3 + B^- \overset{k_{rel}}{\rightleftharpoons} RC(O^-)=CH_2 + BH \qquad (2\text{-}23)$$

亲核性（nucleophilicity）是一个 Lewis 碱，即带孤对电子的原子向亲电物种，即电正性原子（团）进攻的能力，为动力学控制的概念。亲核物种的体积效应也较大。20 世纪 60 年代开发的 4-二甲基氨基吡啶（DMAP，**20**）催化苯胺苯甲酰化反应的速率是吡啶的 6000 倍，这与环上的取代氨基产生的供电子效应使吡啶氮的亲核活性和碱性大为增强有关，**21** 中五元环上氮的平面构型使孤对电子更易向吡啶环供电子，其亲核活性比 **20** 更强，[31] 在吡啶非四位的取代基都因立体效应而不利于提高吡啶氮的催化活性。将 4-取代氨基中的烷基部分与三位或五位连接起来使构象固定，烷基氮将更接近平面排列而能更好地向吡啶环供电子，故得到的如 **22** 或 **23** 等 4-氨基吡啶衍生物都能显示出极强的催化活性。[32] 双环脒化合物 1,8-二氮杂双环［5.4.0］十一碳-7-烯（DBU，**24**）和 1,5-二氮杂双环［4.3.0］壬-5-烯（DBN，**25**）的亲核活性与 **20** 相近，但又是 Bronsted 和 Lewis 强碱。[33] 具桥环结构的 1-氮杂双环［2.2.2］辛烷（quinuclidine，QD，**26**）中氮上的孤对电子的构型不可反转，是已知最强的中性亲核物种，与 CH_3I、C_2H_5I 及 $(CH_3)_2CHI$ 发生 S_N2 反应的速率分别是三乙胺的 57、254 和 705 倍。[34]

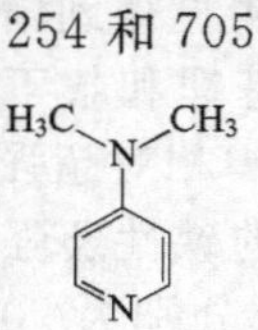

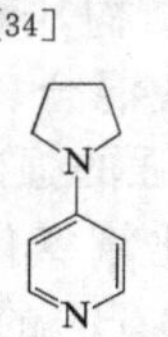

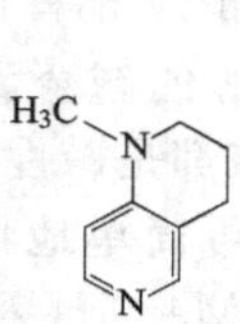

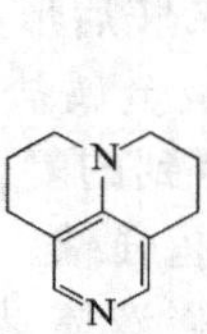

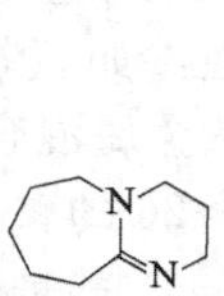

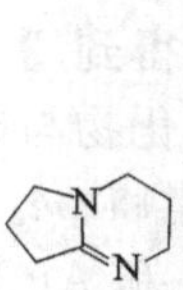

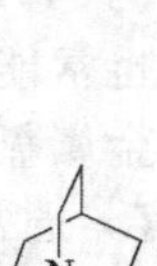

20 21 22 23 24 25 26

同周期中的元素的碱性强弱次序与亲核性强弱次序是相同的，如，$NH_2^- > OH^- > F^-$；带负电荷的物种的碱性与亲核性也总是比其共轭酸强，如 $NH_2^- > NH_3$，$OH^- > H_2O$；一系列氧负离子的碱性强弱次序与亲核性强弱次序也是相同的，如 $RO^- > OH^- > ArO^- > RCO_2^- > ROH > H_2O$。原子的极化率愈大亲核性也愈强。但一个物种的碱性强弱与亲核性强弱并不是一回事。一个亲核体在不同的亲核取代反应中的相对亲核性也是不一样的，并无一个绝对值。[35]如，Et_3N 的碱性是 Et_3P 的 100 倍，亲核性却是 Et_3P 的 1/100。一个物种在许多反应中可同时以碱和亲核体起作用。用软硬酸碱理论（参见 2.2.4）预测两者的竞争趋势有一定指导意义。有较高电荷密度、较大电负性的、硬的负离子更多表现出碱性，更易夺取硬的质子而发生消除反应，反应过渡态是早到的，即电荷吸引比成键更重要。相反，易于极化的、较低电负性的、软的负离子更多表现出亲核性，易发生取代反应，反应过渡态是迟到的，新的成键对过渡态的结构和稳定性起到更重要的作用（参见 1.7.5)。

一个物种的电负性、体积、可极化性及反应条件等众多因素均能影响亲核性的强弱，亲核性或离去能力强弱的绝对值是不存在的。以 S_N2 反应为模式来考察可发现以下几个规律：荷电物种比其共轭酸的亲核性大。如，OH^- 的亲核性比 H_2O 大；${}^tBuO^-$ 的碱性比 MeO^- 大，但大体积基团的位阻效应使其亲核性比 MeO^- 小。原子愈小电荷愈集中，也愈易产生溶剂化效应，故同族元素的亲核性自上而下通常是增强的，但碱性是减弱的。溶剂与荷电亲核物种的配对离子对亲核性强弱也均能产生较大的影响。羰基碳带部分正电荷，类似质子，是比 S_N2 反应中的底物烷基碳更硬的酸。进攻羰基碳的物种的亲核性强弱次序为：$EtO^- > MeO^- > OH^- > OAr^- > N_3^- > F^- > H_2O^- > Br^- > I^-$。[36]以 25℃下碘甲烷的甲醇解为标准反应来给出各种亲核物种的亲核常数 n（nucleophilic constant)，如式(2-24）和表 2-7 所示。[37]一个物种的亲核常数越大，其亲核性也越强。

$$CH_3—I + Nu^- \xrightarrow{k} CH_3—Nu + I^-$$

$$n_{MeI} = \lg(k_{Nu}/k_{MeOH}) \tag{2-24}$$

表 2-7 各种不同类型亲核物种的亲核常数 n_{MeI} 和其共轭酸的 pk_a

亲核物种	n_{MeI}	pk_a	亲核物种	n_{MeI}	pk_a	亲核物种	n_{MeI}	pk_a
CH_3OH	0.0	−1.7	$C_6H_5O^-$	5.8	9.89	Et_3As	7.1	
NO_3^-	1.5	−1.3	Br^-	5.8	−7.7	I^-	7.4	−10.7
F^-	2.7	3.45	CH_3O^-	6.3	15.7	HO_2^-	7.8	
$CH_3CO_2^-$	4.3	4.8	OH^-	6.5	15.7	Et_3P	8.7	8.7
Cl^-	4.4	−5.7	NH_2OH	6.6	5.8	$C_6H_5S^-$	9.9	6.5
$(CH_3)_2S$	5.3		NH_2NH_2	6.6	7.9	$C_6H_5Se^-$	10.7	
NH_3	5.5	9.25	Et_3N	6.7	10.7	Ph_3Sn^-	11.5	
N_3^-	5.8	4.74	CN^-	6.7	9.3			

MeO^-、EtO^-、NH_2^- 之类的碱既有亲质子性又有亲核性，在夺取质子时常会发生亲核加成等副反应。${}^tBuO^-$ 和 H^- 是好的亲质子碱，而亲核性很差。三种丁基锂中，叔丁基锂因立体效应主要起强碱作用而很难发生亲核加成反应，正丁基锂除可作为强碱外还易参与亲核加成反应。LDA 和比其碱性稍弱但位阻更大的二（三甲基硅基）氨基锂［$(Me_3Si)_2NLi$，HMDSLi］等碱称非亲核性碱，因为它们的空间障碍大而缺乏亲核性，易夺取质子却不易进攻碳原子，这些非亲核性碱在有机合成上用处很大。二（三甲基硅基）氨基钾［$(Me_3Si)_2NK$，HMDSK，hexamethyldisilazide］和二（叔丁基二甲基硅基）氨基钾［$({}^tBuMe_2Si)_2NK$，di-*t*-butyltetramethyldisilazane，DTBTMDSK］因 N—Si 键较长而少有位阻效应，它们比 LDA、

2,2,6,6-四甲基哌啶锂（lithium2,2,6,6-tetramethylpiperidide，LiTMP）更具亲核性。

格氏试剂和烷基锂等金属有机化合物也是一类重要的强碱化合物，它们的共轭酸、烃都是很弱的酸。

2.1.10 有机反应中的 Bronsted 酸碱

许多有机反应的第一步常常是由质子转移而引起的，故判断一个化合物的酸性大小及分子中哪一个质子易被移去和哪一个部位能接受质子往往是很重要的关键点。有机化合物通常并不被视为酸或碱，但实际上它们往往就是作为酸或碱参与反应的，至于是酸还是碱则要视这些化合物所处的环境而定。如图 2-3 所示，甲醇在强碱作用下放出质子属于酸，在强酸作用下接受质子又属于碱；水在格氏试剂存在下是酸，在乙酸存在下又成为碱。

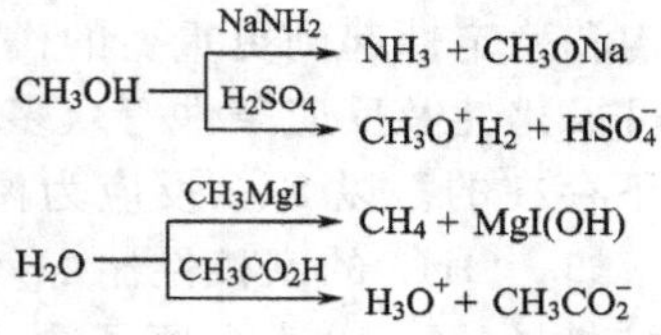

$$CH_3OH \xrightarrow{NaNH_2} NH_3 + CH_3ONa$$
$$CH_3OH \xrightarrow{H_2SO_4} CH_3O^+H_2 + HSO_4^-$$
$$H_2O \xrightarrow{CH_3MgI} CH_4 + MgI(OH)$$
$$H_2O \xrightarrow{CH_3CO_2H} H_3O^+ + CH_3CO_2^-$$

图 2-3 甲醇和水归属酸或碱均可

反应所用溶剂的因素也绝不可忽视。如式(2-25) 所示，烃的酸性比水和醇都小，在涉及有炔基负离子存在的反应里，水或醇就不能作为溶剂使用，它们将立即发生质子转移反应：

$$R—C≡C^- + H_2O \rightleftharpoons R—C≡C—H + OH^- \tag{2-25}$$

有机化合物中常见的 Bronsted 酸主要是带有—OH 的醇、酚、羧酸和具有 α-羰基或烯键等重键的 C—H 结构的分子，如式(2-26) 的两个反应所示。醇的酸性来自于放出质子后负电荷落在电负性较强的氧原子上；醛、酮则由于共轭碱上的负电荷可被共轭效应分散而得到稳定，故也有一定的酸性。β-二羰基中亚甲基的酸性更强，乙醇钠就能将它们转化为盐。

$$ROH \rightleftharpoons H^+ + RO^-$$

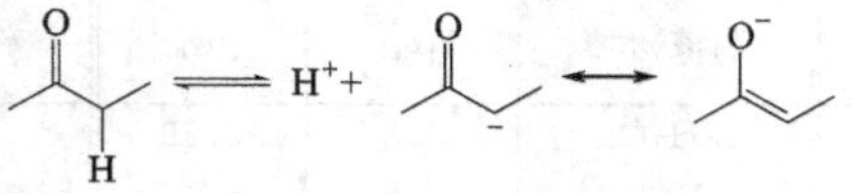

$$CH_3COCH_2—H \rightleftharpoons H^+ + CH_3COCH_2^- \longleftrightarrow CH_3C(O^-)=CH_2 \tag{2-26}$$

有机化合物中的 Bronsted 碱则主要是带有孤对电子的含氮化合物，如三乙胺、吡啶、1,8-二氮杂［5.4.0］十一碳-7-烯（DBU）等。它们能够接受质子，其行为与无机氨一样，如式(2-27) 所示。水、醇、羧酸及它们的负离子中的氧原子、S^{2-}、H^-、CN^- 和 F^- 等均可接受一个质子，也是 Bronsted 碱。若一个酸的供质子能力足够强，则与之相遇的所有化合物都能接受质子，也都是 Bronsted 碱了。

$$RNH_2 + H^+ \rightleftharpoons RNH_3^+ \tag{2-27}$$

因为 pk_a 值已经包含了酸碱的共轭关系，故碱的碱性强度 pk_b 也可以用其共轭酸 HB^+ 的 pk_a 值，即 pk_{BH^+} 来定量表示。如此所有的酸或碱就都能有一个统一连续的酸碱强度的标度 pk_a。pk_{BH^+} 值愈大，碱 B 的碱性愈强，如式(2-28) 所示。

$$BH^+ + H_2O \overset{k_a}{\rightleftharpoons} H_3O^+ + B$$
$$k_a = k_{BH^+} = \frac{[H_3O^+][B]}{[BH^+]} \tag{2-28}$$

如，氨和吡啶的共轭酸各为 NH_4^+ 和 Py・H^+，NH_4^+ 和 Py・H^+ 的 pk_a 值分别为 9.2 和 5.2，铵正离子的酸性较吡啶正离子弱，氨的碱性较吡啶强。

2.2 Lewis 电子理论和软硬酸碱

Lewis 差不多在质子理论提出的同时，从化学键理论出发对酸碱概念提出了电子理论。[38]该理论以接受或放出电子对作为判别，电子对可以是未共享的孤对电子或是 π 键上的成键电子。Lewis 将酸定义为能接受电子对的物质，碱定义为能提供电子对的物质。故酸和碱又可分别称为电子对受体和电子对供体或亲电体（electrophile）和亲核体（nucleophile），酸碱反应则是碱（B）提供电子对和酸（A）的空轨道之间形成配位键的过程，反应后生成酸碱配合物（A—B），如式(2-29) 所示：

$$A+B: \longrightarrow A—B \quad (2\text{-}29)$$

人们对酸碱概念现象和本质的认识随着化学实践的发展而不断深入，从质子酸到 Lewis 酸、π 酸等的发展大大扩展了酸碱范围。就像不能把氧化剂局限在氧元素来讨论氧化反应一样，电子论并不是着眼于某个元素（如氢元素）来专一性地讨论酸碱概念，而是从分子的电子结构出发在酸碱反应的表面现象中探寻反应的根本原因，从而发现酸碱反应必涉及电子授受这一关键要素。配位键普遍存在于化合物中，对某一分子而言，分子中电子云密度低的部位都可看作是 Lewis 酸，而电子云密度高的部位可以看作是 Lewis 碱。酸碱配合物几乎无所不包，这就极大地扩展了酸碱范围，有利于人们从结构和反应的构效关系来认识问题。

2.2.1 Bronsted 酸碱和 Lewis 酸碱的异同

Bronsted 理论和 Lewis 理论所定义的酸碱概念既相似又不同。H^+ 要寻求孤对电子，此时也可视为 Lewis 酸。Bronsted 酸和 Lewis 酸都能与碱作用；与酸碱指示剂也显示出基本相同的颜色反应；对某些有机反应也有相似的催化作用，如 H^+ 和 BF_3 在三聚乙醛解聚时都能与氧结合而产生吸电子作用而促使反应发生；有时二者合用时催化效果更为明显。但 Bronsted 酸与碱反应后生成盐，Lewis 酸与碱反应后生成的是配合物或加成产物；Lewis 酸可以是如 $ZnCl_2$ 和 Ag^+ 等任何缺少电子的物种，它们的体积比质子大得多，在许多场合下会显示出立体效应而质子却几乎反映不出立体影响。这两种酸对有质子转移的反应及某些有机反应所起的作用是不同的，也不能互换。Bronsted 碱实际上也是 Lewis 碱，如 NH_3、Et_2O、$C_2H_5O^-$ 等 Lewis 碱与缺电子物种或质子都可结合共享孤对电子。Lewis 碱还包括含 π 电子的不饱和化合物或基团，如烯烃、炔烃和芳烃等都是。

电子理论包含了传统的电离理论、溶剂理论和质子理论，也大大扩展了酸的范围，但也有缺陷。因为各种 Lewis 酸碱的强弱及反应的难易都与对象密切相关，供（吸）电子能力越强，碱（酸）性越强，但建立不起如本章附件那样的定量标准。如，若以 H^+ 为标准，OH^- 的碱性比 NH_3 强，若以 Ag^+ 为标准，OH^- 的碱性又比 NH_3 弱了。其次，它涉及的范围过于广泛，几乎包括了所有的分子、离子和除自由基反应及氧化还原反应外的一切反应，这也不便于区分酸碱中实际具有的各种差异。如通常不被视作酸的 Ag^+，按 Lewis 理论也可以认为是酸，因为它能接受电子，如与氨结合成 $Ag(NH_3)_2^+$。而一些经典的质子酸，如 HOAc、H_2SO_4 等在一般反应条件下仅放出 H^+ 而未接受电子对，故不能视作 Lewis 酸。它们可视为 Lewis 酸碱配合物，离解产物 H^+ 可接受电子对，这就妨碍了对它的理解和应用。现在在一般意义上谈及酸碱的含义时，多是按质子理论给出的酸碱，pH 标度也仍被广泛应用。而使用 Lewis 酸碱这一名称本身也意味着它和一般的酸碱不一样。

2.2.2 有机反应中的 Lewis 酸碱

有机反应中的亲电试剂都能看作是 Lewis 酸，而亲核试剂都是 Lewis 碱。H^+、BF_3、$AlCl_3$、$ZnCl_2$、$SnCl_4$ 和 SO_3 等的 B、Al、Sn 和 S 的外层价电子均未达到同周期惰性元素的要求；具有空轨道的 Ag^+ 可以接受电子对；而含有缺电子 π 键的三硝基苯、四氰基乙烯等也是能接受电子对的，称 π 酸。因此，Lewis 酸除了质子给予体外还包括如金属正离子、碳正离子及卡宾之类缺电子化合物和具有低能级空 d 轨道的化合物。广义的 Lewis 碱也称 π 碱，常见的有具孤对电子的如 ROH、RNH_2 等 n 供体和含 π 电子的富电子烯烃、芳烃等不饱和化合物的 π 供体。环丙烷上的 C—C 键和卤代烷上的 C—X 键也被视为 σ 供体。

Lewis 理论把更多的物质及其反应用酸碱概念联系起来了，是近代电子理论的化学基础，其所包括的范围最为广泛，能有效地解释许多现象。大部分反应，尤其是极性反应都可以看作是电子供体和电子受体的结合，故也都可纳入酸碱反应来加以研究讨论。尽管简单的形成配位键的酸碱反应在有机反应中并不常见，但如图 2-4（a）所示的亲电取代反应、图 2-4（b）所示的亲核取代反应和图 2-4（c）所示的复分解反应模式（式中的 A 和 B 分别代表 Lewis 酸和 Lewis 碱）都是很常见的，都可以用 Lewis 电子理论来理解。

(a) $A' + A—B \longrightarrow A'—B + A$

(b) $B' + A—B \longrightarrow A—B' + B$

(c) $A—B + A'—B' \longrightarrow A—B' + A—B'$

图 2-4 常见的 Lewis 酸碱反应

如式(2-30) 的两个反应所示，一个 Lewis 酸（LA）和碱结合后也可生成一个中心原子的价数比正常价数高的负离子，形成的盐称为酸根型配合物（ate complex)，如 $Li^+Me_4B^-$。当一个 Lewis 碱（LB）和酸结合后，中心原子的价数比正常价数高时生成的盐则被称为鎓盐 (onium salt)，如 $Me_4N^+I^-$。

$$Me_3B + LiMe \longrightarrow Li^+ Me_4B^-$$
$$Me_3N + MeI \longrightarrow Me_4N^+ I^- \quad (2\text{-}30)$$

2.2.3 Lewis 酸碱的强弱

Bronsted 酸的强弱涉及质子转移，可在同一标准下以 pk_a 或 H_0 为指标来定量比较。Lewis 酸碱的强弱与对象相关，不同的 Lewis 酸和不同的 Lewis 碱之间表现出各种各样的强度或配位能力，受到各种不同类型的电子体系和立体取代的影响，难以建立起一个标准的计量比较手段。[39] 如，以 H_2O 为标准碱，Hg 的酸性比 Mg 弱，而以 H_2S 为标准碱，则 Hg 的酸性比 Mg 强。几个三卤化硼中，BF_3 与氟化物的配位最好，但不与氯、溴、碘化物配位。若以 Lewis 弱碱，如 CO 为标准，BF_3 的酸性比 BCl_3 强；但若以 Lewis 强碱，如 NH_3 为标准，BF_3 的酸性又表现出要比 BCl_3 弱。BF_3 与胺的配位比膦好，而 Ag^+ 与膦的配位却比胺好。卤素离子中的 F^- 在质子酸溶液中是最强的碱，I^- 是最弱的碱，但 F^- 和 Ag^+ 形成最不稳定的配合物，I^- 则与 Ag^+ 形成最稳定的配合物。一些 Lewis 酸的强弱通常被认为有如下定性次序：$BX_3 > AlX_3 > FeX_3 > GaX_3 > SbX_5 > InX_3 > SnX_4 > ZnX_2 > HgX_2$，其中 X 为卤原子或无机酸根。这与周期表中同族元素自上而下因原子体积增加而对外层电子的吸引力减弱有关。当 X 是强吸电子基时，这些 Lewis 酸的酸性自然也增强了。B $(C_6F_5)_3$ 因对水稳定、处理方便和酸性较强而在合成反应中被广泛用作 Lewis 酸催化剂，其 Lewis 酸性比 BCl_3 强，比 BF_3 弱。

离子半径、电离势、电极电位、极化率、键参数、冰点、溶解性、IR、NMR、H_0、亲和能力等各种实验指标或利用半经验 MNDO 和 *ab initio* 等理论方法已经用来定量比较各种 Lewis 酸的酸性，但不同的测量方法给出的结果有时并不一致。如，在 $MgCl_2$、$ZnCl_2$、$Sc(CF_3SO_3)_3$、$AlCl_3$ 和 SbF_5 这些 Lewis 酸存在下，丙酮羰基的 $\delta^{13}C$ 分别为 210、221、227、245 和 250，反映出 SbF_5 在这五个 Lewis 酸中对羰基氧原子的配位能力是最强的，它的 Lewis 酸性也最强。运用有机反应，如与各种 Lewis 碱的配位能力或者将卤代烃转化成碳正离子的催化能力等也可将各种 Lewis 酸排出酸性强弱不一的顺序。[40] SbF_5、AsF_5、PF_5、TaF_5、NbF_5、$B(C_6F_5)_3$ 和 $B(OSO_2CF_3)_3$ 等在某些 Friedel-Crafts 反应中表现出比 $AlCl_3$ 有更强的催化活性，通常被认为是强 Lewis 酸，比 $AlCl_3$ 和 BF_3 等常见的 Lewis 酸有着更多独特的性能，与 HF、FSO_3H、CF_3SO_3H 等 Bronsted 酸的配位能力也很强。

2.2.4 酸碱的软和硬

20 世纪 60 年代，Pearson 在研究亲核取代反应时发现，如 H^+ 和酰基正离子等某些亲电中心很易与如 F^- 和 OH^- 等某些不易极化的亲核试剂反应，而另一些亲电中心如 RCH_2^+ 和 Br^+ 等又易与另一些如 I^- 和 CN^- 等易极化的亲核试剂反应。根据许多配合物的大量实验资料及亲电试剂、亲核试剂间相对亲和性的能力大小，他提出可用硬和软的概念来整理和理解 Lewis 酸碱。[41]一旦将酸和碱分为软和硬两部分，便出现了有关 Lewis 酸碱配合物稳定性的一条较简单的软硬酸碱规则，即硬酸优先和硬碱结合，软酸优先和软碱结合。简而言之：硬亲硬、软亲软。此处所谓的“亲”或“优先结合”包含着两层意思：一是指生成的产物稳定性高；二是指这样反应的速率快。最大硬度原理（principle of maximum hardness）指出，分子总是有要达到硬度相当的趋势。也就是说，式(2-31) 的平衡总是趋向右侧，反应自由能总是负的（H 和 S 分别代表硬和软）：

$$\text{H—S} + \text{H—S} \rightleftharpoons \text{H—H} + \text{S—S} \tag{2-31}$$

Pearson 将 Lewis 酸碱的强度（S）和硬度（η）作为表征每一个酸和碱的两个参数。对于一个简单的酸碱反应，式(2-32) 的平衡常数是 4 个参数的函数：

$$\text{A} + \text{B:} \overset{k}{\rightleftharpoons} \text{A:B}$$

$$\lg k = S_A S_B + \eta_A \eta_B \tag{2-32}$$

酸碱硬软的特性可如下描述，一些常见酸碱的硬软分类如表 2-8 所示。硬酸具有较高的正电荷，亲电中心的原子体积较小，价层中无未共享电子对存在，极化率低，电负性高，用分子轨道理论描述是最低未占轨道（LUMO）的能量高。硬酸试剂是硬的亲电物种。硬碱亲核中心的原子电负性大，极化度低，难以被氧化，持有价电子的能力强，硬碱试剂是硬的亲核物种，用分子轨道理论描述是最高已占轨道（HOMO）的能量低。硬碱试剂是硬的亲核物种。软酸具有较低的正电荷，亲电中心的原子较大，在价层中有未共享 p 或 d 电子对，极化度大，电负性低，LUMO 能量低。软酸试剂是软的亲电物种。软碱亲核中心的原子电负性小，极化度大，易被氧化，持有价电子的能力不强，HOMO 能量高。软碱试剂是软的亲核物种。

简言之，硬组分是体积较小、不易极化变形且带较多电荷的组分；软组分则是体积较大、易极化变形和带有较小组分的电荷。同一试剂的不同部位的软硬性也可从原子的电负性来考虑，电负性较大的原子一端较硬。如，氰基中 N 端是硬端，C 端是软端；硝基中 O 端是硬端，N 端是软端。

酸碱的硬度[η(eV)]反映出它们对电子的约束或供受能力的强弱，其大小值与离子势能（IP）的 HOMO 和亲和势能（EA）的 LUMO 能级相关（参见 1.1.6），可用两者能差的一半来度量，如式(2-33) 和表 2-9 所示：

$$\eta = (\text{IP} - \text{EA})/2 \tag{2-33}$$

表 2-8 酸碱的硬软分类

硬酸	软酸	交界酸
H^+, Li^+, Na^+, K^+, R^+, R_3Si^+, $ROSO_2^+$, Be^{2+}, Mg^{2+}, Ca^{2+}, Al^{3+}, Cr^{3+}, Co^{3+}, Fe^{3+}, In^{3+}, Sn^{4+}, Ti^{4+}, Ce^{3+}, BF_3, B(OR)$_3$, $AlMe_3$, $AlCl_3$, AlH_3, RPO_2^+, $ROPO_2^+$, RSO_2^+, $ROSO_2^+$, SO_3, I^{7+}, I^{5+}, Cl^{7+}, Cr^{6+}, CO_2, RCO^+, NC^+, HX(氢键分子), RMgX	Cu^+, Ag^+, Au^+, Ti^+, Hg^+, Pd^{2+}, Cd^{2+}, Pt^{2+}, Hg^{2+}, CH_3Hg^+, $[Co(CN)_5]^{2-}$, Ti^{3+}, $Ti(CH_3)_3$, BH_3, RS^+, RSe^+, RTe^+, I^+, Br^+, HO^+, RO^+, I_2, Br_2, $GaCl_3$, 卡宾, Ar—EWG, C═C—EWG, RO^+, 三硝基苯, 四氰乙烯, 醌, O, Cl, Br, I, N, RO·, RO_2·, RCH_2(S, Se)—X, 零价金属(配合物)	R_3C^+, NO^+, R_2CO^+, $C_6H_5^+$, Fe^{2+}, Co^{2+}, Ni^{2+}, Cu^{2+}, Zn^{2+}, Pb^{2+}, Sn^{2+}, Sb^{3+}, Bi^{3+}, R_3B, SO_2, NO^+, R_3C^+, $C_6H_5^+$, GaH_3, $YbCl_3$, $Yb(OTf)_3$, $SnCl_4$, RCHO
硬碱	**软碱**	**交界碱**
H_2O, OH^-, F^-, AcO^-, RO^-, RCO_2^-, Cl^-, NO_3^-, R_2N^-, CO_3^{2-}, ClO_4^-, SO_4^{2-}, PO_4^{3-}, ROH, R_2O, NH_3, RNH_2, N_2H_4	RS^-, I^-, CN^-, H^-, R^-, BH_4^-, R_2S, RSH, R_3P, $(RO)_3P$, RCN, CO, 烯烃, C_6H_6	$ArNH_2$, C_5H_5N, N_3^-, Br^-, NO_2^-

表 2-9 一些物种的硬度 [η(eV)][42]

原子	η	分子	η	正离子	η	负离子①	η
N	7.3	HF	11	H^+	∞	F^-	7.0
F	7.0	CH_4	10.3	Al^{3+}	45.8	H^-	6.8
H	6.4	BF_3	9.7	Li^+	35.1	OH^-	5.6
O	6.1	H_2O	9.5	Mg^{2+}	32.5	NH_2^-	5.3
C	5.0	NH_3	8.2	Na^+	21.1	CN^-	5.3
P	4.9	HCN	8.0	Ca^{2+}	19.7	CH_3^-	4.0
Cl	4.7	Me_2O	8.0	K^+	13.6	Cl^-	4.7
S	4.1	C_2H_2	7.0	Fe^{3+}	13.1	$C_2H_5^-$	4.4
Si	3.4	Me_3N	6.3	Zn^{2+}	10.9	Br^-	4.2
Li	2.4	C_2H_4	6.2	Cr^{3+}	9.1	$C_6H_5^-$	4.1
Na	2.3	Me_2S	6.0	Pb^{2+}	8.5	SH^-	4.1
		R_3P	5.9	Cu^{2+}	8.3	$^iC_3H_7^-$	4.0
		Me_2CO	5.6	Pt^{2+}	8.0	I^-	3.7
		PhH	5.3	Sn^{2+}	7.9	$^tC_4H_9^-$	3.6
		HI	5.3	Hg^{2+}	7.7		
		C_5H_5N	5.0	Fe^{2+}	7.3		
		PhOH	4.8	Pd^{2+}	6.8		
		CH_2	4.7	Cu^+	6.3		
		PhSH	4.6				
		Cl_2	4.6				
		$PhNH_2$	4.4				
		Br_2	4.0				
		I_2	3.4				

① 与自由基值相同。

质子是最硬的酸，不带电荷，离子势能为零，硬度可认为是无穷大。亲电中心部位的电正性愈强愈硬，如 Li^+、Na^+、Mg^{2+} 比 Cu^+、Hg^{2+}、Pd^{2+} 硬；酰基碳比烷基碳硬。同一原子的电荷量或氧化态增大，电子云更趋收缩，硬度也随之增大。如 $Ni^{4+}>Ni^{2+}>Ni$；Fe^{3+} 和 Sn^{4+} 是硬酸，Fe^{2+}、Sn^{2+} 为交界酸；Cu^+ 为硬酸，Cu^{2+} 为交界酸；SO_2^{4-} 为硬碱；SO_2^{3-} 为交界碱，而 $S_2O_2^{3-}$ 为软碱。周期表中的元素从左到右电负性增大，硬度也增大，如 $F^->OH^->NH_2^->CH_3^-$，$SO_4^{2-}>SO_3^{2-}>S^{2-}$；同族元素自上到下是原子半径增大而硬度减少的，如 $Li^+>Na^+>K^+>Rb^+>Cs^+$，$F^->Cl^->Br^->I^-$，$R_3N>R_3P>R_3As>R_3Sb$；这可粗略地从元素的电负性大小即抓电子能力的差异得到说明。可极化性愈大硬度愈大，如 $RO^->OH^->RS^-$。

酸碱的软度（σ）则是硬度（η）的倒数，如式(2-34）所示：

$$\sigma=1/\eta=2(IP-EA) \tag{2-34}$$

酸碱的软或硬与酸性的强或弱不是一回事，二者之间并无必然的联系。酸碱的软硬是依据大量实验资料，如基于离子半径、电荷、电负性、价态、溶剂化作用以及 HOMO 或 LUMO 能量等因素做出的概括，并无统一标准，也不易定量比较。酸碱结合后，电子结构和软硬程度都会随之变化。故而同一原子连接基团不同，软硬性也会产生变化。软碱可使与它结合的酸软化，硬碱和酸结合后使酸的硬度增加。这种硬-硬、软-软的群集现象称类聚作用。BF_3 是硬酸，BH_3 是软酸，BMe_3 是交界酸。BF_3 易于和硬碱结合，如 $BF_3\cdot OEt_2$；BH_3 则易于和软碱结合，如 $BH_3\cdot SMe_2$。硬碱 F^- 使 B 硬化，软碱 H^- 使 B 软化。各种卤代烃中的卤素电负性愈大，它所连的碳也愈硬。硬的路易斯酸通常更倾向于与具有孤对电子的官能团如羰基和亚氨基配位，软的路易斯酸则更倾向于与具有 π 电子对的官能团如烯基和炔基配位。用分子轨道理论来分析，物种的 LUMO 能级愈低或 HOMO 能级愈高，化学反应性通常也越大。故软的物种作为亲核的碱要比硬的物种更易给出电子去成键；软的物种作为亲电的酸要比硬的物种更易接受电子来成键。软酸软碱的相互作用主要是极化的共价作用，即轨道重叠的有效性好。硬酸硬碱的体积较小，两者能紧密接近并增加库仑引力，即产生离子或强极性分子间的静电作用，涉及更多净电荷转移并带有更多的离子特征，反应基本上都是放热的，形成的键比由较软的物种之间反应后形成的键更强。软硬组分之间的相互作用很弱，硬组分的前线轨道对于强的共价相互作用不是太高就是太低，而软组分的较大体积和可极化性又使静电引力作用大为减小。

2.2.5 软硬酸碱理论的应用

软硬酸碱理论的最大成就在于应用，在溶解度规律、配体选择、催化剂选择、电极吸附、化学活性、反应选择性及反应速率等方面均已得到很好的应用。

(1) 化学物质的稳定性　多年以前配位化学家就已清楚，金属和配体之间的相互作用可分为截然不同的两类。NH_3、H_2O 和 F^- 与碱（土）金属离子的配合较为牢固，但和较重的金属离子如 Hg、Pt 却仅有微弱的配合。矿物在自然界存在的形式中，碱（土）金属等以氧化物、卤化物和碳酸盐、硫酸盐形式存在为主，这可用 O^{2-}、X^-、CO_3^{2-}、SO_4^{2-} 等都是硬碱及碱（土）金属是硬酸来解释；软金属 Cu、Ag、Zn、Pb、Hg、Co、Ni 等则多以硫化物形式存在，这也是由于 S^{2-} 是软碱之故。HF、H_2SO_4 和 HNO_3 分别要比 HI、H_2SO_3 和 HNO_2 稳定也是同样道理。B^{3+} 是硬酸，它与硬碱结合形成的 BF_3 和 $B(OCH_3)_3$ 都是稳定的，但与软碱结合成的 $B(SR)_3$ 则是活性很强的硫烷基转移基。酰基碳是硬酸，与硬碱结合成的羧酸、酯、酰胺等都是稳定的，而与软碱结合成的硫醇酯、酰碘和酰基腈等都是活性较大的。

（2）反应选择性 软硬酸碱理论可为寻找选择性好的试剂提供有利的参考。烯醇的亲核取代反应可发生在氧或碳上。因氧负离子的溶剂化作用比碳大，极化率又比碳小，碳氧双键的键能比碳碳双键的大，故大部分反应主要发生在碳上。但另一方面，氧是硬端，碳是软端，烯醇与卤素不同的烷基化试剂的反应选择性并不相同。如，与 CH_3I 或 TMSCl 分别主要生成 *C*-烷基化和 *O*-硅基化产物。如式(2-35) 所示的反应中，X 分别为 Cl、Br 或 I，*O*-烷基化产物 **1** 和 *C*-烷基化产物 **2** 之比分别为 1.2、0.64 或 0.32。若卤代物改为 $ClCH_2OCH_3$，则产物几乎全部是 **1**。这反映出烷基化试剂中与卤素相连的碳愈硬，愈易在较硬的氧端反应。

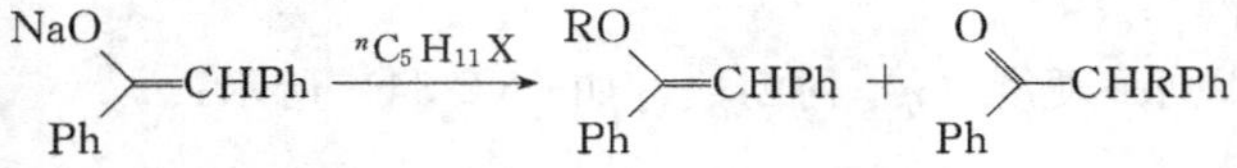

$$\text{NaO(Ph)C=CHPh} \xrightarrow{{}^{n}C_5H_{11}X} \underset{\mathbf{1}}{\text{RO(Ph)C=CHPh}} + \underset{\mathbf{2}}{\text{PhC(=O)CHRPh}} \tag{2-35}$$

软或硬的金属氢化物与 α,β-不饱和醛（酮）反应分别在软的烯基 C4 或硬的羰基 C2 上反应。碱金属硼氢化物是软的还原剂，反应发生在 C4 上得到羰基产物；若将氢化物中的氢换为硬的烷氧基反应，则发生在羰基 C2 上得到烯丙醇产物。如图 2-5 所示，格氏试剂上的 C—Mg 键高度极化，碳负离子是硬碱而更易与硬的羰基 C2 反应；铜锂试剂上的 C—Cu 键的极化很小，碳负离子是软碱而更易与软的烯基 C4 反应得到 1,4-加成产物。从另一个角度来看，铜是软酸，易与软碱烯基配位，锂是硬酸，易与硬碱羰基氧配位，软硬相当的协同配位使该加成反应与不同软硬的试剂反应有极好的位置和化学选择性。α,β-不饱和酮用烷氧基或烷硫基取代的 AlH_3 还原得到 1,2-还原产物或 1,4-还原产物的比率完全相反。用 $NaBH_4$ 还原主要得到 1,4-还原产物，用 AlH_3 还原主要得到 1,2-还原产物。

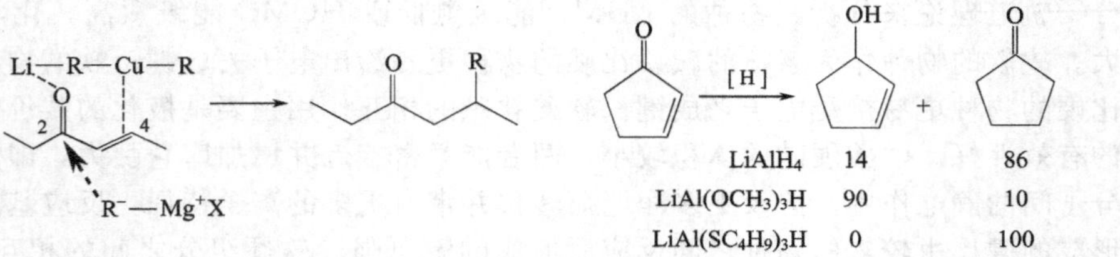

$LiAlH_4$	14	86
$LiAl(OCH_3)_3H$	90	10
$LiAl(SC_4H_9)_3H$	0	100

图 2-5 α,β-不饱和酮与格氏（铜锂）试剂或还原试剂的软硬匹配

如式(2-36) 所示，在卤代烃的取代和消除竞争反应中，硬碱将有利于消除反应，因为与 α-碳相比，β-H 是较硬的酸，而软碱则有利于发生取代反应，如 EtO^- 和 $C^-H(CO_2R)_2$ 的碱性强度差别不大，但它们与同一底物反应的结果却不一样。前者是硬碱，主要发生消除反应，后者是软碱，主要发生取代反应。

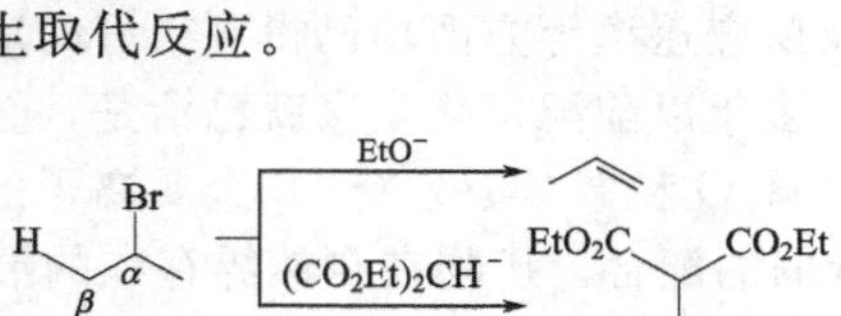

(2-36)

亚硝酸银与 CH_3I 反应得 CH_3NO_2，亚硝酸钠与 C_4H_9Cl 反应得 C_4H_9ONO，也能从软硬匹配的原理来解释。

（3）催化作用 金属催化剂 Pt、Ni 等是软酸，在它们的表面可吸附软碱不饱和烃，从而可以起到催化加氢的作用。低氧化态的 P、As、Sb、Te、Se 等也是软碱，同样可与 Pt、Ni 等金属形成稳定的酸碱配合物，导致活性中心掩盖而使催化剂中毒。故反应介质中应去除这些软碱杂质，氧气、氮气等硬碱对催化剂通常是无害的。

（4）反应活性　一般的化合物都可以看成是酸碱配合物，其酸中心 A 和碱中心 B 能同时分别与软硬度适当的亲核试剂及亲电试剂作用的反应是很容易进行的，如式(2-37）所示。如，醚类化合物中氧是硬碱，碳是软酸，与 HI 作用时，硬酸 H^+ 进攻氧，软碱 I^- 进攻碳，反应较顺利。若用 H_2SO_4 来反应，则由于 HSO_4^- 也是硬碱，它与软酸碳的结合就较差，因此 H_2SO_4 不适用于醚的裂解。

$$A—B \xrightarrow{Nu—E} Nu^{-}\text{---}A—B\text{---}E^{+} \longrightarrow Nu—A + B—E \quad (2\text{-}37)$$

如式(2-38）所示，在不对称烯烃的加成反应中，软性基团 C ═C 由于烷基的影响极化为两部分。电子云增强的部分带负电荷为碱，电子云减弱的部分为酸。与 HX 反应时，H（酸)加到碱端生成硬酸碳正离子，第二步 X(碱)与碳正离子结合。反应活性是 $F^- > Cl^- > Br^- > I^-$，与卤素的软硬度次序相当。

$$R—CH═CH_2 \xrightarrow{HX} R—C^+H—CH_3 \longrightarrow RCHXCH_3 \quad (2\text{-}38)$$

软硬酸碱理论的应用是多方面的，也是十分有效的。但硬亲硬和软亲软并不是绝对的，许多场合下应用这一概念并不成功。[43]有些被认为是软硬结合的化合物也是很稳定的。如 CH_4 可以归属为硬酸 H^+ 和软碱 CH_3^- 或硬酸 CH_3^+ 与软碱 H^- 的结合。影响化合物稳定性的因素除了软硬度相当外，强度更是一个很重要的因素，如果酸和碱都很强，则它们组合成的化合物肯定是稳定的。如，H_2 是由强酸 H^+ 和强碱 H^- 组成的，就不易从硬酸 H^+ 和软碱 H^- 的结合角度来考虑了。

2.3 超酸

20 世纪 30 年代人们就发现酮一类很弱的碱化合物能与硫酸、高氯酸等强酸的乙酸溶液成盐，但在水溶液中与同样的酸是不会成盐的。有理由认为这是由于在乙酸溶液中形成的 $AcOH_2^+$ 比在水溶液中形成的 H_3O^+ 较少发生溶剂化的关系而能显示出更强的酸性之故。这类溶液在当时就被称为超酸溶液（superacid solution)。但这个发现在此后相当长的时间内并未引起太大的反响。20 世纪 60 年代，Olah 小组惊讶地发现蜡烛可溶于 FSO_3H-SbF_5 溶液并在 ^1H NMR 中出现一个尖锐的叔丁基正离子峰。这反映出组成蜡烛的长链直链烷烃在该溶液体系中发生了裂解并异构化为更稳定的叔丁基正离子。能够溶解蜡烛的这一强酸体系必定具有某种未知的独特因素，此后更多种类的超强酸不断被开发成功。酸性比 100％硫酸（H_0＝－11.93）还要强的酸称超酸（super acids)，把那些能溶解蜡烛的超酸称为魔酸(magic acid，H_0＜－20)，但超酸和魔酸这两个称呼并无严格界定。[44]

2.3.1 超酸的形成

醛、酮及羧酸衍生物的羰基氧质子化后可生成超强酸，pk_a 在 0～－15，质子化硝基化物或质子化腈的 pk_a 为－12。混合酸的酸性常常会得到增强，形成超酸的一个重要方法就是在一个强酸（HA，H_0 约为－10）中加入更强的酸以增加其离子化程度。如图 2-6 所示，加入在介质中可以离子化的 Bronsted 强酸（HA′）或可以形成共轭酸的 Lewis 酸（LA′)，它们都能促使 HA 的质子化平衡移向 H_2A^+ 一侧。H_2A^+ 的酸性比 HA 自然强得多，而 A'^- 或 LAA'^- 则都是一些相当稳定的不易与正离子或亲电试剂结合的负离子。[45]HA 的酸度函数通过如此处理后可以提高 5 个单位。

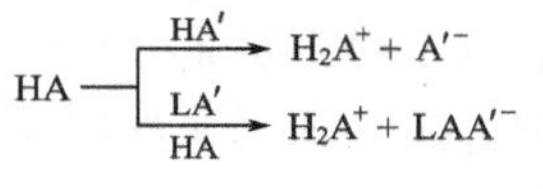

$$HA \begin{cases} \xrightarrow{HA'} H_2A^+ + A'^- \\ \xrightarrow[HA]{LA'} H_2A^+ + LAA'^- \end{cases}$$

图 2-6　超酸的生成

超酸的酸性已经通过各种方法得以测定，它们都是间接估量而非基于直接的酸碱平衡测量。如，利用 NMR 通过测量交换速率而得出的最强的超酸体系是 HF-SbF_5（90%）（H_0约为－27）。但实验发现，最弱的指示剂碱 4,4′-二甲氧基二苯甲基正离子［（p-$CH_3OC_6H_4)_2CH^+$，pK_{BH^+}约为－23］在该体系中并未发生双质子化反应。故由此看来，该超酸体系的酸度函数应在—24 左右。[46] 固体超酸的酸度予以定量化也是较困难的，对此也提出了一些参数。[47]

2.3.2 超酸的类型

Bronsted 酸和 Lewis 酸都可形成超酸，形态可有气态、液态或固态，液态超酸的酸性最强，固态超酸的酸性一般较弱。按其组成可分为以下几个类型。

（1）一元超酸　一元超酸有 $HClO_4$、$ClSO_3H$（H_0 约为－13.8）、FSO_3H（H_0 约为－15.1）、R_FSO_3H、HF 和[H($CB_{11}HR_5X_6$，R＝H、Cl、CH_3；X＝Cl、Br、I)］等 Bronsted 超酸。还有一系列如 $H^+[CB_{11}H_{12}]^-$、$H^+[B(C_6F_5)_4]^-$、$H^+\{B[m\text{-}(CF_3)_2C_6H_3]_4\}^-$等带碳硼烷负离子（carborane anion）的新型超酸。$[(CB_{11}HR_5X_6)]^-$（icosahedral carborane）的负电荷分布于整个簇表面，几乎无亲核性。$H^+[(CB_{11}H_6X_6)]^-$能使苯和 C_{60}分别在溶液中生成稳定的苯鎓离子 $C_6H_7^+$（环己二烯基正离子，benzenium ion）和 HC_{60}^+，是最强的单分子 Bronsted 超酸。[48]

（2）二元超酸　二元超酸是最常见的一类超酸，结构复杂而多以平衡混合物形式存在。如 H_2SO_4、FSO_3H、CF_3SO_3H、$RFSO_3H$ 等含氧质子酸与 SO_3、SbF_5、AsF_5、TaF_5、NbF_5 等 Lewis 酸的组合；质子强酸 HF 与质子酸 FSO_3H、CF_3SO_3H 的组合；HF 与 SbF_5、BF_3、PF_5、TaF_5、NbF_5、BF_3 等含氟 Lewis 酸的组合；Friedel-Crafts 一类反应中用到的 HBr-$AlBr_3$、HCl-$AlCl_3$ 组合酸等。HF-SbF_5 组合成超酸的 H_0 可小于－20。Bronsted 酸和 Lewis 酸的混合物可生成在较大温度范围内都很稳定的魔酸，在低温下也不易固化，可用于低温 NMR 测试。熔点和黏度比 H_2SO_4 低得多的无色液体 FSO_3H 在非亲核性的 SO_3、SO_2ClF、SO_2F_2 中可以形成氟化多磺酸等多个物种，如式(2-39）所示：

$$HSO_3F \xrightleftharpoons{SO_3} HS_2O_6F + HS_3O_9F + HS_7O_{21}F + \cdots \qquad (2\text{-}39)$$

FSO_3H 可与黏稠的无色液体 SbF_5 任意混合，形成的 FSO_3H-SbF_5 混合物一般是流动性较好的无色液体。混合物的结构非常复杂，黏度和酸度函数与两者的相对比例有关。SbF_5 摩尔比小于 1 时酸性更强，大于 1 时生成多锑氟磺酸盐，如图 2-7 所示。

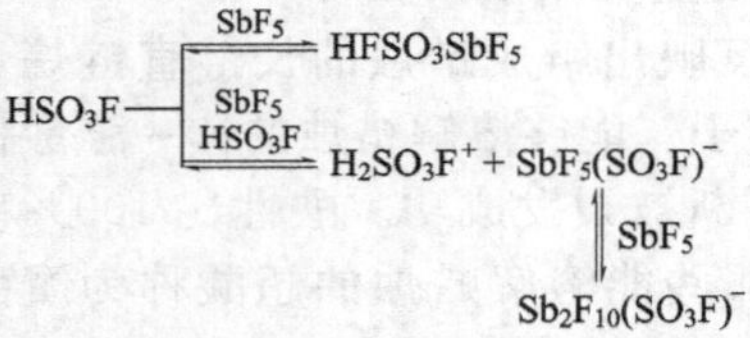

$$HSO_3F \xrightarrow{SbF_5} HFSO_3SbF_5$$
$$HSO_3F \xrightleftharpoons[HSO_3F]{SbF_5} H_2SO_3F^+ + SbF_5(SO_3F)^- \xrightleftharpoons{SbF_5} Sb_2F_{10}(SO_3F)^-$$

图 2-7　FSO_3H 与 SbF_5 混合可生成各种组分的超酸

HF 的酸度比 FSO_3H 弱，但加入 SbF_5 后产生的酸性增强作用更强。1mol/L HF-SbF_5 溶液的酸性比 1mol/L FSO_3H-SbF_5 溶液的酸性强 10^4 倍。如式(2-40）所示，HF-SbF_5 的结构组成比 FSO_3H-SbF_5 稍简单，具有如 HF 一样优异的溶剂性能，也是一类具最强酸性的液态超酸，广泛用于各类催化反应和合成反应。[49]

$$HF \xrightleftharpoons{SbF_5} H_2F^+ + SbF_6^- + Sb_2F_{11}^- \qquad (2\text{-}40)$$

如式(2-41）所示，BF_3 的 Lewis 酸性比 SbF_5 弱一点，也可使 HF 离子化，含 7%（摩尔分数）BF_3 的 HF 溶液酸度函数值约在－17；过量的 HF 可以和 BF_3 组成稳定的定比化合物，它们在室温下都是气体，也易于从反应混合物中回收，故常用于 Friedel-Crafts 类反应的催化剂，尤其在工业部门应用极广。[50]

$$HF \xrightleftharpoons{BF_3} H_2F^+ + BF_4^- \qquad (2\text{-}41)$$

HBr 的液相范围较窄，其酸度函数值约在 -12。HBr 的优点是无氧化性，缺点是对大多数有机化合物的溶解性不好且 Br^- 有较强的亲核活性。加入 Lewis 酸可以增强 HBr 的酸性。几个 Lewis 酸在 HBr 中的酸性大小次序为：$AlBr_3 > GaBr_3 > TaF_5 > BBr_3 > BF_3$。[51] $AlBr_3$ 仅微溶于 HBr，但在烃类化合物存在下溶解性大为增强，形成 $R^+ Al_2Br_7^-$ 等一类物种。[52] HX 与 AlX_3 也可组成超酸体系 $HAlX_4$，但该结构尚未得到直接观测。RCOX 和 $AlCl_3$ 可组成呈等摩尔比的供体-受体配合物，摩尔比为 1∶2 时组成一个平衡酰基盐的混合物 $RCO^+ Al_2Cl_7^-$，如式(2-42) 所示：[53]

$$RCOX \xrightarrow{2AlCl_3} [RCOX \rightarrow Al_2Cl_6] \rightleftharpoons RCO^+ Al_2Cl_7^- \quad (2\text{-}42)$$

$HCBr_3$-$2AlBr_3$ 和 CCl_4-$2AlBr_3$ 体系会生成一类具超级亲电性能的 CX_3^+。它们的活性极强，能从烷烃分子中夺取负氢离子后引发后续反应，在低温下可催化烷烃异构化、裂解和官能团化反应。

(3) 三元超酸　三元超酸应用较多的如 HF-CF_3SO_3H-SbF_5、HF-CF_3SO_3H-FSO_3H 等。FSO_3H 和 SbF_5 混合后再加入 SO_3 得到的体系酸性更强，生成的物种包括 $H^+[SbF_4(SO_3F)_2]^-$、$H^+[SbF_3(SO_3F)_3]^-$ 及 $H^+[(SbF_5)_2(SO_3F)]^-$ 等。

新型超酸的制备仍在于要发现配位性低、亲核性也更小的负离子。

2.3.3 超酸与 C—H(C)σ 键的作用

超酸作为极强的质子给予体与一般酸一样，但可以在较低温度下使用，副产物少而产率高。另一突出点是它除了可以将质子给予一般的 n 受体或 π 受体外，还能给予所谓的 σ 受体。也就是说，一般的单键如 C—C 或 C—H 键对超酸也表现出碱性，有所谓的 σ 碱性。超酸与 n 受体发生作用是将质子给予原子，而与 σ 键作用则与 π 键作用一样是给予键。利用各种光谱技术特别是 NMR 技术表明，σ 键与超酸反应的活性次序为叔 C—H>C—C>仲 C—H≫伯 C—H，但立体效应也有影响。[54]

C—H(C)σ 键上的电子对与超酸质子的空轨道作用生成二电子三中心键。二电子三中心键可以用三原子间三叉相交的虚线代表。需要注意这与一般的价键结构式不同，三叉相交的虚线仅是表示三原子间只有一对电子存在，在虚线的交界点并无碳原子。甲烷在超酸中生成的 CH_5^+ 中间体如图 2-8 所示。

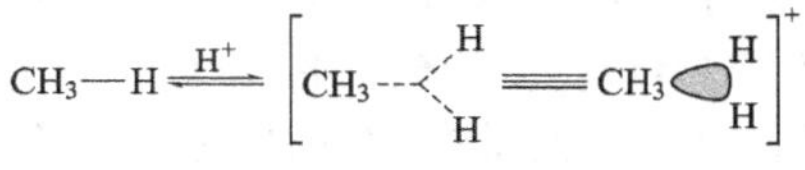

$$CH_3—H \xrightleftharpoons{H^+} \left[CH_3 \cdots \langle^{H}_{H} \rightleftharpoons CH_3 \langle^{H}_{H} \right]^+$$

图 2-8　甲烷在超酸中形成 CH_5^+ 中间体

像这样生成的碳正离子如 CH_5^+、$C_3H_9^+$ 等有很高的活性而会继续变化。处于三原子间的一对电子将移向其中两个原子之间成键，另一个原子（团）以正离子的形式放出。故反应会有三种途径，或是逆反应仍给出烷烃和质子，或是放出 H_2 或烷烃的同时生成烷基碳正离子。如图 2-9 所示的三个反应途径，丙烷在超酸催化下除了可生成甲烷、乙烷、乙烯、丙烯外，还有由甲基正离子、乙基正离子、丙基正离子和异丙基正离子为中间体所参与的各类

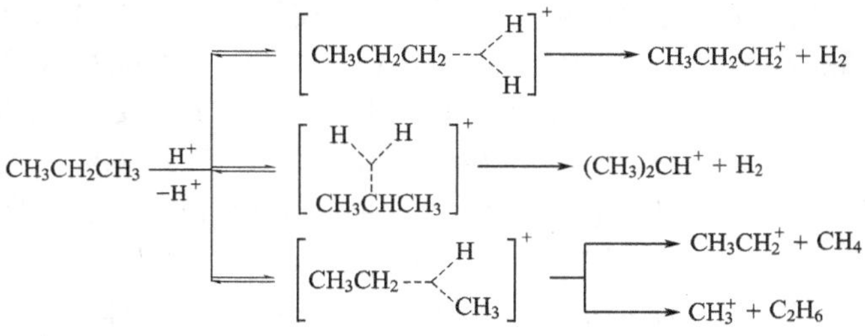

$$CH_3CH_2CH_3 \underset{-H^+}{\overset{H^+}{\rightleftharpoons}} \begin{cases} \left[CH_3CH_2CH_2 \cdots \langle^{H}_{H}\right]^+ \longrightarrow CH_3CH_2CH_2^+ + H_2 \\ \left[\begin{matrix} H \quad H \\ \curlyvee \\ CH_3CHCH_3 \end{matrix}\right]^+ \longrightarrow (CH_3)_2CH^+ + H_2 \\ \left[CH_3CH_2 \cdots \langle^{H}_{CH_3}\right]^+ \longrightarrow \begin{cases} CH_3CH_2^+ + CH_4 \\ CH_3^+ + C_2H_6 \end{cases} \end{cases}$$

图 2-9　丙烷在超酸催化下发生的各类反应

反应。[55]

如式(2-43) 所示，正丁烷或叔丁烷在魔酸（SbF_5-HSO_3F）中都生成叔丁基碳正离子盐，^1H NMR 中可检测出 δ 4.5 处一个尖锐的单峰。该叔丁基碳正离子在过量魔酸存在下是相当稳定的，即使在 100℃时测得的 NMR 谱也无变化。[56]

$$\left.\begin{array}{l}CH_3CH_2CH_2CH_3\\(CH_3)_3CH\end{array}\right]\xrightarrow{SbF_5\text{-}HSO_3F}(CH_3)_3C^+SbF_5FSO_3^- + H_2 \tag{2-43}$$

只有伯 C—H 的烷烃，如新戊烷在魔酸中则发生 C—C 键的裂解而无 C—H 的裂解，如式(2-44) 所示：

$$(CH_3)_4C \xrightarrow{H^+} CH_4 + (CH_3)_3C^+ \tag{2-44}$$

超酸和 σ 键的反应表明，碳正离子有两种类型（参见 4.1）：一种是经典的碳正离子如 CH_3^+、$C_2H_5^+$，在带正电的碳原子上有 6 个电子形成三个共价键，称卡宾碳正离子（carbenium ion)。另一种是非经典的碳正离子如 CH_5^+、$C_2H_7^+$ 等，这类碳正离子在带正电的碳原子上有 8 个电子，但其中一对电子形成三中心键，碳处于五配位状态，称卡鎓碳正离子(carbonium ion)。碳正离子则可泛指两者，碳鎓正离子与氧鎓离子和锍离子相似，中心原子是高于其正常价数的正离子。[57] 要注意的是，卡宾乙基碳正离子 $C_2H_5^+$ 只有一种结构，而卡鎓乙基碳正离子 $C_2H_7^+$ 则有如 **1** 和 **2** 那样的两种同分异构结构：

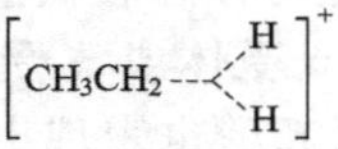

$$\left[CH_3CH_2\text{---}\langle^{H}_{H}\right]^+ \qquad \left[CH_3\text{---}\langle^{H}_{CH_3}\right]^+$$

1 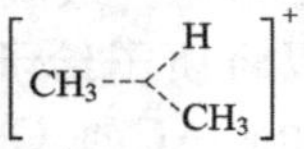 **2**

经典的碳正离子早为人知，但它们大多活性极强而难以深入研究。因 SbF_5^- 之类配对负离子的亲核性极小而使碳正离子能在超酸中较稳定地存在，它们的生成、结构和反应过程得以观察（参见 4.1.1）。在超酸介质中还可以形成一些新颖的无机离子，碳酸也可质子化形成 $C(OH)_3^+$，亲核活性极差的芳烃在超酸中生成其共轭酸 ArH^+，许多同芳性化合物（参见 9.3.2）也是在超酸体系中才得以形成并得到研究的。

2.3.4 超酸促进的反应

除了极强的酸性外，超酸对玻璃等盛器介质的腐蚀很小，能在相当宽的温度范围内使用更是其突出的优秀性质之一。如，它可以在 −160℃（用 SO_2F_2 和 SO_2Cl 稀释）和 80℃下测试 NMR 谱。[58] 除实验室用于基础理论研究外，超酸在工业上也已用作饱和烃的降解、聚合、异构化、硝化、氧化、芳烃的氢化、烷基化等过程的催化剂。由于它的活性高，因此反应常可在低温下进行。

石油中低沸点（250℃以下）馏分的主要组分是几乎无反应活性、需通过裂解转化为 C_4 以下烯烃的直链烃类和石蜡（paraffin）产品。液态直链烃因辛烷值很小也需通过裂解、异构化和烷基化等反应才能成为有用的化工产品。[59] 这类活化 C—C(H) 键的反应在工业上以往一般都通过贵金属在高温(200～500℃)或 HF 和 H_2SO_4 一类强酸在常温(小于 100℃)下的催化反应来实现的，存在着严重的环境保护问题。自 20 世纪 70 年代开始，低温(<0℃)下还能和烃反应的超酸因能产生超亲电性物种（super electrophile）在工业中已开始得到了广泛的研究应用。超酸催化烃异构化反应的基元步是碳正离子的生成，其过程有如下三种类型：即图 2-10（a）所示的质子解（protolysis)、图 2-10（b）所示碳正离子的夺氢和图

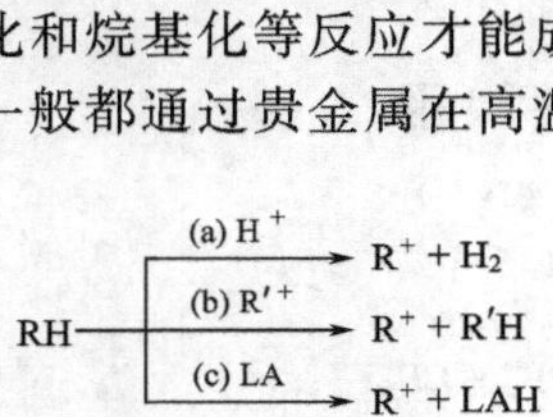

$$RH \begin{cases}\xrightarrow{(a)\ H^+} R^+ + H_2\\ \xrightarrow{(b)\ R'^+} R^+ + R'H\\ \xrightarrow{(c)\ LA} R^+ + LAH\end{cases}$$

图 2-10 超酸催化烃异构化反应的三种类型

2-10 (c)所示 Lewis 酸 (LA) 的夺氢过程。

某些烷烃异构化反应的早期阶段还有氢气放出，质子解是反应的第一步。如式(2-45)所示的正丁烷在超酸作用下异构化为叔丁烷的反应：

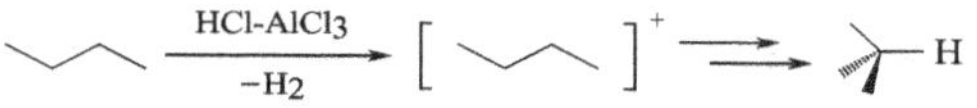

$$\text{正丁烷} \xrightarrow[-H_2]{HCl\text{-}AlCl_3} [\text{C}_4\text{H}_9]^+ \rightleftharpoons \text{(CH}_3)_3\text{C—H} \tag{2-45}$$

如图 2-11 所示，烷烃在超酸催化下与烷烃或烯烃作用发生烷基化反应，由 C—H (C) 键作为 σ 供体和碳正离子生成二电子三中心键。利用该反应可从乙烯与甲烷或乙烷反应分别得到丙烷和丁烷。

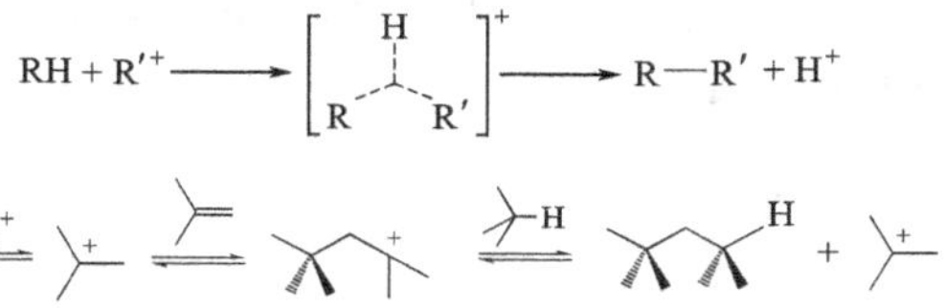

$$RH + R'^+ \longrightarrow \left[R\cdots H \cdots R' \right]^+ \longrightarrow R—R' + H^+$$

图 2-11 烷烃在超酸催化下与烷烃或烯烃作用发生的烷基化反应

早在 20 世纪 30 年代就已发现正己烷在 $AlCl_3$-HCl 影响下于 80～100℃可发生异构化反应，并很快就应用到汽油的生产以获得辛烷值较高的众多支链烷烃。[60] 几个脂肪烃类化合物的辛烷值如表 2-10 所示。最为重要的烷烃异构化反应是正丁烷异构化为叔丁烷的反应，体系中若有烯烃存在还能产生辛烷值更高的高级烷烃。相对分子质量较大的烷烃在超酸催化下发生裂解，生成相对分子质量较小的烷烃，这也是一个可应用于生产汽油的反应。[61] 超酸催化下的这些反应在室温下就可发生且平衡偏向支链烷烃一侧。

表 2-10 几个脂肪烃类化合物的辛烷值

化合物	正丁烷	叔丁烷	新戊烷	正己烷	甲基戊烷	二甲基丁烷	正庚烷
辛烷值	94	100	116	32	66～75	95	0
化合物	乙基戊烷	二甲基戊烷	三甲基丁烷	甲基庚烷	正辛烷	三甲基戊烷	
辛烷值	68	80～98	116	24～39	20	97～105	

四氢双环戊二烯 (**3**) 在锑氟酸之类超酸催化下可生成金刚烷 (**4**)；氘甲烷在同样条件下可发生 H—D 交换反应，如式(2-46) 的两个反应所示：[62]

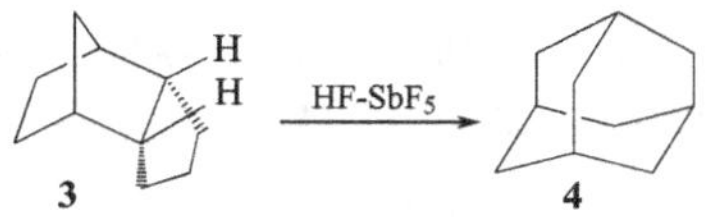

$$\mathbf{3} \xrightarrow{HF\text{-}SbF_5} \mathbf{4} \tag{2-46}$$

$$CH_3D \xrightarrow{HF\text{-}SbF_5} CH_4 + DF\text{-}SbF_5$$

超酸催化下生成的碳正离子中间体还可发生羧基化、甲酰化、砜基化、硝基化、亚硝化反应。如图 2-12 所示，叔丁烷在超酸催化下与一氧化碳、乙醇反应可生成新戊酸酯 **5** (95%) 和异丁酸酯 **6** (5%)；与过氧化氢反应生成丙酮。

芳香烃在超酸催化下与烯烃、卤代烃、醇、醚化合物等也都可发生烷基化反应，反应过程中一般都有三价碳正离子中间体。芳香烃的 Friedel-Clafts 酰基化反应中，因底物酰卤首先会和 Lewis 酸生成 1∶1 加成物，一般需要超过化学当量的 $AlCl_3$ 之类的 Lewis 酸催化剂，但超酸催化仅需催化量即可。超酸还能产生诸如双正离子 (dication) 一类的超亲电性物种，

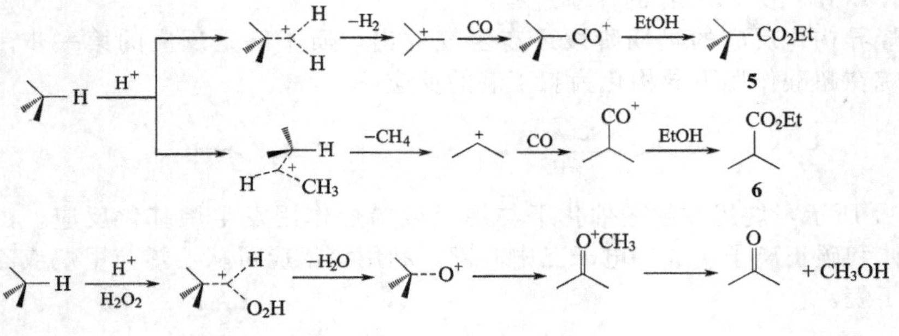

图 2-12 超酸催化下烷烃的羰基化反应和氧化反应

如式(2-47) 所示的**7**的形成及其反应：

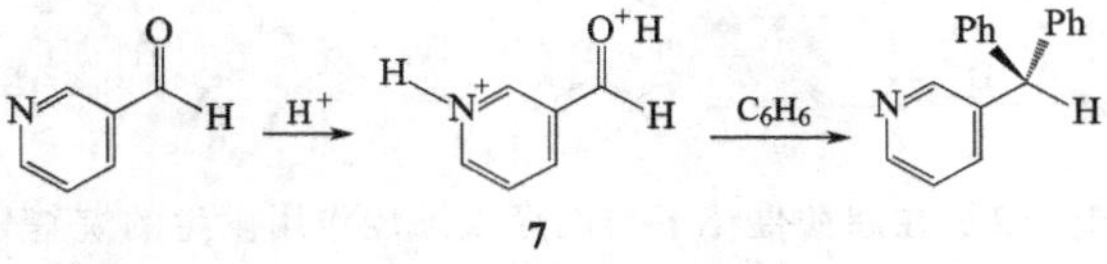

(2-47)

超酸还被广泛应用于分子骨架的重排，碳链的环合、聚合、脱水、卤化、氨基化、氧官能团化（oxyfunctionalazation）等各类有用的有机合成反应和杂环化合物、天然产物的全合成中。在生物化学领域，称键连于酶体系中的金属离子所发生的催化为超酸催化（superacid catalysis)。金属离子在此所起的作用与质子本质上是类似的，故这个提法从增强活性这一点上与化学家所用的超酸概念也是一样的。

2.4 固态酸

在低温仍有强酸性的氢氟酸、硫酸之类液态酸目前仍得到广泛应用，但也不可避免地产生诸多环境污染和不易处理等问题。故性能优异的可循环使用的绿色固态酸的开发利用一直受到重视。[63] 固态酸的酸性强度远比液态酸小，最强的也仅比 100% H_2SO_4 强几百倍。它们多是具有可提供质子的带 OH 基团的氧化物，如，硫酸铝、硝酸铝之类等无机盐和硅酸铝分子筛、氧化铝、硅胶或天然黏土之类难还原的氧化物及其混合物和附在这些固态载体上的酸。氧化镁、氧化钙之类碱性氧化物及其混合物、碳酸钾、钨酸钠之类无机盐和附在固态载体上的碱等则都是固态碱。

固态酸与液态酸一样有供质子的 Bronsted 中心（B 酸中心)、电子对受体的 Lewis 中心（L 酸中心）或两者兼而有之，如图 2-13 所示。用吡啶的红外光谱可区别这两类酸的存在与否以搞清哪一类酸起到催化作用。吡啶质子化后或与 Lewis 酸配位后的 IR 分别在 $1540cm^{-1}$和 $1460cm^{-1}$处有吸收。各种固态酸中酸中心的分布和强度很不均匀，有时甚至可同时存在两种酸中心和碱中心。如，氧化铝焙烧后形成 L 酸中心为主、B 酸中心很少、碱中心也很弱的结构。两个酸中心都可夺取 C—H 键上的氢，生成碳正离子，使长链烷烃发生催化裂解的反应而应用于石化工业。L 酸中心有强烈吸引亲核物种的能力，吸附醇后促进其脱水。

低温下就能对烷烃进行异构化反应的固态酸称固态超酸（solid superacid)。固态超酸一般是无卤素的单组分或多组分的，如负载 SO_4^{2-}-M_xO 的固体等。它们主要通过两个途径来制备：一是经过混酸的处理来增强固态物质的内在酸性；二是经过物理的或化学的处理将单组分或多组分液态强酸、超酸沉积或嵌入惰性的或低酸性的如金属氧化物、黏土、沸石、石墨、合金、聚合树脂等固态载体上，如 H_2SO_4-ZrO_2 和 Du Pont Nafion 树脂（**1**）等。液态

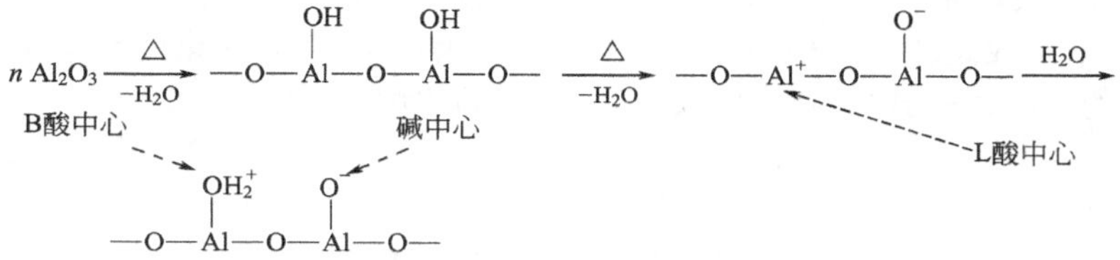

$$n\,Al_2O_3 \xrightarrow[-H_2O]{\triangle} -O-\overset{OH}{\underset{|}{Al}}-O-\overset{OH}{\underset{|}{Al}}-O- \xrightarrow[-H_2O]{\triangle} -O-Al^{+}-O-\overset{O^{-}}{\underset{|}{Al}}-O- \xrightarrow{H_2O}$$

B酸中心 碱中心 L酸中心

$$-O-\overset{OH_2^{+}}{\underset{|}{Al}}-O-\overset{O^{-}}{\underset{|}{Al}}-O-$$

图 2-13 氧化铝上的酸中心和碱中心

超酸催化的反应已提出不少经典的机理，但固态超酸催化的异相反应在起始步、中间体结构和活化点数量等机理问题上相对还有许多不明之处，它们的酸度也不易度量测定。固态超酸和超碱易于处理、分离及再循环使用，不溶于水或有机溶剂，故对容器的腐蚀和环境的污染都很小，加上催化的反应有时能表现出更好的选择性和专一性，在有机合成和石油工业部门的应用日趋广泛。[64]

$$\left[CF_2-\underset{\displaystyle OCF_2CF(CF_3)OCF_2CF_2SO_3H}{\underset{|}{CF}} \right]_n$$

1

2.5 酸碱催化的反应

与催化剂是加快反应速率的一般概念不同，许多有机反应若无酸碱催化剂则完全不会发生，但只要有痕量酸或碱作催化剂，反应就能进行。不同的反应需要不同的酸或碱催化条件，与催化剂酸碱形成的产物一般都极其活泼而迅速参与后续反应，也有一些酸碱催化反应后的最终产物中仍留有酸或碱。[65]酸碱催化的反应与氧化还原反应都涉及电子的得失，酸或氧化剂都可视为电子受体，碱或还原剂又都可视为电子供体。但氧化还原反应会涉及氧化数的改变，酸碱催化的反应则未必会涉及氧化数的变化。

2.5.1 Bronsted 酸碱催化的反应

Bronsted 酸碱催化的反应涉及质子的传递过程，是一步酸碱平衡的决速步骤且加速反应并在反应终点再生酸碱。[66]酸催化的反应往往是底物的共轭酸因动力学有利而使反应得到促进；碱催化的反应可能是从底物移去一个质子形成的共轭碱参与反应，也可能是碱直接参与亲核催化反应。设计合成的各类手性 Bronsted 强酸与碱配位组合或 Bronsted 强酸与手性碱配位组合后均能像酶一样在手性环境中发挥多点位协同的对映选择性催化反应。[67]

Bronsted 酸碱催化的反应机理相当复杂，并无一定规律。根据溶液体系中是所有的酸碱还是仅仅是溶剂的酸碱对动力学有所贡献而可分为两类。一类称特殊酸的催化反应（specific acid catalysis）或专一性的酸催化反应，另一类是一般酸的催化反应（general acid catalysis）。顾名思义，前者指只有一个来自溶剂的酸碱能影响反应速率，故这种催化是很特殊的；后者指溶液中的任何酸碱均能影响反应速率，故这种催化是很普遍的。特殊酸催化的反应中，质子化了的溶剂 S，即 SH^+ 被称为特殊酸；特殊碱催化的反应中，溶剂 HS′的共轭碱 S'^- 被称为特殊碱。如，H_3O^+ 和 OH^- 在水相反应中分别为特殊酸和特殊碱；CH_3CNH^+ 和 CH_2^-CN 在乙腈为溶剂的反应中分别为特殊酸和特殊碱。特殊酸或特殊碱催化的反应速率只与特殊酸或特殊碱有关，与反应体系中的其他酸或碱无关。一般酸或碱催化的反应中，体系中存在的每一类酸或碱都对反应速率产生影响。

以在水相中发生的酸催化反应生成产物（P）为例。特殊酸催化反应中，决速步骤之前发生对底物（R）快速而可逆的质子化，反应只和溶液中实际存在的溶剂的质子化形式，即特殊酸 HS^+ 的浓度成正比，其他质子酸对反应无影响。特殊酸催化的反应速率仅和 pH 有关，在动力学的速率表达式(2-48）中仅出现 HS^+ 的浓度：

$$R \xrightleftharpoons{H_3O^+} RH^+ \xrightarrow{\text{慢}} PH^+ \xrightarrow{\text{快}} P + H_3O^+$$

$$\text{反应速率} = k[HS^+][R] \tag{2-48}$$

在一般的酸催化反应的决速步骤中含质子的转移和参与。此时的反应速率不仅由于 HS^+ 的浓度增加而加大，而且也随着其他酸浓度的提高而加大，即能被各种质子给予体催化。如在水中，不光 H_3O^+ 有催化作用，其他羧酸（HA）的存在和浓度增加也能使反应加速，在动力学的速率表达中出现其他羧酸的浓度。式(2-49）中的 HA^+ 是除质子化溶剂外的其他质子给予体，该类反应中最强的酸显示出的催化效果也最好。故在一个有恒定 pH 值的缓冲溶液的反应中，缓冲剂的浓度在变化，但特殊酸（碱）催化反应的速率始终是一个常数；一般酸（碱）催化的反应速率是会变化的。

$$R + HA + H_2O \xrightarrow{\text{慢}} RH_3O^+ + A^- \xrightarrow{\text{快}} P + HA$$

$$\text{反应速率} = k_1[HS^+][R] + k_2[HA^+][R] + \cdots \tag{2-49}$$

一般酸碱催化的反应中酸碱催化剂参与决速步骤的反应，其酸性强度及催化能力可以用 Bronsted 催化方程式(2-50）表示，式中 k_a 是酸的离解常数，k 是该酸催化的反应速率常数，α 称 Bronsted 斜率。α 反映出该反应对酸催化剂的敏感度，其值为 0～1，若接近 0，意味着在过渡态时质子转移很少且反应速率与酸的强度无关；若接近 1，则意味着在过渡态时质子差不多已经全部转移了。[68]

$$\lg k = -\alpha pk_a + C \tag{2-50}$$

如，丙酮烯醇化反应可有 4 种催化机理：如图 2-14(a)所示的特殊酸催化过程；如图 2-14(b)所示的一般酸催化过程；如图 2-14(c)所示的特殊碱催化过程和如图 2-14（d）所示的一般碱催化过程。

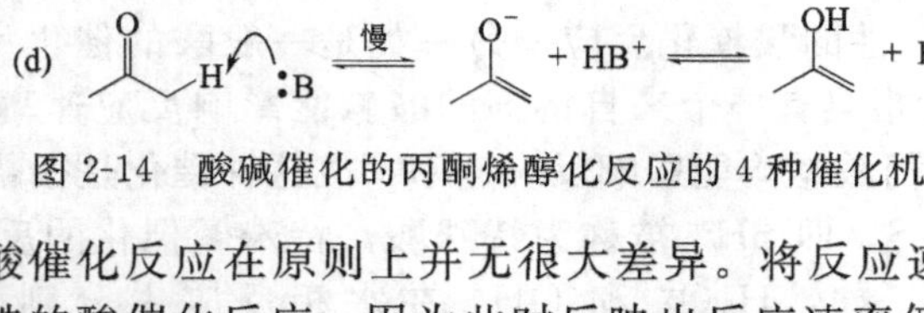

图 2-14　酸碱催化的丙酮烯醇化反应的 4 种催化机理

特殊的和一般的酸催化反应在原则上并无很大差异。将反应速率对缓冲溶液的浓度作图，斜率为零的是特殊的酸催化反应，因为此时反映出反应速率仅与［H_3O^+］有关，故测得的反应速率是一样的。若为一般的酸催化反应，测得的斜率是酸的催化速率常数，截距为 H_3O^+ 催化的速率常数。也就是说，一般的酸催化反应的速率在相同的 pH 浓度下也会由于总的酸浓度的增加而加大。研究有机反应是何种酸碱催化过程有利于了解反应历程。如图 2-15 所示，缩醛的水解反应速率与催化剂酸的形式无关，仅取决于溶剂化质子的浓度，是特殊的酸催化反应。反应若在甲酸中进行，则取决于 [HC $(OH)_2^+$]；若在液氨中进行，则取决于 [NH_4^+]。

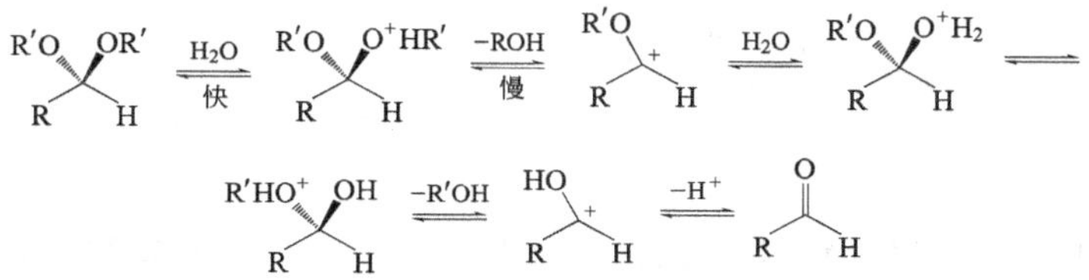

图 2-15 缩醛的水解反应（特殊的酸催化反应之一）

而原酸酯的水解反应速率则与所有的酸的浓度有关，是一般的酸催化反应。反应过程如图 2-16 所示。

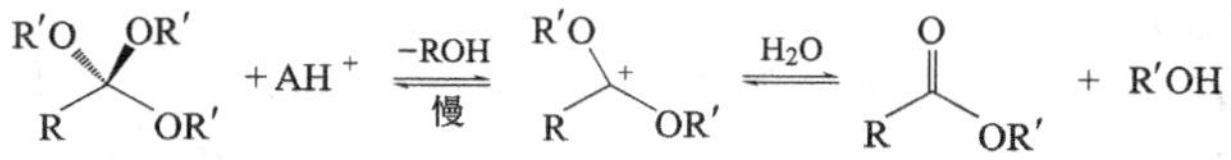

图 2-16 原酸酯的水解反应（一般的酸催化反应之一）

2.5.2 Lewis 酸碱催化的反应

Lewis 酸催化比 Bronsted 酸催化的影响因素要复杂得多。除了软-硬匹配外，构型、构象和立体电子效应及溶剂化效应都会影响 Lewis 酸的催化活性。有机反应多由作为电子受体的 Lewis 酸催化的，催化剂包括带正电的如质子这一特殊的 Lewis 酸，如一价的碱金属离子 Li^+、Na^+、K^+，二价和三价的 Mg^{2+}、Ca^{2+}、Zn^{2+}、Sc^{3+}、Bi^{3+}，过渡金属离子和镧系金属离子 Ce^{3+}、Yb^{3+} 等 30 多种金属离子。与这些带正电的 Lewis 酸配对的反离子碱的数量以百万计。BF_3、$AlCl_3$、$TiCl_4$、$SnCl_4$ 等中性的 Lewis 酸也是很常用的催化剂。如式(2-51) 所示，丙烯醛先与 $AlCl_3$ 形成 Lewis 酸碱配合物 **1**，从而增强了丙烯醛与 1,3-丁二烯进行 Diels-Alder 反应的亲电性。

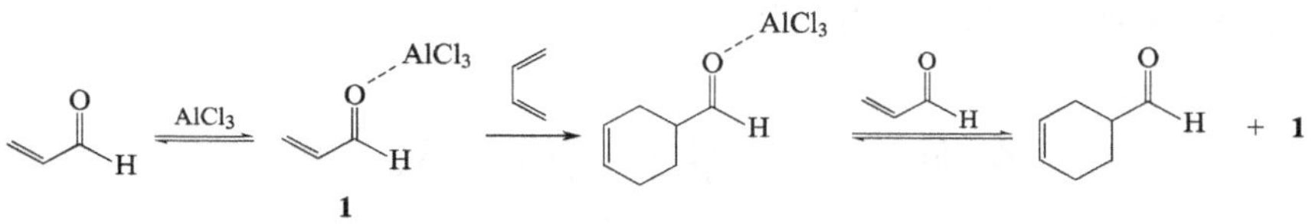

(2-51)

Lewis 酸与作为电子供体的 Lewis 碱底物之间可形成电子供体-受体配合物。配合物的供体 Lewis 碱形式上带正电荷而增强了电性要求，受体 Lewis 酸带上了负电荷。羰基和 Lewis 酸形成配合物后，更易接受亲核进攻；羟基、醚基形成配合物后，则可成为更好的离去基团。如式(2-52) 所示的 Lewis 碱酰胺与 Lewis 酸 $TiCl_4$ 形成的配合物。

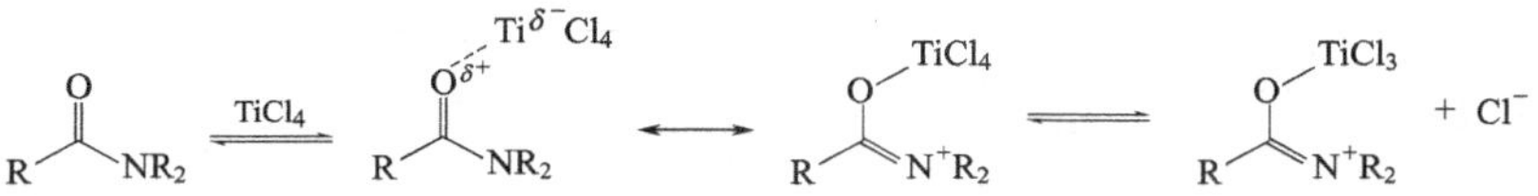

(2-52)

这些配合物的供体-受体之间形成的“键”是较弱的，小于正常的同种原子之间可能形成的共价键，其强度与供体原子和受体金属离子之间的软-硬匹配有关。软-硬匹配愈好键愈强，配合物也愈稳定。溶剂也是需要考虑的一个因素，许多溶剂分子本身也是一个电子供体，也可与 Lewis 酸配位。含氧、氮、硫及卤素的官能团都是潜在的电子供体。若存在两个几何构型合适的供体原子，Lewis 酸金属离子还可与之形成特别强的如 **2** 和 **3** 那样的二齿螯合物。

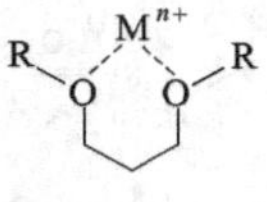

稀土金属的 Lewis 酸属于硬酸，可排在 Sr^{2+} 和 Ti^{4+} 之间，有很强的亲氧性，易与含氧或氮的硬碱作用并活化无杂原子的碳碳重键和 C—C(H)σ 键。与传统的如 BF_3 和 $TiCl_4$ 等主族或副族金属 Lewis 酸不同，稀土金属的许多 Lewis 酸，特别是三氟甲磺酸盐$M(OTf)_3$在水相中也是稳定的，故可减少有机溶剂的应用，并实现回收和循环利用，是绿色催化剂的热点之一。Lewis 碱催化的反应也是相当引人注目的。[69]

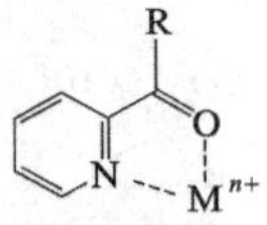

2.5.3 酸碱协同催化的反应

选择合适的配体可得到 Lewis 酸碱共存的两性物质，从而由一个催化剂就能实现 Lewis 酸碱双重功能的催化活性。[70] 如，$Li_nLn(OR)_3(OR')_n$中的稀土金属离子仍为配位不饱和而有 Lewis 酸性，烷氧基则有 Lewis 碱性。某些底物的不同部位可分别作为质子或电子对的供（受）体和受（供）体，在同时接受酸和碱两种催化剂作用下的反应速率比单独接受一种酸或碱催化的更快。此现象在酶催化、酸碱异相催化和配位催化中都是存在的。Lewis 酸与过渡金属可形成新颖的功能性催化剂，效果超群。[71] 失配的 Lewis 酸-碱对（frustrated Lewis pair）也是由 Lewis 酸和 Lewis 碱形成的，由于每个成分的空间位阻都较大而难以成为通常意义上的 Lewis 酸-碱配合物。但该“对”体系中仍兼有 Lewis 酸和 Lewis 碱两个位点而具独特的反应活性，它们已成功地应用于非金属催化氢化等领域。[72] 由 Lewis 酸与手性 Bronsted 酸或由 Bronsted 酸与手性 Lewis 酸可形成设计的组合酸并成为高效的手性催化剂来应用于不对称合成反应中。[73]

酸碱理论有相当多的解释和相应的标度方法，但至今提出的每一个理论往往都不能完整说明所有的现象，相互间也缺少关联。探索已知函数之间的关系并提出更有意义的新函数仍是一项相当重要且有实际价值的研究工作。[74]

附件　一些酸的酸度（pK_a）①

表 1　一些无机酸的酸度（pk_a）

酸	pk_a	酸	pk_a	酸	pk_a
CF_3SO_3H	−14.0(0.3)	H_2CrO_4	−1.0,6.5	H_2S	7.0
$HClO_4$	−10.0	H_2SO_3	1.9(7.2)	HOCl	7.5
HI	−10.0	H_3PO_4	2.1,7.2,12.3	HCN	9.2(12.9)
HBr	−9.0(0.9)	HF	3.2(15)	$B(OH)_3$	9.2
HCl	−8.0(1.8)	HNO_2	3.3	H_2O	15.74(31.4)
H_2SO_4	−3.0,2.0	HSCN	4.0		
HNO_3	−1.4	H_2CO_3	6.4,10.2		

表 2 一些羧酸 RCO_2H 的酸度（pk_a）

R	pk_a	R	pk_a	R	pk_a
CF_3	−0.25	$ClCH_2$	2.81	C_6H_5	4.2(11.1)
CCl_3	0.65	HO_2CCH_2	2.83,5.69	$HO_2CC_2H_4$	4.20,5.61
HO_2C	1.27,4.19	$BrCH_2$	2.86	$H_2C=CH$	4.25
$CHCl_2$	1.29	2-ClC_6H_4	2.94	$H_2C=CHCH$	4.35
2-$Me_3N^+C_6H_4$	1.37	2-OHC_6H_4	2.94	4-MeC_6H_4	4.36
NO_2CH_2	1.68	*trans*-$HO_2CCH=CH$	3.02,4.38	$C_6H_5CH_2$	4.4
$Me_3N^+CH_2$	1.85	ICH_2	3.12	4-$MeOC_6H_4$	4.47
$HC\equiv C$	1.9	$MeOCH_2$	3.6	4-OHC_6H_4	4.58
cis-$HO_2CCH=CH$	1.92,6.23	4-$Me_3N^+C_6H_4$	3.43	CH_3	4.76(12.3)
2-$NO_2C_6H_4$	2.17	$HOCH_2$	3.6,10.3	C_2H_5	4.88
3-$NO_2C_6H_4$	2.45	H	3.77	$^tC_2H_5$	5.1
$NCCH_2$	2.50	3-ClC_6H_4	3.83	过氧乙酸	8.2
FCH_2	2.66	4-ClC_6H_4	3.99		

表 3 一些醇和酚 ROH 的酸度（pk_a）

R	pk_a	R	pk_a	R	pk_a
方酸	0.54,3.48	C_6H_5	9.9(18.0)	C_3H_7	16.1(29.9)
2,4,6-$(NO_2)_3C_6H_2$	0.2(0.4)	4-$CH_3C_6H_4$	10.3	$^nC_4H_9$	16.5(29.3)
2,4-$(NO_2)_2C_6H_3$	4.1	HO	11.6	R_3C	17.0
4-$NO_2C_6H_4$	7.14	$ClCH_2CH_2$	14.3	$(CH_3)_2CH$	17.9
2-$NO_2C_6H_4$	7.22	$PhCH_2$	15.4	$^tC_4H_9$	18(32.4)
4-NCC_6H_4	7.95	CH_3	15.5(27.9)	$(^cC_6H_{11})_3C$	24
3-$NO_2C_6H_4$	8.39	C_2H_5	15.9(31.2)		

表 4 一些羰基和羧酸衍生物的酸度（pk_a）

化合物	pk_a	化合物	pk_a	化合物	pk_a
$CH(CN)_3$	5.0	$CH_3SO_2CH_2SO_2Et$	12.5	$PhCOCH_2R$	19(25)
$HCOCH_2CHO$	5.0	$NCCH_2CO_2R$	(13.1)	$(CH_3CH_2)_3CO$	19.5(27)
$CH_3COCH_2NO_2$	5.1	$CH_2(CO_2Et)_2$	13.3(16.4)	$RCOCH_2R$	20
CH_3COCH_2CHO	5.9	丁二酰亚胺	(15)	$PhCH_2CN$	(22)
$CH(COCH_3)_3$	6.1	CH_3CONH_2	16.1(26)	$PhCH_2CO_2Bu^t$	(23.6)
邻苯二甲酰亚胺	8.3	RCH_2CHO	16	RCH_2CO_2R	24.0
$CH_3COCH_2COCH_3$	9.0(13.3)	CF_3CONH_2	(17)	$CH_3CO_2C_4H_9{}^t$	24.5(30)
$Ph_2PCH_2CO_2Et$	(9.2)	$NCCH_2CONR_2$	(17)	CH_3CN	25.0(31.5)
$PhCOCH_2COCH_3$	9.6	$PhCOCH_3$	17(24.6)	$PhCH_2CONMe_2$	(27)
$CH_3COCH_2CO_2Et$	10.7(14.2)	$CH_3COCH_2CONMe_2$	(18)	$CO(NH_2)_2$	(27)
$NCCH_2CN$	11.8	$(CH_3CO)_2NH$	(18)	$CH_3CON(CH_3)_2$	30

表5 一些含氮有机化合物的酸度（pk_a）

化合物	pk_a	化合物	pk_a	化合物	pk_a
$CH(NO_2)_3$	0.1	$PhCH_2NO_2$	(12.3)	$(Me_3Si)_2NH$	26(THF)
$CH_2(NO_2)_2$	3.6	CH_3CONH_2	15.1(25.2)	NH_3	38(41)
R_2CHNO_2	7.5(17.2)	$PhCONHNH_2$	(19)	$^iPr_2NH$	35.0
$CH_3CH_2NO_2$	8.6(16.7)	$PhNH_2$	26.0	CH_3NH_2	40
CH_3NO_2	10.2				

表6 一些含硫有机化合物的酸度（pk_a）

化合物	pk_a	化合物	pk_a	化合物	pk_a
$PhSO_3H$	−6.5	C_4H_9SH	10.6(17)	$(CH_3)_2SO_2$	(31)
p-$CH_3C_6H_4SO_3H$	−1.3	$(CH_3)_3S^+O$	(18)	$PhSO_2CH_2CH_3$	(31)
CH_3SO_3H	−1.2(1.6)	$CH_3SO_2NH_2$	(18)	$PhCH_2SPh$	(31)
$CF_3SO_2NH_2$	6.3(10)	$PhSO_2CH_3$	(29)	$(CH_3)_2SO$	(35)
PhSH	7.0	$PhCH_2SOCH_3$	29.0	$(PhS)_2CH_2$	(38)

表7 一些质子化化合物的酸度（pk_a）

化合物	pk_a	化合物	pk_a	化合物	pk_a
$PhN(O^+H)O$	−12.4	$PhOH^+R$	−6.0	$CH_3C(O^+H)NH_2$	−0.5
$CH_3C(O^+H)Cl$	−9.0	$Ph_3N\cdot H^+$	−5.0	$Ph_2NH\cdot H^+$	1.0
$CH_3C(O^+H)H$	−8.0	$RC{\equiv}N\cdot H^+$	−6.0	$PhNH_2\cdot H^+$	4.6(3.6)
$PhC(O^+H)OH$	−7.8	$HC(OH^+)H$	−4.0	$C_5H_5N\cdot H^+$	5.2(3.4)
$CH_3C(OH^+)CH_3$	−7.2	$(CH_3)_2O\cdot H^+$	−3.8	$R_2C{=}NR\cdot H^+$	8
$PhC(O^+H)H$	−7.0	$CH(R)_3OH\cdot H^+$	小于−2.3	$NH_3\cdot H^+$	9.2(10.5)
$PhOH\cdot H^+$	−6.7	$THF\cdot H^+$	−2.0	$R_3N\cdot H^+$	10.0
$CH_3C(O^+H)OC_2H_5$	−6.5	$Me_2SO\cdot H^+$	−1.8	$CH_3NH_2\cdot H^+$	10.7
$PhC(OH^+)CH_3$	−6.2	H_3O^+	−1.74	$C_2H_5NH_2\cdot H^+$	11.0
$CH_3C(O^+H)OH$	−6.1	$PhC(O^+H)NH_2$	−1.5	$R_2NH\cdot H^+$	11.0

表8 一些烃的酸度（pk_a）

烃	pk_a	烃	pk_a
环戊二烯	16	乙炔	25
茚	20	Ph_3CH	31
芴	23	Ph_2CH_2	33

表9 一些烃的动力学酸度（pk_a）

烃	pk_a	烃	pk_a
$PhCH_3$	43	$H_2C{=}CH_2$	46
PhH	45	$^cC_6H_{10}$	45
$H_2C{=}CHCH_3$	43～46	RH	48～56

表 10 DMF 中用电化学方法测得的烃的酸度（pk_a）

烃	pk_a	烃	pk_a	烃	pk_a	烃	pk_a
$PhCH_3$	39	$H_2C{=}CHCH_3$	38	$^cC_6H_{12}$	49	$(CH_3)_2CH_2$	50
Ph_2CH_2	31	$HC{\equiv}CCH_3$	38	$^cC_5H_{10}$	49	CH_3CH_3	51
Ph_3CH	29	CH_4	48	$(CH_3)_3CH$	49		

① Barlin G B.，Perrin D D. *Q. Rev. Chem. Soc.*，**1966**，20：75；Olah G A.，White A M.，O' Brien D H. *Chem. Rev.*，**1970**，70：561；Cookson R F. *Chem. Rev.*，**1974**，74：5；Bordwell F G. *Acc. Chem. Res.*，**1988**，21：456；Taft R W.，Bordwell F G. *Acc. Chem. Res.*，**1988**，21：463；Perrin C L. *Acc. Chem. Res.*，**1989**，22：268；Campbell M L.，Waite B A. *J. Chem. Educ.*，**1990**，67：386；Akiyama T. *Chem. Rev.*，**2007**，107：5744；Ding F.，Smith J M.，Wang H. *J. Org. Chem.*，**2009**，74：2679.

习　题

2-1 解释：

(1) 吡啶、吡咯和苯胺在气相下的碱性都比 NH_3 强，但在水相下的碱性都比 NH_3 弱；氢溴酸的酸性比盐酸强，但 *α*-氯代乙酸的酸性却比 *α*-溴代乙酸强；顺-4-叔丁基环己基甲酸比反式异构体的酸性小；苯酚和乙酸在水中的 pk_a 值相差 6 左右，而在气相时，两者数值相近。

(2) $PhCH_2CN$ 和 Ph_2CHCN 的 pk_a 值相差 4.7，而 $PhCH_2SO_2Ph$ 和 Ph_2CHSO_2Ph 的 pk_a 值仅相差 1.4。

(3) 2-羟基苯甲酸比 3-羟基苯甲酸或 4-羟基苯甲酸的酸性大。

(4) 顺丁烯二酸的酸性（pk_a 为 3.7）比反丁烯二酸的酸性（pk_a 为 4.4）大；过氧乙酸比乙酸的酸性小。

(5) 对硝基苯甲酸的酸性比间硝基苯甲酸强，而对氯苯甲酸的酸性比间氯苯甲酸弱。

(6) 在水或乙醇溶剂中邻硝基苯甲酸的酸性分别比 3,5-二硝基苯甲酸强或弱。

(7) 1,3-环戊二酮的酸性（pk_a为 7）比 1,3-环己二酮（pk_a为 10）强。

(8) 2-氨基吡啶分子中哪个氮原子的碱性更强？它的碱性比 4-氨基吡啶弱。

(9) 2,6-二新戊基酚与金属钠作用不会放出氢气。

(10) 邻氯苯丙炔酸的酸性比对位异构体弱，对位异构体又比间位异构体弱。

(11) 化合物 **1** 和 **2** 中各种取代基 G 对酸性的影响相同。

(12) 化合物 **3** 和 **4** 的 pk_a值分别为 22 和 32；环戊二烯的酸性比茚（pk_a为 20）强。

(13) 化合物 **5** 的 pk_{a_1}（3.1）小于正常酸，pk_{a_3}（5.4）大于正常酸值；偕二醇的酸性比邻二醇强，邻二醇的酸性又比一般的醇强。

(14) **6** 的 pk_{BH^+} 为 12.8，而喹啉的 pk_{BH^+} 只有 4.9。

(15) 酰胺上 N 原子的碱性很小。从提出设想到完成制备，人们历经 60 年后于 2006 年得到了 2-quinuclidone（**7**）的氟硼酸盐（**7** · HFB_4），从该盐是分解不出 **7** 的。

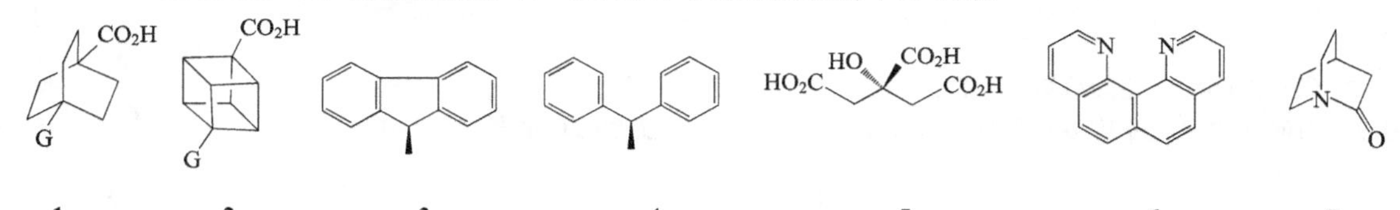

1　**2**　**3**　**4**　**5**　**6**　**7**

(16) 芳香醛在 CN^- 催化下缩合为 *α*-羟基酮，但在 OH^- 催化下发生歧化反应。

(17) 硼酸是 Lewis 酸；叔丁基溴在氢氧化银存在下的水解反应比在氢氧化钠存在下快。

(18) 碱性条件下 *β*-萘酚与苄基溴反应，在质子性或非质子性溶剂中分别主要生成 *C*-烷基化产物或 *O*-烷基化产物。

(19) 甲基取代胺在气相中的碱性强弱次序是 $Me_3N > Me_2NH > MeNH_2 > NH_3$，水相中的碱性强弱次

序为 $Me_2NH > MeNH_2 > Me_3N > NH_3$。

(20) 羧酸和醇的酯化反应在酸性条件下比碱性条件下有效，而酯的催化水解反应在碱性条件下比酸性条件下有效？

2-2 比较下列各组化合物标记氢的酸性强弱，简述理由。

(1) 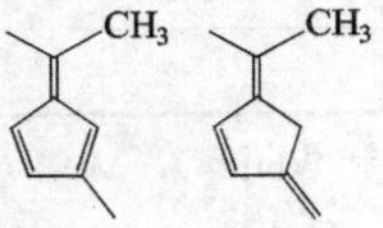 1　2　(2) 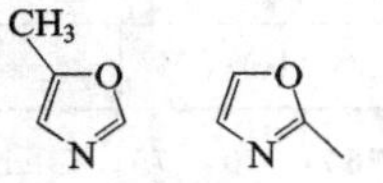 1　2　(3) 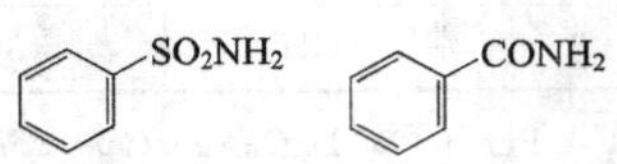 1　2

(4) 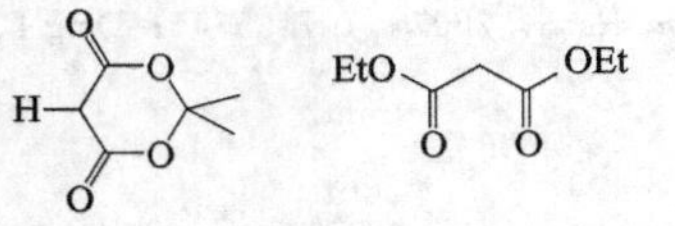 1　2　(5) 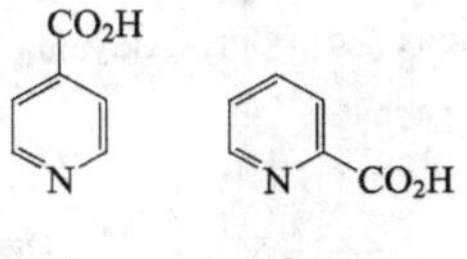 1　2

2-3 烯和芳烃易与 Ag^+、Hg^{2+}、Pt^{2+} 等配位，但不易与 Na^+、Mg^{2+} 配位。硫杂环丙烷的开环反应不如环氧乙烷，硫缩酮的酸性水解较缩酮困难，但这两个反应均可用 Ag^+、Hg^{2+} 等催化进行。

2-4 2-吡啶酮比一般的酸胺更容易进行 *O*-烷基化反应。但与丙烯醛主要在 N 上发生反应。

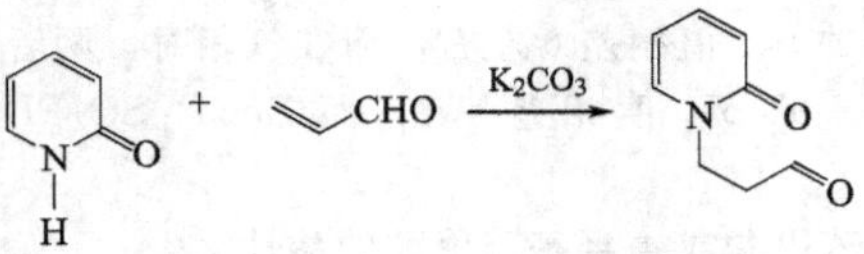

K_2CO_3

2-5 化合物 (**1**) 在不同的反应条件下得到不同比例的混合物产物。

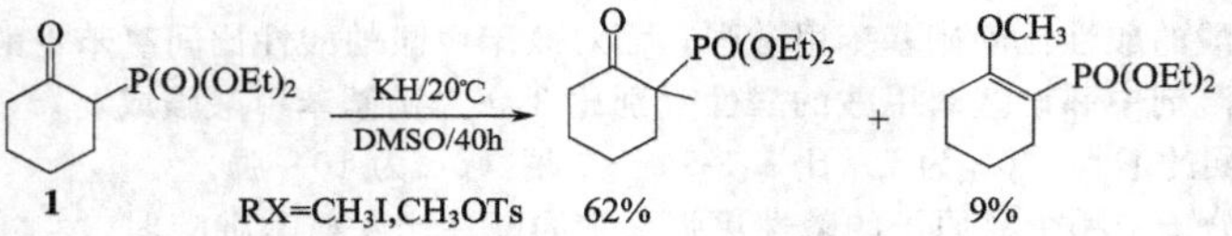

KH/20℃　DMSO/40h

1　RX=CH_3I,CH_3OTs　62%　4%　9%　62%

2-6 给出：

(1) 甲基环戊烷在超酸催化下和 CO/EtOH 反应生成 1-甲基环戊基甲酸乙酯 (**1**) 和 2-甲基己酸乙酯 (**2**) 的反应过程。

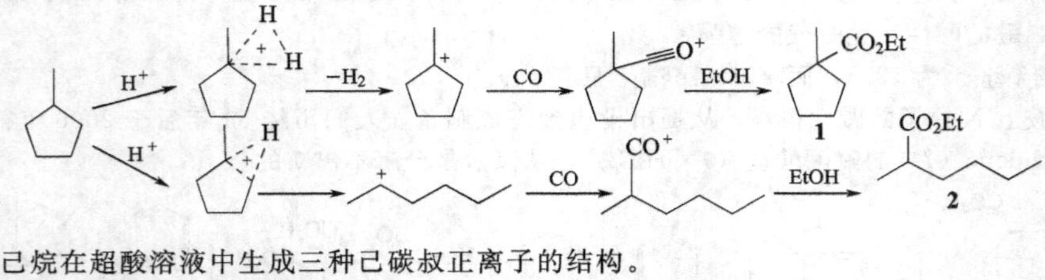

(2) 正己烷在超酸溶液中生成三种己碳叔正离子的结构。

2-7 为何无水溴化镁可以选择性地只切断底物 (**1**) 中与醛基邻位的苄基保护基？

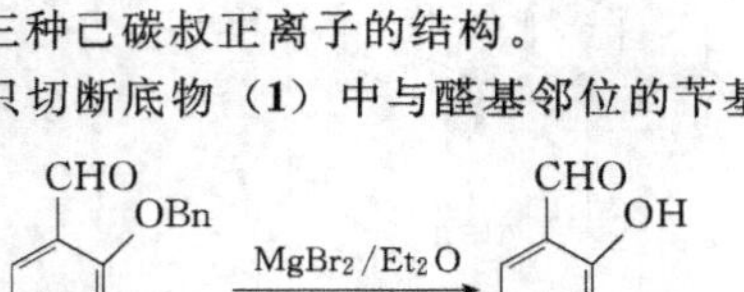

$MgBr_2/Et_2O$

1

2-8 计算：

(1) 2-氨基吡啶 (**1**) pK_a 值为 24，与其异构体 **2** 的比例为 92∶8，计算 **2** 的 pK_a。

NH_2 NH

N NH

1 2

（2）RCN 共轭酸的 pk_a 为－10，计算其在 50%硫酸溶液（H_0＝－8.2）中的质子化比例。

参考文献

[1] Bell R P. *Q. Rev. Chem. Soc.*, **1947**, 1: 113; Muller P. *Pure Appl. Chem.*, **1994**, 66: 1077; Cartrette D P., Mayo P M. *Chem. Educ. Res. Pract.*, **2011**, 12: 29.

[2] Kauffman G B. *J. Chem. Educ.*, **1988**, 65: 28; Bunnett J F., Jones R A Y. *Pure Appl. Chem.*, **1988**, 60: 1115; Hawkes S J. *J. Chem. Educ.*, **1992**, 69: 542; IUPAC *Pure Appl. Chem.*, **1994**, 66: 1077; Jensen W B. *J. Chem. Educ.*, **2006**, 83: 1130.

[3] Giguere P A. *J. Chem. Educ.*, **1979**, 56: 571; Cacace F. *Pure Appl. Chem.*, **1997**, 69: 227; Ahlberg P., Karlsson A., Goeppert A., Lill S O N., Diner P., Sommer J. *Chem. Eur. J.*, **2001**, 7: 1936; Chambron J-C., Meyer M. *Chem. Soc. Rev.*, **2009**, 38: 1663; Besora M., Lledos A., Maseras F. *Chem. Soc. Rev.*, **2009**, 38: 957; Reed C A. *Acc. Chem. Res.*, **2013**, 46: 2567; Oka T. *Chem. Rev.*, **2013**, 103: 8738.

[4] Gold V., Grant L J., Morris K P. *J. Chem. Soc.*, *Chem. Commun.*, **1976**, 397; Christe K. O., Charpin P., Soulie E., Bougon R., Fawcett J., Rucell D R. *Inorg. Chem.*, **1984**, 23: 3756; Zhang D., Rettig S J., Trotter J., Aubke F. *Inorg. Chem.*, **1996**, 35: 6113.

[5] CooksonRF. *Chem. Rev.*, **1974**, 74: 5; Scorrano G., O′ Ferrall R M. *J. Phys. Org. Chem.*, **2013**, 26: 1009.

[6] Streitwieser Jr A., Granger M R., Mares F., Wolf R A. *J. Amer. Chem. Soc*, **1973**, 95: 4527; Delpuech J J., Nicole D J. *J. Chem. Soc.*, *Perkin Trans* 2, **1977**, 570; Jr Streitwieser A., Boerth D W. *J. Amer. Chem. Soc.*, **1978**, 100: 755; Goumont R. *J. Org. Chem*, **2003**, 68: 6566.

[7] Bernasconi C F., Kliner D A V., Mullin A S., Ni J X. *J. Org. Chem*, **1988**., 53: 3342.

[8] Rappe C., Sachs W H. *J. Org. Chem.*, **1967**, 32: 4127.

[9] Bordwell F G., Boyle Jr W J., Yee K C. *J. Amer. Chem. Soc.*, **1970**, 92: 5926..

[10] Alder R W., Chalkley G R., Whiting M C. *Chem. Commun.*, **1966**, 405; Raamat E., Kaupmees K., Ovsjannikov G., Trummal A., Kütt A., Saame J., Koppel I., Kaljurand I. Lipping L., Rodima T., Pihl V., Koppel I. A., Leito I. *J. Phys. Org. Chem.*, **2013**, 26: 162.

[11] Paul M A., Long F A. *Chem. Rev.*, **1957**, 57: 1; Paul M A. *Chem. Rev.*, **1957**, 57: 935; Bowden K. *Chem. Rev.*, **1966**, 66: 119; Hammett L P. *J. Chem. Educ.*, **1966**, 43: 464; Yates K., McClelland R. A. *Prog. Phys. Org. Chem*, **1974**, 11: 323.

[12] Paul M A., Long F A. *Chem. Rev.*, **1957**, 57: 1; Long F A., Paul M A. *Chem. Rev.*, **1975**, 75: 935; Gillespie R J., Peel T E. *J Amer Chem Soc.*, **1973**, 95: 5173.

[13] Hammett L P., Deyrup A J. *J. Amer. Chem. Soc.*, **1932**, 54: 2721; Yates K., Wai H. *J. Amer. Chem. Soc.*, **1964**, 86: 5408; Cox R A., Yates K. *Can. J. Chem.*, **1980**, 59: 2116; Cox R A., Yates K. *Can. J. Chem.*, **1983**, 61: 2225; Bordwell F G. *Acc. Chem. Res.*, **1988**, 21: 456; Raamat E., Kaupmees K., Ovsjannikov G., Trummal A., Kütt A., Saame J., Koppel I., Kaljurand I., Lipping L., Rodima T., Pihl V., Koppel I A. Leito I. *J. Phys. Org. Chem.*, **2013**, 26: 162.

[14] Siggle M R F., Thomas T O. *J. Org. Chem.*, **1992**, 114: 5795; Tunon I., Blaiz L K. *J. Org. Chem.*, **1993**, 115: 2226; Kaljurand I., Lilleorg R., Murumaa A., Mishima M., Burk P., Koppel I., Koppel I A., Leito I. *J. Phys. Org. Chem.*, **2013**, 26: 171; Alkorta I., Griffiths M Z., Popelier P L A. *J. Phys. Org. Chem.*, **2013**, 26: 791.

[15] Arnett E M. *Acc. Chem. Res.*, **1973**, 6: 404; Moylan C R., Brauman J I. *Prog. Phys. Org. Chem.*, **1983**, 34: 187;, Rodriquez C F., Sirois S., Hopkinson A C. *J. Org. Chem.*, **1992**, 57: 4869; Heemstra J M., Moore J S. *Tetrahedron*, **2004**, 60: 7287.

[16] Hine J., Hine M. *J. Amer. Chem. Soc.*, **1952**, 74: 5266; Kollmar H. *J. Amer. Chem. Soc.*, **1978**, 100: 2660; Olmstead W N., Margolin Z., Bordwell F G. *J. Org. Chem.*, **1980**, 45: 3295; Taft R W. *Prog. Phys. Org. Chem.*, **1983**, 14: 247; Caldwell G., Rozeboom M D., Kiplinger J P., Bartmess J E. *J. Amer.*

Chem. Soc., **1984**, 106: 4660; Arnett E M. *J. Chem. Educ.*, **1985**, 62: 385; Caldwell G., Rozeboom M D., Kebarle P. *Can. J. Chem.*, **1989**, 67: 611; DePuy C H., Gronert S., Barlow S E., Bierbaum V M., Damarauer R. *J. Amer. Chem. Soc.*, **1989**, 111: 1968; Cao Z., Lin M., Zhang Y., Mo Y. *J. Phys. Chem. A*, **2004**, 108: 4277.

[17] Pedireddi V R., Desiraju G R. *J. Chem. Soc. Chem. Commun.*, **1992**, 988.

[18] Jones J R. *Q. Rev. Chem. Soc.*, **1971**, 25: 365; Cookson R F. *Chem. Rev.*, **1974**, 74: 5; Wiberg K B. *J. Org. Chem.*, **2002**, 67: 1613; Ault A. *J. Chem. Educ.*, **2007**, 84: 38; Kwan E E. *J. Chem. Educ.*, **2007**, 84: 39; Rossi R D. *J. Chem. Educ.*, **2013**, 90: 183.

[19] Stretwieser Jr A., Ciuffarin E., Hammons J H. Kaufman M J. *J. Amer. Chem. Soc*, **1967**, 89: 63; Gronert S., Stretwieser Jr A. *J. Amer. Chem. Soc*, **1988**, 110: 2829.

[20] Daasbjerg K. *Acta Chem. Scand.*, **1995**, 49: 578.

[21] Bolton P D., Hepler L G. *Q. Rev. Chem. Soc.*, **1971**, 25: 521; Taft R W. *Prog. Phys. Org. Chem.*, **1983**, 14: 247; Li J N., Liu L., Fu Y., Guo Q X. *Tetrahedron*, **2006**, 62: 4453; Chaudry U A., Popelier P L A. *J. Org. Chem.*, **2004**, 69: 233; Akiyama T. *Chem. Rev.*, **2007**, 107: 5744.

[22] Schwartz L M. *J. Chem. Educ.*, **1981**, 58: 778; Edward J T. *J. Chem. Educ.*, **1982**, 59: 354; Wiberg k B. *J. Org. Chem.*, **2003**, 68: 875.

[23] Bordwell F G., McCollum J G. *J. Org. Chem.*, **1976**, 41: 2391; McClard R W. *J. Chem. Educ.*, **1987**, 64: 416.

[24] Amedjkouh M. *Tetrahedron: Asymm.*, **2004**, 15: 577; Christ P., Lindsav A G., Vormittag S S., Neudorfl J-M., Berkessel A., O'Donoghue A M C. *Chem. Eur. J.*, **2011**, 17: 8524; Parra A., Reboredo S., Castro A M M., Alemán J. *Org. Biomol. Chem.*, **2012**, 10: 5001.

[25] Staab H A., Saupe T. *Angew. Chem. Int. Ed. Engl.*, **1988**, 27: 865; Alder R W. *Chem. Rev.*, **1989**, 89: 1215; Staab H A., Kriege C., Hieber G., Oberdort K. *Angew. Chem. Int. Ed. Engl.*, **1997**, 36: 1884; Raab V., Kipke J., Gschwind R M., Sundermeyer J. *Chem. Eur. J.*, **2002**, 8: 1682; Mekh M X., Ozeryanskii V A., Pozharskii A F. *Tetrahedron*, **2006**, 62: 12288; Glasovac Z., Eckert-Maksic M., Maksic Z B. *New J. Chem.*, **2009**, 33: 588; Radic N., Maksic Z B. *J. Phys. Org. Chem.*, **2012**, 25: 1168.

[26] Wang X., Houk K. N. *J. Amer. Chem. Soc.*, **1988**, 110: 1870; Bordwell F G., Zhang X-M. *J. Org. Chem.*, **1994**, 59: 6456; Alkorta I., Campillo N., Rozas I., Elguero J. *J. Org. Chem.*, **1998**, 63: 7759.

[27] Wan P., Shukla D. *Chem. Rev.*, **1993**, 93: 571; Tolbert L M., Solnstsev K M. *Acc. Chem. Res.*, **2002**, 35: 19.

[28] Noyori R., Nishida I., Sakate J., Nishizawa M. *J. Amer. Chem. Soc.*, **1980**, 102: 1223; Kuwano R., Utsunomiya M., Hartwig J F. *J. Org. Chem.*, **2002**, 67: 6479; Yang C. -T., Fu Y., Huang Y. -B., Yi J., Guo Q. -X., Liu L. *Angew. Chem. Int. Ed.*, **2009**, 48: 7398..

[29] Mallan J M., Bebb R L. *Chem. Rev.*, **1969**, 69: 693; Caubere P. *Acc. Chem. Res.*, **1974**, 7: 301; Lee J G., Bartsch R A. *J. Amer. Chem. Soc.*, **1979**, 101: 228; Schlosser M., Rauschwalbe G. *J. Amer. Chem. Soc.*, **1978**, 100: 3258; Collum D B. *Acc. Chem. Res.*, **1993**, 26: 267; Pratt L M., Mu R. *J. Org. Chem.*, **2004**, 69: 7519; 欧阳昆冰, 席振峰. 化学学报, **2013**, 71: 13.

[30] Schwesinger R. *Chimia*, **1985**, 39: 269; Verkade J G., Kisanga P B. *Tetrahedron*, **2003**, 59: 7819; Verkade J G., Kisanga P B. *Aldrichimica Acta*, **2004**, 37: 3; Kovacevic B., Maksic Z B. *Chem. Commun.*, **2006**, 1524.

[31] Hofle G H., Steglich W., Vorbruggen H. *Angew. Chem. Int. Ed. Engl.*, **1978**, 17: 569; Murugan R., Scriven E F V. *Aldrichimica Acta*, **2003**, 36: 21.

[32] Singh S., Das G., Singh O V., Han H. *Tetrahedron Lett.*, **2007**, 48: 1983.

[33] Birman V B., Li X., Han Z. *Org. Lett.*, **2007**, 9: 37 Wei Y., Sastry G N., Zipse H. *J. Amer. Chem. Soc.*, **2008**, 130: 3473.

[34] Wann D A., Blockhuys F., VanAlsenoy C., Robertson H E., Himmel H. -J., Tang C Y., Cowley A R., Downs A J., Rankin D W H. *Dalton Trans.*, **2007**, 1687.

[35] Wells P R. *Chem. Rev.*, **1963**, 63: 171; Ibne-Rasa K M. *J. Chem. Educ.*, **1967**, 44: 89. Uggerud E. *Chem. Eur. J.*, **2006**, 12: 1127.

[36] Swain C G., Scott C B. *J. Amer. Chem. Soc.*, **1953**, 75: 141; Bock P L., Whitesides G M. *J. Amer. Chem. Soc.*, **1974**, 96: 2826.

[37] Jenson W B. *Chem. Rev.*, **1978**, 78: 1; Rauk A., Hunt I R., Keay B A. *J. Org. Chem.*, **1994**, 59: 6808; Denmark S E., Beutner G L. *Angew Chem. Int. Ed.*, **2008**, 47: 1560.

[38] Jenkes W P., Gilchrist M. *J. Amer. Chem. Soc.*, **1968**, 90: 2622.

[39] Christe K O., Dixon D A., McLemore D., Wilson W W., Sheehy J A., Boatz J A. *J. Fluorine Chem.*, **2000**, 101: 151; Laurence C., Graton J.,. Gal J. -F. *J. Chem. Educ.*, **2011**, 88: 1651.

[40] Laszlo P., Teston M. *J. Amer. Chem. Soc.*, **1990**, 112: 8750; Rubin M., Gevorgyan V. *Org. Lett.*, **2001**, 3: 2705.

[41] Pearson R G. *J. Amer. Chem. Soc.*, **1963**, 85: 3533; Schwarzenbach G., Schellenberg M. *Helv. Chim. Acta*, **1965**, 48: 28; Drago R S. *J. Chem. Educ.*, **1974**, 51: 300. Ho T L. *Chem. Rev.*, **1975**, 75: 1; Pearson R G. *J. Chem. Educ.*, **1987**, 64: 561, **1999**, 76: 267; Pearson P G. *Inorg. Chim. Acta*, **1995**, 240: 93; Ayears P W., Parr R. G. *J. Amer. Chem. Soc.*, **2000**, 122: 2010; Woodward S. *Tetrahedron*, **2002**, 58: 1017.

[42] Parr R G., Pearson R G. *J. Chem. Educ.*, **1983**, 105: 7512, *J. Amer. Chem. Soc.*, **1983**, 105: 7512; Pearson R G. *J. Org. Chem.*, **1989**, 54: 1423.

[43] Mendez F., Gazguez J L. *J. Amer. Chem. Soc.*, **1994**, 116: 9298; Mayr H. Breugst M. Ofial A. R. *Angew Chem. Int. Ed.*, **2011**, 50: 6470.

[44] Hall N F., Conant J B. *J. Amer. Chem. Soc.*, **1927**, 49: 3047; Olah G A. *Top Curr. Chem.*, **1979**, 80: 19; Olah G A. *J. Org. Chem.*, **2005**, 70: 2413; Prakash G K S. *J. Org. Chem.*, **2006**, 71: 3661; Gambacorta A., Tofani D., Loreto M A., Gasperi T., Bermini R. *Tetrahedron*, **2006**, 62: 6846.

[45] Olah G. A. *Angew. Chem. Int. Ed. Engl.*, **1973**, 12: 173; Gillespie R J., Peel T E. *J. Amer. Chem. Soc.*, **1973**, 95: 5173; Gal J-F., Iacobucci C., Monfardini I., Massi L., Duñach E., Olivero S. *J. Phys. Org. Chem.*, **2013**, 26: 87.

[46] Siskin M. *J. Amer. Chem. Soc.*, **1978**, 100: 2576; Gold V., Lalli K., Morris K P., Zdunek L Z. *Chem. Commun.*, **1981**, 769; Touiti D., Jost R., Sommer J. *J. Chem. Soc.*, *Perkin* 2, **1986**, 1793.

[47] Corma A. *Chem. Rev.*, **1995**, 95: 559.

[48] Reed C A., *Acc. Chem. Res.*, **1998**, 31: 133; *Chem. Commun.*, **2005**, 1669; Reed C A., Kim K. -C., Stoyanov E S., Stasko D., Tham F S., Mueller L J. *J. Amer. Chem. Soc.*, **2003**, 125: 1796.

[49] Gillespie R J., Liang J. *J. Amer. Chem. Soc.*, **1988**, 110: 6053; Esteves P M., Ramirez-Solis A., Mota J. A. *J. Amer. Chem. Soc.*, **2002**, 124: 2672.

[50] Olah G A., Bruce M R., Edelson E H., Husain A. *Fuel*, **1984**, 63: 1130.

[51] Cramer G M. *J. Org. Chem.*, **1975**, 40: 298, 302.

[52] Farcasiu D., Fisk S L., Melchior M T., Rose K D. *J. Org. Chem.*, **1982**, 47: 453.

[53] Aprotic Organic Superacid Akhrem I., Orlinkov A., Vol'pin M. *J. Chem. Soc*,. *Chem. Commun.*, **1993**, 671.

[54] Klumpp D A., Lau S. *J. Org. Chem.*, **1999**, 64: 7309.

[55] Yeh L I., Price J M., Lee Y T. *J. Amer. Chem. Soc.*, **1989**, 111: 5597.

[56] Olah G A., Lukas J. *J. Amer. Chem. Soc.*, **1967**, 89: 2227, 4739.

[57] Olah G A., Rasul G. *Acc. Chem. Res.*, **1997**, 30: 245; Olah G A., Prakash G K S., Rasul G. *J. Org. Chem.*, **2001**, 66: 2907.

[58] Gold V., Laali K., Morris K P., Zdunek L Z. *J. Chem. Soc. Perkin Trans* 2, **1986**, 1793; Kuhn-Velten J., Bodenbinder M., Brochler R., Hagele G., Aubke F. *Can. J. Chem.*, **2002**, 104: 7105.

[59] Tanabe T., Holdrich W F. *Appl. Catal.*, *A*, **1999**, 181: 399.

[60] Akhmedov V M., Al-Khowaiter S H. *Catal. Rev. -Sci. Eng.*, **2007**, 49: 33.

[61] Olah G A., Olah L A. *Synthesis*, **1973**, 488; Farooq O., Farnia S M F., Stephenon M., Olah G A. *J. Org. Chem.*, **1988**, 53: 2840.

[62] Sommer J., Bukala J., Hachoumy M., Jost R. *J. Amer. Chem. Soc.*, **1997**, 119: 3274.

[63] Corma A. *Chem. Rev.*, **1995**, 95: 559.

[64] Hong Z., Forash K B., Dumesic J A. *Catal. Today*, **1999**, 51: 269; Walspurger S., Sun Y., Sido A S S., Sommer J. *J. Phys. Chem. B.*, **2006**, 110: 18368; Deetlefs M., Seddon K R. *Green Chem.*, **2010**, 12: 17.

[65] Cox R A. *Adv. Phys. Org. Chem.*, **2000**, 35: 1; Buska G. *Chem. Rev.*, **2007**, 107: 5366.

[66] Jencks W P. *Chem. Rev.*, **1972**, 72: 705; Jencks W P. *Acc. Chem. Res.*, **1980**, 13: 161; Gupta K S., Gupta Y K. *J. Chem. Educ.*, **1984**, 67: 972.

[67] Doyle A G., Jacobsen E N. *Chem. Rev.*, **2007**, 107: 5713, Akiyama T. *Chem. Rev.*, **2007**, 107: 5744; Yu X., Wang W. *Chem. Asian. J.*, **2008**, 3: 516; Palomo C., Oiarbide M., Lopez R. *Chem. Soc. Rev.*, **2009**, 38: 632; Johnston J N. *Angew. Chem. Int. Ed.*, **2011**, 50: 2890; Rueping M., Nachtsheim B J., Leawsuwan W., Atodiresei L. *Angew. Chem. Int. Ed.*, **2011**, 50: 6706; Cheon C H., Yamamoto H. *Chem.*

Commun. ,**2011**，47：3043；Rueping M.，Kuenkel A.，Atodiresei I. *Chem. Soc. Rev.*，**2011**，40：4539.

[68] Bend M L. *Chem. Rev.*，**1960**，60：53；Kresger A J. *Chem. Soc. Rev.*，**1973**，2：475；Lewis E S. *J. Phys. Org. Chem.*，**1990**，3：1；Silva P J. *J. Org. Chem.*，**2009**，74：914.

[69] Denes F. Perez-Luna A.，Chemla F. *Chem. Rev.*，**2010**，100：2366；Cohen D T.，Scheidt K A. *Chem. Sci.*，**2012**，3：53；Beutner G L.，Denmark S，E. *Angew. Chem. Int. Ed.*，**2013**，52：9086.

[70] Kobayashi S. *Synlett*，**1994**，689；Kobayashi S.，Sugiura M.，Kitagawa H. *Chem. Rev.*，**2002**，102：2227；Kondo T. *Bull. Chem. Soc. Jap.*，**2011**，84：441.

[71] Nakao Y.，Yamada Y.，Kashihara N.，Hiyama T. *J. Amer. Chem. Soc.*，**2010**，132：13666.

[72] Stephan D W. *Org. Biomol. Chem.*，**2008**，6：1535；Stephan D W.，Erker G. *Angew. Chem. Int. Ed.*，**2010**，49：46；王平安，孙晓莉，高鹏. 有机化学，**2011**，31：1369；Stephan D W. *Org. Biomol. Chem.*，**2012**，10：5740.

[73] Corey E J.，Helal C J. *Angew. Chem. Int. Ed.*，**1998**，37：1986；Ishhara K.，Kurhava H.，Matsumoto M.，Yamamoto H. *J. Amer. Chem. Soc.*，**1998**，120：6920；Yamamoto H.，Futatsujik K. *Angew. Chem. Int. Ed.*，**2005**，44：924.

[74] 沈青. 分子酸碱化学. 上海：上海科学技术文献出版社，2012.

3　立体化学

分子结构是在特定环境下分子中原子间的成键性质和它们在三维空间排列的反映。1874年，Van't Hoff 和 Le Bel 各自提出的碳的正四面体结构学说为有机分子的立体化学奠定了基础。1931 年，Pauling 提出的杂化轨道理论对饱和碳原子的正四面体构型问题做出了理论阐述。化学本质上是关于分子的科学，立体化学就是从静态和动态两方面讨论分子中原子的空间位置，即分子的三维结构及其在化学转化中的变化和结果。静态立体化学涉及立体异构体的种类、数量、形状、结构、命名、能量、物理和谱学性质等，处理时通常将分子看成是理想化的、刚性的机械模型，是其未涉及化学反应的立体形象；动态立体化学涉及分子的立体结构对反应的影响和反应中分子立体化学的变化条件、过程和结果。[1]立体化学作为有机分子的基本属性，自 20 世纪 30 年代开始有了迅猛的发展，其重要性是无论怎样强调都不会过分的。只有对分子的立体化学有正确的认识，才能对它们的结构、性能和反应有所了解和掌控。

3.1　分子立体图像的表达

根据 IUPAC 的推荐，分子的三维结构可由立体位向的实线键、楔形线键和虚线键来反映。

3.1.1　键的指向

分子的主链通常置于纸平面上。最常用的细实线表示位于纸平面的键；粗体楔形线表示纸平面上方的键，粗端离观察者较近并连有取代基，窄端位于纸平面上的原子；粗体虚楔形线表示纸平面下方的键，如图 3-1 中的 **1a** 和 **1b** 所示。虚线 ---- 用来表示部分键、离域键或氢键，有些文献也用来描述背离纸平面的下方键。在表示四面体结构时要注意键角的描述，通常使位于同一个平面上的两根键的键角保持 120°，其他键角小于 120°。如图 3-1 中的 **1c** 那样的 Fischer 投影式是不合适的。

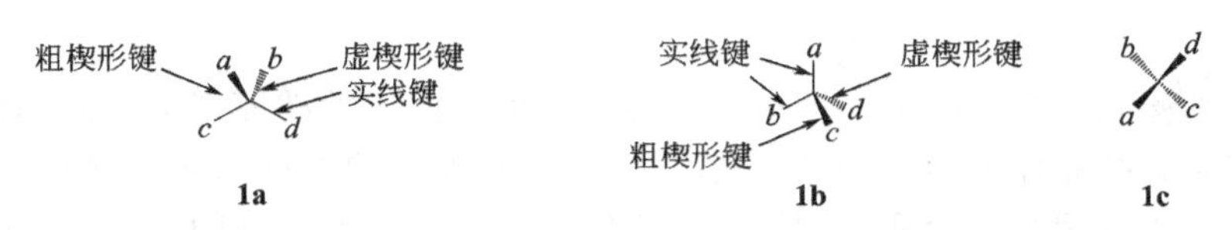

图 3-1　四面体碳上 4 根键立体指向的图示方法

若只需表示出三根键时，应如 **2a**、**2b** 或 **2c** 那样使这三根键的键角都为 120°。如 **2d** 或 **2e** 那样的表示式是不合适的。

2a　**2b**　**2c**　**2d**　**2e**

结构式 **3a** 表示手性碳原子的绝对构型不定或是一个由 50% **3b** 和 50% **3b′**组成的外消旋

体混合物。也可用波纹线键（wavy line，ξ 键）[1] 表示该键的空间取向不确定或未定，如 **3a** 中的羟基所示的位向。**3b** 中的羟基和手性碳原子上未标出的氢原子分别位于纸平面的下方和上方，**3b′**中的羟基和手性碳原子上未标出的氢原子则分别位于纸平面的上方和下方。

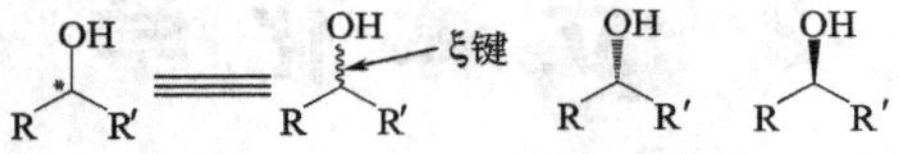

ξ键

3a **3b** **3b′**

结构式 **4** 表示两个手性中心的绝对构型都不定，可能是 **4a**、**4a′**、**5a**、**5a′**或由它们所组成的混合物。粗体实线或虚线在某些文献中也用来表达在纸平面的上方或下方的键，常用于表达两个手性中心的相对构型（参见 3.6）。如，**4b** 表示两个手性中心的相对构型是确定的，两个羟基为 *syn*-关系，可能是 **4a** 或 **4a′**或由它们组成的外消旋体混合物（参见 3.10.1）。**5b** 表示两个羟基为 *anti*-关系，可能是 **5a** 或 **5a′**或由它们组成的外消旋体混合物。

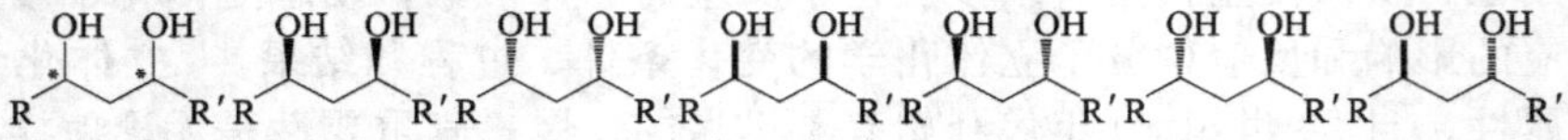

4 **4a** **4a′** **4b** **5a** **5a′** **5b**

注意不要在两个手性原子间采用表示立体取向的键形式，因为这会造成误解和不确定性。如，结构式 **6** 代表的可能是 **6a**、**6a′**或 **7**、**7′**。

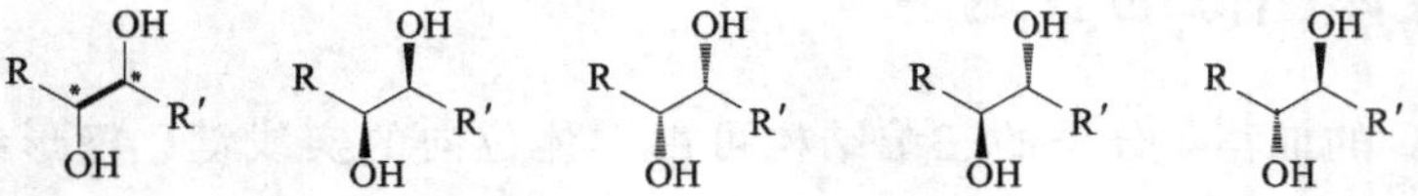

6 **6a** **6a′** **7** **7′**

某些键是没有必要标出其位向的。如，2,3,4-戊三醇（**8**）中通过 C3 有一个 C_2 对称轴。C3 上的 OH 和 H 的取向交换后似乎有 **8a** 或 **8b** 两个分子，但实际上 **8a** 或 **8b** 是同一分子，它们只要经 C_2 操作就能相互转换。故在 C3 上标出键的立体取向是没有必要的，C3 也不是手性碳原子（参见 3.4）。

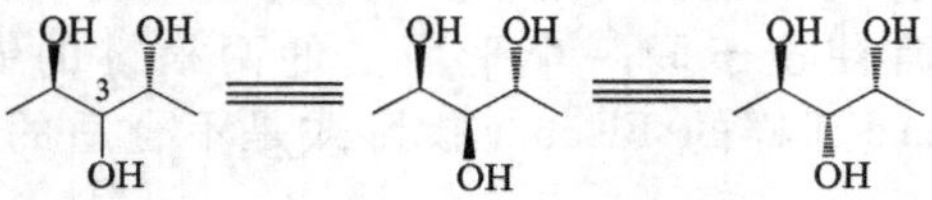

8 **8a** **8b**

氢原子在结构式上常被略去而不显示，在带氢原子的手性碳原子上交换其他两根键的取向并不会改变原有的立体构型，如 **9a** 交换了 C1 上两根键的取向后可得到同一分子 **9b**。一根 σ 键旋转 120°后，相当于交换了键连接在手性中心上两个取代基的指向。此时需将原来面外键和面内键的指向交换才能回复原有结构。如，从 **9b** 转化为 **9c**。

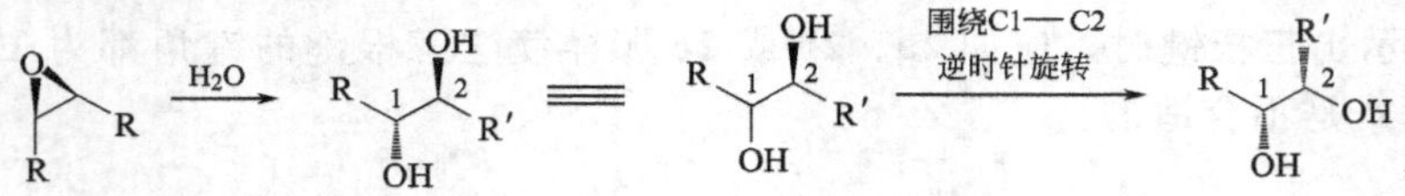

H_2O 围绕C1—C2 逆时针旋转

9a **9b** **9c**

---

[1] 断键处的位置也用波纹线键标示。

3.1.2 分子三维结构的表示方式

在计算机屏幕上显示分子的三维结构已是很方便的一件事，但二维的纸平面如何表示分子的三维结构呢？以*R*-2-羟基丙酸(**10**)为例，在纸平面上可有几个不同的表达方式，如图3-2所示。[2]

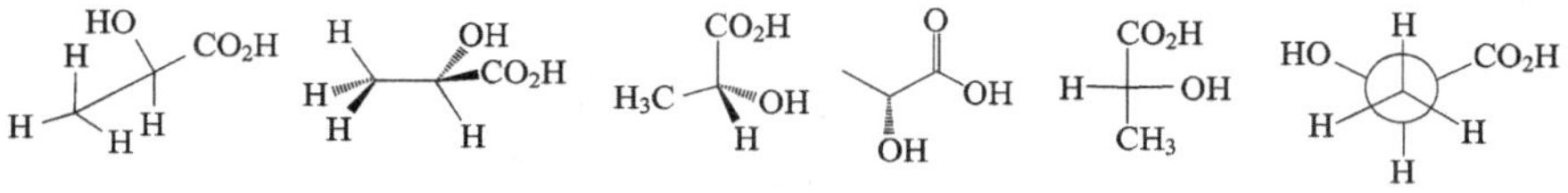

HO H CO_2H H H H (**10a**)
H OH H CO_2H H H (**10b**)
CO_2H H_3C OH H (**10c**)
O OH OH (**10d**)
CO_2H H OH CH_3 (**10e**)
H HO CO_2H H H H (**10f**)

10a **10b** **10c** **10d** **10e** **10f**

图 3-2 (*R*)-2-羟基丙酸的几种表示方式

锯架式(**10a**)、楔形式(伞形式，**10b**)和透视式(**10c**)都能形象地表达出原子在空间的相互关系，但书写不便是其不足。直链化合物常用锯齿式(**10d**)表达。投影式是很常见的一种表示方式，所有的键都为细实线。但在Fischer投影式(**10e**)中规定了将碳链垂直放置，上下两个基团等程度朝向后方，上方基团的原子序数或氧化数比下方的大；水平横线上的两个基团等程度面向前方。[3]由于对垂线和横线的空间指向已有限定，故Fischer投影式在纸面上旋转180°后给出的构型并未改变，但若旋转90°或270°时，给出的是对映体（参见3.2.2）而非原物了。如，**11**在纸面上旋转180°后得到的结构式仍是原分子**11**；旋转90°后得到的结构式表示出的是其对映体**11′**了。

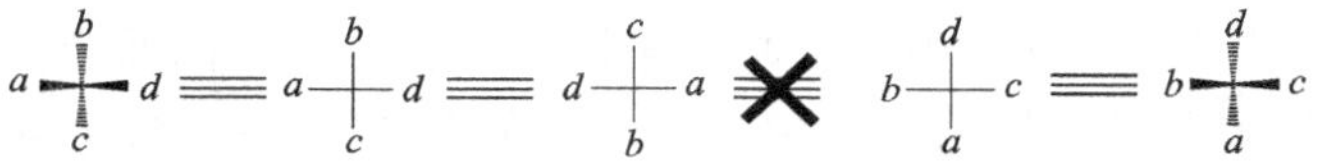

a, *b*, *c*, *d* ≡ *a*, *b*, *c*, *d* ≡ *d*, *c*, *a*, *b* ✕ *b*, *d*, *c*, *a* ≡ *b*, *d*, *c*, *a*

11 **11** **11′**

Fischer投影式用于描述糖一类具多个手性碳原子的立体结构是相当完美而且有重要的应用价值，但不太适合表达其他类化合物。以往常用Fischer投影式**12a**表示吡喃糖的结构，但国际纯粹与应用化学联合会（International Union of Pure and Applied Chemistry，IUPAC）已提出，此类结构式中的转折处实际上并无表达式中通常应存在的一个碳原子，建议改用将转折处画成圆角而成为**12b**或**12c**来表示。IUPAC同时指出，以往常用的Haworth透视式**12d**中常常忽视环碳所连的氢原子也是不妥的，应如**12e**那样来表示。

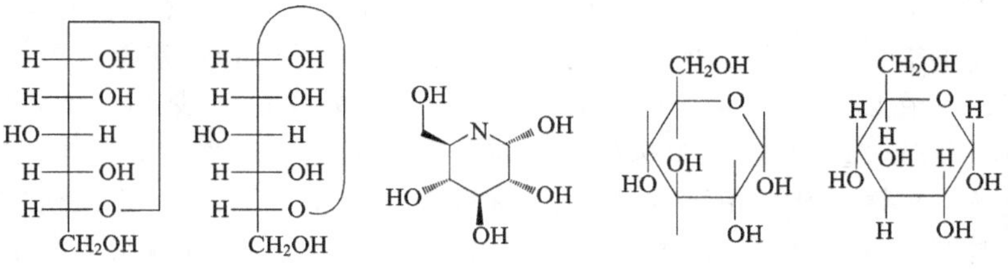

H—OH, H—OH, HO—H, H—OH, H—O, CH_2OH (**12a**)
H—OH, H—OH, HO—H, H—OH, H—O, CH_2OH (**12b**)
OH, N, OH, HO, OH, OH (**12c**)
CH_2OH, O, OH, HO, OH, OH (**12d**)
CH_2OH, H, O, H, H, OH, H, HO, OH, H, OH (**12e**)

12a **12b** **12c** **12d** **12e**

书写Newman投影式(**10f**)时要给出一个圆，前面的碳原子用圆心点表示（即3个取代基所连键的交点，不必专门点上一个点），取代基连在圆心上；后面的碳原子用圆表示，取代基连在圆上。这些不同的表示式中，楔形式较为接近分子真实的立体形象，Newman式最能确切地表达两个直接相连碳原子上的基团在空间的位向和关系。只有一个手性碳原子的分子用透视式或Fischer投影式较为方便简洁，但具有多个手性碳原子分子的Fischer投影式所描述的立体结构是一种不稳定的重叠式构象（参见3.2.2）。Newman投影式还表达出相邻原子上取代基间的构象关系。Fischer式相当于Newman重叠形式的“平板化”处理，旋转 Newman 投影式上的原子（团）成重叠形式再加以平板化，即可得到 Fischer 投影式，如图 3-3 所示。

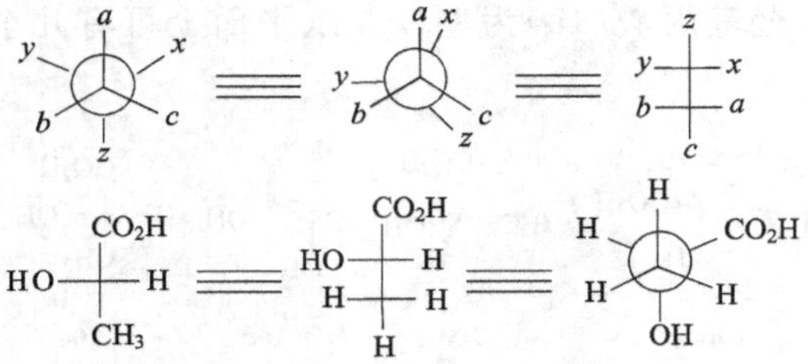

图 3-3　Newman 投影式和 Fischer 投影式的相互转化

3.2　同分异构体的类型

分子式相同，即有相对分子质量相同的组成而结构不同的化合物称为同分异构体，简称异构体，这种现象称为同分异构现象。同分异构可以分为构造异构和立体异构，异构体在结构上和性能上都是完全不同的。

3.2.1　构造异构

分子的构造（constitution）取决于分子中原子的种类、数量及它们之间的连接（connectivity）方式。构造异构是分子中由于原子连接方式和次序不同而产生的同分异构体。它又可分为如正丁烷和异丁烷一类碳架异构、如正丁醇和丁-2-醇一类位置异构和如乙醇和二甲醚一类官能团异构。官能团异构中的酮式-烯醇式迅速互变而不易分离，特称互变异构。

3.2.2　立体异构——构象、构型、对映和手性

立体异构是构造相同的分子因原子在空间的位置不同而产生的同分异构。某些大分子的聚集所产生的立体异构是因氢键而非成键造成的，金属有机配合物中因配位键方向不同也能产生立体异构现象。立体异构可以分为构象（comformation）异构和构型（configuration）异构。构象的变化涉及扭转角，构型的变化涉及键角。

（1）构象异构　分子中的原子仅仅通过单键的旋转就能在空间形成不同的相对关系而产生构象异构。围绕 C—C 单键旋转所需能量仅需 15kJ/mol 左右，故分子的构象在室温下可以有无穷多个［不能互变的两个构象间的能垒差要＞100kJ/mol；室温（25℃）下绕 C—C 键的旋转互变速率在能垒为 73kJ/mol 时可达 1 次/s，能垒每减少 6kJ/mol，速率增加 10 倍］，彼此转换所需能量很小，某个构象异构体是不能独立分离存在的。构象的研究涉及动态立体化学范畴。单键旋转可用微波谱、电子衍射、NMR、UV、IR 等来研究。[4] 在考虑围绕单键的旋转时要注意“单键”的含义。如，酰胺基中的 C—N 键就带有部分双键的特点；阻转异构体中的单键旋转的能垒也很高，围绕这根单键旋转实际上在室温时是不可能实现的。某些双键也可能带有很低的旋转能垒，等等。除单键旋转外，含孤对电子的 N、S、P 等杂原子的翻转也会产生构象变化。

（2）构型异构　构型异构也是因配位原子（团）在空间的相对位置不同而产生的立体异构，但这种异构体之间的互变不因单键旋转而只能经过断键和再成键的过程才行。每个构型异构体一旦建立就都能独立分离存在。如，右手和左手可以各有各种易变的形象（构象），但右手不会变为左手，左手也不会变为右手。

构型异构可分为顺反异构和光学异构。顺反异构是双键的每个烯键碳上都连有两个不同

的原子或环上的取代基对环平面的取向不同所产生的立体异构。光学异构体对平面偏振光的旋转方向相反，称有旋光活性，即能使偏振光发生旋转的性质，在早期常称旋光异构体。如图 3-4 所示，光学异构还可分为对映异构（enantiomorphous）和非对映异构（diastereomer）两类。如同左手和右手不能叠合的对映关系那样，物体 **1** 与其镜像体 **1′**不能叠合的现象称手性（chirality）。物体与其镜像体互为对映异构体或简称对映体（enantiomer）。绝大部分对映异构是饱和碳的正四面体构型的属性反映。手性就是分子存在对映异构体的必要和充分条件，也是现代立体化学的一个核心概念。手性描述的是一个稳定的分子构型或构象的几何特征，如手性催化剂、手性固定相、手性药物等，不应用来描述如手性催化、手性色谱或手性合成等过程。非对映异构是不呈镜像关系的立体异构（参见 3.10.2），分子与其镜像体部分是对映关系，部分可以叠合。如，**2** 和 **3** 之间的 C1 部分是对映关系，C2 部分是相同的。一个结构只有一个对映异构体，但可能存在多个非对映异构体。构型或构象不同都会形成对映异构体或非对映异构体。光学活性就是由于过量存在一个对映异构体或非对映异构体而引起的，但光学活性是肉眼可见的宏观性质，手性是分子的结构特性，两者不是等同的性质。

对映异构体分子的内能是相同的，其性质在非手性环境中是一样的。如，它们的熔点、沸点、溶解度、酸解离常数及反应速率等在非手性环境中都一样。但对映异构体分子在手性环境中的性质并不相同。如，它们的生理功能不同；对平面偏振光的旋转能力相同，但方向相反；反应速率不一。手性是自然界的基本属性和宇宙中的普遍特征。自然界的基本生命现象和定律都与手性密切相关。生物体具有识别左旋体或右旋体的特殊功能，能够生产出单一对映体。如，作为人体主要能源的葡萄糖只能是 D-型的，而组成蛋白质的氨基酸却都是 L-型的；蛋白质、DNA 和海螺的螺旋都是右旋的，等等。手性与人类生活密切相关，L-谷氨酸钠是常用的调味品味精，其对映异构体 D-谷氨酸却是苦味的；左旋体和右旋体的香料绝大多数表现出程度不等甚至不同的香味；烟碱呈左旋光活性，能与吸烟者的神经节细胞的烟碱受体相结合从而引发兴奋作用，右旋的对映体烟碱则完全无此作用；手性药（农）物的对映体作用强度不同或无作用或有副作用，两者组合可产生抵消、协同（互补）或其他作用。[5]美国食品和药物管理局（FDA）于 1990 年规定，任何手性药物的两个对映体的药理、药效和药代动力学必须都得到评估确认后才能上市。该条款虽然大大增加了手性药物的开发成本，但也更好地保障了其临床应用的可靠性，同时也极大地促进了手性科学的发展。

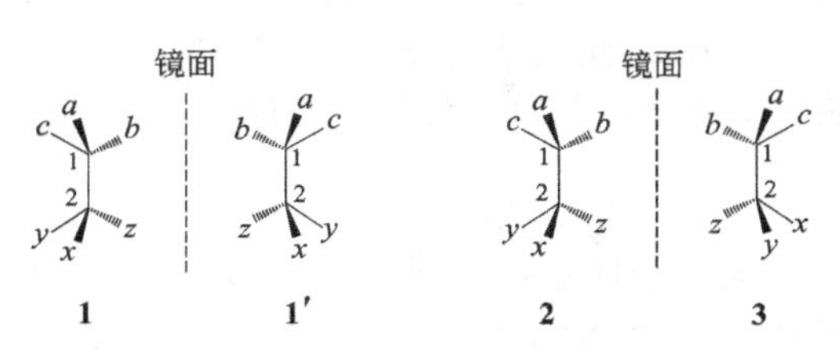

图 3-4 对映异构和非对映异构

IUPAC 建议，分子结构涵盖分子的构造、构型和构象，只有这三个要素都已确立的情况下才是明白无误的。如，在蛋白质等一类大分子中，一级结构由构造、构型决定，二级结构与构象有关，再高级的结构则与高分子链的几何形状、各个链之间及链和客体环境间的多种非键作用有关。相对而言，晶体结构、物质结构、原子结构和电子结构等提及的结构一词的含义较为明确，涵盖组分及空间排列情况。但许多文献资料和教材提及分子结构时实际上仅仅涉及构造，许多场合下“构造”是用“结构”来表述的。

3.3 旋光性、比旋光度和对映体过剩

光通过溶液时与溶质分子作用的结果是使速率减慢而产生折射，减慢的程度与分子的极化度有关。平面偏振光是由互为对映关系的左旋和右旋圆偏振光（circularly polarized light,

CPL）叠加而成的。这两种偏振光在非手性环境中的行进速率相同，但遇上手性分子后的减慢速率不同，故圆偏振光要旋转一定角度来使两者的行进速率保持一致，这就产生了旋光性或称旋光活性。旋光仪上可直接看出偏振光的旋转方向，右旋的用（+）-表示，左旋的用（−）-表示。以前也曾用拉丁字母 d 表示右旋，l 表示左旋，现已很少见了。使偏振光面右旋的异构体称右旋体（dextro isomer），引起偏振光面左旋的称左旋体（laevo isomer），但右旋体或左旋体这两个名词已不建议继续使用。（+）/（−）-是手性分子具有光学活性的反映，仅表示旋光性物质对平面偏振光的旋光方向而无其他意义。

对映异构体使平面偏振光的旋转方向相反，旋转程度相同，该旋转程度用旋光度（α_{obs}）度量。旋光度是手性物质特有的物理性质和常数，用比旋光度 $[\alpha]_D^t$（specific rotation，下标 D 表示用 λ 为 589nm 的明亮而尖锐的钠灯光测量，上标 t 表示测试温度；若无上下标则表示测试条件为室温、λ 为 589nm 的光）表示，和旋光仪中读到的旋光度有式(3-1)所示的关系：l 是盛液管长度（dm）；因许多场合下样品的相对分子质量在测试时尚未得知，故 c 多指溶液的浓度（纯液体时是相对密度），单位为 g/mL 或 g/100mL。化合物的性质、溶剂及浓度或密度，光通过路径的长度、温度及波长等对旋光度的测量值都会产生影响，因此要用比旋光度而不是在某条件下所测得的旋光度来比较旋光性。比旋光度的量纲是度·cm^2/g，但通常都俗称为度或无单位。

$$[\alpha]=\alpha_{obs}/l\times c \tag{3-1}$$

同一个样品在不同条件下测得的旋光值和旋光方向都可能会有差异。如，α-氨基丁二酸的比旋光度在水中 20℃ 时测得为 +4.36°，在 75℃ 时无旋光现象，而在 90℃ 测量时成了 −1.86°。溶剂和浓度的不同引起溶剂化和缔合而对旋光度的影响更是常见。如，（−）-α-甲基苄胺在苯或四氯化碳溶液中的比旋光度分别为 −31.86° 和 −52.29°。故在测试条件完全相同的情况下，才能用比旋光度来判断两个化合物是否为同一物质。

旋光度与偏振光束所遇到的分子数量有关。若两个分子有相同的旋转偏振光的能力，则相对分子质量较小的分子在每单位质量上有较多的分子数而有较大的比旋光值。为此，又提出了摩尔旋光（molar rotation，[ϕ] 或 [M]）这一概念，即比旋光度与相对分子质量（MW）的乘积再除 100 所得的值，如式(3-2) 所示：

$$[\phi]=[\alpha]\times MW/100=\alpha\times MW/l(\mathrm{dm})\times c(\mathrm{mol/100mL}) \tag{3-2}$$

一个手性分子一定是一种右手型或左手型的。一个手性的样品或材料往往只是表明它的组成中有手性分子，但这些手性分子不一定有相同的右手型或左手型，右手型或左手型分子的组成可能相等或不等。由单一对映体组成的样品含有的分子都有相同的手性，称对映纯（enantiomerically pure，enatiopure）。非对映纯的样品可用对映体（enantiomeric，excess，ee）过剩，即对映异构体的混合物中一个含量高的对映体超过另一个含量低的对映体的数值的百分数来反映其手性纯度。对映纯的 ee 即为 100%。非对映体（diastereomeric excess，de）过剩是非对映异构体的混合物中一个含量高的非对映异构体超过另一个含量低的数值的百分数。[6] 单一（非）对映体的收率相当于总收率与其（de）ee 的乘积。

$$ee=\text{主要对映体\%}-\text{次要对映体\%}$$
$$de=\text{主要非对映异构体\%}-\text{次要非对映异构体\%}$$

对映异构体混合物的 α_{obs} 与比旋光度（[α]）的关系如式(3-3) 所示，若 [α] 已知，则 ee 可由 α_{obs} 得知。通过核磁共振、色谱等分析手段也可测得 ee。

$$\alpha_{obs}=(\text{主要对映体\%}-\text{次要对映体\%})\times[\alpha]=ee\times[\alpha] \tag{3-3}$$

文献上也有以实测得的比旋光度（α_{obs}）和已知的比旋光度（$[\alpha]$）的比值，即旋光纯度（optical purity，*OP*）来表示样品的光学纯度，如式(3-4）所示。绝大多数化合物的比旋光度和浓度呈线性关系，故*OP*和*ee*相同。但含有OH、CO_2H、NH_2等易生成分子间氢键官能团的样品缔合作用较强，旋光度与浓度会偏离线性关系，*OP*和*ee*并不相同。如，纯的（+）-α-甲基-α-乙基丁二酸的比旋光度为+4.4°（0.1，H_2O），但由75%的右旋体和25%的左旋体组成的比旋光度在同样条件下测得只有+1.6°，*OP*和*ee*各为37%和50%。当样品中混有旋光度较大的杂质或能形成较强的分子间氢键时，要特别注意浓度的影响及溶质溶剂的相互作用造成的旋光度和浓度偏离线性关系的结果。

$$OP=\alpha_{obs}\times 100/[\alpha] \tag{3-4}$$

要用到旋光纯度必须知道其理论比旋光度。新化合物显然无法查阅文献得知，故*OP*值的运用是有一定缺陷的。另一方面，当样品的旋光度极小时，*OP*值的误差会很大。而通过带手性固定相的色谱分析洗脱峰的相对面积大小是可以很方便地算出*ee*值的。故*ee*值或*de*值是目前最通用的表达对映异构体和非对映异构体样品手性纯度的数值。

有旋光活性的分子必定是手性分子，故旋光活性在早期的文献中与手性同义使用。但不是所有的手性分子都表现出旋光活性，有些手性分子的旋光活性对某些波长的平面偏振光没有响应，称隐手性（cryptochiral)。分子具有手性只是具有旋光性的必要条件而非充分条件，当样品量太少、比旋光度太小或所用光波长不合适时，测量旋光度都会有较大误差。在旋光仪上测不出旋光度的样品可能是没有手性的分子，或外消旋体或内消旋体或是分子自身在测试时发生了消旋，更常见的是配位基团有很大的相似性。如，2-氘代苯乙醇的比旋光度仅为3.00°；3.5.1章节中的烷烃**1**带4个同系列基团的手性化合物的比旋光度只有很难测得的0.00001°。外消旋体并无光学活性，但其组成分子都是有手性的，故光学活性与手性并不是一定有关联的。随着旋光色散（ORD)、圆二色散（CD）以及各类色谱、NMR和X衍射分析的发展，靠单一波长测定化合物旋光性的重要性已逐步降低。旋光测定是一个简便而重要的诊断工具，但在现代立体化学中已不是必要的方法。手性与旋光性也不一定有必然联系，光学活性可视为一种实验的度量表现。旋光这一术语在现代有机立体化学中已仅限于用比旋光度测定对映体的组成，且有用得越来越少的趋势。旋光（异构体）拆分和旋光异构体等早期常用的词汇也逐步改为外消旋体拆分和对映异构体来表达了。

3.4 手性分子的对称特性

将分子作为一种理想化的刚性机械模型来讨论处理常常是有效而方便的。分子有手性是其具有对映异构的必要条件和充分条件，分子是否有手性则取决于其有哪些对称性。对称是一种经过某种交换而保持大小、形状和相对位置不变的性质。对称操作是将分子中的组分再处于等同位置上所需进行的操作，所用的操作子称为对称元素。分子结构经对称操作后没有改变。

3.4.1 对称元素

根据拓扑原理，对称有轴、中心和面三种元素。

（1）简单对称轴　分子中的各原子（团）的空间排列以穿过分子的某条直线为轴旋转$2\pi/n$角度后仍能保持不变，该直线为该分子的简单对称轴（C_n)，转动是对称轴的对称操作。如图3-5所示，乙炔（**1**）有一个二重对称轴C_2；氯甲烷（**2**）有一个三重对称轴C_3；环丁烷（**3**）的平面构象有一个四重对称轴C_4。

（2）对称中心　如果在所有穿过分子中心的直线上离中心等距离处都有相同的原子

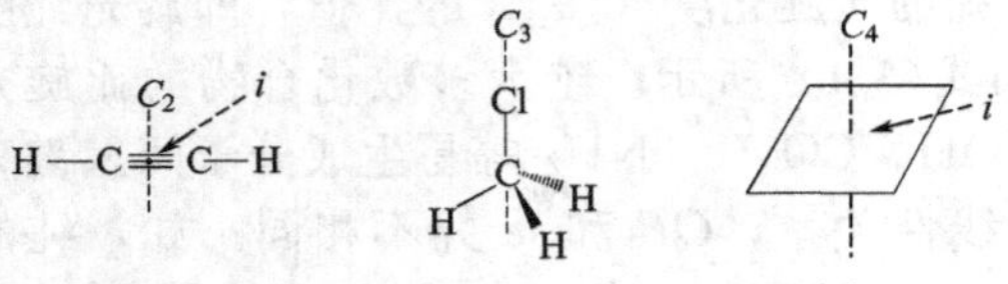

（团），则此中心为该分子的对称中心（i），其操作相当于是先转动后反映或先反映后转动。如图 3-5 所示，乙炔（**1**）或环丁烷（**3**）平面构象的中心点都是对称中心，氯甲烷分子无对称中心。

图 3-5　简单对称轴和对称中心

（3）对称面　分子中所有的原子共处同一平面的或一个通过分子中心且把分子分成互为物体和镜像两部分的平面都是该分子的对称面（σ），其操作是反映。对称面内含一个 C_2 轴的称 σ_v，与 C_2 轴呈正交关系的称 σ_h。如图 3-6 所示，2-氯丙烷（**4**）有一个通过 C2、C2—H 和 Cl 的 σ_v；烯烃碳原子组成的平面是对称面，*cis*-2-丁烯（**5**）有一个烯烃平面 σ_v 和另一个垂直平分双键的 σ_h；*trans*-2-丁烯（**6**）只有一个 σ_v。苯环平面本身就是 σ_v，另外还有 6 个 σ_h。

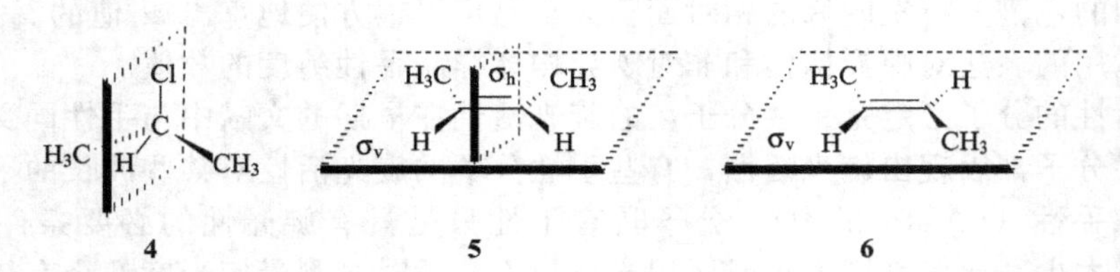

图 3-6　2-氯丙烷（**4**）、*cis*-2-丁烯（**5**）和 *trans*-2-丁烯（**6**）的对称面

若分子围绕一个轴旋转 $2\pi/n$ 后，再把垂直于此轴的平面作为镜面所产生的镜像与原分子一样，该轴称这个分子的交替对称轴（alternating axis of symmetry，S_n）。交替对称轴的操作是转动和反映，故也称旋转倒反。交替对称轴中只有 S_4 是独立的对称元素，S_1 相当于对称面，S_2 相当于对称中心，n 为奇数或大于 4 的偶数的交替对称轴一定也相当于对称面或对称中心。如图 3-7 所示，分子 **7** 中的 A 代表一个手性基团，A 和 −A 互为对映关系。**7** 转动 90°成为 **7a**，**7b** 是 **7a** 的镜像，其结构与 **7** 一样，也与 **7a** 相同，故 **7** 没有对映异构现象。自然界中尚未发现有交替对称轴的天然分子，如 **8** 一类有交替对称轴的分子都是合成得到的。

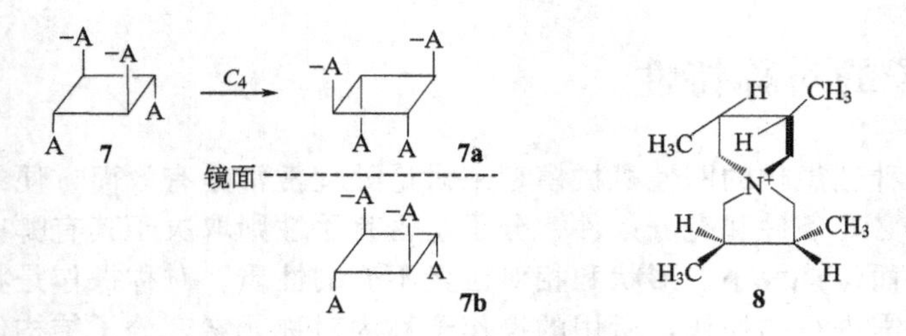

图 3-7　S_4 的操作和带 S_4 的分子 **8**

四配位碳原子的外形可作立方体看待。如甲烷一类 $Caaaa$ 型分子中，有 4 个穿过 C—H 的 C_3 轴和 3 个穿过 C 原子并与立方体的边平行的 C_2 轴及 6 个通过立方体相对的两个面上两条对角线的对称面。此类分子共有 13 个对称元素，对称性很高，如图 3-8 所示。

如图 3-9 所示，$Caaab$ 型分子中有 1 个穿过 C—b 的 C_3 轴和 3 个通过 a—C—b 的对称面，共 4 个对称元素。$Caabb$ 型分子中有 1 个 C_2 轴和 2 个通过 a—C—a 或 b—C—b 的对称面，共 3 个对称元素。$Caabc$ 型分子中只有 1 个通过 b—C—c 对称面的对称元素。

任何分子都有 C_1 对称元素，有无 C_n轴对分子有无手性不能做出判断。当分子中有对称

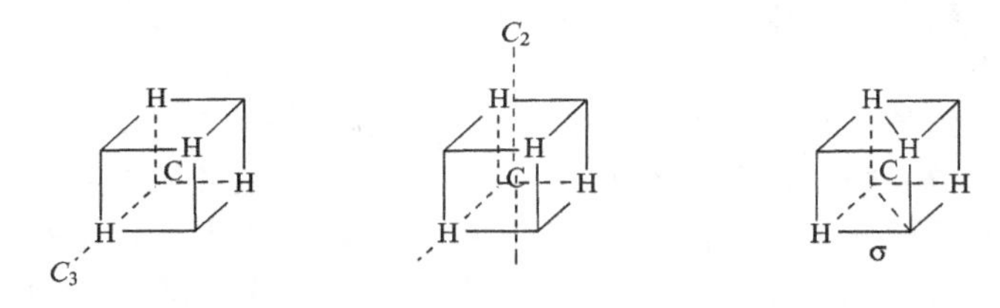

图 3-8 甲烷（$Caaaa$）分子的对称元素

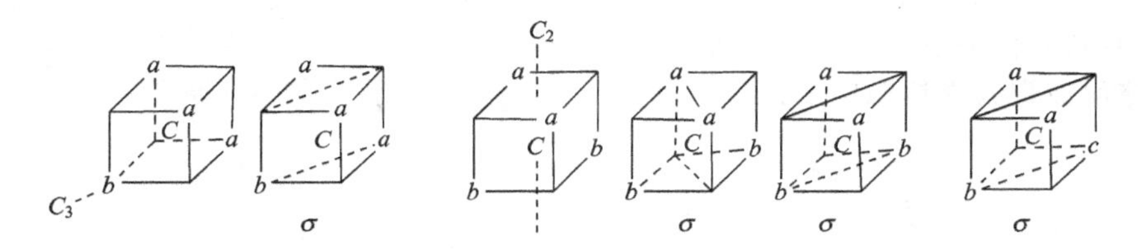

图 3-9 $Caaab$、$Caabb$ 和 $Caabc$ 分子的对称元素

面、对称中心或 S_4 时，其实物和镜像是一样的，二者可以完全叠合而没有手性；当分子既没有对称面又没有对称中心，除极个别有 S_4 对称元素的分子外，其实物和镜像如同左右手关系是不能叠合的，是有手性的。对称面是最常见的使分子失去手性的对称元素，因对称中心使分子失去手性的并不多见。$Cabcd$ 型分子中没有对称轴、对称面和对称中心，是有手性的。手性不等同于不对称性。没有任何对称元素的分子称不对称（asymmetric）分子，存在对映异构关系但仍含有某种对称因素的称非对称（dissymmetric）分子。[7] 物体和镜像体不能叠合的分子称手性分子，手性分子所有的构象都有手性。所有的不对称或非对称分子都是手性分子，但手性分子不一定是不对称分子。如（+）-酒石酸和（-）-酒石酸（参见3.6.2）都是手性分子，但它们因都有 C_2 对称轴而称不对称分子。

转动是一种“真实”的操作，进入重叠位置的点是实际的原子点，属真转动（proper rotations），为本征操作或第一类操作。对称中心、对称面或交替对称轴的操作仅是真实原子点的反映，是“非真实”的虚幻性质的操作，属非真转动（improper rotations），为非本征操作或第二类操作。任何缺少非真转动对称元素的分子是有手性的，而任何带有非真转动对称元素的分子是非手性的。手性分子进行非真转动操作时必将产生其对映异构体。

3.4.2 手性中心和立体源中心

带 4 个不同原子（团）的碳原子称手性碳原子，常用 *C 表示。许多带手性原子的分子是有手性的，故手性原子又常称手性中心（chiral center）或不对称原子。手性中心也可以是磷、氮、硅、硫等其他原子。4 个桥头不同取代的金刚烷分子也有手性（参见 3.5.1），尽管其中心仅是抽象的，无任何实质存在，某些有手性原子的分子也可能是无手性的，故手性（不对称）原子（中心）这几个术语也许用立体源中心（stereogenic center，stereocenter）这一术语来替代更妥。立体源中心是分子中反映立体异构现象的中心，在此中心交换任意两个配体的位置后产生一个新的立体异构体。反之，若一个中心上的任何两个配体交换后并未产生新的立体异构体时，则这个中心是非立体源中心（non-stereogenic center）。立体源中心的含义要比手性中心更广一些，它未涉及分子是否是手性的，但是它与产生立体异构相关。随之又可引出立体源单元（stereogenic unit）这一术语。立体源单元可以是某个原子或某些原子的组合，如 *trans*-2-丁烯的“C ═C”双键平面是一个立体源单元，丙三烯类和联苯类带手性轴的手性分子中“C ═C ═C”和“C_6H_5—C_6H_5”也是立体源单元。立体源单元有可能产生手性，就像四面体碳原子有可能产生手性一样，立体源单元上的配体交换后将产生另一个立体异构体。

手性一词原来指的是连有 4 个不同原子（团）的碳原子的环境，碳原子本身谈不上有无手性。中心在词意上指一个点，点谈不上有无手性，故立体源中心比手性中心在词意上也更合适，且可应用于无手性分子的立体化学。[8] 还要注意，手性中心肯定是立体源中心，但立体源中心不一定是手性中心。如，顺-1,4-二甲基环己烷（**9**）和 *cis*-2-丁烯 **5** 有对称平面，分子中并无手性中心。但将 **9** 中的 C1 与 **5** 中的 C2 上的甲基和氢交换后分别得到反-1,4-二甲基环己烷（**10**）和 *trans*-2-丁烯 **6**，**10** 与 **6** 的分子内也有对称平面，分子也无手性。但 **9** 与 **10** 为非对映异构关系，**5** 与 **6** 是顺反异构关系，**9** 中的 C1 与 **5** 中的 C2 因可产生另一个立体异构体而被视为立体源中心是可取的，尽管这里并无手性中心（原子）。

3.4.3 前手性

某非立体源中心中的一个配位原子（团）被其他原子（团）取代后成为立体源中心时，意味着该非立体源中心存在着潜在的手性，称前手性（prochiral）。前手性是针对分子中某一个原子、面或轴来讨论的。如在 CH_3CH_2CHO 中，羰基 C1 和 α-C2 都是前手性碳原子。醛基发生加成反应后，若亲核基团不是氢或乙基，C1 就成为手性原子；C2—H 若换成不是氢、甲基或醛基的另一个原子（团），C2 也成为手性原子。不对称的双键平面 C═G [G：C、O、NH (R)$_2$] 是一个前手性面，许多不对称合成反应都是在此类前手性面上进行的（参见 3.8.2）。若分子中已经有立体源中心，则前手性中心将导致非对映异构体的生成。

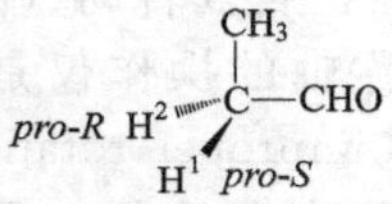

图 3-10 乙醛分子中两个前手性氢及其构型命名

词头 *pro-R*/*pro-S* 用来区别前手性中心上两个相同的取代基。人为认定 C*abcc* 分子中某一个 *c* 的优先次序大于另一个 *c*，根据次序规则（参见 3.6.1）就可给出其前构型了。如图 3-10 所示，丙醛分子的 C2 是前手性碳原子，如认为 C2 上的 H^1 优先于 H^2，则构型为 *S*，H^1 被定义为 *pro-S*，H^2 被定义为 *pro-R*；反之，若认为 H^2 优先于 H^1，则构型为 *R*，H^2 被定义为 *pro-R*，而 H^1 仍为 *pro-S*。[9] *pro-re*/*pro-si* 用来描述二维前手性平面的方向（参见 3.7）。

不经过拆分就直接将前手性中心转变为手性中心且生成不等量（非）对映异构体的反应就是不对称反应。

3.5 手性分子的类型

分子具有手性的充要条件是与其镜像不能重叠。存在一个构型确定的手性中心是分子具有手性的充分条件而非必要条件，无手性中心但具有轴手性（axial chirality）、螺旋手性（helical chirality）和面手性（plane chirality）等的分子也可有手性。蛋白质、核酸之类左旋、右旋结构又称螺旋立体异构（cyclostereo isomer），索烃则称为拓扑异构（topological isomer），是仅由连接方式衍生出的立体异构。此外，还有因取代基在分子内部的位相不同而形成的位相异构（phase isomer）[10] 及如纳米粒子和富勒烯等由单一成分形成的手性分子。[11]

3.5.1 带手性中心

分子中的手性中心可以是众多元素之一，也可能是一个没有任何元素的抽象手性中心。

(1) 带4个不同取代基的化合物 只有一个手性碳原子的分子是有手性的，此类分子中交换任何两个取代基就形成其对映异构体。如四烷基取代的**1**和因顺反偶氮基而致配体不同的**2**。**3**是第一个得到的非H-D取代的同位素手性分子。四个桥头不同取代的金刚烷**4**也是手性分子，其手性中心是高度对称的金刚烷骨架而无任何实质元素，分子的对称性与一般的四面体一样。

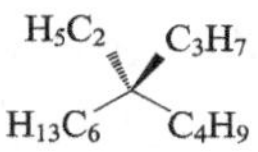

H_5C_2 C_3H_7 $H_{13}C_6$ C_4H_9 **1**　H_3C p-*cis*-$C_6H_4N=N-C_6H_5$ H_5C_6 p-*trans*-$C_6H_4N=N-C_6H_5$ **2**　^{18}O O **3**　CH_3 H Br HO_2C **4**

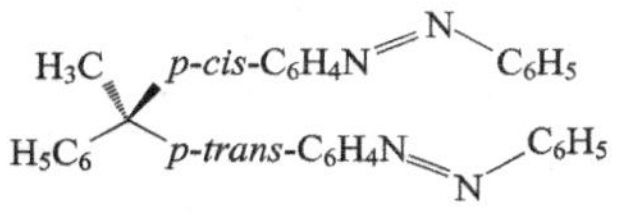

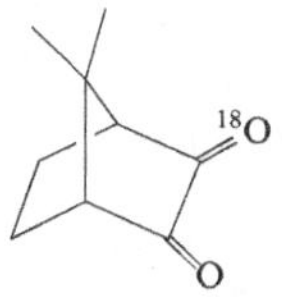

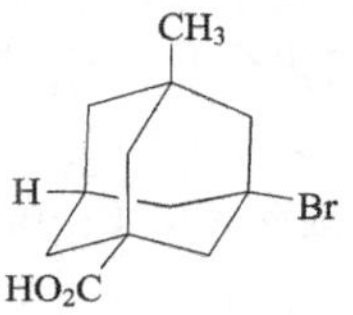

(2) 带一个四配位非碳原子的化合物 有一个正四面体构型的四配位Si、Ge、Sn、S、N、P及一些过渡金属原子等也是有光学活性的，如**5**、**6**和**7**等。

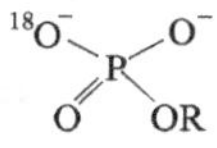

$^{18}O^-$ O^- P O OR **5**　$CH_2C_6H_5$ H_3C N^+ C_2H_5 Ph Cl^- **6**　M L'' L L' **7**

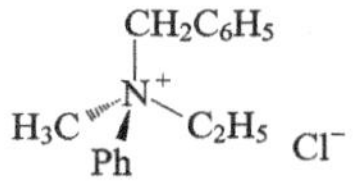

(3) 三价手性原子的化合物 如果将氮原子上的孤对电子当“虚原子”对待，则和三个不同基团结合的叔胺就成为一个手性分子，N是手性中心。普通叔胺上氮原子的构型反转随取代基大小需15～80kJ/mol，造成快速的对映构型互变（enantiomerization）而难以拆分。若把氮原子上三个不同的基团固定起来使其不能来回翻转，则两种对映异构的胺就都能独立存在，如Troger碱（**8**）。[12]

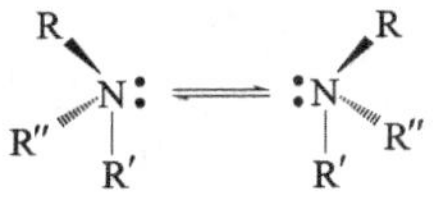

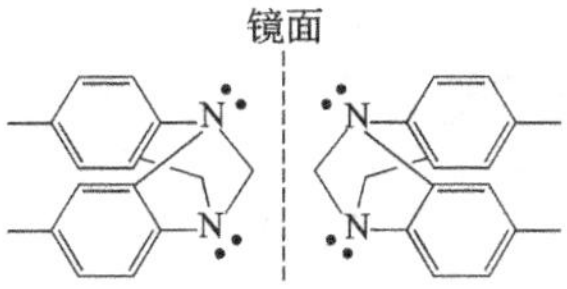

R R'' N R' ⇌ R N R'' R'　镜面　**8**　**8′**

20世纪60年代后期，一些氮杂、氮氧杂和二氮杂环丙烷化合物等三价胺化合物的合成和拆分取得成功。这与环丙烷中的键角在构型发生翻转时须经过120°的平面排列而伴随很大的张力有关。稍后，又制备并拆分了一些五元环的有异噁烷结构的及直链结构的光活性叔胺化合物，如化合物**9**、**10**、**11**、**12**和**13**，这也是对价键结构理论的重要实验支持。[13]

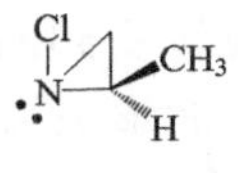

Cl N CH_3 H **9**　O Ph N Ph CH_3 **10**　N–CH_3 CH_3 N CH_2Ph CH_3 **11**　O N CO_2CH_3 CO_2CH_3 Cl **12**　N $PhCH_2O$ OCH_3 $C(CH_3)_2CH_2CO_2CH_3$ **13**

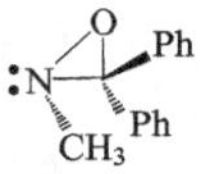

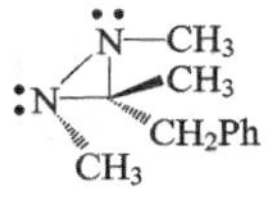

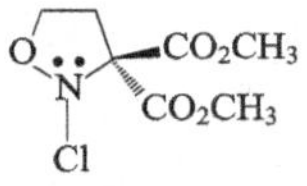

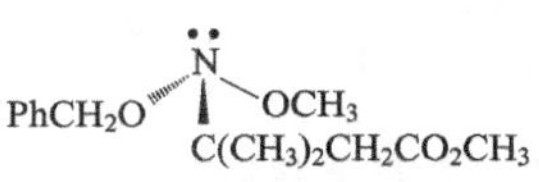

硫原子上的对映构型互变需较高能量，为100～160kJ/mol。三配位的手性硫化物和膦化物，如RS(O)R′、RS(O)OR′、RR′R″S^+X^-、(RO)S(O)OR′、RR′R″P和RR′R″P(O)等都是通常可见的手性分子，如图3-11所示：

图 3-11　手性的三配位硫化物和膦化物

3.5.2　带手性轴或手性面

因绕某根单轴或某个平面旋转受阻而产生的手性分别称轴手性或面手性，这根轴或平面称手性轴或手性面。轴手性和面手性化合物的类型很多，如螺环、阻转异构体、丙二烯、亚烷基环烷化合物、索结类、环蕃类、柄状化合物和反式环辛烯等。[14]

Caabb 分子中有一个 C_2 对称轴和两个对称面，故一般无手性。但若将 *a* 和 *b* 都用桥（→）连接起来，C_2 虽仍保留不变，但对称面已不复存在，物像不叠合，中心碳原子是对称碳原子，但分子有手性，如 **14**。同样，*Caaab* 型分子有一个 C_3 和 3 个对称面。但用桥连接起来后，C_3 对称轴虽仍保留不变，但对称面已不复存在，这个螺环分子就有手性，如 **15**。

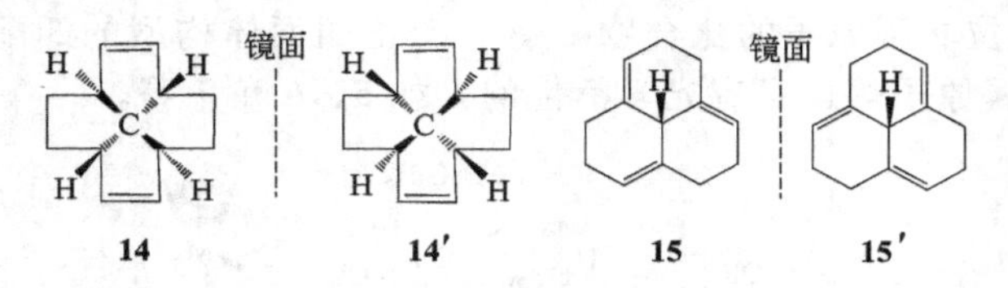

螺旋状化合物又称螺省化合物，有左螺旋或右螺旋之分，分子骨架如同螺钉或盘旋扶梯，实物和镜像不能重合，具螺旋手性。如 **16**，在菲环的 C4 和 C5 位引入甲基，两个甲基的体积已足够大，以致它们的相互立体作用使其不能容纳在一个菲环平面内，一个甲基只能在另一个甲基的上面或下面并引起菲环扭曲，整个分子像螺钉中的一圈不再有对称平面。20 世纪 50 年代由 Newman 制得的云螺烯［hexahelicene，**17**，$[\alpha]=+3640°(CHCl_3)$］也是这种类型的化合物；[15] 蛋白质和核酸的螺旋结构也是生物大分子中的一种手性体系。

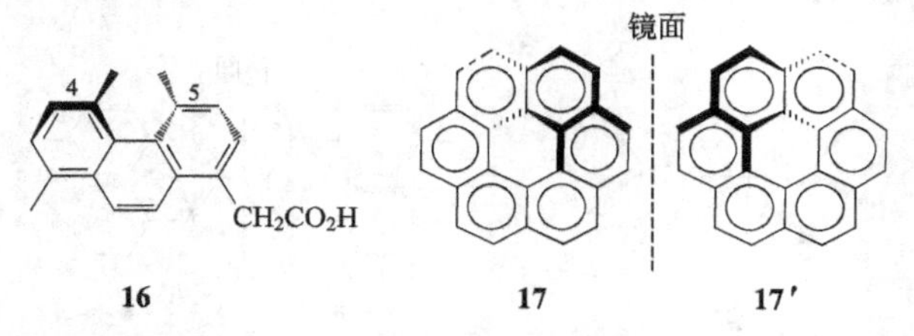

苯在 202nm 处有一个较强的 UV 吸收，联苯的最大 UV 吸收 λ_{max} 在 248nm 处，这反映出由于联苯分子中两个苯环处在一个共轭体系中，使 λ_{max} 向长波方向移动。在联苯分子的邻位引入取代基后会影响两个苯环的共平面性，λ_{max} 向短波区移动。如 2-甲基联苯的 λ_{max} 为 236nm，2，2′-二甲基联苯的 λ_{max} 为 224nm。如果邻位基团的体积足够大，立体位阻导致非常大的旋转能垒，以致两个苯基的自由旋转受到阻碍，这就使这类联苯衍生物分子因没有对称平面而能形成可拆分的对映异构体。这种由 C—C 单键的旋转受到阻碍而造成的光学异构体称阻转异构体（atropisomer），[16] 如图 3-12 所示。

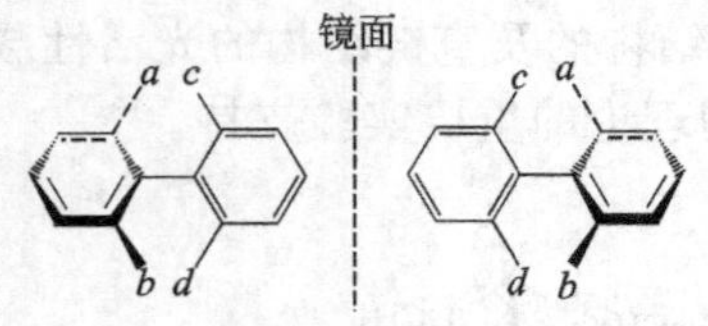

图 3-12　阻转异构体的联苯

联苯衍生物的阻转异构与邻位 4 个原子（团）的大小密切相关，能被拆分的阻转异构体的外消旋化半衰期 $t_{1/2}$ 至少在 1000s 以上，此时，2,2′-位上两个取代基和苯环碳的距离之和超过 0.29nm。原子团产生阻转效应的次序是 I＞Br＞CH_3＞Cl＞NO_2＞CO_2H＞NH_2＞

OCH_3＞OH＞F＞H，该次序与这些原子团的大小次序一致，这表明取代基的大小是决定阻转异构体稳定性的主要因素。实验表明，当取代基只是 F 和 OCH_3 等较小的基团时，在室温时仍不能妨碍两个苯基的自由旋转；当取代基至少有两个羧基或氨基再加两个非氢取代基时，可以拆分出光学异构体来，但仍较易消旋；当至少有两个硝基取代再加上两个非氢取代基时进行拆分就较容易；若取代基足够大，即使在每个苯环的邻位上只有一个取代基时也能实现拆分，如 2,2′-联苯二磺酸。此外，阻转异构还与环境温度有关，温度越高，阻转异构现象越不易发生。精密堆积晶体中的芳香性平面在分子之间的作用力相对较大，可克服 2,2′-位取代基之间的斥力，晶体的阻转异构现象比液体和气体要相对少见一些。一些阻转异构的天然产物和药物也都表现出极佳的生理活性。

萘的衍生物同样也有阻转异构现象，*N*-苯磺酰-8-硝基萘甘氨酸（**18**）可拆分出旋光异构体，8-位无硝基取代时无对映异构现象。1,1′-联萘分子（**19**）中的 H2 和 H8′有立体阻碍，使对称平面不复存在而可形成两个镜像不重叠的一对对映异构体。该类化合物中的 1,1′-联萘-2,2′-二酚（BINOL，**20**）和 1,1′-联萘-2,2′-二（二苯基）膦（BINAP，**21**）具有 C_2 对称轴，能与过渡金属配位形成如 **22** 那样具有高度扭曲的构象和较好刚性的七元环，两个萘基分处直立和平伏键而使空间对称性有较大缺陷，故可有效控制底物的取向和反应过渡态的构型。**20** 和 **21** 作为有机金属配合物的手性配体已被广泛用于催化的不对称有机反应。如（*R*，*R*）-或（*S*，*S*）-2,5-二甲基四氢吡咯（**23**）一类具有 C_2 对称轴的面手性分子，因对称轴可适当旋转，以满足不同底物与双齿配体之间的立体化学要求在不对称催化反应中也是非常有用的手性配体。[17]

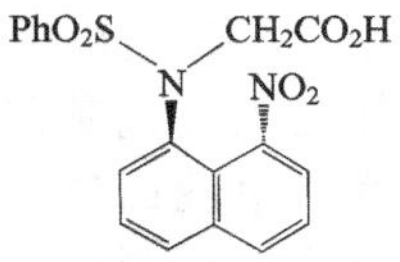

18 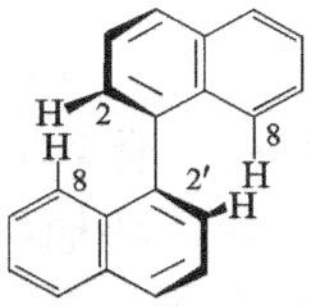 **19** 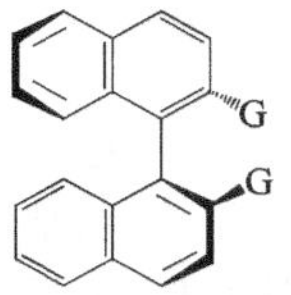 **20**: G=OH; **21**: G=PPh₂ 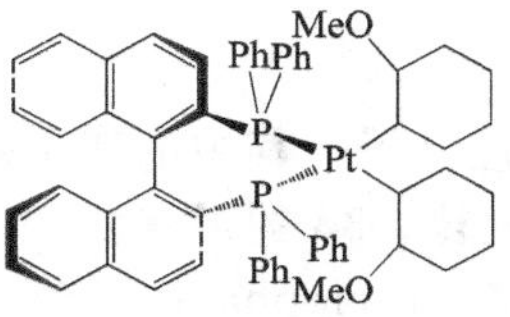 **22** 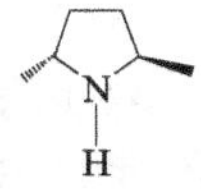 **23**

联苯衍生物中的邻位取代基起到了破坏连续平面对称性和阻碍单键旋转的作用，破坏连续平面对称性的作用也可由其他位置的取代基来实现。**24**、**25** 和 **26** 中的 NH_2、CO_2H 和 Br 都各自起到破坏除苯环平面外的对称因素的作用，而邻位取代基起到了阻碍旋转的作用。阻碍旋转的作用是无法由其他位置的基团取代来产生的，如 **27** 和 **28** 中的两个苯环仍可处于同一平面而无光学异构现象。酰胺中的 C（O）—N 键带有部分双键特性，若旋转能障足够大时也可形成稳定的两个立体异构体，如 **29** 和 **30**。[18]

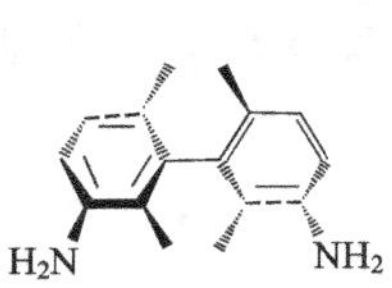

24 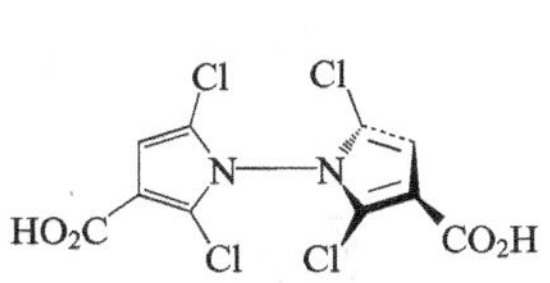 **25** 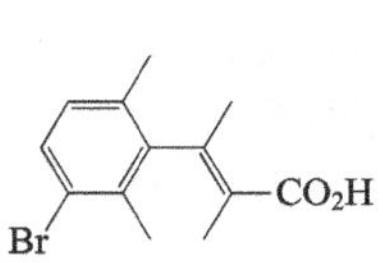 **26** 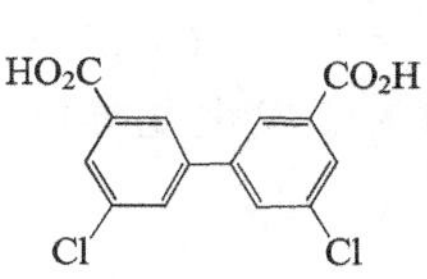 **27**

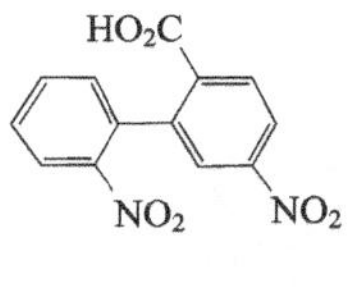

28 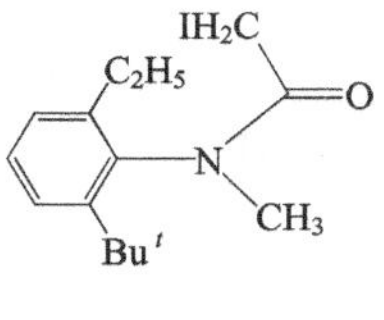 **29** 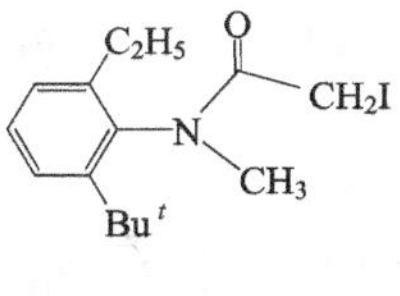 **30**

连二烯基中间碳原子是 sp 杂化，两个相邻双键所在平面相互垂直，当两端碳原子都分别连有不同的原子（团）时，该丙二烯衍生物就会有一对光学异构体存在。早在 1874 年，Van't Hoff 根据碳的正四面体结构就做出了这个科学论断，但直到 1935 年才从实验室中得到第一个旋光纯的丙二烯样品（**31**）。

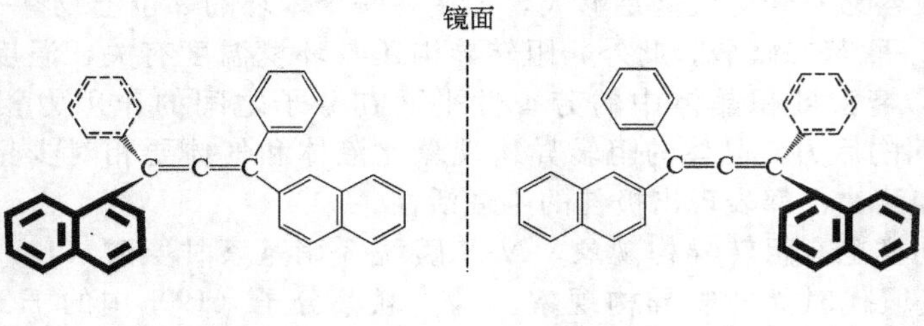

镜面

31 **31′**

当丙二烯端基碳原子上的两个原子（团）相同，如 **32** 中的 $a=b$ 或 $c=d$ 时，整个分子就会具有对称平面。丁三烯一类有奇数累积双键存在的多烯衍生物有对称平面而与简单烯烃一样只有顺反异构而无对映异构。有偶数累积双键存在的多烯则具有和丙二烯一样的立体异构现象。从丙二烯又可扩展到取代螺环和有环外双键的化合物，它们的手性起因于两边的基团分别位于两个相互垂直的平面上而使分子不再具有一个对称平面，如 **33**。

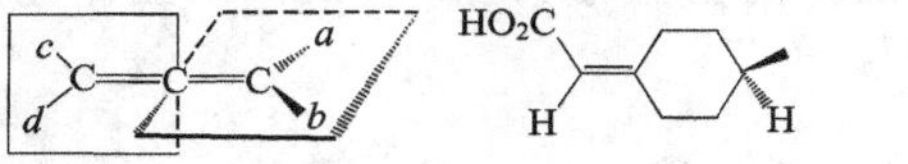

32 **33**

34 是手性分子，其中的亚甲基链太短，使带有一个较大体积，如羧基之类取代基的苯环不能自由旋转。**34** 的形状犹如提篮，苯环为底，称亚烷基环柄型化合物，手性面位于苯环。对环芳烷（cyclophane，**35**）也有同样的面手性，带羧基的苯环是手性面，相当于一个碳桥去除了上面那个苯环的对称面。若连接两个苯环的亚甲基链足够长，如成为 C_4H_8 时，**35** 不再有手性。当反式烯烃上的饱和碳链较短，使其只能偏离由两个烯烃碳和与其相邻的亚甲基碳组成的平面时，反式烯烃也会有手性，即分子中存在着面手性这一立体源单元。如，*trans*-环辛烯（**36**）中的双键外的碳链太短而不能处于双键平面，双键平面在室温下很难围绕 C8—C1 键和 C2—C3 键按顺时针方向旋转得到其对映体 **36′**，该转换能垒达 90kJ/mol。反式环辛烯既无对称面也无对称中心，4 个亚甲基碳链只能处于双键平面的上方或下方而成为有手性的分子，手性面是双键碳及两个直接与双键相连的亚甲基碳和与双键碳相连的两个氢所在的平面。整个分子也相当于一只篮子，亚甲基碳链相当于篮子的提手。**36** 或 **36′**{$[\alpha]_D^t=+414°(0.55, CH_2Cl_2)$}在 60℃下保存 7 天仍无变化。[19] 反式环烯上的亚甲基碳链较长时易于发生此类旋转而产生外消旋。

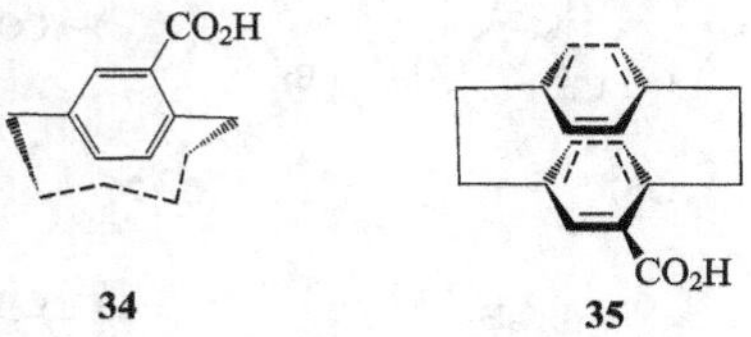

34 **35**

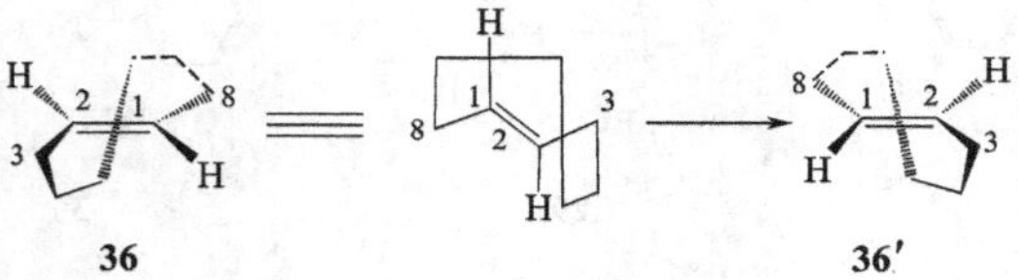

36 **36′**

一些索结类和环蕃类化合物、带有一定取代基的冠醚、杯芳烃等都能产生手性，如 **37** 和 **38**。[20]

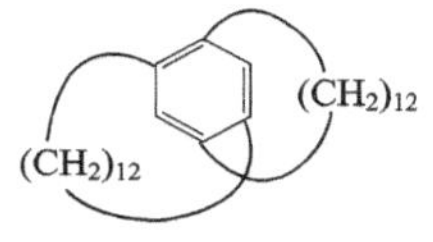

37 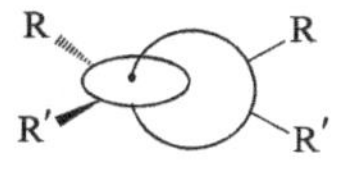 38

d^2sp^3 八面体金属有机化合物 **39** 上有六个配体，是可产生手性的分子。**40** 和 **41** 中的取代茂环和烯烃双键是前手性平面，Fe 与其配位可从两侧进行，故都会产生手性。一些手性二茂铁化合物也已作为催化剂成功地应用于不对称有机反应。[21]

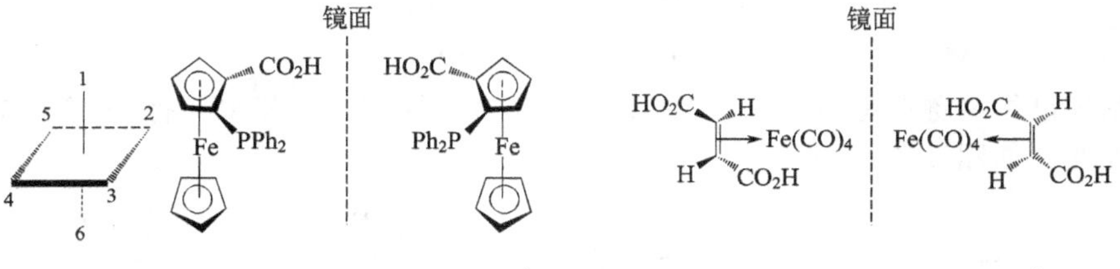

39 40 40′ 41 41′

3.5.3 环烷烃

由于环的存在，限制了小环、普环和中环中 C—C 单键的自由转动。因此，当环上的氢原子被其他原子（团）取代时会出现立体异构现象。取代基位于环的同侧或异侧的分别称顺式或反式。无论环取何种构象，顺式或反式关系是不会改变的，但取代基的 a 键或 e 键立体位向是会变化的。一元取代环烷烃是无手性的。在两个碳上都有取代基时，则会产生顺反异构和光学异构现象。如图 3-13 所示取代环丙烷的立体异构体。

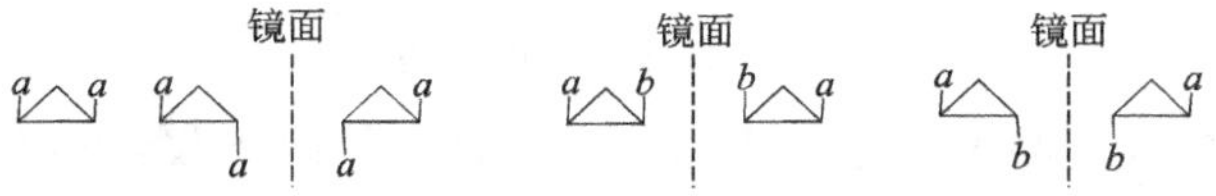

图 3-13 1,2-二取代环丙烷的立体异构现象

取代的环丁烷或环戊烷的立体化学情况与环丙烷相似。如图 3-14 所示，1,2-二取代环己烷或 1,3-二取代环己烷有顺反异构现象，反式异构体有对映异构体，1,4-二取代环己烷则只有顺反异构体而无光学异构体。

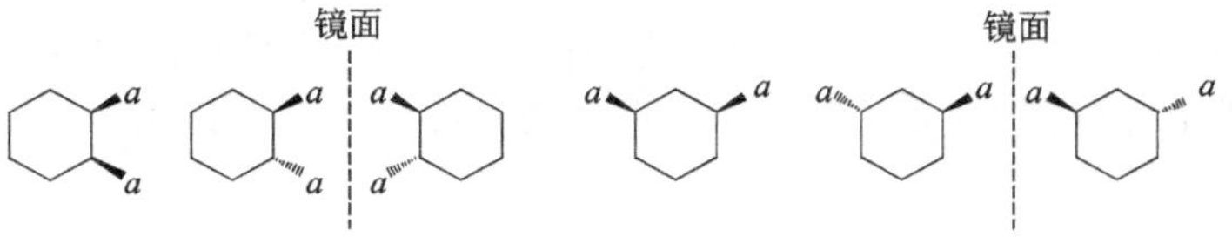

图 3-14 在两个碳上有相同取代基的 1,2-二取代环己烷或 1,3-二取代环己烷的立体异构现象

命名顺反异构环状化合物时用词头顺/反而不用 Z/E。当带有多个不同取代基时，可选定一个在环中占有最小位次的取代基为参考基，以 r（reference，中文意为“参考”）表明并使与 r-取代基顺位的取代基为较小位次。如 **42** 可命名为 r-顺-2-甲基-2-乙基环己基甲酸。环还可以用平面投影式表示。从环平面向上伸的取代基团用楔形线相连，向下的原子（团）用虚线相连，粗的一端表示离观察者较近。如顺-(1S，2R)-二甲基环己烷（**43**）所示，其平面构象有对称面，椅式构象 **43a** 似有对映异构体 **43b**。但 **43a** 和 **43b** 能经由环翻转而快速互变而无法拆分。只要有非手性构象存在的分子必定是非手性的，环己烷衍生物的立体化学也

完全可以用平面构象的环来讨论。手性分子反-（1*S*，2*S*）-二甲基环己烷（**44**）的任何一个构象都是手性的。

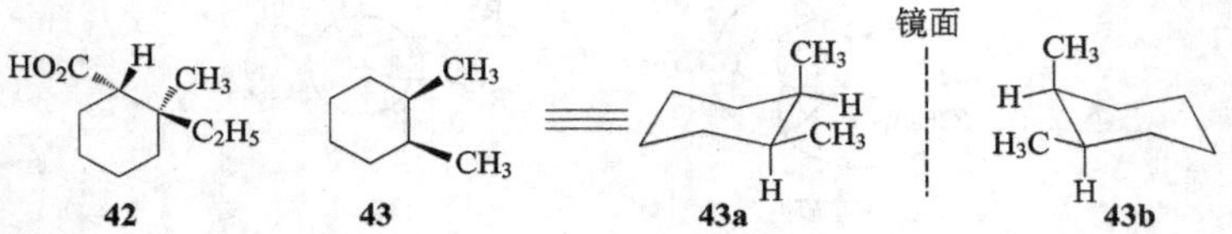

42　**43**　**43a**　**43b**

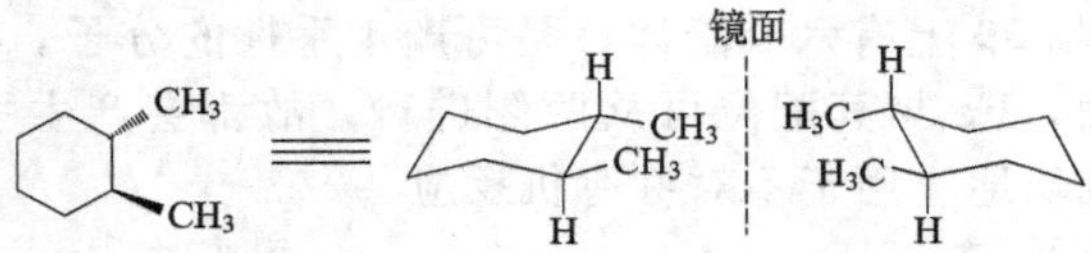

44　**44**　**44′**

六羟基环己烷又称肌醇（cyclitol），有 8 个非对映异构体，其中只有 **45** 这一个立体异构体是有手性的，如图 3-15 所示。

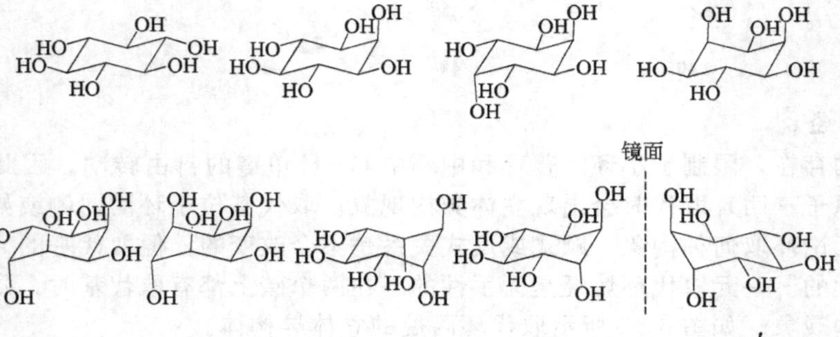

45　**45′**

图 3-15　肌醇的立体异构现象

稠环分子立体结构式因涉及构象而更为复杂。多数情况下仅给出其优势构象。如 *cis*-十氢萘（**46**）和 *trans*-十氢萘（**47**）可分别用 **46a**、**47a** 表示。并环处的氢及其指向可用粗圆点表示其指向面外，无粗圆点则表示其指向面内，如此可得简化式 **46b**、**47b**。并环处的氢指向不定的可无需表示，如 **48** 表示其结构可能是 **46** 和 **47** 或其混合物。中小环因亚甲基链短而不易实现反式并联的构型。**46** 和 **47** 中的一个环可看成是在另一个环的 C1 和 C5 上的 1,2-二取代基，**46** 是一个刚性分子，单个环上仅有 C4 亚甲基链，两个环己烷单元只能通过 e 键、e 键稠合而不可能具 a 键、a 键稠合的模式。**47** 的环己烷单元是通过 e 键、a 键稠合的，它可以发生 e、a ⇌ a、e 的转换而成为不能相互重叠的对映体关系的两个构象（参见 3.11.2）。**46** 中两个并联碳 C1 和 C5 上的氢相对较为靠近，有非键张力，因此热力学稳定性不如 **47**。[22]

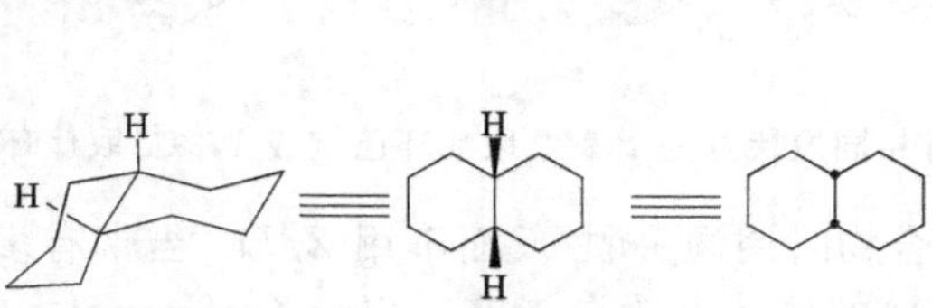

46　**46a**　**46b**

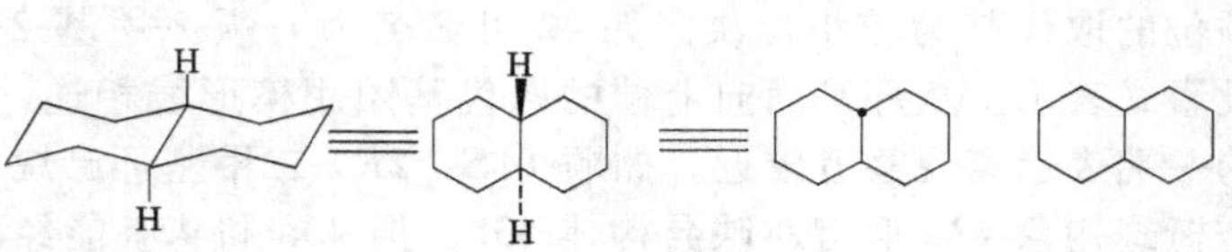

47　**47a**　**47b**　**48**

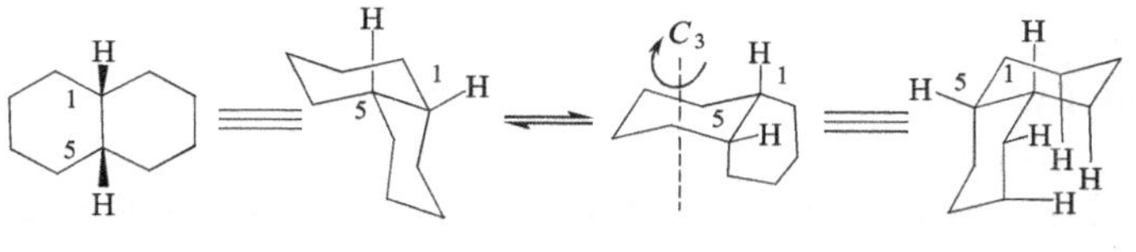

46a 46c 46d

两个不同的环并联，如，顺-二氢化茚（**47**）是内消旋的，反-二氢化茚（**48**）则有对映异构现象。

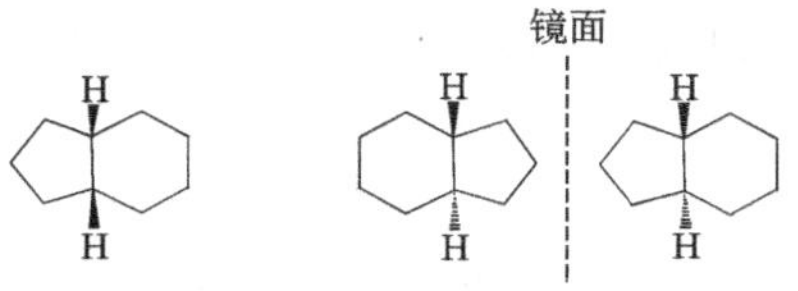

镜面

47 48 48′

三个环己烷并联后可以形成菲烷和蒽烷，由于环之间顺反关系的存在而能形成多种异构体。虽然各个环己烷单元能取椅式构象更稳定，但某些异构体中的环己烷因立体要求的限制也可能取船式或其他构象式。在给出分子的稳定构象结构式时，可以先画出中间环的椅式构象，然后再根据环顺反并联的关系，给出越多的椅式构象越好。如，反式-顺向-顺式蒽烷（**49**）、顺式-反向-顺式蒽烷（**50**）、顺式-顺向-顺式菲烷（**51**）和反式-顺向-顺式菲烷（**52**）。有关顺向、反向、顺式和反式的定义参见3.7。

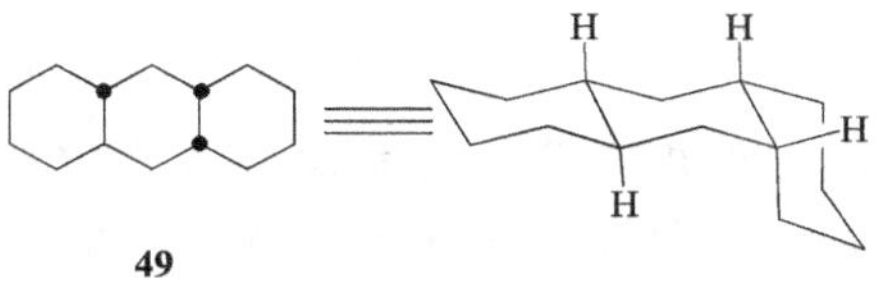

49 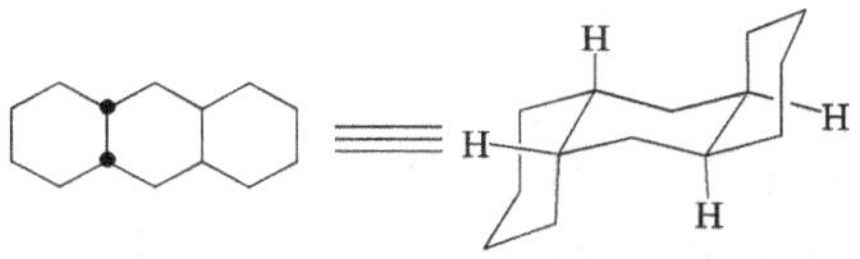 50

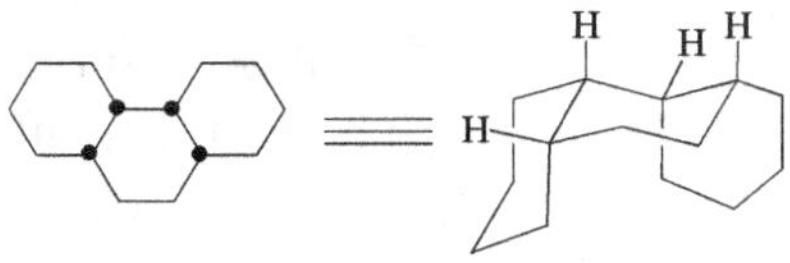

51 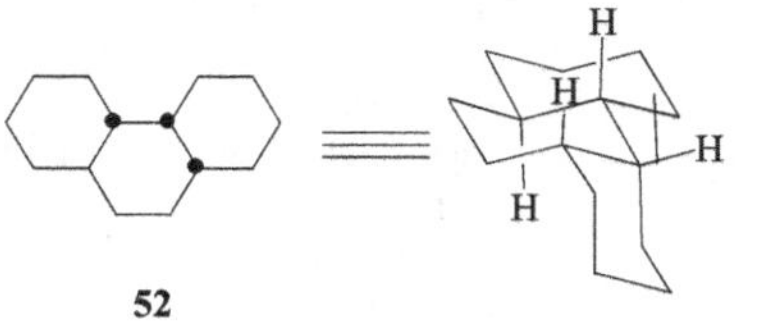 52

9-取代-9,10-二氢蒽（**53**）的构象并不是平面的，9-取代基主要处于假直立位。

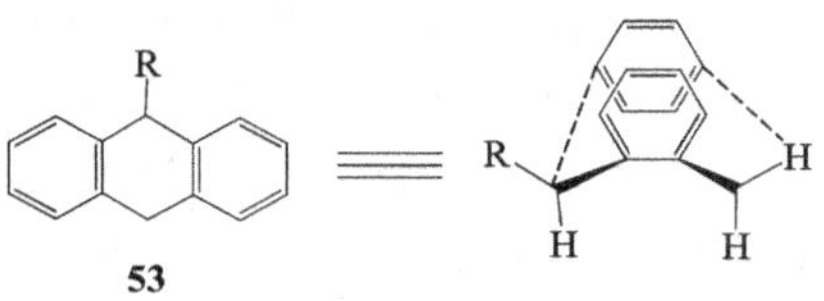

53

3.5.4 表面手性

在二维平面内采用任何旋转或平移操作都未能使其与镜像重叠的结构称表面手性（surface chirality）结构。[23]手性分子吸附在表面后自然会形成表面手性，还有一些相当于前手性的非手性分子吸附在表面后因受到表面对称性的限制或因分子与基底表面和分子间的作用也会形成表面手性。表面手性现象对多相催化、手性分子的拆分及合成都有着重要的理论和应用价值。

3.6　构型的命名

有机命名须对分子结构给出准确、简明的识别。对映体有右旋和左旋之分，从结构式是识别不出某手性分子究竟是右旋还是左旋的，为此需要对对映体的构型命名建立标准。对映体的构型命名包括相对构型（relative configuration）和绝对构型（absolute configuration）。相对构型与两种情况相关：一是以(＋)-甘油醛的构型作为命名标准，二是指与同一个分子中几个手性中心彼此的构型相关；绝对构型给出一个立体源中心上各原子(团)在空间与其镜像相区别的排列状态，其命名规则建立在原子（团）优先度（priority）的选择标准上。

3.6.1　D/L 命名

从化学反应的角度来看，构型而非旋光方向的关联才是本质上的联系。故在绝对构型尚无法测定时，可人为地先给出一个标准作为指定构型，然后通过过程已知的反应将相关化合物的构型关联起来。Fischer 等人先把(＋)-甘油醛（**1**）的投影式结构定为氧化态较高的 CHO 在上、CH_2OH 在下、H 在左、OH 在右，命名为 D 型；左旋甘油醛（**1′**）的投影式中，上下碳链不变，OH 在左，H 在右，命名为 L 型。[24]

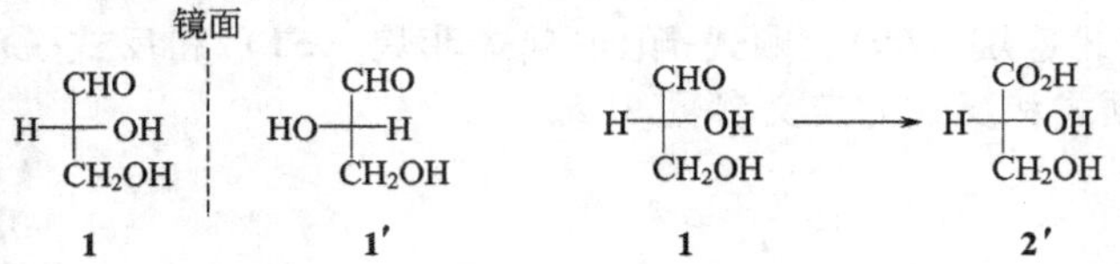

镜面

CHO / H—┼—OH / CH_2OH　**1**　|　CHO / HO—┼—H / CH_2OH　**1′**　　CHO / H—┼—OH / CH_2OH　**1**　⟶　CO_2H / H—┼—OH / CH_2OH　**2′**

手性分子反应时，只要其手性原子上的键不断裂，相对空间构型也必定保持不变。如，(－)-甘油酸（**2**）可以从 **1** 经氧化反应得到。反应发生在醛官能团上，并未涉及手性碳原子上的 4 根键，手性碳原子的空间构型没有变化，(－)-甘油酸的构型与（＋)-甘油醛相同，可认定为 D 型，尽管它们的旋光方向完全相反。如此得出的构型都是通过与人为规定的 D/L 相关联而得出的，是一个立体中心相对于另一个立体中心的构型，故称相对构型。也就是说，两个不同的手性分子 C *abcd* 和 C *abce* 中若 *d* 和 *e* 处于 *abc* 面同面的有相同的相对构型；处于异面的有相反的相对构型。实际上每一个以 D 或 L 命名的分子在 Fischer 投影式中对应有一个确定无误的构型，故也可称绝对构型。“相对”和“绝对”实际上并无很大矛盾，只不过相对指其构型是相对于某一标准分子而定的，但构型则也是确定的和“绝对”的。相对构型命名法的最大优点是能对大量天然产物做出系统的相关联的立体化学描述，但局限性也很明显：许多天然产物或合成得到的手性分子不易与甘油醛或相关化合物关联，不少反应对主链如何取向也会产生歧义。如图 3-16 所示的反应，从 D-甘油醛（**1**）出发，从醛基一端或羟基一端延伸反应，可以分别得到右旋酒石酸（**3**）和左旋酒石酸（**3′**），但这两个化合物根据关联都可命名为 D 型，这就产生了混乱。

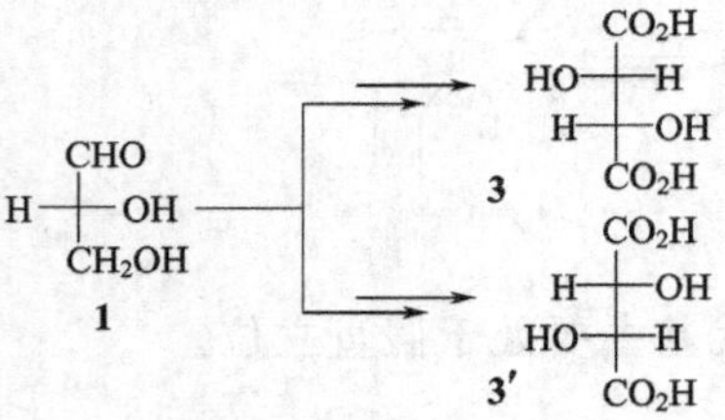

CHO / H—┼—OH / CH_2OH　**1**　⟶　CO_2H / HO—┼—H / H—┼—OH / CO_2H　**3**
　　　　　　　　　　　　　⟶　CO_2H / H—┼—OH / HO—┼—H / CO_2H　**3′**

图 3-16　从 D-甘油醛出发得到的两种酒石酸对映体都可定为 D 型

1951 年，Bijvoet 应用 X 衍射方法发现并确认（＋)-酒石酸负离子的构型与当初 Fischer 任意指定(＋)-甘油醛中官能团的相对空间关系是一致的，故通过关联而确定的化合物的 D/L 构型也可以确定是与实际构型一致的。目前 D/L 命名法主要在糖化学、α-氨基酸和 α-羟基酸中仍有广泛应用。在 α-氨基酸中用（一）-丝氨酸（**4**）为标准，将主链 CO_2H 放在上面，其他基团放在下面，α-H 在右，α-NH_2 在左的命名为 L；其对映右旋体（**4′**）命名为 D 型。有时在 D 或 L 加脚注下标 s，表示其是用丝氨酸为相对构型参考物的。所有从蛋白质水解得到的手性氨基酸的 α-碳构型都是 L 型。α-羟基酸与 α-氨基酸中 α-碳原子的相对构型相同，如 L-马来酸（**5**）和 L-半胱氨酸（**6**）。

镜面

4	4′	5	6
CO_2H	CO_2H	CO_2H	CO_2H
H_2N—+—H	H—+—NH_2	HO—+—H	H_2N—+—H
CH_2OH	CH_2OH	CH_2CO_2H	CH_2SH

同一分子中两个立体中心源的立体取向用相对构型来描述也很合适。与构型相关的习惯表示方法在某些特定学科领域的应用相当普遍而方便，但没有一个通用标准。如，糖类化合物的 D/L 命名法指距羰基最远距离的那个手性碳原子的构型，而 α-氨基酸和 α-羟基酸则是指羧基 α-碳原子的构型。为避免混淆，用 D_s/L_s 和 D_g/L_g 分别表示氨基酸和糖类化合物的构型，s 和 g 分别是丝氨酸和甘油醛的英文词头。甾体化合物环上取代基的构型习惯上一直是用 α/β 来表示的。

3.6.2 CIP 次序规则和 *R*/*S* 命名

20 世纪 50 年代，Cahn、Ingold 和 Prelog 等人提出用优先度和次序规则（sequence rules，CIP system）来解决手性中心的命名问题。该规则定义：将手性碳原子上相连的 4 个原子按原子序数排列；位于前端的眼睛、手性碳原子和位于后端的优先次序最小的原子依次在一条直线上进行观察，优先次序最小的原子即是元素周期表中原子序数最小的原子；手性碳原子上另外三个基团离眼睛最近并位于同一平面上，按原子序数由大到小的方向排列后，若是顺时针的则定义其构型为 *R*，若是逆时针的则定义其构型为 *S*。特定的 *R* 或 *S* 是根据立体源中心上配位基团在空间排列的优先度给出的，与其对映异构体的结构是可区别的，故常称绝对构型（absolute configuration），命名书写时在 *R* 或 *S* 外加小括号表达。[25] 在决定手性中心上配体的优先度时还有一些细则规定。

① 如果和手性中心相连的原子相同，则继续比较配体中与该原子相连的第二个原子。如甲基和乙基与手性中心相连的都是碳原子，甲基和乙基碳原子上分别连有 H、H、H 和 C、H、H，故 C_2H_5 的优先度比 CH_3 大。

② 重键可以看作多次和同一原子的结合。如，醛基是碳和氧的两次相连，相当于碳原子上连 O、O、H；乙烯基相当于碳原子上连 C、C、H，比饱和基团异丙基的优先度大。

③ 孤对电子的优先度比氢还小。

④ 高价原子（团）的优先度比低价的大。如，N^+R_3 和 NO_2 分别比 NR_2 和 NO 大。

⑤ 同位素较重的原子优先度大。如 D 比 H 优先。

⑥ 立体异构基团中的 *R*、*M* 和 *r* 分别比 *S*、*P* 和 *s* 优先；当两个取代基的构造相同时，*RR* 或 *SS* 的优先度大于 *RS* 或 *SR*，*MM* 或 *PP* 的优先度大于 *MP* 或 *PM*，如 **7** 中的 C4。具有较高优先度的取代基与手性中心在双键同侧的优先度大于在两侧的，如 **8** 中的 C5。

⑦ 手性轴（面）的近端比手性轴（面）的远端优先。

建立起 sp^3 碳的正四面体构型作基础来判别构型的 *R*/*S* 是关键，如图 3-17 所示的 5 个化合物都是（*R*）-构型。

螺环化合物的绝对构型也可按 CIP 规则来命名：先从一侧中与螺原子相连的原子优先

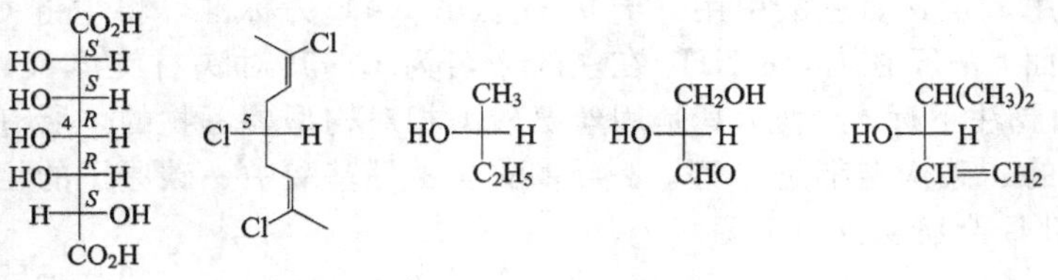

7 8

图 3-17 5个（*R*）-构型的化合物

度大的开始编号，再顺次对另一侧中与螺原子相连的优先原子编号，接着又回到前面那个螺环上，对与螺原子相连的另一个原子编号，最终回到第二个螺环上结束。如此即可给出*R*/*S*的构型。如，螺环化合物**9**和**10**都是（*R*）-构型。

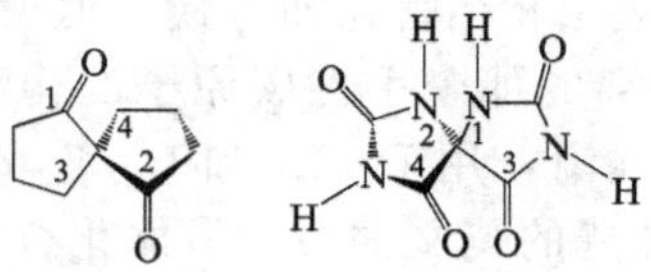

9 10

CIP规则取决于每一个分子的立体结构中原子和键的特征，与化合物的类型、来源和相互转化无关，因而是个独立普适的、能应用于任何场合、各种形式的立体源中心的构型命名。用*R*/*S*来命名构型有其表示方便和确定无误的优点，只要给出*R*或*S*构型，就能给出分子的空间结构；反之，只要有空间结构，就能给出其*R*或*S*构型。但*R*/*S*命名规则的应用取决于每个分子中各个手性源中心的立体特性并独立于分子间的相互转化，在不少场合下也会带来不便。如，S_N2反应的立体化学过程是构型反转，但用CPI规则命名产物的*R*（*S*）时，根据结构变化可能与底物不同或不变。这就不免让人，尤其是初学者感到困惑。又如，全合成中某个中间体产物中某个取代基变化时，其他并未涉及反应变化的立体源中心构型尽管未受影响，其*R*（*S*）符号也会发生或者不变或者变化为*S*（*R*）的各种情况，不利命名和探究底物/产物的立体关系。此外，未知立体结构式的分子也无法用*R*或*S*命名。这些不足都是CIP规则使用过程中的弱点。因此在某些学科范围，一些能相当成功地表示构型，并可约定俗成地完美显示构型与活性关系的局部系统的非CIP顺序规则的命名方法仍在广泛应用。

3.6.3 轴手性和面手性化合物的构型命名

轴手性化合物绝对构型的命名方法为：从手性轴的方向看去，先看到的基团（*a*、*b*；*a*>*b*）为近端（near），后看到的基团（*a*′、*b*′；*a*′>*b*′）为远端（far）。近端基团优先远端基团，根据CIP规则判别后若*a*→*b*→*a*′按顺时针方向排列的称*R*-型；按逆时针方向排列的称*S*-型。该方法称手性轴命名法，手性轴的观察方向对命名结果没有影响。如图3-18所示，**11**是（*R*）-构型，**12**是（*S*）-构型。有些文献再加一个a，即a*R*/a*S*或*R*a/*S*a来表示轴手性；加p，即p*R*/p*S*或*R*p/*S*p来表示面手性。[26]

面手性化合物的命名较复杂一点。一种方法是先确定一个含较多原子的平面为手性面，最接近连接在手性面外的原子为导向原子（pilot atom，*a*）；在手性面上与导向原子相连的第一优先原子（*b*），接下来再以顺序规则选择第二优先原子（*c*）。以*a*→*b*→*c*作螺旋看为顺时针取向的命名为p*R*构型，逆时针取向的则为p*S*构型（p表示平面手性）。如图3-19所示，化合物**13**为p*S*构型，**14**为p*R*构型。

反式环辛烯的手性面是包括4个取代原子的双键平面，无需取代基就有对映异构。任取

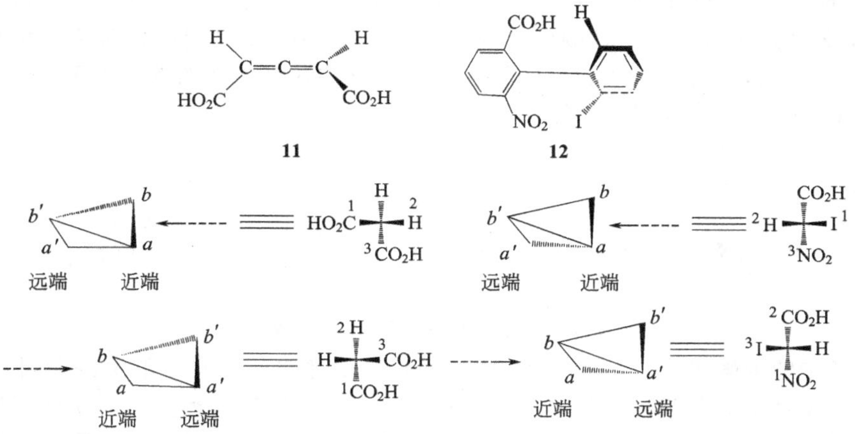

图 3-18 轴手性化合物绝对构型的命名

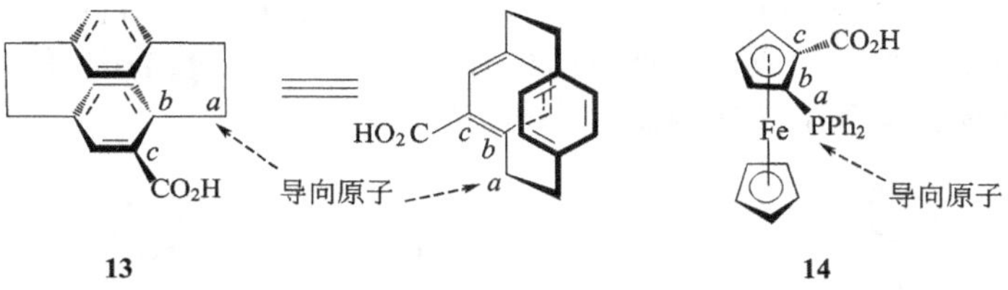

图 3-19 面手性化合物绝对构型的命名

2 个导向原子中的任何一个来指明构型得到的结果相同。**15** 是(*R*)-构型，**15′**是(*S*)-构型：

手性轴和手性面的构型命名还有一种经修正简化后的螺旋规则（helicity rule），并采用 *M*/*P* 来表达构型的符号。[27]面手性分子中，若 $a \to b \to c$ 逆时针方向的定义为 *M*-构型，顺时针方向的定义为 *P*-构型。故 **13** 和 **14** 分别为 *M*-和 *S*-构型。沿着手性轴观看，同样利用近端-远端的概念（参见 3.6.1），近端的 2 个取代基团为 $a>b$，远端的 2 个取代基团为 $c>d$，只需直接进行 $a \to c$。按优先度次序顺时针排列的为 *P*(plus)-型，逆时针方向排列的为 *M*(minus)-型。如图 3-20 所示，**11** 是 *M* 型，而 **16** 是 *P*-型。(*R*)-构型对应于 *M*-型，(*S*)-构型对应于 *P*-型。

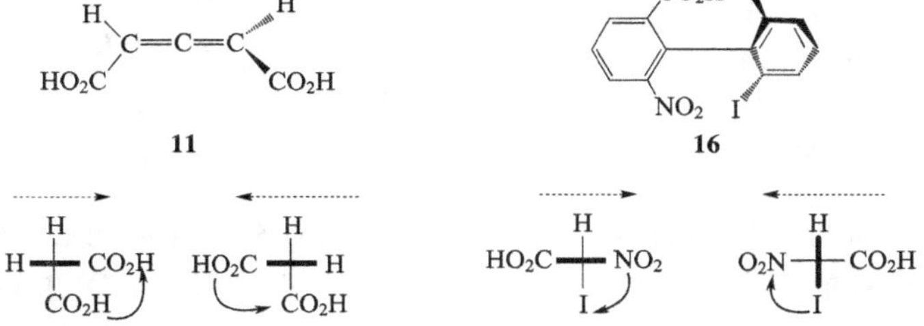

图 3-20 轴手性化合物的 *M*/*P* 命名（粗线条是近端）

手性面的M/P构型命名还可采用五点图形的方式。如图 3-21 所示，ABY 为手性面，X－Y成键，Z 在此手性面外，按顺序规则 A＞B。观察 A→Z 之间的扭转角，顺时针转为右手螺旋P表达，反之，为左手螺旋M表达。分子**13**中羧基所在的碳相当于 A，与原子a相连原子在手性面上方，故为M-构型。

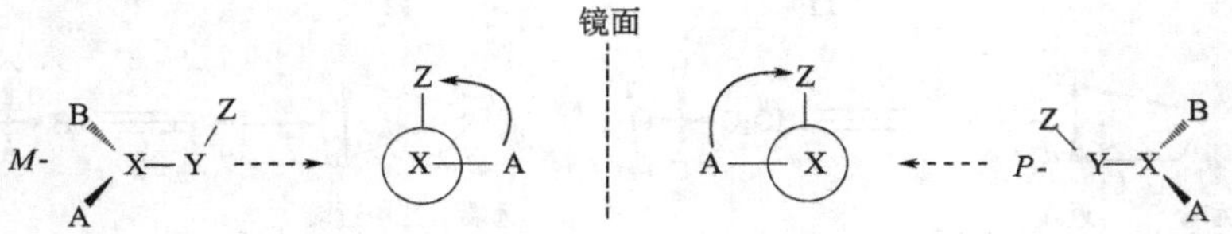

图 3-21　面手性化合物的M/P命名

3.5.2 节中的云螺烯（**17**）是P-型螺旋，从观测者的角度看，基团按顺时针排列而远去。**17′**是M-型螺旋，从观测者的角度看，基团按逆时针排列而远去。因立体拥挤，三苯基硼不是一个平面分子，3 个苯环有相同的偏转而成为右螺旋或左螺旋。常用的螺栓或螺丝都是右旋的，若三苯基硼也是如此排列，则命名为P（右手螺旋）型，反之则为M（左手螺旋）型。图 3-22 所示的三苯基硼若围绕 C—B 键旋转，当两个环沿同一个方向旋转并与 B 原子和它相连碳原子所处平面成正交直角构象后，其中一个环再向相反的方向旋转就产生另一个新的立体异构体。此类阻转异构体又称螺旋桨分子。

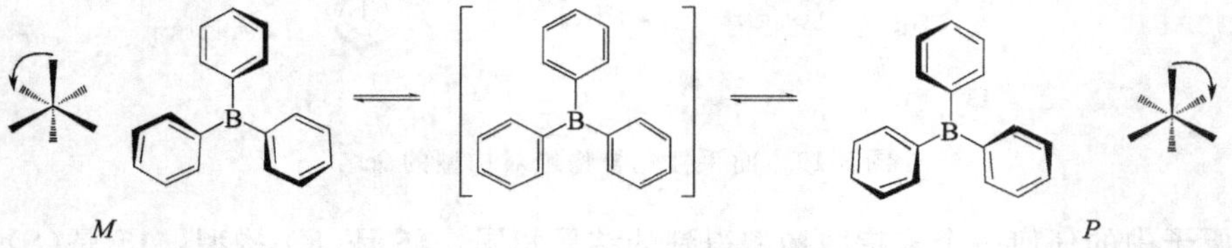

图 3-22　三苯基硼的两种构型及其M/P命名

3.6.4　构型的命名与旋光方向的关系

D/L 与R/S命名系统本质上是完全不同的。D 或 L 与R或S之间并无必然关系。如，L-丝氨酸（**4**）是（S)-构型，而 L-半胱氨酸（**6**）是（R)-构型。如图 3-23 所示的反应，从（R)-α-羟基丙二酸甲酯（**17**）为底物反应，得到的各种产物既可能仍保留（R)-构型，也可能成为（S)-构型，但手性中心的 4 根键在反应前后并未断裂，故相对构型并未变化。用R/S命名系统可对多原子分子中的每个手性原子命名，用 D/L 法表示就相当不方便了。有时仅仅知道几个手性原子的相对构型，却不清楚其任何一个的绝对构型。此时可用R^*/S^*用于表示外消旋体中各个手性原子的构型。如，化合物**18**为（1R，2S，3S)-或(1S，2R，3R)-，可表示为（1RS，2SR，3SR)-或（1R^*，2S^*，3S^*)-。

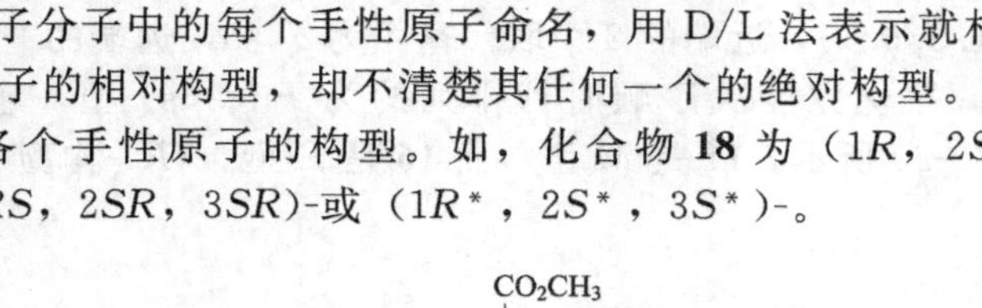

图 3-23　以（R）-α-羟基丙二酸甲酯（**17**）为底物反应得到的各种产物可能是（R）-或（S）-构型

从旋光仪上观察到的旋光方向是一种实验结果，并不能提供有关未知分子构型的信息。旋光方向相同的各种分子的R/S-或 D/L-构型可能是相同的或不相同的。构型无论用R/S还是 D/L 来表示，它们和旋光方向都没有一一对应的关系，旋光方向仍须通过实验才能得知。

实际上旋光方向有可能随测试条件而变化，但构型是不会随测试条件而变化的。故一个已知构型的化合物在命名时应同时给出其旋光方向。如 **19** 和 **20** 均是（*R*）-构型，**19** 是左旋的，[α] ＝－2.26°，命名为（2*R*）-（－）-羟基丙酸甲酯；**20** 是右旋的，[α] ＝＋14.50°，命名为（2*R*）-（＋）-羟基丙酸。

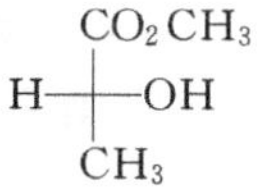

CO_2CH_3 / H—C—OH / CH_3

19

CO_2H / H—C—OH / CH_3

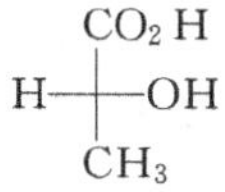

20

同系物的旋光度往往是朝一个方向改变的，且某类官能团对旋光度的影响都有相对一定的值。通过比较大量同系物，特别是刚性结构的如甾体一类化合物的某个基团与旋光方向及大小的关系能发现一定的规律。若能建立足够数量同系物的旋光性，某个未知同系物的旋光性也能通过外推来预测。酶通常只与同系物中的某一种构型进行反应。如某种酶只进攻某类氨基酸的 L-型，则某未知的也能与该酶反应的同类氨基酸也可认定为 L-型。有人提出四个配位基团极化率由大到小若是顺时针方向，则该分子是右旋的；也有报道根据 *ab initio* 计算方法结合拉曼光谱来预测手性分子的旋光方向；有的提出根据手性分子的螺旋方向来判断。旋光方向和大小均与立体源中心的结构密切相关，但影响因素十分复杂，其对应关系至今未能解决。这有点遗憾，却也是非常令人感兴趣的一个重大课题。[28]

3.7 几组立体词头

有机分子的立体异构是通过如 D/L、*R*/*S*、*R** /*S** 、*proR*/*proS*、*r*/*s* 等置于名词前的这些成对立体词头（stereodescriptor）来予以区别和描述的。有机立体化学中还有一些专用的成对立体词头，它们的命名和定义如下。

（1）*cis*/*trans*　位于双键或环体系同一侧的称 *cis*（顺式，*c*），异侧的称 *trans*（反式，*t*）。*cis*/*trans* 在稠环化合物中表示环稠合连接点上氢原子的两种相对取向方式。双取代烯烃用 *cis*/*trans* 表达是可行的，更多取代烯烃则需用按顺序规则建立的 *Z*/*E* 命名法更为确切。共轭二烯 4 个烯烃碳处在同一平面上时，带有部分双键性质的单键 C(sp^2)—C(sp^2)也有两种构象：顺型［即 *s-cis*（**1a**）］和反型［即 *s-trans*（**1b**）］。**1a** 或 **1b** 亦称 *cisoid*-或 *transoid*-共轭二烯。在 Diels-Alder 环加成反应中，只有 *s-cis* 二烯才是可以发生反应的（参见 5.6.3）。

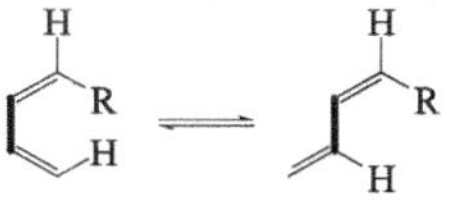

1a　　**1b**

（2）*cisoid*/*transoid*　多环化合物中邻环间的关系用 *cis*/*trans* 表示，间隔环间的用 *cisoid*-（顺向）和 *transoid*-（反向）表示。*cisoid*/*transoid* 由相距最近的原子间，即连接原子数最少的两原子间的立体关系来确定，若原子连接数相同则由原子序数较小的两个原子间的立体关系来定义。自左至右顺次先描述一个环与另两个环之间的立体连接，再描述两个分离环之间的立体连接，必要时也在其后标出桥头原子的位次。如，根据 A/B、A/C 和 B/C 环的相对立体关系，**2** 命名为 *cis-cisoid-trans-*；**3** 是 *cis-cisoid-cis-*；**4** 是 *trans-transoid-trans-*；**5** 是 *cis-transoid-trans-*。

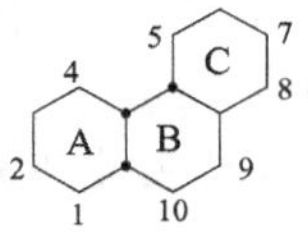

2 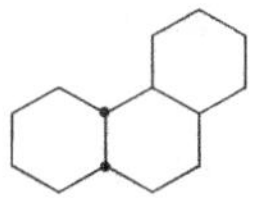　　**3** 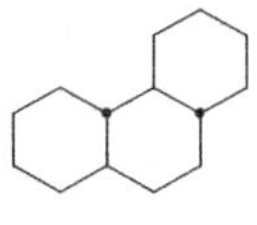　　**4** 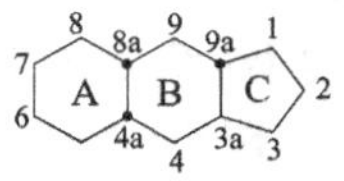　　**5**

(3) *E*/*Z* 双键顺反异构体之间的物理化学性质各不相等，但都无光学活性。以往称几何异构体，但所有的异构体都可视为几何异构体，故 IUPAC 已建议取消几何异构体这一术语。按照 CIP 次序规则，将两个双键原子上所连取代基团优先度大的位于同侧的命名为 *E*，位于异侧的命名为 *Z*。当两个双键碳原子各有一个基团相同时，两个相同基团在同侧的为顺式，在异侧的为反式。但顺/反和 *E*/*Z* 在更多情况下并不一致，如，**6** 和 **7** 各是 *Z*-（顺式）和 *Z*-（反式），**8** 和 **9** 则各是 *E*-（反式）和 *E*-（顺式）。故应用 *E*/*Z* 来命名烯烃的顺反异构以避免误解。

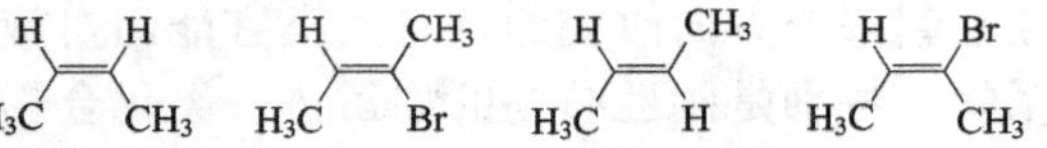

6 **7** **8** **9**

一般而言，顺式异构体的偶极矩较大，在惰性溶剂中的溶解度也较大，熔点低，化学性质也较活泼，但也常有例外，这与取代基的性质有关。如 1,2-二卤乙烯除二碘化物外都是顺式异构体更稳定一些。实际上除了体积因素产生的斥力外，基团之间的电子因素和范氏力也有影响。许多情况下，在光或热作用下单一异构体会转化而成为顺/反异构体的混合物。

(4) *endo*/*exo* 双环化合物常用 *endo*-(内型)/*exo*-(外型)来表示取代基之间的立体化学关系。首先按下列优先次序来选择主桥：含杂原子、含较少的原子、饱和的桥、取代基较少或取代基按优先次序规则较小。**10** 和 **11** 这两个化合物中，—CH_2—的主桥和两个 H 在环的同一面，不在主桥上的取代基（此处为酸酐）远离主桥平面的称 *endo*-，如 **10**；反之为 *exo*-，如 **11**。或者说 *endo*-取代基指向分子骨架的内侧，*exo*-取代基指向分子骨架的外侧。另一种解释为在一个双环体系中，*endo*-表示取代基接近于两个未取代的桥中较长的桥，如 *endo*-降冰片（**12**）；*exo*-则表示取代基接近于两个未取代的桥中较短的桥；如 *exo*-降冰片（**13**）。

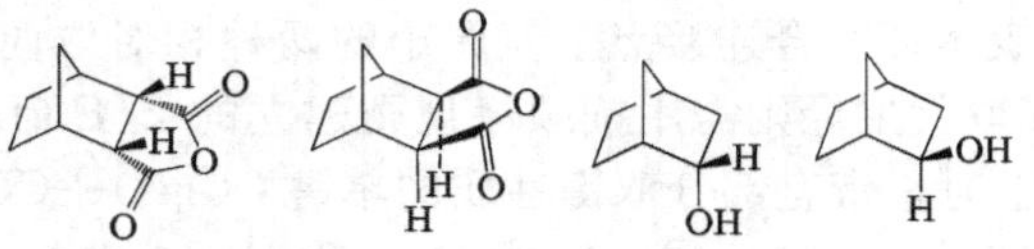

10 **11** **12** **13**

在双环[*m*.*n*.*o*]($m \geqslant n > o > 0$)化合物中，不同桥环上的两个取代基的相对构型也用 *endo*/*exo* 和 *syn*/*anti* 表达，如 **14** 所示。最长桥上的取代基朝向最短桥的称 *exo*，远离最短桥的称 *endo*。最短桥上的取代基朝向最长桥的称 *syn*，远离最长桥的称 *anti*。故 **15** 为 *exo-syn*；**16** 为 *endo-syn*；**17** 为 *exo-anti*；**18** 为 *endo-anti*；**19** 为 *anti*-。

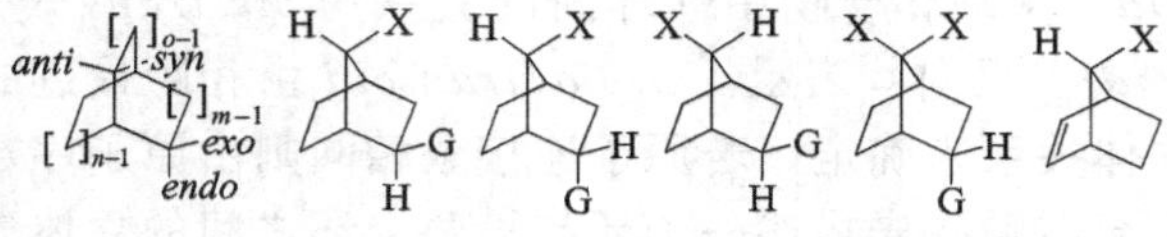

14 **15** **16** **17** **18** **19**

(5) *ent*/*epi* 许多天然产物有不少立体中心，立体异构体非常多。为方便命名，可加前缀 *ent*-来命名对映异构体，该命名多用于俗名。如，胆甾醇的对映异构体称 *ent*-胆甾醇。众多的立体异构体中只有一个立体中心的构型发生反转后得到的立体异构体称差向体(epimeric center)，用前缀 *epi*-来表示，"*epi*-"前面的数字代表构型变化的所在处。糖化学中仅在半缩醛碳原子构型发生反转后得到的差向异构体特称异头物或端基异构体（anomer）。[29]

(6) erythro/threo 在 Fischer 投影式中，赤藓糖（erythreose，**20**）和苏阿糖（threose，**21**）C2 和 C3 上的羟基在前者位于同侧，后者位于两侧，是前者的非对映异构体。两个相邻手性中心上相同取代基的位向与这两个糖相似的也称 erythro（赤式）或 threo（苏式），如 threo-（1*R*，2*R*）-2-氨基-1-苯基-1,3-丙二醇（**22**）。这两个前缀修饰词常用于区别命名带两个相邻手性碳原子且无内消旋体异构的不对称分子。[30]

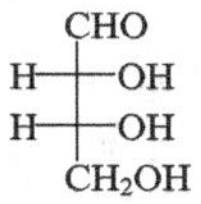

20 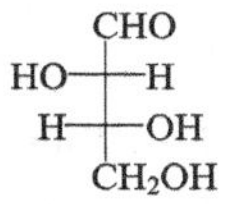 **21** 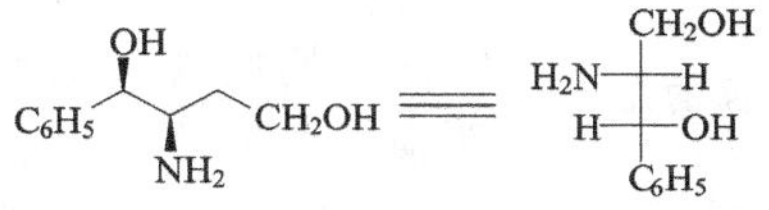 **22**

(7) pref/parf 用 erythro/threo 命名两个相邻手性中心上带不同取代基的化合物时会造成不确定性，为此可用 pref（preference reflective）/parf（preference antireflective）命名方法来解决。CIP 规则优先度（$a>b$，$a'>b'$）相同的基团在 Fischer 投影式同侧排列的称 pref，如 **23**；在异侧排列的称 parf，如 **24**。[31]

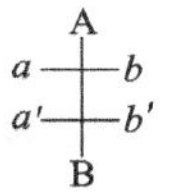

23 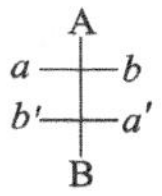 **24**

(8) *l*/*u* 底物的前手性中心和产物形成的手性中心间的关系可用 *l*/*u* 表示。从 *re* 面得到一个新的构型的立体中心为 *R* 或从 *si* 得到一个新的构型的立体中心为 *S* 时称 *l*；反之，从 *re*（或 *si*）面得到一个新的构型的立体中心为 *S*（或 *R*）时称 *u*。

(9) *lk*/*ul* *lk*/*ul* 是对 erythro/threo 命名的修饰，两个相邻手性中心的绝对构型相同的称 *lk*（like），相反的则称 *uk*（unlike）。故 **20** 是 *lk*，**21** 是 *ul*。这两个表示方式应用性有限，难以直接与结构相关，故不如简洁的 *syn*/*anti* 表示方式用得普及。有时 *lk*/*ul* 和 *l*/*u* 的意义一样，是可以相互替代的。[32]

(10) *out*/*in* 某些三环二铵盐，氮原子位于桥头时，N—H 键可在分子空腔的内部或外部产生 3 种类型的立体异构。即 *out*/*out*（外向/外向）**25**、*out*/*in*（外向/内向）**26** 和 *in*/*in*（内向/内向）**27**。[33]

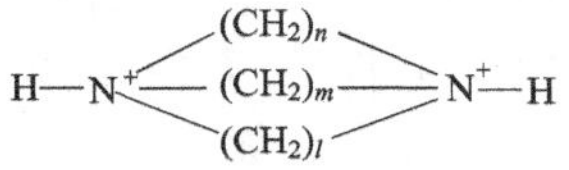

25 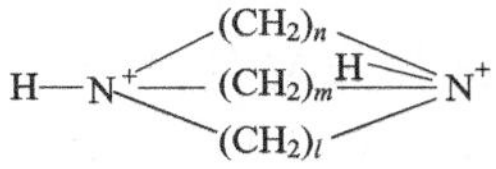 **26** 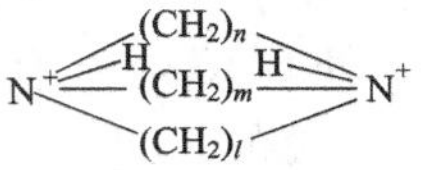 **27**

(11) *rel*-(R^*)/(S^*)有时分子中各个手性中心构型间的相对关系是确定的，但绝对的三维结构不知。此时可加星号或 *rel*-（relative，相对）来表示。如 **28** 可命名为（1R^*，3S^*）-或 *rel*-（1*R*，3*S*）-3-甲基氯代环己烷。字母 *r* 用来表示手性分子中某个参考标的官能团并依此建立其他官能团与该标的官能团的立体关系。如 **29** 可命名为 *trans*-4-溴-*cis*-4-氯-1-甲基-*r*-1-环己基甲酸。

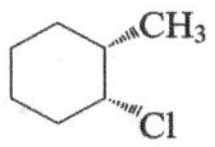

28 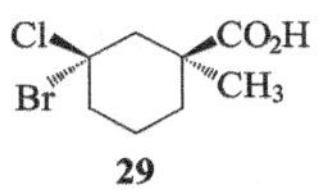 **29**

(12) *re*/*si* 利用 CIP 次序规则对烯基或羰基等（非）对映异位平面可用 *re*/*si* 命名。

如图 3-24 所示，**30** 中三个基团按次序规则 $a>b>c$ 以顺时针方向排列，则这个面称为 *re*（拉丁语 rectus）面。反之，从另一面看过来，$a \rightarrow b \rightarrow c$ 以逆时针方向排列，则这个面称为 *si*（拉丁语 sinister）面。[34]

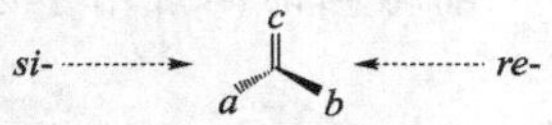

图 3-24 *re* 面和 *si* 面的命名

（13）*syn*/*anti* *syn*/*anti* 也用于描述碳链上非对映异构体的相对构型。取代基位于锯齿形碳链同一面的为 *syn*，相反面的为 *anti*。R—C*ab*C*ac*—R′上的两个取代基 *a* 在伸展的曲折链同面的通常被命名为赤式，异面的命名为苏式。当两个手性碳原子上的取代基团均不相同的情况下，苏式/赤式的命名规则带有一定的随意性而缺少严格的定义，此时用顺型（*syn*）/反型（*anti*）这两个专用术语代替苏式/赤式就相当清晰。[35] *syn*/*anti* 并不限于相邻位置，长碳链中取代基的取向在主链同一侧的为 *syn*-关系，在异侧的为 *anti*-关系。如，**31** 中的 C2 和 C3 是 *syn*-关系，C3 和 C4 是 *anti*-关系；**32** 中的 C2 和 C4 是 *anti*-关系。*syn*/*anti* 在过渡金属有机配合物中用来描述两个配体的空间关系及反应的立体化学过程。

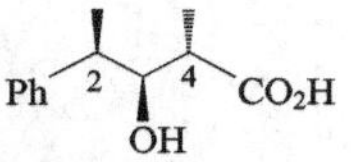

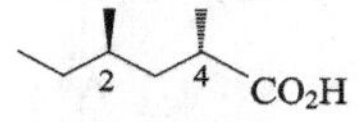

（14）α/β 与 D/L 命名糖的构型相似，甾体环上取代基的立体取向用 α/β 表示也是历史沿用至今的。β 指位于分子"平面"的上方，与角甲基同侧，如甾醇（**33**）。α 指位于分子"平面"的下方，与角甲基异侧，与甾醇羟基异面。[36] 单糖的吡喃结构中半缩醛上羟基所处的位向也是用 α/β 来表示的，如 α-D-吡喃葡萄糖（**34**）和 β-D-吡喃葡萄糖（**35**）。十氢化萘的相对构型也可用 α/β 来描述，α 表示取代基与相近的环稠合处的氢位于异侧，β 表示取代基与之处于同侧。

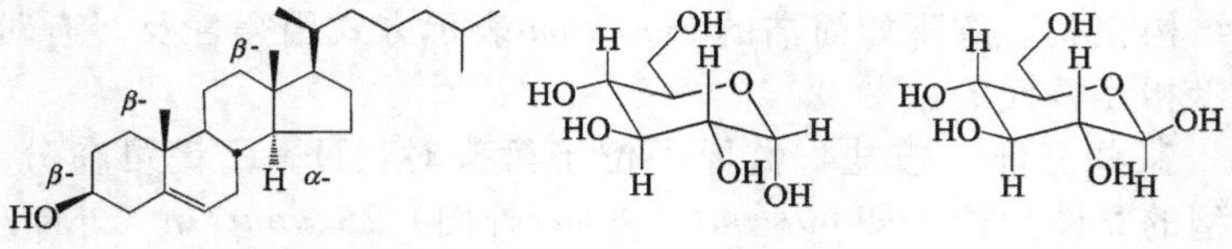

（15）手性位/非手性位 手性位（chirotopic）和非手性位（achirotopic）用来描述分子中的点或局部所处环境的几何特性或立体化学属性。手性分子中所有原子团或空间（spaces）都是手性位的。非手性分子中也可以有诸多手性位点。如 *meso*-酒石酸除了 C2 和 C3 键的中点是无手性位外，其他所有的点和原子都处在手性位上。[37] 将相互独立的、与成键相关的立体异构源和与成键无关的手性位这两个概念结合在一起，能更确切地描述任何一个原子在分子中的立体化学。如，三羟基戊二酸有 4 种异构体 **36**～**38′**：

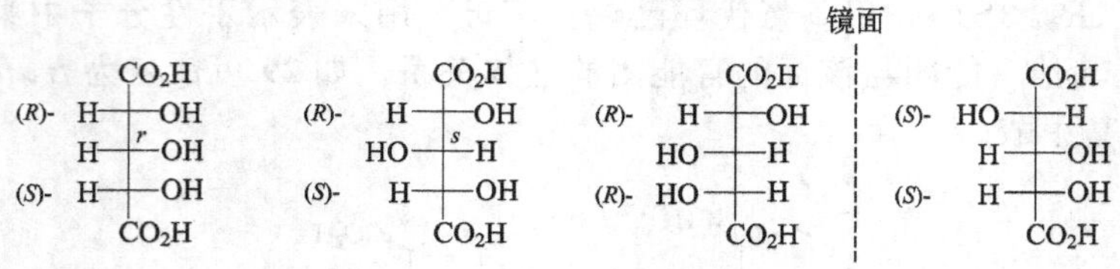

36 或 **37** 与 **38** 或 **38′** 互为非对映异构关系。**36** 或 **37** 是非手性的内消旋化合物，除了 C3 点是非手性位外，其他点和原子都是手性位的。处于非手性环境中的 C3 又分别与 4 个不相

同的基团相连，交换该碳原子上的两个取代基可生成其非对映异构体，故C3无疑是一个不对称碳原子，是立体异构源中心和非手性位的碳原子，许多文献特称假不对称碳原子（pseudoasymmetric carbon），用小写 *r* 或 *s* 表示它们的构型。互为对映异构关系的 **38** 或 **38′** 没有对称平面和对称中心，是有手性的化合物。C2 和 C4 在 **37** 中均是（*R*)-构型，在 **37′** 中均是（*S*)-构型，**38** 或 **38′** 中的C3虽是手性位的，但属非立体异构源中心，交换该碳原子上的两个取代基生成同一个立体异构体。

（16）同手性/异手性　这两个词所指的含义有点争议，较早的看法是单个立体中心上相同手性取向的两个化合物是同手性（homochirality）的，同手性分子在结构上是不相干的，但在手性取向上是相同的。如L-丙氨酸和L-赖氨酸是同手性的，(*R*)-2-丁醇和（*R*)-2-溴丁烷也是同手性的。组成天然DNA和RNA的糖都是同手性的D-构型；组成天然蛋白质的氨基酸都是同手性的L-构型。反之，单个立体中心上手性取向相反的两个化合物是异手性（heterochiral）的。后来又有不少文献用同手性来表示对映纯（enantiomerically pure）或对映富集（enantiomerically enriched）。IUPAC建议不要再用同手性这一词汇。[38]

如需在一对立体异构源中心间选择命名时，将低的编号给予CIP立体词头中的 *Z*，*R*，*Ra*，*Rp*，*M* 和 *r* 或非CIP立体词头中的 *cis*，*r*，*c*。**39** 应命名为（2*Z*，5*E*）-2,5-庚二烯二醇而非（2*Z*，5*E*）-2,5-庚二烯二醇，**40** 应命名为 *rel*-（1*R*）-溴-（3*R*）-氯代环戊烷而非 *rel*-（1*S*）-溴-（3*S*）-氯代环戊烷。

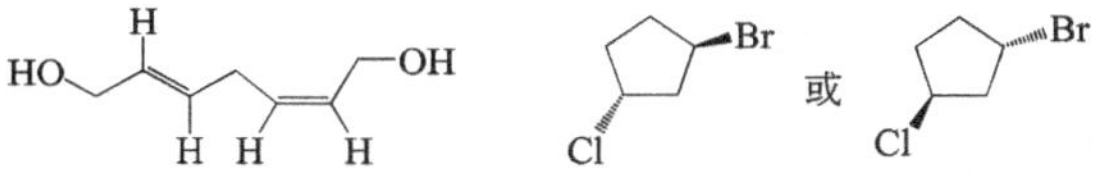

HO H H H H OH　　Cl Br 或 Cl Br

39　　**40**

3.8 等位和异位

利用对称操作可区分分子中的某个组分的立体关系，不能通过某个对称操作而相互转化的两个分子是不同的。两个结构的立体关系可以用后缀“位”（-topic，来自希腊词place）组成的词，如等位（homotopic）/异位（heterotopic）来理解和表达。处于等同环境下的称等位的关系，等位的等同的原子（团）在化学上一定是等价的，在NMR谱上也是完全等价的；在不等同环境状态下则称异位的关系。异位可分为因连接性不同产生的构造异位（constitutionally heterotopic）和因空间性不同产生的立体异位（stereoheterotopic），立体异位可再分为对映异位（enatiotopic）和非对映异位（distereotopic）。[39]

3.8.1 构造的等价或不等价

对分子中其他的原子（团）有相同构造关系的原子（团）是构造等价的。如图3-25所示的氯甲烷（**1**）、乙醇（**2**）和1,2-二氯丙烷（**3**）分子中画圈的几个氢原子都是构造等价的，在 **2** 和 **3** 中画圈的氢原子与其他氢原子是构造不等价的关系。

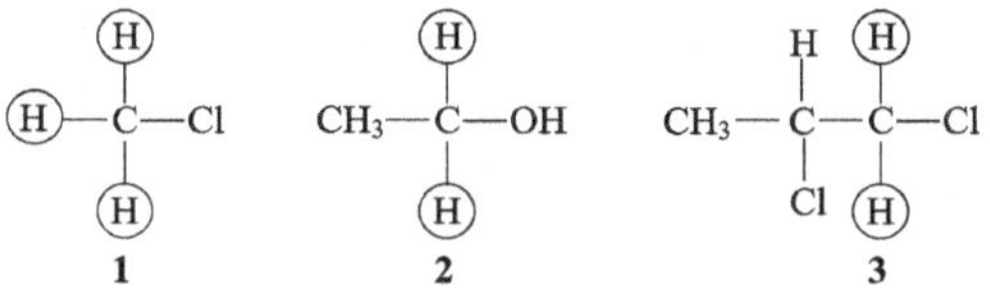

构造不等价的原子（团）有不同的化学性质，是化学不等价的充分条件但非必要条件。某些构造等价的原子（团）也可以是化学不等价的，通过取代试验对此分析可发现有下列3种情况。

(H)—C—Cl with (H) above and below　　CH_3—C—OH with (H) above and below　　CH_3—C(H)(Cl)—C—Cl with (H) above and below

1　　**2**　　**3**

图3-25　氯甲烷（**1**）、乙醇（**2**）和1,2-二氯丙烷（**3**）中构造等价的氢原子

（1）**1** 中用一个原子（团）取代三个构造等价的氢原子中任意一个生成的三个取代产物都是等同的，这类构造等价的原子（团）被认为是等位的。二氯甲烷（CH_2Cl_2）中的两个氢

原子和两个氯原子都各是等位的。等位的原子不一定非在同一碳原子上，如反-1,2-二甲基-1,2-二溴环丙烷（**4**）上的两组甲基上的氢原子是等位的，亚甲基上的两个氢原子也是等位的。通过简单转动操作就可以使等位的原子（团）互换位置。

（2）用一个原子（团）G 取代乙醇亚甲基上的一个构造等价的氢原子后得到的两个取代产物 **5** 和 **5′** 并不等同，它们之间是对映异构的关系，如式(3-5) 所示。这两个构造等价的原子（团）不是等位而是对映异位的。

Ha Hb OH ⟶ Ha G OH (**5**) + G Hb OH (**5′**) (3-5)

对映异位的原子（团）在非手性条件下是化学等价的，测得的 NMR 谱完全相同；但是在手性环境下是化学不等价的。如式(3-6) 的两个反应所示，乙醇在非手性环境下被氧化为乙醛时，亚甲基上的两个氢被氧化去除的反应速率是一样的，没有选择性和化学反应性的差别而生成等量的 **6a** 和 **6b**。但酶催化的乙醇氧化反应中这两个对映异位的氢原子是不一样的，只有一个位向上的 Ha 能被氧化除去而 Hb 得以保留在产物醛的分子中（参见 8.15.1）。

Ha Hb OH —[O]→ O Ha (**6a**) + O Hb (**6b**)；—NAD^+→ **6b** + $NADHa^+$ (3-6)

顺-2,3-二溴环氧乙烷（**7**）上的两个氢原子也是对映异位的，它们都有对称平面。对映异位的原子（团）也就是前手性原子（团）（参见 3.4.3），它们可通过转动操作以外的对称操作进行互换。

（3）手性的 2-氯戊烷（**8**）中，用一个原子（团）取代构造等价的亚甲基 Ha 和 Hb 中的一个氢原子后得到的两个取代物呈非对映异构关系，这类构造等价的原子（团）即是非对映异位的。非对映异位的原子（团）在任何情况下都是化学不等价的，如式(3-7) 所示，**8** 发生反式消除 HCl 反应后得到的两个烯烃产物的数量并不相同，因为这两个非对映异位的氢 Ha 和 Hb 被移去的反应速率并不相等。非对映异位的原子（团）在 NMR 上有不同的化学位移且相互间有耦合，它们也不能通过任何对称操作互换位置。[40]

H_3C Ha Hb C_2H_5 H Cl (**8**) —$-HCl$→ H_3C Hb H C_2H_5 + H Ha H_3C C_2H_5 (3-7)

非手性的内消旋体 **9** 中，亚甲基上两个氢是非对映异位的，其非对映异构体，手性的 **10** 中亚甲基上两个氢是等位的：

9: R; H—OH; H—H; H—OH; R　　**10**: R; HO—H; H—H; H—OH; R

因此，碳原子接在一个手性碳原子上的两个构造等价的原子（团）是非对映异位的基团。此外，一个双键碳原子上若连有两个不同的取代基，另一个双键碳原子上两个构造等价的原子（团）也是非对映异位的，如 α-氯代丙烯腈（**11**）上的两个氢原子。

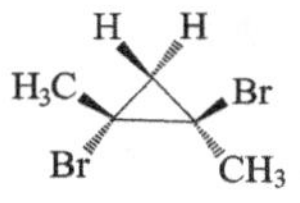

4 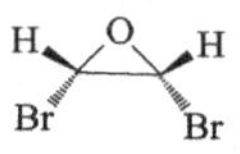　　7 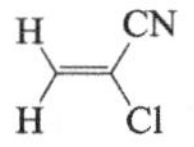　　11

简单小结一下，可以得出以下要点：①构造不等价即是化学不等价，但构造等价不一定是化学等价；②等位的原子(团)在所有情况下都是化学等价的，也不能被手性试剂所识别；③对映异位的原子(团)对手性试剂或在手性环境下是化学不等价的，但对非手性试剂或在非手性环境下是化学等价的；④非对映异位的原子(团)在所有情况下都是化学不等价的。它们能被手性的或非手性的试剂所识别。

3.8.2 等位面或异位面上的反应

各种双键平面也可以用等位/异位的概念来分析，以羰基化合物的亲核加成反应为例。对甲醛或丙酮之类分子而言，无论 Nu^- 从哪一面去进攻，得到的产物都是一样的，这样的（羰基）平面被称为等位面（homotopic face）。如图 3-26 所示。

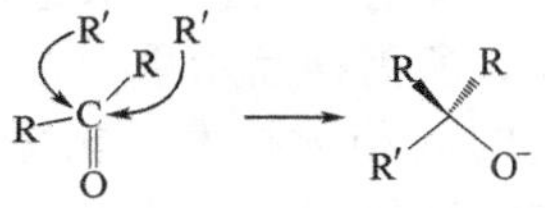

图 3-26 等位面上的反应生成的产物只有一个

化合物 **12** 也是非手性的，从两个方向发生如式(3-8) 所示的亲核加成反应后，生成同一种产物 **13**，羰基平面是等位面。

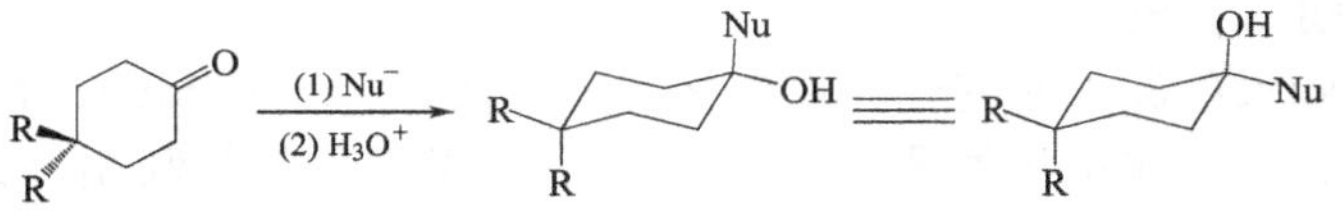

(1) Nu^- (2) H_3O^+　　(3-8)

12　　13

对乙醛或不对称的酮 **14** 而言，Nu^- 从一面进攻得到的产物是其从另一面进攻得到的产物的对映异构体。这样的（羰基）平面被称为对映异位面（enatiotopic face），实际上也就是前手性面。Nu^- 若是非手性的，产物将是外消旋体。手性 Nu^- 反应后得到的是不等量的非对映异构体的混合物，如图 3-27 所示。

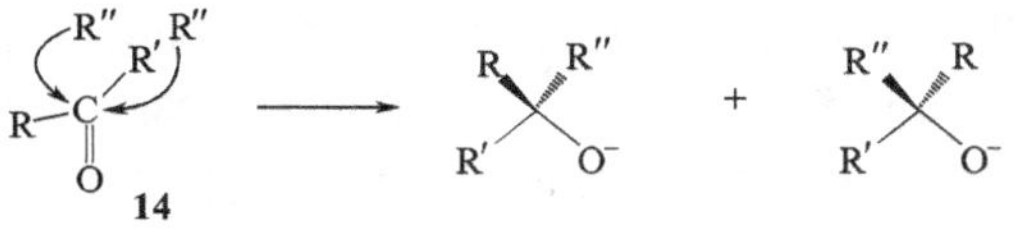

14

图 3-27 对映异位面上的反应生成对映异构体的两个产物

15 中的羰基平面显然是不等价的，称非对映异位面（diastereotopic face）。如式(3-9) 的两个反应所示，Nu^- 与其反应后总是得到不等量的非对映异构体的混合物，即赤式的 **16** 和苏式的 **17**。[41]

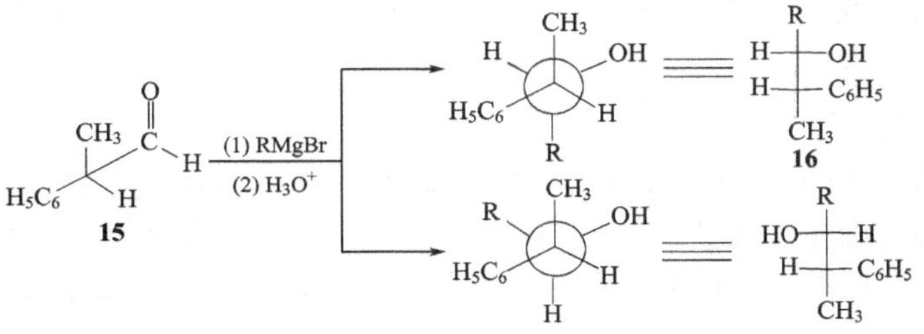

(1) RMgBr (2) H_3O^+　　(3-9)

15　　16　　17

18 是非手性的，羰基平面是非对映异位面，发生亲核加成反应后可以生成互为非对映异构体关系的两个非手性产物 **19** 和 **20**，如式(3-10) 所示。

$$\text{18} \xrightarrow[(2)\ H_3O^+]{(1)\ Nu^-} \text{19} + \text{20} \tag{3-10}$$

3.9 绝对构型的测定

手性分子的绝对构型可通过一些仪器分析和化学反应的方法来测定。

3.9.1 X射线衍射技术

X射线衍射技术是强有力的用来直接确定单晶中原子在分子中的位置及键长、键角的工具，所需样品用量少，并能独立解决问题且数据结论也是众多测试仪器中最为可靠的。但普通的X衍射技术只能得到整个分子中所有手性中心的相对构型，早期的仪器必须借助于重原子或已知绝对构型、能相互关联的分子才可给出手性中心的绝对构型。还要注意分子在晶体中的构象和其在液体或溶液中的不是完全相同的，而液体样品或难以得到单晶的样品自然都不能应用此技术。

3.9.2 旋光谱和圆二色谱

比旋光的大小随入射波长而变化的现象称旋光色散（optical rotatory dispersion）。为解决各种甾醇类化合物的立体结构而研制出的旋光谱（ORD）就是利用旋光色散的原理测量化合物在不同波长（250～700nm）旋光下的摩尔旋光度，得到的曲线反映出比旋光度随波长而变化的情况。手性分子对左旋或右旋圆偏振光吸收系数是不等的，透过手性分子后得到的合成偏振光就成为椭圆偏振光，该特点称圆二色性（circular dichroism），该现象称Cotton效应。此性质变化可用椭圆率 θ 或摩尔吸收系数之差 $\Delta\varepsilon$ 表示。将吸收系数之差 $\Delta\varepsilon$ 对波长作图可得到 $\Delta\varepsilon$ 依波长而变化的曲线，即圆二色谱（CD）。[42] 一个手性分子的ORD和CD曲线的符号是相同的，构型相同的类似物有相同的ORD和CD曲线。对于某一类化合物，如果已经找到了它们的ORD曲线或CD曲线和构型关系的规律［如环已酮和八区律（octant rule)］，就可比较已知构型类似物的ORD曲线并对未知构型的做出判断。如尚未找到此类规律，就要用对比方法，即用结构已知的尽可能手性相似或相反的化合物与未知物进行比较来确定构型。它们都反映出分子手性对光的作用，故也可得到分子立体化学的结构信息。

利用振动圆二色谱（vibrational circular dicular dichroism，VCD）和拉曼光学活性(Raman optical activity）的实验数据并结合量子化学的 *ab initio* 计算方法也能对手性原子上的绝对构型做出判断。如，对简单的由4个不同的原子组的手性分子CHBrClF和由4个不同的同位素原子团组成的手性分子[$C(CH_3)(CH_2D)(CHD_2)(CD_3)$]的绝对构型的判断都非常成功。[43]

3.9.3 核磁共轭谱

利用 ^1H NMR上的化学位移和耦合常数可以对立体异构体做出定量的分析。如，*Z*-烯键和 *E*-烯键上质子的 ^3J_H 分别为7～11Hz和12～18Hz，从积分值可以得出它们的相对比例。在NMR测试中通过手性试剂、手性溶剂和手性位移试剂等方法都可对分子的构型予以识别。[44] 如式(3-11) 所示，光活性的Mosher酸（**1**）与外消旋仲醇反应后生成两种非对映异构的酯，这两种酯中手性碳原子上甲氧基氢原子或三氟甲基中 ^{19}F NMR的化学位移都有明显差异。

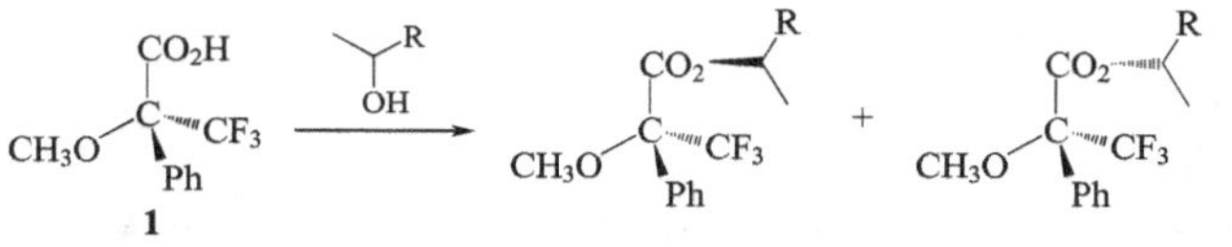

(3-11)

顺磁性位移试剂是一些具有不饱和配体的稀土金属有机配合物，它们与某些带 OH、NH_2、醚基、羰基等基团的有机分子配位，并影响到配位分子中某些核的化学位移，从而使^{1}H NMR 上某些重叠的化学位移得以分离而用于分析对映异构体的含量。如手性位移试剂化合物 **2** 与(±)-乙酸-(1-苯基)-丁酯 **3** 配位后，(*R*)-酯基和（*S*)-酯基上的甲基峰信号的 $\Delta\delta$ 达 0.5 左右。

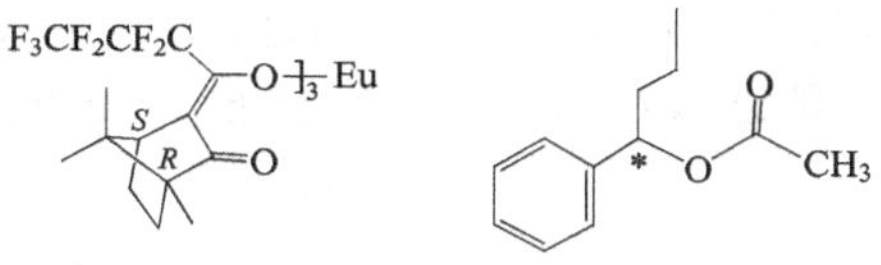

利用^{2}D NMR 的核 Overhauser 效应也是测定溶液中样品完整结构的实用方法。一套各种分子在手性溶剂中的 NMR 通用数据库（universal NMR database）已经建立，这使得不必经过衍生化就能测定某类化合物的相对构型或绝对构型。[45] 无需单晶的 X 射线衍射技术也有报道。根据两个对映异构体的电子偶极矩（electric dipole）在三维方向上的不同，利用低温（7K）非线性共振相敏感微波谱（nonlinear resonant phase-sensitive microwave spectroscopy）测试技术已可测定液相和气相分子的绝对构型。[46]

3.9.4 已知历程的化学反应

通过已知历程的化学转变将未知构型的与已知构型的化合物关联是一个很好的决定构型的方法，此时手性碳原子上的 4 根键在反应中应不受破坏或其立体化学过程是确切可知的。如式(3-12) 的反应所示，从（+）-甘油醛（**4**）出发，经氰化、水解和羟甲基氧化后得到内消旋酒石酸（**5**）和右旋酒石酸（**6**）两个产物，**4** 中手性碳原子的构型在整个全合成反应中没有受到影响。**5** 中两个手性原子的绝对构型分别是(*R*)和(*S*)，**6** 中两个手性原子的绝对构型都是(*S*)。产物酒石酸的(*S*)-C2 必定和 **4** 中的手性碳原子具有相同的构型，故(+)-甘油醛的构型也必为（*R*)-构型。

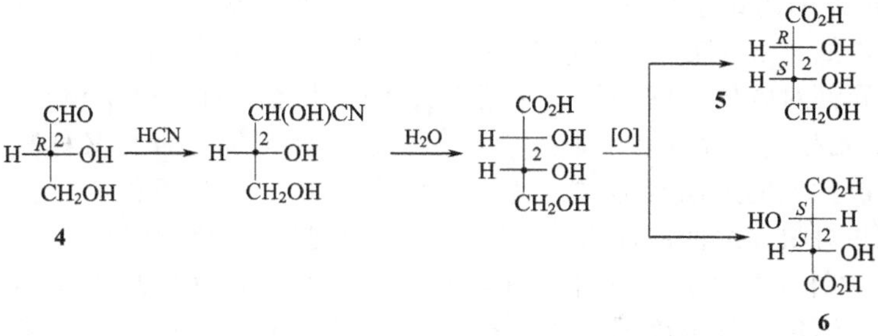

(3-12)

如式(3-13) 的反应所示，从(+)-丝氨酸（**7**）出发可以反应得到（+)-丙氨酸（**8**），**8** 的构型由 X 射线衍射方法确定为（*S*)-构型，因此（+)-丝氨酸也是（*S*)-构型。

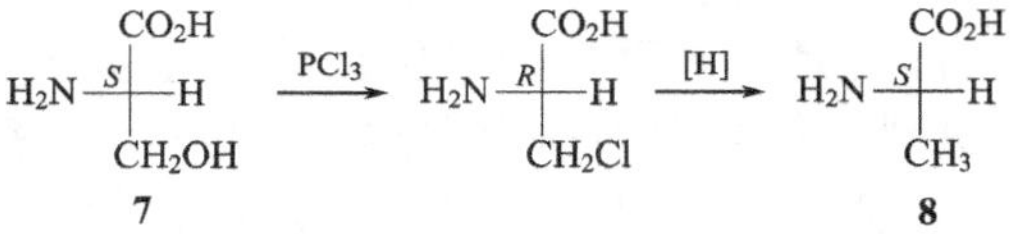

(3-13)

3.10　消旋体

有无手性原子与分子有无手性没有必然关系。只含有一个立体源中心的分子必定有手性，含有多个立体源中心的则不一定有手性。分子中的立体源中心愈多，光学异构体的数目随之增多，呈现出更复杂的立体化学。

3.10.1　外消旋体和外消旋化

许多情况下，含有 n 个手性中心的化合物就可以有 2^n 个光学异构体。如，2-氯-3-羟基丁二酸含 2 个手性碳原子，有 4 个光学异构体（**1**,**1′**,**2**,**2′**）。**1** 和 **1′**是对映体，**2** 和 **2′**也是对映体。**1** 和 **1′**的熔点都是 173℃；旋光度 $[\alpha]_D$ 都是 31.3°（EtOAc），**1** 是左旋的，**1′**是右旋的。**2** 和 **2′**的熔点也相同，都是 167℃，旋光度 $[\alpha]_D$ 都是 9.4°（H_2O），**2** 是右旋的，**2′**是左旋的。

1	镜面	1′	2	镜面	2′
CO_2H		CO_2H	CO_2H		CO_2H
Cl—H		H—Cl	Cl—H		H—Cl
HO—H		H—OH	H—OH		HO—H
CO_2H		CO_2H	CO_2H		CO_2H

两个等量对映体的混合物称外消旋体（racemate），可在分子名称的前面加（±）-、DL-或 *rac*-表示。只有以 50∶50 的对映体组分才能生成外消旋体；100％的对映体组分是对映纯体；在 50∶50 和 100％之间的样品称非外消旋体（nonracemic）或对映富集体。外消旋体的光学活性消失了，它的晶体结构和纯的对映体不同，故溶解度、熔点、相对密度等物理性质都不同。如，由 **1** 和 **1′**组成的外消旋体的熔点是 146℃，由 **2** 和 **2′**组成的外消旋体的熔点是 153℃。

气态和稀溶液中外消旋体的性质在非手性环境下与对映体的差别很小，但固态外消旋体并非仅是简单的混合物。同种对映体分子，即（*R*)-体与（*R*)-体或（*S*)-体与（*S*)-体之间的结晶作用力相当；但异种对映体分子，即（*R*)-体与（*S*)-体之间的结晶作用力与同种间的并不相当。如图 3-28 所示，外消旋体溶液在结晶过程中，若同种对映体之间的结晶作用力比异种之间的大，(*R*)-体或（*S*)-体将分别结晶，有可能自发形成外消旋聚集体（conglomerate)。外消旋聚集体中的每个晶体都由同一（*R*)-体或（*S*)-体分子组成，故又称外消旋混合物。其物理性质，如 X 衍射图和 IR 谱图与单一对映体相同，但熔点比单一对映体低，溶解度要大一些。若异种对映体之间的结晶作用力大于同种之间的，(*R*)-体或（*S*)-体成对排列并以 1∶1 组成单元晶胞的晶体，形成外消旋化合物。外消旋化合物又称真外消旋体或简称外消旋体，也是最常见的外消旋形式，其物理性质，如 X 衍射图和 IR 谱图与对映体不同，熔点高一些。有些对映体之间的晶格能相差很小，即同种和异种对映体之间的结晶作用力相差很小，1∶1 化学计量的两种对映体无序地存在于固相中，其物理性质和纯的对映体相差无几。此类外消旋体称为外消旋固溶体（racemic solid solution）或假外消旋体（pseudoracemate)，相对较少见到。判断外消旋聚集体的方法主要依靠 X 射线衍射。简单地利用熔点曲线也可大致予以区别：在外消旋体中加入单一对映体时，外消旋混合物的熔点会上升，外消旋化合物的熔点会下降，外消旋固溶体的熔点则无变化。

外消旋混合物的生成实际上是一种手性的自发拆分（spontaneous resolution of chirality)，涉及同手性或异手性识别的热力学和动力学过程。Pasteur 幸运地于 1848 年首次拆分成功的酒石酸钠铵盐也正是在低于 27℃才出现的外消旋混合物。以外消旋混合物形式出现

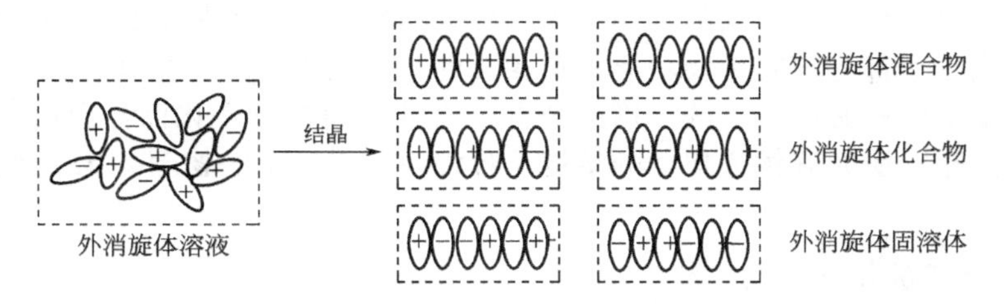

图 3-28 外消旋体的三种结晶形式

的析晶仅占所有外消旋结晶的 1/10 不到，所谓可遇而不可求，尚未有规律可循。除温度外，其他结晶条件，如溶剂等对析晶形式均会产生很大的影响。

手性分子在物理或化学条件作用下失去旋光性成为两个对映的平衡混合物的过程称为外消旋化（racemization）。外消旋化必定伴随着键的断裂和再生，单一对映体分子中有一半在立体源中心上发生两个基团互换就形成各由一半的（*R*)-体和（*S*)-体构型组成的外消旋物。各类对映纯体的外消旋化难易程度相差很大，有的在室温下放置就会外消旋化，有的则需较激烈的（如热、光、磁、放射线和酸、碱等）外来理化条件下才能引发外消旋化。此外，反应中涉及手性中心生成的碳正离子、自由基或发生酮式-烯醇式的互变异构过程等也都会外消旋化。因此要注意手性物质的保存环境及反应条件。

3.10.2 内消旋体和非对映异构体

含 n 个手性中心的化合物的立体异构体的数量有可能少于 2^n 个。酒石酸分子中有 2 个手性碳原子，似乎也有 4 个可能的光学异构体 **3a**、**3b** 和 **4**、**4′**。但 **3a** 和 **3b** 实际上是同一分子的不同表示，相互可以重合，分子中有一个对称面，是无手性的分子。像这种有手性中心而又不是手性的分子称内消旋体（mesomer）。[47] **4** 和 **4′**是一对对映异构体。**3** 与 **4** 或 **4′**中有部分结构呈重合关系而部分结构呈对映关系，即非对映异构体关系，**1** 或 **1′**与 **2** 或 **2′**也是非对映异构体的关系。非对映异构体之间的物理性质和化学性质都不相同。

镜面

3a	3b	4	4′
CO_2H	CO_2H	CO_2H	CO_2H
HO—+—H	H—+—OH	HO—+—H	H—+—OH
HO—+—H	H—+—OH	H—+—OH	HO—+—H
CO_2H	CO_2H	CO_2H	CO_2H

内消旋酒石酸 **3** 和光活性的酒石酸 **4**、**4′**都有 C_2 轴，故有无 C_n 轴对分子有无手性并不能做出判断。外消旋体和内消旋体都无旋光活性，但本质上完全不同，外消旋体是两个互为对映体的手性分子的混合物，是有可能拆分开的；内消旋体则是单一的不可能拆分的分子。

因此，当分子含有几个不相同的不对称碳原子时，对映异构体的数目为 2^n 个，组成 $2^{(n-1)}$ 个外消旋体。当分子中所含的不对称碳原子有相同组成时，对映体的数目将小于 2^n 个。

3.11 构象分析

分子总是处于不断振动或旋转的运动状态，分子内各组分的相对空间排列同时也在不停地变化。1936 年，Pitzer 指出乙烷分子的 C—C σ 键转动也需要克服一定的能障而并非完全自由进行，这就产生了构象这一概念。[48] Hassel 通过 X 衍射分析证明了环己烷的椅式构象和 a 键、e 键的存在。Barton 在 20 世纪 50 年代对构象分析的研究进一步做出了开创性的贡献，他和 Hassel 在 1969 年因构象分析共享了诺贝尔化学奖。

分子在不同的环境下有不同的空间结构，构象涉及分子完整的立体形象。如，一级结构确定后的生物大分子都有与其生物功能密切相关的基本构象，其构象变化在整个生命存续期间都是表现功能活性所必不可少的。构象分析讨论分子因构象变化而导致的组成原子（团）在空间的不同分布，研究其优势构象的结构及各种构象对分子的物理、化学和生物等各种性能的影响。

3.11.1 链状分子的构象

乙烷 C—C 键的扭转张力仅约为 12kJ/mol，分子的热运动和碰撞产生的能量就可使 C—C 键旋转。从统计的角度看，室温下每存在 1000 个能量最低的对位交叉式构象分子（**1a**）外还有 5 个能量最高的重叠式构象分子（**1b**），在−170℃时则全部以 **1a** 形式存在了。在重叠式和交叉式之间还有各种构象存在。重叠式之所以不够稳定，与处于重叠位的 H—H 距离只有 0.227nm 且小于它们的范氏半径之和（0.24nm）有关，交叉式上的 H—H 距离则有 0.250nm。另一方面，重叠位的两个 C—H 键电子在空间上比较接近也是一个因素。这可以由价层电子对排斥理论得到解释。也有学者通过精确的量子化学计算认为，交叉式中一个 C—H σ 键和另一个 CH_3 上位于同一平面的 C—H σ* 键之间有超共轭效应而使能级降低（参见 3.13.1）。重叠式中是不存在这种电子效应的。[49] 乙烷中的一个氢被其他原子（团）取代后，旋转能垒增大，碳和取代基团间的键长及基团体积的大小和电性等对旋转能垒的增加将产生较大影响。

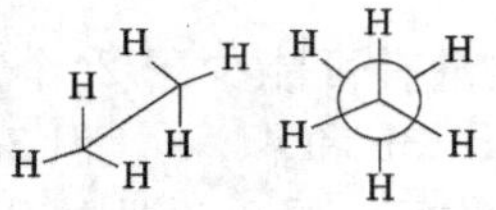

1a 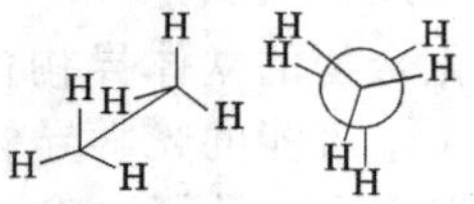 **1b**

前所论及的分子手性都建立在分子是刚性的、有固定形状基础上的。实际上分子是在不断运动的，这些热运动不会改变构型。若从孤立的某一个固定的构象看，乙烷分子也是有手性的，但构象的转化和翻转速率都极快，单一构型的乙烷分子是分离不出来的。有对称面或对称中心的非手性分子的构象都是成对出现的。如内消旋酒石酸（**2a**）的重叠式构象中有对称平面，是一个不稳定的构象，其他构象不存在对称平面和对称中心，似乎有手性。实际上其构象对映体（**2b**）肯定是等量存在的，这些成对的手性构象异构体对偏振光的影响正好相互抵消，故无旋光活性。手性分子的任何一种构象都是有手性的，并且不存在另一个对映的构象对映体，如外消旋酒石酸（**3**）或 **3′**。

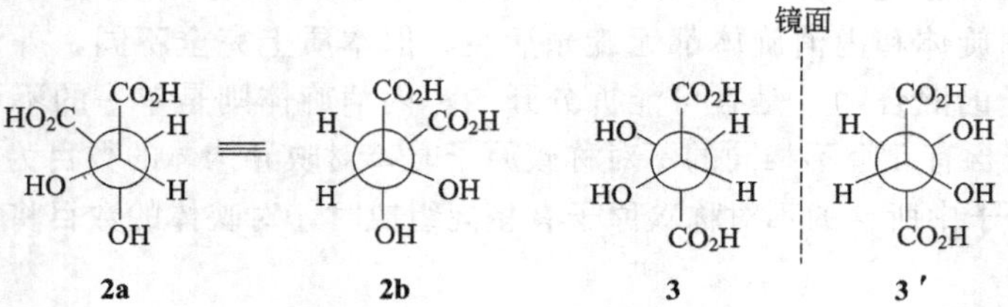

镜面

2a **2b** **3** **3′**

正丁烷分子有对位交叉式(**4a**)、邻位交叉式(**4b**)、重叠反错式(**4c**) 和全重叠式(**4d**) 4 种极端的构象异构体。

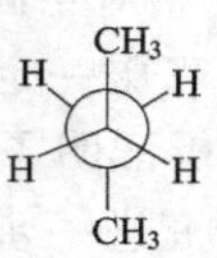

4a 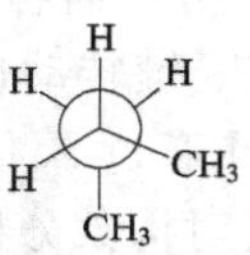 **4b** 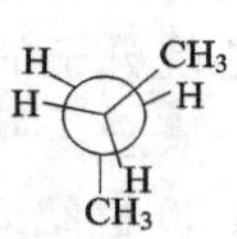 **4c** 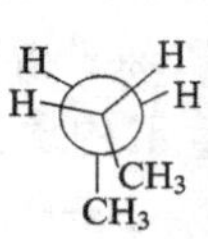 **4d**

4a 是最为稳定的一个构象异构体，**4d** 的稳定性最差。尽管对位交叉式一般是 YH_2C—CH_2X 类分子最稳定的构象，但 Y 和 X 若是卤素、羟基或氨基且又可形成分子内氢键的话，则往往使邻位交叉式成为最稳定的构象。相邻的原子上有极性基团或未共享电子对的，也有利于它们排列在邻位交叉位置上，该现象称为邻位交叉效应（gauche effect），如图 3-29 所示的 α-氨基醇因氢键、1-氯丙烷因甲基和氯原子间的范氏引力都使邻位交叉构象为优势构象。

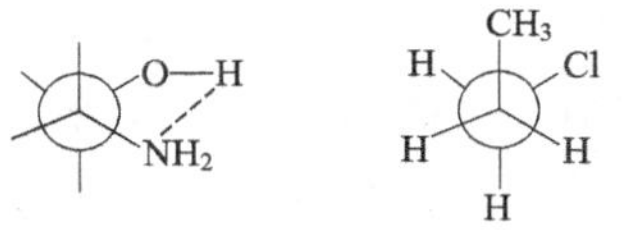

图 3-29 邻氨基醇和 1-氯丙烷的邻位交叉式

但基团的立体位阻效应仍不可忽视。如，1,2-二苯基-(2*R*)-氨基-(1*S*)-乙醇（**5**）最稳定的对位交叉式构象是 **5a**，而非具邻位交叉效应的 **5b** 或 **5c**：

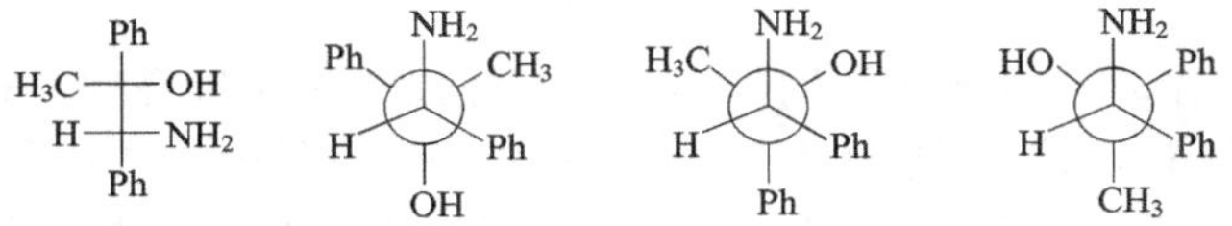

5 **5a** **5b** **5c**

开链不饱和化合物也有围绕单键产生的构象问题。乙醛或丙醛的醛基氢分别与甲基或氢重叠的构象 **6** 是优势构象；1,3-丁二烯有 *s-trans*（**7a**）、*s-cis*（**7b**）和歪斜（skew，**7c**）3 种构象。**7a** 和 **7b** 是共平面的，**7c** 则是非平面的顺向排列，是为避免 **7b** 中的 H1 和 H4 之间的范德华斥力而采取的一种构象。3 种构象中的 **7a** 最稳定，**7b** 相对来说最不稳定，两者之间的能量相差约 18kJ/mol，而 **7b** 和 **7c** 之间的能量相差很小。[50]

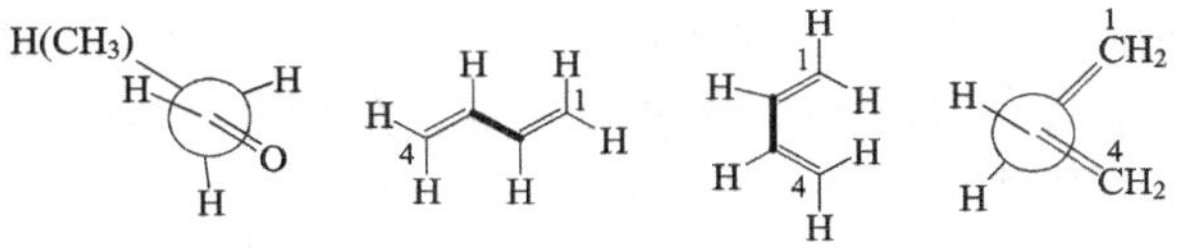

6 **7a** **7b** **7c**

α,β-不饱和醛酮的两种构象中多以 *s-trans* **8a** 存在，与 C1 和 C3 上取代基的体积大小有很大关系，如表 3-1 所示。

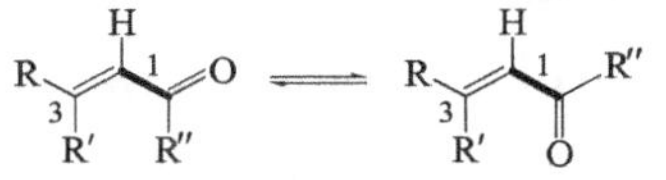

8a **8b**

表 3-1 各种 α,β-不饱和醛酮中两种构象的比例

R	R′	R″	**8a**/%	**8b**/%
H	H	H	73	27
CH_3	H	CH_3	70	30
CH_3	H	C_2H_5	55	45
CH_3	H	^{i}Pr	30	70
CH_3	H	^{t}Bu	0	100
CH_3	CH_3	CH_3	28	72

3.11.2 碳环化合物的构象

环丙烷的环是平面的，张力能 108kJ/mol；C—C 键是 $sp^{2.7}$ 杂化键，呈弯曲香蕉状以减小键角的张力，∠CCC 为 111°，键长（1.51nm）比正常的短；C—H 键是 $sp^{2.3}$ 杂化键，故酸性比正常烷烃的 C—H 键强，∠HCH 为 115°（丙烷的∠HCH 为 106°）。环丁烷和环戊烷的平面构象中所有的 C—H 键都是重叠式构象，它们是快速振动互变的皱褶构象以减小总的张力。四元环或五元环的各种构象不是静止的，环丁烷主要以蝴蝶式构象（**9**）存在，其中两翼之间的夹角为 20°；C—C 键长（1.55nm）比正常的长。环戊烷有两种皱褶式构象，一种是半椅式(half-chair，**10a**)，其中 3 个碳原子在一个平面里，另外两个碳原子分别处于该平面的上下；另一种是信封式(**10b**)，其中相邻 4 个碳原子在一个平面内。信封式构象能量较低，稳定性也较好。[51]

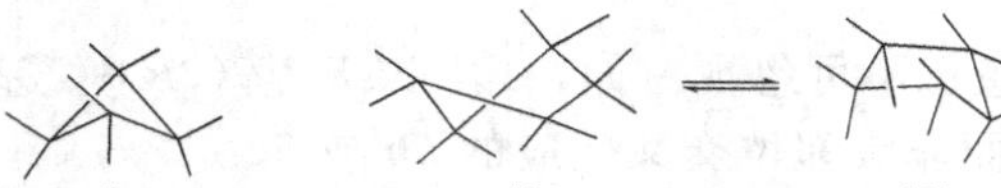

9　　**10a**　　**10b**

许多天然产物分子具有六元环结构。环己烷同样以非平面折叠的形式存在，最稳定的构象是椅式（chair，**11a**），椅式构象中 C—C 键长为 0.153nm，C—H 键长为 0.112nm，∠CCC 角为 111.5°，扭转角为 55°；所有的键都是交叉式，角张力和扭转张力都极小，是能量最低、最稳定的构象结构。椅式中的 C—C 键旋转后可形成另一种没有角张力的船式构象（boat，**11b**）。但船式构象中 1,4-碳上两个氢之间的距离较短，相距仅 0.183nm，比两个氢原子的范氏半径之和（0.24nm）小，因此存在较大的非键张力，远不如椅式构象稳定。若继续旋转 C—C 键，产生船式构象中 C2 和 C5 向上、C3 和 C6 向下的运动，造成 H1 和 H4 斜着离开，而 H3 和 H6 相互靠近，当 H1、H4 和 H3、H6 距离相等时即得到另一个较船式能量稍低的第三个无角张力的扭船式构象（twist boat，**11c**）。六元环中角张力和扭转张力较大的一个构象是处在能量最大位置上的半椅式构象（half-chair，**11d**）。**11d** 中有 4 个碳原子处在同一平面。**11a** 与 **11b**、**11c** 和 **11d** 之间能量差分别为 29kJ/mol、23kJ/mol 和 46kJ/mol。常温下有约 1000 个椅式构象分子中才各有 1 个分子取半椅式构象或船式构象。通过旋转 C—C 键可从椅式经过或不经过半椅式、扭船式到船式再经扭船式、半椅式到另一个椅式而实现这些构象之间的互变，如图 3-30 所示。这些过程又称环翻转（ring inversion）。[52]

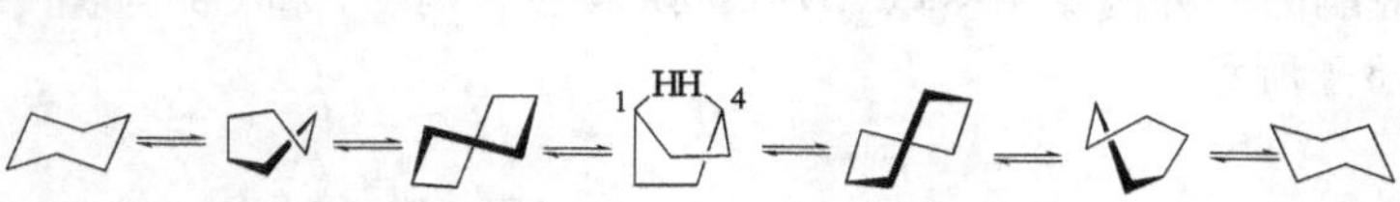

11a　**11d**　**11c**　**11b**　**11c′**　**11d′**　**11a′**

图 3-30　环己烷的环翻转

环己烷椅式构象中的 C—H 键有两种类型，其中 6 个 C—H 键彼此基本平行，离垂直轴外偏约 7°，称直立键或竖键、a 键；另 6 个 C—H 键近似地处于由 3 个间隔的碳原子所组成的平面内，称平伏键或横键、e 键。a 键和 e 键之间的 H—C—H 键角约为 107.5°。在一个碳原子上的 a 键和 e 键位向可经过环翻转相互转换，即由一种椅式转到另一种椅式后，原来处于 a 键的氢转为 e 键的氢，同碳上原来处于 e 键的氢则转为 a 键的氢。这种转换速率在室温下约为 $10^5\ s^{-1}$。在 ^1H NMR 中，室温下 12 个 H 在 δ 1.44 呈现一个单峰，－67℃时开始出现裂分；到－110℃时清晰地在 δ 1.64（He）和 δ 1.15（Ha）呈现两个单峰。环己烷的其他构象上的氢或取代基也有居于 a 键和 e 键的位向之分。

取代环己烷中有可能出现取代基位于 e 键的构象（**12a**）或位于 a 键的构象（**12b**）。**12b**

中 R 取代基与 H3a 和 H5a 间因距离较近而会产生非键张力。这种非键张力也是一种特殊的范氏张力，称 A[1,3]张力或 1,3-竖键作用。**12a** 不存在这种非键张力，取代基 R 与环的距离也比 **12b** 远，是较稳定的构象。

12a **12b**

A[1,3]张力在立体选择性的反应中常常起着非常重要的作用。如图 3-31 所示，烯丙基分子 **13** 中 C1 上的取代基 A 和 C3 上的取代基 B 之间也有类似的 A[1,3]张力，**14** 中 C2 上的取代基 A 和 C3 上的取代基 B 之间则有类似的 A[1,2]张力。[53]

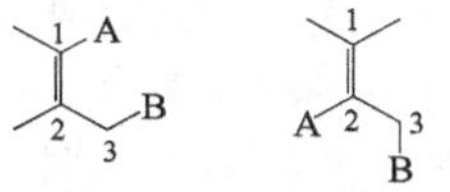

13 **14**

图 3-31 烯丙基分子 **13** 中的 A[1,3]张力和 **14** 中的 A[1,2]张力

环己烷中的取代基越大，占有 e 键的比例也越高。如，甲基环己烷中有 95%以 e 键连接甲基，而在叔丁基环己烷中 e 键连接叔丁基的占 99.99%。多取代环己烷中顺式或反式的取代基都可能居 a 键或 e 键，构象平衡也总是以取代基居有更多 e 键的为优势构象，其中又以体积较大的基团优先居有 e 键为一般规律。这也称之为 Barton 规则。[54]常见基团的这种优势居有 e 键位向的顺序为：^{t}Bu≫苯基＞环己基＞异丙基＞正烷基；NH_2～HO_2C＞NO_2＞OH＞X；AcO～MeO＞HO＞I＞Br～Cl＞F～CN＞H。可以看出，体积是一个主要因素，其中又以取代基中直接与环相连的那个原子产生的影响最大。如 OH 及其衍生物都是氧与环相连，衍生物间差别不是太大。此外可以见到的是，烷基基团倾向于居有平伏键；极性取代基的体积大小对键的取向不是那么敏感；卤素间的差别也不大，较长的 C—I 键可补偿碘原子较大的体积效应。电性也是一个因素，硝基的体积比氨基大，但其作用反而小。叔丁基居有 e 键位向的强大优势使它在研究环己烷体系时成为非常有用的基团，但要注意构象的优势取向并不是构象固定的同义语，叔丁基使构象平衡大大偏向于其取 e 键一边，但环翻转依然存在，并非就固定在一种构象上了。此外要注意的是，无论环怎样翻转，环上取代基顺式/反式构型的立体关系是永远不会改变的。

溶剂对 a/e 键位向的取向也有影响。如 OH 在质子性溶剂中由于氢键使有效体积增大而更易取 e 键向位；α-氯代环己酮的氯原子在极性和非极性溶剂中分别以 e 键位向和 a 键位向为主（参见 3.12.1）。非极性溶剂体系中环己烷上取代基的环翻转平衡的自由能差值 $\Delta G_{a/e}$ (kJ/mol) 称环己烷的 *A* 值，如表 3-2 所示。[55]

表 3-2 各种取代环己烷的 $\Delta G_{a/e}$ 值 单位：kJ/mol

R	$\Delta G_{a/e}$	R	$\Delta G_{a/e}$	R	$\Delta G_{a/e}$
CH_3	7.09	CN	1.0	OH	2.17(3.63)
C_2H_5	7.30	F	0.63	OCH_3	2.50(3.04)
$(CH_3)_2CH$	9.02	Cl	1.79	OCF_3	3.20
$(CH_3)_3C$	19.0	Br	1.58	OC_2H_5	3.96
C_6H_{11}	8.97	I	1.79	OAc	2.50
C_6H_5	12.51	NH_2	5.0(6.7)	OTs	2.10
CO_2H	5.63	$NHCH_3$	4.2	SH	3.75
CO_2CH_3	5.20	$N(CH_3)_2$	8.5		

注：括号内的值为在极性溶剂中所测。

其他因素也会影响取代环己烷的优势构象。如4-羟基环己酮（**15**）那样，1,4-二取代基可形成分子内氢键时，船式构象会更稳定。顺式-1,3-环己二醇（**16a**）也由于分子内两个羟基取a键向位的构象可形成氢键而更有利；反式-1,4-二叔丁基环己烷若取椅式构象，则必会有一个取代基处在a键；而船式构象**17**则都能处于e键向位而在能量上更有利。[56]

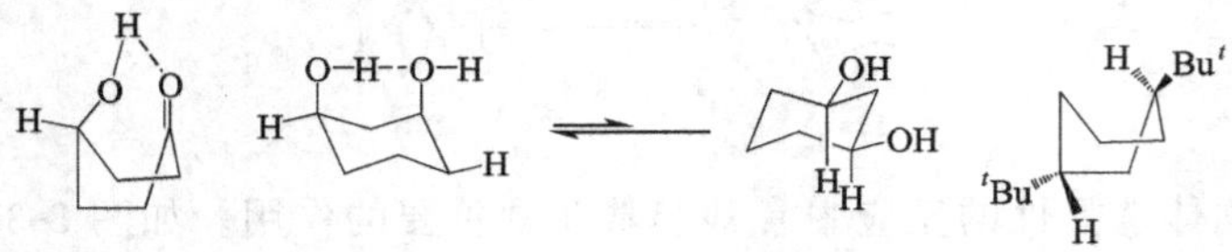

15　**16a**　**16b**　**17**

随着环的增大，能量相差很小的各种稳定构象的数量也增加，会有更多的扭曲状椅式或扭曲状船式。中环的张力比环己烷大。由小环（3、4）到普环（5～7）到中环（8～11）到大环的张力次序是3＞4＞5＞6＜7＞8＜9＜10＞11＞12。其中，小环的角张力和扭转张力较大；普环的扭转张力较为重要；中环有跨环张力、大角张力和扭转张力并开始表现出较大的柔韧性，存在能量上大致相等的诸多构象。量子力学计算表明，七元烷、八元烷和九元烷各有4个、11个和18个彼此能量相近的稳定构象。[57]这些无角张力的中环有大量相邻重叠式构象，环癸烷（**18**）还有如H1-H5这些跨环氢之间因空间障碍产生的跨环效应（transannular effect）。**18**可看作由两个环己烷的椅式构象通过各自的1,3-a，a键连在一起的十元环，环内有6个H，处于对面的两个H相距仅0.184nm而有跨环张力。扩大键角来改变构象可以降低这种非键跨环张力。环葵烷衍生物的X射线衍射表明，固态下取船式-椅式-船式构象，如**18b**所示，键角为124°。大环的孔洞大，环也是足够柔韧的，跨环氢之间有张力而易产生交叉构象。如，环二十四烷由两列平行的碳链组成曲折的环结构，链可以自由转动，也没有固定的稳定构象。各种环烷烃的优势构象都是各种张力协调的结果。

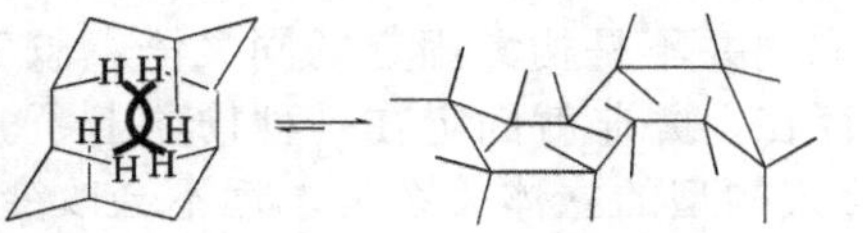

18a　**18b**

双键引入环己烷后对构象产生很大影响，如**19**所示，环己烯的优势构象是半椅式：高烯丙位C4、C5上也有a键和e键，而烯丙基C3、C6上则有假a键（pseudoaxil，a′）和假e键（pseudoequatorial，e′）；烯基上的取代基G与其相邻烯丙基的取代基G′之间的A[1,2]张力使G′取假a键的构象**20a**更为有利。带一个杂原子取代环己烷的构象分析（参见3.12.1）。[58]

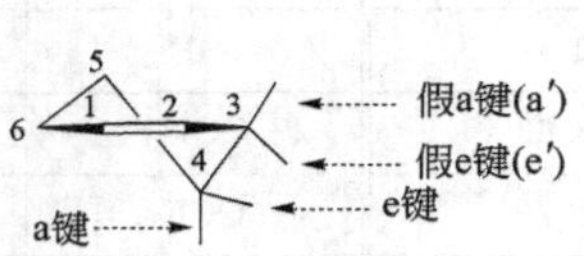

19 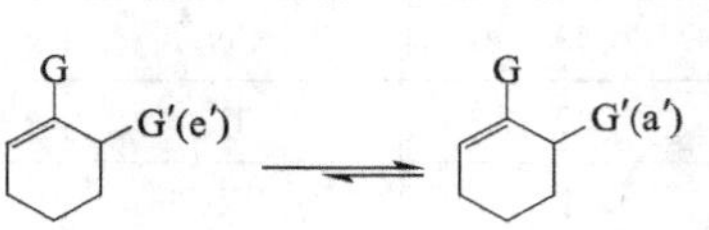　**20a**

构象在不同的相态中是不一样的，利用电子衍射、IR、UV、NMR、ORD、CD、微波谱、光电子能谱或理论计算等方法可予以分析。固态分子的构象分析相对最为可靠。

3.11.3　优势构象和构象效应

最稳定的构象称优势构象，如，环己烷的椅式构象是优势构象。在无氢键或静电效应影响下，静态分子的优势构象一般需满足如下要求：构象尽可能平缓舒展；张力最小；相邻碳原子上的取代基呈全交叉式排列，故开链结构呈锯齿状，环己烷中的椅式构象全呈交叉式排列；体积或偶极矩互斥最大的相距最远；性质相同基团间比性质相异基团间更接近；环己烷上取代基团或作用强的居更多 e 键。优势构象并非意味着分子仅存在此一种构象，与其参与反应所取的构象也不是一回事。参与反应的动态构象一般需满足如下要求：反应基团的位向排列偏离反应机理最小，且使初产物分子的构象偏离底物分子的构象最小；反应与产物生成过程中其他价键和基团的重叠最小；反应中心在过渡态中通常处于同一直线或平面，反应则发生在位阻最小的一侧。

构象分析是碳的四面体结构理论建立之后立体化学的又一个极其重要的里程碑式的进步。构型确定了分子中原子的相对位置，而构象分析正确地指出了这些原子在各种环境中的相对位置和空间取向。理解和控制反应需要有正确的构象分析：化学反应过程中有一定立体形象的试剂及底物的离去原子（团）必定要处于合乎要求的空间位置才能形成过渡态，过渡态的构象又决定了新产生产物分子的立体化学。构象对反应的影响又称构象效应。

内消旋体二溴芪（$C_6H_5CHBrCHBrC_6H_5$）是乙烷的取代衍生物，两个苯基和两个溴原子均处于对位交叉的构象（**21**）是最稳定的构象。其非对映异构体（**22**）中两个苯基处于对位的构象（**22a**）较稳定，此时两个溴原子位于邻位交叉位置，距离（0.39nm）比另一个对位交叉式构象（**22b**）的（0.45nm）短。**21** 的熔点（237℃）比 **22** 的（114℃）高，在乙醚中的溶解度（0.1g/100mL）比 **22**（3g/100mL）低。两者在化学行为上也表现出不同的性质，在 KI/丙酮溶液中脱溴时，**21** 的反应速率比 **22** 大 100 倍。这是因为脱溴是 E2 反应，**21** 中两个溴原子的反式排列构象有利于反式消除，而 **22** 则必须吸收一定能量，克服能障，从较稳定的构象（**22a**）旋转到两个溴原子处在反式的构象（**22b**）后才能发生反应。与 **21** 相比，**22b** 中两个大体积的苯环之间有较大空间障碍，相对不易存在。

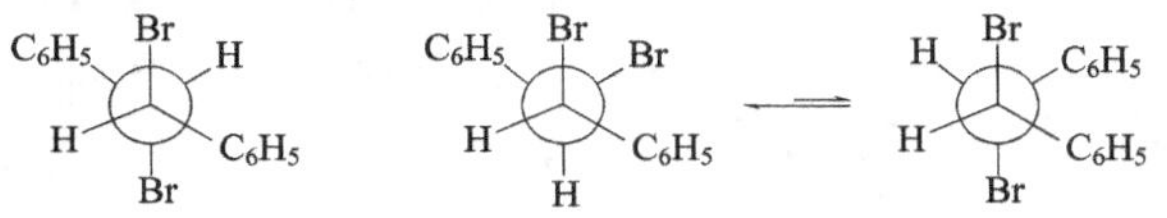

如图 3-32 所示，（5*R*)-甲基-(2*S*)-异丙基-(1*S*)-氯代环己烷（**23**）和其非对映异构体（5*R*）-甲基-(2*S*)-异丙基-(1*R*)-氯代环己烷（**24**）发生消除反应后得到不同的产物组成，且 **23** 的反应快。仔细分析一下这两个非对映异构体的构象，能发生反式共平面消除反应的构象 **23a** 中较大的异丙基位于 e 键，氯原子处于 a 键，C2 和 C6 上也都有反向 a 键键连的氢原子，故有两个方向消除 HCl 得到两个产物 **25**（78%）和 **26**（22%）。**24** 的稳定构象是 **24a**，但该构象中氯原子处于 e 键而难以发生共平面的消除反应。氯原子处于 a 键的构象 **24b** 中只有 C6 位上有反向 a 键的氢原子，C2 上的氢原子位于 e 键，与氯原子不呈反式共平面关系，不能发生消除反应。故 **24b** 只生成脱去 C6—H 形成的一个产物 **26**。同时可以看出，能发生

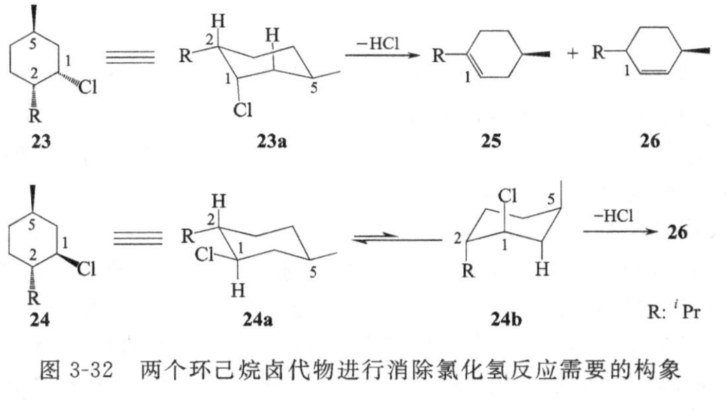

图 3-32 两个环己烷卤代物进行消除氯化氢反应需要的构象

消除 HCl 的构象 **24b** 中大基团异丙基将位于 a 键，是一个不易形成的不稳定构象，故 **24** 的反应比 **23** 的反应慢得多。

3.12 立体电子效应

立体效应的研究对象通常多指在实体原子(团)之间所产生的影响。电子轨道也是三维立体的，键连电子和孤对电子不光构筑分子骨架，同时也随距离、构型及相对立体关系影响分子的构型、构象、形状及反应和过程，并对分子中的其他中心产生影响，使结构和反应都受制于一定的约束规则（rules of engagement）。如，桥头烯基因烯基碳上的两个 p 轨道不能达到电子最大交盖的平行重叠而不易存在；亲核试剂在亲核取代反应中要进攻与离去基团相连碳的 σ^* 轨道，即从离去基团的背后进入，但在与羰基的加成反应时必须从羰基平面的上方或下方进攻；E2 反应中底物的构象要取两个消除基团位于反式共平面等等都反映出电子轨道的立体效应。

能发生的反应都要求分子或分子的部分之间有合适的几何构型，这也是与成键电子对必须要处于合适的相位及轨道对称性匹配联系在一起的。分子轨道的构型和重叠对分子结构与反应性能的影响称立体电子效应（stereoelectronic effect）或空间电子控制（stereoeletronic control)，指一种特定的成键或非键电子对的空间定向排布对分子反应性的影响。[59] 实际上也是一种电荷转移作用（参见 1.4.3)，其中常见的是来自邻近轨道的相互作用。

3.12.1 对构象稳定性的影响

如图 3-33 所示，两个相邻 sp^3 杂化的四价原子 X 和 Y 处于对位交叉构象时，成键 σ_{X-A} 轨道上的电子可转移到 σ^*_{Y-A}，使 X—A 键变长、变弱而 X—Y 键变短、变强，分子基态能量也得以降低。当两个相邻的 X—A 和 Y—A 键取顺式共平面时，电荷从 σ_{X-A} 向 σ^*_{Y-A} 的转移作用和重叠效率不如其反式共平面构象，故乙烷的众多构象中以对位交叉构象最为稳定（参见 3.11.1)。[60]

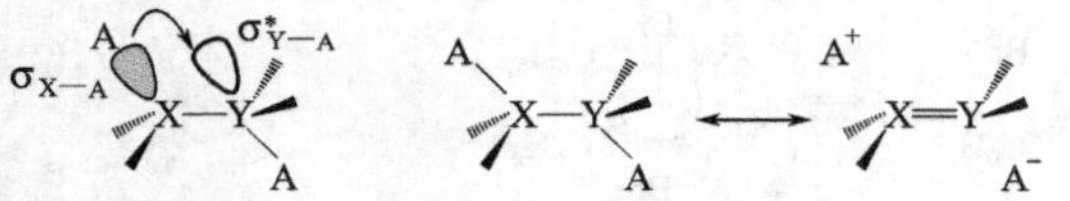

图 3-33 对位交叉构象因立体电子效应而稳定

但 1,2-二氟乙烷的优势构象却是如 **1** 所示的邻位交叉式，此时所有的 C—F 键都和 C—H 键呈反式共平面关系。这也与 σ_{C-H} 和 σ^*_{C-F} 轨道间存在的超共轭效应有关，因为 C—H 键比 C—F 键有更强的供电性而产生邻位交叉效应。[61]

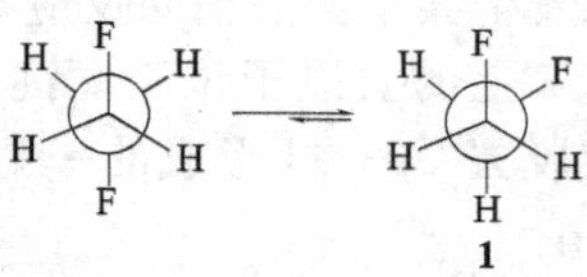

1

孤对电子能有效地向反式共平面的邻近 σ^* 键供给电子而产生更显著的立体电子效应。σ^*_{C-C} 是比 σ^*_{C-H} 轨道更好的电子受体，因此，可看到乙胺的邻位交叉式(**2**) 更为稳定，这种构象中氮上的孤对电子与 C—H 键之间能产生有效的超共轭效应。甲胺和甲醇的最稳定 *anti*-构象也是因超共轭效应而取 **3** 和 **4**，如图 3-34 所示。

环己烷上的取代基以居有 e 键为稳定（参见 3.11.2)，O、N、S 等杂原子取代的环己烷中，稳定的构象中 α-电负性取代基位于 a 键而非 e 键，这称之为异头效应或端基效应（anomeric effect)。[62] 异头效应在糖的立体化学中有着很重要的意义，实际上也是超共轭效应在杂环分子上的表现（参见 1.3.4)，其大小与取代基和所在介质的性质有关，是偶极-偶极作用、双键-非键共振和取代基杂原子上的孤对电子与环 C—杂原子反键轨道间的交盖等立体

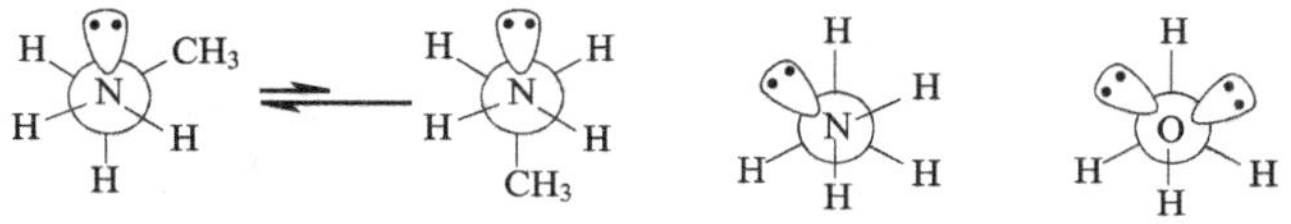

图 3-34 乙胺（**2**）、甲胺（**3**）和甲醇（**4**）的最稳定构象

和电子效应综合的结果。如图 3-35 所示，吡喃环上的 α-X 取代基处于竖键位置时，氧原子上的孤对电子能与 σ^*_{C-X} 键有效重叠。两个椅式构象中 **5** 的稳定性比 **6** 小，偶极-偶极作用在 **6** 中要大于 **5**。

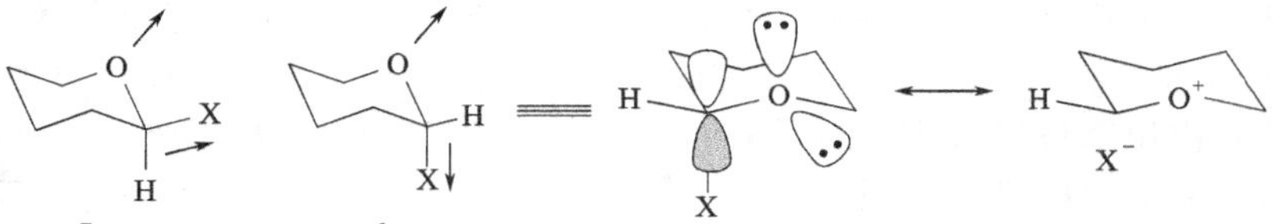

图 3-35 吡喃环的异头效应

环己醇的两个构象异构体中羟基居 e 键和 a 键位向的比为 5.4∶1。但如表 3-3 所示，**7** 和 **8** 一类吡喃葡萄糖苷在平衡中苷原子上烷氧基居 a 键位向的 α-成分反比居 e 键位向的 β-成分多，也是因为环上极性氧原子上的孤对电子与 a 键相位的 α-σ^*_{C-O} 轨道之间有超共轭效应，而与 e 键相位的 β-σ^*_{C-O} 轨道之间是难有此作用的。[63]

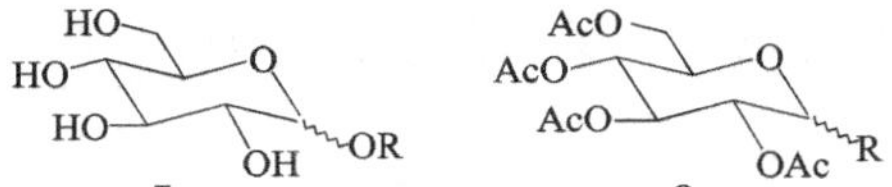

表 3-3 吡喃葡萄糖苷中 a 键和 e 键烷氧基的比例

7		8	
R	a-∶e-	R	a-∶e-
H	68∶32	OAc	86∶14
Me	67∶33	Cl	94∶6

环己烷上的取代基以居 e 键为主的现象可用 A[1,3] 张力来解释。但 C—O 键比 C—C 键短，α-取代吡喃环中两个 1,3-a-取代基的距离更短，A[1,3] 张力更大，故 e 键为主的构象体应占更多比例。但来源于氧上的供体孤对电子和位于反式共平面的邻位反键 σ^*_{C-O} 轨道受体之间的立体电子作用，即异头效应在这里发挥了更强的优势作用。最强的电子供体是定域的碳负离子，其他供体的供电能力次序为：n(非键孤对电子)$>\sigma_{C-C}\sim\sigma_{C-H}>\sigma_{C-G}$[(G═N)>O>S>X(卤素)]；最强的电子受体是定域的碳正离子，其他受体的受电能力次序为：$\pi^*_{C=O}>\sigma^*_{C-X}>\sigma^*_{C-O}>\sigma^*_{C-N}>\sigma^*_{C-C}\sim\sigma^*_{C-H}$。理论和实验均表明，供体和受体只有位于反式共平面才能产生最好的立体电子作用。

异头效应也可见于如亚甲基取代环己烷和环己酮等环上有一个 sp^2 碳原子的场合。如，2-溴环己酮构象平衡中以 Br 取 a-键构象（**9**）为主，2-取代二氯亚甲基环己烷（G：氯、溴、甲氧基、乙酰氧基）的构象平衡中 2-取代基取 a-键构象（**10**）占有 90%左右，e 键取向的 G 与双键上的氯原子间有更强的 A[1,3] 张力。

3.12.2 对光谱和酸碱性的影响

超共轭效应使 σ 键变弱，反映在 IR 光谱上，醛的 C(O)—H 键振动频率（2813cm^{-1}）比 C(烯)—H（3055cm^{-1}）的小；^{1}H NMR 上的化学位移移向高场。如，**11** 中氮原子的吸电子诱导效应对次甲基质子起到去屏蔽作用（$\delta_H=5.03$），而在 **12** 中有三对氮原子上的孤对电子均与次甲基 C—H 键处于反式共平面状态而产生立体电子效应，使次甲基 C—H 的 δ_H 变小（$\delta_H=2.31$）。[64]

立体电子效应也能影响 NMR 的耦合效应。C—H 的三键耦合$^3J_{H-H}$在扭曲角为 180°，即反式共平面时最大，如图 3-36 中的（a）和（b）所示；四键远程耦合$^4J_{H-H}$中有较大耦合作用的 W 形构型中涉及的键也都有反式共平面几何构型排列，如图 3-36 中的（c）和（d）所示。

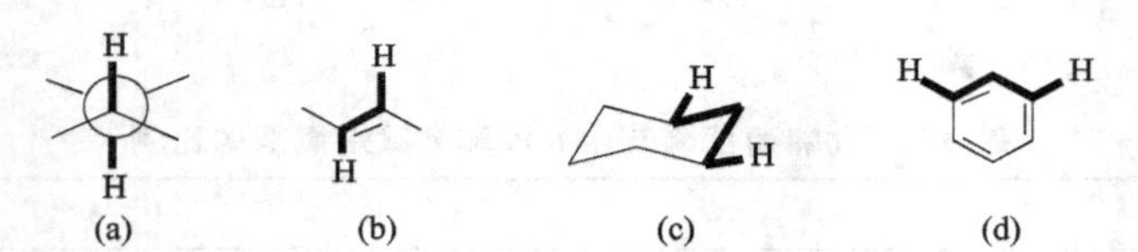

图 3-36 有较大 J_{H-H}耦合作用的几个反式共平面和 W 形几何构型排列

13 和 **14** 这两个胺的 pk_a 分别为 8.7 和 10.2，碱性差别也是由于超共轭效应的程度不同所致。[65]

3.12.3 对反应的影响

某些化学反应的速率差异也可以从立体电子效应来得到说明。如，小环内酯 **15** 围绕 C(O)—OR 键只有 *E*-构象，反应性比取 *Z*-构象为主的开链酯强。酯分子中的 C(O)—OR′键带部分双键特征，围绕该键的旋转有约 40kJ/mol 的活化能障，两个平面构象异构体 *Z*-**16a** 和 *E*-**16b** 中均有醇氧原子上的孤对电子与羰基轨道之间的共轭作用。由于立体构型的关系，**16a** 中醇氧原子上的孤对电子与羰基 $\sigma^*_{C=O}$ 轨道之间有超共轭作用，而 **16b** 中醇氧原子上的孤对电子只与 $\sigma^*_{R-C(O)}$ 轨道之间有超共轭作用。σ^*_{C-O} 轨道是比 $\sigma^*_{R-C(O)}$ 轨道更好的电子受体，

故 **16a** 比 **16b** 有约 10kJ/mol 的热力学稳定能，平衡体系中的相对含量稍多，反应性不如内酯。[66]

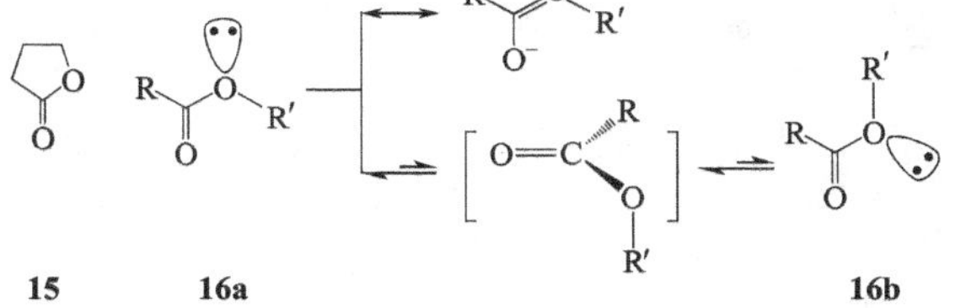

15 **16a** **16b**

如式(3-14) 的反应所示，1,3-二氧六环的两个差向异构体中离去基团位于 a 键的 **17** 比其位于 e 键的 **18** 与甲基格氏试剂的反应快得多。

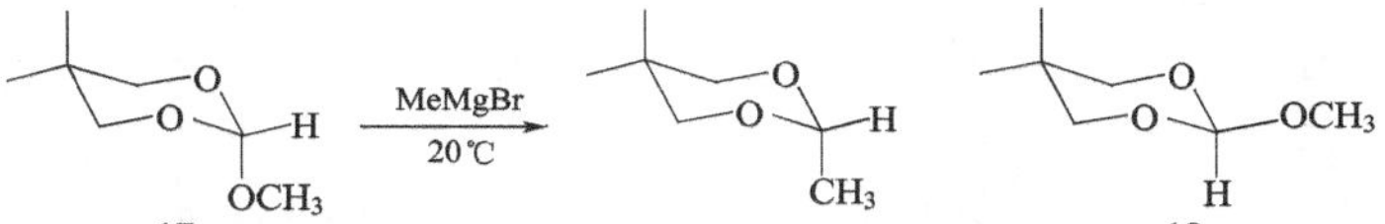

(3-14)

17 **18**

如式(3-15) 的反应所示，2-烷氧基四氢吡喃衍生物的两个差向异构体中只有 C4—H 为竖键的 **19** 才能发生臭氧化反应，**20** 无此臭氧化反应。[67]

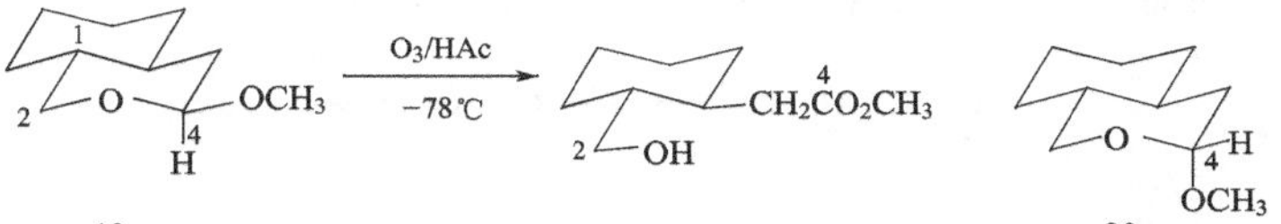

(3-15)

19 **20**

但邻近轨道间的立体电子效应一般并不强，故不是都能根据该效应来对反应性作正确直观预测的，有些场合下也会有相反的结论。此外要注意的是，底物的优势构象异构体未必一定反应快，若其反应速率慢，而构象异构体之间的平衡速率又足够快时，主要产物也可以是由次要的构象异构体而来。如式(3-16) 所示，**21a** 尽管比 **21b** 稳定，但其成季铵盐的反应速率比 **21b** 慢，主要产物是由 **21b** 反应所得的 **22b** 而非由 **21a** 反应所得的 **22a**：

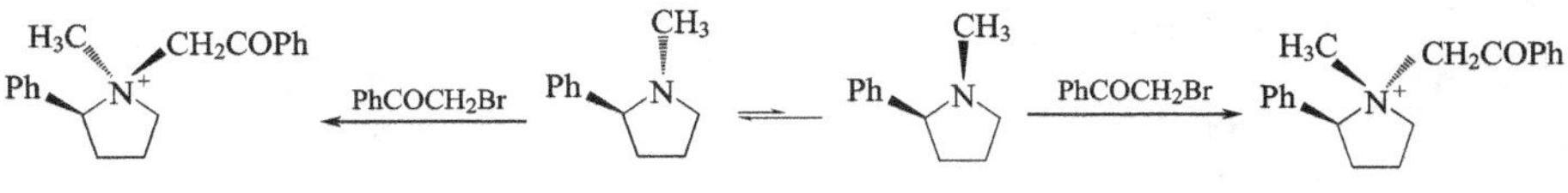

(3-16)

22a (23%) **21a** **21b** **22b** (77%)

如式(3-17) 所示，2-亚甲基-4-氨基丁酸甲酯 (**23**) 发生分子内加成反应的结果表明，氨基只进攻丙烯酸酯成分中的羰基 C2 进行 1,2-加成反应生成 **24**，不发生进攻丙烯酸酯成分中的烯基 C4 进行 1,4-共轭加成反应生成 **25** 的反应。

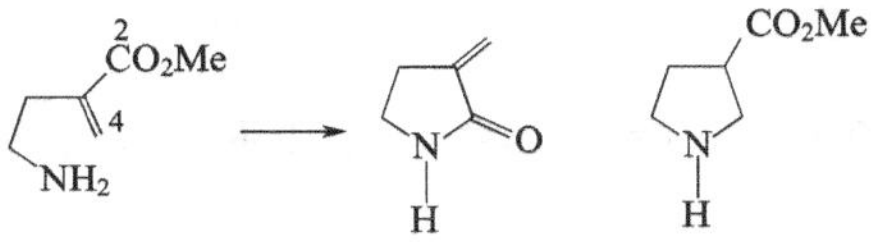

(3-17)

23 **24** **25**

对羰基的加成反应是亲核物种氨基上的孤对电子从羰基 $\pi^*_{C=O}$ 平面的上方或下方进攻的。成环的 5 个原子在过渡态中需位于同一平面，如 **23a** 所示。这在氨基氮上的孤对电子进攻 C2 时是易于实现的，形成的是 *exo*-环合产物 **24**。对 C4 的 1,4-共轭加成反应也需要亲核物

种从烯基 $\pi^*_{C=C}$ 平面的上方或下方去进攻，形成的是 *endo*-环合产物。过渡态同样要求成环的 5 个原子位于同一平面，但此时亲核物种氨基上的孤对电子与烯基正位于同一平面。要烯基平面扭曲过来是不可能的，让氨基旋转后处于如 **23b** 所示的烯基平面上下方时，两者距离又太远，故该反应是难以进行的，如图 3-37 所示。

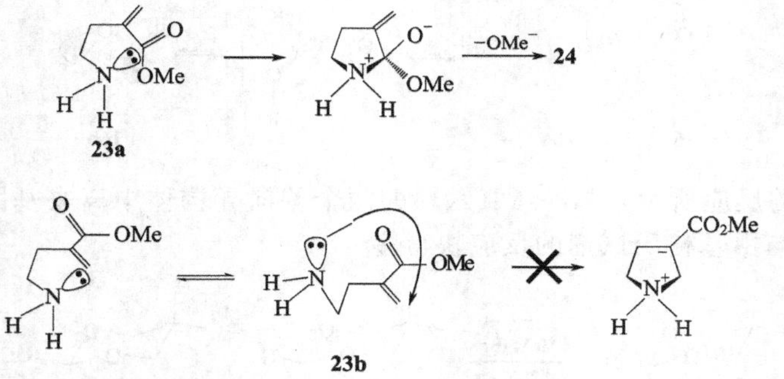

23a

23b

图 3-37　化合物 **23** 发生分子内加成反应的两种过程

如图 3-38 所示，当分子 *α*-位有一个强电子供体（Y），*γ*-位又键连一个好的离去基团（L）时可以发生 Grob 碎片化反应（fragmentation），反应过渡态中断裂的键（*σ*）和终端受体轨道（σ^*_{C-X}）之间需有有效的交盖，不然此反应不会发生。[68]

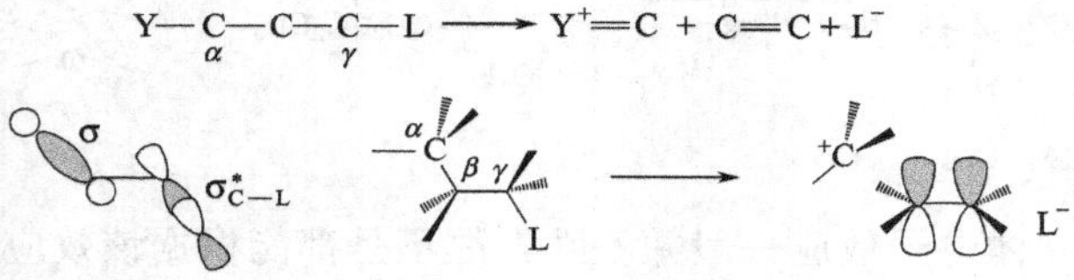

图 3-38　Grob 碎片化反应

这个反应常用于构筑有张力的中环。如式(3-18) 的反应所示，**26** 经强碱作用发生碎片化反应生成开环产物 4-环癸烯酮（**27**），**26** 的立体异构体底物 **28** 则不发生同类反应。

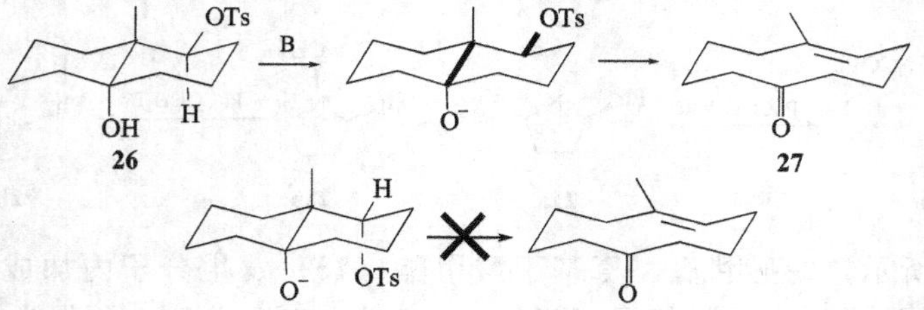

26　**27**　**28**

(3-18)

3.13　手性分子的来源

手性分子主要可通过手性池、外消旋体的拆分和不对称合成来获得。

3.13.1　手性池

许多生物体中手性天然产物的两个对映体含量并不相等甚至只有一个对映纯体存在。从天然来源获得手性化合物的过程一般价廉易得，产品的纯度也很高，但品种有限。结合天然产物和一些由人工合成方法易得的非天然产物，已建立了一些应用广泛且商业可得的手性池(chiral pool)，按类可分为如氨基酸、羟基酸、氨基醇［天然（如麻黄碱）或从氨基酸制得]、有机酸、萜、糖、生物碱、环氧化物和具 C_2-对称的二胺等。受限于资源、品种、含量及只有一个对映纯体天然存在，直接从自然界或手性池来获取手性分子已远远不能满足人类的生产活动所需。

3.13.2　拆分

对映异构体的混合物被部分或完全分离成独立的对映纯体称拆分（resolution）。拆分需要一个手性识别（chiral recognition）的环境。根据各类外消旋体不同的晶体形式和物理性质，拆分通常应尽量在合成的早期就去操作，主要有加手性拆分剂、晶种、生物酶、萃取、重结晶、膜、各种色谱、毛细管电泳和动态动力学分离等方法。拆分的不足之处也是显而易见的：它需要额外加入和除去手性拆分剂的步骤，所需对映体的最高产率也只有 50%。但拆分也有优点，可以同时得到另一个对映体。这对于研究两个对映体的生理性质或用于不对称合成反应中的手性配体也是非常有意义的。另一个对映体若能被外消旋化后再行拆分或发生对映异构化，则手性产率也可达到 100%。[69]

（1）非对映异构体的拆分　任何外消旋体理论上都是可以拆分的。应用最广泛的是利用非对映异构体的生成、分离和回复的过程。用一个称拆分剂的手性试剂与外消旋体作用后，生成两个未成键的非对映异构体组成的盐或配合物或已成键的非对映异构体，利用溶解度、沸点、蒸气压、吸附特性等物理性质的不同将它们拆分开来后，再分别回复该外消旋体的对映体组分。拆分剂应具有性能好、易于回收和反复使用及旋光纯度高等优点；两个非对映异构体要易于生成和分离；被拆分分子的构型在非对映异构体的形成和分离过程中保持不变。如，酸的拆分可以用天然的光活性的生物碱和合成得到的光学纯的胺、醇来作拆分剂，通常碱的效果更好；碱的拆分常用天然的光活性酸，如图 3-39 所示的（±）-*α*-苯乙胺（**1**）用(*R*)-羟基丁二酸的拆分。一些不含羧基、氨基的中性外消旋体可以用合适的拆分剂形成配合物后，利用溶解度的差异等物理性质来进行拆分。一些手性的溶剂试剂，如胺和酰胺都是很好的氢键供体，可用于羧酸和醇的拆分。手性的金属配合物也可用于拆分。

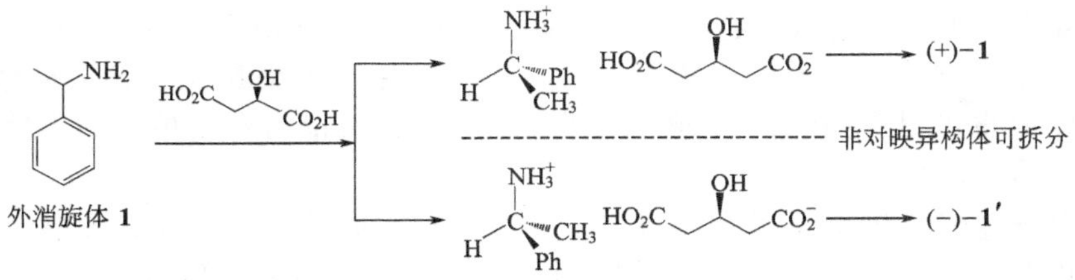

外消旋体 **1**　→ (+)-**1**；(−)-**1′**　非对映异构体可拆分

图 3-39　（±）-*α*-苯乙胺用（*R*)-羟基丁二酸进行拆分

（2）对映异构体的动力学拆分　两个对映体与某手性试剂反应生成的两个过渡态不呈实物和镜像关系，所需反应活化能和反应速率也各不相同。挑选合适的手性试剂有可能利用动力学控制来得到某一个对映异构体而实现动力学拆分。如，不足量的（−)-金鸡纳酸和（±)-**1** 作用，未反应的（+)-**1** 异构体的含量明显增加；手性冠醚 **2** 的氯仿相与 *α*-苯乙胺的六氟磷盐（**3**）的水相混合，分离后氯仿层中 **2**/(*R*)-**3** 的组成是 **2**/(S)-**3** 的两倍。

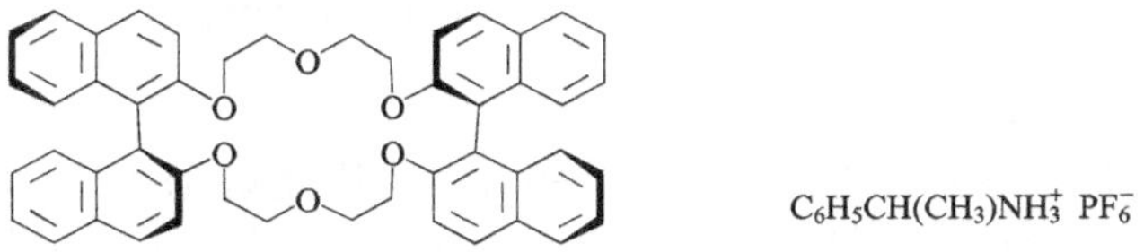

2

$C_6H_5CH(CH_3)NH_3^+\ PF_6^-$

3

通过有机催化、有机金属催化、酶、微生物和霉菌实现的动力学拆分更有优势，研究成果也与日俱增。如，氨基酸与酵母反应时，L-对映体很快消耗掉余下的D-对映体，这一方法实际也是利用生物化学手段进行的动力学拆分。如式(3-19）的反应所示，(±)-乙酸醇酯在某水解酶作用下只有(*S*)-醇酯发生水解，产物是(*S*)-醇（**4**）和底物中未反应的（*R*)-乙酸醇酯（**5**)。[70]

R–CH(OCOCH₃)–CH₃ $\xrightarrow[\text{酶}]{H_2O}$ **4** + **5** (3-19)

如式(3-20）的反应所示，α-取代的β-酮酯(**6**)还原为β-羟基酯后生成 4 种手性分子。**6** 与其对映异构体 **6′**之间可经由烯醇式相互转化，若进行不对称催化氢化反应的速率小于两种对映异构体之间的转化速率时就有可能生成 *syn*-**7** 或 *anti*-**8** 中的一种。此类方法称动态动力学拆分（dynamic kinetic resolution，DKR)。[71]动态动力学拆分利用了两个对映体反应速率的差异，差异愈大效果愈好，在此过程中同时伴随底物的消旋，理论上可使外消旋底物全部转化为单一对映体产物。

6 ⇌ 烯醇式 ⇌ **6′** $\xrightarrow[ML_n^*]{H_2}$ **7** + **8** (3-20)

(3) 其他拆分方法　Pasteur 在 1848 年首次拆分成功外观半晶面、可以辨识的两种不同晶形的酒石酸钠铵，但这一现象是绝无仅有的。某些外消旋体经加热熔化或升华时也会出现两种不同的晶体形状而得以拆分。外消旋体的饱和溶液中加入约 10%左右纯的光学异构体晶种，形成非平衡结晶后可优先结晶出这种对映体。浓缩后的母液再加入另一种对映体的晶种，如此反复进行也可以达到一定的拆分目的。该方法称优先结晶（preferential crystallization)。优先结晶法需依靠实验来探索可行性，不能应用于外消旋化合物或外消旋固溶体。有时通过重结晶也可提高晶体的 *ee* 值。有的外消旋体用结晶拆分后单一的手性对映体只是富集在母液中而难以晶体析出。[72]

量少的对映异构体和 Z/E 异构体可用带手性固定相的各种色谱方法分离。手性吸附剂对对映异构体的吸附性能不一样或反应速率不一样。如，加入环糊精之类手性添加剂的胶束毛细管电泳方法和以乳酸或手性聚合物作吸附剂的色谱等等。分子印迹（molecular imprinting）则是将外消旋体与功能单体形成配合物后聚合，再选择性地除去包埋在聚合物中的目标分子来实现拆分。[73]包结拆分（inclusion resolution）是利用手性主体化合物，通过氢键及分子间的次级作用等选择性地同一种对映异构体客体形成稳定的包结配合物（参见 1.6.3）而得以与另一种无作用的对映异构体分离。如，将手性的酒石酸衍生物与外消旋的苯乙胺充分混合后蒸馏，先得到未形成包结配合物的胺。温度升高，包结配合物分解后，另一种对映体胺也可蒸出而达到拆分。包结拆分过程中没有发生化学反应，因此，通过溶剂交换、层析、蒸馏等物理方法就能分离主体化合物并再循环使用。[74]

3.13.3　立体化学的反应

另一个最重要也是最主要的得到对映纯体的方法，则是以 1890 年 Fische 合成葡萄糖的成果为开端，并自 20 世纪 30 年代开始有了迅猛发展的不对称合成方法。此类工作主要依靠如手性的底物、试剂、配体和催化剂等手性源（chiron）产生手性诱导来实现。控制反应按所需手性中心进行并得到单一对映体的合成反应一直是当代有机化学的一个最富魅力和最具挑战性的工作。

(1) 不对称合成反应 如果反应过程中没有一个手性环境（底物、试剂、催化剂、溶剂等）的话，底物和试剂作用时生成两个对映体过渡态的能量一样，反应速率相同，所得产物总是以两个对映异构体的量完全相等的外消旋体形式出现。换句话说，任何一个非手性的反应底物和非手性的试剂反应得到的产物都是非手性的外消旋体。如式(3-21) 的反应所示，丁烷中的C2 尽管是前手性原子，光照下进行单氯化反应的产物是等量 (*R*)-2-氯丁烷和(*S*)-2-氯丁烷的混合物。丙烯的环氧化和 2-溴丁烷的水解等反应都生成外消旋体产物。

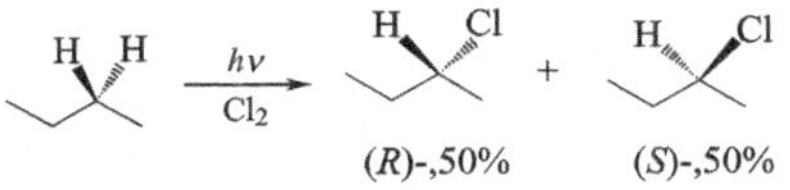

(R)-,50%　(S)-,50%　(3-21)

将某个底物分子中一个对称的结构单位转化成一个手性的单位并产生不等量的立体异构体产物的反应称不对称合成反应。进行不对称合成需要有一个手性环境存在，使两个对映异构体反应的过渡态成为非对映关系，反应活化能的差异就决定着产物的对映体过量。如，连有由大（L)、中（M)、小（S）三个体积不等基团的手性碳原子的羰基化合物最稳定的构象可用 Newman 投影式（**9**）表示，羰基氧原子处于 M 和 S 之间。亲核试剂从位阻小的一侧（接近 S）进攻（a 方向）羰基是有利的，从位阻大的一侧（接近 M）进攻（b 方向）羰基是不利的，如图 3-40 所示。该现象又称 Cram 规则。[75]

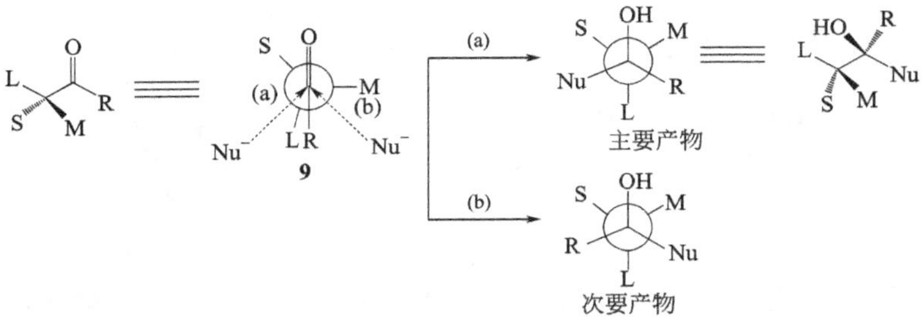

主要产物

次要产物

图 3-40 Cram 规则

手性环境还可以是如图 3-41(a)所示的手性试剂、如图 3-41(b)所示的手性催化剂和如图 3-41(c)所示的手性溶剂等化学因素。它们总是由于基团的相对大小和所处空间的相对位置或构象等的差异而导致生成不同立体异构产物所需的过渡态有差别。

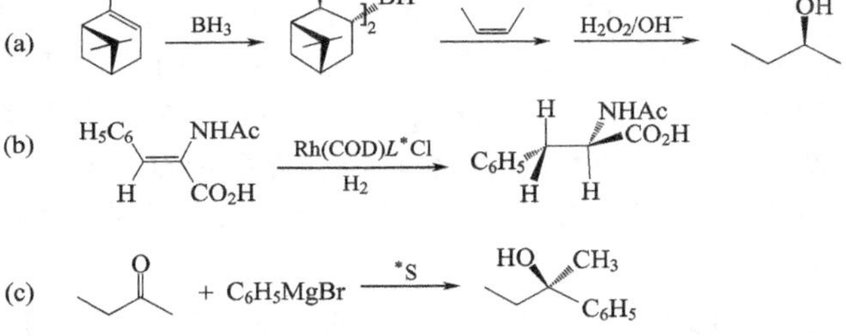

图 3-41 化学因素的 3 个手性环境

如式(3-22) 所示，依靠左旋或右旋圆偏振光照射反应体系而实现不对称反应的方法因未使用任何手性原料而称绝对不对称合成 (absolute asymmetric synthesis)。手性光源与两个对映体底物的作用不同或两个对映体产物的光化学平衡发生迁移都导致光学活性产物的生成，很可能这也是宇宙中光学活性物质的起源之因。但该法的应用面极窄，产物的 *ee* 值也很小，理论意义远大于实用意义。[76]

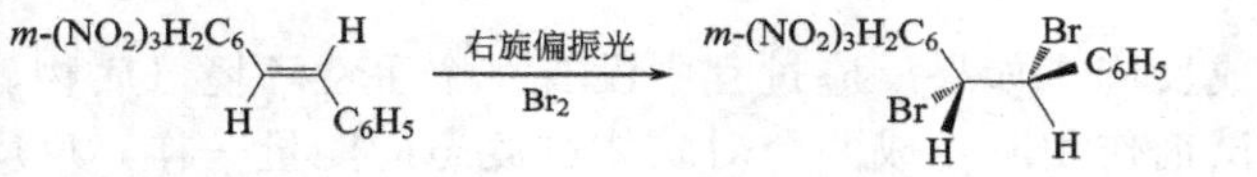

m-$(NO_2)_3H_2C_6$ … H ／ H … C_6H_5 —右旋偏振光，Br_2→ m-$(NO_2)_3H_2C_6$ … Br … C_6H_5 ／ Br … H … H （3-22）

有两个或更多立体影响因素存在的反应，如手性的底物和手性的试剂之间会产生双重立体识别效应（double stereodifferentiation）。[77]产物中新手性的构型与试剂和底物的手性匹配相关。如式(3-23) 所示，底物烯丙醇进行 Sharpless 环氧化反应表现出试剂控制的影响因素更大。

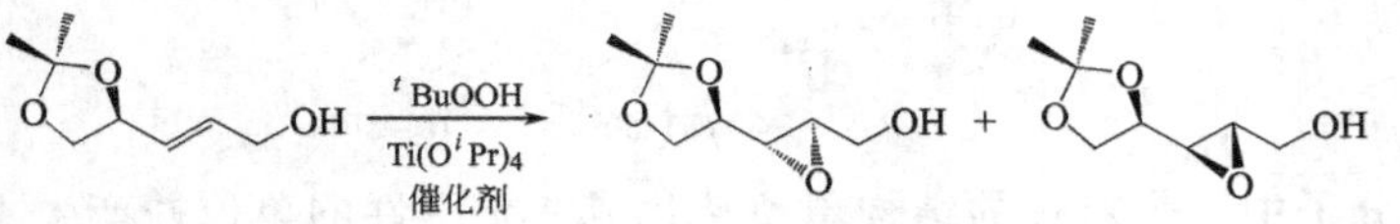

OH —^tBuOOH，$Ti(O^iPr)_4$，催化剂→ OH + OH （3-23）

催化剂：		
(+)-酒石酸二乙酯	1%	99%
(−)-酒石酸二乙酯	90%	10%

同时形成两个以上手性中心的反应就会产生非对映选择性（diastereoselectivity）问题。如式(3-24) 所示的 aldol 类反应会生成 *syn/anti* 4 种产物，*syn*-**10** 和其对映异构体 *syn*-**10′**，还有 *anti*-**11** 和 *anti*-**11′**也是对映异构体，**10** 和 **11** 是非对映异构关系。立体选择性与两个底物的结构、烯醇离子的构型、螯合物的手性及反应条件都密切相关。[78]

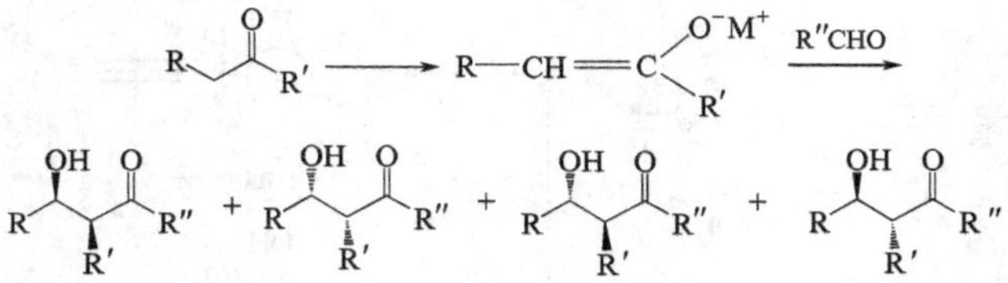

R—C(=O)—R′ ⟶ R—CH═C(O$^-$M$^+$)—R′ —R″CHO→

10 + **10′** + **11** + **11′** （3-24）

如图 3-42 所示，有些底物分子中唯一的立体源中心在反应中受到破坏后会对映选择性地产生一个手性构象中间体，快速反应后仍能得到对映选择性产物。这个过程被称之为手性记忆（memory of chirality）。[79]

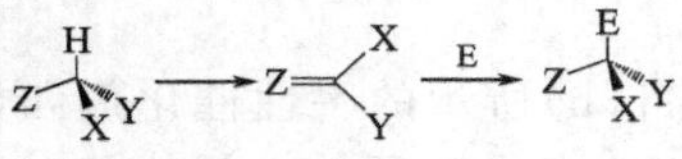

Z—C(H)(X)(Y) ⟶ Z═C(X)(Y) —E→ Z—C(E)(X)(Y)

图 3-42 手性记忆的反应可保留底物的构型

手性聚合物与有机小分子一样同样具有特殊的理化和生理性能。[80]如图 3-43 所示，使用手性的 Ziegler-Natta 催化剂（**13**）能使丙烯聚合成 3 种立体异构体产物，其分子中甲基都呈 *syn*-分布的等规立构（isotatic，**14**）。用无手性的催化剂 **12**，则可生成所有 3 种异构体，即等规立构、间规立构（syndiotactic，**15**）和无规立构（atactic，**16**）。Ziegel-Natta 催化剂是根据经验给出的混合物，其化学个体很难界定和表征，故催化的本质还有许多疑点。新一代由第四副族金属 Ti 或 Zr 的茂配合物和从三甲基铝部分水解产生的甲基铝氧烷混合物已更多地用于烯烃的聚合反应。[81]

（2）不对称催化反应　以图 3-41（b）为代表的包括金属、有机分子和酶的三大类不对称催化反应在不对称合成反应中最为引人注目。20 世纪 60 年代，Knowles 用手性的甲基丙基苯基膦为配体与 Rh[1]配位后制成一个新颖的手性均相催化剂，并用于苯基丙烯酸的氢化反应，得到 *ee* 值为 15％的还原产物，从而开拓性地实现了不对称催化反应。[82]这种使用少量手性催化剂就能得到手性产物的不对称催化反应受到有机合成化学家的极大关注和重视。基于不对称活化、传递和放大等概念设计的各类有机金属催化剂和无金属参与的手性胺、

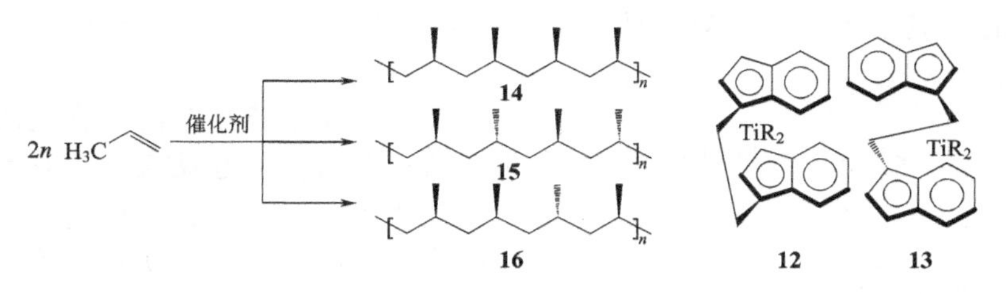

图 3-43 丙烯的聚合反应

膦、醇、酮、硫化物、肽等有机小分子及手性 Bronsted 和 Lewis 酸碱催化剂均已被广泛应用于各类不对称反应，实现了催化剂的周转率（turnovers，产物和催化剂的摩尔比）或转化频率（单位催化剂转化的底物量 TOF）和转化数（催化剂消耗量与已转化产物量的比值，TON）、选择性、产率及 *ee* 值均能令人满意的产出。利用两种独立的催化剂各自激活两个底物，从而生成一个或两个立体活性中心的协同催化（cooperative catalysis）或接力催化（relay catalysis），可协同选择性地创建多个立体中心的分子。一个优秀的手性催化剂分子能生成数百千万的手性产物分子。如，日本的高砂（Takasago）公司利用 Rh-BINAP 催化体系生产出了 30000t 与天然产物构型完全相同的光学纯薄荷醇，而所用的手性配体 BINAP 仅消耗了 250kg。高活性手性催化剂的周转率已达 4.5×10^6，1mg 催化剂可将 546 g 苯乙酮氢化成 *ee* 值为 98%的苯乙醇。2001 年度的诺贝尔化学奖授予 Knowelse、Schapless 和野依良治这三位在此领域中做出创造性贡献的科学家，是对不对称催化合成所取得的巨大成功的肯定。传统的金属催化可由配体的调控来优化，但对环境敏感、价高、有毒及在产物中的残留是其不足。[83]相对而言，有机分子催化的不对称反应所需的催化活性由价廉易得的有机分子提供，对环境更为友好，但应用范围尚不如金属催化。[84]

酶是一个手性分子，其手性催化诱导的效果极为理想，所得产物常常是只有两个对映体中的一个。生物反应是靠酶催化进行的，利用天然酶和生物质的催化已被广泛应用于不对称合成反应。[85]如式(3-25) 所示，富马酸（**17**）在富马酸酶催化下的水合反应只得到苹果酸（**18**）：

$HO_2C(H)C{=}C(H)CO_2H$ (**17**) $\underset{H_2O}{\xrightarrow{\text{富马酸酶}}}$ $HO\text{-}C(H)(CO_2H)CH_2CO_2H$ (**18**) (3-25)

不对称催化新方法、新概念的开发和应用及机理研究一直是最富魅力的有机反应，正不断取得新的发展和突破。如，聚合物、纳米粒子或超分子等负载的手性催化剂，质子转移下的直接不对称催化、自催化过程、非线性放大效应、双金属协同催化和催化剂的回收及重复利用等新理论、新概念和新应用不断出现。[86]但实用的、适于工业生产的不对称催化反应至今仍不多。[87]

（3）专一性和选择性的反应　某一个底物反应后能给出众多可能产物中某一种产物为主的反应称选择性（selective）反应。如，图 3-44(a)的两个产物中 2-丁烯为主要产物，是位置选择性（regioselective）反应；图 3-44(b)中 $NaBH_4$ 只与底物的羰基作用，为化学选择性（chemoselective）反应。立体选择性反应（stereoselective reaction）是指一个手性产物的生成速率比其他立体异构体快的反应。如，无论从（*R*)-2-溴丁烷或(*S*)-2-溴丁烷出发，消除反应后的产物都是 *trans*-2-丁烯多于 *cis*-2-丁烯。实现立体选择性反应的原则就是要在需生成的立体源中心上形成不对称的空间差异，造成反应活化能的不同而影响两个对映体的生成。对映选择性反应（enantioselective reaction）是立体选择性反应的特例，指生成对映异构体的反应中得到一个对映体为主的反应。如图 3-44（c）所示的酮在酶促进下的还原反应。

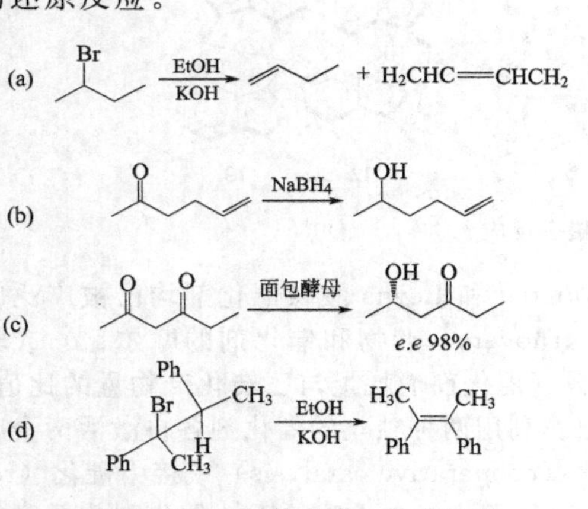

(a) EtOH/KOH + $H_2CHC{=}CHCH_2$

(b) $NaBH_4$

(c) 面包酵母 *e.e* 98%

(d) EtOH/KOH

图 3-44 选择性和专一性的反应

反应底物中若存在两个官能团，发生反应时只有一个官能团起反应的；或者有多个可能产生的产物中只生成一种的反应都称专一性（specific）反应。完全的位置选择性反应即位置专一性（regiospecific）反应。如 S_N2、*Z*-烯烃或 *E*-烯烃的环氧化反应等反应那样，一种立体异构体底物只生成一种立体异构体产物的反应是立体专一性（stereospecific）反应。如，*trans*-2-丁烯溴化加成生成内消旋 2,3-二溴丁烷，*cis*-2-丁烯溴化加成生成一对外消旋 2,3-二溴丁烷的反应。图 3-44(d)则是位置专一性和立体专一性的反应。选择性或专一性都是指产物占主要的大部分，但不一定是 100%的。

可以看出，一个专一性的反应肯定也是选择性的，但选择性的反应不一定是专一性的。反应底物若无手性存在，反应也不可能是立体专一性的。立体专一性和立体选择性并不是同义词，不可将立体选择性误解为立体专一性。图 3-44(b)的反应是立体选择性的，不能称立体专一性，因为底物不存在立体异构体。从不同的立体异构体出发也可得到完全相同的产物组成。如反应式（3-26）所示，(*R*)-2-溴丁烷或（*S*)-2-溴丁烷在 DMSO 中发生消除反应后得到的烯烃组成完全一样。这两个反应都是立体选择性的，但不是立体专一性的。也就是说，纯对映体发生的反应也未必就是立体专一性的。

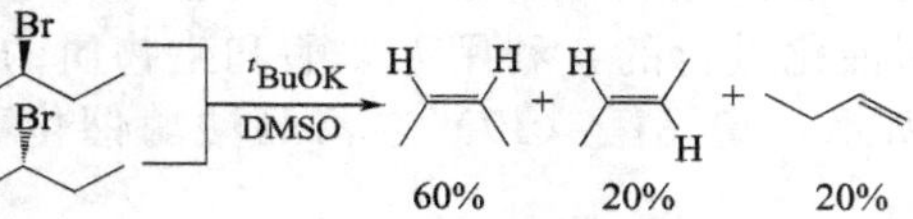

^{t}BuOK / DMSO → 60% + 20% + 20% (3-26)

习　题

3-1 给出：

(1) 下列 2 个反应的反应方程式和产物的手性构型：
溴分别对 *cis*-$C_6H_5CH{=}CHCO_2H$ 或 *trans*-$C_6H_5CH{=}CHCO_2H$ 的立体专一性反应；乙酸-(1*R*,2*S*-二苯基）丙酯热解发生立体专一性 *syn*-消除乙酸。

(2) 苯乙酮上的 *re* 面和 *si* 面。

(3) 丁酮上的 *pro*-*S*-氢。

(4) 苯乙烯上的前手性碳原子。

(5) 围绕丁烯 C2—C3 产生的 4 个构象异构体中哪个最稳定？

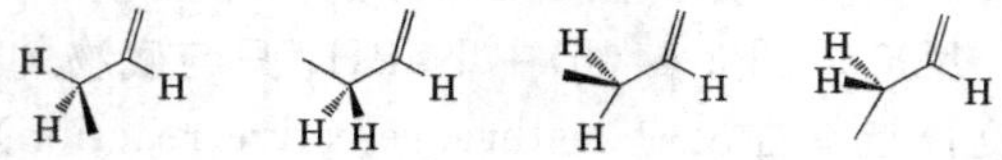

1　2　3　4

(6) α-羟基醛的优势构象。

(7) (3*R*)-氨基-(4*S*)-甲基-4-己醇的 3 个对位交叉式构象及稳定性。

3-2 说明：

（1）**1** 的稳定的构象式。

（2）两个底物 **2** 和 **3** 经硼氢化-氧化反应后的主要产物。

（3）下面两种反应都是构型保持的，底物（*R*）-$Ph(CH_3)(C_2H_5)P^+—O^-$ 与 $PhCH_2Br$ 反应，先生成 $Ph(CH_3)(C_2H_5)P$，再得到产物 $Ph(CH_3)(C_2H_5)(PhCH_2)P^+—Br^-$。两步反应都是构型保持的，产物的绝对构型应为什么？

（4）（2*R*，3*R*）-磷酸酯 **4** 在酶催化下脱水生成 *E*-产物 **5**，该消除反应经过 *syn* 还是 *anti* 过程？

（5）对二苯甲醛 **6** 有偶极矩。

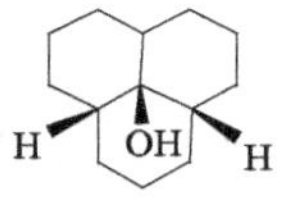

1 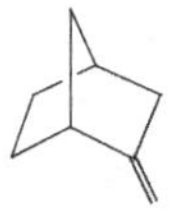　**2** 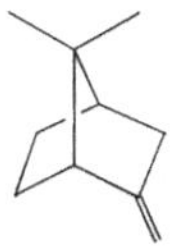　**3** 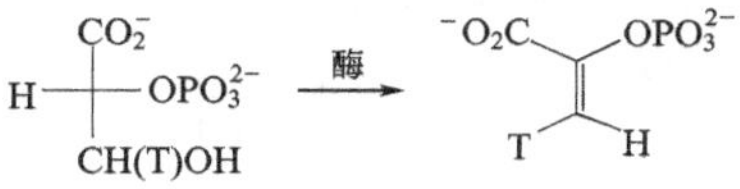　**4**　**5** 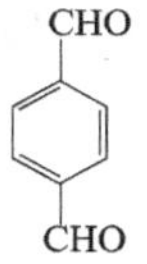　**6**

3-3 解释：

（1）*N*-烷基-*N*-三苯甲基胺与乙酰氯不发生酰胺化反应。

（2）在 sp^3 碳上进行亲核取代反应时，仲烷基底物或叔烷基底物更倾向于 S_N1 机理。

（3）对甲苯磺酸环丙酯的乙酸溶解反应速率是对甲苯磺酸环己酯的 10^5。

（4）下列 4 个非对映异构的苯基取代溴代环己醇（**1a**～**1d**）与碱式银离子反应得到不同的产物：

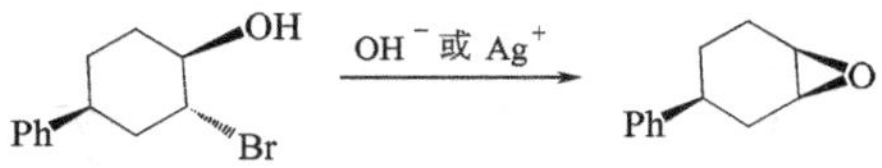

1a　OH^- 或 Ag^+

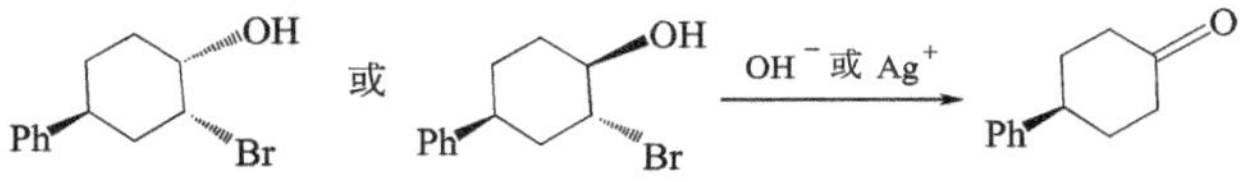

1b 或 **1c**　OH^- 或 Ag^+

1d　OH^-　　Ag^+

（5）顺-4-叔丁基环己醇用铬酸氧化为酮的反应速率较反-4-叔丁基环己醇快；反-4-甲基环己醇的脱水消除反应速率也较反-4-叔丁基环己醇快。

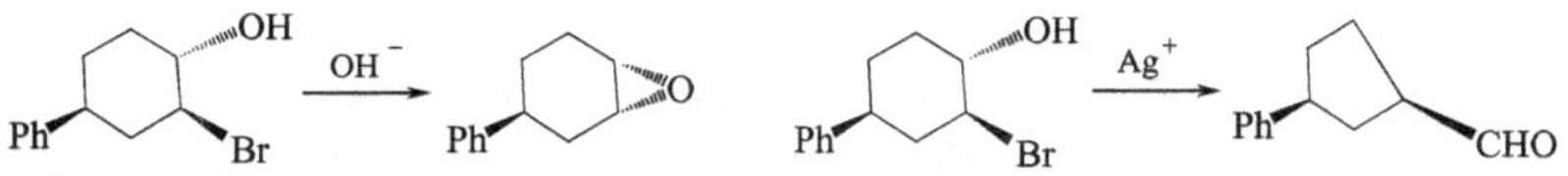

（6）下列两个底物反应后给出不同的产物：

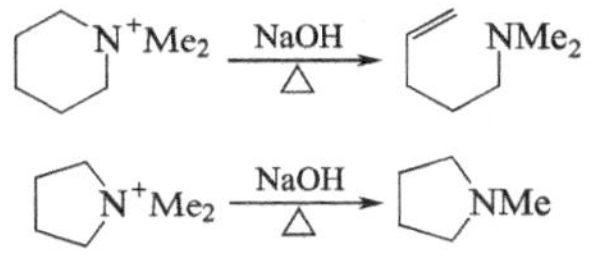

N^+Me_2 —NaOH, △→ NMe_2

N^+Me_2 —NaOH, △→ NMe

（7）给出下列反应机理：

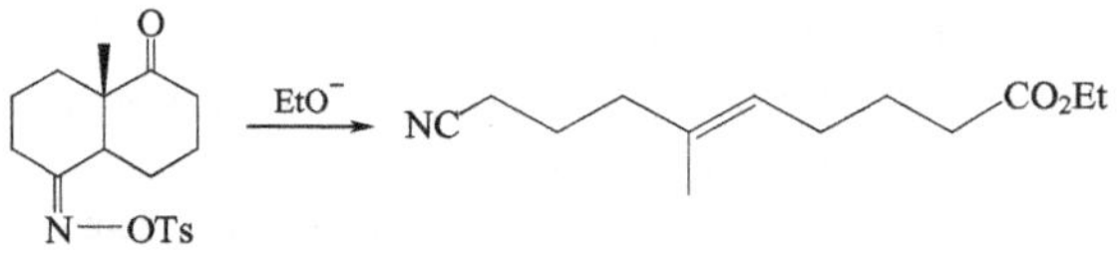

N—OTs —EtO^-→ NC ... CO_2Et

（8）化合物 **2** 的羰基发生亲核加成反应后有几个产物？它们是什么关系？

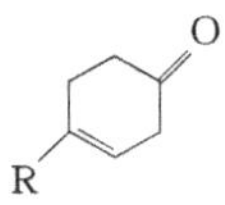

2

3-4 化合物**1a**（或**1b**）发生S_N2亲核取代反应后只得到**2a**（或**2b**），指出化合物**3**发生S_N1亲核取代反应后得到的产物构型和它们的相对比例。

Br Nu⁻ S_N2 Nu R R **1a** **2a** Br Nu^- S_N2 Nu R R **1b** **2b** Br R **3**

3-5 化合物**1**的构象平衡中为何**1b**更稳定：

H O C(CH$_3$)$_3$ H O CH$_3$ **1a** ⇌ H H$_3$C O O H C(CH$_3$)$_3$ **1b**

3-6 试从立体电子效应来分析下列实验现象：

（1）1,2-二氟乙烯的顺式异构体比反式异构体稳定。

（2）α-氟代乙胺的反式交叉式构象最为稳定。

（3）化合物**1**反应后得到在e键上氘化的产物。

S S **1** (1) BuLi (2) DCl/D$_2$O → H S D S 99% + D S H S 1%

（4）顺-3-羟基环己基甲酸易于内酯化。

参考文献

[1] Cross L C., Klyne W. *Pure Appl. Chem.*, **1976**, 45: 13; Brand D J., Fischer J. *J. Chem. Educ.*, **1987**, 64: 1035; Quack M. *Angew. Chem. Int. Ed. Engl.*, **1989**, 28: 571; Walba D M. *Tetrahedron*, **1985**, 41: 3161; Noyori R. *Chem. Soc. Rev.*, **1989**, 18: 187; Moss G P. *Pure Appl Chem.*, **1996**, 68: 2193; Eliel E L., Doyle M P. 基础立体有机化学．邓并主译．北京：科学出版社，**2005**; Juaristi E. *J. Org. Chem.*, **2012**, 77: 4861; Testa B., Vistoli G., Pedretti A. *Helv. Chim. Acta*, **2013**, 96: 4; Testa B. *Helv. Chim. Acta*, **2013**, 96: 159, 351; Testa B., Vistoli G., Pedretti A., Caldwell J. *Helv. Chim. Acta*, **2013**, 96: 747; Testa B., Vistoli G., Pedretti A. *Helv. Chim. Acta*, **2013**, 96: 1005; Testa B. *Helv. Chim. Acta*, **2013**, 96: 1203, 1409; Gal J. *Helv. Chim. Acta*, **2013**, 96: 1617.

[2] Brecher J. *Pure Appl. Chem.*, **2006**, 78: 1897; *Pure Appl. Chem.*, **2008**, 80: 277; Jensen W B. *J. Chem. Educ.*, **2013**, 90: 676.

[3] Slocum D W., Sugaman D., Tucker S P. *J. Chem. Educ.*, **1971**, 48: 597; Lichtenthaler F W. *Angew. Chem. Int. Ed.*, **1992**. 31: 1541; Maeher H. *Tetrahedron: Asymmetry*, **1992**, 3: 375; Dicks A P. *J. Chem. Educ.*, **2013**, 90: 1109; Jensen W B., **2013**, 90: 1110.

[4] Lowe J P. *Prog. Phys. Org. Chem.*, **1968**, 6: 1; Pethrick R A. *Top. Stereochem.*, **1969**, 5: 205; Testa B., Vistoli G., Pedretti A. *Helv. Chim. Acta*, **2013**, 96: 564.

[5] 曾苏，王胜浩，杨波．手性药理学与手性药物分析．北京：科学出版社，**2009**; Mori K. *Chirality*, **2011**, 23: 449; Finefield J M., Sherman D H., Kreitman M., Williams R M. *Angew. Chem. Int. Ed.*, **2012**, 51: 4802.

[6] Horeau A. *Tetrahedron Lett.*, **1969**, 3121; Gawley R E. *J. Org. Chem.*, **2006**, 71: 2411; Walba D M., Eshdat L., Korblova E., Shao R., Clark N A. *Angew. Chem. Int. Ed.*, **2007**, 46: 1473.

[7] Buda A B., Auf der Heyde T., Mislow K. *Angew. Chem. Int. Ed.*, **1992**, 31: 989; Zabrodsky H., Avnir D. *J. Amer. Chem. Soc.*, **1995**, 117: 462.

[8] Mislow K. *Chirality*, **2002**, 14: 126; Wade Jr., L G. *J. Chem. Educ.*, **2006**, 83: 1793; Bentley R. *Chirality*, **2010**, 22: 1.

[9] Hanson K R. *J. Amer. Chem. Soc.*, **1966**, 88: 2731; Eliel E L. *J. Chem. Educ.*, **1971**, 48: 163; Pincock R E., Wilson K R. *J. Chem. Educ.*, **1973**, 50: 455; Jennings W B. *Chem. Rev.*, **1975**, 75: 307; Fujita S. *Tetrahedron*, **1990**, 46: 5943.

[10] Kawada Y., Iwamura H. *J. Amer. Chem. Soc.*, **1981**, 103: 958.

[11] Cecilia Noguez C. Garzon I. L. *Chem. Soc. Rev.*, **2009**, 38: 757.

[12] Artacho J., Ascic E., Rantanen T., Karlsson J., Wallentin C. -J., Wang R., Wendt O F., Harmata M., Snieckus V., Warnmark K. *Chem. Eur. J.*, **2012**, 18: 1038; Runarsson O V., Artacho J., Warnmark K. *Eur. J. Org. Chem*, **2012**, 7015.

[13] Rudchenko V F., Ignatov S M., Chervin I L., Kostyanovsky R G. *Tetrahedron*, **1988**, 44: 2233; Shustov G. V., Kachanov A V., Korneev V A., Kostyanovsky R G., Rauk J. *J. Amer. Chem. Soc.*, **1993**, 115: 10267; Montgomery C D. *J. Chem. Educ.*, **2013**, 90: 661.

[14] Cahn R S. *J. Chem. Educ.*, **1964**, 41: 116; Lemiere G L., Alderweireldt F C. J. *Org. Chem*, **1980**, 45,: 4175; Barron L D. *Chem.. Soc. Rev.*, **1986**, 15: 189; Miljamic O S., Han S., Holmes D., Schaller G R., Volhardt k P C. *Chem. Commun.*, **2005**, 2606.

[15] Mackay I R., Robertson J M., Sime J G. *J. Chem. Soc. Chem. Commun.*, **1969**, 1470; Martin R H. *Angew. Chem. Int. Ed. Engl.*, **1974**, 13: 649; Shen Y., Chen C. -F. *Chem. Rev.*, **2012**, 112: 1463; Gingras M. *Chem. Soc. Rev.*, **2013**, 42: 968; Gingras M., Felix G., Peresutti R. *Chem. Soc. Rev.*, **2013**, 42: 1007; Gingras M. *Chem. Soc. Rev.*, **2013**, 42: 1051; Narcis M J., Takenaka N. *Eur. J. Org. Chem*, **2014**, 21.

[16] Ceccacci F., Mancini G., Mencarelli P., Villani C. *Tetrahedron Assymm.*, **2003**, 14: 3117; Clayden J. *Tetrahedron*, **2004**, 60: 4335; Bringmann G., Mortimer A J P., Keller P A., Gresser M J., Garner J., Breuning M. *Angew. Chem. Int. Ed.*, **2005**, 44: 5384; Cassarini D., Coluccini C., Lunazzi L., Mazzanti A. *J. Org. Chem.*, **2005**, 70: 5098.

[17] Forster H., Vogtle F. *Angew. Chem. Int. Ed. Engl.*, **1977**, 16: 429; Noyori A., Takaya H. *Acc. Chem. Res.*, **1990**, 23: 345; Zamfir A., Schenker S., Freund M., Tsogoeva S B. *Org. Biomol. Chem.*, **2010**, 8: 5262; Zask A., Murphy J., Ellestad G A. *Chirality*, **2013**, 25: 265.

[18] Chupp J P., Olin J F. *J. Org. Chem.*, **1967**, 32: 2297; Denecamp C., Gottlieb L., Tamiri T., Tsoglin A., Shilav R., Kapon M. *Org. Lett.*, **2005**, 7: 2461.

[19] Manor P C., Shoemaker D P., Parkes A S. *J. Amer. Chem. Soc.*, **1970**, 92: 5260; Levin C C., Hofmann R. *J. Amer. Chem. Soc.*, **1972**, 94: 3446.

[20] Boeckmann J., Schill G. *Tetrahedron*, **1974**, 30: 1945; Dietrich-Buchecker C., Sauvage J. -P., Lehn J. M. *J. Amer. Chem. Soc.*, **1984**, 106: 3043; Sauvage J. -P. *Acc. Chem. Res.*, **1990**, 23: 319; Pijper D., Feringa B L. *Angew. Chem. Int. Ed.*, **2007**, 46: 3693.

[21] Schlogl K. *Pure Appl. Chem.*, **1970**, 23: 413; *J. Organomet. Chem.*, **1986**, 300: 219.

[22] Taskinen E. *J. Phys. Org. Chem.*, **2009**, 22: 761; Testa B., Vistoli G., Pedretti A. *Helv. Chim. Acta*, **2013**, 96: 564..

[23] Bohringer M., Morgenstern K., Schneider W D., Berndt R. *Angew. Chem. Int. Ed.*, **1999**, 38: 821; Yuan Q H., Yan C J., Yan H J., Wan L j., Northrop B H., Jude H., Stang P J. *J. Amer. Chem. Soc.*, **2008**, 130: 8878.

[24] Slocum D W., Sugarman D., Tucker S. P. *J. Chem. Educ.*, **1971**, 48: 597.

[25] Cahn R S., Ingold C K., Prelog V. *Angew. Chem. Int. Ed. Engl.*, **1966**, 5: 385; Prelog V., Helmchen G. *Angew. Chem. Int. Ed. Engl.*, **1982**, 21: 567; Mata P., Lobo A M., Marshall C., Johnson A P. *Tetrahedron: Asymmertry*, **1993**, 4: 657; Nicolaou K C., Boddy C N C., Siegel J S. *Angew. Chem. Int. Ed. Engl.*, **2001**, 40: 701.

[26] Nader N. -P. *Chem. Educ. J.*, **2006**, 9: 6; Brecher J. *Pure Appl. Chem.*, **2008**, 80: 277.

[27] Krow G. *Top. Stereochem.*, **1970**, 5: 59; Prelog V., Helmchen G. *Angew. Chem. Int. Ed. Engl.*, **1982**, 21: 567; Hirschmann H., Hanson K R. *Top. Stereochem.*, **1983**, 14: 183.

[28] Brewster J H. *J. Amer. Chem. Soc.*, **1959**, 81: 5475; Barron L D. *Nature*, **2007**, 446: 505; 高峻峰, 孟铃菊. 大学化学, **2010**, 25 (6): 41; Polavarapu P L. Chirality, **2012**, 24: 909.

[29] Rychnovsky S D., Mickus D E. *J. Org. Chem.*, **1992**, 57: 2732.

[30] Gielen M. *J. Chem. Educ.*, **1977**, 54: 673; Seebach D., Prelog V. *Angew. Chem. Int. Ed. Engl.*, **1982**, 21: 654.

[31] Carey F A., Kuehne M E. *J. Org. Chem.*, **1982**, 47: 3811; Tavernier D. *J. Chem. Educ.*, **1986**, 63: 511.

[32] Seebach D., Prelog V. *Angew. Chem. Int. Ed. Engl.*, **1982**, 21: 654; Brewster J H. *J. Org. Chem.*, **1986**, 51: 4751.

[33] Alder R. *Tetrahedron*, **1990**, 46: 683.

[34] Hanson K R. *J. Amer. Chem. Soc.*, **1966**, 88: 2731.

[35] Seebach D., Prelog V. *Angew. Chem. Int. Ed. Engl.*, **1982**, 21: 654; Nourse J G., Carhart R E., Smith D H., Djerassi C. *J. Amer. Chem. Soc.*, **1979**, 101: 1216, **1980**, 102: 6289; Masamane S., Ai S A., Snitman D L, Garvey D S. *Angew. Chem. Int. Ed. Engl.*, **1980**, 19: 557.

[36] Schwartz J C P. *J. Chem. Soc. Chem. Commun.*, **1973**, 505.

[37] Mislow K., Siegel J. *J. Amer. Chem. Soc.*, **1984**, 106: 3319.

[38] Anet F A., Miura S S., Siegel J., Mislow K. *J. Amer. Chem. Soc.*, **1983**, 105: 1419; Halevi e A. *Chem. Eng. News*, **1992**, (*Oct.* 26) 2.

[39] Eliel E L. *J. Chem. Educ.*, **1980**, 57: 52; *Top Curr. Chem.*, **1982**, 105: 1; Muller P. *Pure Appl. Chem.*, **1994**, 66: 1077; Cintas P., Viedma C. *Chirality*, **2012**, 24: 894.

[40] Ault A. *J. Chem. Educ.*, **1974**, 51: 729; Jennings W B. *Chem. Rev.*, **1975**, 75: 307; Depres J. -P., Morat C. *J. Chem. Educ.*, **1992**, 69: A232.

[41] O'Brian A G. *Tetrahedron*, **2011**, 67: 9639.

[42] Hill R R., Whatley B G. *J. Chem. Educ.*, **1987**, 57: 306; Diedrich C., Grimme S. *J. Phys. Chem. A*, **2003**, 107: 2524; 甘礼杜, 周长新. 有机化学, **2009**, 29: 848; Bringmann G., Bruhn J., Maksimenka K., Hemberger Y. *Eur. J. Org. Chem.*, **2009**, 17: 2717; Nakahashi A., Yaguchi Y., Miura N., Emura M., Monde K. *J. Nat. Prod.*, **2011**, 74: 707; Wakai A., *J. Amer. Chem. Soc.*, **2012**, 134: 4990; 10306; Nakai Y., *J. Phys. Chem. A.*, **2012**, 116: 7372.

[43] Wilen S H., Bunding K A., Kasheres C M., Wieder M J. *J. Amer. Chem. Soc.*, **1985**, 107: 6997; Haesler J., Schindelholz I., Riguet Em Bochet C G., Hug W. *Nature*, **2007**, 446: 526.

[44] Parker D. *Chem. Rev.*, **1991**, 91: 1441; Kobayashi Y., Tan C H., Kishi Y. *J. Amer. Chem. Soc.*, **2001**, 123: 2076; Seco J M., Qainoa E., Riquera R. *Chem. Rev.*, **2004**, 104: 17; Ikai T., Okamoto Y. *Chem. Rev.*, **2009**, 109: 6077; 王文革, 申秀明, 张聪. 有机化学, **2010**, 30: 1126.

[45] Kobayashi Y., Tan C. -H., Kishi Y. *J. Amer. Chem. Soc.*, **2001**, 123: 2076.

[46] Inokuma Y., Yoshioka S., Ariyoshi J., Arai T., Hitora Y., Takada K., Matsunaga S., Rissanen K., Fujita M. *Nature* (*London*), **2013**, 495: 461; Grabow J. -U. *Angew. Chem. Int. Ed.*, **2013**, 52: 11698; Patterson D., Schnell M., Doyle J M. *Nature* (*London*), **2013**, 497: 475.

[47] Hoffmann R W. *Angew. Chem. Int. Ed.*, **2003**, 42: 1096.

[48] Barton D H R., Cookson R C. *Q. Rev. Chem. Soc.*, **1956**, 10: 44 Eliel E L. *J. Chem. Educ.*, **1975**, 52: 762; Anderson J E., Iieh A I., Storch C. *J. Org. Chem.*, **1998**, 63: 33.

[49] Pophristic V., Coodman L. *Nature*, **2001**, 411: 565; Weinhold F. *Nature*, **2001**, 411: 539; Schreiner P Q. *Angew. Chem. Int. Ed.*, **2002**, 41; Mo Y., Gao J. *Acc. Chem. Res.*, **2007**, 40: 113; Mo Y. *J. Org. Chem.*, **2010**, 75: 2733.

[50] Wiberg K B., Rosenberg R E. *J. Amer. Chem. Soc.*, **1990**, 112: 1509; Saito S., Toriomi Y., Tomioka A., Itai A. *J. Org. Chem.*, **1995**, 60: 4715; Modarresi-Alam A R., Najafi P., Rostamizadeh M., Keykha H., Bijazadeh H. -R., Kleinpeter E. *J. Org. Chem.*, **2007**, 72: 2208.

[51] de Meijere A. *Angew Chem. Int. Ed.*, **1979**, 18: 809; Legon A C. *Chem. Rev.*, **1980**, 80: 231; Liebman J F., Greenberg A. *Chem. Rev.*, **1989**, 89: 1225; Verevkin S P., Kummerlin M., Beckhaus H. -D. Galli C., Ruchardt C. *Eur. J. Org. Chem.*, **1998**, 579.

[52] Ramsay O B. *J. Chem. Educ.*, **1977**, 54: 563; Osawa E., Collins J B., von Schleyer R P. *Tetrahedron*, **1977**, 33: 2667; Sauers R R. *J. Chem. Educ.*, **2000**, 77: 332; Gill G., Pawar D M., Noe E A. *J. Org. Chem.*, **2005**, 70: 10726; Taskinen E. *J. Phys. Org. Chem.*, **2010**, 23: 105; Alvarez S., Echeverria J. *J. Phys. Org. Chem.*, **2010**, 23: 1080; Stortz C A. *J. Phys. Org. Chem.*, **2010**, 23: 1173; Shainyan B A., Suslova E N., Kleinpeter E. *J. Phys. Org. Chem.*, **2010**, 23: 698.

[53] Hoffmann R W. *Chem. Rev.*, **1989**, 89: 1841; *Angew. Chem. Int. Ed.*, **2000**, 39: 2054.

[54] Barton D H R. *Experientia*, **1950**, 316; Richardson W S. *J. Chem. Educ.*, **1989**, 66: 478.

[55] Hirsch J A. *Top. Stereochem.*, **1967**, 1: 199; Ford R A., Allinger N L. *J. Org. Chem.*, **1970**, 35: 3178; Kirby A J., Williams N H. *J. Chem. Soc. Chem. Commun.*, **1992**, 1285, 1286.

[56] Gill G., Pawar D M., Noe E A. *J. Org. Chem.*, **2005**, 70: 10726.

[57] Eliel E L. *J. Chem. Educ.*, **1975**, 52: 762; Truax D R., Wieser H. *Chem. Soc. Rev.*, **1976**, 5: 411; Seeman J I. *J. Chem. Educ.*, **1986**, 63: 42; Juaristi E. *Acc. Chem. Res.*, **1989**, 22: 357; Pawar D M., Smith S V., Mark H L., Odom R M., Noe E A. *J. Amer. Chem. Soc.*, **1998**, 120: 10715.

[58] Barton D H R., Cookson R C., Klyne W., Shoppee C W. *Chem. Ind.* (London), **1954**, 21.

[59] Gorenstein D G. *Chem. Rev.*, **1987**, 87: 1047; Pierre D. 有机化学中的立体电子效应. 李国清，房秀华译. 北京：北京大学出版社，**1991**; Perriu C C. *Acc. Chem. Res.*, **2002**, 35: 28; Jensen H H., Bols M. *Acc. Chem. Res.*, **2006**, 39: 259.

[60] Plavec J., Thibaudeau C., Chattopadhyaya J. *Pure Appl. Chem.*, **1996**, 68: 2137; Alabugin I V., Zeiden T A. *J. Amer. Chem. Soc.*, **2002**, 124: 3175.

[61] Wolfe S. *Acc. Chem. Res.*, **1972**, 5: 102; Tavasli M., Hagan D O., Pearson C., Petty M C. *Chem. Commun.*, **2002**, 1226; Hagan D O. *J. Org. Chem.*, **2012**, 77: 3689.

[62] Pearson R G. *J. Amer. Chem. Soc.*, **1988**, 110: 7684; Hati S., Datta D. *J. Org. Chem.*, **1992**, 57: 6056; Cramer C J. *J. Org. Chem.*, **1992**, 57: 7034; 荣国斌，马新建，苏克曼. 有机化学，**1992**, 12: 596; Vila A., Mosquera R A. *J. Comput. Chem.*, **2007**, 28: 1516.

[63] Juaristi E., Cuevas G. *Tetrahedron*, **1992**, 48: 5019; Salzner U., von Schleyer P R. *J. Amer. Chem. Soc.*, **1993**, 115: 10231.

[64] Hutchins R O., Kopp L D., Eliel E. *J. Amer. Chem. Soc.*, **1968**, 90: 7174; McKean D C. *Chem. Soc. Rev.*, **1978**, 7: 399; Atkins T J. *J. Amer. Chem. Soc.*, **1980**, 102: 6364; Chapuis C., Hagemann H., Fieber W., Brauchli R., de Saint Laumer J-Y. *J. Phys. Org. Chem.*, **2009**, 22: 282; Cormanich R A., Ducati L C., Tormena C F., Rittner R. *J. Phys. Org. Chem.*, **2013**, 26: 849.

[65] Jensen H H., Lyngbye L., Jensen A., Bols M. *Chem. Eur. J.*, **2002**, 8: 1218.

[66] Deslongchamps P. *Can. J. Chem.*, **1972**, 50: 3405; Jones G I L., Owen N L. *J. Mol. Struc.*, **1973**, 18: 1; Beaulieu N., Deslongchamps P. *Can. J. Chem.*, **1980**, 58: 164; Addadi L., Berkovitch Y Z., Weissbuch I., Mil J V., Shimon l J W., Lahav M., Leiserowitz L. *Angew Chem Int Ed.*, **1985**, 24: 466.

[67] Eliel E L., Nader F W. *J. Amer. Chem. Soc.*, **1970**, 92: 584; Li S., Deslongchamps P. *Tetrahedron Lett.*, **1993**, 34: 7759.

[68] Grob C A. *Angew. Che., Int. Ed. Engl.*, **1969**, 8: 535; Alder R W., Harvey J N., Oakley M T. *J. Amer. Chem. Soc.*, **2002**, 124: 4960;. Paquette L A., Yang J., Long Y. *J. Amer. Chem. Soc.*, **2002**, 124: 6542.

[69] Faigl F., Fogassy E., Nogradi M., Pálovics E., Schindler J. *Org. Biomol. Chem.*, **2010**, 8: 847; 袁黎明. 手性识别材料. 北京：科学出版社，**2010**; Schuur B., Verkuijl B J V., Minnaard A J., de Vries J G., Heeres H J., Feringa B L. *Org. Biomol. Chem.*, **2011**, 9: 36; Hein J e., Cao B H., Viedma C., Kellogg R M., Blackmond D G. *J. Amer. Chem. Soc.*, **2012**, 134: 12629; Rachwalski, M., Vermue N., Rutjes F P J T. *Chem. Soc. Rev.*, **2013**, 42: 9268; Siedlecka R. *Tetrahedron*, **2013**, 69: 6331.

[70] Ward R S. *Tetrahedron Asymmetry*, **1995**, 6: 1475; Pellissier H. *Tetrahydron*, **2003**, 59: 8291; Vedejs E., Jure M. *Angew. Chem. Int. Ed.*, **2005**, 44: 3974; Fransson A B L., Xu Y., Leijondahl K., Backrall J E. *J. Org. Chem.*, **2007**, 31: 6309.

[71] Lee J H., Han K., Kim M-J., Park J. *Eur. J. Org. Chem.*, **2010**, 999; Miller L C., Sarpong R. *Chem. Soc. Rev.*, **2011**, 40: 4550; Pellissier H. *Tetrahedron*, **2011**, 67: 3769; Pellissier H. *Adv. Synth.. Cat.*, **2011**, 353: 659, 613; 张月成，赵姗姗，米国瑞，赵继全. 化学进展，**2012**, 24: 212; Krasnov V P., Gruzdev D A., Levit G L. *Eur. J. Org. Chem.*, **2012**, 1471; Ahmed M., Kelly T., Ghanem A. *Tetrahedron*, **2012**, 68: 6781.

[72] Braga D., Grepioni F., Maini L. *Chem. Commun.*, **2010**, 46: 6232; Weissbuch I., Lahav M. *Chem. Rev.*, **2011**, 111: 3236.

[73] 司汴京，陈长宝，周杰. 化学进展，**2009**, 21: 1813; Soloshonok V A., Roussel C., Kitagawa O., Sorochinsky A E. *Chem. Soc. Rev.*, **2012**, 41: 4180.

[74] Vitharant H Q., Pul D. *Tetrahedron Asymmetry*, **1995**, 6: 2123; Horakova H., Gruner B., Vespalec R. *Chirality*, **2011**, 23: 307; Custelcean R. *Chem. Commun.*, **2013**, 49: 2173.

[75] Goller E J. *J. Chem. Educ.*, **1974**, 51: 182; Bartlett P A. *Tetrahedron*, **1980**, 75: 521; Yamamoto Y., Matsuoka K., Nemoto H. *J. Amer. Chem. Soc.*, **1988**, 110: 4475.

[76] Swasaki T., Sato M., Ishiguro S., Saito T., Morishita Y., Sato I., Nishino H., Inoue Y., Soai K. *J. Amer. Chem. Soc.*, **2005**, 127: 3274.

[77] Masamune S., Choy W., Petersen J S., Sita L R. *Angew. Chem.*, *Int. Ed. Eng.*, **1985**, 24: 1; Bergbreiter

D E., Kobayashi S. *Chem. Rev.*, **2009**, 109: 257; De C K., Seidel D. *J. Amer. Chem. Soc.*, **2011**, 133: 14538.

[78] Liu C M., Smith W J., Gustin D J., Roush W R. *J. Amer. Chem. Soc.*, **2005**, 127: 5770.

[79] Zhao H., Hsu D C., Carlier P P. *Synthesis*, **2005**, 1; Kawabata T., Matsuda S., Kawakami S., Monguchi D., Moriyama K. *J. Amer. Chem. Soc.*, **2006**, 128: 15394.

[80] Kane-Maguire L A P., Wallace G G. *Chem. Soc. Rev.*, **2010**, 39: 2545.

[81] Chen E Y X., Marks T J. *Chem. Rev.*, **2000**, 100: 1391.

[82] Ager D., Chan A., Laneman S., Talley J. *Angew. Chem. Int. Ed.*, **2012**, 51: 9483.

[83] Fubini B., Arean L O. *Chem. Soc. Rev.*, **1999**, 28: 373; 李月明，范青华，陈新滋. 不对称有机反应——催化剂的回收与再利用. 北京：化学工业出版社，**2003**; Wende R C., Schreiner P R. *Green Chem.*, **2012**, 14: 1821.

[84] Dalko P I., Moisan L. *Angew. Chem. Int. Ed.*, **2004**, 43: 5138; Berkessel A., Groger H. 不对称有机催化——从生物模拟到不对称合成的应用. 赵刚译，荣国斌校. 上海：华东理工大学出版社，**2006**; Taylor M S., Jacobsen E N. *Angew. Chem. Int. Ed.*, **2006**, 45: 1520; Denmark S E., Breutner G L. *Angew. Chem. Int. Ed.*, **2008**, 47: 1560; Bertelsen S., Jorgensen K A. *Chem. Soc. Rev.*, **2009**, 38: 2178; Sohtome Y., Nagasawa K. *Chem. Commun.*, **2012**, 48: 7777.

[85] Reetz M T., Wu S., Zheng H., Prasad S. *Pure Appl. Chem.*, **2010**, 82: 1575; Hudlicky T. *Chem. Rev.*, **2011**, 111: 3995; Ringenberg M R., Ward T R. *Chem. Commun.*, **2011**, 47: 8470; Vick J E., Schmidt-Dannert C. *Angew. Chem. Int. Ed.*, **2011**, 50: 7476; Bernardi L., Fochi M., Franchini M. C., Ricci A. *Org. Biomol. Chem.*, **2012**, 10: 2911., Groger H., Asano Y., Bornscheuer U T.. Ogawa J. *Chem. Asi. J.*, **2012**, 7: 1138., Lonsdale R., Harvey J N., Mulholland A J. *Chem. Soc. Rev.*, **2012**, 41: 3025; 葛新，赖依峰，陈新志. 有机化学，**2013**, 33: 1686.

[86] 丁奎林，范青华. 不对称催化中的新概念与新方法. 北京：化学工业出版社，**2008**; Satyanarayana T., Abraham S., Kagan H B. *Angew. Chem. Int. Ed.*, **2009**, 48: 456; Shindoh N., Takemoto Y., Takasu K. *Chem. Eur. J.*, **2009**, 15: 12168; Roy S., Pericas M A. *Org. Biomol. Chem.*, **2009**, 7: 2669; Kristensen T E., Hansen T. *Eur. J. Org. Chem.*, **2010**,: 3179; Kumagai N., Shibasaki M. *Angew. Chem. Int. Ed.*, **2011**, 50: 4760; Tsogoeva S B. *Chem. Commun.*, **2010**, 46: 7662; Kawasaki T., Soai K. *Bull. Chem. Soc. Jpn.*, **2011**, 84: 879; Hernández J G., Juaristi E. *Chem. Commun.*, **2012**, 48: 5396.

[87] Noyori R., Takaya H. *Acc. Chem. Res.*, **1990**, 23: 345; Blaser H U. *Chem. Commun.*, **2003**, 293; Noyori R. *Chem. Commun.*, **2005**, 1807. Blaser H U., Schmidt E. 工业规模的不对称有机催化. 施小新，冀亚飞，邓卫平译，邓卫平校. 上海：华东理工大学出版社，**2006**.

4　活泼中间体

大部分有机反应都是由底物经过活泼中间体再到产物的分步过程，理解活泼中间体是认识这些反应机理的关键，并能为有机合成设计提供有力的基础。活泼中间体主要有碳正离子、碳负离子、自由基、卡宾、氮宾、苯炔（参见 9.3.1）和叶立德等，其中的碳原子是二配位或三配位的。碳的正常价键数为 4，故有机碳中间体通常是高度活泼的，短时存在而迅速反应转变为更稳定的分子。

4.1　碳正离子

碳正离子（carbocation）又称碳阳离子，有一个形式电荷为＋1(4－6/2＝＋1)的三价碳原子，被认为是物理有机化学的基础。[1] 当代碳正离子的概念起始于 20 世纪早期对一类三芳基碳正离子盐染料的研发。1922 年，Meerwein 发现 $SnCl_4$、$FeCl_3$、$AlCl_3$、$SbCl_3$ 等金属氯化物及干燥的 HCl 可以促进三苯甲基氯的离子化。他还注意到莰烯氯重排为异冰片氯的反应速率随溶剂介电常数的增大而增加，从而提出该重排反应的过程中并未涉及氯原子的迁移，而是碳正离子的重排。此后，人们逐步认识到许多从非离子性的底物到非离子性的共价键产物的过程中可有碳正离子中间体存在。20 世纪 30 年代前后以 Ingold 和 Hughes 为代表的有机化学家在亲核取代反应和消除反应的动力学研究中明确指出了在 S_N1 和 E1 反应中有碳正离子中间体存在。但这些碳正离子物种都很活泼，寿命很短，也得不到物理测试的直接观测和证明。

4.1.1　构型和产生

通常所称的碳正离子指最常见的三配位碳正离子（参见 2.3.3），是只有 6 个价电子的缺电子物种，有一个空轨道。从空轨道和碳正离子所处杂化轨道来看，有 p-sp^2(**1**)、sp^3-sp^3(**2**)、sp^2-sp^2(**3**)、p-sp^2(**4**) 和 sp-sp(**5**) 5 种可能的构型，如图 4-1 所示。

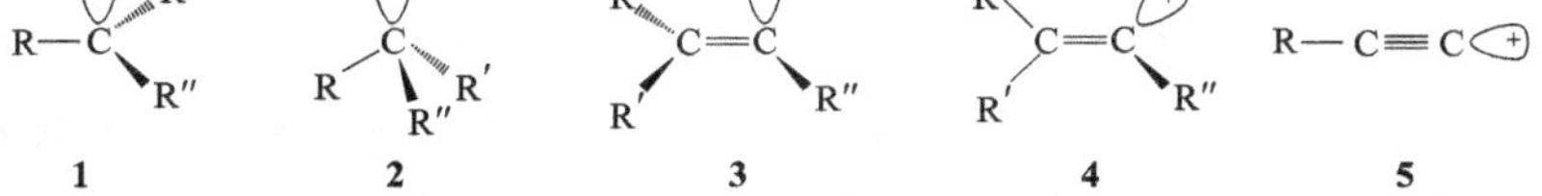

图 4-1　碳正离子的 5 种形式

1 中的碳原子以 sp^2 杂化轨道和 **3** 个原子(团)成键，呈平面形结构，正电荷所在 p 轨道垂直于该平面；**2** 中的碳以 sp^3 轨道和 3 个原子(团)成键，呈角锥形结构，正电荷处于 sp^3 轨道。**1** 中正电荷所处 p 轨道的电负性较 **2** 中 sp^3 轨道小；溶液中正电荷所在 p 轨道的两侧都能够受溶剂化影响而得到稳定；3 个配位原子(团)空间相隔较 **2** 远。这些因素均使 **1** 的结构形式要比 **2** 相对稳定一点，NMR 和 X 衍射数据也都支持这一观点。[2]

两配位碳正离子也有两种可能的构型。同样也是正电荷落在未杂化 p 轨道的构型 **3** 较正电荷落在 sp^2 杂化轨道的构型 **4** 稳定。气相实验和理论计算均表明，乙烯基碳正离子有经典的 Y-状 **6a** 和能量上更有利的桥状非经典结构 **6b** 两种构型。[3]

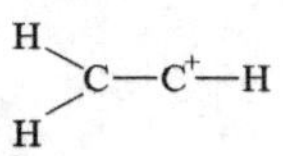

6a 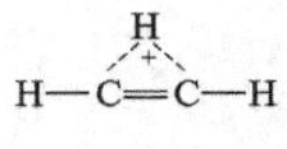 6b

苯基碳正离子的空轨道与芳环上的大π键呈正交关系，正电荷难以共轭分散，故是一个高度活泼的亲电中间体，稳定性居于乙基碳正离子和烯基碳正离子之间。如式(4-1) 的两个反应所示，苯基重氮盐解离出极稳定的氮气是能产生苯基碳正离子的重要因素，光激发下对甲氧基重氮盐发生异裂而生成的苯基碳正离子可被间三甲苯捕获生成碳正离子 **7**，后者在 350nm 处有吸收。烯基和苯基碳正离子一直都被认为是内能较大而不易形成的，但现已发现利用最稳定的三氟甲磺酸烯醇酯（**8**）的溶剂解反应或卤代物、乙酸酯等在超酸或光激发作用下均可以发生异裂而生成烯基和苯基碳正离子。[4]

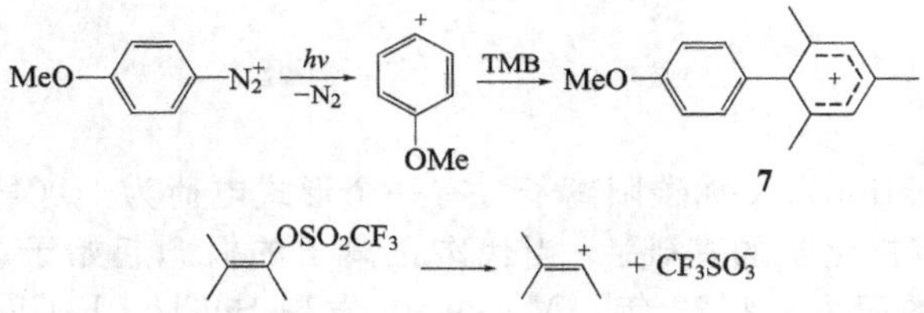

(4-1)

一配位碳正离子只有一种能量上不那么有利的构型 **5**。其线形结构中的正电荷落在与π体系垂直的电负性较大的 sp 轨道上，正电荷得不到分散，故炔基碳正离子是极不稳定而难以生成的中间体。

绝大多数碳正离子都取平面形结构。对 $(CH_3)_3C^+$ 的红外和拉曼光谱的观察发现它具有 C_{3v} 对称性，与已被证明是具有平面结构的 $(CH_3)_3B$ 相似。在烯丙基碳正离子（**9**）体系中，π体系和碳正离子上空的 p 轨道要达到有效交盖，3 个 sp^2 碳原子和 5 个取代原子的共平面排列是最为有利的，这样才能使正电荷有效离域。同样，平面形的碳正离子才能最大程度和具有未共用电子对的相邻原子发生共轭，如甲氧基碳正离子（**10**）。

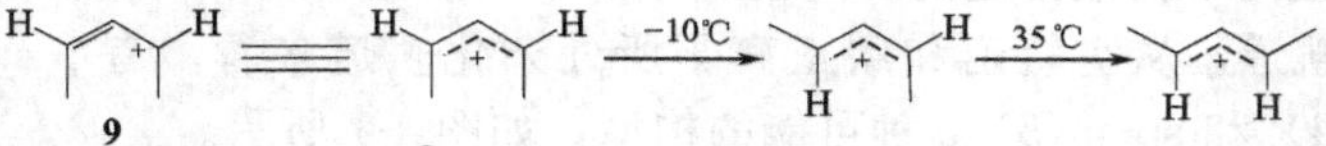

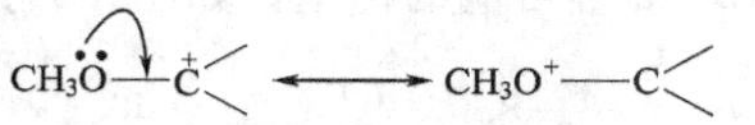

桥头碳正离子，如 1-[2.2.1] 庚烷碳正离子（**11**）因无法具有平面构型而几乎不能形成。据测定，1-氯双环-[2.2.1] 庚烷的乙醇解速率是叔丁基氯的 10^{-13}。但是在形成桥头环化物的环足够大的情况下，生成类平面构型的桥头碳正离子还是可能的，如 1-金刚烷碳正离子（**12**）。[5]

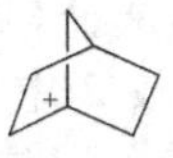

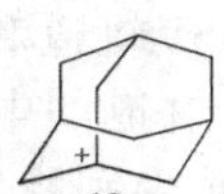

碳正离子的稳定存在需要其配对负离子是极弱的碱(亲核物种)。键的异裂是形成碳正离子的一个主要方法，离去基团带着一对电子离去。磺酰基衍生物及卤离子是较好的常用离去基团，它们的亲核性都很弱。三氟甲磺酸基是最好的离去基团之一，它的烯基酯可发生溶剂解反应生成烯基正离子。如式(4-2) 的两个反应所示，三苯基氯甲烷在液相 SO_2 中能离解

出三苯甲基正离子和氯离子；α-氯代乙苯（**13**）在 $SnCl_4$ 存在下发生消旋化的过程也是经过碳正离子中间体的。

$$Ar_3CCl \xrightarrow{SO_2(l)} Ar_3C^+ + Cl^-$$

$$\mathbf{13} \overset{SbCl_4}{\rightleftharpoons} H—C^+(CH_3)(C_6H_5) + SbCl_5^- \underset{SbCl_4}{\rightleftharpoons} \mathbf{13'} \tag{4-2}$$

OH^- 是一个较强的亲核试剂，不是一个好的离去基团，故醇本身较难形成碳正离子。如式(4-3) 所示，质子化后可以促进醇的解离，因为此时生成的离去基团 H_2O 是一个很弱的亲核试剂。

$$R—OH \xrightarrow{H^+} R—O^+H_2 \xrightarrow{-H_2O} R^+ \tag{4-3}$$

亚硝酸脱胺是生成碳正离子的另一个方法，底物胺首先生成重氮离子，而后脱氮产生碳正离子，如式(4-4) 所示：

$$RNH_2 \xrightarrow{HNO_2} RNHNO \rightleftharpoons RN{=}NOH \xrightarrow{-OH^-} RN_2^+ \xrightarrow{-N_2} R^+ \tag{4-4}$$

如式(4-5) 所示的 3 个反应中，质子及其他带有正电荷的原子(团)或 Lewis 酸对不饱和体系发生加成后均可得到各种碳正离子。在超酸（参见 2.3.3）作用下，芳烃也可质子化生成能用 ^1H NMR 测试的正离子，如 **14** [δ_H：2.8（6H），2.9（3H），4.6（2H），7.7（2H），间三甲苯的 δ_H 只有两组峰：2.35（9H），6.1（3H）] 的形成。

(4-5)

HF/SbF$_5$；H^+；$AlCl_3$；O---AlH_3^-；SbF_6^-；**14**

如式(4-6) 所示的环氧化合物在酸性条件下的开环反应、式(4-7) 所示的频哪醇（pinacol）重排（参见 9.2.6）、Wagner-Meerwein 重排（参见 4.1.3）和 Grob 碎片化反应（参见 3.13.3）等许多反应均经过生成更稳定碳正离子的历程。

(4-6)

(4-7)

4.1.2 相对稳定性

大多数碳正离子都是很活泼的和短寿命的。仲碳正离子和叔碳正离子在水相中的生存期各只有 10^{-12}s 和 10^{-10}s。叔碳正离子可以说是相对稳定的，但又不是持久性的。碳正离子存在于反应过程中的证据主要来源于动力学和立体化学。

碳正离子的短寿命主要是其与亲核物种的反应活性极强所致，配对反(负)离子的亲核活性越低，无疑越能增加碳正离子的生存寿命。如，以低亲核活性的 BF_4^- 为配对离子可得到稳定的如 $R_3O^+BF_4^-$、$HC(OR)_2{}^+BF_4^-$ 和 $CH_3CO^+BF_4^-$ 一类碳正离子盐，前两个盐还常用作 S_N2 反应中的烷基化试剂。但简单的烷基正离子和 BF_4^- 组成的盐 $R^+BF_4^-$ 仍未发现。

20 世纪 50 年代，Olah 等开始对在 Friedel-Crafts 反应中由烷基卤和卤代物 Lewis 酸组成的配合物进行了较详尽的研究，先后发现了具有极强 Lewis 酸性的 SbF_5 之类卤化物、具低亲核活性的 SO_2、SO_2ClF 和 SO_2F_2 之类溶剂及 HSO_3F-SbF_5 之类超酸体系。这些体系中的配对负离子体积大，负电荷分散在多个原子上，都是亲核活性极差的物种。而且这些介质在很低的温度下仍是液体，从而为创造和观测稳定的长寿命烷基正离子创造了条件（参见 2.3.3）。

碳正离子相对稳定性的定量大小可以由测量它们的生成反应热、溶剂解速率常数及 NMR（参见 4.1.3）技术等方法来进行。[6] 负氢离子亲和值（hydride ion affinity，HIA）是测量气相环境下失去负氢离子并同时生成碳正离子的反应热，如图 4-2 所示。碳正离子的 HIA 值越大越稳定，从而得出一些碳正离子相对稳定性的大小为：酰基＞叔烷基＞苄基＞仲烷基＞烯丙基＞乙基＞烯基～苯基＞甲基。[7]

$$R—H \longrightarrow R^+ + H^- \qquad \Delta H^- = HIV$$

R	CH_3	C_6H_5	乙烯基	C_2H_5	烯丙基	^{i}Bu	苄基	^{t}Bu	乙酰基
HIV/(kJ/mol)	1300	1230	1200	1140	1070	1030	980	970	962

图 4-2　一些烃类的负氢离子亲和值

醇在低温下与超酸反应生成碳正离子的反应热愈大，表明该碳正离子愈稳定，从而也可得出一些碳正离子相对稳定性的大小，如图 4-3 所示。

$$R—OH \xrightarrow{HF\text{-}SbF_5} R^+SbF_6^- + H_2O$$

R	$(CH_3)_2CH$	$(CH_3)_3C$	Ph_2CH	Ph_3C
$-\Delta H$/(kJ/mol)	67	97	162	184

图 4-3　一些醇与超酸反应生成碳正离子的反应热

式(4-8) 所示的平衡也被用于定量分析各类碳正离子的相对稳定性大小，式中，H_R 是介质的酸度函数，pk_{R^+} 愈小，R^+ 愈不稳定，如表 4-1 所示。

$$ROH + H^+ \overset{k_{R^+}}{\rightleftharpoons} R^+ + H_2O$$

$$pk_{R^+} = \lg\frac{[R^+]}{[ROH]} + H_R \qquad (4\text{-}8)$$

表 4-1　一些碳正离子的酸度函数（pk_{R^+}）值[8]

碳正离子 R^+	pk_{R^+}	碳正离子 R^+	pk_{R^+}
三苯甲基	−6.63	4,4′-二氯二苯甲基	−13.96
4-甲氧基三苯甲基	−3.40	2,2′,4,4′,6,6′-六甲基二苯甲基	−6.6
4-硝基三苯甲基	−9.15	苄基	−20
4,4′-二甲氧基三苯甲基	−1.24	2,4,6-三甲基苄基	−17.4
4,4′,4″-三甲基三苯甲基	−3.56	叔丁基	−15.5
4,4′,4″-三氯三苯甲基	−7.74	2-苯基-2-丙基	−12.3
4,4′,4″-三硝基三苯甲基	−16.27	三环丙基甲基	−2.3
4,4′,4″-三甲氧基三苯甲基	+0.82	三苯基环丙烯基	+3.1
4,4′,4″-三(二甲氨基)三苯甲基	+9.36	三甲基环丙烯基	+7.8
二苯甲基	−13.3	三环丙基环丙烯基	+9.7
4,4′-二甲基二苯甲基	−10.4	环庚三烯基	+4.7
4,4′-二甲氧基二苯甲基	−5.71		

图 4-4 所示的是几个苄基氯化物的乙醇溶剂解速率。

$$ArCl \xrightarrow{EtOH} Ar^+ + Cl^-$$

Ar	$PhCH_2$	p-BrC_6H_4CHPh	$PhCH(CH_3)$	Ph_2CH	p-$CH_3OC_6H_4CHPh$
$k(10^5/s)$	0.0314	1.90	3.75	5.75	534

图 4-4 几个苄基氯化物的乙醇溶剂解速率（k）

图 4-5 所示的是几个取代叔氯丁烷在乙醇-水（80%）相中的相对溶剂解速率。

$$(CH_3)_2CRCl \xrightarrow[H_2O]{EtOH} (CH_3)_2RC^+ + Cl^-$$

R	CH_3	C_2H_5	C_3H_7	$(CH_3)_2CH$	$(CH_3)_3C$
$k_{rel}(10^5/s)$	1.00	0.94	0.53	0.73	322

图 4-5 几个取代叔氯丁烷在乙醇-水（80%）相中的相对溶剂解速率（k_{rel}）

图 4-6 所示的是叔氯丁烷在不同溶剂相中的相对溶剂解速率。

$$(CH_3)_3CCl \xrightarrow[H_2O]{ROH} (CH_3)_3C^+ + Cl^-$$

项目	C_2H_5OH	CH_3OH	C_2H_5OH-H_2O(80%)
$k_{rel}(10^5/s)$	1.00	1.22	2100

图 4-6 叔氯丁烷在不同溶剂相中的相对溶剂解速率（k_{rel}）

上面这些实验结果表明，p-π 共轭效应和溶剂的极性对碳正离子的稳定性有较大的影响。溶剂化也受空间位阻的影响，较大的溶剂分子是难以使较大的碳正离子中心有效溶剂化的。此外，背张力促进溶剂解的作用也特别明显，但各种烷基的供电子效应和超共轭效应的影响差别并不大。

影响碳正离子稳定性的主要因素如下。[9]

（1）轨道杂化效应 各类杂化态碳原子的电负性大小为 $C(sp) > C(sp^2) > C(sp^3)$，故相对稳定性大小为$(sp^3)C^+ > (sp^2)C^+ > (sp)C^+$。

（2）诱导效应 一般的烷基碳正离子稳定性次序是 $R_3C^+ > R_2HC^+ > RCH_2^+$。$CH_3^+$ 是相当不稳定的，至今未有其被分离检测的报道。如式(4-9) 的两个反应所示，CH_3F 或 C_2H_5F 用 SbF_5 处理均未能产生相应的伯碳正离子，低温下它们形成配合物 $RF \cdot SbF_5$，室温下即转变为叔碳正离子。

$$\left.\begin{matrix} CH_3F \\ C_2H_5F \end{matrix}\right] \xrightarrow{SbF_5} (CH_3)_3C^+ \tag{4-9}$$

伯碳正离子上碳原子数目的增加会增加正离子的稳定性，可能碳链在这里能起到类似溶剂的影响，但碳原子增加到 7 个以上就无此稳定作用了。故比较两种不同级数碳正离子的稳定性时应取同碳数的异构体更有意义。

反应生成碳正离子时，就有可能通过基团的迁移发生重排反应。先形成的伯碳正离子会重排为仲碳正离子和叔碳正离子，仲碳正离子则会重排为叔碳正离子。如式(4-10) 所示，丁醇在超酸中只产生叔丁基碳正离子，这即是由最初生成的伯碳正离子或仲碳正离子重排而来的。

$$CH_3CH_2CH_2CH_2OH \xrightarrow{H^+} [CH_3CH_2CH_2CH_2^+] \longrightarrow (CH_3)_3C^+ \tag{4-10}$$

碳正离子是结构易变的，氢迁移的能垒也很低，故有时即使基团迁移后并未产生更稳定碳正离子的场合下也会有重排反应发生。如，环戊基碳正离子的^1H和^{13}C NMR在$-70℃$下均出现单一的化学位移，表明环上的5个碳原子是等同的，快速发生如式(4-11) 所示的经由1,2-H迁移的重排异构化。[10]

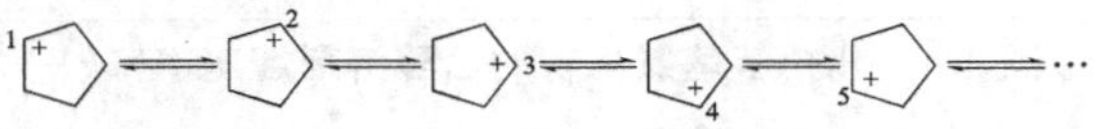

(4-11)

2-戊醇与HBr发生的溴代反应同样经碳正离子重排过程生成2-溴代戊烷和3-溴代戊烷，如式(4-12) 所示。

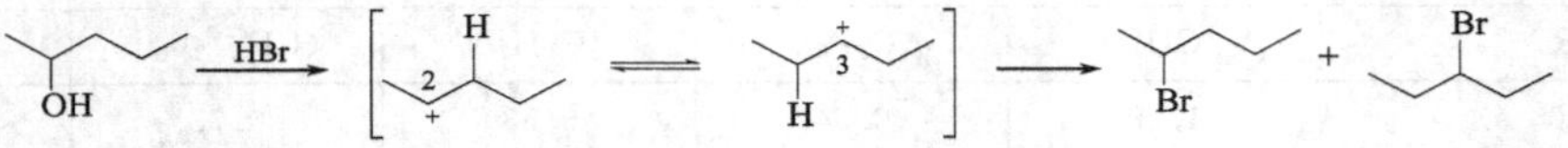

(4-12)

叔碳正离子的稳定性因素之一是烷基的给电子诱导效应。叔碳正离子上烷基的给电子诱导效应使碳正离子上的电荷密度增大，减少了该碳上的净正电荷。金刚烷碳正离子（**12**）的稳定性要比其衍生物**15**大，**15**中氰基的极性效应使C3上带δ^+，从而产生一定的场效应（参见1.3.1），也相应降低了碳正离子的稳定性。这里通过直接键连的诱导效应是很弱的。

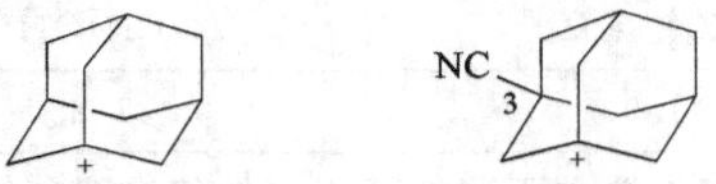

12　　**15**

环丙基甲基体系易发生溶剂解反应，经环丙基甲基碳正离子（**16**）发生重排的扩环和开链结构的产物生成，如式(4-13) 所示。环丁基甲基体系也有相似反应。[11]

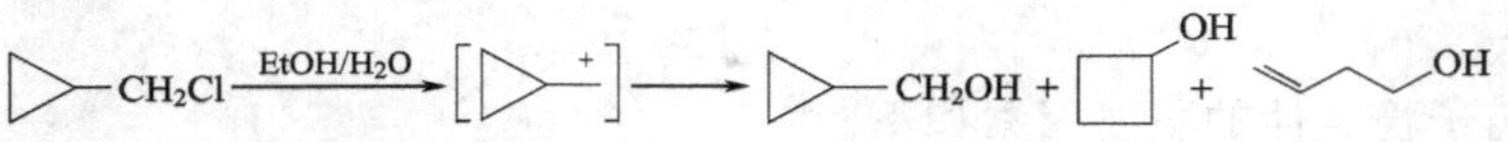

(4-13)

环丙基环的轨道形态如**17**所示，电子云密度中心偏离连线轴21°左右而形成所谓的弯曲键。环丙基的弯曲轨道和碳正离子上的空p轨道可以发生共轭（重叠）生成**18**那样的结构，并使碳正离子的稳定性大为增加（参见9.3.4）。[12]

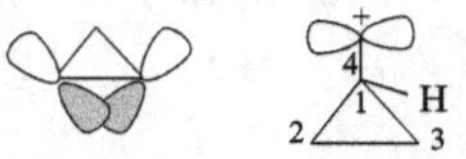

17　　**18**

(3) 共轭效应　通过共轭体系分散正电荷也能大大稳定碳正离子，主要有两种类型：即π-π共轭体系的烯丙基、苄基碳正离子和连有氧、氮、卤素等带孤对电子杂原子的p-π共轭体系的碳正离子。[13] Ph_3C^+可以与亲核性弱的负离子形成稳定的盐，$Ph_3C^+BF_4^-$等化合物有商业供应。如式(4-14) 所示，Ar_2CHOAc(**19**) 的丙酮溶液加水发生S_N1反应时，可以清楚地看到形成的具有稳定的、带苄基结构的、蓝色碳正离子Ar_2HC^+(**20**)，过80s后**20**才转化为无色的产物Ar_2CHOH。[14]

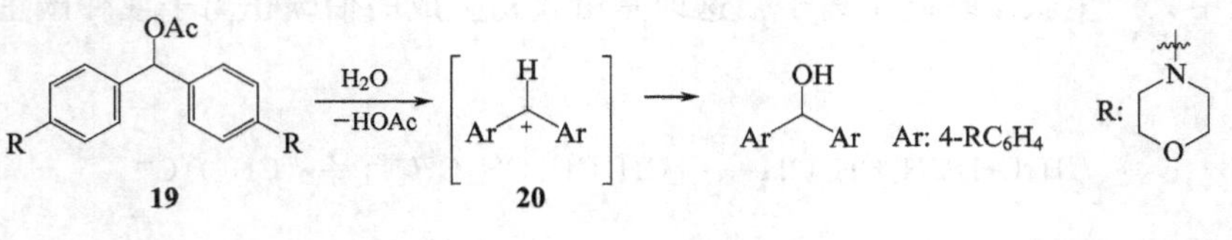

(4-14)

如式(4-15)所示，2,4-二甲基环戊二烯在浓硫酸中形成的环戊烯基碳正离子（**21**）在^{1}H NMR上只见到6个甲基氢、4个亚甲基氢及一个烯键氢的三组峰，说明这个较为稳定的烯丙基碳正离子存在着如式（4-15）所示的共振结构。[15]

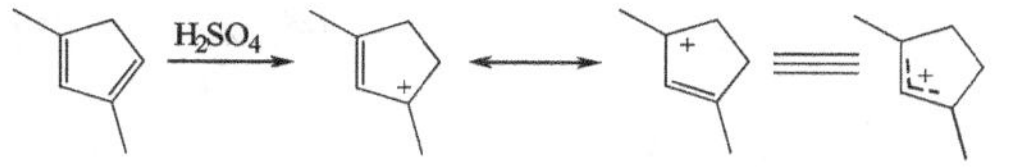

H_2SO_4 **21** (4-15)

如图4-7所示，带孤对电子杂原子的给电子共轭效应远大于它们的吸电子诱导效应。与碳正离子相邻的N有最好的共轭稳定作用，O次之，F则反表现出去稳定作用。这反映出F通过σ键表现出比共轭给电子更强的吸电子诱导性能。与氧原子相邻的碳正离子又称不饱和氧鎓离子（unsaturated oxonium ion）或碳氧鎓离子（carboxonium ion），后者的称呼也较好地反映了其氧鎓离子-卡宾碳正离子的共振结构特性。甲氧基氯甲烷的溶剂解速率要比氯甲烷快得多，这即是由于离解后产生的碳正离子可被相邻的甲氧基所稳定之故。

$$R_2C^+—G \longleftrightarrow R_2C═G^+ \quad G=Cl,Br,I,OR,SR,NR_2$$

图4-7 带孤对电子的杂原子可通过供电子共轭效应稳定相邻的碳正离子

羧酸中的羰基氧原子在超酸介质中发生质子化，正电荷可有效离域，两个C—O键长几乎相同，主要生成*syn*，*anti*构象异构体（**22**）而非*syn*，*syn*构象异构体（**23**）。^{1}H NMR可观测出两个OH共振峰，这表明C—OH的自由旋转是受阻的。如图4-8所示，酰胺和酯的质子化也是在羰基上进行。质子化酯的构型与酸相似，90%以上的构型异构体是*syn*，*anti*。温度升高，质子化的酯发生单分子裂解反应，生成酰基正离子和质子化的醇。[16]

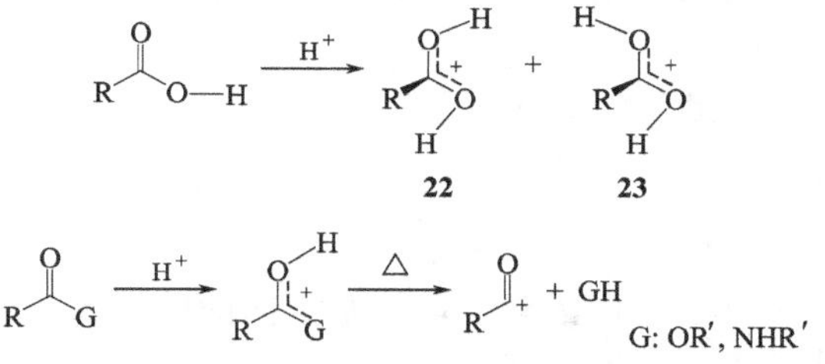

H^+ **22** **23**

H^+ △ + GH G: OR′, NHR′

图4-8 羧酸及其衍生物的质子化

酰基碳正离子自20世纪40年代开始就已得到研究并发现乙酰基正离子的稳定性和叔碳正离子相当，但甲酰基碳正离子一直被认为是极不稳定而难以存在的。20世纪末，人们发现CO在超酸介质中可以发生质子化，并生成由IR和NMR予以检测的甲酰基碳正离子（**24**）和异甲酰基碳正离子（**25**）的共振杂化体结构。正电荷落在氧上的**24**在这两种构型中相对要稳定些。[17]

$$RC^+═O \longleftrightarrow RC≡O^+$$

$$CO \xrightarrow{H^+} \underset{\mathbf{24}}{H—C≡O^+} \longleftrightarrow \underset{\mathbf{25}}{H—C^+═O}$$

（4）超共轭效应　稳定叔碳正离子的另一个因素是烷基的给电子超共轭效应。[18]只要几何构型允许，σ轨道和高能级的碳正离子上的空p轨道之间也可发生很好的σ-离域作用。如图4-9所示，叔丁基碳正离子中相邻的多个$\sigma_{C(\beta)—H}$轨道在侧面朝着碳正离子中心倾斜而与C(α)$^+$上的空p轨道产生超共轭效应，形成一种所谓的非键共振（no-bond resonance）形式（参见3.13.1）而使正电荷得到有效分散，碳正离子得以稳定。

超共轭效应使C(α)—C(β)键长缩短，其值位于碳碳单键和碳碳双键之间；C(β)—H键长增加；∠CCH变小。若∠CCH缩小到一定程度，H可直接与C(α)$^+$产生作用而形成桥状构型。理论计算和一些光谱数据表明，碳正离子的结构根据取代基和环境而可有开放的经

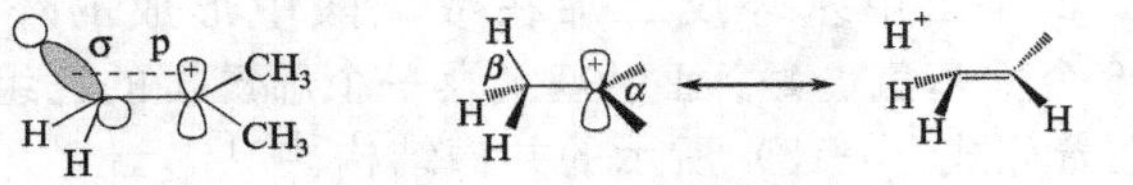

图 4-9　叔丁基碳正离子的超共轭效应和非键共振

典三配位构型（**26**）、超共轭不成桥的构型（**26a**）、不对称桥状构型（**26b**）和非经典对称桥状构型(**26c**）等多种形式。[19]能产生超共轭效应使碳正离子得以稳定，主要是 C(*β*)—H 和 C(*β*)—C。此外，*β*-位上连有 Pb、Sn、Si、Ge 及 Hg、Pd、Ti 等低价金属的碳正离子，因 C(*β*)—M 有比 C(*β*)—C 更强的超共轭效应也是相对较为稳定的。如。仲碳正离子 **27** 在室温、N_2 氛围中保存数日都是稳定不变的。[20]

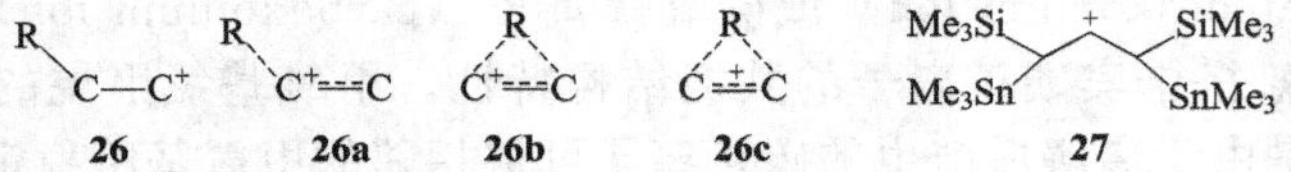

综合共轭效应和电负性等因素，连于碳正离子上的原子(团)对碳正离子稳定能力的大小次序为：$R_2N>RO>Ar>RCH=CR>R>H$。

(5) 芳构性效应　䓬鎓溴盐（**28**）在水中能生成有较大稳定性的碳正离子。这是由于䓬鎓离子有芳香性之故。同样原因，环丙烯正离子（**29**，$R={}^iPr$）也是较容易生成的。[21]而反芳香性的环戊二烯正离子，很难存在，需要有很强的给电子基团取代时才能产生。[22]

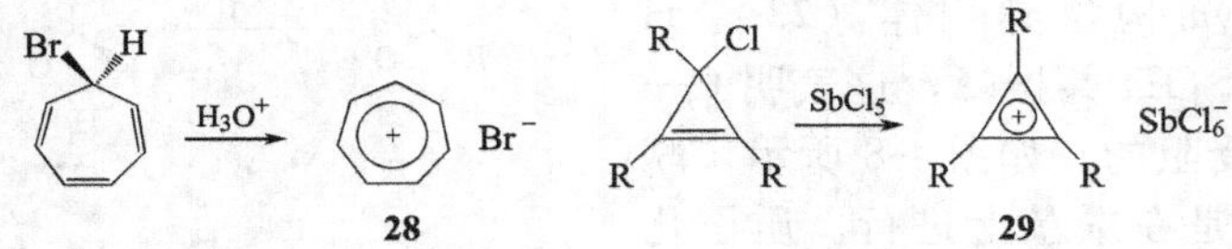

(6) 空间因素　取代基不同的碳正离子的平面构型并非是对称的。如在异丙基碳正离子中，两个甲基之间的斥力使它们之间键角比 120°大。基团愈大，它们之间的范氏斥力也愈大，这种作用即背张力或后张力（参见 1.3.5）。当有背张力的卤代烷烃解离形成碳正离子时，键角从 109°变为 120°，故基团间的范氏斥力得以降低而会有利解离反应。[23]如，4 个叔氯代烷 Me_3CCl、$EtMe_3CCl$、${}^tBuMe_2CCl$ 和 ${}^iPr_3CCl$ 在丙酮水溶液中的相对解离速率各为 1.00、2.06、2.43 和 6.94。

如图 4-10 所示，2-烷基-2-金刚烷基对硝基苯甲酸酯（**30**）的相对水解速率（k_{rel}）随烷基 R 不同而不同。这些分子中不同基团间电子效应的影响差别很小，空间因素或后张力是主要的影响因素。[24]

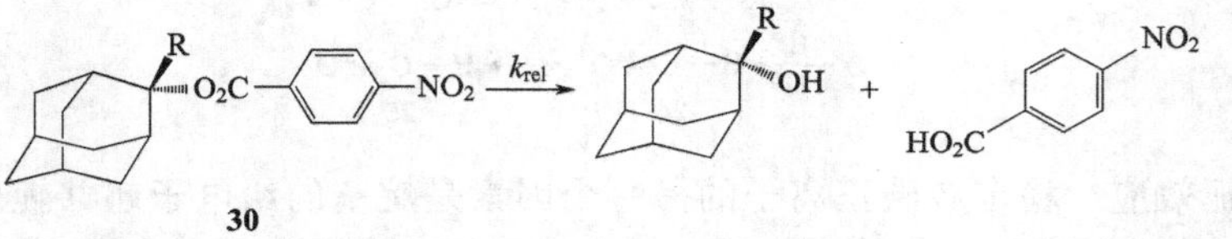

R	CH_3	C_2H_5	$(CH_3)_3CH_2$	$(CH_3)_2CH$	$(CH_3)_3C$
k_{rel}	1	7.7	10.0	33.5	23000

图 4-10　几个 2-烷基-2-金刚烷基对硝基苯甲酸酯的相对水解速率（k_{rel}）

某些在几何形态上有约束的分子，离解会使张力增加。如 3 个同是叔氯烷烃的 1-甲基-1-氯环丙烷、1-甲基-1-氯环丁烷和叔丁基氯的 S_N1 水解反应中，1-甲基-1-氯环丙烷的相对速率最小，叔丁基氯的相对速率最大。这是由于键角在氯代烷中约为 109°，离解为碳正离子变为约 120°，对三元环而言张力增加更大。故环丙基氯代烷发生水解反应是相对不利的，这种张力称内张力（internal strain）。

（7）溶剂效应　溶剂的极性和溶剂化效应都能使碳正离子得到稳定。如^{t}BtCBr 在水溶液中解离生成^{t}BtC$^+$仅需 82 kJ/mol 能量，而在气相中则需 620kJ/mol 才行。

4.1.3 非经典碳正离子

π-供体和 n-供体对稳定三价碳正离子起着非常重要的作用，σ-供体(单键)通过二电子三中心键的离域在五价碳正离子(碳鎓正离子)化学中起着关键作用。π-供体的亲电活性较强，σ-供体要在更激烈的环境下才能发挥亲电作用。

又称碳鎓正离子（参见 2.3.3）的非经典碳正离子是 20 世纪 50 年代描述环丙基甲基正离子时首次提出的，并很快为许多有机化学工作者所接受但又引起非常活跃的学术争论。[25] Wagner-Meerwein 重排机理的阐明在有机化学的发展过程中是一个非常有意义的工作，并大大丰富了碳正离子化学。早在 19 世纪末，Wagner 就说明了在龙脑（**31**）脱水成为莰烯（**32**）的过程中包括有碳架的异构化重排，Meerwein 后来进一步发现莰烯氯代物（**33**）重排为异氯代莰（**36**）时的相对反应速率随溶剂介电常数的增大而加快，在石油醚、硝基苯、乙腈和硝基甲烷中各为 1、65、200 和 610；能与 Ph_3CCl 形成离子配合物的金属氯化物如 $AlCl_3$、$SnCl_4$ 等均可加速这一重排作用，从而推论反应是经过碳正离子 **34** 和 **35** 的。

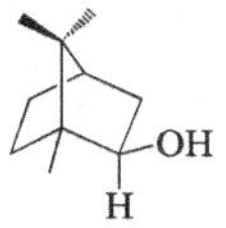

OH　H
31 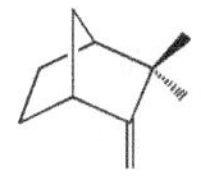　**32** 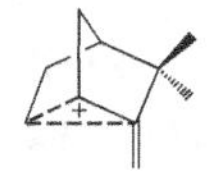　**37**

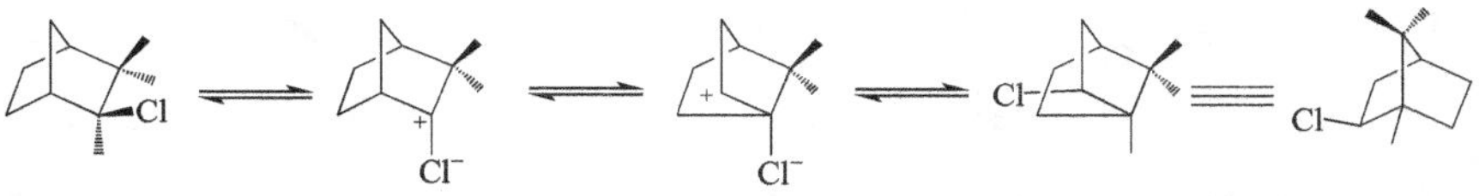

Cl　Cl⁻　Cl⁻　Cl　Cl
33　**34**　**35**　**36**

33 的重排反应速率远大于一般叔氯丁烷的反应，为此提出反应中有结构如 **37** 所示的碳正离子生成。具二电子三中心键的 **37** 似乎是介于 **34** 和 **35** 之间的过渡态，但 **37** 因正电荷离域更大而稳定，故不考虑 **34** 和 **35** 而将 **37** 作为中间体处理也可较好地解释这一异乎寻常的加速反应。正电荷局限在指定碳上的 **34** 和 **35** 都是经典碳正离子；正电荷离域在 3 个碳之间的碳正离子 **37** 即为非经典碳正离子（参见 2.3.3）。[26]

exo-对溴苯磺酸-2-降冰片酯（**38**）乙酸溶剂解给出等量的两个 *exo*-乙酸酯（**40**）和 **41** 的外消旋体混合物，无 *endo*-异构体产物生成，意味着所形成的碳正离子中间体的键屏蔽了双环的内型面。**38** 的反应速率比 *endo*-底物 **42** 快 350 倍；**42** 的反应产物也是 *exo*-乙酸酯，但产物可保留一点光学活性，构型转化的产物 **41** 多约 8%。以对映纯的 **38** 为底物反应，回收的原料中有部分消旋，但以对映纯的 **42** 为底物反应，回收的原料中无消旋现象。[27]

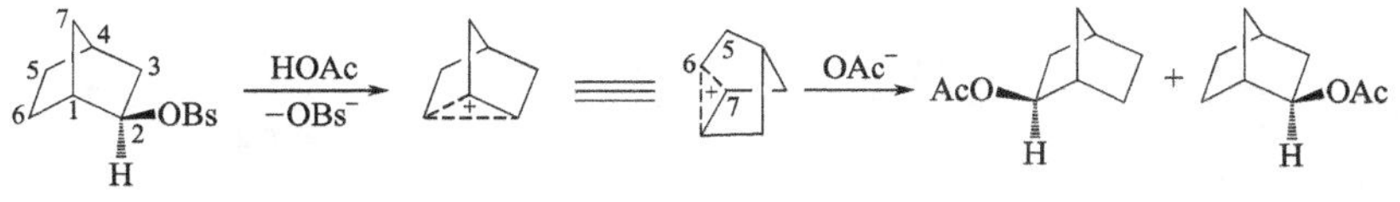

7 4 5 3 6 1 2 OBs H　HOAc / $-OBs^-$　6 5 7　OAc^-　AcO H　+　OAc H
38　**39**　**40**　**41**

有理由认为 **38** 中的 C1—C6 σ 键由背后进攻有助于 OBs^- 的离去，反应经过非手性的非经典碳正离子中间体（**39**）。**39** 具有一个通过 C4—C5—C6 和 C1—C2 键中点的对称面，C1 和 C2 的位置相当，受到亲核进攻的机会相同，且都是从环外方向接受进攻，因此得到的是 *exo*-外消旋体。而 **42** 中的 C1—C6 σ 键并不处于离去基团的背后地位，因此无助于 OBs⁻ 的离去，C1—C7 键虽然可以帮助离去，但这样会形成比底物分子张力大得多的四元环正离子体系而受到抑制。因此 **42** 的溶剂解反应中有可能部分是由 S_N2 过程生成 **41**，也有部分是 OBs⁻ 离去后生成经典碳正离子（**43**）再经非经典碳正离子 **39** 得到产物，总的反应结果使产物组成中 **41** 的含量要比 **40** 多。*exo*-**38** 离解较快，涉及离子对历程，它的内部返归使回收的原料发生部分外消旋。*endo*-**42** 的溶剂解速率较慢，涉及溶剂分子的参与，无内部返归，故无外消旋化现象。

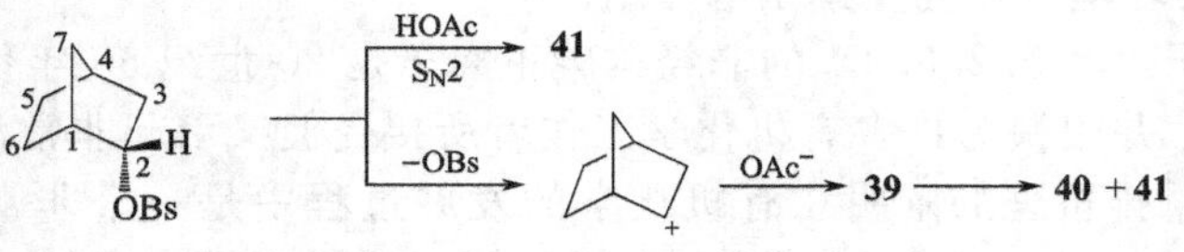

42 —(HOAc, S_N2)→ 41

42 —(−OBs)→ 43 —(OAc^-)→ 39 → 40 + 41

一些学者对非经典碳正离子这一概念提出异议，他们认为 **39** 应是过渡态而不是非经典碳正离子中间体也可对实验结果做出解释。[28] 如，叔氯丁烷、**44**、**45**、**46** 和 **47** 的乙酸溶剂解反应相对速率各为 1、64、2380、355 和 13600。可以看出，**47** 的溶剂解速率仅比结构相似的 **45** 快 5.7 倍，尽管在 **45** 中并不存在所谓的在 **47** 中有的 C1—C6 σ 键参与效应，而与 **46** 相比较，**47** 的反应速率要快 38 倍，尽管 **46** 也有 C1—C6 σ 键，**46** 和 **47** 的区别仅在于 **46** 的 C3 上无两个邻位甲基。**44** 和 **45** 的反应速率也相差 36 倍之多，这些实验结果似乎提示立体因素或背张力的存在是影响反应速率的更主要因素。

44　45　46　47

48～**51** 和 **52**～**54** 两组化合物进行乙酸解反应的相对速率（k_{rel}）也表明：降冰片基中 C1—C6 σ 键参与效应在某些情况下似乎并不产生。[29] 如果存在 C1—C6 σ 键参与效应，则在 C6 上连有推电子基团时应可观察到反应速率增加。但当在 **49** 的 C6 上连上甲基（**50**，**51**）或甲氧基（**52**）时，反应速率反而降低了。而与 **52** 相比，C1 上有苯基取代后（**53**）对反应速率的影响远小于在 C2 上的取代物（**54**）。若反应过程中存在非经典碳正离子，则 C1 上的苯基取代也应大大加快速率。

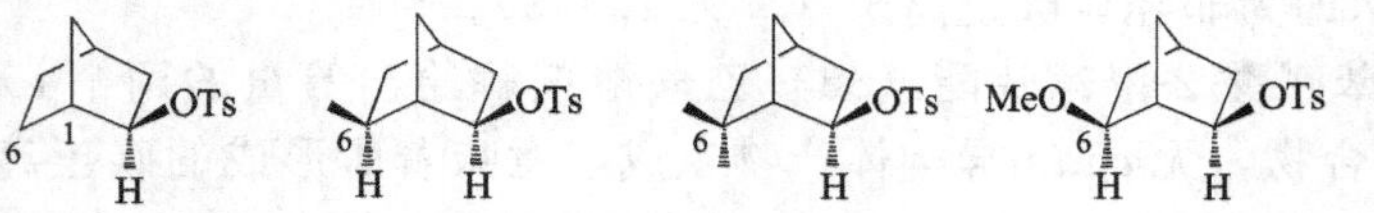

	48	49	50	51
k_{rel}:	1	0.5	0.04	0.14

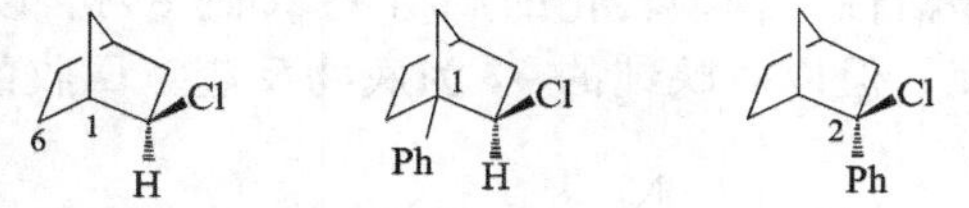

	52	53	54
k_{rel}:	1	3.9	3900000000

NMR 光谱已经证明，2-苯基降冰片的 C2 叔碳正离子 **55** 是经典的碳正离子。但比较 **56** 和 **57** 的相对反应速率在 R 为 H 时为 284，这与 **38** 和 **42** 的比值 350 相仿，故 **38** 的反应速率比 **42** 快的原因并不一定是 C1—C6 σ 键的协助电离作用。在碳正离子中心的邻位引入较大的

基团时，它们的差值大大增加了，相对反应速率在 R 为 CH_3 时为 44000，这再次说明了空间效应是确实存在的一个主要影响因素。[30] **56** 和 **57** 的溶剂解速率与相应的 σ^+ 取代基常数作图，均给出线性的 Hammett 图形，ρ 值非常接近（关于 σ 和 ρ 的含义参见 9.4），这也表明它们的溶剂解具有同样的机制。

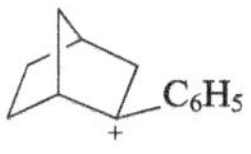

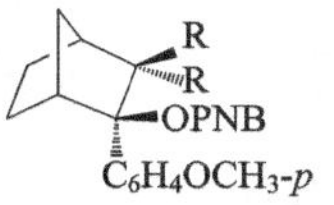

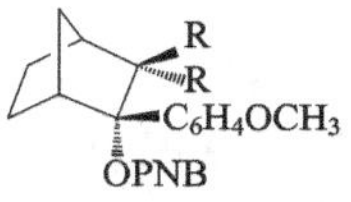

55 **56** **57**

因此，有些学者认为在 **38** 和 **42** 中所观察到的 *exo-/endo-*原料引起的反应速率的差别不是由于在 **38** 中存在的 C1—C6 σ 键参与作用，而主要是由于在 *endo*-**42** 中位阻效应妨碍离去基团离去使速率变慢而造成的。当外型离去基团离去时，几个原来在分子中存在的离去基团和邻位取代基团之间的重叠式构象得到改变，非键作用变小。但当内型离去基团离去时，这些作用反而增加，从而不利于离去基团离去，因而造成反应速率的降低。至于得到的产物总是外型取向，他们认为这是因为中间体碳正离子 C6—C1—C2 部分的 U 形结构妨碍了亲核试剂从内部靠近。而原冰片体系得到外型产物也是很普遍的现象，如 **58** 和 **59** 的反应无论经由自由基或其他途径生成的都是外型产物：

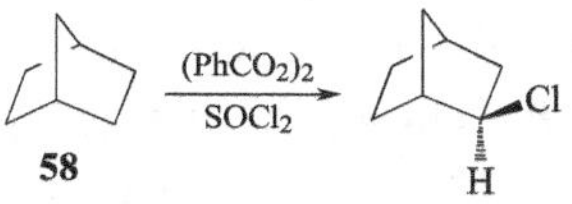

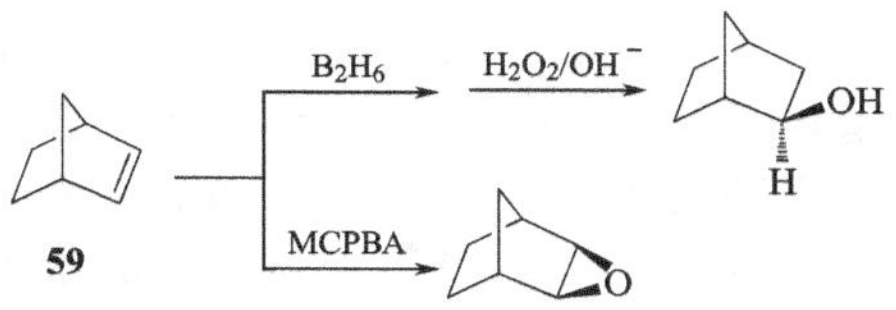

此外，如果经典碳正离子 **43** 重排为 **60** 的平衡速率比被亲核试剂截获的反应速率更快时，也能解释为何反应的结果总是得到外消旋的外型产物：[31]

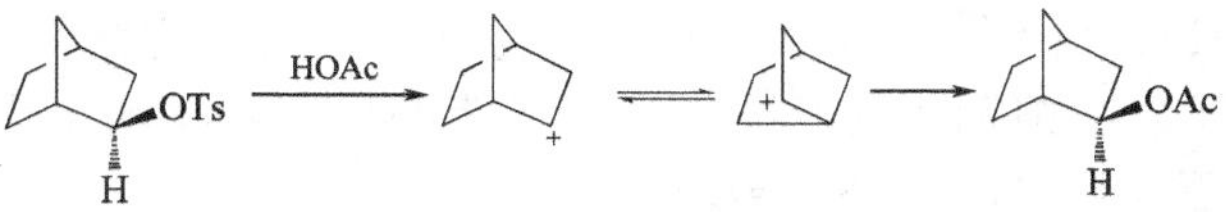

虽然在溶剂解条件下是否真有非经典碳正离子中间体 **39** 存在还有不少争论，但大多数学者都认同在内型异构体反应时没有这种效应参与；当在离去基团所在的碳原子上连有能使碳正离子得到稳定的取代基时，至少不是全部就是局部不需要这种 C1—C6 σ 键参与反应进行。2-降冰片碳正离子 **43** 还可以分别通过 4-(2-卤乙基)环戊烯(**61**)的 π-键路径和三环烷(**62**)上三元环的弯曲 σ-键路径得到，如式(4-16)的两个反应所示：

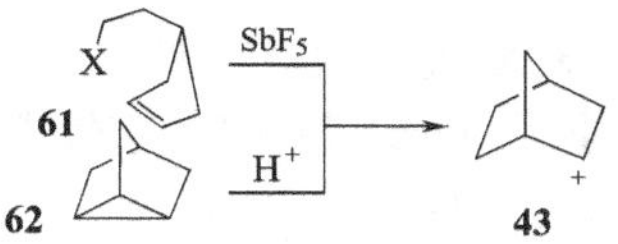

(4-16)

利用超强酸在低温下的 NMR 表明，碳正离子中的质子和碳均由于高度缺电性而处于低场。如，二甲基乙基碳正离子[$(C^1H_3)_2C^+C^2H_2C^3H_3$]：$\delta_{H1}$ 4.1，δ_{H2} 4.5，δ_{H3} 3.9；δ_{C^+} 335.4；叔丁基碳正离子[$(CH_3)_3C^+$]：δ_H 4.1；δ_{C^+} 335.2。如图 4-11 所示，测定 *exo*-2-氟降冰片烷（**63**）在

SbF_5-SO_2（或 SO_2ClF）溶液中生成的 **43** 的^1H NMR 谱，发现室温时各个质子的化学位移值均在 3.10，反映出存在着快速的 1,2,6-负氢、2,3-负氢和 2,6-负氢的 Wagner-Meerwein 迁移重排。借助光电分光仪（ESCA）也观察分析到非经典碳正离子的存在。

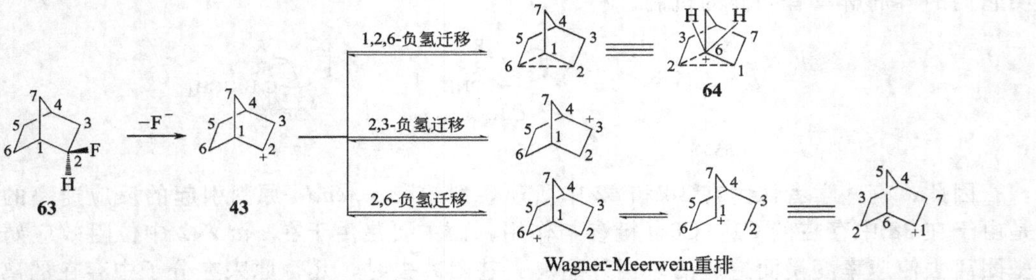

T/℃	δ_{H_1}	δ_{H_2}	δ_{H_3}	δ_{H_4}	δ_{H_5}	δ_{H_6}	δ_{H_7}
−100	4.92	4.92	1.93	2.83	1.93	4.92	1.93
−158	6.75	6.75	2.13	2.82	1.37	3.17	2.13
T/℃	δ_{C_1}	δ_{C_2}	δ_{C_3}	δ_{C_4}	δ_{C_5}	δ_{C_6}	δ_{C_7}
−78	91.7	91.7	31.3	37.7	31.3	91.7	31.3
−158	125.3	125.3	36.3	37.7	20.4	21.2	37.7

图 4-11 2-降冰片基碳正离子（**43**）在低温超酸溶液中的生成、重排及 δ_H 和 δ_C

各类氢的化学位移在低温环境下并不相同，反映出重排受阻。在低温 −78～−100℃时 2,3-负氢迁移已经冻结，而 1,2,6-负氢和 Wagner-Meerwein 迁移重排仍在进行，正电荷在 C1、C2 和 C6 间快速平滑，因有 4 个氢原子而呈现五重峰。继续降低温度，在 −158℃所得数据反映出1,2,6-负氢和 Wagner-Meerwein 迁移均已冻结，形成一个对称的桥状结构（**64**）或可能是 1,2,6-负氢迁移已经冻结而 Wagner-Meerwein 迁移仍在进行之中。等性的四配位 C1 和 C2 碳正离子处于低场。C6 碳正离子则是五配位的，**64** 的结构也可用类似于甲鎓离子（**65**）那样的五配位碳鎓离子（**66**）表示。用开链的两个碳正离子的重排结构是难以解释这些 NMR 现象的。[32]因为测试条件和反应不同，这个 NMR 的测试结果并不能证明前述的各种溶剂解反应中也必定有非经典碳正离子存在，但至少说明非经典碳正离子在一定条件下是可以存在的。如式(4-17) 所示，7-降冰片基衍生物（**67**）的反应活性比 2-降冰片基衍生物差得多，在超酸低温下发生溶剂解的产物构型同样能够保留，反映出中间体碳正离子（**68**）也是一个非经典的碳正离子（**69**），**69** 很易转化为 **43**。[33]

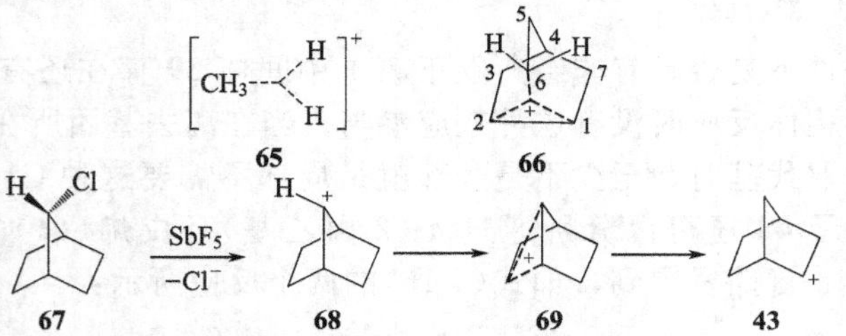

(4-17)

五配位的碳也有可能以较稳定的形式出现。[34]如式(4-18) 所示，产物 **70** 上形成超原子价 $[O\cdots C\cdots O]^+$ 正离子，中心碳原子以 sp^2 杂化轨道成键，p 轨道上同时还容纳 2 个甲氧基的配位，碳氧之间的距离远小于范氏半径之和。

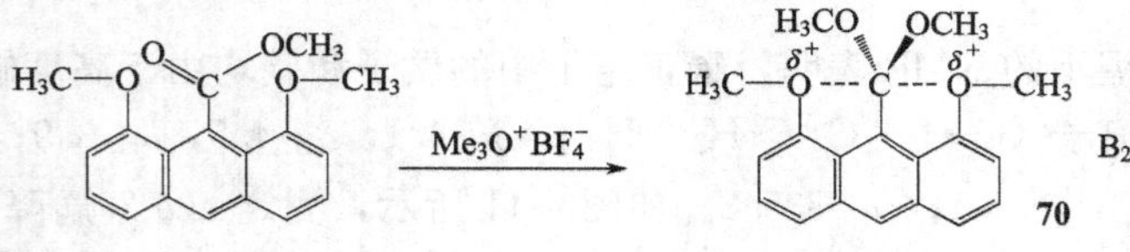

(4-18)

至今已接触到3种类型的碳正离子：静态的经典碳正离子如叔丁基碳正离子；快速平衡的经典碳正离子和非经典的桥式碳正离子（**64**）。[35]它们之间还有难以确认的情况。仪器分析的结果有时给出并不太明确的信息，难以判断**64**与处于平衡状态的经典碳正离子之间的差别。对气相降冰片碳正离子的理论计算结果也有不少商榷之处。[36]有关碳正离子结构的学术讨论已极大地丰富了人们对有机化合物静态、动态结构的认识和对有机反应历程的理解。

4.1.4 反应模式

与有机化学中常见的如R_4N^+、Me_3O^+、H_3O^+等能稳定存在的正电荷物种不同，大部分碳正离子是寿命很短的活泼中间体。碳正离子产生后最常见的反应是被亲核试剂捕获或与碱反应成烯。如，图4-12(a)所示的快速与具有孤对电子的物种Y^-结合的Lewis酸-碱反应；图4-12(b)所示的消除β-氢形成烯基的反应；图4-12(c)所示的与双键加成后正电荷落到一个新位置上的反应及图4-12（d）所示的重排生成一个更稳定碳正离子的反应。

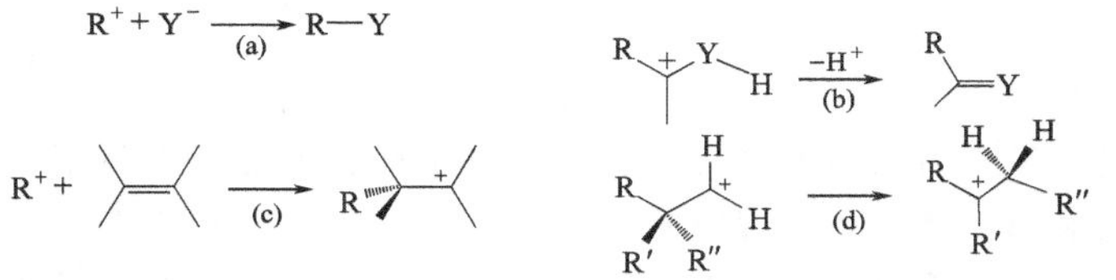

$R^+ + Y^- \xrightarrow{(a)} R-Y$

图4-12 碳正离子的4种反应模式

碳正离子通常是在亲核物种存在的环境下产生的，故是一个不易生存的活泼中间体。但就像碳负离子可在无亲电物种存在时在溶剂中累积起来一样，利用低温电氧化的手段在二氯甲烷溶剂中也可累积起某些种类的碳正离子，形成碳正离子池（cationpool）或碳正离子流（cation flow）来进行反应。[37]碳正离子作为活泼中间体在亲电加成和取代反应中的作用及溶剂解等问题都已研究得相当透彻，在石油工业和绿色化学、生物化学中的作用也正日益赢得人们的关注。[38]利用当代计算机化学的进步研究稳定的碳正离子、非经典的碳正离子、不饱和（烯、炔、芳基）的碳正离子、酰基碳正离子、与金属键合的碳正离子的形成问题及定量的亲电（核）性-酸（碱）性的关系正成为相当活跃的研究领域。如**71**一类双碳正离子（参见2.3.4）及六配位和七配位的质子化甲烷CH_6^{2+}、CH_7^{3+}也已得到检测研究。[39]

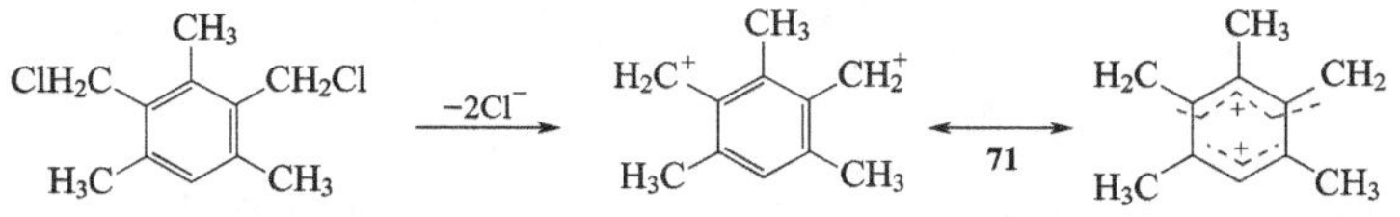

4.2 碳负离子

碳负离子（carbanions）又称碳阴离子，是带有形式电荷为−1[4−(6/2)−2]、具有未共享电子对且满足Lewis八隅律的碳原子，常产生于如互变异构、芳香族亲核取代、E1CB等反应中。由于其在有机合成上的重要性，也是一个最早被确认的活性中间体。[40]碳负离子中的碳尽管是满壳层的，但电负性小，倾向于将孤对电子与其他物种共享。

4.2.1 构型和产生

与碳正离子类似，碳负离子也有5种可能的杂化构型**1**～**5**，如图4-13所示。

三配位碳负离子是最常见的碳负离子，有两种合理的结构形式：一种是取平面状态的$p\text{-}sp^2$构型**1**，孤对电子处于p轨道；另一种取角锥形的$sp^3\text{-}sp^3$构型**2**，孤对电子位于sp^3杂化轨道中。二者相比较，**2**中的孤对电子位于含25% s成分的杂化轨道中，比**1**更靠近原子核，故能量相对较低。另一方面，在角锥形构型中的孤对电子和另三对与碳负离子键连的

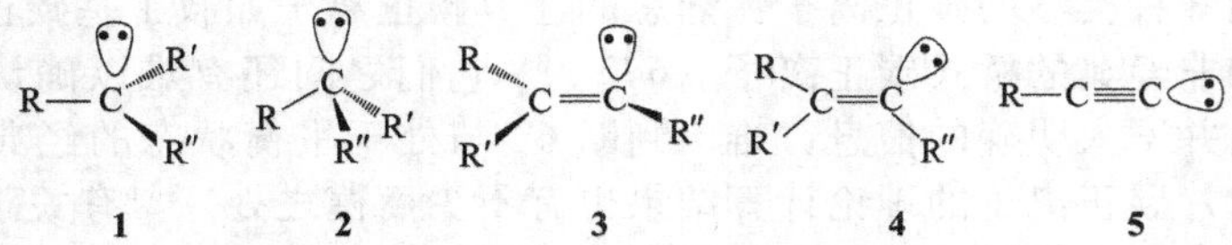

图 4-13 碳负离子的 5 种形式

成键电子之间的斥力也相对比在 **1** 中的小。因此，碳负离子在多数场合下的构型是角锥形的 **2**。二配位碳负离子中，p-sp^2 构型 **3** 的稳定性比 sp^2-sp^2 构型 **4** 的稍差。一配位碳负离子，如炔基碳负离子则取 sp-sp 构型 **5**，是稳定性最大的碳负离子。

碳负离子多具有与氨相似的角锥形构型，故与碳正离子不同，桥头碳负离子是很容易生成的。如式(4-19) 所示，经过桥头碳负离子 **6** 可生成 **7**：[41]

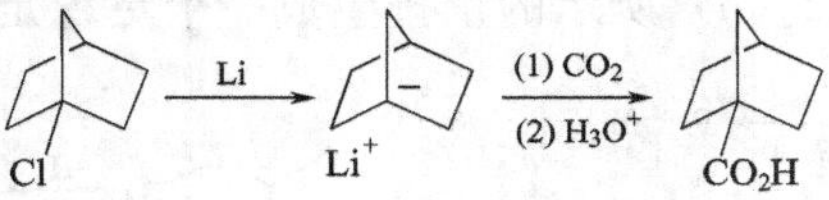

(4-19)

连有 3 个不同取代基团的角锥形碳负离子应有手性。但实际上与不对称胺一样，碳负离子快速翻转的能垒很小，除了环丙烷体系和少数例外，通常都难以保持光学活性。在大部分化学反应的时间尺度上，碳负离子都无法保持手性性质。如对映纯的格氏试剂只有环丙基衍生物才可以得到。能否实现手性碳负离子的反应涉及 3 个关键点：对映选择性地生成手性碳负离子；手性碳负离子有足够的持久性而不发生外消旋化；与亲电物种反应过程中碳负离子的立体化学仍得到控制。溶剂和温度对碳负离子的构型能否保留具有重要的影响。[42] 如式(4-20) 所示，从对映纯的 2-碘壬烷出发，经锂盐制备 2-甲基辛酸（**8**）的反应在 -78℃下进行时所得产物尚有 60%保持构型，40%反转构型；在 0℃反应则得到外消旋产物。[43]

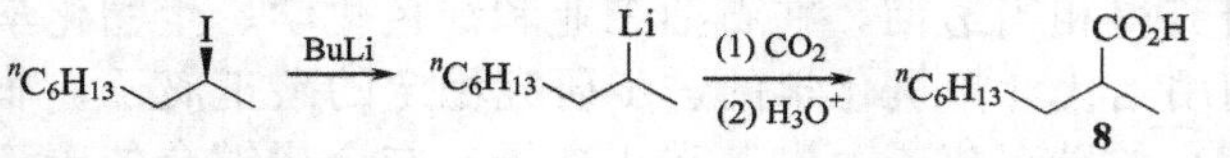

(4-20)

这表明该光活性碳负离子在室温时会快速反转形成对映异构的两个角锥形碳负离子平衡物 **9** 和 **10**。

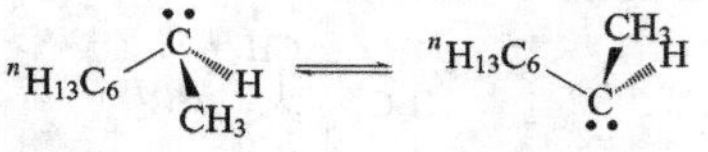

如式(4-21) 所示，α-苄基丙腈（**11**）在碱催化下的 H/D 交换反应中也同样可以看到负离子的反转现象。[44] k_e 是 H/D 交换的速率常数；k_α 是外消旋化的速率常数，当 $k_e/k_\alpha=1$ 时表明是一个外消旋化过程；比值为 0.5 时，构型完全转化；比值无穷大时，则表明反应产物构型得到完全保持。

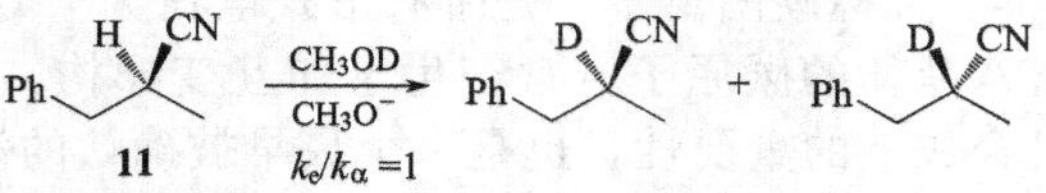

(4-21)

有几个因素可以增大碳负离子的中心的翻转能垒。如，环丙基碳负离子的构型一般可以保持不变，k_e/k_α 达 8000 以上，如式(4-22) 所示的两个反应：[45]

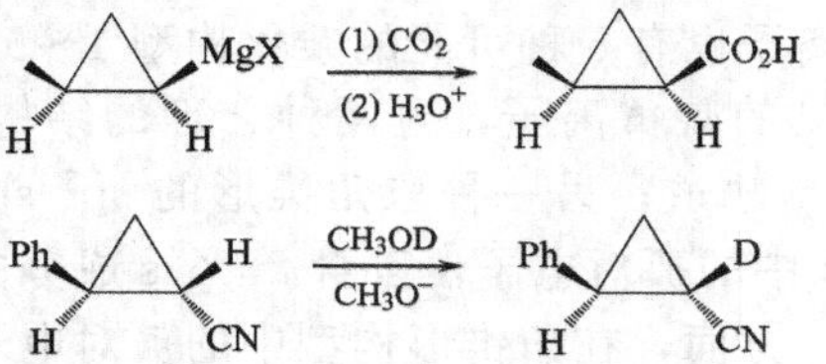

(4-22)

碳负离子上连有吸电子基团时也使翻转能垒提高。电负性强的基团从 p 轨道吸引电子比从 s 轨道更容易，故对 sp^3 基态的稳定作用要大于对 sp^2 过渡态的稳定作用，从而使翻转能垒提高。如式(4-23) 所示，**12** 在碱性条件下反应后仍得到手性保持的水解产物 **13**。

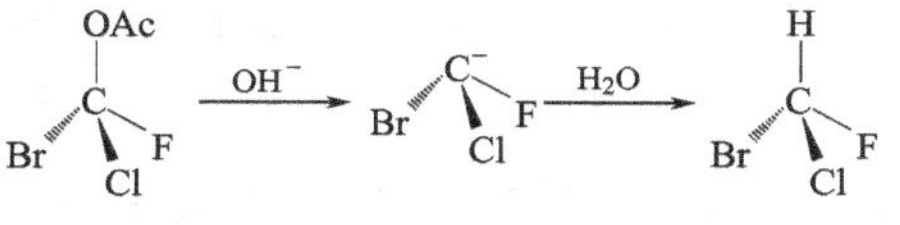

$$\text{BrClFC–OAc}\ (\mathbf{12}) \xrightarrow{OH^-} \text{BrClFC}^- \xrightarrow{H_2O} \text{BrClFC–H}\ (\mathbf{13}) \tag{4-23}$$

产生碳负离子所用的碱和溶剂对碳负离子的立体化学也有影响。如式(4-24) 所示，光活性的 9-甲基芴（**14**）进行 H/D 交换的反应在 THF 中进行、并以 NH_3 或伯胺为碱时，主要得到构型保留的产物，$k_e/k_\alpha=148$。在 THF 类低极性和低介电常数的溶剂中生成的碳负离子和铵离子紧密成对，去质子和再质子化在同一边、同一铵离子上发生，此时碳负离子是平面性的。但在极性较大的溶剂 DMSO 中反应时，溶剂化的离子对占优势，每进行一次交换都发生完全的外消旋化。[46]

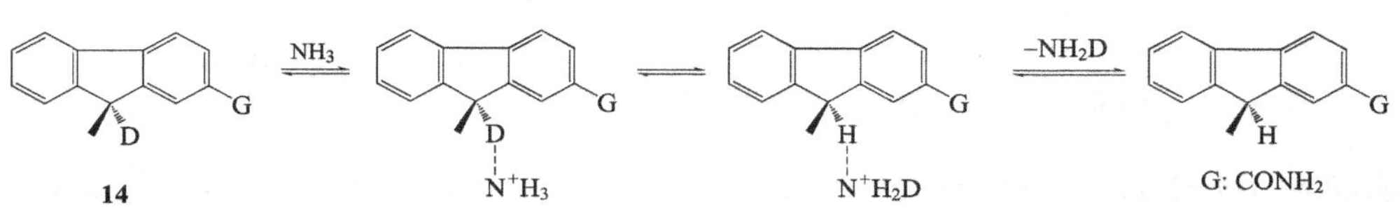

$$\mathbf{14} \xrightleftharpoons{NH_3} \text{[C–D}\cdots N^+H_3] \rightleftharpoons \text{[C–H}\cdots N^+H_2D] \xrightleftharpoons{-NH_2D} \text{C–H} \qquad \text{G: CONH}_2 \tag{4-24}$$

在高极性和低质子浓度溶剂中生成的碳负离子也易产生消旋化现象。如光活性化合物 $PhCD(CH_3)(OCH_3)$在以^{t}BuOK 为碱的^{t}BuOH/DMSO 中进行 H/D 交换反应得到消旋化产物，$k_e/k_\alpha=1$。在如 MeOH 类质子性极性溶剂以 MeONa 为碱反应时，此时质子可以很方便地从溶剂中得到，质子从一边离去时，从另一边又可协同发生取代而得到部分反转产物，$k_e/k_\alpha=0.84$。

当碳负离子连有如苯基、烯基和羰基、氰基、硝基等能与碳负离子发生共轭并分散负电荷的吸电子基团时，碳负离子取平面型 sp^2 杂化构型更为有利。p 轨道上的负电荷与相邻基团的 π 轨道在侧面发生最大程度的轨道重叠，体系能量降低，负电荷离域最好，如图 4-14 所示，$k_e/k_\alpha=1$ 的实验结果也可论证这一推断。

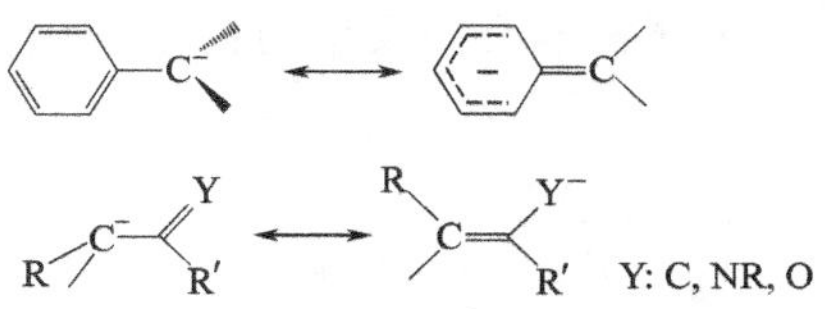

Y: C, NR, O

图 4-14　共轭的碳负离子

碳负离子的这种平面结构还受到配对正离子的影响。当配对反离子是 K^+ 或 Cs^+ 时，7-苯基降冰片基负离子(**15**)的结构是平面状的，反离子是 Li^+ 时，则为角锥形的。这可能是因为 Li^+ 的极化率高，静电稳定化作用强，C7 上的电荷定位较好，较大共价性的 Li—C 键的存在使碳负离子仍为角锥形的，但 **16** 中的桥头碳负离子则由于桥头的结构关系仍取角锥形 sp^3 杂化构型，也不能与羰基组成共轭体系，故而酸性很小。

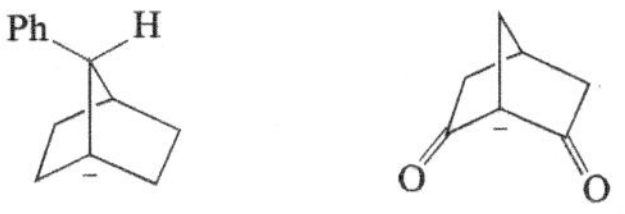

15　**16**

如式(4-25) 所示的 3 个反应，键异裂时从碳上移去一个质子或不带成键电子的原子团是生成碳负离子的一般方法。这是一个简单的酸-碱反应，根据 C—H 键的酸性应用不同强度的碱。[47]当不存在能使负电荷离域的因素时，从 C—H 键上夺走质子是非常困难的。

$$RH \xrightarrow{B^-} R^- + HB$$

$$Ph_3CCl \xrightarrow{Na} Ph_3C^- + NaCl$$

$$\underset{pK_a\ 20}{CH_3COCH_3} + CH_3Li \longrightarrow CH_3COCH_2Li + \underset{40}{CH_4} \qquad (4\text{-}25)$$

用解离方法来产生碳负离子时，还要注意避免选用的碱在形成碳负离子的同时发生亲核加成等副反应（参见 2.1.9）。如，由于两个异丙基的体积很大，$^{i}Pr_2NLi$(LDA)可夺取酯分子的 α-H 而不发生和酯羧基之间的加成反应。LDA 可以将酯完全转变为烯醇盐，在反应体系中不再存在游离的酯，加入与烯醇盐起加成反应的醛酮化合物后得到类似于 Reformatskii 反应的同样结果，如式(4-26) 所示：

$$\underset{pK_a\ 25}{CH_3CO_2C_2H_5} \xrightarrow{LDA} CH_2{=}C(OLi)OC_2H_5 + \underset{36}{{}^{i}Pr_2NH}$$

$$CH_2{=}C(OLi)OC_2H_5 + RC(O)H(R') \longrightarrow (R')H\text{–}C(OLi)(R)\text{–}CH_2CO_2Et \xrightarrow{H_3O^+} (R')H\text{–}C(OH)(R)\text{–}CH_2CO_2Et \qquad (4\text{-}26)$$

亲核试剂对重键的加成也可得到碳负离子，许多场合下双键碳上连有酯羰基或苯基等吸电子共轭基团，试剂加到远离取代基的双键碳上，得到的碳负离子比原来的亲核试剂要来得稳定，如式(4-27) 所示的两个反应：

$$(CH_3)_2C{=}CHC(O)R \xrightarrow{R'O^-} R'O\text{–}C(CH_3)_2\text{–}\overset{-}{C}H\text{–}C(O)R$$

$$PhCH{=}C(CH_3)_2 \xrightarrow{PhCH_2^-} Ph\overset{-}{C}H\text{–}CH_2\text{–}C(CH_3)_2Ph \qquad (4\text{-}27)$$

金属卤素交换反应也能生成碳负离子，如式(4-28) 所示的两个反应：

$$CH_2{=}CHBr \xrightarrow{CH_3Li} CH_2{=}CHLi + CH_3Br$$

$$C_6H_5Br \xrightarrow{BuLi} C_6H_5Li + BuBr \qquad (4\text{-}28)$$

E1CB、脱羧反应、还原金属化反应、芳香族亲核取代等反应也均会产生碳负离子，如式(4-29) 所示的几个反应：

$$H\text{–}CR_2\text{–}CR_2X \xrightarrow[-HB]{B^-} {}^{-}CR_2\text{–}CR_2X \xrightarrow{-X^-} R_2C{=}CR_2$$

$$Ph\text{–}C{\equiv}C\text{–}CO_2^- \xrightarrow{-CO_2} Ph\text{–}C{\equiv}C^-$$

$$Cl_3CCO_2^- \xrightarrow{-CO_2} Cl_3C^-$$

$$(CH_3)_2C(NO_2)CO_2^- \xrightarrow{-CO_2} (CH_3)_2C^-(NO_2) \qquad (4\text{-}29)$$

$$p\text{-}ClC_6H_4NO_2 \xrightarrow{OH^-} [\text{Meisenheimer 络合物: C(Cl)(OH), } NO_2] \xrightarrow{-Cl^-} p\text{-}HOC_6H_4NO_2$$

萘、蒽等稠环芳烃还可与两个碱金属原子反应生成稳定的双负离子 $Ar^{2-}\ M_2{}^{2+}$。

4.2.2 相对稳定性

碳负离子的稳定性与其共轭酸的强度直接相关。共轭酸的酸性越弱，碳负离子的碱性越大，其稳定性越小，故测定共轭酸的强度可用于了解碳负离子的稳定性。碳负离子研究的一个重要领域即是其母体烃 pk_a 的测定（参见 2.1）。

如式(4-30) 所示，测量金属烃化物和另一个碘代烃进行金属-卤素交换的平衡常数 k 可用于比较碳负离子的稳定性大小。酸 RH 越强，意味着 R^- 越稳定，RLi 存在的比例也越大。选择适当的 RH 和 R′H，直到可以跟一个已知 pH 比较。如此得到一些碳负离子的稳定性次序为：乙烯基＞苯基＞环丙基＞乙基＞丙基＞异丁基＞新戊基＞环丁基＞环戊基。

$$RLi + R'I \overset{k}{\rightleftharpoons} R'Li + RI \tag{4-30}$$

式(4-42) 所示的平衡反应也可用来比较碳负离子的相对稳定性大小。碳负离子越稳定越易和电正性的 Mg 结合，通过反应式(4-31) 得到的碳负离子稳定性次序为：苯基＞乙烯基＞环丙基＞甲基＞乙基＞异丙基。[48]

$$R_2Mg + R_2'HgI \overset{k}{\rightleftharpoons} R_2'Mg + R_2Hg \tag{4-31}$$

从这两个不同的方法测得的稳定性次序是一致的，都表明简单碳负离子的稳定性是甲基碳＞伯碳＞仲碳＞叔碳。β-碳上支链的增加会因场效应而降低碳负离子的稳定性。影响碳负离子稳定性的因素主要有下列几点。[49]

（1）s 轨道效应　碳负离子中负电荷所在轨道的 s 成分愈多，碳负离子愈稳定愈易生成，即$(sp)C^- > (sp^2)C^- > (sp^3)C^-$。烷基四面体碳的 C—H 键中 s 特性的多少与角张力有关。小环的∠CCC 较小，张力较大，C—C 键的 s 成分较一般的 sp^3 少；环外 C—H 键的 s 成分则要多一点。故小环碳负离子的稳定性从三元环到四元环、五元环、六元环依次降低，三环［$3.1.0.0^{2,6}$］己烷（**17**）中位于小环上两个叔碳原子上的氢最易离去。[50]

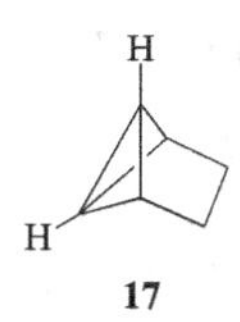

17

（2）诱导效应　简单烷烃碳负离子的稳定性次序和碳正离子相反，是伯碳＞仲碳＞叔碳。如，叔烷基溴代物与丁基锂不会反应生成叔烷基锂。连有吸电子基团的碳负离子是比较稳定的，R_4N^+ 和 F^- 是纯粹通过吸电子诱导效应稳定 C^- 的两个基团。连在碳负离子上的 N、O、S 等原子团除了具有吸电子诱导效应外，又因是 p 电子供体而削弱对 α-碳上负电荷的稳定作用。[51] 氟原子的诱导效应有点特殊。有些实验表明，碳负离子上的氟原子取代越多，热稳定性反而越差，对一些亲电底物的亲核性也越差，此现象称“负氟效应”。

（3）共轭效应　碳负离子也能因共轭效应而得到稳定（参见图 4-14），与 C═O 或 C≡N 相连的碳负离子的稳定性比 Ph_3C^- 的还大。显然，这是由于这些电负性大的原子比碳更能容纳负电荷之故。α-NO_2 的烷基碳负离子可以存在于水中，$CH_2(NO_2)_2$ 的 pk_a 仅为 3.6。但与 C═O或 C═N 相连的碳负离子 **18a** 是否还能存在是有问题的，因为此类负离子的共振结构中烯醇氧负离子或烯胺氮负离子 **18b** 的贡献更大。此类碳负离子若不能形成如烯醇一类负离子也是很难产生的，如，双环[2.2.2]辛-2,6-二酮（**19**）因受到环结构的限制，难以生成烯醇 **20**，其酸性（pk_a＝20）和环已酮相近，远小于 1,3-环已二酮（pk_a＝10）。

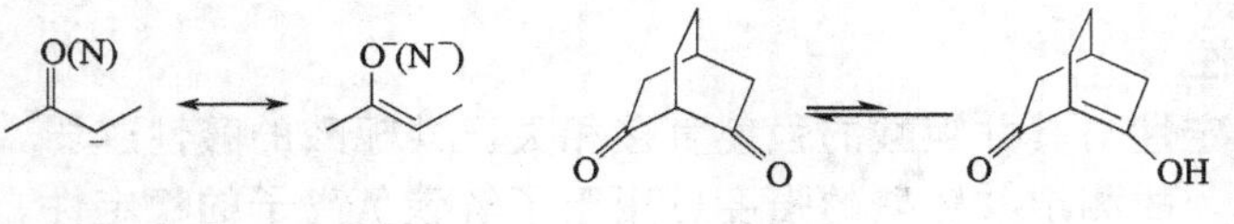

O(N)　　$O^-(N^-)$

18a　**18b**　**19**　**20**

综合起来，取代基对碳负离子稳定性作用的大小次序大致为：NO_2＞RCO＞SO_2＞CO_2R＞CN，$CONH_2$＞X＞Ph＞H＞R。三苯甲基碳负离子和二苯甲基碳负离子都是很稳定的碳负离子，可以在溶液中长期保存。三氰基碳负离子和三(五氯苯基)碳负离子等甚至与水和醇都无作用，同时位于双键和三键邻位的亚甲基可以形成双负电荷碳负离子，如式(4-32)所示：

$$R-C\equiv C-CH_2-CH=CH_2 \xrightarrow[-BuH]{2BuLi} R-C\equiv C-C^{2-}-CH=CH_2 \quad (4\text{-}32)$$

苄基碳负离子可共轭分散到苯环上。如式(4-33) 所示，异丙苯的钾盐（**21**）与氘化物反应，除得到正常的氘取代物（**22**）外，还有两个苯环上的氘取代物（**23**）和 **24**。

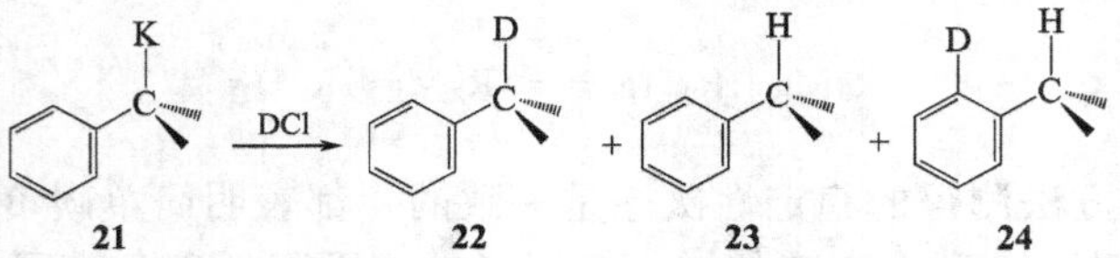

$$\text{21} \xrightarrow{DCl} \text{22} + \text{23} + \text{24} \quad (4\text{-}33)$$

23 和 **24** 的生成并非简单的亲电取代，而是由于苄基碳负离子上的负电荷共轭分散到苯环而致，如图 4-15 所示。异丙苯在同样条件下反应就无 **23** 和 **24** 生成。

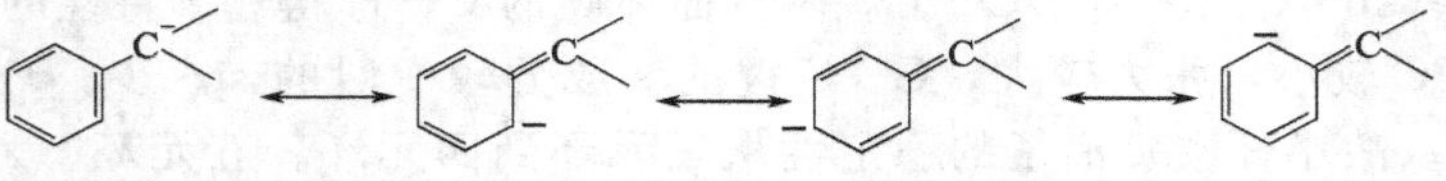

图 4-15　苄基碳负离子上的负电荷可共轭分散到苯环

虽然共轭效应（参见 1.3.3）一般是指 p 轨道之间的交盖，但 p 轨道和 d 轨道之间的交盖（p-d 共轭）也是非常有效的（参见 1.1.5）。[52] 比较图 4-16 中 3 个离子的 H/D 交换速率可以看出，尽管带正电的氮盐的吸电子效应大于带正电的磷和硫，但相邻碳负离子上的负电荷可以离域到磷、硫较低能量的空 d 轨道上形成 p-d 交盖而使碳负离子得到稳定。氮原子并无可以接受电子对的 d 轨道。

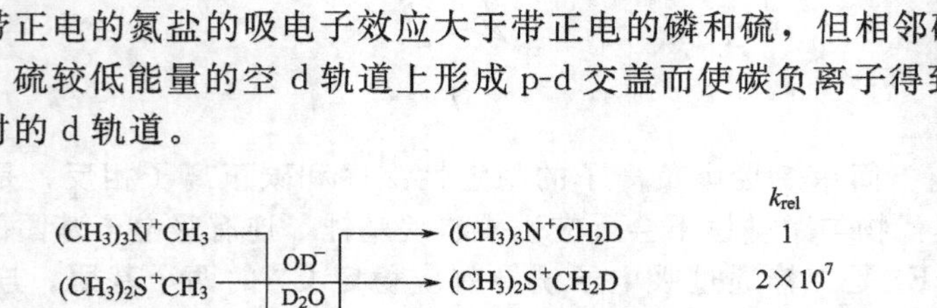

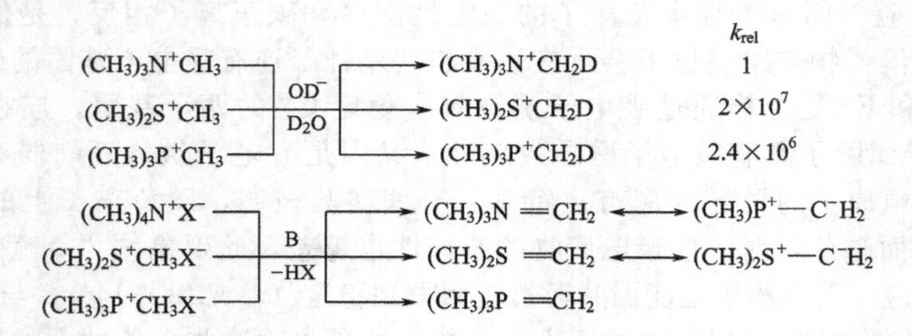

图 4-16　相比氮原子，磷和硫可形成 p-d 交盖而使碳负离子得到稳定

同样原因，尽管 F 比 Cl 的吸电子效应更强一些，但氯有可形成 p-d 交盖的 d 轨道来分散负电荷。故三氟甲烷的脱质子的反应比氯仿慢得多，三氟甲基负离子 CF_3^- 是相当不稳定的，其游离态至今尚未分离成功。如式(4-34) 所示，2,2-二氯-1,1-二氟乙烯与 RO^- 发生加成反应，生成的中间体碳负离子 **25** 是与氯相连的 C2 而非电负性更大的与氟相连的 C1。**25** 中的负电荷

可通过超共轭效应离域到 F 上。C—Cl 键较长，氯原子上的孤对电子比氟原子上的孤对电子与 α-碳负离子的作用更弱；位阻效应也是 RO^- 进攻 CF_2 而非 CCl_2 的一个有利因素。

$$Cl_2\overset{2}{C}{=}\overset{1}{C}F_2 \xrightarrow[ROH]{RO^-} [\ Cl_2\overset{2}{C}^- {-} CF_2OR\ ] \longrightarrow Cl_2CH{-}CF_2OR \quad (4\text{-}34)$$

25

(4) 芳构化效应　具有芳香性的碳负离子是较为稳定的。如，环戊二烯负离子和环辛二烯双负离子都是可以生成的。如式(4-35) 所示，异丁烯在强碱 BuLi-$Me_2NCH_2CH_2NMe_2$ (TMEDA) 作用下可生成 Y-芳香性的双负离子 **26**。在同一共轭体系的某一个碳原子上因同种电荷的排斥作用而不易连续加入两个电子，但生成 **26** 的双锂化反应却很快能够完成。双烷基化产物 **27** 是直接由三亚甲基双负离子而来，显然由于芳香性的稳定化作用克服了双负离子上电荷的排斥作用。

BuLi/TMEDA；BuBr；Bu　Bu　(4-35)

26　**27**

3 个亚甲基碳相距较远，它们的 p 电子只能通过中心碳原子离域而相互交盖。后来又发现如式(4-36) 所示的反应，该反应先生成线型共轭双负离子再逐渐异构化为热力学更稳定的交叉型双负离子，后者比前者稳定则是由于它是一个交叉共轭的 6π 电子的 Y-芳香体系 (**28**)。[53]

BuLi/TMEDA；2−　+　2−　⟶　2−　(4-36)

28

(5) 溶剂化效应　不同的溶剂对不同的带电碳原子的稳定化作用不同。碳正离子的溶剂化是通过带孤电子对的偶极吸引作用而发生的；碳负离子的溶剂化则是通过氢键实现的，故而极性的非质子溶剂能溶剂化正离子但不能有效溶剂化负离子。负离子在极性的非质子溶剂中更活泼，如，苯乙炔在乙醚中的 pk_a 是 16，在环己烷中为 21，在二甲亚砜中是 27。溶剂的 pk_a 比碳负离子 R^- 的共轭酸 RH 的 pk_a 高出愈多，在该介质中的碳负离子的稳定性愈大，寿命也愈长。

4.2.3 反应模式

碳负离子一般虽比碳正离子稳定，但仍不能与 Cl^-、OH^- 等无机离子相比。碳负离子兼有碱和亲核物种的活性，产生后通过以下几种途径进行反应。如，图 4-17 (a) 所示的快速与 H^+ 或有空价壳层的正性物种 Y^+ 结合的 Lewis 酸-碱反应；图 4-17 (b) 所示的与二氧化碳生成羧酸盐。虽然碳负离子的重排不如碳正离子或自由基容易进行，但仍有如图 4-17 (c) 所示的 Wittig 重排及 Stevens 重排，并生成一个更稳定碳负离子的反应。如图 4-17 (d) 所示的进攻中性底物中带电正性部位的亲核取代反应或各类加成、缩合反应，及如图 4-17 (e) 所示的被分子氧氧化或生成自由基也是碳负离子的几个特征反应。

4.2.4 碳负离子和互变异构

互变异构 (taotomerism) 指同分异构体之间可逆性的相互转变。这种异构在许多条件下均能发生，表现在电子分布的改变和一个流动的原子 (团) 在分子中的位置有改变。如图 4-18 所示的酸或碱催化下硝基甲烷的硝基式(**29**) 与假酸式(**30**) 及乙酰乙酸乙酯的酮式(**31**) 与烯醇式(**32**) 的互变。许多互变异构中可移动的原子是氢，故又称质子迁移。

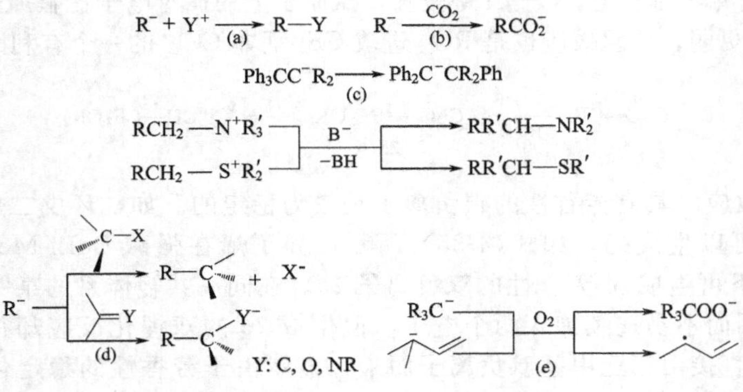

$$R^- + Y^+ \xrightarrow{(a)} R-Y \qquad R^- \xrightarrow[(b)]{CO_2} RCO_2^-$$

$$Ph_3CC^-R_2 \xrightarrow{(c)} Ph_2C^-CR_2Ph$$

$$RCH_2-N^+R_3' ,\ RCH_2-S^+R_2' \xrightarrow[-BH]{B^-} RR'CH-NR_2' ,\ RR'CH-SR'$$

(d) Y: C, O, NR　(e)

图 4-17 碳负离子的几个反应模式

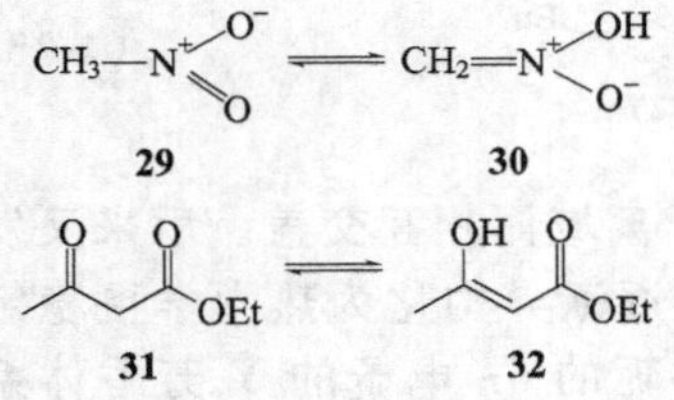

29　30　31　32

图 4-18 硝基甲烷和乙酰乙酸乙酯的互变异构

利用同位素标记的溶剂和立体化学等方法对质子迁移过程的研究发现，该过程主要存在两种极限机理。[54]第一种过程是一个如图 4-19 所示的单分子互变异构过程。质子的离去和再接受是两步分开的过程，分子先失去质子生成一个碳负离子中间体，而后再接受质子。这个机理是分子间的反应。如，**33** 和 **35** 之间的互变过程是经由如 **34** 那样一个离域的碳负离子而进行的。**34** 表达简捷是一大优点，但未能指出负电荷落在 Y 还是 C 上更多一点，故也不能让人满意。运用共振结构式能突出一定条件下分子结构变化中的状况，并可借此分析反应性能和反应方向。

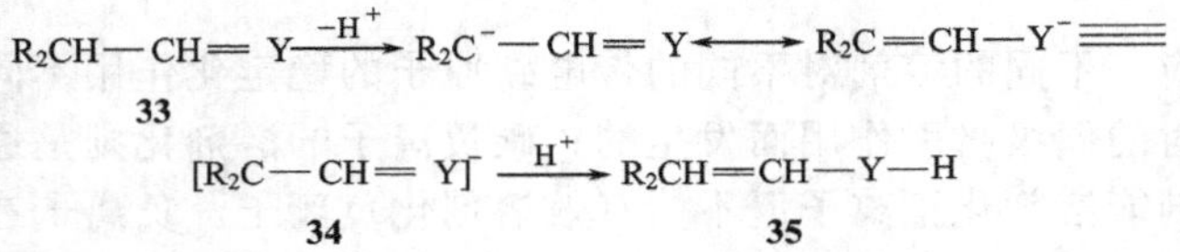

$$\underset{\mathbf{33}}{R_2CH-CH=Y} \xrightarrow{-H^+} R_2C^- -CH=Y \longleftrightarrow R_2C=CH-Y^- \equiv$$

$$\underset{\mathbf{34}}{[R_2C-CH=Y]^-} \xrightarrow{H^+} \underset{\mathbf{35}}{R_2CH=CH-Y-H}$$

图 4-19 单分子互变异构过程

第二种情况是一个如图 4-20 所示的双分子互变异构过程，质子的离去和再接受是协同发生的。这个机理是分子内的反应，反应过程中并不产生碳负离子中间体。

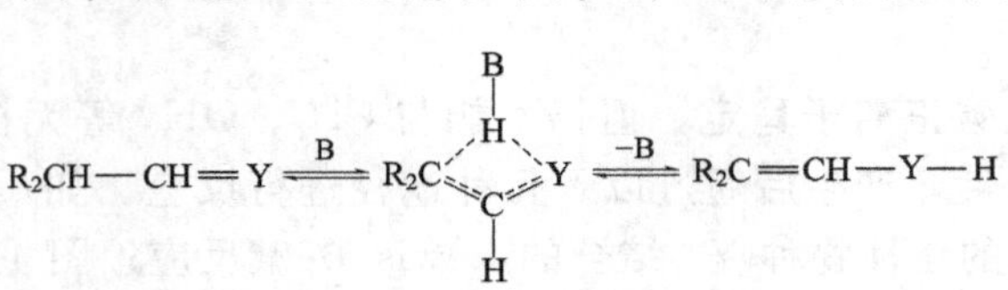

$$R_2CH-CH=Y \xrightarrow{B} [\text{B}\cdots\text{H}\cdots\text{Y},\ R_2C\cdots C(H)] \xrightarrow{-B} R_2C=CH-Y-H$$

图 4-20 双分子互变异构过程

化合物的酸性愈强，产生的碳负离子愈稳定，在质子迁移过程中涉及碳负离子中间体的概率愈大。许多化合物如 β-二酮、β-酮酯、脂肪族硝基化合物等均较易发生分子间的单分子互变异构历程的质子迁移反应。互变异构体尽管容易相互转化，但各是截然不同的两个化合物，也能够作为纯的形式得到分离。如，乙酰乙酸乙酯有酮式和烯醇式的互变异构平衡，红外光谱上可以看到 **31** 中的酮羰基峰($1718cm^{-1}$)、酯羰基峰($1742cm^{-1}$) 和 **32** 中的酯羰基峰($1650cm^{-1}$)、烯醇峰($3000cm^{-1}$)；^1H NMR 谱中可以看到 **31** 中的亚甲基氢(δ 3.5) 和 **32** 中的烯基氢(δ 6.0) 及烯醇氢(δ 12)，利用积分值可以定量判别它们的比例。[55]

36 和 **38** 之间的互变异构是在分子内发生质子转移的一个反应。**36** 的光学活性消失的速率和互变异构的速率是相同的，反应若在 D_2O 中进行并无氘代产物，反映出反应经过如 **37** 所示的桥式过渡态而没有碳负离子中间体生成。

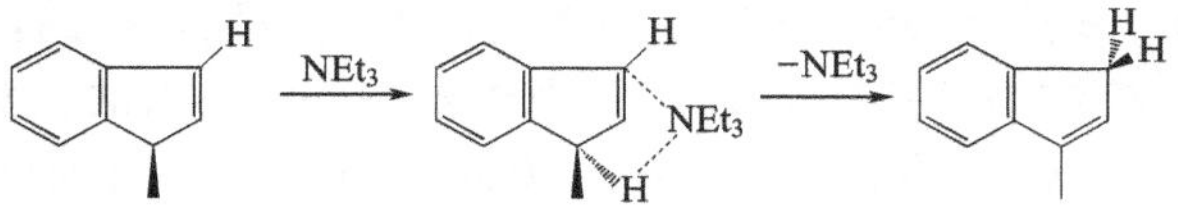

36 **37** **38**

也有不少质子迁移过程同时兼有分子内和分子间的反应。反应历程在很大程度上与所用催化剂酸或碱的种类及溶剂类型有关。涉及质子迁移的互变异构还包括酚式-酮式、羟肟-亚硝基、亚胺-烯胺及环-开链等几种。

目前对碳负离子的研究主要集中在 4 个方面。一是手性碳负离子的生成及其在不对称反应中的应用；二是碳负离子的盐及其凝聚态的结构和反应性问题，这将为更好地控制碳负离子的反应打好基础；[56]三是气相中的碳负离子问题，在去除了溶剂效应和配对离子的影响后可更好地了解碳负离子的稳定性和反应性的内在因素；[57]四是碳负离子在生物化学中的反应和作用问题。[58]与双碳正离子相似，双碳负离子的研究也不断有新的成果出现。[59]

4.3 离子对

碳负离子有活泼和稳定之分，前者出现于碱性溶液中，广泛存在于 H/D 交换、E1CB 消除反应及 α-消除等反应中，后者则往往与金属和有机试剂以离子对（ions pair）的形式出现。当一对正、负离子相互接近所产生的静电吸引能量大于将它们孤立分离所需的能量时就会存在离子对。[60]

碳正离子或碳负离子都不可能在溶液中自由存在，它们各与反离子组成离子对或发生溶剂化。[61]溶剂、浓度、温度、压力、反离子和附加物的存在与否都能对离子对的生成及其形式产生影响。如，在 THF 中，9-芴基钠（**1**）在 −80℃ 形成紧密离子对［intimate（tight）ions pair］，其 UV 谱在 355nm；室温时 UV 位移到 371nm 成为溶剂隔开的离子对（sovent separated ions pair），但溶液无明显的导电性，说明仍无游离碳负离子存在。[62]根据 Winstein 所提出的离子对学说，中性物质 R-L（**2**）在极性溶剂中先后成为紧密离子对（**3**）、溶剂分隔的离子对（**4**）和游离的离子（free ions）。**2** 在溶液中形成溶剂化分子。在溶剂笼中电离时先形成 **3**,**3** 中的 R^+ 和离去基 L^- 之间已经不存在共价键，靠静电引力紧密地挨在一起并作为一个整体被溶剂化，并无溶剂分子将它们隔开。**3** 可接着进一步生成 **4**，这个过程主要依赖于溶剂对正离子溶剂化的能力，能力越大该过程也越快。**4** 中的 R^+ 和 L^- 之间一般是被一个溶剂分子隔开，同时仍作为一个整体被溶剂化。**4** 可接着再离解（dissociation）生成各自独立被溶剂化的自由离子 R^+ 和 L^-。上述过程中，从 **2** 到 **3** 称离子化（ionization），**4** 离解为自由离子，离子化和离解的含义是不同的，但它们的逆过程都称返回（return），如图 4-21 所示。

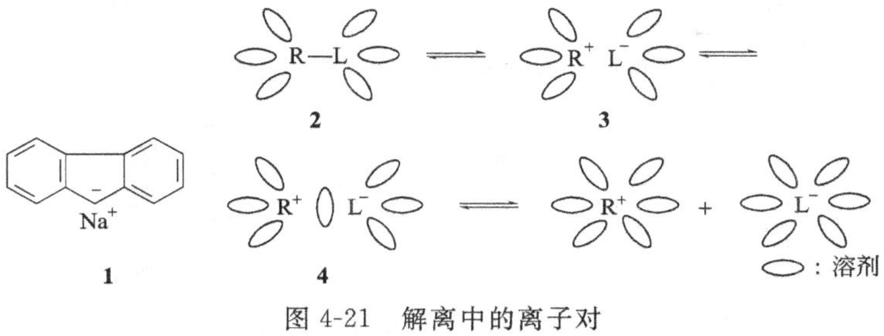

R—L ⇌ R⁺ L⁻ ⇌

2 **3**

Na⁺ R⁺ ( ) L⁻ ⇌ R⁺ + L⁻

1 **4** ⬭：溶剂

图 4-21 解离中的离子对

在某个反应中，哪一种形式的离子对起主导作用，取决于底物分子的结构及溶剂极性。若碳正离子的稳定性足够大，则易于成为**4**和与负离子平衡的自由正离子 R^+，离解能力强的溶剂也有利于这两者。若碳正离子的稳定性差而溶剂又是强亲核的，则在**2**或**3**时就会发生反应，溶剂或外来亲核试剂都只能从 L 的背面进攻 R^+，产物的构型反转，为 S_N2 过程；溶剂或外来亲核试剂可从 R^+ 的两面进攻**4**，产物的构型仅部分出现反转，大部出现外消旋化，为混合的 S_N1 和 S_N2 过程；自由正离子反应时则完全得到外消旋化产品，为 S_N1 过程。

碳负离子在加成反应和亲核取代反应中的活性也依赖于离子对的状态。如在 THF 溶液中，二苯乙醇型负离子以锂作为反离子比以钠作为反离子对 C═C 双键进行加成的反应快；而在二氧六环溶液中的反应活性正相反。这可能是由于相对二氧六环而言，THF 是一种能使体积小的正离子更好溶剂化的溶剂，有利于**3**向**4**的转化。可以预期，在紧密离子对**3**中，正离子越大越有利电离和离解的过程。又如在 β-二酮的碱金属盐与碘甲烷进行的亲核取代反应中，甲基化的速率也与各种反离子有关，加入冠醚这样的正离子络合剂，使 β-羟基烯醇烷基化速率增加，氧烷基化产物也由 9%增加到 50%。这些实验结果都说明反应是通过碳负离子进行的。[63] 如式(4-37) 所示，3-氯-3-甲基丁烯（**5**）乙酸离解时除得到溶剂解产物**6**外，还有重排异构体产物**7**。但在溶剂中添加 Cl^- 对产物分布并未产生影响，这说明**5**离解后的离子并未离开烯丙基体系，Cl^- 在分子内部发生转移。[64]

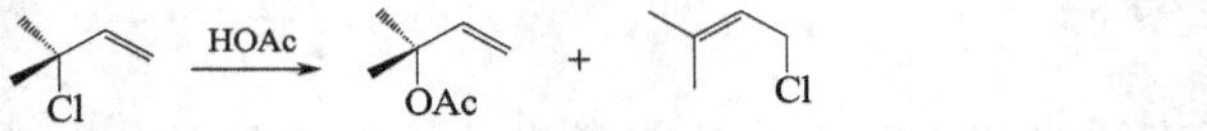

(4-37)

对映纯的对硝基苯甲酸-1,3-二甲基烯丙酯（**8**）在水-丙酮溶液中的消旋化速率比溶剂化速率快 5 倍，加入同离子盐并不影响反应速率，外加的标记对硝基苯甲酸也不参与反应，这表明如式(4-38) 所示的反应是经过离子对而非自由离子进行的。[65]

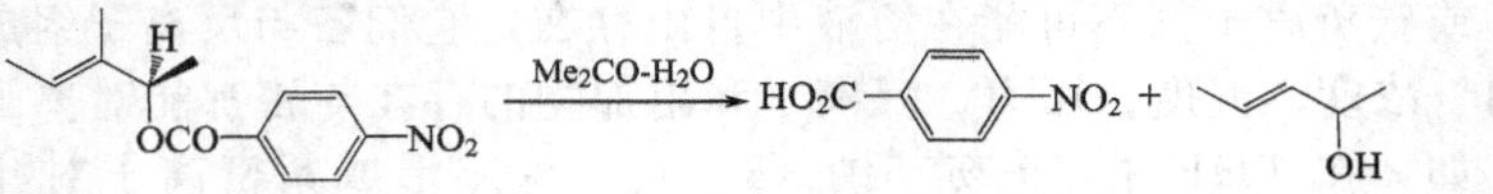

(4-38)

溶液中加入可溶性盐会产生溶液极性得到增加的盐效应。式(4-37) 所示的溶剂解反应中若加入 Cl^- 有利逆反应而降低溶剂解反应速率，称为同离子效应。但此时由于体系的离子强度增加又会加快溶剂解反应速率而产生与同离子效应相反的效应。此种影响在非同离子盐的影响下更易观察，又称特殊的盐效应。[66] 对于一些高度可逆的反应，加入惰性盐的负离子从离子对中置换出底物的离去基团并生成新的离子对，后者不可逆地生成产物，实际上抑制了离子对返回，使产物的生成速率更接近测定的电离速率，这也是检验离子对是否存在的一个重要方法。

如图 4-22 所示，L-对溴苯磺酸-3-对甲氧苯基-2-丁酯（ROBs，**9**）乙酸解的溶液中加入非亲核性的高氯酸盐可以提高离解速率。这即是由于高氯酸根离子能够与溶剂隔开的离子对**11**作用，使**11**回到紧密离子对**10**的可逆反应受到影响，结果生成了溶剂隔开的高氯酸根

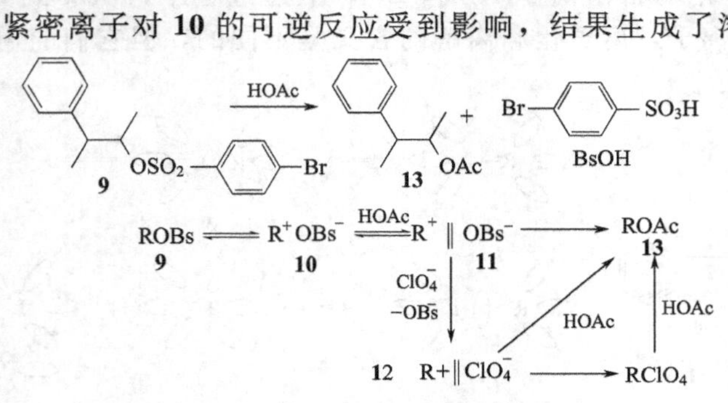

图 4-22　ROBs 的乙酸解反应

离子对**12**。由**12**可直接产生溶剂解产物乙酸酯（ROAc，**13**），或生成高氯酸酯后再受到溶剂进攻也得到**13**。[67]

两个经过同一中间体的反应产物应该是相同的，利用这一原理也可以来检测是否有自由离子存在。如果反应生成了自由的叔丁基正离子，即离去基团对叔丁基正离子无作用的话，后续的取代反应或得到消除产物的比例是一定的，如式(4-39) 所示：

$$(CH_3)_3C—X \xrightarrow{-X^-} (CH_3)_3C^+ \xrightarrow{溶剂(SOH)} (CH_3)_3C—OS + \succ\!= \quad (4\text{-}39)$$

不同的叔卤代物在一些溶剂体系中的溶剂解反应的产物分布如表 4-2 所示。结果表明，由于水的溶剂化离子的能力最强，体系中主要以自由离子存在，产物分布确实与离去基团无多大关系。但在溶剂化能力相对较弱的乙醇或乙酸溶剂中，产物分布与离去基团相关，这表明此时自由离子存在不多，离去基团和叔丁基正离子有缔合，故能够影响碳正离子的反应性质。

表 4-2　叔丁基卤代物在水、乙酸和乙醇中溶剂解时生成烯烃产物的比例　单位：%

项目	H_2O	HOAc	C_2H_5OH
^{t}BuCl	6.6	73	44
^{t}BuBr	6.0	69	36
^{t}BuI	6.0		33

碳负离子从质子性溶剂中夺取质子的反应表明，离子对比自由离子更易与质子供体反应。不同的碱金属离子对中，钠离子对最快，锂离子对反应最慢，很可能前者是溶剂隔开的，后者是紧密的离子对结构。溶剂隔开的离子对有利于质子的转移。碳负离子和金属之间形成的极性共价键如 RLi 和 R_2Mg 等是最常见的，在不同的溶剂和浓度及各种温度下它们的结构都不一样。如 RLi 在烃类溶剂中常以六聚体和四聚体存在（参见 7.2.3）。聚合度受到各种因素影响，烷基的体积大或负电荷的离域化程度增加都会促使聚合度减小。溶剂的影响也不可忽视，电子给予体溶剂能降低聚合度。RLi 的反应性随聚合度的降低而增大，外加的电子供体也有同样效果，因为它们同样能促进离子对分离并增加碳负离子的反应活性。如在烷基锂的反应中加入 *N*,*N*,*N'*,*N'*-四甲基乙二胺（TMEDA）对反应有很强的促进作用。该叔胺能与锂螯合，使烷基负离子更活泼。

用脉冲辐射的方法将电子与汞化物作用可放出自由的碳负离子，如式(4-40) 所示：

$$(ArCH_2)_2Hg \xrightarrow{e} ArCH_2^- + ArCH_2Hg \quad (4\text{-}40)$$

4.4　离子液体

离子化合物在常温时由于有较强的离子键存在而以固态形式存在，它们的熔点都很高。离子液体（ionic liquid，IL）则是近年来发现的常温呈液态的有机离子化合物。[68]与无机盐不同，离子液体中只有正离子和负离子而无分子，正离子常为非球形结构的、缺少对称性的有机离子，体积往往较大而难以致密堆积，使离子间静电引力和晶格能极小，但仍比普通溶剂分子间的作用力大，故不易挥发。晶体结构无序是离子液体在常温下呈液态的主要原因。常见的离子液体根据正离子的不同可分为咪唑盐、吡啶盐、季铵(𬭸)盐、锍盐和胍盐等离子液体。负离子有各种形式，如卤素、BF_4^-、PF_6^-、AcO^-、$CF_3CO_2^-$（TFA）、$CF_3SO_3^-$（TfO）和 $(CF_3SO_2)_2N^-$（Tf_2N）等。其命名通常取正离子母体中两个取代基团英文名称的第一个字母组合母体英文名称前两个字母而成。如[emim][BF_4^-]（**1**）和[pmim][TFA]（**2**）。

根据组分的不同可得到物理性质不同的各种离子液体，熔点为－96～200℃，有亲水性的、疏水性的和酸碱性强弱不一的，等等。熔点和熔程是离子液体的重要物理性质。不同正、负离子组合成的离子液体的熔点和熔程差别很大。这与离子的种类、大小、离域作用、氢键及结构的对称性等都有关系。一般可以看到的是，正离子的体积大、电荷离域广、对称性差及负离子的体积大等因素都能使离子液体的熔点降低。**3** 这类离子液体的正离子端头和碳链的尾端组合成的结构如同细胞膜脂质一样，在正离子侧链引入不饱和双键能使熔点明显下降，反式比顺式更有效。[69]

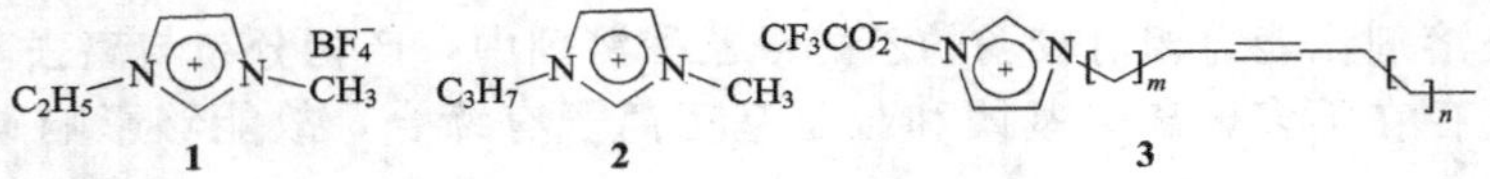

C_2H_5—N⊕N—CH_3 BF_4^-　　C_3H_7—N⊕N—CH_3　　$CF_3CO_2^-$—N⊕N—$(CH_2)_m$—CH=CH—$(CH_2)_n$—

1　　**2**　　**3**

离子液体的极性与甲醇接近，但黏度大。有机溶剂的黏度（mPa·s）在 0.24（Et_2O）～2.24（DMSO）之间，离子液体的黏度受范氏作用力、氢键、负离子的体积和对称性等影响，在 28（[emim][Tf_2N]）～233（[bmim][BF_4^-]）之间。加入有机溶剂或升高温度均可有效降低离子液体的黏度。所有的离子液体都有吸潮性。负离子的结构对离子液体的溶解性影响很大。如，[bmim][Cl^-]可溶于水，而[bmim][PF_6^-]与水是分层的。故不同的离子液体可分别用作有机反应的溶剂或萃取剂。离子液体能溶解有机化合物和过渡金属催化剂，但不会溶解玻璃和金属，故能安全地在这些器皿中使用。它们几乎无蒸气压，不燃烧，化学稳定性好而又价格低廉。离子液体作为有机溶剂易于回收再利用是其另一个突出的优点，广泛用于各种绿色的催化工艺过程。在离子液体中可进行不对称催化反应、酶促反应和生物转移反应，手性离子液体则创造了一个新的手性环境。[70] 以离子液体为溶剂进行的许多有机反应的结果都表明，反应速率提高的同时，产物分离容易，选择性和产率也都很好，且不会产生一些非质子极性溶剂难以回收造成的环境污染问题。同样的底物在不同的离子液体介质中反应也会产生不同的结果。

离子液体又称设计者的溶剂，通过进行合理的阴阳离子设计并引入不同的官能团可以改变离子液体的相对密度、亲水性和疏水性、电导率、酸性、吸附性及配位等理化性质。各种离子液体的混合物也会产生新的功能。[71] 功能化离子液体作为反应介质或催化剂可使反应达到意想不到的效果，在电化学、核化学、有机合成反应及工艺和材料、环境、生命科学等领域都已有研究和应用。[72] 如，一般家用温度计用的是酒精，乙醇的液态范围在－114.5～78℃，不够宽，故科学实验常用水银温度计；汞的液态范围是－38.8～356.6℃，但众所周知，汞是有毒的。科学家们发现由两个离子液体组成的一个呈红色混合离子液体的液态范围可达－50～300℃，可用于温度计。

离子液体的开发是化学科学富含创造性的一个成功范例，再次说明化学学科具有得到自然界所没有的、性能独特的各种物质的巨大能动性。

4.5 自由基

自由基（free radical）又称游离基，是形式电荷为零的具有单个或多个未配对电子的中性原子（团）或分子。[73] 如 Na、Cl 等许多原子及如 NO、NO_2 等分子都有未配对的单电子，基态氧分子有两个未配对的单电子而呈双自由基结构。自由基的 HOMO 上有一个未成对电子，故该轨道又称半占轨道（semioccupied MO，SOMO）或单占轨道（singlyoccupied MO，SOMO）。

4.5.1 构型

自由基也有如碳正（负）离子那样5种可能的杂化形式**1**～**5**，如图4-23所示。三配位碳自由基有7个电子，它也有两个可能的构型，伯烷基自由基中心碳原子的构型可取p-sp^2或sp^3-sp^3或两者之间。如，甲基自由基是平面或近乎平面状的，取p-sp^2构型（**1**），未配对孤单电子占有空的p轨道。此p轨道与sp^2轨道垂直，此种结构的自由基是非手性的，称π自由基。叔丁基自由基的结构则是角锥形的，取sp^3-sp^3构型（**2**），未配对单电子占有空的sp^3轨道，称σ自由基。自由基取何种构型与取代基有关，如，吸电子取代基有利于角锥形的构型；与不饱和基相连的自由基碳原子多取平面的p-sp^2构型（**1**）而能实现电荷的离域而取得一定的稳定性。但**1**和**2**两种构型的能量相差不大。Herzberg因用真空紫外分光光谱方法对甲基一类自由基的结构特征所做出的杰出贡献并大大有助于对光化学机理的理解而荣获1971年度诺贝尔化学奖。

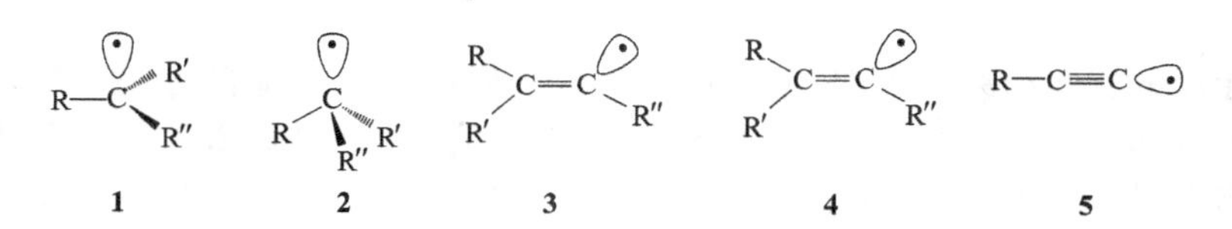

图4-23 碳自由基的5种形式

如式(4-41)所示的4种过氧酸叔丁酯（**6**）发生热分解反应的动力学研究表明，相对反应速率随烷基（R）的不同而不同且有下列倾向：叔丁基＞金刚烷基＞1-双环[2.2.2]辛基＞1-双环[2.2.1]庚基。如果两个键断裂的反应是按协同形式进行，则可以把生成自由基的相对速率看成是自由基的相对稳定性大小的反映。故该实验结果表明，倾向于平面排列的烷基自由基是更稳定的。[74]

$$\mathbf{6}\ \xrightarrow{\triangle}\ R\cdot + CO_2 + (CH_3)_3CO\cdot \tag{4-41}$$

如图4-24所示，反-1-十氢化萘过氧甲酸叔丁酯（**7**）和其顺式异构体（**8**）在氧存在下分解，再经锂铝氢还原得到醇。反式原料得到的顺/反式醇的比例与氧的浓度无关，反-1-萘醇（**12**）为主要产物，但从**8**出发得到的顺/反式醇的比例与氧的浓度有关，氧压越高，顺-1-萘醇（**13**）的比例越大。从结构上可以看出，由7得到的中间体反-十氢萘基自由基（**9**）

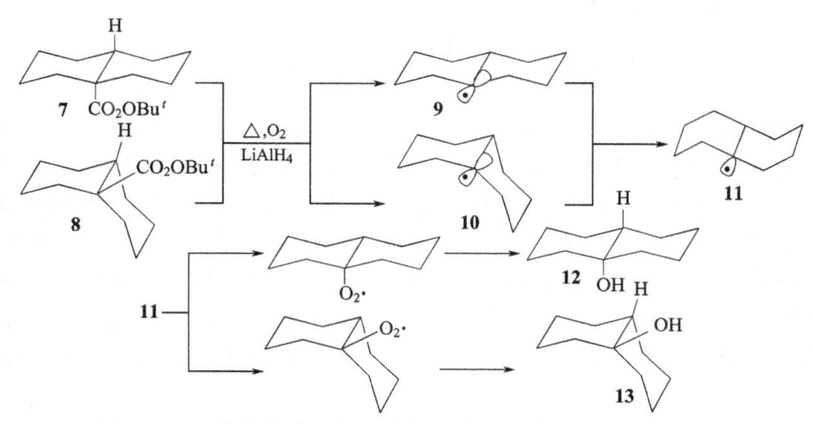

图4-24 1-十氢化萘过氧甲酸叔丁酯在氧存在下的还原反应

的结构只要少许扭曲就可转变为平面构象的1-十氢萘自由基（**11**），但从**8**得到的中间体顺式十氢萘基自由基（**10**）要转变为**11**时需有一个椅式环翻转的过程。这一过程相对于高浓度氧与自由基反应要慢，故而生成的顺式醇在高浓度氧存在时是主要产品。当氧的浓度不高时它有足够的时间改变构象。这一实验结果也反映出平面构形的**11**要相对稳定一点。[75]

如式(4-42)所示，取代叔丁基次氯酸（**14**）受热分解发生碎片化，在环已烯存在下有两条反应途径，或是得到氯化物，或是得到3-氯环已烯。两个产物的比例实际上反映离解出的各种不同自由基的稳定性的相对大小，自由基越稳定越容易生成，产物中氯代烷的比例也越多。[76]用该法得出自由基相对稳定性次序是异丙基＞乙基＞1-降冰片基～甲基，表明角锥形自由基相对不够稳定。

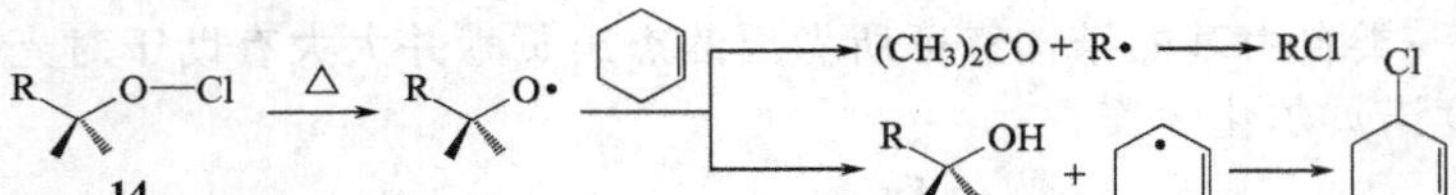

$$(CH_3)_2CO + R\cdot \longrightarrow RCl \quad (4\text{-}42)$$

14

但也有相反的实验结果，如式(4-43)所示，从醛得到的酰基自由基（**15**）与四氯化碳反应可生成酰氯和氯代烷。当**15**中的R分别是叔丁基、1-双环［2.2.2］-辛基和1-金刚烷基时，两产物RCl/RCOCl之比分别为12.3、15.2和30.5。氯代烷RCl的比例越大，表明其越容易形成。故反应结果反映出角锥形自由基的稳定性又大一点，也较容易形成。故自由基的结构不像碳正离子或碳负离子那样有一个主要的构型。简单烷基自由基接近于平面，如叔丁基自由基等复杂的烷基或烯基取代的自由基大多都具有一个快速反转的角锥形结构，故双环桥头位置的自由基也是可以存在的。[77]

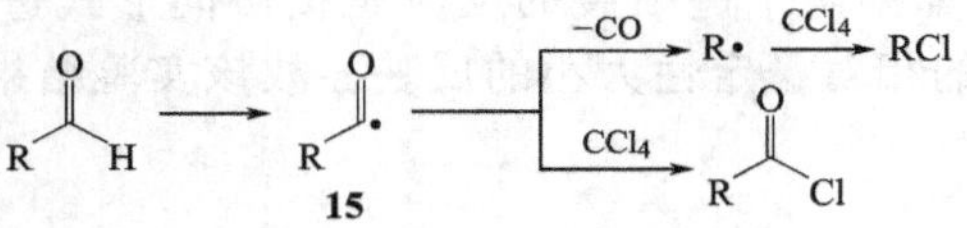

$$R\cdot \xrightarrow{CCl_4} RCl \quad (4\text{-}43)$$

15

4.5.2 产生

σ键异裂产生荷电的离子，均裂即产生中性的单电子自由基。除σ键的均裂外，自由基还可来自π键的光激发和单电子的氧化还原反应。20世纪初，Gomberg用纯银处理三苯甲基溴得到一个白色固体，该固体溶于醚中渐呈黄色，振荡并和空气接触后黄色消失（分解出三苯甲基自由基），放置一段时间又出现黄色（自由基二聚），反应如式(4-44)所示。Gomberg对此进行了解释并首次提出了碳可以不取四价及自由基存在的建议，从而大大促进了三价碳离子和自由基概念的发展。

$$Ph_3CBr \xrightarrow{Ag} Ph_3C\cdot \xrightarrow[O_2]{Ph_3C\cdot} Ph_3C{-}O{-}O{-}CPh_3 \quad (4\text{-}44)$$

三苯甲基自由基比一般的自由基稳定得多，但仍易于发生二聚反应。该二聚反应及二聚产物六苯乙烷的可逆均裂反应在很长一段时期内一直被认为是以如式(4-45)所示的方式进行的。实际上三苯甲基自由基的位阻很大也很难接近成键，苄基碳之间偶联是不行的。UV、NMR光谱表明，二聚产物醌式环已二烯衍生物（**16**）是由一个三苯甲基自由基以较小的空间要求与另一个自由基中苯基的对位碳自由基偶联生成的。**16**中的C—C单键长达0.167nm，远大于正常C—C单键的键长；在^1H NMR上可以看到三组峰，分别是苯环上的峰（δ6.8～7.4）、环已二烯基的峰（δ5.8～6.4）和烯丙基上的峰（δ5.0）。**16**在强碱作用下可转化为**17**。[78]

$$2Ph_3C\cdot \rightleftharpoons Ph_3C-CPh_3$$

$$Ph_3C\cdot + H-C_6H_5{=}CPh_2 \longrightarrow \underset{\mathbf{16}}{Ph_3C(H)C_6H_4{=}CPh_2} \xrightarrow{^tBuOK} \underset{\mathbf{17}}{Ph_3C-C_6H_4-CHPh_2} \tag{4-45}$$

三苯甲基自由基中 3 个苯环的邻位氢之间存在较大的位阻效应而不能取平面形结构，3 个苯环相对于由 3 根 σ 键组成的平面扭转成一定角度成为螺旋桨状。但此扭转并不影响 π 键之间的相互重叠。邻位二甲基取代的三苯甲基自由基偏离平面的角度更大。若将邻位基团用醚氧键连接起来消除掉邻位氢的位阻效应后，可使该自由基成为稳定的平面形结构。[79]

20 世纪 20 年代末，Peneth 通过热解四甲基铅和四乙基铅得到烷基自由基存在的实验证明，如式(4-46) 的两个反应所示。他在减压下将四甲基铅的蒸气通过一根石英玻璃管，在某处加热可出现铅镜，这是四甲基铅裂解成甲基自由基的反应。若在该处前方约 30cm 处加热，亦会出现铅镜，但是原先生成的铅镜消失，实际上此时铅又和甲基自由基反应生成四甲基铅。但若在离铅镜 30cm 更远的前方加热，则原先已出现的铅镜不会再消失了，因为此时裂解产生的甲基自由基在到达该铅镜前已经自身二聚为乙烷。如果在某处先建立锌镜，同样在其前方加热四甲基铅也可看到锌镜消失并检测到二甲基锌生成。这些实验充分说明了反应过程中甲基自由基的生成及其反应性质。根据气体流速、两端距离及金属镜消失所需时间可以测量出甲基自由基的半衰期约为 6×10^{-3}s。

$$Me_4Pb \underset{-Pb}{\overset{\triangle}{\rightleftharpoons}} CH_3\cdot \begin{cases} \xrightarrow{CH_3\cdot} CH_3-CH_3 \\ \xrightarrow{Zn} Me_2Zn \end{cases} \tag{4-46}$$

高温下分子中的许多键都会裂解产生活性很大而难以控制的自由基，称键的热解反应。某些弱键，如 X_2、N—O 键或有张力的 σ 键等都易受热发生均裂而生成自由基。[80]通过热解（40～150℃）生成有用自由基的化合物主要包括如上面提到的 Pb、Hg、Mg、Na 等金属化合物及偶氮和过氧化合物三大类。如式(4-47) 的两个反应所示，偶氮化合物受热易放出稳定的 N_2，生成的自由基越稳定，活性越差，热解所需温度也越低。偶氮双异丁腈（AIBN）是最常用的偶氮类自由基引发剂，其热解温度在适于许多反应所用的 80～85℃，分解速率受溶剂的影响较小且几乎无其他副反应。叔丁基过氧化物和过氧化苯甲酰物是最常用的过氧类自由基引发剂，其他过氧化物一般都有爆炸性，故常在稀溶液环境下使用。H_2O_2 和 ROOH 因羟基自由基的内能极高而都不能用作自由基引发剂。

$$R-N{=}N-R \xrightarrow[-N_2]{\triangle} 2R\cdot$$

$$PhC(O)O-OC(O)Ph \xrightarrow[70℃]{\triangle} 2PhCO_2\cdot \xrightarrow{-CO_2} 2Ph \tag{4-47}$$

如式(4-48) 的两个反应所示，光解也是生成自由基的常用方法，如，重氮甲烷光解生成三线态卡宾（参见 4.7.1）。光解法比热解法有更好的专一性，生成速率也较易通过调节光的强度及底物的浓度得到控制。根据键能适当调节光源和波长，即使在低温下也可产生所需的自由基。[81]羰基或烯基的 π 键受激后都可产生自由基，光化学反应实际上也就是自由基反应（参见第 6 章）。

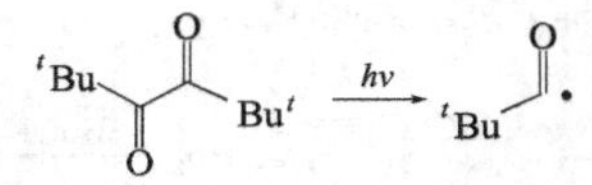

$$ {}^{t}Bu\text{-}CO\text{-}CO\text{-}Bu^{t} \xrightarrow{h\nu} {}^{t}Bu\text{-}C(O)\cdot \qquad (4\text{-}48)$$

$$CH_3CO_2^- \xrightarrow{-e} CH_3CO_2\cdot \xrightarrow{-CO_2} CH_3\cdot$$

电解提供了一个连续产生自由基和离子基的方法，也是一个在电极上进行的氧化还原反应。共价键经单电子氧化还原生成离子自由基后再发生键的断裂，也给出自由基（参见 4.6 和 9.3.3），称单电子氧化还原法。如式(4-49) 的 3 个反应所示，过渡金属离子的高价态有氧化性，低价态有还原性，进行氧化还原反应时一般只需较低能量，故能在室温甚至更低的温度下产生作用。此类合成反应中氧化比还原更常见。著名的 Fenton 试剂就是 Fe^{2+} 和 H_2O_2 的混合液。醌及 $Mn(OAc)_3$、$Pb(OAc)_4$ 和 8 $(NH_4)_2Ce(NO_3)_6$ 等都是常用的能引发自由基的金属氧化剂。[82]

$$H_2O_2 \xrightarrow{Fe^{2+}} Fe^{3+} + OH^- + HO\cdot$$

$$PhCO_2OC(CH_3)_3 \xrightarrow{Cu^+} Cu^{2+} + PhCO_2^- + (CH_3)_3CO\cdot$$

$$RCO_2^- \xrightarrow{Ce^{4+}} Ce^{3+} + RCO_2\cdot \qquad (4\text{-}49)$$

不同的引发剂产生自由基的能力不同，其用量与所需反应及环境相关，一般总是越少越好。

4.5.3 相对稳定性

自由基与碳正离子一样都是缺电子物种，干扰碳正离子稳定性的因素对碳自由基也有同样的影响。但碳自由基有 7 个价电子，碳正离子仅有 6 个价电子，烷基自由基的能量较烷基碳正离子低；芳基和伯碳正离子是不易存在的，但芳基和伯碳自由基是常见的。相对而言，自由基对如溶剂、氢键、配对物种等周围环境的影响不如正离子或负离子那么敏感，用热力学数据来预测自由基的稳定性和反应活性也较可靠。[83]

R—H 键的离解能（BDE，参见 1.6.4）可用来衡量自由基的相对稳定性，如图 4-25 所示。BDE 值愈大，形成的自由基愈不稳定。[84]可以看出，易于形成自由基的次序是烯丙基＞苄基＞叔基＞仲基＞伯基，醛基均裂失去一个氢原子也相对较易；芳环、烯基、醇羟基均裂失去一个氢原子生成自由基的反应相对较难，故在中性的自由基反应中羟基基团一般是无需保护的。

$$R\text{—}H \longrightarrow R\cdot + H\cdot \quad H^0 = BDE$$

R	Ph	EtO	CH_3	Me	Et	^{i}Pr	^{t}Bu	$PhCH_2$	CH_2═$CHCH_2$	$CH_3C(O)$
BDE	470	462	454	441	412	399	386	370	365	365

图 4-25 298K 下 RH 均裂生成 R· 的离解能（BDE，kJ/mol）

比较如表 4-3 所示的几个不同类型 C—Cl 键的离解能（BDE）和异裂能可以看出，离解

表 4-3 几个不同类型 C—Cl 键的离解能（BDE）和异裂能（$D_{异裂}$） 单位：kJ/mol

氯代烃	BDE(R—Cl ⟶ R·+Cl·)	$D_{异裂}$(R—Cl ⟶ R^+ + Cl^-)
CH_3—Cl	352	950
C_2H_5—Cl	339	799
$(CH_3)_2CH$—Cl	339	711
CH_2═$CHCH_2$—Cl	250	724
$C_6H_5CH_2$—Cl	285	695

比异裂所需的能量要少，即从氯代烷产生自由基比碳正离子容易。另外可以看出不同取代基的自由基之间的能量差异比碳正离子之间的要小一点。碳正离子发生重排反应的选择性也比自由基发生重排反应的选择性要好。

为数不多的一些自由基有较长的生存期而不易发生二聚、歧化或其他自身猝灭过程。其中有些长寿命自由基（persistent free radical）像正常的分子一样可存在于一般的温度和压力环境下。如，三苯甲基自由基是相对稳定的，单电子可共轭分散到苯环上，每个苯环都能稳定自由基，但总的稳定化能不是一个苄基的稳定化能的 3 倍。其稳定性的另一个因素来自 3 个苯环对碳自由基中心的体积屏蔽效应。三(五氯苯基)自由基(**18**)在 300℃下都是稳定的；三(叔丁基甲基)自由基(**19**)因立体位阻可有效抑制二聚而在 25℃下的半衰期达 20min。**18** 和 **19** 都没有 β-H，故也不会发生歧化反应，与氧的反应在动力学上也是不利的。双叔丁基亚硝基（**20**）对氧是稳定的，可存在于 100℃环境下。

$(C_6Cl_5)_3C\cdot$ **18**　　$[(CH_3)_3C]_3CH_2\cdot$ **19**　　$^tBu_2N$–$O\cdot$ **20**

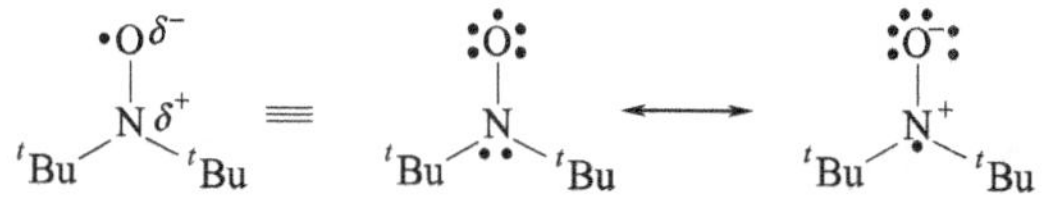

影响自由基稳定性的因素有如下几种。[85]

(1) 电负性　中性自由基是缺电性的，电负性小的自由基的能量也相对低一些。故同周期元素的稳定性次序为 $R_3C\cdot > R_2N\cdot > RO\cdot$；同族元素的稳定性次序为 $I\cdot > Br\cdot > Cl\cdot$。$HO\cdot$ 虽然在生物体系中常见，但内能很大；$H\cdot$ 的内能更大而极为少见。

(2) 诱导效应和共轭效应　由于超共轭效应的影响，烷基自由基的稳定性次序为叔＞仲＞伯，烯基和芳基自由基的稳定性相对较小。自由基无论与供或吸电子共轭体系（如烯键、苯基、羰基、硝基、氰基等）相连都可因孤对电子得以离域而稳定。和碳正离子相仿，与带孤对电子的氮、氧或氯等相连的碳自由基也是较稳定的。取代基对自由基稳定化能力的大小一般有如下次序：苯基～烯基＞羰基～氰基＞酯基＞烷基。

如图 4-26 所示，如 **21** 那样的自由基中心上同时存在着供电子和吸电子基团时，因共振效应增强使自由基的稳定性也得到增强，**22** 也是一个较稳定的自由基。此类效应称推-拉效应（push-pull effect，captodative effect）。[86]当双键上也有此结构时，往往使双键的单键特性增强，围绕双键旋转的能垒变小。当供电子基团（EDG）和吸电子基团（EWG）分别共存于双键两侧的同一碳上时，使烯烃的反应性变弱。

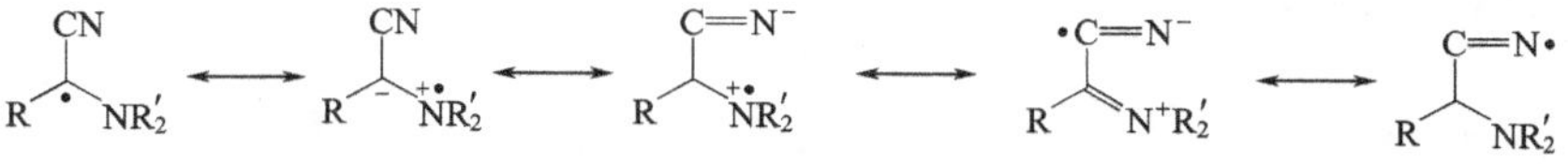

21 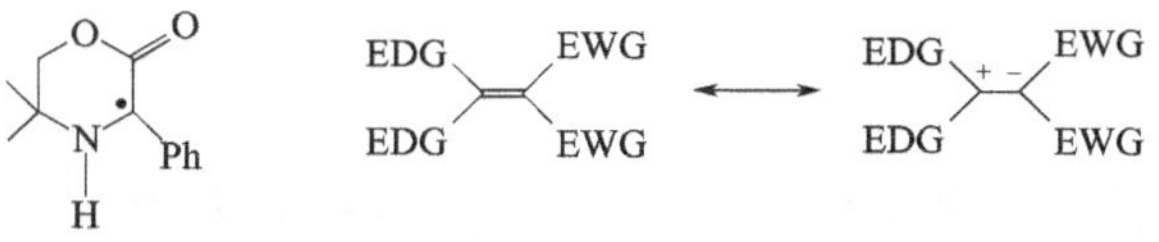　　**22**

图 4-26　具推-拉效应的几个分子

许多酚类化合物在冷的干醚中氧化可生成不稳定的酚氧自由基。2,4,6-三叔丁基苯氧自由基（**23**）中的单电子与苯环离域，又由于有较大的邻位叔丁基位阻效应而表现出有足够大的稳定性；它可以被真空蒸馏而离析，IR 上显示出 1660cm^{-1}的羰基吸收峰；能与不稳定的自由基结合生成稳定的分子而可用于自由基反应的猝灭剂或阻聚剂，但在一般条件下不会与有机化合物分子反应。紫色晶体 *N*,*N*-二苯基-*N*-苦味基肼基自由基（DPPH，**24**）是一个商业上可购得的产品，可用于测定食品中抗氧化添加剂清除自由基的能力（参见 4.5.10）。由于存在庞大的空间位阻和 3 个硝基的诱导影响，使 **24** 可以固体状态存在并保存数年不变；它仍能与碳自由基作用，但不发生二聚，和易与 NO 反应的一般氮自由基也不同。与 NO 相似，硝酰基（nitroxyl）化合物也是相当稳定的自由基分子，自由基中心可位于氮或氧中心上。如图 4-27 所示，2,2,6,6-四甲基六氢吡啶-4-氧代氧化氮自由基（**25**）可长期保存，甚至可以在分子中的其他部位发生格氏反应而不影响自由基，二聚则因生成很弱的 N—N、N—O 或 O—O 键而不易发生。[87]

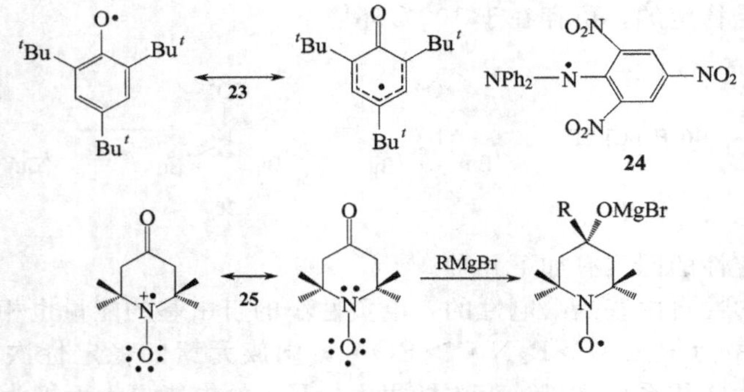

图 4-27　3 个稳定存在的自由基

（3）位阻效应　许多长寿命的自由基都有体积较大的取代基。叔碳自由基的稳定性之所以较大，除了超共轭电子效应外，空间因素也有一定作用。[88] 相对稳定的三苯甲基自由基也有较大的空间位阻因素。双叔丁基甲基自由基在低温（－30℃）无氧的稀溶液中是足够稳定的。

（4）溶剂效应　溶剂效应对自由基的影响不如对离子的那么大，但溶剂若能与自由基配位，则也会增加其稳定性且改变它们的反应性质。如式(4-50) 所示的反应在 CS_2 中反应，**26**：**27**＝106：1，而在苯中反应时，比值变为 49：1。2,3-二甲基丁烷与 Cl_2 在光照下发生自由基氯代反应，若无其他溶剂（即反应物本身为溶剂），叔氯取代物和伯氯取代物的比例为 4；若在苯中反应，比例增大到 10 以上，这是由于氯自由基可以与苯环形成配合物而稳定，也使反应选择性更大。

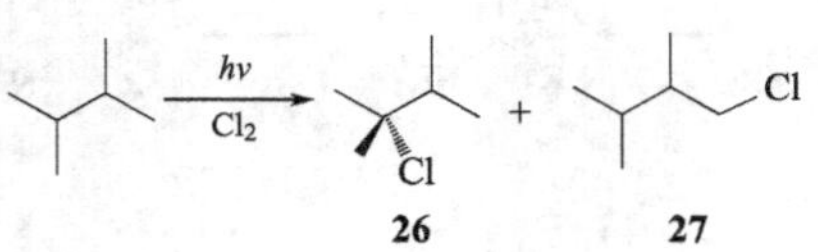

(4-50)

4.5.4　反应性

自由基是缺电子的但又是中性不带电的，单电子与供体或受体的 σ 电子或 π 电子都能反应。影响自由基反应性的主要因素是自由基的稳定性和极性，位阻效应和溶剂化效应的影响相对都较小。自由基一经生成即极易与其他分子或自由基反应以满足正常成对电子的成键需要，成键放出的能量是自由基反应的推动力。自由基反应一般有下面几个特点：反应常在光、热或自由基源的催化下发生，也能被氧气、酚、醌和胺等抑制剂减速或抑制，但很少受到酸碱性或相态的影响；羟基、氨基等官能团在自由基反应中一般无需保护；各种自由基的亲和性不同，故也能表现出一定的化学选择性和位置选择性，虽然芳环的自由基反应并不服从一般的定位规律。与离子型反应相比较，许多自由基反应是一个不可逆的放热过程且通常是动力学控制的反应，过渡态结构与底物相似，反应活化能一般不大，也不受在离子反应中会出现的配对反离子的影响，故常常在中性和较温和的反应条件下就能进行反应。自由基反应均有诱导期，诱导期后可产生链式反应，反应级数复杂，难以确定；自由基可快速地相互结合、进行分子内反应或分子间反应而形成另一个自由基；也可参与各类多组分反应。[89]

自由基反应总体上可分为自由基的转移和自由基的结合两大类。前者生成一个新的能与周围分子继续反应的自由基，后者则是两个自由基结合成键生成非自由基产物。反应类型包括对 π 键的加成；碎片化；对 σ 键的取代、结合、歧化、电子转移；接受亲核物种的进攻及失去一个基团（参见 9.3.3）等，前 3 类反应是较为常见的。自由基反应尽管易于引发且条件温和，但在相当一段时期内被认为缺乏良好的选择性和立体化学，又易于重排和碎片化而难有理想的产率。自 20 世纪 80 年代以来，这些不足已有明显改变，应用于有机合成的自由基反应越来越多，发现了不少有特征规律的自由基（disciplined radical）。[90]

自由基反应包括链反应和非链反应（nonchain reaction）两类机理，两者所用试剂和反应条件不同。需要如 O_2、RO—OR 或 AIBN 等引发剂来引发的通常都是链反应。光引发的加成或取代也是链反应过程，但光促的 Barton 反应和周环反应都是非链反应。个别链反应无需引发剂参与，如 R_3CI 稍受热就产生 C—I 键均裂而引发链反应。需要用到如金属一类化学计量的氧化还原试剂的反应和许多单分子重排或消除的光化学反应则都是非链反应。

4.5.5 链反应的一般特点

简称链反应的链转移反应（chain transfer reactions）是自由基最易进行的反应，也是自由基化学最大的特点。自由基链反应一般包括产生自由基的引发（initiation）、自由基和分子间发生反应的链增长（propagation）和自由基彼此结合或歧化导致自由基消失的链终止（termination）三步过程。链反应可分为两类：若自由基和一个带不饱和键的底物分子进行加成反应，生成的新自由基再与另一个带不饱和键的底物分子进行加成反应，并如此周而复始而能生成相对分子质量有规律地增长的产物的反应是聚合链加成反应。[91]链反应中的自由基经结合或歧化等反应被猝灭后链反应也就中止了。如式(4-51) 所示，聚氯乙烯（**28**）可通过聚合链反应来得到。在聚合链加成反应中，一个引发的自由基加到烯烃分子上产生一个新的自由基，这个新的自由基再加到另外一个烯烃分子上，如此一直发生链增长直到终止。可控的单体链接次序、相对分子质量大小及立体构型的有序上，在自由基聚合链反应都有相当大的进步。

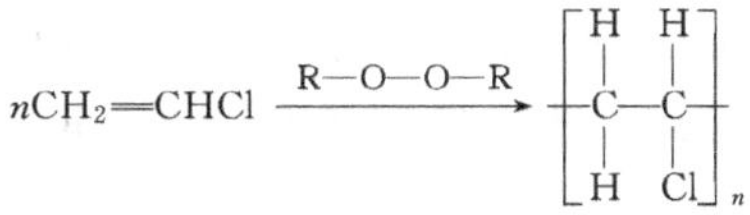

$$n\mathrm{CH_2{=}CHCl} \xrightarrow{\mathrm{R{-}O{-}O{-}R}} \left[\begin{array}{cc} \mathrm{H} & \mathrm{H} \\ | & | \\ -\mathrm{C} & -\mathrm{C}- \\ | & | \\ \mathrm{H} & \mathrm{Cl} \end{array} \right]_n \quad (4\text{-}51)$$

28

有机化学主要讨论不生成高分子产物的非聚合链反应。非聚合链反应引发产生的自由基与反应底物作用产生新的自由基，该新的自由基再从试剂中夺取一个原子得到产物并产生另一个自由基。三正丁基锡化氢是一个很有用的还原卤代烃的试剂，它常通过 AIBN 引发后进行如图 4-28 所示的自由基链式反应过程参与反应。

$$\mathrm{Bu_3SnH} \longrightarrow \mathrm{Bu_3Sn}\cdot + \mathrm{H}\cdot$$
$$\mathrm{Bu_3Sn}\cdot + \mathrm{RX} \longrightarrow \mathrm{Bu_3SnX} + \mathrm{R}\cdot$$
$$\mathrm{R}\cdot + \mathrm{Bu_3SnH} \longrightarrow \mathrm{RH} + \mathrm{Bu_3Sn}\cdot$$

图 4-28 三正丁基锡化氢还原卤代烃的链式反应

4.5.6　加成反应

自由基与碳碳双键和羰基双键发生加成反应生成另一个自由基，如，HBr 与烯烃发生反 Markovnikov 规则的自由基加成反应。生成 C—C σ 键并放出反应热约 340kJ/mol，断裂碳碳和碳氧双键各需 280kJ/mol 和 370kJ/mol，故自由基与碳碳双键的加成是放热的反应，与碳氧双键的加成则是吸热的反应。分子间选择性的加成反应主要生成低能的自由基，分子内选择性的加成反应受立体电子效应的影响较大，低能或高能的自由基都有可能生成。如图 4-29 所示，丁烯与氯仿在过氧化物引发下生成加成产物 1,1,1-三氯丁烷（**29**）。引发生成的三氯甲基自由基与丁烯加成生成一个新的自由基，后者再夺取氯仿中的氢原子得到加成产物 **29** 并再生出三氯甲基自由基去与另一个底物丁烯分子反应：

$$CH_3CH_2CH{=}CH_2 + HCCl_3 \xrightarrow{R-O-O-R} CH_3CH_2CH_2CH_2CCl_3$$

$$R-O-O-R \xrightarrow{\triangle} RO\cdot$$

$$RO\cdot \xrightarrow{HCCl_3} Cl_3C\cdot + ROH$$

$$Cl_3C\cdot + CH_3CH_2CH{=}CH_2 \longrightarrow CH_3CH_2\dot{C}HCH_2CCl_3$$

$$CH_3CH_2\dot{C}HCH_2CCl_3 \xrightarrow{HCCl_3} Cl_3C\cdot + \underset{\mathbf{29}}{CH_3CH_2CH_2CH_2CCl_3}$$

图 4-29　丁烯与氯仿进行的一个非聚合加成链反应

自由基上的取代基通过诱导效应和体积效应影响到它在加成反应中的亲和性（philicity），即亲核的还是亲电的及反应速率。亲核性自由基带有供电子基团，如 $R_3C\cdot$、$ArCH_2\cdot$、$R_2C(O)\cdot$、$R_2C(OR)\cdot$；亲电性自由基带有吸电子基团，如 $X\cdot$、$RO\cdot$、$RS\cdot$、$X_3C\cdot$、$RC(O)CH_2\cdot$、$RO_2CCH_2\cdot$、$ROSO_2CH_2\cdot$。底物双键上取代基的体积和电子效应也有很大的影响，α-位上的取代基 G 主要体现出体积效应，如图 4-30 所示。

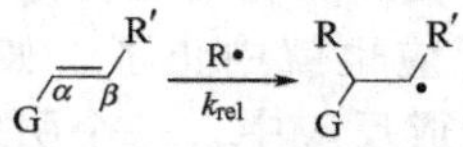

$$\text{G}\overset{\alpha\ \ \beta}{\diagup\!\!=}\!\text{R}' \xrightarrow[k_{rel}]{R\cdot} \text{R(G)CH–}\dot{\text{C}}\text{H–R}'$$

G	CN	CO_2R	H	Cl	Me	Ph
k_{rel}	6	5	1	0.1	0.01	0.009

图 4-30　底物双键上 α-取代基的体积效应

双键 β-位上的取代基 G 主要体现出电子效应，吸电子取代基使亲核自由基的加成速率增大，给电子取代基时则使亲电自由基的加成速率增大。取代基的共轭效应比诱导效应产生的影响更大，如图 4-31 所示。

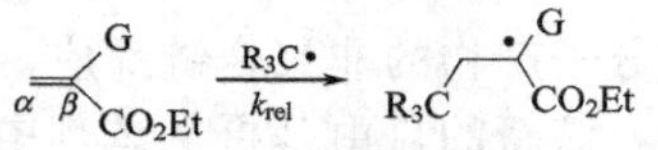

$$CH_2{=}C(G)CO_2Et \xrightarrow[k_{rel}]{R_3C\cdot} R_3CCH_2\dot{C}(G)CO_2Et$$

G	CN	CO_2R	CF_3	Cl	Ph	CH_2Cl	H	Me	CMe_3	OMe
k_{rel}	310	150	40	12	6	8	1	0.75	0.20	0.16

图 4-31　底物双键上 β-取代基的电子效应

如图 4-32 所示，富电子而亲核性的环己基自由基和缺电子而亲电性的丙二酸酯自由基与取代烯烃的加成反应速率表现出与取代基的电性有关。

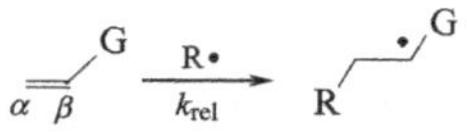

G	CN	PhC(O)	CO_2R	Ph	CH_3	OMe	NMe_2
k_{rel}(R:C_6H_{11})	470	54	46	4	1	0.1	
k_{rel}(R:$CHCO_2Et$)		0.2	0.3	1.2	1	2.1	6.1

图 4-32 取代烯烃的加成反应速率与取代基的电性有关

溴代叔丁烷与丙烯腈在引发剂偶氮双异丁腈（AIBN）和 Bu_3SnH 作用下发生加成反应生成 3,3-二甲基戊腈（**30**），如式(4-52) 所示：

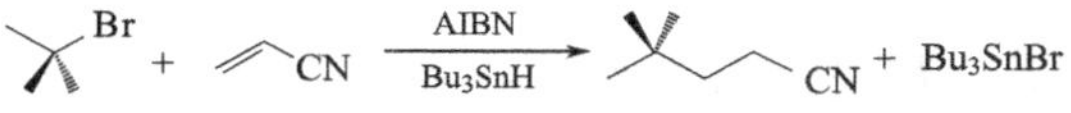

(4-52)

如图 4-33 所示，反应中先生成的叔丁基碳自由基中间体是富电子而亲核的，它加到缺电子而亲电性的丙烯腈上生成另一个亲电性的中间体自由基（**31**），**31** 再与还原剂 Bu_3SnH 反应生成产物 **32** 并再生出 $Bu_3Sn\cdot$ 去开始另一个链反应。要使反应如上进行，则叔丁基自由基对丙烯腈的加成必定要比它与 Bu_3SnH 的反应快才行，不然就会被 Bu_3SnH 还原而生成叔丁烷。因此要让 Bu_3SnH 保持一个相对较低的浓度，但是又要让 **31** 能与其反应而不去与另一分子丙烯腈再加成来形成不需要的聚合物。好在后面这一步是可以做到的，因为 **31** 是亲电性的，它与同样是亲电性的丙烯腈的加成反应生成 **33** 的速率很小。

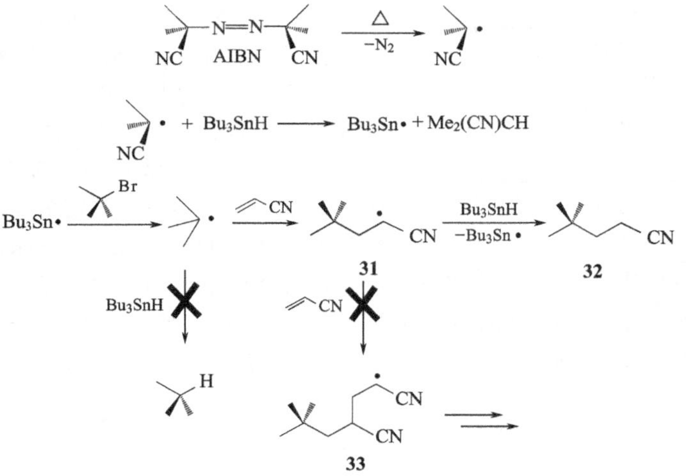

图 4-33 溴代叔丁烷与丙烯腈在 AIBN 和 Bu_3SnH 作用下发生的加成反应

在聚合反应中也能看到类似的控制问题。乙酸乙烯酯和丁烯二酸二酯聚合生成交替结合的产物。引发剂和乙酸乙烯酯生成的亲核性自由基（**34**）要进攻缺电子而亲电性的丁烯二酸二酯，生成缺电子而亲电性的自由基中间体（**35**）再进攻富电子而亲核性的乙酸乙烯酯。如此不断反复链增长，得到所需要的交替聚合产物，如图 4-34 所示。

加成反应后生成的新自由基继续与另一个底物的重键进行加成的过程称调聚反应，若反应如此周而复始地反复进行即发生了聚合的过程。

4.5.7 环合反应

当分子中适当的位置存在双键或三键这类自由基受体官能团时，自由基的分子内非聚合

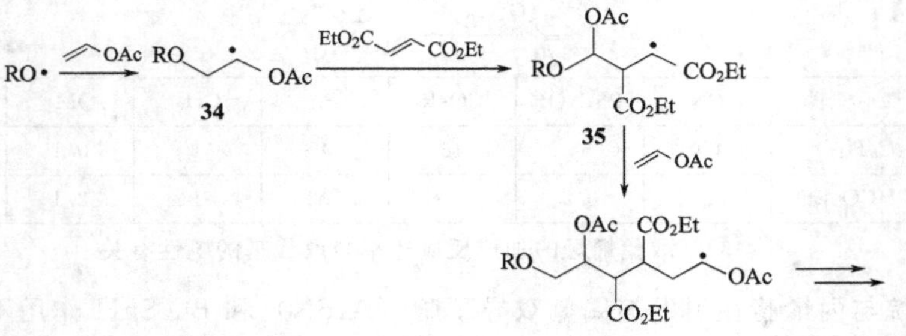

RO• —(OAc)→ RO⌒•⌒OAc (34) —(EtO_2C–CH=CH–CO_2Et)→ RO–CH(OAc)–CH(CO_2Et)–•CH–CO_2Et (35) —(OAc)→ RO–CH(OAc)–CH(CO_2Et)–CH(CO_2Et)–CH₂–•CH–OAc ⟶

图 4-34 乙酸乙烯酯与丁烯二酸二酯的交替聚合反应

链加成反应可生成成环产物，如式(4-53) 所示：

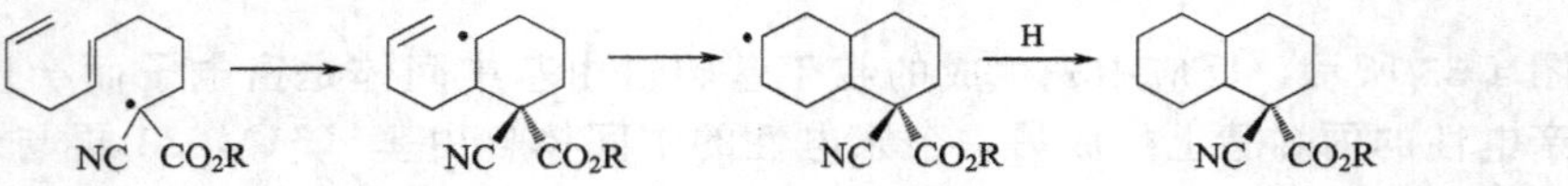

NC CO_2R ⟶ NC CO_2R ⟶ NC CO_2R —(H)→ NC CO_2R (4-53)

分子内的自由基非聚合链加成反应的成环规律称 Baldwin 规则，如图 4-35 所示。[92] 成环通常是普环，环大小(N)的容易程度是五元环＞六元环＞七元环。此类环化反应有几个不同的模式：键上得到电子的原子在键断裂后仍在环内或闭环时连于远离链一端的模式称 *endo*-（内）；键上得到电子的原子在键断裂后处在环外或闭环时连于另一端链上倒数第二个原子上的模式称 *exo*-（外）。涉及的反应中心是烷基四面体的或进攻 sp^3 碳原子的称 *tet*-，是烯基平面三角体的或进攻 sp^2 碳原子的称 *trig*-，是炔基线性体的或进攻 sp 碳原子的称 *dig*-。动力学上 *exo*-模式较为有利，但生成的是相对不那么稳定的伯自由基，*endo*-模式生成的是热力学上相对较稳定的仲自由基。

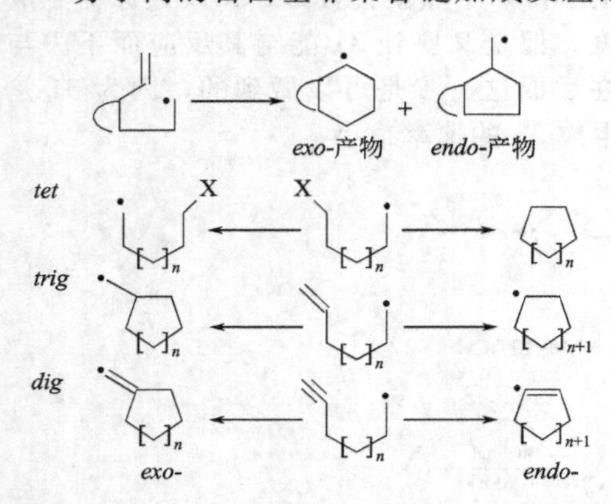

图 4-35 分子内自由基环化反应的各种取向

因此一个自由基环化反应可称为 *n-endo*-(或 *exo*-)-*tet*-(或 *n-trig*-或 *n-dig*-)反应，n 为成环的原子数，如式(4-54)的两个反应所示。此类反应在杂环化合物的合成上也非常有用。

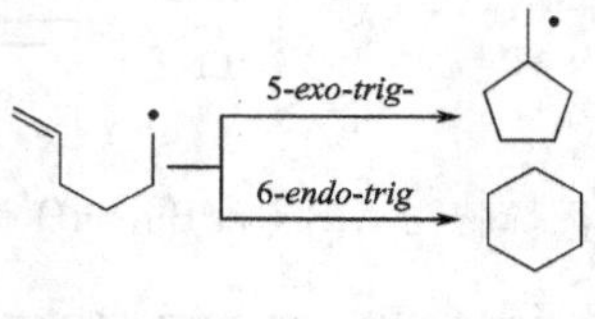

5-*exo-trig*- ; 6-*endo-trig* (4-54)

如式(4-55) 所示，中环的环辛-1,5-二烯发生分子内自由基反应可生成双环化合物：

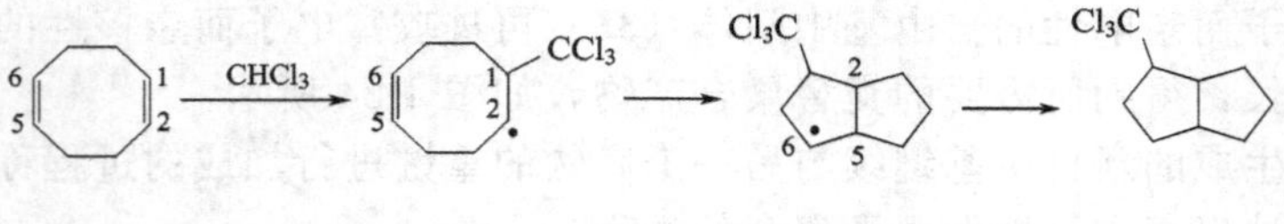

1 2 5 6 —($CHCl_3$)→ CCl_3 1 2 5 6 ⟶ Cl_3C 2 5 6 ⟶ Cl_3C (4-55)

4.5.8 碎片化反应

前面讨论过的许多引发酰基自由基生成的反应中已涉及脱羰基的碎片化反应（fragmentation），这些碎片化反应又称消除反应，也是自由基加成反应的逆反应，结果生成一个小分子和一个新的较稳定的小分子自由基。如式(4-56) 所示，过氧苯甲酸酐热解后很易脱去二氧化碳而给出苯基自由基：

$$(PhCO_2)_2 \xrightarrow{\triangle} PhCO_2\cdot \xrightarrow{-CO_2} Ph\cdot \qquad (4\text{-}56)$$

许多自由基的碎片化反应都涉及自由基中心上的β-开裂反应，如式(4-57) 所示的两个反应，**36** 发生 β-开裂反应，可生成脱去甲基、乙基或异丙基自由基而分别形成 **37**、**38** 或 **39**，它们的产率各为 2%、3%和 95%。**40** 发生 β-开裂反应只生成脱去稳定的苄基自由基形成丙酮，而没有脱去甲基自由基形成的甲基苄基酮生成。

36 $\xrightarrow{-R\cdot}$ **37** + **38** + **39** (4-57)

40 → $PhCH_2\cdot + CH_3COCH_3$

40 ✗→ $\dot{C}H_3 + PhCH_2COCH_3$

4.5.9 取代反应

自由基进攻 σ 键生成一个新的自由基和新的 σ 键，相当于夺取一个原子而发生了取代反应。取代反应多为夺氢或夺卤，其他类型的较少见，自由基夺碳的反应是很难进行的。烷烃光促下的卤代反应是最为人所知的链式自由基取代反应，哪一个原子被夺取要看新生成的自由基的活性、亲电或亲核特性、旧键和新键的键能、溶剂、位阻和温度等反应因素而定。如式(4-58) 所示，丙烷氯化的自由基反应是一个放热反应，氯自由基夺取仲氢的焓变为－33 kJ/mol，夺取伯氢的焓变为－6kJ/mol；但丙烷溴化的自由基反应是一个吸热反应，溴自由基夺取仲氢的焓变为 29kJ/mol，夺取伯氢的焓变为 42kJ/mol，这两个反应在动力学上都是夺取仲氢的反应速率较大。各级氢被自由基夺取的活性次序一般为：苄基氢＞叔氢＞仲氢＞伯氢＞甲基氢＞芳基氢；各种卤素自由基夺取氢的活性次序为：F＞Cl＞Br＞I。

$$CH_3CH_2CH_3 \xrightarrow[-HX]{X\cdot} CH_3CH_2CH_2\cdot \ \text{或}\ CH_3\dot{C}HCH_3 \qquad (4\text{-}58)$$

活性愈大，反应选择性愈低。氟的夺氢反应是个强放热的反应，过渡态很早就到达，此时 R—H 键断裂很少。碘的夺氢反应则是个高度吸热的反应，过渡态晚到达，此时 R—H 键大部分已断裂。如式(4-59) 所示，异丙苯的自由基卤化反应中，氯自由基主要夺取数量多且位阻小而动力学活泼的氢，生成相对不怎么稳定的、由伯自由基中间体得到的产物 **41**，溴自由基则主要夺取热力学有利的仲氢，生成更稳定的、由仲自由基中间体得到的产物 **42**。

异丙苯 $\xrightarrow[-HCl]{Cl\cdot}$ **41**；异丙苯 $\xrightarrow[-HBr]{Br\cdot}$ **42** (4-59)

如式(4-60) 的两个反应所示，异戊烷中叔氢原子被氯自由基提取的比例是伯氢原子的 5 倍，而被溴自由基提取的比例成为 1600 倍。从中也可看出，氯自由基的活性比溴自由基要活泼得多，故反应选择性也差。能与溶剂配位的自由基活性降低而反应选择性增加。

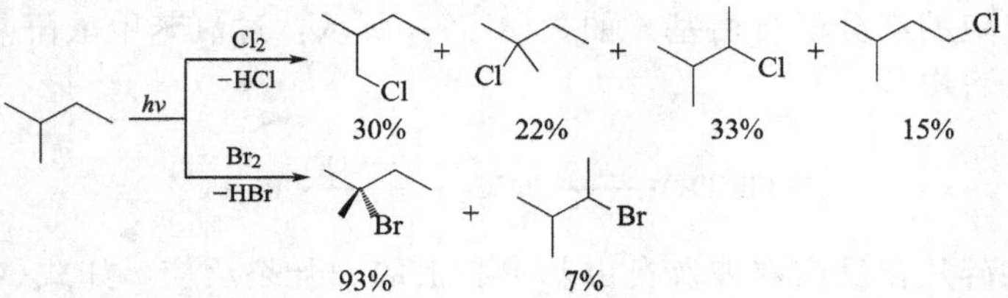

$$\text{(CH}_3)_2\text{CHCH}_2\text{CH}_3 \xrightarrow{h\nu} \begin{cases} \xrightarrow[-\text{HCl}]{\text{Cl}_2} \text{ClCH}_2\text{CH(CH}_3)\text{CH}_2\text{CH}_3\ (30\%) + (\text{CH}_3)_2\text{CClCH}_2\text{CH}_3\ (22\%) + (\text{CH}_3)_2\text{CHCHClCH}_3\ (33\%) + (\text{CH}_3)_2\text{CHCH}_2\text{CH}_2\text{Cl}\ (15\%) \\ \xrightarrow[-\text{HBr}]{\text{Br}_2} (\text{CH}_3)_2\text{CBrCH}_2\text{CH}_3\ (93\%) + (\text{CH}_3)_2\text{CHCHBrCH}_3\ (7\%) \end{cases} \tag{4-60}$$

自由基进行取代反应的选择性也与它的亲核性有关。如式(4-61)的两个反应所示，亲核性的烷基自由基主要夺取酯羰基上的 α-氢生成亲电性的酰氧基自由基（**43**），亲电性的烷氧基自由基主要夺取酯烷氧基上的氢生成亲核性的烷氧基自由基（**44**）：

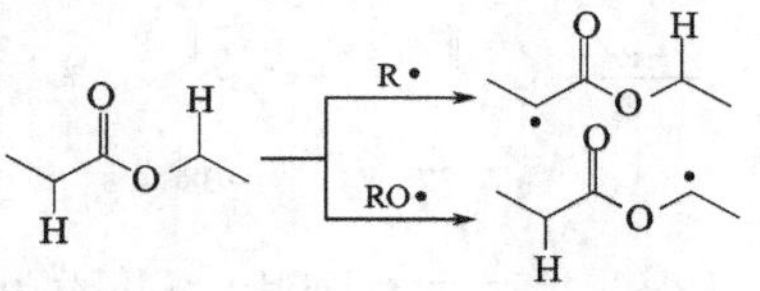

$$\text{CH}_3\text{CH}_2\text{COOCH}_2\text{CH}_3 \begin{cases} \xrightarrow{\text{R}\bullet} \text{CH}_3\dot{\text{C}}\text{HCOOCH}_2\text{CH}_3\ (\mathbf{43}) \\ \xrightarrow{\text{RO}\bullet} \text{CH}_3\text{CH}_2\text{COO}\dot{\text{C}}\text{HCH}_3\ (\mathbf{44}) \end{cases} \tag{4-61}$$

在光或某些催化剂如油溶性的金属和氧化物等存在下产生的自由基很易与氧作用生成氢过氧化物和过氧化物等产物。这些产物又能引发同类反应而加快氧化速率，故称自由基的自氧化反应（autoxidation）。[93] 自氧化反应通常就是有机化合物与空气或氧气在温和的条件下缓慢进行的不燃烧的氧化反应。

分子氧有两种状态，高能的单线态氧并不具有孤单电子，基态三线态氧是一个双自由基，有两个自旋方向相同的未成对电子(参见 6.9.1)，易与自由基结合且反应速率很快。自氧化反应的历程一般包括如图 4-36(a)所示的由各种途径生成的自由基氧化引发步、图 4-36(b)所示的增长步和图 4-36(c)所示的终止步。增长步是少见的两个自由基（氧是一个双自由基）结合而生成一个新的自由基的反应。

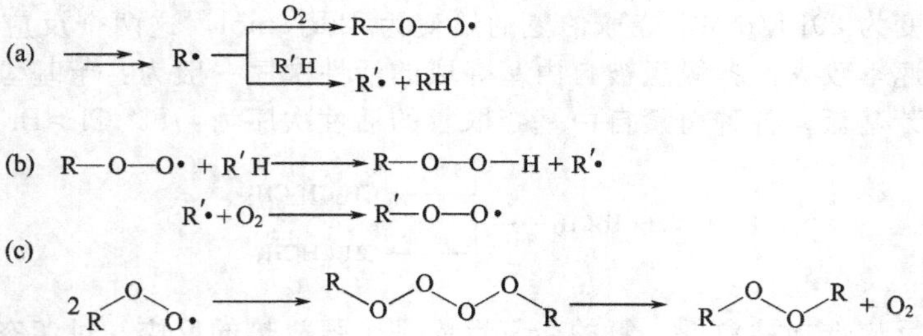

(a) $\longrightarrow \text{R}\bullet \begin{cases} \xrightarrow{\text{O}_2} \text{R—O—O}\bullet \\ \xrightarrow{\text{R}'\text{H}} \text{R}'\bullet + \text{RH} \end{cases}$

(b) $\text{R—O—O}\bullet + \text{R}'\text{H} \longrightarrow \text{R—O—O—H} + \text{R}'\bullet$

$\text{R}'\bullet + \text{O}_2 \longrightarrow \text{R}'\text{—O—O}\bullet$

(c) $2\,\text{R—O—O}\bullet \longrightarrow \text{R—O—O—O—O—R} \longrightarrow \text{R—O—O—R} + \text{O}_2$

图 4-36 自氧化反应

过氧自由基在增长过程中的夺氢有明显的选择性，苄基、烯丙基、叔碳上的氢较易被夺取。醚和醛较易发生自氧化反应，因为氧原子可稳定相邻的自由基；而醛自氧化生成的过氧酸会与另一分子醛进行 Baeyer-Villiger 反应转化为羧酸。α-醚键、α-烯基和叔碳上的过氧醇（R_3COOH）及过氧酸（RCO_2OH）等是一些常见的自氧化产物。如，乙醚、四氢呋喃和丙烯可分别被氧化为乙醚过氧化物（**45**）、**46** 和 **47**。**45** 易进一步发生齐聚反应生成 **48**。

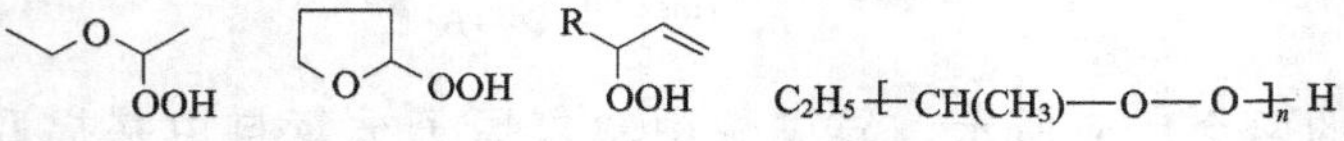

$\text{CH}_3\text{CH}_2\text{OCH(OOH)CH}_3$ (**45**)　2-氢过氧基四氢呋喃 (**46**)　RCH(OOH)CH=CH_2 (**47**)　$\text{C}_2\text{H}_5\text{+CH(CH}_3\text{)—O—O}\text{+}_n\text{H}$ (**48**)

许多过氧化物，特别是醚类过氧化物在浓度较高时具有爆炸性，致爆物的结构尚不明了。过氧化物的沸点较高，因此在处理大量乙醚、四氢呋喃等溶剂时切忌蒸得太干，以免局部过氧化物浓度过大引起爆炸意外。二异丙基醚一旦曝光于空气中就应做去除过氧化物的安全处理。如式(4-62) 所示，氯仿自氧化后易产生有毒的光气，故一般的氯仿溶液中常外加少量很好的自由基反应链终止剂乙醇。酚、芳香胺、硫化物也可用作自由基自氧化反应的抑制剂。

$$HCCl_3 \xrightarrow[O_2]{R\cdot} Cl_3COO\cdot \longrightarrow Cl_2C{=}O + ClO\cdot \qquad (4\text{-}62)$$

自氧化反应对油漆的固化有促进作用，但长时间暴露于空气中的有机化合物受自氧化反应的影响是很大的，引起橡胶、塑料的老化、干性、降解和油脂的酸败变质等不少破坏性的作用。过氧化物自由基的夺氢反应选择性控制得当，就能产生有用的反应，如式(4-63) 所示，萘烷经自由基氧化就能得到6-羟基环萘酮 (**49**)。

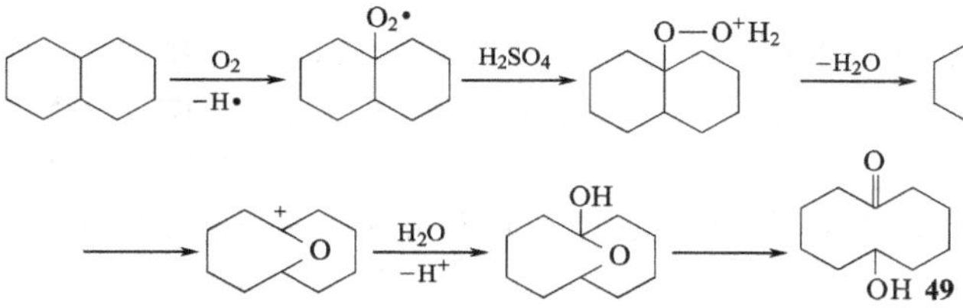

(4-63)

如式(4-64) 所示，异丙苯经催化的自由基氧化反应后生成苯酚和丙酮，该反应已大规模应用于这两个大宗化工原料的工业生产：

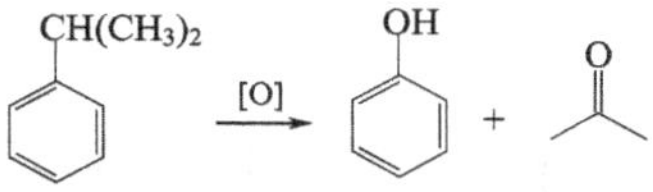

(4-64)

N-溴代丁二烯亚胺 (NBS) 在强极性的质子性溶剂中可给出 Br^+，更多的应用是在催化量 HBr 存在下、于非极性介质中，经自由基引发与烯丙基氢或苄基氢发生自由基溴代反应，该反应称 Wohl-Ziegler 反应，如式(4-65) 所示：[94]

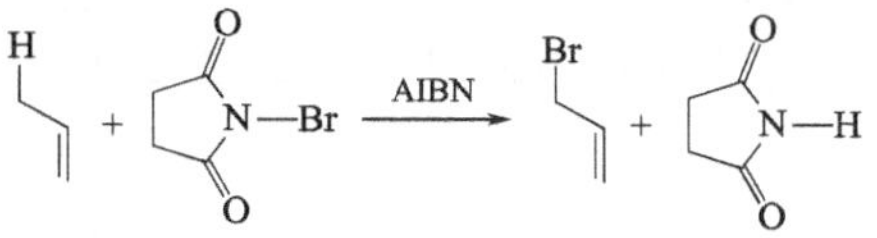

(4-65)

Wohl-Ziegler 反应的机理至今仍有争议。目前广为接受的全过程如图 4-37 所示，极性的 NBS 与体系中存在的微量水或 HBr 等杂质反应生成低浓度的溴后产生溴自由基 (Br·)。

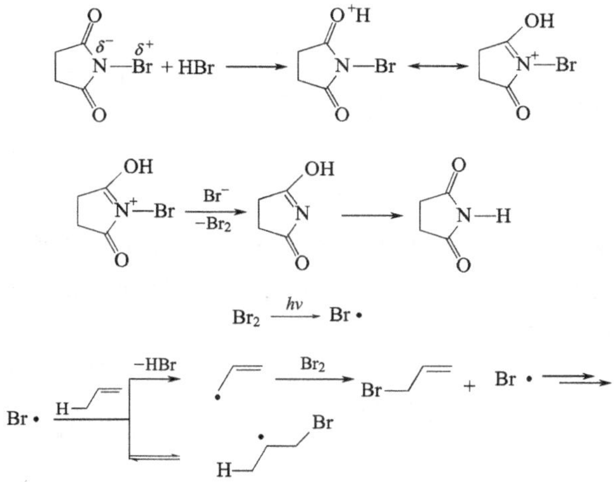

图 4-37　NBS 溴化烯丙基

Br·夺取烯丙基氢不可逆地生成较稳定的烯丙基自由基，这是一个速率较大的反应。Br·虽然也有可能与烯丙基上的烯键发生加成反应，但因溴的浓度很低，生成的烷基自由基难以被溴夺取，故该烷基自由基更易于发生可逆的反应，使加成反应完全得到抑制。烯丙基自由基与溴作用生成烯丙基溴，并再生出 Br·去继续参与新一轮的烯丙基溴代反应。NBS 也可取代苯环上的氢，极性介质中则更易进行亲电加成反应而非自由基取代反应。

次氯酸叔丁酯光促下可有选择地在烯丙基位和苄基位进行氯化反应，如式(4-66) 所示。叔丁氧自由基夺氢生成烯丙基或苄基自由基后再与次氯酸叔丁酯作用完成氯代并再生出叔丁氧自由基。

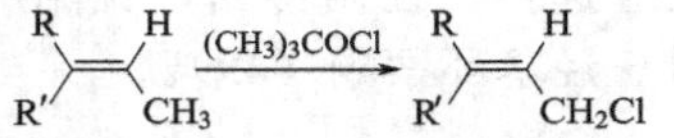

$$RR'C=CH-CH_3 \xrightarrow{(CH_3)_3COCl} RR'C=CH-CH_2Cl \tag{4-66}$$

Bu_3Sn·常用于从 C—Br 键上夺取 Br（参见 4.5.12），形成强键 Sn—Br 键，利用此反应可得到苯基自由基。Bu_3SnH 是最常用于自由基去溴反应的试剂，从环境出发，$(CH_3Si)_3SiH$ 及催化量 Bu_3SnH 与化学计量 $NaBH_4$ 组合的试剂也是值得应用的。溴代物 **50** 与 Bu_3SnH 反应后经自由基中间体 **51** 得还原产物和分子内环化产物，如式(4-67) 所示：

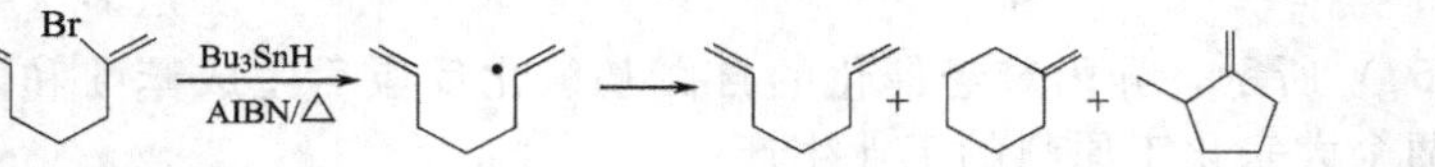

$$\mathbf{50} \xrightarrow[\text{AIBN}/\triangle]{Bu_3SnH} \mathbf{51} \longrightarrow \text{还原产物} + \text{亚甲基环己烷} + \text{环化产物} \tag{4-67}$$

4.5.10　结合反应

两个自由基 R·结合形成一根新的 σ 键是一个快速而易于发生的反应。此时反应体系中不再存在活性自由基中间体，反应终止。结合反应多发生于稳定的或溶剂笼内的自由基之间，异种自由基要在体系中同时存在且相遇的可能性通常很小，故发生结合反应的概率也不大。

酚在碱性铁氰化钾 $K_3Fe(OH)_6$ 存在下可生成共振杂化体酚氧自由基（**52**）。如图 4-38 所示，**52** 易发生双分子偶联或与其他自由基结合，此类酚氧自由基反应也涉及许多生物合成途径。

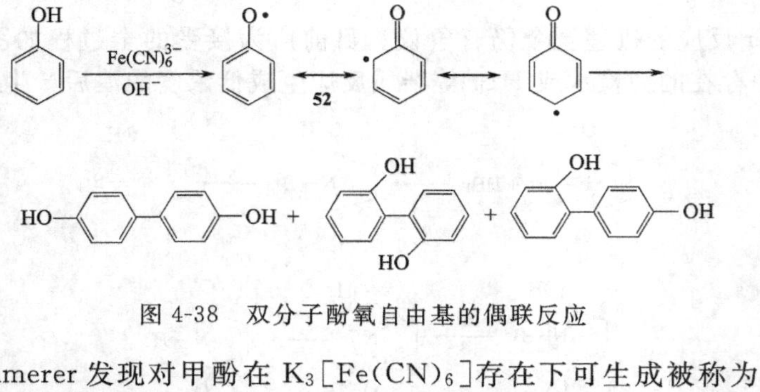

$$PhOH \xrightarrow[OH^-]{Fe(CN)_6^{3-}} \mathbf{52} \longrightarrow \text{HO–C}_6\text{H}_4\text{–C}_6\text{H}_4\text{–OH} + \text{2,2'-联苯二酚} + \text{2,4'-联苯二酚}$$

图 4-38　双分子酚氧自由基的偶联反应

1925 年，Pummerer 发现对甲酚在 $K_3[Fe(CN)_6]$存在下可生成被称为 Pummerer 酮的二聚产物 **53**，**53** 再在乙酐和质子的存在下发生二烯酮酚重排反应生成 2,5′-二甲基-5,2′-双乙酰氧基联苯（**54**），如式(4-68) 所示：

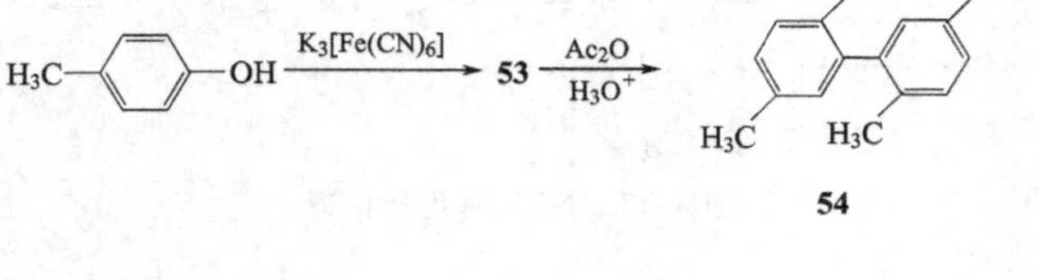

$$H_3C-C_6H_4-OH \xrightarrow{K_3[Fe(CN)_6]} \mathbf{53} \xrightarrow[H_3O^+]{Ac_2O} \mathbf{54} \tag{4-68}$$

当时已经了解到铁盐的氧化性，故提出了一个如图 4-39 所示的碳自由基和氧自由基偶联后生成 **53** 后再转化为 **54** 的反应过程。

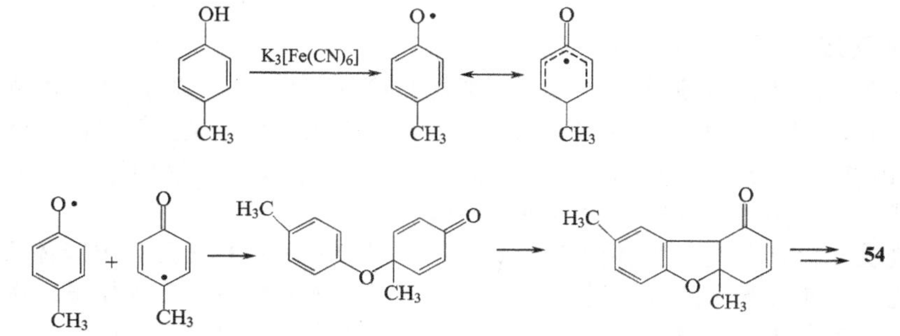

图 4-39 对甲酚在 $K_3[Fe(CN)_6]$存在下生成 2,5′-二甲基-5,2′-双乙酰氧基联苯的可能过程

但 Barton 在 1955 年对图 4-39 所示的过程提出异议，认为该反应应先由两个碳自由基偶联生成 **55**，且 Pummerer 酮的结构应是 **56** 而非 **53**，如图 4-40 所示。

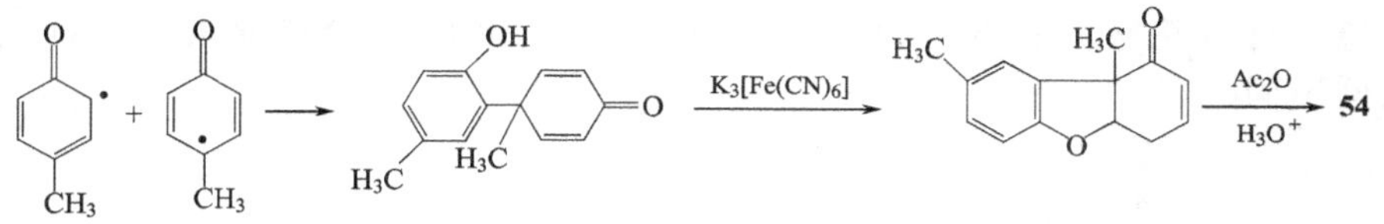

图 4-40 对甲酚在 $K_3[Fe(CN)_6]$ 存在下生成 2,5′-二甲基-5,2′-双乙酰氧基联苯的合理过程

Barton 提出的机理是合理的，因为根据这个机理设计的两步反应可得到天然产物地衣酸（usnic acid，松萝酸，**57**），并据此还修正了吗啡类生物碱的生源合成路线：[95]

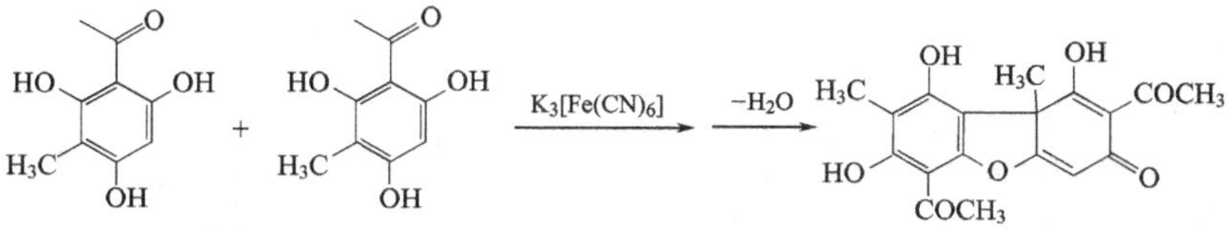

4.5.11 歧化反应

自由基上的β-H 可迁移到另一个自由基上同时生成新的σ键和新的π键，称自由基的歧化反应。歧化反应中断裂一根键，生成两根新键，故能量上是有利的。歧化反应是结合反应的竞争反应，两者都导致自由基的消亡，是链反应最后一步的终止步骤，也是非链反应中相当重要的一步。如，式(4-69) 所示的丙基自由基结合生成己烷（k_1），歧化生成丙烷和丙烯（k_2）。大多数自由基终止反应中的结合过程比歧化过程更为有利(k_1 ： k_2=7)。

$$2CH_3CH_2CH_2\cdot \begin{cases} \xrightarrow{k_1} CH_3(CH_2)_4CH_3 \\ \xrightarrow{k_2} CH_3CH_2CH_3 + CH_3CH{=}CH_2 \end{cases} \tag{4-69}$$

存在空间位阻的自由基终止反应中的歧化过程比结合过程更为有利。如式(4-70) 所示的叔丁基自由基的歧化过程比结合过程要快得多(k_1 ： k_2=0.2)：

$$2(CH_3)_3C\cdot \begin{cases} \xrightarrow{k_1} (CH_3)_3C—C(CH_3)_3 \\ \xrightarrow{k_2} (CH_3)_3CH + (CH_3)_2C═CH_2 \end{cases} \tag{4-70}$$

4.5.12 重排反应

伯、仲及叔自由基之间的能量差不大，如叔丁基和异丙基、异丙基和正丙基自由基的生成能差分别为 14.7kJ/mol 和 14.6kJ/mol，而相应正离子的能差高达 75.4kJ/mol 和 92.1kJ/mol。由于自由基重排的推动力小，加上其他一些快速竞争反应等诸因素，除 1,2-卤素或苯基重排外，其他自由基的重排反应远不如碳正离子多。[96]

从分子轨道分析，发生 1,2-协同重排多涉及类似于环丙基的三元环中间体或过渡态。[97] 两个碳的 p 轨道和迁移基团的 p 轨道重叠形成一个成键轨道和两个反键轨道。碳正离子重排涉及 2 个电子，都在成键轨道，故重排是常见的。碳负离子在重排时涉及 4 个电子，2 个电子处于两个能量很高的简并反键轨道上，故碳负离子的 1,2-协同重排很少见。相对而言，自由基的 1,2-重排涉及一个电子进入反键轨道，能量上不如碳正离子，但比碳负离子稍好，在条件有利时，如空间因素或重排后有利于单电子离域时重排还是易于发生的。此外，高温也有利于重排反应发生，低温或有其他竞争反应共存时，1,2-重排的反应得以抑制。相对而言，芳基、烯基、酰基等不饱和自由基的重排经过加成-碎片化过程较烷基自由基易于进行。如式(4-71) 所示，**58** 因取代基 R 和 R′不同引起重排反应的比例不同。

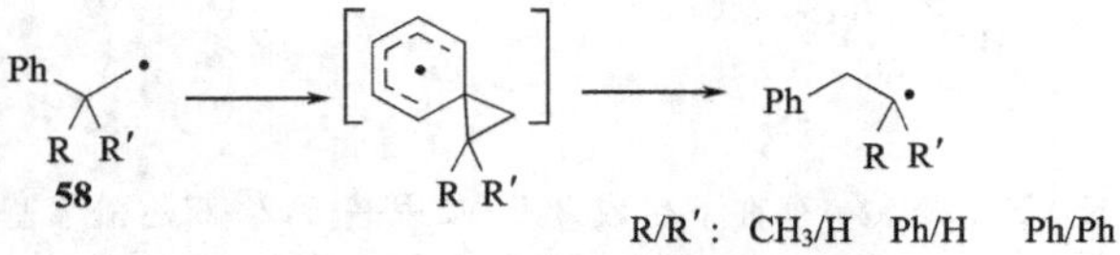

Ph, R, R′ (**58**) → [R, R′] → Ph, R, R′ (4-71)

R/R′：	CH_3/H	Ph/H	Ph/Ph
重排比例：	39	63	100

图 4-41 所示的是几个由烯基(a)、芳基(b)和酰基(c)等不饱和基发生的自由基 1,2-重排反应。

G → G· → G
G: C, O, N, S
(a) O, H —$Me_3\dot{C}O$→ O —(−CO)→ → → —溶剂(SOH)→
(b) Ph, O, H —ROOR, −CO→ Ph → Ph + Ph
(c) OAc O, H —$-H^+$, −CO→ OAc → O O → OAc → OAc

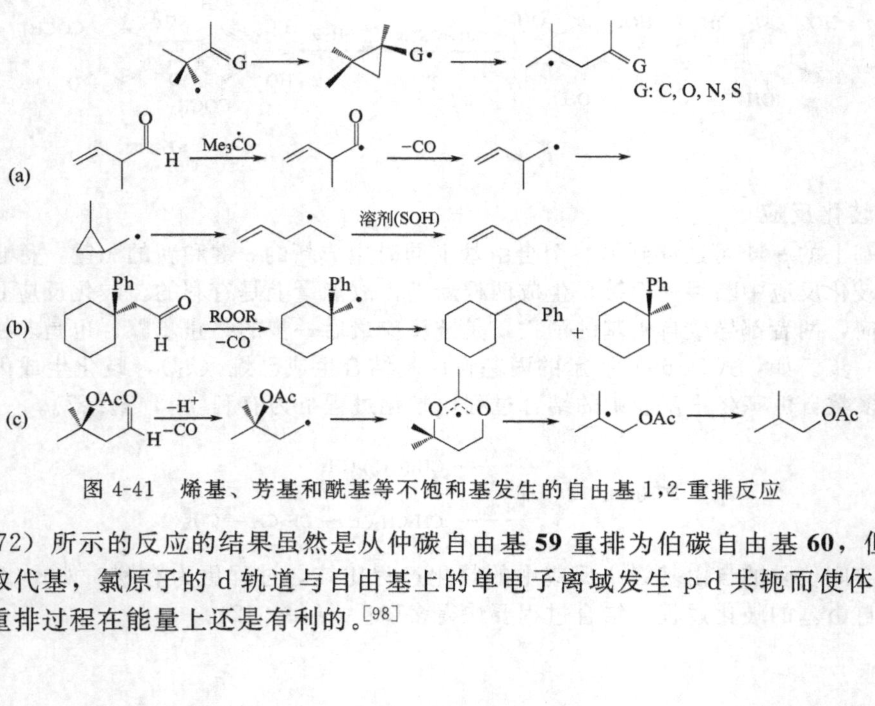

图 4-41　烯基、芳基和酰基等不饱和基发生的自由基 1,2-重排反应

式(4-72) 所示的反应的结果虽然是从仲碳自由基 **59** 重排为伯碳自由基 **60**，但 **60** 中连有两个氯取代基，氯原子的 d 轨道与自由基上的单电子离域发生 p-d 共轭而使体系得到稳定，故该重排过程在能量上还是有利的。[98]

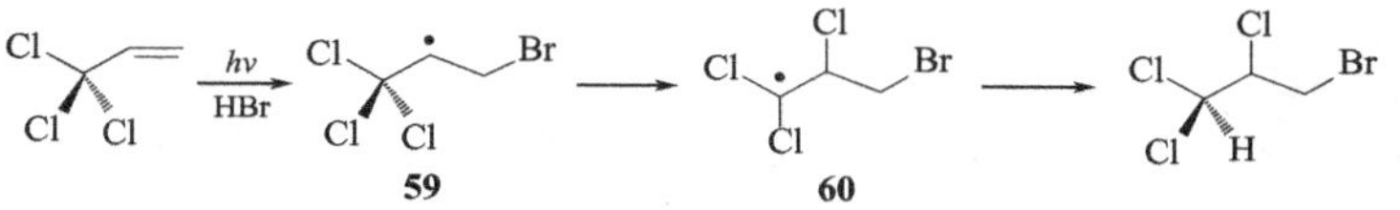

(4-72)

式(4-73) 所示的反应中，重排产物**61**的比例约60%，但若体系中存在很强的质子供体硫醇 $PhCH_2SH$ 时，**61**只占到2%，反映出苯基的1,2-重排受到抑制，动力学速率不如夺氢大。从手性底物**62**出发，得到的重排产物**63**是外消旋化的。[99]

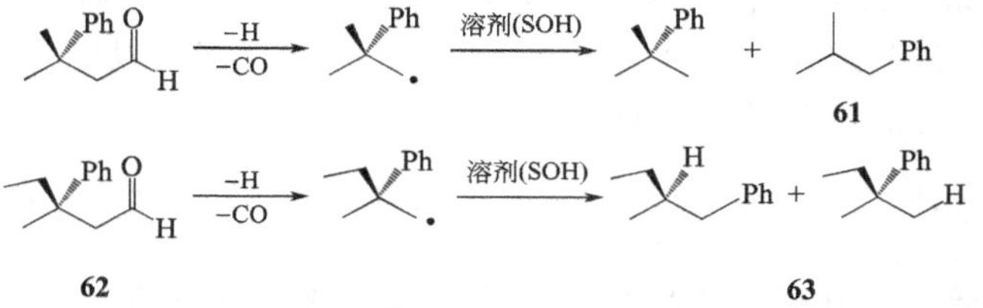

(4-73)

与1,2-重排相比，自由基的1,4-重排或1,5-重排较为常见，如图4-42所示，底物**64**中苯环的双键参与重排反应而可生成一个产物。自由基立体选择性的重排研究也已取得许多进展。[100]

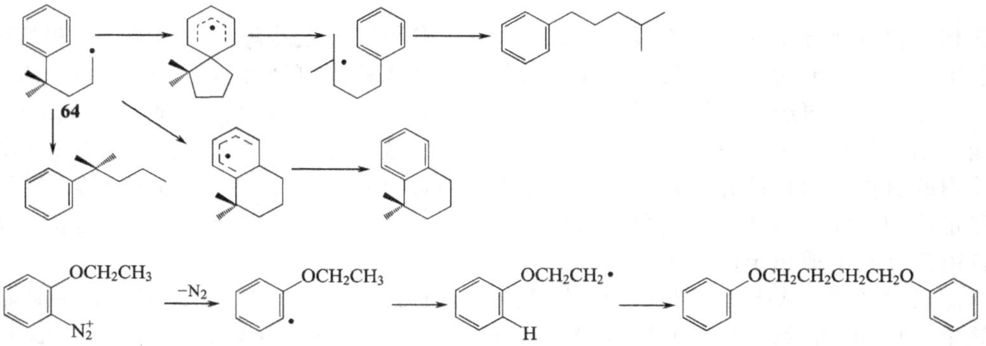

图4-42 苯环参与的自由基1,5-重排反应

活泼的氧、氮等杂原子自由基若有氢可以夺取，则很易发生1,5-重排反应，特别是经由热力学有利的六元环过渡态过程的反应，如式(4-74) 所示的两个反应。[101] Barton亚硝酸酯反应（参见6.13）也是涉及氧自由基的1,5-夺氢反应。

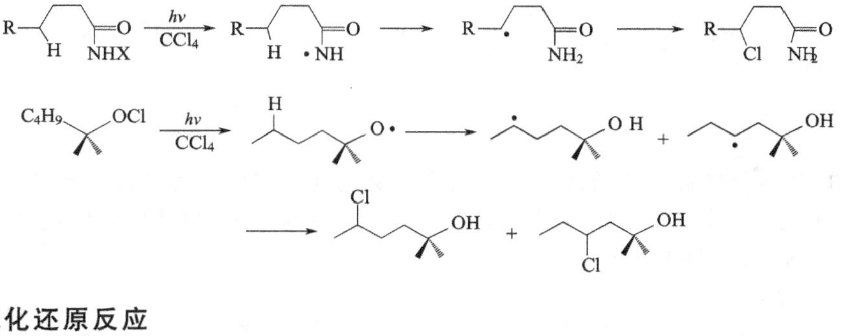

(4-74)

4.5.13 氧化还原反应

在适当的氧化剂或还原剂存在下，自由基可发生电子转移而成为正离子或负离子。如式(4-75) 所示，Cu^{+} 将单电子转移到过氧化物**65**中氧的LUMO轨道导致O—O键均裂，生成的环丁基自由基在 Cu^{2+} 存在下还原为环丁基正离子，再在HOAc存在下得到产物和其他

重排产物。

$$\text{环丁基}-CO_2-O_2C-\text{环丁基}\ (\mathbf{65}) \xrightarrow[Cu^+]{HOAc} \text{环丁基}\cdot + CO_2 + Cu^{2+} \longrightarrow \tag{4-75}$$

$$\text{环丁基}^+ \longrightarrow \text{环丁基}-OAc + \text{环丙基}-CH_2OAc + CH_2{=}CHCH_2CH_2OAc$$

4.5.14 笼效应

如式(4-76) 所示，偶氮甲烷和全氘代偶氮甲烷的混合物在气相条件下加热反应生成乙烷：六氘乙烷：偏三氘乙烷为 1：1：2 的混合物。从产物比例可以发现，甲基自由基和三氘甲基自由基在形成产物前是无序混合的。[102]

$$CH_3N{=}NCH_3 + CD_3N{=}NCD_3 \xrightarrow[\triangle]{-N_2} CH_3CH_3 + CD_3CD_3 + CH_3CD_3 \tag{4-76}$$

如式(4-77) 所示，上述反应若以异辛烷为溶剂，则无偏三氘乙烷生成。反映出液相中的自由基对在一定的时间内是拢在一起的，此时它们的反应只是结合生成笼产物（cage product）。自由基逸出溶剂层而成为自由状态时才能发生其他反应。

$$CH_3N{=}NCH_3 \xrightarrow{\triangle} \{\dot{C}H_3\quad N_2\quad \dot{C}H_3\}S \longrightarrow \{\dot{C}H_3\quad \dot{C}H_3\}S \longrightarrow CH_3CH_3 \tag{4-77}$$

液相中由母体分子共价键均裂产生的自由基对和异裂产生的离子对一样，最初是被溶剂分子包围着的，生成所谓的溶剂笼。被溶剂包围而组成的笼内自由基对不会立即分离，而是紧密结合在一起，再经过一段时间后成键而生成笼产物，该效应称为笼效应（cage effect）。笼效应的结果是使自由基失去活性，导致引发反应的效率降低，不能再在溶剂中发生其他反应。笼内的自由基只是彼此结合或歧化，体系中的自由基清除剂亦不会与之反应。清除剂是一种能迅速和其他自由基反应的自由基或如硫醇之类良好的氢供体分子，只能与扩散出溶剂笼的自由基反应生成稳定的共价产物。

偶氮双异丁腈（AIBN）裂解后生成两种形态的自由基$(CH_3)_2(CN)C\cdot$，一种在溶剂(S) 笼中，如 **66** 所示；另一种是无溶剂包裹的自由态 **67**。如式(4-78) 所示，以 CCl_4 为溶剂，笼产物四甲基丁二腈（**68**）的产率高达 96%，加入自由基清除剂 C_4H_9SH 后下降为 19%。自由态自由基在 C_4H_9SH 存在的环境下不会再发生二聚而只发生夺氢反应，反映出在 C_4H_9SH 存在仍有 19% 的自由基在溶剂笼中发生结合。

$$(CH_3)_2C(CN)-N{=}N-C(CN)(CH_3)_2\ (\text{AIBN}) \xrightarrow[\triangle]{-N_2} \begin{cases} \{(CH_3)_2\dot{C}(CN)\quad \dot{C}(CN)(CH_3)_2\}_S\ (\mathbf{66}) \longrightarrow NC(CH_3)_2C-C(CH_3)_2CN\ (\mathbf{68}) \\ (CH_3)_2\dot{C}CN\ (\mathbf{67}) \xrightarrow{Bu_3SnH} (CH_3)_2CHCN \end{cases} \tag{4-78}$$

笼效应的大小和自由基的结构、溶剂黏度、反应温度及压力等条件有密切联系。如，过氧乙酸酐（**69**）的笼效应要比偶氮甲烷小，因为此时笼内产生的在甲基自由基中的插入分子 CO_2 的体积比 N_2 大，笼的体积大而不稳定。[103]

$$\underset{\mathbf{69}}{CH_3CO_2-O_2CCH_3} \xrightarrow{\triangle} \{\dot{C}H_3\quad 2CO_2\quad \dot{C}H_3\}S$$

溶剂黏度愈高，笼效应愈大；常压气相反应一般不存在笼效应，高压反应有利于笼效应；提高反应温度显然是不利于笼效应的。式(4-79) 所示的反应在己烷中反应，笼产物 **70**

达6%，而在黏性较大的石蜡油中反应时，笼产物可达68%。但笼效应和溶剂黏度的定量关系尚不清楚。

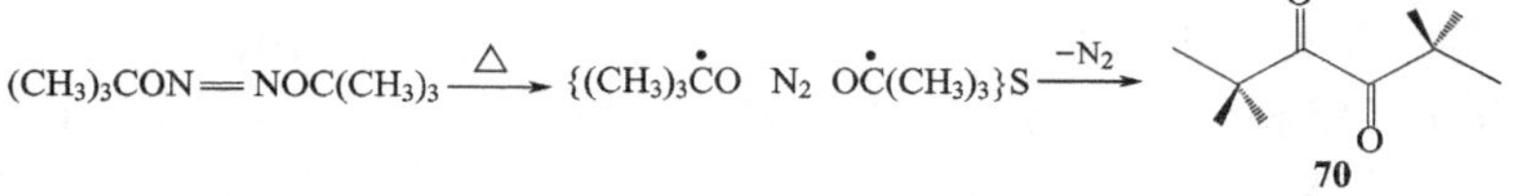

$$(CH_3)_3CON{=}NOC(CH_3)_3 \xrightarrow{\triangle} \{(CH_3)_3C\dot{O}\ \ N_2\ \ \dot{O}C(CH_3)_3\}S \xrightarrow{-N_2} \mathbf{70} \qquad (4\text{-}79)$$

利用捕获剂（清除剂）捕获从笼中逸出的自由基可以反映出哪些产品是在笼中产生的，哪些产品是由逸出笼外的自由基产生的。笼产物与捕获剂的浓度无关，而笼外自由基生成的产物含量与捕获剂浓度密切相关。

从式(4-80)所示的反应可以看到笼效应的影响并得到一些定量结果。偶氮双二苯甲烷(**71**)在甲苯中热分解得到唯一产物 $Ph_2CHCHPh_2$，但在硫酚存在下可生成另一产物 Ph_2CH_2。在^{14}C标记的溶剂 $Ph_2{}^{14}CH_2$ 中反应，得到的1,1,2,2-四苯乙烷(**72**)并无^{14}C标记，说明此时并无自由基交换反应发生。但若存在硫酚，随硫酚浓度增加，**72**产率逐渐降低，直到20%，还有少量^{14}C标记产物 $Ph_2{}^{14}CHCHPh_2$(**73**)生成。[104]

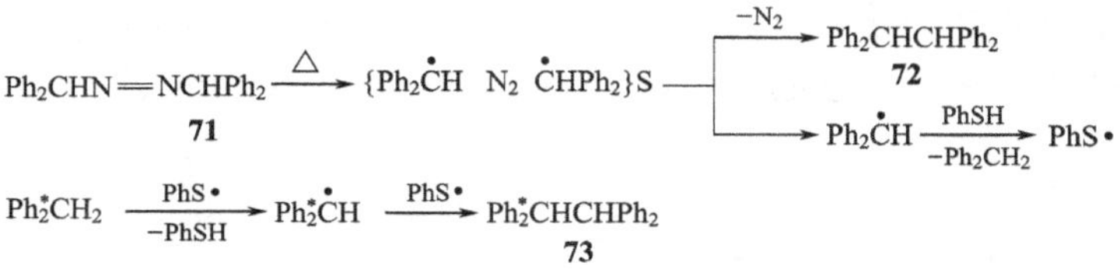

$$Ph_2CHN{=}NCHPh_2\ (\mathbf{71}) \xrightarrow{\triangle} \{Ph_2\dot{C}H\ \ N_2\ \ \dot{C}HPh_2\}S \begin{cases} \xrightarrow{-N_2} Ph_2CHCHPh_2\ (\mathbf{72}) \\ \longrightarrow Ph_2\dot{C}H \xrightarrow[-Ph_2CH_2]{PhSH} PhS\cdot \end{cases} \qquad (4\text{-}80)$$

$$Ph_2^*CH_2 \xrightarrow[-PhSH]{PhS\cdot} Ph_2^*\dot{C}H \xrightarrow{PhS\cdot} Ph_2^*CHCHPh_2\ (\mathbf{73})$$

如图4-43所示，过氧乙酸酐热解反应后可生成乙烷和乙酸甲酯。^{18}O标记羰基氧的底物**74**反应后回收原料，在过氧底物和产物乙酸甲酯的羰基氧及甲氧基上均可发现有标记。说明过氧乙酸酐能在3个地方发生断裂，生成3个扰着的自由基对。[105]

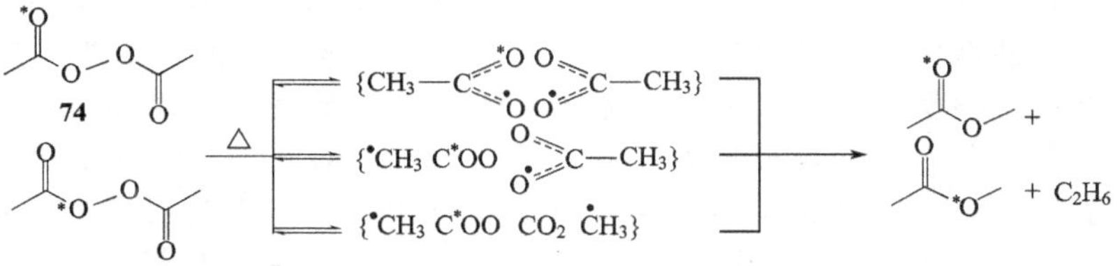

$$\mathbf{74} \xrightarrow{\triangle} \begin{cases} \{CH_3{-}C(^*O)(\dot{O})\ \ O(\dot{O})C{-}CH_3\} \\ \{\dot{C}H_3\ \ C^*OO\ \ O{=}\dot{C}(O){-}CH_3\} \\ \{\dot{C}H_3\ \ C^*OO\ \ CO_2\ \ \dot{C}H_3\} \end{cases} \longrightarrow CH_3C(^*O)OCH_3 + CH_3C(O)^*OCH_3 + C_2H_6$$

图4-43 标记氧的过氧乙酸酐的热解反应

如式(4-81)所示的内消旋和外消旋偶氮双-3-甲基-2-苯基丁烷(**75**)在笼中分解的自由基反应表明，常温下两者都给出等同的内消旋和外消旋化合物及歧化产品。这表明，扰着的自由基在笼中结合成键之前可以发生σ键的自由旋转，当反应在−196℃低温下进行时，底物的立体构型可在产物中保留不变，反映出低温下这些σ键的自由旋转受阻。[106]

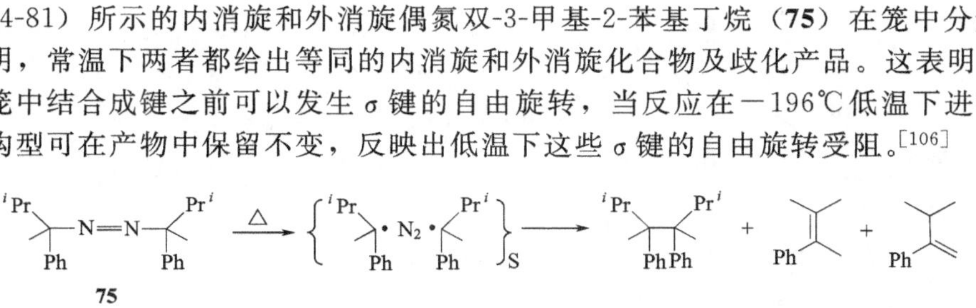

$$\mathbf{75} \xrightarrow{\triangle} \{\,{}^iPr(Ph)(CH_3)\dot{C}\ \cdot N_2 \cdot\ \dot{C}(CH_3)(Ph)Pr^i\,\}_S \longrightarrow \text{dimer} + \text{alkene} + \text{alkene} \qquad (4\text{-}81)$$

4.5.15 双自由基

常见的氧气是一个稳定的双自由基（biradicals，参见6.9.1），激发三线态也是活泼的双自由基物种。分子内的某些C—C键均裂也能产生不稳定的、生存期很短的双自由基，故应用很少见。[107]一般所见到的双自由基多在分子两侧，亦非经C—C键均裂而来。如，双

苄基自由基 **76** 和双氧自由基 **77** 等。

双自由基上两个单电子的自旋量子数之和有+1、0、−1 这 3 种状态。单线态双自由基要比三线态双自由基稳定（参见 4.7.2）。基态三亚甲基甲烷（trimethylenemethane，TMM，**78**）是第一个得到表征的三线态双自由基。它曾是一个想象的分子，有 4 个 π 电子，其分子轨道和环丁二烯相似。此类化合物又称 π-共轭的非 Kekule 分子（non-Kekule moleculers），它们有一些很独特的反应，作为一个活泼中间体在有机合成中的应用颇引人注目。[108]

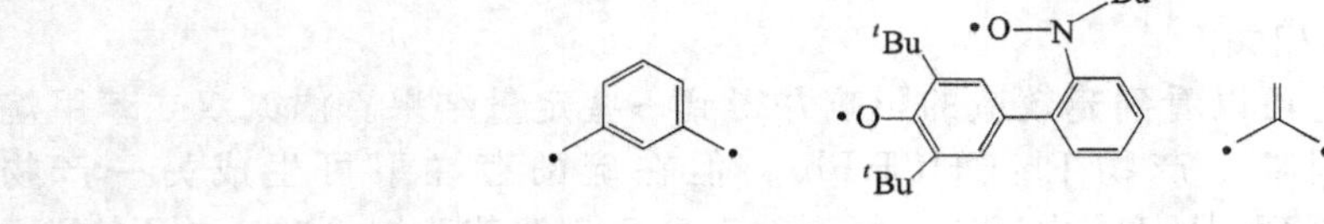

顺-3-己烯-1,5-二炔能发生热诱导的 6 电子电环化闭环反应（参见 5.5），若有氢原子供体存在，可定量生成苯。如式(4-82) 所示，同位素标记的底物 **79** 受热后生成其异构体 **80**，反映出反应中有苯炔的异构体 1,4-脱氢苯，即苯对位的双自由基中间体（**81**）生成，该反应称 Bergmann 烯二炔环芳构化反应（enediyne cycloaromatization）。[109]

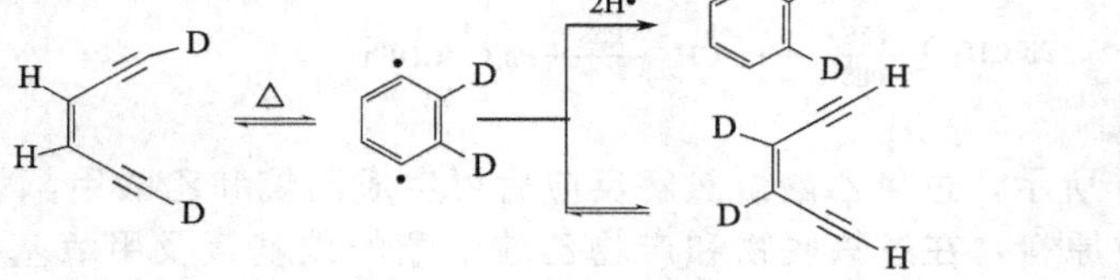

(4-82)

具抗肿瘤活性的带烯二炔子结构的天然产物卡里奇霉素（calicheamicin，**82**）是 1987 年发现的，其生理活性作用也是通过苯基双自由基的形式来实现的。如图 4-44 所示，不寻常的三硫键子结构上很易受到亲核试剂的进攻，产生一个亲核的 *S*-基团，硫基团进行分子内的 Michael 加成反应后，原本两个烯烃碳原子成为 sp^3 构型，并使烯二炔两端的距离由 0.36nm 接近为 0.32nm，为环化反应创造条件。分子中的三硫键是反应的活化剂，生成的苯基双自由基（**83**）与某些 DNA 作用，后者转为 DNA 双自由基与氧作用，原有的双螺旋结构受到破坏。

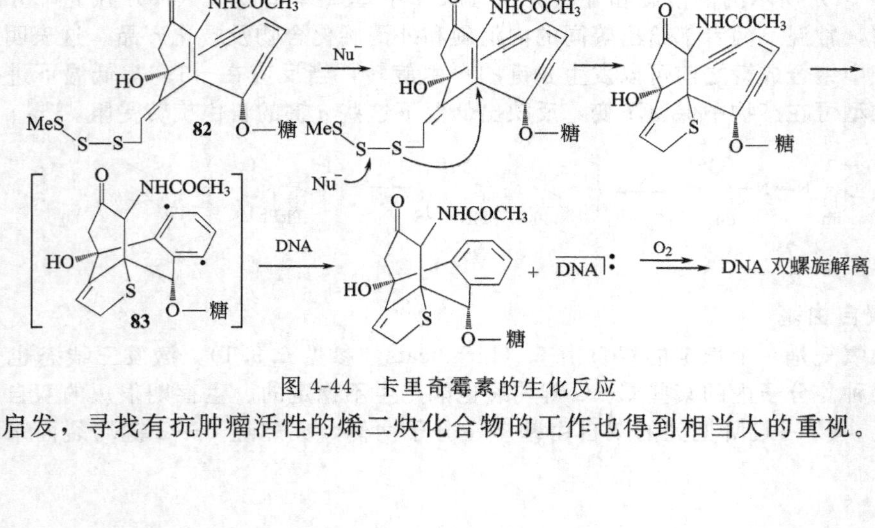

图 4-44 卡里奇霉素的生化反应

受此启发，寻找有抗肿瘤活性的烯二炔化合物的工作也得到相当大的重视。**84** 在 37℃

生理条件下就会成环，也能和 DNA 主链作用并使其裂解，如式(4-83) 所示：

(4-83)

许多原生或次生的自由基均可以造成细胞膜或 DNA 的损伤，其中最引人注意的是含氧的自由基，如羟基自由基、超氧负离子自由基、脂类过氧化物自由基对机体的损伤。衰老、癌的诱发和增殖、关节炎、血管疾病及某些化学物质引起的损伤等疾病都与生物自由基有关。自由基浓度的上升远比肿瘤细胞生长时产生的其他症状早，故对自由基在体内的观察对肿瘤的早期诊断是有一定帮助的。仲胺和亚硝酸作用易于生成亚硝胺。二甲基亚硝胺（**85**）是剧毒且致癌的，参与细胞代谢并依次转变为甲基亚硝胺（**86**）、重氮甲烷和甲基自由基等。后两者也能与许多生物分子发生反应而致病。人们在平时的食物中应注意少食含较多亚硝酸盐的腌制物品。

$$(CH_3)_2NH \xrightarrow{HONO} (CH_3)_2N\text{-}NO\ (\mathbf{85}) \longrightarrow CH_3NH\text{-}NO\ (\mathbf{86}) \longrightarrow CH_2N_2 + \dot{C}H_3 + \cdots$$

4.5.16　检测

除了少数如氧和一氧化氮等天然的稳定自由基外，一般自由基的活性都较强，故可以用如下所述的一些有特征的化学反应来检测自由基。如一个反应对酸、碱及溶剂极性大小的影响都很小，却能被过氧化物、金属盐或光照等自由基引发剂引发，又易被酚、芳香胺等自由基猝灭剂抑制，则常提示出有自由基参与。少量或大量的氧会分别引发或抑制一个自由基反应。又如，在反应体系中加入甲苯，若有自由基产生，反应产物中会有很易检测的苄基自由基的二聚产物 1,2-二苯乙烷。此外，生成自由基的溶液并不遵守 Beer 光吸收定律（参见 6.1.1），稀释溶液后颜色反而会加深，因为此时解聚产生的自由基数量反而多了，用冰点法测定相对分子质量的实验结果也会与理论值不符。

如式(4-84) 所示，**24** 与其他自由基可很快反应生成无色或淡色的 1,1-二苯基苦味酰基肼衍生物（**87**），因此根据颜色的变化，用比色法可以定性、定量检测出自由基的存在及其浓度。

$$Ph_2N\text{-}\dot{N}\text{-}C_6H_2(NO_2)_3\ (\mathbf{24}) \xrightarrow{R\cdot} Ph_2N\text{-}N(R)\text{-}C_6H_2(NO_2)_3\ (\mathbf{87}) \quad (4\text{-}84)$$

电子具有自旋性质并由自旋产生一个磁矩。自由基中未成对的孤单电子可以看作是一个小磁体，在外磁场的作用下电子自旋对外磁场有一个平行或反平行的两个方向，故其能级会裂分为两个值，产生能差 ΔE。当一个一定能量的电磁辐射致其从低能级到高能级的激发时会共振产生吸收光谱，即电子自旋共振光谱，也称顺磁光谱［electron spin（paramagnetic）resonance，ESR］。[110]

ESR 和 NMR 都是由于外磁场而引起的影响，不过一个是作用于自旋的电子，另一个是作用于核。电子不仅可以和外磁场相互作用，还可以和自旋量子数为 +1/2 的原子核作用，导致大小可以测得的能级的分裂。故 ESR 在邻近质子的影响下也会产生自旋分裂，使谱线出现超精细裂分。谱线裂分距离称超精细裂分常数，其值与电子和原子核的作用有关而与外磁场无关。谱线裂分的数目可由 $2I+1$ 估算，I 是原子核的自旋量子数（^{1}H、^{13}C、^{19}F 的 I 为 1/2；^{2}H、^{14}N 的 I 为 1）。如果有 n 个等价质子的共振分裂，则有 $2nI+1$ 条裂分谱线。甲基自由基在 ESR 上的信号裂分为 4 条($2\times3\times1/2+1$)。当受到一种类型的 n 个质子和另一种类型的 m 个质子共振影响时，则会出现($2nI+1$)($2mI+1$)条谱线。如乙基自由基有 12 条谱线[$(2\times2\times1/2+1)\times(2\times3\times1/2+1)=12$]；萘基负离子自由基有 4 个 α-质子和 4 个 β-质子，在电子自旋共振谱上出现 25 条谱线。

ESR 还可以测定自由基的生成和猝灭速率，它的灵敏度也较高，可测出浓度低达 10^{-10} mol/L 的自由基。1968 年开发出一种用反磁性化合物的自旋捕获剂与不稳定的自由基反应生成一种相对稳定、能被 ESR 检测的、称自旋加合物的新自由基的自旋捕获技术（spin trapping），从而为探测高活性、低寿命的自由基提供了一个简便而又极为有效的方法。[111] 亚硝基化合物和氮氧化物是两类重要的自旋捕获剂。常见的如 2-甲基-2-亚硝基丙烷（**88**），它易与另一个自由基 R・发生加成反应，生成的自旋加合物 **89** 中的 R 基团直接与氮相连，其 ESR 上可给出由 R 基团引起的超精细裂分谱，因此可鉴定 R 的结构。苯基叔丁基氮氧化物（**90**）和双 $N^{+}—O^{-}$ 官能团化合物，如 **91** 也具有良好的稳定性和很高的捕获能力。化学诱导动态核极化效应（chemical induceddynamic nuclear polarization，CIDNP）也是研究自由基中间体的方法之一。[112]

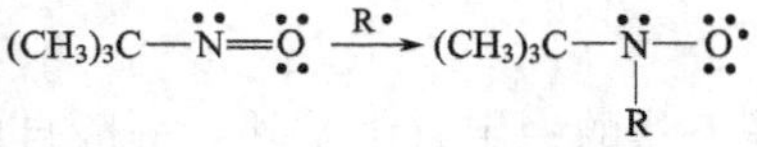

$$(CH_3)_3C—\ddot{N}=\ddot{O}: \xrightarrow{R\cdot} (CH_3)_3C—\ddot{N}(R)—\ddot{O}\cdot$$

88　　**89**

$C_6H_5CH_2—N^{+}(O^{-})—C(CH_3)_3$　　$O^{-}—N^{+}$(环)$—N^{+}(O^{-})—C(CH_3)_3$

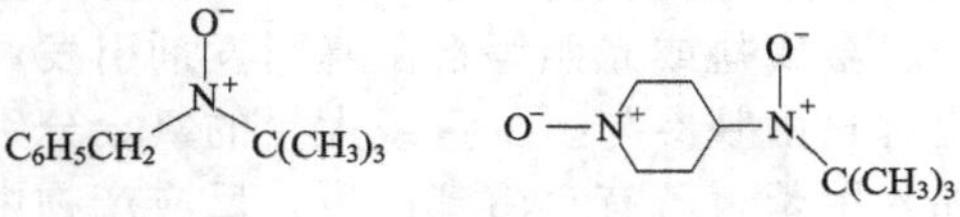

90　　**91**

自由基参与的反应是有机化学的基本反应之一，研究起步晚于离子型反应。第二次世界大战初期对合成橡胶和合成汽油的需求，大大刺激了自由基反应的初期发展，如今研究领域已大为扩展，并逐步确立了它的特殊地位。自由基的产生无需官能团保护，自由基的反应却易于官能团化，所有的自由基在水相中一般都相当稳定，故自由基反应往往符合绿色化学少用或不用有机溶剂的要求。有机光化学反应、高分子化学的链式反应、大气环境化学及有机电化学反应均和自由基化学密切相关；不少自由基新反应在有机合成和工业生产中已得到应用。[113]

4.6　自由基离子

共价键断裂的同时又接受或失去一个电子可生成一个自由基和一个离子，若自由基和离子仍有共价键键连时即形成自由基离子（radical ion）。[114] 自由基离子是带单电子的荷电物种。如式(4-85)的两个反应所示，烯键失去一个电子后可生成自由基正离子（radical cation，**1**）（参见 6.10.2），羰基还原得到一个电子后可生成自由基负离子（radical anion，**2**）：

$$\text{C=C} \xrightarrow{-e} \text{C}^{+}—\text{C}\cdot \quad (\mathbf{1}) \qquad \text{C=O} \xrightarrow{e} \cdot\text{C}—\text{O}^{-} \quad (\mathbf{2}) \tag{4-85}$$

4.6.1 产生

含有共轭 π 键的分子与电子受体作用时，由于具有较低的电离势而易于失去一个电子后成为自由基正离子，它又因具有较高的电子亲和力而易于接受一个电子后成为自由基负离子。[115] 如式(4-86) 的两个反应所示，萘易于形成自由基正离子 **3**；在乙二醇二甲醚中与钠或钾反应生成一个既有导电性又能给出自由基信号的暗绿色自由基负离子 **4**，若接受过量碱金属的电子则失去自由基而成为单纯的二价负离子。除 Li、Na 等碱金属外，如 SmI_2 等低价过渡金属盐和如胺、膦等带孤对电子的也都是常见的供电子物种。

$S_2O_8^{2-}$ → **3** $[\,]^{+\cdot}$；Na → **4** $[\,]^{\cdot -}$ —Na→ $[\,]^{2-}$ (4-86)

如式(4-87) 的两个反应所示，小心氧化对苯醌（**5**）或将对氢醌（对苯二酚，**6**）在碱性介质中控制还原都经过单电子转移生成一种被称为半醌（**7**）的自由基负离子中间体，半醌酸化后歧化形成对苯醌和氢醌的混合物：

O=⟨⟩=O (**5**) —(−e)→；HO—⟨⟩—OH (**6**) —(e, $-2H^+$)→ O=⟨·⟩—O⁻ (**7**) (4-87)

如式(4-88) 所示，三苯胺在卤素作用下还原生成二聚产物 Wurster 蓝（**8**）。**8** 是一个非常稳定的自由基正离子，分子中的正电荷和单电子高度离域而得以稳定。

$$2Ph_3N \xrightarrow[-2e]{Br_2} 2Ph_3N^+ \longrightarrow Ph_2N^+{=}\langle\rangle{=}\langle\rangle{=}N^+Ph_2 \xrightarrow[-e]{-2H^+} Ph_2N{=}\langle\rangle\text{—}\langle\rangle\text{—}N^{+\cdot}Ph_2\ (\mathbf{8}) \quad (4\text{-}88)$$

许多自由基离子是有色的。像 Wurster 蓝这类带芳环结构的共轭体系，在形成自由基离子前后有芳香性的产生和消失现象。在还原态下有芳香性，电荷在共轭环外的称 Wurster 氧化还原体系。如 3,6-二氰基亚甲基-1,4-环己二烯（TCNQ，**9**）是 Wurster 电子受体，接受一个电子后成为有芳香性的带环外负电荷的 **10**。在氧化态下有芳香性，电荷在共轭环内的称 Weitz 氧化还原体系。如，双(二硫亚乙烯基)乙烯(TTF，**11**)是 Weitz 电子供体，失去一个电子后成为有芳香性的带环内正电荷的 **12**。**9** 和 **11** 这类化合物都有望成为新型的电磁材料而引人注目。

(NC)₂C=⟨⟩=C(CN)₂ (**9**) —e→ (NC)₂C·—⟨⟩—C⁻(CN)₂ (**10**)

TTF (**11**) —(−e)→ **12**

4.6.2 溶剂化电子及其应用

自由基离子的生成涉及单电子的转移过程。溶剂化电子（solvent electron）是有机反应中的一个重要的单电子来源。氨、醚和水均能产生溶剂化电子。碱金属的液氨溶液常用作生成自由基负离子的电子供体。如式(4-89) 所示，各种碱（土）金属溶于液氨均可生成一种蓝色溶液。该蓝色溶液与金属的种类无关，都含有相同的溶剂化电子，在液氨中即氨合电子。氨合电子的形成使体系具有顺磁性和较高的导电性。[116]溶剂化电子有一个空腔结构，电子被限制在由溶剂化层所组成的空腔内。空腔结构的稳定性与溶剂性质有关，光照及杂质的存在能促使其分解或反应。液氨中电子对 NH_3 的极化作用使 NH_3 上的氢指向电子，电子与 NH_3 中氮上的孤对电子之间的排斥作用使电子和 NH_3 之间保持一定的平衡距离，从而在电子周围形成空腔。

$$M+(x+y)NH_3 \rightleftharpoons M(NH_3)_x^+ + e(NH_3)_y^- \tag{4-89}$$

氨合电子的 ESR 谱是可以测定的。金属溶解越多，溶液的颜色也越深，但顺磁性却降低了，因为此时虽然溶剂化电子增多了，但如式(4-90) 所示的电子之间的配对作用同样也增加了。

$$2e(NH_3)_y^- \rightleftharpoons e_2(NH_3)_z^{2-} + (2y-z)NH_3 \tag{4-90}$$

注意不要混淆 Na/NH_3 溶液和 $NaNH_2/NH_3$ 溶液。深蓝色的 Na/NH_3 溶液含溶剂化的 Na^+ 和溶剂化电子，是可以把非末端炔烃还原成反式烯烃的还原剂。如式(4-91) 所示，蓝色溶液中加铁盐催化或久置后，溶剂化电子会进一步与氨反应，生成无色的氨离子和氢。该反应虽也是可逆的，但往往形成了不可逆转的无色或浅灰色的 $NaNH_2/NH_3$ 悬浮液。$NaNH_2/NH_3$ 体系不再是还原剂而是强碱性试剂，如，能把末端炔烃转变为炔钠。一般的液氨溶液常含有金属盐杂质，故在用于生成溶剂化电子的媒介前应作蒸馏处理。

$$2e+2NH_3 \rightleftharpoons 2NH_2^- + H_2$$

$$Na+2NH_3 \xrightarrow{Fe^{3+}} 2NaNH_2 + H_2 \tag{4-91}$$

作为一个最简单的亲核试剂，溶剂化电子与双键加成生成负离子自由基，进一步反应则生成双电荷负离子；它也可使某单键裂解生成自由基和负离子。由于溶剂化电子的体积较大，故反应时常显示出一定的空间选择性，如炔烃在 Na/NH_3 中还原得到反式烯烃，而与非溶剂化的电子作用生成顺式烯烃。

水合电子 e_{aq}^- 是 20 世纪 60 年代辐射化学的一个重要发现。[117]动力学、谱学及产物分析等方法均已表明 $e_{aq}{}^-$、H^+ 及 OH^- 是辐射水生成的三大粒子。水合电子是一个由一个电子和 4 个、6 个或 8 个水分子所组成的带单位负电荷的粒子，由于电子的极性使其有一定的取向。水分子的正端 H 指向电子，氧端在外侧，活性很强。水合电子的迁移率及扩散系数大，电导率高，氧化还原电位为 2.77V，是比氢原子还要强的还原剂，如还原 Cu^{2+} 为 Cu^+ 的速率比氢原子快 60 倍。如式(4-92) 所示，水合电子在酸性溶液中可与质子作用而生成氢原子。在阴极上的电解水和溶液中的负离子经光解或 γ 射线对水辐射后均能放出水合电子，身体暴露在射线下也能产生水合电子。水合电子对肽和核酸中的氨基酸、嘧啶等有反应而使机体受到伤害。

$$e_{aq}^- + H^+ \longrightarrow H \tag{4-92}$$

有机化学中常用的试剂钠汞齐的反应性比钠温和，也是一个很好的还原剂，以前一直认为其在水溶液中的还原机制是如式(4-93) 所示的有新生态氢原子产生。无还原对象存在时，氢原子会相互结合成为氢气而放出：

$$Na+H_2O \longrightarrow Na^+ + OH^- + H$$

$$H+H \longrightarrow H_2 \tag{4-93}$$

钠汞齐在 N_2O 和 CH_3OH 的水溶液中反应并无 H_2 放出却有 N_2 生成，反映出存在原子氢的认识是有误的。因为如式(4-94) 所示，原子氢若产生肯定会与 CH_3OH 作用放出 H_2：

$$H + CH_3OH \longrightarrow H_2 + \dot{C}H_2OH + CH_3O\cdot \tag{4-94}$$

故钠汞齐参与的反应中真正的还原剂是如式(4-95) 所示的水合电子：

$$\begin{aligned} Na + H_2O &\longrightarrow Na^+ + e_{aq}^- \\ e_{aq}^- + N_2O &\longrightarrow N_2 + O^- \end{aligned} \tag{4-95}$$

4.6.3 Birch 还原反应

Birch 还原反应是芳香族化合物在液氨介质中用碱（土）金属经溶剂化电子进行芳环部分还原的一个反应。[118] 反应先生成负离子自由基（**13**），**13** 从质子性溶剂中得到一个质子成为自由基 **14** 后再接受一个电子成为环己二烯基碳负离子（**15**），**15** 再还原为产物 1,4-环己二烯（**16**），如图 4-45 所示。

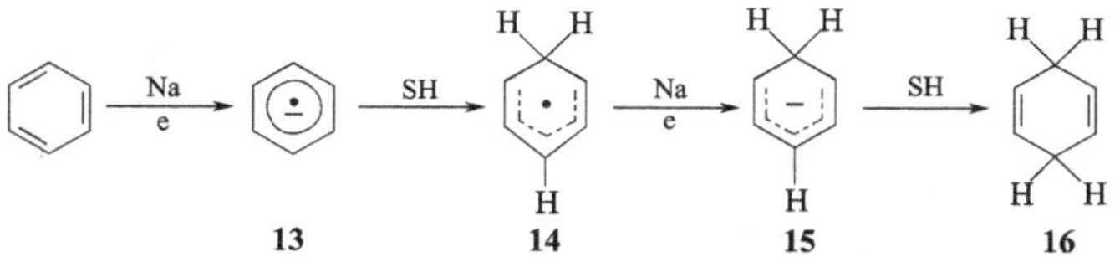

图 4-45 Birch 还原反应

Birch 还原反应的结果是得到 1,4-环己二烯产物而不是共轭的 1,3-环己二烯产物。此现象可用最小移动原理来解释（参见 1.6.5)。该原理指出：与底物的构象改变程度最小的反应是最有利的。[119] 如式(4-96) 所示，15 上的 6 个 C—C 键并不具有等同的双键特征，根据 3 个共振结构式可以得出 6 个 C—C 键的键序大小为：C1—C2 和 C1—C6 两个键的键序为 1；C2—C3 和 C5—C6 两个键的键序为 $1^{5/3}$；C3—C4 和 C4—C5 两个键的键序为 $1^{4/3}$。由中间体生成 1,4-还原产物 **16** 时，C1—C2 和 C1—C6 两个键的键序未变，另 4 个键的键序的改变都为 1/3，总键序改变量为 $1^{4/3}$。当生成 1,3-还原产物 **17** 时，C1—C2 和 C1—C6 两个键的键序仍未变，另 4 个键的键序的改变中，C2—C3 和 C3—C4 两个键的键序改变为 2/3，而 C4—C5 和 C5—C6 两个键的键序改变为 1/3。生成 1,3-还原产物反应的总键序改变量为 2，大于生成 1,4-还原产物的反应，故生成 1,4-还原产物的反应更有利。碳负离子中间体的 ^{13}C NMR 也反映 C6 上的电荷密度比 C2 大，这也使得 C6 位比 C2 位更易夺取质子而生成 1,4-还原产物。形成 1,4-还原产物的反应过渡态能量较低。

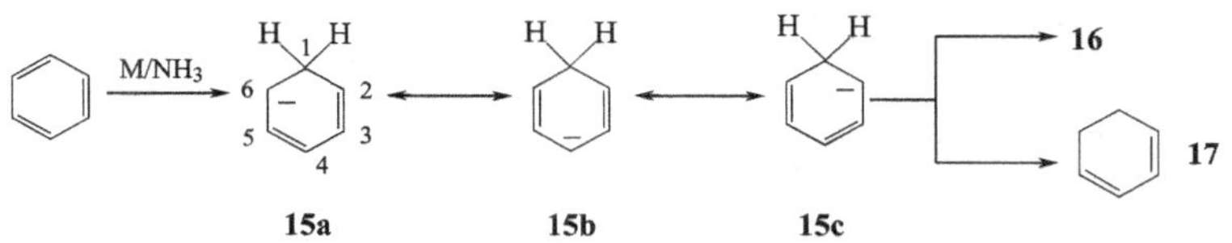

(4-96)

单取代苯经 Birch 还原可得到两个异构体取代环己二烯，根据取代基的供或吸电子性能的不同而主要生成其中的一个。如图 4-46 所示，由于反应中生成负离子自由基中间体，取代基若是供电子性，不与环上的碳负离子直接相连的 **18**(**18a**) 比 **19**(**19a**) 稳定，故有利于 1-取代-1,4-环己二烯（**20**)；取代基若为吸电子性，吸电子取代基与碳负离子相连的中间体 **19**(**19a**) 可使负电荷得到分散，**19**(**19a**) 比 **18**(**18a**) 稳定，故产物为 3-取代-1,4-环己二烯（**21**)。供电子取代基使 Birch 反应的速率下降。

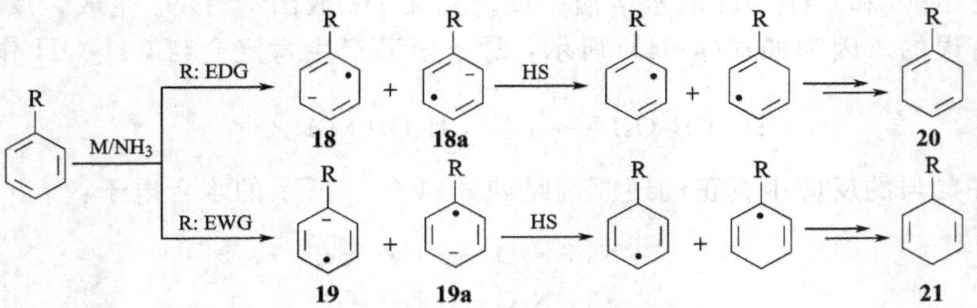

R: EDG 18 18a HS 20
M/NH_3
R: EWG 19 19a HS 21

图 4-46 取代苯经 Birch 还原的产物结构与取代基的供或吸电子性能有关

Birch 还原方法的发现大大促进了甾体化学的发展，为避孕药的开发做出了很关键的贡献。从很易获得的天然产物墨西哥产的薯蓣皂苷元（**22**）出发得到孕甾酮（**23**），**23** 经芳构化并脱去 C19-甲基后再通过 Birch 还原，即可得到合成避孕药炔诺酮（参见 8.5.3）所需的关键中间体 **24**，如式(4-97) 所示：

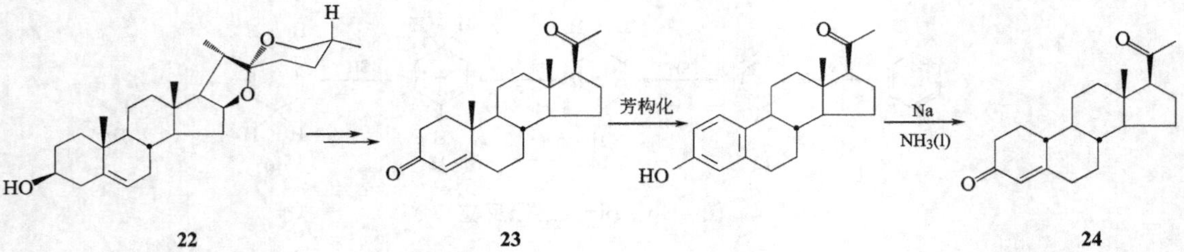

22 → 23 —芳构化→ —Na, NH_3(l)→ 24

(4-97)

如式(4-98) 的两个反应所示，Birch 还原可应用于共轭烯烃及 α,β-不饱和醛、酮、酯等底物而生成 1,4-加成产物。反应过程中有负离子中间体生成，故体系中若有烷基化试剂存在时还会进行还原烷基化反应：

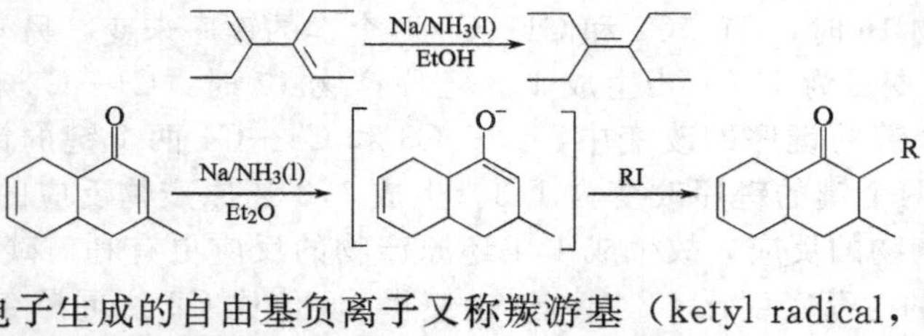

—Na/NH_3(l), EtOH→

—Na/NH_3(l), Et_2O→ [ ] —RI→

(4-98)

羰基接受一个电子生成的自由基负离子又称羰游基（ketyl radical，**25**）。从二苯甲酮可生成一个相当稳定的深蓝色羰游基并用作溶剂池中的去氧剂。液氨中用钠还原羰基为羟基的反应也是经过自由基负离子钠盐中间体，如式(4-99) 所示：

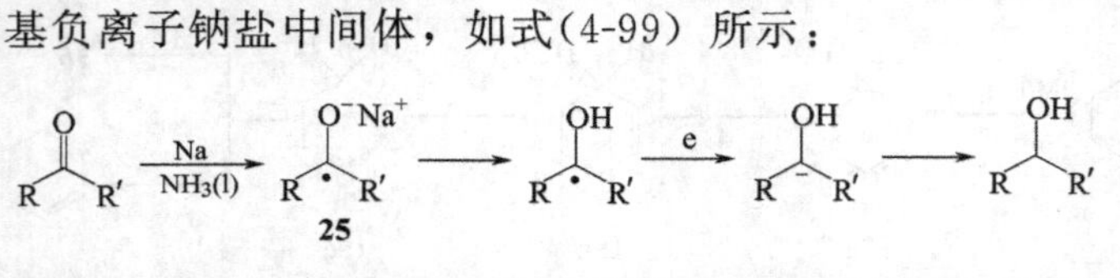

—Na, NH_3(l)→ 25 → —e→ →

(4-99)

若 **25** 较为稳定或反应体系中没有质子来源或质子浓度低，则自由基负离子会二聚为双负离子后生成频哪醇类产物（**26**），如式(4-100) 所示：

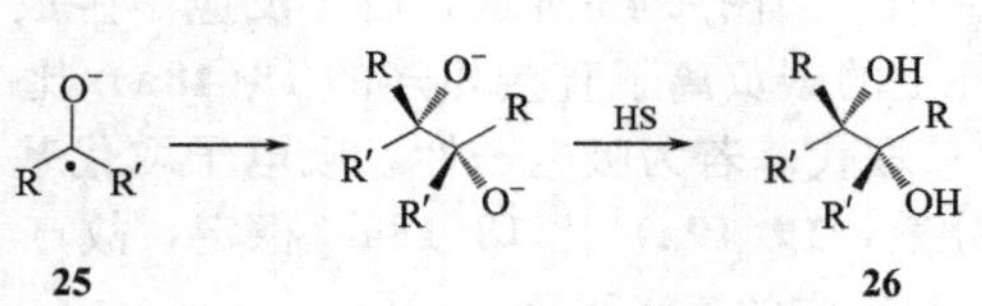

25 → —HS→ 26

(4-100)

如式(4-101)的两个反应所示，酯经相似的历程还原到醇或在无质子供体存在的环境下，经二聚反应先形成二酮再得到电子生成双烯醇负离子，水解后给出 α-羟基酮（**27**）。为避免其他副反应的影响，可加入 Me_3SiCl 捕获双烯醇负离子再酸性水解。

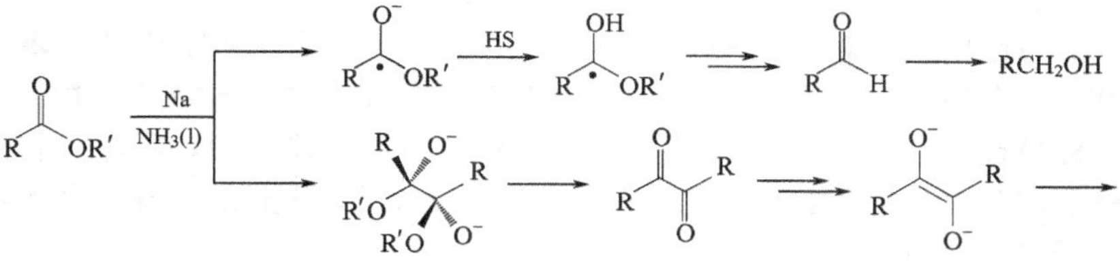

(4-101)

如式(4-102)的两个反应所示：镁汞齐或由原位反应得到的低价钛也可经过相同的电子转移机理使羰基化合物进行还原偶联反应，后者又称 McMurry 偶联反应。[120]

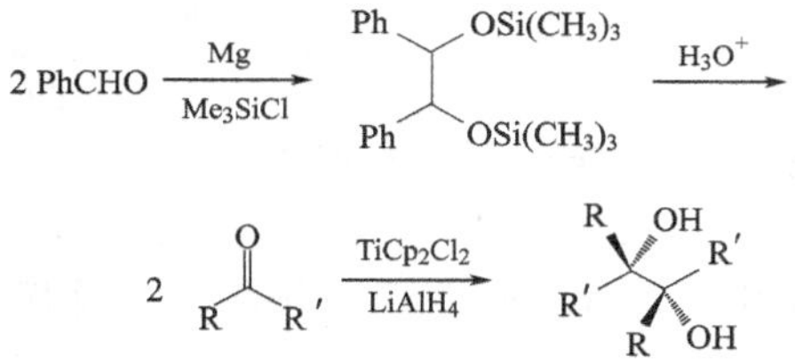

(4-102)

4.6.4 单电子转移反应

自由基离子作为一个活泼中间体，可以发生离子型或自由基型的反应。自由基正离子或负离子分别有亲电性或亲核性，分别得到或失去一个电子成为自由基；另外也可异裂生成一个离子和一个自由基中间体。如式(4-103)的两个反应所示，卤代烃或酰氯接受一个电子形成自由基负离子中间体后，可失去卤离子产生烷基自由基或酰氧基自由基：

$$RX \xrightarrow{e} RX^{\cdot -} \longrightarrow R\cdot + X^-$$

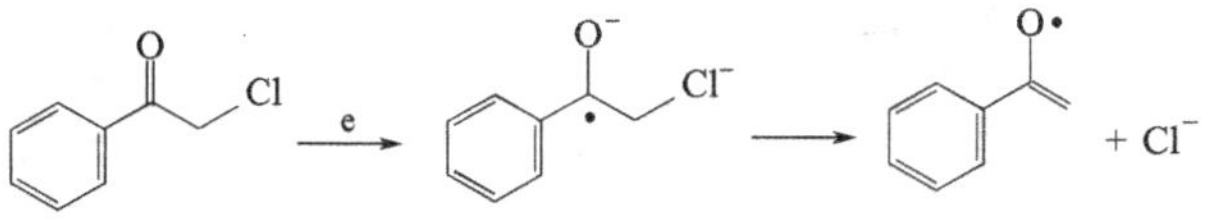

(4-103)

长期以来，人们一直认为有机反应中的如 S_N2 之类极性反应都涉及双电子转移的过程。自 20 世纪 70 年代以来，不少此类反应已被实验证明，实际上是通过单电子转移（single electron transformation，SET）进行的，两者的反应进程如图 4-47 所示。[121]

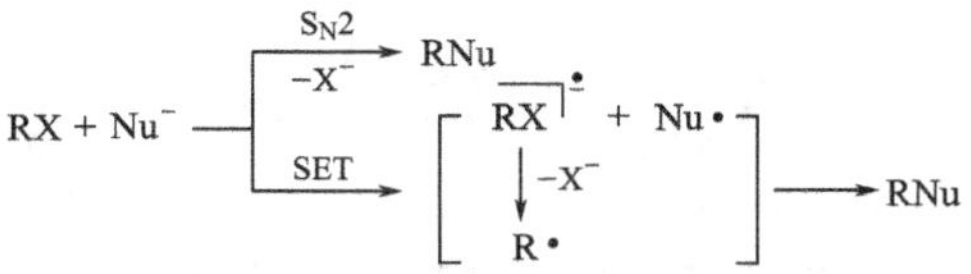

图 4-47 亲核取代反应中的 S_N2 和 SET 过程

单电子转移反应在无机化学中是很常见的，实际上在一个有机分子中加上或除去一个电子而引发的反应也是很重要的且并不少见。反应若按单电子转移途径进行，将产生自由基中间体，结合自由基和离子型反应而进行。反应若按双电子转移的极性途径进行，则不经过自由基中间体而产生新的化学键。用顺磁共振检测有无自由基中间体及分析相关反应的立体化学都可区别这两种不同的反应途径。

羧酸根离子的单电子氧化反应产生酰氧自由基，后者再发生一般的脱羧反应，如图 4-48 所示的可用于制备烷烃的 Kolbe 电解反应：

$$RCO_2^- \xrightarrow{-e} RCO_2\cdot$$
$$RCO_2\cdot \longrightarrow R\cdot + CO_2$$
$$2R\cdot \longrightarrow R—R$$

图 4-48 Kolbe电解反应制备对称烷烃

如式(4-104) 的反应所示，**28**（X=I，Br）经 $LiAlH_4$ 还原可得到环辛烯（**29**）和双环[3.3.0] 辛烷（**30**），当**28**（X=Cl，OTs）是氯代物或对甲苯磺酸酯时无**30**生成。这些结果表明，当C—X键易被还原时，单电子转移易产生负离子自由基**31**,**31**失去一个负离子产生自由基**32**并继续反应，从质子性溶剂中夺取质子生成**29**；**32**发生分子内自由基环化产生**34**，**34**从质子性溶剂中夺取质子生成**30**。

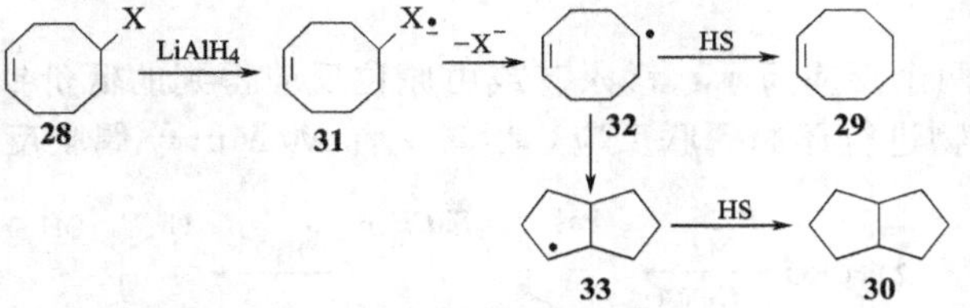

(4-104)

磺酸酯及各种卤代物的 S_N2 亲核取代反应的活性是 $I^- \sim TsO^- > Br^- > Cl^-$，而经由SET过程的亲核取代反应活性是 $I^- > Br^- > Cl^- > TsO^-$。碘代物的反应易于经由SET过程，而溴代物或氯代物易于经由 S_N2 过程，这与碘原子较大，易极化有关。TsO^- 和 I^- 的离去能力相当，但 TsO^- 不易经由SET过程而成为离去基团。[122] 如式(4-105) 的反应所示，**34**用 $LiAlD_4$ 在质子性溶剂中还原，经由SET过程可生成自由基**35**，**35**与亲核自由基氘反应生成**36**，从质子性溶剂中夺取质子生成**37**；**35**发生分子内环化产生自由基**38**，**38**与亲核自由基氘反应生成**39**，从质子性溶剂中夺取质子生成**40**。若以光学活性的2-卤代烷烃为底物，经由SET过程所得产物为外消旋体。

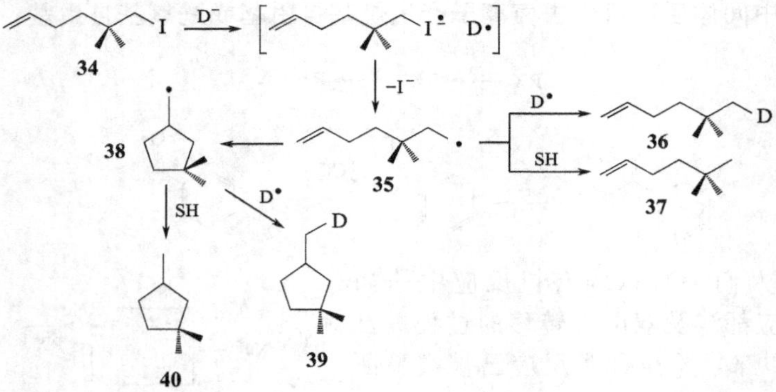

(4-105)

一些芳环上的亲核取代反应往往也是一个单电子转移过程。如式(4-106) 所示，缺电子的2,4,6-三硝基氯苯（苦基氯，picryl chloride，**41**）在碱性条件下可以接受富电子亲核物种 OH^- 的一个电子生成自由基负离子**42**,**42**再与亲核自由基物种结合后消除离去基团而完成取代反应。[123]

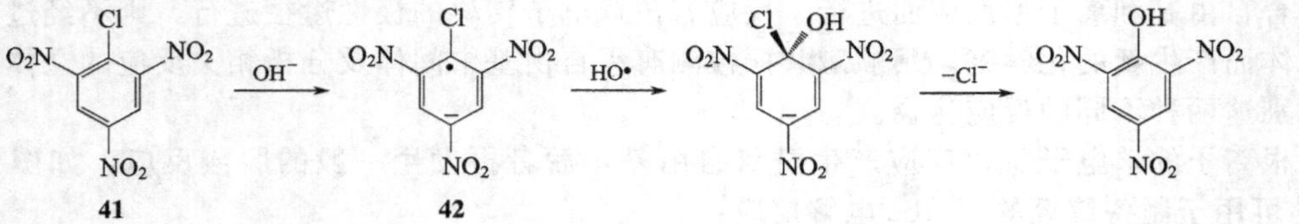

(4-106)

电子因素是影响有机反应途径的主要因素。电子供体 D 与受体 A 发生单电子转移反应后形成的中间体自由基离子 $D^{[+\cdot]}$ 或 $A^{[-\cdot]}$ 愈稳定，电荷离域程度愈大，也愈有利于单电子转移反应。此外，电子供体和受体的氧化还原电位的差值愈大，发生单电子转移反应的倾向也愈大。如，还原性较强的碳负离子与苄氯的反应就易于按单电子转移途径进行，还原性较弱的碳负离子的反应易于按极性途径进行。D—A 键越弱，发生单电子转移的可能性也越大。如，硫化物的 C—S 键能较弱，常作为单电子还原剂参与反应。更富电子的亲核试剂也更有利 SET 过程的。另一方面，极性反应的过渡态中反应物分子间已经部分成键，此时需要两个反应物相互接近到一定距离时才能作用。而单电子转移途径对立体因素的敏感度要小得多。故立体位阻较大的反应底物不易进行极性反应而更易于发生单电子转移历程。

单电子转移反应可以在化学试剂、光照及电化学条件下产生。碱金属和许多阴离子都是很强的单电子还原剂，易于失去一个电子。如 $S_2O_8^{2-}$、$AlCl_3$、O_2、HO·、NO^+、X_2 等都表现出很强的单电子氧化性，与有机分子的许多反应都是通过单电子氧化形成的自由基型中间体进行的。酰基过氧化物和醇金属试剂、碳负离子和硫化物等也都易引发单电子转移反应。许多过渡金属离子具有不止一个较稳定的氧化态，常用作涉及单电子转移过程的催化剂和试剂。

单电子转移机理实际上是自由基和离子型反应的结合，可涉及几乎所有的有机反应类型。生物体系中的单电子转移反应是很常见的。酶催化、光合作用和代谢过程也都涉及单电子转移过程。

4.7 卡宾

卡宾（carbine）这一名称是由三位杰出的有机化学家 Doering、Woodward 和 Winstein 于 1950 年前后所提出的。[124] 卡宾中的碳只用了两个成键轨道与两个基团结合，还余下两个轨道容纳两个未成键电子，相当于有两个彼此基本相互独立的自由基中心处于同一碳原子上。电中性的卡宾碳原子只有 6 个价电子，是一个极为活泼仅瞬间存在的活性中间体，比一般的离子或自由基更不稳定，甚至与烷烃也能发生反应。卡宾通常指亚甲基（**1**），其衍生物的英文名称可根据 IUPAC 规则用取代基名加结尾 ylidene（亚甲基）来命名；中文命名习惯上将“卡宾”作为母体，取代基放在卡宾的前面。如二卤卡宾（dihaloylidene，**2**）、乙基卡宾（ethylidene，**3**）等。

$$\underset{\mathbf{1}}{H_2C:} \qquad \underset{\mathbf{2}}{X_2C:} \qquad \underset{\mathbf{3}}{CH_3CH:}$$

4.7.1 产生

卡宾常通过两种类型的反应而生成，一是经活泼分子的光解或热解，如式(4-107) 所示的 3 个反应：

$$\left.\begin{array}{r} R_2C{=}C{=}O \xrightarrow[-CO]{h\nu} \\ R_2CN_2 \xrightarrow[-N_2]{h\nu} \\ R_2C{=}N{-}NHTs \xrightarrow[-N_2]{\triangle/B} \end{array}\right] \longrightarrow R_2C: \qquad (4\text{-}107)$$

从草酸经高真空闪光光解（high-vacuum flash pyrolysis，HVFP）可生成不易得到的二羟基卡宾（**4**），如式(4-108) 所示：[125]

$$HOOC\text{—}COOH \xrightarrow[Ar]{HVFP} (HO)_2C\text{:}\ \ \mathbf{4} \tag{4-108}$$

另一类反应是在同一碳原子上经一步或两步反应消去两个取代基，即 α-消除反应，如式(4-109) 所示的两个反应。

$$FClC(N{=}N) \xrightarrow{h\nu} FClC\text{:}$$

$$PhCHCl_2 \xrightarrow{BuLi} PhClC\text{:} + LiCl + C_4H_{10} \tag{4-109}$$

三氯乙酸热解经 α-消除反应可生成二氯卡宾这一新颖的二价活性中间体。氯仿在强碱中水解产生二氯卡宾的方法也适于其他卤代卡宾的制备，如式(4-110) 所示。[126] 某些内盐、环丙烷及金属有机化合物的反应也会涉及卡宾这一活性中间体。

$$Cl_3CCO_2H \xrightarrow{\triangle} Cl_2C\text{:} + HCl + CO_2$$

$$HCX_3 \xrightarrow{B} CX_3^- \xrightarrow{-X^-} \mathbf{2} \tag{4-110}$$

从卤仿制备二卤卡宾的反应难易程度主要受到两个因素的影响：一是卤素的电负性大，增加了 α-H 的酸性和中间体卤仿碳负离子的稳定性。另一个因素与碳负离子上的卤素能否在 d 轨道上接受负电荷，即 3d-2p 共轭效应的能力有关。这两种因素综合的结果，第一步反应的活性次序为：$CHI_3 > CHBr_3 > CHCl_3 > CHF_3$。反应第二步生成二卤卡宾，二卤卡宾的稳定性与卤素对缺电子碳的供电能力有关。卤素中通过共轭效应产生的供电能力大小次序为 F>Cl>Br>I，但离去能力是 I>Br>Cl>F，故 HCF_2I 比 HCF_3 更易生成二氟卡宾。但也有一些生成二卤卡宾的反应未有碳负离子中间体这一步，而是协同消除两个原子（基）的一步反应。

4.7.2 自旋态

每个电子的自旋运动可取顺时针或逆时针两种方向，自旋量子数的取值分别是 $+1/2$ 或 $-1/2$。原子吸收和发射光谱中的（$2S+1$）条谱线数目反映出分子的多重态（multiplicity，M）特点。$M=2S+1$，S 是分子中所有电子自旋状态的总和。根据 Pauli 不相容原理，同一分子轨道内一个电子的自旋量子数是 $+1/2$，另一个电子的自旋量子数则必定是 $-1/2$，故它们是自旋反向配对的，$S[(+1/2)+(-1/2)]$为 0。M 为 1 的多重态称单线态（singlet），用 S 表示，单线态分子的能级在磁场中不会发生分裂，谱仪上只有一条相应的能级线。大多数分子在基态时所有的电子都自旋反向配对，都是单线态分子。少数分子，如氧在基态时的多重态 M 为 3，称三线态（triplet），用 T 表示。三线态分子中的 $S[(+1/2)+(+1/2)]$为 1，具有顺磁性；能级因电子同向自旋而在磁场中裂分为一组 3 个不同的电子能级，光谱上表现为两个部分重叠的双重峰，即三重峰。

卡宾有 σ 和 p 两个前线轨道，碳碳双键也可理解为由两个卡宾碳结合而成。卡宾中两个非键电子的组合可出现两种不同的情况（参见 6.1.4），若它们的自旋方向相反，成为单线态卡宾，如 **5a** 和 **5c** 所示；若它们的自旋方向相同，则好像是一个在两个轨道上的双自由基（参见 4.5.15），成为三线态卡宾，如 **5b** 和 **5d** 所示。[127]

4.7.3 构型和稳定性

如图 4-49 所示，卡宾分子的构型理论上可取直线型或弯曲型。根据 VSEPR 规则，两对 C—H 键电子的排斥使∠HCH 在极端状态下可达到 180°，即成为直线型卡宾。直线型卡宾的中心碳原子取 sp 杂化，两个 sp 轨道和两个配体以 σ 成键，未成键电子位于能量相对较高的不含 s 成分的 p 轨道中，它们自旋方向相反时即单线态 **5a**，自旋方向相同时即三线态 **5b**。弯曲型卡宾中，配体以 σ 成键，单线态 **5c** 的未成键的两个电子中一个处于 σ 轨道，另一个处于 p 轨道；三线态 **5d** 的两个未成键电子自旋方向相同，一个位于 sp^2 杂化的 σ 键，另一个位于 p 轨道，后者的能量高于前者。理论研究和实验结果都表明，卡宾的构型是弯曲型的，单线态卡宾中∠HCH 约为 105°，三线态卡宾中∠HCH 约为 135°。

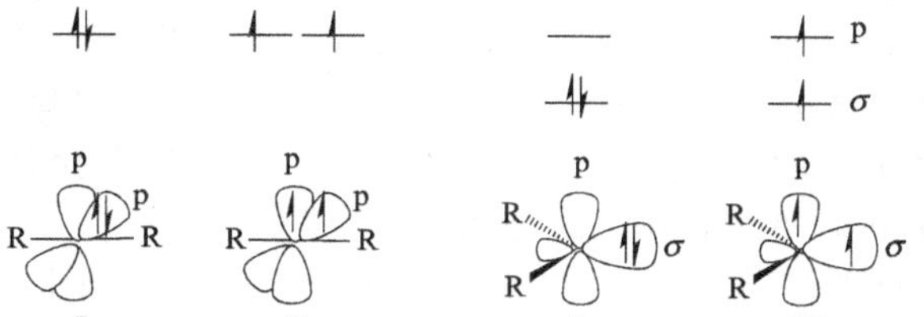

图 4-49 卡宾的自旋态（单箭头上下指向表示相反的自旋方向）和构型

单线态卡宾中两个未成键配对电子处于三原子所在平面，其直线型和弯曲型的电子构型分别为 p^2 和 σ^2；三线态卡宾中两个电子所在的 p 轨道是相互正交的，其直线型和弯曲型的电子构型分别为 p^1p^1 和 σ^1p^1。σ 轨道有更多的 s 特性，能量上比 p 轨道低。单线态卡宾中无论取何种构型，两个电子都位于同一个分子轨道内，电子-电子间有库仑排斥力，三线态卡宾则无此类斥力。卡宾取何种构型将取决于库仑排斥力和 σ 轨道与 p 轨道相差能量（ΔG_{ST}）的大小。若 ΔG_{ST} 大，σ^1p^1 的能量比位于 σ^2 的高，单线态卡宾构型更稳定些；若库仑排斥力大，则三线态卡宾构型更稳定些。理论和实验均表明，单线态卡宾的能量比三线态的仅高约 33kJ/mol，两者的穿越很快。许多卡宾的单线态和三线态之间的能差很小，故虽然简单的卡宾倾向于三线态结构，但取代基会通过如下几个效应改变卡宾的电子构型。[128]

（1）电子效应 单线态卡宾有空的 p 轨道，是 π-缺电性的，同时又有一对未成键配对电子位于 sp^n 轨道，而是 σ-富电性物种。如氟和卤素等取代基能通过 σ 键产生较大吸电子诱导效应或通过共轭效应供电子到空 p 轨道的都有利于单线态构型。从另一个角度看，如 R_3Si 等具 σ 供电效应的及如 NR_2、OR、SR 和卤素等带有供体 p 轨道孤对电子的取代基都使卡宾碳的 p 轨道能量提升，ΔG_{ST} 增大，这些卡宾的基态均为单线态。[129]

卡宾碳上的两个取代基有相反电性要求的，即有“推-拉”效应的取代基也有利于单线态。如卡宾 **6** 中，磷原子上的孤对电子向单线态卡宾碳上的空轨道提供电荷，具有较大位阻效应的邻二（三氟甲基）苯基则通过诱导和共轭效应分散卡宾碳上的孤对电子，所有这些效应综合在一起使该单线态卡宾有一定的稳定性，室温下放置数周仍无变化。1988 年制得的单线态膦卡宾（**7**）是一个黄色油状物，可在 80～100℃，10^{-2} Torr（1Torr＝133.322Pa）下蒸馏。1991 年制得的单线态咪唑类卡宾（**8**）是一个稳定的晶体，在 100℃熔化，此类 *N*-杂环卡宾在过渡金属配合物中是非常有用的配体（参见 4.7.9）。[130]

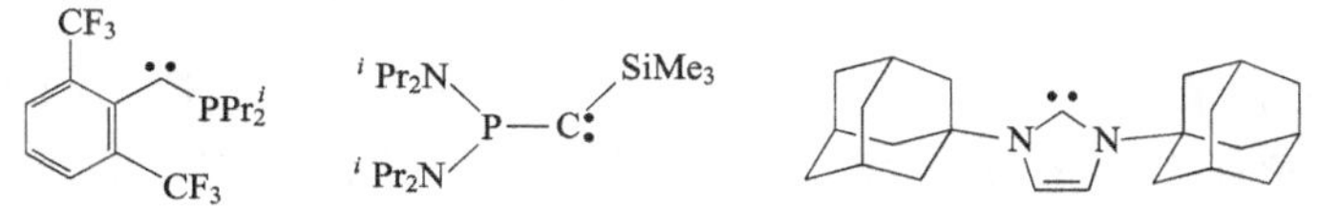

环丙烯卡宾被认为是存在于星际中含量最丰富的环烃，和环庚三烯基卡宾（**9**）一样，未成键配对电子所处轨道带有较多 s 特性，相邻烯基的供电子性又使卡宾碳上的 p 轨道得到

稳定，位于环体系卡宾碳上的空 p 轨道可参与离域而使环带有一定程度的芳香性，故这两个卡宾都是单线态卡宾。**10** 是较为稳定的一个卡宾：[131]

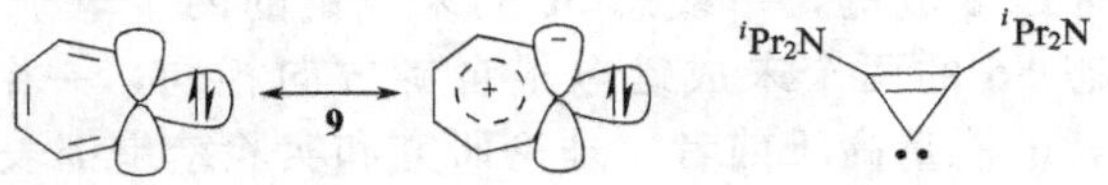

9

$^iPr_2N$　$^iPr_2N$

10

取代基带有如 COR、SOR、SO_2R、NO、NO_2 等受体 p 轨道的，以及具有如烯基、炔基、芳基等共轭效应的，将使卡宾 p 轨道能量降低或不变，许多此类卡宾的基态为三线态。键角愈大，配体键中的 s 成分愈多，未成键电子所处轨道的 p 成分则愈多，这些都有利于三线态构型。如，双苯基卡宾的基态为三线态，环丙基卡宾的基态为单线态。理论计算表明，亚甲基卡宾的键角在 100°时单线态比三线态还稍稳定些。[132]

(2) 动力学效应　大体积取代基团使键角接近 180°往往有利于三线态，大体积取代基团可以产生动力学稳定效应而能有效抑制活性中心与外来试剂的反应或自身的二聚作用。环状卡宾或使键角接近 120°的往往有利于单线态。体积效应通常对三线态产生较大动力学稳定影响，电子效应则通常使单线态带更多叶立德结构特性而产生较大动力学稳定影响。二苯卡宾之类在溶液中于室温下具纳秒级生存期的卡宾已经可以用 UV、IR 等光谱进行观测并测定其分解的动力学数据。活泼的卡宾可通过低温（77K）下在甲基环己烷、氟里昂之类不会结晶的溶剂所形成的有机玻璃或大大过量[1∶(1000～2000)]的 N_2 或惰性气体上冷冻卡宾前体溶液的方法来测定。在这些环境状态下，卡宾有足够稳定的动力学特性，不会发生二聚之类的反应。[133]

4.7.4　亲电性和亲核性

只有 6 个价电子的卡宾碳原子是缺电性的，具有空的 p 轨道，可归于软酸，许多卡宾的反应也确实是以亲电性为主。烯烃的富电性越强，卡宾与其进行的加成反应也越快，故多取代烯烃的反应速率比少取代的快。而如二甲氧基卡宾（**11**）那样与 O、N 等杂原子相连的卡宾中这些杂原子有电子可充入到卡宾碳的空 p 轨道上，其缺电性得到补偿后能带有部分亲核性质。[134]环丙烯卡宾或环庚三烯基卡宾中，空的 p 轨道可以成为离域的体系部分，卡宾碳的缺电性在芳香 π 体系中得以分散，这样离域的卡宾也不再是强烈亲电的了，与带吸电子基团的烯烃也能较好地反应。

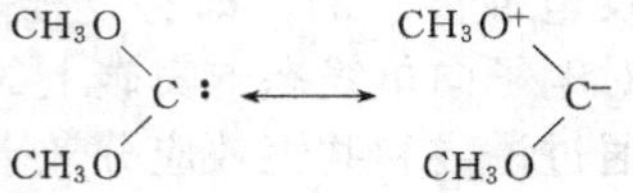

$$(CH_3O)_2C: \longleftrightarrow CH_3O^+{=}C^-{-}OCH_3$$

11

通过测定卡宾和一系列同系列取代烯烃的反应可以得出一些有关卡宾的亲电或亲核活性的定量结果。其中之一是与 Taft 取代常数（$\sigma_R{}^+$ 和 σ_I，参见 9.4.5）相关而得出的亲和性参数（m_{CXY}）值，如式(4-111) 所示。

$$m_{CXY}=-1.01\sum_{XY}\sigma_{R^+}+0.53\sum_{XY}\sigma_I-0.31 \qquad (4\text{-}111)$$

亲电卡宾的 m_{CXY} 值小于 1，亲核卡宾的 m_{CXY} 值大于 2，在这两个数值之间的为两可性的，它们与富电子或缺电子烯烃反应时分别表现出亲电性或亲核性。根据这个亲和性参数标准，从亲电性到亲核性渐变的一些卡宾及其 m_{CXY} 值（中括号内）如：$CBr(CO_2Et)$[0.3]、$CCl(CH_3)$[0.5]、CClPh[0.8]、CCl_2[1]、CClF[1.3]、CF_2[1.4]、$CF(OCH_3)$[1.9]、$C(OCH_3)_2$[2.3]、$C(OH)_2$[2.7]、$C(OCH_3)(NMe_2)$[2.9]。

通过各类卡宾对亲核性的和亲电性的烯烃进行加成反应的活性测试也可将卡宾分为亲

核、亲电和两性 3 种，其趋势与根据亲和性参数得出的结果一致。如表 4-4 所示，比较二溴卡宾、亲核的 CCl_3^-、亲电的 Br_2 及环氧化试剂与 3 个烯烃的相对反应速率可以看出，二溴卡宾表现出是亲电性的。[135]

表 4-4　亲电（核）性物种与烯烃进行加成反应的相对活性

物种	$:CBr_2$	CCl_3^-	Br_2	环氧化反应
异丁烯	1.0	1.0	1.0	1.0
苯乙烯	0.4	>19	0.6	0.1
2-甲基-2-丁烯	3.2	0.17	1.9	13.5

卡宾的反应模式及立体化学与其多重态有关。单线态有空的轨道可起碳正离子作用，同时有一对非键电子可起到碳负离子作用；三线态则可起双自由基作用。三线态在能量上要略稳定些，故许多卡宾的反应是由单线态进行的。卡宾的反应主要包括对重键的加成、插入反应和重排反应，反应活性则与取代基密切相关，如三类苯基卤卡宾 PhXC 的活性是 Br>Cl>F。[136]卡宾二聚产生一个双键，但卡宾的活性极强，两者相遇的概率不大。

4.7.5　加成反应

Doering 通过卡宾对烯烃的加成研究而揭示出卡宾的亲电性质。卡宾与重键加成生成三元环化合物，结果好像是卡宾碳原子插入了碳碳双键而发生环加成反应。一般而言，卡宾对双键的加成比对三键的容易，与共轭双烯主要进行 1,2-加成，在合适的条件下还能与芳香体系和富勒烯起加成反应，如式(4-112) 所示的 3 个反应：

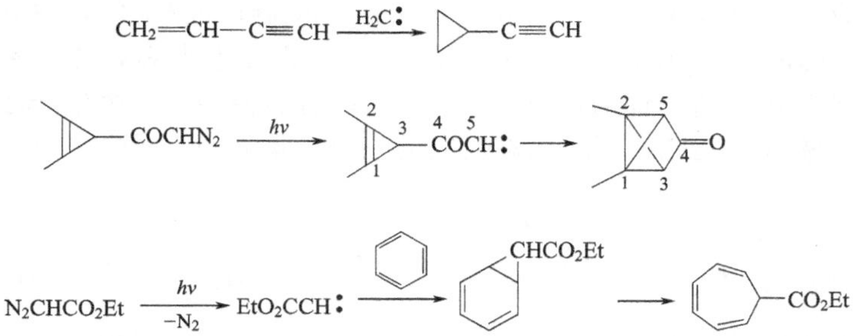

$$CH_2{=}CH{-}C{\equiv}CH \xrightarrow{H_2C:} \triangleright{-}C{\equiv}CH$$

$$\text{COCHN}_2 \xrightarrow{h\nu} \text{COCH:} \longrightarrow \quad (4\text{-}112)$$

$$N_2CHCO_2Et \xrightarrow[-N_2]{h\nu} EtO_2CCH: \xrightarrow{\text{苯}} \text{CHCO}_2\text{Et} \longrightarrow \text{CO}_2\text{Et}$$

烯烃与卡宾进行加成反应的立体化学现象十分引人注目，并由此提出了卡宾的电子构型问题。如重氮甲烷光照下生成的卡宾与液态顺-2-丁烯或反-2-丁烯反应有极好的立体专一性，分别只生成顺-1,2-二甲基环丙烷（**12**）或反-1,2-二甲基环丙烷（**13**），底物的立体构型在反应后完全得到保留。但是，卡宾与气相的顺-2-丁烯或反-2-丁烯反应，生成的都是 **12** 和 **13** 的混合物，如图 4-50 所示。[137]

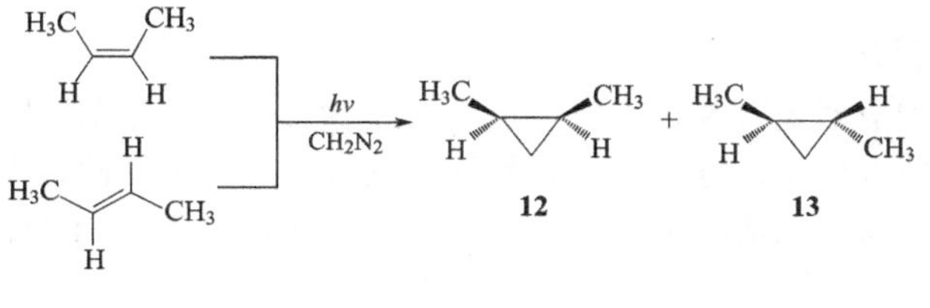

$$\xrightarrow[CH_2N_2]{h\nu} \mathbf{12} + \mathbf{13}$$

图 4-50　卡宾与烯烃反应的立体选择性

由于卡宾具有两种可能的电子构型，故就会涉及是何种自旋态发生反应的问题。三线态因含有两个未成对的自旋方向相同的电子，其反应是分步进行的。如图 4-51 所示，反应开始时只形成一根键而产生一个自旋方向相同的 1,3-双自由基中间体 **14** 和 **15**，接着要发生

C—C 键的旋转或电子自旋反转之间的竞争。键的旋转将使反应物的立体化学特征消失，而电子自旋反转生成是形成第二根键所必需的。多数情况下 C—C 键的旋转速率更大，故三线态卡宾无论和顺式二取代乙烯或反式二取代乙烯发生环加成反应均会经过 **16** 和 **17**，随后生成混合物产物。但单线态中的未成键电子是配对的，反应以协同方式即一步完成的，生成的加成产物能保持烯烃底物的立体化学。

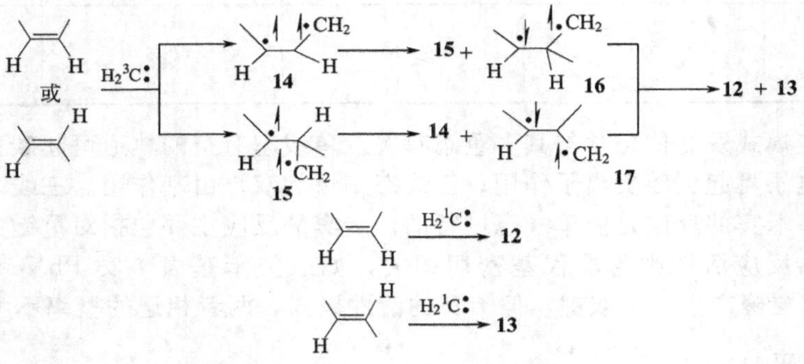

图 4-51 三线态或单线态卡宾与烯烃反应的立体选择性

大部分卡宾在刚诞生时具有单线态构型，尤其在光解条件下更是如此，如前面提到的卡宾与液态丁烯的反应。许多卡宾的三线态比单线态稳定，烯烃浓度降低也给单线态衰变为三线态创造了条件。如前面介绍的卡宾与气态丁烯的反应结果不同于与液态丁烯的反应结果。在反应体系中若存在惰性气体，单线态卡宾与惰性气体碰撞而损失能量并衰变为三线态；此外，如式(4-113) 的两个反应所示：重氮甲烷光照产生单线态卡宾，若体系中有如二苯酮一类的三线态光敏剂存在，则会敏化转为三线态卡宾。若想控制反应由单线态卡宾进行，可在反应体系中加入如氧气一类能抑制三线态反应的三线态猝灭剂。[138]

$$CH_2N_2 \xrightarrow{h\nu} [CH_2N_2]^{*1} \xrightarrow{-N_2} H_2^1C:$$

$$Ph_2CO \xrightarrow{h\nu} [Ph_2CO]^{*1} \xrightarrow{ISC} [Ph_2CO]^{*3} \xrightarrow{CH_2N_2} [CH_2N_2]^{*3} \xrightarrow{-N_2} H_2^3C: \tag{4-113}$$

卡宾对碳碳双键加成形成三元环是一个非常重要的有机合成反应，也是卡宾在合成化学中的主要用途。如式(4-114) 的两个反应所示，卡宾也可对碳杂双键加成形成三元杂环，三线态卡宾可与基态三线态氧反应生成羰基氧化物（carbonyl oxide）：[139]

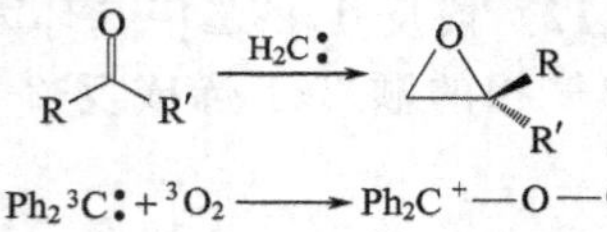

$$Ph_2{}^3C: + {}^3O_2 \longrightarrow Ph_2C^+—O—O^- \tag{4-114}$$

4.7.6 插入和重排反应

若无烯烃或其他加成对象存在，卡宾可进行也是由 Doering 首先研究发现的对 C—H 键的插入反应。分子内的插入反应比分子间的容易发生且有一定的选择性，卡宾的结构、多重态及其与 C—H 键之间的距离在此情况下起着重要的作用，如式(4-115) 的两个反应所示：[140]

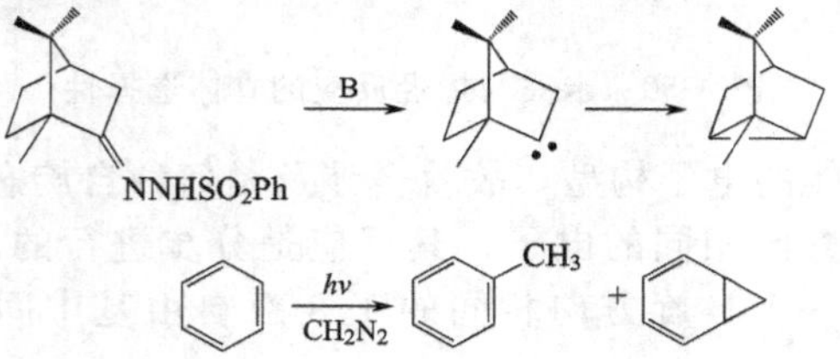

(4-115)

与加成反应一样，单线态卡宾插入 C—H 键的反应也是协同过程，选择性较差；三线态卡宾是自由基过程，选择性较强。用^{14}C标记的烯烃底物进行反应可以区别这两种构型。[141] 如式(4-116) 所示的两个反应中，^{14}C标记的异丁烯（**18**）与单线态卡宾发生插入甲基 C—H 键反应后只有一种产物 **19**；而与三线态卡宾发生反应后可生成 **19** 和 **20** 两种产物。

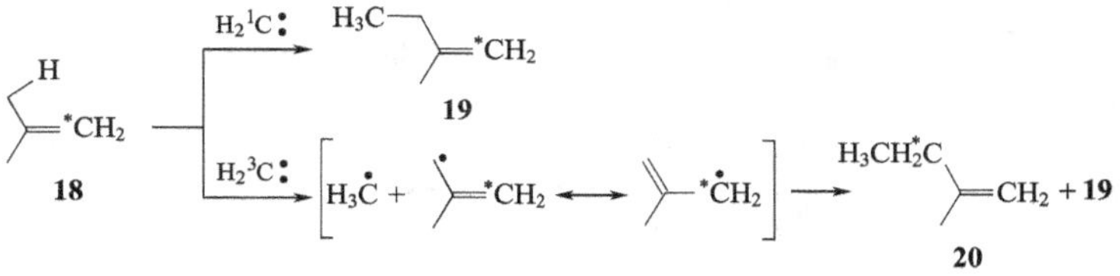

(4-116)

三线态卡宾显示出更易于发生分子间反应。如式(4-117) 所示的两个反应中，2-重氮环己酮（**21**）在甲醇溶液中光解生成的单线态卡宾主要先发生插入 C—H6 的反应，生成三元环酮衍生物中间体后，再发生羰基亲核进攻开环生成缩环产物 **22**；而在二苯甲酮溶液中光解生成的三线态卡宾主要与体系中存在的烯烃发生分子间加成反应得到 **23**。[142] 重氮酮转变成乙烯酮的 Wolff 重排反应既有协同脱氮过程，也有经过单线态卡宾中间体进行的分子内重排过程。[143]

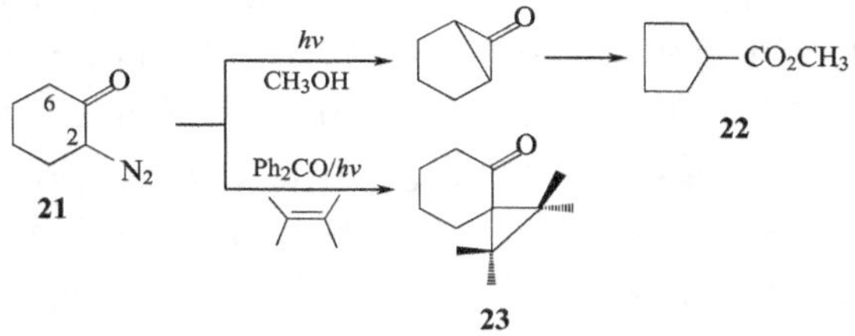

(4-117)

如式(4-118) 的两个反应所示，单线态卡宾插入邻位 C—H 键发生分子内 1,2-氢迁移生成烯烃。卡宾进行的插入反应还可造成底物环的扩大、缩小等重排产物，α-烷基或芳基则随重排而迁移。

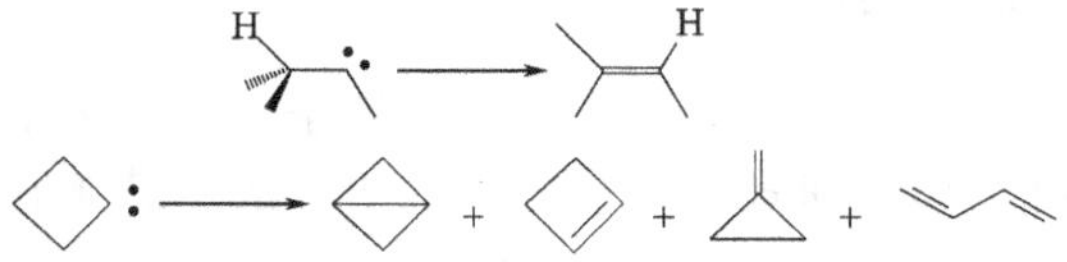

(4-118)

如式(4-119) 所示，卡宾的插入和加成是一对竞争反应。不同类型的卡宾有不同的选择性，卤代卡宾更倾向于进行加成。

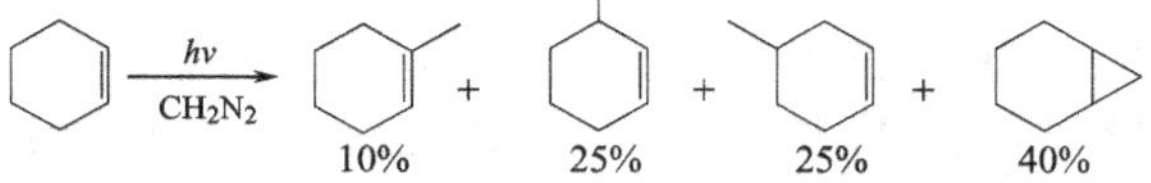

(4-119)

活性较强的卡宾还可插入 C—X 键、C—O 键或 O—H 键，但很少插入 C—C 键。如式(4-120) 所示的卡宾与羧酸反应得到羧酸甲酯的反应。

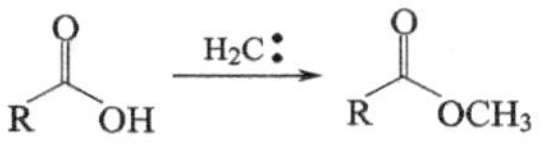

(4-120)

4.7.7 生成离子或自由基的反应

当不能发生加成或插入反应时，兼具离子特征的单线态卡宾也可发生生成离子或自由基的反应。[144] 如式(4-121) 所示的 3 个反应，单线态二苯基卡宾与甲醇生成加成产物 **25** 的反应是分步进行的，卡宾先夺取一个质子生成碳正离子 **24**。单线态苯氯卡宾（**26**）可与吡啶反应生成叶立德 **27**，卡宾夺取一个质子生成两个自由基。

$$Ph_2C\mathbf{:} \xrightarrow{CH_3OH} \underset{\mathbf{24}}{[Ph_2CH^+]} \longrightarrow \underset{\mathbf{25}}{Ph_2CHOCH_3}$$

$$\underset{\mathbf{26}}{Cl(Ph)C\mathbf{:}} + \text{吡啶} \longrightarrow \underset{\mathbf{27}}{Cl(Ph)\overset{-}{C}—\overset{+}{N}C_5H_5} \qquad (4\text{-}121)$$

$$H_2C\mathbf{:} + CH_3CH_3 \longrightarrow \dot{C}H_3 + \dot{C}H_2CH_3$$

4.7.8 类卡宾

某些 α-卤代锌、锂、汞等有机金属化合物的化学行为与卡宾相似，如与烯烃进行加成反应，但反应中并无卡宾中间体生成。Closs 为此类化合物提出类卡宾（carbenoid）这一概念并为以后发展出的金属卡宾配合物（参见 7.9）建立了前期基础。[145] 类卡宾是一类金属螯合卡宾的化合物。如式(4-122) 所示的两个反应中，二碘甲烷和 Zn/Cu（Zn/Ag 合金或 $ZnEt_2$）在无水乙醚中生成碘甲基锌碘化物 ICH_2ZnI，其结构可视作亚甲基和碘化锌的配合物，如 **28** 所示。与卡宾中的碳相似，**28** 中的碳也显示出较高的亲电性能，它们与烯烃的反应活性比真正的卡宾低，但只生成三元环而很少进行插入反应。该反应顺式加成的立体选择性和产率都很好，是制备三元环化合物的一个好方法，常称 Simmons-Smith 反应。[146] 应用类卡宾反应来合成高张力的小环体系常常是有效的。[147]

$$CH_2I_2 + Zn/Cu \longrightarrow H_2C\overset{I}{—}ZnI \equiv \underset{\mathbf{28}}{H_2C\mathbf{:} \rightarrow ZnI_2}$$

$$RR'C{=}CR'''R'' + CH_2I_2 \xrightarrow{Zn/Cu} \text{环丙烷}(R, R', R'', R''') + ZnI_2 \qquad (4\text{-}122)$$

卤化物在强碱作用下发生的 α-消除反应可经由两条截然不同的反应途径。一是先脱去质子再脱去卤素生成自由卡宾。如式(4-123) 所示的二氯甲基苯在甲基锂作用下生成一氯一苯卡宾（**29**）的反应：

$$PhCHCl_2 \xrightarrow[-CH_4]{CH_3Li} Ph\overset{-}{C}—Cl_2 \xrightarrow{-Cl^-} \underset{\mathbf{29}}{PhClC\mathbf{:}} \xrightarrow{\text{烯烃}} \text{环丙烷}(Ph, Cl) \qquad (4\text{-}123)$$

二是发生金属卤素的交换反应生成类卡宾中间体。如式(4-124) 所示，二溴甲基苯在甲基锂作用下与烯烃进行加成，底物先失去溴甲烷生成类卡宾一溴一苯甲基锂（**30**），**30** 再与烯烃作用。整个过程经由离子型反应，溴化锂仅仅在和烯烃反应时才消除。反应过程中并未生成自由的苯基卡宾（**31**），但结果看似与由 **31** 引发的反应一样。[148]

$$PhCHBr_2 \xrightarrow[-CH_3Br]{CH_3Li} \underset{\mathbf{30}}{Ph\overset{-}{C}—HBr\ Li^+} \xrightarrow{\text{烯烃}} \left[\text{Ph(Br)(H)C—C—}\overset{-}{C}\ Li^+\right] \xrightarrow{-LiBr} \text{环丙烷}(Ph, H) \quad \underset{\mathbf{31}}{PhHC\mathbf{:}} \qquad (4\text{-}124)$$

4.7.9 稳定的卡宾

卡宾是不稳定的，活泼性也是足够强的，绝大部分卡宾的生存期都在1s以内。从重氮甲烷光解产生的单线态亚甲基卡宾可能是已知最活泼的卡宾。一些卡宾的相对活性大小为：卡宾＞乙氧羰基卡宾＞苯基卡宾＞单卤卡宾＞二卤卡宾。

化学家在早期就发现，大体积取代基的立体效应和如氨基、膦基那样具有 π-供电子能力和 σ-吸电子能力取代基团的电子离域效应都能抑制卡宾自身的二聚或重排等反应，即提高卡宾的稳定性（参见1.6.8）。如，**32** 的寿命可长达两周。[149] 如 **8** 那样的一些稳定的单线态和三线态 *N*-杂环卡宾（*N*-heterocyclic carbine，NHC）于20世纪90年代先后得到合成。*N*-杂环卡宾中氮上的孤对电子可与卡宾碳上的空轨道共轭，其相对较大的电负性可产生吸电子诱导效应；氮上稳定的环状构型的取代基能发挥大体积立体位阻效应的动力学影响。[150] *N*-杂环卡宾中的∠NCN较小（100°），键长较长（0.136nm），通常具有亲核性和碱性，可与羰基及缺电性烯烃反应并用于催化反应。这些 *N*-杂环卡宾中有的是晶体，可用X射线衍射测定结构。如 **33** 对氧是稳定的，但易被水解；对水和氧都稳定的 **34** 可作为固体在空气中存在2天。[151] 有的 *N*-杂环卡宾具高自旋性而有望用于有机铁磁材料的制备。[152]

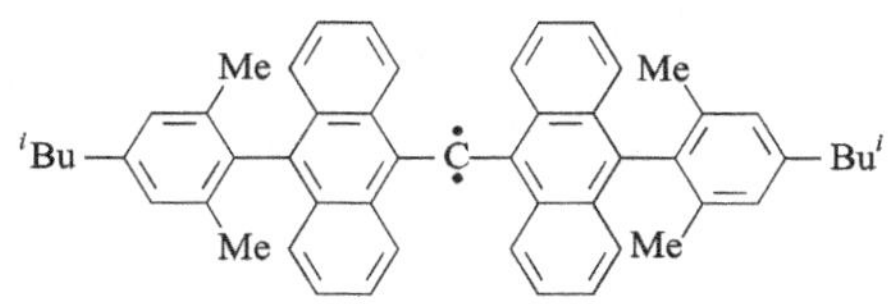

32 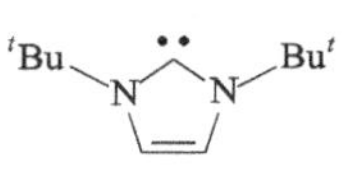 **33** 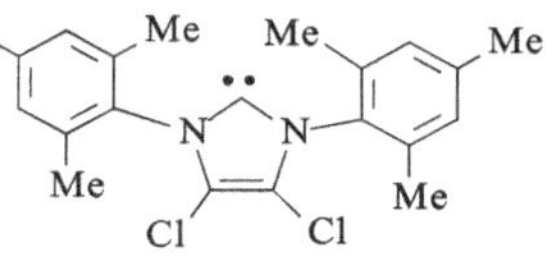 **34**

N-杂环卡宾因较高的热稳定性和较好的碱性及 σ-供电性能与金属成键而成为一类极为重要的配体，其与过渡金属形成的配合物产生的催化活性特别引人注目，并可通过设计配体结构来达到催化位点电子效应和空间效应的最佳化（参见7.7.10和7.9）。[153] 稳定卡宾的发现已从概念上改变了人们对这类活泼中间体的看法，对有机合成方法学和新材料的开发都产生了重要的影响。

4.7.10 氮宾

氮宾（nitrene）是卡宾的氮类似物，是一类外层只有六个电子的一配位氮原子物种，它们又常常根据音译被称为乃春。最简单的氮宾是 **35**，其他氮宾都可以看作是 **35** 中的氢被取代后的衍生物。它们的命名法和卡宾相似，把 **35** 作为母体，加上取代基名称，称为某氮宾，烷基、芳基、羰基、氨基都是常见的取代基。如甲基氮宾（**36**）、苯基氮宾（**37**）、甲氧羰基氮宾（**38**）和二苄基氨基氮宾（**39**）等。[154]

$\ddot{\text{H}\text{N}}$:	CH_3N:	C_6H_5N:	CH_3OCON:	$(PhCH_2)_2NN$:
35	**36**	**37**	**38**	**39**

氮宾也有单线态 **40** 和三线态 **41** 两种结构，基态是三线态。与卡宾相仿，单线态氮宾有亲电性，而三线态氮宾有双自由基性质。

R—N: ↑↓ (**40**)　　R—N·↑ ·↑ (**41**)

氮宾的产生与卡宾相仿，主要通过如式(4-125)所示的光解、热解和 α-消除2类方法。通过易得的酰基和芳基叠氮化物 RN_3 脱氮是得到氮宾的主要方法，但烷基叠氮化物光解后生成的氮宾则很快就经 1,2-迁移生成亚胺。

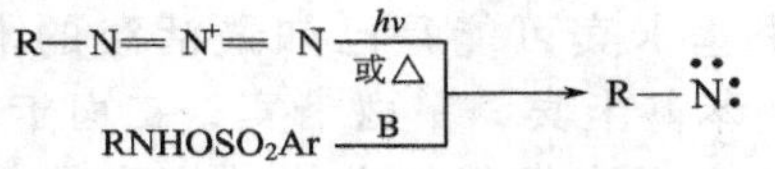

$$\left.\begin{array}{l} R-N=N^+=N^- \xrightarrow{h\nu \text{ 或 } \triangle} \\ RNHOSO_2Ar \xrightarrow{B} \end{array}\right\} \longrightarrow R-\ddot{N}: \quad (4\text{-}125)$$

氮宾是一个非常活泼的含氮中间体物种，很不稳定，其反应性与卡宾相仿，也主要发生加成、插入、重排、夺氢、二聚及歧化等反应，在有机合成上用于制备含氮的有机分子，如图 4-52 所示。

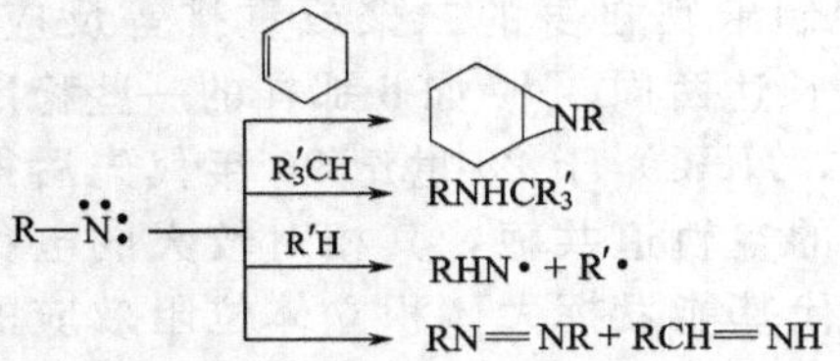

图 4-52 氮宾的 4 个反应

除了卡宾和氮宾外，少配位碳的活泼中间体还有零价的原子碳（atomic carbon，**42**）[155] 和一价的卡炔（carbyne，**43**）。[156] 此外，与碳同族的硅宾（silylenes，**44**）、锗宾（germylenes，**45**）和锡宾（stannylenes，**46**）等重卡宾同系物（heavier carbene analogues）也是令人感兴趣的活泼中间体。[157] 这些重卡宾同系物通常是极其活泼的，但通过取代基的协同推-拉电子效应可得以稳定而被分离，如化合物 **47**。[158]

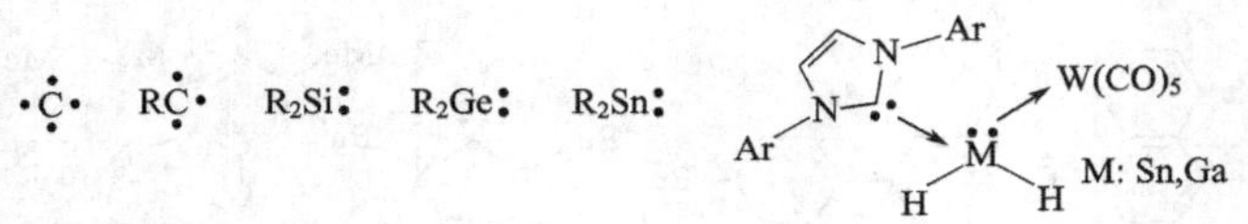

·C̈· (**42**)　RĊ· (**43**)　R_2Si: (**44**)　R_2Ge: (**45**)　R_2Sn: (**46**)　**47**（M: Sn,Ga）

习 题

4-1 给出下列各个反应中涉及的活泼中间体结构。

(1) $CH_3CH_2Cl \xrightarrow{AlCl_3} AlCl_4^- + \mathbf{1}$　(2) $CH_3CHI_2 \xrightarrow{Zn} ZnI_2 + \mathbf{2}$

(3) $CH_3CH_2-N=N-CH_2CH_3 \xrightarrow{\triangle} N_2 + \mathbf{3}$　(4) $CH_3CH_2OH \xrightarrow{-e} \mathbf{4} \longrightarrow CH_3\cdot + \mathbf{5}$

(5) $CH_3CH_2-C\equiv C-CH_2CH_3 \xrightarrow{Na} Na^+ + \mathbf{6}$

4-2 解释下列现象。

(1) 下列取代反应的产物可保持底物的构型。

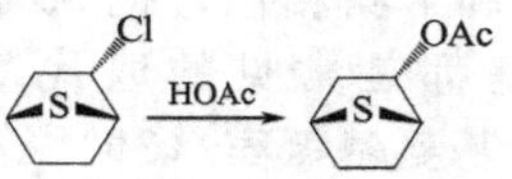

(2) 光学纯的 $C_6H_5CH(CH_3)Cl$ 水解反应后得到构型反转的产物多于构型保留的产物。

(3) 下面的两个自由基均可稳定存在。

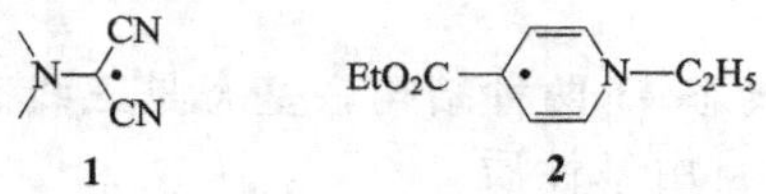

(4) 3,3-二甲基丙烯氯在乙醇中的溶剂解速率是烯丙基氯的 6000 倍。

(5) 环戊二烯与 C_2H_5OD/C_2H_5ONa 反应生成全氘环戊二烯，环庚三烯在同样条件下没有反应。

(6) 环己烯在乙酸溶液中和 HCl 反应生成两种产物。

(7) $CH_3C(O)^{18}OC_2H_5$ (**1**) 进行酸性水解生成无 ^{18}O 的乙酸，$CH_3C(O)^{18}OC(CH_3)_3$ (**2**) 在同样条

件下反应生成带^{18}O的乙酸。

(8) 甲基苄基酮在碱性条件下进行 H/D 交换反应，苄基氢的速率是甲基氢的 20 倍。

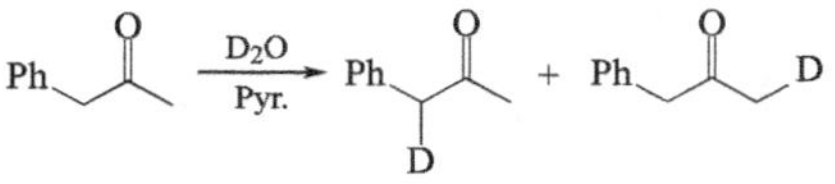

(9) 下列反应的相对速率（k_{rel}）为：

R:	CH_3	Ph	Et	^iPr	^tBu
k_{rel}:	1	20	100	300	1500

(10) 下列反应中，当 [Bu_3SnH] 为 0.01mol/L 时 **1** 是主产物，在 [Bu_3SnH] 为 0.001mol/L 时 **2** 是主产物。

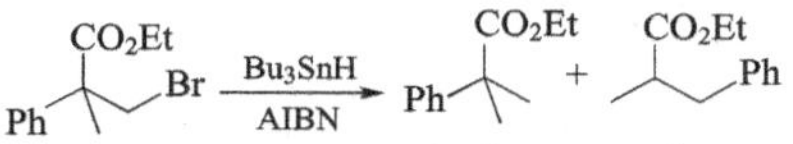

(11) 3,3-二甲基丁烯在乙酸中与 HCl 加成得到 3 种产物，产物的比例与 HCl 或外加氯化物盐的浓度均无关，乙酸中 HCl 与氘代乙酸中 DCl 的同位素效应为 1.15。

(12)

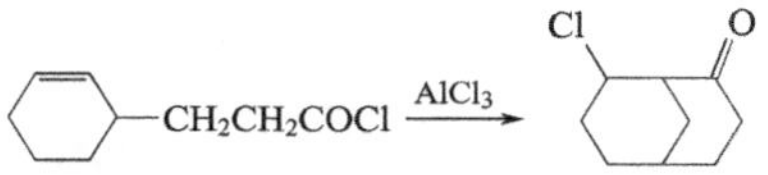

(13)

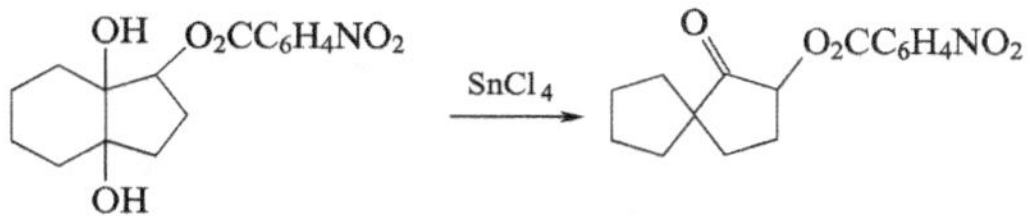

(14) 环戊二烯和环庚三烯各生成环戊二烯正离子和环庚三烯正离子，两个反应的 HIA 哪个大？

(15) 6-碘-5,5-二甲基己烯和异丙氧锂反应除了得到正常的醚产物外还有两个脱碘重排产物。

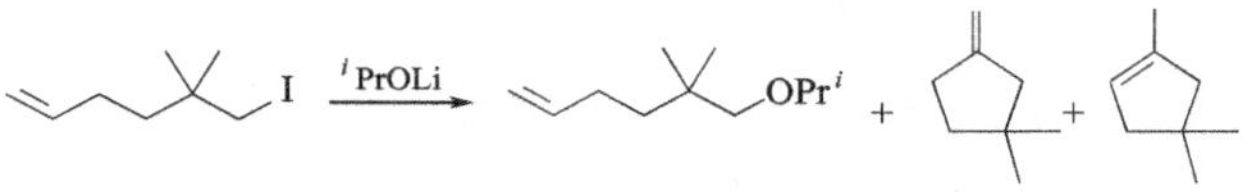

(16) 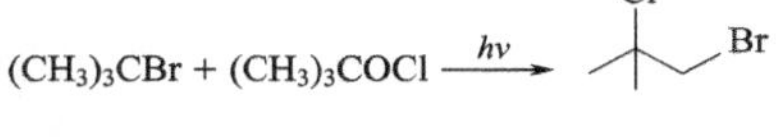 $(CH_3)_3CBr + (CH_3)_3COCl \xrightarrow{h\nu}$

4-3 给出下列各个反应的全过程。

(1)

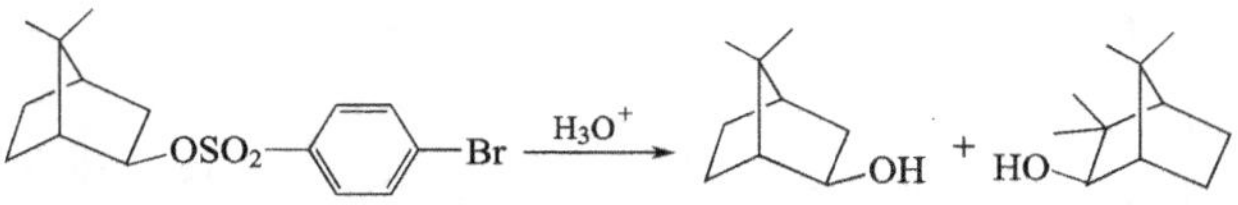

(2)

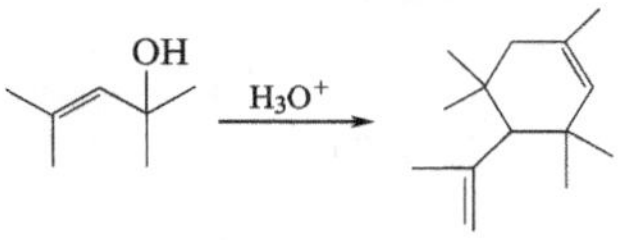

(3)

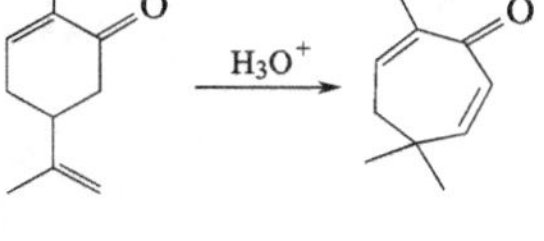

(4) OH; $K_3[Fe(CN)_6]$, OH^- → O, O

(5) OH, Cl; H_2SO_4 → O

(6) NH_2, OH; HNO_3 → O

(7) OH, H, Bu^tO, CO_2H; H_3O^+ → Bu^tO, O, O

(8) O; H^+ → **1**; $-CO$ →

(9) OH, O; HCO_2H → O, O

(10) O, Cl; OH^- → CO_2H

(11) R, O; H_3O^+ → R, HO

(12) $\overset{*}{C}ONH_2$, CO_2H; $H_2\overset{*}{O}$ → $\overset{*}{C}O_2H$, $C(O)^*OH$ + $\overset{*}{C}(O)^*OH$, CO_2H

(13) O; + Br_2; NaAc/HAc → O, Br, OAc + O, Br, OAc

(14) O, I; Bu_3SnH, AIBN → H, O

(15) CD_2I; LDA → D + D + D + D + D, D + D, D

(16) Cl, D; + CF_3CO_2H → Cl, D, O_2CF_3C + Cl, D, O_2CF_3C

(17) Ph, Ph, Br; Bu_3SnH, AIBN → Ph, Ph + Ph, Ph

(18) OH, CN; OH^- → H, O, CN

(19) [环辛烯氧化物] $\xrightarrow{H_3O^+}$ [产物] + [产物] + [产物]

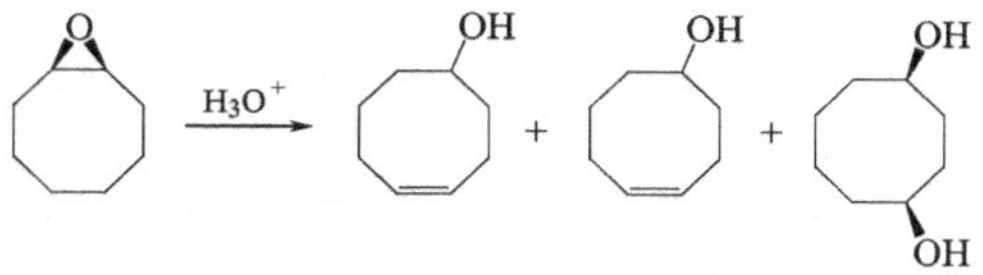

(20) [反应物] $\xrightarrow[h\nu]{NOCl}$ [产物]

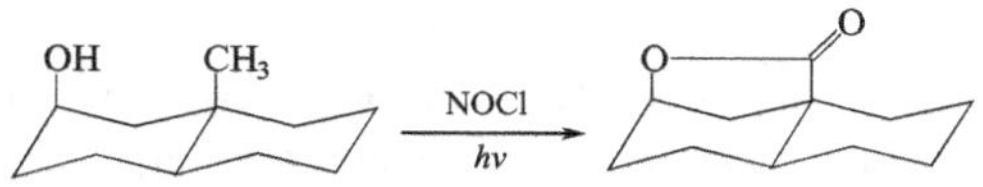

4-4 卡宾问题：

(1) 重氮乙烷在环己烯中光解生成乙烯和5种不同的C_8产物，给出所有产物的结构并说明乙烯是怎样生成的？

(2) 乙烯酮在丙烷存在下光分解生成正丁烷和异丁烷，同时有微量的副产物乙烷、己烷和2,3-二甲基丁烷生成。体系中加入氢气副产物的产量增加，加入氧气则降低副产物的产量。说明所有产物的生成过程和氢气或氧气的影响。你预期加入氢气或氧气后对正丁烷和异丁烷的相对产率会有什么变化？

(3) 二氟卡宾是4个单线态二卤卡宾中最稳定的。

(4) 下列3个反应各是如何发生的？

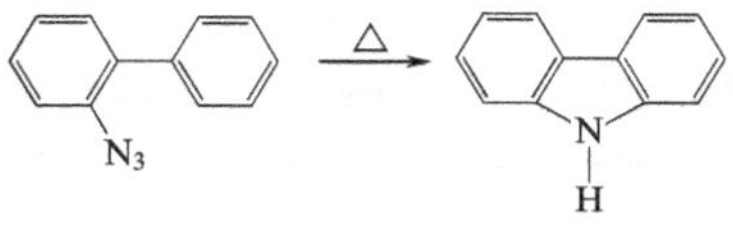

① [反应物] $\xrightarrow{\triangle}$ $(CH_3)_2C{=}CHPh$ (**1**) + $Ph(CH_3)C{=}CHCH_3$ (**2**) + [产物] (**3**)

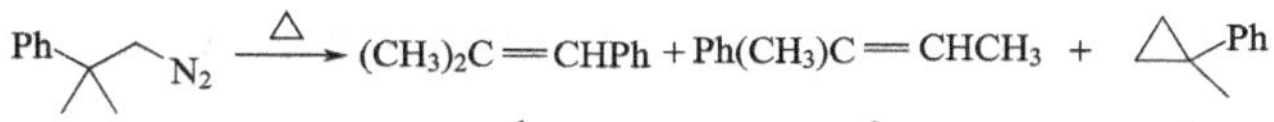

② [反应物] $\xrightarrow{\triangle}$ [产物] (**4**)

③ [反应物] $\xrightarrow{CH_2N_2}$ $\xrightarrow[\triangle]{PhCH_2OH}$ [产物] (**5**)

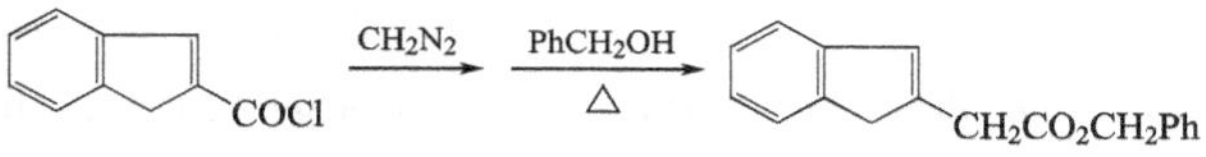

4-5 α-环戊二酮主要以烯醇式存在，而α-戊二酮主要以酮式存在，试解释之。

参考文献

[1] Kramer G M. *Adv. Phys. Org. Chem.*, **1975**, 11: 177; Trayham J G. *J. Chem. Educ.*, **1989**, 66: 451; Saunders M., Vazquez H A. *Chem. Rev.*, **1991**, 91: 375; Olah G A. *J. Org. Chem.*, **2001**, 66: 5943; Naredla R R., Klumpp D A. *Chem. Rev.*, **2013**, 113: 6905.

[2] Applequist D E., Roberts J D. *Chem. Rev.*, **1954**, 54: 1065; Kato T., Reed C A. *Angew. Chem. Int. Ed.*, **2004**, 43: 2908.

[3] Weber J., McLean A D. *J. Amer. Chem. Soc.*, **1976**, 98: 875; M. W. Crofton, M. -F. Jagod, B. D. Rehfuss, T. Oda, *J. Chem. Phys.*, **1989**, 91: 5139.

[4] Masamune S., Sakai M., Morio K. *Can. J. Chem.*, **1975**, 53: 784; Steeken S., Ashokkumar M., Maruthamuthu P., McClelland R A. *J. Amer. Chem. Soc.*, **1998**, 120: 11925; Laali K K., Rasul G., Prakash G K S., Olah G A. *J. Org. Chem.*, **2002**, 67: 2913; Fagnoni M., Albini A. *Acc. Chem. Res.*, **2005**, 38: 713; Slegt M., Overkleeft H S., Lodder G. *Eur. J. Org. Chem.*, **2007**, 5364; Manet I., Monti S., Grabner G., Protti S., Dondi D., Fagnoni M., Albini A. *Chem. Eur. J.*, **2008**, 14: 1029; van Dorp J W J., Lodder G. *J. Org. Chem.*, **2008**, 73: 5416; Sazonov P K., Oprunenko Y F. Beletskaya I P. *J. Phys. Org. Chem.*, **2013**, 26: 151.

[5] von Schleyer P R., Jr. Fort R C., Eatts W E., Comisarow M B., Olah G A. *J. Amer. Chem. Soc.*, **1964**, 86: 4195; Abboud J L M., Herreros M., Notario R., Lomas J S., Mareda J., Müller P., Rossier J. -C. *J. Org.*

Chem.，**1999**，64：6401.
[6] Schade C.，Mayr H.，Arnett E M. *J. Amer. Chem. Soc.*，**1988**，110：567；Schade C.，Mayr H. *Tetrahedron*，**1988**，45：5761；Horn M.，Mayr H. *J. Phys. Org. Chem.*，**2012**，25：979.
[7] Arnett E M.，Petro C. *J. Amer. Chem. Soc.*，**1978**，100：5408；Lossing F P.，Holmes J L. *J. Amer. Chem. Soc.*，**1984**，106：6917；Slegt M.，Gronheid R.，van der Vlugt D.，Ochiai M.，Okuyama T.，Zuihof H.，Overkleeft H S.，Lodder G. *J. Org. Chem.*，**2006**，71：2227.
[8] Deno N C.，Jaruzelski J J.，Schriesheim A. *J. Amer. Chem. Soc.*，**1955**，77：3044；Deno N C.，berkheimer H E.，Evans W L.，Peterson H J.. *J. Amer. Chem. Soc.*，**1959**，81：2344；Schade C.，Mayr H. *Tetrahedron*，**1988**，44：5761.
[9] 林振散. 化学通报，**1983**，(7)：46；王宗睦，刘福安. 化学通报，**1983**，(11)：60；Shubin V G. *Top. Curr. Chem.*，**1984**，116/117：267；Creary X. *Chem. Rev.*，**1991**，91：8；Laube T. *J. Amer. Chem. Soc.*，**2004**，126：10904；Pratt L M.，Kass S R. *J. Org. Chem.*，**2004**，69：2123；Najera C.，Yus M. *Tetrahedron*，**2005**，61：3237..
[10] von Schleyer P R.，de Carneiro J W M.，Koch W.，Raghavachari K. *J. Amer. Chem. Soc.*，**1989**，111：5475；Walker G E.，Kronja O.，Saunders M. *J. Org. Chem.*，**2004**，69：3598.
[11] Sarel S.，Yovell J.，Sarel-Imber M. *Angew. Chem. Int. Ed. Eng.*，**1968**，7：577；Roberts D D.，Snyder Jr. R C. *J. Org. Chem.*，**1979**，44：2860；Leemans E.，D'hooghe M.，de Kimpe N. *Chem. Rev.*，**2011**，111：3268.
[12] von Schleyer P R.，van Dine G W. *J. Amer. Chem. Soc.*，**1966**，88：2321；Weigert F J.，Roberts J D. *J. Amer. Chem. Soc.*，**1967**，89：5962；Childs R F.，Kostyk M D.，Lock C J L.，Mahendran M. *J. Amer. Chem. Soc.*，**1990**，112：8912.
[13] Halleyy-Tapley G. Cozens F. L. Schepp N. P. *J. Phys. Org. Chem.*，**2009**，22：343.
[14] Schaller H F.，Mayri H. *Angew. Chem. Int. Ed.*，**2008**，47：3958.
[15] Deno N C.，Richey Jr H G.，Friedman N.，Hodge J D.，Houser J J.，Jr Pittman C U. *J. Amer. Chem. Soc.*，**1963**，85：2991；Barbour J B.，Karty J M. *J. Org. Chem.*，**2004**，69：648；Mo Y. *J. Org. Chem.*，**2004**，69：5563.
[16] Olah G. A.，O'Brien D H.，Calin M. *J. Amer. Chem. Soc.*，**1967**，89：3582；Lindner E. *Angew. Chem.*，*Int. Eng. Ed.*，**1970**，9：114.
[17] Staab H A.，Datta A P. *Angew. Chem. Int. Ed. Engl.*，**1964**，3：132；de Rege P J F.，Gladysz J A.，Horvath I T.，*Science*，**1997**，276：776.
[18] White J C.，CaveR J.，Davidson E R. *J. Amer. Chem. Soc.*，**1988**，110：6308；Laube T. *Acc. Chem. Res.*，**1995**，28：399.
[19] von Schleyer P R.，de Carneiro J W M.，Forsyth D. A. *J. Amer. Chem. Soc.*，**1991**，113：3990；Olah G A. *J. Org. Chem.*，**2005**，70：2413；Andrei H. -S.，Solca N.，Dopfer O. *Angew. Chem. Int. Ed.*，**2008**，70：2413.
[20] Fernandez I.，Frenking G. *J. Phys. Chem. A*，**2007**，111：8028.
[21] Glockner H. *Angew. Chem. Int. Ed. Engl.*，**1984**，23：53；Wiberg K B. *Chem. Rev.*，**2001**，101：1317；Allen A D.，Tidwell T T.，Komatsu K. *Chem. Rev.*，**2001**，101：1333；Kitagawa T. *Chem. Rev.*，**2003**，103：1371；Oda M.，Nakajima N.，Thanh N C.，Kitahara K.，Miyatake R.，Kuroda S. *Eur. J. Org. Chem.*，**2008**，3235.
[22] Ogawa K.，Minegishi S.，Komatsu K.，Kitagawa T. *J. Org. Chem.*，**2008**，73：5248.
[23] Brown H C.，Fletcher R S. *J. Amer. Chem. Soc.*，**1949**，71：1845；Peters E N.，Brown H C. *J. Amer. Chem. Soc.*，**1975**，97：2892；Brown H C. *Acc. Chem. Res.*，**1983**，16：432；Walling C. *Acc. Chem. Res.*，**1983**，16：448；曹晨忠，谭树荣. 大学化学，**1991**，(5)：57.
[24] Fry J L.，Engler E M.，von Schleyer P R. *J. Amer. Chem. Soc.*，**1972**，94：4628；Brown H C.，Ravindranathan M.，Peters E N.，Rao C G.，Rho M M. *J. Amer. Chem. Soc.*，**1977**，99：5373.
[25] Grob C A. *Angew. Chem. Int. Ed. Engl.*，**1982**，21：87；Barkhash V A. *Top. Curr. Chem.*，**1984**，116/117：1.
[26] Hogeveen H.，van Kruchten E M J A. *Top. Curr. Chem.*，**1979**，80：89；Sieber S.，von Schleyer P R.，Vancik H.，Mesik M.，Sunko D E. *Angew. Chem. Int. Ed*，**1993**，32：1604.
[27] Winstein S.，Trifan D. *J. Amer. Chem. Soc.*，**1952**，74：1147；Saltzman M D.，Wilson C L. *J. Chem. Educ.*，**1980**，57：289；Grob C A. *Angew. Chem. Int. Ed.*，**1982**，21：87；Kirmse W. *Acc. Chem. Res.*，

1986，19：36.

[28] Saltzman M D.，Wilson C L. *J. Chem. Educ.*，**1980**，57：289；Dewar M J S.，Olah G A.，Prakash G K S. *Acc. Chem. Res.*，**1985**，18：292；Brown H C. *Acc. Chem. Res.*，**1986**，19：34；von Schleyer P R.，Sieber S. *Angew. Chem. Int. Ed.*，**1993**，32：1606；Smith W B. *J. Org. Chem.*，**2001**，66：376.

[29] Brown H C.，Chloupek F G.，Rei M H. *J. Amer. Chem. Soc.*，**1964**，86：1248；Brunelle P.，Sorensen T S.，Taeschler C. *J. Org. Chem.*，**2001**，66：7294.

[30] Brown H C.，Takeuvhi K.，Ravindranathan M. *J. Amer. Chem. Soc.*，**1977**，99：2684；Walling C. *Acc. Chem. Res.*，**1983**，16：448.

[31] Brown H C.，Ravindranathan M. *J. Amer. Chem. Soc.*，**1978**，100：1865；Bielmann R.，Fuso F.，Grob C A. *Helv. Chim. Acta*，**1988**，71：312；Flury P.，Grob C A.，Wang G Y.，Lennartz H.，Roth W R. *Helv. Chim. Acta*，**1988**，71：1017.

[32] Olah G A.，Prakash G K S.，Arvanaghi M.，Anet F A L. *J. Amer. Chem. Soc.*，**1982**，104：7105；Alkorta I.，Abboud J L M.，Quintanilla E.，Davalos J Z. *J. Phys. Org. Chem.*，**2003**，16：546.

[33] Sieber S.，von Schleyer P R.，Vancik H.，Music M.，Sunko D E.，*Angew. Chem. Int. Ed.*，**1993**，32：1604.

[34] Akiba K.，Yamashita M.，Yamamoto Y.，Nagase S. *J. Amer. Chem. Soc.*，**1999**，121：10644.

[35] Olah G A.，Demember J R.，Commeyras A.，Bribes J L. *J. Amer. Chem. Soc.*，**1971**，93：459；Olah G A. *J. Amer. Chem. Soc.*，**1972**，94：808；Olah G A. *Angew. Chem. Int. Ed. Engl.*，**1995**，34：1395；Olah G A.，Prakash G K S.，Rasul G. *J. Org. Chem.*，**2001**，66：2907.

[36] Werstiuk N H.，Muchall H M. *J. Phys. Chem. A*，**2000**，104：2054.

[37] Suga S.，Okajima M.，Fujiwara K.，Yoshida J. *J. Amer. Chem. Soc.*，**2001**，123：7941；Suga S.，Yoshida J. *Chem. Eur J.*，**2002**，8：2650.

[38] Thompson C M.，Green D L C. *Tetrahedron*，**1991**，47：4223；Hong Y J.，Tantillo D J. *J. Org. Chem.*，**2007**，72：8877；Olah G A. 跨越油气时代：甲醇经济. 胡金波译. 北京：化学工业出版社，**2007**.

[39] Prakash G K S.，Rawdah T N.，Olah G A. *Angew. Chem. Int. Ed.*，**1983**，22：390；Lammertsma K.，von Schleyer P R.，Schwarz H. *Angew. Chem. Int. Ed.*，**1989**，28：1321；Olah G A.，Rasul G. *Acc. Chem. Res.*，**1997**，30：245；Prakash G K S.，*Pure Appl. Chem.*，**1998**，70：2001；Nenajdenko V G.，Sevchenko N. E.，Balenkova E S.，Alabugin I V. *Chem. Rev.*，**2003**，103：229；Langer P.，Freiberg W. *Chem. Rev.*，**2004**，104：4125.

[40] Jones G. *Org. React.*，**1967**，15：204；Charles M T.，Diana L C G. *Tetrahedron*，**1991**，47：4223；Tian Z.，Kass S R. *Chem. Rev.*，**2013**，113：6986.

[41] Winstein S.，Traylor T G. *J. Amer. Chem. Soc.*，**1956**，78：2599.

[42] Basu A.，Thayumanavan S. *Angew. Chem. Int. Ed.*，**2002**，41：717；Sasaki M.，Shirakawa Y.，Kawahata M.，Yamuguchi K.，Takeda K. *Chem. Eur. J.*，**2009**，15：3363.

[43] Letsinger R L. *J. Amer. Chem. Soc.*，**1950**，72：4842；Ashby E C. *Acc. Chem. Res.*，**1974**，7：272；王绳武. 碳负离子化学. 杭州：浙江大学出版社，**1993**.

[44] Peaples R R.，Grutzner J B. *J. Amer. Chem. Soc.*，**1980**，102：4709.

[45] Walborsky H M.，Impasto F L.，Young A E. *J. Amer. Chem. Soc.*，**1964**，86：3283；Walborsky H M.，Turner L M. *J. Amer. Chem. Soc.*，**1972**，94：3521.

[46] Wong S M.，Fisher H P.，Cram D J. *J. Amer. Chem. Soc.*，**1971**，93：2235；Chu K C.，Cram D J. *J. Amer. Chem. Soc.*，**1972**，94：3521.

[47] Kobayashi S. Matsubara R. *Chem. Eur. J.*，**2009**，15：10694.

[48] Applequist D E.，O'Brien D H. *J. Amer. Chem. Soc.*，**1963**，85：743；Dessy R E.，Kitching W.，Psarras T. Salinger R.，Chen A.，Chivers T. *J. Amer. Chem. Soc.*，**1966**，88：460；Bailey W F.，Patricia J J. *J. Organomet. Chem.*，**1988**，352：1.

[49] Streitwieser Jr A.，Boerth D W. *J. Amer. Chem. Soc.*，**1978**，100：755；Streitwieser Jr A. *Acc. Chem. Res.*，**1984**，17：353；刘增勋. 化学通报，**1984**，(8)：1.

[50] Closs G L.，Close L E. *J. Amer. Chem. Soc.*，**1963**，85：2022.

[51] Beak P.，Reitz D B. *Chem. Rev.*，**1978**，78：275；Bordwell F G.，Drucker G E.，McCollum G J. *J. Org. Chem.*，**1982**，47：2504；Uneyama K.，Katagiri T.，Amii H. *Acc. Chem. Res.*，**2008**，41：817.

[52] Maryanoff B E.，Reitz A B. *Chem. Rev.*，**1989**，89：863；Bernasconi C F.，Kittredge K W. *J. Org. Chem.*，**1998**，63：1944.

[53] Gund P. *J. Chem. Educ.*，**1972**，49：100；Klein J.，Medlik A *J. Chem. Soc. Chem. Commun.*，**1973**，275；

Mills N S. *J. Amer. Chem. Soc.*, **1981**, 103: 1263; Sommerfeld T. *J. Amer. Chem. Soc.*, **2002**, 124: 1119; Dworkin A., Naumann R., Seigfred C., Karty J M., Mo Y. *J. Org. Chem.*, **2005**, 70: 7605.

[54] Taullec J. *Adv. Phys. Org. Chem.*, **1982**, 18: 1; Kresge A J. *Pure Appl. Chem.*, **1991**, 63: 213; Kaweetirawatt T., Yamaguchi T., Higashiyama T., Sumimoto M., Hori K. *J. Phys. Org. Chem.*, **2012**, 25: 1097.

[55] Lockwood K L. *J. Chem. Educ.*, **1965**, 42: 481; Matusch R. *Angew. Chem. Int. Ed. Eng.*, **1975**, 14: 260; Hart H. *Chem. Rev.*, **1979**, 79: 515; 刘铸晋，荣国斌. 化学学报，**1987**，45：598；胡乔舒，席振峰. 有机化学，**2008**，28：1864.，Manbeck K A., Boaz N C., Bair N C., Sanders A M S., Marsh A L. *J. Chem. Educ.*, **2012**, 89: 421.

[56] Rutherford J L., Hoffmann D., Collum D B. *J. Amer. Chem. Soc.*, **2002**, 124: 264.

[57] Wenthold P G., Lineberger W C. *Acc. Chem. Res.*, **1999**, 32: 597; Gronert S. *Chem. Rev.*, **2001**, 101: 329; Ervin K M. *Chem. Rev.*, **2001**, 101: 391.

[58] Kim K S., Oh K S., Lee J Y. *Proc. Natl. Acad. Sci.*, **2000**, 97: 6373; Gondry M., Dubois J., Terrier M. Lederer F. *Eur. J. Biochem.*, **2001**, 268: 4918.

[59] Thompson C M., Green D L C. *Tetrahedron*, **1991**, 47: 4223; Langer P. *Chem. Eur. J.*, **2001**, 7: 3858; Langer P., Freiberg W. *Chem. Rev.*, **2004**, 104: 4125; Kirschning A., Kujat C., Luiken S., Schaumann E. *Eur. J. Org. Chem.*, **2007**, 2387; Piekarski A M., Mills N S., Yousef A. *J. Amer. Chem. Soc.*, **2008**, 130: 14883.

[60] Hao W. Parker V D., *J. Org. Chem.*, **2007**, 73: 48; Shimura H., *J. Amer. Chem. Soc.*, **2008**, 130: 1759; Teshima M. Tsuji Y. Richard J. P. *J Phys. Org. Chem.*, **2010**, 23: 730; Lacour J. Moraleda D. *Chem. Commun.*, **2009**, 7073.

[61] Fuoss R. *J. Chem. Educ.*, **1955**, 32: 527; Szwarc M. *Acc. Chem. Res.*, **1969**, 2: 87; Hesch T E. *Adv. Phys. Org. Chem.*, **1977**, 15: 154; Simonetta M. *Chem. Soc. Rev.*, **1984**, 13: 1; Jackman L M., Lange B C. *Tetrahedron*, **1997**, 53: 4223; Hefter G. *Pure Appl. Chem.*, **2006**, 78: 1571; Schmuck C., Rehm T., Geiger L., Schafer M. *J. Org. Chem.*, **2007**, 72: 6162; Hao W, Parker V D. *J. Org. Chem.*, **2008**, 73: 48.

[62] Chan L L., Smid J. *J. Amer. Chem. Soc.*, **1967**, 89: 4547; Kessler H., Feigel M. *Acc. Chem. Res.*, **1982**, 15: 2; Marcus Y., Hefter G. *Chem. Rev.*, **2006**, 106: 4585.

[63] Cambillau C., Sarthou P., Bram G. *Tetrahedron Lett.*, **1976**, 17: 281.

[64] Young W G., Winstein S., Goering H L. *J. Amer. Chem. Soc.*, **1951**, 73: 1958; Simon J D., Peters K S. *J. Amer. Chem. Soc.*, **1982**, 104: 6142.

[65] Goering H L., Pombo M M. *J. Amer. Chem. Soc.*, **1960**, 82: 2515; Irshaidat T. *Tetrahedron Lett.*, **2008**, 49: 5894.

[66] Hevia E. Mulvey R. E. *Angew Chem. Int. Ed.*, **2011**, 50: 6448.

[67] Winstein S., Klinedinst Jr P E., Robinson G G. *J. Amer. Chem. Soc.*, **1961**, 83: 885.

[68] Welton T. *Green Chem.*, **2011**, 13: 225; Deetlefs M., Seddon K R. *Green Chem.*, **2010**, 12: 17; Kohno Y., Ohno H. *Chem. Commun.*, **2012**, 48: 7119.

[69] Murray S M. *Angew. Chem. Int. Ed.*, **2010**, 49: 2755; Kohno Y., Ohno H. *Chem. Commun.*, **2012**, 48: 7119.

[70] Bica K., Gaertner P. *Eur. J. Org. Chem.*, **2008**, 3235; Toma S. Meciarova M. Sebesta R. *Eur. J. Org. Chem.*, **2009**, 321; Wu B. Liu W. W. Zhang Y. M. Wang H. P. *Chem. Eur. J.*, **2009**, 15: 1804; Ni B. Headley A. D. *Chem. Eur. J.*, **2010**, 16: 4426; Zhang Q., Zhang S., Deng Y. *Green Chem.*, **2011**, 13: 2619.

[71] Niedermeyer H., Hallett J P., Villar-Garcia I J., Hunt P A., Welton T. *Chem. Soc. Rev.*, **2012**, 41: 7780; Dong K., Zhang S. *Chem. Eur. J.*, **2012**, 18: 2748.

[72] 陈志刚，宗敏华，顾振新. 有机化学，**2009**，29：672；曹霞，乐长高. 有机化学，**2010**，30：816；Hallett J P., Welton T. *Chem. Rev.*, **2011**, 111: 3508; Zhang Y., Gao H., Joo Y. -H., Shreeve J M. *Angew. Chem. Int. Ed.*, **2011**, 50: 9554; zhang Q., zhang S., Deng Y. *Green Chem.*, **2011**, 13: 2619.

[73] Walling C. *J. Chem. Educ.*, **1986**, 63: 99; Dolbier W R. *Chem. Rev.*, **1996**, 96: 1557; Syuder A., Amrein S. *Synthesis*, **2002**, 835; Hicks R G. *Org. Biomol. Chem.*, **2006**, 4: 1477.

[74] Lorand J P., Chodroff S D., Wallace R W. *J. Amer. Chem. Soc.*, **1968**, 90: 5266.

[75] Greene F D., Lowry N N. *J. Org. Chem.*, **1967**, 32: 875.

[76] Greene F D., Savitz M L., Osterholtz F D., Lau H H., Smith W N., Zanet P M. *J. Org. Chem.*, **1963**,

28：55.

[77] Paddon-Row M N.，Houk K N. *J. Amer. Chem. Soc.*，**1981**，103：5046；*J. Phys. Chem.*，**1985**，89：3771；Walton J C. *Chem. Soc. Rev.*，**1992**，105.

[78] Laaka H.，Nauta W A.，Macleau C. *Tetrahedron Lett.*，**1968**，9：249；McBride J M. *Tetrahedron*，**1974**，30：249.

[79] Ruchardt C. *Top. Curr. Chem.*，**1980**，88：1.

[80] Chateauneuf J.，Lusztyk J.，Ingold K U. *J. Amer. Chem. Soc.*，**1988**，110：2877，2886；Ryzhkov L R. *J. Org. Chem.*，**1996**，61：2801.

[81] Johnston L J. *Chem. Rev.*，**1993**，93：251；Goumans T P M.，van Alem K.，Lodder G. *Eur. J. Org Chem.*，**2008**，435.

[82] Uri N. *Chem. Rev.*，**1952**，52：375.

[83] Holmes J L.，Lossing F P. *J. Amer. Chem. Soc.*，**1988**，110：7343；郑文锐，傅尧，王华静，郭庆祥. 有机化学，**2008**，28：459；Hioe J. Zipse H. *Org. Biomol. Chem.*，**2010**，8：3609.

[84] Egger K W.，Cocks A T. *Helv. Chim. Acta.*，**1973**，56：1516；Blanksby S J.，Ellison G B. *Acc. Chem. Res.*，**2003**，36：255；Mas-Torrent M.，Crivillers N.，Rovira C.，Veciana J. *Chem. Rev.*，**2012**，112：2506.

[85] Viehe H G.，Janousek Z.，Merenyi R. Stella L. *Acc. Chem. Res.*，**1985**，18：148；程津培，赵永昱，袁跃锋. 化学通报，**1993**，(6)：18；K. U. Ingold，*Acc. Chem. Res.*，**1980**，13：317；Creary X. *Acc. Chem. Res.*，**2006**，39：761；Gronet S. *J. Org. Chem.*，**2006**，71：7045，*Org. Lett.*，**2007**，9：2211.

[86] Bordwell F G，Lunch TY. *J. Amer. Chem. Soc.*，**1989**，111：7558；Tanaka H，Soshida S. *Macromolecules*，**1995**，28：8117；Kleinpeter E，Stamboliyska B A. *J. Org. Chem.*，**2008**，73：8250.

[87] Rozantsev E G.，Sholle V D. *Synthesis*，**1971**，401；Novak I.，Harrison L J.，Kovac B.，Pratt L M. *J. Org. Chem.*，**2004**，69：7628；Creary X. *Acc. Chem. Res.*，**2006**，39：761；Sendra J M.，Sentandreu E.，Navarro J l. *J. Agric. Food Chem.*，**2007**，55：5512.

[88] Ingold K U.，Lusztyk J.，Raner K D. *Acc. Chem. Res.*，**1990.** 23：219；Kamagaito M.，Ando T.，Sawamoto M. *Chem. Rev.*，**2001**，101：3689；Vreven T.，Morokuma K. *J. Phys. Chem. A*，**2002**，106：6167；*Chem. Rev.*，**2004**，104：159；Nair V，Thomas S.，Mathew S C.，Abhilash K G. *Tetrahedron*，**2006**，62：6731；Tsarevsky N V.，Matyjaszewiski K. *Chem. Rev.*，**2007**，107：2270；Moad G.，Rizzardo E.，Thang S H. *Acc. Chem. Res.*，**2008**，41：1133.

[89] Godineau E. Landais Y. *Chem. Eur. J.*，**2009**，15：3044；Litwinienko G. Beckwith A. L. J. Ingold K. U. *Chem. Soc. Rev.*，**2011**，40：2157；Wojnarovits L. *J. Chem. Educ.*，**2011**，88：1658；Quiclet-Sire B. Zard S. Z. *Pure Appl. Chem.*，**2011**，83：519；Hancock A N.，Schiesser C H. *Chem. Commun.*，**2013**，49：9892.

[90] Fischer H.，Radom L. *Angew. Chem. Int. Ed.*，**2001**，40：1340；Zhang W. *Tetrahedron*，**2001**，57：7237；Srikanth G S C.，Castle S L. *Tetrahedron*，**2005**，61：10377.

[91] Giese B. *Angew. Chem. Int. Ed. Engl.* 1，**983**，22：753；Monroe M.，Abrams K. *J. Chem. Educ.*，**1985**，62：467；Ramaiah M. *Tetrahedron*，**1987**，43：3541；Griller D.，Wayner D D M. *Pure Appl. Chem.*，**1989**，61：717；Porter N A.，Giese B.，Curran D P. *Acc. Chem. Res.*，**1991**，24：296；Studer A. *Chem. Eur. J.*，**2001**，7：1159；Studer A. Curran D. P. *Angew. Chem. Int. Ed.*，**2011**，50：5018.

[92] Baldwin J E.，**1982**，39：2939；RajanBabu T V. *Acc. Chem. Res.*，**1991**，24：139；Johnson C D. *Acc. Chem. Res.*，**1993**，26：476；张建健，李金恒，程金生，江焕峰. 有机化学，**2002**，22：617；Majumdar K C.，Basu P K.，Mukhopadhyay P P. *Tetrahedron*，**2004**，60：6239；**2005**，61：10603；Majumdar K C.，Basu P K.，Chattopadhyay S K. *Tetrahedron*，**2007**，63：793；Campbell M J.，Pohlhaus P D.，Min G.，Ohmatsu K.，Johnson J S. *J. Amer. Chem. Soc.*，**2008**，130：9180；Godoi B. Schumacher R. F. Zeni G. *Chem. Rev.*，**2011**，111：2937；Gilmore K.，Alabugin I V. *Chem. Rev*，**2011**，111：6513.，Majumdar K C.，Karanakar G V.，Sinha B. *Synthesis*，**2012**，44：2475；Alabugin I V.，Gilmore K. *Chem. Commun.*，**2013**，49：11246.

[93] Betts J. *Q. Rev. Chem. Soc.*，**1971**，25：265；Burfield D R. *J. Org. Chem.*，**1982**，47：3821；Maillard B.，Ingold K U.，Scaiano J C. *J. Amer. Chem. Soc.*，**1983**，105：5095；Schwetlick K. *J. Chem. Soc.，Perkin Trans.* 2，**1988**，2007；Goosen A.，Morgan D H. *J. Chem. Soc.，Perkin Trans.* 2，**1994**，557；Lucarini M. Pedulli G. F. *Chem. Soc. Rev.*，**2010**，39：2106；Porter N A. *J. Org. Chem.*，**2013**，78：3511.

[94] Djerassi C. *Chem. Rev.*，**1948**，43：271；Huang R L.，Lee K H. *J. Chem. Soc.*，**1964**，5957；Sisti A J. *J. Org. Chem.*，**1970**，35：2670；Chow Y L.，Zhao D C. *J. Org. Chem.*，**1989**，54：530；Oberhauser T. *J. Org. Chem.*，**1997**，62：4504；Liu P.，Chen Y.，Deng J.，Tu Y. *Synthesis*，**2001**，2078；Baag M M，Kar

A，Argade N P. *Tetrahedron*，**2003**，59：6489.；顾烨，石洪卫，陈丽媛，沈永嘉. 有机化学，**2012**，32：174.

[95] Barden d H R.，Deflorin a M.，Edwards O E. *J. Chem. Soc.*，**1956**，530；Itoh S.，Yamataka H. *J. Phys. Org. Chem.*，**2010**，23：789.

[96] Rickatson W.，Stevens T S. *J. Chem. Soc.*，**1963**，3960；Griller D.，Ingold K U. *Acc. Chem. Res.*，**1980**，13：317；Newkomb M.，Toy P H. *Acc. Chem. Res.*，**2000**，33：449.

[97] Crich D.，Filzen G F. *J. Org. Chem.*，**1995**，60：4834；Bucher G. *Angew. Chem. Int. Ed.*，**2010**，49：6934.

[98] Nesmeyanov A N.，Freidlina R K.，Kost V N.，Khovlina M Y. *Tetrahedron*，**1961**，16：94；Lindsay D A.，Lusztyk J L.，Ingold K U. *J. Amer. Chem. Soc.*，**1984**，106：7087.

[99] Ruchardt C.，Trautwein H. *Chem. Ber.*，**1965**，98：2478；Slaugh L H. *J. Amer. Chem. Soc.*，**1965**，87：1522；Lewis S N.，Miller J J.，Winstein S. *J. Org. Chem.*，**1972**，37：1478；Friedlina R K.，Terentev A B. *Acc. Chem. Res.*，**1977**，10：9；Studer A.，Bossart M. *Tetrahedron*，**2001**，57：9649.

[100] Winstein S.，Heck R.，Laport S.，Baird R. *Experientia*，**1956**，12：138；Knivila H G. *Acc. Chem. Res.*，**1968**，1：299；Freidlina R Kh.，Terent'ev A B. *Acc. Chem. Res.*，**1977**，10：9；Giese B.，Zehnder M.，Roth M.，Zeitz H-G. *J. Amer. Chem. Soc.*，**1990**，112：6741；Cekovic Z. *Tetrahedron*，**2003**，59：8073.

[101] Barton D H R. *Pure Appl. Chem.*，**1967**，15：S1；run P.，Waegell B. *Tetrahedron*，**1976**，32：517.

[102] Lyon R K.，Levy D H. *J. Amer. Chem. Soc.*，**1961**，83：4290；，**1964**，86：1907.

[103] Taylor J W.，Martin J C. *J. Amer. Chem. Soc.*，**1966**，88：3650.

[104] Wang C H.，Cohen S G. *J. Amer. Chem. Soc.*，**1957**，79：1924.

[105] Pryor W A.，Smith K. *J. Amer. Chem. Soc.*，**1970**，92：5403.

[106] Barelett P D.，McBride J M. *Pure Appl. Chem.*，**1967**，15：89；Borgers dos Santos R M.，Costa Cabral B J.，Martinho Simoes J A. *Pure Appl. Chem.*，**2007**，79：1369.

[107] Salem L.，Rowland C. *Angew. Chem. Int. Ed. Engl.*，**1972**，11：92；Johnston L J.，Scaiano J C. *Chem. Rev.*，**1989**，89：521；Sander W. *Acc. Chem. Res.*，**1999**，32：669；Turro N J.，Kleinman M H.，Karatekin E. *Angew. Chem. Int. Ed.*，**2000**，39：4437；Zhang D Y.，Borden W T. *J. Org. Chem.*，**2002**，67：3989；Ma J.，Ding Y.，Hattori K.，Inagaki S. *J. Org. Chem.*，**2004**，69：4245；Bertelsen S.，Nielsen M.，Jogensen K A. *Angew. Chem. Int. Ed.*，**2007**，46：7356；Ito S.，Miura J.，Morita N.，Yoshifuji M.，Arduengo III A J. *Angew. Chem. Int. Ed.*，**2008**，47：6418.，Abe M.，Ye J.，Mishima M. *Chem. Soc. Rev.*，**2012**，41：3808；. Abe M. *Chem. Rev.*，**2013**，113：7011；Mohamed R K.，Peterson P W.，Alabugin I V. *Chem. Rev.*，**2013**，113：7089.

[108] Rajka A. *Chem. Rev.*，**1994**，94：871；Cramer C J. *J. Chem. Soc. Perkin Trans* 2，**1998**，1007.

[109] Bergman R G. *Acc. Chem. Res.*，**1973**，6：25；Basak A.，Mandal S.，Bag S S. *Chem. Rev.*，**2003**，103：4077；Bowling N P.，Mcnahon R J. *J. Org. Chem.*，**2006**，71：584；Kar M.，Basak A. *Chem. Rev.*，**2007**，107：2861；Poloukhtine A.，Popik V V. *J. Amer. Chem. Soc.*，**2007**，129：12062；Karpov G.，Kuzmin A.，Popik V V. *J. Amer. Chem. Soc.*，**2007**，129：11771.；Hitt D M.，O'Connor J M. *Chem. Rev*，**2011**，111：7904；Perrin C L. Reyes-Rodriguez G J. *J. Phys. Org. Chem.*，**2013**，26：206.

[110] 徐广智. *esr*波谱基本原理. 北京：科学出版社，**1978**；裘祖文. 电子自旋共振波谱. 北京：科学出版社，**1980**；张建中，赵保路，张清刚. 自旋标记*esr*波谱的基本理论和应用. 北京：科学出版社，**1987**；Bunce N J. *J. Chem. Educ.*，**1987**，64：907.

[111] 崔凯荣，张长见. 化学通报，**1986**，（2）：29；张自义，魏陆林. 有机化学，**1988**，8：300；Hofling S B.，Heinrich M R. *Synthesis*，**2011**，173.

[112] Pine S H. *J. Chem. Educ.*，**1972**，49：664；Bethell D.，Brinkman M R. *Adv. Phys. Org. Chem.*，**1973**，10：53；Wan J K S.，Elliot A J. *Acc. Chem. Res.*，**1977**，10：161；Hore P J.，Joslin C G.，Mclauchlan K A. *Chem. Soc. Rev.*，**1979**，8：29；陈邦钦. 化学通报，**1980**，（12）：25；乌力吉木仁. 化学通报，**1994**，（5）：20；Balgon J. *Helv. Chim. Acta*，**2006**，89：2082.

[113] Justicia J.，de Cienfuegos A L.，Campana A G.，Miguel D.，Jakoby V.，Gansauer A.，Cuerva J M. *Chem. Soc. Rev.*，**2011**，40：3525；Ratera I.，Veciana J. *Chem. Soc. Rev.*，**2012**，41：303.

[114] Kavarnos G J.，Turro N J. *Chem. Rev.*，**1986**，86：401；Courtneidge J L.，Davies A G. *Acc. Chem. Res.*，**1987**，20：90；Gerson F. *Acc. Chem. Res.*，**1994**，27：63；Mangione D.，Arnold D R. *Acc. Chem. Res.*，**2002**，35：297；Wiest O.，Oxgaard J.，Saettel N J. *Adv. Phys. Org. Chem.*，**2003**，38：87；Donoghue P J.，Wiest O D. *Chem. Eur. J.*，**2006**，12：7018；Williams P E.，Jankiewicz B J.，Yang L.，Kenttämaa H I.

Chem. Rev.，**2013**，113：6949.

[115] Szwarc M. *Prog. Phys. Org. Chem.*，**1968**，6：322；Bard A J.，Ledwith A.，Shine H J. *Adv. Phys. Org. Chem.*，**1976**，13：156.，Ischay M A.，Yoon T P. *Eur. J. Org. Chem*，**2012**，3359.

[116] 贡长生，邝生鲁. 化学通报，**1982**，（8）：53；Ji P.，Atherton J.，Page M I. *Org. Biomol. Chem.*，**2012**，10：5732.

[117] Siefermann K R.，Abe B. *Angew. Chen. Int. Ed.*，**2011**，50：5264.

[118] Caine D. *Org. React.*，**1976**，23：1；Jochum C.，Gasteiger . J，Ugi I. *Angew. Chem. Int. Ed. Engl.*，**1980**，19：495，926；Rabideau P W. *Tetrahedron*，**1989**，45：1579；Birch A J.，Rabideau P W.，Marcinow Z. *Org. React.*，**1992**，42：1；黎运龙，何煦昌. 有机化学，**1993**，13：561；Birch A J. *Pure Appl. Chem.*，**1996**，68：553；Subba Rao G S R. *Pure Appl. Chem.*，**2003**，75：1443Zimmerman H E. *Acc. Chem. Res.*，**2012**，45：164.

[119] Hine J. *J. Org. Chem.*，**1966**，31：1236；*Adv. Phys. Org. Chem.*，**1977**，15：1；Tee O S T. *J. Amer. Chem. Soc.*，**1969**，91：7144；叶秀林. 化学通报，**1986**，（4）：1.

[120] McMurry J E. *Chem. Rev.*，**1989**，89：1513；Hirao T. *Synlett*，**1999**，175；Duan X F.，Zeng J.，Zhang Z B.，Zi G F. *J. Org. Chem.*，**2007**，72：10283；Debroy P.，Linderman S V.，Rathore R. *J. Org. Chem.*，**2009**，74：2080.

[121] Pross A. *Acc. Chem. Res.*，**1985**，18：212；Kochi J K. *Angew. Chem. Int Ed. Engl.*，**1988**，27：1227；Lewis E S. *J. Amer. Chem. Soc.*，**1989**，111：7576；Snaik S S. *Acta Chem. Scand.*，**1990**，44：205；Chanon M，Rajzmann M，Chanon F. *Tetrahedron*，**1990**，46：6193；龚跃法. 有机化学，**1991**，11：360；Zhang Y，Briski J，Zhang Y，Rendy R.，Klumpp D A. *Org. Lett.*，**2005**，7：2505；Kumar K，Sai S，Tokarz M J.，Malunchuk A P.，Zheng C，Gilbert T M.，Klumpp D A. *J. Amer. Chem. Soc.*，**2008**，130：14388；张荣华，曾原，江致勤. 有机化学，**2008**，28：407；刘强，刘中立. 有机化学，**2009**，29：380；Broggi J.，Terme T.，Vanelle P. *Angew. Chem. Int. Ed.*，**2014**，53：384.

[122] Shaik A. *Acta Chem. Scand.*，**1990**，44：205；Ashby E C.，Park B.，Patil G S.，Gadru K.，Gurumurthy R. *J. Org. Chem.*，**1993**，58：424；Rossi R A.，Pierini A B.，Penenory A B. *Chem. Rev.*，**2003**，103：71.

[123] Bacaloglu R.，Blasko A.，Bunton C A.，Ortega F.，Zucco C. *J. Amer. Chem. Soc.*，**1992**，114：7708；Grossi L.，Strazzari S. *J. Chem. Soc. Perkin Trans.* 2，**1999**，2141.

[124] von Doering W E.，Knox C H. *J. Amer. Chem. Soc.*，**1956**，78：4947.

[125] Jones Jr M. *Acc. Chem. Res.*，**1974**，7：415；L'Abbe G. *Chem. Rev.*，**1969**，69：345；Gritsan N P.，Platz M S. *Adv. Phys. Org. Chem.*，**2001**，36：255；Bowling N P.，Halter R J.，Hodges J A.，Seburg R A.，Thomas P S.，Simmons C S.，Stanton J F.，McMahon R J. *J. Amer. Chem. Soc.*，**2006**，128：3291；Schreiner P R.，Reisenauer H P. *Angew. Chem. Int. Ed.*，**2008**，47：7071.

[126] Bethell D. *Adv. Phys. Org. Chem.*，**1969**，7：153；许临晓，于同隐，陶凤岗. 中国科学，**1988**，18：2；Moss R A. *J. Phys. Org. Chem.*，**2010**，23：293；*J. Org. Chem.*，**2010**，75：5773.

[127] Harrison J F. *Acc. Chem. Res.*，**1974**，7：378；Kasha M. *J. Chem. Educ.*，**1984**，61：204；Schavitt I. *Tetrahedron*，**1985**，41：1531. Tomioka H. *Acc. Chem. Res.*，**1997**，30：315；Kirms W. *Angew. Chem. Int. Ed.*，**2003**，42：2117；Hirai K.，Itoh T.，Tomioka H. *Chem. Rev.*，**2009**，109：3275.

[128] Leopold D G.，Murray K K.，Miller A E S.，Lineberger W C. *J. Chem. Phys.*，**1985**，83：4849；Irikura K K.，Goddard W A Ⅲ. *J. Amer. Chem. Soc.*，**1992**，114：48；Platz M S. *Acc. Chem. Res.*，**1995**，28：487；Wang Y.，Hadad C M.，Toscano J P. *J. Amer. Chem. Soc.*，**2002**，124：1761.

[129] Moss R A. *Acc. Chem. Res.*，**1989**，22：15；Scott A P.，Platz M S.，Radom L. *J. Amer. Chem. Soc.*，**2001**，123：6069；Melaimi M. Soleihavoup M. Bertrand G. *Angew. Chem. Int. Ed.*，**2010**，49：8810；Gronert S.，Keeffe J R. *J. Phys. Org. Chem.*，**2013**，26：1023.

[130] Bourissou D.，Guerret O.，Gabbai F P.，Bertrand G. *Chem. Rev.*，**2000**，100：39；Buron C.，Gomitzka H.，Schoeller W W.，Bourissou D.，Bertrand G. *Science*，**2001**，292：1901.，Valente C.，Çalimsiz S.，Hoi K H.，Mallik D.，Sayah M.，Organ M G. *Angew. Chem. Int. Ed.*，**2012**，51：3314.

[131] Bofill J M.，Farras J.，Olivella S.，Sole A.，Vilarrasa J. *J. Amer. Chem. Soc.*，**1988**，110：1694；Wong H W.，Wentrup C. *J. Org. Chem.*，**1996**，61：7022；Johnson L E.，DuPre D B. *J. Phys. Chem. A*，**2007**，111：11066.

[132] Sulzbach H M.，Balton E.，Lenoir D.，von Schleyer P R.，Jr. Schaefer H F. *J. Amer. Chem. Soc.*，**1996**，118：9908.

[133] Wang Y.，Yuzawa T.，Hamaguchi H. -O.，Toscano J P. *J. Amer. Chem. Soc.*，**1999**，1218：2875；Sander

W., Bucher G., Wierlacher S. *Chem. Rev.*, **1993**, 93: 1583; Sheridan R. S. *J. Phys. Org. Chem.*, **2010**, 23: 326.

[134] Regitz M. *Angew. Chem. Int. Ed. Engl.*, **1995**, 34: 725; Zhang M., Moss R A., Thompson J., Krogh-Jespersen K. J. Org. Chem., 2012, 77: 843.

[135] Skell P S., Garner A Y. *J. Amer. Chem. Soc.*, **1956**, 78: 5430; Moss R A. *Acc. Chem. Res.*, **1980**, 13: 58;, **1989**, 22: 15.

[136] Miller D J., Moody C J. *Tetrahedron*, **1995**, 51: 10811; Liu X., Chu G., Moss R A., Sauers R R., Warmuth R *Angew. Chem. Int. Ed.*, **2005**, 44: 1994; Mieusset J L., Abraham M., Brinker U H. *J. Amer. Chem. Soc.*, **2008**, 130: 14634.

[137] Woodworth R C., Skell P S. J. Amer. Chem. Soc., 1956, 78: 4496; 1958, 80: 3383; Moss R A. *Acc. Chem. Res.*, **1980**, 13: 58; Skell P S. Tetrahedron, **1985**, 41: 1427; Yamada M., Akasaka T., Nagase S. *Chem. Rev.*, **2013**, 113: 7209.

[138] Jr. Jones M., Ritting K B. *J. Amer. Chem. Soc.*, **1965**, 87: 4015.

[139] Werstiuk N H., Casal H L., Scaiano J C. *Can. J. Chem.*, **1984**, 62: 2391; Fessenden R W., Scaiano J C. *Chem. Phys. Lett.*, **1985**, 117: 103.

[140] Philip H., Keating J. *Tetrahedron. Lett.*, **1961**, 2: 523; Wilt J W., Wagner W J. *J. Org. Chem.*, **1964**, 29: 2788; Nickon A. *Acc. Chem. Res.*, **1993**, 26: 84.

[141] von Doering W E., Prinzbach H. *Tetrahedron*, **1959**, 6: 24.

[142] Schaefer H F. *Acc. Chem. Res.*, **1979**, 12: 288; Sander W., Bucher G., Wierlanche S. *Chem. Rev.*, **1993**, 93: 1583.

[143] Ye T., Mckervey M A. *Chem. Rev.*, **1994**, 94: 1091; Slattery C N., Anita A F., Maguire R. *Tetrahedron*, **2010**, 66: 6681.

[144] Martin C D., Soleilhavoup M., Bertrand G. *Chem. Sci.*, **2013**, 4: 3020.

[145] Kobrich G. *Angew. Chem. Int. Ed. Engl.*, **1967**, 6: 41; Padwa A., Krumpe K E. *Tetrahedron*, **1992**, 48: 5385; Nickon A. *Acc. Chem. Res.*, **1993**, 26: 84; Gillingham D., Fei N. *Chem. Soc. Rev.*, **2013**, 42: 4918.

[146] Simmons H E., Cairns T L., Vladuchick S A., Hoiness C M. *Org. React.*, **1973**, 20: 1; Wu X Y., Li X H., Zhou Q L. *Tetrahedron: Asymmetry*, **1998**, 9: 4143; Charette A B., Beauchemin A. *Org. React.*, **2001**, 58: 1; Lebel H., Marcoux J F., Molinaro C., Charette A B. *Chem. Rev.*, **2003**, 103: 977; Pellissier H. *Tetrahedron*, **2008**, 64: 7041; Cornwall R G., Wong O A., Du H., Ramirez T A., Shi Y. *Org. Biomol. Chem.*, **2012**, 10: 5498; Fujii K., Shiine K., Misaki T., Sugimura T. *Appl. Organome. Chem.*, **2013**, 27: 69.

[147] Closs G L., Moss R A. *J. Amer. Chem. Soc.*, **1964**, 86: 4042; Paquette L A., Wilson S E., Henzel R P., Jr. Allen G R. *J. Amer. Chem. Soc.*, **1972**, 94: 7761; 陶凤岗，许临晓，徐积功. 科学通报，**1984**，(2): 91; Braun M. *Angew. Chem. Int. Ed.*, **1998**, 37: 430; Nemiyowski A., Schreiner P R. *J. Org. Chem.*, **2007**, 72: 9533.

[148] Moss R A., Piewicz F G. *J. Amer. Chem. Soc.*, **1974**, 96: 5632; Moss R A., Lawrynowicz W. *J. Org. Chem.*, **1984**, 49: 3828; Capriati V. Florio S. *Chem. Eur. J.*, **2010**, 16: 4152.

[149] Ito T., Nakata Y., Hirai K., Tomioka H. *J. Amer. Chem. Soc.*, **2006**, 128: 957; Kawano M., Hirai K., Tomioka K., Ohashi Y. *J. Amer. Chem. Soc.*, **2007**, 129: 2383.

[150] Arduengo A J. *Acc. Chem. Res.*, **1999**, 32: 913; Herrmann W A. *Angew. Chem. Int. Ed.*, **2002**, 41: 1290; Nair V., Bindn S., Sreekumar V. *Angew. Chem. Int. Ed.*, **2004**, 43: 5130; Garrison J C., Youngs W J. *Chem. Rev.*, **2005**, 105: 3978; Hahn F E. *Angew. Chem. Int. Ed.*, **2006**, 45: 1348; Furstner A., Alcarazo M., Radkowski K., Lehmann C W. *Angew. Chem. Int. Ed.*, **2008**, 47: 8302; Droge T. Glorius F. *Angew. Chem. Int. Ed.*, **2010**, 49: 6940; Kirmse W. *Angew. Chem. Int. Ed.*, **2010**, 49: 8798; Asay M., Jones C., Driess M. *Chem. Rev.*, **2011**, 111: 354; Benhamou L. Chardon E. lavigne G. Bellemin-Laponnaz S. Cesar V. *Chem. Rev.*, **2011**, 111: 2705; Mata J. A. Poyatos M. Mas-Marz E. *J. Chem. Educ.*, **2011**, 88: 822; Douglas J., Churchill G., Smith A D. *Synthesis*, **2012**, 44: 2295; Nelson D J., Nolan S P. *Chem. Soc. Rev.*, **2013**, 42: 6723; Chen X. -Y., Ye S. *Org. Biomol. Chem.*, **2013**, 11: 7991.

[151] Arduengo A J., Harlow R L., Kline M. *J. Amer. Chem. Soc.*, **1991**, 113: 361; Arduengo Ⅲ A J., Davidson F., Dias H V R., Goerlich J R., Khasnis D., Marshall J., Prakasha T K. *J. Amer. Chem. Soc.*, **1997**, 119: 12742; Arduengo Ⅲ A J. *Acc. Chem. Res.*, **1999**, 32: 913; Wang J L., Likhotvorik I., Platz M S. *J.*

Amer. Chem. Soc., **1999**, 121: 2883; Boche G., Lohrenz J C W. *Chem. Rev.*, **2001**, 101: 697; Kirmse W. Angew. Chem. Int. Ed., **2004**, 43: 1767; Izquierdo J., Hutson G E., Cohen D T. Scheidt K A. *Angew. Chem. Int. Ed.*, **2012**, 51: 11686; Zhang L., Hou Z. *Chem. Sci.*, **2013**, 4: 3395.

[152] Bourissou D., Guerret O., Gabbai F P., Bertrand G. *Chem. Rev.*, **2000**, 100: 39; Davies H M L., Antoulinakis E G. *Org. React.*, **2001**, 57: 1; Kirmse W. *Angew. Chem. Int. Ed.*, **2003**, 42: 2117; Kantchev E A B., O' Brien C J., Organ M G. *Angew. Chem. Int. Ed.*, **2007**, 46: 2768; Pellissier H. *Tetrahedron*, **2008**, 64: 7041; Dr. Cisnetti F., Gautier A. *Angew. Chem. Int. Ed.*, **2013**, 52: 11976.

[153] Enders D., Niemeier O., Henseler A. *Chem. Rev.*, **2007**, 107: 5606; Kamber N E., Jeong W., Waymouth R M., Pratt R C., Lohmeijer B G G., Hedrick J L. *Chem. Rev.*, **2007**, 107: 5813; Fortman G C., Nolan S P; *Chem. Soc. Rev.*, **2011**, 40: 5151; Grossmann A., Enders D. *Angew. Chem. Int. Ed.*, **2012**, 51: 314; 承勇，孙礼林. 有机化学，**2012**，32: 511.

[154] Belloli R. *J. Chem. Educ.*, **1971**, 48: 422; 王乃兴，李纪生，吉改姣. 化学通报，**1982**，(6): 23; Meth-Cohn O. *Acc. Chem. Res.*, **1987**, 20: 18; McClelland R A. *Tetrahedron*, **1996**, 52: 6823; Borden W T., Gritsan N P., Hadad C M. Karney W L., Memmitz C R., Platz M S. *Acc. Chem. Res.*, **2000**, 33: 765; Gristan N P., Platz M S. *Chem. Rev.*, **2006**, 106: 3844; Morita H., Tatami A, Maeda T., Kim B J., Kawashima W., Yoshimura T., Abe H., Akasaka T. *J. Org. Chem.*, **2008**, 73: 7159; Wentrup C. *Acc. Chem. Res.*, **2011**, 44: 393; Dequirez G., Pons V., Dauban P. *Angew. Chem. Int. Ed.*, **2012**, 51: 7384.

[155] Skell P S., Havel J., McGlinchey M J. *Acc. Chem. Res.*, **1973**, 6: 97; Armstrong B M., Zheng F., Shevlin P B. *J. Amer. Chem Soc.*, **1998**, 120: 6007; Geise C M., Hadad C M., Shevlin P B. *J. Amer. Chem. Soc.*, **2002**, 124: 355.

[156] Ruzsicska B P., Jodhan A., Choi H K J., Strausz O P., Bell T N. *J. Amer. Chem. Soc.*, **1983**, 105: 2489.

[157] Neumann W P. *Chem. Rev.*, **1991**, 91: 311; Weidenbruch M. *Eur. J. Inorg. Chem.*, **1999**, 373; Haaf M., Schmedake T A., West R. *Acc. Chem. Res.*, **2000**, 33: 704; Tokitoh N., Okazaki R. *Coord. Chem. Rev.*, **2000**, 210: 251; Baines K M. *Chem. Commun.*, **2013**, 49: 6366.

[158] Inoue S., Driess M. *Angew. Chem. Int. Ed.*, **2011**, 50: 5614.

5 周环反应

仅经过一步基元反应就完成的有机反应称协同反应（参见 1.6.1）。20 世纪前半叶发现并随即得到广泛应用的一些电环化反应、Diels-Alder 环加成反应和 Claisen 反应、Cope-迁移反应等都是协同反应。这些反应曾因带有相当大的神秘性而被称为无机理的反应（no mechanism reactions），它们不像 S_N2 或 E2 等协同反应，没有溶剂的极性效应或酸碱性的影响；加热或光照这两种影响能对立体选择性产生完全相反的结果且有些反应只有在一种影响下才能进行，经典的离子历程或自由基历程都无法对此类反应过程做出合理的解释。到 20 世纪 60 年代，人们已经理解底物原子及相互作用的轨道在此类反应中都经过了一个连续环状排列的过渡态而协同组合的过程，故称其为周环反应（pericyclic reaction）。[1] 周环反应是协同反应的一种，而协同反应不一定是周环反应，如图 5-1 所示。

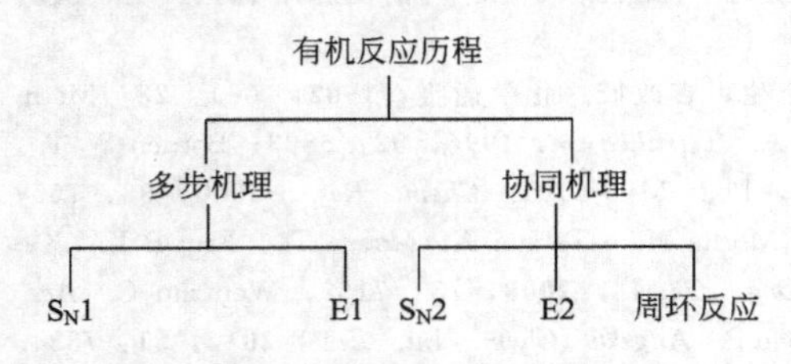

图 5-1 有机反应历程的种类

Mulliken 于 1928 年提出的分子轨道理论是其荣获 1966 年度诺贝尔化学奖的主要创新性工作。Huckel 于 1931 年提出了简单的分子轨道理论和判断芳香性的 $4n+2$ 规则。福井谦一、Woodward 和 Hoffman 将分子轨道理论应用于周环反应而取得突出贡献。前线轨道与能级相关这两个基于分子轨道对称守恒原理（principle of conservation of MO symmetry）给出的理论荣获 1981 年度诺贝尔化学奖，它们和芳香性过渡态理论是解释或预测周环反应的 3 种常用理论。这 3 种理论都是以分子轨道理论的基本概念为基础，从不同的角度分析协同反应过程中能量的变化，以期找出最低能量过渡态，来判断反应进行的方式和立体化学选择性规律，得出的结果是基本相同的。

5.1 分子轨道的对称元素

原子轨道和分子轨道也常用形象化的几何图形来表示，这种图形能够清晰地表现出轨道特性中最重要的对称性。如图 5-2 所示，σ 键是轴对称的，π 键是有节面的，两者具有不同的成键特性而可分别处理。如，π 轨道是由方向性同一的 p 原子轨道线性组合而成而不必考虑 σ 轨道的影响。π 和 σ 轨道都有 3 种对称元素。第一个对称元素是镜面 m_1，它是垂直并等分键的一个平面，σ 和 π 轨道对 m_1 是对称的，可用 S（symmetric）表示，而 σ^* 和 π^* 反键

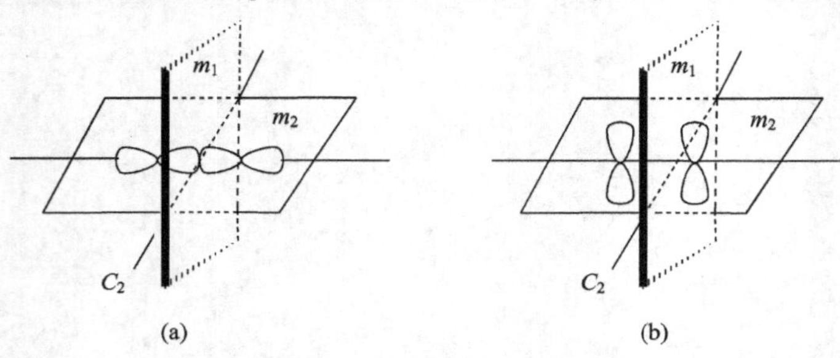

图 5-2 σ 键（a）和 π 键（b）的 3 个对称元素

轨道对 m_1 是反对称的，用 A（asymmetric）表示。第二个对称元素是镜面 m_2，它是穿过并等分键的一个平面，σ 和 σ^* 对 m_2 是对称的，π 和 π^* 对 m_2 是反对称的。第 3 个对称元素是通过 m_1 和 m_2 两个平面交线的二重旋转轴 C_2，σ 和 π^* 对 C_2 是对称的，而 σ^* 和 π 对 C_2 而言是反对称的。对称或反对称是指分子轨道经某个对称元素进行操作后其轨道位相的符号保持不变或发生改变的结果。

分子轨道对于某一对称元素要么是对称的，要么是反对称的；不会部分是对称的，部分又是反对称的。如图 5-3 给出的这个丁二烯的某个可能的分子轨道对镜面 m_1 而言，C2 和 C3 是对称的，但 C1 和 C4 却是反对称的；对旋转轴 C_2 而言，C1 和 C4 是对称的，但 C2 和 C3 却是反对称的。具有这类混乱对称性的分子轨道不可能是真正的分子轨道。

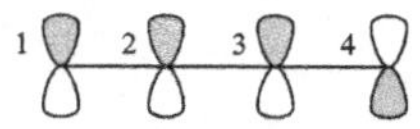

图 5-3 不可能存在的丁二烯分子轨道

分子的结构、性质与轨道对称性密切相关，对称元素在周环反应的整个过程中始终起着支配作用。

5.2 周环反应中的术语和符号体系

周环反应中有一些通用的命名和符号。用于描述轨道反应过程的同面（suprafacial）/异面（antarafacial）的概念是相应于顺式/反式而提出的。如图 5-4 所示，对 σ 键而言，反应在内叶（中间瓣）或外叶（两侧瓣）反应是同面（σ_s）的，此时键连的两个原子轨道的立体构型都保持不变或都发生反转；反应在内叶和外叶发生的是异面（σ_a）的，此时一个原子轨道以正瓣成键并保持构型，另一个原子轨道以负瓣成键，立体构型发生反转。对 π 键而言，反应在同侧进行的是同面（π_s）的，反应在两侧发生的是异面（π_a）的。对孤对电子所在的非键 p 轨道而言，反应在同侧发生是同面（ω_s）的，在两侧发生是异面（ω_a）的。

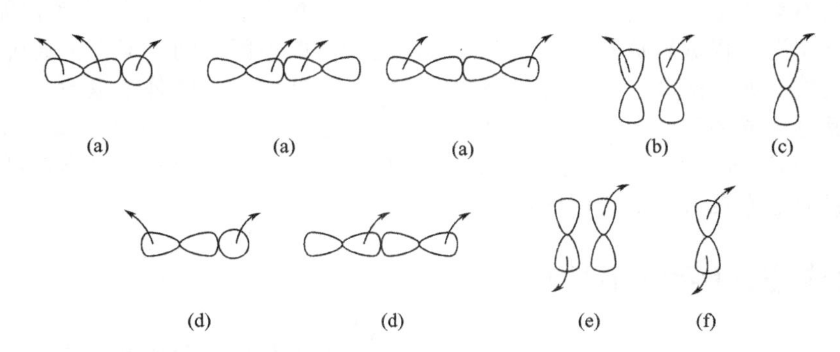

图 5-4 同面的 σ 键(a)、π 键(b)、ω(c) 和异面的 σ 键(d)、π 键(e) 和 ω(f) 反应

组分在周环反应中指结构发生变化的孤立或共轭的键；涉及的电子数以阿拉伯数字表示，σ、π、ω 轨道置于左下角，s(同面) 和 a(异面) 过程置于右下角。如${}_{\sigma}2_{a}$、${}_{\pi}4_{s}$ 和${}_{\omega}0_{s}$ 各表示在过渡态中涉及两个电子的 σ 轨道以异面方式、4 个电子的 π 轨道以同面方式和孤对电子的 ω 轨道以同面方式参与的周环反应。注意轨道数和电子数并不一定相等，如烯丙基正离子和负离子都有相同的 3 个轨道，但前者涉及 2 个电子，是 2π 体系；而后者涉及 4 个电子，是 4π 体系。对周环反应进行分析时，重要的是涉及的电子数而非轨道数，也不是原子数。

如图 5-5 所示，顺旋（conrotatory）指 π 键的两个 p 轨道在周环反应中按同一方向（均为顺时针或均为逆时针）转动；对旋（disrotatory）指 π 键的两个 p 轨道在周环反应中按相反方向（一个为顺时针，另一个为逆时针）转动。σ 键的转动方向也可用顺旋或对旋来表示。

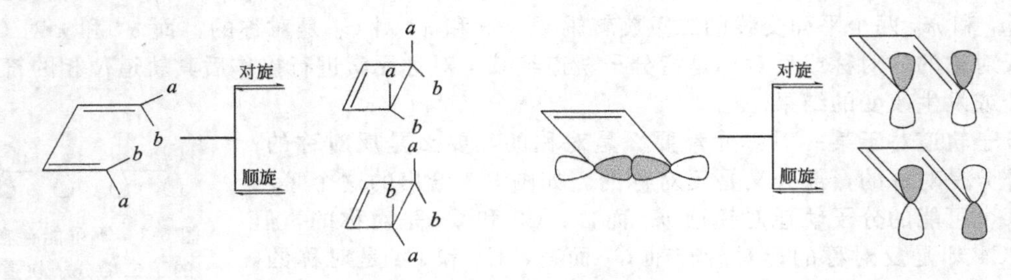

图 5-5 对旋和顺旋

5.3 允许的和禁阻的反应

协同反应中旧键断裂所需能量由新键形成来补偿，若它们能在过渡态中保持高度的键合，即保持轨道的对称性将有利于反应经由能量最低的途径。周环反应可分为允许的反应（allowed reaction）和禁阻的反应（forbidden reaction）两大类。“允许”通常是指因底物中对称性相同的轨道排列在过渡态中能有最大程度的重叠而使周环反应只需相对较低的活化能，“禁阻”指底物中因对称性不同的轨道排列而使周环反应需要相对较高的活化能。但允许或禁阻并非真正的完全可以或完全不可以。允许的反应会沿着根据轨道对称性的几何方式进行，但并不意味一定就能顺利进行，它们也可能由于过渡态所需的环状结构的大小不宜或有其他位阻等因素存在而无法保证活化能一定是小的，故对反应的快慢也难以判断。如，丁二烯和乙烯之间协同的 Diels-Alder 反应是允许的反应，但需要高温高压的严酷条件才行。允许的反应也不意味着是底物唯一的反应过程，很有可能其他反应途径的活化能还要有利。某一禁阻的反应沿着根据轨道对称性的几何方式进行可能是困难的，但仍可通过其他方式而成为可行的反应。如，两分子乙烯之间协同的［2+2］环加成反应是禁阻的，但仍可经由双自由基机理反应生成环丁烷。故应将“允许”或“禁阻”理解为“有利”或“不利”。还应注意的是，“协同”过程并不一定是“同步”过程，“允许”与“协同”也不是可任意交换的同义词，禁阻的过程也可能是协同的。[2]

5.4 分子轨道对称守恒原理

如图 5-6 所示，20 世纪 60 年代初，人们在研究维生素 D 化学中发现麦角甾醇（ergosterol，**1**）经光化学开环生成前麦角钙化甾醇（precalciferol，**2**）。**2** 在光作用下能可逆地转化为 **1** 的差向异构体光甾醇（lumisterol，**3**），**3** 受热可转化为维生素 D_2，关环生成焦钙化甾醇（pyrocalciferol，**4**）和异焦钙化甾醇（isopyrocalciferol，**5**）。**2** 这类共轭三烯类化合物在加热或光反应过程中关环得到的不同立体化学结果的机理难以确切解释。有人已觉察出这可能与分子轨道的对称性有关，但并未深入研究下去。

Woodward 在研究维生素 B_{12} 的合成过程中也观察到类似的现象。如图 5-7 所示，他希望由 **6** 加热关环生成 **8**，实际上生成的产物除 **8** 外还有 **9**，**8** 和 **9** 的区别仅在于 CH_3 和 CO_2CH_3 的空间取向不同。进一步研究发现 **6** 受热时只发生定向立体关环生成 **8**，**9** 并非由 **6** 直接而来，是 **6** 异构化为 **7** 后再发生定向立体关环而生成的。Woodward 对这些通过热或光产生的立体化学的转化过程进行了详尽的观察，受福井谦一前线轨道理论的启发，认为这

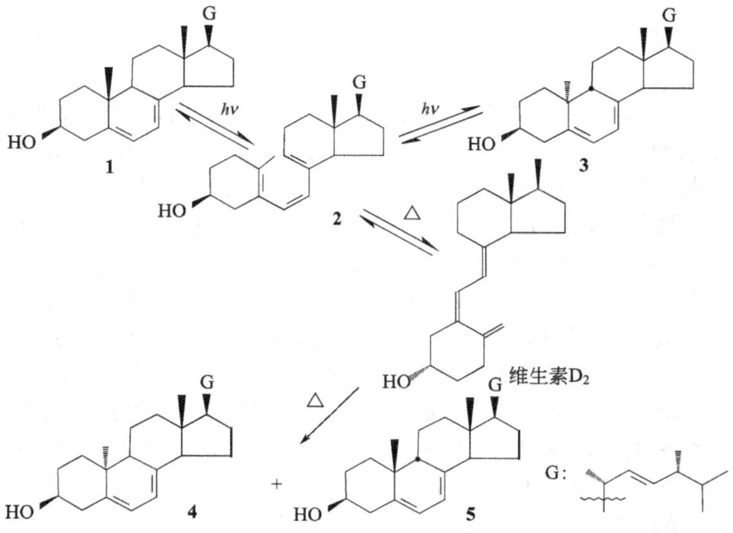

图 5-6 维生素 D 的一些周环反应

些反应同样受到分子轨道对称性的控制。Woodward 与量子化学家 Hoffmann 合作，在总结了许多类似反应的规律后，提出了分子轨道对称守恒的基本思想：当反应物和产物的分子轨道对称性自始至终都保持一致时，周环反应就容易发生，称为允许的；当对称性不匹配时，周环反应就难以发生，称为禁阻的。[3]

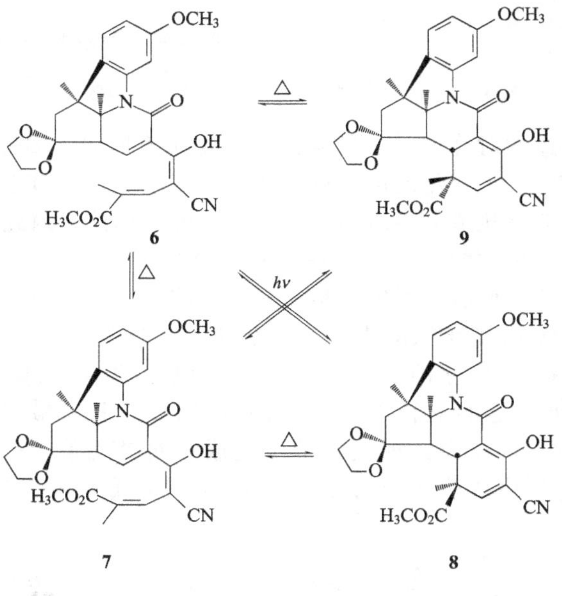

图 5-7 与维生素 B_{12} 相关的几个周环反应

化学反应是底物的分子轨道重新组合的过程。分子轨道对称守恒原理认为，底物和产物分子轨道的对称性一致将控制一步基元反应或协同反应的进程，即协同反应中分子轨道的对称性始终是守恒的。从反应涉及的分子轨道对称性的变化，可以定性地判断某个协同反应发生的可能性、所需条件及其立体化学过程和结果。运用该原理无需复杂的量子化学计算，方便而又直观，故易为一般的化学工作者理解和应用。

5.5 电环化反应

具有 n 个 π 电子的线性共轭体系的两个端点间发生分子内反应转变为 $n-2$ 个 π 电子和一个 σ 键的环状体系或其逆过程的反应称电环化反应（electrocyclic reaction），如环丁烯气相下 150℃开环生成 1,3-丁二烯的反应就是一个电环化反应。该反应反映出反应活化能比通常涉及 C—C 单键断裂的反应活化能低得多；另一个值得注意的是取代环丁烯的同类反应也有如维生素 D 化学中所显示的高度立体专一性。[4]

分子轨道理论指出，有 n 个碳的共轭多烯就有 n 个 π 分子轨道。以取代 1,3-丁二烯的环化反应为例：该分子是 4 个烯基碳的线性共轭体系，有 4 个 π 分子轨道。从 Ψ_1 到 Ψ_4 的节面数依次为 1、2 、3 和 4，各分子轨道的能量根据节面数的依次增多而增大。根据能量最低原理，4 个 π 电子将填入 Ψ_1 和 Ψ_2 两个成键轨道。Ψ_2 是丁二烯的最高已占轨道（HOMO），即在所有占有电子的轨道中能级最高的那个轨道；Ψ_3 称最低未占轨道（LUMO），即在所有未占电子的轨道中能级最低的那个轨道。不必计算就可画出这些分子轨道并发现其对称性所在，如图 5-8 所示的 2E，4E-己二烯（**1**）的 π 分子轨道。

$$\Psi_1 = 0.3717\Phi_1 + 0.600\Phi_2 + 0.600\Phi_3 + 0.3717\Phi_4$$

$$\Psi_2 = 0.3717\Phi_1 + 0.600\Phi_2 - 0.600\Phi_3 - 0.3717\Phi_4$$

$$\Psi_3 = 0.3717\Phi_1 - 0.600\Phi_2 - 0.600\Phi_3 + 0.3717\Phi_4$$

$$\Psi_4 = 0.3717\Phi_1 - 0.600\Phi_2 + 0.600\Phi_3 - 0.3717\Phi_4$$

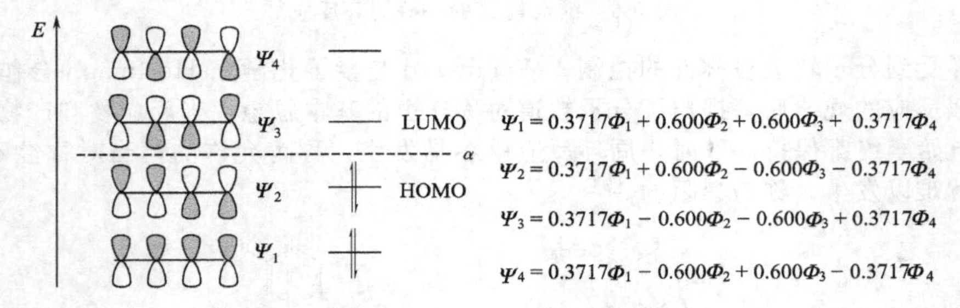

图 5-8　1,3-丁二烯的 π 分子轨道和波函数形式

在考虑底物分子轨道的对称性时，只需关注涉及新键形成和旧键断裂的那些分子轨道，不必考虑其他在反应前后没有变化的键的分子轨道。发生变化的键上的取代基，如，**1** 上的两个甲基只是影响参与变化轨道的能级而未改变它们的对称性，因此也无需关注。故要分析的是分子中 2 个涉及电子变化的大 π 键和在产物中新生成的 1 个 σ 键和 1 个 π 键的分子轨道。每个组分的分子轨道在反应过程中都是独立变化的。

如图 5-9 所示，涉及 $4n$ 电子数的 **1** 在加热条件下生成顺-3,4-二甲基环丁烯（**2**）；在光化学条件下反应则生成一对外消旋反式异构体产物（**3**），立体异构副产物含量只有 0.005%；两者均表现出极佳的立体专一性。涉及 $4n+2$ 电子数的 2E，4Z，6E-辛三烯（**4**）也有类似的立体专一性反应：加热条件下生成一对外消旋反-5,6-二甲基-1,3-环己二烯（**5**），光化学条件下则生成顺式异构体产物 **6**。**1** 到 **2** 或 **4** 到 **6** 是顺旋过程，**1** 到 **3** 或 **4** 到 **5** 是对旋过程。

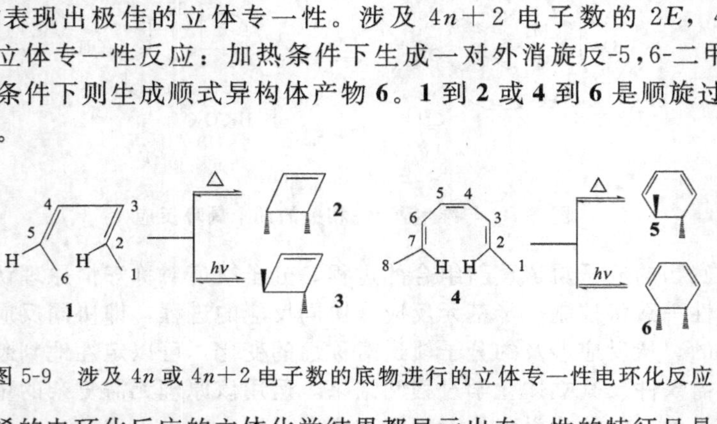

图 5-9　涉及 $4n$ 或 $4n+2$ 电子数的底物进行的立体专一性电环化反应

许多共轭多烯的电环化反应的立体化学结果都显示出专一性的特征且是可以预测的。如

表 5-1 所示：根据成环反应是在热化学还是光化学条件下发生，涉及的电子数是 $4n$ 还是 $4n+2$ 能够决定它们的环合方式或其逆过程的开环方式是顺旋过程还是对旋过程。

表 5-1 电环化反应的立体选择规则

π 电子数	反应条件	立体化学
$4n$	热反应	顺旋
	光反应	对旋
$4n+2$	热反应	对旋
	光反应	顺旋

虽然某些光化学条件下的反应得到的产物与基于周环反应原理给出的预测是一致的，选择性规则也与热反应的正好相反。但光化学反应的过程复杂得多，结果看似相同，却不一定是协同的周环反应过程。二烯底物进行光促的电环化反应时，必须取 *s-cis* 构象且常受 *E-Z* 异构化副反应的干扰而效率不高。如图 5-10 所示，*s-cis* 的 1,3*E*-戊二烯在 254nm 光激发下生成电环化产物的量子产率（参见 6.4）只有 0.03，并有另两个产物，*s-trans* 构象的 1,3*E*-戊二烯在 229nm 光激发下只发生 *E-Z* 构型异构化反应。

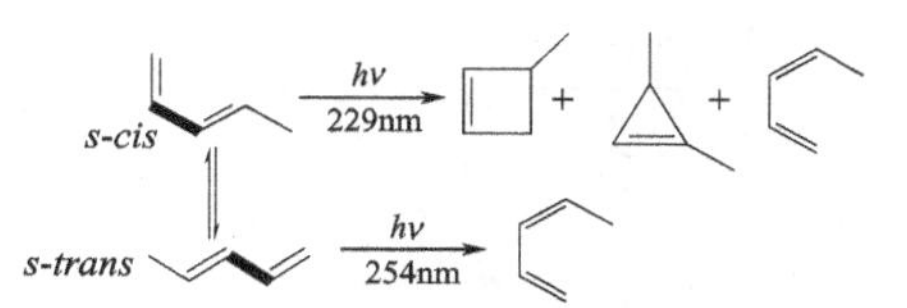

图 5-10 二烯底物进行光促的电环化反应受 *s*-构象的影响

5.5.1 前线轨道理论

日本科学家福井谦一于 20 世纪 50 年代提出前线轨道（frontier orbital，FO）、前线电子的概念和前线轨道理论。[5] 该理论认为，原子在反应中起关键作用的是能级最高的价电子，分子在反应中起关键作用的则是前线轨道 HOMO 或 LUMO。亲核试剂的反应点位于 HOMO，其 HOMO 对电子的束缚较为松弛，具有给电子性质；亲电试剂的 LUMO 对电子有较强的亲和力，具电子受体性质。这两种分子轨道在化学反应中起着极为重要的作用。单分子反应的选择性由其 HOMO 的对称性决定；双分子反应的选择性则取决于一个分子的 HOMO 和另一个分子的 LUMO 之间的对称性是否匹配。

用前线轨道理论来分析 **1** 进行电环化反应的立体选择性规律。如图 5-11 所示：其基态的 HOMO 是前线轨道 Ψ_2，反应后 C1 和 C4 上的 p 轨道逐渐变成 sp^3 轨道，重叠生成 σ 键。C1—C2 和 C3—C4 的旋转有顺旋和对旋两种可能的方式。根据轨道对称性守恒原理，从反应物到产物轨道的对称性在允许的反应中保持不变，C1 和 C4 上的 p 轨道变为产物的 sp^3 轨道时，位相为（＋）的一瓣仍成为产物中 sp^3 轨道位相为（＋）的一瓣。故顺旋时 HOMO 中 C1 和 C4 上的 p 轨道和产物的 sp^3 轨道位相相同，（＋）、（＋）或（－）、（－）成键，重叠程度逐渐增加，生成 σ 键的同时 π 键断裂。若进行对旋反应，C1 上的 p 轨道将总是接近 C4 上 p 轨道中位相相反的一瓣，对称性不匹配，不能重叠成键，是禁阻的途径。在光照情

图 5-11 2*Z*，4*E*-己二烯（**1**）在热或光反应条件下的前线轨道及其电环化反应

况下，基态 Ψ_2 上的一个电子被激发到较高能量的 Ψ_3 分子轨道，电子组合为 Ψ_1^2、Ψ_2^1、Ψ_3^1，Ψ_3 是 HOMO 和前线轨道。Ψ_3 的两端 C1 和 C4 上的对称性和 Ψ_2 相反，它们对旋时（+）、（+）或（−）、（−）是对称性允许的，可以成键的。若顺旋时总是（+）、（−）或（−）、（+）接近，轨道对称性不匹配，不能重叠成键，是禁阻的反应，因而光化学反应的立体化学结果完全不同于热反应条件下得到的结果。

4 热反应时的 HOMO 和前线轨道是 Ψ_3，两端碳原子 C1 和 C6 的对称性要求其以对旋方式进行的闭环反应是轨道对称性允许的途径。在光反应条件下，HOMO 和前线轨道是 Ψ_4，两端碳原子的轨道顺旋成键是轨道对称性允许的途径。故 **4** 在加热条件下生成顺-5,6-二甲基-1,3-环己二烯，在光照下生成反式异构体产物，如图 5-12 所示。

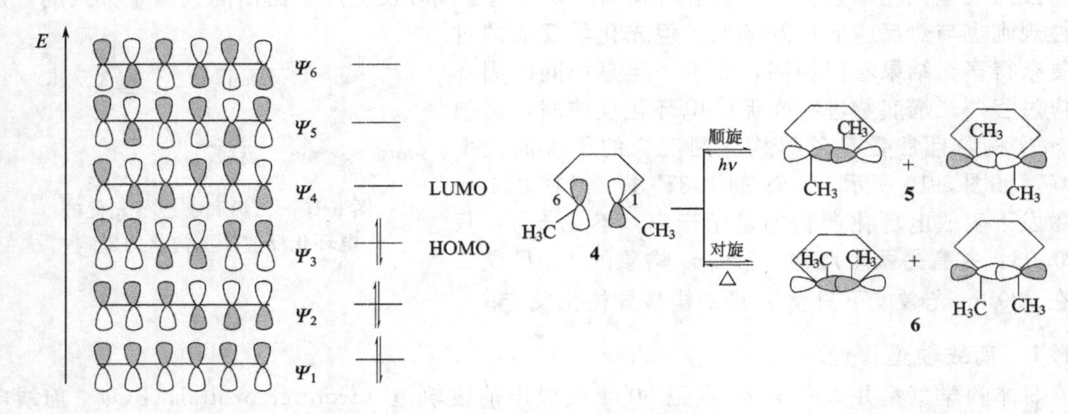

图 5-12 2*E*,4*Z*,6*E*-辛三烯（**4**）的 π 分子轨道及其电环化反应

π 电子数为 $4n$ 的共轭多烯烃的轨道对称性与丁二烯一样，π 电子数为 $4n+2$ 的共轭多烯烃的轨道对称性与辛三烯一样。故表 5-1 给出的电环化反应的立体选择规则是一条普遍规律。

前线轨道理论直观简单，结论明确而易于应用。但大 π 体系的所有轨道都是一个整体，化学变化时实际上都会受到影响。前线轨道理论只关注 HOMO，并未处理其他轨道在成环中的变化情况，故考虑问题不够全面。

5.5.2 分子轨道能级相关理论

分子轨道能级相关图（correlation digrams）的方法也可以理解周环反应。[6] 该方法考虑了所有参与周环反应变化的分子轨道在反应前后的对称性相关问题。应用时先按照轨道能级由低到高分别给出反应物和产物参与成键或断键的分子轨道；接着选择一个在整个反应过程之中始终有效的对称元素来对这些轨道按对称与否分类；再根据对称性守恒原则，即对称性相同的底物和产物轨道相连。如果反应物的成键分子轨道能以对称性不变的方式与产物的成键轨道相关，则这个周环反应的活化能较小，将是允许的在基态受热条件下就能发生的。反之，若反应物的成键分子轨道以对称性不变的方式与产物的反键分子轨道相关，则此反应在能量上是不利的，将是禁阻的、需在光照激发态条件下才能发生的反应。

由于反应物的分子轨道必须以对称性守恒的方式转化为产物的分子轨道。相关图中两者之间的连线方式只能是 *SS* 或 *AA*。相关时有两点需注意，一点是 *SS* 或 *AA* 相连的分子轨道能量要尽可能相近，这是能量近似原则所要求的；另一点是相同对称性的连线不能相交，即两条 *SS* 或两条 *AA* 不能在相关图上交叉。量子力学的分析表明，对称性相同而能量不同的两个分子轨道接近时会发生强烈的微扰作用，微扰作用使原来能量较低轨道的能量进一步降低，而原来能量较高轨道的能量进一步升高。这两者的能量变化曲线接近后又分开，永远也相交不了。SS 和 AA 之间的相交由于对称性不同，波函数具正交性，轨道相互排斥产生的能量可以忽略不计，相交是允许的。

如图 5-13 所示，1,3-丁二烯分子闭环成环丁烯的反应中两个 π 键断裂，在 C2 和 C3 间形成新的 π 键，C1 和 C4 间形成新的 σ 键。键的断裂和形成的有关轨道在 1,3-丁二烯中是 Ψ_1、Ψ_2、Ψ_3 和 Ψ_4，环丁烯中是 σ、π、π^* 和 σ^*。1,3-丁二烯分子顺旋闭环时，3 种对称元素中的 m_1 在反应过程中对各个分子轨道既非对称又非反对称；m_2 则对任何一个轨道都是反对称的。故 m_1 和 m_2 这两个对称元素都起不了分类作用而无法用于过程分析。用 C_2 来对 1,3-丁二烯和环丁烯分类的话，Ψ_1 对于 C_2 是反对称的，它在整个过程中一直保持对 C_2 的反对称性而转化为产物的 π 轨道；Ψ_2 对于 C_2 是对称的，它在反应过程中也一直保持对 C_2 的对称性而转化为产物的 σ 轨道，即 1,3-丁二烯的成键轨道 Ψ_1、Ψ_2 分别与环丁烯中的成键轨道 π 和 σ 相关。4 个 π 电子在反应前后都处在对称性相同的成键轨道上，此类反应称对称性允许的反应。对称性允许的反应活化能低，基态反应物在一般加热条件下就可转化为产物的基态。

当 1,3-丁二烯分子对旋时，则应以 m_1 来分类。在相关图上可以看出，反应物的成键轨道 Ψ_2 将和产物的反键轨道 π^* 相关；此时，反应物若处在激发态，即电子从 HOMO Ψ_2 跃迁到 LUMOΨ_3 后才能转化为产物。这样的反应只有在光照条件下才能进行，因此 1,3-丁二烯在光照条件下得到对旋闭环产物。环丁烯开环生成 1,3-丁二烯的电环化反应的立体化学过程也同样遵循图 5-14 所示的轨道能级相关图式。

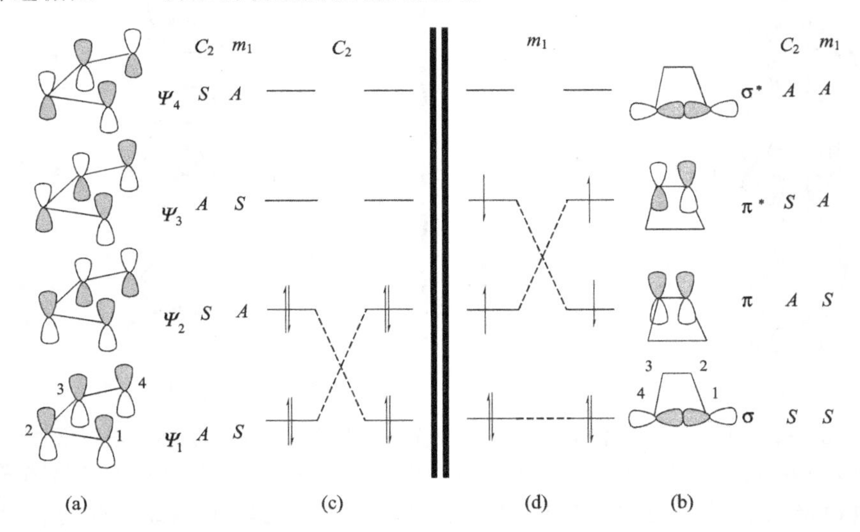

图 5-13　1,3-丁二烯和环丁烯的分子轨道（a 和 b）及进行电环化的热顺旋（c，C_2 为分类元素）反应和光对旋（d，m_1 为分类元素）反应的轨道能级相关图

如图 5-14 所示，1,3-丁二烯顺旋过程中，底物的 Ψ_1 顺旋后将形成产物的 σ^* 而使其 σ 部分消失，π 部分得到加强而成为 π；Ψ_2 顺旋后得到的产物由于有 σ 成键方式而使轨道的 π^* 部分消失，σ 部分得到加强而成为 σ。因此，在轨道图中表现出 1,3-丁二烯的 Ψ_1 和 Ψ_2 是分别与环丁烯的 π 及 σ 相关的。1,3-丁二烯环化反应后得到的环丁烯产物中，σ 在 C2 和 C3 上的基原子轨道消失而出现在 C1 和 C4 间，π 在 C1 和 C4 的基原子轨道也消失了，而出现在 C2 和 C3 间。

利用能级相关图分析，同样可以发现 1,3,5-己三烯分子发生电环化反应生成 1,3-环己二烯或其逆反应时，热反应条件下 m_1 作为分类元素，基态分子对旋闭环是对称性允许的反应，而在光反应条件下 C_2 作为分类元素，处于激发态的分子顺旋闭环是对称性允许的，如

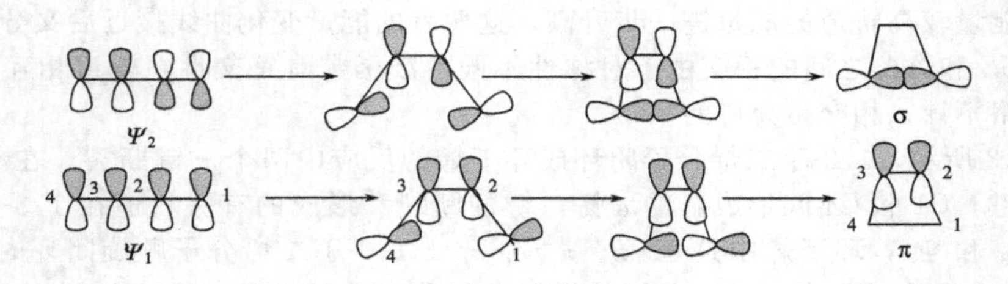

图 5-14 1,3-丁二烯顺旋过程中 Ψ_1 和 Ψ_2 的轨道转化

图 5-15 所示。

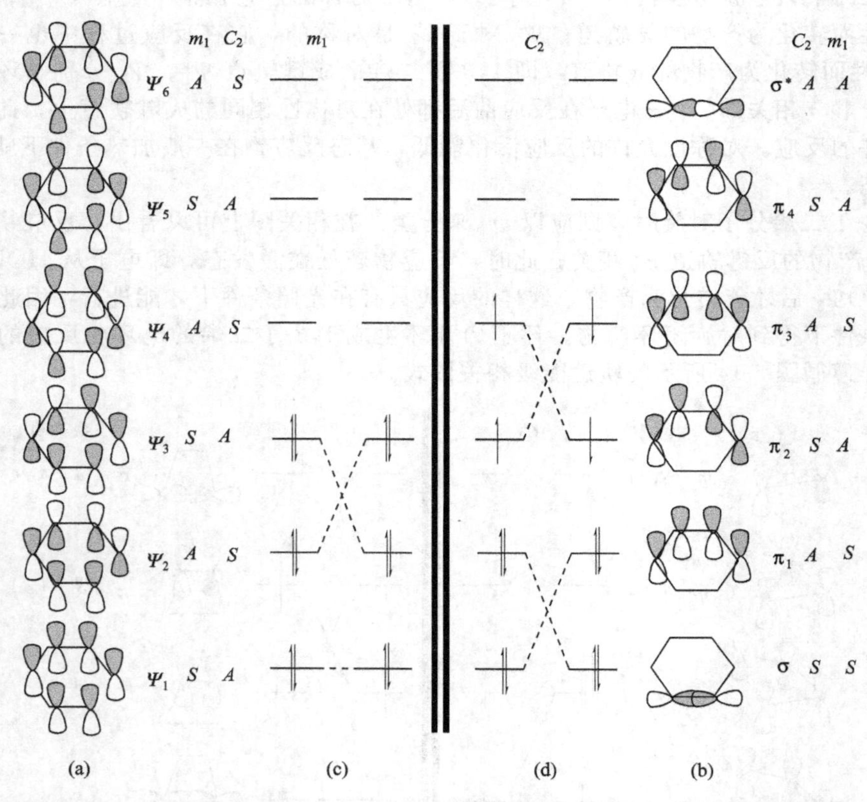

图 5-15 1,3,5-己三烯和 1,3-环己二烯的分子轨道（a 和 b）及进行电环化的
热对旋（c，m_1 为分类元素）反应和光顺旋（d，C_2 为分类元素）反应的轨道能级相关图

分子轨道能级相关图建立了反应物分子和产物分子的轨道能级之间对称性相关的转化图式，论证简捷而逻辑严密。但当反应物分子缺乏明显的对称因素时，就较难用对称性将分子轨道分类，自然也不容易分析对称性匹配问题。前线轨道理论就较少受到这一限制。

5.5.3 芳香性过渡态理论

环状的离域 π 体系能量要比相应的链状体系低，如 Diels-Alder 反应是通过一个类似于苯的环状过渡态而不是类似于己三烯的线形过渡态来发生的，这种符合 $4n+2$ 规则（参见 5.6.3）的环状类苯过渡态又称芳香过渡态，是低能量的过渡态，经过该过渡态的反应活化能小，反应容易进行。Dewar 等人将该想法引入周环反应中并引入 Mobius 体系的概念，在综合了量子力学的微扰理论和芳香体系理论后，提出了不涉及分子轨道的对称性问题而从过渡态中发生的结构变化来判断反应难易的芳香性过渡态理论（aromatic transition state theory)，得出的结论和根据分子轨道对称守恒原理得出的也完全相同。[7]

Mobius 是德国的一个数学家。一条纸带一端扭曲 180°后两端黏合即得到 Mobius 带。一般的曲面将空间分成内面和外面两部分，Mobius 带则既无内面也无外面，两者连续结合而成为只有一条边和一个面的几何图形。在周环反应中也会出现 Mobius 体系，将一个共轭链多烯一端固定，另一端扭转 180°后再连接，在接头处就会出现一次原子轨道位相符号的改变，相当于轨道的一个节面，这种环状的共轭多烯就成为 Mobius 多烯。2003 年，人们合成得到了一个扭曲的［16］轮烯（**7**），这是被确认的第一个带 Mobius 芳香性的化合物。此后，不少此类化合物都得到了合成。[8]

7

一个环状共轭多烯的大 π 键理论上可以被类似地扭转多次而形成。人们把经过奇数次变化的称为 Mobius 体系，经过零或偶数次符号改变的体系称为 Huckel 体系。Mobius 体系中涉及 $4n$ 个 π 电子的过渡态是芳香性的，反应是允许的，在基态受热条件下就能发生的；涉及 $4n+2$ 个 π 电子的过渡态是反芳香性的，反应属禁阻的，需在光照激发态条件下才能发生的。与 Mobius 多烯体系相反，Huckel 多烯中涉及 $4n+2$ 个 π 电子的过渡态时是芳香性的，反应是允许的；涉及 $4n$ 个 π 电子的过渡态是反芳香性的，反应属禁阻的。

应用芳香性过渡态理论时，可以取任何一个分子轨道来判别，得到的结果是完全一样的，故只要任取一个符号改变次数最少的轨道来分析就可以了。如图 5-16 所示，1,3-丁二烯分子的轨道符号改变次数在顺旋闭环时对 Ψ_1 和 Ψ_2 是 1 次，对 Ψ_3 和 Ψ_4 是 3 次，都为奇数次，可归于 Mobius 体系，反应涉及 4 个 π 电子，将经过一个稳定的芳香过渡态，是允许的反应。反之，当它发生对旋时，轨道符号改变次数对 Ψ_1 是 0 次，对 Ψ_2 和 Ψ_3 是 2 次，对 Ψ_4 是 4 次，归于 Huckel 体系，反应涉及 4 个 π 电子，将经过一个不稳定的反芳香性的过渡态，是禁阻的。分析 1,3,5-己三烯体系，可以看出对旋时轨道符号改变次数都是 0 次或偶次，归于 Huckel 体系，涉及 6 个 π 电子，是经过芳香性过渡态的反应，因而是允许的；反之，顺旋时归于 Mobius 体系，因涉及 6 个 π 电子而为禁阻性的了。

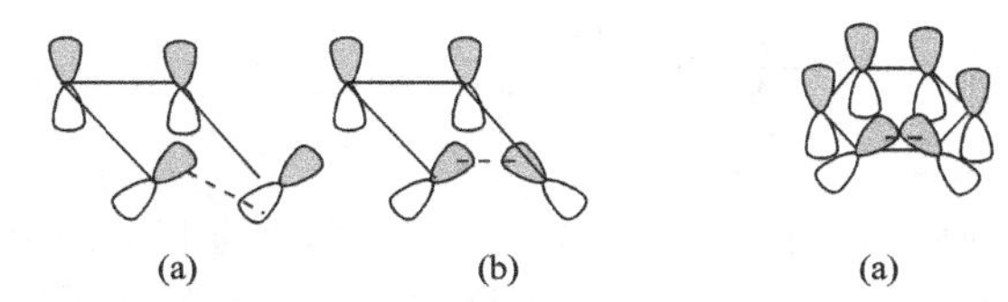

图 5-16　4π 和 6π 电子的 Ψ_1 的芳香性过渡态（a）和反芳香性过渡态（b）

芳香过渡态理论的突出优点是判别不依赖于多烯分子轨道的对称守恒和 HOMO、LUMO 的信息，判别方法也较为简单。利用能量最低的一个轨道，即位相符号变化次数最少的分子轨道，计算过渡态中轨道位相符号的变化次数（若一个 p 轨道的两叶都处于环体系，其符号的变化不作为变号）。根据变化次数的奇偶性确定这一过渡态是归于 Huckel 或 Mobius 体系，并由参与过渡态的电子数是 $4n$ 个或 $4n+2$ 个确定该过渡态是属于芳香性的还是反芳香性的，从而得出基态或激发态时的反应是允许的还是禁阻的判断（见表 5-2）。

表 5-2 芳香过渡态理论的应用选律

体系		过渡态轨道符号反转次数	涉及电子数	
			$4n$	$4n+2$
基态	Huckel	零或偶	反芳性	芳香性
	Mobius	奇	芳香性	反芳性
激发态	Huckel	零或偶	芳香性	反芳性
	Mobius	奇	反芳性	芳香性

前线轨道理论、轨道对称守恒相关理论和芳香过渡态理论的分析都是着眼于周环反应中的能量变化，但对支配能量变化根源的解释不同。前两个理论认为分子轨道的对称性是否一致是决定能量变化的关键，而后者则认为过渡态中能否形成芳香性的闭合结构才是根源。这3个理论都试图找出在周环反应中保持最大键合的因素，都与参与反应的电子数目密切相关，在立体专一性上得出的结论是相同的。但它们所用分析工具不同而各具优点和不足，采用哪个方法可视具体反应和个人熟悉程度来选择。[9]

需要注意的是这3个原理仅适用于反应过程中只出现一个过渡态的协同反应，对多步骤的涉及中间体过程的复杂反应是不适用的。同时要再次强调，所谓允许的反应并不一定必定是只需最低活化能的途径或是底物唯一的反应。激发态的复杂程度远大于基态，对激发态分子的了解也比基态分子少，预言的可靠性也小。其他一些因素，如，取代基不参与变化但仍可因位阻等效应对反应产生很大的影响；外加条件影响的反应看似协同反应，但实际上并非有此过程。如，三环［4.2.0.$0^{2,5}$］3,7-辛二烯（**8**）很难转化为环1,3,5,7-辛四烯，因为这是一个禁阻的协同热对旋反应。但在Ag^+催化下，**8**于热的丙酮溶液中只要40min就能完成这一看似对旋的反应。[10]

$AgBF_4$

8

5.5.4 顺旋或对旋运动方式

电环化反应是可逆的反应。一般而言，链状三烯有利于生成环状环己二烯产物的成环反应，而环丁烯则有利于生成链状丁二烯产物的开环反应，这与环的张力有关。此外，链状丁二烯必须取 *s-cis* 构象才可成环，$2Z,4Z$-己二烯以 *s-trans* 构象（**9a**）为主，但3个立体异构的2,4-己二烯中只有$2Z,4Z$-己二烯（**9b**）可进行热顺旋环合反应，得到反-3,4-二甲基环丁烯，如式(5-1)所示。

顺旋

9a **9b** **3** (5-1)

每个电环化反应都有两种顺旋和两种对旋运动方式。每两种选择的结果因底物结构而异而可能是相同的或是不同的。如式(5-2)的两个反应所示，**2**受热顺旋开环，无论哪个方向均给出同一产物**1**；而**3**受热顺旋开环时可生成$2Z,4Z$-己二烯（**9**）和$2E,4E$-己二烯（**10**）两个产物。实际上**3**反应后只得到**10**而几乎无**9**生成，两个甲基在**9**中造成的范氏立体张力使其远不如**10**稳定。

CH_3 H CH_3 H CH_3 H H CH_3 H CH_3 CH_3 H

2 **1** **3** **10** **9** (5-2)

显然，立体效应和产物的稳定性对电环化可能的两种反应方向的选择性能产生很大的影响，较大的位阻效应不利于能量较高过渡态的生成。这是一条在电环化反应中常见的普遍规律。此外，开环电环化反应的立体选择性问题还受到取代基电子效应的影响。一般可以看到的是，断裂的 σ 键上的给电子取代基有利于外向旋转，吸电子取代基则有利于内向旋转。如式(5-3) 所示，**11** 发生 4π 开环电环化反应，G 为甲基时，产物 **12**∶**13** 为 3∶7；G 为甲氧基时，产物 **12**∶**13** 为 99∶1：

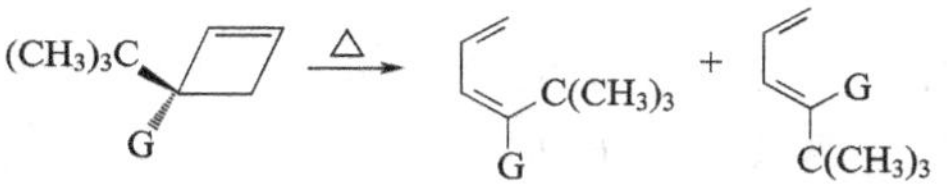

11 **12** **13** (5-3)

如式(5-4) 所示，**14** 受热生成顺旋开环产物 **15**，**15** 光照对旋闭环生成 **16**，**16** 受热不再发生开环反应，因为此时周环反应的结果将产生一个具很大张力的反式环己烯结构的 **17**，而使反应难以进行。

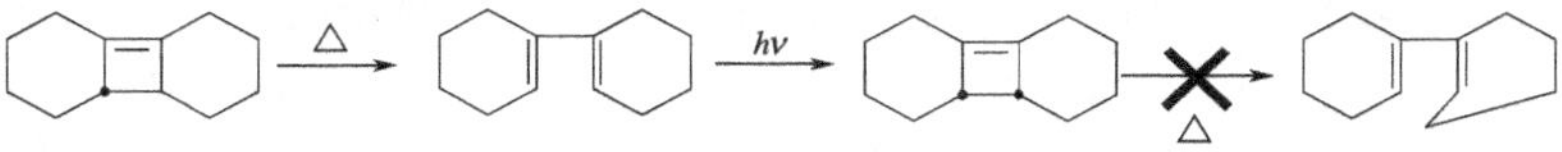

14 **15** **16** **17** (5-4)

如式(5-5) 所示，**18** 受热难以发生开环反应，此时周环反应的立体化学结果将是顺式开环生成张力较大的 1*E*,3*Z*-环辛二烯（**19**），从其他途径制得的 **19** 则很易异构化为 **18**。**18** 加热到 250℃时才慢慢生成 **20**，但此时的反应途径不是周环反应而是一个双自由基历程，光照 **18** 也能生成 **20**。[11]

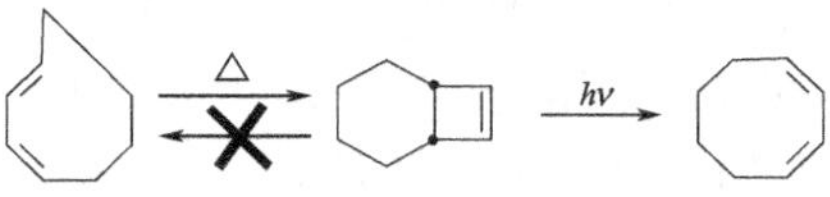

19 **18** **20** (5-5)

Kekule 苯（**22**）的异构体 Dewar 苯（**21**）有两个环丁烯环结构，其能量比 **22** 高得多，稳定性也差，断裂桥连单键应很容易。但实际上 **21** 还是相对稳定的，吡啶溶液中室温时的半衰期约为 2 天。如式(5-6) 所示，**21** 以对旋运动方式转化为 **22** 的电环化热反应属禁阻的反应。而环丁烯的热顺旋开环过程将形成一个反式双键，生成张力极大而难以存在的 1*E*,3*Z*,5*Z*-环己三烯（**23**）。故 **21** 相当于因轨道对称守恒要求而被禁锢于一个不利的动力学过程中，它异构化到 **22** 的过程是经光激发或环丁烯开环生成双自由基再结合而生成的。[12]

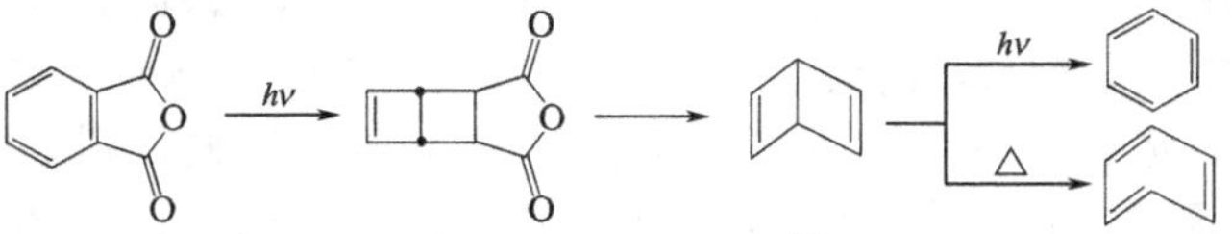

22 **23** **21** (5-6)

如式(5-7) 所示，1*Z*,3*Z*,5*Z*-环壬三烯（**24**）的环足够大，其电环化反应的立体取向与理论预测完全一致：

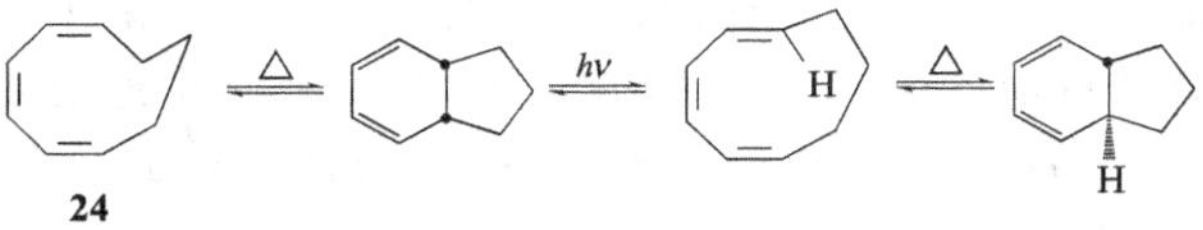

24 (5-7)

芳环上的双键也会参与电环化反应并能用于全合成。如式(5-8) 所示，从 *cis*-1,2-二苯乙烯经 6π 电环化反应生成二氢菲（**25**），**25** 氧化脱氢后得到菲。[13]

O_2或I_2，$-H_2$ (5-8)

杂原子上的孤对电子也可参与电环化反应。如式(5-9) 所示，氮丙啶化合物可进行 4π 电子体系的开环反应生成 1,3-偶极活泼中间体，后者可被亲双烯体捕获（参见 5.7.4）。

$MeO_2C-C\equiv C-CO_2Me$ (5-9)

环丁二烯的三羰基铁化合物（**26**）也是通过电环化反应制得的，如式(5-10) 所示。

hν，$Fe(CO)_3$ (5-10)

5.5.5 非中性分子

发生电环化反应的体系含有偶数原子的是中性分子，具有奇数原子的体系则是正离子或负离子或自由基。电环化反应的立体专一性规律也适用于非中性分子。如，环丙基底物很难接受亲核试剂的进攻，对甲苯磺酸环丙酯（**27**）在 60℃进行的乙酸解速率比相应的环丁酯慢约 10^6 倍，得到乙酸烯丙酯而非乙酸环丙酯。曾考虑了如式(5-11) 所示的分步过程：即环丙基碳正离子（**28**）在决速步骤中产生，然后迅速开环转变成烯丙基碳正离子（**29**），驱动力在于小环张力得以消除且正电荷得以分散，但 **28** 因小环键角受到限制是很难形成的。整个乙酸解反应是随离去基团离去的同时发生的由轨道对称性所控制的协同开环过程。[14]

(5-11)

27、顺-对甲苯磺酸-(顺-2,3-二甲基)环丙酯(**30**)和反-对甲苯磺酸-(顺-2,3-二甲基)环丙酯(**31**)3 个酯的乙酸解反应速率之比为 1∶4∶4.1×10^3。反应产物表明都只经由两个可能的对旋开环过程中的一条途径。反应过程若有环丙基碳正离子生成，则 **30** 应比 **31** 快。因为 **30** 中两个顺式甲基和离去基团 OTs 之间有较大的范氏张力作用，OTs 离去将有利于解除这种斥力，但相对速率表明这些环丙酯的溶剂解反应并未涉及自由的碳正离子。一个合理的解释是离解和开环是协同发生的，环丙烷打开的 C2—C3σ 电子从 C—OTs 键的背后进攻，好像一个邻位促进的 S_N2 过程（参见 9.3.4），离解时处于离去基团反式的 C2—C3σ 电子与将形成的空 p 轨道之间能发生最大的相互作用，开环过程涉及 2 个电子，因此这一种协同开环的对旋作用方式是允许的反应。顺式底物 **30** 反应的过渡态 **32** 中形成两个彼此靠近的甲基而在能量上不利；反式底物 **31** 则在生成的过渡态 **33** 中有两个彼此分开的甲基而在能量上较 **30** 有利，故反应也比 **30** 快得多。[15]

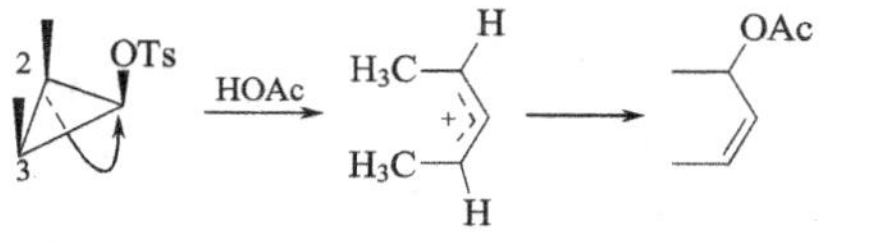

30 32

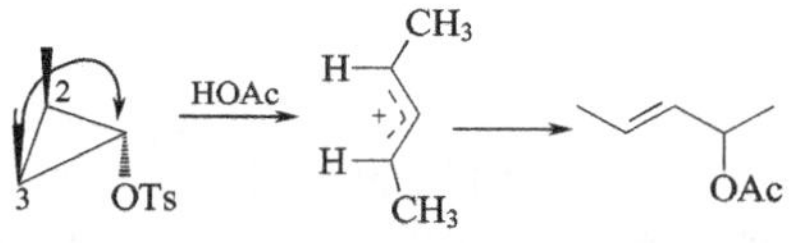

31 33

如式(5-12) 的两个反应所示，顺式底物 **35** 的乙酸解速率是反式底物 **34** 的 1×10^6。因为 **34** 溶剂解时将因协同对旋开环形成一个反式环己烯过渡态而在能量上非常不利，该化合物在 150℃也不发生乙酸解反应。[16]

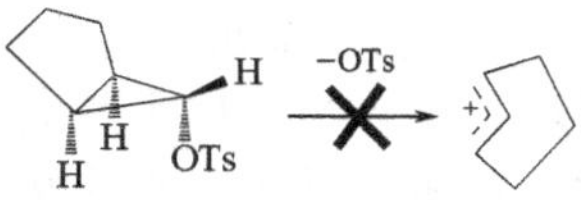

34

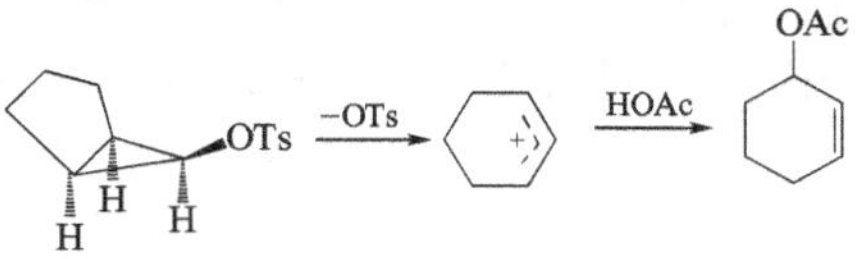

35

(5-12)

如式(5-13) 所示，4π 电子体系的戊二烯正离子也易顺旋闭环生成环戊烯基正离子，但其立体专一性不如其他体系。因为环化时分子的构象必须由 W 形排列（**36**）转变到 U 形排列（**37**），这里是需要克服一定能障的。[17]

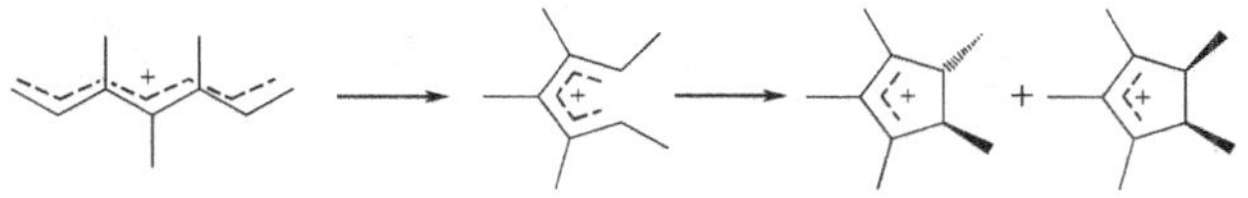

36 37 (5-13)

Nazarov 环化反应是如式(5-14) 所示的双烯基酮（**38**）在质子酸或 Lewis 酸催化下发生闭环反应生成环戊烯酮（**39**）的反应。[18]该反应亦经过 4π 电环化周环反应过程，在立体专一性地制备五元环结构的合成中非常有用：

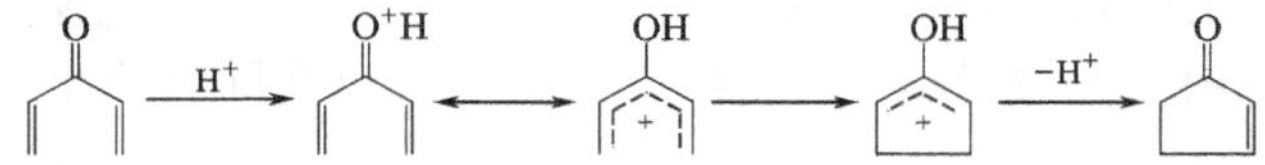

38 39 (5-14)

1-氧代戊二烯正离子（**40**）的电环化反应可用于制备呋喃类化合物，如式(5-15)所示：

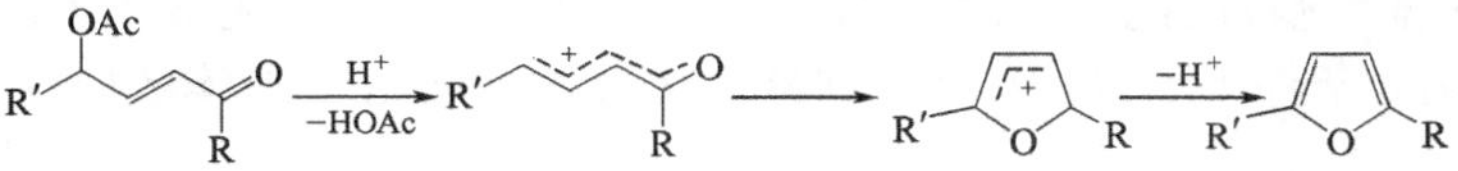

40 (5-15)

6π 电子体系的戊二烯负离子可发生对旋闭环反应。如式(5-16) 所示，1,3-环辛二烯锂（**41**）在 35℃时环化符合电环化反应规则生成顺-双环［3.3.0］辛烯（**42**）。虽然在一般情况下，戊二烯基负离子并不倾向环化作用。

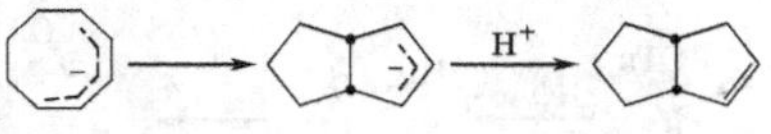

41 ⟶ ⟶(H⁺) 42　　(5-16)

5.6　σ 迁移反应

σ 迁移（sigmatropic migration）是烯丙位的 σ 键在一个或多个共轭 π 体系的起端移位到终端的同时协同发生 π 键移位的过程。[19] σ 迁移反应的表示通常以发生迁移的 σ 键为标准，用方括号［i，j］标记 σ 键迁移的结果，i、j 分别表示 σ 键从断裂所在的 1,1′-位置迁移所至的新位置，如图 5-17 所示。最常见的 σ 迁移主要是 C—H 键和 C—C 键。

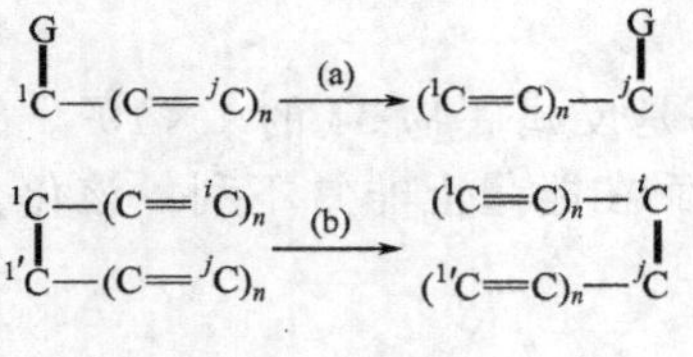

(a) $G-{}^{1}C-(C={}^{j}C)_n \longrightarrow ({}^{1}C=C)_n-{}^{j}C-G$

(b) ${}^{1}C-(C={}^{i}C)_n$ / ${}^{1'}C-(C={}^{j}C)_n \longrightarrow ({}^{1}C=C)_n-{}^{i}C$ / $({}^{1'}C=C)_n-{}^{j}C$

图 5-17　［1,j］迁移（a）和［i，j］迁移（b）

σ 迁移反应形式上与重排反应一样，反应结果不一定生成环状化合物，但它是通过一个环状过渡态以协同方式实现的一种周环反应，也能从分子轨道的对称性来分析反应发生的可能性。过渡态中的迁移基团键连起点和终点两个组分的 HOMO。迁移基团在 σ 迁移后仍保持在底物共轭 π 体系同一面的称同面迁移；迁移基团在迁移后移向底物共轭 π 体系另一面的称异面迁移。

5.6.1　［1,j］迁移反应

［1,3］σ 迁移反应的过渡态涉及烯丙基。烯丙基的 π 分子轨道如图 5-18 所示。

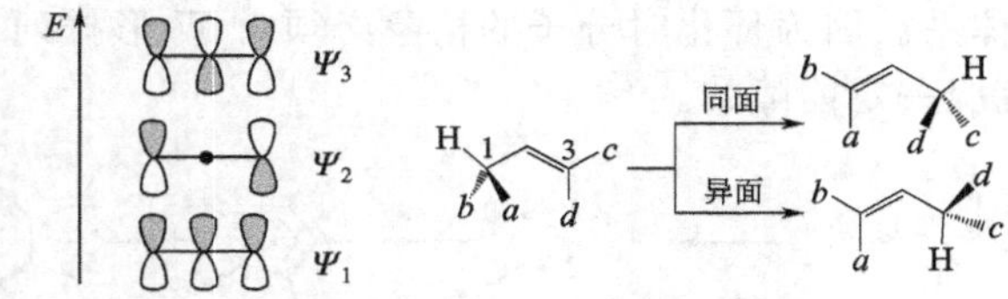

E　Ψ_3　Ψ_2　Ψ_1　同面　异面

图 5-18　烯丙基分子的 π 轨道及同面、异面的［1,3］H 迁移

烯丙基的 HOMO 是 Ψ_2，发生基态下的氢迁移热反应时，球面对称的 1s 氢原子若保持同面迁移，则将形成位相相反的、违反对称性原则的重叠而很难实现。若要保持轨道对称性一致，则氢原子只能发生异面反应，从 Ψ_2 的上面迁移到 Ψ_2 的下面，而这时所要求的几何形状是严重扭歪的，形成过渡态所需的活化能很高。故［1,3］H 迁移在热反应条件下是很难进行的；在光反应条件下，前线轨道为 Ψ_3，氢原子可以在同面发生迁移而成为一个对称性允许的反应。

戊二烯基的 HOMO 是 Ψ_3，氢原子发生［1,5］σ 迁移时，经同面迁移是对称性允许的反应，而异面迁移成了禁阻的了。故［1,5］H 迁移在热反应条件下是较常见的反应。如式(5-17) 所示，三苯甲基自由基的二聚产物很易经［1,5］H 迁移生成 **1**（参见 4.5.2）。［1,5］H 迁移在光化学条件下于 Ψ_4 上应经过异面历程，同样由于立体效应的影响使这类反应不易发生。

Ph_3C(H)-C₆H₄=CPh_2 ⟶([1,5]H迁移) Ph_3C—C₆H₄—$CHPh_2$ (**1**)　　(5-17)

庚三烯基的 HOMO Ψ_4 的对称性和烯丙基的 HOMO Ψ_2 相同，此时由于包括 7 个碳原

子的体系能够采取螺旋形式而使氢的异面迁移在几何上的限制并不显著，故［1,7］H 迁移是一个常见的热反应，如图 5-19 所示。维生素 D 的工业生产中就用到了关键的［1,7］H 迁移热反应（参见 8.11.2）。

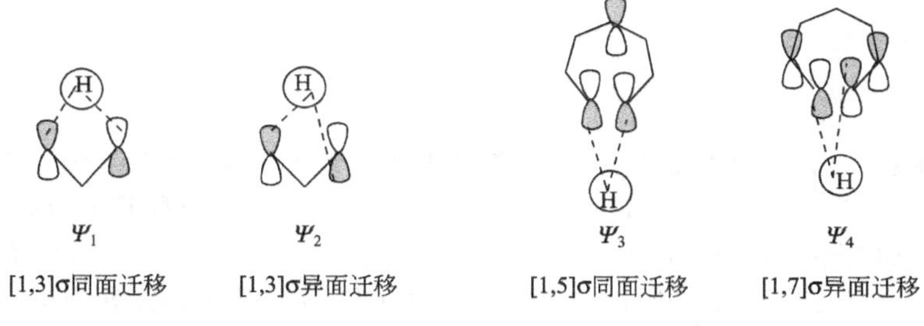

图 5-19 ［1,*j*］H 迁移的同面和异面

烷基迁移不如氢迁移常见。如果发生迁移的是以 σ 键相连的碳原子，则除了涉及同面-异面外，还有碳原子构型的保留或反转的问题。若 σ 键迁移后仍以原来的一瓣成键将保留构型，若以原来不成键的另一瓣成键则反转了构型。同面［1,3］迁移若要保持构型将因轨道对称性不匹配而不能发生反应，故迁移基团需在过渡态中旋转 90°使轨道二相位的对称性匹配，这样的反应是对称性允许的反应，而迁移基团的构型在反应前后发生了反转，如图 5-20 所示。

用芳香过渡态理论分析也得出同样结论。同面迁移的轨道符号反转次数为零或偶数，属 Huckel 体系，［1,3］迁移涉及 4 电子过渡态，为反芳香性过渡态，是禁阻的反应；经异面历程的轨道符号反转次数为奇数次，归 Mobius 体系，为芳香性过渡态，是允许的反应，如图 5-21 所示。

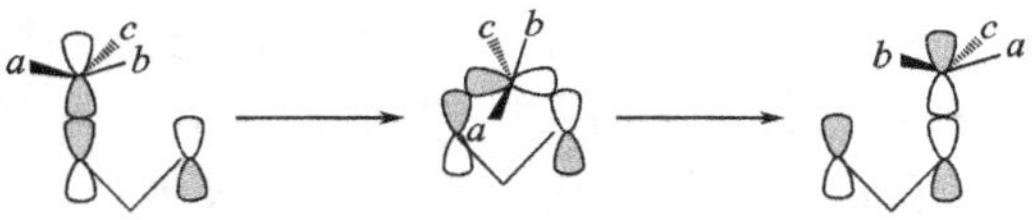

(a) 异面　(b) 同面　(a) 异面　(b) 同面

图 5-20 烷基的［1,3］迁移

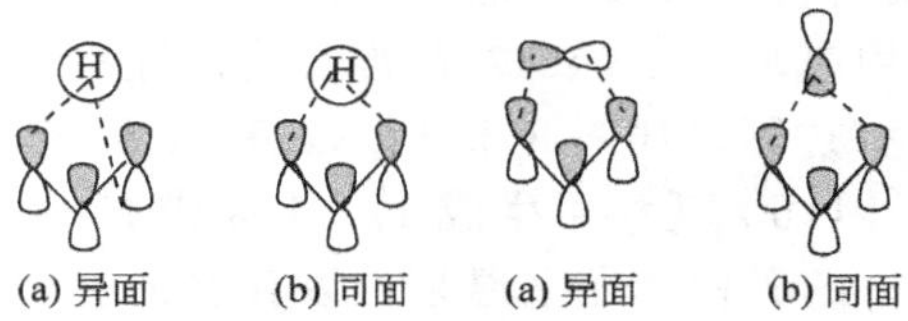

图 5-21 ［1,*j*］迁移的芳香性过渡态（a）和反芳香性过渡态（b）

如式(5-18）的两个反应所示，*exo*-7-氘-*endo*-双环［3.2.0］2-庚烯-6-乙酸酯(**2**)发生［1,3］-烷基异面迁移反应，伴随着迁移碳原子的构型转化而生成 **3**；经禁阻的同面迁移生成的 **4** 很少。[20]但也有不少［1,3］-烷基迁移并未经过周环过程而使产物的立体化学难以预测。如，从（1*S*,2*S*)-1-甲基-2-(*E*-丙烯基)-环丁烷(**5**)出发可以得到两个经同面过程生成的 **6**(33%)与 **7**(58%)和两个异面过程生成的 **8**(4%)与 **9**(5%)。**7** 和 **9** 中的 C1′构型发生了翻转，反映出反应有双自由基机理的过程。[21]

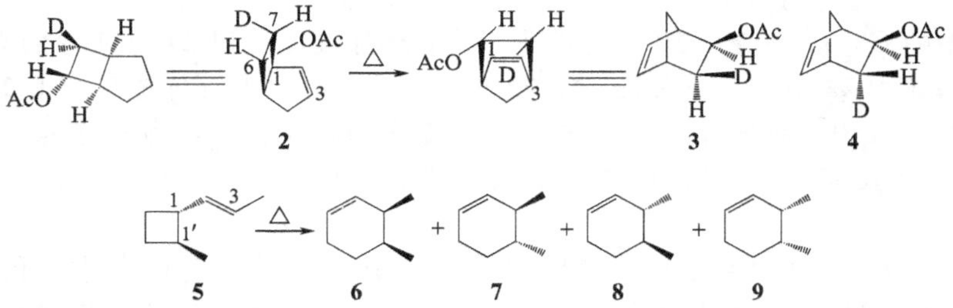

(5-18)

如式(5-19)所示，烯基环丙烷（**10**）热重排开环生成环戊烯也是碳原子的［1,3］迁移反应。C3—C4σ键迁移为产物的C1—C4σ键的同时C1—C2双键迁移为产物的C2—C3双键。该反应也可看作为分子内的［2π+2σ］环加成反应（参见5.6.2）。[22]

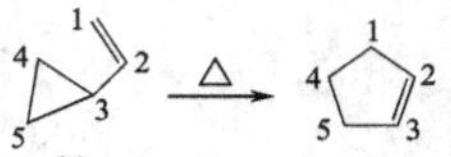

(5-19)

［1,5］迁移或［1,7］迁移也均得到与理论预测一致的立体化学结果。如式(5-20)所示，(6*S*)-2-氘-6-甲基-2*Z*，4*Z*-辛二烯(**11**)中的H6经同面[1,5]H迁移得到**12**，C5—C6σ键旋转后得**13**，**13**中的H6再进行同面［1,5］H迁移得到**14**。**12**和**14**上的C5—C6双键构型相反，**12**上的C2为(*S*)-构型，而**14**上的C2为(*R*)-构型。反应并无异面的［1,5]H迁移产物生成。[23]

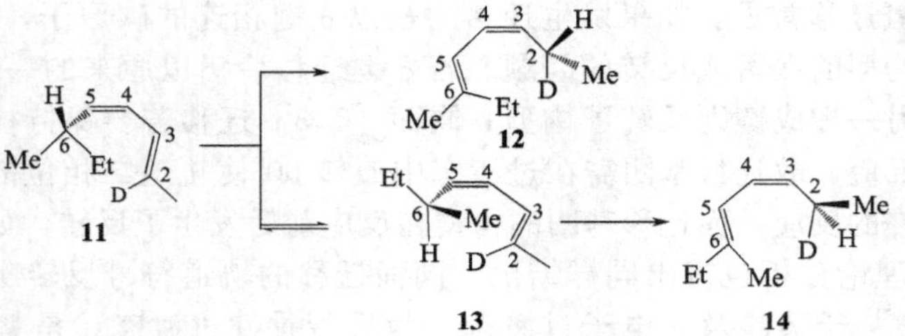

(5-20)

由于五元环的理想几何构型，［1,5］H迁移在环戊二烯中特别容易进行，其速率快到难以从单取代烷基环戊二烯混合物中分离出一个单一异构体。如室温下的甲基环戊二烯总是以混合物存在，即使低温下得到的一个单一异构体置于室温后又很快成为1-8（**15**)、2-(**16**)和5-甲基环戊二烯(**17**)的混合物。迁移看似[1,2]甲基迁移，实际上是涉及6电子的[1，5]H迁移过程。如图5-22所示，**15**上的H5经顺时针同面［1,5］迁移可生成**16a**，经逆时针同面［1,5］迁移可生成**17**，**16a**或**17**上的H5也都可进行快速而有效的同面［1,5］迁移，故单一的异构体在室温是难以存在的。**17**是少取代双键化合物，热力学上不如其他两个异构体稳定，含量也相对偏低，比例不足10%，**15**和**16**所占比例相当。[24]

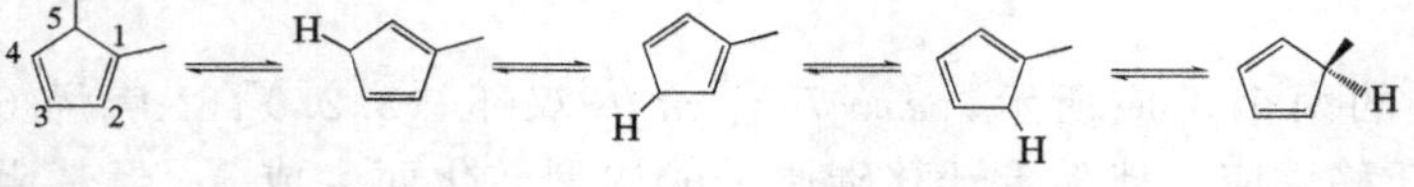

图5-22 甲基环戊二烯的快速平衡

如图5-23所示，3,7-二甲基-7-取代环庚三烯（G=CN、CO_2R，**18**）热重排后成为**21**和**23**的混合物，该反应称环庚三烯-降蒈二烯重排（norcaradiene-cycloheptatriene rearrangement)。[25]**18**先进行分子内［4+2］环加成反应得**19**，**19**中的C6—C7σ键进行［1,5］迁移成为**20**中的C2—C7σ键，**20**进行逆［4+2］环加成反应得**21**；**20**中的C1—C7σ键进行［1,5］迁移成为**22**中的C3—C7σ键，**22**再进行逆［4+2］环加成反应得**23**。**19**中的三元环看起来在［4.1.0］双环烯烃体系中进行走步式的移位，故又称游走重排（walk rearrangement)。这个反应表现出相当好的立体专一性，但也有观点认为这并不一定表示就全是协同过程。[26]

如式(5-21)所示，光学纯化合物**24**发生[1,5]Ha顺时针或逆时针同面迁移可分别生成**25**和**26**。**25**上的Ha或Hb都可再发生［1,5]H顺时针迁移反应，生成外消旋产物**27**

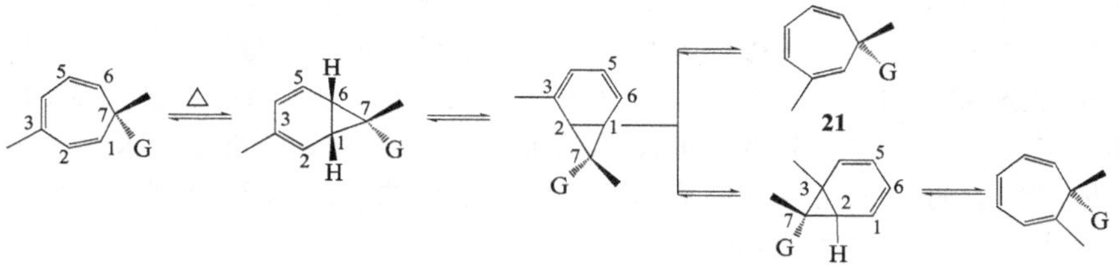

18　19　20　21　22　23

图 5-23　环庚三烯-降蒈二烯重排

(99%)，**26** 发生逆时针 [1,5] Ha 反应生成 **28**，**28** 继续进行逆时针 [1,5] Ha-同面迁移反应生成光学活性的产物 **29** (1%)。[27]

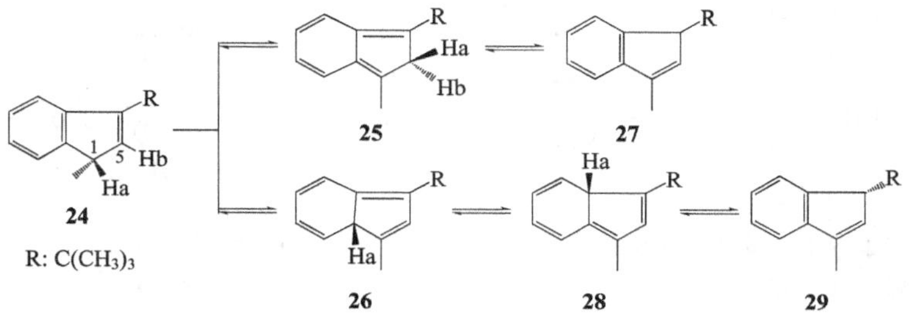

(5-21)

维生素 D_3 (**31**) 是维生素 D_3 原 (**30**) 经 [1,7] H 异面迁移而生成的，如式(5-22)所示：[28]

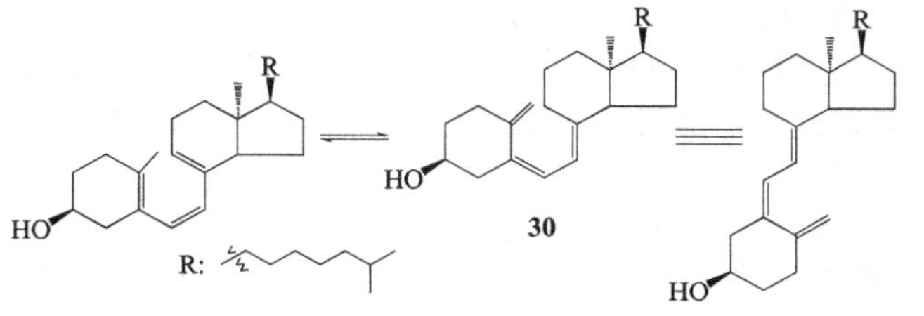

(5-22)

5.6.2　Cope 重排反应

20 世纪 40 年代，Cope 发现如式(5-23) 所示的 [3,3] σ 迁移反应在没有催化剂或引发剂存在下，只要加热就能发生。反应过程中底物 C1—C1′之间的 σ 键断裂的同时，C3—C3′之间生成新的 σ 键，两个 π 键也同时分别由 C2 ═C3 和 C2′═C3′之间转移到 C1 ═C2 和 C1′═C2′之间。称 Cope 重排的该反应结果实际上是一种 1,5-己二烯异构化为另一种 1,5-己二烯，相当于发生了两次 [1,3] σ 迁移反应。[29]

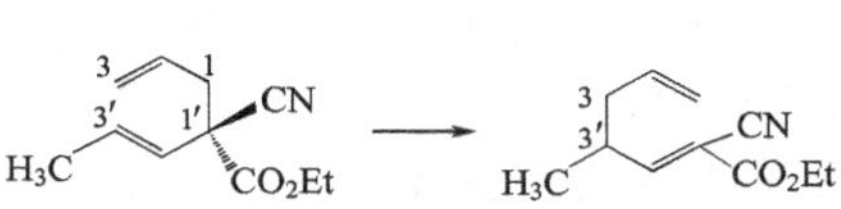

(5-23)

1,5-己二烯可以看作是两个相互作用的烯丙基自由基体系。根据前线轨道理论，它们的 HOMO 和 LUMO 都是 Ψ_2，重排过程中两个烯丙基自由基的 Ψ_2 轨道处于两个接近的平行平面，其位相相同的两端碳原子重叠成键，故热重排是对称允许的。光照条件下的 HOMO 为 Ψ_3，它与另一方的 LUMO 反应时只能以较难发生的同面-异面方式进行。从两个立体异构的 3,4-二甲基-1,5-己二烯出发，将分别得到不同的 2,6-辛二烯立体异构产物。如图 5-24

所示，反应经由所需活化能最小的一个椅式六元环过渡态进行。内消旋底物 3,4-二甲基-1,5-己二烯（**32**）进行［3,3］σ迁移反应时，经过一个甲基位于 a 键而另一个甲基位于 e 键的椅式构象的过渡态 **33** 而生成重排产物 2*E*,6*Z*-辛二烯（**36**，99.7%）。经船式构象过渡态反应所需的活化能较大，其中一个船式构象 **34** 中的两个甲基均处于准平伏键，生成 2*E*,6*E*-辛二烯（**37**，0.3%）。另一个经两个甲基均处于准直立键的船式构象 **35** 所需的活化能最大而难以形成，故无 2*Z*,6*Z*-辛二烯（**38**）生成。

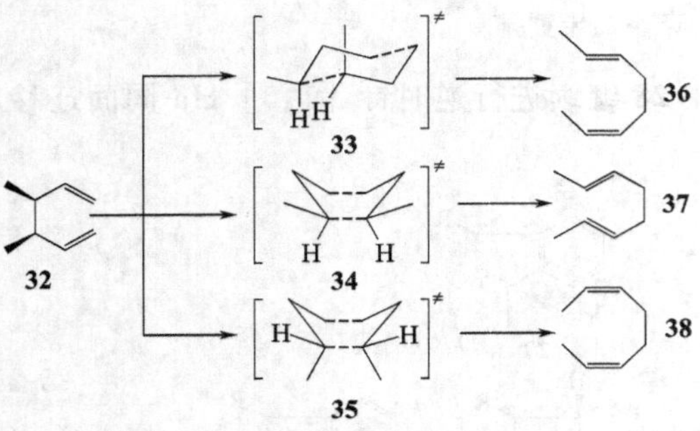

图 5-24 顺型内消旋 3,4-二甲基-1,5-己二烯的［3,3］σ迁移反应

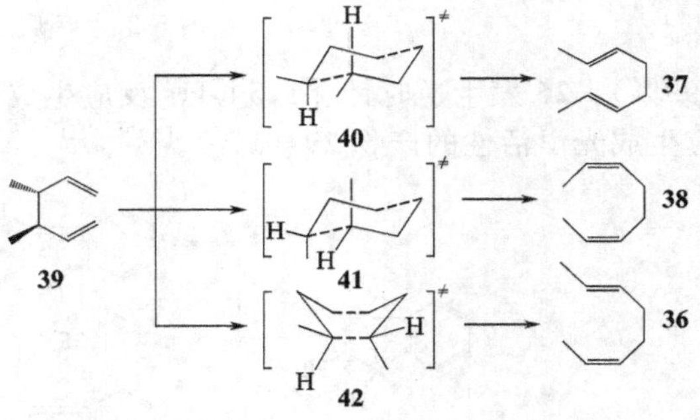

图 5-25 反型外消旋体 3,4-二甲基 1,5-己二烯的［3,3］σ迁移反应

如图 5-25 所示，反型外消旋底物 3,4-二甲基 1,5-己二烯（**39**）进行［3,3］σ迁移反应时，有两种椅式过渡态构象可以形成，即两个甲基均位于 e 键的 **40** 和两个甲基均位于 a 键的 **41**。生成 **40** 所需活化能最小，容易反应而生成（*E*,*E*)-型产物（**37**，90%）；生成 **41** 所需活化能比 **40** 高，故由其反应得到的（*Z*,*Z*）-型产物（**38**）的比例较小（9%）。当 **39** 通过船式构象过渡态 **42** 重排时，所需活化能较大而不易生成，故仅有约 1%的（*E*,*Z*）-构型产物（**36**）生成。[30]

如式(5-24）所示，顺式二乙烯基环丙烷（**43**）半衰期只有 25min，在 11℃就经［3,3］σ迁移重排为 1,4-环庚二烯（**44**）。其立体异构体反式二乙烯基环丙烷则需加热到 150℃才能发生［3,3］σ迁移后也得到 **44**。顺式关系使两个端点十分接近，反式取代物则不可能形成椅式过渡态，需在高温断裂环丙烷生成双自由基经非协同机理才能发生重排。[31]

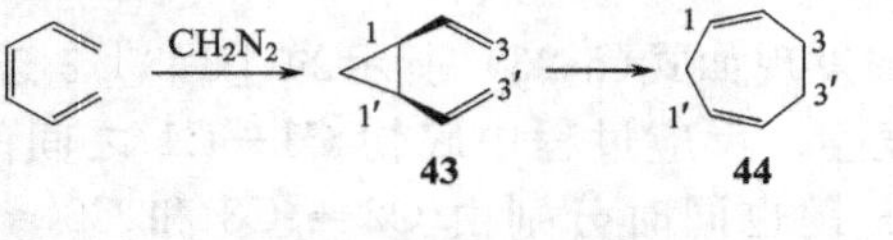

CH_2N_2 (5-24)

如果两个烯基也是环内组分，它将更容易发生重排。如式(5-25）所示，类草（homotropilidene，**45**）的［3,3］σ迁移产物从结构上看与底物完全相同。^{1}H NMR 上低温时有 4 个烯烃质子、2 个烯丙基质子和 4 个环丙基质子。温度稍高处于快速平衡时只出现 2 个烯烃质子，另 2 个烯烃质子和 2 个环丙基次甲基质子合并，2 个环丙基亚甲基质子和 2 个烯丙基质子也合并了。这种转化常称为价键互变异构（valence tautomerism）或简并重排（degenerate rearrangement），是由成键电子迅速发生周环重组的过程。[32] **45** 的互变异构平衡速率在−50℃是 1 次/s，180℃时 1000 次/s，活化能只有 57 kJ/mol.

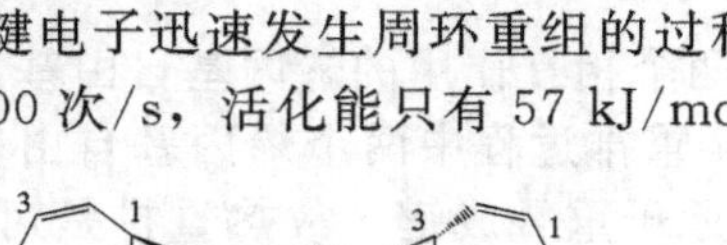

(5-25)

如图 5-26 所示，从模型上可以看出，**45** 在平衡混合物中主要是以 *transoid*-构型 **45a** 存在。但重排须通过能量上并不有利的 *cisoid*-构型 **45b** 或 **45c** 才能发生。为此在两端引入 σ 键、亚甲基桥或乙烯基桥后可分别得到半瞬烯（semibullvalene，**46**）、**47** 和瞬烯（bullvalene，三环［3.3.2.$0^{4,5}$］-2,6,8-癸三烯，公牛烯，**48**）。**46**、**47** 和 **48** 的重排速率都要快得多了。[33] **46** 发生价键互变异构所需能障很小（50kJ/mol），以致在－110℃低温下仍可发生快速互变异构。**48** 这个 $(CH)_{10}$ 分子极易发生方式可有 10！/3 之多的［3,3］σ 迁移而生成 120 万个异构体，0℃的速率常数为 $540s^{-1}$。**48** 中的环丙烷环可以由任意 3 个相邻近的碳组成，如从 C4、C5、C10 转化为 C1、C7、C8 或 C1、C2、C7 或 C1、C2、C8 等。所有的异构体有着相等的可发生 Cope 重排的结构，经［3,3］σ 重排得到的产物都是等性的，互变只是骨架重排而没有氢的迁移。[34] ^{1}H NMR 在－85℃时有两组峰（δ 5.7 和 δ 2.1），面积之比为 3∶2，反映出存在 6 个烯质子氢和 4 个烯丙基氢。120℃时在 δ 4.22 呈现一个单峰，此时分不出桥环烃和烯烃氢，^{13}C NMR 也只有一个峰。**48** 的碱催化 H/D 交换结果发现 D 在统计上能分布于整个碳骨架上。

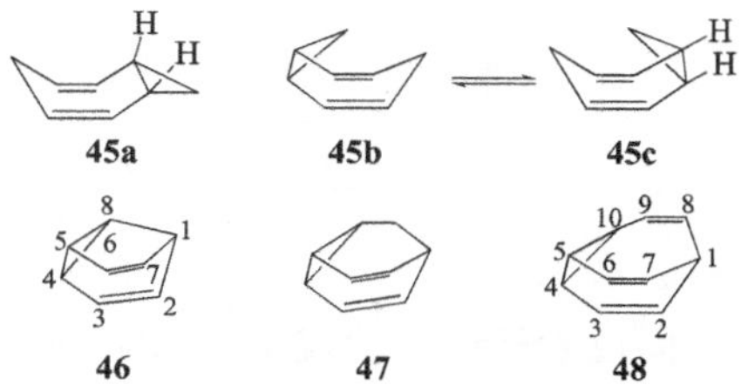

图 5-26　几个瞬烯类分子的互变

此类称流变分子或瞬变分子（fluctual moleculer）中某些键的实际位置是来回不定或流变的。如果不加标记，这类简并重排反应的底物和产物的结构是完全一样的而难以区别。要检测这类［3,3］σ 迁移的反应是否发生，可以有两种方法。一是在反应物的某一个位置上接一个官能团。如式(5-26)所示，在 **45** 的 C1 位接上一个甲基得 **49**，**49** 的重排产物 **50** 的结构和底物 **49** 就不一样了。另一种方法是用 D 代替某一个 H，重排反应后检测 D 在各种产物中的位置。

(5-26)

一般的 Cope 重排反应需要较苛刻的超过 300℃的高温条件，但 3-位上连有氧的底物 **51** 发生的氧杂 Cope 重排反应（oxy-cope rearrangement）只需 160℃左右就可，而 1-氧负离子底物的反应速率可增加 10^{10}～10^{17} 倍且在－78℃就可自发进行。此类底物很易由 β,γ-不饱和酮与格氏试剂反应得到，发生氧杂 Cope 重排反应是不可逆的，且有相当好的立体选择性而成为一个非常有用的有机合成反应，如式(5-27) 所示的两个反应。[35]

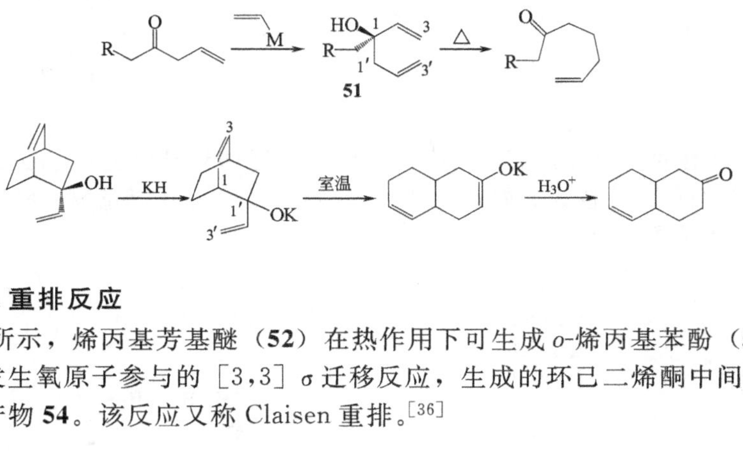

(5-27)

5.6.3 Claisen 重排反应

如图 5-27 所示，烯丙基芳基醚（**52**）在热作用下可生成 *o*-烯丙基苯酚（**54**）。反应经 **52** 在热作用下先发生氧原子参与的［3,3］σ 迁移反应，生成的环己二烯酮中间体 **53** 再发生异构化生成最终产物 **54**。该反应又称 Claisen 重排。[36]

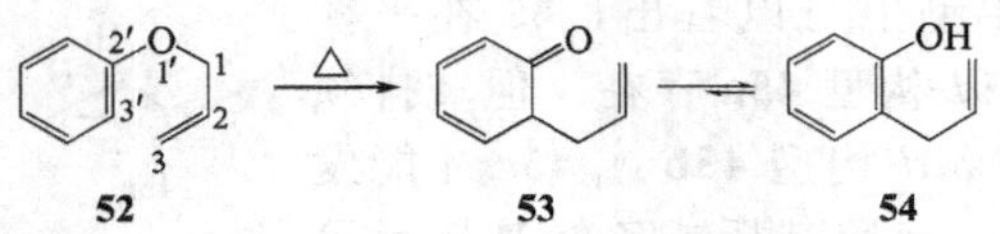

图 5-27 Claisen 重排

同位素标记实验表明热 Claisen 重排反应经由如图 5-28 所示的历程：[37]

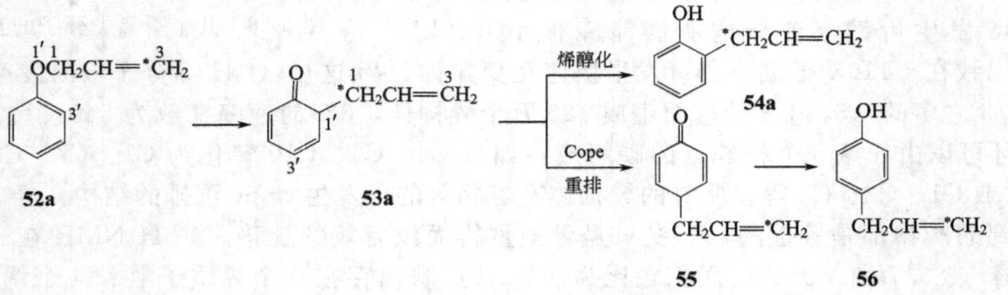

图 5-28 Claisen 重排反应经 [3,3] σ-迁移生成产物

同位素标记底物 **52a** 经 Claisen 重排反应后生成 **54a**，同位素标记碳由底物中的烯基位转移到产物中的苄基位；环己二烯酮中间体 **53** 可用亲双烯体顺丁烯二酸酐发生 Diels-Alder 反应（参见 5.6.3）来捕获而得以确认。**53** 可继续进行 Claisen 重排反应生成另一种环己二烯酮中间体（**55**），**55** 再发生异构化生成最终产物 4-烯丙基苯酚（**56**）。这些结果都反映出图 5-28 所示的历程是可信的。如式(5-28) 所示，将 **52** 和 **57** 两个底物混在一起发生 Claisen 重排反应后，只生成它们各自的重排产物 **54** 和 **58**，并未生成由分子间反应才能产生的交叉重排产物 **59** 和 **60**。这个交叉实验表明 Claisen 重排反应经由分子内而非分子间历程，反应中底物断裂 C1—O σ 键生成的两个碎片再协同结合生成产物。

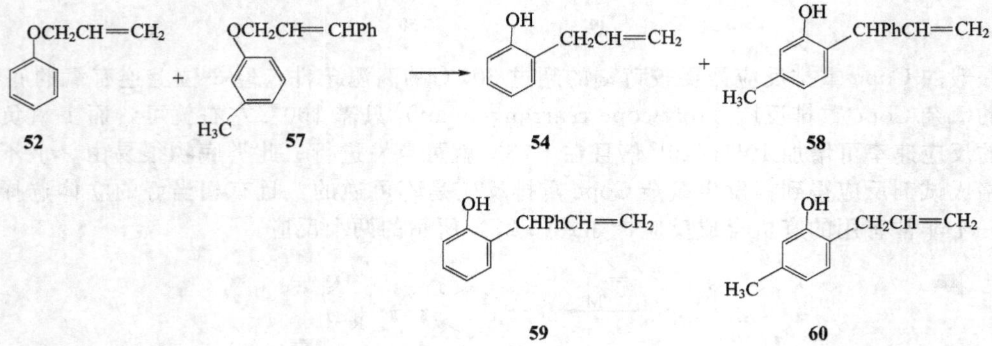

(5-28)

若烯丙基芳基醚的两个邻位都被占据，烯丙基可迁移到对位上，这也是该重排反应经 [3,3] σ 迁移而进行的一个佐证。如式(5-29) 所示，2,6-二甲基苯酚醚（**61**）受热后生成 4-烯丙基-2,6-二甲基苯酚（**62**）。

(5-29)

如图 5-29 所示，γ-位有烷基取代的烯丙基苯酚醚（Ar—C—C═C—R）发生重排时往往还生成不正常的 Claisen 重排副产物，β-位碳原子连到环上去了。如 **63** 发生 Claisen 重排反应后除生成正常的重排产物 **64** 外还有不正常的重排副产物 **65**。**65** 是由 **64** 经过环丙烷中间体继续重排产生的。该反应又称烯醇烯（enolene）重排，是涉及 7 个原子和 3 对电子的[1,5] 同 σ 迁移重排。[38]

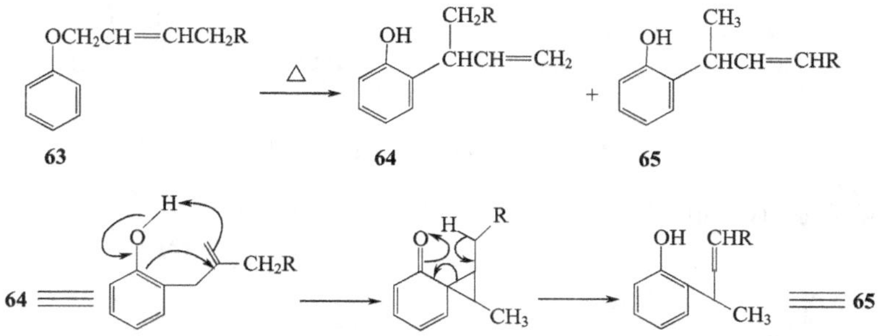

图 5-29 烯醇烯重排

脂肪族体系烯丙基烯基醚的[3,3] σ 重排反应是一个在有机合成上极为有用的反应，涉及由烯丙基醚向 γ,δ-不饱和羰基化合物的转化，如 **66** 到 **67** 和 **68** 到 **69** 的两个反应。反应是不可逆的，因为产物羰基的双键结构比底物烯基的双键结构稳定得多。[39]

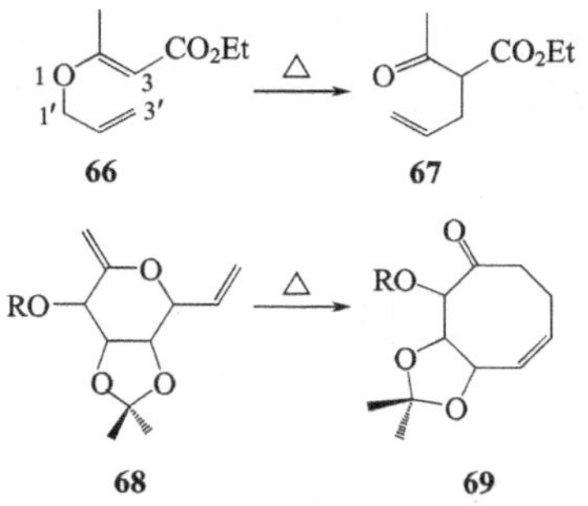

经典的脂肪族 Claisen 重排反应已有不少修饰改进。如，烯丙醇与 N,N-二甲基乙酰胺的二甲基缩醛化物共热，消除甲醇生成的乙烯基烯丙基醚（**70**）即可进行含氧的[3,3] σ 迁移，生成 γ,δ-不饱和酰胺。该反应又称 Eschenmoser-Claisen 重排，如图 5-30 所示。[40]

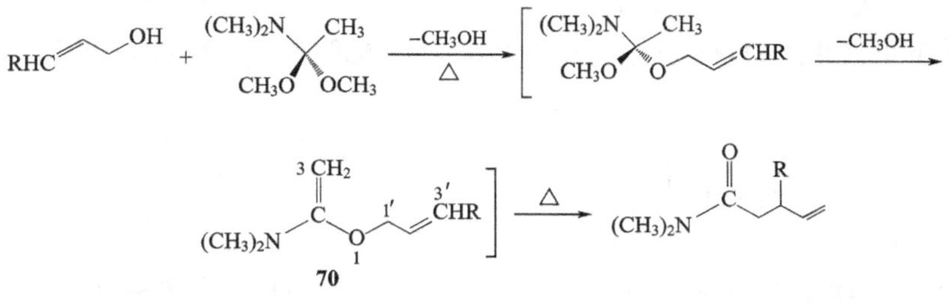

图 5-30 Eschenmoser-Claisen 重排

烯丙醇与乙原酸酯或乙烯基乙醚反应生成的烯醇酸酯（**71**）或烯丙基烯基醚（**72**）经温和加热也均可发生氧杂的 Claisen 重排反应，产物为 γ,δ-不饱和酯。该反应又称 Johnson-Claisen 重排，如图 5-31 所示。[41]

以硅基烯基醚（**73**）的形式捕获后发生的氧杂 Claisen 重排反应更易进行，生成 γ,δ-不

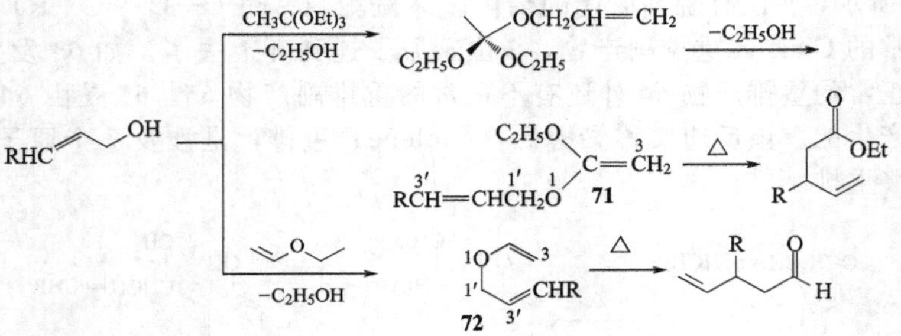

图 5-31 Johnson-Claisen 重排

饱和酸。该反应又称 Ireland-Claisen 重排，如图 5-32 所示。[42]

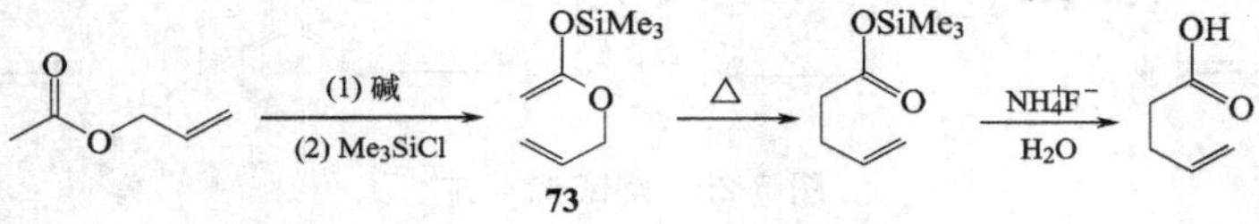

图 5-32 Ireland-Claisen 重排

众多的 Claisen 重排反应都经过一个活化能较低的椅式六元环过渡态的协同过程。取代基的体积效应对过渡态有较大的影响，底物双键中的立体化学信息可传递到产物中新生成的 σ 键上，故反应往往有高度的立体控制且是可以预测的。如图 5-33 所示，**74** 可经由两个过渡态 **75** 或 **76** 进行 Claisen 重排反应，**76** 因存在 1,3-双 a 键排斥效应而不如 **75** 稳定，反应主产物也是 **77** 而非 **78**。

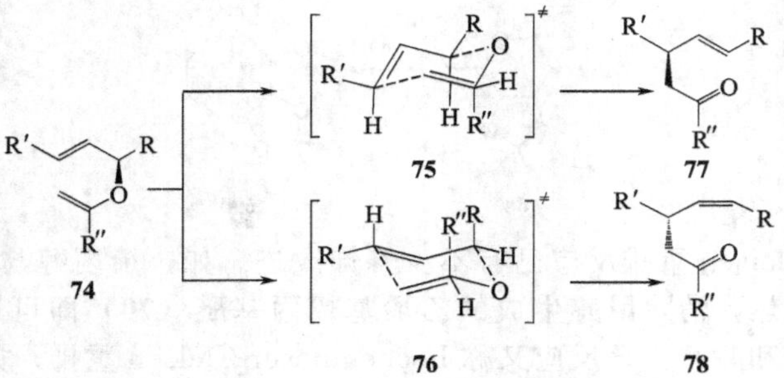

图 5-33 Claisen 重排反应经过一个椅式六元环过渡态的协同过程

手性环境下可发生不对称的 Claisen 重排反应，如式(5-30) 所示的 **79** 到 **80** 的反应。[43]

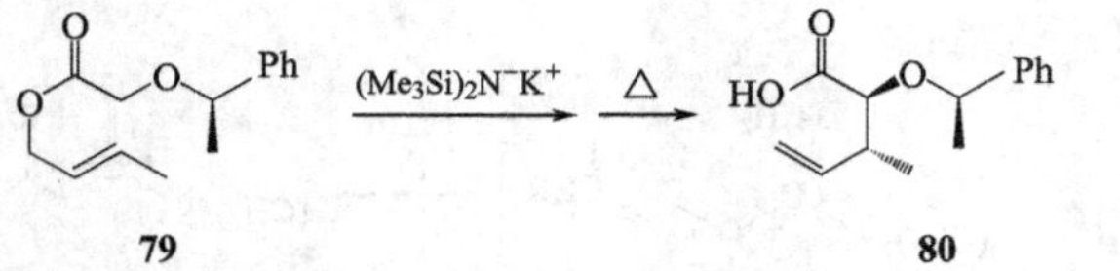

(5-30)

更高阶的 Claisen 重排反应也可发生。如式(5-31) 所示的联苯胺重排实际上也就是 [5，5] Claisen 重排反应：

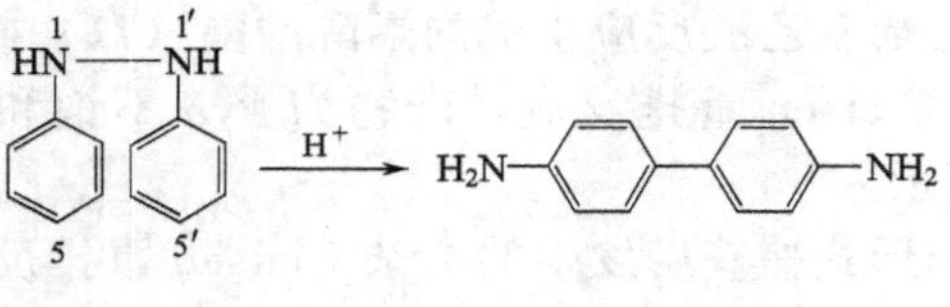

(5-31)

如图 5-34 所示，带烯丙基的氮、硫叶立德或烯丙基醚去质子后还能发生涉及 5 原子和 6 电子的［2,3］σ 迁移反应，反应也是经过一个环状过渡态的周环反应。[44]

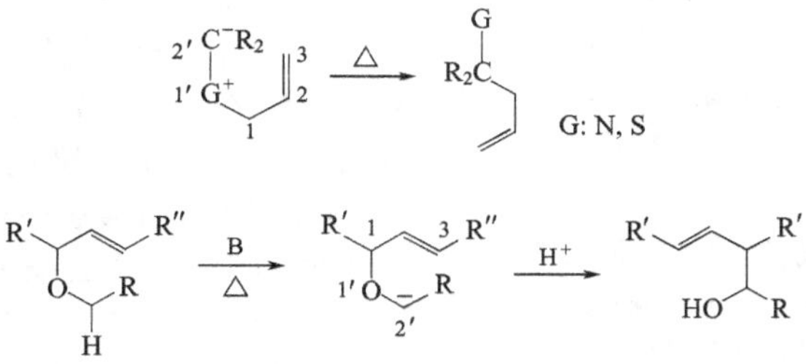

图 5-34 ［2,3］σ 迁移反应

［2,3］σ 迁移反应又称 Wittig 重排反应，在合成上也有重要的应用，如式(5-32) 所示的 **81** 到 **82** 的反应：

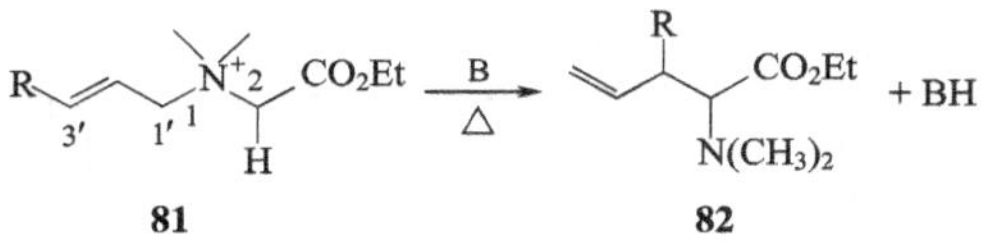

(5-32)

5.7 环加成反应

周环反应中的轨道对称守恒原理不仅适合于 5.4 节中讨论过的单分子反应，也适用于双分子过程。环加成反应（cycloaddition reaction）是两个 π 组分结合生成一个环状结构的周环反应，其逆反应称环消除或裂环反应（cycloreversion）。环加成反应中一个反应组分的 HOMO 轨道和另一个组分的 LUMO 轨道对称性匹配，能量接近，电子从 HOMO 流向 LUMO，旧的 π 键断裂，同时生成新的 σ 键和 π 键。若两个轨道的对称性不匹配或能量不接近，则它们不能产生有效的重叠，环加成反应难以发生。绝大多数环加成反应在空间图像上都是轨道重叠最有效的同面-同面过程。理论上同面-异面或异面-异面方式也可进行加成，但由于轨道扭曲、反应活化能较高，只有少数分子可以以这两种方式反应。环加成反应表现出二级反应动力学；反应高度有序，有高的负活化熵，但在许多场合下活化焓较低，故反应得以进行。

5.7.1 分类和定义

双组分的环加成反应可用［$m+n$］表示，m 和 n 各表示参加反应的每种组分所涉及的原子数或电子数。若按组分原子数来分，较为常见的有形成三元环的［2＋1］反应（参见 4.7.5）、形成四元环的［2＋2］反应（参见 6.5.3）、形成五元环的［4＋1］反应（参见 5.7.5）和形成六元环的［4＋2］反应［Diels-Alder 反应（以下简称 D-A 反应）］。若按参与反应的 π 电子数来分，烯烃二聚为［$2\pi+2\pi$］（$4n$），D-A 反应为［$4\pi+2\pi$］（$4n+2$）。1,3-偶极环加成反应中 1,3-偶极子上的 4π 电子分布在 3 个原子上，故 1,3-偶极分子与烯烃的加成反应按第一种分类为［3＋2］环加成，按第二种分类则为［$4\pi+2\pi$］。环加成反应也可以在三组分间发生，如［2＋2＋2］反应可构筑六元环。[45] 但多组分的环加成反应并不多见。此外，还有涉及 8～14 个 π 组分的高阶环加成反应，如，形成七元环的［4＋3］反应及［4＋4］、［6＋4］、8［8＋2］、［8＋6］、［10＋8］和［14＋2］等众多类型的环加成反应。[46]

5.7.2 [2+2] 环加成反应

[2+2] 环加成反应中的 π 电子可以是孤立的烯键、二烯键或如羰基那样的 C-杂原子双键（参见 6.8.6）。[47] 如图 5-35 所示，基态下同面-同面结合 (a) 的 [2+2] 环加成反应用前线轨道理论分析是对称性不匹配的；用芳香过渡态理论分析是 Mobius 4 电子体系，轨道符号反转是偶次数（2 次），为反芳香性过渡态历程，属于禁阻的反应。基态下对称性匹配的同面-异面结合 (b) 虽然能够有效成键。但此时将产生严重的空间障碍和分子骨架的扭转，使形成这种过渡态的活化能极大而难以达到。但当在光反应条件下，反应分子之一受激发跃迁到 Ψ_2，此时一分子的 HOMOΨ_2 和另一个分子的 LUMOΨ_2 对称性匹配，同面-同面结合 (c) 是允许的反应。

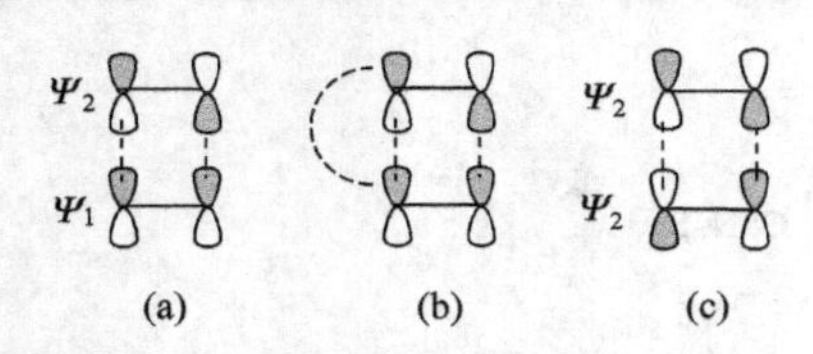

图 5-35 [2+2] 环加成反应中基态同面-同面结合 (a)、同面-异面结合 (b) 和激发态同面-同面结合 (c) 的前线分子轨道

实验表明，烯烃的二聚在光照下发生（参见 6.5.3），如式(5-33) 的两个反应所示，2-丁烯在 229nm 照射下经单线态可发生有立体专一性的二聚反应：

(5-33)

用如图 5-36 所示的分子轨道能级相关理论来分析，二分子乙烯在基态下断键的两个 π 键有 m_1 和 m_2 两种对称元素，生成的环丁烷成键的两个 σ 键也有相同的 m_1 和 m_2 两种对称元素。从轨道能级相关分析，两个基态的乙烯热反应后会使生成的环丁烷有一个能量很高的激发态，是一个禁阻的反应；光反应条件下的激发态可与产物的基态相关，是允许的反应。

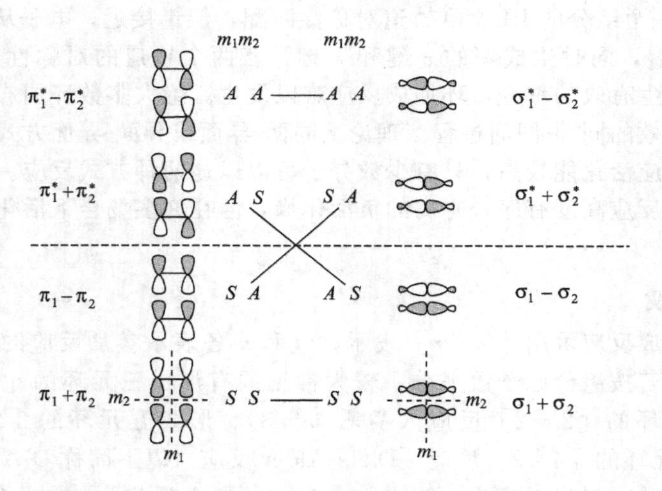

图 5-36 [2+2] 环加成反应的分子轨道能级相关图

卡宾和三键也都可与双键发生 [2+2] 环加成反应。不少形式上的 [2+2] 环加成反应在热条件下并未经过协同历程，因底物结构和反应条件不同可经由双自由基或是偶极离子等过程，产物往往无立体选择性。[48] 四氟乙烯或乙烯酮也可较顺利地与烯烃反应，生成四氟环丁烷或环丁酮类化合物。

5.7.3　Diels-Alder 环加成反应

如图 5-37 所示的 Diels-Alder 环加成反应是一个非常重要的有机合成反应，分子间和分子内反应均可，通常是指一个 *cisoid*-共轭二烯和另一个烯烃反应，生成具有环己烯结构的反应。[49] D-A 反应具有立体专一性，又称顺型规则（*cis* rule）。双烯体底物（**1**）和亲双烯体（**2**）中取代基的相对立体构型在反应产物（**3**）中保持不变：

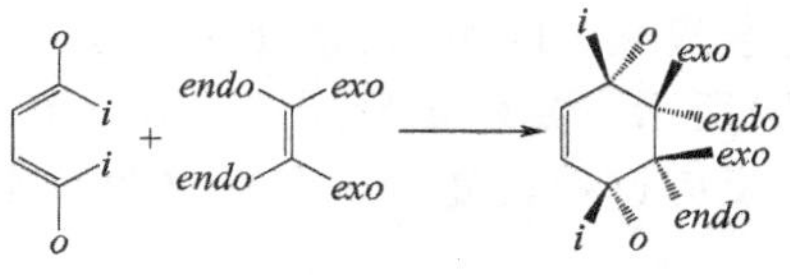

1 常称二烯或双烯（体），可以是开链或环状、脂肪族或芳香族，杂环或多烯；**2** 常称亲双烯体，可以是开链或环状的烯、炔、二烯、苯炔、含杂原子的双键及偶氮双键等。[50] **1** 中的 C(sp^2)—C(sp^2)单键带有部分双键性质，两个双键是同平面的且取同一指向，即 *s-cis* 构象才能进行一步完成的 D-A 反应。对开链二烯，这是容易实现的，但不同的二烯在反应活性上有较大区别。如图 5-38 的两个反应所示，1-取代 1*Z*,3-丁二烯中能进行 D-A 反应的 *s-cis* 构象 **4b** 比不能进行 D-A 反应的 *s-trans* 构象 **4a** 的空间位阻大，而相对不够稳定，故 **4** 参与 D-A 反应的速率不如 1-取代 1*E*，3-丁二烯（**5**）。只能取 *s-trans* 构象的分子 **6** 对 D-A 反应则是完全惰性的。环状共轭二烯只有 *s-cis* 构象，它们的 D-A 反应活性也是最大的。1,1,4,4-四苯基-1,3-丁二烯(**7**)因两端碳原子上存在的大体积基团而影响亲双烯体接近，也不会发生 D-A 反应。1,3-二烯的 *s-cis* 和 *s-trans* 构象互变的能垒仅约 16kJ/mol，但开链 2,3-二氮-1,3-二烯的 *s-cis* 和 *s-trans* 构象互变的能垒高达 260kJ/mol，基本以 *s-trans* 构象存在而不会发生 D-A 反应。**8** 可顺利发生 D-A 反应。

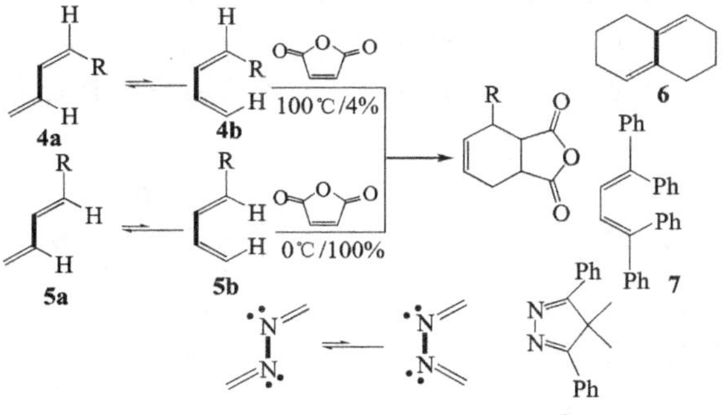

图 5-37　D-A 反应中双烯体和亲双烯体底物的立体构型保持不变

图 5-38　D-A 反应中双烯体底物必须取 *s-cis* 构象

近年合成得到的枝烯（dendralene，**9**）化合物是结构上很令人感兴趣的带亚甲基支链的交叉共轭烯烃（参见 1.5.3），根据双键数可命名为[*n*]-枝烯。偶数双键的枝烯保存数周后只有少许分解变化，但奇数双键的只能保存数小时到数十小时。奇数双键的稳定性之所以差，认为主要也是其分子中两双键间有更多 *s-cis* 构象而易进行自身双分子的 D-A 反应有关。[51]

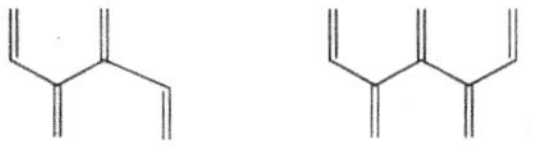

9a: [4]-枝烯　　**9b**: [5]-枝烯

1,3-丁二烯和乙烯或乙炔需高温高压才会参与 D-A 反应，双烯体上带供电子取代基和亲双烯体上带缺电子取代基都有利反应。如，乙烯(炔)磺酸酯的反应就很顺利，磺酸酯在反应完成后也易用钠汞齐除去。典型的双烯体包括环戊二烯、带烷基、芳基、烷（酰）氧基、硅氧基、烷硫基和胺基取代的丁二烯等，环丁烯和 3-环戊烯砜可作为丁二烯的前体；典型的亲双烯体包括丙烯醛、丙烯腈、丙烯酸酯、丙烯酸酐、丁烯二酸酯和乙烯基甲基酮等，亚胺、重氮、醛酮类、硫酮及腈类等也可以作为亲双烯基。

绝大部分 D-A 反应都是正常的 D-A 反应。此类反应中，二烯的 HOMO 和亲双烯的 LUMO 之间的能量差要比二烯的 LUMO 和亲双烯的 HOMO 之间的能量差小，反应过程是二烯 HOMO（Ψ_2）上的电子流向亲双烯的 LUMO（Ψ_2），如图 5-39（a）所示。在倒转的 D-A 反应中，亲双烯的 HOMO（Ψ_1）能级比二烯的 HOMO（Ψ_2）高，二烯的 LUMO 又比亲双烯 LUMO 的能级低，反应时电子由亲双烯的 HOMO 流向二烯的 LUMO，如图 5-39 (b)所示。如六氯环戊二烯和连有供电子基团的烯烃的反应就属倒转型 D-A 反应。倒转的 D-A 反应过程较复杂，多离子型而非协同机理。[52]

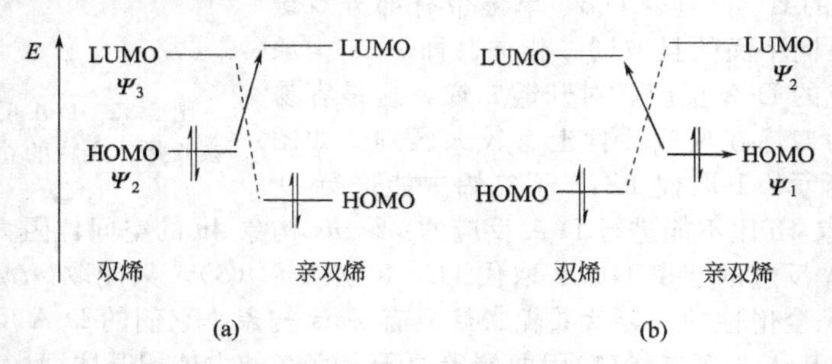

图 5-39 正常(a)的和倒转(b)的 D-A 反应轨道能级

D-A 反应在热反应条件下发生，两个组分之间经同面-同面结合，对称性匹配，如图 5-40 所示。分子轨道能级相关理论和芳香过渡态理论的分析结果均得出同样的结论，即热反应的 D-A 反应是允许的。光反应条件下，二烯激发后的 HOMO Ψ_3 和烯烃的 LUMO Ψ_2 作用，或是烯烃激发后的 HOMO Ψ_2 和二烯的 LUMO Ψ_3 作用。无论发生何种情况，两个组分的轨道对称性都是不匹配的，反应是禁阻的。二烯和烯烃都能处于激发态且能相遇反应的情况则是概率极小的。

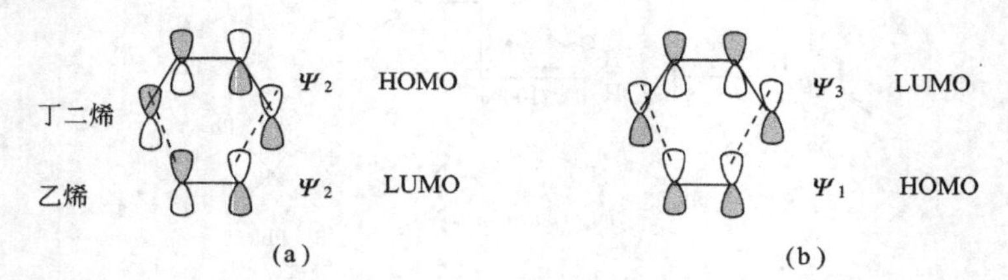

图 5-40 同面-同面结合的正常(a)的和倒转的(b)D-A 反应的前线分子轨道

只要能降低 D-A 反应中 HOMO-LUMO 能量差的效应都能加快反应速率。二烯分子上接有供电子基团使其 HOMO 轨道能量升高，在亲双烯体分子上有吸电子基团存在则使 LUMO能量降低。这两种情况都使 HOMO-LUMO 能量靠近而有利反应的发生并加快反应速率。如图 5-41 的反应所示。

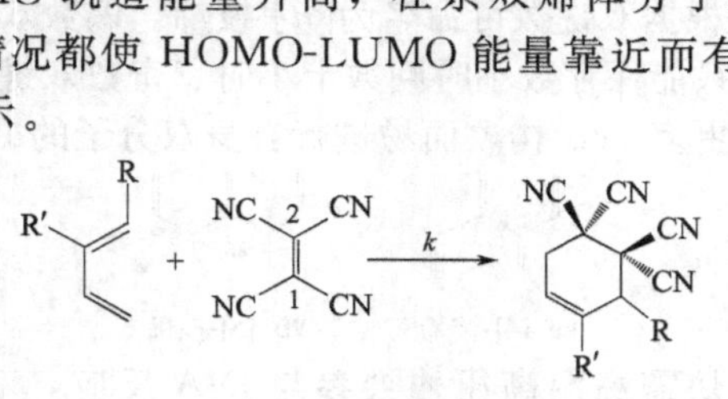

R,R′:	H,H	H,Me,	H,Ph	H,OMe	Me,H	Ph,H	OMe,H
k:	1	45	200	1700	100	390	51000

图 5-41 双烯体上取代基的电子效应会影响 D-A 反应速率

如图 5-42 所示的反应表明，亲双烯体上吸电子氰基的取代会提升其 LUMO 能而加快反应速率，偕位二取代比邻位二取代的影响更大。加入可与亲双烯体分子上的吸电子基团配位的 Lewis 酸会进一步降低其 LUMO 轨道能量。

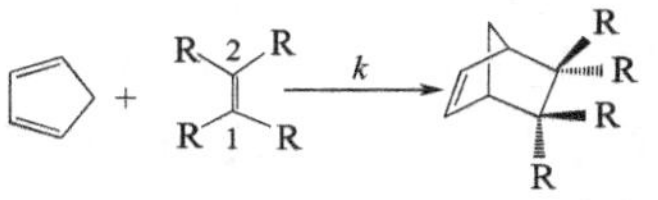

R:	1-CN	1,1-$(CN)_2$	*cis*-1,2-$(CN)_2$	*trans*-1,2-$(CN)_2$	1,2,3-$(CN)_3$	1,2,3,4-$(CN)_4$
k_{rel}:	1	4.6×10^4	80	90	4.8×10^5	4.3×10^6

图 5-42　亲双烯体上取代基的电子效应会影响 D-A 反应速率

如式(5-34) 的两个反应所示，α,β-不饱和醛或羰基也可分别作为双烯体或亲双烯体参与 D-A 反应。烯基醚和烯醇酯的反应活性也较好，但丙烯醇或苯乙烯的反应活性则较差。烯酮一般与双烯仅发生［2+2］的环加成反应。

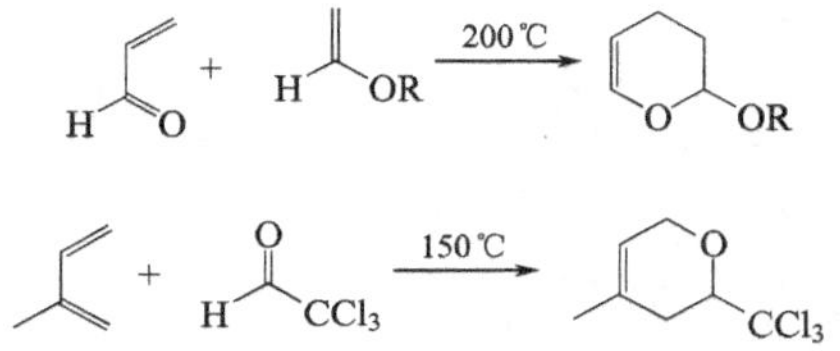

(5-34)

如式(5-35) 所示，一些邻二取代苯可转化为有双烯结构的邻二亚甲基苯类活泼中间体去参与 D-A 反应，该反应在有机合成上可用于构筑稠环体系。

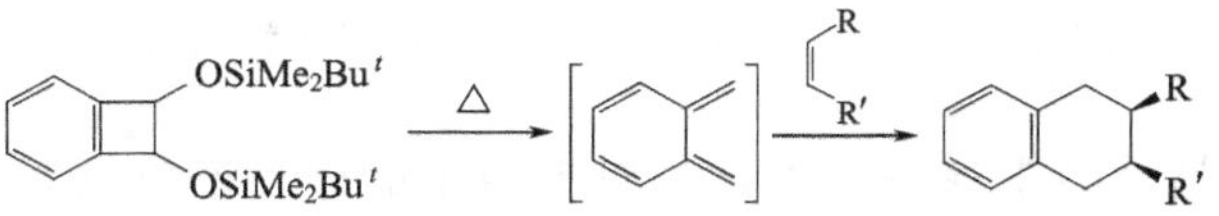

(5-35)

如式(5-36) 的两个反应所示：呋喃、吡咯、噻吩等芳杂环也可作为双烯体参与 D-A 反应，如工业生产维生素 B_6 的关键一步就用到噁唑参与的 D-A 反应。单线态氧有 O═O π 键，也可发生正常电子需求的 D-A 反应。

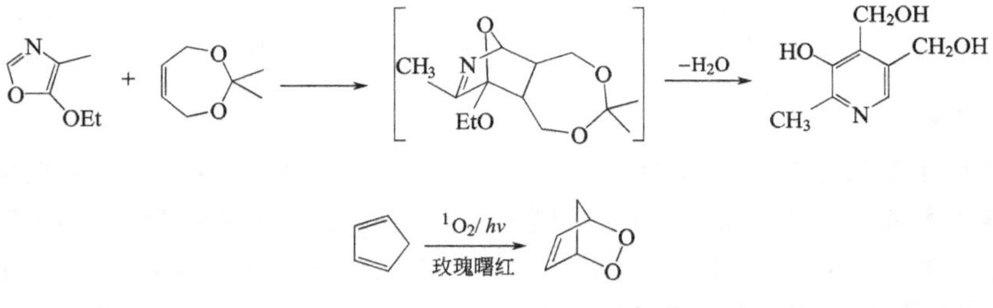

(5-36)

如式(5-37) 所示，D-A 反应中亲双烯体 **10** 中的取代基 G 有两种立体相位方式进行反应，分别生成内型（*endo*）产物 **11** 或外型（*exo*）产物 **12**。

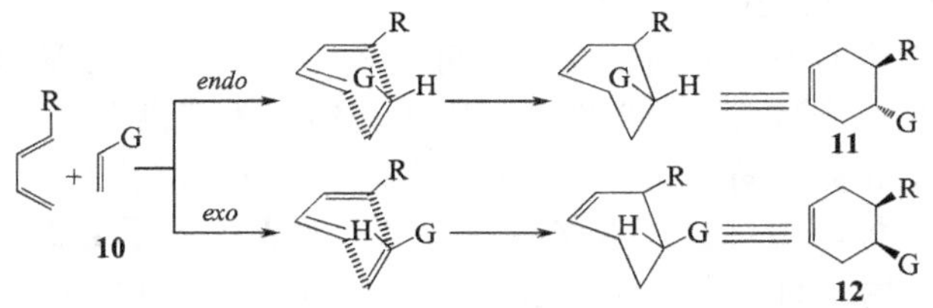

(5-37)

从热力学角度看，外型产物要比内型产物稳定，但许多 D-A 反应在最终产物的组成中常常是内型物占优势，当 G 是不饱和基团时更是如此，称内型规则（*endo* rule）。反映出 D-A 反应也符合不饱和性最大积累规则，即如果有两种可能的异构体生成，则在过渡态中更多的不饱和单元彼此较为靠近的那个异构体生成较快，是动力学有利的过程。一般认为这是由于反应中两分子间存在的次级轨道效应（secondary orbitals effect）之故，如图 5-43 所示。当两分子丁二烯靠近反应，若二烯和亲双烯之间以内型方式接近，除成键轨道的对称性相匹配而成键外，其他不成键的烯基轨道也因对称性匹配而能接近发生次级轨道作用，过渡态能量相对较低，故反应结果是以内型产物 **13** 为主。而以外型方式接近的过渡态中得不到这种额外的稳定作用。此外，生成外型产物 **14** 的反应过渡态比生成内型产物的反应过渡态有更大的位阻障碍可能也是一个原因。[53]

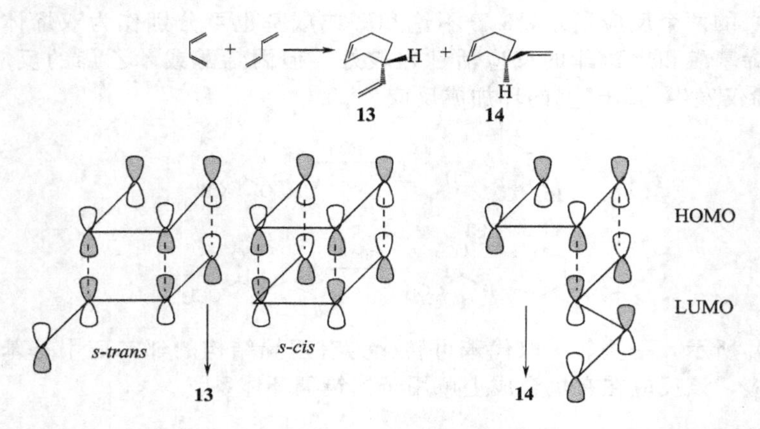

图 5-43 两分子 1,3-丁二烯进行 D-A 反应所得产物的轨道次级效应

内型产物实际上是动力学控制产物，相对更稳定的外型产物是热力学控制产物。如式(5-38) 所示，内型 D-A 反应产物 **15** 可发生逆反应后再在较高的反应温度下进行 D-A 反应生成外型产物 **16**。

(5-38)

但内型规则的物理基础仍未十分清楚，受溶剂的极性等反应条件的影响也很大。当反应过渡态中无次级轨道效应存在时，内型规则一般也就失效了。许多 D-A 反应都生成内型和外型产物的混合物。如图 5-44 的两个反应所示，环戊二烯与丁二酸酐的 D-A 反应产物中，内型产物 **17** 和外型产物 **18** 的相对比例为 99∶1；2,5-二甲基-3,4-二苯基环戊二烯酮（**19**）与环戊烯的 D-A 反应产物中，内型产物 **20** 和外型产物 **21** 的相对比例为 1∶1，而与环戊二烯的 D-A 反应生成的产物只是内型的 **22**。

D-A 反应的底物上带有取代基时，反应后可生成一种以上产物而产生位置选择性问题。通常可以看到的是 1-供电子取代基、2-供电子取代基和 1,2-双供电子取代基的取代二烯将分别优先得到邻位、对位和邻，间-二取代产物；亲双烯体带有取代基时有利于得到邻位异构体产物。用分子轨道分析，则可见到双烯的 HOMO 上有较大系数的一端和亲双烯的 LUMO 上有较大系数的一端之间更易结合。如式(5-39) 所示，**23** 和 **24** 分别得到对位和邻位产

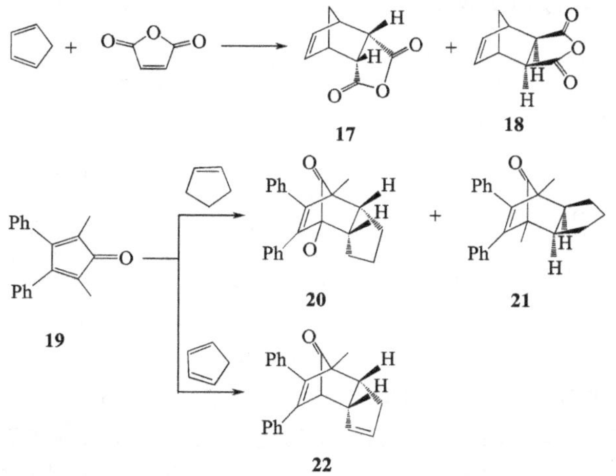

17 18

19 20 21 22

图 5-44 各种 D-A 反应的内型/外型产物比例不同

物，**25** 与异戊二烯反应，得到的产物中对位和间位异构体产物之比分别为 7∶3(G=H)和 9∶1(G=CN)。

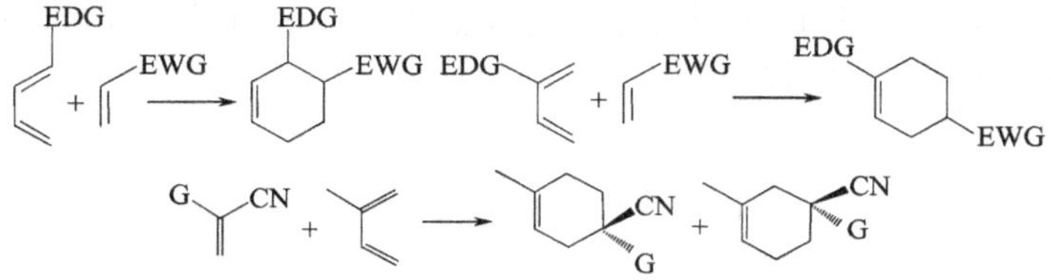

(5-39)

23 24 25

如式(5-40) 所示，二烯和烯烃上的取代基有相同的供电子或吸电子效应时常常得到间位为主的产物，但反应速率很慢。

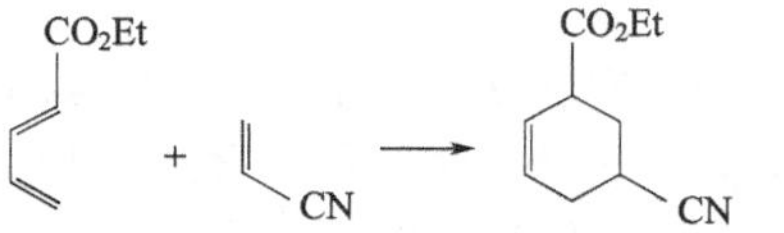

(5-40)

位置选择性在大部分 D-A 反应中都相当好，尤其是两端分别键连供和吸电子基团的二烯发生 D-A 反应能表现出很好的位置选择性。如图 5-45 所示的两个反应都只生成一种产物。但溶剂、温度和 Lewis 酸催化剂均对反应的位置选择性产生影响。[54]

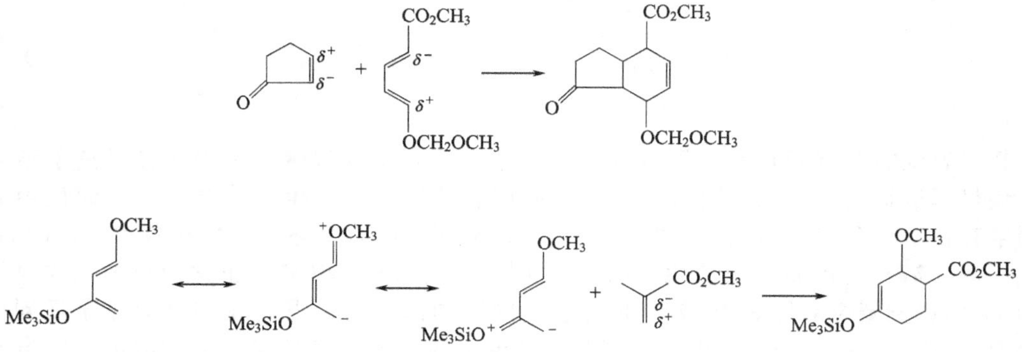

图 5-45 两个 D-A 反应的位置选择性

引入导向基团也可较好地实现所需的位置选择性，如式(5-41) 所示的两个反应：

主要产物　次要产物

(5-41)

$^{n}Bu_3SnH$

NO_2

主要产物

各个 D-A 反应的机理并不完全相同，但一般认为绝大部分经由周环过渡态的协同历程。[55]立体专一性和热力学、动力学数据均支持这一点。D-A 反应的产物保留了双烯和亲双烯上取代基团的相对立体取向关系，这一立体专一性只有这两个键是协同形成的才有可能。此外，D-A 反应的活化熵是一个较大的负值，反映出从反应物的始态到过渡态时自由度受到了较大限制，反应物相互之间是高度定向的。这符合两根键是同时形成的要求，而分步反应一般并不要求十分严密的排列次序。大部分 D-A 反应的溶剂效应不大，气相或液相反应的速率大致相同，这也显示出 D-A 反应不太可能是离子型机理。[56]式(5-42) 所示的两个反应的速率几乎相等，即 H/D 同位素效应很小。

(5-42)

式(5-43) 所示的反应中，若将底物 **26** 中的 Ha、Hb 或 Hc 中的一个换成 D 后，其发生逆 D-A 开环反应的速率并无不同。每个 H/D 同位素效应均为 1.10 左右，这表明过渡态中与这 3 个氢成键的 3 个碳都经历了程度大致相同的重新杂化。过渡态中的 a,b 两键是同时断裂的。根据微观可逆性原理，正反应和逆反应经由相同的过渡态，包括相同的机理（参见 1.6.5)，所以该 D-A 反应也经由协同过程。[57]

(5-43)

26

某些表观的 D-A 反应也会因溶剂、压力等体系介质及酸碱的影响而经过离子型或自由基型机理进行的。[58]当协同过程受到阻碍或有特别有利于生成双自由基或偶极中间体的因素存在时，分步机理也是可能的。如图 5-46 所示的六氯环戊二烯和各类 *trans*-1,2-二取代乙烯 (**27**) 进行 D-A 反应生成的正常立体专一性产物 **28** 和不正常加成的立体异构体产物 **29** 的比例随亲双烯底物 **27** 上取代基 G 的不同而不同：当 G 是甲基时完全得到协同加成产物 **28**；当 G 是一些吸电子基团时，缺电子的二烯六氯环戊二烯和缺电子的亲双烯的 HOMO 和 LUMO 之间的能差较大，这阻碍了一步反应历程，经由双自由基机理而生成 **29**。

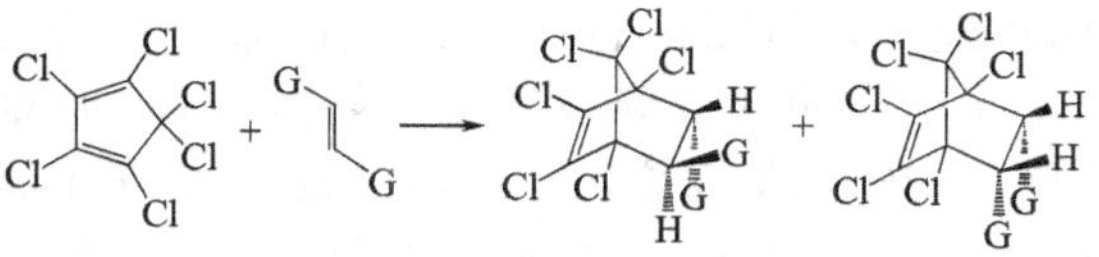

Cl Cl Cl Cl Cl Cl + G G ⟶ 28 + 29

27 28 29

G:	Cl	CN	C_6H_5	CO_2CH_3	CH_3
28∶29	5∶95	57∶43	71∶29	73∶27	~100

图 5-46 六氯环戊二烯和各类 *trans*-1,2-二取代乙烯进行的 D-A 反应

如式(5-44) 所示的 **30** 和 **31** 的 D-A 反应也经由离子型中间体过程，低温下可直接分离出黄色的两性离子中间体 **32**，它受热后即闭环生成环加成产物 **33**。

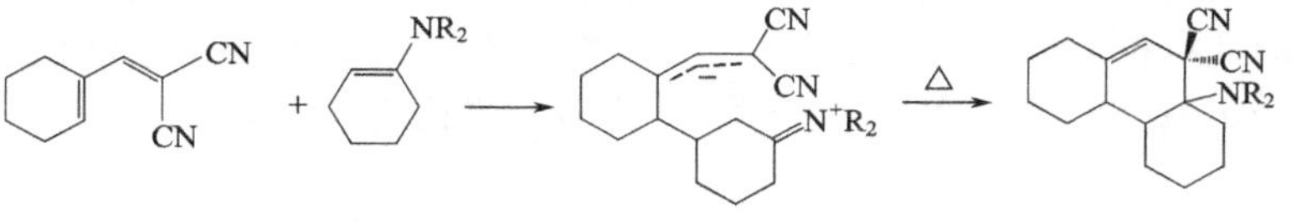

CN, CN (30) + NR_2 (31) ⟶ CN, CN, N^+R_2 (32) $\xrightarrow{\triangle}$ CN, CN, NR_2 (33)　　(5-44)

30　**31**　**32**　**33**

D-A 反应在离子性体系中也可发生。如式(5-45) 所示，叔丁烯基碳正离子 **34** 可与环戊二烯进行 D-A 反应，生成 3∶1 的 **35** 和 **36**：[59]

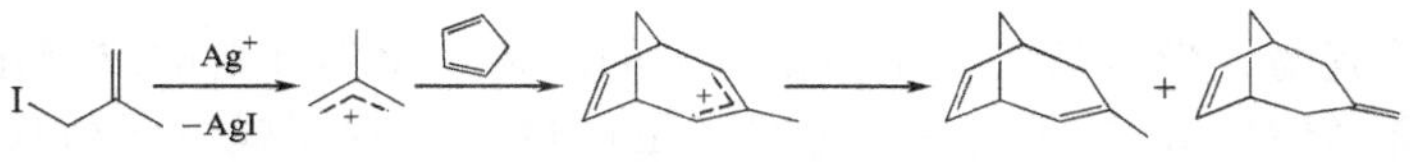

I ⟶ (Ag^+, $-AgI$) **34** ⟶ (环戊二烯) ⟶ **35** + **36**　　(5-45)

α,α'-二溴酮在羰基铁作用下生成 2-氧烯丙基偶极化合物并可与双烯体反应，这也生成七元环酮化合物的一个好方法，如式(5-46) 所示：

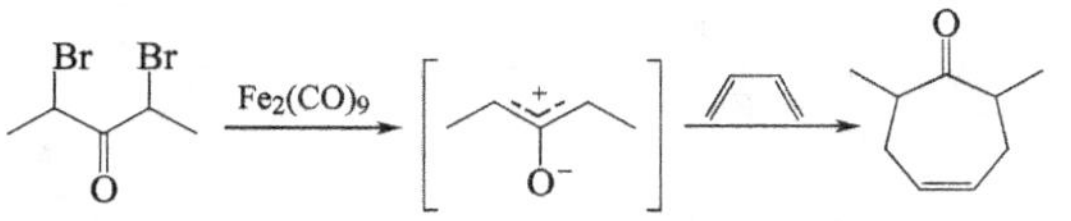

Br Br O $\xrightarrow{Fe_2(CO)_9}$ [O^-] ⟶ O　　(5-46)

D-A 反应是可逆反应，双环戊二烯受热能开环生成环戊二烯单体（参见 1.6.4）；环己烯的裂环反应也是 D-A 反应的逆反应，其熵变是正的，故高温有利逆 D-A 反应。[60]如式(5-47) 的两个反应所示，邻苯二甲酸酯可利用逆 D-A 反应来生成；2,5-二烯-1,4-环己二酮（**37**）的单环氧化产物 **38** 不能由 **37** 直接环氧化而来，但先经 D-A 反应保护一侧双键，氧化另一侧双键后再由逆 D-A 反应就可较顺利地得到：

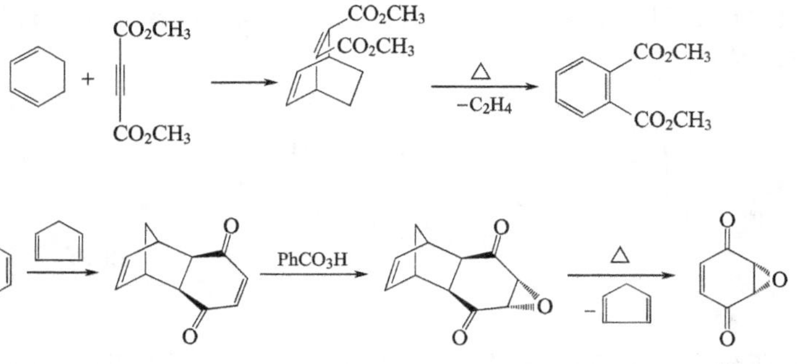

+ CO_2CH_3 / CO_2CH_3 ⟶ CO_2CH_3 / CO_2CH_3 $\xrightarrow[-C_2H_4]{\triangle}$ CO_2CH_3 / CO_2CH_3

O O (37) ⟶ O O $\xrightarrow{PhCO_3H}$ O O O $\xrightarrow[-\text{环戊二烯}]{\triangle}$ O O O (38)　　(5-47)

37　**38**

催化的电环化反应相对较少，但催化的 D-A 反应已有不少研究。亲双烯体可被 Lewis 酸催化，双烯体则可被 Lewis 碱催化。带羰基的亲双烯体对 Lewis 酸催化剂更为敏感，因为氧与催化剂配位后降低了 LUMO 能量而增加了反应活性，使 D-A 反应得以加速的同时还改善了反应条件及位置选择性和 *endo*-立体选择性。如式(5-48) 所示的异戊二烯与丙烯酸甲酯的 D-A 反应在 120℃反应 6h，产物 **39** 和 **40** 之比为 7∶3；在 Lewis 酸 $AlCl_3$ 催化下室温反应 3h，产物 **39** 和 **40** 之比为 95∶5（参见 2.5.2）。

CO_2CH_3 CO_2CH_3 CO_2CH_3 (5-48)

39 **40**

如式(5-49) 所示的 1,3*E*-戊二烯与丙烯酸甲酯的 D-A 反应在室温反应 70h，产物 **41**（*cis*∶*trans*=6∶4）和 **42**（*cis*∶*trans*=7∶3）之比为 7∶3；在 $AlCl_3$ 催化下室温反应 3h，产物 **41**（*cis*∶*trans*=95∶5）和 **42**（全为 *cis* 构型）之比为 95∶5。

CO_2CH_3 CO_2Et CO_2Et (5-49)

41 **42**

应用光学纯的底物、带可移去的手性螯合剂的底物、化学计量的或催化的手性 Lewis 酸都可以实现对映选择性的 D-A 反应。[61] 它们多是通过立体效应或电子效应造成两个过渡态结构上的能量差异而产生影响。如式(5-50) 所示的两个反应产物都只生成单一立体异构产物：

CH_2OR O H Br 催化剂 ROH_2C H CHO Br

(5-50)

O CH_3 O CO_2Et $TiCl_4$ OH^- H CO_2H

D-A 反应一次就形成了两个 C—C 键和 4 个相邻的手性中心，是立体选择性地构筑六元碳环或六元杂环结构最有用的方法。许多天然产物、医（农）药和功能材料分子中有六元环或五元-六元并环结构，它们的合成大多经由 D-A 反应来解决。[62] 如式(5-51) 所示，立体选择性地合成酚甲基雌甾酮（estrone，**45**）的一条很出色的路线就用上了分子内的 D-A 反应，其前体活泼中间体邻二亚甲基环己二烯（*o*-xylylene，**44**）则来自苯并环丁烯类衍生物 **43** 的电环化开环反应。[63]

O CH_3O △ O CH_3O O CH_3O (5-51)

43 **44** **45**

如式(5-52) 所示，D-A 反应得到的 *cis*-五元-六元并环结构再转化为 *trans*-五元-六元并环结构的工作也取得许多进展，这就进一步拓展了 D-A 反应的应用。[64]

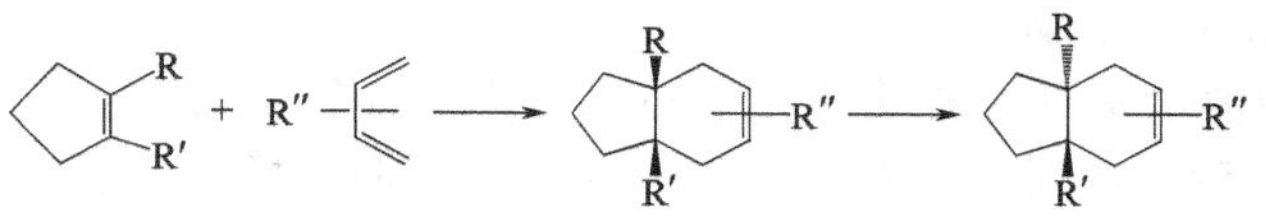

(5-52)

5.7.4 1,3-偶极环加成反应

20 世纪 50 年代发现的如式(5-53) 所示的 1,3-偶极环加成反应也是一个与 D-A 反应类似的 [4+2] 反应，是至少有一个杂原子的具 4π 电子三原子结构单元的 1,3-偶极化合物和具 2π 电子的偶极亲和物之间进行环加成而生成五元环化合物的反应。[65]

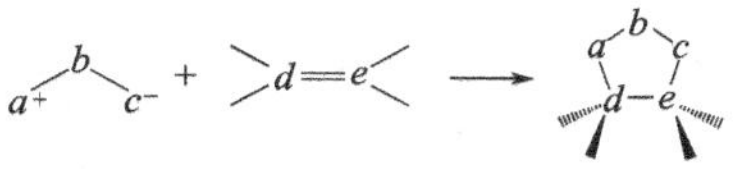

(5-53)

带 1,2-偶极的化合物是很常见的，1,2-偶极指由一个原子提供一对电子与另一个原子共用而形成的键，亦称半偶极键。1,2-偶极中的正极或负极原子若又以一个重键连接第三个原子，所得结构受激发后就容易成为 1,3-偶极 (1,3-dipoles)，如硝基 **46** 和臭氧 **47**。

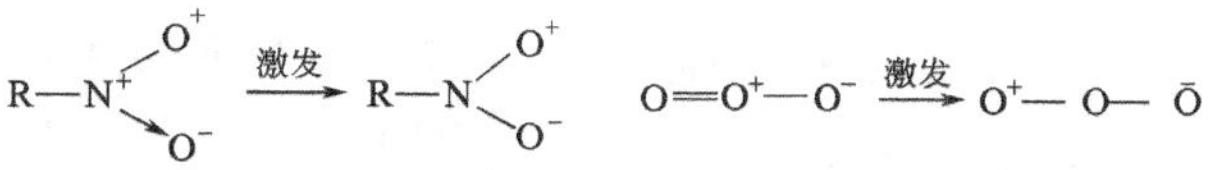

$R—N^+(→O^-)(O^+)$ $\xrightarrow{激发}$ $R—N(O^+)(O^-)$　　$O{=}O^+—O^-$ $\xrightarrow{激发}$ $O^+—O—\bar{O}$

46　　**47**

1,3-偶极分子可用三原子体系 *a*—*b*—*c* 来表示，*a* 在外壳层中有 6 个电子，*c* 在外壳层中有 8 个电子且至少有一对以上的孤对电子。该三原子也是 4π 体系，但取偶极离子的形式，正电荷落在可以是碳、氮或氧的中心原子上，负电荷则分布在两端原子上。1,3-偶极分子中有一个原子是缺电子的，其正电荷也是离域的，结构上可分为两种类型。一种类型如图 5-47 (a) 所示，*a* 是 C，*b* 是 O 或 N，*c* 是 C 或 N，带正电荷的位于双键原子，另一个共振结构式中则位于三键原子。如，重氮化合物 ($R_2C—N^+{=}N^-$)、叠氮化合物 ($R—N^-—N^+{\equiv}N$)、氧化腈 ($RC{\equiv}N^+—O^-$)、腈亚胺 ($R—N^-—N^+{\equiv}NR'$)、腈叶立德 ($R_2C^-—N^+{\equiv}CR'$) 等。另一种类型如图 5-47 (b) 所示，*a* 和 *c* 是 C、O 或 N，*b* 是 O 或 N，带正电荷的位于单键原子，另一个共振结构式中则位于双键原子。如，臭氧 ($O^-—O^+{=}O$)、羰基氧化物 ($R_2C^-—O^+{=}O$)、氧化偶氮 ($RN{=}N^+R'—O^-$)、硝亚胺 ($R—N^-—O^+{=}N—R$)、硝酮 ($R_2C{=}N^+R'—O^-$)、甲亚胺叶立德 ($H_2C{=}N^+RR'_2C^-$)、羰基叶立德 ($R_2C{=}O^+—C^-R_2$) 等。

$a^-—b{=}c^+—$ ⟷ $a^-—b^+{\equiv}c—$　　$a^-—b—c^+—$ ⟷ $a^-—b^+{=}c—$

(a)　　(b)

图 5-47 1,3-偶极分子的两种类型

各种 1,3-偶极分子受激所需能量不同。硝基要求很高的能量，不易被激发为 1,3-偶极，臭氧很容易受激，因此很容易和烯烃发生 1,3-偶极环加成反应。大部分 1,3-偶极分子都很活泼，不易提纯，是原位产生的物种。[66]它们的结构各异，但分子轨道都与烯丙基负离子相似。一个离域 $\pi_3{}^4$ 体系中 HOMO 是 Ψ_2，LUMO 是 Ψ_3。1,3-偶极化合物与烯、炔、羰基、亚胺、腈和异氰酸酯等偶极亲和物中不饱和键的 LUMO 或 HOMO 产生对称性允许的匹配，同面-同面相互作用而

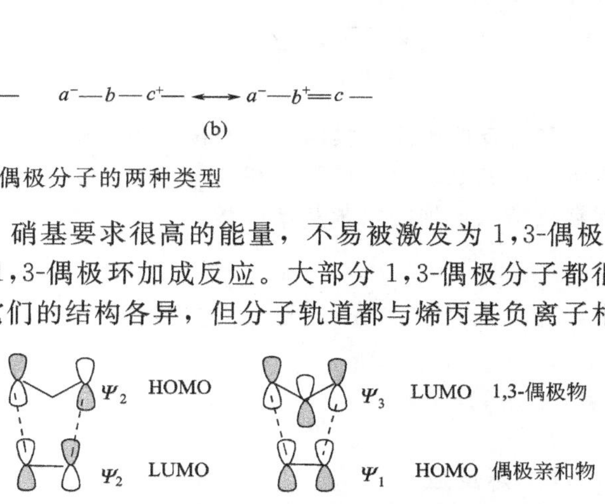

Ψ_2 HOMO　Ψ_3 LUMO 1,3-偶极物

Ψ_2 LUMO　Ψ_1 HOMO 偶极亲和物

图 5-48 1,3-偶极环加成的同面-同面相互作用

形成加成产物，如图 5-48 所示。

1,3-偶极分子中的电子是可转移的，未必固定位于电负性原子上，故环化加成反应的位置选择性并不容易预测。该反应也是立体专一性的，溶剂的极性几乎无影响，具有较负的活化熵。该反应在生物碱等杂环化合物的合成中很有意义，对映选择性的1,3-偶极环加成反应也已获得不少成功，如式(5-54）的两个反应所示：[67]

(5-54)

5.7.5 螯合反应

某些小分子的同一原子上兼具 HOMO 和 LUMO 轨道。如，在 SO_2 分子的平面上硫原子有一对孤对电子，还有一个与该平面垂直的空 p 轨道。当它与 1,3-丁二烯在等分该二烯的平面中以同面-同面方式接近时，两者之间的 HOMO 和 LUMO 对称性是匹配一致的，如图 5-49 所示，此时就能发生允许的[$\sigma 2s+\pi 2s+\sigma 2s$]反应。

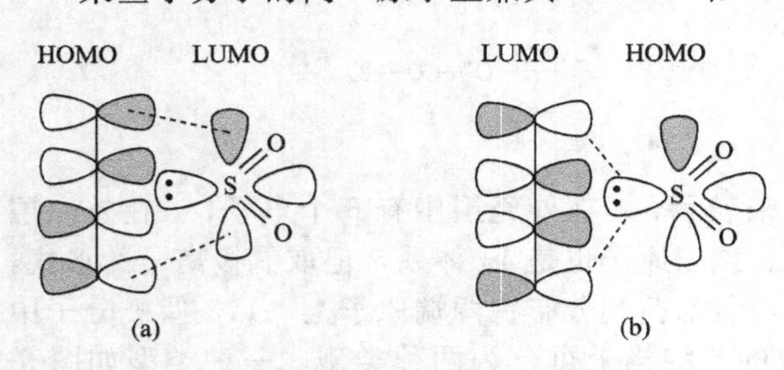

图 5-49　螯合反应中的分子轨道

此类以单个原子为组分与多烯体系以协同过程成环的反应称螯合（变）反应；其逆反应，即终端连有一个单原子的多烯体系以协同过程发生断键的反应称为挤出反应（extrutive reaction)，挤出的是一些如 N_2、CO_2、SO_2 和 NO 等热力学稳定的小分子，如式(5-55）的 3 个相当于［4＋1］的环加成反应所示。螯合反应和挤出反应都是协同的环加成反应，故都有立体专一性。[68]

(5-55)

螯合反应可用于共轭二烯的保护和分离纯化，在有机合成上也有许多应用。如式(5-56)所示，四苯基环戊二烯酮（**48**）与二苯乙炔进行［4＋2］环加成反应后再进行挤出反应可得到常法难以得到的六苯基苯（**49**）。

(5-56)

5.7.6 烯反应

如图 5-50 所示，受热反应条件下一个烯丙位上的氢可以在分子内或分子间越过空间向另一个通常是由缺电子取代基活化的亲烯体双键转移而生成加成产物。[69] 反应涉及一个［2，3］σ迁移及烯丙基体系的一端和另一个双键末端的键合，也可看作一个包括烯丙位氢的［1，5］σ迁移，称烯反应（ene reaction）。[70] 无论从哪一个角度来分析，该反应都是一个涉及6电子的σ键和π键发生转换的周环反应，但产物不是环。

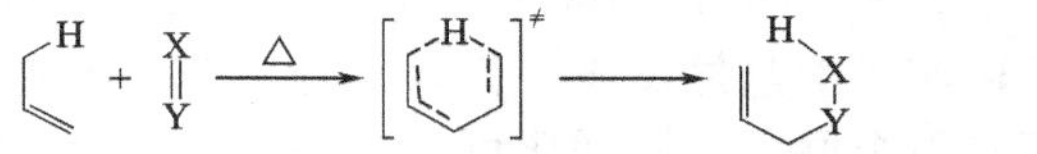

X=Y：C=C(N,O,S)；O=O；C=O；C≡C；N=N

图 5-50 烯反应

如式(5-57) 所示的4个反应都经由烯反应机理：(a) 是分子间反应；(b) 是分子内反应；(c) 相当于是烯反应的逆反应；(d) 是β-酮酸脱羧的反应。烯反应与D-A反应一样经过一个π2s+π2s+σ2s的过程，只不过是烯丙位C—H键上的2个σ电子代替D-A反应中双烯体的2个π电子，但反应所需活化能较D-A反应高，也具有较负的活化熵。含杂原子双键（如C=O、C=N、N=N等）的化合物也可参与烯反应。用单线态氧代替亲烯体的双键组分即产生烯丙基过氧化氢（参见6.9.3），这个在有机合成中很有用的反应在生理反应中则往往是有害的。

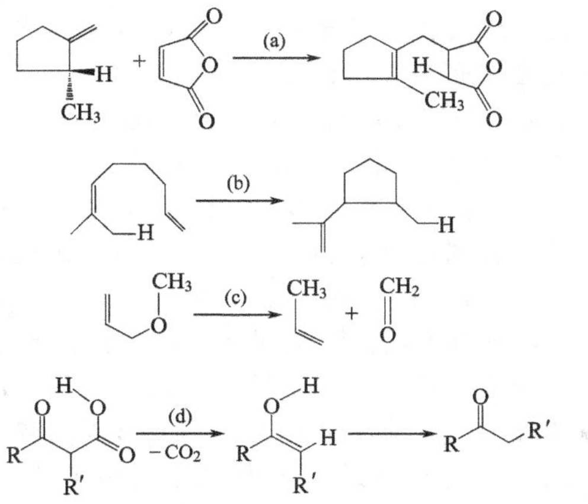

(5-57)

烯反应通常需要较高的反应温度，但羰基一类官能团参与的烯反应能在配体的配位作用下无需高温就能反应且表现出很好的位置和立体选择性。[71] 如图5-51所示，1,1-二取代的丙烯与醛RCHO的烯反应可经由*endo*-和*exo*-两种过渡态。因位阻效应，与羰基氧配位的Lewis酸取与醛基氢顺式的构型较稳定，产物的立体化学与取代基、R的体积及Lewis酸与它们的位阻效应有关。

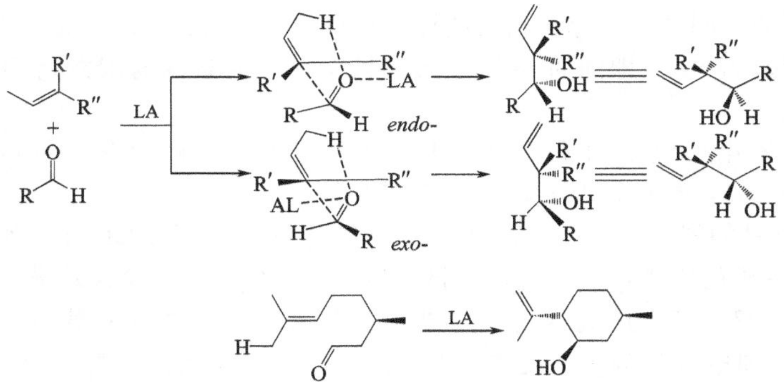

图 5-51 Lewis 酸催化的烯反应有位置选择性和立体选择性

如式(5-58)的两个反应所示，烯烃、炔烃被偶氮（diimide，或称联亚胺）还原的氢化反应实质上与烯反应一样，也是一个立体专一性的协同过程。只不过此处发生迁移的是基团而非单个原子。同样还可见9,10-二氢萘转移两个氢给1,2-二甲基环己烯的反应。此类反应也是协同进行的，又称原子转移反应（atom transfer reaction）：[72]

(5-58)

5.8 周环反应的选择定则

周环反应在热或光条件下进行的两种结果往往是有可比性的。若一个周环反应在热条件下是允许发生的，则在光条件下进行是禁阻的，反之亦然，两种反应的立体化学结果也有对映关系。但光条件下进行的反应过程受到多种因素的影响而远比热条件下进行的反应过程复杂，因此不能简单地预判两者就必定截然相反。

电环化反应、σ迁移反应和环加成反应各有其自己的特点，从而造成在选择规则表达上的不统一。但它们都有一个共同点，即反应是经由环状过渡态并以协同方式一步完成的。Woodward 和 Hoffmann 等人将电环化反应和σ迁移反应也作为一种分子内的环加成反应来处理，从而得出一个适合于所有周环反应的选择定则，即 J 定则。J 定则可表述为：不必考虑周环反应中（$4n+2$）$_a$ 和（$4n$）$_s$ 的组分数，只要（$4n+2$）$_s$ 和（$4n$）$_a$ 的组分数之和 J（Judge，判别数）是单数的，则基态的热反应是允许的，而激发态的光反应是禁阻的；如 J 为偶数或零，则基态的热反应是热禁阻的，激发态的光反应是允许的。

需要用一组字码来描述环加成反应中涉及断裂的或形成的键。该组字码自左到右由3个成分组成：即键的种类（π、σ或原子轨道ω）；轨道上的电子数；轨道的反应模式(同面s或异面a)。如，D-A反应是$_{\pi}4_s+_{\pi}2_s$过程，表示该反应是由4个π电子体系的一个组分以同面和另一个2个π电子体系的一个组分的同面加成，此时（$4n+2$）$_s=1$，（$4n$）$_a=0$，J 为1，是热容许的基态反应。若是同面-异面反应$_{\pi}4_s+_{\pi}2_a$，（$4n+2$）$_s=0$，（$4n$）$_a=0$，J 为0；或$_{\pi}4_a+_{\pi}2_s$，则（$4n+2$）$_s=1$，（$4n$）$_a=1$，J 为偶数2，这两个反应途径都是热禁阻的反应；若是异面-异面反应，即$_{\pi}4_a+_{\pi}2_a$，则（$4n+2$）$_s=0$，（$4n$）$_a=1$，J 为1，虽是热容许的基态反应，但此时立体障碍很大，几何条件的限制使异面-异面的反应是难以发生的，故D-A反应一定是同面-同面的。同样，两分子乙烯的环加成反应，若$_{\pi}2_s+_{\pi}2_s$，则 J 为偶数2，是热禁阻的，它们只能以$_{\pi}2_s+_{\pi}2_a$即同面-异面的形式发生，几何条件的限制将同样使这一反应不易发生。

在环丁烯电环化反应中的HOMO-LUMO作用时，其顺旋开环可以看作是$_{\sigma}2_s+_{\pi}2_a$或$_{\sigma}2_a+_{\pi}2_s$，J 值为1，是热容许的，如图5-52所示。

[1,3] σ迁移是如图5-53（a）所示的$_{\pi}2_s+_{\sigma}2_a$过程或如图5-53（b）所示的$_{\pi}2_a+_{\sigma}2_s$过程，因此迁移碳原子的构型在这一过程中将发生反转。氢只有一个s轨道，迁移时涉及σ轨道的运动方式只有$_{\sigma}2_s$一种方式。要发生热容许的周环反应，涉及π键的运动方式只能是异面的$_{\pi}2_a$，J 为1，是热允许的基态反应，但此时立体障碍很大，如图5-53（c）所示。[3,3] σ迁移则是一个$_{\pi}2_s+_{\pi}2_s+_{\sigma}2_s$的过程，此时 J 为3，是热容许的周环反应，如图5-53（d）所示。

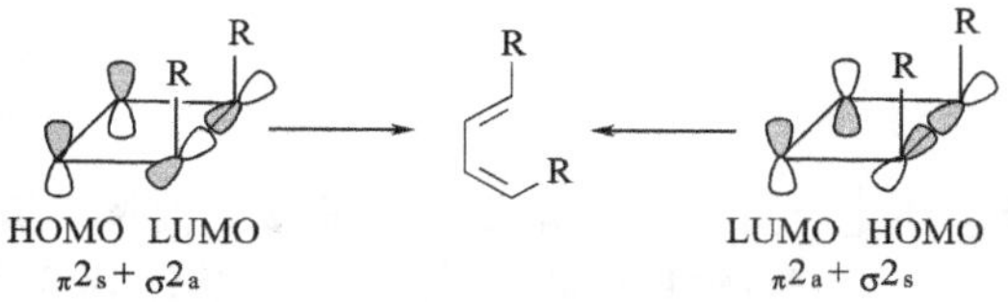

HOMO LUMO $_{\pi}2_s+_{\sigma}2_a$　　LUMO HOMO $_{\pi}2_a+_{\sigma}2_s$

图 5-52 电环化反应的 J 定则

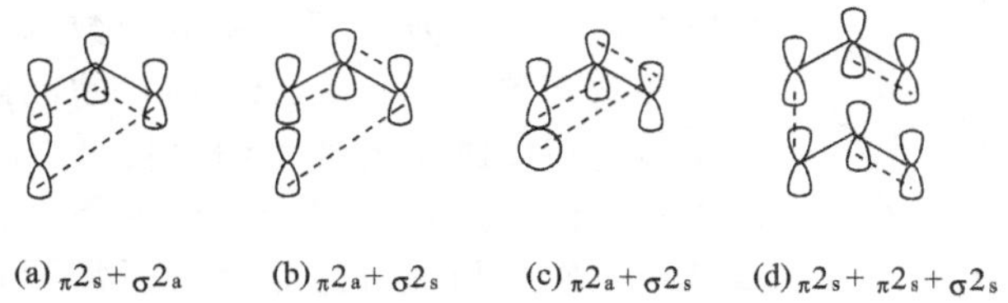

(a) $_{\pi}2_s+_{\sigma}2_a$　(b) $_{\pi}2_a+_{\sigma}2_s$　(c) $_{\pi}2_a+_{\sigma}2_s$　(d) $_{\pi}2_s+_{\pi}2_s+_{\sigma}2_s$

图 5-53 σ-迁移反应的 J 定则

上述规则可总结于表 5-3 和表 5-4 中。大于 2 组分的电环化选择原则可用 J 定则判别。

表 5-3 [$p+q$] 电环化反应的选择定则

π_{p+q}电子数	同面-同面(或异面-异面)	同面-异面
$4n$	光容许	热容许
$4n+2$	热容许	光容许

表 5-4 [i, j] σ-迁移的选择定则

$\pi_{i,j}$电子数	同面-同面(或异面-异面)	同面-异面
$4n$	光容许	热容许
$4n+2$	热容许	光容许

环丙基正离子的开环反应可看作$_{\sigma}2_s+_{\omega}0_s$ 或$_{\sigma}2_a+_{\omega}0_a$ 过程，如图 5-54 所示。图 5-55 所示的挤出反应则是经由$_{\sigma}2_s+_{\pi}2_s+_{\sigma}2_s$ 过程。

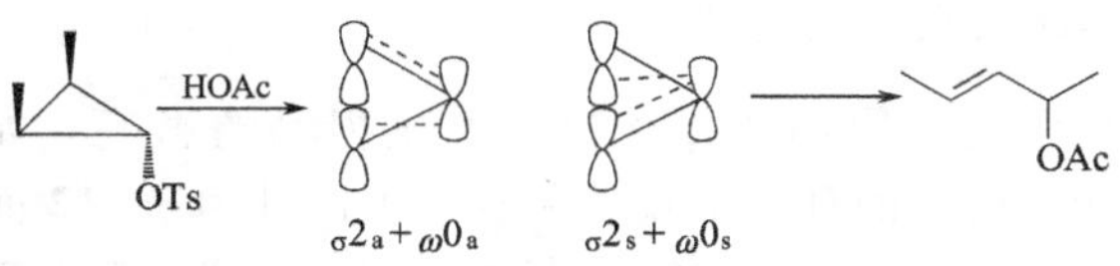

图 5-54 环丙基正离子的开环反应过程

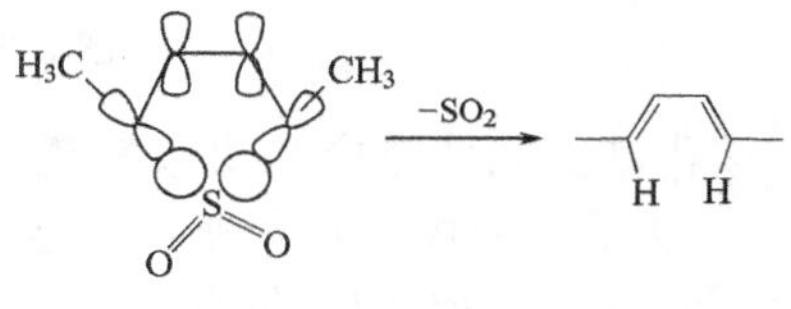

图 5-55 环丁烯砜的挤出反应过程

同面-异面的概念以及与其有关的选择规则的提出是为弥补轨道对称守恒定则对各类周环反应的描述不一致而提出的，但此时对称守恒这个概念的本意似乎就不存在了。是否这里意味着周环反应选择性的更本质、更普遍的因素不是轨道的对称性守恒而是别的与保持最大的有效键合相联系的动态因素呢？芳香过渡态理论可说是寻找这种因素的一个方法。所有这些方法和判别规则在理论上和实用上都在不断发展并接受化学实践的进一步检验。[73]

5.9 周环选择性

1,3,5-己三烯要进行电环化反应时中央烯键必须取 *cis*-构型。其 2,5-二取代衍生物在光照条件下可生成环己二烯、环丁烯和双键异构化衍生物（参见 6.5.1），如图 5-56 所示。

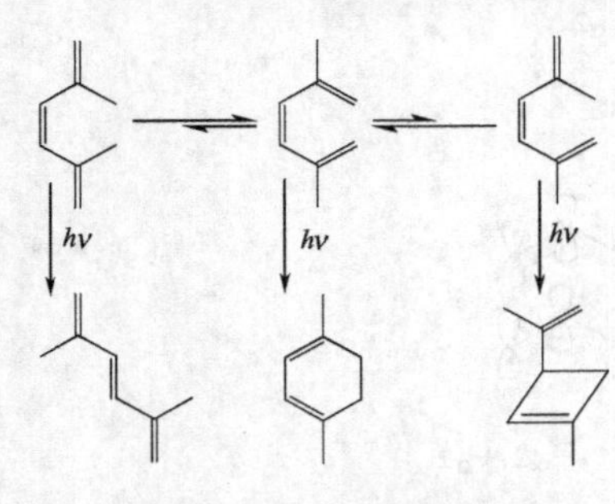

图 5-56 1,3,5-己三烯进行电环化反应的选择性

常见的周环反应多为［4＋2］、［3＋2］或［2＋2］等，当反应物有多个涉及不同 π 电子数的可能性时就会产生一个周环选择性（periselectivity）的问题。如，一个 10π 电子体系的环加成反应对［4＋2］、［6＋4］和［8＋2］都是对称性允许的过程。哪个过程更易进行与各组分的前线轨道的相互作用相关且总是经过所需活化能最低的途径。前线轨道 HOMO 和 LUMO 中终端原子的系数总是最大也是通常最易进行周环反应的反应点。如图 5-57 所示，**1** 发生 8π 而不是 6π 电子数的电环化反应，生成 **2** 而非 **3**；**4** 与炔烃发生［8＋2］生成 **5** 而非［4＋2］生成 **6** 的环加成反应；**7** 与 **8** 发生［6＋4］而不是［4＋2］的环加成反应，生成 **9** 而非 **10**。

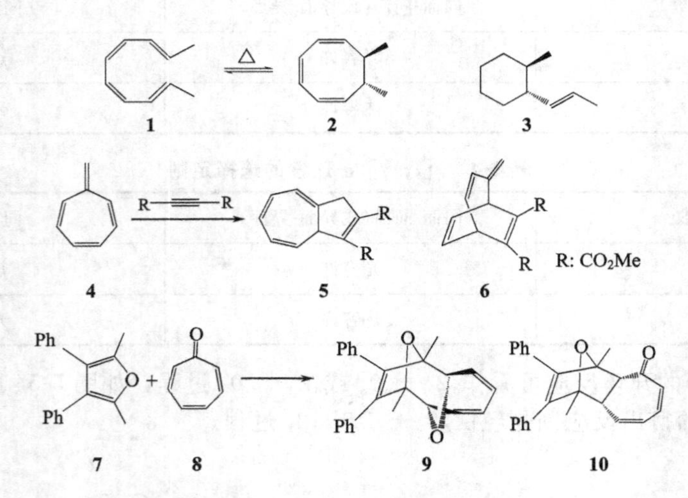

图 5-57 几个电环化反应的选择性

取代基的立体效应和次级轨道间的相互作用对周环选择性也会产生很大的影响。如式(5-59) 所示，环戊二烯与亚异丙基环戊二烯（**11**）的环加成反应发生［4＋2］生成 **12** 而非发生［6＋4］生成 **13**。据此认为，这可能是 **11** 中比 LUMO 能量高的下一个次级轨道中 C1、C6 的系数为零而 C2、C3 的系数相对较大的关系。

(5-59)

光促的电环化反应的周环选择性则与光波的能量密切相关。如式(5-60) 所示，*cis*-双环［4.3.0］2,4-壬二烯（**14**）在 254nm 光促下形成 7（**14**）：3（**15**）的光平衡混合物，在 254nm 光促下生成三环壬烯（**16**）。[74]

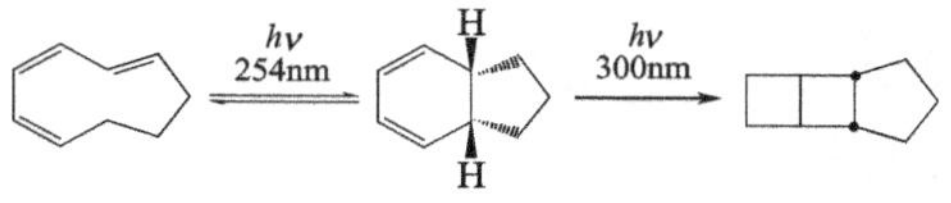

$h\nu$ 254nm；$h\nu$ 300nm

15 14 16

(5-60)

习　题

5-1 下列各个反应都包括周环反应，试说明各个中间体产物和最终产物的结构，并指出发生了什么类型的周环反应。

(1) 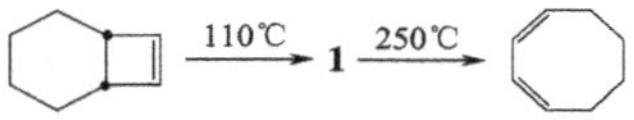 110℃ → 1 → 250℃

(2) 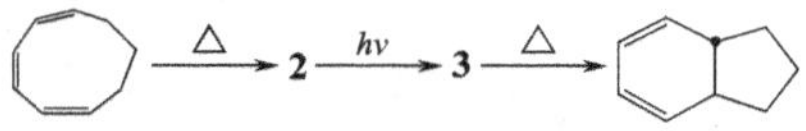 △ → 2 → $h\nu$ → 3 → △

(3) Me, Et △ → 4 → △ Et + Et

(4) CO_2R, CO_2R, N—Ar △ → 5 → 6 → $R'O_2C$, CO_2R, N—Ar, $R'O_2C$, CO_2R

(5) O, Br_2 → 7 → NaI → 8 → NaOH → [9 → 10] → O, O

(6) NC, CN △ → 11 → △ → 12 → NC, CN

(7) △ → +

(8) D, CH_3 △ ⇌ 13 ⇌ △ D

(9) NC, CN → $(NC)_2C$

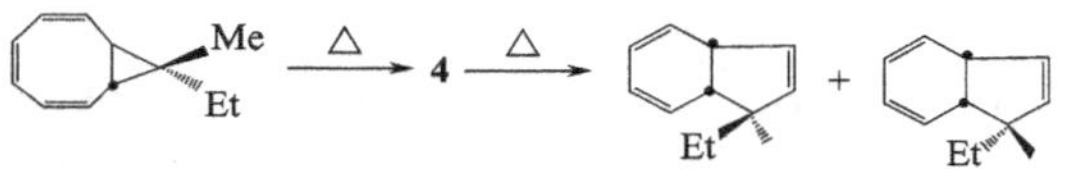

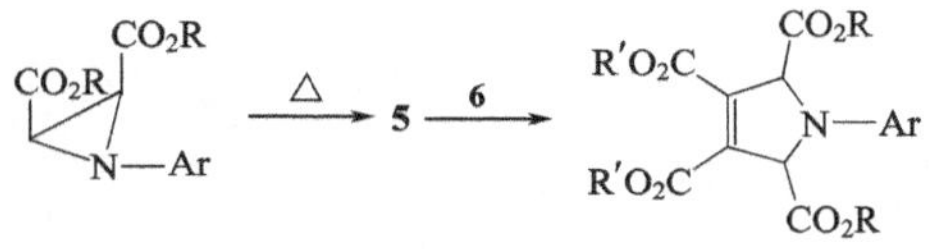

(10) → 14 → + $H_2C{=}CH_2$

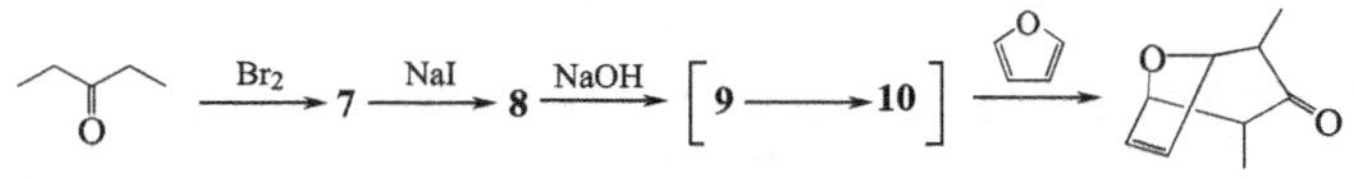

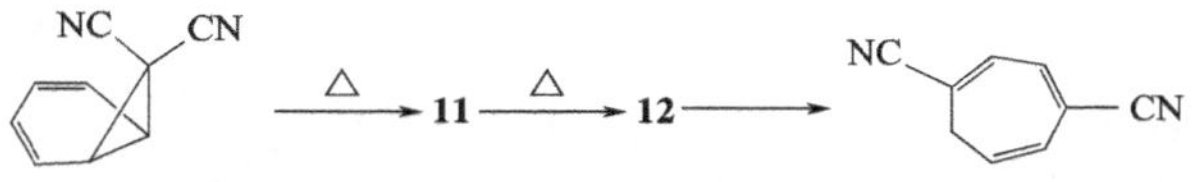

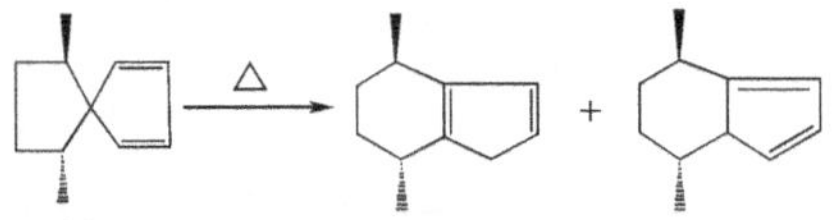

(11) O, O → 15 → O, O

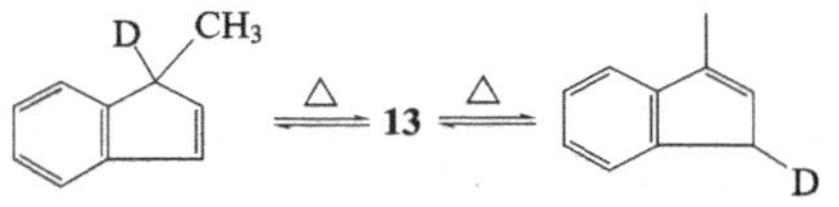

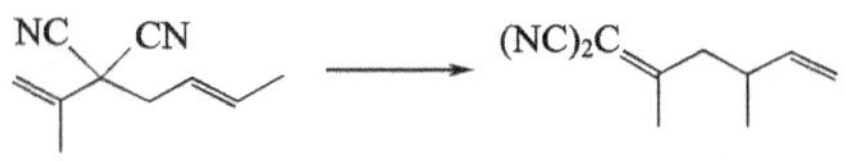

(12) O, O + → 16 → H_2 → 17 → O, O +

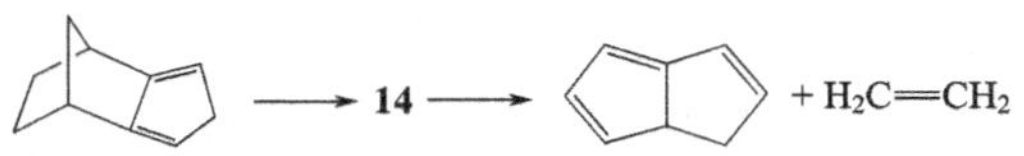

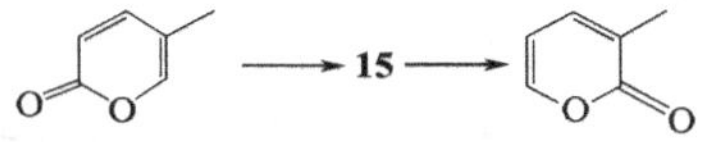

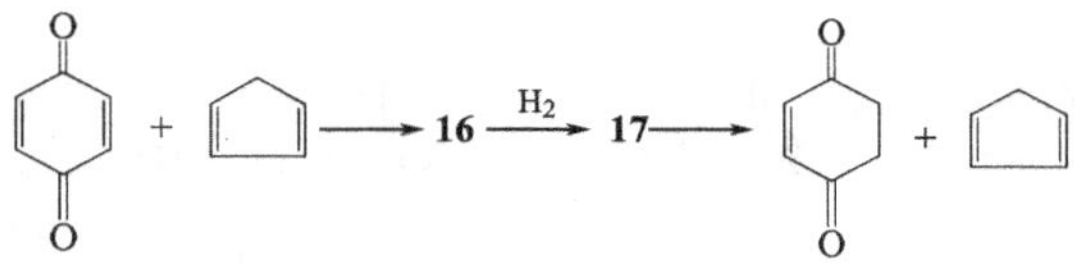

（13）O　△

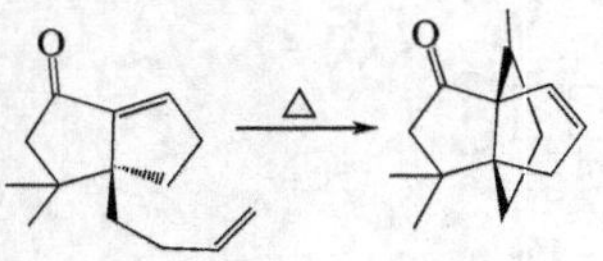

（14）OMe　△　H_3O^+　O

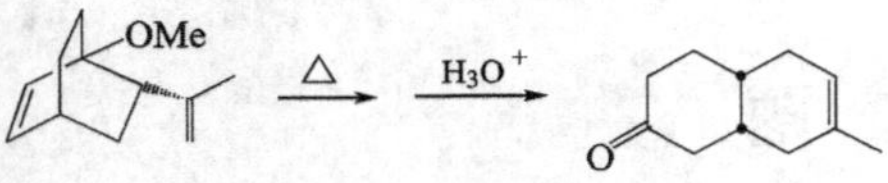

（15）

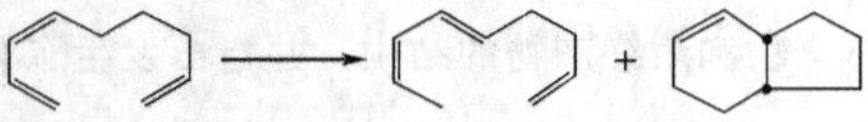

（16）CO_2Me　CO_2Me　△　CO_2Me　CO_2Me

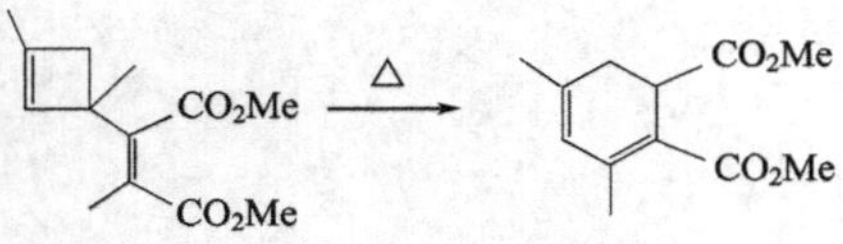

（17）OH　△　O

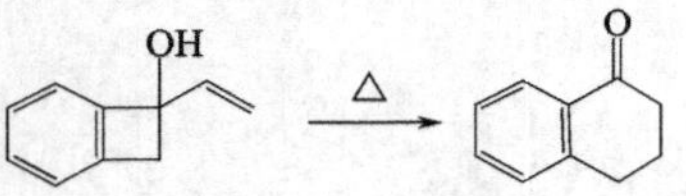

（18）MeO　OMe　NMe_2　+　OH　△　O　NMe_2

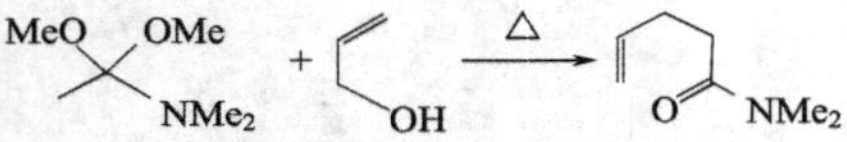

5-2　解释下列各个反应的过程，并给出试剂、中间体或最终产物的结构。

（1）O　O　**1**　Me_3SiO　$OSiMe_3$　**2**　HCl　CO_2Me　O

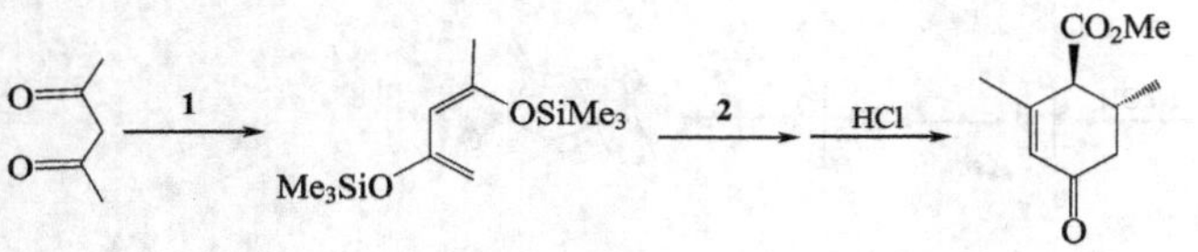

（2）O　LDA　THF/−78℃　**3**　(1) CHO　(2) H_3O^+　**4**　MsCl　Et_3N　**5**　**6**　OH　185℃　**7**

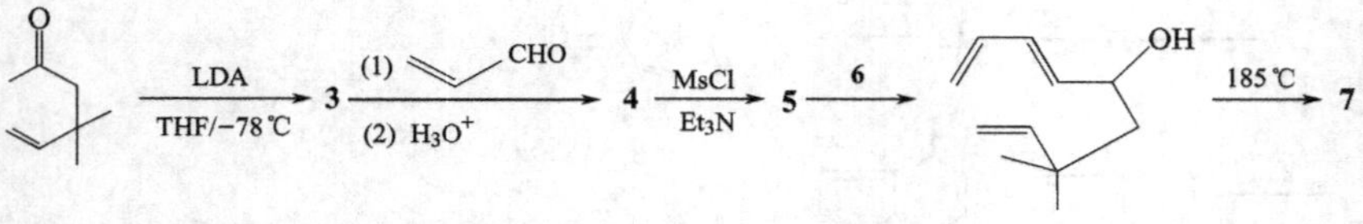

（3）Cl　Mg　**8**　OH　$CH_3C(OEt)_3$　$C_2H_5CO_2H$　**9**　△　R　$CO_2C_2H_5$

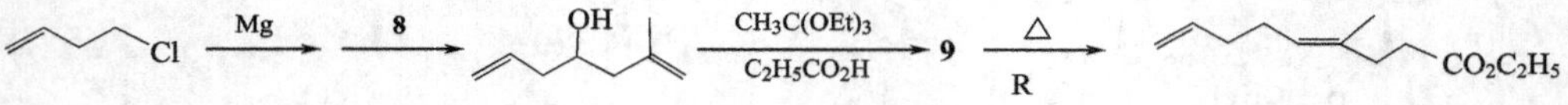

（4）R　HO　O　**10**　R　CH_2CHO

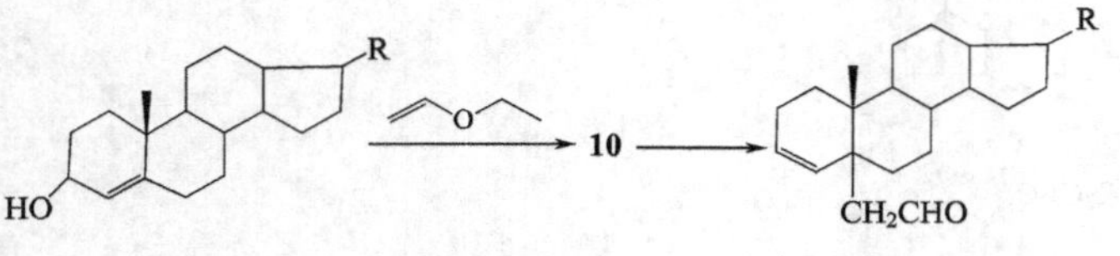

（5）+ $CH_3O_2C—C≡C—CO_2CH_3$　△　CO_2CH_3　CO_2CH_3

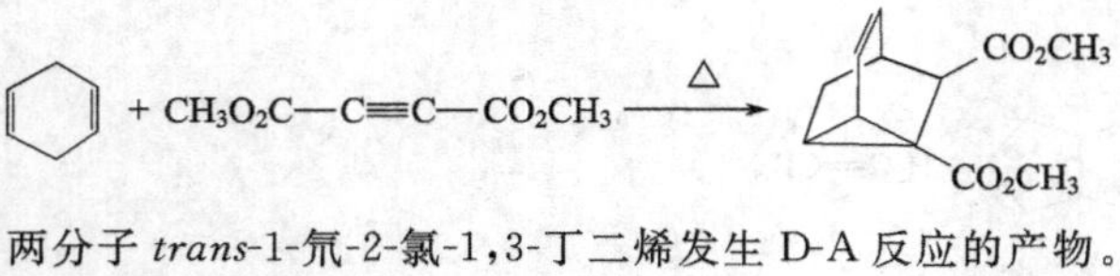

（6）两分子 *trans*-1-氘-2-氯-1,3-丁二烯发生 D-A 反应的产物。

5-3　说明下列实验现象。

（1）两个异构体化合物 **1** 和 **1′** 反应后分别失去氯或溴生成不同的环庚烯衍生物，给出各个反应产物的结构。

（2）化合物 **2** 加热重排得到 **3**，**3** 的部分谱学数据为　MS：310（M^+）；IR（cm^{-1}）：2735，1720；^1H NMR：9.64（1H，*d*，*d*），5.20～4.80（4H，*m*），3.79（3H，*s*），1.14（3H，*s*）。给出 **3** 的结构。

（3）化合物 **4** 在 175℃可进行电环化反应，**5** 进行电环化反应则需在 400℃高温。

(4) 1,2,4-三叔丁基苯光照反应生成 Dewar 苯衍生物 **6**，为何没有 **7** 生成呢？**6** 要加热到 200℃才能形成 Kekule 苯，为什么 **6** 是相对稳定的呢？

(5) 2,3-二甲基丁二烯和顺丁烯二酸酐可以发生 D-A 反应，但 2,3-二异丙基丁二烯和 1,1,4,4-四苯基丁二烯都很难进行类似的反应。

(6) 在环戊二烯和丙烯酸乙酯的反应体系中加入 $AlCl_3$ 会加速反应。

(7) 化合物半瞬烯（参见 5.6.2 化合物 **46**）在 −167℃下 ^{1}H NMR 上有五组峰，δ_H：5.59 (2H)，5.08 (2H)，3.16 (1H)，2.83 (1H)，2.79 (2H)；−103℃时只有三组峰，δ_H5.05 (2H)，4.17 (4H)，2.98 (2H)。

(8) 化合物瞬烯（参见 5.6.2 化合物 **48**）在 −62℃下，^{13}C NMR 上有 4 个峰，δ_C：128.1，127.2，30.0，20.5。

(9) 化合物 **8** 发生热反应得 **9** 和 **10**，**9** 是主产物。给出反应过程并解释产物比例。

AgClO$_4$ / H$_2$O；△ → **3**；CH$_3$O；**2**

1: X = Cl, X′ = Br
1′: X = Br, X′ = Cl

4 △；**5** △

hν / △；**6**；**7**；G:C(CH$_3$)$_3$

8 △ → **9** + **10**

(10) 2,6-二甲基酚基烯丙基醚与马来酸酐在 200℃反应，除得到 Claisen 重排产物外，已还有两个分子式均为 $C_{15}H_{16}O_4$ 的产物 **11** 和 **12**。

5-4 解释下列各个周环反应过程。

(1) Ar → (HCHO / BF$_3$) → Ar, OH

(2) RO → (CH$_2$N$_2$) → RO, N=N

(3) OH → (KH) → O

(4) NR$_2$ → (△) → R$_2$N

(5) OH → (OEt) → → H, O

(6) R → (△) → R

(7) CHCH$_2$N$^+$Me$_2$ (O$^-$) → (△) → ONMe$_2$

(8) O O R R → (碱/△, −CO$_2$) → R R O

参考文献

[1] Hendrickson J B. *Angew. Chem. Int. Ed. Engl.*, **1974**, 13: 47; Olah G A. *J. Org. Chem.*, **2001**, 66: 5943.

[2] Baldwin J E., Andrist A H., Pinschmidt Jr. R K. *Acc. Chem. Res.*, **1972**, 5: 402; Berson J A. *Acc. Chem. Res.*, **1972**, 5: 406; Kato T., Reed C A. *Angew. Chem. Int. Ed. Engl.*, **2004**, 43: 2908.

[3] Woodward R B., Hoffmann R. *J. Amer. Chem. Soc.*, **1965**, 87: 2511; Woodward R B., Hoffmann R. *Acc. Chem. Res.*, **1968**, 1: 17; *Angew. Chem. Int. Ed. Engl.*, **1969**, 8: 781; 李笃. 化学通报, **1977**, (1): 53; Gilchrist T L., Storr R S. 有机反应与轨道对称性. 张永敏译, 上海: 上海科学技术出版社, **1981**; Woodward R B., Hoffmann R. 轨道对称性守恒. 王志中, 杨忠志译. 北京: 科学出版社, **1987**; 郭文生, 刘凤藻, 袁履冰. 大学化学, **1992**, (1): 17; Scott A I. *J. Org. Chem.*, **2003**, 68: 2529.

[4] Vogel E., Grimme W., Dinne E. *Tetrahedron Lett.*, **1965**, 6: 391; White R E K. *Tetrahedron Lett.*, **1965**, 6: 1207; Yasui M., Naruse Y., Inagaki S. *J. Org. Chem.*, **2004**, 69: 7246; Thompson S. Coyne A. G. Knipe P. C. Smith M. D. *Chem. Soc. Rev.*, **2011**, 40: 4217.

[5] Fukai K. *Acc. Chem. Res.*, **1971**, 4: 57; Fukai K., Kiga N., Fujimoto H. *J. Amer. Chem. Soc.*, **1981**, 103: 196; Fukai K. *Angew. Chem. Int. Ed. Engl.*, **1982**, 21: 801; 刘中立, 李笃, 王玉琨. 化学通报, **1983**, (10): 1; 福井谦一. 化学反应和电子轨道. 李荣森译, 北京: 科学出版社, **1985**; Fleming I. 前线轨道与有机化学反应. 陈如栋译, 北京: 科学出版社, **1988**; 周文富. 化学通报, **1992**, (10): 41; Curnow D O J. *J. Chem. Educ.*, **1998**, 75: 910; Schaller G R., Herges R. *Chem. Commun.*, **2013**, 49: 1254.

[6] Higgins L H C., Abrahamson E W.; Hoffmann R., Woodward R B. *Acc. Chem. Res.*, **1968**, 1: 17; Stepheson L M Jr., Brauman J I. *Acc. Chem. Res.*, **1974**, 7: 65; Farcasiu D., Norton S H. *J. Org. Chem.*, **1997**, 62: 5374.

[7] Heilbronner E. *Tetrahedron Lett.*, **1964**, 1923; Dewar M J S. *Angew. Chem. Int. Ed. Engl.*, **1971**, 10: 761; Zimmerman H E. *Acc. Chem. Res.*, **1972**, 5: 393; Herndon W C. *J. Chem. Educ.*, **1981**, 58: 371; 赵济泊. 化学通报, **1985**, (10): 28; 丘文元. 化学通报, **1986**, (12): 17; 吴问青. 化学通报, **1987**, (1): 37; 丘文元, 张优龙. 化学通报, **1988**, (11): 59; Kawase T., Oda M. *Angew. Chem. Int. Ed.*, **2004**, 43: 4396; Rzepa H S. *Chem. Rev.*, **2005**, 105: 3697; Herges R. *Chem. Rev.*, **2006**, 106: 4820; Rzepa H S. *J. Chem. Educ.*, **2007**, 84: 1535.

[8] Walba D M., Richards R M., Haltiwanger R C. *J. Amer. Chem. Soc.*, **1982**, 104: 3219; Turker L., Gumus S. *Theochem*, **2004**, 685: 1; Rzepa H S. *Chem. Rev.*, **2005**, 105: 3697, 3715.

[9] Baldwin J E., Andrist A H., Pinschmidt Jr R K. *Acc. Chem. Res.*, **1972**, 5: 402; He F C., Pfeiffer G V. *J. Chem. Educ.*, **1984**, 61: 948; van Hauten J. *J. Chem. Educ.*, **2002**, 79: 667..

[10] Merk W., Petti R.. *J. Amer. Chem. Soc.*, **1967**, 89: 4788; Pinhas A R., Carpenter B K. *J. Chem. Soc.*, *Chem. Commun.*, **1980**, 15.

[11] Liu R S H. *J. Amer. Chem. Soc.*, **1967**, 89: 112; Dolbier Jr W R., Koroniak H., Houk K N., Sheu C. *Acc. Chem. Res.*, **1996**, 29: 471.

[12] Dewar M J S., Kirschner S., Kollmar H W. *J. Amer. Chem. Soc.*, **1974**, 96: 7579; Johnson R P., Daoust K J. *J. Amer. Chem. Soc.*, **1996**, 118: 7381.

[13] Mallory F B., Wood C S., Gordon J T. *J. Amer. Chem. Soc.*, **1964**, 86: 3094; Laarhoven W H. *Recl. Trav. Chim. Pays-Bas*, **1983**, 102: 185; Laarhoven W H. *Org. Photochem.*, **1987**, 9: 129; Waldeck D H. *Chem. Rev.*, **1991**, 91: 415; Lewis F D., Kalgutkar J S., Yang J-S. *J. Amer. Chem. Soc.*, **2001**, 123: 3878.

[14] Roberts J D., Chambers V C. *J. Amer. Chem. Soc.*, **1951**, 73: 5034; Depuy C H. *Acc. Chem. Res.*, **1968**, 1: 33; Schollkopf U. *Angew. Chem. Int. Ed. Engl.*, **1968**, 7: 588; Aksenov V S., Terenteva G A., Savinykh Y V. *Russ. Chem. Rev.*, **1980**, 49: 549; Markgraf J H., Finkelstein M., Leonard K J., Lusskin S I. *J. Chem. Educ.*, **1985**, 62: 265.

[15] De Puy C H. *Acc. Chem. Res.*, **1968**, 1: 33; von Schleyer P R., Su T M., Rosenfeld J G. *J. Amer. Chem. Soc.*, **1969**, 91: 5174; Jr. Dolbier W R., Phanstiel O. *Tetrahedron Lett.*, **1988**, 29: 53.

[16] Whitham G H., Wright M. *J. Chem. Soc (C).*, **1971**, 883; Sliwinski W F., Su T M., von Schleyer P R. *J. Amer. Chem. Soc.*, **1972**, 94: 133.

[17] Deno N C.，Jr. Pittman C U.，Turner J O. *J. Amer. Chem. Soc.*，**1965**，87：2153.
[18] Habermas K. L. Denmark S. C. Jones T. K. *Org. React.*，**1994**，45：1；Shimada N. Stewart C. Tius M. A. *Tetrahedron*，**2011**，67：5851；Spencer III W T.，Vaidya T.，Frontier A J. *Eur. J. Org. Chem*，**2013**，3261.
[19] Woodward R B.，Hoffmann R. *J. Amer. Chem. Soc.*，**1965**，87：2511；Spangler E W. *Chem. Rev.*，**1976**，76：187；Gajewski J J. *Acc. Chem. Res.*，**1980**，13：142；Moss S.，King B T.，de Meijere A.，Michl J. *Org. Lett.*，**2001**，3：2375；Tantillo D J.，Hoffmann R. *Acc. Chem. Res.*，**2006**，39：477. Sweeney J. B. *Chem. Soc. Rev.*，**2009**，38：1027.
[20] Berson J A. *Acc. Chem. Res.*，**1968**，1：152；，**1972**，5：406；Leber P A.，Baldwin J E. *Acc. Chem. Res.*，**2002**，35：279.
[21] Baldwin J E.，Burrell R C. *J. Amer. Chem. Soc.*，**2001**，123：6718；Leber P A.，Baldwin J E. *Acc. Chem. Res.*，**2002**，35：279.
[22] Mclean S.，Haynes P. *Tetrahedron*，**1965**，21：2329；Hudlicky T.，Kutchan T M.，Naqvi S M. *Org. React.*，**1985**，33：247；Hess Jr B A.，Baldwin J E. *J. Org. Chem.*，**2002**，67：6025；Baldwin J E. *Chem. Rev.*，**2003**，103：1197；Baldwin J E.，Raghavan A S. *J. Org. Chem.*，**2004**，69：8128；Shi M. Shao L. -X. Lu J. -M. Wei Y. Mizuno K. Maeda H. *Chem. Rev.*，**2010**，110：5883；Hudicky T. Reed J W. *Angew. Chem. Int. Ed.*，**2010**，49：4864.
[23] Roth W R.，Konig J.，Stein K. *Chem. Ber.*，**1970**，103：426.
[24] Shelton G R，Hrovat D A，Borden W T. *J. Amer. Chem. Soc.*，**2007**，129：164.
[25] Berson J A.，Wilklcott M R. *J. Amer. Chem. Soc.*，**1966**，88：2494；Berson J A. *Acc. Chem. Res.*，**1968**，1：152；McNamara O A.，Maguire A R. *Tetrahydron*，**2011**，67：9.
[26] Kless A.，Nendel M.，Wisley S.，Houk K N. *J. Amer. Chem. Soc.*，**1999**，121：4524.
[27] Almy J.，Cram D J. *J. Amer. Chem. Soc.*，**1970**，92：4316.
[28] Hoeger C A.，Johnson A D. Okamura W H. *J. Amer. Chem. Soc.*，**1987**，109：4690；Enas J D.，Palenzuela J. A.，Okamura W H. *J. Amer. Chem. Soc.*，**1991**，113：1355.
[29] Rhoads S J.，Raulins N R. *Org. React.*，**1975**，22：1；Bartlett P A. *Tetrahedron*，**1980**，36：3；Paquette L A. *Tetrahedron*，**1997**，41：13971；Enders D.，Knopp M.，Schiffers R. *Tetrahedron：Asymmetry*，**1996**，7：1847；Gooper N J.，Knight D W. *Tetrahedron*，**2004**，60：243；许家喜. 大学化学，**2006**，21（3）：28；，**2006**，21（4）：40.
[30] Doeving W E.，Roth W R. *Tetrahedron*，**1962**，18：67；Hill R K.，Gilman N W. *Chem. Commun.*，**1967**，619；Hansen H J.，Schmid H. *Tetrahedron*，**1974**，30：1959；Paquette L A，DeRussy D T.，Cottrell C E. *J. Amer. Chem. Soc.*，**1988**，110：890.
[31] Gajewski J J.，Olson L P.，Tupper K J. *J. Amer Chem. Soc.*，**1993**，115：4548.
[32] Gunther H.，Pawliczek J B.，Ulmen J.，Grimme W. *Angew. Chem. Int. Ed. Engl.*，**1972**，11：517；Ault A. *J. Chem. Educ.*，**2001**，78：924；Chai Y.，Hong S P.，Lindsay H A.，Mcfarland C.，Mclntosh M C. *Tetrahedron*，**2002**，58：2905；Williams R V. *Eur. J. Org. Chem.*，**2003**，227.
[33] Schroder G.，Oth J F M. *Angew. Chem. Int. Ed. Engl.*，**1967**，6：414；Hoffman R.，Stohrer W D. *J. Amer. Chem. Soc.*，**1971**，93：6941；Chnieders C.，Altenbach H J.，Mullen K. *Angew. Chem. Int. Ed. Engl.*，**1982**，21：637；Anlt A. *J. Chem. Educ.*，**2001**，78：924；Tantillo D J.，Hoffmann R.，Houk K N.，Warner P M.，Brown E C.，Henze D K. *J. Amer. Chem. Soc.*，**2004**，126：4256；Ichikawa Y.，Sakai S. *J. Phys. Org. Chem.*，**2012**，25：409.
[34] Smith L R. *J. Amer. Chem. Soc.*，**1978**，55：569；Lippert A R.，Keleshian V L.，Bode J W. *Org. Biomol. Chem.*，**2009**，7：1529.
[35] Evans D A.，Golob M. *J. Amer. Chem. Soc.*，**1975**，97：4765；Wilson S R. *Org. React.*，**1993**，43：93；Miyashi T.，Ikeda H.，Takahashi Y. *Acc. Chem. Res.*，**1999**，32：815.
[36] Lutz R P. *Chem. Rev.*，**1984**，84：205；Ziegler F E. *Chem. Rev.*，**1988**，88：1423；Ito H.，Taguchi T. *Chem. Soc. Rev.*，**1999**，28：43；Hiersemann M.，Abraham L. *Eur. J. Org. Chem.*，**2003**，1461；Castro A M M. *Chem. Rev.*，**2004**，104：2939；Istrate F M.，Gagosz F L. *J. Org. Chem.*，**2008**，73：730；Ilardi E. A. Stivala C. E. Zakarian A. *Chem. Soc. Rev.*，**2009**，38：3133；Majumdar K. C.，Nandi R. *Tetrahedron*，**2013**，69：6921.
[37] Ryan J P.，Connor P R. *J. Amer. Chem. Soc.*，**1952**，74：5866；Conroy N.，Firestone R A. *J. Amer. Chem. Soc.*，**1953**，75：2530；Rhoads S J.，Raulins N R. *Org. React.*，**1975**，22：1；Genem B. *Angew.*

Chem. Int. Ed. Engl., **1996**, 35: 936; Castro A M M. *Chem. Rev.*, **2004**, 104: 2939; Majumdar K C., Alam S., Chattopadhyay B. *Tetrahedron*, **2008**, 64: 597; Iwakura I., Yabushita A., Liu J., Okamura K., Kezuka S., Kobayashi T. *Pure Appl. Chem.*, **2013**, 85: 1991.

[38] Habich A., Barner R., Roberts R., Schimid H. *Helv. Chim. Acta*, **1962**, 45: 943; Lauer W M., Johnson T A. *J. Org. Chem.*, **1963**, 28: 2913; Watson J M., Irvine J L., Roberts R M. *J. Amer. Chem. Soc.*, **1973**, 95: 3348.

[39] Blechert S. *Synthesis*, **1989**, 71; Gajewski J J. *Acc. Chem. Res.*, **1997**, 30: 219; Chai Y., Hong S P, Lindsay H A, McFarland C., McIntosh M C. *Tetrahedron*, **2002**, 58: 2905; Qin YC., Stivala C E., Zakarian A. *Angew. Chem. Int. Ed.*, **2007**, 46: 7466.

[40] Ito H., Taguchi T. *Chem. Soc. Rev.*, **1999**, 28: 43; Castro A M M. *Chem. Rev.*, **2004**, 104: 2939.

[41] Jones J B., Huber R S., Chau S. *Tetrahedron*, **1992**, 48: 369; Castro A M M. *Chem. Rev.*, **2004**, 104: 2939; Tellam J P., Kohn G., Carbery D R. *Org. Lett.*, **2008**, 10: 5199.

[42] Ganem B. *Angew. Chem. Int. Ed.*, **1996**, 35: 936; Castro A M M. *Chem. Rev.*, **2004**, 104: 2939.

[43] Ito H., Taguchi T. *Chem. Soc. Rev.*, **1999**, 28: 43; Nubbemeyer U. *Synthesis*, **2003**, 961.

[44] Hoffmann R W. *Angew. Chem. Int. Ed. Engl.*, **1979**, 18: 563; Nakai T., Mikami K. *Chem. Rev.*, **1986**, 86: 885; *Org. React.*, **1994**, 46: 105; Anderson J C, Whiting M. *J. Org. Chem.*, **2003**, 68: 6160; Barbazanges M., Meyer C., Cossy J. *Tetrahedron Lett.*, **2008**, 49: 2902.

[45] Dominguez G., Perez-Castells J. *Chem. Soc. Rev.*, **2011**, 40: 3430.

[46] Russell R A., Longmore R W., Warrener R N. *J. Chem. Educ.*, **1992**, 69: 164; Rigby J H. *Acc. Chem. Res.*, **1993**, 26: 579; Harmata M. *Chem. Commun.*, **2010**, 46: 8886, 8904; Lohse A G., Hsung R. P. *Chem. Eur. J.*, **2011**, 17: 3812.

[47] Hoffmann N. *Chem. Rev.*, **2008**, 108: 1052; Alcaide B. Almendros P. Aragoncillo C. *Chem. Soc. Rev.*, **2010**, **39**: 783.

[48] Huisgen R. *Acc. Chem. Res.*, **1977**, 10: 117.

[49] Sauer J., Sustmann R. *Angew. Chem. Int. Ed. Engl.*, **1980**, 19: 779; Ciganek E. *Org. React.*, **1984**, 32: 1; Nakai T., Mikami K. *Chem. Rev.*, **1986**, 86: 885; *Org. React.*, **1994**, 46: 105; Hirokawa Y., Kitamura M., Maezaki N. *Tetrahedron: Asymmetry*, **2008**, 19: 1167; Tadano K-I. *Eur. J. Org. Chem.*, **2009**, 4381; Vogel E. *Angew. Chem. Int. Ed.*, **2011**, 50: 4278.

[50] 荣国斌. 有机化学, **1989**, 9: 97; Kagan H B., Riani O. *Chem. Rev.*, **1992**, 92: 1007; Nicolaou K C., Snyder S A., Montafnon T., Vassilikogiannakis G. *Angew. Chem. Int. Ed.*, **2002**, 41: 1668; 王硕文, 汪清民, 黄润秋. 有机化学, **2003**, 23: 1064, 1331; 丁娅, 张灿, 华维一. 有机化学, **2003**, 23: 1076; Wessig P., Muller G. *Chem. Rev.*, **2008**, 108: 2051; Groenendaal B., Ruijter E., Orra R V A. *Chem. Commun.*, **2008**, 5474; Pellisier H. *Tetrahedron*, **2009**, 65: 2835; B. S. Bodnar, M. J. Miller *Angew. Chem. Int. Ed.*, **2011**, 50: 5630; Masson G., Lalli C., Benohoud M., Dagousset G. *Chem. Soc. Rev.*, **2013**, 42: 902; Wipf P., Fang Z., Ferrie L., Ueda M., Walczak M A A., Yan Y., Yang M. *Pure Appl. Chem.*, **2013**, 85: 1079.

[51] Hopf H. *Angew. Chem. Int. Ed.*, **1984**, 23: 946; Payne A D., Bojase G., P-Row M N., Sherobum M S. *Angew. Chem. Int. Ed.*, **2009**, 48: 4836; Hopf H., Sherburn M S. *Angew. Chem. Int. Ed.*, **2012**, 51: 2298.

[52] Kappe C O., Murphree S S., Padwa A. *Tetrahedron*, **1997**, 53: 14179; Aggarwal V K., Ali A., Coogan M P. *Tetrahedron*, **1999**, 55: 293; Jogensen K A. *Angew. Chem. Int. Ed.*, **2000**, 39: 3559; Buonora P., Olsen J C., Oh T. *Tetrahedron*, **2001**, 57: 6099; Spino C., Rezaei H., Dory Y L. *J. Org. Chem.*, **2004**, 69: 757; Jogesen K A. *Eur. J. Org. Chem.*, **2004**, 2093; Dong Z., Xie M., Feng X. *Angew. Chem. Int. Ed.*, **2008**, 47: 1308; Welker M E. *Tetrahedron*, **2008**, 64: 11529; Bansal R K., Kumawat S K. *Tetrahedron*, **2008**, 64: 10945; Jiang X, Wang R. *Chem. Rev.*, **2013**, 113: 5515.

[53] Hoffmann R., Woodward R B. *J. Amer. Chem. Soc.*, **1965**, 87: 4388; Fox M A., Cardona R., Kiwiet N J. *J. Org. Chem.*, **1987**, 52: 1469; Aprloig Y., Matzner E. *J. Amer. Chem. Soc.*, **1995**, 117: 5375; Jasiriski R., Kwiatkowska M., Baranski A., *J. Phys. Org. Chem.*, **2011**, 24: 843., Hatano M., Ishihara K. *Chem. Commun.*, **2012**, 48: 4273.

[54] Danishefsky S. *Acc. Chem. Res.*, **1981**, 14: 400; Chiappe C. Malvaldi M. Pomelli C. S. *Green Chem.*, **2010**, 12: 1330.

[55] 胡秀贞, 汤杰. 有机化学, **1989**, 9: 381; Kagan H B., Riant O. *Chem. Rev.*, **1992**, 92: 1007; 韩广甸, 温宏艳. 有机化学, **1992**, 12: 449; Mehta G., Uma R. *Acc. Chem. Res.*, **2000**, 33: 278; Tantillo D J., Houk K

N.，Jung M E. *J. Org. Chem.*，**2001**，66：1938；Corey E J. *Angew. Chem. Int. Ed.*，**2002**，41：1650；Adams H.，Bawa R A.，McMillan K G.，Jones S. *Tetrahedron：Asymmetry*，**2007**，18：1003.

[56] Otto S.，Engberts J B F N. *Pure Appl. Chem.*，**2000**，72：1365；Deslongchamps G.，Deslongchamps P. *Tetrahedron*，**2013**，69：6022.

[57] Sauer J.，Sustmann R. *Angew. Chem. Int. Ed. Engl.*，**1980**，19：779；徐贤恭，谢周. 化学通报，**1984**，(5)：11；Beno B R.，Houk K N.，Singleton D A. *J. Amer. Chem. Soc.*，**1996**，118：9984；Orlova G.，Goddard J D. *J. Org. Chem.*，**2001**，66：4026.

[58] Blake J F.，Jorgensen W. L. *J. Amer. Chem. Soc.*，**1991**，113：7430；Li C. -J.，Chen L. *Chem. Soc. Rev.*，**2006**，35：251；Breslow R. *J. Phys. Org. Chem.*，**2006**，19：813；Tiwari S.，Kumar A. *Angew. Chem. Int. Ed.*，**2006**，45：4824；Shen J.，Tan C H. *Org. Biomol. Chem.*，**2008**，6：3229.

[59] Seltzer S. *J. Amer. Chem. Soc.*，**1965**，87：1534；Taagepera M.，Thornton E R. *J. Amer. Chem. Soc.*，**1972**，94：1168；Gajewski J J.，Peterson K B.，Kagel J R.，Huang Y C J. *J. Amer. Chem. Soc.*，**1989**，111：9078；Avalos M.，Babiano R.，Clemente F R.，Cintas P.，Gordillo R.，Jimenez J L.，Palacios J C. *J. Org. Chem.*，**2000**，65：8251.

[60] Chung Y. -S.，Duerr B F.，Nanjappan P.，Czarnik A W. *J. Org. Chem.*，**1988**，53：1334；熊兴泉，江云兵. 化学进展，**2013**，25：999.

[61] Hajbi Y.，Suzenet F.，Khouili M.，Lazar S.，Guillaumet G. *Tetrahedron*，**2007**，63：8286；王春，刘伟华，周欣，李越敏，李云鹏. 化学进展，**2009**，21：1857；Moyano A.，Rios R. *Chem. Rev.*，**2011**，111：4703.

[62] Corey E J. *Angew. Chem. Int. Ed.*，**2002**，41：1650；Nicolaou K. C. Snyder S. A. Montagnon T. Vassilikogiannakis G. *Angew. Chem. Int. Ed.*，**2002**，41：1668；Ibrahim-Ouali M. *Steroids*，**2009**，74：133；Bodnar B S.，Miller M J. *Angew Chem. Int. Ed.*，**2011**，50：5630；Funel J-A.，Abele S. *Angew Chem. Int. Ed.*，**2013**，52：3822.

[63] Funk R L.，Vollhardt K P C. *J. Amer. Chem. Soc.*，**1979**，101：215；McCullough J J. *Acc. Chem. Res.*，**1980**，13：270.

[64] Kim W H.，Lee J H.，Aussedat B.，Danishefsky S J. *Tetrahedron*，**2010**，66：6391.

[65] Hoffman H M R.，Joy D R. *J. Chem. Soc.* (B)，**1968**，1182；Dannis N.，Curtiss L A.，Blander M. *Chem. Rev.*，**1989**，89：827；Harmata M. *Tetrahedron*，**1997**，53：9418；Haberl U.，Wiest O.，Steckhan E. *J. Amer. Chem. Soc.*，**1999**，121：6730；Najera C. Sansano J. M. *Org. Biomol. Chem.*，**2009**，7：4567；Pineiro M.，de Melo T M V D. *Eur. J. Org. Chem.*，**2009**，5287.

[66] Huisgen R. *J. Org. Chem.*，**1976**，41：403；Grigg R. *Chem. Soc. Rev.*，**1987**，16：89；Yamaguchi J.，Muto K.，Itami K. *Eur. J. Org. Chem*，**2013**，19.

[67] Huisgen R. *Angew. Chem. Int. Ed. Engl.*，**1963**，2：565；陈庆华. 有机化学，**1988**，8：193；Jogenson K A.，Gothelf K V. *Chem. Rev.*，**1998**，98：863；Broggini G.，Zecchi G. *Synthesis*，**1999**，905；Pandey G.，Banerjee P.，Gadre S R. *Chem. Rev.*，**2006**，106：4484；Romanski J.，Jozwik J.，Chapais C.，Asztemborska M.，Jurczak J. *Tetrahedron：Asymmetry*，**2007**，18：865；Stecko S.，Pasniczek K.，Jurczak M.，U. -Lipkowska Z.，Chmielewski M. *Tetrahedron：Asymmetry*，**2007**，18：1085；Bishop L M.，Barbarow J E，Bergman R G.，Trauner D. *Angew. Chem. Int. Ed.*，**2008**，47：8100；Kissane M. Maguire A. R. *Chem. Soc. Rev.*，**2010**，39：845；Adrio J. Carretero J. C. *Chem. Commun.*，**2011**，47：6784.

[68] Paine A J.，Warkentin J. *Can. J. Chem.*，**1981**，59：491；Guziec Jr.，F S.，SanFilippo L J. *Tetrahedron*，**1988**，44：6241；Gothelf K V.，Jogensen K A. *Chem. Rev.*，**1998**，98：863；Perrissier H. *Tetrahedron*，**2007**，63：3235；Nair V.，Suja T D. *Tetrahedron*，**2007**，63：12247.

[69] Keung E C.，Alper H. *J. Chem. Educ.*，**1972**，49：97；Mock W L. *J. Amer. Chem. Soc.*，**1975**，97：3673；Jr. Guziec F S.，SanFilippo L J. *Tetrahedron*，**1988**，44：6241；Rickborn B. *Org. React.*，**1998**，53：223；Mikami K.，Shimizsu，M. *Chem. Rev.*，**1992**，92：1021；张建恒，黄志镗. 化学进展，**1999**，2：129；Ramnauth J.，Ruff E. *Can. J. Chem.*，**2001**，79：114.

[70] Jogenson K A.，Gothelf K V. *Chem. Rev.*，**1998**，98：863；Johnson J S.，Evans D A. *Acc. Chem. Res.*，**2000**，33：325；Adam W.，Krebs O. *Chem. Rev.*，**2003**，103：4131；Zheng K.，Shi J.，Liu X.，Feng X. *J. Amer. Chem. Soc.*，**2008**，130：15770；Triola G.，Brunsveld L.，Waldmann H. *J. Org. Chem.*，**2008**，73：3646；Clarke M L.，France M B. *Tetrahedron*，**2008**，64：9003；黄莎华，霍华兴，李文华，洪然. 有机化学，**2012**，32：1776.

[71] Snider B B. *Acc. Chem. Res.*，**1980**，13：426；Yang D.，Yang M.，Zhu N-Y. *Org. Lett.*，**2003**，5：3749；Helmboldt H.，Kohler D.，Hiersemann M. *Org. Lett.*，**2006**，8：1573.

[72] Hunig S., Muller H R., Their W. *Angew. Chem. Int. Ed. Engl.*, **1965**, 4: 271; Miller C E. *J. Chem. Educ.*, **1965**, 42: 254; Pasto D J., Taylor R T. *Org. React.*, **1991**, 40: 91; Nelson D J., Henley R L., Yao Z., Smith T D. *Tetrahedron Lett.*, **1993**, 34: 5835; Imada Y., Iida H., Naota T. *J. Amer. Chem. Soc.*, **2005**, 127: 14544.

[73] Mandal D K. *J. Chem. Educ.*, **2012**, 89: 1041.

[74] Dauben W G., Kellogg M S. *J. Amer. Chem. Soc.*, **1980**, 102: 4456.

6 有机光化学

分子和原子的运动，如转动、振动、核自旋及电子跃迁等涉及的能量都是量子化的，即只有某些特定的、非连续的能量状态是允许的。分子中所有的电子都遵从构造原理的是处于基态（ground state，S）的，此时分子是低能的和稳定的，分子中有电子不完全遵从构造原理的是处于激发态（excited state，用左上角加注星号“*”表示，*S）的，此时分子是高能的和不稳定的。有机分子光照后会引起分子中不同结构层次运动状态的改变，其中最重要和最常见的是底物分子吸收一定波长的光后从基态到激发态的跃迁。光化学研究基态分子吸收紫外-可见及近红外光到激发态所引发的化学反应和物理过程。[1]

光化学反应已有亿万年，阳光为地球上生物体的起源铺平道路，并被植物和细菌用于光合作用以生成碳水化合物所需。有机分子的光化学反应在 20 世纪初已为人所知，但研究进展因缺少适宜的光源和不易分离分析光反应产物而一直很缓慢。20 世纪 60 年代以来，研究有机光化学所需的量子理论、光源和产物的检测在实验室和工业应用都取得了很大进展，时间分辨率已达飞秒（fs，10^{-12}s）级，研究手段由稳态向瞬态、研究对象从分子到超分子层次发展。

6.1 有机分子的光激发

有机分子在非激光类型的紫外-可见光照下只吸收一个光量子而成为激发态。包括电子、振动和转动在内的能量高于基态的状态都是激发态，光激发的化学反应主要与电子的激发态有关。除了能级产生的差异外，分子在激发前后的许多理化性质也产生了很大改变。激发态分子中有一个进入反键轨道的电子，电子组态、分子构型及键角改变的同时键能减弱、键序降低和键长增加；电离势变小和电子亲和能变大；偶极矩变大；分子极性、酸碱性和氧化还原电位也都有很大改变。如，激发态芳香性分子中有相当程度的电荷转移；碱性亚甲基蓝染料分子只在受光照激发后才能将 Fe^{2+} 氧化为 Fe^{3+}，自身褪色；移去光源，Fe^{3+} 再被还原为 Fe^{2+}，染料分子的蓝色又得以恢复。激发态分子中的原子的杂化状态也发生变化，如，乙炔受激后碳原子的电子构型由 sp 杂化变为 sp^2 杂化。

6.1.1 光能和 Lambert-Beer 定律

光子（proton）和原子是量子世界的两种基本粒子，前者形成光和电磁波，后者组成物质。光具有波粒二象性，以波的形式穿越空间，服从关系式 $c=\nu\lambda$；光的发射或吸收同时又是转移能量的过程，遵循如式（6-1）所示的 Planck 规则。式（6-1）中的 E 是单位为 J、kJ 或 eV（96.6 kJ）的能量；h 为 6.6256×10^{-34}J·s（4.136×10^{-15}eV·s）的 Planck 常数；ν 是单位为 cm^{-1} 的波数（wave number），即波长的倒数；c 是光速，真空中为 2.9979×10^{8}m/s；λ 是波长（c/ν）。

$$E=h\nu=hc/\lambda \tag{6-1}$$

光化学还常用一个称 Einstein 的能量单位，其值为 1mol 光子（6.0225×10^{23}）的能量：

$$E_{\text{Einstein}}=6.0225\times10^{23}\times6.6256\times10^{-34}\times2.9979\times10^{8}\text{kJ/mol}/10^{-9}\times\lambda\times10^{3}$$

$$=(1.20\times10^{5}\text{kJ/mol})/\lambda=1.24\times10^{3}\text{eV}/\lambda$$

有机分子吸收的光位于 200～400nm 的紫外光或 400～700nm 的可见光区域，对应的能量为 585.8～167.4kJ/mol。光的辐射能（radiant power），即光子的能量［单位为 W(瓦特)］及单位时间内光子的数量取决于光源；光的强度指光的单位面积辐射能。光化学反应所用的光源可为日光或人造电光源，它们都是多色性的。日光受昼夜和天气影响较大，功率小而不稳定，波长范围宽且产热的无效红外辐射占到 50%以上。光化学反应基本上所用的都是人造电光源。白灼钨丝灯是常用的可见光和低至 200nm 紫外光的光源。低压汞灯主要辐射 254nm 的光，中压汞灯和高压汞灯辐射的光更强，也具更宽的波长，但高压汞灯因自身吸收的关系并无 254nm 的光辐射。使用滤光器能够控制发射光的波长。Pyrex（硬质玻璃）能吸收较高能量的短波辐射，使只有波长大于 300nm 的光才会透过。如需较高能量的辐射，则可使用能透过 200nm 光的石英玻璃为滤光器。有时也采用可吸收特定波长范围的光的滤光溶液来控制照射到底物中的光的波长。激光则可提供极强的短至飞秒级脉冲的单色光而引人注目，它还能激发已处于激发态而非基态的分子。理想的光源应是单色光，液相中普通光被体系吸收的程度可用如式（6-2）所示的 Lambert-Beer 定律来描述：

$$\lg(I_0/I) = \lg(1/T) = \varepsilon \times c \times l = A \tag{6-2}$$

式中，I_0 和 I 为入射光和透射光强度；T 为透光率；ε 为吸收波长处的摩尔吸收系数，m^2/mol［ε_{max} 为最强吸收波长处（即最高吸收峰处，反映出最易发生跃迁及生成激发态概率最大的波长处，λ_{max}）的摩尔吸收系数，m^2/mol］，其数值愈大，反映出底物吸收给定波长光的效率也愈高，它虽然不是 SI 制单位，但应用非常普遍；c 为吸光底物的物质的量浓度，mol/L；l 为通过样品的光程长度，cm；A 为底物的吸光度（absorbance）或光密度，与浓度及光通过的路径长度成线性关系。A 是一个无单位的对数值，如，A 为 1 表示入射光有 90%被吸收或 10%透过。光化学研究中最常用的吸收光谱（absorption spectrum）是以波长（λ）或波数为横坐标，摩尔吸收系数（ε 或 $\lg\varepsilon$）为纵坐标得到的。

6.1.2 光吸收的禁忌规则

要使光被分子吸收，发射光的能量应等于或大于分子所需的激发能，但这只是光被吸收的必要前提。各种分子吸收光能的能力千差万别，遵守禁忌规则（forbidden transition rule）的将产生很强的吸收带（ε 较大），不遵守禁忌规则的跃迁不会发生或发生的概率很低，在光谱中显示很弱的吸收带（ε 很小）。[2]理论上，跃迁后电子自旋方向改变、轨道对称性不变和跃迁涉及的两个轨道不重叠这 3 个禁忌规则中只要有一个存在，跃迁就不会发生，其中电子自旋方向改变产生的影响最大。

激发前后电子自旋方向发生改变的将破坏角动量守恒定则，故自旋守恒的激发过程是允许的，如 $S_0 \rightarrow S_1$、$T_0 \rightarrow T_1$ 等；而吸收的同时自旋改变的是一个强禁阻过程而不易实现的（碰撞激发不在此例），如 $S_0 \rightarrow T_1$ 等。这被称为自旋选择规则（spin selection rule）。但常常也会观察到违反这一禁忌的跃迁，这是由于该规则是基于纯的电子状态计算而来的，但由于电子自旋向量及振动角动量向量之间的相互作用使某激发态实际上还混合有其他激发状态。如 T_1 更精确的分析应为大部分是 T_1，另有小部分的 S_0、S_1、T_2 及其他可能的激发态等。重原子、氧分子、顺磁性物质和磁场的存在等因素均会增加电子状态的复杂性。分子轨道的波函数通过对称中心改变或未改变符号的称反对称（g）或对称（μ）的。轨道对称性选择规则（orbital symmetry selection rule）指出，跃迁前后 $g \rightarrow \mu$ 或 $\mu \rightarrow g$ 是有效的，$\mu \rightarrow \mu$ 或 $g \rightarrow g$ 是无效的。如，π 和 π^* 分属对称（μ）和反对称（g），$\pi \rightarrow \pi^*$ 是有效的。另一方面，跃迁前后轨道之间的空间重叠程度高是有效的，重叠程度低是无效的。π 和 π^* 都在（x，z）平面上，空间重叠程度高；n 轨道则位于与该平面呈正交关系的（x，y）平面上，故 $n \rightarrow \pi^*$ 就不如 $\pi \rightarrow \pi^*$ 有效（参见 6.9.1）。分子总处于运动状态，原子位置、电子轨道及自旋方向也在不断变化，故完全合乎禁忌规则的跃迁实际上也是绝无仅有的。

电子在基态分子中一般都处于最低振动能级（$\nu=0$），跃迁到平衡核间距不变的激发态是概率最大的，称 0→0 跃迁。若核间距变化较大，则跃迁也有可能是 0→1 或 0→2（3，4…），但概率不大。室温状态下大部分分子都处于基态单线态（S_0）和零级振动能级（$\nu=0$），绝大多数的光激发也是从该状态开始的（参见图 6-2）。Frank-Condon 原理指出，电子跃迁过程非常迅速（约 10^{-15}s），比分子振动（约 10^{-5}s）所需时间还快得多，原子核的质量约是电子的 1000 倍，在电子跃迁所需时间尺度内还来不及跟上运动而将维持原状不变，故分子的几何构型在激发期间不会发生变化。

6.1.3 激发形式和发色团

分子吸收光能的过程称激发。分子的能量包括转动能、振动能和电子能。转动能级的改变在远红外低能量区域；位于红外区域的振动能级要比转动能级大几十倍；电子的激发与分子轨道能级相关，比振动能级又高出 10 倍以上，也是有机光化学的基础。光吸收在引起电子激发的同时还涉及大量的振动能级，故称电子振动跃迁（vibronic trasition），转动能级改变产生的影响极小而可忽略不计。分子的电子跃迁存在于由任何基态的振动、转动能级到任何激发态的振动（$\nu=n$）、转动能级，导致电子跃迁所需的能量可在一个有限的范围内变化，加上分子与溶剂分子的相互作用，故吸收光谱通常表现出是一个相当宽的谱带。如，常见的几类有机化合物的吸收波长（λ）为：烯（190～200nm）；共轭酯环二烯（220～250nm）；共轭环状二烯（250～270nm）；苯乙烯（270～300nm）；酮（270～280nm）；苯及芳香体系（250～280nm）；共轭芳香醛酮（280～300nm），α,β-不饱和酮（310～330nm）。芳香烃在很稀的、非极性溶剂中的吸收光谱中可以分辨出振动跃迁形成的精细波峰。

有机分子有孤对电子 n、形成单键的 σ 和形成重键的 π 3 种价电子对，所处轨道分别表示为 n 轨道、σ 成键轨道、σ^* 反键轨道和 π 成键轨道、π^* 反键轨道。吸收光能量的大小和发生跃迁的成功概率并无必然联系。电子跃迁有 6 类，涉及能量大小的相对次序为：$\sigma\rightarrow\sigma^* > \sigma\rightarrow\pi^* > \pi\rightarrow\sigma^* > n\rightarrow\sigma^* > \pi\rightarrow\pi^* > n\rightarrow\pi^*$，其中 $\pi\rightarrow\pi^*$ 和 $n\rightarrow\pi^*$ 是最重要的跃迁，生成的激发态分别称 π，π^* 态和 n，π^* 态。绝大多数有机光化学反应都是由这两类激发态进行的，不过 $\pi\rightarrow\pi^*$ 跃迁概率大，吸收系数 ε 也大；$n\rightarrow\pi^*$ 跃迁概率小，ε 也小。σ^* 能级最高，$\sigma\rightarrow\sigma^*$ 和 $n\rightarrow\sigma^*$ 所需吸收光的波长通常比 200nm 小。如，乙烷吸收光能后发生的电子跃迁只是 $\sigma\rightarrow\sigma^*$，所需的光波长低于 150nm。空气能吸收 200nm 以下的光，故 $\sigma\rightarrow\sigma^*$ 跃迁必须在真空系统下发生。但芳基取代的环丙烷可吸收 250nm 以上的光，断裂三元环生成双自由基中间体。没有 n 或 π 电子的烷烃只有位于远紫外区的高能 $\sigma\rightarrow\sigma^*$ 激发形式；醇、胺及醚类等化合物可有位于一般紫外区的 $\pi\rightarrow\sigma^*$ 激发形式；烯烃和羰基化合物主要有 $\pi\rightarrow\pi^*$ 激发形式；羰基化合物则另外还有 $n\rightarrow\pi^*$ 激发形式（参见 6.8.1）。

光化学中最有意义的电子跃迁是 HOMO→LUMO。乙烯中的 HOMO 是 π 轨道，LUMO 是 π^* 轨道，吸收 190nm 的光。丁二烯的 4 个 π 分子轨道包括能量低的 2 个已占 π 轨道和能量高的两个未占 π^* 空轨道，它吸收波长更长的 220nm 光即可导致 π_2(HOMO) $\rightarrow\pi_3^*$ (LUMO) 跃迁或更明确地描述为 $\pi_2{}^2\rightarrow\pi_2{}^1\pi_3{}^1$ *（右上角的数字表示电子数，右下角的数字表示所在轨道）。其他如 $\pi_1\rightarrow\pi_3^*$，$\pi_2\rightarrow\pi_4^*$ 等 $\pi\rightarrow\pi^*$ 跃迁也都是可能的，只是需要更大的能量，在更短的光波处吸收，但这些吸收的概率与 $\pi_2\rightarrow\pi_3^*$ 相比较都不大。π 体系的共轭程度愈大，HOMO 和 LUMO 之间的能量差愈小，吸收光的波长亦愈长。如，蒽能吸收 380nm 的可见紫外光而呈黄色。

分子中作为颜色载体能吸收光的原子（团）称发色团（chromophore），作为光载体能发射光的原子（团）称发光团（lumophore）。一些典型的有机发色团及其 $S_0\rightarrow S_1$ 吸收光的性质见表 6-1。

表 6-1 一些典型的有机发色团及其吸收光的性质

发色团	λ/nm	ε/(m²/mol)	类型	发色团	λ/nm	ε/(m²/mol)	类型
C—C(H)	<180	10^3	$\sigma\to\sigma^*$	蒽	380	10^4	$\pi\to\pi^*$
C—O	约 180	10^2	$n\to\sigma^*$	苯乙烯	282	4×10^2	$\pi\to\pi^*$
C—S	210	10^3	$n\to\sigma^*$	苯乙酮	278	10^3	$n\to\pi^*$
C—Br	208	10^3	$n\to\sigma^*$	硝基苯	330	10^2	$n\to\pi^*$
C—I	260	10^2	$n\to\sigma^*$	C═O	280	20	$n\to\pi^*$
C═C	180	10^4	$\pi\to\pi^*$	NO	660	2×10^2	$n\to\pi^*$
共轭二烯	220	2×10^4	$\pi\to\pi^*$	NO_2	270	20	$n\to\pi^*$
共轭三烯	260	5×10^4	$\pi\to\pi^*$	N═N	350	10^2	$n\to\pi^*$
苯	260	2×10^2	$\pi\to\pi^*$	共轭羰基	220	2×10^4	$\pi\to\pi^*$
萘	310	2×10^2	$\pi\to\pi^*$		350	30	$n\to\pi^*$

光激发是使分子到达激发态的最有效手段，但并非唯一手段。通过热化学方法也可以产生激发态分子，然后沿着激发态势能面到达产物的激发态，放出一个光子后也回到产物基态。这种过程被称为化学发光过程，也称黑暗中的光化学（参见 6.14）。

6.1.4 多重态

对电子排布更为精细的描述必将涉及电子的自旋方向。激发态中有一个从成键或非键轨道跃迁到反键轨道的电子和一个仍留在原来轨道上的电子。与卡宾的结构一样（参见 4.7.2），激发态这两个电子因自旋状态相同或相反而使激发态有单线态或三线态之分，两者有不同的电子构型和能量并表现出各自独特的性质。[3] 激发态分子的电子组态用左上角的数字表示其多重性，并在分子符号后面的小括号内注明激发态的形成来源。单线态和三线态的基态分别用 S_0 和 T_0 表示。第一激发单线态或第一激发三线态分别用 S_1 和 T_1 表示。比 S_1 或 T_1 能级更高的激发态可依能级从低到高的次序分别用 S_2、S_3…和 T_2、T_3…表示。大多数跃迁是 $S_0\to S_1$，光化学中最常见的激发态是 S_1 或 T_1，对它们的研究也最多（图 6-1）。

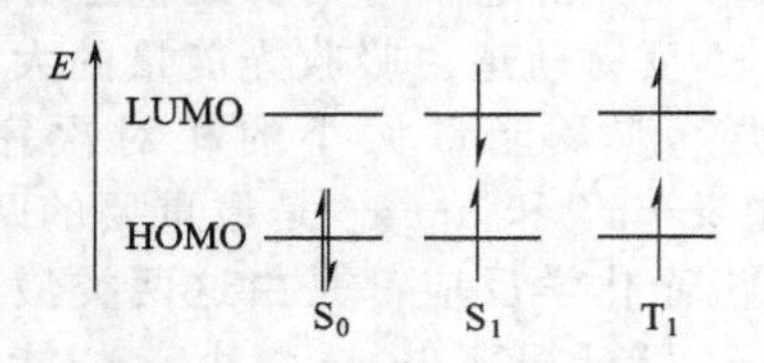

图 6-1 分子的基态（S_0）、单线态激发态（S_1）和三线态激发态（T_1）的分子轨道

S_1 和 T_1 的轨道能和电子排斥能是相同的，但电子交换能在 S_1 中是正值，在 T_1 中是负值，故 T_1 的能量总是比 S_1 的能量低，其差值与跃迁类型有关，用 ΔE_{ST} 表示。电子交换能的大小由两个单电子占有轨道的重叠情况而定。重叠愈大，电子交换能愈大，同一分子的 ΔE_{ST} 也愈大。一些典型的跃迁类型及其 ΔE_{ST} 见表 6-2。

表 6-2 一些典型的跃迁类型及其 ΔE_{ST} 值 单位：kJ/mol

分子	跃迁类型	ΔE_{ST}	分子	跃迁类型	ΔE_{ST}
乙烯	$\pi\to\pi^*$	293	甲醛	$n\to\sigma^*$	42
苯	$\pi\to\pi^*$	167	丙酮	$n\to\sigma^*$	29
萘	$\pi\to\pi^*$	147	二苯甲酮	$n\to\sigma^*$	29
蒽	$\pi\to\pi^*$	126			

基态分子发生电子跃迁后一般总是先生成 S_1，然后才有可能转变为 T_1。自旋方向相同的两个电子因要尽可能回避而致化学键受到削弱，故 T_1 激发部分的键长总是比 S_1 的长。激发态的能量比基态的能量高，寿命短得多。S_1 的一般寿命为 $10^{-9}\sim10^{-5}$ s（大致与 $10^{-5}/\varepsilon_{max}$ 相当），T_1 的寿命稍长，达 $10^{-5}\sim10^{-3}$ s。这是因为从 T_1 回到基态时最高能级上的电

子必须经过一个禁阻的自旋反转过程，失活的速率相对较低。当一个光化学反应的速率不是太快时，一般总是 T_1 分子在体系中和其他分子发生碰撞并进行光化学反应；当一个光化学反应的速率很快时，T_1 分子和 S_1 分子在体系中都有机会发生光化学反应。[4] S_1 分子的化学行为像一个两性离子，相对更易发生分子内的反应；T_1 分子的化学行为像一个双自由基，相对更易发生分子间的反应。若 T_1 不易形成，则光化学反应只能由 S_1 进行。两种激发态的光化学反应结果和产物有时是相同的，有时是完全不同的。

三线态分子有顺磁性，能被顺磁共振谱仪检测。与三线态卡宾的反应一样，三线态激发态分子的反应速率可被氧气、二烯烃等三线态猝灭剂所减慢乃至终止。如，三线态丙酮每次与基态氧发生分子碰撞时都能被猝灭。如果反应对三线态猝灭剂不敏感，且在光敏剂存在时会生成其他不同的产物时，则可推断反应是由单线态引发的。基态氧激发到 S_1 只需 95kJ/mol，是一个非常有效的过程（参见 6.9.1），比绝大多数有机分子的三线态能量低。基态氧有时也会猝灭激发态分子的单线态，此时产生的单线态氧常常改变反应过程。

6.2 激发态的物理失活

激发态的生成为光化学反应奠定了基础，但并非每个激发态分子都会引发化学变化。激发态生成后会自发地或在外来因素影响下快速失去激发能，即衰变或称失活（deactivation）回到结构并无变化的基态，这个过程又称弛豫（relaxation）。失活可发生在分子内或分子间，分子间失活的同时也伴随分子内的失活。失活有物理失活和化学失活两种方式，发生何者要视激发态分子的性质和所处的环境而定。[5] 物理失活途径有分子内的辐射、非辐射和分子间的碰撞。温度对辐射失活的影响不大，对非辐射失活的影响则较大。

6.2.1 荧光和磷光的辐射失活

辐射失活有荧光和磷光两种类型，是激发态分子释放光子而给出能量并回到基态的过程。激发态失活到多重性相同的基态时辐射荧光（fruorescence，hvf），如，$S_1 \rightarrow S_0$。荧光的寿命很短（$10^{-9} \sim 10^{-7}$s），对溶剂等环境的影响也较敏感。分子辐射荧光是其固有属性，能力各不相同。分子的共轭体系大、结构刚性强、振动少，及底物中有如羟基、氨基等供电子取代基（硝基、醛基、羧基等吸电子取代基及卤素等重原子则降低荧光量子产率）等因素都有利于辐射荧光。$S_1(\pi, \pi^*)$ 的寿命比 $S_1(n, \pi^*)$ 的短，$S_1(n, \pi^*) \rightarrow S_0$ 的能差相对更小且更易发生系间窜越而使 $S_1(n, \pi^*)$ 给出的荧光较弱。荧光辐射强度、波长和量子产率等还与偶极变化及外界环境（如溶剂）等密切相关。荧光探针技术就是以荧光对环境的依赖关系为原理而开发的。但若激发能较大，S_1 也会直接发生化学反应而不辐射荧光。如，丁二烯在乙醇中的最大吸收波长为 210nm，对应的能量（570kJ/mol）大于分子中最弱的键能（530kJ/mol），故观测不到荧光。二苯基丁二烯在乙醇中的最大吸收波长为 350nm，对应的能量（340kJ/mol）小于分子中最弱的键能（530kJ/mol），故能观测到荧光的辐射。如果 S_1 中振动能级的改变和 S_0 的相同，则荧光光谱与吸收光谱的谱形呈镜影关系。但 S_1 往往在发光前就已失去了某些能量，故发射的能量少于吸收的能量，表现为荧光的波长较吸收光的要长，该现象称 Stokes 位移。偶尔也有相反的情况，这是由于激发态在辐射荧光前得到热能而具较高的振动能级。

$T_1 \rightarrow S_0$ 将辐射磷光（phosporescence，hvp）。磷光与荧光不同，是一个自旋禁阻的过程，产生概率不大。T_1 寿命较长（$10^{-3} \sim 10^{-1}$s），较易被体系中的氧或其他杂质的扩散而被猝灭，故磷光的强度和速率都低得多，且出现在波长较长的区域，测定需在液氮的低温下进行。观察荧光和磷光是鉴别存在何种激发态的最直接的方法。

辐射相当于基态吸收光能到达激发态的逆过程，可分别用图形很类似的吸收光谱和发射光谱来检测。这两个过程有很多相似之处，若激发是概率很大的允许过程，则辐射也很容易发生，反之亦然。激发态的能量高，寿命短。数量巨大的激发态分子不可能同时回到基态。光化学中的激发态寿命指其失活到初始的 1/e（e 是自然对数的底，约为 2.718）所需的时间。荧光强度与激发态分子的数目成正比，故测定强度的衰减可较方便地测出激发态寿命。

6.2.2 无辐射的失活

无辐射失活是激发态分子通过碰撞向环境释放热能而回到低能级基态的过程，包括振动弛豫（vibrational relaxation，VR）、内部转化（internal conversion，IC）和系间窜越（intersystem crossing，ISC）3 种类型。[6]

振动弛豫也称振动阶式消失（vibrational cascade，VC），是具有高振动能级的激发态分子失去振动能量回到同一电子能级的零振动能级的过程，如 S_n（v>0）→S_n(v=0)。这个过程很快，需时 10^{-13}～10^{-9}s。

内部转化是多重态不变的转化，如 S_n→S_0。这个过程极快，需时 10^{-14}～10^{-11}s。Kasha 规则指出：高激发态之间的能差很小（有个别例外。如，薁的 S_2 和 S_1 之间的能差较大），内部转化很快，故一般观测不到高激发态发出的荧光。荧光、磷光和光化学反应基本上都是从最低振动能级的 S_1（v=0）或 T_1（v=0）开始的。内部转化在所有的激发态分子中均可发生，分子的刚性愈强，速率愈低。绝大多数有机化合物的基态是 S_0，故三线态的内部转化很少见。

系间窜越是多重态改变的转化，如 S_1（v=0）→T_1（v=n）或 T_1→S_0，其效率与分子结构有关，S_1 的寿命愈长、S_1 和 T_1 能量愈接近，系间窜越愈易发生。自旋改变需要时间，故系间窜越的速率（10^{-12}～10^{-7}s）较小。简单的烯烃没有系间窜越，二苯甲酮之类羰基化合物很容易发生系间窜越而使其 S_1 的寿命极短，并靠此途径发挥 T_1 的增殖作用。T_1 常是化学反应的主要参与者，因自旋禁阻很少能由 S_0 而来，故能否有效发生 S_1→T_1 往往是许多光化学反应的关键点。T_1 的能量比 S_1 低，从 T_1→S_1 的系间窜越过程通常是不会发生的，但从 S_1 而来的 T_1 也可能吸收体系中的热量又转化为 S_1，并由该 S_1 产生比一般荧光寿命长的延迟荧光（delayed fluorescence），为一个非正常的辐射失活。S_1 与 T_1 能量接近而由热引起的延迟荧光较易发生。另一种更易发生的延迟荧光来自两个 T_1 因相互作用湮灭回到一个 S_0 和一个新的 S_1 后产生的。

分子激发和失活的各个过程可用如图 6-2 所示的 Jablonski 图来表示（辐射和无辐射分别用直线箭头和波纹线箭头表示，向上表示吸收光能，向下表示失活。有些文献将 S_1→S_0 或 S_1→T_1 等过程细化为先到等能的具高振动能级的 S_0 或 T_1 等，然后再经振动弛豫到达最低动能级的 S_0 或 T_1）。[7]

6.2.3 猝灭和敏化

激发态分子（*S）与同种或异种基态分子达到可以产生相互作用的距离时也可失去能量到基态或低激发态，这个过程称猝灭（quenching），如式（6-3）所示。[8]任何能使其他激发态分子加快失活的分子都称猝灭剂（Q）。荧光量子产率在极稀浓度的溶液中因无杂质存在而可达到最大值，随浓度增大或其他杂质的存在则因猝灭发生而降低。测量荧光强度的降低程度可以检测 S_1 被猝灭的效果。

$$S \xrightarrow{h\nu} {}^*S \xrightarrow{Q} S \tag{6-3}$$

基态分子氧是三线态的，与三线态底物发生碰撞后仅需吸收 92kJ/mol 即可跃迁为 S_1（参见 6.9.1）。这个值远小于大部分三线态有机分子具有的能量，故氧气是一个很强的三线

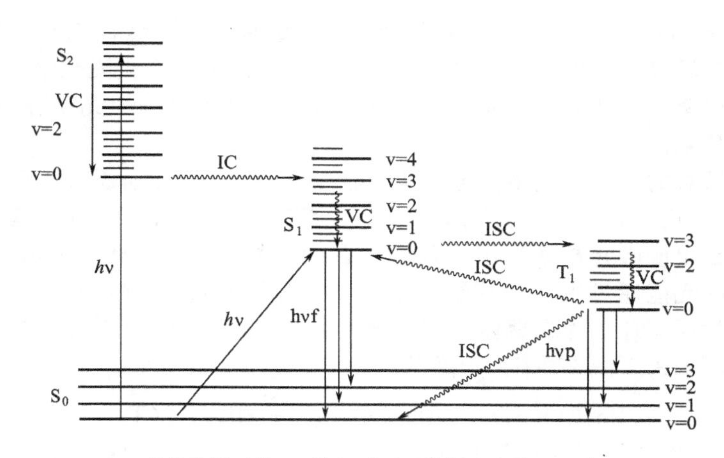

$h\nu$：吸收作用（约 10^{-15}s），hνf：荧光（10^{-9}～10^{-5}s），
hνp：磷光（10^{-5}～10^{-3}s），IC：内部转化，
VC：振动阶式消失（约 10^{-10}s），ISC：系间窜越（约 10^{-6}s）

图 6-2　Jablonski 模式图

态猝灭剂。基态氧也可将单线态底物猝灭为三线态，自身成为 S_1，但这个过程因涉及电子自旋多重态发生变化而较为少见。单线态氧一旦产生也很易参与反应（参见 6.7.2），故光化学反应常需在无氧环境下操作。其他许多物质，如胺类化合物、卤代物和一氧化氮、二氧化氮等都可以起猝灭作用。

如式(6-4)所示，基态供体分子 D 吸收光能成为高能的激发态 *D，然后 *D 又把能量转移给体系中另一个基态受体分子 A，使 A 成为激发态分子 *A，而 *D 失活成为基态分子。

$$\mathrm{D} \xrightarrow{h\nu} {}^*\mathrm{D}$$

$$ {}^*\mathrm{D} + \mathrm{A} \longrightarrow \mathrm{D} + {}^*\mathrm{A} \qquad (6\text{-}4)$$

分子间的电子能量转移过程主要包括式（6-5）所示的 S-S 过程和 T-T 过程。发生哪种类型的能量转移与两个相遇分子的结构和性质有关，T-T 敏化过程是最常见的。

$$\mathrm{D(S_0)} \xrightarrow{h\nu} {}^*\mathrm{D(S_1)} \begin{cases} \xrightarrow{\mathrm{A(S_0)}} \mathrm{D(S_0)} + {}^*\mathrm{A(S_1)} \\ \xrightarrow{\mathrm{ISC}} {}^*\mathrm{D(T_1)} \xrightarrow{\mathrm{A(S_0)}} \mathrm{D(S_0)} + {}^*\mathrm{A(T_1)} \end{cases} \qquad (6\text{-}5)$$

S-S 过程可发生在两个相距较远（<10nm）的分子中，*D(S_1)中处于高能级的电子回到低能级轨道并放出能量，而受体分子 A(S_0)的两个处于同一低能级轨道的一个电子激发到高能级轨道成为 *A(S_1)，如图 6-3(a)所示。T-T 过程可发生在两个相距较近的分子中，此时 D 和 A 的电子密度形成交盖，*D(T_1)中处于高能级的一个电子转移到 A(S_0)的高能级轨道使其成为 *A(T_1)，而 A(S_0)中低能级轨道的一个电子则同时转移到 *D(T_1)的低能级轨道，如图 6-3(b)所示。

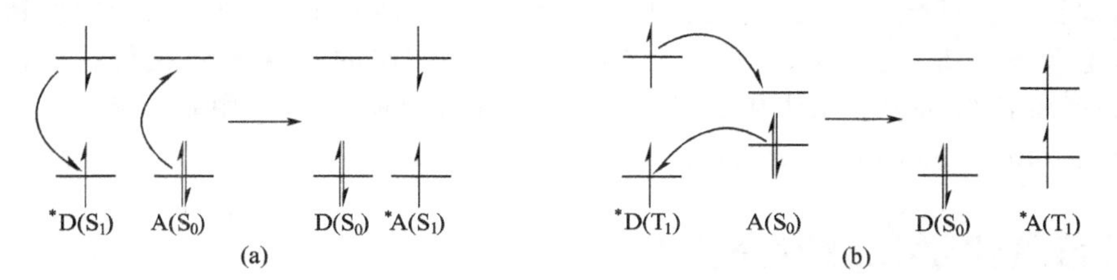

图 6-3　光激发下分子间电子转移的两种过程

由于 *D 是被光所激发的且将激发所获得的能量转移给了受体分子 A 而被猝灭，A 相当

于被光敏化(photosensitisation)了，D 称敏化剂或光敏剂（S)。敏化剂自身并未发生光化学反应，只是将能量转移给其他分子而失活。猝灭使激发态分子失去光化学反应的能力而降低了光化学反应的产率。就像氧化还原反应一样，敏化和猝灭是一个光物理过程的两个方面，同时发生而不可分割。

敏化过程前后总的电子自旋多重态和角动量保持不变，故受体分子在敏化后可成为单线态或三线态分子 $^{*}A$ 而进行后续的光化学反应。二苯酮吸收 366nm 的光并辐射磷光，体系中加入萘后二苯酮给出的磷光被萘发出的磷光所取代。萘并不能吸收 366nm 的光，这反映出最初二苯酮吸收的光能通过敏化转移给了萘。整个过程如式（6-6）所示。二苯酮在异丙醇溶液中通过光化学反应还原为二聚体苯频哪醇（参见 6.10)，若反应体系中存在萘，则因二苯酮的 T_1 被猝灭而使二聚体产率大为降低。

$$Ph_2CO(S_0) \xrightarrow{h\nu} Ph_2CO(S_1) \xrightarrow{ISC} Ph_2CO(T_1)$$

$$Ph_2CO(T_1) + C_{10}H_8(S_0) \longrightarrow Ph_2CO(S_0) + C_{10}H_8(T_1)$$

$$C_{10}H_8(T_1) \xrightarrow{h\nu p} C_{10}H_8(S_0) \tag{6-6}$$

又如式（6-7）所示，降冰片烯不易直接光照激发，加入光敏剂苯乙酮后发生二聚。若以二苯酮为光敏剂，其三线态能量低于降冰片烯的三线态（300kJ/mol）而不能实现能量转移，此时得到的是降冰片烯和二苯酮的加成反应产物。

hν　苯乙酮　二苯酮　Ph　Ph　(6-7)

许多光化学反应中用到的 T_1 不能通过直接光照或系间窜越来实现，但是常常可以通过敏化来产生。通过三线态敏化剂造成的敏化可以确认三线态分子 $^{*}A$ 的存在及其生存期和能量。理想的三线态敏化剂应该符合下列几个条件：①与受体不会吸收同一区域的光，以避免相互竞争吸收辐射能；应能有效地被特定波长的光辐射所激活，且系间窜越效率很高，不会成为激发单线态后就发生各种失活过程。②它的 S_1 的能量比 $^{*}A(S_1)$ 的低，它的 T_1 能量要大于 $^{*}A(T_1)$ 能量约 17kJ/mol 以上，否则敏化剂是没有能力与受体之间发生能量传递的。③它的 T_1 有较长的寿命和一定的浓度，使其在体系中能与底物分子有效地发生碰撞并完成能量传递（约 10^{-6}s)。④敏化剂在所用的光反应条件下当然还应该是化学性质稳定的，不会参与化学反应或对所需化学反应不会造成有害的副反应。丙酮、苯乙酮、二苯酮和乙酰萘等酮类化合物光量子产率高，S_1 和 T_1 的能差小，T_1 的能级又较高，能较好满足光敏剂应具备的条件。如，二苯酮的系间窜越效率可高达 100%，三线态能量高达 287kJ/mol。

猝灭和敏化在光化学反应中有非常重要的作用。有些不希望出现在体系中的激发态也可借助能量转移过程来实现。如，S_1 反应的产物是所需的，但 S_1 不可避免地会发生系间窜越生成 T_1，而 T_1 反应的产物是无需的，此时借助能有效猝灭 T_1 的猝灭剂来即时除去产生的 T_1 就可达到目的。理想的三线态猝灭剂的 T_1 能量要比底物的 T_1 低，而 S_1 能量要比底物的 S_1 高以避免发生 S_1 的猝灭；此外，它的寿命和摩尔吸收系数都应较低。如，戊二烯的 S_1 和 T_1 的能量各为 430kJ/mol 和 247kJ/mol，它能有效地猝灭 *N*-甲基邻苯二甲酰亚胺的三线态［288kJ/mol，S_1（335kJ/mol)］。

6.3　基态热化学和激发态光化学

光化学和热化学都属于化学领域，故可用相同的价键理论、分子轨道理论及电子效应、体积效应、活泼中间体、热力学和动力学基本定律等概念来考虑和描述。两者之间的主要区别在于光化学是激发态分子的化学，热化学则属于基态分子的化学。基态时对反应起作用的众多因素在激发态时会有变化，故激发态分子能发生基态分子没有的化学反应。

断键所需反应热在600～170kJ/mol之间，对应于波长在200～700nm的光。光提供的能量可远大于加热所能提供的能量。如，基态分子受到254nm的光激发后吸收的能量可达480kJ/mol，相当于将其加热到40000K时达到的能量，已远大于断裂C—Cσ键所需的能量(350kJ/mol)。热化学指既无特定光照也非阳光直射下进行的反应，反应所需的活化能来源于分子碰撞，故反应速率受温度影响较大。加热并未改变分子的电子能级和构型，提供能量给反应分子以增加分子的运动和碰撞概率而加速反应，但同时也无选择地活化或影响了体系中所有的底物分子、反应介质和产物分子，故常会引发更多的副反应使化学过程更为复杂。光化学反应所需的反应活化能可在室温、低温下靠吸收一定波长和强度的光子来实现。有机分子的结构不同，能够吸收的光波波长和效率不同。使用合适的光栅，利用特定波长的光就可选择性地激发底物混合物中的某一个底物来反应，而对其他底物没有影响，故选择性和专一性比热反应更好。[9]利用分子束技术和大功率激光技术调节和提供特定能量的光来引发特定的化学反应而达到“分子剪裁”的目标是非常有吸引力的。

基态和激发态分子的反应分别发生在HOMO和LUMO轨道。基态反应的化学变化是朝Gibbs自由能降低的方向，即热力学有利的方向进行的；光反应则取决于底物吸收的光的波长而与产物无关。有机分子吸收光能后，理论上可产生无数个用热反应不易得到的高能量单线态或三线态的激发态分子，其平衡状态仅与光的强度相关；大部分基态的热反应只涉及单线态反应。激发态因电子占有反键轨道而更易发生化学反应，同时分子振动能级和平衡核间距都比基态的大得多，化学键更易断裂。激发态分子*S既是一个好的电子供体，也是一个好的电子受体，发生反应所需的活化能相对较小，反应通道多，从而在温和的条件下可产生各种不同的反应过渡态和富能的活性中间体，得到热反应得不到的产物。如图6-4所示，*S比基态分子S具有更大的反应活性，S可自发生成产物P，但不会自发生成产物P′和P″，*S则可以。光反应机理也比热反应复杂得多。有些恒温恒压下的光化学反应不一定符合在热化学反应中热力学自由能有所降低的要求，如光合作用就是如此。

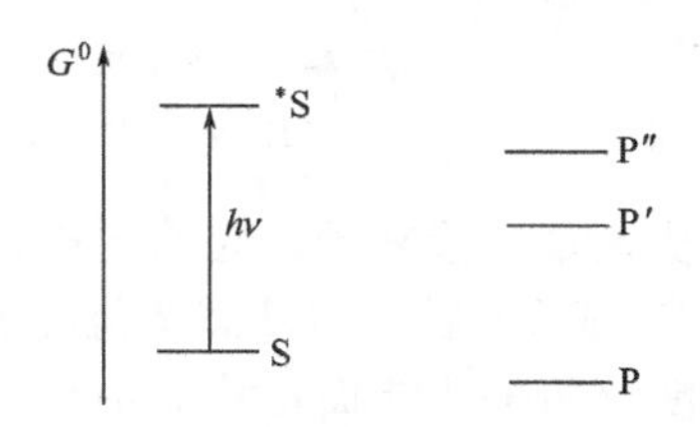

图6-4　激发态分子*S比基态分子S能生成更多热力学有利的产物P′和P″

6.4　化学失活和量子产率

化学失活就是发生光化学反应的过程，发生后底物的结构改变而成为一个或多个新的基态产物分子。化学失活的同时难以避免伴随着物理失活，故激发态的反应速率常数应足够大，以能有效地与物理失活竞争。影响化学失活的因素很多：光的辐射能强度是决定光化学反应速率的主要因素，光的波长及光源的选择决定了分子的激发形态和断键位置；许多光化学反应在光敏剂和猝灭剂存在下进行，能量的转移过程较为复杂，使用同样的光敏剂在不同的反应条件下也会导致完全不同的反应结果；光的吸收、强度和激发态的弛豫在溶液中会受到溶剂的影响，故在气、液两相中的光反应会有不同的结果。溶剂化效应使溶质分子的能量改变，溶剂笼中的激发态分子也更易自身结合并导致量子产率变化；溶剂分子与激发态分子及光解后生成的中间体分子间也都有反应，溶液的黏度或亲水亲脂性也可由光化学来改变。[10]此外，虽然初级光化学反应受温度变化的影响很小，但如果在随后的非光化学反应步骤中有决速步骤，则也可以看到温度的影响与一般热化学反应相似。

化学失活包括初级和次级两个过程：初级过程中底物分子 S 在 HOMO 有两个电子，吸收一定波长的光而成为在 HOMO 和 LUMO 各有一个电子的激发态分子 *S, *S 接着有两条主要的后续途径：一是可发生如周环反应那样的协同过程而直接转化为产物；二是经过光解 (photolysis)，即共价键断裂或与另一个分子作用后生成各种基态活泼中间体（I）。中间体的 HOMO 和 LUMO 能级非常接近，可大约视为两个非键轨道 NBMO，它可以是双自由基 (biradical，I_b)、自由基对（radical pair，I_{ra}）、自由基离子（I_{ri}，参见 4.6.1）或两性离子 (zwitterion，I_Z，单线态中两个电子位于同一个 NBMO 上)。这些中间体再进行次级过程发生一般的热反应，生成在 HOMO 有两个电子的产物 P。产物若仍位于较高的振动能级而具有过剩能量的话，则还有可能再发生后续反应。这使得光化学反应极为丰富多彩而又显得复杂多变。化学失活后生成了基态产物，体系中也就不再存在激发态了。如图 6-5 所示的过程是最常见的化学失活过程，另外较少见的过程也可能是激发态未经中间体生成基态产物，或者生成激发态产物后再生成基态产物。

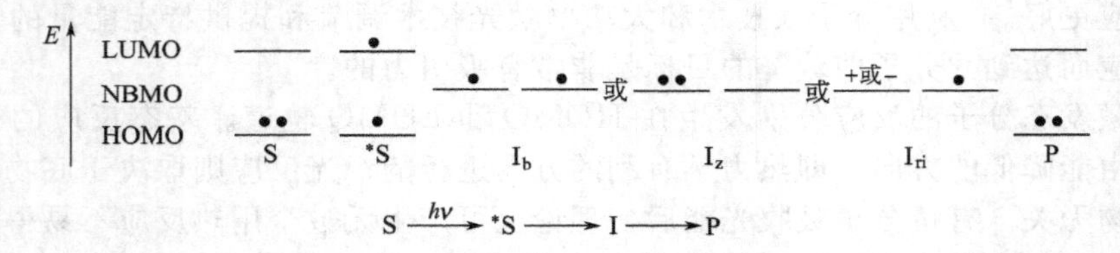

图 6-5　光化学反应过程中分子的基态（S）、激发态（* S）、中间体（I）和产物（P）的分子轨道示意图（未涉及电子的自旋态）

从能量转移来看，底物向产物转变的有机光化学反应有两条可能的途径。第一条是分子成为 S_1 或 T_1 后在与基态势能非常接近的地方回到基态，再随着基态势能面到达产物。该过程涉及两个势能面，称非绝热光反应（diabatic photoreaction)，是光化学反应的典型。第二条途径是分子到达激发态后随着激发态势能面到达产物的激发态，而后放出一个光子后生成基态的产物，该过程涉及一个势能面，称绝热光反应（abatic photoreaction)。

从反应类型来看，有机光化学反应主要涉及 π* 轨道的烯基、芳香基和羰基等不饱和官能团引起的反应，涉及的分子数有单分子和双分子。单分子反应为分解或重排反应，主要包括裂解为自由基中间体、裂解为分子和分子重排 3 种形式；双分子反应为激发态分子和另一个基态分子之间发生的反应，主要包括夺氢、二聚和敏化 3 种形式，由两个激发态分子间发生反应的概率极小。

von Grotthuss-Draper 规则指出，只有被分子吸收的光才能引发光化学变化。该论断又称光化学第一定律，可进一步较完善地描述为“一个分子只有在吸收一个光子后才可能发生光化学反应”。Stark-Einstein 规则则指出，每个被吸收的光子都能引发化学或物理反应，该论断又称光化学第二定律。各种不同的分子吸收一个光量子后可生成比一个少得多或比一个多得多的产物分子，对此可用如式（6-8）所示的量子产率（quantum yield，Φ）来衡量光化学过程的效率，即光能的利用度。

$$\Phi = \text{消耗的分子数或发射的光子数}/\text{吸收的光子数} \qquad (6\text{-}8)$$

量子产率还可用发射的荧光强度与吸收光强之比或某光化学反应速率与所有失活速率常数之和的比值来表示。量子产率与化学产率是两个不同的概念，前者指光能的消耗效率，后者则与底物的消耗相关。Φ 的概念很有实际意义，是较易测量的一个与底物结构及环境反应条件相关的物理量。Φ 小的反应消耗更多光能，不符合绿色化学的要求。Φ 为 0，意味着每一个被激发的分子（相当于被吸收的光量子数）都在物理过程中失活了；Φ 为 1，意味着每一个被激发的分子都转化成了反应产物；Φ 为 0.01，反映出每 100 个被激活的分子中只有一个分子起了光化学反应，其他受激活的分子都通过辐射或猝灭等途径衰退到基态。非链式光化学反应的 Φ 值从 0 到 1。也有 Φ 在 1 以上的反应，如，许多生成双自由基中间体的化学计量反应的 Φ 都在 2 以上；链反应中一次光激发反应引发链增长反应，结果是每一个光子的吸收可以产生多个产物分子。如，烷烃自由基氯化反应的 Φ 可达到 10^5 数量级。

激发态的失活途径如图 6-6 所示。

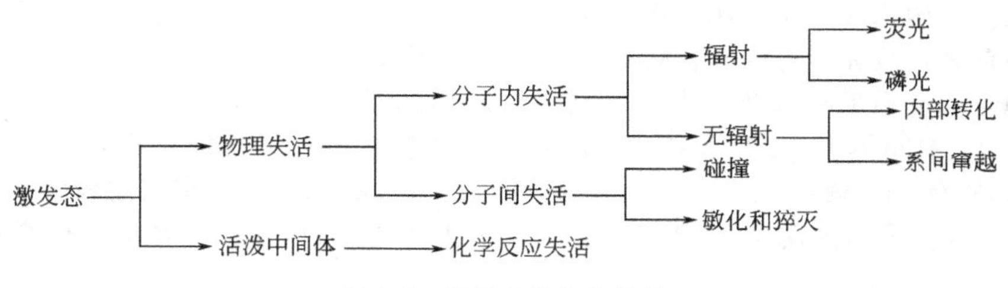

图 6-6　激发态的失活途径

6.5　烯烃的光化学

孤立烯烃的 HOMO 是 π，LUMO 是 π^*，光激发产生弱的 $\pi\rightarrow\pi^*$ 跃迁和更弱的 $\pi\rightarrow\sigma^*$ 跃迁，如，乙烯在 171nm（ε_{max} 1550）吸收形成 S_1（π，π^*），增加双键的取代基可使吸收移向长波，但吸收峰很平缓而难以确定 λ_{max}。故烯烃的光吸收又称末端吸收（end absorption），意味着只有吸收开始而非其最大吸收能被观测到。烯烃 $\pi\rightarrow\pi^*$ 激发后生成的 S_1 和 T_1 的能量差较大，S_1 系间穿越为 T_1 的效率很低。故直接照射往往给出 S_1，但通过敏化得到三线态的反应还是很容易实现的。烯基的 $S_1(\pi, \pi^*)$ 主要形成两性离子中间体，$T_1(\pi, \pi^*)$ 形成双自由基中间体。[11] 烯烃的光化学反应涉及分子内双键的构型异构、重排及分子间的双键反应。一些涉及烯烃单线态的协同反应请参见第 5 章中的相关内容。

6.5.1　双键的构型异构

烯基 $\pi\rightarrow\pi^*$ 激发后生成的两性离子、双自由基或自由基正离子都不再有基态具有的 π 键性质，加上碳原子间 σ 键上两个电子的排斥作用，使激发态两个烯基碳原子所在平面互成正交以最大限度地减少 p 电子间的排斥，故各种烯烃的光化学反应通常都易导致烯键 *E-Z* 构型的快速互变。与热反应通常形成热力学上更稳定的反式异构体不同，光反应产物的 *E-Z* 构型比例取决于两者互变的量子产率和各个异构体的摩尔吸收系数。发生 *E-Z* 构型互变的同时还常伴随有其他副反应。[12]

简单脂肪族烯烃双键的激发需用短波长的光来实现，许多发生构型异构化反应的双键常连有共轭基团。光引发的 *Z*-1,2-二苯乙烯(**1**)和 *E*-1,2-二苯乙烯(**2**)的相互转变为顺反异构化提供了一个较好的范例，如式（6-9）所示。[13] 飞秒技术已经证明，**1** 和 **2** 中的两个苯环发生光异构化时是同时旋转的。

$$\mathbf{1} \underset{\Phi=0.50}{\overset{h\nu(313\text{nm})\ \Phi=0.35}{\rightleftharpoons}} \mathbf{2} \tag{6-9}$$

1 中的平面共轭体系因两个邻位氢 H2 和 H2′之间的非键作用造成的空间障碍而产生一定的畸变，体系能量上升。这种影响对分子的激发态更大，从而导致能级之间更大的分离。无论时间长短，以 **1** 或 **2** 为底物，接受 313nm 光照后所得产物的平衡组成均是约 93%的 **1**

和7%的**2**，这样的平衡状态称光稳定态（photostationary state）。光稳定态的组成取决于在该特定波长下的每个异构体的摩尔吸收系数ε及其发生转化的量子效率之积。**1**和**2**的ε各为2200和16300，表明**2**是优先被激发的，被异构化为**1**的机会也较多。如果顺反异构化过程的量子效率相近，则光稳定态中将含更多吸收系数较小的底物。若选择特定波长的光源，使其只能让混合物中能量较低的一个异构体被吸收并完全转变为另一种异构体。这样的过程也称光促异构化或光泵作用。但绝大多数烯烃顺、反异构体的吸收波长虽然不一却都有较大程度的重叠，故完全光促异构化的反应实例并不多见。

烯烃的光激发顺反异构化可经过如图6-7所示的具垂直构型（perpendicular，P构型，**3**）的S_1或T_1中间体进行。[14] P构型的能量比顺或反式的三线态能量都要低，与**2**的三线态能量（205kJ/mol）较接近，与**1**的三线态能量（240kJ/mol）差别相对较大。**2**受激所需能量低于**1**，易被优先激发为**3**。**3**经快速无辐射去活化回到**1**或**2**，故体系中含有较多的顺式异构体**1**。

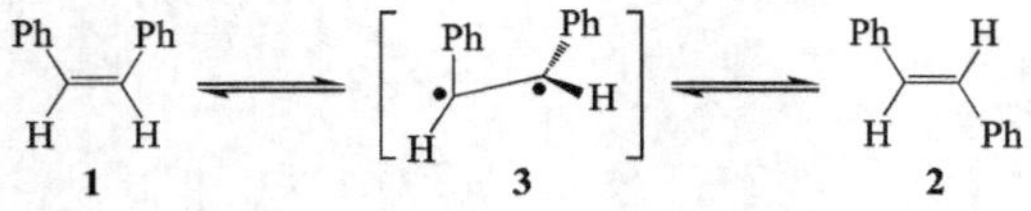

Ph Ph / H H **1** ⇌ [Ph Ph H H **3**] ⇌ Ph H / H Ph **2**

图6-7 光激发下烯烃经过P构型进行顺反异构化

烯烃敏化异构化反应用到的三线态光敏剂的能量要比顺式烯烃或反式烯烃底物的三线态能量都大，但若考虑到P构型的存在，也可使用能量更低一点的光敏剂。敏化异构化反应产物的组成比例与光敏剂有关。如，用芘（$E_1=210$kJ/mol）为敏化剂，产物中**1**的比例可达92%；如用三线态能量较大的苯乙酮为敏化剂，**1**的比例降为59%。共轭效果稍差的7-*cis*-紫罗醇（**4**）的激发能高于共轭效果更好的7-*trans*-紫罗醇（**5**），用三线态能量≤250kJ/mol的敏化剂，可将**4**转化为**5**（参见8.11.2），如式（6-10）所示。

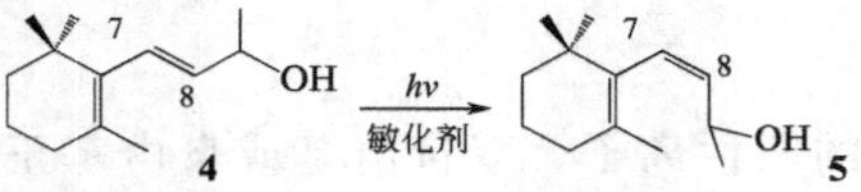

4 $\xrightarrow[\text{敏化剂}]{h\nu}$ **5** (6-10)

光促的烯烃顺反异构化过程也可能经由非P构型中间体的过程（参见6.12）。[15] 如图6-8所示的过程中，敏化剂二苯酮激发态对底物的双键加成形成双自由基中间体**6**，**6**再分解为基态二苯酮和激发态受体**7**，**7**再转化为产物而完成异构化。

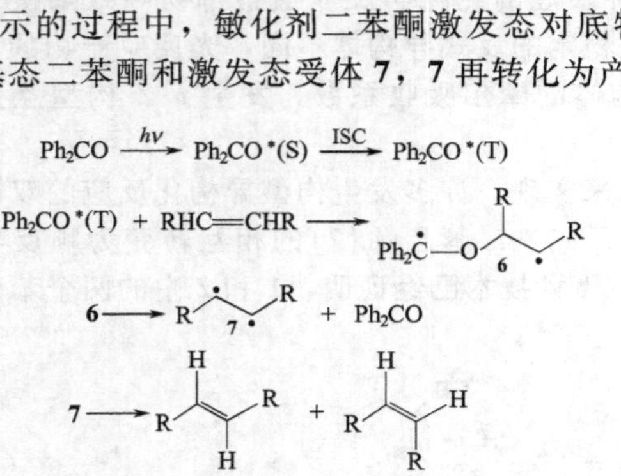

$Ph_2CO \xrightarrow{h\nu} Ph_2CO^*(S) \xrightarrow{ISC} Ph_2CO^*(T)$

$Ph_2CO^*(T) + RHC{=}CHR \longrightarrow$ $Ph_2\dot{C}{-}O{-}CHR{-}\dot{C}HR$ **6**

6 ⟶ **7** + Ph_2CO

7 ⟶ (E)-RHC=CHR + (Z)-RHC=CHR

图6-8 敏化剂对双键加成发生烯烃顺反异构化

$X_2 \xrightarrow{h\nu} 2X\cdot$

$X\cdot$ + RCH=CHR ⟶ **8**

8 $\xrightarrow{-X\cdot}$ (E)-RHC=CHR + (Z)-RHC=CHR

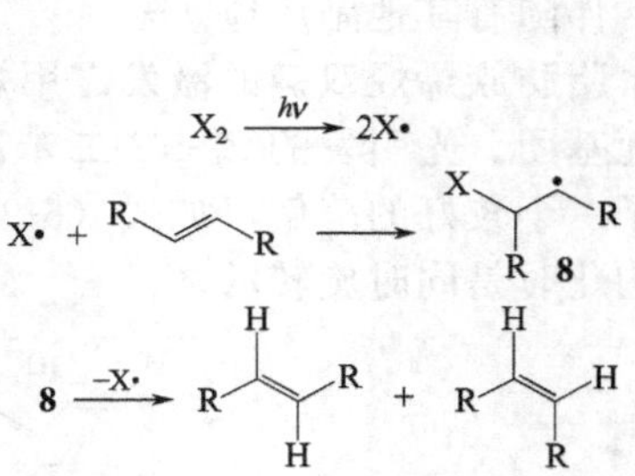

图6-9 卤素对双键加成发生烯烃顺反异构化

如图6-9所示，卤素光解为原子后对烯烃加成，所得加成物**8**再脱卤也会发生烯烃的顺反异构化过程。

环烯烃也可进行光促的顺反异构化反应或因双键扭曲受阻而引起环的缩小和卡宾插入等

副反应。如式（6-11）所示，不稳定的 *trans*-2-环庚烯酮仅能在低温存在，利用光反应可以从 *cis*-2-环庚烯酮得到；环庚烯光照后可生成亚甲基环己烷和双环［4.1.0］庚烷：[16]

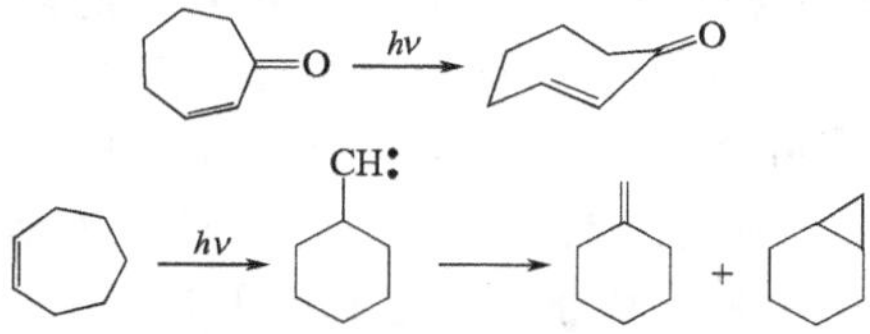
hν
O
O
CH:
hν
+

（6-11）

其他不饱和体系，如偶氮和肟也可发生光促异构化反应，如式（6-12）所示。反式和顺式偶氮苯分别在 319nm（ε＝19500）、445nm（ε＝300）和 430nm（ε＝2900）、300nm（ε＝300）处有吸收。强吸收是 n→π* 而不是双键的 π→π*。顺式偶氮化合物中两对氮上的孤对电子重叠使非键轨道的 n 能级升高，导致 n→π* 跃迁能量降低，故 *E*-异构化/*Z*-异构化的平衡混合物中顺式的比例更多一些。[17]亚胺 *E*-异构化/*Z*-异构化的能障很小，低温光促下生成 *Z*-式为主的混合物。

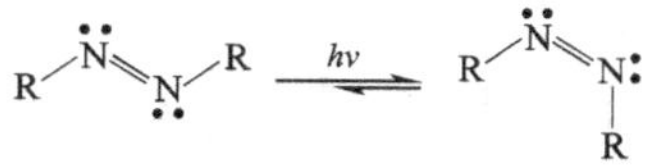
R
N
N
R
hν
R
N
N
R

（6-12）

弯曲的环丙烷键的性质介于单键和双键之间，光照时，取代多的两个碳原子之间的键断裂，接着旋转闭环完成异构化反应。如式(6-12)所示的 **9** 到 **10** 的光促异构化反应。光促的双键异构化反应在有机合成化学、生命现象和材料科学中都有很重要的应用，V_A 类化合物 **11** 的工业生产中关键的一步就涉及由 Wittig 反应得到的 *E*/*Z* 混合物底物的双键异构化反应。

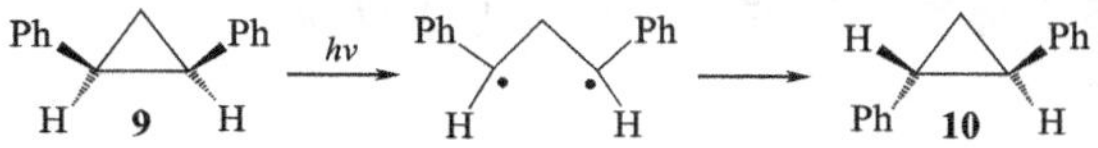
Ph
Ph
H
9
H
hν
Ph
Ph
H
H
H
Ph
Ph
10
H

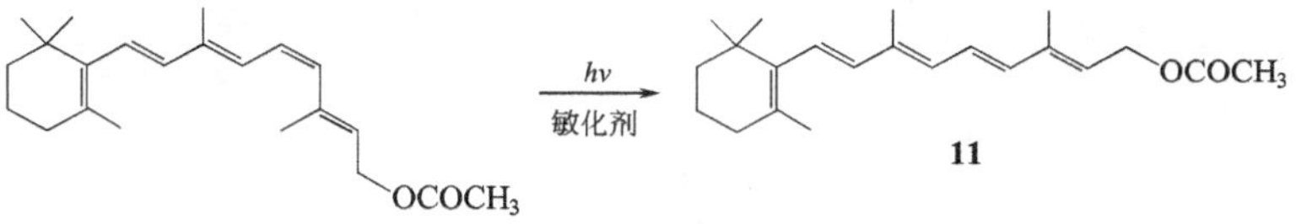
OCOCH3
hν
敏化剂
OCOCH3
11

6.5.2 加成反应

如式（6-13）的两个反应所示，光照下烯烃于质子性介质中可经两性离子中间体先加上质子再进行亲核加成反应，取向与马氏规则一致；在三线态光敏剂存在下，常经由自由基离子过程得到反马氏规则的加成产物（参见 6.14）。[18]

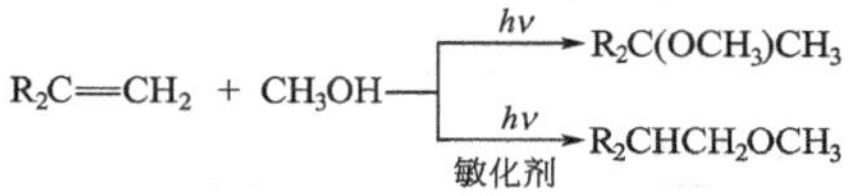
R2C═CH2 + CH3OH
hν
R2C(OCH3)CH3
hν
敏化剂
R2CHCH2OCH3

（6-13）

如式(6-14)的两个反应所示，环己烯在羟基类溶剂中经光激发也可发生加成反应，反应中间体是具有极大张力的 *E*-环己烯(**12**)，**12** 可快速加上一个质子后随即完成加成反应。环庚烯和环辛烯也有类似加成反应。苧烯(**13**)在三线态敏化剂存在下只有环上的双键发生光照下的水合反应，而通常的水合反应则在环内环外的双键上均可进行。反应经过一个单电子的转移过程（参见 6.13）。[19]

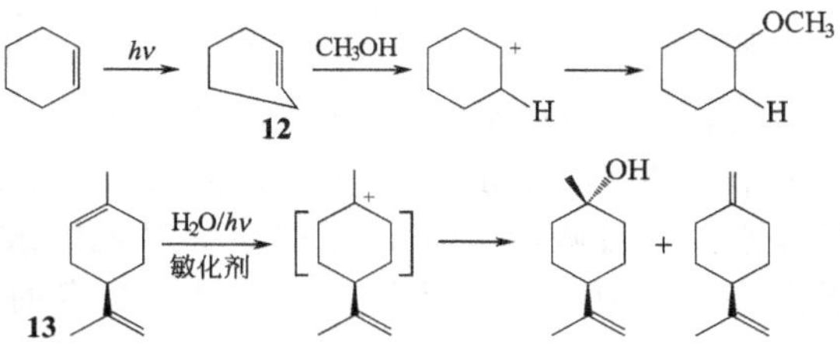
hν
12
CH3OH
+
H
OCH3
H
13
H2O/hν
敏化剂
+
OH
+

（6-14）

6.5.3 ［2+2］环加成反应

光化学条件下一分子单线态烯烃对一分子基态烯烃发生的环加成反应及其逆反应是同面-同面的［2+2］周环反应（参见 5.7.2），但轨道对称性守恒原理不能应用于由激发三线态烯烃进行的双自由基过程。自由基中间体往往导致复杂的产物组成。形式上［2+2］光促环加成反应主要有 3 种类型：两分子孤立烯键二聚加成生成环丁烷、烯基与羰基加成生成氧杂环丁烷（参见 6.8.4）及烯基和 α,β-不饱和羰基加成后生成环丁烷衍生物（参见 6.8.6）。这些反应主要都经由三线态的双自由基，也有经两性离子中间体或自由基对过程的。[20]

由于简单烯烃的 T_1 能量很高，加之烯键顺反异构化的副反应也会消耗大量光能，故烯烃二聚反应的量子产率一般都不高。C_8 以下的环状烯烃通常比开链烯烃易于发生光激发的二聚反应，生成环丁烷衍生物，但反应的立体选择性不易控制。如式（6-15）所示，环己烯二聚可生成 3 种立体异构体产物。

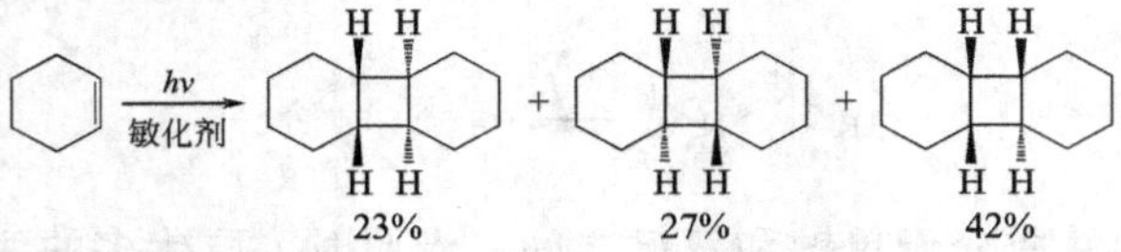

hν 敏化剂 23% 27% 42% (6-15)

当分子中的两个烯基较为靠近时，则很易经由有效的［2+2］环加成反应得到一些高张力的多环体系。如式(6-16)的两个反应所示，立方烷（cubane，**14**）和高张力的四叔丁基四面体烷（**15**）的合成都是通过分子内烯键的［2+2］关键反应得到的。一些复杂天然产物的全合成中也常用到光照下立体专一性的［2+2］加成反应。[21]

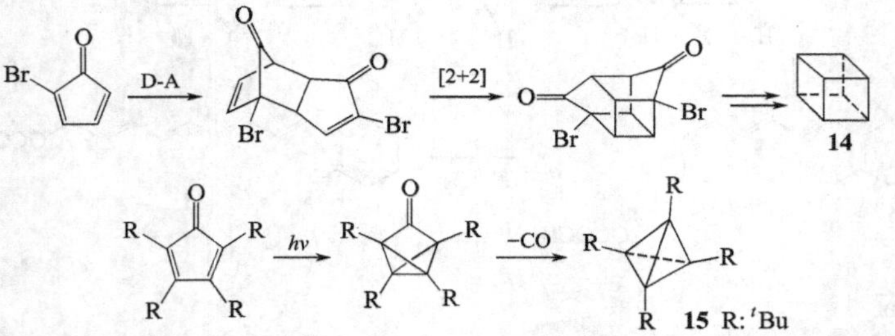

D-A [2+2] 14 (6-16)

hν −CO 15 R: ^{t}Bu

如图 6-10 所示，DNA 中的胸腺嘧啶（**16**）在紫外光照下有可能发生与水的加成反应和双键之间的［2+2］环加成反应，而形成头-头或头-尾二聚体，这些过程都会对细胞造成伤害并有害健康。所幸的是人体内的某些酶能解聚该二聚体并修复 DNA 链。

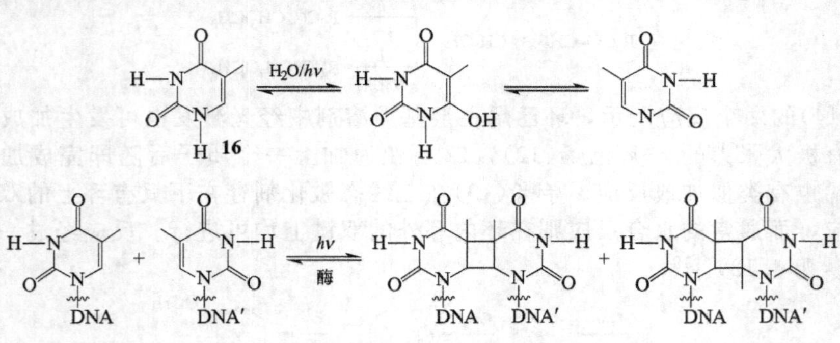

$H_2O/h\nu$ 16

hν 酶 DNA DNA′

图 6-10 嘧啶在紫外光照下的二聚反应

如式(6-17)所示，降冰片二烯（norbornadiene，双环［2.2.1］2，5-庚二烯，**17**）虽非共轭烯烃，但与孤立烯烃也不同，可吸收 210nm 的光，以苯乙酮或二(4,4-二甲氨基苯基)酮等为敏化剂可发生分子内环化反应，生成高张力但仍比较稳定的四环烷（quadricyclene，

18)，量子产率约 0.5。**18** 在催化剂存在下可以使两个三元环开裂回复 **17** 的结构并同时放出张力能（约 1210kJ/mol 的热量）。这样一个可逆过程相当于白天将太阳能以化学能（分子张力能）的形式储存起来，在催化剂作用下该能量又得以释放，从而实现“光能转换”。理想的光能转换反应中，光反应底物 S 应价廉易得，能有效广谱地吸收 UV-可见光，储能产物 P 有足够的稳定性，不会与 S 竞争吸光；S→P 和 P→S 的反应专一性强，且前者的储能效率大，后者的反应受催化剂控制。该原理的实际应用将为太阳能的利用开辟一条新的途径，关键在于找到合适的底物 S、高效的吸收光谱与太阳光谱相匹配的敏化剂和可在“暗”反应中长期使用的催化剂。Pd-C、联吡啶-Pd 及 $[Rh(CO)_2Cl]_2$ 等都已被应用。[22]

$$R \underset{\text{释能}}{\overset{h\nu}{\rightleftharpoons}} P$$

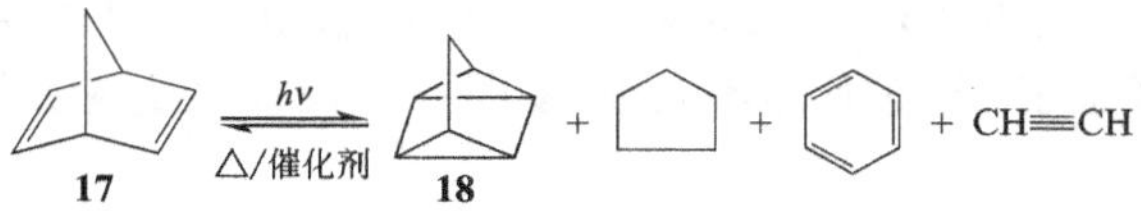

$$\mathbf{17} \underset{\triangle/\text{催化剂}}{\overset{h\nu}{\rightleftharpoons}} \mathbf{18} + \text{环戊烯} + \text{苯} + CH{\equiv}CH \tag{6-17}$$

炔烃的二聚似乎是合成环丁二烯的可能途径，但是乙炔并不发生此类反应，其他炔烃在光照下也无环丁二烯衍生物生成。如式（6-18）所示，乙烯基乙炔发生的二聚反应都在双键而非叁键上进行：

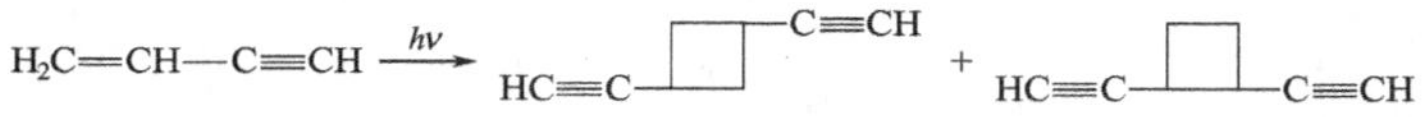

$$H_2C{=}CH{-}C{\equiv}CH \xrightarrow{h\nu} \text{1,2-二(}HC{\equiv}C\text{)环丁烷} + \text{1,3-二(}HC{\equiv}C\text{)环丁烷} \tag{6-18}$$

共轭烯烃中基态和激发态之间的能量差较孤立烯烃低得多，其光激发通常仅涉及 HOMO到 LUMO 的 $\pi \rightarrow \pi^*$ 跃迁。激发态中两个烯键碳之间单键的键序有所增加，带有双键特征。*s-cis*-1,3-丁二烯（**19**）和 *s-trans*-丁二烯（**20**）形成的激发态是不同的，不会互相转化。共轭烯烃的 S_1 寿命短，一般引起分子内过程；T_1 主要发生分子间的加成和二聚反应。如式（6-19）所示，用大于 400nm 的可见光直接照射 1,3-丁二烯的环己烷稀溶液时发生的 S_1 反应，主要生成分子内闭环反应的产物环丁烯、双环丁烷，及双分子反应产物顺-1,2-二乙烯基环丁烷（**21**）、反-1,2-二乙烯基环丁烷（**22**），此外还有丁炔、1,2-丁二烯、乙烯、乙炔、氢气和聚合物产物等；但加入少量丁二酮敏化剂就主要发生分子间二聚反应，生成 **21**、**22** 和 4-乙烯基环己烯（**23**）3 个产物的混合物。[23]

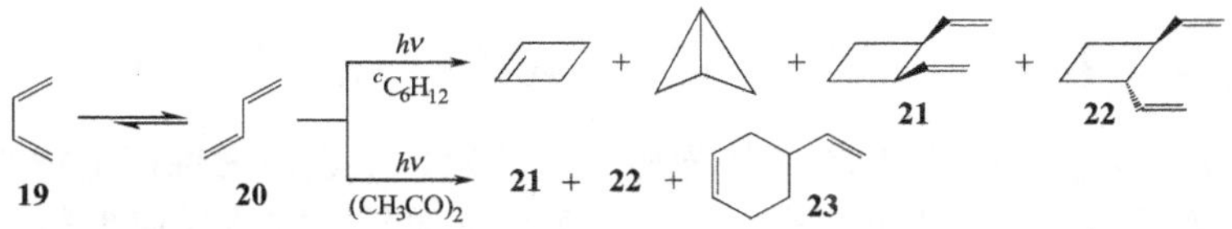

$$\mathbf{19} \rightleftharpoons \mathbf{20} \begin{cases} \xrightarrow[{}^{c}C_6H_{12}]{h\nu} \text{环丁烯} + \text{双环丁烷} + \mathbf{21} + \mathbf{22} \\ \xrightarrow[(CH_3CO)_2]{h\nu} \mathbf{21} + \mathbf{22} + \mathbf{23} \end{cases} \tag{6-19}$$

常态下 **19** 占 2.5%，T_1(**24**)能量为 230kJ/mol；**20** 占 97.5%，T_1(**25**)能量为 250kJ/mol。**24** 和 **25** 不会相互转化。丁二酮吸收 440nm 的光由 S_0 到 S_1，相当于得到 270kJ/mol 的能量，与其 T_1 的能量 250kJ/mol 相差很小，易于发生系间窜越，而且它的三线态寿命较长，有足够的时间向丁二烯转移能量，使如图 6-11 所示的光化学反应得以顺利进行。

如式（6-20）所示，**25** 与其基态作用得到的中间体 **26** 中的两个烯丙基自由基都处于反式构型，难以生成环化产物 **23**。1,3-丁二烯使用 3 种三线态光敏剂进行光解后得到的产物分布如表 6-3 所示。由于激发态中底物被激活的几何形态不同，三线态能量大的光敏剂使 1,3-丁二烯主要得到环丁烷衍生物而很少得到环己烯衍生物，三线态能量小的光敏剂更有利于激发 *s-cis*-1,3-丁二烯分子，

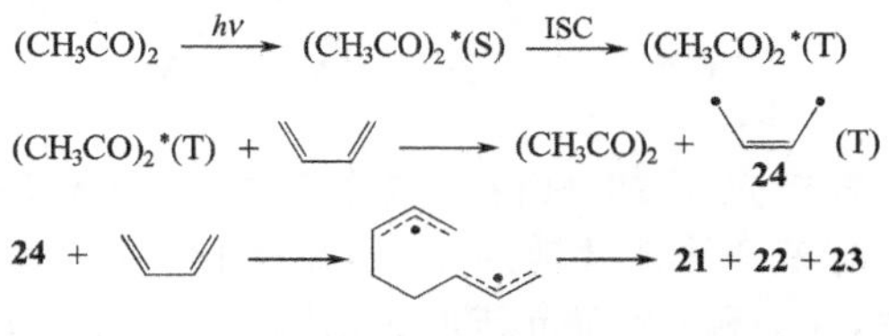

$$(CH_3CO)_2 \xrightarrow{h\nu} (CH_3CO)_2^*(S) \xrightarrow{ISC} (CH_3CO)_2^*(T)$$

$$(CH_3CO)_2^*(T) + \text{丁二烯} \longrightarrow (CH_3CO)_2 + \mathbf{24}\,(T)$$

$$\mathbf{24} + \text{丁二烯} \longrightarrow \text{双自由基} \longrightarrow \mathbf{21} + \mathbf{22} + \mathbf{23}$$

图 6-11　1,3-丁二烯的光敏化学反应

可生成较多的环己烯衍生物。

25 (T) + → 26 → 21 + 22 (6-20)

表 6-3 1，3-丁二烯使用 3 种三线态光敏剂进行光解后得到的产物分布

光敏剂[T_1,(能量 kJ/mol)]	21(%)	22(%)	23(%)
苯乙酮(310)	19	78	3
二苯酮(280)	16	80	4
丁二酮(250)	13	52	35

如式（6-21）的两个反应所示，2-环戊烯酮和丙烯腈也可发生二聚反应，但体系中若存在 1,3-戊二烯一类三线态猝灭剂则都不再能够进行，反映出这些反应都是经过三线态过程的。[24]

(6-21)

6.5.4 重排反应

如式（6-22）的两个光反应所示，通过基团迁移能从烯烃产生环丙烷或发生 1，3-迁移重排反应。

(6-22)

如式（6-23）所示，开链的 1,4-二烯光照下还易发生生成环丙烷衍生物的分子内关环重排反应。1,4-二烯是两个 π 键中间夹杂一个 sp^3 杂化碳原子，故该反应也称二-π-甲烷重排反应（di-π-methane rearrangements）或 Zimmerman 重排。[25] 反应先由底物的 π 键均裂关环，形成带三元环的双自由基中间体 **27**，**27** 再经三元环上的 C2-C3σ 键断裂并重组后生成新的双自由基中间体 **28**，**28** 再发生分子内的自由基结合反应生成环丙烷衍生物。

(6-23)

直接光照 **29** 只得到重排产物 **30**，无 **31** 生成。这表明反应生成的双自由基中间体 **32** 中，与苯环体系共轭的 C5 自由基比 C1 自由基更稳定，三元环上 C2—C3 而非 C3—C4σ 键断裂，C1 和 C2 间重新形成双键，C3—C5 间形成产物三元环的 σ 键，反应沿着一个能量最低的途径进行，结果是共轭程度较小的 π-体系发生迁移。

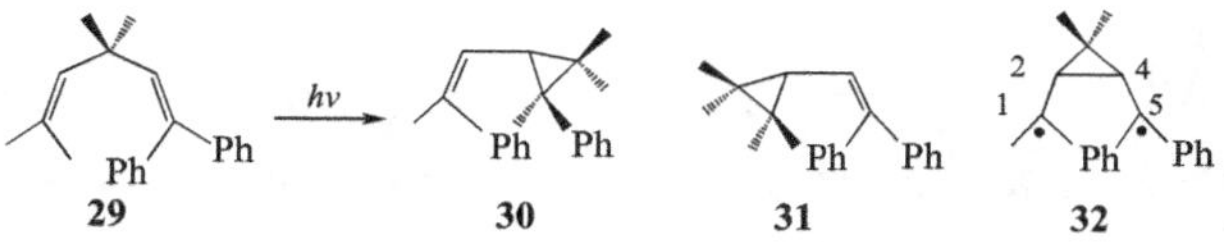

二-π-甲烷重排主要通过单线态进行，许多反应生成的产物能保持底物的立体构型，可视作是协同反应的结果。如式（6-24）的两个反应所示，**33** 发生二-π-甲烷重排反应，产物 C1—C2 的构型保持不变，故可认为该二-π-甲烷重排是以 S_1 进行的。在敏化剂存在下，经三线态仅发生 E/Z 构型的异构化。

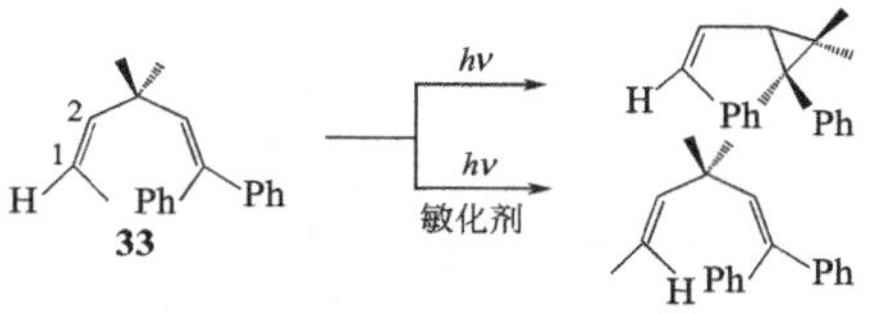

(6-24)

C3 无取代的二-π-甲烷分子不易发生二-π-甲烷重排反应，可能是 C3 上无取代基时，发生二-π-甲烷重排反应会形成一个不稳定的伯碳 C3 自由基，这在能量上是不利的。如式（6-25）所示，**34** 的光反应看似生成二-π-甲烷重排产物 **35**，但氘标记的位置表明 **35** 并非经过二-π-甲烷重排而来。该反应可能经由如下过程：光照下双键转化为双自由基 **36**，**36** 上的 H3 再经 1，2-重排生成 **37** 后闭环得 **35**。**34** 若经二-π-甲烷重排，产物应为 **38**。[26]

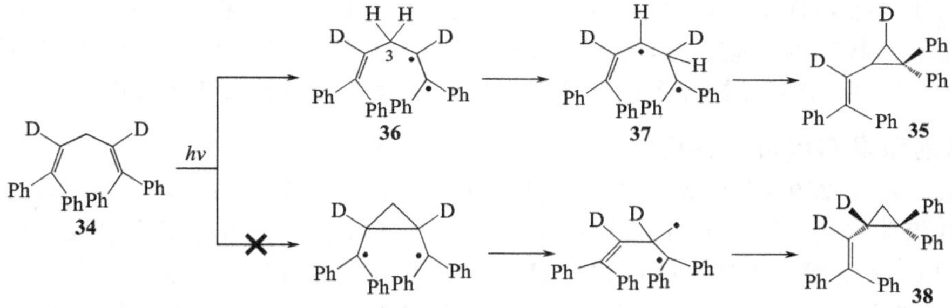

(6-25)

端基碳原子上的苯基取代对二-π-甲烷反应的发生也是非常重要的。环状二-π-甲烷经三线态发生重排。如式（6-26）所示，从桶烯（**39**）直接光照生成环辛四烯，在敏化剂存在下经二-π-甲烷重排得到半瞬烯（**40**）。

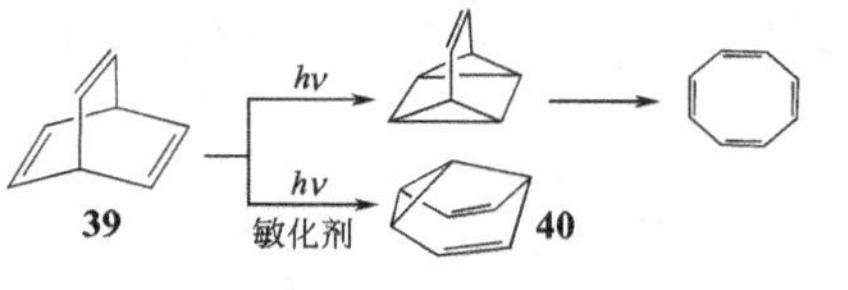

(6-26)

苯环上 Kekule 结构的双键也会进行二-π-甲烷重排反应。如图 6-12 所示，将苯并桶烯（**41**）上的氢除桥头外的其他脂环氢均用 D 来标记，反应结果表明只生成 **42**，无 **43** 和 **44**。[27]这反映出，如果在烯基双键-烯基双键和烯基双键-芳环双键之间的相互作用可以选择时，将优先发生前者的重排。这样可以保留芳环结构而使反应经过一个能量较低的过程。该 Zimmerman 重排需在光敏剂存在下进行，表明反应经由 T_1 激发态，**41** 直接光照则生成苯并环辛四烯（**45**）。

需要指出的是，二-π-甲烷重排常因与双键的顺反异构化及［2＋2］环加成反应等竞争而呈现较复杂的产物组成。[28]

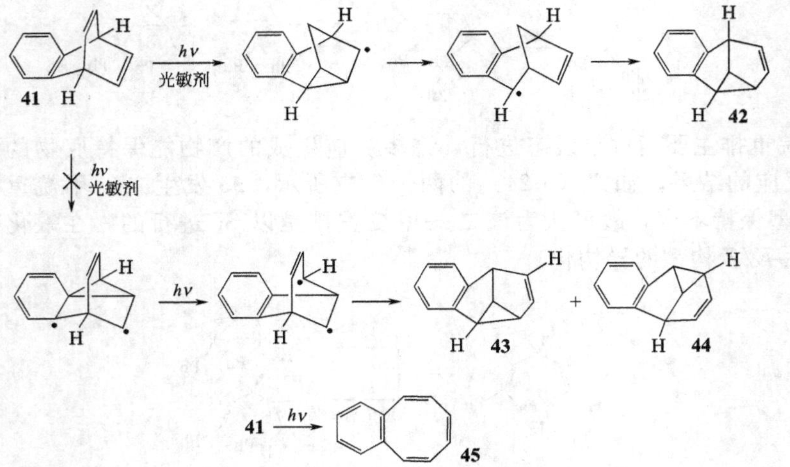

图 6-12 苯并桶烯的 Zimmerman 重排

6.6 苯类化合物的光化学

苯的热化学反应因芳香性而有特殊地位，是有机化学中研究得最详尽的领域之一。苯的光化学相对来说重要性不如热化学，但可生成热力学不稳定的产物。[29]芳环主要产生单线态的反应，也有三线态的反应。芳环的激发态不再有芳香性，有一个半充满的 LUMO 和一个半充满的 HOMO，前者可发挥亲电试剂的作用，后者可发挥亲核试剂的作用。

6.6.1 苯的激发态和价键异构化

苯可吸收波长 230～270nm 的光，发生 $\pi\rightarrow\pi^*$ 跃迁，能量约为 450kJ/mol，已经远远超过了苯的共轭能（约 150kJ/mol），从而使苯环可以进行热化学条件下难以发生的去芳构化反应。如图 6-13 所示，苯经光照后先生成几个不等的双自由基，而后再转化为产物。它吸收 203nm 光成为 S_2，生成异构化产物 Dewar 苯和棱烷（prismane，**1**）；吸收 254nm 光成为 S_1，生成两个非芳香性的、高度张力的产物富烯（fulvene，**2**）和盆烯（benzvalene，**3**）。[30]

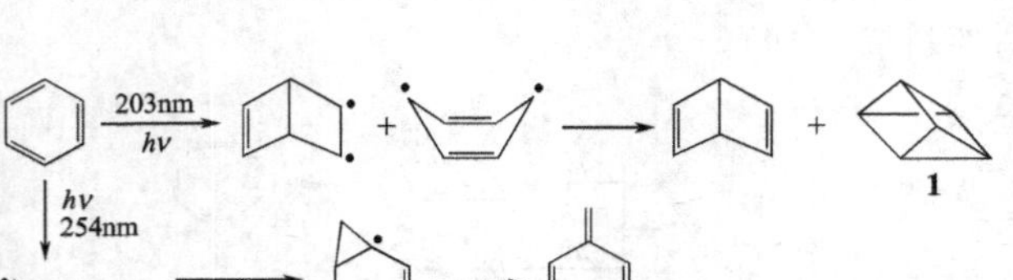

图 6-13 苯的光化学反应

6.6.2 加成和环化反应

如式（6-27）的 3 个反应所示，苯的单线态可以与烯烃发生［2＋2］（1，2-加成）*ortho*-环加成反应生成 **4**，［3＋2］（1，3-加成）*meta*-环加成反应生成 **5**，偶尔也可发生［4＋2］（1，4-加成）*para*-环加成反应生成 **6**。[31]

$$\text{苯} + RHC{=}CHR \xrightarrow{h\nu} \begin{cases} \xrightarrow{2+2} \mathbf{4} \\ \xrightarrow{3+2} \mathbf{5} \\ \xrightarrow{4+2} \mathbf{6} \end{cases} \tag{6-27}$$

如式（6-28）所示，侧链带双键的苯在光照下也可以在分子内进行 *meta*-环加成反应，但苯环和烯键之间要至少间隔 3 个亚甲基。[32]

$$\xrightarrow{h\nu} \quad + \tag{6-28}$$

分子内的光环加成反应还可生成非芳香性的多环中间产物，而后再通过重排、消除或氧化等反应转化为芳香性产物。如式（6-29）所示，*cis*-1,2-二苯乙烯光照经 6π 电子协同对旋，生成无氧环境下稳定的黄色（λ_{max}=450nm）中间体产物二氢化菲（**7**，参见 5.5.4），**7** 再用空气、碘或四氯苯醌等氧化脱氢可生成菲。此类反应亦称光促氧化偶联反应（oxidative photocoupling reaction），[33]是由单线态进行的。三线态敏化剂的存在与否对该反应并无影响，芳环上存在酰基和硝基等能影响系间穿越的官能团时则反应不能发生。

$$\xrightleftharpoons{h\nu} \mathbf{7} \xrightarrow{[O]} \tag{6-29}$$

稠环芳香性化合物光促下可发生二聚反应。如，两分子蒽在 9,10-位进行［4+4］反应，生成有较高内能的储能二聚产物 **8**，**8** 具有潜在的光能转换价值。[34]体系中有氧存在时则生成单线态氧与蒽的 D-A 加成产物 **9**。

$$\xrightarrow{h\nu} \mathbf{8} \qquad \mathbf{9}$$

芳香烃也能与试剂进行光促加成反应。如式（6-30）所示，萘在光照下可被钠硼氢还原为 1,4-二氢萘。

$$\xrightarrow[NaBH_4]{h\nu} \tag{6-30}$$

6.6.3　芳环上的光促亲核取代反应

基态芳香族化合物发生芳环上的取代主要是亲电取代反应，取代模式可以用反应形成的 σ-中间体的稳定性来解释。但芳环在光反应条件下主要发生亲核取代而少见亲电取代，反应结果也与热化学有着显著差别。反应可能因底物、亲核物和溶剂的极性而经由激发苯基自由基或自由基离子等过程。[35]如式（6-31）的两个反应所示，**10** 在碱性条件下进行热反应或光反应将分别在硝基的对位或间位发生亲核取代反应：

$$\mathbf{10}\ (OCH_3, OCH_3, O_2N) \xrightarrow{OH^-} \begin{cases} \xrightarrow{\triangle} OCH_3, OH, O_2N \\ \xrightarrow{h\nu} OH, OCH_3, O_2N \end{cases} \tag{6-31}$$

取代基在激发态中具有的定位效应与基态环境不同。苯的 S_1 具有两性离子中间体特征，T_1 具有双自由基中间体特征。亲核进攻带吸电子基团的芳香环主要发生在电荷密度相对较小的间位；亲核进攻带供电子基团的芳香环主要发生在电荷密度相对较小的对位或邻位且对位优先。如式（6-32）的两个反应所示，间硝基取代的磷酸酚酯（**11**）发生光促溶剂解反应的速率是另两个邻位和对位异构体底物的 300 倍；光促下茴香醚（**12**）的氰化反应得到对位和邻位的氰基苯甲醚。

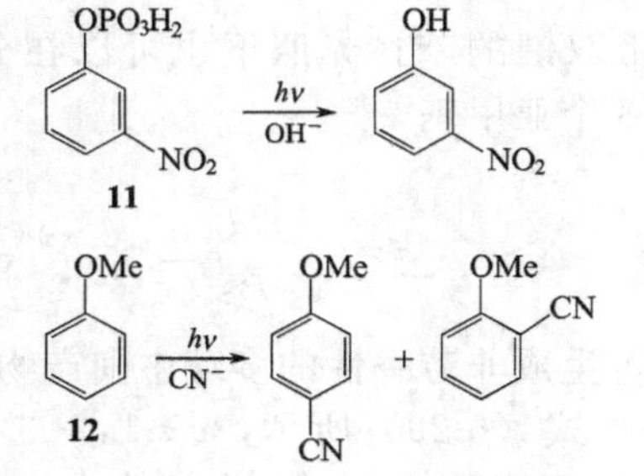

（6-32）

如式（6-33）的两个反应所示，乙酸间甲氧基苄酯（**13**）光照很易发生水解反应生成间甲氧基苄醇（**15**），但乙酸对甲氧基苄酯（**14**）不发生该反应。这是由于 **13** 的激发态中电荷密度的分布有利于发生单分子亲核取代反应。**14** 中的甲氧基在对位，无助于酯基上烷氧基 C—O 键的异裂，代之的是 C—O 均裂生成苄基自由基后给出另外经非溶剂解过程的偶联产物 **16**。[36]

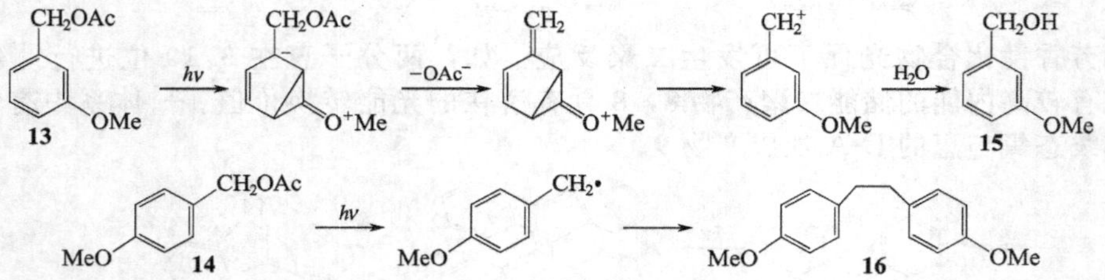

（6-33）

如式（6-34）的两个反应所示，光照还可促进分子内的亲核取代反应，即 Smiles 重排反应。[37]如，氯代乙酰胺类芳香衍生物（**17**）发生光环化重排反应，激发态中的碳负离子中心位于甲氧基的邻对位，即在 C2 或 C4 上发生分子内亲核取代反应。β-间硝基苯氧基乙胺（**18**）在光促下发生分子内重排反应生成 **20**，硝基的间位在激发态 **19** 中是缺电荷的，反应经过螺环 Meisenheimer 配合物中间体过程。[38]

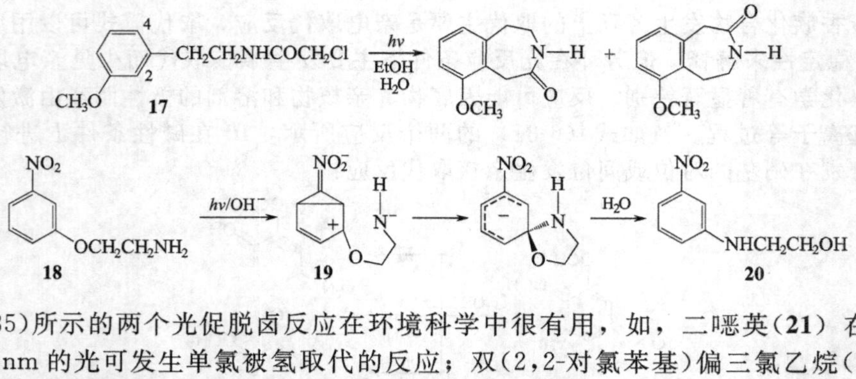

（6-34）

式(6-35)所示的两个光促脱卤反应在环境科学中很有用，如，二噁英(**21**) 在烃类溶剂中吸收 254nm 的光可发生单氯被氢取代的反应；双(2,2-对氯苯基)偏三氯乙烷(DDT，**22**) 也能经光照而降解脱氯。这类反应则都经由光促的单电子转移过程(参见 6.13)，先经单电子转移得到一个电子，再脱去氯负离子而生成苯基自由基，再接受亲核试剂的进攻。

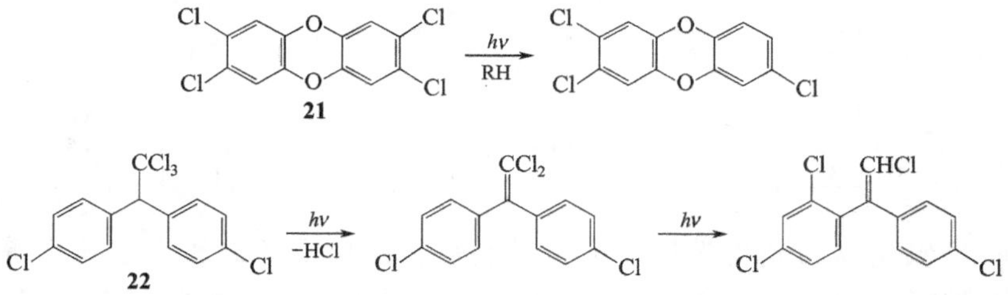

(6-35)

芳香环上发生的光取代反应颇为复杂，机理众多，还涉及杂原子的 n→σ* 和三线态、高振动激发态参与的反应等多种类型模式。有些光反应中取代基的定位作用与热反应的相同，这很可能是形成了激发态后迅速发生内部转换为高振动能级基态的原因。如式（6-36）所示，硝基苯经光反应可生成邻硝基苯胺或对硝基苯胺，但该反应在热反应条件下是不发生的：

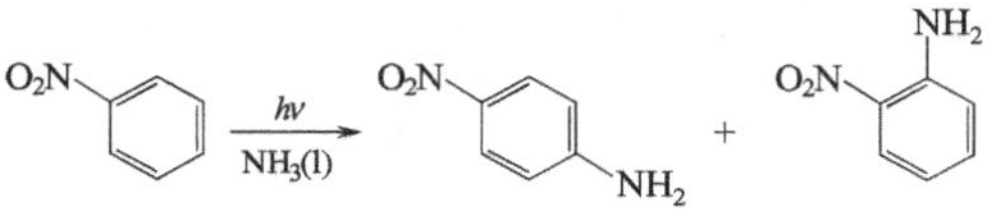

(6-36)

芳环上亲电取代反应是很少见的，但氘代是很有效的。苯甲醚或甲苯光促下与三氟氘代乙酸反应得到邻、间位氘代产物；硝基苯则得到对位氘代产物，如式(6-37)的两个反应所示：

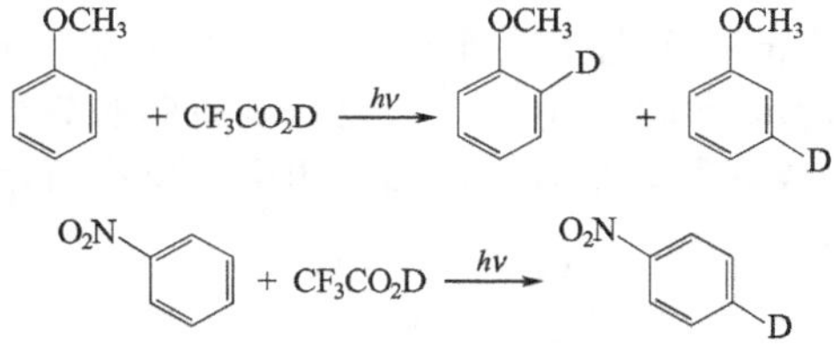

(6-37)

6.6.4 芳环侧链的光激发重排反应

芳环可参与二-π-甲烷重排反应（参见 6.5.4）。芳香酚酯在 Lewis 酸或 Bronsted 酸作用下受热经碳正离子历程发生 Fries 重排，反应是分子间进行的，有利于生成有分子内氢键缔合的邻位异构体产物，如式(6-38)所示。光激发的 Fries 重排经过单线态激发态也得到与热反应相同的产物，反应是在分子内进行的。反应中 C—O 键均裂，形成酰基和苯氧基自由基对，在溶剂笼中，自由基再结合生成酰基酚产物，逸出溶剂笼的自由基可夺取溶剂氢生成酚。[39]

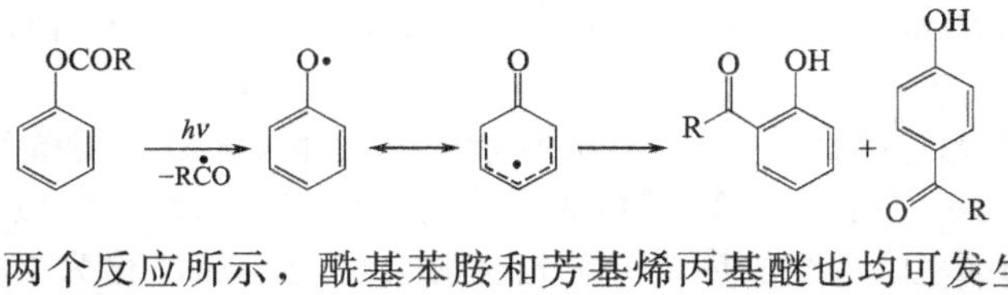

(6-38)

如式（6-39）的两个反应所示，酰基苯胺和芳基烯丙基醚也均可发生同样方式的光激发重排，后者的反应又称光促 Claisen 反应（参见 5.5.3）。这两种反应不完全是分子内的，有分子间反应过程存在。

NHCOCH₃ —hν→ NH₂ O R + R O NH₂ + NH₂

(6-39)

—hν→ OH + HO + HO + OH

芳杂环的 N-氧化物的光化学反应会引起脱氧、重排及环的放大或缩小等结果。如式(6-40)所示，吡啶 N-氧化物在苯溶剂中的光化学反应可生成吡啶和苯酚。

N^+ O^- —hν, PhH→ N + OH (6-40)

芳香族硝基化合物还能发生光促的氧转移反应。如式(6-41)所示，邻硝基苯甲醛光照后异构化为邻亚硝基苯甲酸。

NO_2 CHO —hν→ NO CO_2H (6-41)

6.7 σ键的光化学

卤代烷烃有弱的吸收带（ε_{max}-200左右），来自卤素原子非键p电子向C—X反键轨道产生的跃迁（$n\rightarrow\sigma^*$）。分子氯的λ_{max}为330nm，相当于250kJ/mol，大于Cl—Cl键能240kJ/mol。光激发后σ成键轨道中的一个电子跃迁到σ^*反键轨道上，振动使两个成键氯原子分离而成为自由基。光促卤化（photohalogenation）也是制备脂肪族卤代烃的一个经典反应；卤代苯在苯溶剂中光促下可生成联苯，如式(6-42)的两个反应所示。[40]

$$\mathrm{Cl{-}Cl} \xrightarrow{h\nu} 2\mathrm{Cl}\cdot$$

$$\mathrm{PhI} \xrightarrow[C_6H_6]{h\nu} \mathrm{Ph{-}Ph} \qquad (6\text{-}42)$$

光促Fries重排和光促Claisen反应都是涉及$\sigma\rightarrow\sigma^*$的光反应。甲苯光解生成苄基自由基和氢原子也是断裂σ键的反应。如式(6-43)所示，苄氯在极性溶剂甲醇中光解，从产物的组成可以发现该反应经自由基过程生成产物**1**、**2**和**3**；经离子机理生成**4**。离子中间体的生成来自自由基之间的电子转移而非直接光解下的σ键异裂：[41]

$$\mathrm{PhCH_2Cl} \xrightarrow[CH_3OH]{h\nu} \underset{\mathbf{1}}{\mathrm{PhCH_3}} + \underset{\mathbf{2}}{\mathrm{PhCH_2CH_2Ph}} + \underset{\mathbf{3}}{\mathrm{PhCH_2OH}} + \underset{\mathbf{4}}{\mathrm{PhCH_2OCH_3}} \qquad (6\text{-}43)$$

如式(6-44)所示，**5**在水性胶束中光解，体系的pH值从5.4变为10，15min后又变回5.4，反映出反应直接就生成了离子**6**：[42]

$$\underset{\mathbf{5}}{[(p\text{-}\mathrm{NMe_2C_6H_4})]_2\mathrm{C_6H_5OH}} \xrightleftharpoons{h\nu} \underset{\mathbf{6}}{[(p\text{-}\mathrm{NMe_2C_6H_4})]_2\mathrm{C_6H_5^+}} + \mathrm{OH^-} \qquad (6\text{-}44)$$

如图6-14所示，无色的螺吡喃（**7**）吸收紫外光发生C—O键异裂而开环，两个环系由正交变为有一个大共轭π体系的平面结构的部花青两性离子（**8**），吸收光谱（500～600nm）随之发生红移而呈现颜色。**8**经加热或可见光照射会可逆地热环化为**7**，形成所谓的光致变色（photochromism）。光致变色泛指在两种稳定的物理或化学状态之间、发生的可逆变化中的一个方向是由光照引起并产生不同颜色差异的现象。具光致变色性质且在可见光区有极快的响应速率和高抗疲劳性的无机或有机材料就可用作光致变色物质，可有效地应用于显示、装饰、防护、传感、信息储存等领域。偶氮、吡喃、二芳基乙烯、Shiff 碱、螺嗯嗪(**9**)及俘精酸酐(**10**)等有机化合物都在光照下能因异构化、环化、离子型或自由基型的断键、氧化还原等各种机理过程产生光致变色现象。[43]

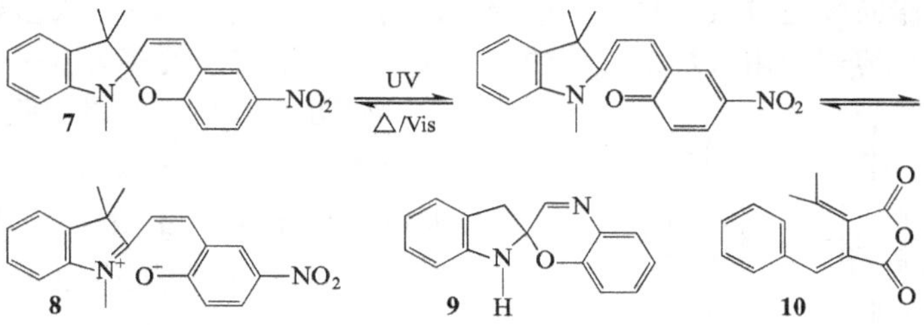

图 6-14 一些螺吡喃化合物的光化学

如式(6-45)所示，环丁烯吸收 185nm 的光后容易断开很强的 C1—C4σ 键生成 1,4-双自由基(**11**)，**11** 的 C2—C3 键断裂生成乙烯和乙炔；C1 自由基夺取 H4 生成卡宾 **12**，**12** 分子内插入到 C2—H 键或 C3—H 键生成另两个产物亚甲基环丙烷和丁二烯。丁二烯也可由 C3—C4σ 键断裂而直接生成。

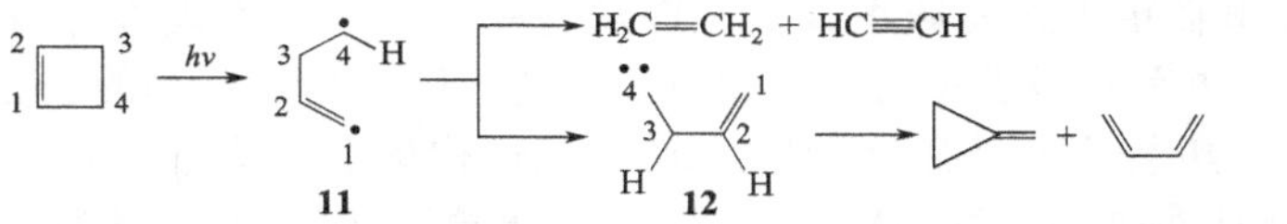

$$\xrightarrow{h\nu} \mathbf{11} \longrightarrow H_2C{=}CH_2 + HC{\equiv}CH \quad ; \quad \mathbf{12} \longrightarrow \text{亚甲基环丙烷} + \text{丁二烯} \tag{6-45}$$

硫醚中的 C—S 键经光激发断裂生成烷基和烷硫基中间体。如式(6-46)所示，**13** 光解后可得到连二苯基硫为主的产物：

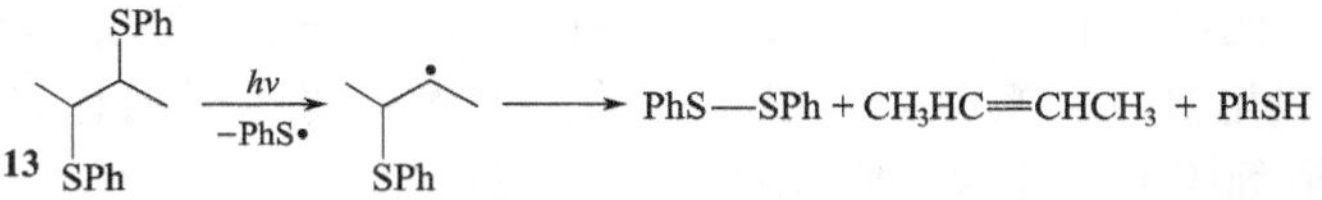

$$\mathbf{13} \xrightarrow[-PhS\cdot]{h\nu} \cdot \longrightarrow PhS{-}SPh + CH_3HC{=}CHCH_3 + PhSH \tag{6-46}$$

与氮原子相邻的 C—H 键也可在光促下进行氧化还原反应，如式(6-47)所示：[44]

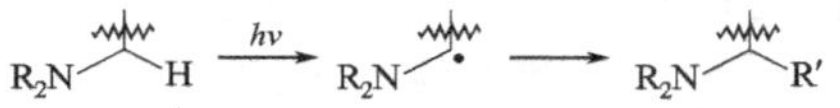

$$R_2N{-}C{-}H \xrightarrow{h\nu} R_2N{-}\dot{C} \longrightarrow R_2N{-}C{-}R' \tag{6-47}$$

6.8 醛、酮的光化学

羰基是光化学中一个重要的发色团，其光化学反应过程较慢而能进行各类可控的反应。反应的第一步主要是 n→π* 激发后视底物和环境生成自由基对、双自由基或自由基离子等各种中间体，第二步是中间体经热反应而生成产物。羰基的 n→π* 或 π→π* 生成三线态的过程与烯基 π→π* 的三线态过程是相同的，差异只不过是发生在氧或碳原子而已；但生成单线态的过程对两者是不同的。

6.8.1 羰基的 n→π* 和 π→π* 激发

羰基有 n→π* 和 π→π* 两种类型的激发，光化学反应主要由激发态（n，π*）产生。羰基碳上的烷基取代可使 n→π* 跃迁能量增加，π→π* 跃迁能量降低。[45]脂肪酮的 π→π* 跃迁小于 190nm 而不易检测，但另有弱的可检测的 n→π* 吸收。如，丙酮在 279nm（ε_{max} = 1.5）吸收形成 S_1(n，π*)；S_1(n，π*) 到 T_1(n，π*) 的系间穿越因两者的能差不大而是非常有效的，故脂肪酮的光化学可由 S_1(n，π*) 或 T_1(n，π*) 进行。芳香酮有 S_1(n，π*)、T_1(n，π*) 和 S_1(π，π*)、T_1(π，π*) 4种类型的激发态。它们的能级相差不大，与芳环上的取代基及溶剂等外部环境有关，光化学反应主要由 T_1 进行。羰基上连有共轭供电子基团可稳定 T_1(π，π*)，但去稳定 T_1(n，π*)；反之，连有共轭吸电子基团可稳定 T_1(n，π*)。芳香酮的系间窜越比脂肪酮更有效，故也是应用极广的三线态敏化剂。[46] 大多数羰基化合物的光化学都是在硬质玻璃容器中用汞灯来进行的，此实验条件下涉及的多为 n→π* 过程。

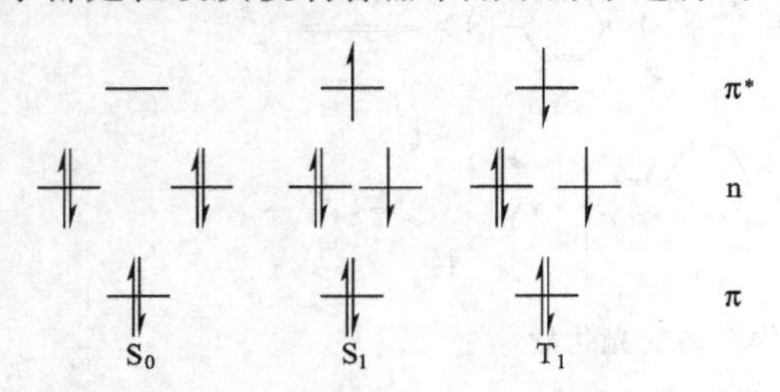

图 6-15 羰基的基态和 n→π* 激发态的电子构型

如图 6-15 所示，以甲醛为例，羰基的基态电子状态是 $S_0[(\pi co \uparrow\downarrow)^2\ (n_O \uparrow\downarrow)^2\ (\pi^* co)^0]$。未列入在光照下受激时可以认为没有变化的 $(\sigma co \uparrow\downarrow)^2$ 和 $(n_O \uparrow\downarrow)^2$ 4个电子和 C—H 轨道上的电子。n→π* 跃迁后产生 $S_1[(\pi co \uparrow\downarrow)^2\ (n_O \uparrow)^1\ (\pi^* co \downarrow)^1]$ 或 $T_1[(\pi co \uparrow\downarrow)^2 (n_O \downarrow)^1\ (\pi^* co \downarrow)^1]$。羰基的激发态（n，π*）有一个 n 电子、两个 π 电子和一个 π* 电子，是兼具碳自由基和氧自由基这两个反应中心的双极（bipolar）中间体。氧自由基的活性通常要比碳自由基大，碳自由基的活性受到取代基的影响较大。若取代基没有稳定效应，则该碳自由基的活性也是足够大的。π* 轨道中电荷更多地离域在碳上，即羰基碳上的电荷密度在激发态时要比在基态时的高，而氧原子的电荷在激发态时将是相对不足的。跃迁后，羰基的极性颠倒了，羰基碳带负电而具亲核性，其电子构型由 sp^2 变为 sp^3；几何构型也从基态的平面状转变为 S_1 偏离平面角度约 25°的弯曲角锥形，系间窜越为 T_1 后偏离角度增为 35°。基态和激发态甲醛的偶极矩各为 7.8×10^{-30}C·m 和 5.2×10^{-30}C·m；S_0、S_1 和 T_1 的 C=O 键长分别为 0.121nm、0.132nm 和 0.131nm。

n→π* 或 π→π* 的吸收有几点不同，如表 6-4 所示。n→π* 的能差和 ε_{max} 都比 π→π* 的小。非键电子的溶剂化效应一般较强，极性大的溶剂对孤对电子的稳定化作用也较大。故 n→π* 在极性大的溶剂中能差增大，吸收将移向短波区域，产生蓝移（blue shift）现象；反之，溶剂极性减小时，n→π* 吸收向长波移动。此外，n→π* 所需能量在气相或液相环境中也不一样，如丙酮的 n→π* 在气相或液相的吸收分别在 280nm 和 265nm。π* 轨道的极性比 π 轨道的大，在极性溶剂中的 π* 轨道的能级降低也更多一些。故分子在极性溶剂中的 π→π* 能差小于它在非极性溶剂中的情况，结果是 π→π* 的吸收在极性溶剂中移向长波，产生红移（red shift）现象。因此，兼具 n 电子和 π 电子的有机分子可能既有蓝移又有红移的现象。利用吸收峰在不同极性溶剂中的位置和高低可以判别其属于何种跃迁类型。

表 6-4 n→π* 和 π→π* 的比较

项目	n→π*	π→π*
ΔE/(kJ/mol)	<40	>80
λ_{max}/nm	270～350	>180
ε_{max}	<200	>1000
ΔE_{ST}/(kJ/mol)	<46	>84
溶剂(极性增加)效应	蓝移	红移
取代基(给电子)效应	蓝移	红移
重原子效应	无	S→T 概率增加
谱形	宽	窄
S_1 寿命/s	$>10^{-6}$	约 10^{-8}
T_1 寿命/s	约 10^{-3}	0.1～10

T_1(n，π^*)的生成概率和寿命都较长，反应主要由 T_1 发生；T_1(π，π^*)的生成概率虽较 S_1(π，π^*)小，但寿命较长，反应可从这两者发生。

6.8.2 Norrish Ⅰ型反应

羰基激发态上的氧自由基是高度活泼的，有强烈回复到稳定 C═O 双键的倾向。若无其他合适的反应底物受体存在，则羰基激发态将在分子内进行，都是由氧自由基引发的两类反应。第一类是与氧上的单电子处于反式共平面的 C（羰基）—C 键断裂，继而失去一分子 CO，形成的两个自由基再结合，该反应称 Norrish Ⅰ型反应（α-裂解），如式（6-48）所示。[47]

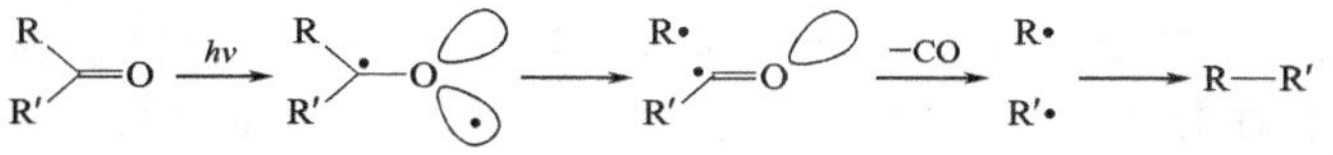

$$RR'C{=}O \xrightarrow{h\nu} RR'\dot{C}{-}\dot{O} \longrightarrow R\cdot + R'\dot{C}{=}O \xrightarrow{-CO} R\cdot + R'\cdot \longrightarrow R{-}R' \qquad (6\text{-}48)$$

第二类反应是氧自由基夺取分子内位置适当的 C—H 键上的 H 原子再环合生成四元环或碎片化形成两个 π 体系，该反应称 NorrishⅡ型反应（参见 6.9.4）。

Norrish Ⅰ型反应中，羰基激发态的振动能削弱了连接于羰基上的键，得到相对较稳定的酰基自由基和烷基自由基组成的自由基对 **3** 和 **4**，然后进行一般的如基态条件下的自由基反应过程。若激发态羰基上的氧自由基夺取一个氢原子后则发生光促的频哪醇反应。酰基自由基还常会进一步发生脱羰反应，生成的烷基自由基能进行二聚反应和歧化反应。不对称底物分子中两根连接羰基的 C—C 键中较弱的键易于均裂，生成相对较稳定的自由基。[48] 如图 6-16 所示，**1** 发生 Norrish Ⅰ型反应时，激发态 **2** 更易生成叔自由基 **4** 而非仲自由基 **5**，**5** 主要是由酰基自由基 **3** 脱羰形成的：

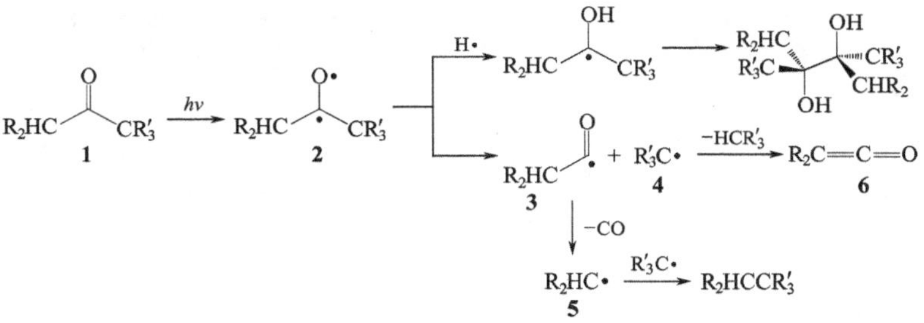

$R_2HC{-}CO{-}CR'_3$ (**1**) $\xrightarrow{h\nu}$ $R_2HC{-}\dot{C}(\dot{O}){-}CR'_3$ (**2**)；**2** $\xrightarrow{H\cdot}$ $R_2HC{-}\dot{C}(OH){-}CR'_3$ → $(R_2HC)(R'_3C)C(OH){-}C(OH)(CR'_3)(CHR_2)$；**2** → $R_2HC\dot{C}{=}O$ (**3**) + $R'_3C\cdot$ (**4**) $\xrightarrow{-HCR'_3}$ $R_2C{=}C{=}O$ (**6**)；**3** $\xrightarrow{-CO}$ $R_2HC\cdot$ (**5**) $\xrightarrow{R'_3C\cdot}$ $R_2HCCR'_3$

图 6-16 开链酮的 Norrish Ⅰ型反应

Norrish Ⅰ型反应中生成的活泼中间体烯酮 **6** 能被光谱检测，也可用水、醇等亲核试剂捕获。当反应在溶液中进行时，除笼效应外，激发态分子也易和溶剂分子碰撞失去能量而回到基态。因此，气相中反应的量子产率要高几百倍。普环酮常发生 Norrish Ⅰ型反应。以图 6-17 所示的环戊酮为例，生成的酰基-烷基双自由基中间体 **7** 脱羰给出 1,4-双丁基自由基而生成环丁烷和乙烯；酰基自由基夺取 γ-氢生成 γ,δ-不饱和醛（**8**）；烷基自由基夺取 α-氢生成

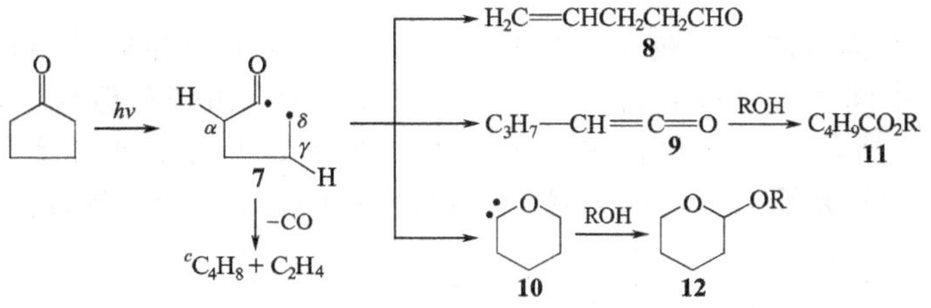

环戊酮 $\xrightarrow{h\nu}$ **7**；**7** $\xrightarrow{-CO}$ $^cC_4H_8 + C_2H_4$；**7** → $H_2C{=}CHCH_2CH_2CHO$ (**8**)；**7** → $C_3H_7{-}CH{=}C{=}O$ (**9**) $\xrightarrow{ROH}$ $C_4H_9CO_2R$ (**11**)；**7** → **10** $\xrightarrow{ROH}$ **12**

图 6-17 环戊酮的 Norrish Ⅰ型反应

烯酮（**9**）或与羰基氧结合生成一个卡宾中间体（**10**），**9** 和 **10** 再分别与溶剂反应生成戊酸酯（**11**）和缩酮产物 **12**。

如式（6-49）所示，芳香酯和酰胺光照下的 Fries 重排反应（参见 6.6.4）也是经由 Norrish Ⅰ型过程进行的。[49] 聚酯类材料变色的过程也与此反应有关。

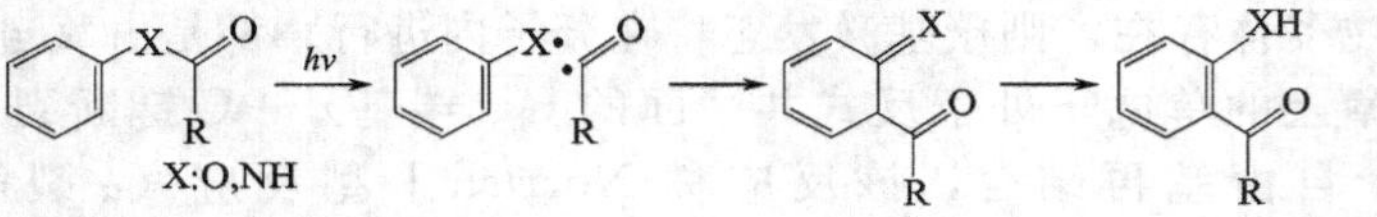

(6-49)

6.8.3　Norrish Ⅱ型反应

如图 6-18 所示，羰基上若连有一个长链的烷基取代基，其激发态的另一个重要反应是经一个六元环过渡态在分子内部夺取 γ-氢而形成 1，4-双自由基（**13**）。**13** 可接着进行两类反应：一类是分子内偶联形成环丁醇衍生物（**14**）的 Yang 环化反应；另一类是生成小分子的烯产物和烯醇（**15**），**15** 再异构化为酮产物，两类反应的难易与激发态的寿命及底物构型的柔润性有关。[50]。**14** 和 **15** 的比例与羰基 α-位的取代基有关，若 **13** 中的两个自由基与 Cα—Cβ 键处于正交位则易生成 **14**；若处于同一平面位，则发生 Cα—Cβ 键开裂生成小分子的烯产物和 **15**，该反应又称 Norrish Ⅱ型反应（β-裂解）或 Norrish-Yang 反应。

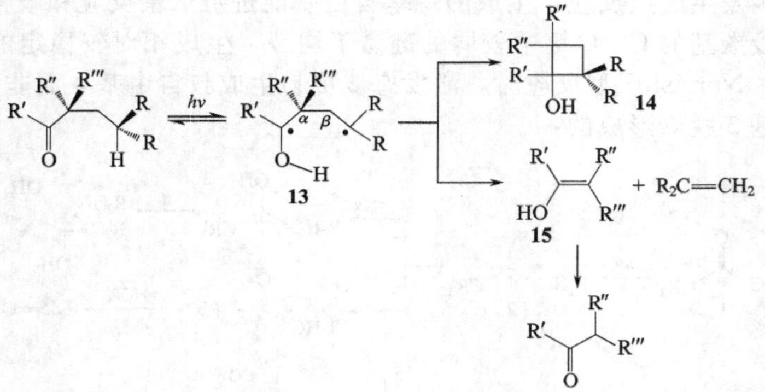

图 6-18　Norrish-Yang 反应

如式（6-50）的两个反应所示，同位素标记实验表明 Norrish Ⅱ型反应是夺取了 γ-HD；光学纯的 4-甲基-1-苯基-1-己酮（**16**）发生 Norrish Ⅱ型反应后回收底物时有消旋化现象，反映出该类反应进行时在羰基 γ-位上确实是有自由基形成的。[51]

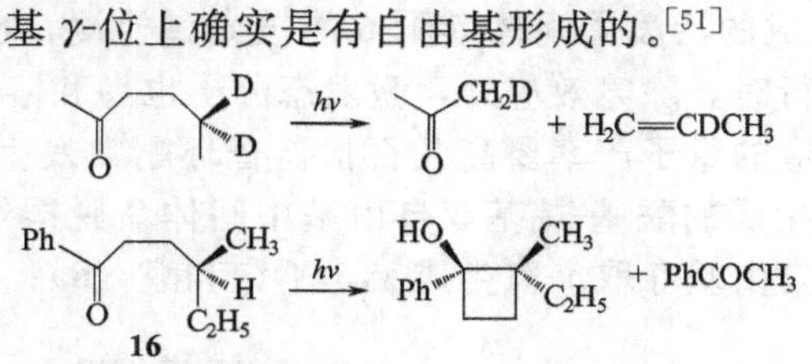

(6-50)

若无 γ-氢存在并构型许可，激发态羰基上的氧自由基也能夺取其他位置上的氢而生成各种双烷基自由基中间体。氢被氧自由基夺取后生成的碳自由基愈稳定，夺氢的反应速率愈快。[52] 如式（6-51）所示，中环化合物的羰基光照夺取分子内 ε-氢的反应是非常有效的过程。如，环葵酮（**17**）光照后的产物只是 1-萘烷醇（**18**），其中 *cis*-异构体占 75%。

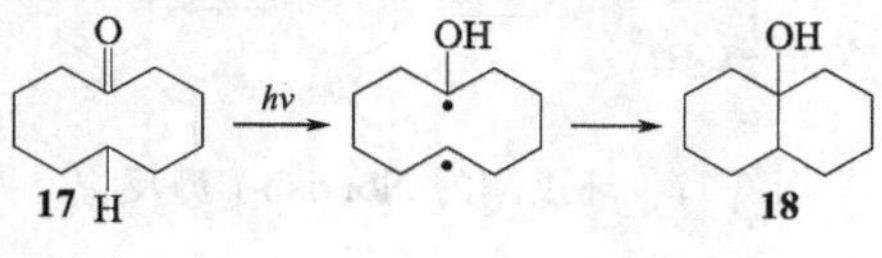

(6-51)

如式（6-52）所示，4-辛酮(**19**）进行 NorrishⅡ型反应时可夺取两种 γ-氢，即仲氢 H7 或伯氢 H1 后分别生成 2-戊酮(**20**）或 2-己酮(**21**)。实验结果表明，在三线态反应中以17：1 的比例优先夺取仲氢，在三线态猝灭剂存在下的单线态反应中以 12：1 的比例优先夺取仲氢。可以看出三线态比单线态能更有效地形成更稳定的双自由基。

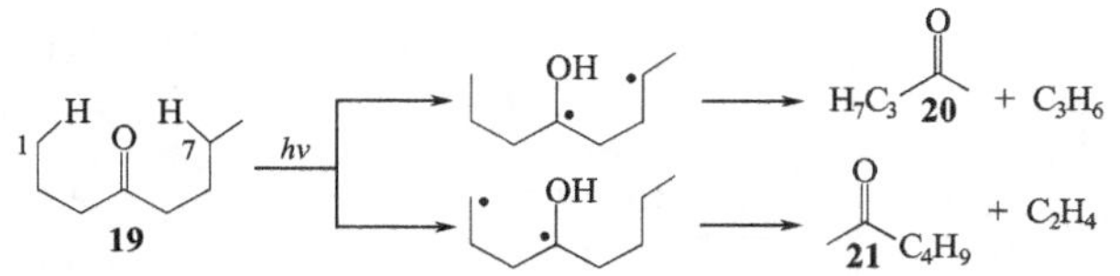

(6-52)

随底物结构和反应条件不同，激发的羰基能发生单线态或三线态的 NorrishⅠ或Ⅱ型反应。反应若经过三线态的双自由基过程，羰基 α-碳的立体化学在反应过程中将难以保持。如式（6-53）所示，从 2,6-二甲基环己酮（**22**）或 **23** 出发均得到相同的产物组成，由于在形成烯醛的过渡态中空间位阻不同，**24** 的含量高于 **25**。

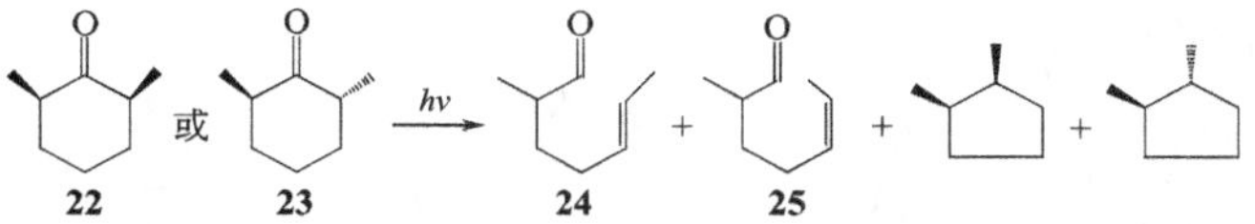

(6-53)

如式(6-54)所示，底物 **26** 的光化学反应主要发生 NorrishⅡ型反应，其立体异构体 **27** 的光化学反应则主要发生 NorrishⅠ型反应。

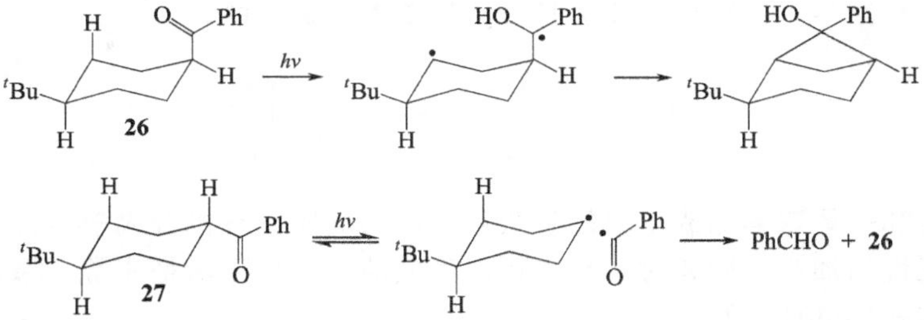

(6-54)

如式（6-55）所示，羰基化合物也可发生 β-氢迁移的非自由基历程，得到醛和烯烃产物，称 NorrishⅢ型反应。

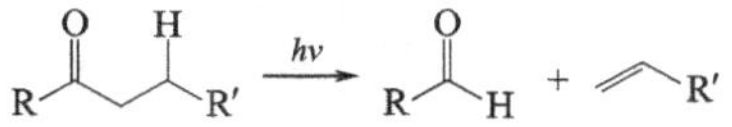

(6-55)

6.8.4 与烯烃的加成反应

如式（6-56）所示，羰基化合物和富电子烯烃在光照条件下发生加成反应，形成氧杂环丁烷（oxetane，**29**），称 Paterno-Buchi 反应。[53] 反应经过酮羰基 $n \rightarrow \pi^*$ 的 S_1 或 T_1，激发态羰基氧非协同地加成到烯烃 π 键上形成双自由基 **28**，**28** 进行分子内偶联反应，顺式烯烃或反式烯烃底物均无立体选择性地生成氧杂环丁烷。**28** 也可发生可逆反应，回收烯烃的构型则难以保留底物烯烃原有的构型。芳香族羰基化合物的系间窜越效率好，基本上以 T_1 与烯键发生上述反应；烷基酮则主要以 S_1 参与反应，相对而言会保留一点立体选择性。

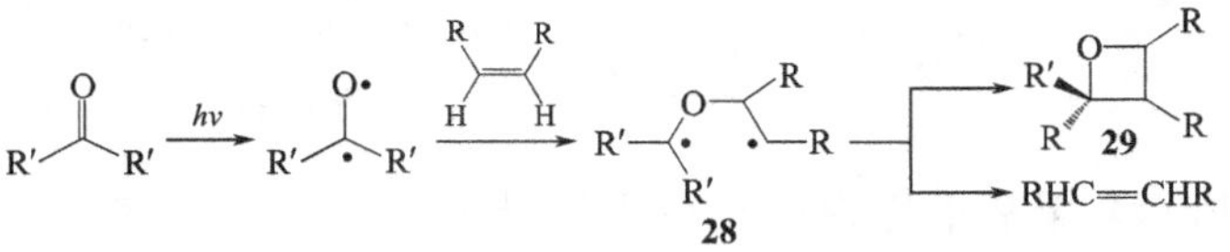

(6-56)

如式（6-57）所示，羰基激发态的加成反应既可以是前述的亲电的氧自由基与富电子烯烃的 HOMO 反应生成 **30**，也可以是亲核的碳自由基与缺电子烯烃的 LUMO 反应生成 **31**。这取决于两者 HOMO-LUMO 的能级差异，产物都是四元环，但加成方式不同：

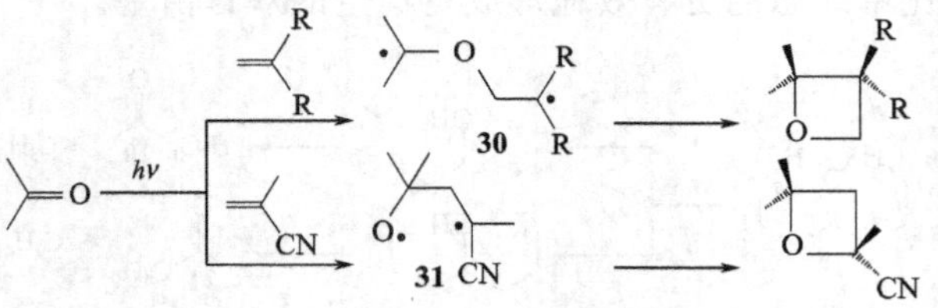

(6-57)

Paterno-Buchi 反应的位置和立体选择性与底物结构及激发态的多重性有关。不对称烯烃通常生成更稳定的多取代自由基中心，但立体位阻也会发挥作用。如式（6-58）所示，2,3-二氢呋喃（**32**）与丙醛的单线态或三线态发生加成反应生成非对映异构体的比例不同。单线态丙醛得到的产物中 *endo*-产物（**33a**）：*exo*-产物（**33b**）为 45：55，三线态丙醛得到的产物中 **33a**：**33b** 为 88：12。[54]

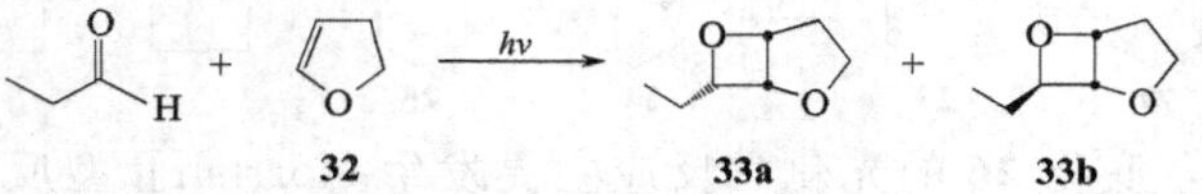

(6-58)

如式（6-59）所示，脂肪族酮与缺电子的 1,2-二氰基乙烯发生加成反应得到与协同过程相同的立体专一性结果，反映出该反应是由激发单线态进行的。

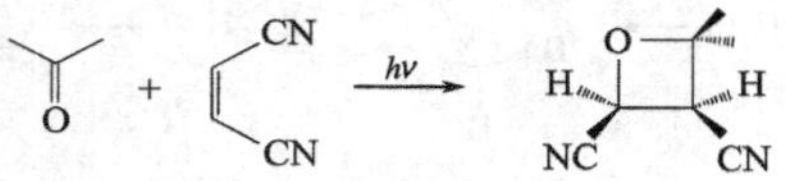

(6-59)

羰基化合物和烯烃双键加成生成的氧杂环丁烷的反应在有机合成中非常有用。[55] 但光照下羰基与炔烃三键的加成反应相对不易进行，生成的氧杂环丁烯是非常不稳定的，迅即重排为烯酮或酯，如式(6-60)所示。

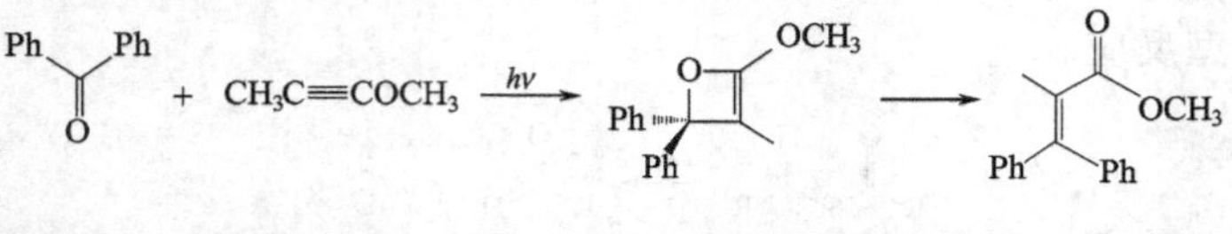

(6-60)

烯烃自身在光化学反应中会进行二聚（参见 6.2.3），故进行 Paterno-Buchi 反应时，羰基激发态的能量必须比烯烃激发态的能量小，使羰基激发态的能量转移到烯烃的敏化过程难以发生。采用不同能量的 T_1 敏化剂可控制羰基和烯烃发生反应的主要进程。如式(6-61）的两个反应所示，双环［2.2.1］2-庚烯（**34**）的 T_1 能量在苯乙酮和二苯酮的 T_1 能量之间。以苯乙酮为敏化剂的光化学反应中 **34** 可被激发为 T_1，从而发生二聚反应生成 **35**；二苯酮的 T_1 不能使 **34** 敏化，但可与其发生 Paterno-Buchi 反应生成 **36**：[56]

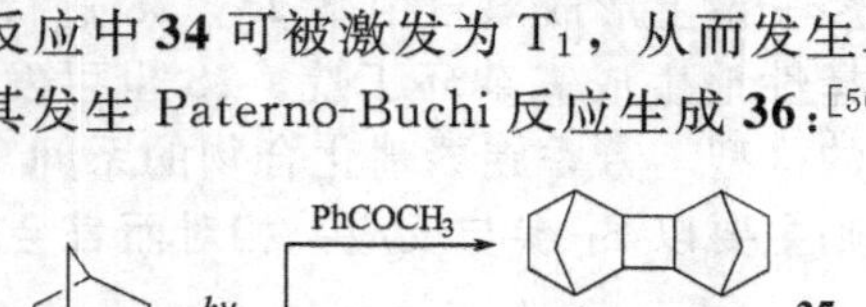

(6-61)

如式（6-62）所示，羰基化合物还能在光诱导下发生酰基转移（acyl transfer）反应，生成热反应条件下难以实现的酰胺、酯、酮及氨基甲酸酯等新的羰基化合物而无需其他活化剂。[57]

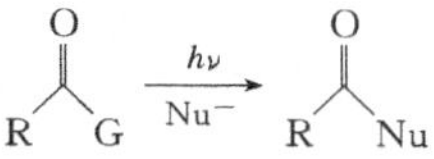

$$\mathrm{RC(=O)G} \xrightarrow[\mathrm{Nu^-}]{h\nu} \mathrm{RC(=O)Nu} \tag{6-62}$$

6.8.5　在聚合物中的作用

羰基化合物在光聚合反应的进行和聚合物的裂解中都有特殊作用。如式（6-63）的两个反应所示，二苯酮可改变聚乙烯的交联方式；聚合物中的羰基通过 Norrish 反应而导致聚合物降解：

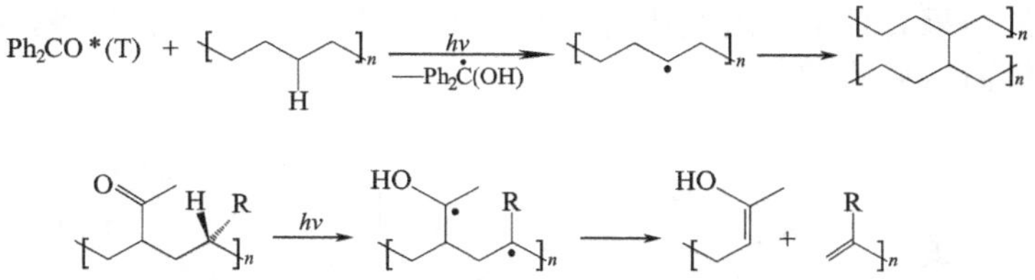

$Ph_2CO^*(T)$ + [—H]$_n$ $\xrightarrow[-Ph_2\dot{C}(OH)]{h\nu}$ [•]$_n$ ⟶ [ ]$_n$ / [ ]$_n$

（6-63）

[O, H, R]$_n$ $\xrightarrow{h\nu}$ [HO•, R•]$_n$ ⟶ [HO]$_n$ ＋ [R]$_n$

6.8.6　烯酮和醌的光化学反应

烯酮的羰基激发态也有羰基的 n→π* 和烯键的 π→π* 两种激发类型，激发后通常生成电子分布发生共轭分散的双自由基中间体。[58]烯酮化合物的光反应包括顺反异构化、骨架异构化、二聚、与双键的［2＋2］环加成、Norrish 型和去共轭等反应。如式(6-64)所示，共轭烯酮 **37** 光照后会生成较少稳定的非共轭烯酮 **38**。**37** 先进行顺、反异构化反应，使 γ-H 接近羰基而发生 Norrish Ⅱ 型反应，生成的双自由基 **39** 转化为烯醇后再异构化为酮羰基。协同的［1,3］氢迁移也有可能是发生该去共轭反应的机理。

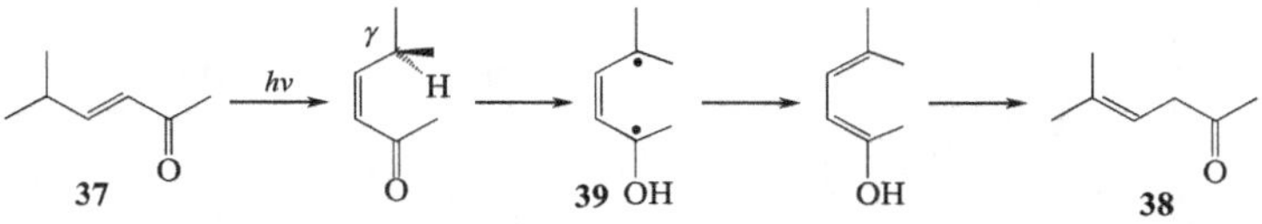

37 (O) $\xrightarrow{h\nu}$ (γ, H, O) ⟶ **39** (OH) ⟶ (OH) ⟶ **38** (O)　（6-64）

如式(6-65)的两个反应所示，共轭烯酮 **40** 光照后生成所示的各种产物系由双自由基 **41** 转化为 **42** 而来。六元环共轭烯酮 **43** 光照后环骨架可发生改变，经 C4—C5 键或取代基 R 的［1,2］σ 迁移重排而分别生成 **44** 或 **45**：

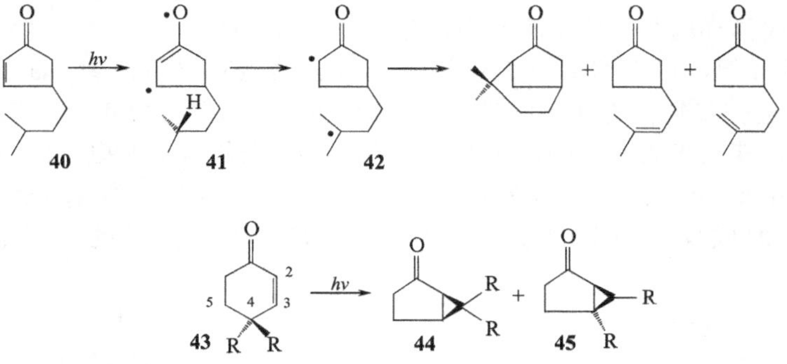

40 (O) $\xrightarrow{h\nu}$ **41** (•O, H) ⟶ **42** (O) ⟶ (O) ＋ (O) ＋ (O)

（6-65）

43 (O; 2, 3, 4, 5; R R) $\xrightarrow{h\nu}$ **44** (O; R, R) ＋ **45** (O; R, R)

如式（6-66）的两个反应所示，α，β-不饱和烯酮的烯基可吸收长波长的光，无需光敏剂存在即可与另一烯基的［2＋2］环加成形成环丁烷结构，反应的位置和立体选择性与底物烯酮的激发态形式有关[59]

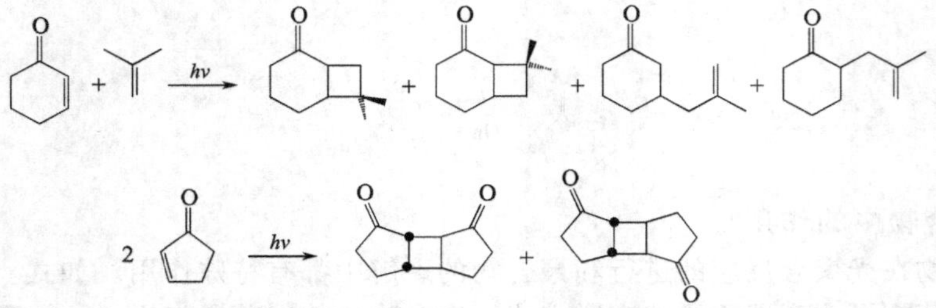

(6-66)

如式（6-67）所示，一般情况下，β,γ-烯酮化合物光照发生酰基［1,3］重排生成 **46**，此外也可通过双自由基中间体 **47** 进行氧杂二-π-甲烷重排。因羰基双键的键能比碳碳双键的键能更强，重排的结果总是生成酰基环丙烷产物 **48** 而非烯基环氧乙烷 **49**。**49** 也可能是经过酰基［1，2］重排而生成的。[60]

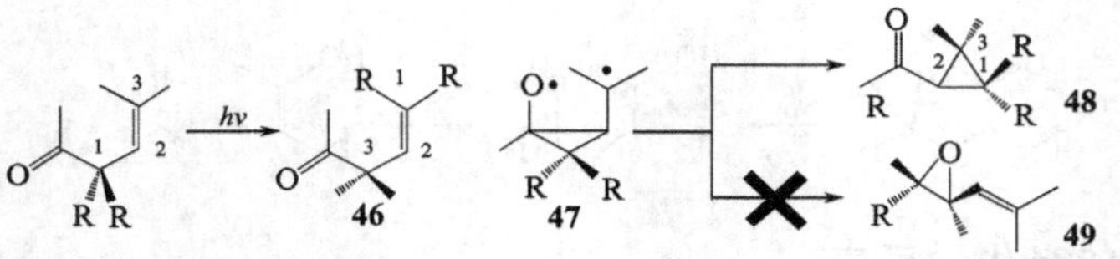

(6-67)

交叉共轭环已二烯酮的光化学也是很令人感兴趣的，反应可能经过双自由基或偶极离子进行，得到类似二-π-甲烷重排或［1，2］σ 迁移重排的反应结果，如式（6-68）的两个反应所示。此类反应又称 Luminone 重排。[61]

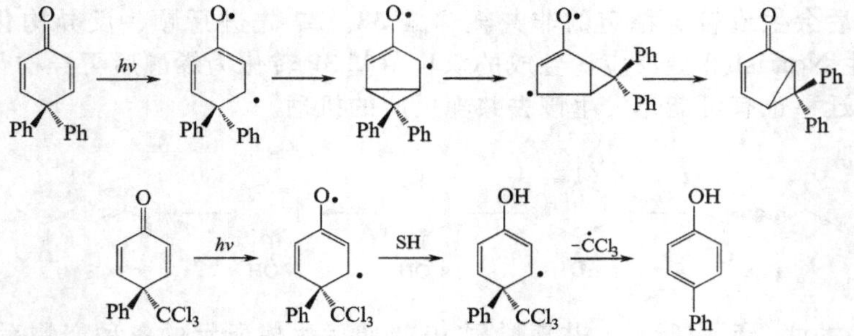

(6-68)

α-山道年（santonin，**50**）是从蒿属植物中提取出的活性成分，曾广泛用作驱虫药物，但因潜在毒性已被临床淘汰。**50** 的光化学研究已有 180 年的历史，其光化学过程与环境介质密切相关。如图 6-19 所示，**50** 在酸性介质中生成异光山道年内酯（**51**）；在非极性介质中经光重排后生成具环丙基结构俗称光山道年（lumisantonin，**52**）的产物，**52** 具有一个双环［3.1.0］己烷骨架，可继续后继光化学反应生成共轭双烯酮产物 mazdasantonin（**53**）。**53** 在水或醇中可进一步转化为光化山道年酸或酯（**54**）。这些重排都经由三线态进行的。山道年的分子构型及其在光激发下的反应形式研究是有机光化学发展史上的一个重要领域。[62]

邻醌或对醌在 290nm 和 360nm 处有吸收。如式(6-69)所示，羰基激发的三线态可发生与烯基双键的环加成反应或夺氢反应（参见 6.10），烯基激发的三线态可发生环加成反应。[63]

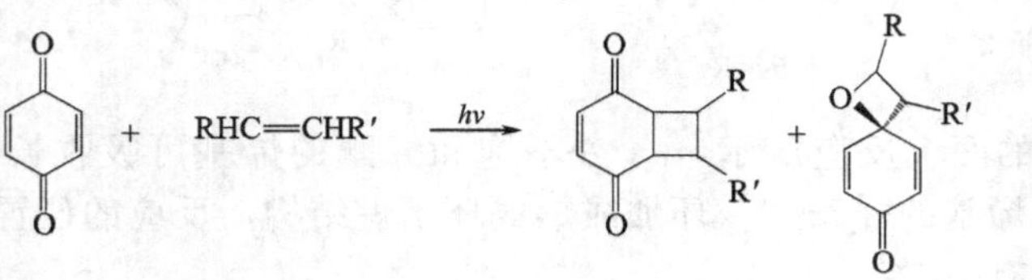

(6-69)

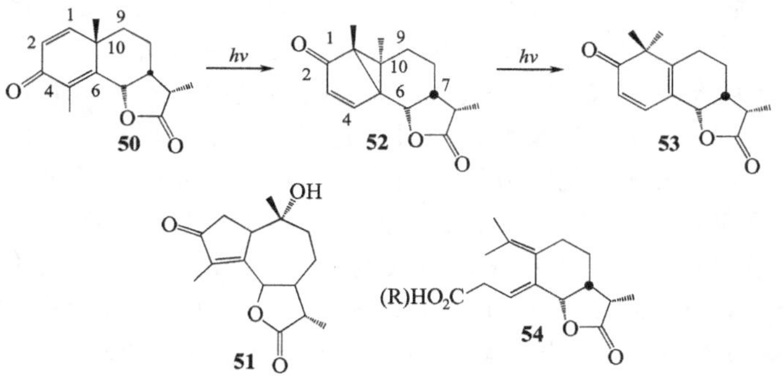

图 6-19 山道年及其在光激发下的一些反应

6.8.7 有机金属羰基配合物的光促脱羰反应

过渡金属有机配合物的激发态包括金属对配体、配体对金属和配体对配体的电子转移。光可引发有机羰基配合物的一些反应，如式(6-70)的两个反应所示，光促下发生的脱羰反应。常见的有 M—CO 键的断裂和 M—CO—R—COR 键的断裂，后者可接着进行烷基迁移等反应（参见 7.6.4）。[64]

$$(\eta^5\text{-}C_5H_5)L_nM(CO) \xrightarrow[-CO]{h\nu} (\eta^5\text{-}C_5H_5)ML_n$$

$$(\eta^5\text{-}C_5H_5)L_nM(COR) \xrightarrow[-CO]{h\nu} (\eta^5\text{-}C_5H_5)L_nMR \qquad (6\text{-}70)$$

6.9 氧参与的光化学反应

氧气的氧化性并不强，需在苛刻而复杂的体系下才会发生反应，故大多数有机分子在自然界都能稳定存在。另一方面，氧分子在光化学过程中又是一个重要的参与者。它可以插入底物生成自由基及其后续产物过氧化物、氢过氧化物、二氧杂环丁烷和易分解为羰基化合物的羟基氢过氧化物等。[65]光激发的氧化反应是一个很重要的有机合成方法和极为关键的生理过程，与材料和环境等多个领域也都有密切联系。氧的存在会猝灭体系中的三线态，故许多光化学反应都需在无氧条件下进行。

6.9.1 氧的多重态

氧气在环境中几乎无处不在，且具有低能的激发态。与绝大多数分子的基态都是单线态不同，氧分子的基态是三线态($^3\Sigma$,$^3O_2$)。氧分子有两个激发态，它们都是单线态。第一激发单线态($^1\Delta$,$^1O_2$)俗称单线态氧，其中两个自旋相反的电子共同占有一个轨道；能级更高的第二激发单线态($^1\Sigma$)中的两个自旋相反的电子各自分别占有一个轨道，如图 6-20 所示。[66]

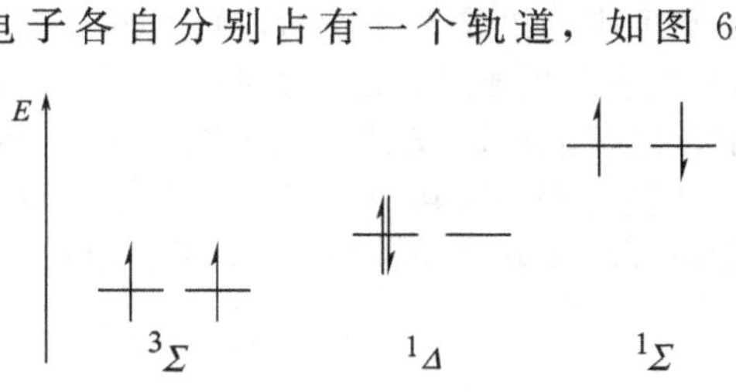

$^1O_2$、$^1\Sigma$ 与$^3\Sigma$ 的能量差分别为 95kJ/mol 和 155kJ/mol，前者的能量差比许多有机分子的基态和三线态的能量差低，故基态氧与许多三线态分子碰撞后易被激发为单线态。$^1\Delta$ 的寿命是$^1\Sigma$ 的 4 倍，$^1\Sigma$ 的寿命很短，往往来不及和周围分子反应就立即衰变回基态了。$^1O_2$ 在丙酮或苯中能存活 2×10^{-6}s，水中能存活 $2\times$

图 6-20 氧分子的基态（$^3\Sigma$）和两个激发态（$^1\Delta$,$^1\Sigma$）的电子构型

10^{-5}s，四氯化碳中为7×10^{-4}s；在空气中平移约0.1cm才回到基态，该距离相当于氧分子直径的6倍，因此$^1O_2$形成后有充分的时间和足够的能量参与反应。[67]

基态$^3O_2$直接经由激发生成$^1O_2$是一个自旋禁阻的过程。故$^1O_2$通常需通过热化学反应或敏化的光反应来得到。[68]如，次氯酸钠与过氧化氢的反应、环状过氧化物的逆环加成反应及以$CaO_2\cdot2H_2O_2$为试剂等热化学方法都可生成$^1O_2$。任何激发三线态的能量大于$^1O_2$的分子均可采用敏化反应来产生$^1O_2$，但激发三线态敏化剂的能量也不宜过高，以避免其他副反应的发生。染料敏化是最常应用和非常有效的产生$^1O_2$的方法，量子产率可达0.7左右。能吸收可见光的荧光素（fluorescein，**1**）、玫瑰曙红（rose bengal，**2**）、亚甲基蓝（methylene blue，**3**）、卟啉和芳香酮等氧杂蒽酮染料是常用的产生$^1O_2$的敏化剂。

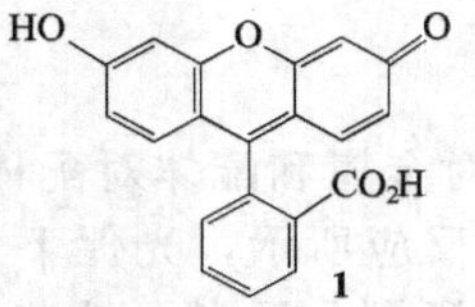

HO O O CO2H 1　HO I I O I I Cl CO2H Cl Cl Cl 2　Me_2N N NMe_2 S^+ I^- 3

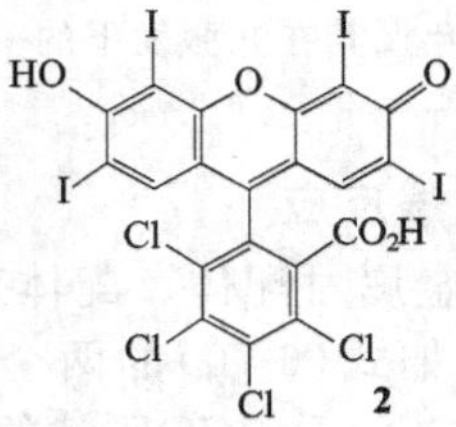

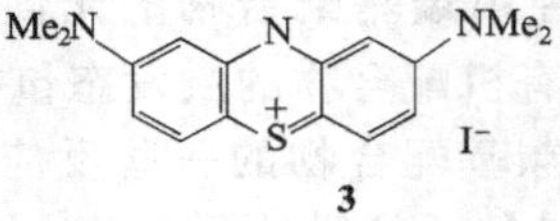

6.9.2 光氧化反应的类型和过程

底物S(A—B)和分子氧作用生成SO_2的反应都称光氧化反应。氧插入底物的光氧化反应可分为两大类，第一类是如式（6-71）所示的无敏化剂参与的自由基反应。

$$\underset{S}{A—B}\xrightarrow{h\nu}A\cdot+B\cdot\xrightarrow{O_2}AO_2\cdot+BO_2\cdot \tag{6-71}$$

第二类是有敏化剂参与的光敏氧化反应，敏化剂受光激发为单线态后系间穿越为三线态，后者与基态氧作用后再与底物S反应生成SO_2。光敏氧化反应又可再分为图6-21所示的Ⅰ型和式(6-71)、式(6-72)所示的Ⅱ型两种历程。这两种历程常常是竞争的，发生何种历程与氧及底物的浓度、底物及敏化剂的反应性等因素有关。氧浓度低和底物及敏化剂的反应性强，有利于Ⅰ型历程。Ⅰ型历程是由$^3O_2$参与的反应，和第一类光氧化反应相似，也经过自由基历程：如酚、胺等易被氧化或如醌等易被还原或易被吸氢的底物(S)，如二苯酮一类具有低三线态能量和强氢原子提取能力的三线态敏化剂夺氢形成自由基中间体，自由基中间体再与氧结合后参与反应。如图6-21所示，底物醇RR′CHOH被敏化剂夺氢后生成的自由基RR′C(OH)·与$^3O_2$反应后生成过氧自由基**4**；**4**再与底物醇进行链反应或与敏化剂作用，两者均生成羟基氢过氧化氢衍生物**5**；**5**水解生成羰基化合物和过氧化氢。

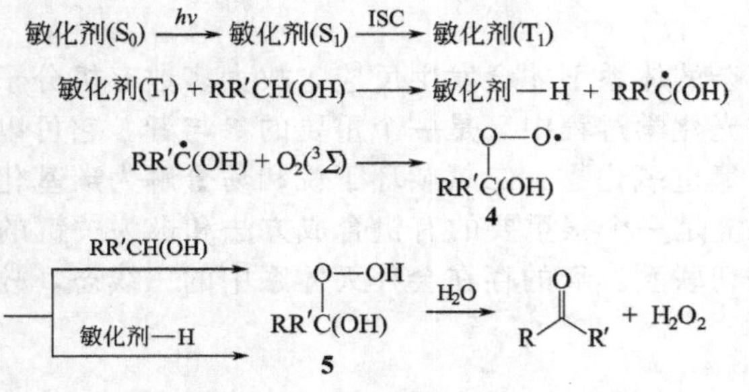

敏化剂(S_0) $\xrightarrow{h\nu}$ 敏化剂(S_1) $\xrightarrow{ISC}$ 敏化剂(T_1)

敏化剂(T_1) + RR′CH(OH) ⟶ 敏化剂—H + RR′Ċ(OH)

RR′Ċ(OH) + $O_2(^3\Sigma)$ ⟶ RR′C(OH)—O—O· (**4**)

4 —(RR′CH(OH) 或 敏化剂—H)⟶ RR′C(OH)—O—OH (**5**) $\xrightarrow{H_2O}$ RC(=O)R′ + H_2O_2

图6-21 Ⅰ型光敏氧化反应

Ⅱ型历程还可再分为两种过程：一种过程是反应首先生成敏化剂-基态氧的复合物**6**，然后由**6**将氧转移给底物(S)而发生反应，如式(6-72)所示：

$$敏化剂（T_1）+O_2\longrightarrow\cdot敏化剂—O—O\cdot\ (\mathbf{6})$$

$$\mathbf{6}+S\longrightarrow敏化剂(S_0)+SO_2 \tag{6-72}$$

第二种过程是三线态敏化剂将能量传递给氧，形成$O_2(^1\Delta)$，后者再与底物(S)发生反应，如式(6-73)所示：

$$敏化剂(T_1)+O_2 \longrightarrow 敏化剂(S_0)+O_2\ (^1\Delta)$$

$$O_2(^1\Delta)+S \longrightarrow SO_2 \tag{6-73}$$

用化学方法产生的单线态氧与底物的反应结果与光敏氧化反应一样给出等同的产物，立体选择性也一样，这反映出式（6-73）所示的过程更合理一点，即光敏氧化反应是由$O_2(^1\Delta)$与底物发生反应的，但不能排除式（6-72）所示的过程在某些反应中也有可能。

一些惰性的烯烃，如1,2-二苯乙烯并不与染料敏化产生的$O_2(^1\Delta)$反应，但仍可在9,10-二氰基蒽敏化下生成光氧化产物苯甲醛。这反映出该光敏氧化反应并未经由单线态氧参与的机理。现认为此类反应是经过氧负离子自由基中间体O_2^-·过程，敏化剂先与底物之间发生单电子转移，称电子转移光氧化反应。$O_2(^1\Delta)$并不具有$^3O_2$的自由基特性，很易与富电子脂肪族烯烃及有关化合物发生反应，表现出类似亲双烯体的性质。其光氧化反应主要有如式(6-74)所示的烯反应和［1+2］及［1+4］两类环加成反应：

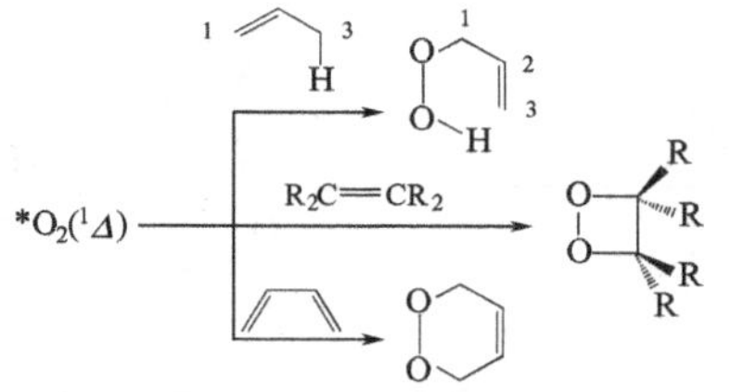

(6-74)

6.9.3 烯反应

烯烃与光敏条件下生成的单线态氧反应，烯丙基氢成为烯丙基过氧化氢的同时，双键发生迁移，结果与烯反应类似（参见5.7.6）。二氢青蒿酸过氧化物（**8**）就是从二氢青蒿酸（**7**）与单线态氧反应后制得的，如式（6-75）所示。[69]

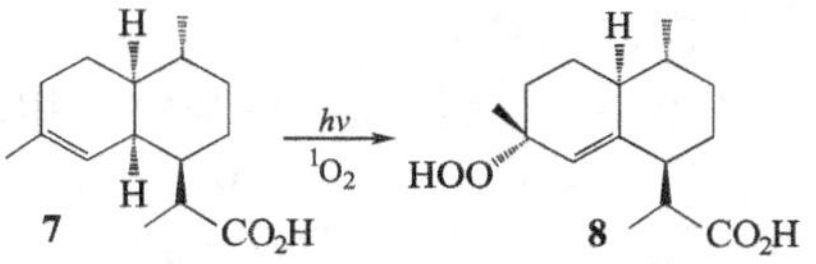

(6-75)

表观上看该反应与自氧化反应相似，但前者几乎伴随着100%的烯丙基重排，说明两者完全不一样。单线态氧的烯反应有如下几个特点：自由基捕获剂对该反应没有影响，而单线态氧捕获剂可完全抑制反应的发生；烯烃底物双键碳上的给电子取代基使反应活性增加；溶剂极性的增大会增大反应速率，但影响并不大；烯丙基氢的重氢同位素效应较小；等等。如式(6-76)所示，不同的单线态氧参与的烯反应可表现出一步完成的协同机理，或经由自由基、离子或三元桥状过氧化物中间体的分步机理，但烯丙基重排及手性底物的反应结果均表明自由基过程是不太可能的。

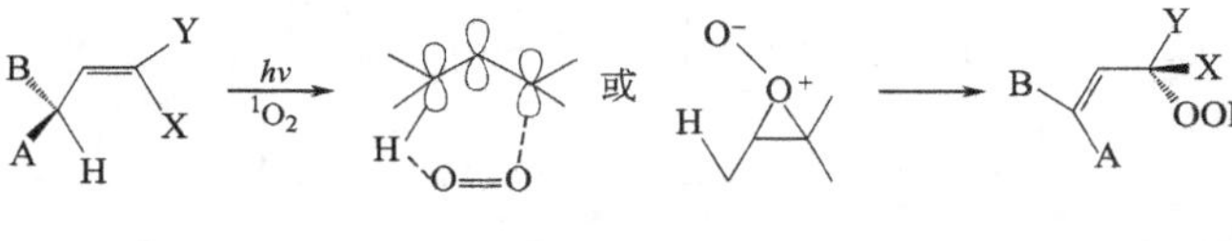

(6-76)

如式（6-77）的两个反应所示，从(+)-柠檬烯（**9**）光氧化后再还原生成一对非对映异构体(−)-顺式醇(**10**)和(−)-反式醇(**11**)。而热氧化反应后再还原的结果生成的产物除了**10**和**11**一对非对映异构体外，还有另一对非对映异构体**12**和**13**。这反映出该反应光促下按协同历程进行，而热反应按自由基历程进行。[70]

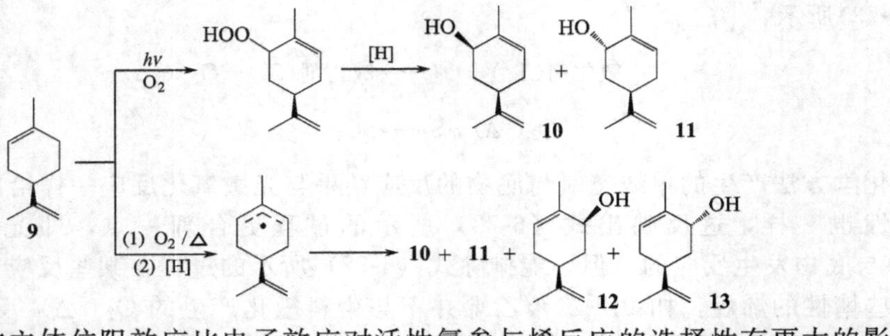

HOO $\xrightarrow{h\nu, O_2}$ $\xrightarrow{[H]}$ HO + HO

9 10 11

(1) $O_2/\triangle$ (2) [H] ⟶ **10** + **11** + OH + OH

12 13

(6-77)

烯烃分子中的立体位阻效应比电子效应对活性氧参与烯反应的选择性有更大的影响。活性氧沿着垂直于烯烃平面的方向进攻双键，烯丙基氢和氧分子处于顺式位置，即C—H键要垂直于双键平面以有利于γ-碳原子上的空p轨道与双键π轨道重叠。如式(6-78)的两个反应所示，α-蒎烯(**14**)经光氧化和还原后，得到95%的仲醇**15**和5%的叔醇**16**。这是由于蒎烯骨架的刚性不允许C4上的两个氢原子处于真正的直立位置，氧和这两个氢原子达不到顺式排列而难以反应生成**16**。

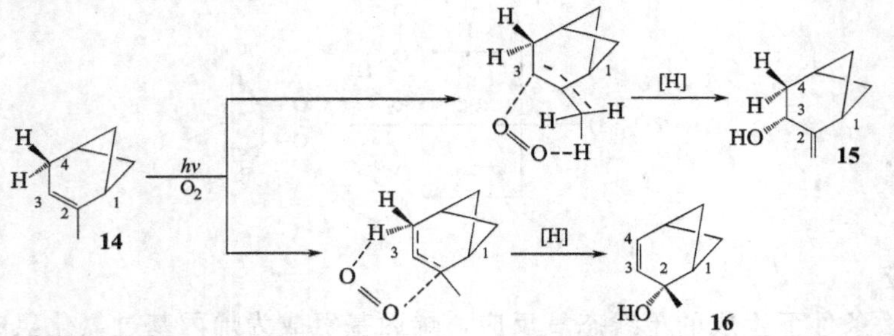

H H 4 3 2 1 **14** $\xrightarrow{h\nu, O_2}$ H H 3 1 O O--H H H $\xrightarrow{[H]}$ H H 4 3 HO 2 1 **15**

H H 3 1 O O $\xrightarrow{[H]}$ 4 3 2 1 HO **16**

(6-78)

6.9.4 环加成反应

如式(6-79)所示，单线态氧可以与双键上带有杂原子或芳基取代基的富电子烯烃发生［1+2］环加成反应，生成不易离析的二氧杂环丁烷（dioxetane）。二氧杂环丁烷易发生热分解而转化为一个基态羰基、一个激发态羰基或二羟基化合物。[71]

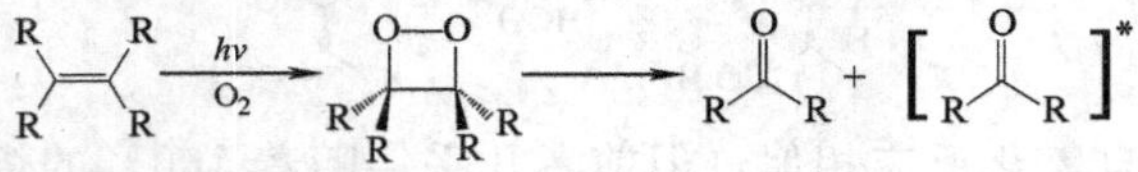

$$R_2C=CR_2 \xrightarrow{h\nu, O_2} \text{dioxetane} \longrightarrow RC(O)R + [RC(O)R]^*$$

(6-79)

双键处于顺式位置的脂肪族共轭二烯及多环芳香化合物和单线态氧可进行［1+4］光氧化Diels-Alder反应，如式(6-80)的两个反应所示，蒽经此反应可生成**17**。该反应可用于检测单线态氧的存在，生成的桥状过氧化物受热分解又可再生出单线态氧，故也是得到单线态氧的一个来源。［1+4］光氧化加成产物比烯反应和［1+2］环加成反应产物要稳定，过氧键可发生均裂或异裂并分解转变为多种衍生物，而成为许多有机合成中的一个有价值的中间体产物。[72]

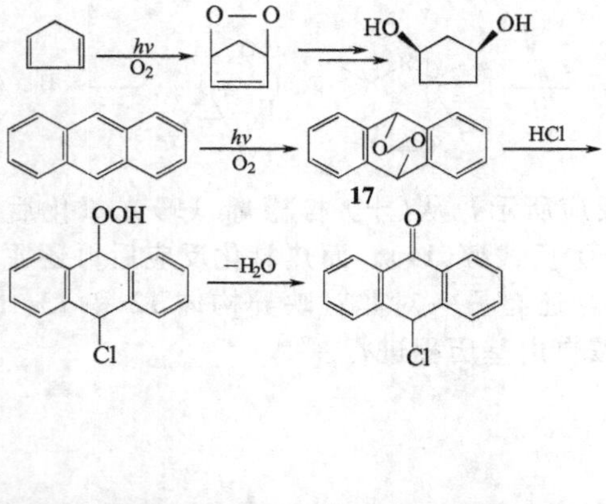

$\xrightarrow{h\nu, O_2}$ O—O ⟶ HO OH

$\xrightarrow{h\nu, O_2}$ **17** $\xrightarrow{HCl}$

OOH Cl $\xrightarrow{-H_2O}$ O Cl

(6-80)

6.9.5 酚的光氧化反应

酚是单线态氧的猝灭剂，但在敏化剂存在下也可发生如 6.9.2 讨论过的两类光氧化反应。如图 6-22 所示，2，6-二叔丁基酚(**18**)与单线态氧的光氧化反应先生成氢过氧化物 **19**，**19** 进一步反应脱水给出最终产物醌 **21**；**18** 也可能被夺取酚羟基上的氢原子生成自由基 **20**，**20** 与三线态氧反应后再夺取溶剂氢也给出 **19**，**20** 发生自由基二聚反应生成联苯酚（**22**），**22** 继续氧化为 **23**。**21** 和 **22** 的相对比例与溶剂相关。

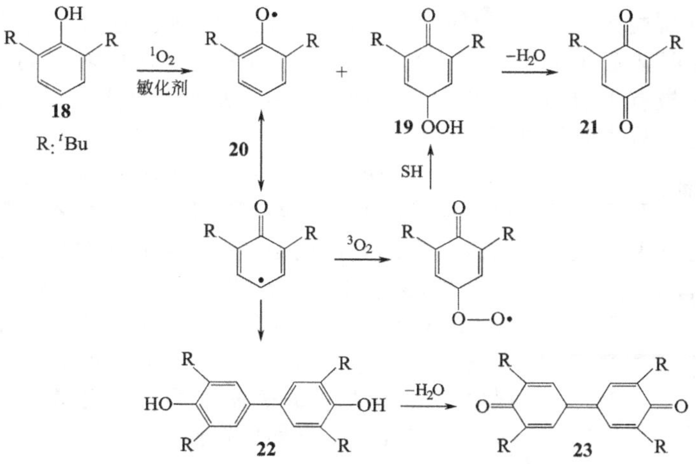

图 6-22 酚的光氧化反应

6.9.6 活性氧和单数氧的生物及环境效应

浓度大于正常的氧气氛对生物体系是有害的，使其生长抑制，细胞也易氧化损伤，但空气中的氧通常不会因可见光照射而伤害生物。然而，单线态氧$^1O_2$ 是一个强氧化剂，能与人体内的各种蛋白质、脂肪和核酸等生物大分子作用，引起机体氧化损伤并产生蛋白氢过氧化物、脂氢过氧化物和一系列如羟基自由基、氧的负离子自由基及过氧化氢、过氧醇等含氧分子。单线态氧与这些含氧分子都称活性氧。[73] 氧的电负性很大，基态氧$^3O_2$ 是一个很好的电子受体，能接受不等的电子数而生成各种活性氧，如式（6-81）所示。

$$^3O_2 \xrightarrow{e} O_2^{\cdot -} \xrightarrow[2H^+]{e} H_2O_2 \xrightarrow[H^+]{e} H_2O + HO\cdot \qquad (6\text{-}81)$$

$$O_2^{\cdot -} \longrightarrow {}^1O_2 + O_2^{2-} \qquad HO\cdot \xrightarrow[H^+]{e} H_2O$$

活性氧的寿命短，氧化活性强。生物体内的活性氧在正常情况下不断产生又不断被消除，其生成量增加或含量不足的两种情况都会对机体造成伤害。叶绿素在日光作用下作为敏化剂能将基态氧激发为单线态氧，而附着在叶绿素旁的光合薄膜上的 β-胡萝卜素又能猝灭该单线态氧，植物通过此类天然保护方式来免受$^1O_2$ 的攻击伤害。人体无此机制，依靠过氧化氢酶和谷胱甘肽氧化酶及超氧化物歧化酶（superoxide orgotein dismutase，SOD）等酶或维生素 C、维生素 E 及胡萝卜素和血浆中的铜蓝蛋白等抗氧化剂清除活性氧。另一方面，生成活性氧的方式也可用来抑制肿瘤细胞的生长。如，在肿瘤部位上用注射或涂抹的方法富集光敏抗癌剂，经适当波长的光照射后肿瘤部位上的基态$^3O_2$ 敏化为$^1O_2$ 而使最邻近的肿瘤细胞失活，而$^1O_2$ 的生成期很短，故不会对其他偏远处的正常细胞产生影响或伤害。这种方法称光动力疗法（photodynamic therap，PDT），光动力效应指敏化剂和氧分子在光激发下引起生物机体组织的变化、损伤或对生物大分子的修饰作用，是生物分子的光敏氧化现象。另一种医用方法是利用渗入肿瘤细胞的光敏抗癌剂经光照激活后无需氧参与而与肿瘤细胞中的生物大分子反应，称光诱发毒性反应（photogenotoxic）。[74]

阳光到达地球的能量主要是能与生物大分子作用，而对生物体系造成伤害的短波紫外（180～280nm）和中波紫外（280～320nm）所造成的。如图 6-23 所示，位于离地球表面约25km 的平流层中有一圈臭氧浓度约为 10^{-6} 体积分数的臭氧层。臭氧的最大吸收在 255nm，臭氧层中的臭氧几乎全部吸收小于 295nm 的短波紫外光和吸收大部分对生物也有一定危害而同时又能加热平流层的 295～320nm 的中波紫外光。故到达地球表面的主要是长波紫外（320～400nm）和可见光（400～700nm）。这些光通过光化学反应对人类的生存环境产生各种或积极有益或消极有害的影响，其中最积极的作用就是为地球大气提供氧气和臭氧，使生物得以出现和生存。故臭氧层是对环境有益的一种过滤层。

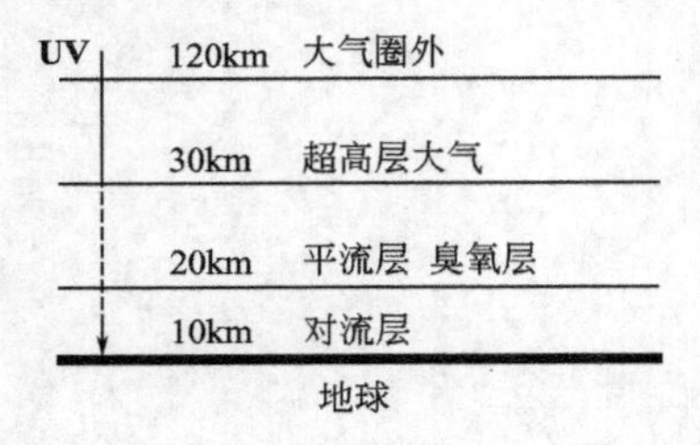

图 6-23　地球大气层示意

空气中的氧气经紫外光作用生成的原子氧再与氧气作用可生成臭氧并维持两者的平衡。臭氧有灭菌和消毒作用，但贴近地面的臭氧也是一种引起组织黏膜疼痛、皮肤疾病和材料老化的污染物。活性极强的原子氧和臭氧统称单数氧（odd oxygen），正常环境下它们在大气层中的生成和消耗过程称 Chapman 循环。如式(6-82)所示，平流层中的分子氧吸收 240nm 左右的短波紫外光，慢慢光解为原子氧。原子氧活性极强，生存期极短而迅即与分子氧结合成臭氧或再生为分子氧，这两个反应中都还有虽未发生化学变化但能吸收或带走反应能量以维持体系能量守恒的第三者，如氧气和氮气的参与。臭氧又可在短波紫外光作用下快速与原子氧反应生成分子氧或慢慢光解为原子氧和分子氧。当臭氧浓度较低时，生成臭氧的反应将是主要的，而当臭氧浓度较高时，臭氧分解为分子氧的反应成为主要的，如此平流层中的原有臭氧可保持一个动力学平衡态浓度。英国化学会的期刊 *Chem. Soc. Rev.* 在 2012 年的第 19 卷对大气层的小分子光化学反应有专题讨论。

$$O_2 \xrightarrow[\text{慢}]{UV} 2\,O \xrightarrow[\text{快}]{O_2} O_3 \begin{cases} \xrightarrow[\text{慢}]{O} 2\,O_2 \\ \xrightarrow[\text{快}]{h\nu} O + O_2 \end{cases} \tag{6-82}$$

大气中的水蒸气在阳光照射下分解出的羟基、氢自由基和石油燃料产生的 NO、NO_2 及 N_2O 等氮氧化物，对臭氧的生成和分解均有影响。随着在对流层中可稳定存在长达近百年的氟利昂的大量应用和释放，造成平流层中很易进行能生成 Cl_2 的异相化学反应，Cl_2 在此环境中即使受到弱的阳光照射也易光解为能破坏臭氧分子的氯自由基。平流层中的甲烷也能与氯自由基或原子氧作用生成甲基自由基和氯化氢等影响臭氧的生成和分解的物质。人为造成的这些包括比氯自由基破坏臭氧层的影响还要大的溴自由基和碘化物在内的活性物种都能通过链反应而消耗平流层中的臭氧，总的结果如式（6-83）所示。地球南极在寒冷黑暗的冬季具有的极地涡流使极地大气与外界隔绝，并形成含大量冰晶的平流层；春季来临后，平流层中冰晶表面富集的氯化物和氮氧化物在光促下发生复杂的多相链式催化反应，生成破坏臭氧层的活性氯原子。20 世纪 80 年代前后人们发现臭氧层中的臭氧浓度正在降低，在春季的南极地区上空甚至已出现椭圆形的臭氧空洞（ozone hole）。随后，国际大家庭共同签署了多个有关限制生产和使用氟利昂的协议，保护臭氧层的研究和实践都已取得非常有效的结果。[75]

$$\begin{aligned} &XO\bullet \xrightarrow{H_2O} HOX \xrightarrow{h\nu} X\bullet \\ &XO\bullet \underset{O_3}{\overset{O\bullet,\,NO}{\rightleftharpoons}} X\bullet \underset{CH_4\ H_2O}{\overset{HO\bullet}{\rightleftharpoons}} HX \\ &XO\bullet \xrightarrow{NO_2} XONO_2 \xrightarrow{h\nu} X\bullet \end{aligned} \tag{6-83}$$

X: Cl 或Br

如图 6-24 所示，因汽车尾气及化石燃料燃烧形成的废气污染物也会在光照下与由单数氧与水反应生成的羟基及单数氧起链反应而形成由臭氧、醛、过氧乙酰化物等组成的二次污染物造成的光化学烟雾。光化学烟雾对生物体是有害的，除了使人呼吸困难和降低视野外，还易于引发许多尺寸小于 1μm 的、分散于气体中的固液滴气溶胶等有害物质的生成。

$$OH\cdot \xrightarrow[-H_2O]{RCH_3} RCH_2\cdot \xrightarrow{O_2} RCH_2O_2\cdot \xrightarrow{NO\cdot} RCH_2O\cdot + NO_2\cdot$$

$$NO_2\cdot \xrightarrow{h\nu} NO\cdot + O$$

$$RCH_2O\cdot \xrightarrow{O_2} RCHO + HO_2\cdot$$

$$HO_2\cdot + NO\cdot \longrightarrow HO\cdot + NO_2\cdot$$

$$HO\cdot \xrightarrow[-H_2O]{RCHO} RCO\cdot \xrightarrow{O_2} RCO_2O\cdot$$

$$RCO_2O\cdot + NO_2\cdot \longrightarrow RCO_2ONO_2$$

图 6-24 光化学烟雾的产生及组成

另一方面，光催化氧化反应也已被用于清除有毒有机污染物而受到重视。

6.10 还原反应

光除了能引发氧化反应外也能引发还原反应，Norrish Ⅱ 型反应就是激发态羰基发生的分子内还原反应。如式(6-84)所示，n→π* 激发态的羰基氧自由基有很高的活性，也能夺取供体 R″H 中一个适当的氢原子，形成强度较大的 O—H 键并生成羰游基（**1**，参见 4.6.3）。[76] 羰游基有足够能被 ESR 检测的寿命。因此羰基化合物进行光化学反应时，应注意溶剂的选择以避免还原副反应的发生，环己烷、苯、乙腈等都是常用的。

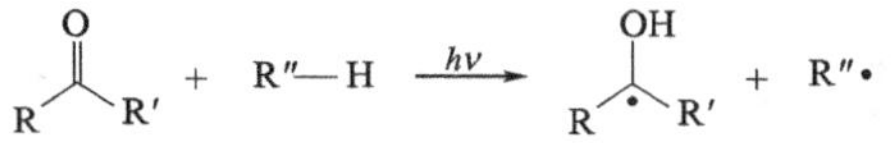

$$RC(=O)R' + R''\text{—}H \xrightarrow{h\nu} R\dot{C}(OH)R'\ (\mathbf{1}) + R''\cdot \tag{6-84}$$

如图 6-25 所示，R″H 中最弱键 C—H 键断裂并给出氢原子后生成烷基自由基后，可发生偶联反应生成 RR′R″C（OH）和其他产物。具较低 n→π* 激发能的二苯酮激发态的光还原反应易给出频哪醇产物。在异丙醇存在下，羰基氧自由基先夺取异丙醇中易于均裂的、与羟基相连的碳上的氢生成自由基 **2**。**2** 再夺取从异丙醇而来的自由基 **3** 中 O—H 键上的氢得到还原产物 **4** 和丙酮；**2** 偶联则生成频哪醇产物 **5**。光还原反应中异丙醇和二苯甲醇因具有较低的 C—H 键能而是最常用的氢给体分子。光还原常和其他光化学反应竞争，产物相对较复杂。[77]

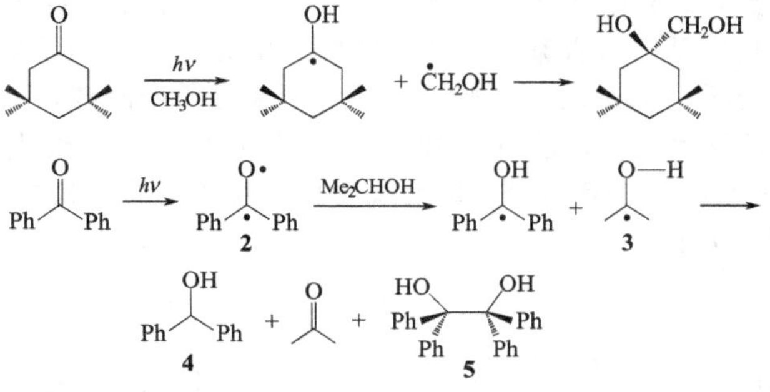

$$\text{3,3,5,5-四甲基环己酮} \xrightarrow[CH_3OH]{h\nu} \text{羰游基} + \dot{C}H_2OH \longrightarrow \text{1-(羟甲基)-3,3,5,5-四甲基环己醇 (HO, CH}_2\text{OH)}$$

$$Ph_2C{=}O \xrightarrow{h\nu} Ph_2\dot{C}\text{–}O\cdot\ (\mathbf{2}) \xrightarrow{Me_2CHOH} Ph_2\dot{C}OH + (CH_3)_2\dot{C}\text{–}O\text{—}H\ (\mathbf{3}) \longrightarrow Ph_2CHOH\ (\mathbf{4}) + CH_3COCH_3 + Ph_2C(OH)\text{–}C(OH)Ph_2\ (\mathbf{5})$$

图 6-25 羰基在光激发下的还原偶联反应

光激发下醌可夺取溶剂(HS)中的活泼氢生成半醌游离基（semiquinone，**6**）。如式（6-

85）所示，从对醌生成的**6**发生歧化反应可再生成醌和二酚：

O, O → (hν) O•, O → (HS) OH, O• **6** ⇌ OH, OH (6-85)

辅酶Q又称原醌或泛醌，侧链有不同长度的异戊二烯链，它们也是通过这几种状态的变换参与呼吸链或光合链中的电子传递作用，也能与活性氧等各种活性自由基作用而起到抗肿瘤作用。

6.11 消除反应

光消除反应指底物经光激发后失去一种或多种小分子碎片的反应。如，羧酸、酯、酸酐及偶氮、重氮、叠氮和砜、亚砜、硫酯、磺酰胺等化合物经光照后可分别失去CO_2、N_2、NO、CO、SO_2及氮氧化物和硫元素等，如式(6-86)的3个反应所示。光消除反应中一般是处于生色团α-位的σ键断裂，失去一个小分子并产生高能的双自由基、两性离子等中间体再后续反应。该反应也是产生卡宾、氮宾（参见4.7）和引发螯合反应（参见5.7.5）的重要方法。

$PhOCH_2CO_2H \xrightarrow{h\nu} PhOCH_3 + CO_2$

H, Cl, N=N $\xrightarrow[-N_2]{h\nu}$ H, Cl → H, Cl + H, Cl (6-86)

Ph, S, O, O, Ph $\xrightarrow[-SO_2]{h\nu}$ Ph, Ph

6.12 含氮分子的光化学反应

许多含氮化合物在光化学条件下发生脱氮反应并生成一些合成上很有用的中间体。如，重氮化合物可生成卡宾；α-重氮酮可发生Wolff重排反应；叠氮化合物可生成氮宾；脂肪族偶氮化合物可生成双自由基；芳香族偶氮化合物则发生$n\rightarrow\pi^*$的顺反异构化反应等等。

脂肪族化合物可与反应器中由NO和Cl_2即时生成的亚硝酰氯(NOCl)在铊-汞电弧灯光照（540nm）下发生光取代反应并进而生成酮肟。[78]该反应以环己烷为底物得到的酮肟再经Beckmann重排生成内酰胺，后者再经水解后聚合可应用于尼龙6和尼龙12的工业生产，如式(6-87)（n=1或7）所示：

$[\ ]_n \xrightarrow[NOCl]{h\nu}$ NO, $[\ ]_n \xrightarrow{HCl}$ N—OH, $[\ ]_n \xrightarrow{H_2SO_4}$ H, N, O, $[\ ]_{n+1}$ → 尼龙 (6-87)

有机亚硝酸酯氮上的非键电子在弱长波下可发生$n\rightarrow\pi^*$跃迁。**1**光解转化成γ-肟醇（**5**）的反应称Barton反应。[79]这是一个远程官能团化（remote functionalization）的反应，既是光化学反应在有机合成化学领域应用最成功的实例之一，也是自由基作为一个活泼中间体用于有机合成的里程碑。如式（6-88）所示，**1** 在 220～230nm 和 310～385nm 处有吸收，经硼硅酸玻璃滤光后吸收低能光波而发生 O—N 键断裂，放出稳定的 NO 自由基的同时生成烷氧自由基 **2**，**2** 继而经六元环过渡态夺取 γ-H 生成碳自由基 **3**（热反应生成的 **2** 并无夺取 γ-H 所需能量）。**3** 再按不同的途径继续各种反应，在 Barton 反应中则与前所释出的 NO 自由基再结合形成亚硝基化合物 **4** 并异构化为 **5**。反应时通常使用滤波器限制辐射光波长在 300nm 以上，以避免高能短波辐射引发其他有害的副反应。

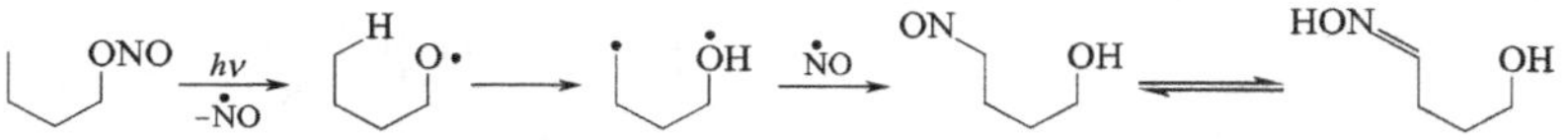

(6-88)

亚硝酸酯上有立体取向合适的 γ-氢原子以利于发生氢原子转移是一个关键因素。Barton 反应最易在甾体一类刚性分子中发生。甾族亚硝酸酯化合物可形成最合适的六元环过渡态，可相当成功地将分子中不活泼的角甲基变成活泼的羟肟官能团，如式（6-89）所示。该反应的发现是甾体化学的一大创新性进展，也是 Barton 自认为是他研究生涯中最能让他得意的一个工作。在全世界只能提供 10 mg 甾醇的 20 世纪 50 年代，Barton 小组却已能利用该反应生产出几十克的甾醇来。

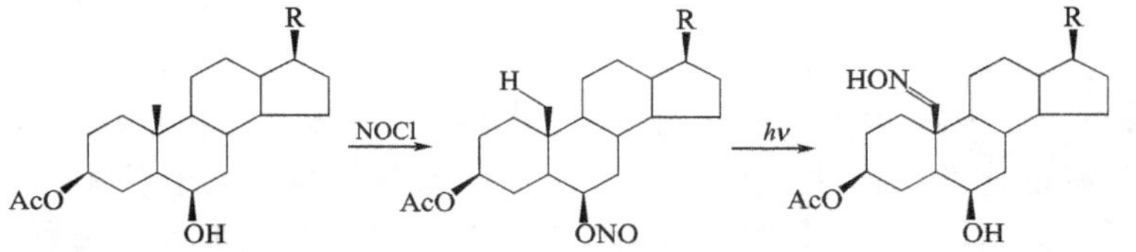

(6-89)

6.13 光激发的单电子转移反应

如图 6-26 所示，从能量上看，基态分子发生单电子转移时，需要从能级相对较低的 HOMO 上移去电子或在能级相对较高的 LUMO 上接受电子；激发态分子中各有一个电子分别位于 LUMO 和 HOMO，可从能级较高的 HOMO 上移去电子或在能级较低的 LUMO 上接受电子，故激发态分子较易发生单电子转移过程（参见 4.6.4）而生成自由基正离子或自由基负离子。[80]

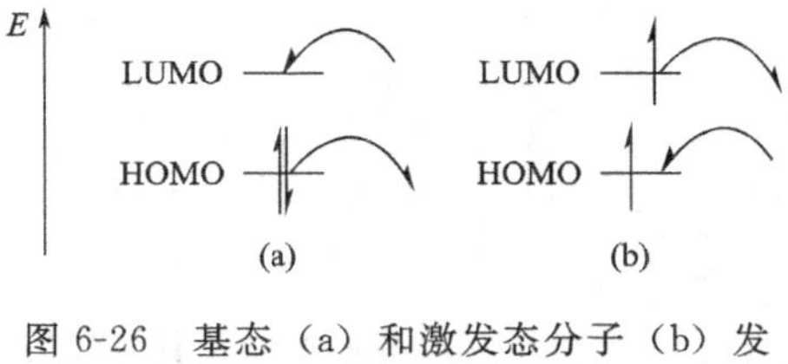

如图 6-27 所示，光激发产生的单电子转移所涉及的实体可能是一个碰撞配合物（**1a**，A 和 D 分别为电子受体和供体），也可能是自由基正离子和自由基负离子的激发态组成的激基缔合物（**1b**）。它们既能以荧光辐射回到基态也能分离为能够独立进行反应的自由基离子后发生反应而得到产物（P）。[81]

图 6-26 基态（a）和激发态分子（b）发生单电子转移所需能级

除氧化-还原光敏反应外，光激发的单电子转移反应生成的自由基正离子或自由基负离子可发生亲核或亲电的取代反应和其他各类有机反应。如式（6-90）所示，1，1-二苯乙烯光照下产生的三线态自由基正离子可与醇和氰化物进行有较大反应速率的亲核加成反应。

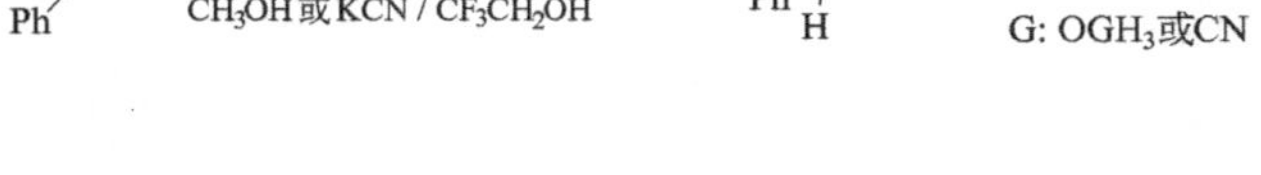

$$\mathrm{Ph_2C{=}CH_2 \xrightarrow[CH_3OH或KCN/CF_3CH_2OH]{h\nu/敏化剂} Ph_2CH{-}CH_2G} \qquad (6\text{-}90)$$

G: OGH_3或CN

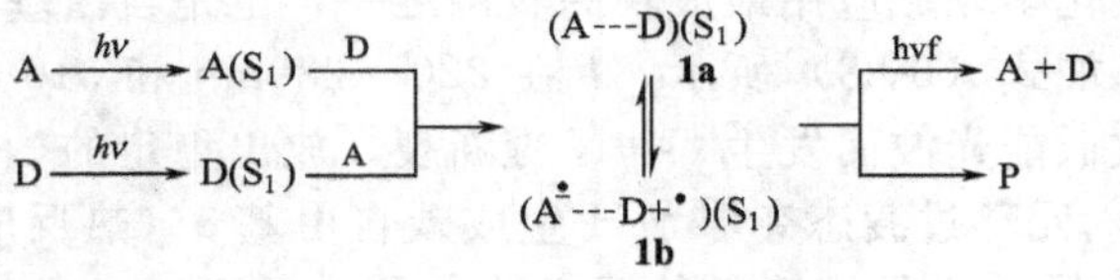

$$A \xrightarrow{h\nu} A(S_1) \xrightarrow{D},\quad D \xrightarrow{h\nu} D(S_1) \xrightarrow{A} \longrightarrow (A\text{---}D)(S_1)\ \mathbf{1a} \rightleftharpoons (A^{\overset{\bullet}{-}}\text{---}D^{+\bullet})(S_1)\ \mathbf{1b} \longrightarrow A + D\ (h\nu f);\ P$$

图 6-27 光激发产生的单电子转移所涉及的实体形式

哪类自由基离子可由光照产生及它们的化学选择性均与底物的结构密切相关。以式（6-91）所示的取代苯基环己烯与醇进行光激发下生成 **2** 和 **3** 的加成反应为例：[82]

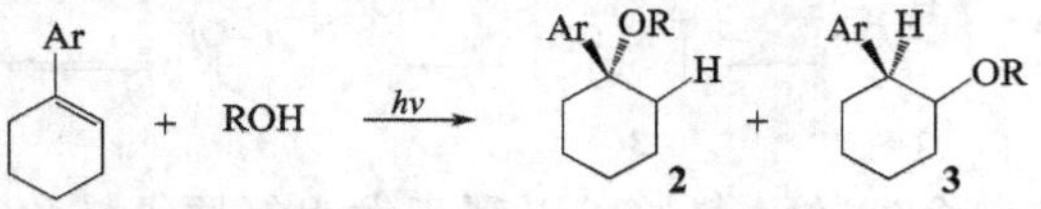

$$\text{1-Ar-cyclohexene} + ROH \xrightarrow{h\nu} \mathbf{2} + \mathbf{3} \tag{6-91}$$

如图 6-28 所示，若将烯烃碳原子和与烯烃相连的苯基碳原子 p 轨道上的 π 电子进行定域化处理，受激发时远离苯基的 C2 上的 p 电子发生跃迁生成的 **5** 引起分子轨道中的节点数增加要比连在苯基上的 C1 上的 p 电子发生跃迁生成的 **4** 少，故 **5** 在能量上更有利更易于生成。

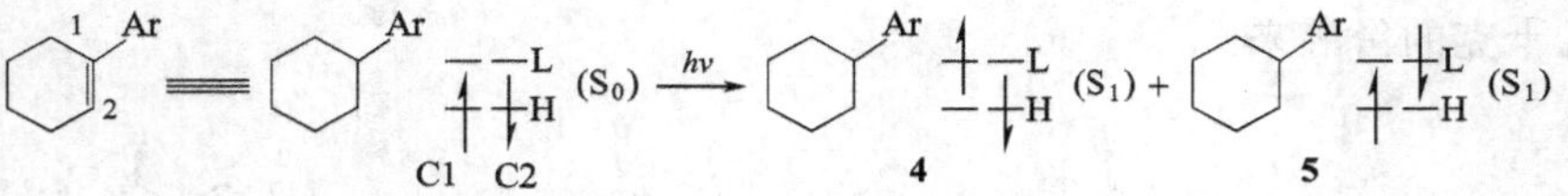

$$(S_0) \xrightarrow{h\nu} \mathbf{4}\ (S_1) + \mathbf{5}\ (S_1)$$

图 6-28 两个烯烃碳原子受激后经单电子转移引起分子轨道中节点数的增加不同

该反应有很好的化学选择性。如图 6-29 所示，苯基若为强电子受体 A，则烯键激发后易接受一个电子成为 C2 带负电荷的自由基负离子 **6**。C2 先与氢加成，烷氧基然后加到苯基 C1 上生成 **2**；反之，苯基若为强电子供体 D，烯键激发后易失去一个电子成为 C2 带正电荷的自由基正离子 **7**。**7** 中的 C2 先与烷氧基加成，生成位置选择性与正好 **2** 相反的 **3**：

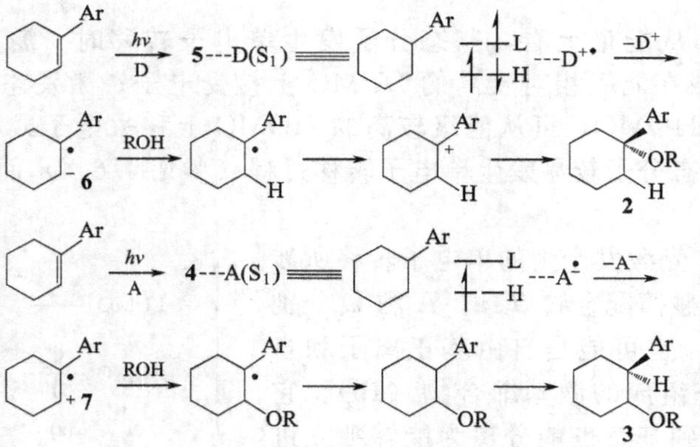

$$\xrightarrow[D]{h\nu} \mathbf{5}\text{---}D(S_1) \equiv \text{---}D^{+\bullet} \xrightarrow{-D^+} \mathbf{6} \xrightarrow{ROH} \longrightarrow \longrightarrow \mathbf{2}$$

$$\xrightarrow[A]{h\nu} \mathbf{4}\text{---}A(S_1) \equiv \text{---}A^{\overset{\bullet}{-}} \xrightarrow{-A^-} \mathbf{7} \xrightarrow{ROH} \longrightarrow \longrightarrow \mathbf{3}$$

图 6-29 取代烯烃受激后经单电子转移的反应有化学选择性

如式（6-92）所示，苯与三乙胺在光促下生成几个环已-1,4-二烯类化合物，从产物的组成和结构看，该加成反应是经单电子转移过程而进行的。

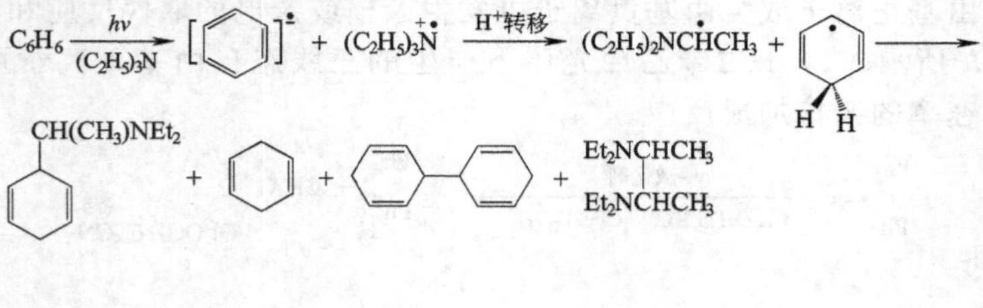

$$C_6H_6 \xrightarrow[(C_2H_5)_3N]{h\nu} [C_6H_6]^{\overset{\bullet}{-}} + (C_2H_5)_3\overset{+\bullet}{N} \xrightarrow{H^+\text{转移}} (C_2H_5)_2N\dot{C}HCH_3 + \longrightarrow \tag{6-92}$$

$$CH(CH_3)NEt_2\text{-cyclohexadiene} + \text{cyclohexadiene} + \text{bi(cyclohexadienyl)} + Et_2NCHCH_3\text{—}Et_2NCHCH_3$$

如式（6-93）所示，**8** 分子内兼有电子供体部分和电子受体部分，光照后发生分子内单电子转移而与醇试剂反应得到位置选择性非常好的加成产物。[83]

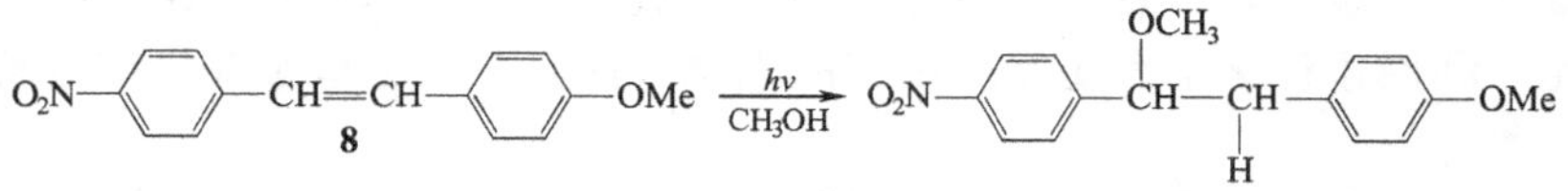

$$O_2N-C_6H_4-CH{=}CH-C_6H_4-OMe\ (\mathbf{8})\xrightarrow[CH_3OH]{h\nu}O_2N-C_6H_4-CH(OCH_3)-CH(H)-C_6H_4-OMe \quad (6\text{-}93)$$

如式（6-94）的两个反应所示，**9** 和 **10** 也都能经由分子内的酰胺基的羰基和氨基与烯键间的单电子转移过程进行分子内环加成反应，某些天然产物的全合成中都曾用到此类光化学反应。[84]

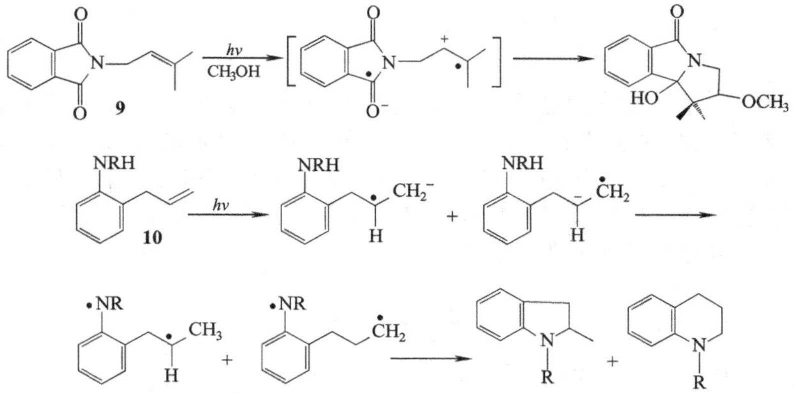

(6-94)

惰性的前催化剂能在光作用下经单电子转移成为活性催化剂去参与各类有机反应。如图6-30所示，丁二烯在 $Fe_2Cl_2(NO)_2$ 存在下发生光催化二聚反应，催化的活性物种是$Fe(NO)_2$。

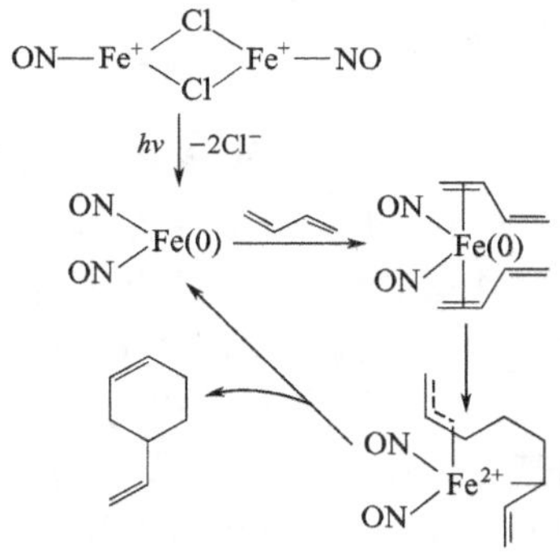

图 6-30 丁二烯在 $Fe_2Cl_2(NO)_2$ 光催化下的二聚反应

单电子转移反应在光化学中是较为普遍的一个过程，在有机合成中也很有用。[85]光化学的单电子转移反应有两个关键因素：一是在碰撞配合物或双激基体 **1** 中单电子转移的概率大小，二是自由基离子对分离成为能够独立进行反应的自由基离子的倾向和能力。

6.14 化学发光、生物发光和荧光蛋白

某些化学反应释放的能量（300～170kJ/mol）可使产物处于激发态，后者具有的过量能量不以通常可见的散热形式失去，但会以辐射形式转化为光能（400～700nm），即产生化学发光（chemiluminescence），回到基态失活时体系温度不变。[86]这种光不是燃烧所产生

的，故有时又称冷光（cold light）。具有高能而产生化学发光的化合物必定是不稳定的，它们大多是混合稳定的前体底物和试剂混合后原位产生（in situ）的物质，最常见的这类化合物含有邻二氧杂环丁烷（酮）及过氧桥等结构。过氧环分解时释放的能量使某些物质达到激发态继而发光。利用这种化学发光原理制作的光源方便安全，很适于在煤矿等特殊环境中的应用。

如式（6-95）所示，四甲基连二氧环丁烷（1,2-dioxetane，**1**）分解产生一分子基态丙酮和一分子激发三线态丙酮 **2**。**2** 在室温缺氧情况下发出磷光，有氧情况下三线态被猝灭而发出荧光。

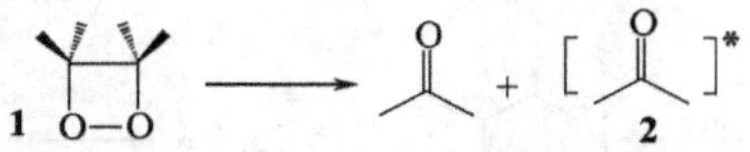

(6-95)

如图 6-31 所示，存有过氧化氢与碱的混合物与本身不会发出荧光的草酰氯或草酸二芳基酯（**3**）及染料发生两次亲核酰基取代反应。**3** 转变成不稳定的连二氧环丁烷的高能衍生物过氧乙二酮（1,2-dioxetanedione，**4**）。**4** 易分解放出一分子基态二氧化碳和一分子能产生蓝光的激发态二氧化碳。激发态二氧化碳也可将能量传递给具荧光发色基团的荧光素分子，后者受激后发出效果更为强烈的化学荧光。

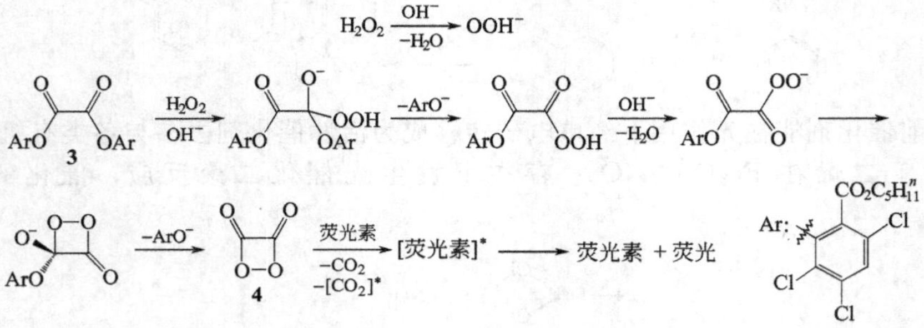

$H_2O_2 \xrightarrow[-H_2O]{OH^-} OOH^-$

荧光素 $\xrightarrow[-CO_2,\ -[CO_2]^*]{}$ [荧光素]* ⟶ 荧光素 + 荧光

Ar: $CO_2C_5H_{11}^n$, Cl, Cl, Cl

图 6-31 过氧化氢与草酸类化合物反应可将激发态能量转移给荧光素分子

鲁米诺（邻氨基苯二甲酰肼，luminol，**5**）是一个很好的化学荧光剂。如式（6-96）所示，肼质子在碱性条件下首先被移去，活性氧置换出氮气后再发生 O—O 键断裂并在 $[Fe(CN)_6]^{3-}$ 还原下转变为激发态二价负离子中间体 **6**。**6** 衰变为基态并放出蓝绿色的荧光或将能量传递给存在于体系中的一些多具稠芳环结构的荧光染料。此类芳环化合物吸收光子转变为激发态后可发出荧光回到基态。如，9,10-二苯基蒽可发出蓝光，9,10-双苯乙炔基蒽则会发出绿光。[87] 许多光棒（light wand）都是利用上述的几个反应原理制备的：发光体系先分别保存在分隔包装且均较稳定的两种容器中，使用时再将这两种材料混合即发生可预测的化学反应而导致化学发光。它们的发光亮度比生物发光大得多，但量子产率都不高，仅为生物荧光的几十分之一。

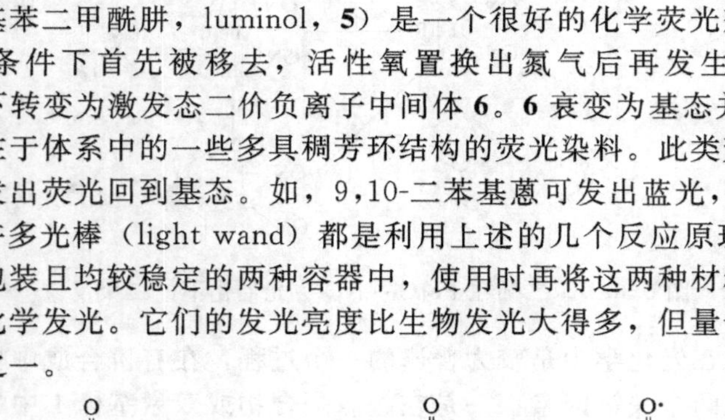

(6-96)

$+ \ 2H_2O + N_2 +$ 荧光

自然界中有许多细菌、蠕虫、原生动物、脊椎动物、海洋生物及植物等均会产生生物发

光（bioluminescence），它们的发光体系复杂程度不等，涉及多个经由过氧化氢取代物起作用的酶促反应。生物发光实际上是生物体将化学能转化为光能的过程，也是一个化学发光现象。萤火虫是人们最常见的能发出生物荧光的昆虫，它发光的“燃料”是一种荧光素。荧光素是一种可被荧光素酶催化氧化的物质。各种发光生物的荧光素各不相同，如细菌、蚯蚓、萤火虫的荧光素各为5-羰基-7-甲基辛醛、十四醛和4,5-二氢-2-(6′-氧代苯并噻唑-2′-)噻唑-4-羧酸（D-luciferin，**7**）。它们实际上都是还原剂，如式（6-97）所示，在ATP和荧光素酶催化下与作为氧化剂的氧气作用，生成一个激发态的产物分子oxyluciferin（**8**）后再通过释放光子的方式回到基态时就能发出与介质、温度和pH值相关的可见波长在540～580nm的荧光。[88]萤火虫发出荧光的量子产率接近1，几乎是耗散激发能的唯一途径而非常有效。

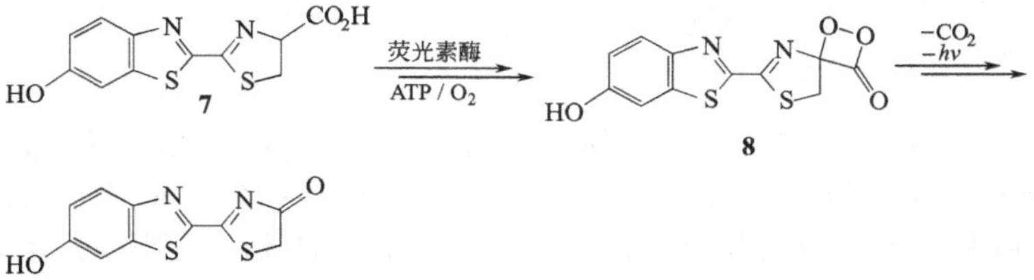

$$\mathbf{7}\xrightarrow[\text{ATP}/O_2]{\text{荧光素酶}}\mathbf{8}\xrightarrow[-h\nu]{-CO_2}\quad(6\text{-}97)$$

1962年，科学家们在分离生物发光蛋白——水母素时发现并于1974年分得了一个在阳光下能发绿光的、后被称为绿色荧光蛋白（Green Fluorescent Protein，GFP）的蛋白质。水母素有一种荧光素，在钙刺激下用荧光酶发光后的能量可转移给水母中的由238个氨基酸组成GFP并引发GFP发光，是荧光共振能量在生物中的一种转移过程。1992年，GFP的基因序列（cDNA）得到确认。随后，GFP的编码区用聚合酶链反应（PCR）的方法得以扩增后被克隆到表达载体中，通过UV或蓝光激发，在大肠杆菌和线虫细胞内均产生了很美妙的绿色荧光，实现了GFP作为荧光指示剂的真正突破。后来人们从其他生物中也发现了一些发光蛋白质，如珊瑚里就有红色荧光蛋白。在上述研究的基础上进一步通过改变GFP中的氨基酸排序，合成出了能吸收和发出更久、更强烈，包括蓝色、青色和黄色等不同颜色的荧光蛋白。2008年，诺贝尔化学奖授予最先找到荧光蛋白的日本科学家Shimomura（下村修）、克隆了GFP基因并使线虫的六个细胞显色的美国科学家Chalfie和改造了GFP和拓展出其他颜色以示踪不同的蛋白质并阐明发光蛋白质发光机制的华裔美国科学家Tsien（钱永健）。[89]

6.15 有机合成中的光化学

光化学在理论上有不少新的进展，其应用于有机合成反应和天然产物的全合成更是产生了许多令人振奋的成果。[90]光，特别是自然的阳光本身就是绿色能源，故光化学反应也是典型的绿色化学反应。光激发的合成反应条件温和，试剂就是极为方便易得的光源，通常无需酸、碱或金属等外加引发试剂参与，故也避免了热反应中易产生的副产物。一些有机光化学反应可以一步实现多官能团和特定多环子结构骨架的建立而大大缩短全合成路线。[91]光催化的有机合成被认为是化学学科的十大重点研究方向之一，所用的光敏剂也是有机分子，其效果往往比金属催化的更好。[92]如式（6-98）所示，**1**和丁醛在光照下无需外加试剂就能发生取代反应：[93]

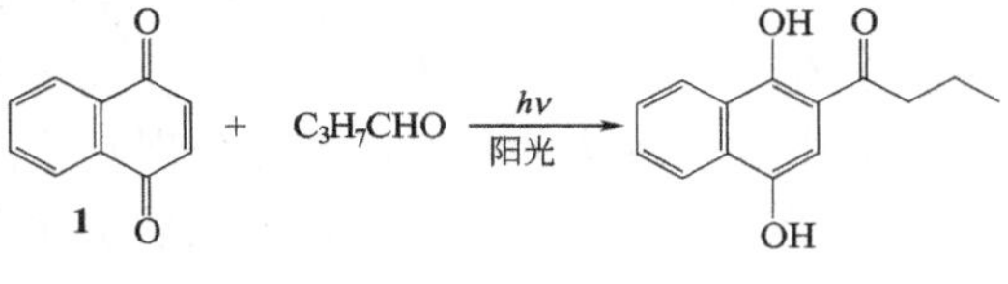

$$\mathbf{1}+C_3H_7CHO\xrightarrow[\text{阳光}]{h\nu}\quad(6\text{-}98)$$

不对称的有机光化学反应也已有许多成功的实例并被广泛用于复杂分子的全合成中，一些高温下的光化学反应也仍能得到较高 *ee* 值的手性产物。[94]如式（6-99）的两个反应所示，光照下 **2** 的加成反应和 **3** 的氧化烯反应都得到对映选择性极佳的产物。两个反应的产率都在 90%以上，**4**∶**5**＝3∶1。[95]

RCHO; $h\nu$; d.r > 92:8; H_3O^+; OMe; AcHN; CO_2CH_3

(6-99)

$h\nu/O_2$; 敏化剂; d.r > 93:7; HOO; OH

在温和的反应条件下选择一定波长的光，利用无需化学试剂的光敏保护基团（photolabile protective group）的研究工作也有很大进展。如式（6-100）的两个反应所示，2-羟甲基-8-溴-7-羟基喹啉（**6**）则是光化学保护羧酸的一个很好的试剂。邻硝基苄基和一个杂原子相连的化合物 **7** 经光解就可脱去邻硝基苄基而得到脱保护的杂原子化合物，整个过程非常简单，在生命科学领域也是广为采用的一种方法。[96]

HO; Br; $h\nu$; OH $+RCO_2H$

(6-100)

RO; NO_2; $h\nu$; ROH +; CHO; NO

在实施光化学合成反应前除了选择合适的光源体系外，还需考虑体系中的氧气、溶剂和产物对光化学反应的影响及避免过度照射造成二次光解的问题。此外，虽然光化学反应是在室温进行的，但光源产生的红外辐射是会产热的，故冷却装置也常常是需要的。光有机合成在工业上用得较多的是光量子效率高和光能消耗低的自由基链式反应，如通过烷烃与卤素、SO_2-Cl_2 或 SO_2-O_2 的光反应可生产含卤、含磺酰基的产物。利用光化学反应生产维生素 D、尼龙、光固化树脂和聚合物等也都是很成功的用热反应或其他催化方法所不能替代的例子。但光反应受阻于设备、装置和单位时间内较热反应低得多的产量等至今尚难以克服的问题而使放大反应和工业应用仍不够广泛。

6.16 开拓新领域的有机光化学

许多科学家认为，20 世纪是电子的世纪，而 21 世纪将是光子学（photonics）的世纪。自 1905 年 Einstein 提出光电效应概念以来，光子科学和技术获得了极大的发展。有机光化学也已超出化学的范畴，进入基础和高新技术应用研究并重的新阶段，在材料、生物、药物、环境及能源等各个领域，从聚合物到纳米材料都已发挥出极重要的作用。[97]光疗、光（趋）动不对称催化、光诱导电子转移过程、电子激发态的能量传递、光合作用模拟、光能光电光导转换机理、超分子的光化学、双光子吸收、计算光化学等研究工作都既有重大理论意义又具重要应用前景。[98]树叶中的光系统Ⅰ和光系统Ⅱ分别吸收二氧化碳和阳光后将水分解为氧气，并同时产生质子和电子去与二氧化碳反应，生成碳水化合物而实现将太阳能转化为化学能而储存起来的最高效方法。同样具有光合作用的细菌则可将二氧化碳与硫化氢转化为碳水化合物和硫。人工模拟光合作用的研究一直能引起人们极大的兴趣。2011 年，科学家用硅、电子器件和一系列由 Ni、Co 及磷酸盐制成的廉价催化剂制成的人造树叶在模拟光系统Ⅱ功能上取得了突破性的进展。将制成的装置放入水中，阳光照耀下水被分解为氧气，同时产生的质子和电子结合生成氢气后在隔开的燃料电池中发电。人造树叶的发明被美国时代周刊评为该年度 50 大最佳发明之一，认为是寻找替代能源征程中的一个里程碑，有望实现像真正的树叶那样，将阳光和水转化为能量并让每个家庭都有自己的发电站。将太阳能转换成电能也是极受重视的研究课题。[99]

习　　题

6-1 给出下列 4 个化合物发生光化学反应的主要产物和历程。

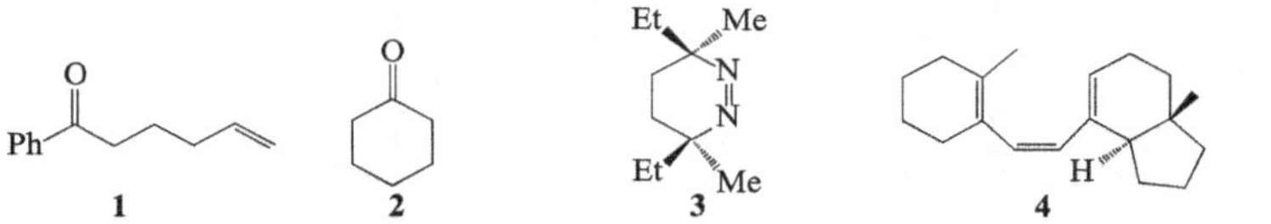

1　2　3　4

6-2 解释下列反应结果。

(1) 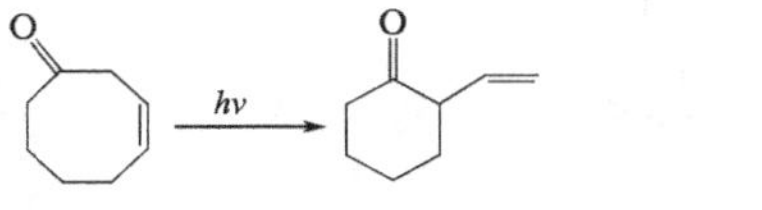 $\xrightarrow{h\nu}$

(2) 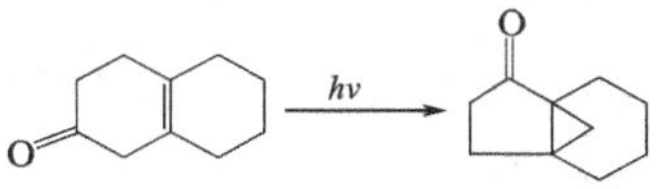 $\xrightarrow{h\nu}$

(3) 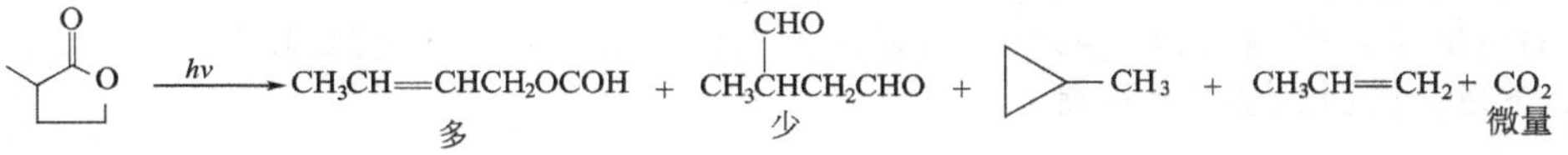 $\xrightarrow{h\nu}$ $CH_3CH{=}CHCH_2OCOH$ (多) + $CH_3CH(CHO)CH_2CHO$ (少) + 甲基环丙烷 (CH_3) + $CH_3CH{=}CH_2$ + CO_2 (微量)

(4) 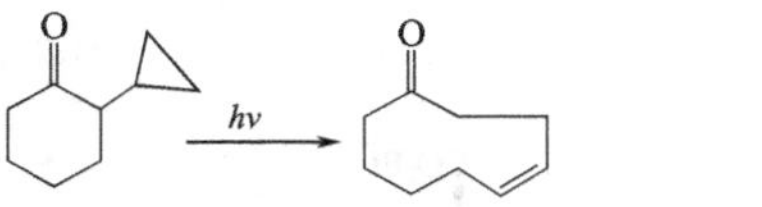 $\xrightarrow{h\nu}$

(5) 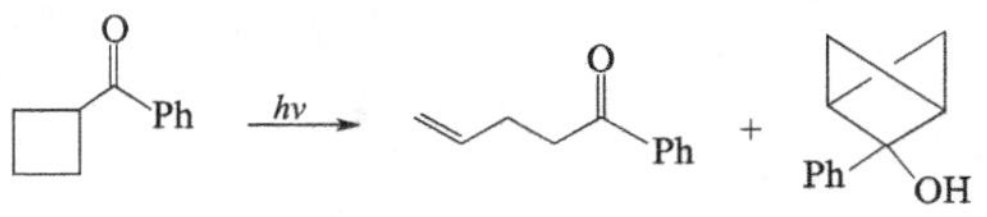 $\xrightarrow{h\nu}$ Ph ... + Ph, OH

(6) 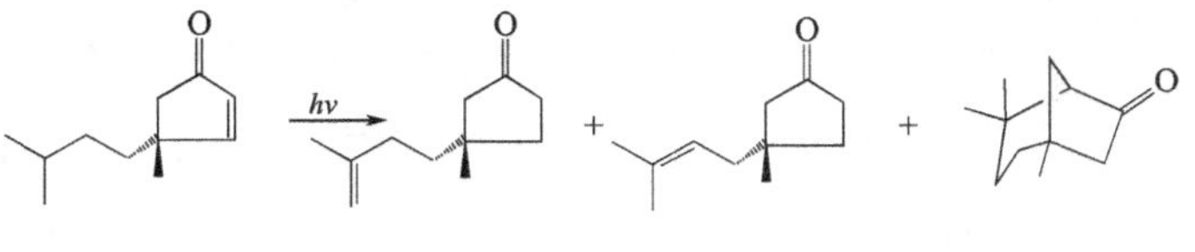 $\xrightarrow{h\nu}$ + +

(7) 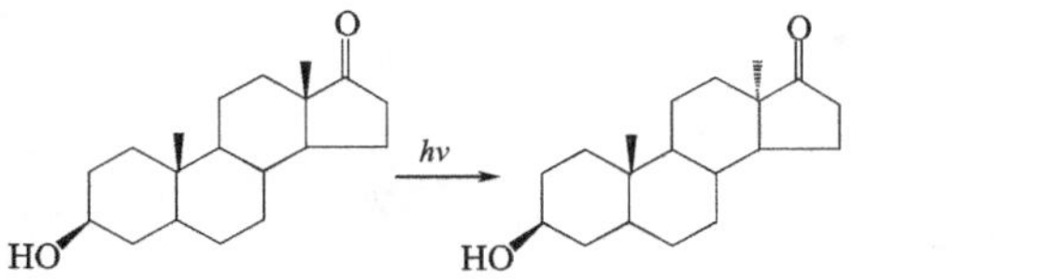 HO $\xrightarrow{h\nu}$ HO

(8) 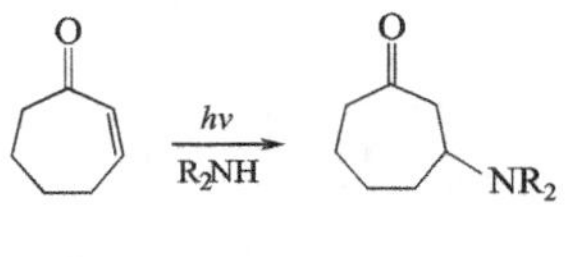 $\xrightarrow[R_2NH]{h\nu}$ NR_2

6-3 苯并桶烯 (**1**) 直接光解反应时生成 **4**，有丙酮存在时生成 **2** 和 **3**。试给出这些过程。

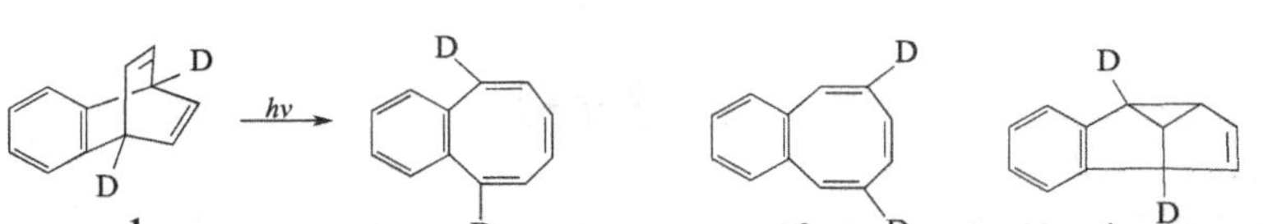

1 $\xrightarrow{h\nu}$ **2**　**3**　**4**

6-4 工业上以香茅醇 (**1**) 为原料经光氧化反应后可以合成香料玫瑰醚 (**2**)。试给出中间体产物的结构并对反应过程做出说明。

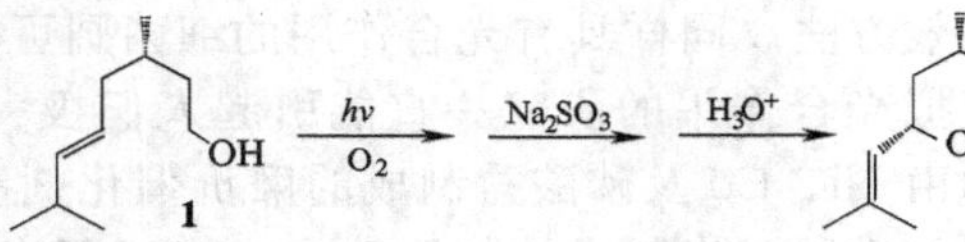

OH $\xrightarrow[O_2]{h\nu}$ $\xrightarrow{Na_2SO_3}$ $\xrightarrow{H_3O^+}$

1 2

6-5 曾建议有一个桥形自由基中间体产生于3-苯基丙醛的光化脱羰反应中，试提出一个实验证实该设想是否合理。

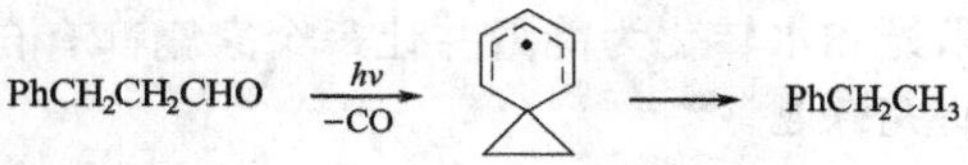

$PhCH_2CH_2CHO \xrightarrow[-CO]{h\nu}$ $\longrightarrow PhCH_2CH_3$

6-6 解释

（1）*cis*-α,β-环辛烯酮和 *trans*-α,β-环辛烯酮的最大光吸收波长有无差别，何者为大？

（2）下列两个立体异构体的光化学产物不同。

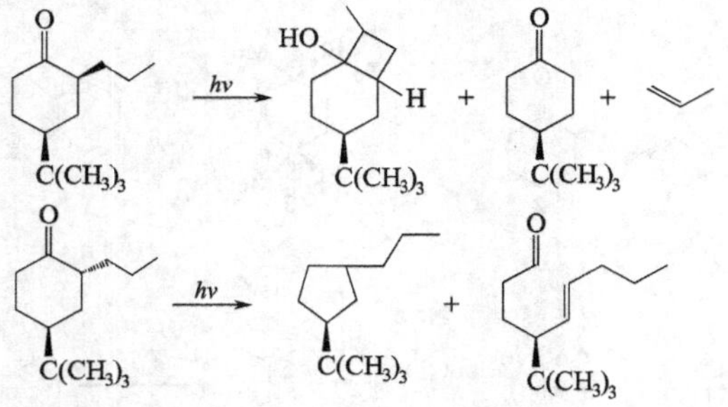

O $C(CH_3)_3$ $\xrightarrow{h\nu}$ HO H $C(CH_3)_3$ + O $C(CH_3)_3$ +

O $C(CH_3)_3$ $\xrightarrow{h\nu}$ $C(CH_3)_3$ + O $C(CH_3)_3$

（3）如何确定光 Fries 反应是协同进行的还是分步进行的？

（4）环己烯在水相体系中用二甲苯作为光敏剂有环己醇生成，而己烯并无类似反应。

6-7 给出下列4个光化学反应的机理。

（1） O + $\xrightarrow{h\nu}$ O

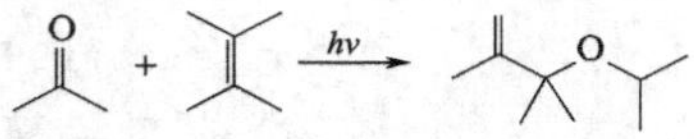

（2） O + CO_2Et EtO_2C $\xrightarrow{h\nu}$ CO_2Et EtO_2C HO Ph

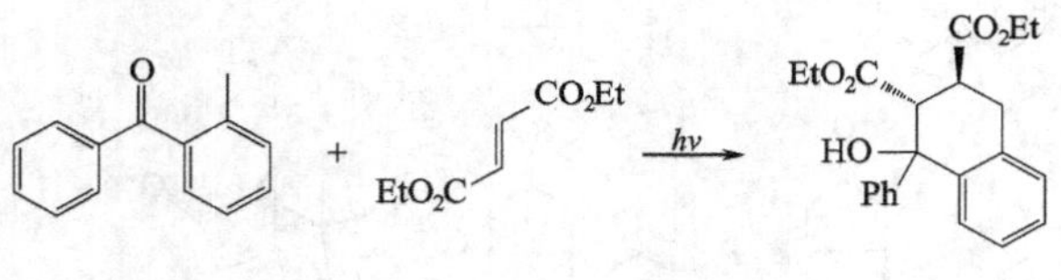

（3） Ph Ph Ph $\xrightarrow{h\nu}$ Ph Ph Ph

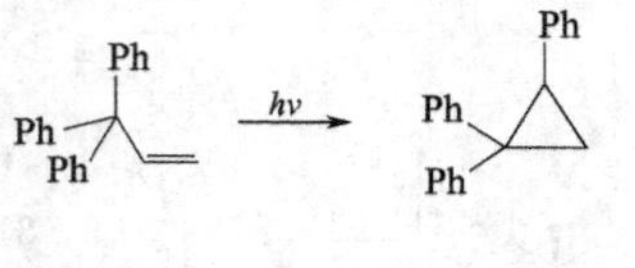

（4） O Ph Ph + $\xrightarrow{h\nu}$ O Ph Ph 主产物 + O Ph Ph 次产物

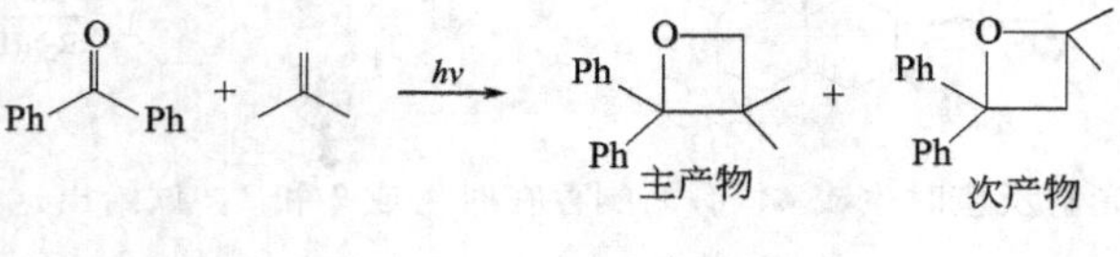

参考文献

[1] Barltrop J A.，Coyle J D. 光化学原理．宋心琦，刘永渊，石鸿昌等译．北京：清华大学出版社，**1983**；Cowan D O.，Drisko R L. 有机光化学原理．丁树明，史永基译．北京：科学出版社，**1989**；Ramamurthy V.，Turro N J. *Chem. Rev.* **1993**，93：1；曹怡，张建成．光化学技术．北京：化学工业出版社，**2004**；Svoboda J.，Konig B. *Chem. Rev.*，**2006**，106：5413；Zimmerman H E. *Pure Appl. Chem.*，**2006**，**78**：2193；张建成，王夺元．现代

光化学，北京：化学工业出版社，**2006**；Braslavsky S. *Pure* Appl. *Chem.* **2007**，79：263；李晔．光化学基础与应用，北京：化学工业出版社，**2010**. Schuster D I. *J. Org. Chem.*，**2013**，78：6811.

[2] Koziar J C.，Cowan D O. Acc. *Chem. Res.*，**1978**，11：334；Scaiano J C. *Acc. Chem. Res.* **1982**，15：252；Braslavsky S E；Houk K N. *Pure Appl. Chem.* **1988**，60：1055；Braslavsky S E. *Pure Appl. Chem.*，**2007**，79：193.

[3] Turro N J. *J. Chem. Educ.*，**1969**，46：2；Kurreck H. *Angew. Chem. Int. Ed. Engl.*，**1993**，32：1409；Lubitz W.，Lendzian F.，Bittl R. *Acc. Chem. Res.*，**2002**，35：313.

[4] White E H.，Miano J D.，Watkins C J.，Breux E J. *Angew. Chem. Int. Ed. Engl.*，**1974**，13：229；Levanon H.，Norris J R. *Chem. Rev.*，**1978**，78：185；Scaiano J C. *Acc. Chem. Res.*，**1982**，15：252.

[5] Braslavsky S E. *Pure Appl. Chem.*，**2007**，79：293.

[6] Freed K F. *Acc. Chem. Res.*，**1978**，11：74；Turro N J.，Ramamurthy V.，Cherry W.，Fameth W. *Chem. Rev.*，**1978**，78：125.

[7] Wilkinson F. *Q. Rev. Chem. Soc.*，**1966**，20：403.

[8] Albini A. *Synthesis*，**1981**，249；Kraus G A.，Liu P. *Tetrahedron Lett.*，**1994**，35：7723；Hubbard S C.，Jones P B. *Tetrahedron*，**2005**，61：7425；Clenman E L.，Liao C.，Ayokosok E. *J. Amer. Chem. Soc.*，**2008**，130：7552.

[9] Turro N J.，Ramamurthy V.，Cherry W. *Chem. Rev.*，**1978**，78：125；Wilson R M. *Chem. Rev.*，**1993**，93：223；Robb M A.，Bernadi F.，Plivucci M. *Pure Appl. Chem.*，**1995**，67：783；Irie M. *Chem. Rev.*，**2000**，100：1683；Miranda M A.，Prieto P J.，Sanchis F E.，Scaiano J C. *Acc. Chem. Res.*，**2001**，34：717；Olivucci M.，Santoro F. *Angew. Chem. Int. Ed.*，**2008**，47：6322；Turro N J. *J. Org. Chem.*，**2011**，76：9863；Ravelli D.，Fagnoni M.，Albini A. *Chem. Soc. Rev.*，**2013**，42：97.

[10] Lim H S. Han J T.，Kwak D.，Jin M.，Cho K. *J. Amer. Chem. Soc.*，**2006**，128：14458；Kuimova M K.，Yahioglu G.，Levitt J A.，Suhling K. *J. Amer. Chem. Soc.*，**2008**，130：6672.

[11] Coyle J D. *Chem. Soc. Rev.*，**1974**，3：329；Mattes S L.，Farid S. *Org. Photochem.*，**1984**，6：233；Horspool W M. *Photochem.*，**1991**，22：169；Wiberg K B.，Hadad C M.，Foresman J B.，Chupka W A. *J. Phys. Chem.*，**1992**，96：10756.

[12] Saltiel J.，D′Agostino J.，Megarity E D.，Metts D.，Neuberger K R.，Wrighton M.，Zafirion O C. *Org. Photochem.*，**1973**，31；Wismonski-Knittel T.，Fischer G.，Fischer E. *J. Chem. Soc.*，*Perkin Trans.* 2，**1974**，1930；Sonnet P E. *Tetrahedron*，**1980**，36：557；Mazzucato U.，Momicchioli F. *Chem. Rev.*，**1991**，91：1679；Kuhni J.，Besler P. *Org. Lett.* **2007**，9：1915.

[13] Dyck R H.，McClure D S. *J. Chem. Phys.*，**1962**，36：2326；Merer A J.，Mulliken R S. *Chem. Rev.* **1969**，69：639；Blackburn E V.，Timmons C J. *Q. Rev. Chem. Soc.*，**1969**，23：482；Waldeck D H. *Chem. Rev.*，**1991**，91：415；Sension R J.，Repinec S T.，Szarka A Z.，Hochstrasser R M.，*J. Chem. Phys.*，**1993**，98：6291；Mazzucato U.，Hirose T.，Matsuda K.，Irie M. *J. Org. Chem*．**2006**，71：7499；Shinohara Y.，Arai T. *Bull. Chem. Soc. Jan.*，**2008**，81：1500.

[14] Salem L. *Acc. Chem. Res.*，**1979**，12：87；Mattes S L.，Farid S. *Acc. Chem. Res.*，**1982**，15：80；Robb M A.，Bernardi F.，Olivucci M. *Pure Appl. Chem.*，**1995**，67：783；Jiang C.，Xie R.，Li F.，Allen R E. *Chem. Phys. Lett.*，**2009**，474：263.

[15] Liu R S H.，Asato A E. *Proc. Natl. Acad. Sci. USA.*，**1985**，82：259；佟振合，马桂珍．感光科学与光化学，**1987**，5：55；Liu R S H.，Hammond G S. *Chem. Eur. J.*，**2001**，7：4536.，Liu R S H. *Photochem. Photobio.*，**2002**，76：580.

[16] Ramamurthy V.，butt Y.，Yang C.，Yang P.，Liu R S H. *J. Org. Chem.*，**1973**，38：1247；Liu R S H.，Asato A E. *Tetrahedron*，**1984**，40：1931；Kropp P J.，Mason J D.，Smith G F H. *Can. J. Chem.*，**1985**，63：1845；Hamaguchi H.，Iwata K. *Bull. Chem. Soc. Jpn.*，**2002**，75：883；Wisley S.，Houk K N. *J. Amer. Chem. Soc.*，**2002**，124：11182.

[17] Griflith J. *Chem. Soc. Rev.*，**1972**，1：481；Engel P S.，Steel C. *Acc. Chem. Res.*，**1973**，6：275；Engel P S. *Chem. Rev.*，**1980**，80：99；Asano T.，furuta H.，Hoffman H.-J.，Cimiraglia R.，Tsuno Y.，Fujio M. *J. Org. Chem.*，**1993**，58：4418；王罗新，王晓工．化学通报，**2008**，71（4）：245；Stoll R S.，Hecht S. *Org. Lett.*，**2009**，11：4790；Hashim P K.，Tamaoki N. *Angew. Chem. Int. Ed.*，**2011**，50：11729；Samanta S.，Qin C.，Lough A J.，Woolley G A. *Angew. Chem. Int. Ed.*，**2012**，51：6452；Bandara H M D.，Burdette S C. *Chem. Soc. Rev.*，**2012**，41：1809；钦传光，李洋，李海亮，李大为，牛卫宁，尚晓娅，徐春兰．有机化学，**2013**，33：444.

[18] Swenton J S. *J. Chem. Educ.*，**1969**，46：7；Prinzbach H. *Pure Appl. Chem.*，**1968**，16：17；Kroop P J. *Org. Photochem.*，**1979**，4：7；Schauster D I.，Lem J.，Kaprinidis N A. *Chem. Rev.*，**1993**，93：3；Winkler J

D. , Bowen C M. , Liotta F. *Chem. Rev.* , **1995**, 95: 2003; Gulten S. , Sharpe A. , Baker J R. , Breux E J. *Tetrahedron*, **2007**, 63: 3659; Fukuhara G. Mori T. , Inoue Y. *J. Org. Chem.* , **2009**, 74: 6714.

[19] Marshall J A. *Acc. Chem. Res.* , **19692**: 33; Kropp P J. , Reardon E J. , Gaibel Z L F. , Willard K F. , Hattaway J H. *J. Amer. Chem. Soc.* , **1973**, 95: 7058; McClelland R A. , Chan C. , Cozens A. , Modro A. , Steenken S. *Angew. Chem. Int. Ed. Engl.* , **1991**, 30: 1337; Shim S C. , Kim D S. , Yoo D J. , Wada T. , Inoue Y. *J. Org. Chem.* , **2002**, 67: 5718.

[20] Oppolzer W. *Acc. Chem. Res.* , **1982**, 15: 135; Bach T. *Synthesis* , **1998**, 683; Lee-Ruff E. , Mladenova G. *Chem. Rev.* , **2003**, 103: 1449; Namyslo J C. , Kaufmann D E. *Chem. Rev.* , **2003**, 103: 1485.

[21] Salomon R G. , Folting K. , Streib W E. , Kochi J K. *J. Amer. Chem. Soc.* , **1974**, 96: 1145; Majer G. , Pfriem S. , Schafer U. , Matusch R. *Angew. Chem. Int. Ed.* , **1978**, 17: 520; Griffin G W. , Marchand A P. *Chem. Rev.* , **1989**, 89: 997; Hedberg L. , Hedberg K. , Eaton P E. , Nodari N. , Robiette A G. *J. Amer. Chem. Soc.* , **1991**, 113: 1514; Hoffmann N. , *Chem. Rev.* , **2008**, 108: 1052; Selig P. , Herdtweck E. , Bach T. *Chem. Eur. J.* , **2009**, 15: 3509.

[22] Sajimon M C. , Ramaiah D. , Thomas K G. , George M V. *J. Org. Chem.* , **2001**, 66: 3182; Barber J. *Chem. Soc. Rev.* , **2009**, 38: 185.

[23] Liu R S H. , Turro N J. , Hammond G S. *J. Amer. Chem. Soc.* , **1965**, 87: 3406; Dilling W A. *Chem. Rev.* , **1969**, 69: 845; Dilling W L. , Kroening R D. , Little J C. *J. Amer. Chem. Soc.* , **1970**, 92: 928; Robinson J C. , Harris W A. , Sun W Z. , Sveum N E. , Neumark D M. *J. Amer. Chem. Soc.* , **2002**, 24: 10211; Wisley S. , Houk K N. *Photochem. Photobiol.* , **2002**, 76: 616.

[24] Eaton P R. *Acc. Chem. Res.* , **1968**, 1: 50; Bartrop J A. , Carless H A J. *J. Amer. Chem. Soc.* , **1972**, 94: 1951; Nagarathinam M. , Peedikakkal A M P. , Vittal J J. *Chem. Commun.* , **2008**, 5277.

[25] Hixson S S. , Mariano P S. , Zimmerman H E. Zimmerman H E. *Acc. Chem. Res.* , **1982**, 15: 312; *Org. Photochem.* , **1991**, 11: 1; Zimmerman H E. Armesto Z D. *Chem. Rev.* , **1996**, 96: 3065; Ramaiah D. , Sajimon M C. , Joseph J. , Geoge M V. *Chem. Soc. Rev.* , **2005**, 34: 48; Zimmerman H E. *Pure Appl. Chem.* , **2006**, 78: 2193.

[26] Zimmerman H E. *J. Amer. Chem. Soc.* , **1973**, 95: 2957; Armesto Z D. *Chem. Rev.* , **1996**, 96: 3065; Zimmerman H E. *J. Org. Chem.* , **2009**, 74: 1247.

[27] Zimmerman H E. , Givens R S. , Pagni R M. *J. Amer. Chem. Soc.* , **1968**, 90: 6096. Zimmerman H E. , Kutateladze A G. , Maekawa Y. , Mangette J E. *J. Amer. Chem. Soc.* , **1994**, 116: 9795.

[28] Zimmerman H E. , Grunewald G L. *J. Amer. Chem. Soc.* , **1966**, 88: 183; Zimmerman H E. , Kutateladze A G. *J. Org. Chem.* , **1995**, 60: 6009.

[29] Bryce-SmithD. , GilbertA. *Tetrahedron*, **1976**, 32: 1309; 1977, 33: 2459; Weedon A C. *Photochem.* , **1991**, 22: 221; Matty J. *Angew. Chem. Int. Ed.* , **2007**, 46: 663; Hoffmann N. *Photochem. Photobiol. Sci.* , **2012**, 11: 1613.

[30] van Tamelen E E. , Pappas S P. , Kirk L. *J. Amer. Chem. Soc.* , **1971**, 93: 6093; Liao G H. , Luo L. , Xu H X. , Wu X-L. , Lei L. , Tung C-H. , Wu L-Z. *J. Org. Chem.* , **2008**, 73: 7345.

[31] Scharf H D. , Leismann H. , Erb W. , Gaiderzka H W. , Aretz J. *Pure Appl. Chem.* , **1975**, 41: 581; Wender P A. , Ternansky R. , Delong M. , Singh S. , Olivero A. , Rice K. *Pure Appl. Chem.* , **1990**, 62: 1597; Cornelissen J. *Chem. Rev.* , **1993**, 93: 615; Hoffmann N. *Synthesis*, **2004**, 481; Chappell D. , Russell A T. *Org. Biomol. Chem.* , **2006**, 4: 4409.

[32] Morrison H. *Acc. Chem. Res.* , **1979**, 12: 383; Mani J. , Schuttel S. , Zhang C. , Bigler P. , Muller C. , Keese R. *Helv. Chem. Acta.* , **1989**, 72: 487; Cornelisse J. *Chem. Rev.* , **1993**, 93: 615; Hoffmann N. *Synthesis*, **2004**, 481; Chappel D. , Russel A T. *Org. Biomol. Chem.* , **2006**, 4: 4409; Gaich T. , Mulzer J. *J. Amer. Chem. Soc.* , **2009**, 131: 452; Gaich T. , Mulzer J. *Org. Lett.* , **2010**, 12: 272.

[33] W-Knittel T. , Fischer G. , Fischer E. *J. Chem. Soc.* , *Perkin Trans.* , **1974**, 2: 1930; Laarhoven W H. *Rec. Trav. Chem. Pays-Bas.* , **1983**, 102: 241; Mallory F B. , Mallory C W. *Org. React.* **1984**, 30: 1; Talele H R. , Gohil M j. , bedekar a V. *Bull. Chem. Soc. Jpn.* , **2009**, 82: 1182.

[34] Ferguson J. *Chem. Rev.* , **1986**, 86: 957; Becker H. -D. *Chem. Rev.* , **1993**, 93: 145; Bouas-Laurent H. , Castellan A. , Desvergne J. -P. , Lapouyade R. *Chem. Soc. Rev.* , **2001**, 30: 248; hopf H. , Greiving H. , Bouas-Laurent H. , Desvergne J. -P. *Eur. J. Org. Chem.* , **2009**, 1818.

[35] Cornelisse J. *Pure Appl. Chem.* , **1975**, 41: 433; Cornelisse J. , Havinga E. *Chem. Rev.* , **1975**, 75: 353; Shizuka H. *Acc. Chem. Res.* , **1985**, 18: 141; Albini A. , Fasani E. , Mella M. *Topics Curr. Chem.* , **1993**, 168: 143;

Mangion D., Arnold D R. *Acc. Chem. Res.*, **2002**, 35: 297; Greer A. *Acc. Chem. Res.*, **2006**, 39: 797; Protti S., Dondi D., Fagnoni M., Albini A. *Eur. J. Org. Chem.*, **2008**, 2240.

[36] Zimmerman H E., Sandel V R. *J. Amer. Chem. Soc.*, **1963**, 85: 915; Pinter B., De Proft F., Veszpremi T., Geerlings P. *J. Org. Chem.*, **2008**, 73: 1243.

[37] Truce W E., Kreider E M., Brand W W. *Org. React.*, **1970**, 18: 99; Snape T J. *Chem. Soc. Rev.*, **2008**, 37: 2452.

[38] Wubbels G G., Halvenson A M., Oxman J D. *J. Amer. Chem. Soc.*, **1980**, 102: 4848; Sundlberg R J. *Org. Photochem.*, **1983**, 6: 121; Wubbels G G., Sevetson B R., Sanders H. *J. Amer. Chem. Soc.*, **1989**, 111: 1018; Mayouf A M., Park Y.-T. *Photochem. Photobiol. A: Chem.*, **2002**, 150: 115; Bach T., Grosch B., Strassner T., herdtweck E. *J. Org. Chem.*, **2003**, 68: 1107.

[39] Blatt A H. *Org. React.*, **1942**, 1: 342; Bellus D., Hidlovic P. *Chem. Rev.*, **1967**, 67: 599; Bellus D. *Adv. Photochem.*, **1973**, 8: 109; Kalmus C E., Hercules D M. *J. Amer. Chem. Soc.*, **1974**, 96: 449; Andrew D., Islet B T D., Margaritis A., Weedon A C. *J. Amer. Chem. Soc.*, **1995**, 117: 6132; Cai X., Sakamoto M., Yamaji M., Fujitsuka M., Majima T. *Chem. Eur. J.*, **2007**, 13: 3143.

[40] Ingold K U., Lusztyk J., Raner K D. *Acc. Chem. Res.*, **1990**, 23: 219; Dneprovskii A S., Kuznetsov D V., Eliseenkov E V., Fletcher B., Tanko J M. *J. Org. Chem.*, **1998**, 63: 8860.

[41] Amold B., Donald L., Jurgens A., Pincock J A. *Can. J. Chem.* **1985**, 63: 3140; Heeb L R., Peters K S. *J. Amer. Chem. Soc.*, **2008**, 130: 1711.

[42] Ire M. *J. Amer. Chem. Soc.*, **1983**, 105: 2078; Wan P., Yates K., Boyd M. K. *J. Org. Chem.*, **1985**, 50: 2881.

[43] Laurent B H., Durr H. *Pure Appl. Chem.*, **2001**, 73: 639; 樊美公. 光化学基本原理与光子学材料科学. 北京: 科学出版社, **2001**; 刘文杰, 曹德榕. 有机化学, **2008**, 28: 1336; 樊美公, 姚建年, 佟振合. 分子光化学与光功能材料科学. 北京: 科学出版社, **2009**.

[44] Narayanam J M R., Stephenson C R J. *Chem. Soc. Rev.*, **2011**, 40: 102; Shi L., Xia W. *Chem. Soc. Rev.*, **2012**, 41: 7687.

[45] Brand J C D., Williamson D G. *Adv. Phys. Org. Chem.*, **1963**, 1: 365; Horspool W M. *Photochem.*, **1991**, 22: 59; Pausen S E., Liu D L., Orzechowska G E., Campos L M., Houk K N. *J. Org. Chem.*, **2006**, 71: 6403.

[46] Wagner P J. *Acc. Chem. Res.*, **1971**, 4: 168; **1983**, 16: 461; Habad C M., Foresman J B., Wiberg K B. *J. Phys. Chem.*, **1993**, 97: 4293.

[47] Jackson W M., Okabe H. *Adv. Photochem.*, **1986**, 13: 1; Carroll F A., Strouse G F., Hain J M. *J. Chem. Educ.*, **1987**, 64: 84; Chatgilialoglu C., Crich D., Komatsu M., Ryu I. *Chem. Rev.*, **1999**, 99: 1991; Diau E W.-G., Kotting C., Zewail A H. *ChemPhysChem.*, **2001**, 2: 273., Scaiano J C., Stamplecoskie K G., Hallett-Tapley G L. *Chem. Commun.*, **2012**, 48: 4798.

[48] Quinkert G. *Pure Appl. Chem.*, **1964**, 9: 607; Turro N J. *Acc. Chem. Res.*, **1969**, 2: 25; Swenton J S. *J. Chem. Educ.*, **1969**, 46: 217; Coyle J D., Carless H A J. *Chem. Soc. Rev.*, **1972**, 465; Quinkert G., Kaiser K H., Stohner W.-O. *Angew. Chem. Int. Ed. Engl.*, **1974**, 13: 198; Yates P., Loutfy R O. *Acc. Chem. Res.*, **1975**, 8: 209., Fahr A., Tardy D C. *J. Phys. Chem. A*, **2002**, 106: 11135.

[49] Martin R. *Org. Prep. Proced. Int.*, **1992**, 24: 369; Taylor C M., Watson A J. *Curr. Org. Chem.*, **2004**, 8: 623; Tisserand S., Baati R., Nicolas M., Mioskowski J. *J. Org. Chem.*, **2004**, 69: 8982.

[50] Scaiano J C. *Acc. Chem. Res.*, **1982**, 15: 252; Wagner P J. *Acc. Chem. Res.*, **1989**, 22: 83; Wagner P J., Park B S. *Org. Photochem.*, **1991**, 11: 227; Ihmels H., Scheffer J R. *Tetrahedron*, **1999**, 55: 885; Goez M., Zubarey V. *Angew. Chem. Int Ed.*, **2006**, 45: 2135.

[51] Casey C P., Boggs R A. *J. Amer. Chem. Soc.*, **1972**, 94: 6457; Moorthy J N., Koner A L., Samanta S., Singhal N., Nau W M., Weiss R. G. *Chem. Eur. J.*, **2006**, 12: 8744.

[52] Breslow R. *Acc. Chem. Res.*, **1980**, 13: 170; Wagner P J. *Acc. Chem. Res.*, **1989**, 22: 83.

[53] Turro N J. *Pure Appl. Chem.*, **1971**, 27: 679; Dauben W G., Salem L., Turro N J. *Acc. Chem. Res.*, **1975**, 8: 41; Turro N J., Farrington G L. *J. Amer. Chem. Soc.*, **1980**, 102: 6051; Muller F., Mattay J. *Chem. Rev.*, **1993**, 93: 99; D'Auria M., Emanuele L., Racioppi R. *Adv. Photochem.*, **2005**, 28: 81.

[54] Freilich S C., Peters K S. *J. Amer. Chem. Soc.*, **1981**, 103: 6255; Freilich S C., Peters K S. *J. Amer. Chem. Soc.*, **1985**, 107: 3819; Griesbeck A G., Abe M., Bondock S. *Acc. Chem. Res.*, **2004**, 37: 919.

[55] Oppolzer W. *Acc. Chem. Res.*, **1982**, 15: 135; Iriondo-Alberdi J., Perea-Buceta J E., Greaney M F. *Olg. Lett.*, **2005**, 7: 3969.

[56] Arnold D R., Hinman R L., Glick A H. *Tetrahedron Lett.*, **1964**, 1425; Arnold D R., Trecker D J., Whipple E

B. *J. Amer. Chem. Soc.*, **1965**, 87: 2596.

[57] Debieux J.-L., Bochet C. G. *J. Phys. Org. Chem.*, **2010**, 23: 272.

[58] Quinkert G. *Pure Appl. Chem.*, **1973**, 33: 285; Schuster D I., Lem G., Kaprinidis N A. *Chem. Rev.*, **1993**, 93: 3; Ischay M A., Anzovino M E., Du J., Yoon T P. *J. Amer. Chem Soc.*, **2008**, 130: 12886.

[59] Andrew D., Hastings D. J, Oldroyd D L., Rudolph A., Weedon A C., Wong D F., Zhang B. *Pure Appl. Chem.*, **1992**, 64: 1327; Wisley S., Gonzalez L. M A., Houk K N. *J. Amer. Chem. Soc.*, **2000**, 122: 5866; Garcia-Exposito E., Bearpark M J., Ortuno R M., Robb M A., Branchadell V. *J. Org. Chem.*, **2002**, 67: 6070.

[60] Hixson S S., Mariano P S., Zimmerman H E. *Chem. Rev.*, **1973**, 73: 531; Houk K N. *Chem. Rev.*, **1976**, 76: 1; Schaffner K. *Tetrahedron*, **1976**, 32: 641.

[61] Zimmerman H E., Schuster D I. *J. Amer. Chem. Soc.*, **1962**, 84: 4527; Zimmerman H E., Swenton J S. *J. Amer. Chem. Soc.*, **1967**, 89: 906; Zimmerman H E. *Angew. Chem. Int. Ed. Engl.*, **1969**, 8: 1; Schuster D I. *Acc. Chem. Res.*, **1978**, 11: 65; Dolenc J., Sket B., Strlic M. *Tetrahedron Lett.*, **2002**, 43: 5669; parker K A., Mindt T L. *Org. Lett.*, **2002**, 4: 4263.

[62] Bardon D H R., De Mayo P. Shafiq M. *J. Chem. Soc.*, **1957**, 929; Asher J D M., Sim G A. *J. Amer. Chem. Soc.*, **1965**, 87: 1584; Schaffner-Sabba K. *Helv. Chim. Acta*, **1969**, 52: 1237; Roth H D. *Angew. Chem. Int. Ed. Engl.*, **1989**, 28: 1193; Roth H D. *Photochem. Photobiol. Sci.*, **2011**, 10: 1849.

[63] Bruce J M. *Q. Rev.*, **1967**, 21: 405; Kraus G A., Kirihara M., *J. Org. Chem.*, **1992**, 57: 2465. Oelgemoller M., Schiel C., Frohlich R., Mattay J. *Eur. J. Org. Chem.*, **2002**, 2465.

[64] Vlcek Jr. A. *Coord. Chem. Rev.*, **2000**, 200: 933; **2002**, 230: 225; Lees A J. *Coord. Chem. Rev.*, **2001**, 211: 255; Vogler A., Kunkely H. *Coord. Chem. Rev.*, **2004**, 248: 273; Bitterwolf T E. *J. Organomet. Chem.*, **2004**, 689: 3939.

[65] 吴文通. 有机化学，1982，12：379；张建成. 化学通报，1983，(1)：7；Prein M., Adam W. *Angew. Chem. Int. Ed.*, **1996**, 18: 477; Schiel C., Oelgemoller M., Ortner J., Mattay J. *Green Chem.*, **2001**, 3: 224; De Rosa M C., Crutchley R J. *Coord. Chem. Rev.*, **2002**, 233-234: 351; Schweitzer C., Schmidt R. *Chem. Rev.*, **2003**, 103: 1685; Greer A. *Acc. Chem. Res.*, **2006**, 39: 797.

[66] Foote C S. *Acc. Chem. Res.*, **1968**, 1: 104; Kerms D R. *Chem. Rev.*, **1971**, 71: 395; Prein M., Adam W. *Angew. Chem. Int. Ed. Engl.*, **1996**, 35: 477; Ogilby P R. *Acc. Chem. Res.*, **1999**, 32: 512; Slanger T G., Copeland R A. *Chem. Rev.*, **2003**, 103: 4731; Clenan E L., Camps R. *Tetrahedron*, **2005**, 61: 6665; Montagnon T., Tofi M., Vassilikogiannakis G. *Acc. Chem. Res.*, **2008**, 41: 1001.

[67] Foote C S., Ando W., Wexler S., Higgins D R. *J. Amer. Chem. Soc.*, **1968**, 90: 975; Kearns D R. *Chem. Rev.*, **1971**, 71: 395; Frimer A A., *Chem. Rev.*, **1979**, 79: 359; Corman A A., Rodgers M A J. *Chem. Soc. Rev.*, **1981**, 10: 205; 王则民. 大学化学，**1991**，(4)：46；Oelgemoller M., Jung C., Ortner J., Mattay J., Schiel C., Zimmemann E. *Spectrum*, **2005**, 18: 28; Greer A. *Acc. Chem. Res.*, **2006**, 39: 797.

[68] Pieriot C., Nardello V., Schrive J., Mabille C., Barbillat J., Sombret B., Aubry J.-M. *J. Org. Chem.*, **2002**, 67: 2418; Schmidt R. *Photochem. Photobiol.*, **2006**, 82: 1161; Hang J., Ghorai P., Finkenstaedt-Quinn S A., Findik I., Sliz E., Kuwata K T., Dussault P H. *J. Org. Chem.*, **2012**, 77: 1233.

[69] Denny R W., Nickon A. *Org. React.*, **1973**, 20: 133; Frimer A A. *Chem. Rev.*, **1979**, 79: 359; 姜淑芳，徐春祥. 化学通报，**1995**，(3)：18；Strataki M., Orfanopoulos M. *Tetrahedron*, **2000**, 56: 1595; Clennan E J. *Tetrahedron*, **2000**, 56: 9151; Fudickar W., Vorndran K., Linker T. *Tetrahedron*, **2006**, 62: 16039; Leach A G., Houk K N., Foote C S. *J. Org. Chem.*, **2008**, 73: 8511; Montagnon T., Tofi M., Vassilikogiannakis G. *Acc. Chem. Res.*, **2008**, 41: 1001; Alberti M N., Orfanopoulos M. *Chem. Eur. J.*, **2010**, 16: 9414.

[70] Schenck G O., Neumuller O., Ohloff G., Schroeter S. *Libigs Ann. Chem.*, **1965**, 687: 26; Stephenson L M., Gridina M J. *Acc. Chem. Res.*, **1980**, 13: 419. Poon T H W., Pringle K., Foote C S. *J. Amer. Chem. Soc.*, **1995**, 117: 7611., Stratakis M., nencka R., Rabalakos C., adam W., krebs O. *J. Org. Chem.*, **2002**, 67: 8758.

[71] Kearns D R. *Chem. Rev.*, **1971**, 71: 395; Turro N J., Lechtken P., Schore N E., Schuster G., Steinmetzer H C., Yekta A. *Acc. Chem. Res.*, **1974**, 7: 97; Balci M. *Chem. Rev.*, **1981**, 81: 91; Adam W., Gilento G. *Angew. Chem. Int. Ed. Engl.*, **1983**, 22: 529; Jeford C W. *Chem. Soc. Rev.*, **1993**, 22: 59; Cermola F., Iesce M R. *J. Org. Chem.*, **2002**, 67: 4937.

[72] Rigaudy J. *Pure Appl. Chem.*, **1967**, 15: 169; Frimer A A. *Chem. Rev.*, **1979**, 79: 359; Orito K., kurokawa Y., Itoh M. *Tetrahedron*, **1980**, 36: 617; Wasserman H H., Ives J L. *Tetrahedron*, **1981**, 37: 1825; Clenman E L. *Tetrahedron*, **1991**, 47: 1343; Adam W., Prein M. *Acc. Chem. Res.*, **1996**, 29: 275; Shing T K M., Tam E K W. *J. Org. Chem.*, **1998**, 63: 1547; Campagnore M., Bourgeois M.-J., Montaudon E. *Tetrahedon*, **2002**,

58：1165.

[73] Naumov S. von Sonntag C. *J. Phys. Org. Chem.*，**2011**，24：600；林金明，屈峰，单孝全. 分析化学，**2002**，30：1507；Kruft B I.，Greer A. *Photochem. Photobiol.*，**2011**，87：1204.，Detty M R. *Photochem. Photobiol.*，**2012**，88：2.

[74] Zovinka E P.，Sunseri D R. *J. Chem. Educ.*，**2002**，79：1331；张沛，张淑芬. 有机化学，**2010**，30：775；Berg K. Golab J. Korbelik M. Russell D. *Photochem. Photobiol. Sci.*，**2011**，10：647；Bugaj A. M. *Photochem. Photobiol. Sci.*，**2011**，10：1097；Arnaut L G.，Formosinho S J. *Pure Appl. Chem.*，**2013**，85：1389.

[75] 唐森本，王欢畅，葛碧州，朱晓云. 环境有机污染化学. 北京：冶金工业出版社，**1996**；邓南圣，吴峰. 环境光化学. 北京：化学工业出版社，**2003**；贾龙，葛茂发，徐永福，杜林，庄国顺，王殿勋. 化学进展，**2006**，18：1565；Lin J J.，Chen A F C.，Lee Y T. *Chem. Asian J.*，**2011**，6：1664；Perring A E.，Pusede S E.，Cohen R C. *Chem. Rev.*，**2013**，113：5848；Howard K E.，Brown S A.，Chung S H.，Jobson B T.，van RekenT M. *Chem. Educ. Res. Prac.*，**2013**，14：51.

[76] Scaiano J C. *J. Photochem.*，**1973**，2：81；Roth H D. *Angew. Chem. Int. Ed. Engl.*，**1989**，28：1193；Cox A. *Photochem.*，**1990**，21：374；*Pure Appl. Chem.*，**2001**，73：395；Xuan J.，Xiao W.-J. *Angew. Chem. Int. Ed.*，**2012**，51：6828.

[77] Cohen S G.，Parola A.，Parsons G H. *Chem. Rev.*，**1973**，73：141；Akiba M.，Kosugi Y.，Takada T. *J. Org. Chem.*，**1978**，43：4472；Du Y.，Ma C.，Kwok W M.，Xue J.，Phillips D L. *J. Org. Chem.*，**2007**，72：7148.

[78] Fischer M. *Angew. Chem. Int. Ed. Engl.*，**1978**，17：16.

[79] Barton D H R. *Pure Appl. Chem.*，**1967**，15：1；*Aldrichimica Acta*，**1990**，23：3；Majetich K.，Wheless K. *Tetrahedron*，**1995**，51：7095；Cekovic Z. *Tetrahedron*，**2003**，59：8073.

[80] Julliard M.，Chanon M. *Chem. Rev.*，**1983**，83：425；Mattay J. *Angew. Chem. Int. Ed. Engl.*，**1987**，26：825；Synthesis，**1989**，233；Krogh E.，Wan P. *Top. Curr. Chem.*，**1990**，156：93；Willner I.，Willner B. *Top. Curr. Chem.*，**1991**，159：153；Muller F.，Mattay J. *Chem. Rev.*，**1993**，93：99；张荣华，曾原，江致勤. 有机化学，**2008**，28：407；刘强，刘中立. 有机化学，**2009**，29：380.

[81] Rehm D.，Weller A. *Isr. J. Chem.*，**1970**，8：259；Could I R.，Ege D.，Moser J E.，Farid S. *J. Amer. Chem. Soc.*，**1990**，112：4290；Ebersen L.，Shaik S S. *J. Amer. Chem. Soc.*，**1990**，112：4484.

[82] Marshall J A. *Acc. Chem. Res.*，**1969**，2：33；Kropp P L. *Pure Appl. Chem.*，**1970**，24：585；Wan P.，Davis M J.，Teo M A. *J Org. Chem.*，**1989**，54：1354.，Shim S C.，Kim D S.，Yoo D J.，Wada T.，Inoue Y. *J. Org. Chem.*，**2002**，67：5718.

[83] Maroulis A J.，Arnold D R. *Synthesis*，**1979**，819.

[84] Dolby L J.，Nelson S J.，Senkovich D. *J. Org. Chem.*，**1972**，37：3691；Lewis E D.，Bassani D M.，Burch E L.，Cohen B E.，Engleman J A.，Reddy G D.，Schneider S.，Jaeger W.，Gedeck P.，Gahr M. *J. Amer. Chem. Soc.*，**1995**，117：660；Yoon U C.，Jin Y X.，Oh S W.，Park C H.，Park J H.，Campana C F.，Cai X.，Duesler E N.，Mariano P S. *J. Amer. Chem. Soc.*，**2003**，125：10664.

[85] Yoon U C.，Mariano P S. *Acc. Chem. Res.*，**1992**，25：233；Pandey G. *Synlett*，**1992**，546；Gaillard E R. *Acc. Chem. Res.*，**1996**，29：292.

[86] Kearns D R. *Chem. Rev.*，**1971**，71：395；McCapra F. *Prog. Phys. Org. Chem.*，**1973**，8：231；Turro N J.，lechtken P.，Schore N E.，Schuster G.，Steinmetzer H.-C.，Yekta A. *Acc. Chem. Res.*，**1974**，7：97；Kricka L J. *Anal. Chem.*，**1999**，71：305；McCapra F. *Methods Enzymol.*，**2000**，305：3；韩鹤友，崔华，林祥钦. 光谱实验室，**2002**，19：39；Matsumoto M. *J. Photochem. Photobiol. C*，**2004**，5：27；Adam W.，Kazakov d V.，Kazakov V P. *Chem. Rev.*，**2005**，105：3371；De Vico L.，Liu Y.-L.，Krogh J W.，Lindh R. *J. Phys. Chem. A*，**2007**，111：8013；Fraga H.，*Photochem. Photobiol. Sci.*，**2008**，7：146.

[87] Rauhut M M. *Acc. Chem. Res.*，**1969**，2：80；Thrush B A. *J. Photochem.*，**1984**，25：9；Orlovic M.，Schowen R L.，Givens R S.，Alvarez F.，Matuszeweki B.，Parekh N. *J. Org. Chem.*，**1989**，54：3606；Tonkin S A.，Bos R.，Dyson G A.，Lim K F.，Russell R A.，Watson S P.，Hindson C M.，Barnett N W. *Anal. Chim. Acta*，**2008**，614：173.

[88] Viviani V r.，Arnoldi f G C.，Neto A J s.，oehlmeyer T l.，bechara E J H.，phmiya Y. *Photochem. Photobiol. Sci.*，**2008**，7：159.

[89] Prasher D C.，Eckenrode V K.，Ward W W.，Prendergast F G.，Cormier M J. *Gene*，**1992**，111：229；Heim R. *Proc. Natl. Acad. Sci. USA.*，**1994**，91：12501；Schimid J A.，Neumeier H. *Chem. Bio. Chem.*，**2005**，6：1149；Nienhaus G U. *Angew. Chem. Int. Ed. Engl.*，**2008**，47：8992；Zimmer M. *Chem. Soc. Rev.*，**2009**，38：2823.

[90] 姜月顺，李铁津. 光化学. 北京：化学工业出版社，**2005**；Wang Y.，Haze O.，Dinnocenzo J P.，Farid S.

Angew. Chem. Int. Ed.，**2007**，46：6970；丁万见，方维海．化学进展，**2007**，19：1449；Hoffmann N. *Chem. Rev.*，**2008**，108：1052；Magauer T.，Martin H J.，Mulzer J. *Chem. Eur. J.*，**2010**，16：507；GauchT.，Mulzer J. *Org. Lett.*，**2010**，12：272；Bach T. Hehn J. P. Angew. Chem. Int. Ed. **2011**，50：1000；刘亚军. 化学进展，**2012**，24：950.

[91] IriondoAlberdi J，Greaney M F. *Eur. J. Org. Chem.*，**2007**，4801；Hoffmann N. *Chem. Rev.*，**2008**，108：1052；Lainchbury M D.，Medley M I.，Taylor P M.，Hirst P.，Dohle W.，Booker-Milburn K I. *J. Org. Chem.*，**2008**，73：6497；Reckenthä ler M.，Griesbeck A G.. *Adv. Synth.. Cat.*，**2013**，355：2727.

[92] Hennig H. *Coord. Chem. Rev.*，**1999**，182：101；Kotha S.，Brahmachary E.，Lahiri K. *Eur. J. Org. Chem.*，**2005**，474；Palmisano G.，Augugliaro V.，Pagliaro M.，Palmisano L. *Chem. Commun.*，**2007**，3425；Debieux J L.，Cosandey A.，Helgen C.，Bochet C G. *Eur. J. Org. Chem.*，**2007**，2073；Protti S.，Dondi D.，Fagnoni M.，Albini A. *Pure Appl. Chem.*，**2007**，79：1929；Oelgemoller M.，Jung C.，Mattay J. *Pure Appl. Chem.*，**2007**，79：1939；Narayanam J M R.，Stephenson C R J. *Chem. Soc. Rev.*，**2011**，40：102；You Y.，Nam W. *Chem. Soc. Rev.*，**2012**，41：7061；Prier C K.，Rankic D A.，MacMillan D W C. *Chem. Rev.*，**2013**，113：5322；Zou Y.-Q.，Chen J.-R.，Xiao W.-J. *Angew. Chem. Int. Ed.*，**2013**，52：11701；戴小军，许孝良，李小年. 有机化学，**2013**，33：2046.

[93] Schiel C.，Oelgemolle M.，Mattay J. *Synthesis*，**2001**，1275；Oelgemolle M.，Schiel C.，Frohlich R.，Mattay J. *Eur. J. Org. Chem.*，**2002**，2465.

[94] Inoue Y. *Chem. Rev.*，**1992**，92：741；Inone Y.，Sugahara N.，Wada T. *Pure Appl. Chem.*，**2001**，73：475；Griesbeck A G.，Meierhenrich U J. *Angew. Chem. Int. Ed.*，**2002**，41：3147；Wessig D. *Angew. Chem. Int. Ed.*，**2006**，45：2168；Breitenlechner S.，Bach T. *Angew. Chem. Int. Ed.*，**2008**，47：7957；Somekawa K.，Odo Y.，Shimo T. *Bull. Chem. Soc. Jap.*，**2009**，82：1447；Yang C. *Xia W. Chem. Asian J.*，**2009**，4：1774.

[95] Griesbeck A G.，ElIdreesy T T.，Fiege M.，Hirst P.，Dohle W.，Booker-Milburn K I.，Org. Lett.，2002，4：4193；Griesbeck A G.，Bondock S.，Lex J. *J. Org. Chem.*，**2003**，68：9899.

[96] Pirrang M C. *Chem. Rev.*，**1997**，97：473；Pillai V N R. Synthesis，1980，1；Fedoryak O D.，Dore T M. *Org. Lett.*，**2002**，**4**：3419；Mayer G.，Heckel A. *Angew. Chem. Int. Ed.*，**2006**，45：4900；Bocher C G. *Pure Appl. Chem.*，**2006**，78：241；Wang P.，Wang Y.，Hu H.，Spencer C.，Liang X.，Pan L. *J. Org. Chem.*，**2008**，73：6152；Kulikov A.，Arumugam S.，Popik V V. *J. Org. Chem.*，**2008**，73：7611；Kostikov A P.，Popik V V. *Org. Lett.*，**2008**，10：5277；Bort G.，Gallavardin T.，Ogden D.，Dalko P I. *Angew. Chem. Int. Ed.*，**2013**，52：4526；Wang P. *Asia J. Org. Chem.*，**2013**，2：452.

[97] 刘文杰，曹德榕. 有机化学，**2008**，28：1336；Cusido J.，Deniz E.，Raymo F M. Eur. *J. Org. Chem.*，**2009**，2031；Guo K.，Chen Y. *J. Phys. Org. Chem.*，**2010**，23：207；Delgado J L.，Bouit P.-A.，Filippone S.，Herranz M. A.，Martin N. *Chem. Commun.*，**2010**，46：4853；Silvi S.，Venturi M.，Credi A. *Chem. Commun.*，**2011**，47：2483.

[98] 樊美公. 化学进展，**1997**，9：170；Ravelli D.，Dondi D.，Fagnoni M.，Albini A. *Chem. Soc. Rev.*，**2009**，38：1999；Ogawa K.，Kobuke Y. *Org. Biomol. Chem.*，**2009**，7：2241；Yao S.，Belfield K D. *Eur. J. Org. Chem*，**2012**，3199.

[99] Hagfeldtt A.，Gratzel M. *Chem. Rev.*，**1995**，95：49；*Acc. Chem. Res.*，**2000**，33：269；李晓慧，范同祥. 化学进展，**2011**，23：1841.，Andreiadis E S.，Chavarot-Kerlidou M.，Fontecave M.，Artero V. *Photochem. Photobiol.*，**2011**，87：946.，Reece S Y.，Hamel J A.，Sung K.，Jarvi T D.，Esswein A J.，Pispers J H.，Nocera D G. *Science*，**2011**，334：645；Nocera D G. *Acc. Chem. Res.*，**2012**，45：767.

7 金属有机化学

现代化学的特点是化学和其他基础学科的紧密联系和交叉渗透。金属有机化学（organometallic chemistry）既是无机化学和有机化学的交界学科，它继承了无机结构化学、物理有机化学和有机合成化学、酶化学等理论，又在实践中配合了基本有机工业、高分子化学工业、精细化工品生产、环境保护、新型能源和生物、医学的发展要求，因而反过来又推动了化学键理论、催化理论及有机合成化学的研究。金属有机化学与配位化学不同，是研究含金属-碳键（M—C）的学科。进入 21 世纪以来，众多在 10 年前建立起的金属有机化学概念和见解被颠覆或重建，成为最为活跃、进展最大的化学学科之一。如今大部分有机合成反应都是应用有机金属化合物来完成的，有机金属化合物用作试剂或催化剂在开发条件温和、化学选择性、位置选择性及立体选择性均很高的有机合成反应；如 N_2、CO_2、SO_2 等小分子和 C—H 键的活化应用；酶催化和均相催化；多相催化的研究等各方面都已发挥巨大贡献。[1] 大量新型特殊结构的有机金属化合物的发现促进了对化学键和分子结构更深、更新的认识。许多实践应用的化学化工产品也都是不同种类的有机金属化合物。

1827 年，丹麦化学家 Zeise 将乙烯通入 K_2PtCl_4 的水溶液反应得到一种后称 Zeise 盐的化合物。Zeise 盐是第一个被发现的有 π 键与金属配位的有机金属化合物，1969 年其结构经 X 射线衍射被确定为 $\{K^+[Pt(CH_2{=}CH_2)Cl_3]^- \cdot H_2O\}$（参见 7.2.4）。此后，二甲基砷化物 $(Me_2As)_2O$、二乙基锌 $(C_2H_5)_2Zn$、羰基镍和有机钠、有机镁、有机铝等化合物相继得以开发和应用。1887 年发现的 Reformatsky 反应［图 7-1（a）］中用到的锌化物是最早用于有机合成的有机金属化合物；用于重氮化合物的取代及偶联等的 Sandmeyer 反应［图 7-1（b）]、Gatterman 反应［图 7-1（c）］和 Ullman 反应［图 7-1（d）］则是经由有机铜化物的反应，它们都先后在 19 世纪末得到应用。

(a) $BrCH_2CO_2Et \xrightarrow[RCOR']{Zn} RCR'(OH)CH_2CO_2Et$

(b) $ArN_2^+ + CuX \longrightarrow ArX$

(c) $ArN_2^+ + Cu + HX \longrightarrow ArX$

(d) $2ArX + Cu \longrightarrow Ar{-}Ar$

图 7-1　早期金属参与的 4 个有机合成反应

1893 年，瑞士化学家 Werner 提出了 $Co[(NH_3)_6]Cl_3$ 的离子结构，从而奠定了当代配位金属化学的基础。20 世纪以后以格氏试剂为代表的金属有机化学反应极大地推动了有机化学的发展。有机钠的活性很强，生成后即与底物卤代烃发生 Wurtz 偶联。20 世纪 30 年代 Ziegler 研究了活性介于有机钠和有机镁之间有机锂的反应，弥补了有机镁的不足。1951 年，具有夹心结构和类似芳烃性质的二茂铁得到制备和解析，随之出现了一大类新型的有机金属配合物结构。以 20 世纪 50 年代用于烯烃低压聚合反应的有机铝试剂催化剂的发现为契机，金属有机化学在理论和工业应用上都开始了急速发展。元素有机化合物也已成为有机合成反应中的常见试剂或催化剂。迄今已经有 16 位科学家因在有机金属化学领域做出的开创性贡献而获得诺贝尔化学奖。

有机化学工业的早期是利用煤制得电石再得到乙炔后，在汞盐催化下生产乙醛所奠定的基本有机化工路线，如图 7-2（a）所示。该路线由于汞盐的公害污染而遭淘汰。自 20 世纪 60 年代初发展起如图 7-2（b）所示的由乙烯经 Pd-Cu 复盐催化氧化得到乙醛的第二条基本有机化工路线。从能源考虑，由石油气得到乙烯原料的这条路线仍有相当多的不足之处。1925 年，由 CO 和 H_2 在 Co 和 Fe 配合物催化下合成烃类燃料的 Fischer-Topsche 过程的成功是金属有机化学的标志性成果，该方案至今仍有极为重要的现实意义。由煤产生的合成气制得的 CH_3OH 和 CO 在 Rh 配合物催化下生成乙酸的路线实现了大规模工业生产。这是一个原子经济性达到 100％的反应，被誉为有机化学工业中的第 3 个发展里程碑（参见 7.7.2），如图 7-2（c）所示。

$$\text{(a)}\ C \xrightarrow{CaO} CaC_2 \xrightarrow{H_2O} CH{\equiv}CH \xrightarrow{Hg^{2+}} CH_3CHO$$

$$\text{(b)}\ CH_2{=}CH_2 \xrightarrow[\text{[O]}]{Pd^{2+}/Cu^{2+}} CH_3CHO$$

$$\text{(c)}\ CH_3OH + CO \xrightarrow{Rh^+} CH_3CO_2H$$

图 7-2　有机基本化工的 3 个代表性合成路线

有机化合物与占大半个周期表的金属组合成的有机金属化合物的数量已难以计数，其结构的多样性极为丰富，且不断有前所未能识别的意外性出现。如，锌原子在气态下可插入甲烷分子中生成锌-甲烷（$HZnCH_3$），1g 有机金属化合物的超巨大表面积可达 7000m^2 等等。不少有机金属化合物的结构和涉及电子得失的化学反应难以按一般的有机分子来描述和理解，看似都比以碳为中心的普通有机化学要复杂和难学。结构式的描述也与众不同，与金属原子相连的一根直线或指共享电子对形成的键，或代表与金属共享 σ 键或 π 键上的一对电子，或代表配体中归 3 个以上原子的大 π 体系（无论 π 电子数的多寡）与金属形成的键（有时也用多根直线连接金属和大 π 体系上的每个原子，有些文献用虚线替代直线）；单箭头表示的配位键和形式电荷在金属有机配合物中用得不多。本章首先介绍金属有机化学中广为应用的一些特有术语和专用名词，并在此基础上讨论金属有机化合物的结构、性能及其相关反应类型。

7.1　有机金属化合物的分类和命名

除了惰性气体外，几乎所有的元素均能和碳结合。广义上说，含金属的有机化合物，即含有机配位的金属化合物都是有机金属化合物（orgametallic compound）或称金属有机化合物，它们大多含有金属-碳键（M—C）。如 NaCN 一类金属氰化物（cyanides）、M[O(S)R]$_n$、一类金属烷氧（硫）化物和 CaC_2 一类金属碳化物（carbides）通常归于无机化学，但如 Wilkinson 催化剂 RhCl$(PPh_3)_3$ 那样的有机磷化物和金属氢化物则仍归于有机金属化合物。[2] 根据元素周期表对金属的分类方法可将有机金属化合物分为 3 大类，研究有机金属化合物的化学为有机金属化学。

7.1.1　主族元素化合物

主族元素的价电子位于 s 和 p 轨道上，它们或是无 d 轨道或是 d 轨道已充满或是 d 轨道过于稳定而不能有效成键。这类有机金属化合物较早为人所知，在结构上遵循八隅体规则，分子式看似简单但实际结构也很复杂。[3] 它们的命名相对较为简单：有机基团名在前，金属名在后。如叔丁基锂 ^{t}BuLi、甲基碘化镁 CH_3MgI 和三（正）丁基锡化氢 Bu_3SnH 等。

低级的 Be 化物有挥发性和毒性，Ca、Sr、Ba 等第二主族元素的有机化合物都有较好的热稳定性，它们的研究和应用相对不多。属长周期表中 2B 族的 Zn、Cd、Hg 中的 nd 层已填满电子，$(n+1)$s 层有两个电子，故可形成两价或高于两价的化合物，此类金属有机化合物的活性随元素电负性的增加而减弱。周期表中位列过渡金属后面的一些主族金属元素的 ns 和 np 之间的能级相差较大，显示出 ns 电子的惰性，化合价可表现出 $N-2$ 而非 N（N 指金属在元素周期表中所在的族数），如 SnR_2。Si、Ge、Sn 和 Pb 属 4B 族，电负性比碳小，与碳形成相对较稳定的共价键。5B 族中的 As、Sb、Bi 有一定金属性，可形成＋3 价和＋5

价两类金属有机化合物。有机 Li、B、Mg、Zn 和 Al 等化合物已是活性碳负离子或强碱的来源。

7.1.2 过渡金属有机配合物

过渡金属有机配合物常简称金属有机配合物或配合物。过渡金属的电子构型为 $(n-1)d^m ns^2 np^6$ $(0 \leqslant m \leqslant 10)$。亚层 $(n-1)$d 轨道与其外层 ns 轨道的能量较为接近而对成键都能做出贡献，反应后电子构型多达到 $(n-1)d^{10} ns^2 np^6$。与非过渡金属不同，过渡金属具有与一个以上的碳原子成键的能力，与氧配位结合的倾向又很小。过渡金属有机配合物的配体种类众多，本身不够稳定，结构和键型复杂难定，故研究较主族元素化合物晚，但发展和应用在金属有机化学中是最快最有成效的。过渡金属有机配合物中的 M—C 键或 M—H 键的共价性更明显，金属更易被还原，故也易与有机分子反应而能用作有机合成反应的催化剂，为有机化学带来与主族元素化合物不一样的革命性改变。3～12 族的过渡元素的价电子因位于部分充满的 d 轨道上而具有特殊的化学性质，构型上遵循 18-16 电子规则（参见 7.5.6）。相比主族元素，它们的 HOMO-LUMO 间的能差较小，能以各种氧化态形成各种价键状态和不同配位数的配合物。过渡金属与配体（ligands，*L*）之间有配位键［coordinate（dative）bonds］存在，生成有机金属配合物（organometallc complexes）。配体可通过一个、两个或多个原子与金属成键，分别称为单齿、双齿或多齿配体。[4]过渡金属与烷烃及惰性气体的配位也有不少研究。[5]金属有机配合物与 19 世纪末期发现的 $[Co(NH_3)_6]^{3+}$ 一类 Werner 配位物（Werner complexes）并无二致，只不过后者主要是氮、氧等非碳原子的配体与过渡金属键连或配位。金属有机配合物中由氮、氧等原子参与配位的配体也是很常见的，故金属有机化学实际上也是配位化学的一个分支。

金属有机配合物命名时，应将配体放在金属的前面，用前辍词单、双、三、四等表示配体中与金属键连的原子数，即配体配位点数的数字后、配体名字前加系（η）字，依次按负离子配体、中性配体、正离子配体，金属的次序来命名。加顺/反、外型/内型给出配体之间的空间关系。一个配体与多个金属形成的桥键用 μ 表示，中间用实心圆点隔开。μ_m 中右下角的数字 m 表示与配体连接的金属数目，m 为 2 时常略去不写。如顺-二（μ-二烷基膦）·二羰基二环戊二烯合二铁｛*cis*-［$Fe_2(\eta^5\text{-}C_5H_5)_2(CO)_2(\mu\text{-}PR_2)$］$_2$，**1**｝和 1,2,3,4-四系-1,3,5-环辛三烯-三羰基铑（**2**）。

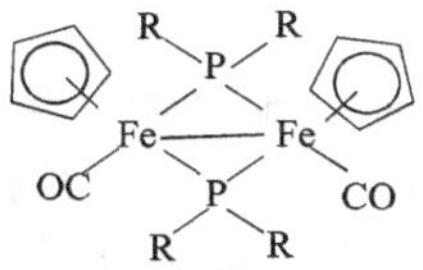

1 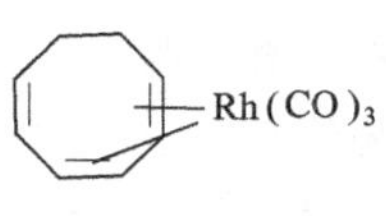 **2**

η(eta 或 hepto) 这一希腊字母在有机金属化学中意为（联）系，η^n 中右上角的数字 n 表示配体上的配位点数。在表达配合物的结构时要注意每个配体上键合的原子数，从而才能得出正确的键合电子数。如，环戊二烯基能以 1、3 或 5 个碳原子分别提供 1、3 或 5 个电子去参与配位，它们可分别记为 η^1、η^3 和 η^5；环辛四烯也能以 η^2、η^4、η^6 和 η^8 配位并各提供 2、4、6 或 8 个电子。常见的烯丙基配体可以与普通烷基一样以一个配位点给出一个电子与金属成键，称为 η^1-烯丙基或 σ-烯丙基，这是一种单电子成键形式；也可以以 3 个碳轨道组成一个分子轨道然后给出 3 个电子与金属成键，称 η^3-烯丙基，在共价键或离子键模式中分别以 3 个或 4 个电子成键；另一个较为少见的是烯丙基配体和一般烯烃一样作为给出两个电子的配体，用 $\eta^2\text{-}C_3H_5$ 表示。故 n 相当于配体与金属多重连接的键数并提供 n 个电子。当配体以杂原子与金属成键时，用希腊字母 κ(kappa) 代替，右上角的数字 n 也表示各个配体上的配位点数。过渡金属有机配合物中一些常见的配位基团如图 7-3 所示。

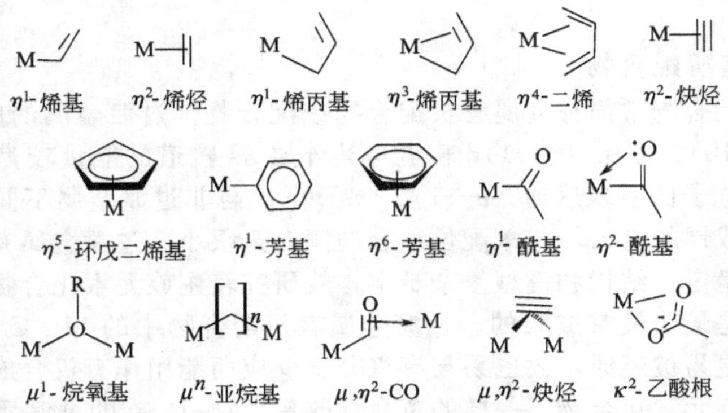

η^1-烯基 η^2-烯烃 η^1-烯丙基 η^3-烯丙基 η^4-二烯 η^2-炔烃

η^5-环戊二烯基 η^1-芳基 η^6-芳基 η^1-酰基 η^2-酰基

μ^1-烷氧基 μ^n-亚烷基 μ,η^2-CO μ,η^2-炔烃 κ^2-乙酸根

图 7-3 过渡金属有机配合物中常见的系和桥

有机化合物一旦与金属配位后其结构和性质就有了变化，并产生了与“自由”分子完全不同的反应。无机化学将有机金属配合物视为一类以有机分子为配体的、以各种金属为中心的配位化合物；结构化学对它们的制备及多种特殊的化学键有兴趣；催化化学对它们的多种催化性能和相态有更多的研究观察；有机化学的主要兴趣则在于这些配位化合物在有机反应中的应用、过程及有机配体的变化。

7.1.3 稀土金属有机配合物

稀土金属有机配合物中的金属，包括元素周期表中ⅢB 族的钪、钇和 15 个镧系元素，前 4 个和后 4 个分别称轻稀土金属和重稀土金属。镧系元素常共生出现而很难分离，故直至 20 世纪 60 年代才有单个稀土化合物的商品供应。镧系元素在元素周期表中自成系统，有未填满的 d 层和 f 层轨道，最外层的 s 电子数相同。大部分稀土金属只有一种稳定的＋3 价态，不遵守 d 区过渡金属配合物适用的 18-16 电子规则，f 轨道电子不易参与成键。稀土金属的离子半径大，属缺电性，稀土 M—C 键则表现出有较强的离子键性质。稀土金属有机配合物中的配位数可高达 8～12，且配位键缺少方向性要求，往往配位不饱和且配位模式不定而易于发生歧化反应。配体的电子和体积效应对配合物的稳定性、反应性和结构的影响比金属与配体间的键要大得多。稀土金属有机配合物对水和空气特别敏感，实验要求非常严格，操作相对较为困难，故自 20 世纪 70 年代建立起 Schlenk 操作技术后，稀土金属有机化学才得以迅速发展。稀土金属有机配合物不易与有机磷化物、烯烃或一氧化碳等形成稳定的配合物，常见的配体主要是易修饰、多电子、大位阻的环戊二烯基及其衍生物，其中三(环戊二烯基)的稀土金属配合物结构简单，稳定性好；二(环戊二烯基)的稀土金属配合物含有轴向 σ-配体，可参与计量或催化的有机反应，其稳定性稍差但化学最为丰富；单(环戊二烯基)的稀土金属配合物的稳定性最低，易歧化为三(环戊二烯基)的稀土金属配合物或发生聚合。非环戊二烯基配体的稀土金属配合物的研究和应用相对都少得多。稀土金属有机配合物具有独特的结构和不同于主族和 d 区过渡金属的双电子特征反应模式，其研究虽不如主族和过渡金属有机化学那样深入，但在结构化学、有机合成和高分子聚合反应中也已得到重视和广泛应用。如，稀土金属卡宾配合物也已得到开发应用。[6]

7.2 有机金属化合物的键型结构

有机金属化合物有离子键、共价键、多中心键及离域键、反馈键等多种键型，它们的结构特征主要取决于金属而不是有机配体基团。[7]如，$(C_5H_5)^-$可分别与金属形成 $Na^+C_5H_5^-$中的离子键、$Si(C_5H_5)_4$ 中的共价键和 $Fe(C_5H_5)_2$ 中的离域键。

7.2.1　离子键型

周期表上除了位于右侧的 16 个非金属元素外，其余的皆可视为金属。金属的电正性比碳大。电正性最大的那些金属，如周期表中ⅠA、ⅡA、ⅢA 族及稀土和锕系元素均可与碳形成极性较大的共价键，即离子键。碱金属化合物难溶于烃类有机溶剂，但可溶于极性有机溶剂中，在非水溶剂中能导电，易水解和氧化，故在制备和反应时需严格的无水无氧条件。烷基锂多呈缔合形式，缔合度随烷基增大而降低，挥发性增加，熔点和沸点较高。室温下正丁基锂是液体，而相对分子质量更小的 CH_3Li 和 C_2H_5Li 是白色的盐状固体，X 衍射表明晶体 CH_3Li 是四聚体。离子键型有机金属化合物的离子性程度并不相同。随着原子序数的增加，金属体积越大，离子性也越强；如，Li、Na、K、Rb 和 Cs 与碳成键的离子性成分分别为 43%、47%、51%、52%和 57%。碳原子的轨道杂化形式中 s 成分愈多电负性愈大，离子性也愈大。有机基团中带有氧、氮、卤素等电负性大的原子愈多或负电荷的分散程度愈大，离子性也愈大。如 CF_3MgI 和 $Mg(C_5H_5)_2$ 中的 C—Mg 键都可归于离子键型化合物，而 $Mg(^nC_4H_9)_2$ 则归于共价键型化合物。

7.2.2　共价键型

共价键型有机金属化合物中的成键电子对是由金属和碳各提供一个电子所组成的 σ 键，周期表中的ⅠB、ⅡB 和ⅢA～ⅥA 族元素，如 Li、Mg、Zn、Sn、Hg、Cu、Ni、Fe、Pb 等均可与碳形成共价键。各种元素和碳的电负性不同，共价键 M—C 仍有极性，共价键电子对偏向电负性较强的元素碳。共价键型有机金属化合物的几何构型和键连配体的数量可由金属所处的杂化轨道形式来判别。如，ⅡB 中的 Zn、Cd、Hg 等的外层电子为 ns^2，与碳成键时有一个 s 电子激发到 p 轨道，以 sp 杂化形式与碳形成线形的 R_2M；ⅢA 族元素 B、Al、Ga、In、Tl 取 sp_2 杂化与碳形成等边三角形的 R_3M；Ⅳ族元素 Si、Ge、Sn、Pb 则以 sp^3 杂化与碳形成四面体形的 R_4M；Ⅴ族元素的 As、Sb、Bi 则取 dsp^3 杂化与碳形成三角双锥体形的 R_5M。同族共价键的 M—C 键键能自上而下是递减的，故这些有机金属化合物的热稳定性在同族内也是自上而下递减的。如，第四族元素 Me_4C、Me_4Si、Me_4Ge、Me_4Sn 和 Me_4Pb 中 M—C 键的离解能（BDE，参见 1.6.4）为 350kJ/mol、290kJ/mol、250kJ/mol、220kJ/mol 和 160kJ/mol。

共价键与离子键的定义并无严格区分，两者的差异仅在于 M—C 键的极性程度。故 M—C 键可用如 **1** 所示的共振结构式表示。离子型共振结构的贡献度与金属、取代基及介质环境有关。若从金属和碳的电负性考虑，离子型共振结构所占百分数有式（7-1）所示的定量关系，式中的 $\Delta\chi$ 是金属和碳的电负性差值：

$$\text{C—M} \longleftrightarrow \text{C}^-\text{:}\ \text{M}^+ \quad (\mathbf{1})$$

$$\text{离子型结构百分数} = 1-e^{-0.25(\Delta\chi)^2} = 0.16\Delta\chi + 0.035(\Delta\chi)^2 \qquad (7\text{-}1)$$

共价键型有机金属化合物的性质类似一般的有机化合物，溶于有机溶剂而不溶于水。

7.2.3　缺电子型多中心键

Li、Be、B、Al 等元素的价电子不足，不能按正常的二电子双中心键成键，但可形成离域的非经典型双电子多中心键。这几个金属都能形成很强的极化正离子，有较高的电荷-离子半径比，正离子易将电荷从负离子拉开，即易使负离子极化。这种高度极化的结构又易于高度地相互结合，而产生介于碱金属的离子化合物和 Si、Sn、Pb 等易组成 σ 键的化合物之间的聚合型结构。

一个甲基在缺电子型多中心键化合物中可以与两个或多个金属原子结合。如三甲基铝 $(CH_3)_3Al$ 中，Al 的氧化态为+3，其 1 个 3s 轨道和 3 个 3p 轨道杂化为 4 个等价的 sp^3 轨道，两个甲基以正常的形式与其结合形成如 **2a** 那样的结构单元。两个 **2a** 靠拢，然后另两个甲基各以一对电子的波瓣指向两个 Al 原子间中点并成桥而键合在这两个结构单元之间，形成带两个二电子三中心键的结构 **2b**。**2b** 中的铝原子与桥甲基之间的键不如与端基甲基之间的键那么强，但这个二聚体结构还是非常稳定的，在 15.4℃熔化。三甲基铝的 ^1H NMR 表征出有两种类型的氢。分子中存在两种类型的 Al—C 键，键长分别为 0.195nm 和 0.213nm，端基∠AlCAl、桥基∠AlCAl 和∠CAlC 分别为 123°、76°和 106°。

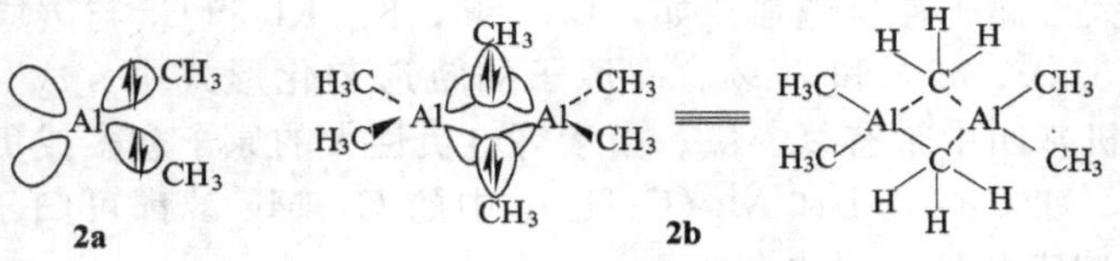

2a　　2b

甲基铍 $(CH_3)_2Be$ 是如 **3** 所示的桥连线型聚合物，在 200℃升华。孤立的单分子 BH_3 是很罕见的，它们多以二硼烷，即常用的硼氢化试剂乙硼烷(B_2H_6)的形式稳定出现。两个硼原子和六个氢原子只有 12 个价电子，但需要 14 个价电子才能形成与乙烷相同的结构。乙硼烷的理化性质与乙烷式结构也不符合。电子衍射和 X 射线衍射检测表明，乙硼烷的气体和晶体结构均如 **4** 所示，桥氢和两个硼原子间只有两个价电子，也形成与三甲基铝相似的二电子三中心键，其中端基∠HBH 和桥基∠HBH 分别为 121°和 97°。硼是最易与氢成桥的元素，可形成许多如 B_4H_{10}、$B_{10}H_{14}$ 等一类高硼氢化物，羰基金属硼烷及碳硼烷都较易形成簇化合物。

过渡金属配合物也可有桥原子存在，如 $Fe_2(CO)_9$ (**5**) 中有 3 个 μ_2-CO 桥。甲基锂 CH_3Li 则是体型聚合物，大部分情况下可用如 **6** 所示的四聚体形式来描述。其结构好像是 4 个交叉的四面体组合，每个四面体的一个顶点是 CH_3，其余 3 个顶点是 Li，Li 上剩余正电荷，CH_3 上剩余负电荷，一个四聚体里带正电荷的锂与一个四聚体里带负电荷的 CH_3 有作用，是二电子四中心键。尽管 CH_3Li 的相对分子质量远比 $(CH_3)_3Al$ 小，但形成的这个体型聚合物是难熔化的。[8]

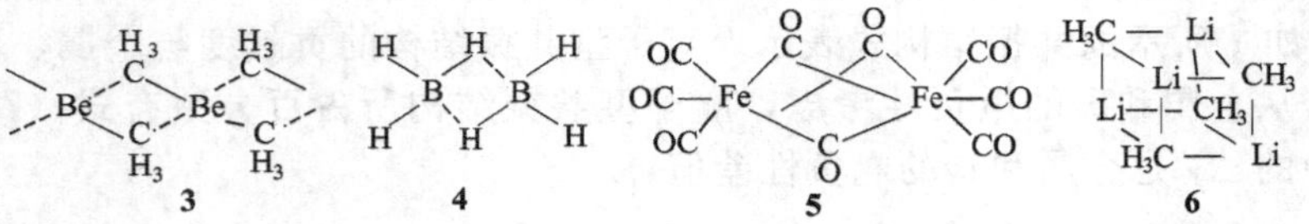

3　　4　　5　　6

7.2.4 配位键型和反馈键

过渡金属有机化合物又常称过渡金属有机配合物或简称金属有机配合物，配合物中配体以离域 π 键形成离域的 M—C 键。烯、炔和一系列含离域 π 键的环状分子或离子均可与过渡金属形成此类离域的 M—C 键并为催化反应建立基础。乙烯中成键 π 轨道为两个电子所占据，反键 π^* 轨道是空轨道。Zeise 盐 $\{K^+[Pt(C_2H_4)Cl_3]^-\}$ 中 Pt 的配位数为 4，X 衍射测定反映乙烯分子的中点和 $PtCl_3^-$ 组成一个平面正方形，Pt—C_2H_4 的键指向两个碳中间，而双键平面近似垂直于由 3 个配体氯和金属的平面，称垂直配位，如 **7** 所示。在 $Pt(PPh_3)_2(C_2H_4)$(**8**) 和 $Ir(PPh_3)_2(CO)H(C_2H_4)$ (**9**) 中，双键平面位于包括 $Pt(PPh_3)_2(C_2H_4)$和 $Ir(PPh_3)_2$ 所在的平面，称面内配位。

Pt 原子的价电子为 $5d^9 6s^1$，一个 d 轨道和一个 s 轨道各填充一个电子。Pt^{2+} 为 d^8 构型（参见 7.5.5），一个空的 $5d_{x^2-y^2}$ 轨道与 6s、6p 轨道形成 4 个平面正方形的 dsp^2 杂化轨道，其中 3 个与 Cl 形成 σ 键，另一个接受乙烯成键 π 轨道上的 π 电子形成双电子三中心键。如 **10** 所示，三中心配键中的乙烯是电子对给予体，但是其 π^* 反键空轨道还可以接受 Pt^{2+} 中填充有电子的 d_{xy} 轨道上的一对电子形成反馈（back donating）π 键，这两个过程是协同发生的。烯烃的电荷密度从 π 轨道中失去而又从 π^* 轨道中得到补偿，总的结果还是使烯烃中的双键削弱，双键键长由正常的 0.134nm 变为 0.145nm。烯烃 π 轨道的供电子能力并不强，但带烯烃的过渡金属有机化合物是能够稳定存在的，其原因即在于反馈 π 键。

具有反馈键的有机金属化合物中乙烯或对称的烯（炔）烃配体重键上的两个碳原子和金属原子是等距离的，η^3-π-烯丙基金属化合物中金属与键合的 3 个碳原子也是等距离的。当金属带有两个不同的配体时，则会形成各不相同的 M—C 距离。M—H 键也有配位键，如 **11** 所示，氢上的 σ 键提供电子到金属的空 d_σ 轨道的同时，金属的 d_π 轨道反馈供电子到氢上的 σ^* 键。

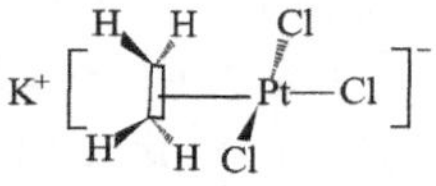

$K^+[(H_2C{=}CH_2)PtCl_3]^-$　**7**　　$(Ph_3P)_2Pt(CH_2{=}CH_2)$　**8**　　$(Ph_3P)_2Ir(CO)(H)(CH_2{=}CH_2)$　**9** 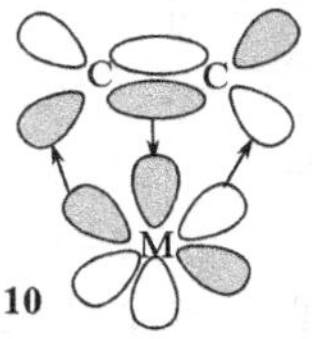　　**10** 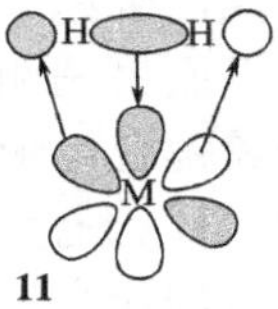　　**11**

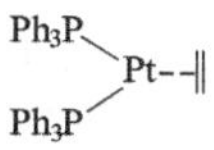

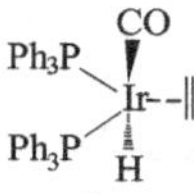

丁二烯和金属键合时，取 *s-cis* 构型，处在同一平面上的 4 个碳原子到金属的距离几乎相等。环丁二烯有两个非键 π 轨道，每个轨道上只有一个电子。与金属成键后，环丁二烯 π 轨道上的两个电子供给金属原子上空的 p 或 d 轨道形成 σ 键，非键轨道上的两个电子可分别与金属原子已占 p 或 d 轨道上的单电子结合形成两个大 π 键，π^* 轨道同时又从金属原子上已占 p 或 d 轨道接受电子，这些电子相互作用配对的结合使环丁二烯的某些过渡金属化合物能够稳定存在。

π-环戊二烯基是最重要的负离子型配体，又称茂基，简写为 Cp。组成简单的橙色固体二茂铁（**12**）是 1951 年制得的，其独特的三明治式结构经红外、磁化率和偶极矩测量于 1952 年得以解析。**12** 中的 C—C 键长 0.140nm，C—Fe 键长 0.204nm，偶极矩为零，IR 表明只有一种类型的 C—H 伸展振动模式，δ_H 和 δ_C 各为 4.04 和 68.2，氢与碳环不在同一平面上。离域的茂基 π 电子与 Fe 中未占杂化轨道 d^2sp^3 重叠成键，Fe 与茂基上的 5 个碳原子都有键合。二茂铁的发现在有机金属化学的发展中具有里程碑式的作用，金属茂基配合物也是烯烃催化聚合反应的关键催化剂。

二茂铁能升华（>100℃）而不分解，对空气和水也是稳定的。茂环与自由的环戊二烯不同，它不发生氢化或 Diels-Alder 加成反应却具有比苯环还活泼的芳香性而比苯更易发生酰化、烷基化等亲电取代反应。二茂铁能发生 Mannich 反应，这也反映出茂环上的氢要比苯活泼得多。反应中亲电试剂先配位到铁，Fe(Ⅱ)氧化成 Fe(Ⅲ)，而后转移到茂环上，放出质子完成取代反应的同时铁又还原为 Fe(Ⅱ)。但二茂铁不耐氧化，故不能直接进行硝化反应或卤代反应。二茂铁及其衍生物具有多种独特的性质，如对于柴油和火箭燃料具有燃烧催化作用，能节约用油并减少黑烟，还可作为紫外吸收剂、抗静电剂，磁性材料、植物生长刺激剂等等，应用极广。[9] 烯基二茂铁还可发生聚合或共聚而形成有机金属聚合物。

Fe（**12**）$\xrightarrow{E^+}$ Fe^+—E ⟶ Fe^+（H, E）⟶ Fe（E）

茂基与金属的结合非常牢固，对亲核或亲电试剂也极为惰性。茂基能与金属以 σ 键或 π 键配位，它的 η^5-配位是最常见的，η^3-配位则是很少见的。如，二羰基茂基茂铁[(η^1-C_5H_5)(η^5-C_5H_5)$Fe(CO)_2$，**13**]和二茂基二茂钛[(η^1-C_5H_5)$_2$(η^5-C_5H_5)$_2$Ti，**14**] 中各个茂基的配位方式是不一样的。两个茂基还可通过由亚甲基链形成的 *ansa* 桥连接起来后整体作为一个手性配体与金属配位，如 **15** 所示。茂金属（metallocene）具有结构易于调变的特性，其催化的烯烃聚合反应活性高，聚合产物的相对分子质量和立体构型的可控性高，应用仍方兴未艾。[10]

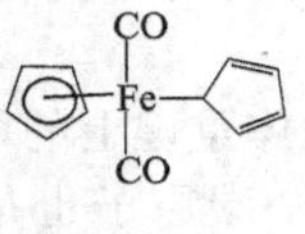

CO Fe CO　Ti　ML_n　H H M　Re

13 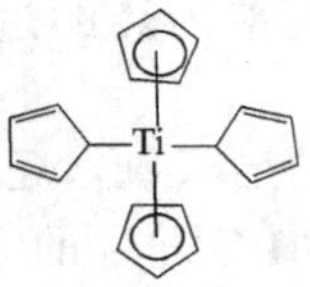　**14** 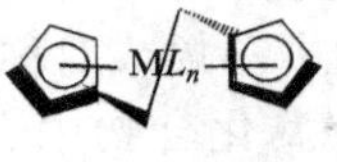　**15** 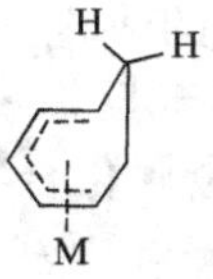　**16** 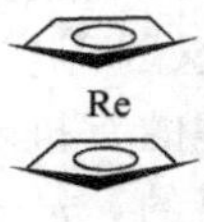　**17**

苯环通常以 η^6-配位方式与过渡金属键合，但也有 η^4-或 η^2-配位方式。芳基比茂基活泼，也更容易从金属上脱离。七元环和八元环配体中常见的是仅部分碳原子和金属原子键合。这些配合物中的成键碳原子位于同一平面，金属原子与每个成键碳原子是等距离的，未成键的碳原子位于该平面另一侧，C—C 键长并不相同，如 π-环庚三烯配合物 **16** 所示。多环芳烃也能与过渡金属键合，最常见的仍是 η^6-配位方式。所有的碳原子都与同一个金属原子键合的五元环、六元环、七元环、八元环配体环是平面的，碳原子之间的键长是相等的。由于环平面绕金属旋转的能垒较低，各个环之间的相互作用对配合物构象可产生较重要的影响。二茂铁和易自燃的二苯铬由于环之间的相互排斥力使它们成为交错构象，而钌原子较大，二茂钌（**17**）可以以重叠构象存在。迄今已发现许多具有这种结构的有机过渡金属化合物，它们又称金属夹心型化合物，这类配合物中至少有一个 C_nH_n 环，金属处在环的 C_n 对称轴上，等价地与环中所有的碳键合。金属夹心型化合物已由单个金属向多个金属组成的线和面扩展，形成夹有多个金属的新颖结构。各种过渡金属夹心三明治式化合物的制备、结构解析和应用对金属有机化学和配位化学的发展起了重大推动作用，Wilkinson 和 Fischer 为此共享 1973 年诺贝尔化学奖。

过渡金属还能与一些小分子化合物配位成键，其成键方式也是过渡金属配合物区别于主族金属有机化合物的主要特征之一。CO 是个普遍可见的配体，其电子结构如 **18** 所示，几乎总是用碳原子与金属成键。形成配合物后碳上的 σ 孤电子对进入金属的空杂化轨道 d_σ 形成 σ 键造成 CO 基团带 δ^+，而金属原子已占 d_π 轨道上的孤对电子又可与 CO 中空的 π^* 轨道形成反馈 π 键而导致 CO 基团带 δ^-，两者相互依存相互增强，协同形成如 **19** 所示的结构。^{13}C NMR 上 CO 的 δ_C 出现在 190～230。红外光谱是检测金属羰基配合物的有力工具，端基或 μ_2 的 ν_{CO} 值各在 1900～2100cm^{-1} 或 1700～1850cm^{-1}。正常的 ν_{CO} 在 2143cm^{-1}。若 CO 只是通过碳原子的孤对电子与金属结合而无成键，则配合物与游离 CO 的 ν_{CO} 应差别不大；若配合物中的 π^* 轨道为已占轨道时，ν_{CO} 必有较大变化。故从 ν_{CO} 的测试可反映 M—C 键的强弱：金属原子的 π 供电能力越强，配合物中的 M—C 键变得短而强，C—O 键变得长而弱、使 ν_{CO} 降低，M—C 键愈强 ν_{CO} 值降低得愈多。几个金属羰基配合物的 ν_{CO} 值为：$(C_6H_6)Cr(CO)_3$ (1938cm^{-1})、$(C_5H_5)Mn(CO)_4$ (1974cm^{-1})、$(C_2H_4)Fe(CO)_3$ (2005cm^{-1})、$W(CO)_6$ (2017cm^{-1})、$Fe(CO)_5$ (2035cm^{-1})、$Ni(CO)_4$ (2066cm^{-1})、$[OsO_2(CO)_2]^{2+}$ (2253cm^{-1})。[11]

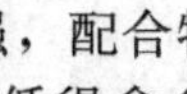

:C≡O:

18

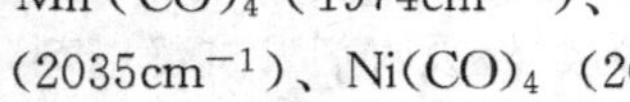

$\dot{M}$—C≡O: ⟷ M=C=$\ddot{O}$

19

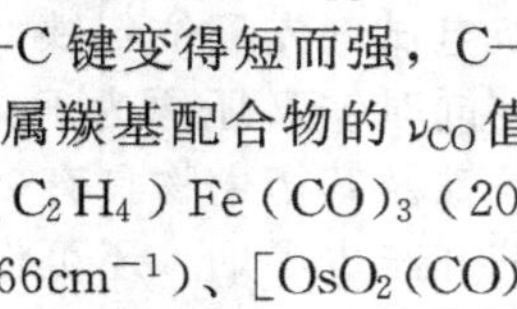

dσ　dπ　π*　M　C=O

配体在成键后自身的键弱化，即得到活化是极为常见的。炔基、氰基和吡啶基等也是σ-供体配体和π-受体配体，它们的给电子能力和受电子能力不同，这常常会反映到配合物的稳定性上。如$Mo(CO)_6$很稳定，而$Mo(NH_3)_6$不能游离存在。这是因为CO和NH_3性质不同，$Mo(CO)_6$通过电子反馈而使电荷能很好地分散到整个配合物中得以稳定。NH_3的受电子能力很差，是一个弱的π受体，$Mo(NH_3)_6$中的电荷集中于金属上而不稳定。常见配体的π-受体能力强弱为：$CO \sim C_2H_4 > PR_3 > CN > H_2O > NH_3$。

N_2的惰性极大，到20世纪60年代才得到它的过渡金属配合物，配位主要在端基，如**20**所示；少数在侧基。**20**中与M成键的N提供孤对电子，给金属形成σ键而带部分正电荷，来自金属的反馈键进入π^*轨道而使另一个N带部分负电荷。这种极化使配位后的N_2得到活化。相对而言，反馈键对M—N键的稳定性起到更重要的作用，只有具强π碱性的过渡金属能与N_2键连。N_2的电子轨道与CO相似，N的电负性大，σ孤电子对的能级较CO中的低，故是一个弱的σ供体。不像π^*轨道在CO中更定域于碳上那样，N_2的π^*轨道等量地分布于两个氮中，M—Nπ^*轨道也不如M—COπ^*轨道强。这两点都导致N_2与过渡金属的键连远不如CO。由于N_2的两个氮原子是相等的，它们也可形成如**21**那样的双核配合物。若金属的反馈键足够强，氮也可被还原为如**22**所示的肼的形式。N_2分子中的氮氮键长0.11nm，形成配合物后只有很小的变动（0.105～0.116nm）。N_2对IR是惰性的，拉曼光谱上游离N_2的吸收为$2330cm^{-1}$，形成配合物后发生极化，**20**在IR的$1920 \sim 2150cm^{-1}$上有特征吸收。

$$\underset{\mathbf{20}}{M—N^{+}\equiv N^{-}} \qquad \underset{\mathbf{21}}{M—N=N—M} \qquad \underset{\mathbf{22}}{M—N\equiv N—M \longleftrightarrow M=N—N=M}$$

N_2的过渡金属配位物的合成和提纯并不容易。如图7-4(a)所示，合成方法中常常用到取代η^2-H_2的，这与固氮酶每还原一分子N_2会放出一分子H_2相似。1995年，利用氮配位的Mo(Ⅲ)配合物首次在温和的条件下实现了N≡N键的断裂而生成具Mo≡N键的物种。N_2的某些过渡金属配位物反应后也可生成氨，如图7-4(b)所示，但都缺乏实用意义。将空气中的游离氮气转化为生物可利用氮源的过程称固氮（nitrogen fixation）。自然界由固氮酶（nitrogenases）将氮催化转化为氨。固氮酶对空气很敏感，CO和NO因也可配位在氮结合的位点而成为很强的抑制剂。化肥出现之前，人类食物营养中的氮都来自生物固氮链。至今有用的人工固氮反应尚是高压的Haber合成氨反应，固氮催化剂的设计和合成均缺少理论指导，如近期发现$12CaO \cdot 7Al_2O_3$对合成氨也有催化作用。相对已取得很大成功的烯烃低压聚合反应，如何将N_2的过渡金属配位物用于常温常压的固氮反应是很有挑战意义的工作。[12]

$$(a)\ FeH_2(H_2)(PEtPh_2)_3 \xrightarrow[-H_2]{N_2} FeH_2(N_2)(PEtPh_2)_3$$

$$(b)\ W(N_2)_2(PMe_2Ph)_4 \xrightarrow[-N_2]{H_2SO_4\text{-}MeOH} 2NH_3 + W^{[6+]}$$

图7-4　过渡金属配位物的两个固氮反应

氮原子并没有空的d轨道，R_3N只有氮上的孤电子对和金属配位成键。磷有空的d轨道，可在提供电子对形成σ键的同时接受金属的反馈π电子。过渡金属羰基配合物中M—N(P)配体键强的一般顺序为：$PMe_3 > P(OMe)_3 > PPh_3 > NMe_3$。虽然$PPh_3$的供电子能力比$PMe_3$强，但它的位阻更大；$NMe_3$的供电子能力很弱，加上M—N键较短，故作为配体形成的键强不大。As则不易接受反馈π电子，这可能与轨道能级有关。

除了配体的因素外，在配体和金属的成键过程中给予和接受成分的强弱取决于不同的金属种类和同种金属的电荷密度。在过渡金属的多种氧化态中，同样的金属原子以低价形式存在时反馈键作用更强，高氧化态金属的 d 轨道上的电子较为稳定，不易反馈到配体上去。反馈键作用也只有在富电子配合物中金属原子的 d 轨道上才有。如，d^0 氧化态的 Ti(Ⅳ) 配合物 $(C_5H_5)_2TiCl_2$ 不与 CO 反应，而 d^2 氧化态的 Ti(Ⅱ) 配合物 $(C_5H_5)_2Ti$ 可与 CO 反应生成稳定的单羰基配合物 $(C_5H_5)_2Ti(CO)$；Co(Ⅲ) 虽有 dπ 轨道，但能量太低，并不能与 CO 成键。在 $(PhH)Cr(CO)_3$ 中，由于 3 个 CO 是很好的 π 受体，使 Cr 上的电子密度降低，从而造成苯向 Cr 原子输送电子的作用大大超过接受电子的反馈作用。如果将一个 CO 基团换成如 PR_3 或 $P(OR)_3$ 一类电子给予配体，则 Cr 上的电荷密度大大增加，Cr 对苯的反馈 π 键也变得重要了。因此，可以利用不同组分的配体来调节金属的电荷密度从而影响金属和配体键的强弱，如 Pd 与配体 PR_3 的键合要比 PPh_3 好，与 $P(OR)_3$ 的键合又不如与 PPh_3 的键合好。

凡能形成反馈 π 键的配体称为 π 酸配体，它既有 Lewis 酸性又有 Lewis 碱性，反馈的 π 电子云分布与通常的 π 键一样，故称之为 π 酸。π 酸配体有端基 π 酸配体和侧面 π 酸配体之分。前者的情况下，金属位于 π 轨道的节面上或与 π 轨道的节面平行几乎成为一条直线。CO 是一个典型的端头 π 酸配体。后者的情况下，金属垂直于节面成键。侧面的 π 酸配体成键也称 μ 键。烯烃即以一个典型的 μ 键和金属配位，π 键共用于 3 个原子之间。

7.2.5　金属簇

金属簇化合物 $(MLn)m$ 是由少于 18 价电子的 MLn 碎片通过 M—M 键聚集而成的。与硼化物相似，缺电子的过渡金属通过更多相似单元的 M—M 键而非成环等形式来使电子共享最大化并形成簇（clusters）。簇化物中的金属可以是同种的或异种的，金属原子间成键构成多面体骨架。M—M 键的金属原子有较低的氧化态和不多的价层电子以有利于 d 轨道间的重叠，此外还需有合适的配体。小体积的 CO 是很好的 σ 供体和 π 受体而成为金属簇化合物中最常见的配体。金属簇化合物多由 2～50 个金属原子在分子的中心部位彼此键连而成，如四面体的四核簇化合物 $Co_4(CO)_{12}$。有些簇化物的组成和形状都相当巨大。如 $Pd_{145}(CO)_{60}(PEt_3)_{30}$、$Ni_{34}Se_{22}(PPh_3)_{10}$ 和直径达 7.6nm 的二十面体大分子化合物 $C_{2900}H_{2300}N_{60}P_{120}S_{60}O_{200}F_{180}Pt_{60}$。有的簇化物中的金属原子可多达 10^8 个而形成纳米结构。许多金属簇化合物是中性的，如平面型的 $Ru_3(CO)_{13}$(**23**)；也有少数金属簇化合物是荷电的，如 $(Re_2Cl_8)^{2-}$(**24**)。金属簇化物大多是可溶性和反磁性的，能用 NMR 等谱学加以研究，在配位催化中显示出相当优异而独特的性能。[13]

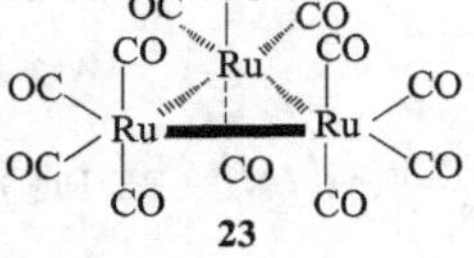

23 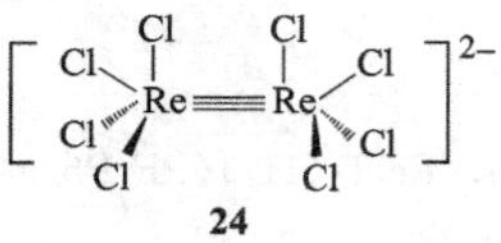　　**24**

7.3　有机金属化合物的制备

有机金属化合物视金属种类和配体而有各种不同的制备方法，少有普遍适用的通用途径。许多金属配合物因其分解反应的动力学过程极快而在近期改进了合成技术和实验装置才得以制备。

(1) 金属与烃类或卤代烃的反应　如式(7-2)的 3 个反应所示，活泼的金属可以直接取代烃类的活泼氢原子，金属有机配合物在一定条件下也可取代芳烃氢。产物 **1** 中氨基与钯的配位大大有利于其稳定性。

$$HC\equiv CH + Na \longrightarrow HC\equiv CNa + H_2$$

$$Ph_3CH + K \longrightarrow Ph_3CK + H_2$$

$$C_6H_5CH_2NMe_2 + LiPd_2Cl_4 \xrightarrow[-LiCl]{-HCl} \mathbf{1} \quad (7\text{-}2)$$

铝和 H_2 可同时加入双键生成烷基铝，如式（7-3）所示：

$$2Al + 3H_2 + 6H_2C{=}CH_2 \longrightarrow 2(C_2H_5)_3Al \quad (7\text{-}3)$$

如式（7-4）所示，金属元素如 Li、Mg 等可以和卤代烃直接反应得到有机金属化合物，反应能量主要来自较大放热的 MX_n 生成焓，卤代烃常为溴代物和烯丙基（苄基）氯；磺酸酯活性太强，易发生 Wurtz 偶联反应而影响得率，金属的纯度和杂质元素的存在、金属的物理状态、不同的溶剂、催化剂和反应条件对制备反应均有一定影响。

$$RX + 2Li \longrightarrow RLi + LiX \quad (7\text{-}4)$$

（2）金属有机化合物与卤代烃或另一种元素卤代物的反应　金属有机化合物和卤代烃反应可生成另一种金属有机化合物，如式（7-5）所示的 3 个反应。生成 **2** 的反应中羰基金属还原成羰基金属负离子后与卤代烃反应，生成不溶的 NaI，为反应提供推动力。芳基、烯基和叔烷基卤代物并不适用于此反应，同一金属负离子上不同的配体对其亲核性能力是有较大影响的。

$$CCl_4 + C_4H_9Li \longrightarrow CCl_3Li + C_4H_9Cl$$

$$C_6H_5Br + C_4H_9Li \longrightarrow C_6H_5Li + C_4H_9Br$$

$$Na[Mn(CO)_5] + CH_3I \longrightarrow \underset{\mathbf{2}}{(CH_3)Mn(CO)_5} + NaI \quad (7\text{-}5)$$

烯丙基氯和羰基金属负离子反应可生成金属烯丙基配合物。式(7-6)所示的反应先生成 σ-烯丙基配合物，而后失去一分子 CO 并重排为 η^3-烯丙基配合物 **3**。

$$Na[Mn(CO)_5] \xrightarrow{CH_2{=}CHCH_2Cl} (CO)_5Mn(CH_2CH{=}CH_2) \xrightarrow{-CO} \underset{\mathbf{3}}{(\eta^3\text{-}C_3H_5)Mn(CO)_4} \quad (7\text{-}6)$$

有机金属化合物和另一种元素的卤代物反应，电正性较大的金属失去烷基配体并生成卤代物为反应提供推动力，生成电负性相对较大金属的有机金属化合物。如式(7-7)所示的 3 个反应。

$$CH_3Li + CuI \longrightarrow CH_3Cu + LiX$$

$$2CH_3Li + (PEt_3)_2PtBr_3 \longrightarrow (PEt_3)_2Pt(CH_3)_2 + 2LiBr$$

$$CH_3MgBr + (PEt_3)_2PtBr_2 \longrightarrow (PEt_3)_2Pt(CH_3)Br + MgBr_2 \quad (7\text{-}7)$$

（3）金属交换反应　一种电正性较小的金属有机化合物和另一种电正性相对较大的金属或金属有机化合物可进行金属交换反应，如式（7-8）所示的 3 个反应。

$$R_2Zn + 2Li \longrightarrow 2RLi + Zn$$

$$R_2Hg + 2Na \longrightarrow 2RNa + Hg$$

$$2C_2H_5Li + (CH_3)_2Hg \longrightarrow 2CCl_3Li + (C_2H_5)_2Hg \quad (7\text{-}8)$$

（4）烯（炔）烃的插入反应和取代反应　烯烃可以插入过渡 M—H 键生成新的配合物，如式(7-9)所示。该反应的一大特点是其可逆性。

$$(PEt_3)_2Pt(H)Cl + CH_2{=}CH_2 \longrightarrow (PEt_3)_2Pt(C_2H_5)Cl \quad (7\text{-}9)$$

烯烃插入 Si—H 键发生硅氢化反应，如式(7-10)所示。

$$X_3SiH + H_2C{=}CHR \longrightarrow X_3Si(CH_2CH_2R) \quad (7\text{-}10)$$

配体与金属有机化合物发生取代反应也可制备另一种金属有机化合物，如式(7-11)所示的两个反应。

$$Na_2PtCl_4+CH_2=CH_2 \longrightarrow Na[(H_2C=CH_2)PtCl_3]+NaCl$$

$$Pt(PPh_3)_4+2PhC\equiv CPh \longrightarrow (PPh_3)_2Pt(PhC\equiv CPh)_2+2PPh_3 \quad (7\text{-}11)$$

（5）小分子配位反应　如烯烃、CO、CO_2、N_2、SO_2、CS_2 等小分子可直接与金属配位制备金属有机化合物，如式（7-12）的两个反应所示。羰基化的反应常是可逆的。

$$Fe+CO \longrightarrow Fe(CO)_5$$

$$NiSO_4+CO+S_2O_4^{2-} \longrightarrow Ni(CO)_4 \quad (7\text{-}12)$$

（6）分解反应　酰基、羰基、芳基磺酸基和重氮化合物等均可经由分解反应脱去一分子小分子得到新的金属有机化合物，如式(7-13)的两个反应所示。

$$C_6H_5N_2^+Cl^- + HgCl_2 \xrightarrow[-N_2]{Cu} C_6H_5HgCl$$

$$C_6H_5COCl + NaMn(CO)_5 \longrightarrow C_6H_5COMn(CO)_5 \xrightarrow{-CO} C_6H_5Mn(CO)_5 \quad (7\text{-}13)$$

（7）配体取代反应　大多数具 η^4-C 的配合物是用四碳配体与金属配合物直接反应后取代金属上原有的配体而制得的，如式(7-14)所示的3个反应。环丁二烯配合物因环丁二烯难以存在而不能直接制得，往往经由间接途径而来。

$$2\,C_6H_8 + Mn(CO)_6 \longrightarrow (C_6H_8)_2Mn(CO)_2 + 4CO$$

$$C_4H_6 + Fe(CO)_5 \longrightarrow (C_4H_6)Fe(CO)_3 + 2CO \quad (7\text{-}14)$$

$$C_4H_4Cl_2 + Fe_2(CO)_9 \longrightarrow (C_4H_4)Fe(CO)_3$$

五元环的 η^5-C 配体配合物则常用环戊二烯钠和金属卤化物反应制得，有时也可由环戊二烯和有机金属配合物作用取代掉两个其他的中性配体，然后再从环上脱去一个质子得到环戊二烯键合的金属有机化合物，如式(7-15)所示的两个反应。

$$MX_2 + 2\,Na(C_5H_5) \longrightarrow M(C_5H_5)_2 + 2\,NaCl$$

$$C_5H_6 + Fe(CO)_5 \xrightarrow{-2CO} (C_5H_6)Fe(CO)_3 \xrightarrow[-CO]{-H^+} (C_5H_5)Fe(CO)_2 \quad (7\text{-}15)$$

六元环配体的配合物常可由苯直接取代金属上原有配体来得到，如式（7-16）所示。

$$C_6H_6 + Mn(CO)_6 \longrightarrow (C_6H_6)Mn(CO)_3 + 3\,CO \quad (7\text{-}16)$$

芳烃配合物中金属的氧化态一般是低价的，故制备时需将高价金属还原后再反应。如式（7-17）所示的反应中，Al 将 Cr^{3+} 还原为 Cr^+，而后在 $AlCl_3$ 催化下发生苯与 Cr^+ 的键合。

$$CrCl_3+Al+C_6H_6 \xrightarrow{AlCl_3} (C_6H_6)Cr^+(AlCl_4)^- \quad (7\text{-}17)$$

上面是一些较有代表性的制备方法，此外还可利用如电解、裂解、重排、还原、加成等多种方法来得到各类金属有机化合物。

7.4　有机金属化合物的稳定性

有机金属化合物的反应性与金属原子的氧化态、配位数、几何构型及所处环境和反应对象等各种因素有关，也同样符合稳定性愈小反应性愈大、稳定性愈大则反应性愈小的一般规则。

7.4.1　M—C 键

M—C 键的强度反映出 M—C 键及有机金属化合物的稳定性，虽然尚无系统而精确的 M—C 键热力学数据可供比较，键强次序一般仍有如下几点规律性。对同一金属，M—C 键中碳的电负性愈大键愈稳定，即碳负离子的稳定性大小也是一个因素。如，$M—CF_3 > M—C_6H_5 > M—CH_3 > M—R\ (C_2H_5)$；$M—C \equiv CR > M—CH = CHR \sim M—C_6H_5 > M—CH_2R$。与叔碳原子相连的 M—C 键受到的空间位阻较大，张力也较大，故配体中不同类型烷基碳原子的 M-C 键的稳定性是伯烷基＞仲烷基＞叔烷基。此外，对称烷基的金属配合物的稳定性一般要比非对称烷基的异构体大。

M—C 键的稳定性与金属本身的活性有很大关系，两者基本上呈平行关系。如，ⅡA 族中最不活泼的 R_2Be 的稳定性还是要比ⅡB 族中最活泼的 R_2Zn 小。在ⅠA、ⅡA 和ⅢA 同族中具有相同取代基的有机金属化合物的稳定性随着原子序数的增加而降低。这是由于 M—C 键的离子性成分随着原子序数的增加而增加，所形成的金属有机化合物的活性也增大。但 B 族元素与碳之间形成的 M—C 键的稳定性是从上到下增加的，如 $R_2Hg > R_2Cd > R_2Zn$。同一周期中，自左到右 M—C 键稳定性也是增加的。如 $R_3Al > R_2Mg > RNa$，这与金属的活性顺序规则一致。

M—C 键的极性强弱对反应有较大影响，以水解反应为例。Al—C 极性比 B—C 大，$AlMe_3$ 很易水解；BMe_3 中尽管也有空的 2p 轨道，但 C—B 极性弱，室温时并不水解。许多中性的过渡金属有机化合物无极性也不发生水解反应。

7.4.2　反馈键

金属有机化合物的稳定性随反馈键的形成得以提高（参见 7.2.4）。反馈 π 键提高了键的多重性，增强了正常 σ 键的强度，故烯基、芳基与过渡金属的配位比烷基有效得多。金属的氧化态愈是低或呈负值时也愈是有利于反馈 π 键的生成。如 $[Fe(CO)_4]^{2-}$、$[Co(CO)_4]^{2-}$、$Cr(CO)_6$ 等都有较稳定的 M—C 键。不同的配体产生的反馈键对金属有机化合物稳定性的影响也各不相同。CO 是弱碱性配体，与过渡金属成键并使金属有更多的电子充满到 d 轨道而促使其创造出形成反馈键的条件。CN^- 是较强的碱性配体，给电子作用较强而有利于 σ 键配键，但金属的给电子反馈 π 键由于 CN^- 上负电荷的排斥影响作用较小。

配体的电子构型因反馈而得到改变，极化后的配体对反应试剂更敏感，也更易在不同的配体之间成键或断键而发生各类金属有机反应。

7.4.3　价电子数和配位数

18-16 价电子规则在金属有机化合物的稳定性上起着非常重要的作用（参见 7.5.6）。如，$(PPh_3)_3RhCl$ 是一个相对稳定的化合物，Rh 的价电子数是 16，可再与一分子 H_2 作用生成价电子数为 18 的 $(PPh_3)_3Rh(H)_2Cl$。$Pb(CO)_4$ 是不稳定的，再与另一个配体结合后满足 18 价电子时就成为稳定的化合物如 $Pb(PPh_3)_2(CO)_4$。$PdCl_2$ 与丙烯反应生成烯丙基钯配合物 **1**，此时钯的价电子数只有 14，故 **1** 倾向于形成二聚体以达到如 **2** 所示的 16 价电子体系。

$PdCl_2$ ⟶ (η³-烯丙基)—Pd(Cl)₂—H ⟶(−HCl) (η³-烯丙基)—Pd—Cl (**1**) ⟶ (η³-烯丙基)—Pd(μ-Cl)₂Pd—(η³-烯丙基) (**2**)

高周期元素有扩充配位数和价电子的能力和倾向。如，CCl_4 中碳的配位数已经达到饱和，碳上的 sp^3 杂化轨道均已与 Cl 成键，再没有空的低能级成键轨道，故无水解性。硅原子的 3d 轨道本来不成键，但可以接受供电子配体给出的额外电子而扩大 8 电子成键范围，如 SiF_6^{2-} 中硅的外层电子达到 12。Me_2SiCl_2 可与水分子配位后再发生消除 HCl 的反应。水解反应实际上分成两个部分，先与水配位生成六配位中间体 **3**，Cl^- 易于从 **3** 离去，这两个反应的活化能都很小，故 Me_2SiCl_2 很易发生水解反应，生成环状或链状低聚硅氧烷（silicone）。无分支的长链高聚甲基硅氧烷即是实验室中常用的高浴温载体硅油；聚甲基硅氧烷中加入二氧化硅和皂类可得到硅酯；加入过氧化苯甲酰等自由基引发剂使甲基成为亚甲基自由基而交联则可得到硅橡胶，三元交联则可得到硅树脂。

$$n\,Me_2SiCl_2 \xrightarrow{2nH_2O} nH_2O-\underset{\mathbf{3}}{Si}(Cl)_2(Me)_2-OH_2 \xrightarrow[-nH_2O]{-2nHCl} \text{Si}-O-[Si-O]_n-Si \text{(环状, 经 O 桥连)} + -[Si(CH_3)_2-O]_n-$$

Me_4Si 等化合物中的 Si—C 键是低极性的，碳的电负性比氯小得多，从硅吸引电子的能力也差得多，因此在 Me_4Si 中硅的 3d 轨道能量比 $SiCl_4$ 中的高，接受电子的能力也差，有稳定的 8 电子球状环境而不易再扩大配位。Me_4Si 对热分解、氧化和水解都是稳定的，故可用作 NMR 测试的内标。羟基、羧基、氨基等官能团中的活性氢被三甲硅基后，分子间的相互作用大大减少，挥发性和在有机溶剂中的溶解度都得以大大改善而可用于色谱及质谱的分析测试。

7.4.4 热力学和动力学

有机金属化合物的热力学稳定性通常较差，多因动力学稳定而能存在，是否易于反应多受到动力学因素控制。Si—Si 键能较小，故乙硅烷 H_3SiSiH_3 易于发生分解、水解和氧化等反应，这些反应的焓变皆为负值。对热分解而言，同族中从 C—C 到 C—Pb 核间距增大，键能递减，稳定性也越来越差。又从热力学看，所有的有机金属化合物都易于氧化，因为氧化反应生成产物 CO_2、H_2O 和金属氧化物，热力学稳定性增加，ΔG 是负值。许多金属有机化合物中的金属与碳的键合发生在低能级的轨道上，在室温时对氧是不稳定的。BMe_3 极易氧化和燃烧，$BiMe_3$、$AlMe_3$ 和 $GaMe_3$ 也都易于氧化而不稳定。而 4A 族金属元素的烷基化物都较稳定，可能与它们均具有饱和性有关。水解反应可看作是亲核试剂 OH^- 对金属的取代反应，ⅠA 族、ⅡA 族金属元素和 Zn、Al、Ga 等的烷基化物都有一些低能级的空轨道，易接受 OH^- 的亲核进攻而发生水解反应，如式（7-18）所示的两个反应。

$$(CH_3)_2Zn+H_2O \longrightarrow Zn(OH)_2+CH_4$$
$$(CH_3)_3Al+H_2O \longrightarrow Al(OH)_3+CH_4 \qquad (7\text{-}18)$$

有大体积取代基或能阻断 β-H 消除等还原消除反应（参见 7.6.3）发生的带 M—C 键的过渡金属配合物也都是动力学稳定的。

7.5 金属有机配合物的结构

过渡金属具有部分充满而可接受电子成键的 d 轨道，d 轨道在配合物中发生分裂，是不等价的，它们在反应前后的变化对配合物的结构和反应性能有非常重要的影响。金属中的一些已占轨道还能通过反馈作用返回部分电子密度到配体上。反馈作用体现了过渡元素和非过渡金属之间的主要差别。

7.5.1 过渡金属的分类和电子构型

元素的 A、B 族和过渡金属归属的划分并不严格。按 IUPAC 命名法，长周期表中第 8

族以左的元素为 A 族，Cu、Ag、Au 及其以右的元素为 B 族。过渡金属元素通常指长周期上从 4B 到 2B，不包括镧系和锕系的 27 个元素（也有将镧系和锕系也归入过渡金属元素来讨论的），是一些 d 轨道或 f 轨道没有填满电子或其轨道能级接近于外层价电子轨道能级因而可以利用 d 轨道或 f 轨道成键的一些金属元素。它们的外层电子构型和 Pauling 电负性值（括号内）如表 7-1 所示。4B 至 7B 族金属为前（期）过渡金属，有时把 3B 中的 Sc 和 Y 也归入前过渡金属，这两个元素的外层电子构型各为 $3d^14s^2$ 和 $4d^15s^2$，化学性能与 3A 元素相近。8 至 1B 的 12 个过渡金属称后（期）过渡金属。有些文献则将 3A 中的 Al、Ga、In、Tl，4A 中的 Ge、Sn、Pb，5A 中的 Sb、Bi 和 6A 中的 Po 也归入后过渡金属。

表 7-1　过渡金属元素的外层价 Pauling 电负性值

族周期	4B	5B	6B	7B		8		1B	2B
4	Ti $3d^24s^2$ (1.5)	V $3d^34s^2$ (1.6)	Cr $3d^54s^1$ (1.6)	Mn $3d^54s^2$ (1.6)	Fe $3d^64s^2$ (1.8)	Co $3d^74s^2$ (1.9)	Ni $3d^84s^2$ (1.9)	Cu $3d^{10}4s^1$ (1.9)	Zn $3d^{10}4s^2$ (1.7)
5	Zr $4d^25s^2$ (1.3)	Nb $4d^45s^1$ (1.6)	Mo $4d^55s^2$ (2.1)	Tc $4d^55s^2$ (1.9)	Ru $4d^75s^1$ (2.2)	Rh $4d^85s^2$ (2.3)	Pd $4d^{10}5s^0$ (2.2)	Ag $4d^{10}5s^1$ (1.9)	Cd $4d^{10}5s^2$ (1.7)
6	Hf $5d^26s^2$ (1.3)	Ta $5d^36s^2$ (1.5)	W $5d^46s^2$ (2.3)	Re $5d^56s^2$ (1.9)	Os $5d^66s^2$ (2.2)	Ir $5d^76s^2$ (2.2)	Pt $5d^86s^2$ (2.3)	Au $5d^96s^2$ (2.5)	Hg $5d^{10}6s^2$ (2.0)

过渡金属中的 $(n-1)$d 层电子能级低于 ns，可以参与成键，但不是全部。这并不意味着 $(n-1)$d 比 ns 更稳定，事实上电离时常先失去 ns 电子而不是 $(n-1)$d 电子。这种现象产生的原因较为复杂，是原子内电子之间的屏蔽、排斥及原子核对电子的吸引等共同影响的结果（参见 7.5.2）。从电负性值的大小可以看出：前过渡金属是电正性的且易于失去价电子。如，Zr(Ⅱ)和 Ta(Ⅲ)的 π 碱性很强，对空气很敏感，易被氧化为 Zr(Ⅳ)和 Ta(Ⅴ)；后过渡金属是电负性的，且易于保留价电子。如，Pd(Ⅱ)是稳定的，它对配体的反馈作用也较弱，使这些配体易被亲核试剂进攻而成为许多有用的合成反应。此外，第一过渡系金属的 M—L 键能相对较小，更多经历 1e 的氧化还原反应，也不易得到高氧化态，如 Mn(Ⅴ)、Mn(Ⅵ)和 Mn(Ⅶ)有强氧化性而不稳定；第二或第三过渡系金属更多经历的氧化还原反应是 2e 的，高氧化态也是常见的且配合物的氧化性较弱，如 Re(Ⅴ)和 Re(Ⅶ)。

7.5.2　配体

非过渡金属只与烷基、芳基和 σ-环戊二烯基等少数几个配体形成有机金属化合物，而过渡金属原子可与大多数有机基团形成有机金属配合物。与软硬酸碱的概念类似，配体也可分为软硬两种，软配体易与软金属配位生成共价键；硬配体易与硬金属配位形成离子键。金属有机化学中软配体和软金属的作用是最重要的，软硬不匹配的配体与金属间的配位则并不是很有效的。此外，配位还需在空间允许的环境下才能发生。

过渡金属原子的 d 轨道具有很强的趋势以配位键形式与一个以上的配体组成配合物。空 d 轨道和配体成键电子所在轨道的能级差愈小配位作用愈强。金属原子与配体配位后获得电子，若外层电子填满 $(n-1)$ d、ns 和 np 三层电子轨道而达到惰性气体 18 电子构型，是配位饱和配合物；少于 18 电子构型的为配位不饱和配合物。配位不饱和配合物的化学性质较活泼，许多有机过渡金属化合物的反应即来自电子构型从配位饱和到配位不饱和或与此相反的变化。

配体属于 Lewis 碱，主要是中性的或是负离子。配合物中的配体可以是同种或不同种的。同一配体可用不同的术语来表达，如，配位的或共价的；中性的或负离子的；偶数电子的或单数电子的及 L 型或 X 型的。一种方法认为配体是中性的或带负电荷的，前者形成配位键，后者形成共价键；另一种方法认为配体都是中性的，L 是提供双电子配体，如 NH_3、CO、H_2 和带 π 键供体的烯烃、羰基等；X 是以共价键键连给出单电子成键的配体，如 H、Cl、CN 和 CH_3 等；提供两个以上，如 3 个、4 个和 5 个电子的配体可分别用 LX、L_2、L_2X 等来表述。提供单电子成键的，既可看作以自由基 X· 形式与中性金属原子 M 配位，也可视为以负离子 X^- 形式与正离子金属 M^+ 配位。配体也可按配位到金属原子上的碳原子数目来分。单碳键合的配体有烷基、芳基、烯基、炔基、卡宾和 σ-环戊二烯基等；双碳键合的配体有烯烃、炔烃和羰基；三碳键合的配体有 π-烯丙基；四碳键合的配体有丁二烯和环丁二烯；五碳键合的配体有 π-环戊二烯基和六元、七元不饱和环中以五碳配位的键；六碳键合的配体有苯；七碳键合的配体有环庚三烯基；八碳键合的配体有环辛四三烯。表 7-2 是配合物中常见的一些配体、类型及其供电子数。

表 7-2　过渡金属有机配合物中的常见配体、类型及其供电子数

配体	类型	可供电子数	
		共价键模式	离子键模式
H、X、R、σ-烯丙基、C_6H_5、CN、RC(O)	X	1	2
η^2-烯、σ-H_2、R_3N、CO、Py、R_2O、M—Cl(桥)、PPh_3、卡宾	L	2	2
η^3-烯丙基、环丙烯基	LX	3	4
η^4-共轭二烯、(环)丁(辛)二烯、$R_2PCH_2CH_2PR_2$	L_2	4	4
η^5-环戊二烯基(茂基)	L_2X	5	6
η^6-苯、三烯	L_3	6	6
η^7-环庚三烯基	L_3X	7	7
η^8-环辛四烯	L_4	8	8
BH_3、BF_3		2(接受电子数)	

称两可配体（ambidentate ligands）的某些配体有多组能成键的电子对，故可有不同的方式提供成对电子。如式（7-19）所示，醛基上的羰基氧原子以端基提供孤对电子（**1a**）或与烯基一样以侧面提供 π-电子（**1b**）均可与金属成键。侧面提供 π-电子的方式对空间位阻有较高要求且具反馈键作用，故金属的给电子和 R 的吸电子能力越强，平衡越有利于 **1b**。

L_nM—O=CH(R) **1a** ⇌ L_nM—(η²-C=O)(R)(H) **1b**　　(7-19)

苯胺中的氨基和芳环各是 π 和 σ 电子给体，分别以软的芳环与软的 Os(Ⅱ) 或硬的氨基、硬的 Os (Ⅲ) 配合物生成 **2** 或 **3**，这也符合软硬匹配的规则。

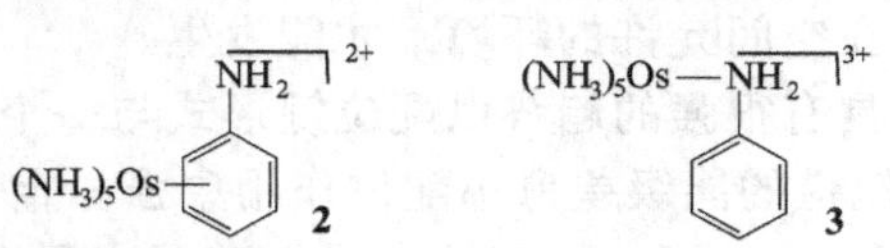

$[(NH_3)_5Os$—$(\eta^2$-$C_6H_5NH_2)]^{2+}$ **2**　　$[(NH_3)_5Os$—$NH_2C_6H_5]^{3+}$ **3**

金属离子和配体的性质在形成配合物后都发生了很大的变化。如，作为配体的烯烃对亲电而非亲核进攻变得敏感，化学性质发生极性反转（umpolung）；配位后的二烯相当于已经和作为亲双烯体的金属反应生成了环加成产物，故不再发生 Diels-Alder 反应；卡宾或环丁二烯等不稳定的活泼中间体或化合物与金属配位后得以稳定并会产生新的反应模式。配体的体积效应和电子性质对配合物的性能会产生非常重要的影响，某些配体改善配合物的溶解性，某些配体反应前后并无变化，但对其他配体的解离或取代产生关键的影响。如，$Co(OAc)_3$有强氧化性，但$[Co(NH_3)_6]^{3+}$由于6个强σ电子供体的存在而使Co不再缺电子，该配合物也不再有氧化性。PPh_3是常见的配体，其衍生物$P(C_6F_5)_3$则因强吸电子取代基的存在而大大降低了磷原子提供孤对电子的成键能力。PMe_3则表现出与PPh_3完全不同的体积效应：金属可以与5～6个PMe_3配位，与PPh_3的配位则少得多。NPh_3和$BiPh_3$与PPh_3更是有着完全不同的配位性质。一些多齿配体的作用仅是占据配合物中的某些空间位置，留下其他特定的位置给发生解离或取代的配体。但如何选择合适的配体仍是艺术性的，主要需靠实验确证。

7.5.3　配位数和几何构型

配位数（coordination number，*CN*）指配合物中单齿配体的个数，也是与金属原子配位的电子供体数。配位数理论上可以为0～9个，但最常见的为4或6。配位数为0或1的配合物几乎不存在，配位数大于8的配合物也很少见，因为过渡金属只有9个价键轨道，故配位数不会大于9。配合物中能达到9个配位数的配体则都是体积最小的氢，如$[ReH_9]^{2-}$。配位数与配体的性质和配合物的结构密切相关，中心金属的体积小，配体的体积大，配位数就少，中心金属的体积大，配体的体积小，配位数自然也多。如，间三甲基苯基铝$Al(mesityl)_3$的配位数只有3。另一方面，配位键的方向性性质也会对配位数产生影响。

配位数的定义并不是很严格和确切无异的，从不同的视角出发会得出不同的数值。如二茂铁$FeCp_2$中的配位数可分别视为2（2个配体）、6（有6对电子存在于金属和配体之间）或10（金属和10个碳原子之间有键）。大部分文献主要采用在离子键模式的配合物中配体能提供的孤对电子数为配位数的定义。按此定义，配位数在单齿配体的配合物中是一目了然的。如$[PtCl_4]^{2-}$，$CN=4$；$W(CO)_6$，$CN=6$。对具有通式$[MX_aL_b]^{c+}$的配合物而言，其配位数*CN*可由式(7-20)给出：

$$CN=(a+b) \tag{7-20}$$

每个配位数有一个或多个相应的几何构型，如表7-3所示。不同的配体体积不同，故不同配体的配合物即使配位数相同，几何构型根据价层电子对排斥规则（参见1.1.1）也不相同。配合物中的几何构型最常见的是平面四方型、四面体型、三角双锥型和八面体型。但偏离上述这些标准几何构型的配合物也是常见的，不过这些偏离对化学反应的影响很小。以$TiCl_2Cp_2$为例，环戊二烯以η^5和金属成键，分子具有四面体构型，但∠ClTiCl为95°，而∠ClTiCp为131°。此外需要指出的是，平面四方型和八面体型都是非常稳定的构型，*cis*-构型或*trans*-构型都是不会改变的，但其他几何构型则多是流变（fluxionality）而并非固定的，各个配体在一个快速平衡体系中变换相对位置。如$Rh(PR_3)_2(CO)_2H$（**4**）就是多个异构体的混合物。

4a $\rightleftharpoons$ **4b**

表7-3　常见过渡金属配合物的几何构型和金属的配位数

CN	几何构型	配合物例
2	—M—线型	$Mn[(CH_2SiCH_3)_3]_2$
3	三角型　T型	$Al(mesityl)_3$ $Rh(PPh_3)_3^+$

续表

CN	几何构型		配合物例
4	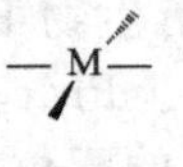 平面四方型	 四面体型	$Rh(PPh_3)_4$ $Ni(CO)_4$
5	 三角双锥型	 四方锥型	$Fe(CO)_5$
6	 八面体型		$Mo(CO)_6$

烯丙基可以生成 3 种配位方式不同的配合物，即用 η^1-C_3H_5 表示的 σ-烯丙基配合物 **5a**、用 η^3-C_3H_5 表示的 π-烯丙基配合物 **5b** 和较为少见的用 η^2-C_3H_5 表示的给出两个电子的配合物 **5c**。许多过渡金属如 Ni、Pd、Pt、Fe、Co、Cr、Mo 等均易形成 π-烯丙基配合物，其中尤以 Pd 的烯丙基化合物研究和应用得最多。

5a MLn　**5b** MLn　**5c** MLn

5b 中的 π-烯丙基配体占有金属的两个配位位置。若加入一个配位性强的配体，π-烯丙基可以从占有的一个位置上被取代，生成如 **5a** 那样的 σ-烯丙基配合物。这一反应在不少催化体系中是一个关键步骤。

7.5.4 氧化态

氧化态（oxidative state，*OS*）通常用金属原子后小括号内的罗马数字或金属原子右上角中括号内的罗马数字表示，是综合金属上的 σ 键和 π 键的数目及配合物的总电荷数计算得出且有正负之分。配体的电负性通常比金属大，σ 键可作离子键来考虑，共有电子对归配体所有，此时金属的荷电数也就是其氧化态（每个金属还可拥有由 M—M 键均裂产生的荷电数）。金属原子具有基态 d^n（n 是电子数）电子构型的氧化态为零；带一个负电荷的电子构型为 d^{n+1}（参见 7.5.5），氧化态为－1；带一个正电荷的电子构型为 d^{n-1}，氧化态为 1；依次类推。以 σ 键与金属结合的配体如 H、R、RC（O）、CN、X、OH（R）、R_2N 和烯丙基、环戊二烯基使金属原子的氧化态增加一个正性单位；R_2C═、RN═和 O═使金属原子的氧化态增加 2 个正性单位；C≡和 N≡使金属原子的氧化态增加 3 个正性单位。以配位键与金属原子键合的 CO、R_3N、Ph_3P、RCN、H_2O、NO 和乙烯、丁二烯、苯环等偶数碳键合的中性配体中的 π 键都是 Lewis 碱，对氧化态没有影响。如，$Cr(CO)_6$ 和 $Cr(C_6H_6)_2$ 中的 Cr 既不给出也不接纳电子，氧化态都是零。故如 **6** 那样有 M-烯键结构的配合物中金属的氧化态比其取三元环的共振结构式小 2。

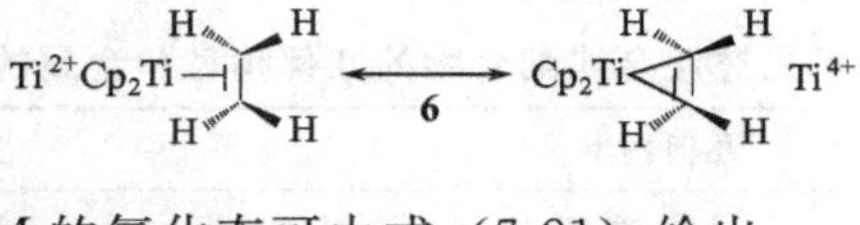

$Ti^{2+}Cp_2Ti$—‖(H_2C=CH_2) ⟷ **6** ⟷ Cp_2Ti<(CH₂CH₂ 三元环) Ti^{4+}

配合物 $[MX_aL_b]^{c+}$ 中金属 M 的氧化态可由式（7-21）给出：

$$OS = a + c \tag{7-21}$$

如，二茂铁 $FeCp_2$ 中有两个 XL_2 配位，即 $M(XL_2)_2$，故 Fe 的氧化态为＋2，称 Fe(Ⅱ)或 Fe(2)配合物；$HMn(CO)_5$ 相当于 MXL_5，Mn 的氧化态为＋1，称 Mn(Ⅰ)配合物；

$[W(CO)_5]^{2-}$相当于$[ML_5]^{2-}$，W 的氧化态值为−2，称 W(−2)配合物。$[Co(CN)_5]^{3-}$中的 5 个氰基带 5 个负电荷，故钴的氧化态为+2；$CH_3Mn(CO)_5$ 是 Mn(Ⅰ)配合物。$(C_3H_3)_2Pd_2Cl_2$ 中的两个烯丙基都是 η^3-π 键配位，每个氯原子都从 Pd 得到一个电子，两个 Pd 原子分享 4 个形式正电荷，其氧化态为+2。

金属有机配合物中金属的氧化态不可能高于其所属的族数。如，Ti 只有 4 个 d 电子，它的最高氧化态只能达到 Ti(Ⅳ)，$TiMe_6$ 这类化合物是不可能存在的。同样也有最低氧化态的限制。如 $P(PPh_3)_4$ 之类 Pt(0) 配合物是常见的，但 $[Pt]^{2-}$ 配合物是不存在的，因为此时 Pt 将有不可能实现的 d^{12} 构型。

氧化态是与氧化-还原相关的一种非常有用的概念，能很好地阐明配合物中具关键作用的金属原子的价电子数及配合物的构型和其反应趋势。但氧化态只是人为得出的形式上的数字或一种标记符号，并不表示配合物中金属上真的存在的电荷或电子得失，故实际上称形式氧化态更为贴切。配体实际上并没有从配合物中的金属原子完全得到一个电子（真得到的话要形成离子键），而只是形成了共价键，但在定义氧化态时认为其是完全得到了一个电子。如，$H_2Fe(CO)_4$ 是一个有酸性的配合物，却仍因 H 的电负性大而认为 Fe 带有正性，氧化态值为+2，但实际上并没有真正意义上的 Fe^{2+} 存在。各种配体的供电子状况也很复杂，它们的化学性质也与氧化态无必然联系。氧化态和价态（valence state，VS）的概念也不同，配合物中金属的化合价很难用一般的无机化合物中的化合价概念来推断。化合物中某个原子的价态可以从外层电子数减去孤对电子数而得出。如，N_2 的价态为 3，氧化态为 0。相对于氧化态，价态应用于金属有机化合物有更多的不确定性，故用得很少。[14]

7.5.5　d^n 构型

过渡金属中 s、p 和 d 电子都可参与反应，故化学家们并不过多强调它们的差异而将它们都作为 d 电子来考虑。配合物中常用到 d^n 构型（表 7-4）这一概念，n 指 d 轨道上的价电子数，也与金属所在的族一致。过渡金属有机化学也被称为 d 电子化学。理解过渡金属的 d^n 构型对理解其形成的配合物会取何种优势几何构型有很好的指导意义。

大部分配合物都有电负性配体，故无论该金属的氧化态是零或正，极化的 M-配体键上的金属都带有部分正电荷，带正电荷的金属原子相对较小，其 s 轨道和 d 轨道的屏蔽效应的差异也较小，导致虽然气相下 4s 轨道能量比 3d 轨道低，但配合物中金属原子的 4s 轨道能量要比 3d 轨道高。故计算 3d 电子数时要将 4s 轨道上的电子也作为 d 电子来处理。如，钒的电子构型为 $3d^34s^24p^0$，具有 d^5 构型，反应后既可接受电子达到氪的电子构型 $3d^{10}4s^24p^6$，也可失去 $3d^34s^2$ 电子达到氩的 $3s^23p^6$ 电子构型。零价镍 Ni^0 的电子构型为 $3s^23p^63d^84s^2$，习惯上称它为 d^{10} 元素。同样，Pd^0、Pt^0、Cu^+、Ag^+、Zn^{2+}、Hg^{2+} 等也都称 d^{10} 元素。在 d^n 配合物中计数电子时与配体的种类也有关联，以 σ 键连的 H、X、CN、OH、R 等配体比过渡金属原子的电负性大，有一个这样的配体存在，过渡金属原子的价电子构型即成为 d^{n-1}。若金属原子以离子形式存在，则带一个负电荷或正电荷的金属离子价电子构型分别为 d^{n+1} 和 d^{n-1}。配合物 $[MX_aL_b]^{c+}$ 中金属的 d 电子数 n 和氧化态有如式（7-22）所示的关系：

$$n=N-OS=N-a-c \tag{7-22}$$

二茂铁 $FeCp_2$ 中的 OS 为 2，N 为 8，故 n 为 6，$FeCp_2$ 可称 d^6 配合物。几个配合物中各个金属的氧化态（小括号内）和 d 电子数如图 7-5 和表 7-4 所示。

$M—NH_3$	$M—CH_3$	$M—H$	$Fe(CO)_5$	$(PPh_3)_2PtCl_2$	$K^+[Pt(C_2H_4)Cl_3]^-$
d^n(0)	d^{n-1}(1)	d^n-1(1)	d^n(0)	d^{n-1}(2)	d^{n-2}(2)
M(0)	M(Ⅰ)	Pt(Ⅰ)	Fe(0)	Pt(Ⅱ)	Pt(Ⅱ)

图 7-5　几个配合物中的氧化态和 d 电子数

表 7-4 过渡金属的 d^n 构型和氧化态

d 电子数	Ti,Zr,Hf	V,Nb,Ta	Cr,Mo,W	Mn,Tc,Re	Fe,Ru,Os	Co,Rh,Ir	Ni,Pd,Pt	Cu,Ag,Au
d^0	4	5	6	7	8			
d^1	3	4	5	6	7			
d^2	2	3	4	5	6			
d^3	1	2	3	4	5			
d^4	0	1	2	3	4	5		
d^5	−1	0	1	2	3	4		
d^6	−2	−1	0	1	2	3	4	
d^7	−3	−2	−1	0	1	2	3	
d^8	−4	−3	−2	−1	0	1	2	3
d^9		−4	−3	−2	−1	0	1	2
d^{10}			−4	−3	−2	−1	0	1

表 7-5 给出某些配体所带的电子数。每个配体带有的电子数与反应条件有关，不是一成不变的。如，卤素可以是不带电荷的或带一个电荷的。

表 7-5 常见配体的电子数

0e	1e	2e	3e	4e
H^+,X^+(X_2), R^+(RX)	H·,R·	H^-($LiAlH_4$), X^-,R^-(RLi), PPh_3,CO,H_2	NO	$C_3H_5^-$(C_3H_5MgX), NO^-,二烯

7.5.6 价电子数和 18-16 电子规则

由金属 d 电子数和配体提供的电子数及净离子电荷之和可得出配合物中金属价电子壳层上所含的价电子数（number of valence electrons，NVE）。配合物中的正电荷被认为是从金属脱除电子，负电荷被认为是在金属上加入了电子。如，$[Co(NH_3)_6]^{3+}$ 中 Co 的 NVE 值为：Co 为 $3d^7 4s^2$，Co^{3+}：7＋2－3＝6；$(NH_3)_6$：6×2＝12；NVE：6＋12＝18。由于配合物中金属和配体之间的键总是带有部分共价键或部分离子键特性的，故进行 NVE 计数时也可从两个角度来分析，得出的结论是一样的。如，对 $HMn(CO)_5$ 而言，从共价键模式出发，H 是单电子供体，配位到有 17e 的 $Mn(CO)_5$ 片段上；若从离子键模式H^- $[Mn(CO)_5]^+$ 出发，H 的电负性大于 Mn，形式上应带有键连的电子对，故 H 是 2 电子供体，配位到有 16e 的$[Mn(CO)_5]^+$ 片段上，这两种计数方式给出的 NVE 值都是 18。对大部分带有 π 键配体的低价配合物而言，从共价键模式考虑更接近实际情况；对大部分带有 N、O、Cl 等 σ 键配体的高价过渡金属有机配合物而言，从离子键模式考虑更接近实际情况。文献中这两种模式都有，学术上也都是合理的。价电子数对理解和预测配合物的性质和反应性是非常重要的概念。

配合物 $[MX_aL_b]^{c+}$ 中金属的 NVE 值可方便地由式（7-23）给出：

$$NVE=N+a+2b-c \qquad (7\text{-}23)$$

式（7-23）中的 N 为金属在元素周期表中所在的族。如，对 $HMn(CO)_5$ 而言，$N=7$，$a=1$，$b=5$，$c=0$；NVE＝18；对$[Mn(CO)_5]^+$ 而言，$N=7$，$a=0$，$b=5$，$c=1$；NVE＝16。计算 NVE 时要注意配体的实际存在形式，特别注意是否是桥式配合物。对于多齿配体注意是什么 n 齿配体（即 η^n）；若在溶液中则要注意溶剂是否也参与了配位。如，

配合物 7：Ni^0：10，$(C_8H_{12})_2$：4×2＝8；NVE：10＋8＝18；

配合物 8：Ti^0：4，η^5-C_5H_5×2：2×5＝10，Cl×2：2×1＝2；NVE：4＋10＋2＝16；

配合物 9：Mo^{2+}：5＋1－2＝4，CO×2：4，η^5-C_5H_5：6，η^3-C_3H_3：4；NVE：4＋4＋4＋6＝18；

配合物 10：Fe^+：6＋2－1＝7；η^5-C_5H_5：5，CO×2：4，C_2H_4：2；NVE：7＋5＋4＋2＝18；

配合物 11：Fe^0：8，η^5-C_5H_5：5，CO：2，(CO×2) /2：4/2＝2，Fe—Fe：1；NVE：

8＋5＋2＋2＋1＝18；

配合物**12**：Ru^0：8，η^5-C_5H_5：5，$PRPh_2$×2＝4，Cl：1；NVE：8＋5＋4＋1＝18；

配合物**13**：Re^0：7，η^5-C_5H_5：5，η^4-C_5H_5：4，CH_3×2：2；NVE：7＋5＋4＋2＝18；

配合物**14**：Mo：5，CO×2：4，η^5-C_5H_5：6，η^1-C_5H_5×3：3；NVE：5＋4＋6＋3＝18。

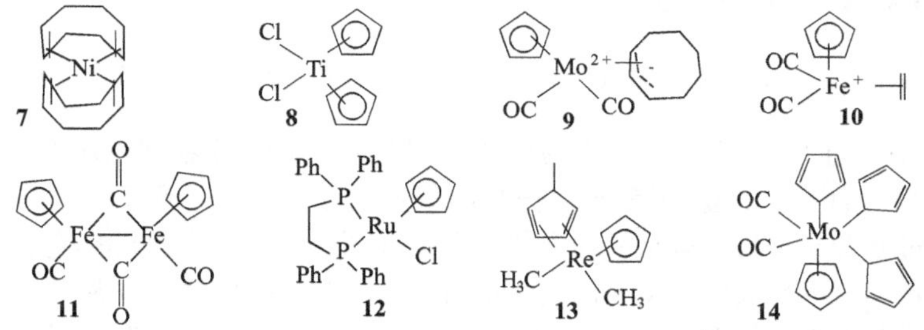

稳定配合物中的金属价电子壳层上往往有 18 个价电子。有机化合物遵循八隅律，过渡金属有机配合物则有一个经验式的 18 电子规则（18 electrone rule）。[15] 18 电子规则也称惰性气体规则，它表达了两层意思：一是配合物中金属原子的价电子数不会超过 18 个；其次是具有 18 个价电子结构的配合物是相对最为稳定的。低于 18 个价电子数的过渡金属是配位不饱和的，稳定性较低，可再与其他配体结合或富于亲电性而易于反应放热。18 电子规则有其量子化学基础。d 区过渡金属具有 9 个价键轨道：1 个 s 轨道、3 个 p 轨道和 5 个 d 轨道共同组成价电子层。每个轨道可以填充 2 个电子，所以正好可以容纳 18 个电子而达到配位饱和（参见 7.5.3），金属的外层价电子构型［$ns^2(n-1)d^{10}np^6$］和惰性气体的相同。

价电子数又称有效原子序数（effective atom number，EAN），受到许多实验事实的支持，对于推断过渡金属有机配合物的结构也非常有用。如［$(\eta^5$-$C_5H_5)(CH_3)_2Re(C_5H_5CH_3)$］要满足 18 电子规则，则配体 $C_5H_5CH_3$ 应只能提供 4 个电子，X 衍射结构测定表明其结构是如 **13** 所示。［$Mo(CO)_2(C_5H_5)_4$］似乎是一个有 30 个价电子的配合物，但实际上 4 个环戊二烯基的贡献不一样，只有一个是 η^5-配位，其余 3 个均是 η^1-配位，因此仍然满足 18 电子规则。^{1}H NMR 证明了这一点，其结构应如 **14** 所示。二茂金属类化合物中最稳定的二茂铁中铁的价电子数达到 18，而二茂钴$(C_5H_5)_2Co$ 和二茂镍（$(C_5H_5)_2Ni$ 中的 Co 和 Ni 的价电子数分别为 19 和 20，易于失去一个或两个电子成为离子而稳定；而在（$(C_5H_5)_2V$ 和 $(C_5H_5)_2Cr$ 中则因 V 和 Cr 的价电子数分别为 15 和 16，属缺电子结构，很易再与其他的配体配位。$Co(CO)_4$ 是一个 NVE 为奇数（17）价电子的金属有机化合物，通常条件下不能稳定存在。但它可像甲基自由基二聚为乙烷那样，溶液中形成双核配合物$(CO)_4Co—Co(CO)_4$。金属键上的两个电子分别计入两个 Co 原子，则每一单核 Co 的 NVE 成为 18。$Mn_2(CO)_{10}$ 也是类似的二聚物。原子序数为奇数的过渡金属还可采用夺取一个电子成为负离子的方法来实现 18 价电子结构。如，$V(CO)_6$ 是不稳定的，很易被还原为负离子 $V(CO)_6^-$，$Na^+[V(CO)_6]^-$ 就是稳定的盐。与其他原子（团）形成单键结合的化合物如 $HCo(CO)_4$、$V(CO)_6Cl$ 和 $Mn(CO)_5Cl$ 等也可同样达到目的。

除了说明结构外，18 电子规则在配合物的各种代表性反应中都有指导性的作用，即反应中生成的各中间体的金属价电子数都应满足 18 或 16。一个已有 18 价电子数的配合物若在金属上不失去 2 个电子的配体或重排空出一个 2e 的轨道是很难与一个 2e 的配体反应的。如，18e 的二茂铁 $FeCp_2$ 是不会与一个类似 H^- 这类 2e 的配体进行配位加成反应的，否则会生成一个很罕见的 20e 配合物。但二茂铁可与 0 电子的 H^+ 反应，如式（7-24）所示。二茂铁的这个质子化反应具有一定的代表性，即金属有机配合物中的金属原子一般均因具有富电子特性而带有 Lewis 碱性。

$$FeCp_2 + H^+ \longrightarrow [HFeCp_2]^+ \qquad (7\text{-}24)$$

L 配体易于被 X^- 取代，反应前后对价电子数不产生影响。如式（7-25）所示的反应中底物 1e 的异丙基转化为 2e 的丙烯基后，所得产物要保持 18 电子数则必定需带上一个正电荷，H 必定是作为 H^- 才能离去的：

$$CpFe(CO)_2CH(CH_3)_2 + Ph_3C^+ \xrightarrow{-Ph_3CH} [Cp(CO)_2Fe(\eta^2\text{-}C_3H_6)]^+ + Ph_3CH \qquad (7\text{-}25)$$

18 电子规则适于过渡金属配合物，特别是配体位阻小的羰基化物和氢化物。但过渡金属的价电子易于扩展，d 区价电子层全充满和部分充满的能量差相对不大，远不如适于主族元素的八隅律那么严谨。早过渡金属不易拥有足够的配体达到 18 价电子；Ⅷ～ⅠB 族 d^8 金属的 9 个轨道中有一个轨道的能量较高，不易被电子填充而成为空轨道，故它们的价电子数多为 16，构型多为平面四方型，如非常重要而常见的 $PdCl_2L_2$、$RhClL_3$、$IrCl(CO)L_2$ 和 $[PtCl_4]^{2-}$ 等，故 18 电子规则又常称 18－16 电子规则。也有一些能稳定存在的配合物，尤其是一些顺磁性的配合物的价电子数小于 18，如 CH_3TiCl_3，8e；Me_6W，12e；$[M(H_2O)_6]^{2+}$（M＝V，15e；M＝Mn，17e）；也有少数价电子数大于 18 的，如 MCp_2（M＝Co，19e；M＝Ni，20e）；但它们也都很易通过化学反应达到 18e 构型。此外，镧系和锕系元素还有 7 个 f 轨道，电子构型 $s^2p^6d^{10}f^{14}$，但填满这些轨道以满足 32 电子的惰性气体构型是较难的；此外，许多金属簇化合物也不遵循 18-16 电子规则。

7.5.7　常见官能团衍生物

金属有机配合物中常见的官能团衍生物有如下几类（卡宾配合物参见 7.9 章节）。

（1）带 M—H 键的金属氢化物　M—H 键是高度活泼的，离解能在 150～270kJ/mol 之间，氢原子能以 η^1、η^2、μ_2 或 μ_3 的方式与金属成键；可以通过 H_2 的氧化加成、β-H 消除及 M—X 键被 H^- 还原等方法得到。金属氢化物的 δ_H 在 ^{1}H NMR 上出现在 0～－50。它们的酸碱性表现不一，$HCo(CO)_4$ 的酸性与硫酸相仿，而 $HRe(C_5H_5)_2$ 则具有与氨接近的碱性。

（2）金属羰基配合物　M—CO 键相对较弱，故金属羰基配合物易发生取代反应，受热或光照后易脱去一个羰基后形成簇化合物。

（3）金属烷（芳）基配合物　M—C 键相对较强，但较 M—H 键弱。诸多动力学因素使其易于反应，M—C 键插入 CO、CO_2 及 SO_2 等小分子的反应都是很有用的。

（4）M-π 键配合物　M-π 键配合物是最常见的，孤立的双键及多齿配位都可，在有机合成中也很有用。另一点需注意的是，这些 π 键上有取代基时就会产生立体化学的问题，配位后可生成面手性的配合物（参见 3.5.2），如 **15**、**16**、**17** 和 **18**：

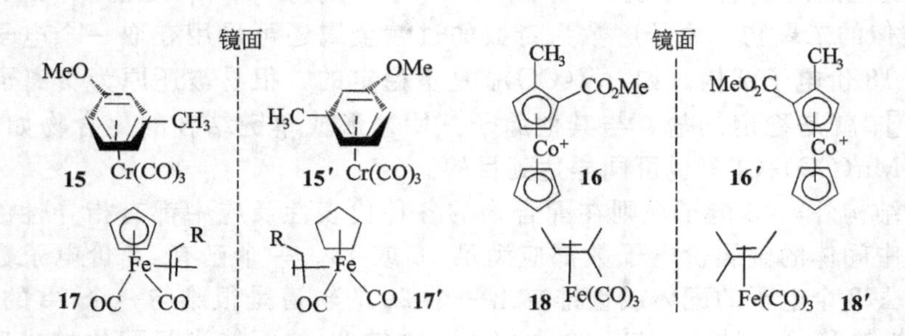

若配体上有适当的官能团，则可通过一般的方法来拆分这种金属配合物。对映纯有机金属配合物在后续反应中能表现出立体选择性而能用于有机合成，如式(7-26)所示的两个反应。[16]

$CH_2(CO_2Et)_2$, NaOEt / EtOH: $Fe(CO)_2$ complex → H, $CH(CO_2Et)_2$ / $Fe(CO)_2$

CH_3I, I_2: $Cr(CO)_3$ complex → CH_3, H / $Cr(CO)_3$ → CH_3 (7-26)

7.6 金属有机配合物的代表性反应

金属有机配合物发生的反应可归类为几个代表性反应（typical reaction）或称基元反应，包括在金属原子上的加成、消除、取代和重排等几个单元步骤，它们所催化的有机合成反应也就是由这些代表性反应经适当组合而完成的。这些代表性反应不是根据机理来分类的，在同一类代表性反应中会有各种不同的机理。但根据类别对这些代表性反应予以命名可更好地从金属的共性而非个别金属来研究反应，并为设计合成反应和预测未知反应过程提供帮助。[17]

7.6.1 配体的取代反应

极大部分金属有机配合物都不是以金属为底物而能简单制得的。包括溶剂或离子在内的配体 L' 与金属配位（coordination，associative）和从金属上解离（cleavage，dissociative）是溶液中的金属有机配合物进行的一个最简单和最常见的代表性反应。配位指金属与配体作用，其发生的前提条件是金属的配位不饱和（参见 7.5.2），如式(7-27)所示的两个反应。解离是配体脱离金属配位的反应，这两步最简单的代表性反应从广义上看也是酸碱反应，两者结合起来导致不同配体的交换即是配体取代（ligand substitution）反应。[18] Lewis 酸配体的配位或解离均不会影响金属的价电子数，但 Lewis 碱配体的配位或解离使价电子数增加或减少 2。

$$\underset{(16e)}{(PPh_3)_3Ir(CO)Cl} + BF_3 \rightleftharpoons \underset{(18e)}{(PPh_3)_3Ir(CO)(BF_3)\ Cl}$$

$$\underset{(16e)}{Ni(PPh_3)_4} + HCl \rightleftharpoons \underset{(18e)}{[Ni(PPh_3)_4(H)]^+ Cl^-} \qquad (7\text{-}27)$$

由式（7-28）所示的两个反应可见，16 电子配合物则一般都是先配位后解离而不会先解离一个配体来生成不稳定的 14 价电子配合物；18 电子配合物是配位饱和的，启动反应时首先要发生配体解离，失去一个双电子的供体配体形成 16 电子配合物，产生空位供另一个配体来配位。如，烯烃氢化的催化剂 18 电子配合物 $CoH(N_2)(PPh_3)_3$ 反应中先失去 N_2 成为配位不饱和的 16 电子配合物，后者接着和烯烃配位并使烯烃活化而反应。

$$\underset{(16e)}{RPtL_2Cl} \xrightleftharpoons{Py} \underset{(18e)}{RPt(Py)L_2Cl} \xrightleftharpoons{-L} \underset{(16e)}{RPt(Py)LCl}$$

$$\underset{(18e)}{RCOCo(CO)_4} \xrightleftharpoons{-CO} \underset{(16e)}{RCOCo(CO)_3} \xrightleftharpoons{PPh_3} \underset{(18e)}{RCOCo(PPh_3)(CO)_3} \qquad (7\text{-}28)$$

早在 1890 年就发现一氧化碳与镍可生成易于纯化的低沸点有毒液体 $Ni(CO)_4$，后者受热即可给出纯镍，如式（7-29）所示。该反应也就是在金属镍发生的一个配位-解离反应。

$$Ni(粗品) + 4CO \xrightarrow{50℃} Ni(CO)_4 \xrightarrow[250℃]{\triangle} Ni(精品) + 4CO \qquad (7\text{-}29)$$

许多配位不饱和化合物并不能被分离得到，只是一个原位产生（参见 6.14）的活性物种，一旦形成又立刻反应得到配位饱和化合物而完成取代过程。如式（7-30）所示的两个反应中的**1**和**2**就是这样的活性物种：

$$(PPh_3)_2Co(N_2)H \xrightarrow[CH_2=CH_2]{-N_2} \underset{\mathbf{1}}{[(PPh_3)_2CoH]} \longrightarrow (PPh_3)_2Co(CH_2CH_3)$$

$$Cr(CO)_6 \xrightarrow[{}^nBu_3P]{-CO} \underset{\mathbf{2}}{[Cr(CO)_4]} \longrightarrow Cr(CO)_5P^nBu \tag{7-30}$$

配合物的合成和催化活性都与配体的取代有关，且往往就是从配体的解离或配位开始的。配体的取代反应有先解离后配位、先配位后解离和协同的3种类型。对一个有用的如式(7-31)所示的反应，解离和配位反应的平衡常数k太大或太小都是不利的。k值太大，配位饱和的配合物ML_nL'过于稳定难以发生以后的反应；k值太小，则不利于配体的键合。一个有用的金属有机化合物应该既易于生成配位饱和的配合物而稳定并能得以分离纯化，但其中的某个配体又易在温和的条件下解离生成配位不饱和配合物而进行后续反应。

$$ML_n + L' \underset{}{\overset{k}{\rightleftharpoons}} ML_nL' \qquad k=\frac{[ML_nL']}{[ML_n][L']} \tag{7-31}$$

18电子配合物的解离过程通常是一个慢反应的决速步骤。如式(7-32)所示反应中的k_1决定了整个反应的快慢。若k_2足够大，底物的立体构型往往得到保留；若k_2不够大，则经过五配位的16e中间体ML_{n-1}的反应往往生成外消旋产物。

$$ML_n \xrightarrow[k_1]{-L} ML_{n-1} \xrightarrow[k_2]{L'} ML_{n-1}\ (L') \tag{7-32}$$

一些反应若有质子或BF_3、$AlCl_3$等Lewis酸存在时k_1可以得到增加。如$Fe(CO)_5$与$^*CO$的交换反应在三氟乙酸存在下的反应速率可以快10^4倍。这是由于此时形成了质子化的加成物$[HFe(CO)_5]^+$，使配合物中心原子电荷密度大大降低而削弱了金属羰基间的反馈π键，加快了CO的解离速率。解离在许多催化循环反应中是反应的开始，解离常数与配体的空间体积及电子效应有关。如，$Ni(CO)_2(PPh_{3-n}X_n)$的解离反应显示，配体三苯膦上的苯所带的取代基X若电负性变大的话，对磷的吸电能力增加，从而使Ni对CO的反馈能力减小，有利于CO的解离。如式(7-33)所示的四(三苯基钯)金属配合物(**3**)解离反应的平衡常数k大小次序是Pd＞Pt＞Ni，Co＞Ir＞Rh，Fe＞Os＞Ru，与金属的离子势次序相仿，与反馈能力次序正好相反。

$$\underset{\mathbf{3}}{M(PPh_3)_4} \rightleftharpoons M(PPh_3)_3 + PPh_3 \tag{7-33}$$

几个配体在四配位钯配合物的解离反应中是PPh_3＞$P(OEt)_3$＞环辛二烯。配体PPh_3具有较强的给电子特性，故PPh_3与金属之间可以生成较强的σ键。但当有多个强给电子配体配位于金属时，使中心金属负电荷积累过多反而会减弱接受电子形成σ键的能力，这样会有利于解离反应。

也有些18电子配合物的解离和配合过程是直接的缔合过程。如，都属18价电子配合物的$Co(CO)_3(NO)$和$Ni(CO)_4$的配位数均为4，但由于氮的电负性比碳大，反应时配体可以直接进攻中心原子而将电荷分散定域到氮上，可发生直接的S_N2取代，如式(7-34)所示。

$$Co(CO)_3(NO) \xrightarrow{L} Co(CO)_2(NO)L + CO \tag{7-34}$$

如式(7-35)所示，缺电子的配合物是先配位后解离的过程，决速步也在k_1。

$$ML_n \xrightarrow[k_1]{L'} ML_n(L') \xrightarrow[k_2]{-L} ML_{n-1}\ (L') \tag{7-35}$$

许多如Ni(Ⅱ)、Pd(Ⅱ)、Rh(Ⅰ)等具d^8构型的配合物都是一些不饱和的、如**4**那样的四配位平面四方形配合物。取代过程中先发生外加配体配位，生成四方锥型中间体(**5**)

或三角双锥型中间体（**6**），新配位的配体 Y 进入离去配体的位置，配合物保持原有几何构型，如式（7-36）所示。

$$L'L\text{—M—X}(L)\ (\mathbf{4}) \xrightarrow{Y} \mathbf{5} \longrightarrow \mathbf{6} \xrightarrow{-L'} Y,L\text{—M—X}(L) \tag{7-36}$$

配体通过电子效应和空间效应影响到金属配合物的稳定性，这两个效应常结合在一起而难以完全分清。各种配体的配位能力不同，配位能力弱的配体与金属的成键较弱，活性大，也是配合物的反应点所在；配位能力强的配体对配合物的稳定存在起到主要作用，称支持配体。支持配体一般不直接参与反应，但会影响中心金属的电子分布和配合物的反应性能。金属和配体成键所用的轨道大多有方向性，轨道之间的夹角为零时相互作用最大。故两个配体互为反式位置时通过成键轨道的相互作用最大，这种能有效地活化反位配体的离去及被外来配体取代的现象称为反位效应（trans effect）。反位效应在平面四边形的 Pt（Ⅱ）配合物中最为明显，支持配体往往产生较强的反位效应。如，当 Cl 和 X 处于顺式位置时，4 个 $(PPh_3)_2PtCl(X)$（**7**）中的 Cl 被吡啶取代的相对速率 k_{rel} 几乎无变化，处于反式位置时为：

7：Cl—PPh₃ / Pd / Ph₃P—X

X：	Cl	C_6H_5	CH_3	H
k_{rel}：	1	30	200	10^4

常见配体的反位效应是 σ 效应还是 π 效应占主要因素尚不清楚。具有如 H^- 和 R^- 等较强 σ 键，或如 CO、C_2H_4、$(NH_2)_2CS$ 等较强 π 键的配体均具有较大的反位效应。一些配体的反位效应强弱次序如下：$H^- > PR_3 \sim CO \sim CN^- > I^- \sim NO_2 \sim C_6H_5^- > CH_3^- > C_2H_4 \sim SCN^- > Br^- > Cl^- > Py \sim NH_3 \sim OH^-$。反位效应是一个动力学现象，在合成设计上很有用。如，要得到顺式 $(NH_3)_2PtCl_2$（**8**）时可用 NH_3 和 $PtCl_4^{2-}$ 作用，因为 Cl 的反位效应比 NH_3 大，而欲制备反式异构体 **9** 时应该用 Cl^- 去处理 $Pt(NH_3)_4^{2+}$ 才合适。同一配体发生了不同的配位模式或同一配合物中不同配体之间发生了交换的过程称配体重排。另一种配体交换是金属交换反应（参见 7.7.8）。

$$[PtCl_4]^{2-} \xrightarrow[-Cl^-]{NH_3} [PtCl_3(NH_3)]^- \xrightarrow[-Cl^-]{NH_3} cis\text{-}PtCl_2(NH_3)_2\ (\mathbf{8})$$

$$[Pt(NH_3)_4]^{2+} \xrightarrow[-NH_3]{Cl^-} [PtCl(NH_3)_3]^+ \xrightarrow[-NH_3]{Cl^-} trans\text{-}PtCl_2(NH_3)_2\ (\mathbf{9})$$

利用不同的金属和配体能有效控制反应进程，如式（7-37）所示，R^- 进攻 **10** 上的 C1 位或 C3 位得到不同的中间体产物 **11** 或 **12**，当金属为 Pd 时，由于 Pd 原子半径较大，双键与 Pd 距离较长，空间上允许生成双键在链中间的配合物 **11**；当金属为 Ni 时，由于 Ni 的原子半径较小，双键与 Ni 的距离短，只生成空间上不十分拥挤的末端双键配合物 **12**。反应中当 L 为 dppf，M 为 Pd，产物 **13**：**14**＝91：9；M 为 Ni，则 **13**：**14**＝19：81。

$$\text{烯丙基X 或 X} \xrightarrow{ML_n} \mathbf{10} \xrightarrow{PhMgBr} [\mathbf{11} + \mathbf{12}] \longrightarrow \mathbf{13} + \mathbf{14} \tag{7-37}$$

dpp f：Ph_2P–C₅H₄–Fe–C₅H₄–PPh_2

式（7-38）所示的反应中所用催化剂 PdL_4 的配体为 PPh_3 时，反应发生不久即因出现另一产物 COS 会与 Pd 配位而破坏催化活性使反应终止。用配位能力更强的 $Ph_2PCH_2CH_2PPh_2$（dppe）替代 PPh_3 后，COS 不能再与 Pd 配位，反应即不断放出 COS

并给出产物**15**：

$$\text{CH}_2{=}\text{CHCH}_2\text{O-C(=S)-SR} \xrightarrow{\text{Pd}L_4} \text{CH}_2{=}\text{CHCH}_2\text{SR}\ (\mathbf{15}) + \text{O}{=}\text{C}{=}\text{S} \tag{7-38}$$

7.6.2 氧化加成反应

配合物金属能插入 σ 键使其得到活化并应用于合成反应。如式（7-39）的 3 个反应所示，氧化加成反应（oxidative addition，OA）指的是分子 A—B 加成到配合物金属上的反应，A—B 键断裂并生成 M—A 和 M—B 键。A 和 B 多为 X 配体（参见 7.5.2），金属在氧化加成反应发生后形式上被氧化了，其氧化态和配位数均同时增加 2，中心原子好像同时起到 Lewis 酸和 Lewis 碱的作用。氧化加成反应的逆过程称还原消除反应（reductive elimiuation，RE）。[19]

$$\text{M}^{[n]}L_n + \text{A—B} \underset{\text{RE}}{\overset{\text{OA}}{\rightleftharpoons}} \begin{cases} L_n\text{M}^{[n+2]}(\text{A})(\text{B}) \\ [L_n\text{M}^{[n+2]}(\text{A})]^+(\text{B}^-) \\ L_n\text{M}^{[n+2]}(\text{A—B}) \end{cases} \quad \begin{array}{l}\text{A—B: H—H(C,X,O,N,Si)} \\ \text{C—H(X,O)} \\ \text{O—O}\end{array} \tag{7-39}$$

还有一种如式（7-40）所示的两个单电子的氧化加成反应，此时底物通常是价电子数为 17 的 $\text{M}^{[n]}\text{L}_n$ 或带有 M—M 键的双核配位化合物，反应后金属的氧化态和配位数的增加都只有 1，但此类反应并不常见。

$$\begin{array}{c}2\,\text{M}^{[n]}L_n \\ \text{或} \\ \text{L}_n\text{M}^{[n]}—\text{M}^{[n]}L_n\end{array} \xrightarrow{\text{A—B}} \begin{cases} L_n\text{M}^{[n+1]}(\text{A}) + L_n\text{M}^{[n+1]}(\text{B}) \\ (\text{A})L_n\text{M}^{[n+1]}—\text{M}^{[n+1]}L_n(\text{B}) \end{cases} \tag{7-40}$$

氧化加成反应实际上是金属的 HOMO 与可配位的小分子 A—B 的 LUMO 之间的相互作用，结果是电子从金属流向 A—B，金属被氧化。发生氧化加成反应的配合物 $\text{M}^{[n]}L_n$ 中的金属处于低氧化态，连有供电性强的配体，电荷密度大，d 轨道能级高，电子数不大于 16 且具备两个空的配位位置，其还原态也有一定的稳定性。如，d^8 配合物中反应活性是 Ir(Ⅰ)＞Pt(Ⅱ)＞Au(Ⅲ)；$\text{Pd}[\text{P}(^c\text{C}_6\text{H}_{11})_3]_4 > \text{Pd}[(\text{PPh})_3]_4$。A—B 键能和 M—A、M—B 的键能也是影响氧化加成反应的重要因素。如，C—X 键能小于 M—C 和 M—X 键能，而 C—H 键能大于 M—C 和 M—H 键能。故卤代烃易发生氧化加成反应，烷烃则很难；Ir(Ⅰ) 易于经氧化加成生成 Ir(Ⅲ)配合物，Fe(Ⅲ)因 Fe(Ⅴ)的稳定性很差而不易发生氧化加成反应。此外，配体的立体效应也有影响，大体积配体通常不利于氧化加成反应的发生。

如图 7-6 所示，在确立金属有机化学中的氧化加成和还原消除概念中发挥了历史性关键作用的 Vaska 配合物（**16**）可与许多化合物进行氧化加成反应。Ir 的氧化态从＋1 变成产物 **17** 中的＋3，配位数由不饱和的 4 成为饱和的 6，d^8 成为 d^6，构型也由 16 电子的平面四边形成为 18 电子的正八面体。

通过测量 IrCl（CO）L_2 与 A—B 进行氧化加成反应生成 Ir(A)(B)Cl(CO)L_2 后 CO 伸展频率的变化 Δν，可以判别各种 A—B 进行氧化加成反应的能力。该能力越大，意味着降低 M—CO 键反馈能力也越大。一些 A—B 进行氧化加成反应的能力大小为：$\text{Cl}_2 > \text{I}_2 > \text{C}_2\text{F}_4 > \text{CH}_3\text{I} > \text{HCl} > \text{H(D)}_2 > \text{O}_2$。A—B 可分为非极性或低极性的，如 H_2、RH、ArH、RCHO、R_3SiH、R_3SnH 等，亲电性的如 HX、X_2、RX、RCO_2H、ArX、RCOX、RCN、SnCl_4 等及加成后 A－B 之间仍保留键合的试剂，如 O_2、CS_2、SO_2、RCH＝CHR 等。氧化加成反应有协同、$\text{S}_\text{N}2$、自由基和离子型等各种机理，立体化学上既有顺式加成也有反式加成，如，Vaska 配合物与氢是协同顺式加成，与碘甲烷是反式加成。[20]

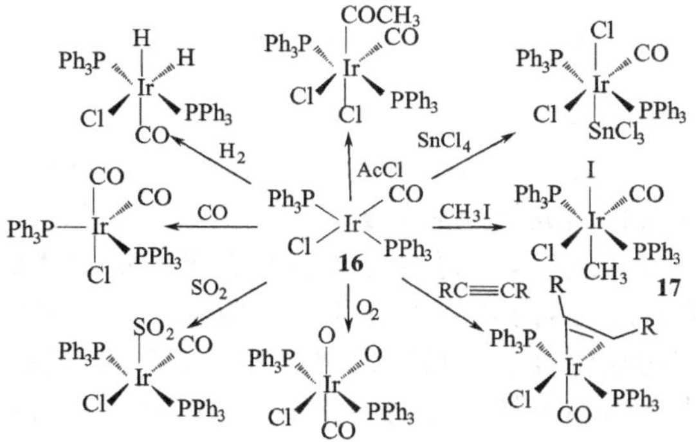

图 7-6 Vaska 配合物参与的各类氧化加成反应

（1） H_2 的氧化加成反应 H_2 的离解能达到 430kJ/mol，但在常温下即能被配合物轻易切断，生成两个键能也较大的 M—H 键，如式（7-41）所示。

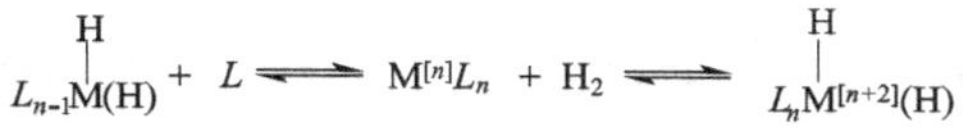

$$L_{n-1}\overset{H}{M}(H) + L \rightleftharpoons M^{[n]}L_n + H_2 \rightleftharpoons L_n\overset{H}{M}^{[n+2]}(H) \quad (7\text{-}41)$$

H_2 的氧化加成反应通常是一个顺式的协同过程。H_2 由侧向而非端位靠近金属，成键轨道上的电子以 σ 键与金属的空轨道键合，金属上的 π 轨道电子进入 H_2 的反键轨道，得到动力学控制的顺式加成产物。这个反应的同位素效应较小（$k_H/k_D=1.48$），显示早到的过渡态特征。如式（7-42）所示的反应是均相催化的重要一步，催化剂 **16** 加氢后成为相应的双氢配合物 **18**，**18** 往往是催化反应中真正的活性中间体并进入催化循环圈中。反应动力也是来源于反应底物由配位不饱和到配位饱和。

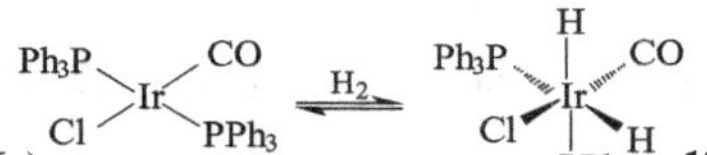

(7-42)

16 Ir d^8(16e) ⇌(H_2) **18** Ir d^6(18e)

19 的加氢反应则是一个单电子的氧化加成反应，五配位的 d^7 底物转化为六配位的 d^6 产物 **20**。

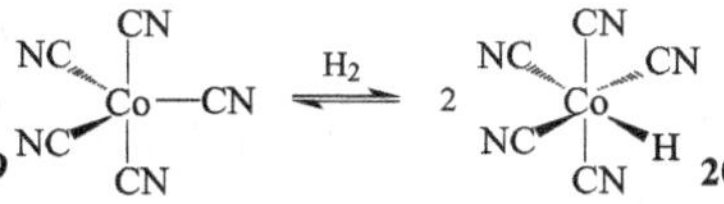

$$2\,[Co(CN)_5]\ (\mathbf{19}) \overset{H_2}{\rightleftharpoons} 2\,[HCo(CN)_5]\ (\mathbf{20})$$

（2） O_2 的氧化加成反应 基态三线态 O_2 与绝大多数都呈单线态的有机分子的反应是自旋禁阻的，但可与配合物发生氧化加成反应生成 O—O 单键的负离子自由基超氧配合物（superoxo，**21a**）或 O—O 键长更长、键能更小的过氧配合物（peroxo，**21b**），**21b** 参与的反应要多于 **21a**。氧分子可与一个或两个金属原子配位，金属电子进入氧的反键轨道，氧分子中的未成对电子数减少而得到活化。配合物催化的氧化反应已取得很大的成功，如 Wacker 烯烃氧化反应（参见 7.7.1）和式（7-43）所示的 Sharpless 环氧化反应等。

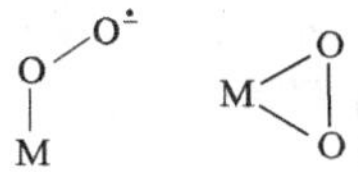

21a **21b**

(7-43)

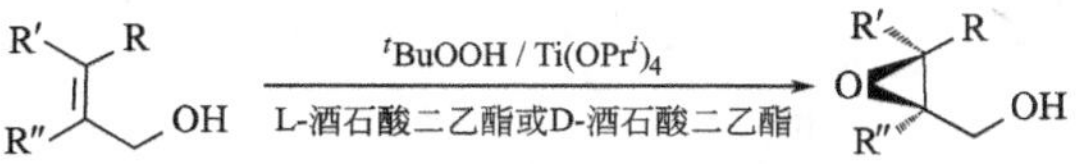

^{t}BuOOH / Ti(OPr^i)$_4$

L-酒石酸二乙酯或D-酒石酸二乙酯

（3） C—H 键的氧化加成反应 氧化加成反应是生成 M—C(H)键的一个重要方法。活化的 C—H 键较易发生如式(7-44)所示的氧化加成反应。

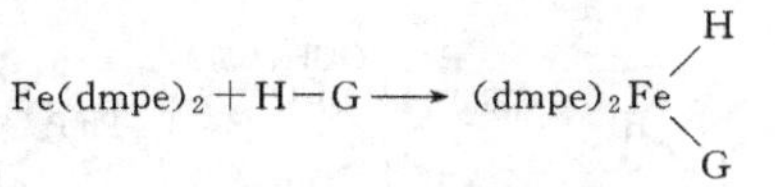

$$Fe(dmpe)_2 + H{-}G \longrightarrow (dmpe)_2Fe(H)(G)$$

dmpe：$Me_2PCH_2CH_2PMe_2$

G：COR，CH_2COR，CH_2CO_2R，CH_2CN，CH_2NO_2　　(7-44)

不活泼的 C—H 键经氧化加成得到活化的反应更为重要，如式（7-45）所示，反应可能经过 C---M---H 或四中心过渡态 **22**，再经还原消除而产生新的产物。烷烃是具有最多饱和 C—H 键的来源最大的天然碳氢化合物，其化学性质很不活泼，要用高温高压的裂解氧化等苛刻的条件才能活化，产物极为复杂，难以控制。利用配合物与烷烃配位实现的 C—H 键的选择性氧化加成反应相当于温和条件下催化活化了 C—H 键，是有机合成反应中最引人注目的一个课题（参见 7.7.6）。

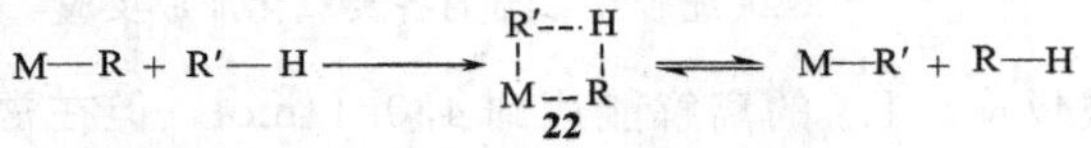

$$M{-}R + R'{-}H \longrightarrow \underset{\mathbf{22}}{\begin{matrix} R'\cdots H \\ M\cdots R \end{matrix}} \rightleftharpoons M{-}R' + R{-}H \qquad (7\text{-}45)$$

利用该反应可进行 H/D 交换反应，如式（7-46）所示：

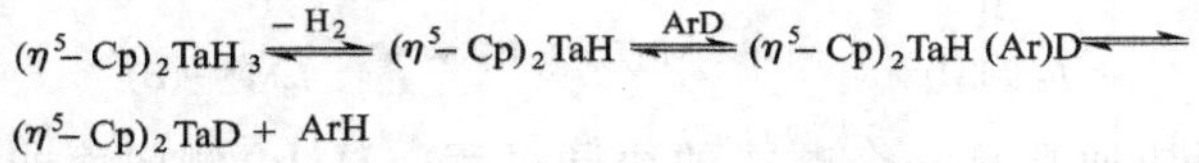

$$(\eta^5\text{-}Cp)_2TaH_3 \underset{}{\overset{-H_2}{\rightleftharpoons}} (\eta^5\text{-}Cp)_2TaH \overset{ArD}{\rightleftharpoons} (\eta^5\text{-}Cp)_2TaH(Ar)D \rightleftharpoons (\eta^5\text{-}Cp)_2TaD + ArH \qquad (7\text{-}46)$$

（4）C—O 键的氧化加成反应　如图 7-7 所示，C—O 键可与配合物发生氧化加成反应。酯基上则可发生酰氧键（*a*）和烷氧键（*b*）两种加成方式。

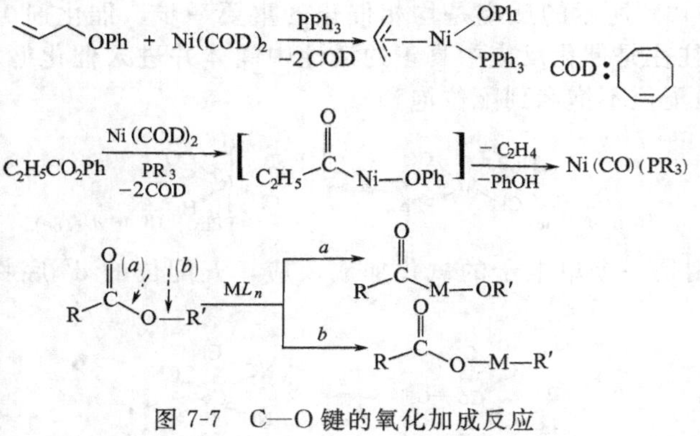

$$CH_2{=}CHCH_2OPh + Ni(COD)_2 \xrightarrow[-2\,COD]{PPh_3} (\eta^3\text{-allyl})Ni(OPh)(PPh_3) \qquad COD:\ \text{环辛二烯}$$

$$C_2H_5CO_2Ph \xrightarrow[PR_3,\ -2COD]{Ni(COD)_2} \left[C_2H_5C(O){-}Ni{-}OPh \right] \xrightarrow[-PhOH]{-C_2H_4} Ni(CO)(PR_3)$$

$$RC(O){\overset{(a)}{-}}O{\overset{(b)}{-}}R' \xrightarrow{ML_n} \begin{cases} a: RC(O){-}M{-}OR' \\ b: RC(O){-}O{-}M{-}R' \end{cases}$$

图 7-7　C—O 键的氧化加成反应

如式(7-47)所示，羰基 C—O 键发生氧化加成反应后能得到三元氧杂结构的产物：

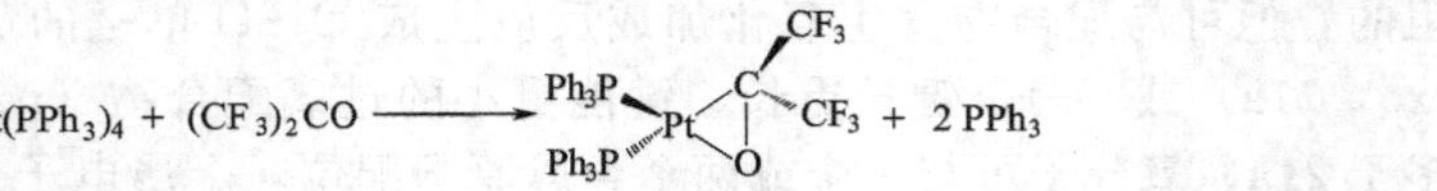

$$Pt(PPh_3)_4 + (CF_3)_2CO \longrightarrow (Ph_3P)_2Pt[\eta^2\text{-}OC(CF_3)_2] + 2\,PPh_3 \qquad (7\text{-}47)$$

（5）C—X 键的氧化加成反应　C—X 键常与配合物发生反式的氧化加成反应，C—X 上手性碳原子的构型会发生反转。该反应通常是催化交叉偶连反应的第一步，低价金属向烷基亲核进攻生成直线形 C---M---X 或三中心过渡态 **23**。式（7-48）所示的反应中，吸电子基 R 有利于这一氧化加成反应的进行，卤素活性次序是 I>Br>Cl。

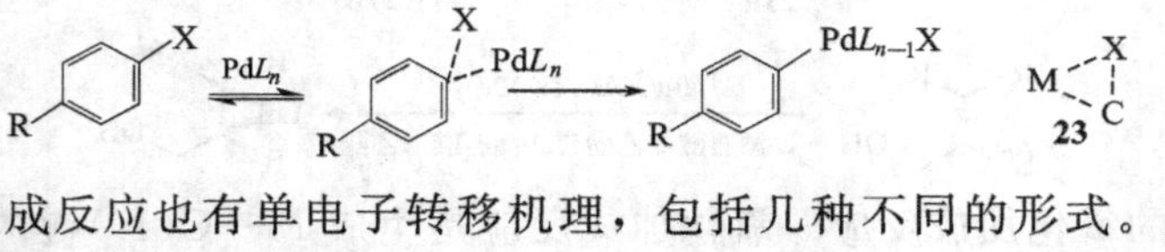

$$4\text{-}R\text{-}C_6H_4X \overset{PdL_n}{\rightleftharpoons} [4\text{-}R\text{-}C_6H_4(X)\cdots PdL_n] \longrightarrow 4\text{-}R\text{-}C_6H_4PdL_{n-1}X \qquad \underset{\mathbf{23}}{M\langle^{X}_{C}} \qquad (7\text{-}48)$$

C—X 的氧化加成反应也有单电子转移机理，包括几种不同的形式。如图 7-8 所示，k_1 是一种笼状自由基对方式，电子转移由内界发生；k_2 是一种外界电子转移方式，所需活化

能一般要比经由 k_1 途径高。

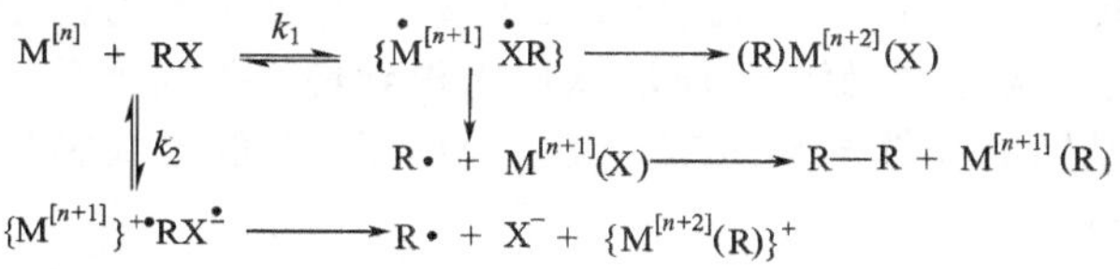

$$
\begin{array}{l}
M^{[n]} + RX \underset{}{\overset{k_1}{\rightleftharpoons}} \{\dot{M}^{[n+1]}\ \dot{X}R\} \longrightarrow (R)M^{[n+2]}(X) \\
\quad \downarrow k_2 \qquad\qquad \downarrow \\
\qquad\qquad R\cdot + M^{[n+1]}(X) \longrightarrow R{-}R + M^{[n+1]}(R) \\
\{M^{[n+1]}\}^{+\cdot}RX^{\dot{-}} \longrightarrow R\cdot + X^- + \{M^{[n+2]}(R)\}^+
\end{array}
$$

图 7-8　C—X 氧化加成反应的单电子转移机理

C—X 键的氧化加成反应还有一种方式，是以如图 7-9 所示（In 为引发剂）自由基链反应方式进行的。

$$In\cdot + RX \longrightarrow InX + R\cdot$$
$$R\cdot + M^{[n]} \longrightarrow M^{[n+1]}(R)$$
$$M^{[n+1]}(R) + RX \longrightarrow (R)M^{[n+2]}(X) + R\cdot$$

图 7-9　C—X 氧化加成反应的自由基链反应机理

（6）其他键的氧化加成反应　如式（7-49）的两个反应所示，O—H 键和 N—H 键也可发生氧化加成反应。[21] C—C 键和 C—P 键的反应不易发生，C—N 键稍易一些。

$$PtL_2 + CH_3OH \longrightarrow Pt(OCH_3)(H)L_2$$
$$Pt(PPh_3)_4 + CH_3C(CH)_3 \longrightarrow (PPt_3)_4Pt(CN)[C(CN)_2CH_3] \qquad (7\text{-}49)$$

还有一些氧化加成反应的结果生成金属杂环化合物（metalacycles）。金属杂环化合物一般不够稳定，将继续反应得到 C—C 偶联产物，如式（7-50）所示的 3 个反应。

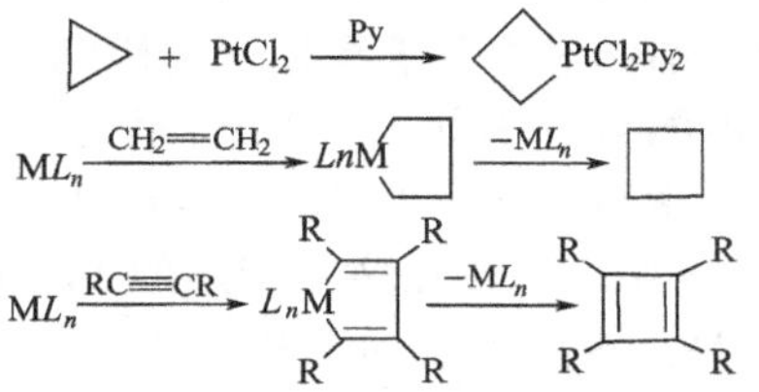

$$\text{cyclopropane} + PtCl_2 \xrightarrow{Py} \text{(cyclobutane)}PtCl_2Py_2$$
$$ML_n \xrightarrow{CH_2{=}CH_2} L_nM\text{(metallacyclopentane)} \xrightarrow{-ML_n} \text{cyclobutane} \qquad (7\text{-}50)$$
$$ML_n \xrightarrow{RC{\equiv}CR} L_nM\text{(tetra-R-metallacyclopentadiene)} \xrightarrow{-ML_n} \text{tetra-R-cyclobutadiene}$$

氧化加成反应并不局限于过渡金属配合物，实际上最常见且最常用的氧化加成反应就是格氏试剂的制备反应，如式（7-51）所示：

$$Mg + R{-}X \longrightarrow R{-}Mg{-}X \qquad (7\text{-}51)$$

7.6.3　还原消除反应

如式（7-52）所示的还原消除反应（reductive elimination，RE）是氧化加成反应的逆反应，主要以协同方式进行，故产物往往可保留消去的两个配体 A 和 B 的立体化学。A 和 B 在发生还原消除反应时要呈顺式的几何构型关系，反式的两个配体必须经顺反异构化变为顺式关系后才能发生还原消除。还原消除反应相当于配合物的分解反应，结果伴随着中心金属氧化数的降低和配位数的减少，故金属应处于高氧化态。还原消除反应是许多催化循环反应，如氢化反应、Monsanto 乙酸合成反应和交叉偶联反应中生成有机产物中形成 H—H、C—H（C，X，O，S，N，P）键的最后一步，同时给出的另一个金属配合物则通常是不稳定的，但又有足够的寿命作为催化剂去与底物反应而开始一个新的催化反应循环。

$$M^{[n+2]}(A)(B) \longrightarrow M^{[n]} + A{-}B \qquad (7\text{-}52)$$

金属不相连的两个有机金属配合物之间也可发生协同消除，如式(7-53)所示。

$$M{-}A + M'{-}B \longrightarrow M{-}M' + A{-}B \qquad (7\text{-}53)$$

还原消除反应能生成新的 C—C(O、N、S) 键，当 A、B 是烷基或芳基时，即发生偶联反应，其中有一个是氢时即发生氢化反应或氢甲酰化反应。[22] 还原消除反应常需一定条件才易于进行：金属具有中高氧化态及较高表观电荷，如 d^8 的 Ni(Ⅱ)、Pd(Ⅱ)、Au(Ⅲ) 及 d^6

的 Ir(Ⅲ)、Rh(Ⅲ)、Pd(Ⅳ)、Pt(Ⅳ)；配体是 H 或空间障碍较大；产物是较为稳定的配合物等等。[23] 以 2，2′-联吡啶（bipy）为配体的二烷基镍是对热相当稳定的配合物，但在吸电子烯烃或 CO 作用下于常温就能发生还原消除反应得到烷基偶连产物。这是由于配合物和烯烃配位后金属向这些基团的反馈 π 键效应降低了 M—A(B)的电荷密度，相当于得到了活化而迅速分解，如式(7-54)所示。

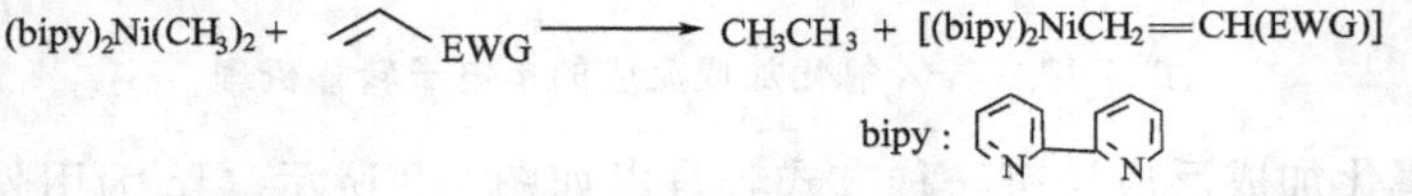

$$(bipy)_2Ni(CH_3)_2 + CH_2{=}CH{-}EWG \longrightarrow CH_3CH_3 + [(bipy)_2NiCH_2{=}CH(EWG)] \quad (7\text{-}54)$$

bipy：2,2′-联吡啶

式(7-55)所示的反应在甲醇溶剂中发生，苯溶液中则无反应。甲醇不光是溶剂，实际上先参与配位，提高了金属的氧化态，生成关键中间体 **24** 后促进还原消除反应的进行，配体同时也发生解离：

$$(PPh_3)_2Pt(Ph)_2(I)_2 \xrightleftharpoons{MeOH} \underset{\mathbf{24}}{[(PPh_3)_2Pt(Ph)_2(MeOH)I]^+ I^-} \xrightarrow[-PhI]{-MeOH} (PPh_3)_2Pt(Ph)I \quad (7\text{-}55)$$

7.6.4 插入和消除（反插入）反应

不饱和配体 AB 的 π 键可以插入（insertion）到配合物中邻近金属的 M—Yσ 键中，结果是一个配位键和一个 σ 键被一个新的 σ 键代替，由于插入而空出的配位通常由另一个配体占据，金属的价电子数减少 2，但氧化态没有变化。插入有分子内和分子间两种类型。分子内的插入反应又称迁移插入（migratory insertion），以区别于亲核试剂对配体 M—Y 的分子间进攻（参见 7.6.5）。插入反应通常经由环状过渡态且是专一性的顺式过程，断键和成键协同发生。电子效应和立体效应都能对位置选择性产生影响，供电性强的配体有利于插入反应。插入反应依双电子配体的不同可分为如图 7-10 所示的 1,1-插入（α-插入）和 1,2-插入（β-插入）两大类。通常来说，η^1 配体，如 CO 只进行与 M、Y 都在终端相连的 1,1-插入反应；而 η^2 配体，如乙烯只进行与 M、Y 各在两端相连的 1,2-插入反应；SO_2 则既可取 η^1 配位（S），也可取 η^2 配位（S，O），兼具 1,1-插入和 1,2-插入反应能力：

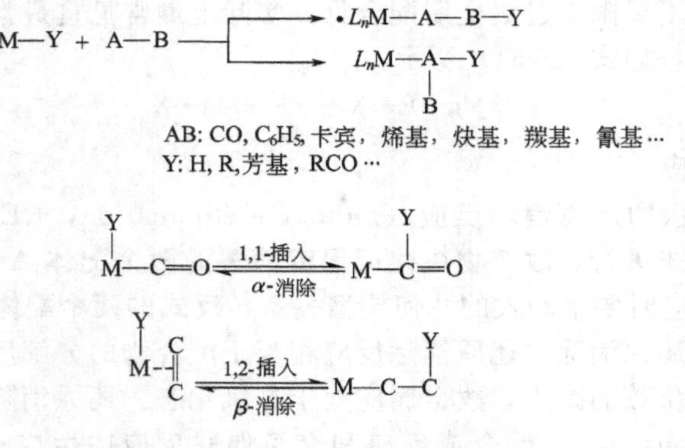

$$L_nM{-}Y + A{-}B \longrightarrow L_nM{-}A{-}B{-}Y \quad \text{或} \quad L_nM{-}A(B){-}Y$$

AB: CO, C_6H_5, 卡宾，烯基，炔基，羰基，氰基…

Y: H, R, 芳基，RCO…

$$M(Y){-}C{\equiv}O \underset{\alpha\text{-消除}}{\overset{1,1\text{-插入}}{\rightleftharpoons}} M{-}C(Y){=}O$$

$$M(Y)(\eta^2\text{-}C{=}C) \underset{\beta\text{-消除}}{\overset{1,2\text{-插入}}{\rightleftharpoons}} M{-}C{-}C{-}Y$$

图 7-10 插入反应

如式(7-56)所示，插入反应的前体 **25** 通常兼有两个顺式排列的 1e 和 2e 的配体，相当于一个 3e 配体经插入反应后转化为 1e 的产物 **26**（离子模式是 4e 转化为 2e），空出一个可接纳 2e 配体的配位点而可被外来配体 *L* 捕获。

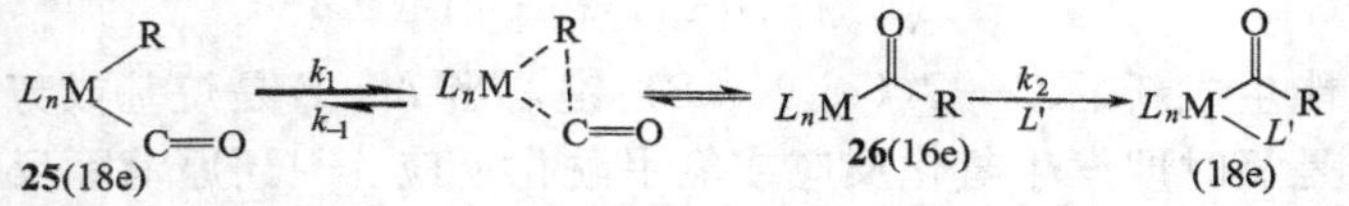

$$\underset{\mathbf{25}(18e)}{L_nM(R)(C{\equiv}O)} \underset{k_{-1}}{\overset{k_1}{\rightleftharpoons}} [L_nM\cdots R\cdots C{=}O]^{\ddagger} \rightleftharpoons \underset{\mathbf{26}(16e)}{L_nM{-}C(=O)R} \xrightarrow[L']{k_2} \underset{(18e)}{L_nM(L'){-}C(=O)R} \quad (7\text{-}56)$$

插入反应的逆反应即反插入反应，或称消除反应。α-消除反应是 1,1-插入的逆反应，在烷基配合物中较易发生，也是生成卡宾配合物的关键一步（参见 7.9.1）。但 1,1-插入和 α-消除反应远不如 1,2-插入及其逆反应 β-消除反应那么常见。

（1）CO 的插入和反插入反应　CO 含碳氧不饱和键，是一个软配体，具强烈的插入 M—R 键生成金属酰基配合物的倾向，称羰基化反应（carbonylation）。M—R 键由于 CO 的配位受到削弱导致活化。底物中强供电性的配体取代 CO 会加快烷基插入的速率，这与 16 电子中间体产物 **26** 得到稳定有关。

甲基五羰基锰 $(CH_3)Mn(CO)_5$(**27**)与 CO 反应生成乙酰基五羰基锰 $(CH_3CO)Mn(CO)_5$(**29**)。该反应过程如图 7-11 所示：**27** 发生 CO 分子内插入反应后，3 个电子的两个配体 CH_3 和 CO 转化为中间体乙酰基四羰基锰 $(CH_3CO)Mn(CO)_4$（**28**）中的单电子配体 CH_3CO，并空出一个可配位 2 个电子的位置，**28** 即可继续与外来如 CO 的配体配位反应生成产物 **29**。该插入反应是有立体选择性的，烷基须与 CO 处于顺式关系。

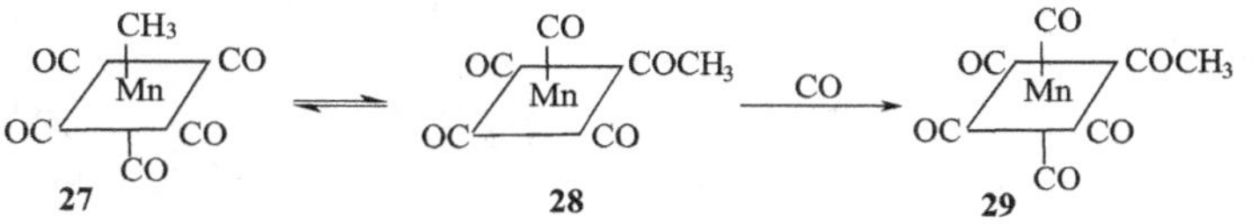

图 7-11　甲基五羰基锰与 CO 反应生成乙酰基五羰基锰的过程

图 7-11 所示的反应过程若是合理的，则用其他外来配体也可使烷基锰转为酰基锰，胺与六配位 **27** 的反应可生成 *cis*-$(CH_3CO)Mn(CO)_4(NR_3)$（**30**）的结果表明确是如此。如式(7-57) 所示，用同位素标记 *CO 对 **27** 进行羰基化反应并通过 NMR 和 IR 光谱检测产物 **31** 的结构表明，*CO 并未进入酰基而是以与酰基顺式的模式配位到锰上。这反映出 **31** 中的乙酰基是 **27** 中的甲基迁移到顺式的 CO 上而不是外来的 *CO 进攻 M—CH_3 键形成的。

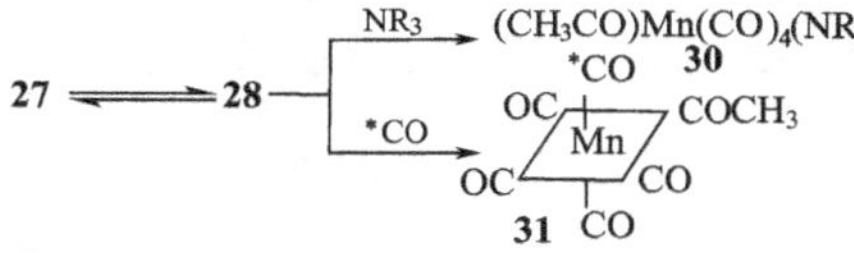

(7-57)

根据微观可逆性原理，热反应条件下可通过观测逆向反应过程来推断正向反应过程。如式（7-58）所示，易得的同位素标记的六配位乙酰基五羰基锰 **32** 的解离反应最终生成六配位甲基五羰基锰 *cis*-(CH_3) $Mn(CO)_4$ *CO(**33**)，底物酰基上的 CO 并未放出。**33** 中的 *CO 与甲基呈顺式关系，反之可以推断 **27** 到 **28** 的反应也必定是 *cis*-CO 迁移到甲基上的。

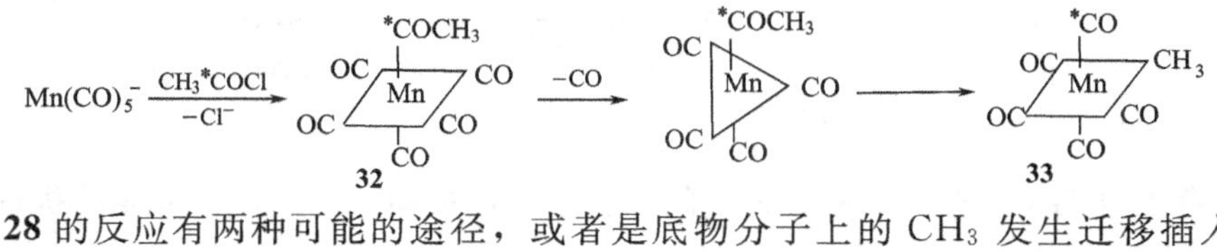

(7-58)

27 到 **28** 的反应有两种可能的途径，或者是底物分子上的 CH_3 发生迁移插入 Mn—CO 键或者是 CO 插入 Mn—CH_3 键。底物 **33** 与 CO 反应后可检测到 3 个 *CO 在不同位置的六配位乙酰基配合物，即 *cis*-*CO/$COCH_3$(**31**)、*trans*-*CO/$COCH_3$（**34**）和 *$COCH_3$（**35**），**31**：**34**：**35**＝2：1：1。这与甲基发生迁移所预期的相对统计比例是一致的：生成 **31** 有两种可能，即甲基迁移到 Mn—^{1}CO 或 Mn—^{3}CO；生成 **34** 或 **35** 都各只有一种可能，即甲基迁移到 Mn—^{2}CO 生成 **34** 或迁移到 Mn—*CO 生成 **35**，如式(7-59)所示。

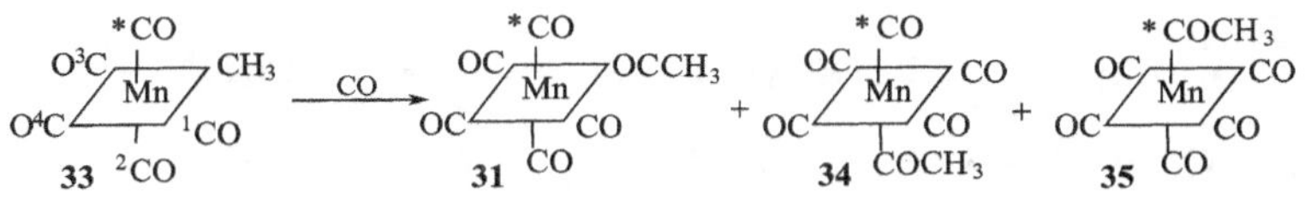

(7-59)

同样根据微观可逆性原理，可以认为反应中间体**28**是由甲基迁移插入Mn—CO键生成的，**28**再与外来CO（或其他配体）键合生成六配位产物。五配位的酰基配合物**28**与CO的配位反应很快，若与PPh_3配位的反应则相对较慢。**27**到**28**的反应若是CO而非甲基迁移，则$^*CO$迁移到甲基可生成四方锥型中间体**36**，^2CO迁移到甲基可生成四方锥型中间体**37**，^1CO和^3CO迁移到甲基都可生成三角双锥型中间体**38**。**37**和**38**再接受CO配位后生成的产物及它们的相对统计比例应为**31**∶**35**＝3∶1，且无**34**生成。这与实验结果不一，故图7-12所示的反应是可以否定的机理。

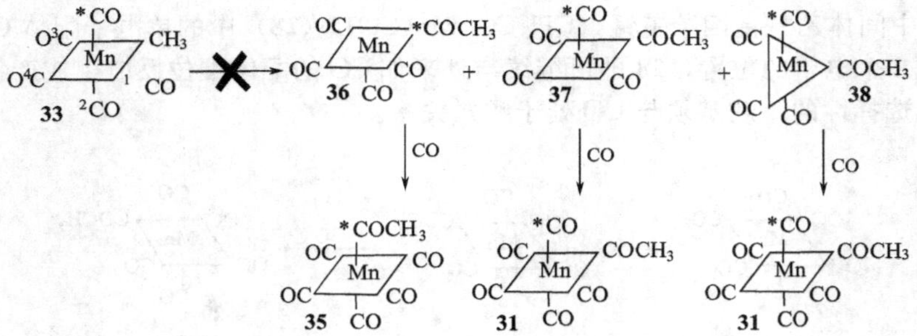

图7-12　甲基五羰基锰与CO反应生成乙酰基五羰基锰的反应未经过CO的插入过程

如式（7-60）所示，*cis*-$(CH_3CO)Mn(CO)_4{}^*CO$(**31**)为底物的分解反应生成*cis*-$(CH_3)Mn(CO)_4{}^*CO$(**33**)和*trans*-$(CH_3)Mn(CO)_4{}^*CO$(**39**)的混合物，这个结果也表明图7-11所示的由甲基而非CO进行迁移的过程是合理的。[24]。**31**失去^2CO可生成**37**，**37**发生甲基迁移生成**39**，发生CO迁移生成**33**；**31**失去^1CO、^3CO和^4CO生成**38**，**38**无论是甲基或CO迁移均生成**39**。若是酰基中的CO发生迁移，则产物中的CH_3必留在原位并与$^*CO$处于顺式关系，应只有**33**生成。这与实验结果不合，也反映出**27**到**28**确是经由甲基迁移的过程：

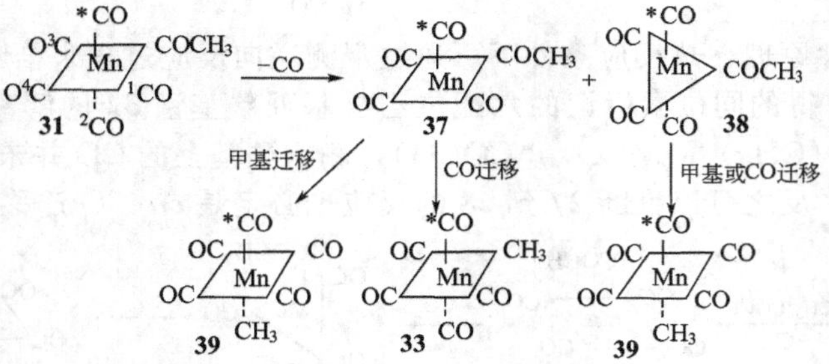

(7-60)

甲基五羰基锰与CO在$AlCl_3$存在下的反应速率可提高10^6倍，其可能的机理如图7-13所示：

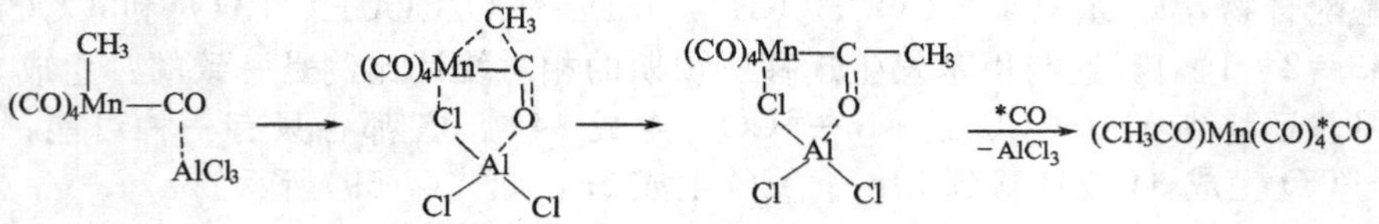

图7-13　甲基五羰基锰在$AlCl_3$催化下与$^*CO$的反应

脱羰反应即是CO的反插入反应，如式(7-61)所示的3个反应。

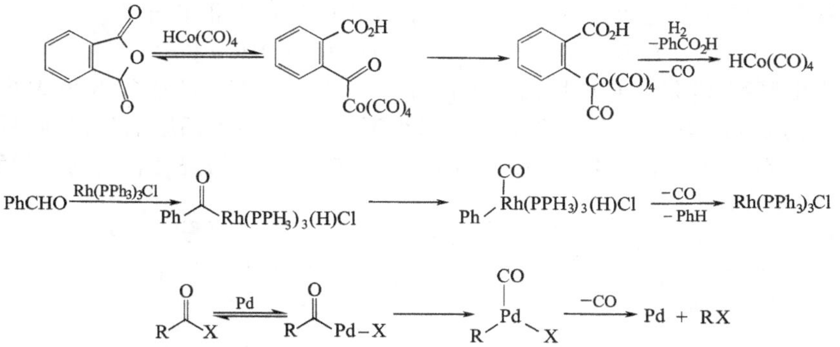

$$\text{Phthalic anhydride} \xrightleftharpoons{HCo(CO)_4} o\text{-}HO_2C\text{-}C_6H_4\text{-}C(O)Co(CO)_4 \longrightarrow o\text{-}HO_2C\text{-}C_6H_4\text{-}Co(CO)_4(CO) \xrightarrow[-CO]{H_2,\ -PhCO_2H} HCo(CO)_4$$

$$PhCHO \xrightarrow{Rh(PPh_3)_3Cl} PhC(O)Rh(PPH_3)_3(H)Cl \longrightarrow Ph\text{-}Rh(CO)(PPH_3)_3(H)Cl \xrightarrow[-PhH]{-CO} Rh(PPh_3)_3Cl \quad (7\text{-}61)$$

$$RC(O)X \xrightleftharpoons{Pd} RC(O)Pd\text{-}X \longrightarrow R\text{-}Pd(CO)\text{-}X \xrightarrow{-CO} Pd + RX$$

(2) 烯烃的插入和反插入反应 烯烃可插入 M—O(N) 键，插入 M—C(H) 的反应在氢化、聚合和羰基化等反应中都是关键的一步，也是商业上最重要的金属有机反应。配合物中的氢和烯烃同样需要处在顺式关系，氢、金属和烯烃的 π 键组成一个平面，得到顺式加成产物。烯烃与金属配位后使 M—C(H) 键削弱而受到活化，本身亦因与金属配位而被活化，在 M—C(H) 键断裂的同时，M 和 C═C 之间生成新的 M—C—C 键和 C—C(H) 键，如图 7-14 所示。

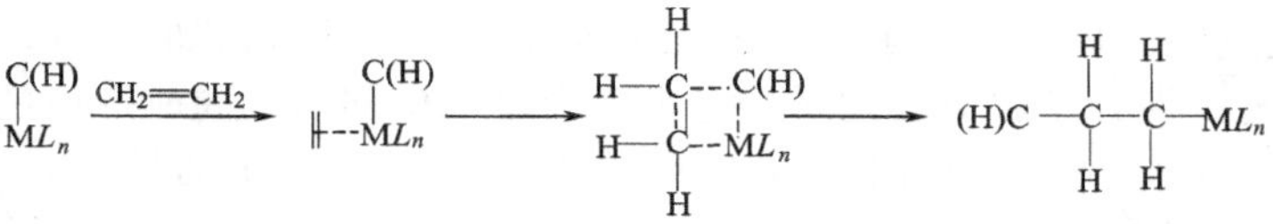

$$(H)C\text{-}ML_n \xrightarrow{CH_2{=}CH_2} (\eta^2\text{-}CH_2{=}CH_2)\cdots ML_n(C(H)) \longrightarrow [H_2C{\cdots}C(H);\ H_2C{\cdots}ML_n] \longrightarrow (H)C\text{-}CH_2\text{-}CH_2\text{-}ML_n$$

图 7-14 金属有机配合物与乙烯的插入反应

如式(7-62)所示，配合物中 M—H 的插入方式按 Markovnikov 规则生成有支链的烷基，按反 Markovnikov 规则进行则生成直链的烷基。[25]

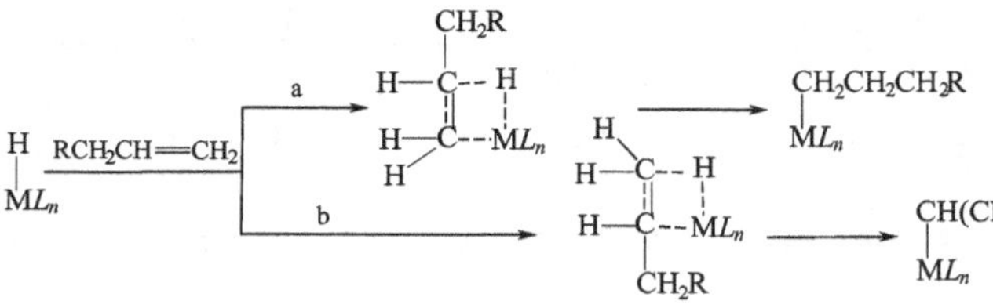

$$H\text{-}ML_n \xrightarrow{RCH_2CH{=}CH_2} \begin{cases} \text{a}: [H\text{-}C(CH_2R)\cdots H;\ H_2C\cdots ML_n] \longrightarrow CH_2CH_2CH_2R\text{-}ML_n \\ \text{b}: [H_2C\cdots H;\ H\text{-}C(CH_2R)\cdots ML_n] \longrightarrow CH(CH_2R)CH_3\text{-}ML_n \end{cases} \quad (7\text{-}62)$$

如式(7-63)所示，配合物催化的烯烃聚合反应即是烯烃在金属上不断配位和插入的过程。Zigler 发现在 Et_3Al 中加入少量 $TiCl_4$ 能有效地实现低压催化乙烯的聚合反应。Natta 在聚丙烯的合成研究中最终了解到催化的活性金属是钛。他们研制的一些由 $TiCl_4$ 或 $TiCl_3$ 与 Et_3Al 或 Et_2AlCl 组成的 Zigler-Natta 异相催化剂，使聚烯烃工业得到了很大的发展并为此荣获了 1963 年度的诺贝尔化学奖。利用 Zigler-Natta 催化剂生成的烯烃定向聚合物有很高的力学强度，而高温高压下生成的烯烃聚合物是较为柔软的。

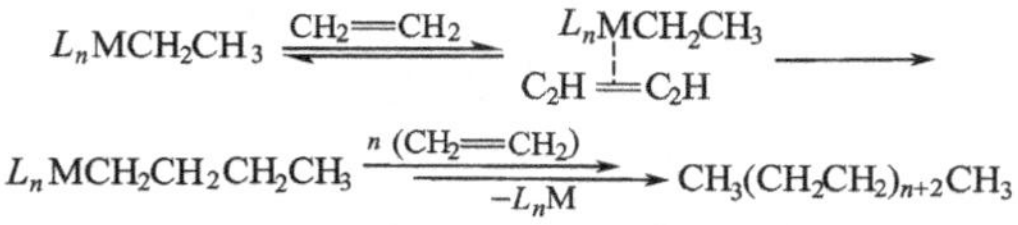

$$L_nMCH_2CH_3 \xrightleftharpoons{CH_2{=}CH_2} L_nMCH_2CH_3(C_2H{=}C_2H) \longrightarrow$$
$$L_nMCH_2CH_2CH_2CH_3 \xrightarrow[-L_nM]{n\,(CH_2{=}CH_2)} CH_3(CH_2CH_2)_{n+2}CH_3 \quad (7\text{-}63)$$

第二代烯烃聚合催化剂是烷基铝或烷基硼与可溶性金属配合物的组合物及锆和钛的茂配合物。它们能更好地控制聚合物的链长、组分、支化程度及立体构型。聚烯烃的大规模生产也是有机金属配合物在工业领域的最成功应用，其发展在“*Chem. Rev.* 2000，100：1167”一册中有很好的综述。[26]

由甲基、苯基及新戊基等不含 β-氢的配体组成的羰基锰化物是稳定的，而乙基、丙基等取代的羰基锰化物因易发生如式(7-64)所示的β-氢消除反应而很易分解。

$$L_nM—CR_2—CRH_2 \longrightarrow L_nM—H + CRH═CR_2 \tag{7-64}$$

反应首先由底物**40**发生解离留出空配位开始，M—C—C—H必须取顺式共平面排列从而能将β-H引向金属。然后发生β-夺氢生成烯烃配合物**41**，**41**还原消除得到烷烃**42**或者发生烯烃解离并生成金属氢化物**43**，如图7-15所示，配合物上的烷基转化为烷烃和烯烃。

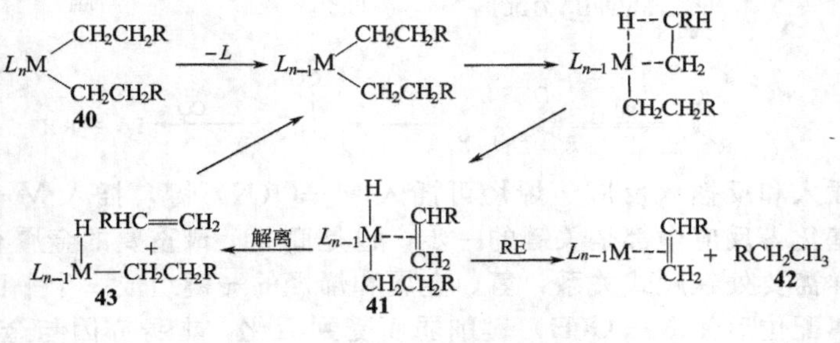

$L_nM(CH_2CH_2R)_2$ (**40**) $\xrightarrow{-L}$ $L_{n-1}M(CH_2CH_2R)_2$ $\longrightarrow$ $L_{n-1}M(H\cdots CRH\cdots CH_2)(CH_2CH_2R)$ $\longrightarrow$ $L_{n-1}M(H)(CHR═CH_2)(CH_2CH_2R)$ (**41**)

41 $\xrightarrow{RE}$ $L_{n-1}M(CHR═CH_2)$ + RCH_2CH_3 (**42**)

41 $\xrightarrow{解离}$ $L_{n-1}M(H)—CH_2CH_2R$ (**43**) + $RHC═CH_2$

图 7-15 β-H 消除反应

PPh_3等配体因不易解离，使金属无空配位而难以发生β-夺氢，故β-消除反应不易进行。如，Pt $(PPH_3)_2$ $(^nC_3H_7)_2$热分解生成丙烷和丙烯的反应可以因加入PPh_3而被遏制。β-H消除反应的一个复杂性在于解离出的烯烃也可能会再配位和插入同时产生的金属氢化物而导致众多副反应的发生；配合物有两个以上的烷基配体均有β-H的话可发生还原歧化反应(reductive disproportionation)，如图7-16所示。中心金属为两个烯烃分子提供了相邻的配位位置，发生氧化偶联（oxidative coupling），生成一个含金属的环戊烷中间体，后者发生还原去偶（reductive decoupling）后再解离而完成反应。[27]

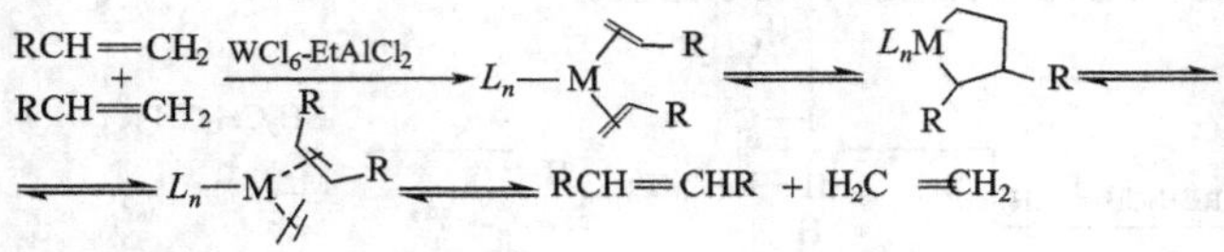

$RCH═CH_2 + RCH═CH_2 \xrightarrow{WCl_6\text{-}EtAlCl_2} L_n—M(\eta^2\text{-}CH_2═CHR)_2 \rightleftharpoons L_nM(\text{环戊烷}) \rightleftharpoons L_n—M(RCH═CHR)(CH_2═CH_2) \rightleftharpoons RCH═CHR + H_2C═CH_2$

图 7-16 烯烃在有机金属配合物催化下的歧化反应

烯烃的插入反应和β-夺氢消除反应反复可逆进行则可发生催化的H/D交换反应和烯烃异构化反应，过程可参见图7-32和图7-33。α-夺氢消除反应则可生成金属卡宾配合物（参见7.9.1）。

(3) 其他分子的插入反应　如图7-17的4个反应所示，N_2、SO_2、CO_2、C_2F_4和异腈等小分子也可插入配合物。某些配体，如SO_2可以发生插入反应，较少进行反插入反应；N_2较少进行插入反应，而偶氮配合物易于发生反插入反应。

$$L_nTiPh \xrightarrow{N_2} L_nTi—N═N—Ph$$

$$M—R \xrightarrow{SO_2} M—SO_2R$$

$$L_nMCH_2CH_3 \xrightarrow{CO_2} LnM—O—C(═O)—C_2H_5$$

$$L_nMCH_2CH_3 \xrightarrow{C_2F_4} L_nM\ (C_2F_4)\ CH_2CH_3$$

图 7-17 N_2、SO_2、CO_2和C_2F_4等小分子的插入反应

插入-消除反应与氧化加成-还原消除的关系一样，反应方向与底物-产物的热力学稳定性有关。调节配体可以控制反应进程，或者发生还原消除反应或者发生各种β-氢消除反应从而

达到化学选择性的目的。反插入反应也可在 α-、γ-或 δ-位进行。

7.6.5 配体与外来试剂的反应

若 L_nM 是一个弱 π 碱或好的 σ 酸，满足 18 电子构型的配合物 L_nML'仍可能具有缺电子性质，使与金属键连的烯烃、芳烃和一氧化碳等不饱和配体 L'的电子云密度降低而可直接接受亲核试剂的进攻，发生如图 7-18 所示的反应。

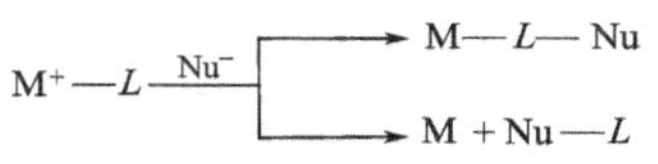

$$M^{+}—L \xrightarrow{Nu^-} \begin{cases} M—L—Nu \\ M + Nu—L \end{cases}$$

图 7-18 配体与外来试剂的反应

常见的亲核试剂包括 H^-、R^-、OH^- 和 RO^- 等，如式(7-65)的两个反应所示。

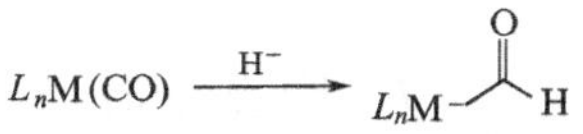

$$L_nM(CO) \xrightarrow{H^-} L_nM-C(=O)H$$

$$M(CO)_n \xrightarrow{RLi} RC(=O)M^-(CO)_{n-1} \xrightarrow{E^+} RC(=O)M(E)(CO)_{n-1} \longrightarrow RC(=O)E^+ \ M(CO)_{n-1} \qquad (7\text{-}65)$$

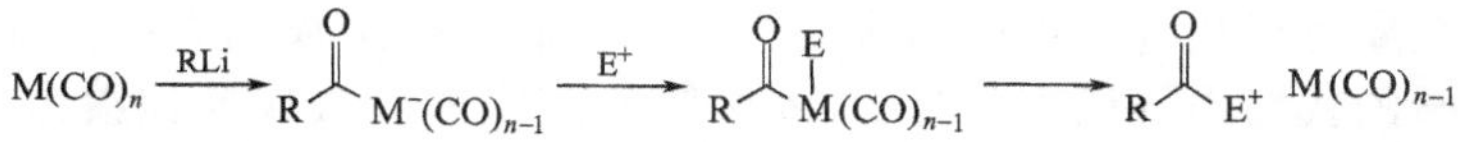

如图 7-19 所示，大部分情况下亲核试剂向烯烃配体的进攻是从外侧方向进行的，烯烃上的 η^2-π 键转为 η^1-σ 键，进攻发生在多取代的一端生成 **44**，但也有顺式进攻金属并键连在烯烃中少取代的一端生成 **45** 的反应。形式上该反应和插入反应类似，但立体化学不同。插入是顺式加成，外来试剂与配体的反应是反式加成。

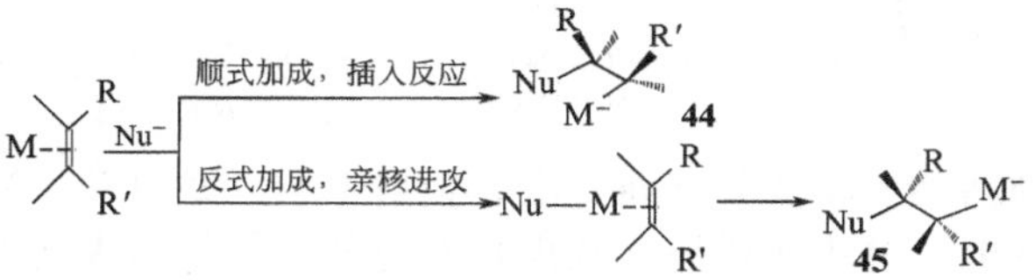

图 7-19 亲核试剂进攻烯烃配体的两种方式

一氧化碳虽是不饱和化合物，但反应活性不大。与过渡金属配位后接受金属给予的反馈电子，氧和碳原子分别呈现为富电子和缺电子状态而能接受亲电试剂和亲核试剂的进攻，如图 7-20 所示。

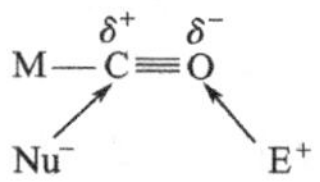

$$M—\overset{\delta^+}{C}\equiv\overset{\delta^-}{O} \quad (Nu^- \rightarrow C,\ E^+ \rightarrow O)$$

图 7-20 亲核试剂进攻 CO 配体的两种方式

具环戊二烯基和膦配体等强给电子配体是一个强的 π 碱或弱的 σ 酸，分子中其他配体的电子云密度因反馈作用而得到增强，因而易接受亲电试剂的进攻。如，**46** 中乙酰基上的氧很易接受亲电进攻而生成 **47**：

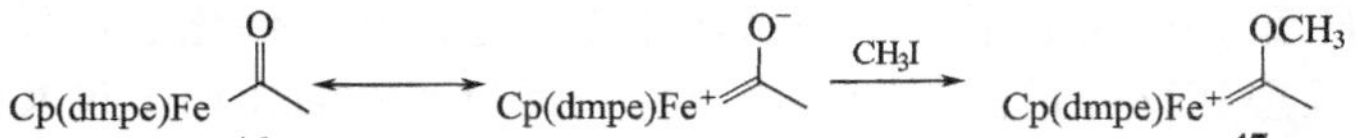

$$\underset{\mathbf{46}}{Cp(dmpe)Fe-C(=O)CH_3} \longleftrightarrow Cp(dmpe)Fe^+=C(O^-)CH_3 \xrightarrow{CH_3I} \underset{\mathbf{47}}{Cp(dmpe)Fe^+=C(OCH_3)CH_3}$$

质子酸、烷(酰)基化试剂和卤素等亲电试剂也可进攻与金属成 σ 键连的有机配体，同时断裂 M—C 键给出保持立体化学的产物，如式(7-66)所示：

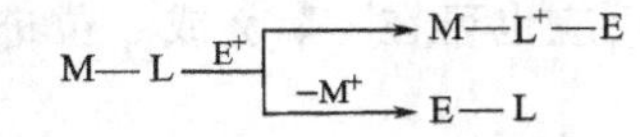

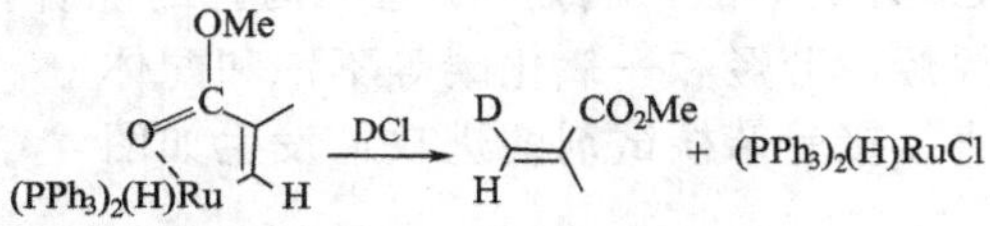

$$M—L \xrightarrow{E^+} M—L^+—E;\quad M—L \xrightarrow[-M^+]{E^+} E—L$$

(7-66)

OMe; $(PPh_3)_2(H)Ru$; H; DCl; D; CO_2Me; H; + $(PPh_3)_2(H)RuCl$

式（7-67）所示亲核试剂向配体芳烃进攻的反应中，金属由于受到 π-受电子性 CO 的影响而从芳环上拉走电子，使芳环可以接受通常难以发生的亲核进攻，氧化后脱去金属配合物得到取代芳烃。[28]

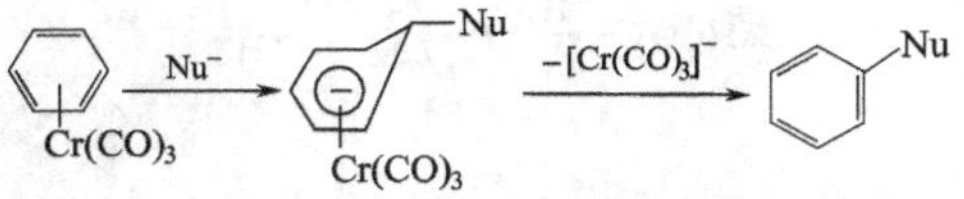

$Cr(CO)_3$; Nu^-; Nu; $Cr(CO)_3$; $-[Cr(CO)_3]^-$; Nu (7-67)

利用不同的金属有机化合物可以位置选择性地控制试剂进攻的方向。如式（7-68）的 3 个反应所示，乙酸溴代烯丙醇酯类化合物 **48** 中的乙酸根的离去性能比溴差，故无金属存在时只发生溴的置换生成 **49**。与金属作用生成 π-烯丙基配合物后，烯丙基部位得以活化，在钯作用下亲核试剂进攻少取代的碳生成 **50**；在钼的作用下亲核试剂则进攻多取代的碳生成 **51**。故选用不同的金属就可以实现不同的位置选择性。[29]

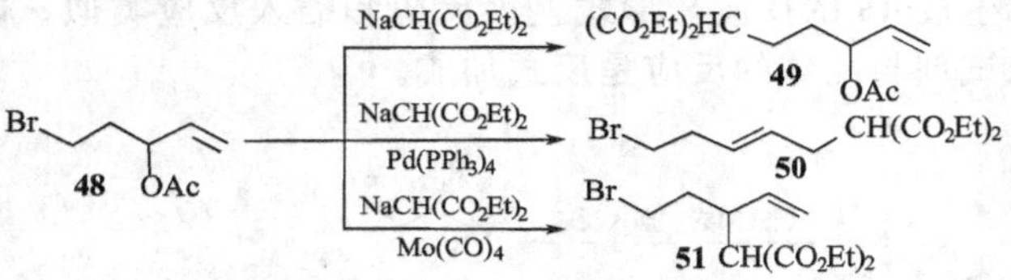

Br; **48**; OAc; $NaCH(CO_2Et)_2$ → $(CO_2Et)_2HC$; **49**; OAc; $NaCH(CO_2Et)_2$, $Pd(PPh_3)_4$ → Br; **50**; $CH(CO_2Et)_2$; $NaCH(CO_2Et)_2$, $Mo(CO)_4$ → Br; **51** $CH(CO_2Et)_2$ (7-68)

进攻配体的试剂的活性大小及其空间要求、金属上的形式电荷、配位饱和情况及其他配体接受金属由于亲核（电）进攻而增加（减少）电荷的能力等因素均会影响配合物上配体和外来试剂的反应。Trost 设计了一个兼有亲电中心和亲核中心的底物 2-亚甲基-2-三甲基硅基甲基乙酸烯丙酯（**52**），在 Pd（0）作用下 **52** 易断裂产生 OAc^-，OAc^- 分子内进攻三甲基硅基生成 Me_3SiOAc 并放出活性极高的活性中间体三亚甲基甲烷和钯的配合物 **53**，**53** 与带吸电子基团的烯烃可发生［4+2］环加成反应生成五元环产物 **54**，如式（7-69）所示。

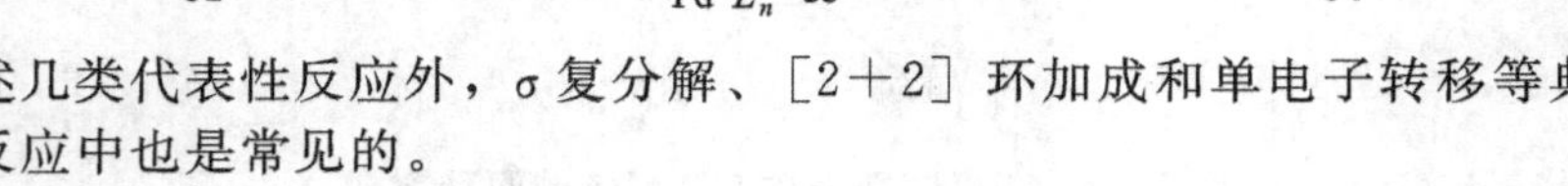

Me_3Si; **52**; OAc; PdL_n, $-Me_3SiOAc$; Pd^+L_n; **53**; (PdL_n); EWG; EWG; **54** (7-69)

除了上述几类代表性反应外，σ 复分解、［2+2］环加成和单电子转移等典型反应在配合物参与的反应中也是常见的。

7.7 几个金属有机配合物催化的反应

有机金属配合物的巨大优势在于其能促进或催化有机化合物的化学反应，从而有选择地形成 M—C、M—H 和 M—杂原子键并进而转化为其他产物。催化通过降低底物与过渡态之间的能障起到加快反应速率并进而改变反应条件和反应产物的作用。过渡金属未充满电子的 d 轨道特性为其参与催化过程奠定了基础，配合物催化下生成 AB 的反应如图 7-21(a)所示。活性催化剂（cat）必须要与反应物 A 和 B 配位，故要有两个空位，最大价电子数也不能多于 14。故反应中真正的活性催化剂是不稳定的。多数反应中活性催化剂并不是外加到反应体系中去的试剂，它们通常是从一个稳定的前体原位产生，其浓度因极高的活性在体系中也必然是很低的，在生成产物的同时得以再生而继续循环进入反应。如图 7-21 (b)所示，若金属试剂 (L_nM) 以等物质量的比例参与反应才得到产物，反应中得到产物的同时又生成另一个对反应无用的副产物金属有机配合物 ($L_nM—C$)，故此类反应会需要并消耗大量贵重的金属有机化合物而使应用受到很大限制。金属有机配合物作为活性物种在这两类反应中的作用是一样的，本质区别在于其能否再生而继续参与反应。

$$A + B \xrightarrow[\text{或} L_nM]{cat} AB$$

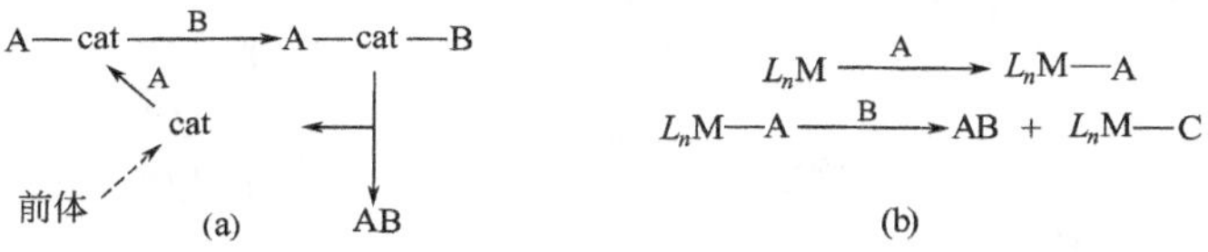

A—cat $\xrightarrow{B}$ A—cat—B

A ↖ cat ← 前体 (a) → AB

$L_nM \xrightarrow{A} L_nM—A$

$L_nM—A \xrightarrow{B} AB + L_nM—C$ (b)

图 7-21 过渡金属有机配合物作用下由底物 A 和 B 生成产物 AB 的催化 (a) 和计量过程 (b)

与酸碱催化或酶催化反应不同，过渡金属配合物催化的反应涉及一系列中间体和过渡态。作为活性催化剂周转使用（催化循环）的金属有机配合物，使整个有机合成反应在温和的条件下实现了流水线式的包括配位体解离，产生金属的空配位后和底物配位；另一反应底物进入氧化加成、插入、还原消除或 β-消除反应后得到产物并再生出活性催化剂的全过程。配合物催化的反应无论在均相或异相中进行，都有配位这一步骤，故反应又称配位催化 (coordination catalysis)。在分析此类反应机理时需注意涉及的各类代表性反应及中心金属在这些代表性反应中发生的价电子数、氧化态和配位数的相应变化。[30] 过渡金属配合物参与或催化的反应往往由于过程的复杂性而可提出不止一个的合理机理，即使配体或溶剂的变化也会导致机理的改变。

7.7.1 Wacker 烯烃氧化反应

乙炔水合生产乙醛的工业流程因需汞盐催化产生的污染问题而早已退出了历史舞台，经水合和由 $PdCl_2$ 催化生成乙醛的反应也分别在 1894 年和 20 世纪 40 年代得到开发。但如式 (7-70) 所示的反应中乙烯被氧化的同时 Pd(Ⅱ) 还原成 Pd(0) 沉淀，很昂贵的 $PdCl_2$ 是需要化学计量的，难以推广应用。

$$PdCl_4^{2-} + CH_2{=}CH_2 \xrightarrow{H_2O} CH_3CHO + 2HCl + 2Cl^- + Pd(0) \quad (7\text{-}70)$$

20 世纪 50 年代后期，Wacker Chemie 公司的科学家们发现，可在反应体系中加入能将 Pd(0) 在沉淀前被氧化为 Pd(Ⅱ) 的助催化剂 $CuCl_2$，$CuCl_2$ 被还原为 Cu_2Cl_2，Cu_2Cl_2 很容易再被氧气和循环体系中产生的 HCl 氧化成 $CuCl_2$ 而使反应成为一个非常巧妙而又简单的循环催化过程，即 Wacker 氧化过程，如图 7-22 所示。$PdCl_2$ 在反应中得到再生使用，与 $CuCl_2$ 结合组成了一个催化体系，消耗的只是 O_2，使该反应成为大规模工业生产乙醛的基础，也是 Pd 催化剂第一次成功的工业应用。[31]

Wacker 氧化反应的机理实际上相当复杂。可简单描述如下。在 pH 值为 4 的环境下进行。16 电子的 $PdCl_4^{2-}$ 是活性物种，失去一个 Cl^- 配体后即与乙烯配位或先与乙烯配位后失去一个 Cl^- 配体生成平面正方形的乙烯钯配合物 **1**。**1** 再失去一个 Cl^- 配体并由水取代而生成 **2**。**2** 中的乙烯双键上的电子云密度较低而能再接受水分子的亲核进攻，双键上的另一个碳原子则和钯成键生成不稳定的烷基配合物 **3**，**3** 分解得到产物醛并生成 Pd(0)，分解过程中 β-碳原子上的氢原子迁移到 α-碳原子上，生成碳正离子 **5** 后失去一个质子产生产物醛。**3** 也可能发生

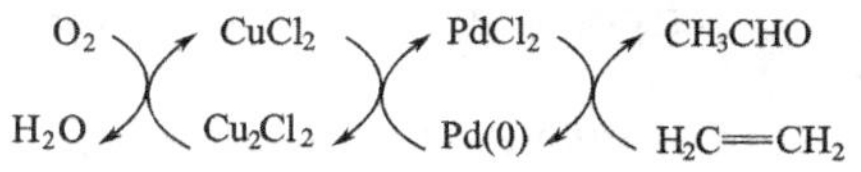

O_2 / H_2O ⇄ $CuCl_2$ / Cu_2Cl_2 ⇄ $PdCl_2$ / Pd(0) ⇄ CH_3CHO / $H_2C{=}CH_2$

图 7-22 Wacker 氧化反应中催化剂的再生

β-氢消除反应形成烯醇配位物 **4**，**4** 中的烯醇配体一直在钯上经过多步插入-消除过程得到产物烯醇（醛）的同时生成 Pd(0)。Pd(0) 再由 $CuCl_2$ 重新氧化为 Pd(Ⅱ) 而完成一个循环催化过程。底物乙烯在 D_2O 中反应或底物 d_4-乙烯在 H_2O 中反应后得到的产物乙醛中含有与底物乙烯同样的氢或氘，这也支持了图 7-23 所示的机理。

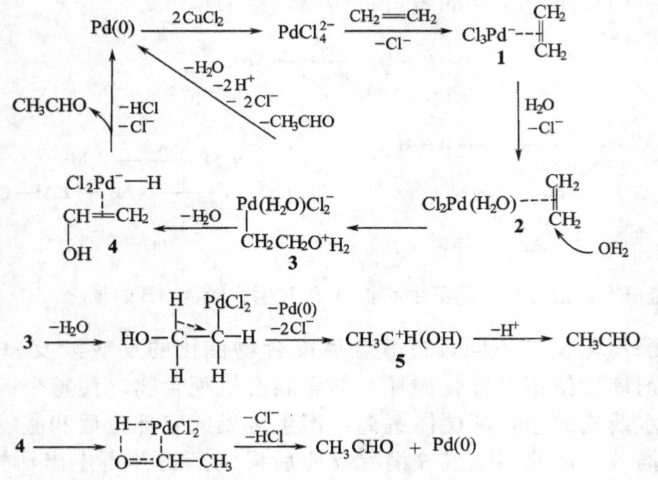

图 7-23　Wacker 氧化反应的循环催化过程

若将乙烯和空气通入 Pd(Ⅱ) 盐和乙酸钠的乙酸溶液中，经相同的催化过程可一步生成乙酸乙烯酯。但乙酸价贵且有腐蚀性的问题不易解决，反应产物也不如生成乙醛的反应那么单纯。醇、酚、酸、胺等也可参与 Wacker 氧化反应，长链端基烯烃发生 Wacker 氧化反应后生成甲基酮。

7.7.2　Monsanto 乙酸合成反应

如式 (7-71) 所示，甲醇和 CO 这两个非石油原料所得的反应物在可溶性铑盐和 HI 存在下反应生成乙酸，称 Monsanto 乙酸反应，产率可达 99%，是均相反应在技术上应用于工业化生产最成功的例子之一。该过程是 100% 原子经济性的，所有的反应物全部转化为产物。[32]

$$CH_3OH + CO \xrightarrow[CH_3I]{RhI_2(CO)_2} CH_3CO_2H \qquad (7\text{-}71)$$

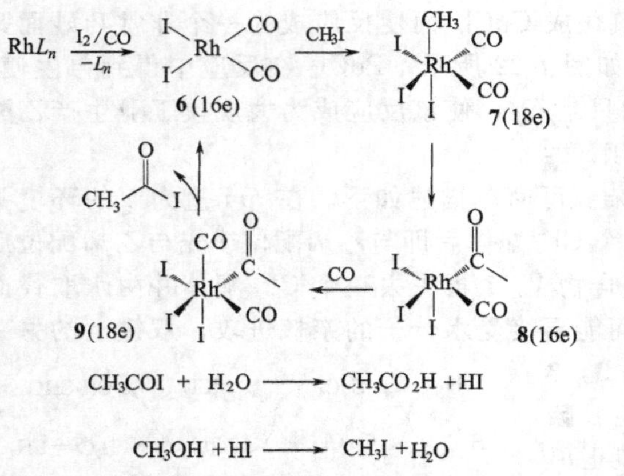

可溶性铑盐与 I_2 和 CO 配位得 16 电子的活性物种 **6**，**6** 与 CH_3I 氧化加成得到 18 电子的六配位三碘化甲基二羰基铑 **7**，**7** 经分子内迁移插入得又一个 16 电子的五配位物种 **8**，**8** 再与 CO 配位形成 **9**，18 电子的 **9** 中乙酰基和碘在铑金属上非常靠近而易于进行还原消除得到产物乙酰碘并再生出活性催化物种 **6**，而完成如图 7-24 所示的一个循环，并继续发生新的一轮催化循环反应。

$$CH_3COI + H_2O \longrightarrow CH_3CO_2H + HI$$

$$CH_3OH + HI \longrightarrow CH_3I + H_2O$$

图 7-24　Monsanto 乙酸合成反应的循环催化过程

从产物和底物的结构来看，反应净结果是甲醇的 C—O 键断裂并插入 CO，甲醇需与金属配位来得以活化，Rh 插入 C—O

键或与其等价的键来促进反应。羟基是个很差的离去基，对甲醇进行亲核进攻必然是无效的，故甲醇在反应中要转化为能进行氧化加成的 CH_3I，图 7-24 所示的机理是符合化学原理的。乙酰碘在反应体系中被甲醇转化为乙酸甲酯并最终被水解为乙酸并放出反应所需的 HI，HI 将甲醇转化为碘甲烷去与 **6** 进行氧化加成。反应起始时加入少许 I_2 即可，I_2 起到了活化铑催化剂的作用，故也称之为促进剂，同样循环再生使用。

乙醛的主要用途是生产乙酸及其衍生物，Monsanto 乙酸合成反应的成功开发使 Wacker 氧化反应得到乙醛的重要性和竞争力都迅速下降了。

7.7.3 羰基化反应和氢甲酰化反应

烯烃与 CO 在还原条件下由 Pd 催化发生氢羰基化反应（hydrocarbonylation）而生成羧酸或羧酸酯，在亲核性溶剂存在下则发生溶剂羰基化反应（solvocarbonylation）而生成溶剂加成的羧酸酯。反应中 CO 与 Pd 配位生成酰基钯中间体后，钯上的一个有机基团再与 CO 配位。这些羰基化反应也可以在有机镑、锡、硼催化下发生，一些反应已实现了不对称催化。随着石油资源的日渐缺乏，以 CO 为原料的工业反应日益受到重视，如式（7-72）所示的氢羰基化反应已成为众多羧酸衍生物的主要工业生产方法。[33]

$$RHC{=}CH_2 \xrightarrow[CO/H^-]{Pd^{(+2)}} RCH(CH_3)C(=O)-Pd^{(0)} + RCH_2CH_2C(=O)-Pd^{(0)} \xrightarrow{R'OH} RCH(CH_3)CO_2R' + RCH_2CH_2CO_2R'$$

$$RHC{=}CH_2 \xrightarrow[CO/R'OH,\ Cu^{(+2)}]{Pd^{(+2)}} RCH(CH_2-OR')C(=O)-Pd^{(0)} + RCH(OR')CH_2C(=O)-Pd^{(0)} \xrightarrow{R'OH} RCH(CO_2R')CH_2OR' + RCH(OR')CH_2CO_2R' \quad (7\text{-}72)$$

烯烃、CO 和 H_2 在约 150℃和 250bar（$1bar=10^5Pa$）压力的环境下可催化转化为比底物烯烃多一个碳原子的醛。1938 年发现的该反应是第一个由金属有机配合物催化的至今仍用于工业生产的反应，某些条件下生成的醛会被进一步还原为醇。净结果在形式上相当于将 H 和 CHO 加入了碳碳双键中，故称氢甲酰化反应（hydroformylation）或 Oxo 法，如式（7-73）所示。各类烯烃的反应速率为直链端基烯烃最大，环内烯烃最小，低级的比高级的大。[34]不对称的氢甲酰化反应也有不少成功的报道。

$$RCH{=}CH_2 \xrightarrow[Co(CO)_4]{CO/H_2} RCH_2CH_2CHO + RCH(CH_3)CHO \quad (7\text{-}73)$$

许多过渡金属配合物均可催化此反应，最早的催化剂是由 Co 盐与 CO 和 H_2 原位产生的 $HCo(CO)_4$，至今用得较多的是以 $Co(CO)_4$、$Co_2(CO)_6(PR_3)_2$ 和 $HRh(CO)(PPh_3)_2$ 为代表的三代催化剂，反应条件日趋稳和。线形直链产物的比例更高。用易得的水溶性间三苯基三磺酸钠膦［$P(m\text{-}SO_3NaC_6H_4)_3$］替代 PPh_3，可使反应在两相反应器中连续完成，成为非常成功的催化工艺。在 $Co(CO)_4$ 催化循环中烯烃先和氢结合形成烷基，插入 CO 生成酰基后再与氢经还原消除得到产物醛。反应真正的催化剂是 $HCo(CO)_3$ 而非外加的羰基钴化物 $Co(CO)_4$。整个催化循环过程如图 7-25 所示：

八羰基二钴先氢化生成 18 电子的氢化羰基钴 $HCo(CO)_4$，$HCo(CO)_4$ 失去一个 CO 配体生成 16 电子的 **10** 后进入催化循环圈。**10** 可与烯烃配位或与氢加成，但与氢加成后还需离解一个 CO 配体再与烯烃配位。故更合理的步骤是先与烯烃配位形成 **11**，**11** 中的氢经插入反应生成烷基配位的 **12**，**12** 再与 CO 配位形成 18 电子的 **13**，**13** 中的烷基经分子内插入 CO 又生成一个 16 电子的 Co(Ⅲ) 物种 **14**，**14** 与氢进行氧化加成得到 18 电子的 **15**，**15** 发

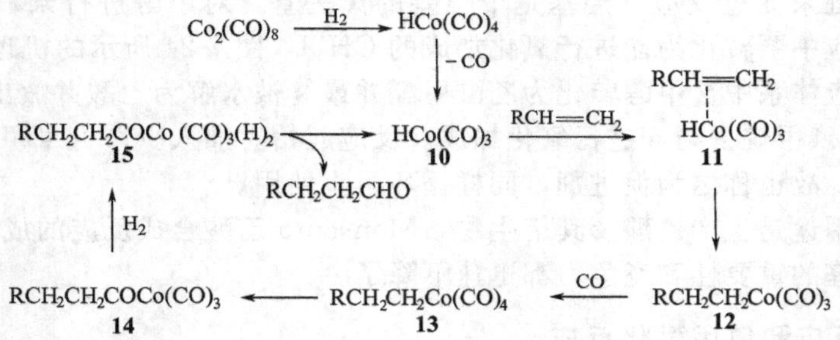

图 7-25　$Co(CO)_4$ 促进的氢甲酰化反应的循环催化过程

生还原消除反应后放出醛产物并再生出活性物种 **7**。反应容器中若 CO 压力太高，**14** 也会与 CO 配合而抑制氢甲酰化反应，因此必须调节好 CO 的浓度或压力。这一反应除了产生直链产物外，不对称烯烃反应的结果还会生成支链异构产物，这取决于不可逆的烯烃插入的位置选择性，因此需选择合适的催化剂并控制反应条件来提高反应选择性。

$HRh(CO)_2(PPh_3)_2$ 催化的此反应可在常温常压下进行，且产物基本为直链结构，产率可达 90%以上。这一催化反应可能存在如图 7-26 所示的先解离配体（k_1）和先缔合进行氧化加成（k_2）的两种不同的催化循环方式。在缔合机理中，两个叔膦配体全过程中始终保持在催化剂上，从空间结构上看可有利于生成直链结构的产物。故叔膦大大过量或应用大体积叔膦均可大为增加直链/支链产物的比例。应用 $Fe(CO)_4$-碱催化体系，氢甲酰化反应的产物主要是直链的醛并随之被还原为醇。

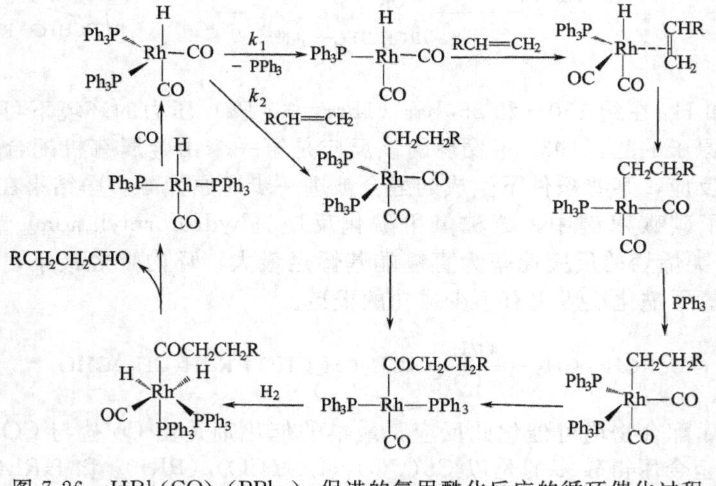

图 7-26　$HRh(CO)_2(PPh_3)_2$ 促进的氢甲酰化反应的循环催化过程

羰基化反应的另一个重要例子是 Reppe 反应。烯或炔烃在 CO 和水或醇、胺等存在下用羰基镍均相催化，可以得到相应的羧酸或其衍生物，如图 7-27 的两个反应所示。

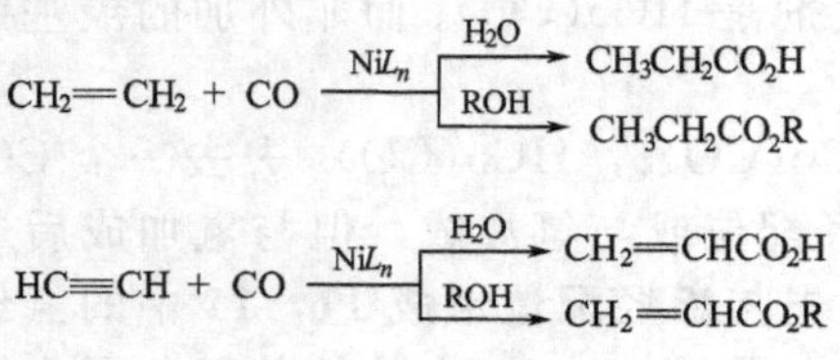

$$CH_2{=}CH_2 + CO \xrightarrow{NiL_n} \begin{cases} \xrightarrow{H_2O} CH_3CH_2CO_2H \\ \xrightarrow{ROH} CH_3CH_2CO_2R \end{cases}$$

$$HC{\equiv}CH + CO \xrightarrow{NiL_n} \begin{cases} \xrightarrow{H_2O} CH_2{=}CHCO_2H \\ \xrightarrow{ROH} CH_2{=}CHCO_2R \end{cases}$$

图 7-27　Reppe 反应

Reppe 反应的催化循环过程如图 7-28 所示：催化剂 $Ni(CO)_4$ 先转化为配位不饱和的活性中间体镍的氢化物 **16**，并由它开始缔合进行氧化加成得 **17**、插入得 **18**、反插入得 **19** 再还原消除而完成催化循环。但 $Ni(CO)_4$ 毒性较大，工业生产中实际应用的是反应过程中能生成 $Ni(CO)_4$ 的 $NiCl_2$-CuI 体系。[35]

7.7.4 水-气迁移反应

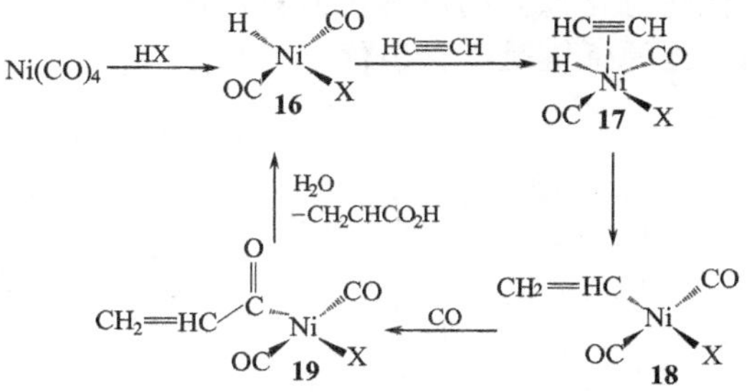

如式(7-74)所示，石化工业中利用炭和水蒸气在高温高压下反应可生产水煤气［water gas，又称合成气（synthesis gas）］，即由等物质的量的CO和H_2组成的混合气。不同比例的CO和H_2组成的混合物是很有用的基本化工原料，可用于工业生产乙醇、乙二醇、乙酸乙烯酯和人造石油。水煤气通过碱性水溶液洗涤，除去CO_2，再在Ni催化下用H_2将CO还原掉，如此就能产生纯度达99%以上的纯氢。

图 7-28 $Ni(CO)_4$促进的氢甲酰化反应的循环催化过程

$$C+H_2O \xrightarrow{\triangle} CO+H_2 \quad (7\text{-}74)$$

CO在碱性水溶液中能可逆转化为等物质的量的CO_2和H_2。该反应被称为水-气迁移反应（water-gas shift reaction）或水煤气变比反应，如式(7-75)所示。[36] 正向水-气迁移反应相当于活化CO，提高水煤气中氢气的比例；逆向水-气迁移反应相当于活化CO_2，两者所需活化能很接近。

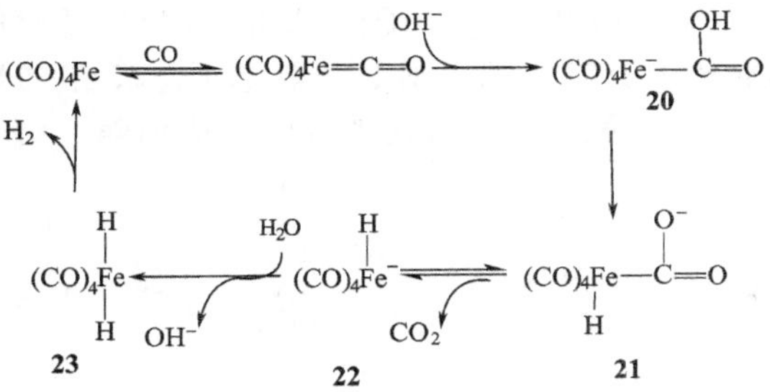

$$CO+H_2O \rightleftharpoons CO_2+H_2 \quad (7\text{-}75)$$

图 7-29 $Fe(CO)_5$促进的水-气迁移反应的循环催化过程

水-气迁移反应可被Fe_3O_4、Cu-ZnO等异相催化剂或Pt $(PPr^i)_3$、$Fe(CO)_5$-碱等均相催化剂来催化进行。反应的结果是碱性水溶液中的氢被转化为氢气，故过程中必定包括水中一个H—O键断裂的机理，同时水中的氧进攻碳生成CO。在$Fe(CO)_5$-碱体系中，OH^-作为亲核试剂进攻$Fe(CO)_5$中受到金属活化的配体CO，Fe容纳过量的电子生成中间体铁负离子**20**后随即接受羧基上的氢原子生成**21**，这是因为Fe的碱性比羧酸根强，Fe在这些过程中都保持18价电子构型。**21**失去CO_2后给出碱性的$HFe^-(CO)_4$（**22**），**22**再从水中接受一个氢生成$H_2Fe(CO)_4$（**23**）并再生出OH^-。**23**发生还原消除给出产物氢气和一个16电子的物种$Fe(CO)_4$，$Fe(CO)_4$和CO配位又生成18价电子构型的催化剂$Fe(CO)_5$并继续参与如图7-29所示的催化循环。

7.7.5 均相氢化反应

20世纪60年代发现的Vaska配合物与氢分子之间的可逆加成反应奠定了过渡金属配合物参与催化加氢的基础。烯烃配位到过渡金属配合物后π键得以削弱，配合物既能为氢断裂H—H键提供一条低能量的途径，又能把两个H碎片传递到烯烃碳原子上而实现氢化反应。

如式(7-76)的3个反应所示，以往大部分工业用氢化催化剂都是非均相的固体，如今过渡金属有机配合物的均相催化反应在氢化反应中已得到广泛使用，Cr、Fe、Co、Pd、Ru、Pt、Ir等金属的盐均可应用，但以铑最为有效。$HRh(CO)(PPh_3)_3$在常温常压下即可高度选择性氢化末端双键，活性高，化学选择性也好，不易氢化分子内双键。反应对羰基、酯基、卤代烃、腈化物等并无影响，也可还原含硫的烯烃化合物而不会像一般的Pd、Pt等催化剂那样中毒失活。Ru是Rh的同族元素，量多价低，用钌替代铑的工作一直受到工业界的重视。$HRu(PPh_3)_3Cl$和$Rh(PPh_3)_3Cl$等也有相似的催化机理和应用。而$K_3Co(CN)_5$不能催化氢化孤立的双键，但只催化氢化共轭二烯烃中的一根双键及 α，β-不饱和醛中的羰基而不还原烯键是其突出优点。[37]

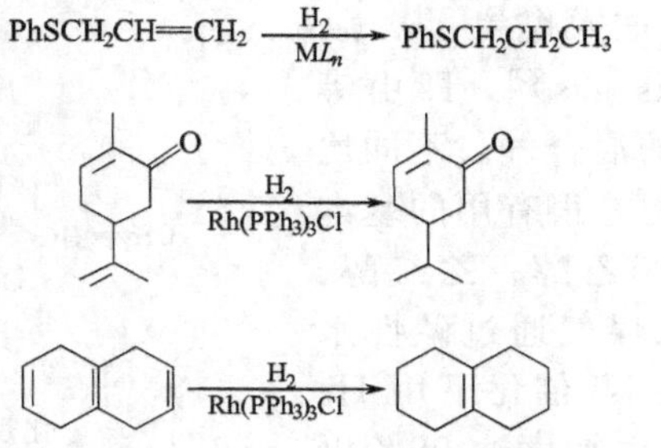

$$\mathrm{PhSCH_2CH{=}CH_2 \xrightarrow[ML_n]{H_2} PhSCH_2CH_2CH_3}$$

$$\xrightarrow[\mathrm{Rh(PPh_3)_3Cl}]{\mathrm{H_2}} \qquad (7\text{-}76)$$

$$\xrightarrow[\mathrm{Rh(PPh_3)_3Cl}]{\mathrm{H_2}}$$

Wilkinson 催化剂 $Rh(PPh_3)_3Cl$ 可以很容易使端基烯键催化氢化，但对链内烯键的作用很小。催化反应可有先进行氢的氧化加成（k_1）或先进行烯烃配位（k_2）的两条动力学竞争路径（kinetically competent），中间体都符合 18—16 电子规则，如图 7-30 所示。但动力学研究显示 k_2 很慢，故反应的主要途径应是 k_1 过程。[38] 第一步的加氢反应是可逆的，催化剂的作用是促进 H—H 键裂解形成六配位中间体 **24**。**24** 失去一个配体 PPh_3 后与烯烃配位形成五配位中间体 **25**，催化剂在该反应中既削弱烯烃双键又拉近烯烃和氢原子。**25** 中的烯烃配体分子内插入 Rh—H 键生成 **26**，**26** 与配体 PPh_3 配位后不可逆地发生还原消除，给出氢化产物并再生出催化剂。

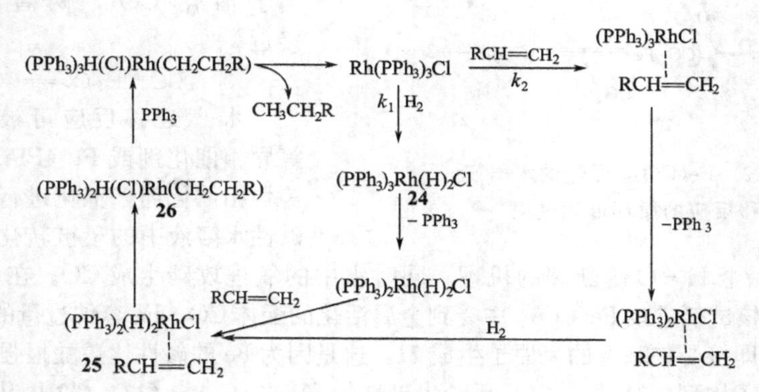

图 7-30 Wilkinsen 催化剂 Rh（PPh_3）$_3$Cl 促进的烯烃氢化反应的两种循环催化过程

用 $HRh(CO)(PPh_3)_3$ 催化的烯烃氢化反应则是先发生配体解离生成真正的活性催化剂，即 16 电子的 **27**，**27** 与烯烃配位后再加氢，循环催化过程如图 7-31 所示：

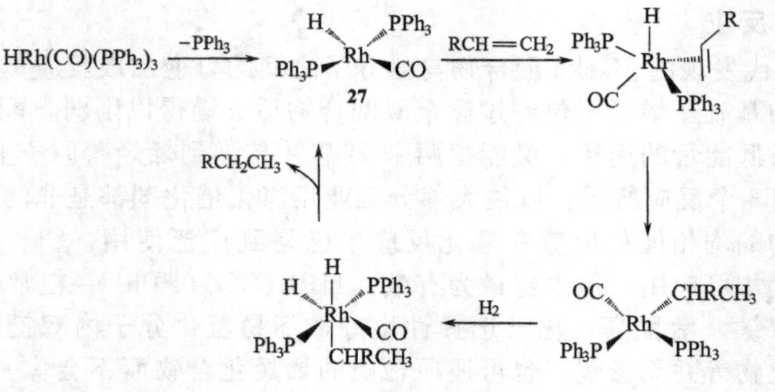

$\mathrm{HRh(CO)(PPh_3)_3} \xrightarrow{-\mathrm{PPh_3}}$ H, PPh3, Ph3P, Rh, CO **27** $\xrightarrow{\mathrm{RCH{=}CH_2}}$ H, R, Ph3P, Rh, OC, PPh3 → OC, CHRCH3, Rh, Ph3P, PPh3 $\xrightarrow{\mathrm{H_2}}$ H, H, PPh3, Rh, CO, Ph3P, CHRCH3 → $\mathrm{RCH_2CH_3}$

图 7-31 $HRh(CO)(PPh_3)_3$ 促进的烯烃氢化反应的循环催化过程

配合物催化的烯烃氢化反应可进行烯烃上的 H/D 交换反应，如图 7-32 所示。[39]

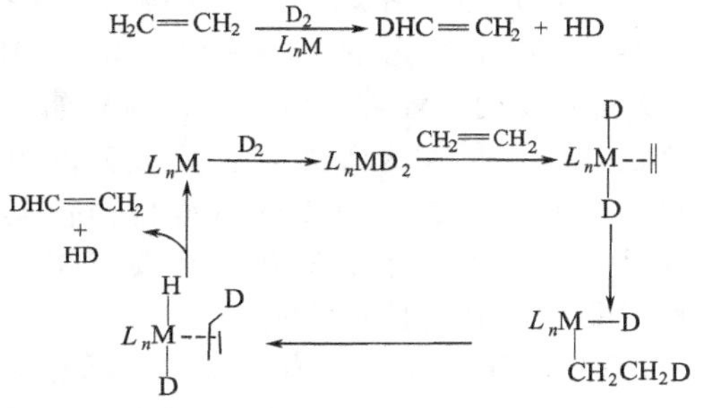

$$H_2C{=}CH_2 \xrightarrow[L_nM]{D_2} DHC{=}CH_2 + HD$$

$$RCH_2CH{=}CH_2 \xrightarrow[L_nM]{H_2} RCH{=}CHCH_3$$

图 7-32　过渡金属有机配合物促进的烯烃 H/D 交换反应的循环催化过程

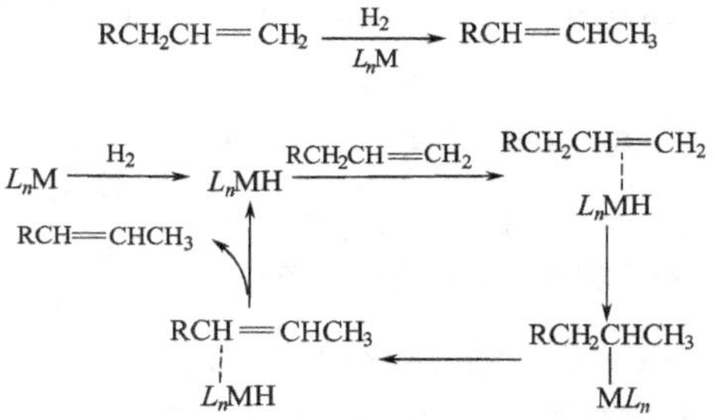

图 7-33　过渡金属有机配合物促进的烯烃异构化反应的循环催化过程

配合物催化的烯烃氢化反应也可进行异构化反应，如图 7-33 所示。

前手性的 RR′C＝氢化后可生成一个新的手性中心 RR′HC—。应用手性膦配体替代 Wilkinson 催化剂中的三苯膦，可使催化剂能识别前手性烯键平面而进行不对称氢化反应。手性配体应有合适的配位能力并尽可能靠近金属中心，许多有用的手性氢化催化剂上的手性配体多有双膦结构。如，合成治疗帕金森症的药物 L-多巴（L-3，4-二羟基苯丙氨酸，**29**）的关键生产方法就是应用了手性 Rh 配合物 **28** 为催化剂的氢化反应，如式（7-77）所示。

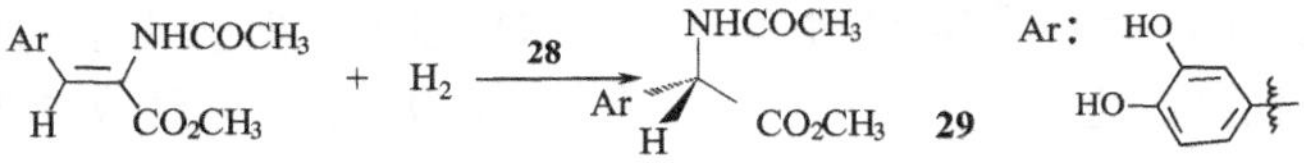

$$ArCH{=}C(NHCOCH_3)CO_2CH_3 + H_2 \xrightarrow{28} ArCH_2CH(NHCOCH_3)CO_2CH_3\ (\mathbf{29})\quad Ar:\ 3,4\text{-}(HO)_2C_6H_3 \tag{7-77}$$

28 是通过如式（7-78）所示的反应来制备的，在反应体系中可能生成活性中间体 $[Rh(R\text{-prophos})(H)_2(EtOH)_2]^+$：

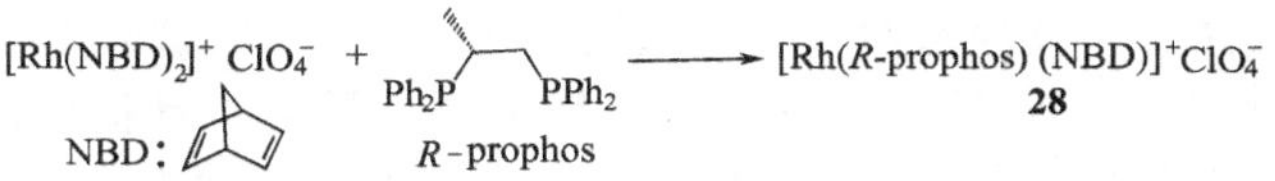

$$[Rh(NBD)_2]^+ClO_4^- + Ph_2P\text{—}CH(CH_3)CH_2\text{—}PPh_2\ (R\text{-prophos}) \longrightarrow [Rh(R\text{-prophos})(NBD)]^+ClO_4^-\ (\mathbf{28}) \tag{7-78}$$

NBD：降冰片二烯

曾广泛应用于食品工业的植物油氢化反应因会生成有害健康的 *trans*-脂肪酸而受到质疑。专一性无 *trans*-脂肪酸生成的植物油催化氢化反应及从产物中完全去除 *trans*-脂肪酸的工艺已不断开发成功。[40]

7.7.6　C—H 键的活化反应

C—H 键的键能很强（310～530kJ/mol），有烷基、烯基、炔基和芳基 C—H 键之分，只有炔基 C—H 键有较强的活性。其活化指 C—H 键经切断后实现定向化学转化的过程，包括质子、氢原子或氢负离子的移去和活泼基团的插入等几个类型。Friedel 和 Crafts 在 19 世纪末发现的苯环在 $AlCl_3$ 催化下的烷基化和酰基化反应，已成为芳基 C—H 键活化的典范和应用最成功的芳基化反应；烯基 C—H 键因 π 体系的结构特征也可通过配合物进行活化；烷基 C—H 键的活化和切断则确非易事。烷烃来源丰富，但分子中没有孤对电子和空轨道，各种不同类型 C—H 键的键能相差不大且都属强键，很难活化或进行选择性反应，活性太强的配合物催化剂又易在分子中的其他位置产生副反应。至今烷烃的燃烧仍是其应用最广的化学反应，将包括直链烷烃在内的各个 C—H 键的活化反应被称为有机合成“化学中的圣杯(holy grails in chemistry)”而日益受到重视。[41]

C—H 键可通过配合物的催化经氧化加成和 σ-复分解反应得到活化，特别是端基 C—H

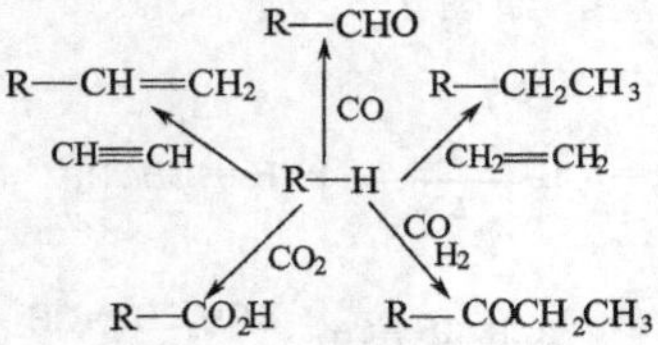

键而非通常的有机反应中所见的多取代或苄基位 C—H 键易被活化。如图 7-34 所示，在烷烃 C—H 键的活化中，C—H 键断裂并转化成官能化的 C—G 键（G＝OH、NH_2、Ar…），从而实现用烷烃替代卤代烃、磺酸酯为廉价底物的绿色合成化学。[42] 作为天然气主要成分的甲烷是化工和能源的最普通的原料，但因难以液化而使其应用大大受阻。将甲烷活化为易于输送并有重要应用价值的甲醇、甲醚和甲酯都是很重要的目标。

R—CHO; R—CH═CH_2; CH≡CH; CO; R—CH_2CH_3; CH_2═CH_2; R—H; CO_2; CO, H_2; R—CO_2H; R—$COCH_2CH_3$

图 7-34 烷烃在过渡金属有机配合物催化下转化成的产物

与 C—H 键的活化相似，无官能团连接的 C—C 键的活化也具有极为重要的实际意义和巨大的挑战性。目前仍主要采用配合物催化和光促等手段使惰性的 C—C 键得以选择性地断裂或重组。

7.7.7 CO_2 的利用

替代能源已取得相当大的成功，但替代碳源的问题一直没有解决。地球上所有的煤、石油和天然气中加在一起含有的碳约 10^{13} t，而 CO_2 含有的碳则达到 10^{14} t。开发利用无毒无味且又储运方便的二氧化碳作为可再生的能源和环境友好的碳源一直是学术界和工业界的重要课题，也是全社会关注的低碳经济。作为地球上最大碳源的 CO_2 在地球上的积累产生了严重的大气层热效应，解决碳排放也是人类共同面临的紧迫问题。在金属酶催化下，CO_2 和水在植物中由光合作用转化为糖和氧气是最重要的 CO_2 活化过程，但该过程只消耗了一小部分地球上的 CO_2。CO_2 中的 C═O 键能极大而不易断裂，其热力学性质特别稳定，放热的化学反应非常困难且可以生成的产物也很有限。以 CO_2 为原料已成功地用于尿素、碳酸盐等工业生产，通过水-气迁移反应可将 CO_2 转化为更有用的 CO，但这个过程需要消耗昂贵的 H_2。CO_2 与有机分子的反应则并不容易，现有的成果表明，在 CO_2 转化为 CO、CH_3OH、CH_4、草酸、羧酸和丙烯酸酯等有用的化工原料的合成反应中，金属有机配合物都发挥着关键作用。[43]

CO_2 是直线形对称的非极性惰性分子，偶极矩为零，C—O 键长 0.116nm，略比羰基的 C—O 键长长。CO_2 中的碳已达到最高氧化态，属强电子受体，且仍可作为弱的电子给体与配位不饱和配合物中的富电子中心配位，氧原子则同时亦可与缺电子的部位作用。配位过程中 CO_2 中的 π 电子进入金属空 d 轨道的同时其反键 π* 轨道接受金属的已占 d 轨道电子的反馈而得到活化，其配位如图 7-35 所示。

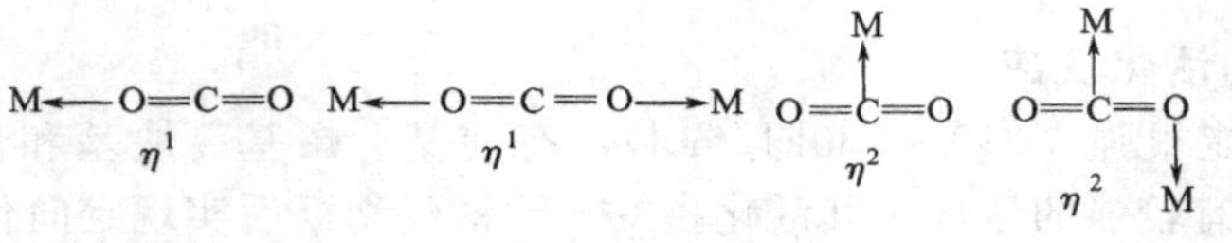

M←O═C═O (η^1)　M←O═C═O→M (η^1)　O═C═O 与 M (η^2)　O═C═O 与 M (η^2)

图 7-35 CO_2 与金属的几种配位方式

如式（7-79）所示，在铱配合物催化下，CO_2 可和 H_2 反应生成 HCOOH。尽管这也是一个热力学上很困难的过程（$\Delta G^o = +33kJ/mol$），故需应用高温（120℃）、高压（60 大气压）的气相和碱性（使生成的甲酸去质子）条件，但周转率可超过 40000。[44]

$$CO_2 + H_2 \xrightarrow[B]{活性催化剂} HCO_2^- \qquad (7\text{-}79)$$

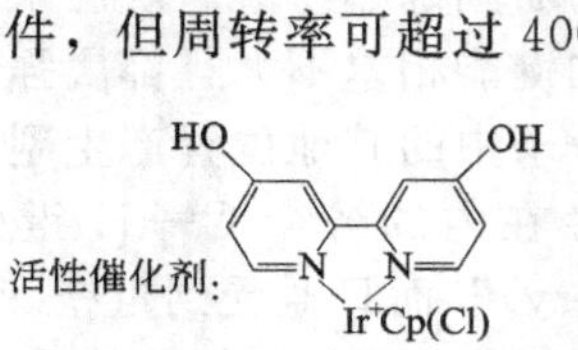

活性催化剂：（HO、OH 取代联吡啶）$Ir^+Cp(Cl)$

如式（7-80）所示，N-杂环卡宾 **30** 与二氧化碳形成加合体 **31**，**31** 在 K_2CO_3 存在下与芳香醛反应给出一氧化碳，与硅烷反应给出甲醇。[45] 这些反应都是非常令人鼓舞的：

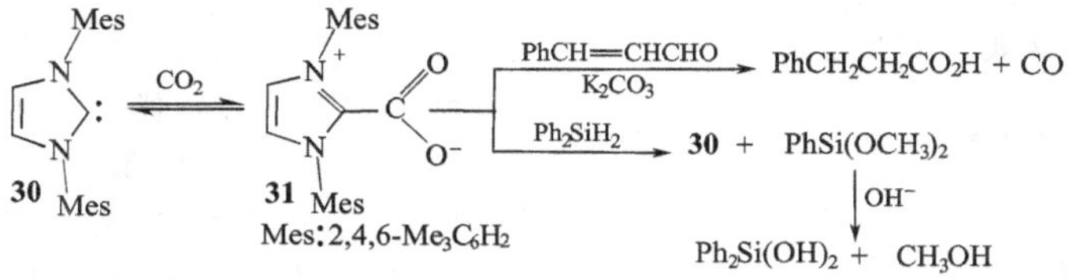

$$30 \xrightleftharpoons{CO_2} 31 \quad \text{Mes: 2,4,6-}Me_3C_6H_2$$
$$31 \xrightarrow[K_2CO_3]{PhCH{=}CHCHO} PhCH_2CH_2CO_2H + CO$$
$$31 \xrightarrow{Ph_2SiH_2} 30 + PhSi(OCH_3)_2 \xrightarrow{OH^-} Ph_2Si(OH)_2 + CH_3OH \tag{7-80}$$

7.7.8 钯催化的交叉偶联反应

C—C 键的形成是有机合成化学中最为重要的反应。[46] 格氏反应、Diels-Alder 反应、Wittig 反应和烯烃复分解反应都是因有效构筑 C—C 键的新方法而获得诺贝尔化学奖的表彰。

早期如 Ulmann 反应那样在金属存在下两组分之间的偶联反应往往用到超过化学计量的金属，反应条件苛刻，产率低且缺少选择性。但金属催化的交叉偶联反应自 20 世纪 70 年代开始取得了突破性的进展。日本化学家溝呂木勉（Mizoroki T.）和美国化学家 Heck 先后发现了卤代烃与烯烃在 Pd（0）催化下生成烯烃烷(芳)基化产物的交叉偶联反应，即如式（7-81）所示的 Heck 反应：[47]

$$R{-}X + R'CH{=}CH_2 \xrightarrow[R_3N]{Pd(0)} RHC{=}CHR' + R_3NH^+X^- \tag{7-81}$$

烯烃碳比烷基碳的活性大，与 Pd(0)结合后虽未激活到像格氏试剂那样，但也与 Mg 相连的碳相似而可与另一个碳反应。Heck 反应的催化循环过程如图 7-36 所示。卤代烃 RX 与 Pd(0) 发生氧化加成生成 **32**，**32** 与烯烃配位生成 **33**；**33** 发生迁移插入反应，即 Pd 上的 R 基团迁移到烯烃的一个碳原子上形成新的 C—C 键的同时 Pd 迁移到烯烃的另一个碳原子上生成 **34**。**34** 经 β-消除生成与偶联烯烃产物配位的 **35**；**35** 发生解离给出烯烃偶联产物的同时生成很活泼的 Pd(Ⅱ) 中间体物种 **36**。极性的 $Pd^+{-}R^-$ 键使 R 进攻烯烃上带正电的一端，故吸电子取代基 R′生成的产物为 RHC═CHR′而非 $H_2C{=}CRR'$。高度活泼的 Pd —X(OTs) 键和大体积膦配体对反应的催化循环是有利的。**36** 在碱作用下失去卤化氢并再生出 Pd(0) 去继续参与催化循环。

几乎所有能对 Pd(0) 发生氧化加成反应的 RX 都能进行 Heek 偶联反应。早期发现，亲电组分的卤代烃或磺酸酯中 RI 的活性最好，磺酸酯的活性与 RBr 相仿，RCl 则较差或是惰性的。21 世纪以后，配体通过电子效应和体积效应影响 Pd 催化活性的研究工作取得了很大进展，使低活性的 RCl 也能顺利地进行氧化加成和后续的还原消除反应。R 为甲基、苯基或烯基的反应较好，R 为其他烷基的 Heek 反应因第一步氧化加成生成 **32** 后会很快发生 β-消除，使下一步应有的烯烃插入难以发生。早期应用于反应中的催化物种多是如 $Pd(PPh_3)_4$ 等带有大体积碱性膦配体的 Pd(0) 配合物，以增加配合物在反应体系中的溶解性，现常用价廉易得的在反应初始就能被还原为 Pd（0）的如 $Pd(OAc)_2$、$Pd(PPh_3)_2Cl_2$ 等 Pd(Ⅱ) 配合物。反应还需要体系中有碱存在，具有配体性质的碱能将催化循环中最后一步生成的 Pd(Ⅱ) 还原为 Pd(0)，同时又中和反应中放出的卤化氢之类酸。

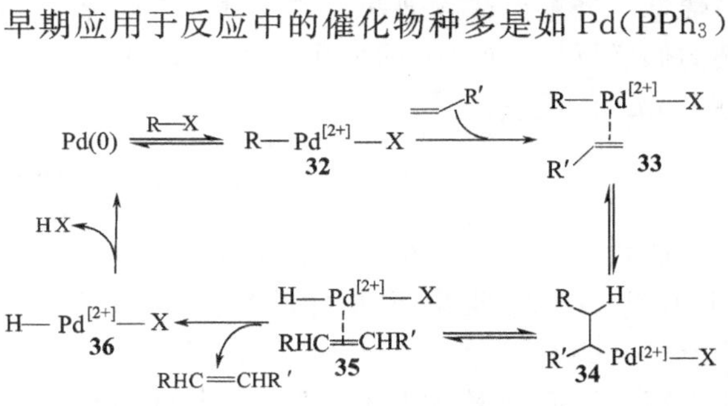

图 7-36 Heck 反应的催化循环过程

另一类交叉偶联反应是以非过渡金属有机化合物 R′M′（M′：B、Mg、Cu、Al、Zr、Sn、Si…）为亲核组分，在过渡金属有机配合物 RM（M：Pd、Ni、Fe、Rh…）催化下与卤代烃 RX 或磺酸酯生成新的 C—C 键并得到 R—R′的反应。过渡金属有机配合物以 Pd(0) 用得最多，也最为有效。它们的机理与 Heck 反应不同，其间都包括一步关键的金属交换过程（transmetalltions），整个反应的催化循环如图 7-37 所示。反应第一步与 Heck 反应一样，也是 RX 对 Pd(0) 进行氧化加成反应生成 Pd(Ⅱ)配合物 **37**，**37** 与 R′M 进行转金属化反应，R′基团转移到钯上生成 Pd(Ⅱ)配合物 **38**，**38** 经还原消除反应给出交叉偶联反应产物 R—R′并再生出 Pd（0）配合物继续参与催化循环。[48]

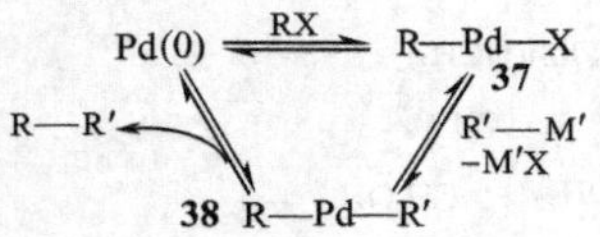

Pd(0) ⇌(RX) R—Pd—X **37**；R′—M′，−M′X；**38** R—Pd—R′；R—R′

图 7-37　Pd（0）催化下的转金属化交叉偶联反应的催化循环过程

金属交换过程中，一种 M—R 物种和另一种 M′—X 的配体发生交换，这两种金属都有空的配位点而进行如式(7-82)所示的与脂肪族亲电取代机理相似的经 **39** 发生的 σ 键复分解反应（参见 7.7.10）。

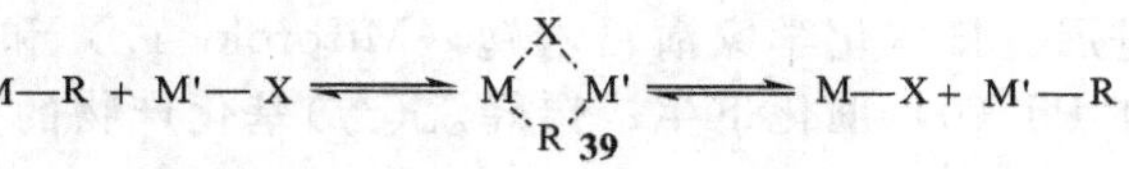

$$\mathrm{M{-}R + M'{-}X \rightleftharpoons M\overset{X}{\underset{R}{\cdots}}M'\ (\mathbf{39}) \rightleftharpoons M{-}X + M'{-}R} \tag{7-82}$$

利用金属交换过程可实现各种有机金属配合物在催化量 Pd(0) 参与下的交叉偶联反应，断裂 C－X（F，N，O）键后参与交叉偶联的反应都已取得成功并已成为一系列相当知名的人名反应。反应通常都用 Pd(Ⅱ) 为催化剂，但真正参与催化循环的都是 Pd(0)，体系中还需加入既可作配体又用来还原 Pd(Ⅱ) 的 Et_3N 之类的有机碱。下面是几个应用较为广泛的反应。

如式(7-83)所示的 Buchwald-Hartwig 反应是胺或醇进行交叉偶联反应实现的芳基化反应：[49]

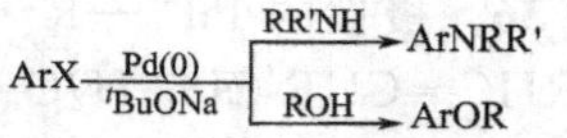

$$\mathrm{ArX \xrightarrow[{}^tBuONa]{Pd(0)} \begin{cases} \xrightarrow{RR'NH} ArNRR' \\ \xrightarrow{ROH} ArOR \end{cases}} \tag{7-83}$$

如式（7-84）所示的 Hiyama 反应是利用硅烷的交叉偶联反应。有机硅烷易得且对环境的危害很小，反应条件温和并可容纳多种官能团，但该反应的活性较低，需在 F-或强碱活化下进行。[50]

$$\mathrm{R{-}X + R'_3SiF \xrightarrow[F^-]{Pd(0)} R{-}R' + SiF_3X} \tag{7-84}$$

格氏试剂易与活泼的烯丙基或苄基卤代物偶联。在 Ni(0)-膦配合物或 Pd(0)催化下还可与烯基、芳基卤代物偶联，如式（7-85）所示。Pd(0)催化有更好的选择性，还可用于锂试剂的偶联反应。Ni(0)的催化经过 $RNiXL_2$ 后进入催化循环，与 Pd(0)催化的机理不同，都称 Kumada 反应。[51]

$$\mathrm{R{-}X + R'MgX \xrightarrow[\text{或 } Ni(0)]{Pd(0)} R{-}R' + MgX_2} \tag{7-85}$$

如式(7-86)所示的 Negishi 反应是利用有机 Zn 或有机 Al 试剂为亲核组分，分别在 Ni(0)或 Pd(0)催化下进行的交叉偶联反应，除生成 $C(sp^2)$—$C(sp^2)$ 键外还可构筑 $C(sp^2)$—$C(sp^3)$ 和 $C(sp^3)$—C（sp^3）键。有机锌化合物易得、毒性低，活性比硼化物和锡化物高，反应产率高，选择性好，条件温和，又可容纳底物中许多官能团的存在，故比有机锂或格氏试剂的反应应用范围要广得多。[52]

$$\mathrm{R{-}X+R'{-}M \xrightarrow{\text{Pd(0) 或 Ni(0)}} R{-}R'+MX}$$

$$\mathrm{M: Zn, Al, Zr, Cu\cdots} \tag{7-86}$$

Sonogashira 反应是利用终端炔烃、卤代烃和碱在催化量 Cu(Ⅰ)及 Pd(0)作用下进行的交叉偶联反应。CuI 可使反应温度从高于 100℃降低为室温，与炔烃 π 键生成的配合物再去质子化生成炔铜，炔铜经转金属过程进入 Pd(0)的催化循环。本反应是生成带炔键分子的好方法，如图 7-38 所示。[53]

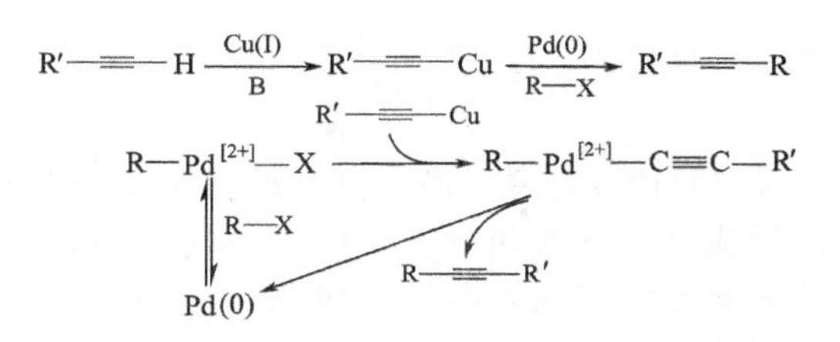

图 7-38　Sonogashira 反应

如式(7-87)所示的 Stille 反应是 Pd(0)催化下利用有机 Sn 试剂与芳香卤代物进行的交叉偶联反应。有机锡化合物是稳定易得的，对水汽和氧气并不敏感，进行偶联反应的条件温和且可容纳多类官能团。取代基从 Sn 迁移到 Pd 的能力大小为炔基>烯基>苯基>苄基>甲基>叔丁基。CuI 和 R_3As 能有效地促进该反应，在 CO 氛围下反应还可得到酰基取代产物。但有机锡化合物的毒性及含锡副产物的不易处理限制了该反应的应用。[54]

$$\mathrm{Ar{-}X \xrightarrow{PdL_2} Ar{-}PdL_2{-}X \xrightarrow[-R_3SnX]{R_3SnR'} Ar{-}PdL_2{-}R' \xrightarrow{-PdL_2} Ar{-}R'} \tag{7-87}$$

如图 7-39 所示的 Suzuki 反应是利用有机硼酸(酯)试剂 $R'B(OR)_2$ 进行的交叉偶联反应。有机硼酸可由格氏试剂与硼酸酯反应来制备，易得、无毒且有商品供应；C—B 键的共价性很强，对热、水和空气都不敏感，反应条件温和，能在水相体系下反应，可容纳底物中许多官能团的存在。硼原子上只有 6 个价电子，硼酸（酯）是无亲核活性的 Lewis 酸，需用碱，如 $R'O^-$ 来激活其为四配位在硼原子上带负电荷的 $R'B^-(OR)_2(OR')$，$R'O^-$ 又可将 Pd—X 键转化为更弱也更活泼的 Pd—OR′键。Suzuki 反应产率高，另一个产物是可简单处理的无机硼酸盐，非常适于制药行业等的工业性应用。采用水溶性的膦配体，Suzuki 反应还可在水相体系中进行。[55]

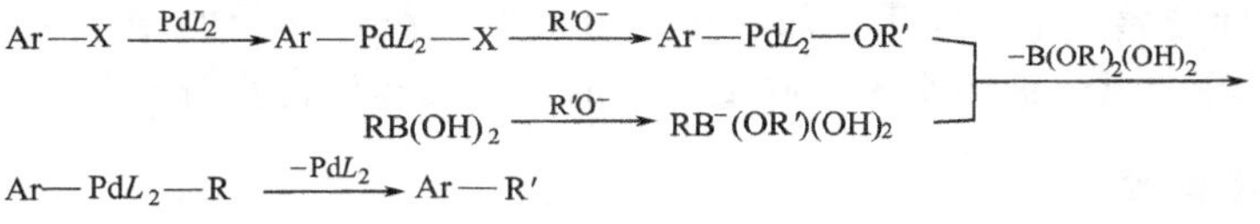

$$\mathrm{Ar{-}X \xrightarrow{PdL_2} Ar{-}PdL_2{-}X \xrightarrow{R'O^-} Ar{-}PdL_2{-}OR'}$$

$$\mathrm{RB(OH)_2 \xrightarrow{R'O^-} RB^-(OR')(OH)_2} \quad \xrightarrow{-B(OR')_2(OH)_2}$$

$$\mathrm{Ar{-}PdL_2{-}R \xrightarrow{-PdL_2} Ar{-}R'}$$

图 7-39　Suzuki 反应

有机钯配合物在金属有机化学中可以是化学计量的试剂或催化剂。钯催化的交叉偶联反应条件温和，效率高，选择性好，还可实现不对称合成，是一类自然界不存在的、完全由科学家人为创造的、既是原子经济性的也是环境友好的有机合成反应。这些有机金属导向的有机合成（organometallic chemistry directed toward organic synthesis，OMCOS）堪称当代有机合成新方法的典范，应用极为重要而广泛，戏称“魔法反应”。[56]绝大部分钯催化反应中的活性物种都是可用［PdL_2］来代表的 14e 的 Pd（0）。一般的过程多是先与 C—X 键进行氧化加成，再与烯键配位接着迁移、β-脱氢消除给出偶联产物。涉及的反应主要有以下 4 种类型。

(1) Pd(Ⅱ)和烯烃 $RHC{=}CH_2$ 反应生成 π-配合物 **40** 后与亲核试剂作用，生成的活性物种 **41** 还原得到烷基亲核取代产物 **42**；**41** 若消除相对较弱的 C—Pd 键和 β-氢形成碳碳双键则得到烯基亲核取代产物 **43**，如式(7-88)所示：

$$\underset{\mathbf{40}}{\overset{Pd^{[2+]}}{RHC=CH_2}} \xrightarrow{Nu^-} \underset{\mathbf{41}}{\overset{Nu}{RCHCH_2}-Pd(0)} \begin{cases} \xrightarrow{[H]} \underset{\mathbf{42}}{RNuCHCH_3} \\ \xrightarrow[-H^+]{-Pd(0)} \underset{\mathbf{43}}{RNuC=CH_2} \end{cases} \tag{7-88}$$

(2) Pd(Ⅱ)和烯烃 $RCH_2HC=CH_2$ 反应生成亲电性的 π-烯丙基配合物 **44** 后与亲核试剂作用，生成的活性物种 **45** 再消除相对较弱的 C—Pd 键和 β-氢形成碳碳双键并得到烯丙基亲核取代产物 $NuCH_2HC=CHR$，如式（7-89）所示：

$$\mathbf{44} \xrightarrow{Nu^-} \mathbf{45} \xrightarrow[-H^+]{-Pd(0)} RHC=CHCH_2Nu \tag{7-89}$$

(3) Pd(0)与卤代烃或磺酸酯发生氧化加成反应生成 σ 键连的 Pd(Ⅱ)活性物种 **46**，**46** 与烯烃或其他不饱和底物配位后再进行还原消除反应，形成新的 C—C 键而生成 **47**，**46** 与其他金属有机试剂发生转金属化作用，并进行交叉偶联反应后给出偶联产物 **48**，如式（7-90）所示：

$$\underset{\mathbf{46}}{R'-Pd^{[2+]}-X} \begin{cases} \xrightarrow{RHC=CH_2} R'-Pd^{[2+]}(RHC=CH_2)-X \longrightarrow \underset{\mathbf{47}}{RHC=CHR'} \\ \xrightarrow{R-M} R'-Pd^{[2+]}(R)-X \longrightarrow \underset{\mathbf{48}}{R'-R} \end{cases} \tag{7-90}$$

(4) Pd(0)与酰氯或一氧化碳反应生成酰基钯中间体 **49** 后转化为羰基类化合物，相当于有机钯反应中间体上的两个烷基发生偶联并消除 Pd(0)，如式(7-91)所示：

$$\underset{\mathbf{49}}{RC(O)Pd(0)} \begin{cases} \xrightarrow{R'OH} RC(O)OR' \\ \xrightarrow{R'-M} RC(O)Pd(0)R' \longrightarrow RC(O)R' \end{cases} \tag{7-91}$$

Pd(0)催化的交叉偶联反应极大地促进了制备复杂分子的可行性，并已被成功地广泛用于精细化学品的工业生产。Heck、Negishi（根岸英一）和 Suzuki（铃木章）3 位科学家因该项工作而共享了 2010 年度的诺贝尔化学奖。[57] 交叉偶联反应已发展出不少在 Cu、Fe 等非 Pd 金属催化体系及水相环境下的新方法，但还有不少工作值得深入探讨。传统上卤代烃是交叉偶联反应中最常用的底物，但价格昂贵，制备不易且对环境不友好；磺酸酯的活性虽好，但原子经济性较差。寻找非贵金属甚至无金属及无配体催化的专一性生成 C—H(C)和 C—N(O、S、P)等杂原子键的交叉偶联反应等的研究都是值得重视的热点。

7.7.9 烯丙基化反应

如式(7-92)所示的 Tsuji-Trost 反应是 20 世纪 70 年代早期发现的有机钯配合物催化的交叉偶联反应。带有可离去基团(活性为 $X \sim OCO_2R > OAc \gg OH$) 的烯丙基在 Pd(0)催化下接受在化学计量的碱存在下生成的如活泼亚甲基、烯胺和烯醇等软亲核试剂的进攻而给出偶联烯丙基化合物。烯丙基乙酸酯是最常用的亲电底物，反应也可在 Ni、Pt、Rh、Fe、W、Mo 等催化下进行，Pd(0)是最常用的催化剂。

$$\text{allyl}-G \xrightarrow{Pd(0)} \left[\text{η}^3\text{-allyl}-Pd^{[2+]}-G\right] \xrightarrow{Nu^-} \text{allyl}-Nu \tag{7-92}$$

G: OH(R,Ph), OCOR, $OP(O)(OR)_2$, X, RSO_3, $OCO(OH)_2$, NO_2……

该反应在合成上很有用，全过程如图 7-40 所示。18 电子的配合物 PdL_4 先解离一个配体成为 16 电子的 PdL_3 后与烯丙基底物配位生成 η^3 型 π-烯丙基配合物 **50**；**50** 再解离一个配体生成活性中间体 **51**；**51** 接受亲核物种 Nu^- 进攻生成 **52**，烯丙基化产物作为配体从 **52** 上解离并产生配位不饱和的 PdL_2；PdL_2 再与两个配体 L 配位再生出 PdL_4。

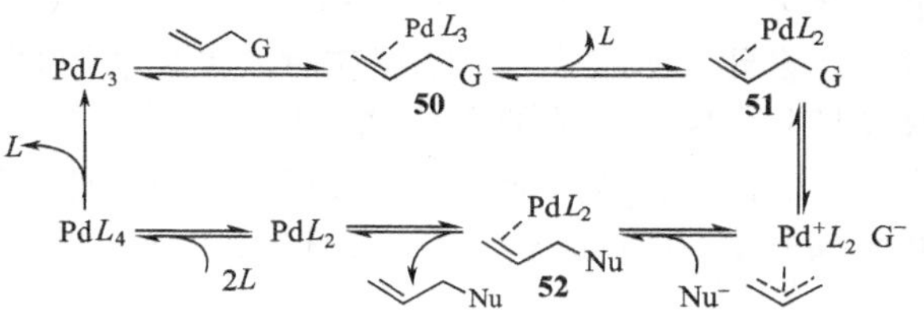

图 7-40　Pd(0)促进的烯丙基化催化循环过程

如今大部分催化的烯丙基偶联反应都集中在对映选择性的反应上。[58]亲核物种因软硬酸碱性质不同，可进攻手性底物中不同的位置，并得到构型保留或反转的手性产物，如式(7-93)所示：

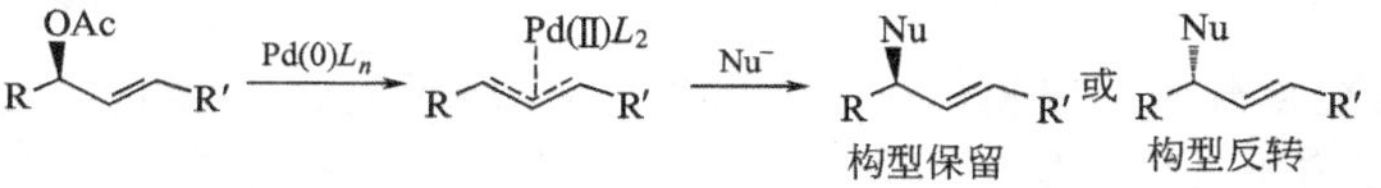

构型保留　或　构型反转　(7-93)

7.7.10　复分解反应

复分解反应（metathesis）是在两个底物之间发生的一类键交换反应。烯烃复分解反应中烯烃分子内键能极强的双键断裂，很不寻常地生成 R_2C═片段后与其他双键进行交换。[59]过渡金属配合物催化的烯烃复分解反应使许多合成过程大大简化，在各类天然产物分子与中、大环复杂分子的合成反应和高分子材料的工业生产中都有广泛应用，并正朝着绿色化学方向前进。

烯烃复分解反应于 20 世纪 50 年代就已发现，但早期仅能应用于简单烯烃，如丙烯转化为乙烯和丁烯的工业生产。当时所用的如 $MoCl_6$、Re_2O_7、WCl_6-Et_3Al 及 $TiCl_4$ 等异相催化剂都是易于与氧、水反应的 Lewis 酸，有较高的亲氧特性，故底物分子只能是不含有 O、N 等杂原子官能团的烃类底物，反应条件颇为苛刻，催化机理更不清楚。Schrock 于 20 世纪 80 年代后期研制出 Mo 和 W 的卡宾配合物 **53**（R 或亚氨基的体积和电子效应对催化活性有较大影响）。催化循环中钨环丁烷（**58** 或 **60**）的稳定性较好，对后续放出烯烃的反应不太有利，而 Mo—C 键相对较弱，故钼卡宾配合物的催化活性更好。这类配合物可兼容底物中的醚、酮、酯、叔酰胺等含 O、N 的官能团，但不兼容醛、醇等官能团且制备不易，对空气和水也颇为敏感。Grubbs 则从氯化钌在水中也可催化烯烃聚合得到启发，于 20 世纪 90 年代中期发展出对空气稳定且可兼容羟基、羧基官能团的第一代钌卡宾配合物 **54a**，使烯烃复分解反应只发生在底物中的双键上。实际上这反映出软酸钌优先与软碱烯烃而非氧等硬碱结合，故官能团选择性特别好，反应还可在质子性水相中进行，反应条件也更简便。[60]Grubbs 的钌催化剂比 Schrock 的钼或钨催化剂在有机合成反应和工业生产中得到了更广泛的应用。

膦化物 PR_3 是非常重要的配体，其 Lewis 碱的硬度和接受 π 电子的能力中等而能稳定金属的各种氧化态；电子效应或体积效应的预期效果可通过改变 R 得到调节，能与多种配体共存并对影响配合物的催化性质起到很重要的特殊作用。**54a** 中的配体 PCy_3（三环己基膦）至关重要，若换成过渡金属催化反应中最常用的 PPh_3 时则无催化活性。PCy_3 的大体积和强的供电子能力也是具备优秀烯烃复分解催化能力的配合物中配体应有的两个特性。一个膦配体失去后创造出一个被另一个膦配体稳定的、可接受烯键配位的 14e 活性中间体。以氮杂卡宾（参见 4.7.9）取代掉一个膦配体生成的第二代 Ru 卡宾类配合物 **54b**（Mes：2，4，6-$Me_3C_6H_2$）的活性更强、用量更小。因氮杂卡宾的碱性较强，PCy_3 解离后生成的 14e 活性中间体不易再可逆配位，意味着与烯键的反应活性更大，可适于多取代或缺电子烯键的复分解反应，从而能进行交叉的烯烃复分解反应（cross metathesis，CM），反应效果也远比传统的 Wittig 反应好。20 世纪 90 年代后期进一步发展出在反应结束后可用硅胶层析予以回收的、热力学更稳定、催化活性更好的（如 **54～57**）一类 Hoveyda-Grubbs 类催化剂。氮杂卡宾的 Lewis 碱性更强且兼具大体积效应，初反应时的催化活性并不大，一旦引发后能明显加快速率。在苯环取代基上再导入合适的取代基，如在 **57** 中导入 2-Ph 或 5-NO_2 或二氧化硅负载的催化剂都能使活性提高更多，低温下也可应用。[61] 此外，导入水溶性基团可使后处理更简单，在配体上导入手性基团的工作也有不少报道。

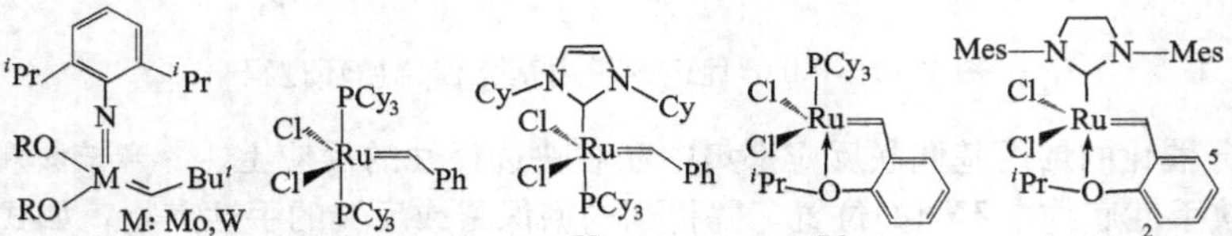

^{i}Pr ^{i}Pr N RO M Bu^t RO M: Mo,W **53**　Cl PCy_3 Ru Ph Cl PCy_3 **54**　Cy N N Cy Cl Ru Ph Cl PCy_3 **55**　PCy_3 Cl Ru Cl ^{i}Pr O **56**　Mes N N Mes Cl Ru Cl ^{i}Pr O 5 2 **57**

Chauvin 对烯烃复分解反应提出了一个如图 7-41 所示的、经实验证实而被普遍认可的、由金属卡宾催化的循环机理。反应过程主要涉及卡宾配合物和烯键之间进行［2＋2］环加成反应，生成金属杂环丁烷及其逆反应。过渡金属在反应过程中发挥了关键的核心作用，但并未包括氧化加成、还原消除或插入-反插入等经典反应，以式（7-94）所示的交叉复分解反应为例。

$$\text{=\!\!\diagup^{R}} + \text{=\!\!\diagup^{R'}} \xrightarrow{M=\!\!\diagup^{G}} RHC{=}CHR' + H_2C{=}CH_2 \qquad (7\text{-}94)$$

M=G ⇌ (+ =R) M–G–R **59** ⟶ M=R **60** + =G　**58**

M–R **63** ⇌ (– $H_2C{=}CH_2$) M=R **60**；**60** + =R' ⇌ **61**（M, R, R'）；**61** ⇌ M= **62** + RHC=CHR'；**62** + =R ⇌ **63**

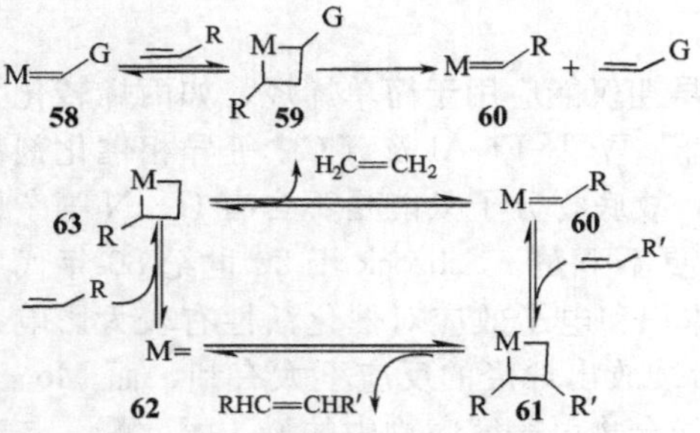

图 7-41　烯烃复分解反应的催化循环过程

引发步中，外加催化剂 **58** 与底物烯烃 $RHC{=}CH_2$ 之间发生形式上可逆的［2＋2］环加成反应，生成金属环杂丁烷 **59** 并进而产生活性催化剂卡宾配合物 **60**。**60** 进入催化循环并与第二个底物烯烃 $R'HC{=}CH_2$ 发生环加成反应而给出另一个金属环杂丁烷 **61**，**61** 进行形式上的逆［2＋2］环加成反应给出交叉复分解反应的产物 $R'HC{=}CHR$ 并放出又一个新的卡宾配合物 **62**。**62** 再对第一个底物烯烃 $RHC{=}CH_2$ 进行［2＋2］环加成反应再给出一个新的金属环杂丁烷 **63**，**63** 进行形式上逆［2＋2］的环加成反应放出乙烯并再生出起始活性催化剂 **60** 而完成催化循环。上述反应的每一步都是可逆的，乙烯的放出推动反应往生成产物 $R'HC{=}CHR$ 的方向进行。

根据底物和产物可以将烯烃复分解反应分成交叉的复分解反应、环合反应（ring closing metathesis，RCM）及其逆反应开环反应（ring opening metathesis，ROM）、断裂环烯烃的双键并在单体间建立新的双键的聚合物的开环聚合反应（ring opening metathesis polymerization，ROMP）[62]、二烯组合并放出乙烯的加成复分解聚合反应（addition metathesis polymerization，ADMET）等，[63] 如图 7-42 所示。

经 CM 反应，由简单的精馏可得到所需烯烃产物，放出乙烯产物或通过有位阻或富电子卡宾催化剂动力学上有利于与无位阻或缺电子烯烃底物的反应来控制平衡趋向。如，从轻烯烃（C_4～C_9）和重烯烃（C_{15}～C_{40}）经复分解反应得到有用的中烯烃（C_{10}～C_{14}）已实现了工业生产[64]。二烯底物 **64** 进行分子内 RCM 反应后，可生成带中环或大环分子结构的产物，放出乙烯产物而有利于平衡趋向，这在复杂分子的合成上非常有用。RCM 反应已成为得到大环分子的最佳合成方案。与经典的成环反应不同，成环的大小对 RCM 反应影响很小。[65] ADMET 和 ROMP 可用于 Ziegler 催化剂无效的烯烃底物，它们又称活的聚合反应（living polymerization）。因为形成的中间体产物是仍带有催化活性的金属卡宾配合物［L_nM

═CH—{P}]，若第一个单体 A 反应完后再加入第二个单体 B，则生成聚合物…AAABBB…。当然，若改变加料次序和组成，也可控制聚合物由各种不同类型的链组成，如…ABBABB…或…AABABB…等。

从反应机理可以看出，烯烃复分解反应存在各种可能的竞争副反应。进行何类复分解反应与所用的催化剂类型及底物的结构和反应条件有很大关系。如图 7-43 的 4 个反应所示，**65** 在高度稀释的条件下，RCM 比 ADMET 更易于进行；用前两代 Grubbs 催化剂进行生成 **66** 的反应，产率各为 20% 和 100%；丙烯腈和丙烯酸酯的反应活性较低，它发生 RCM 的化学选择性就较好；**67** 因体积效应自身不易发生 SM，故 RCM 的产率较高。

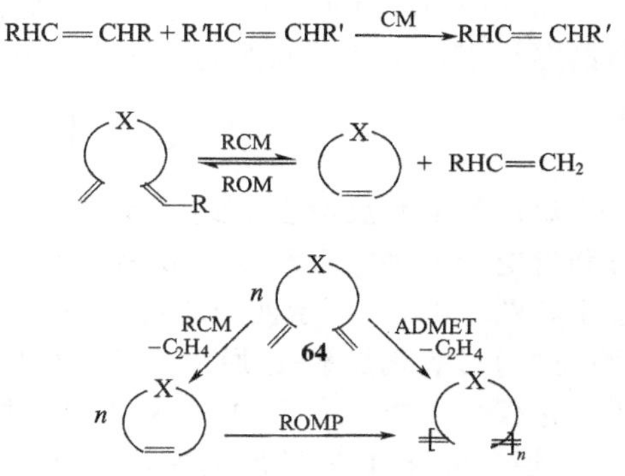
RHC═CHR + R'HC═CHR'
CM
RHC═CHR'
X
RCM
ROM
R
+ RHC═CH2
n
RCM
−C2H4
64
ADMET
−C2H4
ROMP

图 7-42 烯烃复分解反应的类别

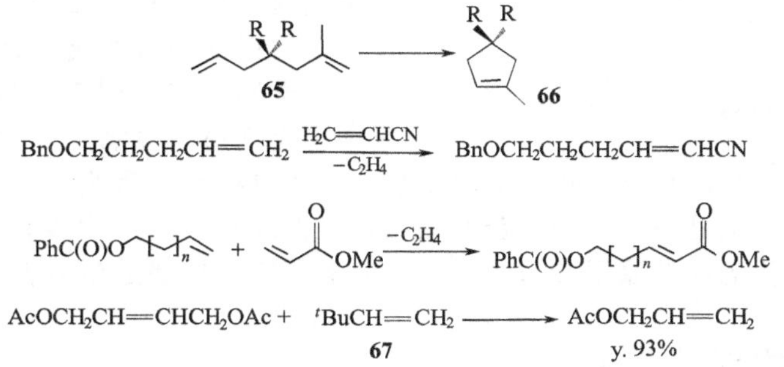
R R
65
66
BnOCH2CH2CH2CH═CH2
H2C═CHCN
−C2H4
BnOCH2CH2CH2CH═CHCN
PhC(O)O
OMe
PhC(O)O
OMe
AcOCH2CH═CHCH2OAc + tBuCH═CH2
67
AcOCH2CH═CH2
y. 93%

图 7-43 4 个烯烃复分解反应的化学选择性

在 Mo 和 W 的卡宾或酰氨基配合物催化下也可发生断裂碳碳三键后建立新的碳碳三键的炔烃复分解反应。炔烃复分解反应发展稍晚，其分子间反应可生成有电学特性的共轭聚合产物；而 RCM 反应可生成大环炔烃产物。如式(7-95)的两个反应所示，二炔 **68** 进行 RCM 给出环炔，再发生立体选择性的氢化反应转变为具有 *Z*-构型的大环烯烃。这一个反应顺序要比用烯烃来进行 RCM 反应好，因为以后者为底物反应后得到的是 *Z*-构型/*E*-构型混合的产物。[66]

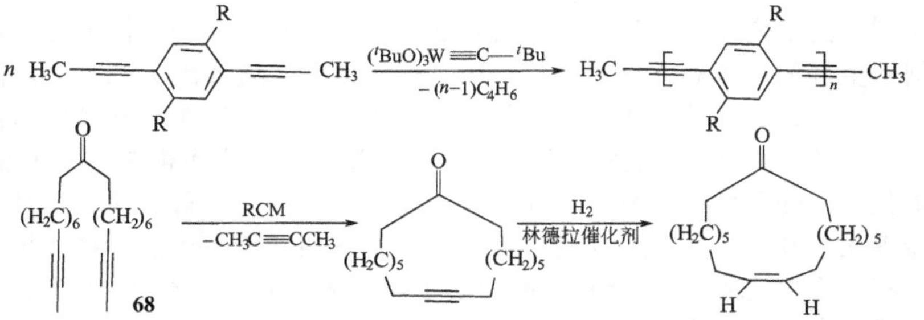
R
n H3C
CH3
(tBuO)3W≡C—tBu
−(n−1)C4H6
H3C
CH3
R
(H2C)6 (CH2)6
68
RCM
−CH3C≡CCH3
(H2C)5
(CH2)5
H2
林德拉催化剂
(H2C)5
(CH2)5
H
H

(7-95)

如式(7-96)所示，一分子烯烃和一分子炔烃之间可发生生成一个二烯产物的烯炔复分解反应（enyne metathesis）。反应中炔烃中的 π 键断裂，而在产物的两个烯键间形成一根新的碳碳单键，这是一个热力学有利的过程。[67]

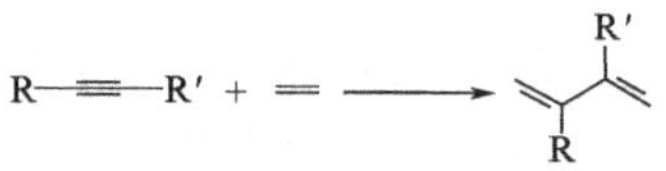
R—≡—R' + ═
R'
R

(7-96)

如式(7-97)所示，两分子烷烃在氢化钽等配合物存在下也可进行烷烃复分解反应。利用精馏等技术，可从不同的烷烃底物出发得到一定链长的所需烷烃。[68]

$$\mathrm{R\frown\frown R'} + \mathrm{R\frown\frown R'} \xrightleftharpoons{\mathrm{H{-}Ta}L_n} \mathrm{R\frown\frown R} + \mathrm{R'\frown\frown R'} \qquad (7\text{-}97)$$

烷烃复分解反应在形式上看相当于进行了 σ 复分解反应。σ 复分解反应前后金属的氧化态和价电子数都没有改变，故易于在 Cp_2ZrRCl 及 WMe_6 等 d^0 前过渡金属配合物上发生，经由如图 7-44(a)所示四中心过渡态进行的协同过程。[69] d^2～d^{10} 过渡金属配合物的 σ 复分解反应则通过氧化加成-还原消除两步反应进行，如图 7-44（b）所示。σ 复分解反应交换的基团多是仅含无方向性要求的 s 轨道，如易在四中心过渡态中交盖的氢原子，但其他原子（团）通过氧化加成-还原消除两步反应过程也是能够交换的。章节 7.7.8 讨论过的转金属过程也是一类特殊的 σ 复分解反应。

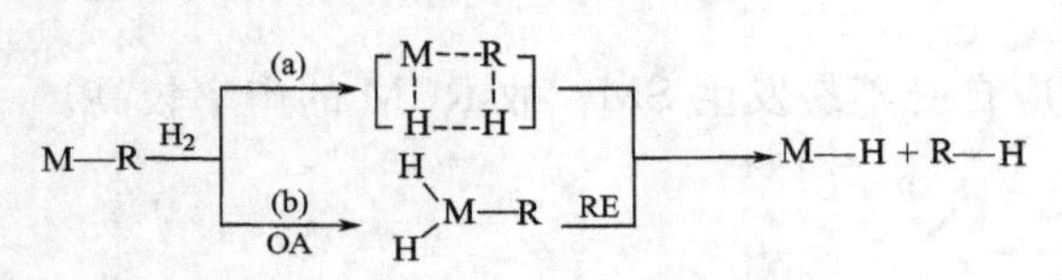

图 7-44　σ-复分解反应的两种过程

烯烃复分解反应在实验室和工业生产中都取得了很大的成功，法国科学家 Chauvin 和美国科学家 Schrock、Grubbs 因对该研究工作所取得的创造性成就而共享 2005 年度诺贝尔化学奖。许多用于烯烃复分解反应的卡宾类催化剂易于制备，且已有商业供应。即便如此，由于膦配体存在着易被氧化失活的缺陷，寻找更稳定、活性更大、转化率更高、制备更简便的配体的工作仍是一个相当活跃的领域，开发绿色的、产物烯基的 *Z*-构型/*E*-构型能得以控制的、不对称的和杂原子参与的烯烃复分解反应等也都是相当热门的课题。[70]

7.8　均相催化和异相催化

金属有机化配合物最重要的应用及得以飞速发展的一个关键因素就是能催化有机反应。催化可以在可溶的均相（homogeneous）或不可溶的异相（heterogeneous）体系中进行，视反应而定。如，Wacker 反应需均相体系，乙烯氧化为环氧化物的银催化反应则需异相体系；加氢反应则在两种体系中均可。均相催化剂和异相催化剂的催化模式是相同的，但金属原子所处环境在这两类催化剂中是不同的，催化效果也有差异。[71]

自然界的酶催化是均相催化反应。均相催化体系一般为液相，反应物和热量的扩散速率大，催化剂是溶解于体系的单一有机分子，所有的金属原子都是催化中心，故催化效率较高。均相催化剂中的金属多处于正的氧化态，通常只有一种类型的活性中心，对反应表现出比异相催化剂有更好的位置和立体选择性，也易通过改变金属或配体来改变其活性中心的电子性质和空间环境，以更好地控制反应。如，利用手性配体可以实现不对称的催化反应，改变 $Rh(PPh_3)_3Cl$ 中的 Cl 为 Br 或在苯环上的各个位置添加官能团都能改变其催化活性和选择性。均相催化反应的条件通常较为温和，反应易预测，结果的重现性好。有一定化学组成和结构的均相催化剂及其与底物的反应过程可用一般液相应用的光谱和物理技术来表征，故均相催化反应相对而言也更易于研究，机理的了解也较为深入。但均相催化剂相对不够稳定，易中毒且不易在反应结束后再回收，在药物工业中与产物不易彻底分离而造成的金属污染也是很难处理的问题。

异相或多相催化反应中的反应底物多为气体或液体，催化剂则为固体。异相催化剂多是无需有机配体的金属盐混合物，相对价廉而又易得。异相催化剂是把金属均匀精细地分散在二氧化硅或炭等一类惰性载体上制得的。载体表面的原子与内部的原子不同，具有从内向外的残余化合力，或称余价，金属可通过共价键嵌入载体表面形成单核配合物。因金属原子出现在不同表面缺陷内，结构不均一，整个表面上只有为数不多的活性中心能对底物分子产生有效程度不等的吸附作用，完成反应后即解吸附而完成催化反应。异相或多相催化反应的选择性相对不易控制，参与反应的底物有效浓度低，整个反应速率也相对较低。增加比表面的体积是提高异相催化剂催化活性的有效手段之一。异相催化剂中的金属的热稳定性高，对高温反应的限制相对较低，反应结束后催化剂易于从体系中经简单的过滤操作实现分离回收而可循环反复使用，对各类溶剂的适应性也好，故更适于大规模的工业生产。但异相催化反应仅在催化剂表明进行，催化剂不是由单一物质组成的，其活性组成或反应中间体难以纯化、分离和鉴定，常规的溶液表征方法不再适用，故对异相催化反应历程的了解不如均相催化反应。如，生成格氏试剂的反应不是催化的，但也因是多相的而至今尚有许多不清楚的地方。

实际上一个金属有机化配合物为催化剂的反应究竟是均相的还是异相的，有时是很难界定的。可溶的前体催化剂实际上是经由纳米或胶粒金属粒子；也有可能附着于固相载体上的催化剂在反应中脱离固相而成为可溶物。通过光闪射和隧道电子显微镜（tunneling electro microscopy）等实验手段可确认反应体系中是否有固相催化剂存在。汞可堵塞固体活性表面的空洞，若体系加汞后导致反应速率有明显改变的往往提示这可能是固相催化的。[72]一种较为理想的新型催化剂是将可溶性催化剂担载于不溶性的聚合物载体上而制得的杂化催化剂。[73]杂化催化剂又称担载催化剂（supported catalysts）或锚定催化剂（anchored catalysts），它们能像均相催化剂一样发挥作用，但不易产生均相催化剂会凝集失活的作用，又很容易作为固定相从反应体系中分离出来。如，利用能与某个配体强键合的载体牢牢地连接金属，金属上的其他配体就可解离而参与反应。这类催化剂结合了均相催化剂和异相催化剂的优点，但尚存在催化剂与载体的牢固结合、反应物扩散进入载体及产物从载体扩散离开等问题，尚未能满足工业生产所需。

7.9　过渡金属卡宾配合物

卡宾作为配体以双键与过渡金属键合的配合物称为过渡金属卡宾配合物，此类分子中的配体与金属间存在着碳-金属重键。[74]对过渡金属卡宾配合物的研究在理论和应用上都有着非常重大的意义：金属-卡宾是一类新颖而又重要的有机金属官能团，金属中心可以发挥模板作用，使其配体能以合适的几何构型发生反应。过渡金属卡宾配合物在复杂天然产物的合成和各种催化反应中已得到广泛应用，对其结构的测定也极大地增加了人们对化学键的认识。

7.9.1　类型

根据金属及其氧化态和配体类型，过渡金属卡宾配合物可极端地分为 Fischer 型和 Schrock 型两种类型。Fischer 型卡宾配合物（**1**）通常以单线态卡宾为母体，含杂原子，表现出更多的是 M—C 键，卡宾相当于是 L 配体，金属的氧化态为 0；Schrock 型卡宾配合物（**2**）又称亚烷基配合物，通常以三线态卡宾为母体，不含杂原子，表现出更多的是 M═C 键，卡宾相当于是 X_2 配体，金属的氧化态为＋2。但更多的过渡金属卡宾配合物，如 M═CX_2 的结构因卤素的 π-供体性处于 H 和 OR 之间是难以简单地归于这两类中的任何一类。

M　C　R　R　**1**　　　M　C　R　R　**2**

卡宾也可像 CO 一样与金属之间形成具 M—M 键的桥状结构。[75]带有如 M═O、M═NR、M≡N或 M≡CR 等金属配体重键结构的过渡金属配合物也不断被制备成功。[76]

(1) Fischer 卡宾配合物　Fischer 于 1964 年报告，PhLi 和 $W(CO)_6$ 反应后再用酸和重氮甲烷处理得到一个钨金属卡宾配合物（**3**），如式(7-98)所示。这是金属有机化学的一个重大发现。[77]

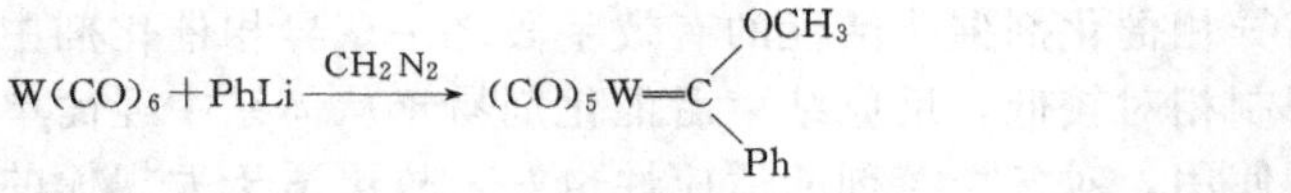

$$W(CO)_6 + PhLi \xrightarrow{CH_2N_2} (CO)_5W{=}C(OCH_3)(Ph) \quad \mathbf{3} \tag{7-98}$$

20 世纪 70 年代开始了由 π-受体取代基和含 O、N 等杂原子稳定的 π-供体取代基组合的卡宾作配体的新颖 Fischer 型卡宾配合物的合成和应用。在这类新颖的 18 电子物种中，单线态卡宾键连到低氧化态的后过渡金属，其供、吸电子性能与 CO 相似，卡宾碳将孤对电子给金属，而后通过与金属形成 d-p 反馈键或从邻位杂原子的孤对电子中得到补偿。金属和卡宾之间及卡宾碳和邻位杂原子之间有部分双键特征。^{13}C NMR 表明，π 电子云极化偏向金属一侧，δ^+ 在碳上，δ^- 在金属上。卡宾碳可接受亲核物种的进攻，发生配体的交换；杂原子则易于接受亲电物种的进攻。若卡宾碳上的 α-杂原子因产生 π 给电子作用而稳定卡宾，使 M—C 键中金属对卡宾碳的 π 反馈作用降低，M—C 键主要表现出是个单键。如，过渡金属-二氨基卡宾化合物是相对最稳定的，能在常温下制备和处理，氨基主要以纯 σ 供体起作用。此类卡宾，如 *N*-杂环卡宾，即使在无金属存在下也是可以稳定存在的（参见 4.7.9）。

Fischer 型卡宾配合物主要可经酰基或其他负离子配体用亲电物种捕获的反应和配体上 α-负氢被夺取的反插入反应来制备，如图 7-45 所示：

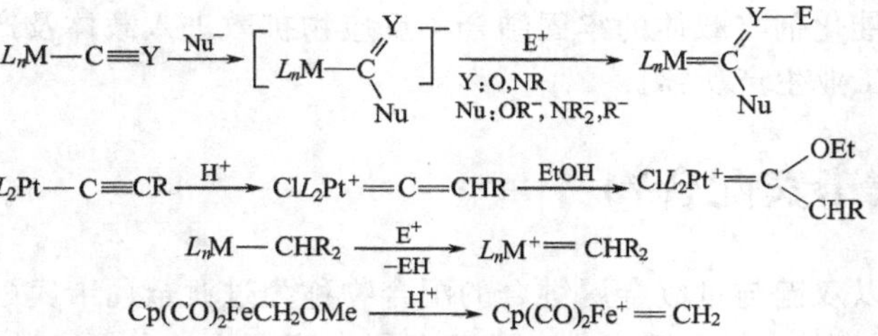

$$L_nM{-}C{\equiv}Y \xrightarrow{Nu^-} \left[L_nM{-}C({=}Y)(Nu)\right]^- \xrightarrow[\substack{Y:O,NR \\ Nu:OR^-,NR_2,R^-}]{E^+} L_nM{=}C(Y{-}E)(Nu)$$

$$ClL_2Pt{-}C{\equiv}CR \xrightarrow{H^+} ClL_2Pt^+{=}C{=}CHR \xrightarrow{EtOH} ClL_2Pt^+{=}C(OEt)(CHR)$$

$$L_nM{-}CHR_2 \xrightarrow[-EH]{E^+} L_nM^+{=}CHR_2$$

$$Cp(CO)_2FeCH_2OMe \xrightarrow{H^+} Cp(CO)_2Fe^+{=}CH_2$$

图 7-45　制备 Fischer 型卡宾配合物的 4 个实例

Fischer 型卡宾配合物可溶于有机溶剂，具抗磁性，有亲电性而已发展成有用的试剂。它们相对较稳定并能储存使用，在化学计量的合成反应中有着广泛应用。Ⅵ族金属 Fischer 型卡宾配合物通过原地产生的转金属化作用可被修饰为更活泼的其他金属类卡宾配合物，在烯烃复分解反应中可用作有效的催化剂。

(2) Schrock 型卡宾配合物　在 Fischer 型卡宾配合物面世约 10 年后，人们发现 Cp_2TiCl_2 和过量 $AlMe_3$ 作用生成甲烷和 $Cp_2ClTiAlMe_2CH_2$（**4**），**4** 在碱作用下生成带卡宾结构的 Cp_2TiCH_2，如式(7-99)所示。**4** 中的 Ti—CH_2 是极性的，δ^+ 在 Ti 上，δ^- 在 C 上，和杂原子稳定的 Fischer 型卡宾配合物的极性正相反。

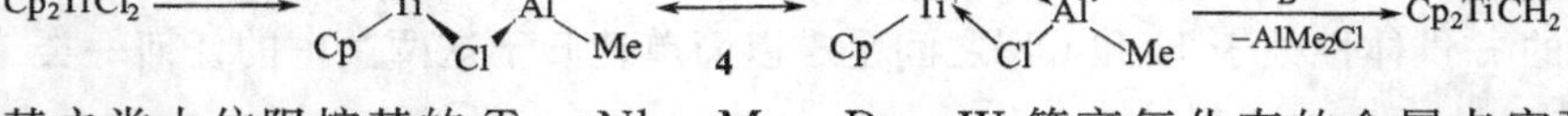

$$Cp_2TiCl_2 \xrightarrow{AlMe_3} Cp_2Ti(\mu\text{-}CH_2)(\mu\text{-}Cl)AlMe_2 \longleftrightarrow Cp_2Ti^+(\mu\text{-}CH_2)(\mu\text{-}Cl)AlMe_2 \ (\mathbf{4}) \xrightarrow[-AlMe_2Cl]{B} Cp_2TiCH_2 \tag{7-99}$$

带新戊基之类大位阻烷基的 Ta、Nb、Mo、Re、W 等高氧化态的金属卡宾配合物随后不断得到制备和确定。[78] 此类卡宾配体上只有烷基和氢，无 π-受体或 π-供体取代基，称 Schrock 型卡宾配合物。Schrock 型卡宾配合物以三线态卡宾为母体，类似二烷基卡宾，金属具有最高可能的氧化态，卡宾碳受到的稳定性作用较小，带部分负电荷而类似亲核物种。M—C 键表现出基本无极化的完整双键 M═C 而具有与磷叶立德相似的结构。如

$(Me_3CCH_2)_3Ta{=}CHCMe_3$ 热稳定性高，可蒸馏并在约 70℃时熔融；化学性质与 Fischer 型卡宾配合物不同，具亲核性及催化活性。即使是被认为是不稳定的后过渡金属的 Schrock 型卡宾配合物，如钌卡宾配合物对水和空气也是相对稳定的、并能应用于有机合成反应（参见 7.7.10）。

Schrock 型卡宾主要可经如式（7-100）所示的配体上的 α-H 消除反应来制备。由于反应中底物要接受一对外来电子，其价电子数应少于 18 或反应时可失去一个配体：

$$L_n\overset{R'}{\overset{|}{M}}{-}CHR_2 \longrightarrow L_nM^-{=}CR_2 + R'H \tag{7-100}$$

这两类金属卡宾配合物的结构差异性如表 7-6 所示。

表 7-6 Fischer 型和 Schrock 型卡宾配合物 $L_nM{=}CR_2$ 的特性

特性	Fischer 型	Schrock 型
卡宾碳的电性	亲电	亲核
δ_C	270～400	220～300
卡宾上典型的配体	OR 一类 π-供体	烷基、H
典型的金属	Mo(0)，Fe(0)	Ta(Ⅴ)，W(Ⅵ)
金属上典型的配体	CO 一类 π-受体	Cl，R，Cp
配体的供电子数(共价键模式)	2e(L)	2e(X_2)
配体的供电子数(离子键模式)	2e	4e
金属加入 CR_2 后氧化态的变化	0	+2

7.9.2 Fischer 型过渡金属卡宾配合物的反应

Fischer 型卡宾配合物有 3 种如图 7-46 所示的共振结构式而稳定，其典型的反应包括：①亲核物种进攻卡宾碳；②亲电物种进攻卡宾取代基上的杂原子；③因卡宾碳的亲电性而导致酸性得以增强的 α-C—H 受碱进攻发生去质子化，生成的卡宾碳负离子可以进一步发生如 Aldol 类的亲核反应；④羰基配体被其他配体（如膦、烯烃、炔烃）取代的反应。[79]

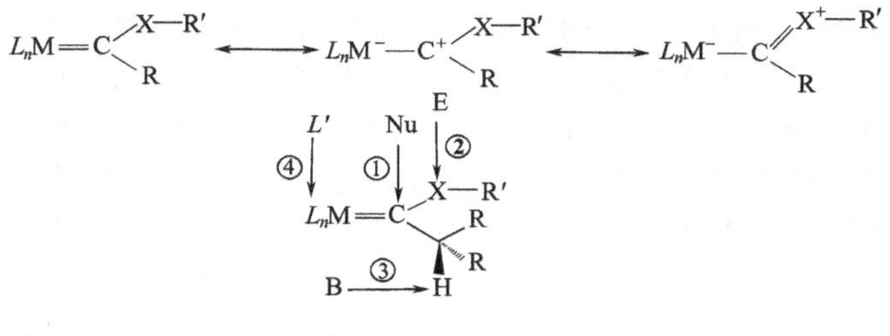

$$L_nM{=}C(XR')(R) \longleftrightarrow L_nM^-{-}C^+(XR')(R) \longleftrightarrow L_nM^-{-}C(=X^+{-}R')(R)$$

L′ ④ → L_nM；Nu ① → C；E ② → X—R′；B ③ → H（$L_nM{=}C(X{-}R')C(R)(R)H$）

图 7-46 Fischer 型卡宾配合物的 3 种共振结构式及其反应点

亲核试剂进攻卡宾碳形成更稳定的亲核性更强的配体配合物。如，制备 Fischer 型卡宾配合物的方法之一即是先用有机锂试剂对金属羰基化合物进行亲核加成反应，生成的金属酰基化合物接受硬亲电物种的进攻得到产物，如式（7-101）所示：[80]

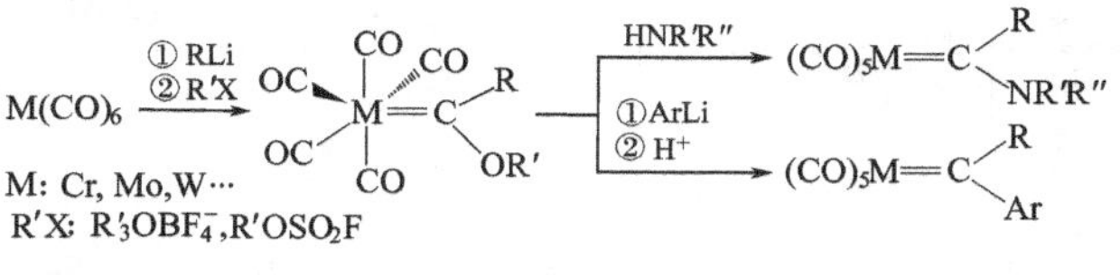

$$M(CO)_6 \xrightarrow[②R'X]{①RLi} (OC)_5M{=}C(R)(OR') \begin{cases} \xrightarrow{HNR'R''} (CO)_5M{=}C(R)(NR'R'') \\ \xrightarrow{①ArLi\ ②H^+} (CO)_5M{=}C(R)(Ar) \end{cases} \tag{7-101}$$

M: Cr, Mo, W…
R′X: $R'_3OBF_4^-$, $R'OSO_2F$

α-碳上的活泼氢可被碱除去，并继续进行碳负离子的各类反应，如式(7-102)所示：

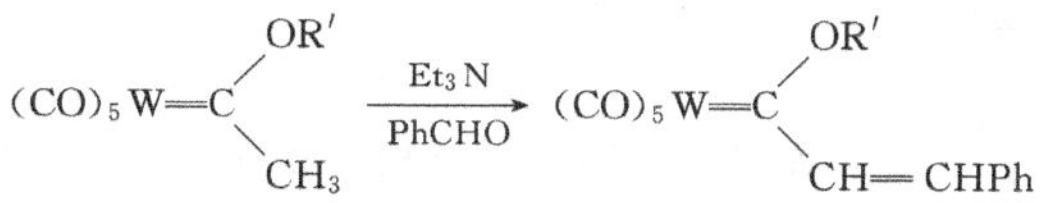

$$(CO)_5W{=}C(OR')(CH_3) \xrightarrow[PhCHO]{Et_3N} (CO)_5W{=}C(OR')(CH{=}CHPh) \tag{7-102}$$

卡宾配体可转移到烯烃形成环丙烷，立体化学选择性及异构体产物的比例与金属类型有关。这表明反应中并无游离卡宾存在，发生类卡宾反应，但烯烃上的取代基构型保持不变。如式(7-103)所示，**5**与烯烃的反应中先解离一个CO，烯烃配位后再异构化为金属环丁烷中间体，经还原消除得到产物。[81]

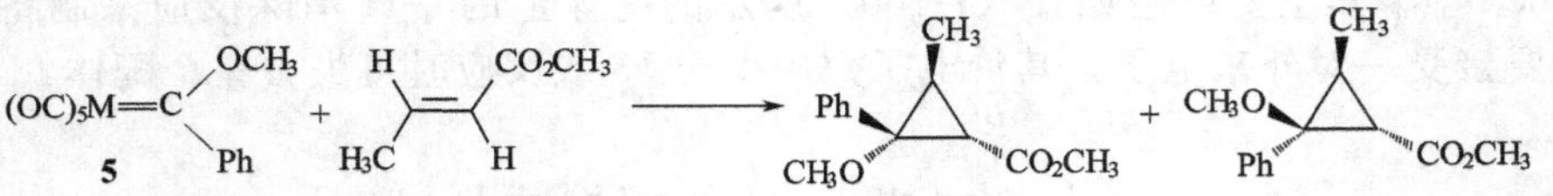

(7-103)

式(7-104)所示的反应相当于发生了卡宾转移过程，卡宾配体从钼转移到铁。

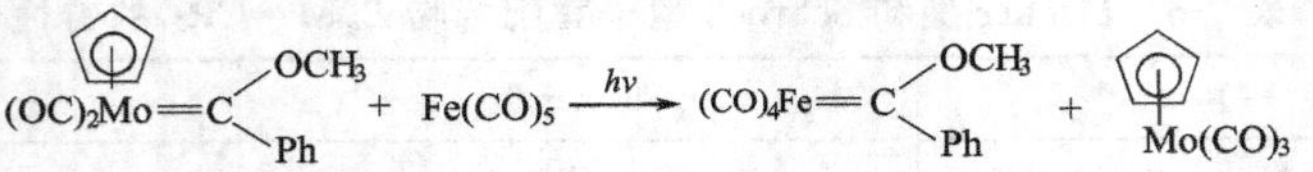

(7-104)

金属卡宾键发生分解反应可得到许多有用的产物，如图7-47所示的三类反应。[82]

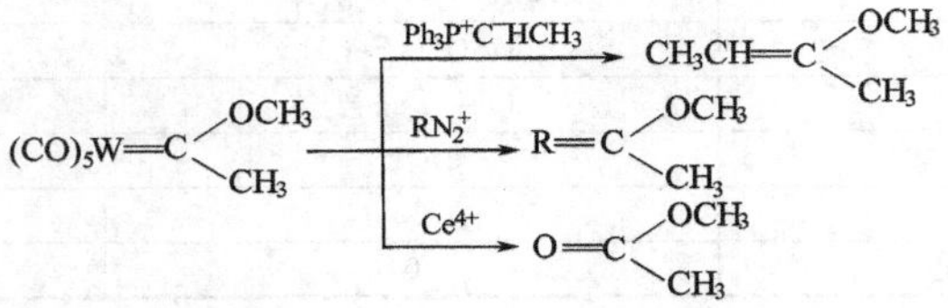

图7-47 Fischer型卡宾配合物的三类分解反应

如图7-48所示，具有化学、位置和立体选择性的［3＋2＋1］Dotz环芳构化反应（Dotz benzannulation）是一个重要的非催化的化学计量金属的合成反应。带烷氧基（芳基、烯基）卡宾配体的Fischer型五羰基铬配合物与炔烃反应，可生成仍带有$Cr(CO)_3$片段的多取代芳烃。以金属卡宾配合物（$CO)_5Cr$═C（OMe）CH═CH_2（**6**）为底物，反应先由**6**脱羰的一步决速反应开始，生成可与炔烃配位的配位不饱和的四羰基配合物**7**，然后炔烃分子内插入金属-卡宾键生成**8**，接着羰基配体插入生成丁二烯卡宾**9**，电环化反应给出环己二烯酮**10**，**10**异构化为反应产物酚配合物**11**。反应也有可能是在卡宾双键与三键之间先形成金属杂环丁烯后再开环生成**9**。这类独特的环加成反应由α,β-不饱和卡宾配体（C_3合成子）、炔烃（C_2合成子）和一个羰基配体（C_1合成子）组装而成，亦称羰基-卡宾转移反应，可应用于复杂天然产物分子的合成。[83]

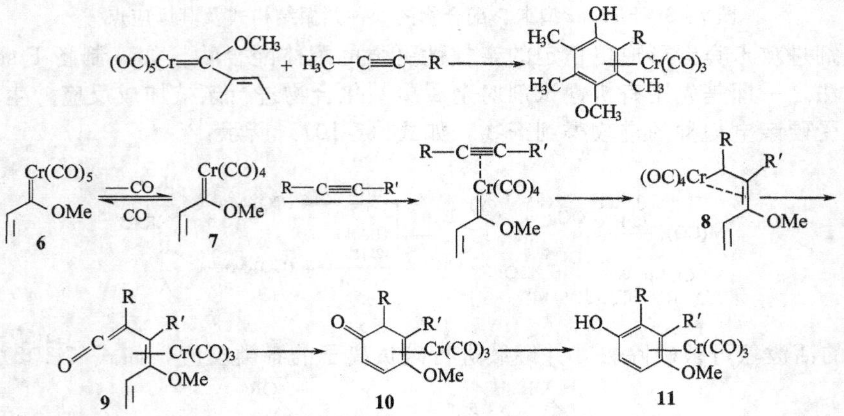

图7-48 Dotz环芳构化反应

如式(7-105)的两个反应所示，环芳构化反应条件温和（约 50℃）且产率较高（>90%）。位置选择性和炔烃上两个取代基的大小有关，带较小取代基的炔烃碳（R）更易与卡宾碳进行偶联，故端基炔烃（R′=H）反应后得到的产物中炔烃上的取代基团总是在酚羟基的邻位。环芳构化反应后得到带 $Cr(CO)_3$ 片段的多取代芳烃有一个手性面，故利用手性条件可实现不对称的环芳构化反应，非对映选择性的诱导效果与金属、配体、反应溶剂的类型有关。[84]如，**12** 反应后所得产物 **13**∶**14**=9∶1。

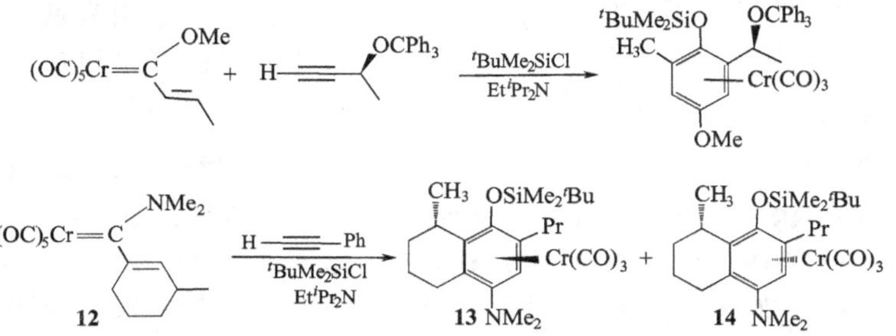

(7-105)

环芳构化反应过程中若缺少羰基配体的插入这一步，则可环合成五元环产物或螺环产物，如式(7-106)所示的 3 个反应：[85]

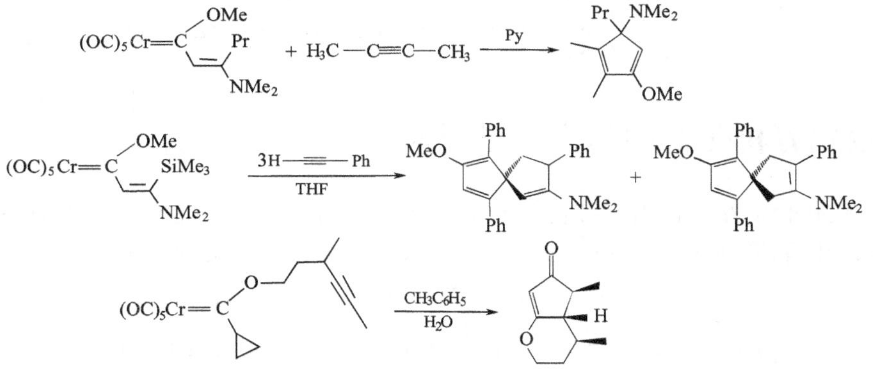

(7-106)

过渡金属卡宾配合物参与的分子间或分子内的环化反应提供了一条直接制备相邻多取代芳烃骨架的新颖路线，在复杂天然产物和药物分子的合成中已得到充分应用。

7.9.3 Schrock 型过渡金属卡宾配合物的反应

Schrock 型卡宾配合物实际上也是类卡宾化合物，某些是稳定存在的，某些则仅以反应活性中间体存在。它们的稳定性和反应性与金属对卡宾碳的反馈程度有关，反馈程度低，M—C 键极化度大，卡宾碳表现出亲电活性；反馈程度高，M—C 键极化度小，双键特性明显，卡宾碳的亲电活性很小。如图 7-49 所示，Schrock 型卡宾配合物有两种共振结构式。

$$\mathrm{M—C^+} \longleftrightarrow \mathrm{M^+{=}C}$$

图 7-49 Schrock 型卡宾配合物的两种共振结构式

就像 Wittig 试剂与羰基的反应那样，Schrock 型卡宾配合物中的卡宾碳原子更易接受亲电物种的进攻，如式（7-107）所示。

$$({}^tBuCH_2)_3Ta{=}CHBu^t \xrightarrow{Me_2CO} Me_2C{=}CHBu^t + {}^tBuCH_2TaO$$

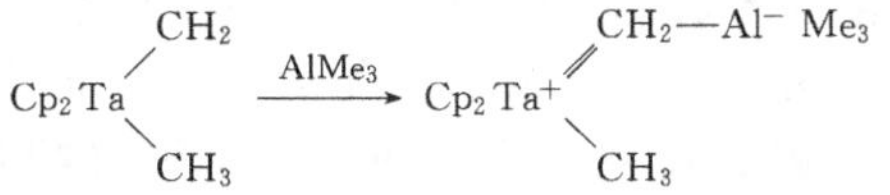

$$Cp_2Ta(=CH_2)(CH_3) \xrightarrow{AlMe_3} Cp_2Ta^+(=CH_2—Al^-Me_3)(CH_3) \quad (7\text{-}107)$$

Schrock 型卡宾配合物最重要的反应是与烯烃的反应，作为催化剂被广泛应用于烯烃复

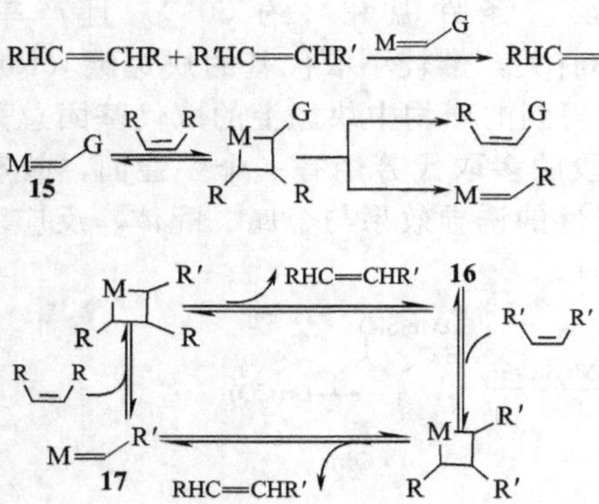

分解反应并成为推动过渡金属卡宾配合物研究工作的主要动力。若将烯烃视为两个卡宾的结合，则烯烃复分解反应实际上也就是卡宾碎片在过渡金属卡宾配合物中的重组过程。如图 7-50 所示，反应开始时加入的过渡金属卡宾配合物 **15** 是前催化剂来引发两个烯烃参与反应，真正的活性催化剂则是 M═CHR (**16**) 或 M═CHR′(**17**) (参见 7.7.10)。

$$RHC{=}CHR + R'HC{=}CHR' \xrightarrow{M{=}G} RHC{=}CHR'$$

图 7-50　由 RHC═CHR 和 R′HC═CHR′在过渡金属卡宾配合物催化下生成 RHC═CHR′的烯烃复分解反应

7.9.4　过渡金属卡拜配合物

一价碳，即卡拜以 sp 杂化碳与过渡金属键合可生成含三键的过渡金属卡拜配合物 (metal carbynes)，如 **18** 和 **19**。此类配合物中的 M—C 键较卡宾配合物更短，键角接近 180°，卤素配体通常处于反位构型。过渡金属卡拜配合物可用于炔烃的复分解反应，但它们的稳定性较差，品种和性能所知不多。[86]

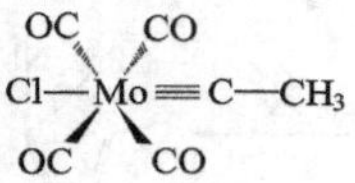

$$\text{Cl—Mo(CO)}_4{\equiv}\text{C—CH}_3 \ (\mathbf{18}) \qquad \eta^5\text{-Cp(Cl)(PMe}_3\text{)Ta}{\equiv}\text{C—C}_4\text{H}_9 \ (\mathbf{19})$$

7.10　金属有机化合物的光化学反应

金属有机化合物在光作用下可发生氧化-还原等反应。此外，还有如图 7-51 所示的羰基配体被其他配体或溶剂取代及金属-金属键的断裂等几类化学反应。[87]

$$W(CO)_6 + PPh_3 \xrightarrow{h\nu} W(CO)_5(PPh_3) + CO$$

$$Mn(\eta^5\text{-}C_5H_5)(CO)_3 + THF \xrightarrow{h\nu} Mn(\eta^5\text{-}C_5H_5)(CO)_2(THF) + CO$$

$$Os_3(CO)_{12} + PPh_3 \xrightarrow{h\nu} Os_3(CO)_{11}(PPh_3) + CO$$

图 7-51　金属有机化合物的 3 个光化学反应

7.11　生物金属有机化学

生物金属有机化学是金属有机化学和生物化学的交叉学科。生物体系中近一半的酶含有产生活性所必需而处于活性中心位点的金属离子，称金属酶 (metalloenzymes)。如血红素中的 Fe，叶绿素中的 Mg，维生素 B_{12} 中的 Co 等。固氮酶有两种主要的蛋白质组分：一种含一个 Fe 原子和 4 个 S 原子，相对分子质量为 57000 道尔顿；另一种含一个 Mo 原子和 32 个 Fe 原子，相对分子质量高达 22 万道尔顿。此外还有含 Mg、V 等金属的固氮酶，它们的固氮作用都离不开金属原子的作用。1992 年，固氮酶钼铁蛋白和铁蛋白的晶体结构由 X 射线得以解析，并揭示了钼铁辅基的催化活性中心。其他如 V、Cr、Mn、Ni、Cu、Zn、Mo、Se、Si、B、F 和 I 也都是生物体系的微量必需元素，Na、K、Ca 和 S、P、Cl 则是大量存在的必需元素。仿生金属催化剂的研究工作也是当今高新技术之一而受到重视和应用。

一些带生物活性的过渡金属有机化合物已经作为抗癌、抗 HIV 和抗生素等药物被研制开发，给出不同于传统化学药物的独特优势。如，上百种钌配合物已被用于临床抗肿瘤测试；二茂铁具有细胞毒性和抗贫血的活性，与一些经典药物结合可改善药物的应用特性，二氯二茂钛具有抗肿瘤活性。继 20 世纪 70 年代的顺铂（*cis*-二氯二氨基铂）得到开发后，又陆续有奥沙利铂（oxaliplatin，**1**）、卡铂（Carboplatin，**2**）和乐铂（lobaplatin，**3**）等铂类有机抗癌药物已上市。

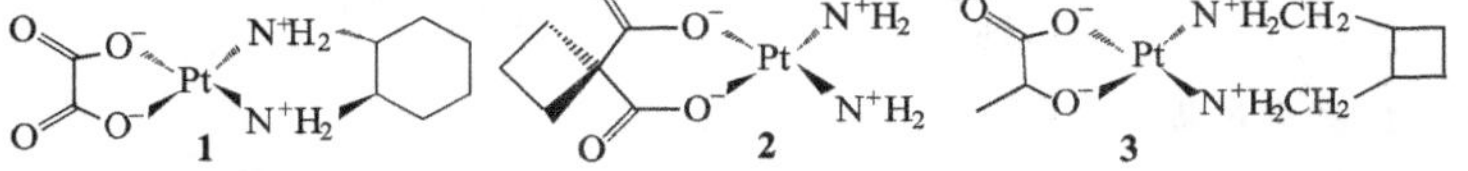

金属有机化学已成为近代化学的研究热点和前沿领域之一，其发展内容十分广泛，主要有下面 3 个趋势。首先是金属有机化合物的结构、制备及其反应性能；其次是有关金属有机化合物新型基元反应的开发研究，特别是那些用于有机合成，以合成反应为目标的新型催化反应；还有一点即在制造新型特种材料、开辟新能源、开发特效药物及环境保护等各领域中的促进、渗透和应用。[88]

习 题

7-1 解释：

(1) 下列各名词和符号在金属有机化学中的化学和物理意义。

氧化态，配位数，反馈，d^n，η^n，μ 配位、σ 配位、π 配位，垂直（面内）配位，配位饱和与不饱和，顺式/反式，16-18 电子规则，基元代表性反应，氧化加成，还原消除，插入和反插入，催化循环反应，金属卡宾配合物。

(2) 硼的三甲基衍生物是 $B(CH_3)_3$ 而氢化物是二聚体。三烷基硼对无机酸是稳定的，但遇有机羧酸处理得烃：

$$R_3B + CH_3CO_2H \longrightarrow R{-}H + R_2BO_2CCH_3$$

(3) 烷基 R 取代的 $(R_2Si)_n$ 可实现的硅链数 n 比 $(R_2C)_n$ 的碳链数 n 大得多。

7-2 回答：

(1) 以下 4 个物种 **1**～**4** 中金属氧化态、d^n 构型和价电子数和符合 18-16 电子规则的配合物 $Cr(CO)_3(C_6H_5)_2$ (**5**) 及 $[Re_2Cl_8]^{2-}$ (**6**)的结构。

$CpIrMe_4$ (**1**)，$(\eta^5\text{-}C_5H_5)_2TiCl_2$ (**2**)，$[(PPh_3)_3Ru\ (\mu\text{-}Cl)_3Ru\ (PPh_3)_3]^+$ (**3**)，$PtCl_4^{2-}$ (**4**)

(2) 下列平衡反应的两个物种中金属的氧化态、d^n 构型和价电子数。

$$\underset{\mathbf{1}}{W(\eta^2\text{-}H_2)(CO)_3(PPh_3)_2} \rightleftharpoons \underset{\mathbf{2}}{W(H)_2(CO)_3(PPh_3)_2}$$

(3) 下列 4 个反应中原料和产物中心金属原子的氧化态并指出发生了哪种基元反应。

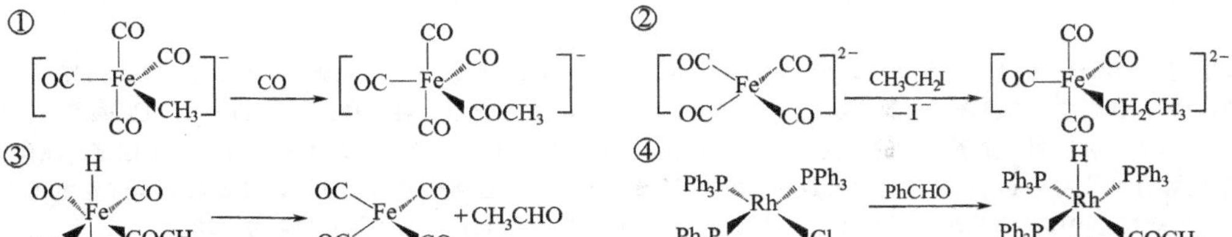

① $[Fe(CO)_4(CH_3)]^- \xrightarrow{CO} [Fe(CO)_4(COCH_3)]^-$

② $[Fe(CO)_4]^{2-} \xrightarrow[-I^-]{CH_3CH_2I} [Fe(CO)_4(CH_2CH_3)]^{2-}$

③ $Fe(H)(CO)_4(COCH_3) \longrightarrow Fe(CO)_4 + CH_3CHO$

④ $(Ph_3P)_3RhCl \xrightarrow{PhCHO} (Ph_3P)_3Rh(H)(Cl)(COCH_3)$

(4) $R_2PCH_2CH_2PR_2$ 作为配体的效果一般来说要比 $R_2PCH_2PR_2$ 好，为什么？

(5) OsO_4 是氧化烯烃为顺式邻二醇的一个非常好的试剂，但价贵有毒是一大不足。后来发现反应时可加入过氧化叔丁醇或 N-甲基吗啉的氮氧化物，使 OsO_4 只要 5%mmol 就够了，试给出解释。

(6) Monsanto 乙酸反应中的中间体 **8** 为何不能进行还原消除就得到产物乙酰碘？

(7) 能对 Pd(0)进行氧化加成的甲基、烯基或芳基卤代烃 RX 都可发生 Heck 反应，但一般烷基卤的 Heck 反应却难以得到预期结果。你觉得问题在哪儿？

7-3 下列两个反应过程涉及哪些基元反应。

(1) $H_3CO_2C—C≡C—CO_2CH_3 + CH_3I \xrightarrow{(Ph_3P)_3Rh(CO)H}$ $H_3C(CO_2CH_3)C=C(H)(CO_2CH_3)$ $+ (Ph_3P)_2Rh(CO)I$

(2) $CpCo(CD_3)_2PPh_3 + H_2C=CH_2 \longrightarrow CpCo(PPh_3)(CH_2=CH_2) +$ $CH_2=CHCD_3 + CD_3H$

7-4 给出下列5个反应的全过程。

(1) $CH_3O_2C—CH=CH—CO_2CH_3 + D_2 \xrightarrow{(Ph_3P)_3RhCl}$ $H_3CO_2C—CHD—CHD—CO_2CH_3$

(2) $PhCH_2COCl + (Ph_3P)_3RhCl \longrightarrow PhCH_2Cl + (Ph_3P)_2Rh(CO)Cl$

(3) $C_2H_5CO_2Et + BuNH_2 \xrightarrow{Rh[I]} C_2H_5CONHBu + C_2H_5OH$

(4) $PhI + CH_3Li \xrightarrow{(Ph_3P)_3RhCl} PhCH_3 + (Ph_3P)_3RhI$

(5) $Cp_2Ni + CH_3I \xrightarrow{L} C_5H_5CH_3 + CpNi(I)L$

7-5 在Ni(Ⅱ)催化下，芳基卤代物和烷基格氏试剂发生交叉偶联反应生成烷基苯类化合物。碱性条件下，卤代物和有机硼烷之间在Pd催化下也能发生偶联反应。给出这两个反应的催化循环过程。为何硼烷的偶联反应要在碱性条件下才能成功？

(1) $RMgX + ArX \xrightarrow{Ni(Ⅱ)} Ar—R$

(2) $RX + R'—B(O_2C_6H_4) \xrightarrow[NaOH]{Pd(PPh_3)_4} R—R'$

7-6 给出下列反应机理。

$\underset{\mathbf{1}}{HC(R')=CR_2} + RX \xrightarrow[碱]{PdL_2X_2} \underset{\mathbf{2}}{RC(R')=CR_2} +$ 碱·HX

7-7 Vaska配合物 $(PPh_3)_2Ir(CO)Cl$ 是由 $IrCl_3$、PPh_3 和乙醇反应制得的。用同位素氧标记的醇反应表明产物中的羰基来自醇。反应过程包括脱HCl、配位、β-消除、还原消除脱HCl、氧化加成、羰基插入和还原消除等。以方程式给出上述机理。

7-8 给出α，ω-二烯发生分子内RCM反应的机理。

α,ω-二烯(含X) $\xrightarrow{RCM}$ 环烯(含X) $+ H_2C=CH_2$

参考文献

[1] Falbe J., Bahrmann H. *J. Chem. Educ.*, **1984**, 61: 961; Parshall G W., Putscher R E. *J. Chem. Educ.*, **1986**, 63: 189; 钱延龙，陈新滋. 金属有机化学与催化. 北京：化学工业出版社，**1997**; Meijere A. *Chem. Rev.*, **2000**, 100: 2730; 麻生明. 金属参与的现代有机合成反应. 广州：广东科技出版社，**2003**; 胡跃飞，林国强. 现代有机反应-金属催化反应. 北京：化学工业出版社，**2008**; Crabtree R H. 过渡金属有机化学. 江焕峰，祝诗发主译. 北京：科学出版社，**2012**; 宋礼成. 王佰全. 金属有机化学原理及应用. 北京：高等教育出版社，**2012**.

[2] Zhou H.-C., Long J R., Yaghi O M. *Chem. Rev.*, **2012**, 112: 673.

[3] Clegg W. *Angew. Chem. Int. Ed.*, **2012**, 51: 1310; Lichtenberg D-C C., Okuda Jun. *Angew. Chem. Int. Ed.*, **2013**, 52: 5228.

[4] Eanst K-H., Wild F R W P., Blacque O., Berke H. *Angew. Chem. Int. Ed.*, **2011**, 50: 10780.

[5] Weiller B H., Wasserman E P., Bergman R G., Moore C B., Pimentel G C. *J. Amer. Chem. Sov.*, **1989**, 111: 8288; Calladine J A., Vuong K Q., Sun X Z., George M W. *Pure Appl. Chem.* **2009**, 81: 1667.

[6] 钱长涛，杜灿屏. 稀土金属有机化学. 北京：化学工业出版社，**2004**; Kratsch J., Roesky P W. *Angew. Chem. Int. Ed.*, **2014**, 53: 376.

[7] Nyholm R S. *Pure Appl. Chem.*, **1968**, 17: 1; Seebach D. *Angew. Chem. Int. Ed. Engl.*, **1990**, 29: 1320; Green

M L H. *J. Organomet. Chem.*, **1995**, 500: 127; 山本明夫. 有机金属化学·基础与应用. 陈惠麟, 陆熙炎译. 北京: 科学出版社, **1997**; Breit B. *Acc. Chem. Res.*, **2003**, 36: 264; Schulz S. *Chem. Eur. J.*, **2010**, 16: 6416; Clavier H. Nolan S. P. *Chem. Commun.*, **2010**, 46: 841; 曾青, 李祖成, 何家骐. 有机化学, **2010**, 30: 345.

[8] Weiss E., Lucken E A C. *J. Organomet. Chem.*, **1964**, 2: 197; von Schleyer P R. *Pure Appl. Chem.*, **1984**, 56: 151; Bickelhaupt F M., Hommes N J., Guorra C F., Baerends E J. Organometallics **1996**, 15: 2923; Green J C., Green M L H., Parkin G. *Chem. Commun.*, **2012**, 48: 11481; Reich H J. *J. Org. Chem.*, **2012**, 77: 5471.

[9] Rockett B W., George M. *J. Organomet. Chem.*, **1982**, 237: 161; 范力仁. 化学通报, **1995**, (4): 41; Blaser H., Spindler F. *Chimia*, **1997**, 51: 297; Evans W J., Davis B l. *Chem. Rev.*, **2002**, 102: 2119; Arrayas R G., Adrio J., Carratero J C. *Angew. Chem. Int. Ed.*, **2006**, 45: 7674; Swart M. *Inorg. Chem. Acta*, **2007**, 360: 179; Murahashi T., Inoue R., Usui K., Ogoshi S. *J. Amer. Chem. Sov.*, **2009**, 131: 9888; Lal B., Badshah A., Altaf A A., Khan N., Ullah S. *Appl. Organomet. Chem.*, **2011**, 25: 843; Werner H. *Angew. Chem. Int. Ed.*, **2012**, 51: 6052; Donahue C J., Donahue E R. *J. Chem. Educ.*, **2013**, 90: 1688.

[10] Resconi L., Cavallo L., Fait A., Piemontesi F. *Chem. Rev.*, **2000**, 100: 1253; Fink G, Steinmetz B, Zechlin J., Przybyla C., Tesche B. *Chem. Rev.*, **2000**, 100: 1377; Shapiro P J. *Coord. Chem. Rev.*, **2002**, 231: 67; Prashar S., Antinolo A., Otero A. *Coord. Chem. Rev.*, **2006**, 250: 133., Werner H. *Angew. Chem. Int. Ed.*, **2012**, 51: 6052.

[11] Goldman A S., Krogh-Jespersen K. *J. Amer. Chem. Soc.*, **1996**, 118: 12159; Bernhardt E., Willner H., Jonas V., Thiel W., Aubke F. *Angew. Chem. Int. Ed.*, **2000**, 39: 168; Pampaloni G. Tripepi G. *J. Organometal. Chem.* **2000**, 594: 19.

[12] Allen A D., Bottomley F., Harris R O., Reinsalu V P., Senoff C V. *J. Amer. Chem. Sov.*, **1967**, 89: 5595; Chatt J., Dilworth J R., Richards R L. *Chem. Rev.*, **1978**, 78: 589; Hidai M., Mizobe Y. *Chem. Rev.*, **1995**, 95: 1115; Pickett C J. *J. Biol. Inorg. Chem.*, **1996**, 1: 601; M D., Johnson S A. *Coord. Chem. Rev.*, **2000**, 200: 379; Yandulov D V., Schrock R R. *Scince*, **2003**, 301: 76; Schrock R R. *Acc. Chem. Res.*, **2005**, 38: 955; Sc M., Scheibel M G., Schneider S. *Angew. Chem. Int. Ed.*, **2012**, **51**: 4529; Nashibayashi Y. *Dalton Trans.*, **2012**, 41: 7447; Kitano M., Inoue Y., Yamazaki Y., Hayashi F., Kanbara S., Matsuishi S., Yokoyama T., Kim S.-W., Hara M., Hosono H. *Nat. Chem.*, **2012**, 4: 934; Yuki M., Tanaka H., Sasaki K., Miyake Y., Yishizawa K., Nishibayashi Y. *Nat. Commun.*, **2012**, 3: 1254; Andino J G., Mazumder S., Pal K., Caulton K G. *Angew. Chem. Int. Ed.*, **2013**, 52: 4726; Fryzuk M D. *Chem. Commun.*, **2013**, 49: 4866; Anderson J S., Moret M.-E., Peters J C. *J. Amer. Chem. Soc.*, **2013**, 135: 534.

[13] Tran N T., Dahl L F. *Angew. Chem. Int. Ed.*, **2003**, 42: 3533; Dyson P J. *Coord. Chem. Rev.*, **2004**, 248: 2443; Macintosh A M., Chisholm M H. *Chem. Rev.*, **2005**, 105: 2949.

[14] Hoffman R. *Angew. Chem. Int. Ed. Engl.*, **1982**, 21: 711; Smith D W. *J. Chem. Educ.*, **2005**, 82: 1202; Parkin G. *J. Chem. Educ.*, **2006**, 83: 791.

[15] Tolman C. *Chem. Soc. Rev.*, **1972**, 1: 337; Mingos D M P. *Acc. Chem. Res.*, **1984**, 17: 311; 张启衍, 郝金库. 化学通报, **1984**, (1): 7; Mingos D M P. *J. Organometal. Chem.*, **2004**, 689: 4420; Jensen W B. *J. Chem. Educ.*, **2005**, 82: 28; Parkin G. *Organometallics*, **2006**, 25: 4744.

[16] Paiaro G. *Organomet. Chem. Rev.*, **1970**, 46: 319; Togni A. *Angew. Chem. Int. Ed.*, **1996**, 35: 1475; Netz A., Polborn K., Noth H., Muller T J J. *Eur. J. Org. Chem.* **2005**, 1823; Mohring D., Nieger M., Lewall B., Dotz K H. *Eur. J. Org. Chem.*, **2005**, 2620; Kinbara K., Muraoka T., Aida T. *Org. Biomol. Chem.*, **2008**, 6: 1871; Nomura H. Richards C. J. *Chem. Asi. J.*, **2010**, 5: 1726; Rose－Munch F. Rose E. *Org. Biomol. Chem.*, **2011**, 9: 4725; Diaz-Alvarez A E., Mesas-Sanchez L., Diner P. *Angew. Chem. Int. Ed.*, **2013**, 52: 502.

[17] 陈荣梯, 张启衍, 郝金库. 化学通报, **1984**, (7): 9; 王序坤. 大学化学, **1991**, (1): 35.

[18] Peleso A. *Coord. Chem. Rev.*, **1973**, 10: 123; Cross R. *J. Chem. Soc. Rev.*, **1985**, 197; Richens D T. *Chem. Rev.*, **2005**, 105: 1961.

[19] Halpern J. *Acc. Chem. Res.*, **1970**, 3: 386; Stille J K., Lau K S. *Acc. Chem. Res.*, **1977**, 10: 434; Niu S Q., Hall M B. *Chem. Rev.*, **2000**, 100: 353.

[20] Hoff C D. *Coord. Chem. Rev.*, **2000**, 206: 451; Thomas C M., Suss-Fink G. *Coord. Chem. Rev.*, **2004**, 243: 125.

[21] Blum O., Milstein J. *J. Amer. Chem. Soc.*, **2002**, 124: 11456; Ozerov O V. *Chem. Soc. Rev.*, **2009**, **38**: 83; Kagan H B. *Angew. Chem. Int. Ed.*, **2012**, 51: 7376.

[22] Hartwig J F. *Acc. Chem. Res.*, **1998**, 31: 852; Culkin D A., Hartwig J F. *Acc. Chem. Res.*, **2003**, 36: 234.

[23] van Leeuwen P W N M., Kamer P C J., Reek J N H., Dierkes P. *Chem. Rev.*, **2000**, 100: 2741.

[24] Noack K., Calderrazo F. *J. Organometal. Chem.*, **1967**, 10: 101; Noack K., Ruck M., Calderazzo F. *Inorg. Chem.*, **1968**, 7: 345; Calderazzo F. *Angew. Chem. Int. Ed. Engl.*, **1977**, 16: 299; Flood T C., Campbell K D. *J. Amer. Chem. Soc.*, **1984**, 106: 2853; D.-Kovaks A., Marynick D S. *J. Amer. Chem. Soc.*, **2000**, 122: 2078.

[25] Wheatley B M M., Keay B A. *J. Org. Chem.*, **2007**, 72: 7253.

[26] Bohm L L. *Angew. Chem. Int. Ed.*, **2003**, 42: 5010; Kashiwa N. *J. Polym. Sci. Part. A*: *Polym. Chem.*, **2004**, 42: 1.

[27] Whitesides G M., Gaasch J F., Stedronsky E R. *J. Amer. Chem. Soc.*, **1972**, 94: 5258.

[28] Fryzuk M D., Bosnich B. *J. Amer. Chem. Soc.*, **1979**, 101: 3043; Rogers W N., Baird M C. *J. Organomet. Chem.* **1979**, 182: C65; Pape A R., Kaliappan K P., Kundig E P. *Chem. Rev.*, **2000**, 100: 2917.

[29] Trost B M. *Acc. Chem. Res.*, **1980**, 13: 385; *Angew. Chem. Int. Ed. Engl.*, **1989**, 28: 1173; Tsuji J., Minami I. *Acc. Chem. Res.*, **1987**, 20: 140; Graening T., Schmalz H.-G. *Angew. Chem. Int. Ed.*, **2003**, 42: 2580.

[30] Gladysz J. A. *Chem. Rev.*, **2011**, 111: 1167; Murakami M. Matsuda T. Chem. *Commun.*, **2011**, 47: 1100.

[31] Stille J K., Divakaruni R. *J. Organomet. Chem.*, **1979**, 169: 239; Tsuji J. Synthesis 1984, 369; Takacs J M. *Curr. Org. Chem.*, **2003**, 7: 369; Keith J A., Nielsen R J., Oxgaard J., Goddard W A. *J. Amer. Chem. Soc.*, **2007**, 129: 12342; Zhang Z., Tan J., Wang Z. *Org. Lett.*, **2008**, 10: 173.

[32] Forster D J. *J. Amer. Chem. Soc.*, **1976**, 98: 846; Fernandez M J., Rodriguez M J., Oro L A. *J. Organomet. Chem.*, **1992**, 438: 337; Sunley G J., Watson D J. *Catal. Today*, **2000**, 58: 293; Thomas C M., Suss-Fink G. *Coord. Chem. Rev.*, **2003**, 243: 125.

[33] James D E., Stille J K. *J. Amer. Chem. Soc.*, **1976**, 98: 1810; Seayad A., Jayarsee S., Chaudhari R V. *Org. Lett.*, **1999**, 1: 459; 夏九云，杨定桥，龙玉华. 有机化学，**2011**，31: 593.

[34] Agbossou F., Carpentier J F., Mortreaux A. *Chem. Rev.*, **1995**, 95: 2485; Gladiali S., Bayon J C., Claver C. *Tetragydron*: *Assymmetry*, **1995**, 6: 1453; 刘金尧，朱起明. 化学进展，**1996**，8: 251; Leighton J L., Chapman E. *J. Amer. Chem. Soc.*, **1997**, 119: 12416; Loh T P. *Tetrahedron Lett.*, **1999**, 40: 2649; Dieguez M., Pamies O., Claver C. *Tetragydron*: *Assymmetry*, **2004**, 15: 2113; Clark T P., Landis C R., Freed S L., Klosin J., Abboud K A. *J. Amer. Chem. Soc.*, **2005**, 127: 5040; Muller C., Freixa Z., Lutz M., Spek A L., Vogt D., van Leeuwen P W N M. *Organometallics*, **2008**, 27: 834; Franke R., Selent D., Borner A. *Chem. Rev.*, **2012**, 112: 5675; Neves A C B., Calvete M J F., Pinho e Melo T M V D., Pereira M M. *Eur. J. Org. Chem.*, **2012**, 6309; 贾肖飞，王正，夏春谷，丁奎岭. 有机化学，**2013**，33: 1369.

[35] Reppe J W. *Liebigs Ann. Chem.*, **1953**, 582: 1; Bird W C. *Chem. Rev.*, **1962**, 62: 283; Milstein D. *Acc. Chem. Res.*, **1988**, 21: 428; Bertoux F., Monflier E., Castanet Y., Moutereux A. *J. Mol. Catal. A*: *Chem.*, **1999**, 143: 11.

[36] Yoshida T., Ueda Y., Otsuka S. *J. Amer. Chem. Soc.*, **1978**, 100: 3941; Ziessel R. *Angew. Chem. Int. Ed.*, **1991**, 30: 844.

[37] Brown J M. *Angew. Chem. Int. Ed. Engl.*, **1987**, 26: 190; Blystone S L. *Chem. Rev.*, **1989**, 89: 6631; Ojima I., Clos N., Bastos C. *Tetrahedron*, **1989**, 45: 6901; Hoveyda A H., Evans D A., Fu G C. *Chem. Rev.*, **1993**, 93: 1307; Delgado R A., Rosales M. *Coord. Chem. Rev.*, **2000**, 196: 249; Tang W J., Zhang X M. *Chem. Rev.*, **2003**, 103: 3029; Cui X H., Burgess K. *Chem. Rev.*, **2005**, 105: 3272., Ager D J., de Vries A H M., de Vries J G. *Chem. Soc. Rev.*, **2012**, 41: 3340; 谢建华，周其林. 化学学报，**2012**，70: 1427.

[38] Evans D., Yagupsky G., Wilkinson G. *J. Chem. Soc* (*A*)., **1968**, 2660; O′ Connor C., Wilkinson G. *J. Chem. Soc* (*A*)., **1968**, 2665; Birch A J., Wilkinson D H. *Org. React.*, **1976**, 24: 1; Jardine F H. *Prog. Inorg. Chem.*, **1981**, 28: 63; Gridnev I D., Imamoto T., Hoge G., Kouchi M., Takahashi H. *J. Amer. Chem. Soc.*, **2008**, 130: 2560.

[39] Shu A Y., Chen W., Heys J R. *J. Organomet. Chem.*, **1996**, 524: 87; Yung C M., Skaddan M B., Bergman R G. *J. Amer. Chem. Soc.*, **2004**, 126: 13033; Atzrodt J., Derdau V., Fey T., Zimmermann J. *Angew. Chem. Int. Ed.*, **2007**, 46: 7744.

[40] Philippaerts A., Jacobs P A., Sels B F. *Angew. Chem. Int. Ed.*, **2013**, 52: 5220.

[41] Shulpin G B. *Org. Biomol. Chem.*, **2010**, 8: 4217; Qi X., Rice G T., Lall M S., Plammer M S., White M C. *Tetrahedron*, **2010**, 66: 4816; Davies H. M. L. Du Bois J. Yu J.-Q. *Chem. Soc. Rev.*, **2011**, 40: 1855 Bordeaux M., Galarneau A., Drone J. *Angew. Chem. Int. Ed.*, **2012**, 51: 10712; Cavaliere V N., Mindiola D J. *Chem. Sci.*, **2012**, 3: 3356; Caballero A., Perez P J. *Chem. Soc. Rev.*, **2013**, 42: 8809; Wencel-Delord J., Colobert F. *Chem. Eur. J.*, **2013**, 19: 14010.

[42] Jia C., Kitamura T., Fujiwara Y. *Acc. Chem. Res.*, **2001**, 34: 844; Crabtree R H. *J. Chem. Soc.*, *Dalton.*, **2001**, 2437; Ritleng V., Sirlin C., Pfeffer M. *Chem. Rev.*, **2002**, 102: 1731; 桑丽霞，钟顺和. 化学通报，**2002**, (12): 805; Olah G A. *J. Org. Chem.*, **2005**, 70: 2413; Pavies H M L. *Angew. Chem. Int. Ed.*, **2006**, 45: 6422; Dick A R., Sauford M S. *Tetrahedron*, **2006**, 62: 2439; Kirillova M V., Kuznetsov M L., Reis P M., da Silva J A L., da Silva J J R F., Pombeiro A J L. *J. Amer. Chem. Soc.*, **2007**, 129: 10531; Makinchi F., Studer A. *Synthesis*, **2008**, 3013; 谢叶香，宋仁杰，向建南，李金恒. 有机化学，**2012**, 32: 1555; 于海珠，苏圣钦，张弛，党智敏. 有机化学，**2013**, 33: 1628; Girard S A., Knauber T., Li C.-J. *Angew. Chem. Int. Ed.*, **2014**, 53: 74.

[43] Aresta M., Nobile C F. *J. Chem. Soc.*, *Dalton Trans.*, **1977**, 708; Floriani C. *Pure Appl. Chem.*, **1983**, 55: 1; Gibson D H. *Coord. Chem. Rev.*, **1999**, 185/186: 335; 董冬吟，杨琍苹，胡文浩. 化学进展，**2009**, 21: 1217; Apfel U—P. Weigand W. *Angew. Chem. Int. Ed.*, **2011**, 50: 4262; Ackermann L. *Angew. Chem. Int. Ed.*, **2011**, 50: 3842; Boogaerts I. I. F. Nolan S. P. *Chem. Commun.*, **2011**, 47: 3021; Huang K. Sun C.-L. Shi Z. —J. *Chem. Soc. Rev.*, **2011**, 40: 2435; Behr A. Henze G. *Green Chem.*, **2011**, 13: 25; Zhang Y. Riduan S. N. *Angew. Chem. Int. Ed.*, **2011**, 50: 6210; Tsuji Y., Fujihara T. *Chem. Commun.*, **2012**, 48: 9956; Darensbourg D J., Wilson S J. *Green Chem.*, **2012**, 14: 2665; Kielland N., Whiteoak C J. Kleij A W. *Adv. Synth.. Cat.*, **2013**, 355: 2115.

[44] Himeda Y. *Eur. J. Inorg. Chem.*, **2007**, 3927; Matsuo Y., Maruyama M. *Chem. Commun.*, **2012**, 48: 9334.

[45] Riduan S N., Zhang Y., Ying J Y. *Angew. Chem.*, *Int. Ed.*, **2009**, 48: 3322; Gu L., Zhang Y. *J. Amer. Chem. Soc.*, **2010**, 132: 914.

[46] Link J T. *Org. React.*, **2002**, 60: 157; van der Boom M E., Milsteind. *Chem. Rev.*, **2003**, 103: 1759; Daunay A B., Overman L. E. *Chem. Rev.*, **2003**, 103: 2945; Sadow A A., Tilley D T. *J. Amer. Chem. Soc.*, **2003**, 125: 7971; Tietze L F., Ila H., Bell H P. *Chem. Rev.*, **2004**, 104: 3453; Bellina F., Carpita A., Rossi R. *Synthesis*, **2004**, 2419; Klein J E M N., Plietker B. *Org. Biomol. Chem.*, **2013**, 11: 1271.

[47] Heck R F. *Org. React.*, **1982**, 27: 345; Link J T. *Org. React.*, **2002**, 60: 157; NicolaouK C., Balger P G., Sarlah D. *Angew. Chem. Int. Ed.*, **2005**, 44: 4442; 王静，许胜，陶晓春. 有机化学，**2008**, 28: 52; McCartney D., Guiry P J. *Chem. Soc. Rev.*, **2011**, 40: 5122; Murray P M., Bower J F., Cox D K., Galbraith E K., Parker J S., Sweeney J B. *Org. Proc. Res. Dev.*, **2013**, 17: 397.

[48] Davies G., ElSayed M A., ElToukhy A. *Chem. Soc. Rev.*, **1992**, 21: 101; Lindhardt A T., Skrydstrup T. *Chem. Eur. J.*, **2008**, 14: 8756.

[49] Hartwig J F. *Angew. Chem. Int. Ed.*, **1998**, 37: 2046; Yang B H., Buchwald S L. *J. Organomet. Chem.*, **1999**, 576: 1256; Muci A R., Buchwald S L. *Top. Curr. Chem.*, **2002**, 219: 131; Bedford R B. *Chem. Commun.*, **2003**, 1787; Ogata T., Hartwig J F. *J. Amer. Chem. Soc.*, **2008**, 130: 13848.

[50] Hiyama T., Hatanaka Y. *Pure Appl. Chem.*, **1994**, 66: 1471; Denmark S E., Sweis R F. *Acc. Chem. Res.*, **2002**, 35: 835; Denmark S E., Ober M H. *Aldrichimica Acta.*, **2003**, 36: 76; Li J H., Deng C L., Liu W J., Xie Y X. *Synthesis*, **2005**, 3039; Zhang L., Wu J. *J. Amer. Chem. Soc.*, **2008**, 130: 12250; Wu Z S., Yang M., Li H L., Qi Y X. *Synthesis*, **2008**, 1415; Nakao Y., Hiyama T. *Chem. Soc. Rev.*, **2011**, 40: 4893.

[51] Tamao K., Kiso Y., Sumitani K., Kumada M. *J. Amer. Chem. Soc.*, **1972**, 94: 9268; Hassan J., Sevignon M., Gozzi C., Schulz E., Lemaire M. *Chem. Rev.*, **2002**, 102: 1359; Guan B T., Xiang S K., Wang B Q., Sun Z P., Wang Y., Zhao K Q., Shi Z J. *J. Amer. Chem. Soc.*, **2008**, 130: 3268; Knappke C E I., von Wangelin A J., *Chem. Soc. Rev.*, **2011**, 40: 4948; Yamaguchi J., Muto K., Itami K. *Eur. J. Org. Chem*, **2013**, 19.

[52] Negishi E I. *Acc. Chem. Res.*, **1982**, 15: 340; Negishi E I., Liu F. *Tetrahedron*, **1998**, 54: 263; Luo X., Zhang H., Duan H., Liu Q., Zhu L., Zhang T., Lei A. *Org. Lett.*, **2007**, 9: 4571; Phapale V. B. Cardenas D. J. *Chem. Soc. Rev.*, **2009**, 38: 1598; Valente C. Belowich M. E. Hadei N. Organ M. G. *Eur. J. Org. Chem.*, **2010**, 4343; Negishi E-I. *Angew. Chem. Int. Ed.*, **2011**, 50: 6738; Hu X. *Chem. Sci.*, **2011**, 2: 1867; Wu X.-F., Neumann H. *Adv. Synth.. Cat.*, **2012**, 355: 3141; Jin L., Lei A. *Org. Biomol. Chem.*, **2012**, 10: 6817.

[53] Sonogashira K., Tohda Y., Hagihara N. *Tetrahedron. Lett.*, **1975**, 16: 4467; 王晔峰，邓维，刘磊，郭庆祥. 有机化学，**2005**, 25: 8; Chinchilla R., Najere C. *Chem. Rev.*, **2007**, 107: 874; Doucet H., Hierso J C. *Angew. Chem. Int. Ed.*, **2007**, 46: 834; Chinchilla R., Najera C. *Chem. Rev.*, **2007**, 107: 874; Wang Z., Wang L., Li P. *Synthesis*, **2008**, 1367; Plenio H. *Angew. Chem. Int. Ed.*, **2008**, 47: 6954; Chinchilla R., Nájera C. *Chem. Soc. Rev.*, **2011**, 40: 5084; Bakherad M. Appl. Organomet. Chem., **2013**, 27: 125.

[54] Stille J K. *Angew. Chem. Int. Ed. Engl.*, **1986**, 25: 504; Farina V, Krishnamurthy V, Scott W J. *Org. React.*, **1997**, 50: 1; Espinet P, Echavarren A M. *Angew. Chem. Int. Ed.*, **2004**, 43: 4704; Peng Y. Li W-D. Z.

Eur. J. Org. Chem., **2010**, 6703; Heravi M M., Hashemi E., Azimian F. *Tetrahedron*, **2014**, 70: 7.

[55] Suzuki A. *Acc. Chem. Res.*, **1982**, 15: 178; Bai L., Wang J X. *Curr. Org. Chem.*, **2005**, 9: 535; Wang H S., Wang Y C., Pan Y M., Zhao S L., Chen Z F. *Tetrahedron Lett.*, **2008**, 49: 2634; Suzuki A. *Angew. Chem. Int. Ed.*, **2011**, 50: 6722; Pilarski L T., Szabo K J. Angew. *Chem. Int. Ed.*, **2011**, 50: 8230; Fihri A., Bouhrara M., Nekoueishahraki, B., Basset J.-M., Polshettiwar V. *Chem. Soc. Rev.*, **2011**, 40: 5181; Rossi R., Bellina F., Lessi M. *Tetrahedron*, **2011**, 67: 6969; Heravi Ma M., Hashemi E. *Tetrahedron*, **2012**, 68: 9145; 刘 宁, 刘 春, 金子林. 有机化学, **2012**, 32: 860; Lennox A J J., Lloyd-Jones G C. *Angew. Chem. Int. Ed.*, **2013**, 52: 7362; Amatore C., Le Duc G., Jutand A. *Chem. Eur. J.*, **2013**, 19: 10082.

[56] 麻生明. 有机化学, **2001**, 21: 833; McGlacken G P. Fairlamp I J S. *Eur. J. Org. Chem.*, **2009**, 4011; Demchuk O M. Kielar K. Pietrusiewicz K M. *Pure Appl. Chem.*, **2011**, 83: 633; Mousseau J J. , Charette A B. *Acc. Chem. Res.*, **2013**, 46: 412.

[57] Beller M. *Chem. Soc. Rev.*, **2011**, 40: 4891; 王乃兴. 有机化学, **2011**, 31: 1319; Seechurn C J., Kitching M O., Colacot T J., Snieckus V. *Angew. Chem. Int. Ed.*, **2012**, 51: 5062; Arancon R A D., Lin C S K., Vargas C., Luque R. *Org. Biomol. Chem.*, **2014**, 12: 10.

[58] Kobayashi Y., Mizojiri R. Ikeda E. *J. Org. Chem.*, **1986**, 51: 723; Hayashi T., Yamamoto A., Hagihara T. *J. Org. Chem.*, **1996**, 61: 5391; Tsuji T. *Pure Appl. Chem.*, **1999**, 71: 1539; Graening T., Schmaiz H.-G. Angew. *Chem. Int. Ed.*, **2003**, 42: 2580; Trost B M., Crawley M L. *Chem. Rev.*, **2003**, 103: 2921; Chandrasekhar S., Jagadeshwar V., Saritha B., Narsihmulu C. *J. Org. Chem.*, **2005**, 70: 6506; Keith J A., Behenna D C., Mohr J T., Ma S, Marinescu S C., Oxgaard J., Stoltz B M., Goddard Ⅲ W A. *J. Amer. Chem Soc.*, **2007**, 129: 11876; JensenT. Fristrup P. *Chem. Eur. J.*, **2009**, 15: 9632., Sundararaju B., Achard M., Bruneau C. *Chem. Soc. Rev.*, **2012**, 41: 4467; 崔朋雷, 刘海燕, 张冬暖, 王春. 有机化学, **2012**, 32: 1401; Lumbroso A., Cooke M L., Breit B. *Angew. Chem. Int. Ed.*, **2013**, 52: 1890; Hong A Y., Stoltz BM. *Eur. J. Org. Chem*, **2013**, 2745.

[59] Trnka T M., Grubbs R H. *Acc. Chem. Res.*, **2001**, 34: 18; Grubbs R H. *Tetrahedron*, **2004**, 60: 7117; Casey C P. *J. Chem. Educ.*, **2006**, 83: 192; Coleman W F. *J. Chem. Educ.*, **2006**, 83: 236; 马玉国. 大学化学, **2006**, 21 (1): 1; Chauvin Y. *Angew. Chem. Int. Ed.*, **2006**, 45: 3740; Schrock R R. *Angew. Chem. Int. Ed.*, **2006**, 45: 3748, 3760.

[60] Schwarb P., France M B., Ziller J W., Grubbs R H. *Angew. Chem. Int. Ed. Engl.*, **1995**, 34: 2039; Boeda F., Clavier H., Nolan S P. *Chem. Commun.*, **2008**, 2726; Monsaert S. Vila A. L. Drozdzak R. Van Der Voort P. Verpoort F. *Chem. Soc. Rev.*, **2009**, 38: 3360., Vougioukalakis G C. *Chem. Eur. J.*, **2012**, 18: 8868.

[61] Weskamp T., Schattenmann W C., Spiegler M., Herrmann W A. *Angew. Chem. Int. Ed.*, **1998**, 37: 2490; Kingsbury J S., Harrity J P A., Jr Bonitatebus P J., Hoveyda A H. *J. Amer. Chem. Soc.*, **1999**, 121: 791; Scholl M., Ding S., Lee C W., Grubbs R H. *Org. Lett.*, **1999**, 1: 953; Garber S B., Kingsbury J S., Gray B L., Hoveyda A H. *J. Amer. Chem. Soc.*, **2000**, 122: 8168; Wakamatsu H., Blechert S. *Angew. Chem. Int. Ed.* **2002**, 41: 794; Grela K., Harutyunyan S., Michrowska A. *Angew. Chem. Int. Ed.*, **2002**, 41: 4038; Michrowska A., Bujok R., Harutyunyan S., Sashuk V., Dolgonos G., Grela K. *J. Amer. Chem. Soc.*, **2004**, 126: 9318; Blanc F., berthoud R., Salemeh A., Basset J M., Coperet C., Singh R., Schrock R R. *J. Amer. Chem. Soc.*, **2007**, 129: 8384., Lundgren R J., Stradiotto M. *Chem. Eur. J.*, **2012**, 18: 9758.

[62] Chatterjee A K., Choi T L., Sanders D P., Grubbs R H. *J. Amer. Chem. Soc.*, **2003**, 125: 11360.

[63] Grubbs R H., Miller S J., Fu G C. *Acc. Chem. Res.*, **1995**, 28: 446.

[64] Novak B M., Risse W., Grubbs R H. *Adv. Polym. Sci.*, **1992**, 102: 47.

[65] Smith J A., Brzezinska K R., Valenti D J., Wagener K B. *Macromolecules*, **2000**, 33: 3781; Schwendeman J E., Church A C., Wagener K. B. *Adv. Synth. Catal.*, **2002**, 344: 597.

[66] Fuster A., Seidel G. *J. Organomet. Chem.*, **2000**, 606: 75; Bunz U H F. *Acc. Chem. Res.*, **2001**, 34: 998; Furstner A., Mathes C., Lehmann C W. *Chem. Eur. J.*, **2001**, 7: 5299; Furstener A., Davies P W. *Chem. Commun.*, **2005**, 2307; Jyothish K. Zhang W. *Angew. Chem. Int. Ed.*, **2011**, 50: 3435, 8478; Lopez J C., Plumet J. *Eur. J. Org. Chem.*, **2011**, 1803; Furstner A. *Angew. Chem. Int. Ed.*, **2013**, 52: 2794; Schrock R R. *Angew. Chem. Int. Ed.*, **2013**, 52: 5529.

[67] Diver S T., Giessert A J. *Chem. Rev.*, **2004**, 104: 1317; Li J., Lee D. Eur. *J. Org. Chem.*, **2011**, 4269.

[68] Maury O., Lefort L., Vidal V., Thivolle-Cazat J., Basset J M. *Angew. Chem. Int. Ed.*, **1999**, 38: 1952; Trost B M., Surivet J.-P., Toste F D. *J. Amer. Chem. Soc.*, **2004**, 126: 15592; Goldman A S., Roy A H., Huang Z., Ahuja R., Schinski W., Brookhart M. *Science*, **2006**, 312: 257.

[69] Crabtree R H. *Angew. Chem. Int. Ed. Engl.*, **1993**, 32: 789; Perutz R N., Sabo-Etienne S. *Angew. Chem. Int. Ed.*, **2007**, 46: 2578.

[70] Michrowska A. Grela K. *Pure Appl. Chem.*, **2008**, 80: 31; Fürstner A. *Chem. Commun.*, **2011**, 47: 6505; Szadkowska A. Samojłowicz C. Grela K. *Pure Appl. Chem.*, **2011**, 83: 553; Morzycki J W. *Steroids*, **2011**, 76: 946; Kress S., Blechert S. *Chem. Soc. Rev.*, **2012**, 41: 4389; Kotha S K., Dipak M K. *Tetrahedron*, **2012**, 68: 397; Lee A-L. *Angew. Chem. Int. Ed.*, **2013**, 52: 4524; Tomasek J., Schatz J. *Green Chem.*, **2013**, 15: 2317.

[71] Harmann W A., Cornils B. *Angew. Chem. Int. Ed. Engl.*, **1997**, 36: 1049; Crabtree R H. *J. Chem. Soc. Dalton*, **2001**, 2437; Leadbeater N E., Marco M. *Chem. Rev.*, **2002**, 102: 3217; Groppo E., Lamberti C., Bordiga S., Spoto G., Zecchina A. *Chem. Rev.*, **2005**, 105: 115; Phan N T S., van der Sluys M., Jones C W. *Adv. Synth. Catal.*, **2006**, 348: 609; Lucarelli C., Vaccari A. *Green Chem.*, **2011**, 13: 1941.

[72] Dyson P J. *Dalton Trans.*, **2003**, 2964; Widegren J A., Finke R G. *J. Mol. Catal. A*, **2003**, 191: 187; **2003**, 198: 317; Bergbreiter D E., Osburn P L., Frels J D. *Adv. Synth. Catal.*, **2005**, 347: 172; Weck M., Jones C W. *Inorg. Chem.*, **2007**, 46: 1865.

[73] Brase S., Lauterwasser F., Zieger R E. *Adv. Synth. Cat.*, **2003**, 345: 869; Benaglia M., Puglisi A., Cozzi F. *Chem. Rev.*, **2003**, 103: 3401.

[74] Bourissou D., Guerret O., Gabbai F P., Bertrand G. *Chem. Rev.*, **2000**, 100: 39; Werner H. Angew. *Chem. Int. Ed.*, **2010**, 49: 4714; Martin D., Soleilhavoup M., Bertrand G. *Chem. Sci.*, **2011**, 2: 389; Liddle S T., Mills D P., Wooles A J. *Chem. Soc. Rev.*, **2011**, 40: 2164.

[75] Vigalok A., Milstein D. *Organomettalics*, **2000**, 19: 2061.

[76] Chen J., Wang R. *Coord. Chem. Rev.*, **2002**, 231: 109; Labinger J A., Weininger S J. *Angew. Chem. Int. Ed.*, **2004**, 43: 2612.

[77] E. O. Fischer, A. Maasbol, *Angew. Chem.*, *Int. Ed. Engl.*, **1964**, 3: 580; Doyle M P. *Acc. Chem. Res.*, **1986**, 19: 348; Erker G. *Angew. Chem. Int. Ed.*, **1989**, 28: 397; 陈家碧，殷建国. 化学通报，**1989**，(5)：1; Bercasconi C F., GarciaRio L. *J. Amer. Chem. Soc.*, **2000**, 122: 382; Barluenga J., Fananas F J. *Tetrahedron*, **2000**, 56: 4597; Sierra M A., GomezGallego M., Martinezlvarez R. *Chem. Eur. J.*, **2007**, 13: 736; Sierra M A., Fernandez I., Cossio F P. *Chem. Commun.*, **2008**, 4671.

[78] Schrock R R. *J. Amer. Chem. Soc.*, **1975**, 97: 5778; Tebbe F N., Parshall G W., Reddy G S. *J. Amer. Chem. Soc.*, **1978**, 100: 3611; Schrock R R. *Acc. Chem. Res.*, **1979**, 12: 98; *Chem. Rev.*, **2002**, 102: 145.

[79] Sierra M A. *Chem. Rev.*, **2000**, 100: 3591, Barluenga J., Fananas F J. *Tetrahydron*, **2000**, 56: 4597; Grasa C A., Viciu M S., Huang J K., Nolan S P. *J. Org. Chem.*, **2001**, 66: 7729; Fernández—Rodríguez M A., Garcia-Garcia P., Aguilar E. *Chem. Commun.*, **2010**, 46: 7670.

[80] Aumann R., Fischer E O. *Angew. Chem. Int. Ed. Engl.*, **1967**, 6: 879; Dorz K H. *Angew. Chem. Int. Ed. Engl.*, **1984**, 23: 587; Barluenga J., Monserrat M., Florez J., Garcia-Granda S., Martin E. *Angew. Chem. Int. Ed. Engl.*, **1994**, 33: 1392.

[81] Fischer E O., Dorz K H. *Chem. Ber.*, **1970**, 103: 1273; Fischer E O., Beck H J., Kreiter C G., Lynch J., Muller J. *Chem. Ber.*, **1972**, 105: 162; Brookhart M., Studabaker W B. *Chem. Rev.*, **1987**, 87: 411; Barluenga J. *Pure Appl. Chem.*, **1996**, 68: 543; Dorz K H., Tomuschat P. *Chem. Soc. Rev.*, **1999**, 28: 187.

[82] Casey C P., Boggs R A. *J. Amer. Chem. Soc.*, **1972**, 94: 6453; Hemdon J W. *Tetrahedron*, **2000**, 56: 1257.

[83] Dorz K H. *Angew. Chem. Int. Ed. Engl.*, **1984**, 23: 587; . Dorz K H., Tomuschat P. *Chem. Soc. Rev.*, **1999**, 28: 187.

[84] Hsung R P., Wulff W D., Rheingold A L. *J. Amer. Chem. Soc.*, **1994**, 116: 6449; de Meijere A. *Pure Appl. Chem.*, **1996**, 68: 61.

[85] Yamashita A. *Tetrahydron Lett.*, **1986**, 27: 5915; Yan J., Zhu J., Matasi J J., Herndon J W. *J. Org. Chem.*, **1999**, 64: 1291; Schirmer H., Flynn B., de Meijere A. *Tetrahydron*, **2000**, 56: 4977.

[86] Engel P F.. Pfeffer M. *Chem. Rev.*, **1995**, 95: 2281; Schrock R R. *Chem. Rev.*, **2002**, 102: 145; *Chem. Commun.*, **2005**, 2773; 安冉，李亭，温庭斌. 有机化学，**2013**，33：1697.

[87] Prier C K., Rankic D A., MacMillan D W C. *Chem. Rev.*, **2013**, 113: 5322; Thompson D W., Ito A., Meyer T J. *Pure Appl. Chem.*, **2013**, 85: 1257; Yam V W —W Pure Appl. *Chem.*, **2013**, 85: 1321.

[88] Barluenga J., Fananas F J. *Tetrahedron*, **2000**, 56: 4597; 何仁，陶晓春，张兆国 金属有机化学. 上海：华东理工大学出版社，**2007**.

8 天然产物化学

天然产物的研究是基础理论和应用开发密切结合的过程，主要包括天然产物化学、生源合成和生物工程三大主题，涉及有效成分的提取、结构、功能、合成、生源及应用等领域。天然产物化学是有机化学的基石和源泉，带动了物理有机化学、合成有机化学、金属有机化学和结构解析等有关分支学科的兴起和发展。天然产物化学还与生物、医药、材料、环境、精细化工等学科相互渗透并为人类美好生活服务。[1]中国的现代有机化学研究始于20世纪20年代。当时从西方留学归国的有机化学工作者基本都从事天然产物研究，特别是中草药有效成分的提取和结构解析工作。

8.1 概论

天然产物(natural products)指人、植物、动物、海洋生物、昆虫和微生物等生物体的组成成分及代谢产生的和内源性的有机化合物。按自然属性可分为植物或动物源产物；按代谢途径可分为初级和次级产物；按化学结构可分为生物碱、萜等产物；也可按经济或用途来分类。这些分类方法并无严格定义，相互间有交叉和重合。广义上看所有存在于大自然的一切物质都是天然产物，但如岩石、石油等不属天然产物化学研究的范围。

8.1.1 初级代谢和次级代谢

生物自外界摄取的营养物质除维护生命活动所需外还能将它们转化为天然产物。新陈代谢(metabolisms)涉及物质和能量的代谢，是生物体内所有有序的化学变化，也是生物体和非生物体的根本差别。植物生理学家提出，在获取能量过程中为维持细胞生命活动和自身生长及生存繁殖所必需的、由生物细胞通过光合、碳同化和呼吸作用而代谢生成的共性物质属初级代谢(primary metabolites)产物。初级代谢产物又称一次代谢产物或一级产物，是生物界普遍存在的如核酸、蛋白质、多糖、脂质等有限类型的大分子化合物，它们也是生物化学研究的主要对象。人类有10多万种蛋白质分子及更多数量的核酸，即使单细胞的大肠杆菌也有约3000种蛋白质和1000种核酸。发挥生命功能、调节生源合成的初级代谢在所有的生物体中都是类似的。如，蛋白质都是由20个氨基酸组成的，核酸只有5种碱基组合，它们的分子大小和组合方式在各类生物中都不同，但代谢都是基础代谢，是一切生命活动的根本，有共性。初级代谢受基因控制，生成初级代谢产物的生物途径也是相似的。如纤维素、木质素等形成植物机械组织的基本物质也归属初级代谢产物。

初级代谢产物也有一些如乙酰辅酶A、甲戊二羟酸、莽草酸和氨基酸等小分子化合物，生物利用它们为原料在长期进化选择过程中产生出一些化学结构复杂多变的如生物碱、萜、黄酮等次级代谢(secondary metabolites)产物。存在于特殊生命体中的这些次级代谢产物又称二级代谢产物或二级产物，是每种生物为适应生态环境和自我防御所需的一些代谢来源、结构和功能的多样性都是极为丰富复杂的特定小分子物质。这些小分子物质只存在于生物体的特定部位和一定的生长发育期中，少部分由外界摄取。它们含量较少且相对分子质量大多不超过1000。水、温度、光照、土壤、海拔、大气等环境因素及生长期、季节与部位等时空发育阶段，对次级代谢产物的生成和产量比初级代谢产物有更强的相关性和对应性。次级代谢产物有其产生的必然性和特异性，各有生物功能并对生物生存及协调其与环境的关系有重要的化学生态学作用，往往代表了植物科、属和种的特征。早期的研究认为，次级代谢产物对维持生命过程不起关键作用，缺少生物功能，也没有引起植物学家的足够重视，但始终是有机化学的主要研究对象。许多次级代谢产物有很大的经济效益或药用价值，广泛应用于医药、食品、农业和精细化工等领域。

植物的细胞壁由纤维素构成，通过叶绿素的光合作用产生代谢产物。动物体无细胞壁和叶绿素，有独特的遗传学基础和生理生化体系。次级代谢产物主要分布于植物界，至今对动物体次级代谢产物的研究相对不够丰富和深入。生物体在受到物理、化学或生物的突然刺激时还会应激而迅速大量产生一些异常次级代谢产物，这些具有保护和防御作用的物质在生物体内原本没有或很少。代谢产物的初级、次级与异常之间的界限并非清晰可分。如，脂肪酸和糖通常归属初级代谢产物，但某些脂肪酸或糖仅存在于少数种属中，故又应归属次级代谢产物。

8.1.2　先导化合物

人类早就知道利用天然染料和天然药物等与生活密切相关的天然产物，在现代药理学研究之前几千年就开始使用药物。有生物活性的天然产物在 20 万种以上。早期很长的一段历史时期里，地球上约 40 万种植物几乎是唯一的药物来源，并于 19 世纪初成为药物化学中最早和最重要的原料来源，如抗疟药奎宁、镇痛药吗啡(morphine)、镇咳药阿托品(atropine)等。20 世纪 70 年代前绝大多数药物均来自天然产物及其衍生物。先导化合物(lead compound)指具有一定的生理活性并可被继续转化为具有所需生理活性的母体化合物，这种转化又称化学修饰(modification)。[2] 如今大量复杂的天然产物分子的结构已得到解析并成为新药开发所依赖的先导化合物。吗啡和阿司匹林各是 1826 年和 1899 年开始生产的第一个商用的天然产物和基于天然产物加以修饰的合成药物。20 世纪 60 年代后期，从红豆杉科植物得到的紫杉醇(**1a**)具有优异的抗癌活性，但天然含量很低，工业规模的全合成也不切实际。从天然来源更丰富且提取较方便的 10-去乙酰基巴卡亭(10-deacetyl baccatin，**1b**)出发进行半合成，制得的多烯紫杉醇(taxotere，**1c**)具有与紫杉醇相似的药理活性，毒副作用更小。天然产物喜树碱(**2**)有较强的抗癌活性，但由于毒副作用及水溶性差等问题难以直接用于临床，对其结构加以改造后得到的拓扑替康(**3**)则已成为很好的一个抗癌药。以烟碱(**4**)这一古老的天然杀虫剂为先导化合物成功地开发出一类全新的烟酰亚胺类化学杀虫剂吡虫啉(**5**)、烯啶虫胺(**6**)和啶虫脒(**7**)。昆虫斑蝥分泌出的斑蝥素(cantharidine，**8**)是用作去毒化瘀的常用中药，但其毒性又常常限制了其应用。优化后给出的去甲斑蝥素钠(**9**)和 *N*-羟(甲)基斑蝥胺(**10**)等均已用作治疗肝癌的临床用药。

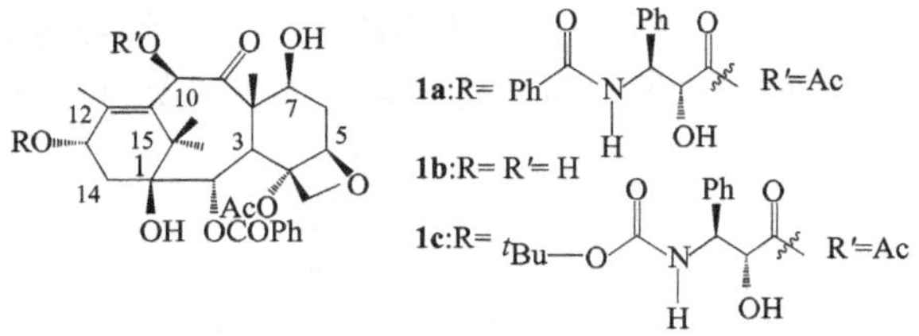

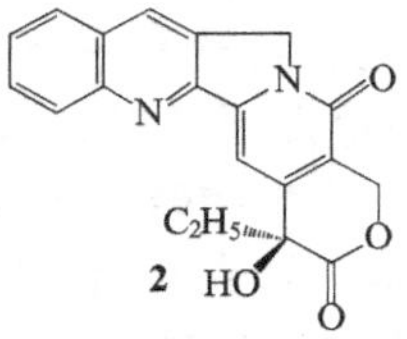

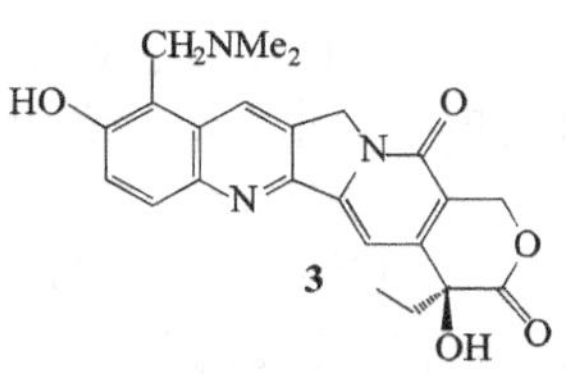

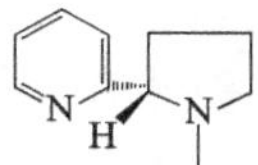

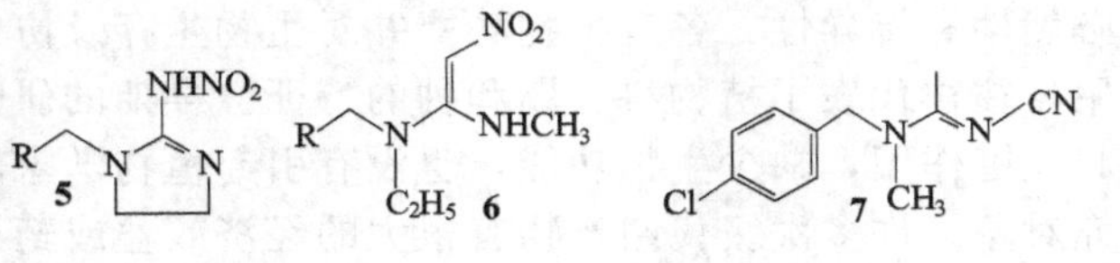

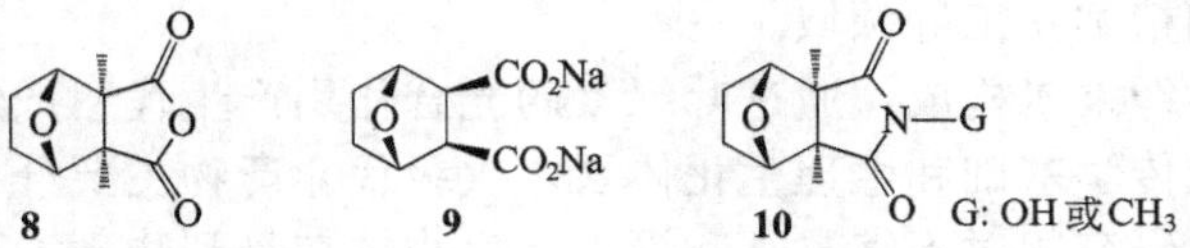

20 世纪末的 20 年间开发的 900 多个候选药物中，有一半以上是天然产物或以天然产物为先导化合物经修饰得到的模仿(Me-too)和优化(Me-better)新药。除常规化学方法外，利用代谢、基因等生物工程技术制备天然产物在解决生物资源短缺和创造新的非天然产物的有机功能分子方面已有非常重要的进展。

8.1.3 天然产物的分类和命名

天然产物的各种分类方法中应用较多的是将化学结构和生源相结合的方法。大多数天然产物的结构独特而又复杂，难以采用系统命名法来表达。通俗命名法是较为普及的一种方法，名称一般应包含获取该天然产物的生物体，常由发现者首先给出后在逐渐为同行和学术界接受采用。后缀“素”(-in)表示一种化合物成分，如，青蒿素(artemisinin)与其蒿属(*Artemisia*)有关；后缀“碱”(-ine)表示一种生物碱；后缀“毒素”(-toxin)表示该化合物对人畜有毒。用分子中含有的官能团名为后缀也是常见的，如，“醇”(-ol)、“酮”(-one)、“苷”(-oside)、“苷元”(-genin)等。一些族类的天然产物已有公认的位置编号，取代基名称则可用规范的前缀来表示。商品药品的命名较随意且往往与结构无关。

8.1.4 化学生物学

化学，特别是天然产物化学和生物学是生命学科的两大核心。化学生物学(chemical biology)这一新兴学科强调并突出了化学在揭示生命秘密科学中的重要作用。与阐述生命过程中的化学，即分子生物学不同，化学生物学是利用现代化学的概念、手段或方法技术发现对生物体的生理过程具有调控作用的化学物质；以这些天然的或人工设计合成的生物活性分子为配体、探针和工具来研究它们与生物靶分子的相互识别和信息传递的影响和机理，从而模拟和改变生物分子的功能以更深刻地理解生命现象和生物体系。化学生物学的研究领域在狭义上指使用化学小分子来解决生物学的问题，包括化学遗传学及化学基因组学；广义上则是面向生命科学的分子科学和分子工程，包含组合化学、生物大分子结构、检测与功能、生物合成、生物体系与功能的模拟及生物治疗等众多内容；涉及具有生理活性作用的化学物质的功能和结构分析、分离、修饰、设计和合成，并为药物创制和新颖的医疗手段建立基础。[3] 2010 年第 25 卷《大学化学》增刊专题介绍了各类化合物与人类健康的关联。

8.2 生物碱

植物、动物、海洋生物、微生物及昆虫代谢产物中都有生物碱，近 70%存在于植物。Serturner 于 1805 年从鸦片中提得纯的吗啡结晶的工作是近代药物科学的一个里程碑，植物有效成分，特别是生物碱(alkaloids)的分离提取工作如雨后春笋般地发展起来。Meissner 于 1818 年首次将药用植物中的弱碱性有效成分，即类碱(alkali-like)命名为生物碱。至今化学结构确定的生物碱已达 27000 多种，是人类最早研究的有抗肿瘤、抗病毒、杀虫杀菌及对消化、神经、心血管系统产生生理活性作用的一类天然含氮有机化合物。[4] 许多生物碱是药用植物和草药中可直接应用的有效成分或起始原料。如，鸦片中的镇痛成分吗啡、黄连中的抗菌消炎成分黄连素、止咳成分可待因、麻黄的抗哮喘成分左旋麻黄碱和用于心血管药物原料的右旋麻黄碱（伪麻黄碱）、美登木中的抗癌成分美登素和颠茄中的解痉成分阿托品。生物碱并不一定是药用植物的主要有效成分，如长春花中有 60 多种生物碱，仅少数几种具药用价值。

低分子胺、蛋白质、肽、氨基酸、核酸、硝基及亚硝基化合物和维生素等不属生物碱研究范畴。生物碱的生源前体是氨基酸和异戊烯，在植物的根、茎、皮、种等部位中均有分布，含量绝大多数在千分之一以下，但分布部位不一且含量高低不等。如金鸡纳树皮中的生物碱含量高达 15%，长春新碱在长春花中的含量仅为百万分之一，美登素在美登木中的含量则仅有千万分之一。同一植物中的各种生物碱往往来源于同一个前体，化学结构有许多类似之处；同科同属中的生物碱也往往属于同一种结构类型，但并没有简单的、绝对的相关性。生物碱的存在形式也多种多样，多以胺盐，也有以酰胺、酯、亚胺、烯胺或苷的形式出现，仅少数以游离态存在，故要有针对性地运用各种分离提取方法。如，先用乙醇、氯仿、酸水等浸泡、渗漉或加热提取，然后用调节 pH 梯度、离子交换树脂、结晶、色谱、制备衍生物等各种手段予以分离提纯。

生物碱多为无色结晶形化合物，有明显的熔点和旋光度，味苦，除季胺类生物碱外一般不溶于水而易溶于有机溶剂。生物碱除个别外，因含有氮原子而均有强弱不等的碱性并能用于生物碱的鉴别分离，与无机或有机酸结合成盐后可溶于水。有的生物碱有酸碱两性反应，如，吗啡与酸或与苛性碱均能成盐。

8.2.1 可卡因的结构解析及其药用衍生物的开发

求生的本能使我们的祖先敢于探索品尝存在于周围的各种植物，其中能产生使人舒适或有治病功效的药物促进了社会的文明昌盛，产生毒性效果的则被用于狩猎或战争。天然产品的化学结构和药理功能于 19 世纪开始得到研究。南美洲安第斯山脉的居民早就有用石灰涂抹在古柯灌木叶子上卷起来咀嚼的习惯，因为石灰中的氢氧化钙能使古柯叶中的生物碱游离出来。古柯碱被食入的数量按这种方式是很少的，但仍产生出明显的兴奋作用和增强耐劳之功效。可口可乐（Coca Cola）的配料成分中包括从古柯叶和可拉树（Cola niida）果实中得到的提取液。美国政府于 20 世纪初颁布法令，让制造商取消了该饮料中能上瘾的古柯碱配方。虽然注册商标中至今仍保留 Coca 字样，但实际上已经不含任何古柯碱而以咖啡因代之了。

古柯碱的主要成分是可卡因（cocaine，**1**），**1** 水解后生成苯甲酸、甲醇和爱康宁（ecgonine，**2**），**2** 用铬酸氧化后热解脱羧生成莨菪酮（tropinone，**3**）。**3** 的结构在早期对主要存在于颠茄和曼陀罗植物中的外消旋阿托品（atropine，**4**）的研究过程中已经得到鉴定，故 **1** 的构造很快可以确定。

H_3C–N, CO_2Me, H, OCOPh, H (**1**) $\xrightarrow{OH^-}$ H_3C–N, CO_2H, H, OH, H (**2**) $\xrightarrow{(1)\ [O]\quad (2)\ \triangle}$ H_3C–N, =O (**3**)　　H_3C–N, H, CH_2OH, OCOCHPh (**4**)

虽然 **1** 的构造在 20 世纪初即已得到确定，但搞清立体构型又花了 50 多年。**2** 的苯甲酸酯（**5**）经 Curtius 反应后生成胺（**6**），用碱处理得到酰胺（**7**），**7** 与酸作用又可回到 **6**。如此可推断出 **1** 中原有的羧基和羟基必定处于顺式关系：

H_3C–N, CO_2H, H, OCOPh, H (**5**) $\xrightarrow{(1)\ SOCl_2\quad (2)\ NaN_3}$ $\xrightarrow{重排}$ H_3C–N, NH_2, H, OCOPh, H (**6**) $\underset{H^+}{\overset{OH^-}{\rightleftharpoons}}$ H_3C–N, NHCOPh, H, OH, H (**7**)

1与溴化氰反应发生在生物碱化学中常见的去甲基N-氰化反应，水解N-氰基取代物(**8**)生成氨基甲酰胺衍生物(**9**)，用强碱的醇钠处理可得到环酰脲衍生物(**10**)。这就证明了分子**1**中的羧基位于*exo*-型，与氮桥是顺式关系。**1**的相对构型至此已得到确认，绝对构型是通过其化学降解产物与由L-谷氨酸出发所得产物对照而最终确定的，命名为2R-甲酯基-3S-苯甲酰基-1R-莨菪烷或爱康宁二酯。

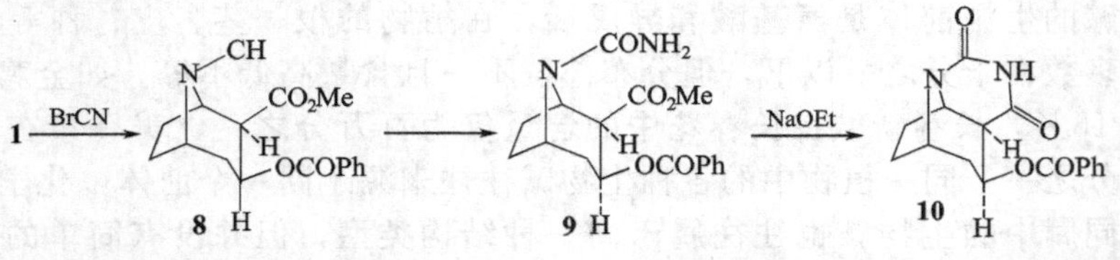

人们花费大量精力财力来解决一个天然产物的分离和结构问题，研究其详尽的物理、化学和生物活性，所得到的成果既有助了解自然界的规律，又为人类美好生活服务。凡是有经济价值的天然产物如药用生物碱总是能引起人们最大程度的研究兴趣。纯的可卡因是1862年分离得到的，发现有碱的性质、在舌头上产生苦味和一种奇怪的麻木感。1884年，后来成为著名的精神分析学家的奥地利科学家Freud等对其进行了详细的性能研究，发现皮下注射可卡因液后使皮肤麻木，对针扎无痛感；用于眼科、牙科等手术中使瞳孔放大，痛觉神经的传导也受到阻断。可卡因曾作为戒赌药替代吗啡物并取得成功，但实际上又使服用者成为可卡因成瘾的人，同时还有使人产生从早期的兴奋感转为严重抑郁感的毒性。可卡因的结构与生理活性的关系激发了化学家和药物学家的极大兴趣，其作为先导化合物的化学修饰工作取得了很大成功。**3**还原生成莨菪醇(epitropanol，**11**)。**11**是由**4**水解得到的莨菪醇的差向异构体，其苯甲酸酯仍有麻醉镇痛活性，这表明可卡因中C2位的甲氧羰基并非是显示生理活性作用所必需的基团。移去甲氧羰基和打开七元环被证实对麻醉活性没有影响。

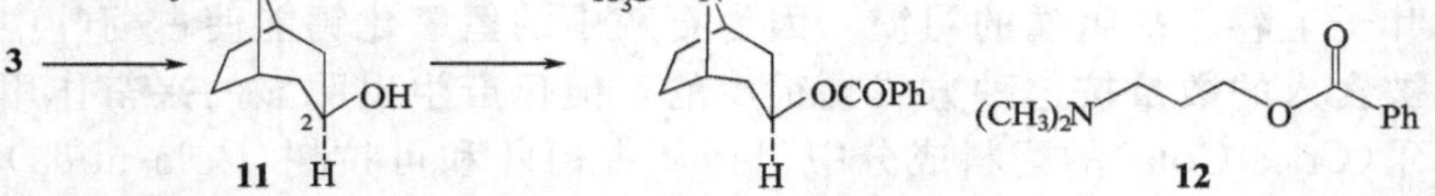

古柯树的资源有限，上千种替代可卡因的衍生物以苯甲酸-3-二甲基氨基丙酯(**12**)为先导化合物被合成。绝大多数由于种种原因未得到使用，但也摸索出不少有药用局麻生理效果的化合物。它们在结构上有如下特征：分子一端是用酯基相连的苯环，另一端为使其水溶性增加的仲胺或叔胺，这两个特征性的子结构之间被1～4个碳原子所分开，这类药物都以盐酸盐的形式存在。其中较成功的如带酯基的苯佐卡因(benzocaine，**13**)和普鲁卡因(procaine，**14**，但**13**的水溶性差，**14**的药效不够持久。随后又开发出用不易水解的酰胺基替代酯基的来多卡因(lidocaine，**15**)。**15**可注射使用，毒性只有可卡因**1**的1/10且不易成瘾。可以看出，这些人工合成的活性分子与原型物**1**的结构只有不多甚而很少的相似性，但它们都是经由以**1**为先导化合物而得到的。这些药物是怎样起到阻止疼痛传导作用的机制至今尚未完全清楚，然而它们的应用已经取得极大的进展。[5]

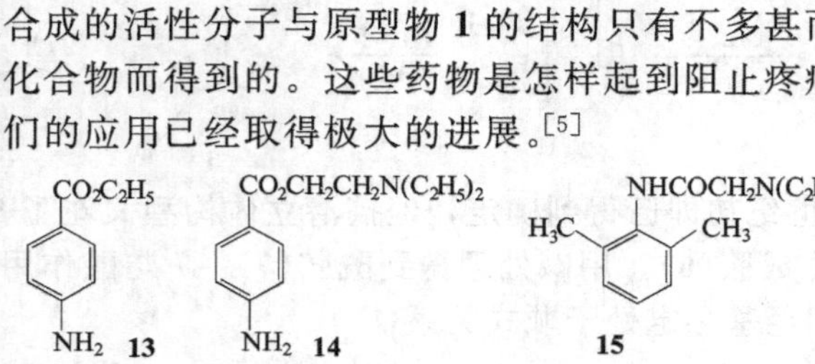

8.2.2 生物碱的类型

生物碱的结构多种多样，千差万别且十分复杂，可以根据植物来源或生物合成的前体分为原生物碱(protoalkaloids)、真生物碱(true alkaloids)和伪生物碱(pseudoalkaloids)三大类。随着新型结构生物碱的不断出现，基本结构类型也越分越细，许多生物碱不易简单归入任何一类。

（1）氮原子不在环上的有机胺类　如麻黄素(**16**)、秋水仙碱(**17**)和益母草碱(**18**)。

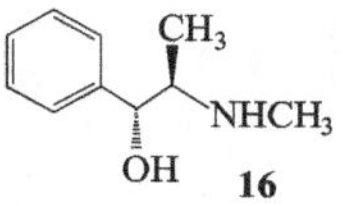

G:OCH_3

16 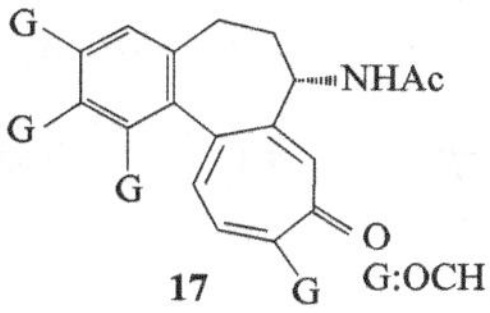　**17** 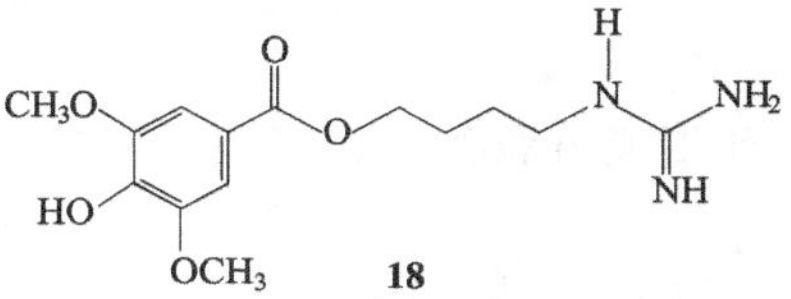　**18**

（2）喹啉和异喹啉类　喹啉碱如喜树碱(**19**)、奎宁(参见9.3.10)；异喹啉碱如吗啡(morphine，**20a**)、海洛因(heroin，**20b**)、可待因(**20c**)；小檗碱(berberine，黄连素，**21**)。

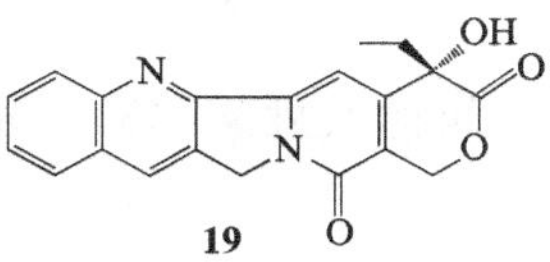

19 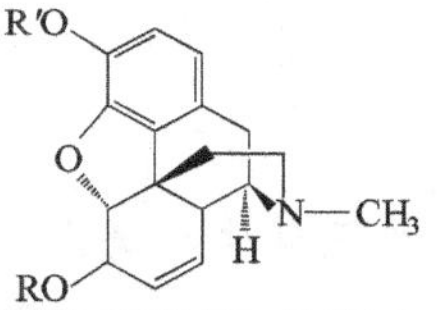　**20a** R=R′:H; **20b** R=R′: Ac; **20c** R:H; R:CH_3 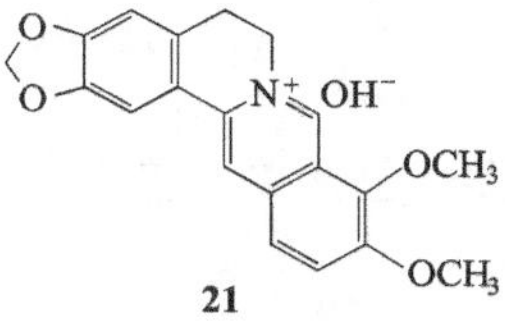　**21**

（3）吡咯烷和托品烷类　如可卡因、党参碱(**22**)、一叶萩碱(**23**)、樟柳碱(**24**)。

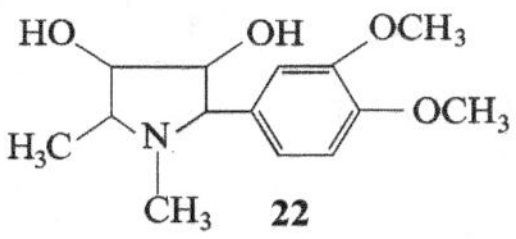

22 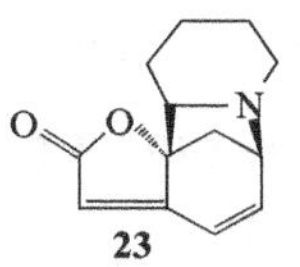　**23** 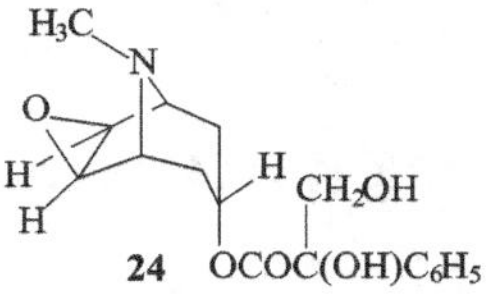　**24**

（4）吡啶和吡啶酮类　吡啶碱如蓖麻碱(**25**)、毒藜碱(**26**)和尼古丁(烟碱，**27**)；吡啶酮碱如石杉碱甲(**28**)、苦参碱(**29**)。

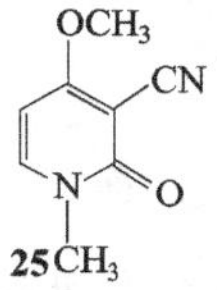

25 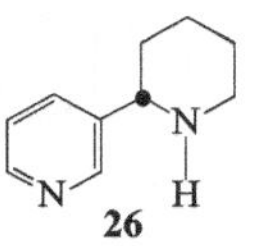　**26** 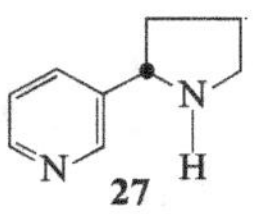　**27** 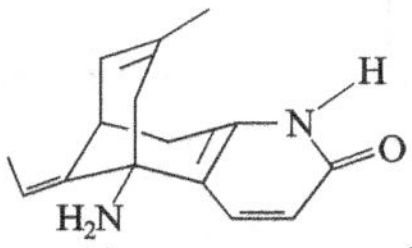　**28** 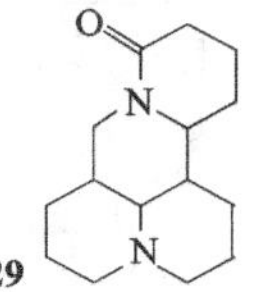　**29**

（5）哌啶类　如毒芹碱(**30**)、石榴碱(**31**)、槟榔碱(**32**)和胡椒碱(**33**)。

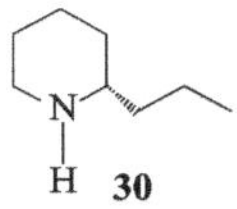

30 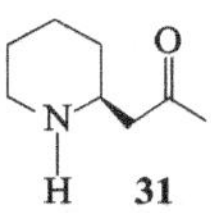　**31** 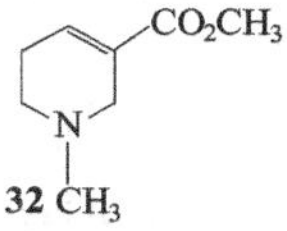　**32** 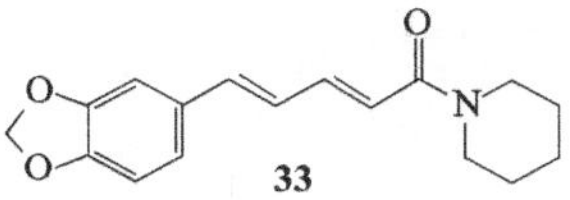　**33**

（6）苯乙胺类　如多巴胺(**34**)、肾上腺素(**35**)、仙人掌碱(**36**)。

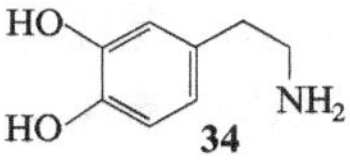

34 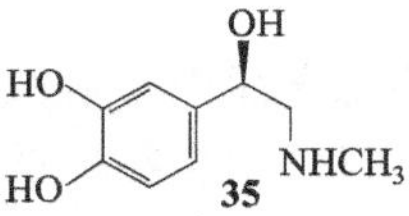　**35** 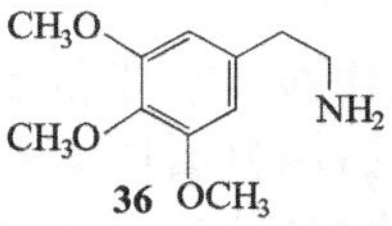　**36**

（7）吲哚类　如毒扁豆碱(**37**)、育亨宾碱(**38**)、5-羟色胺酸(血清素，**39**)。

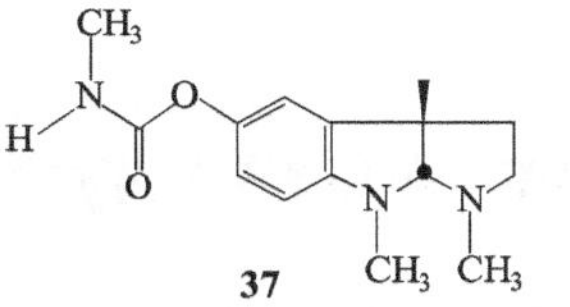

37 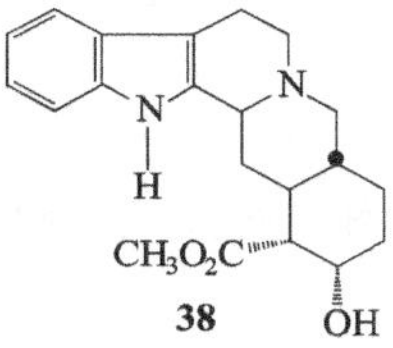　**38** 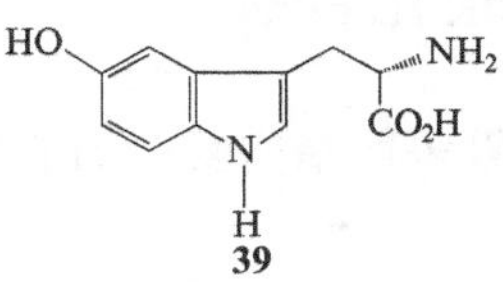　**39**

（8）嘌呤类　如结构和药理都相似的咖啡因(**40a**)、可可碱(**40b**)和茶碱(**41**)。

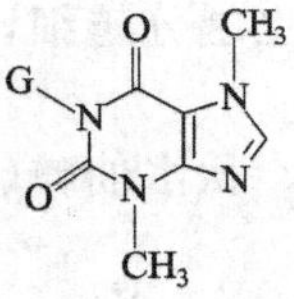

40a : G = CH_3
40b : G = H

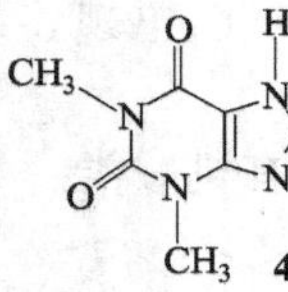

41

(9) 大环酯或酰胺类 如美登素(**42**)、番木瓜碱(**43**)、链阳菌素(**44**)。

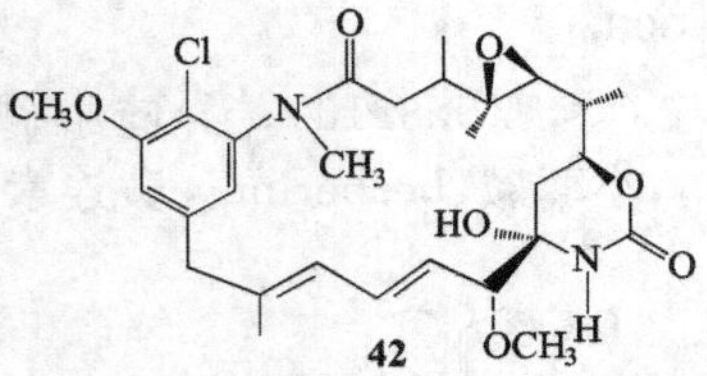

42

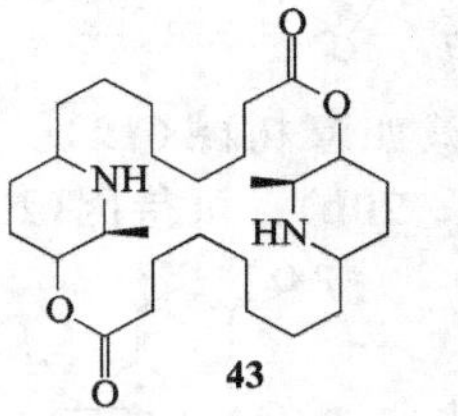

43

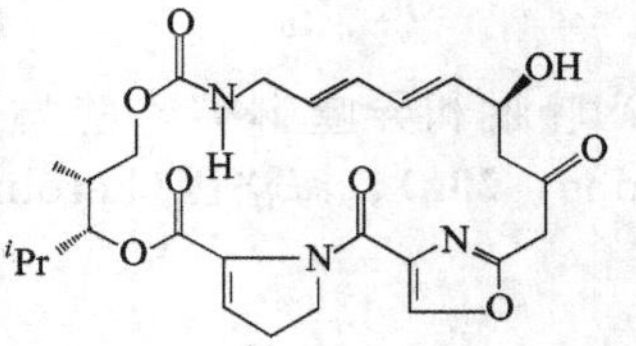

44

(10) 萜类 包括单、倍半、二及三萜生物碱四大类。如猕猴桃碱(**45**)、辣椒碱(**46**)及依兰碱(**47**)。

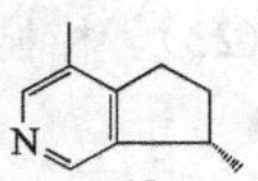

45

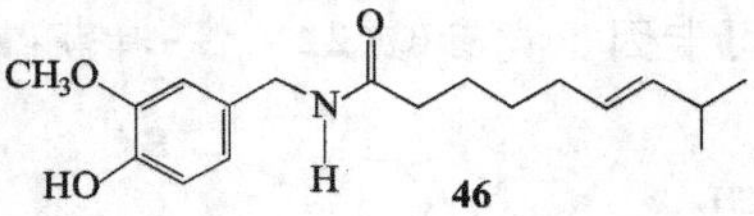

46

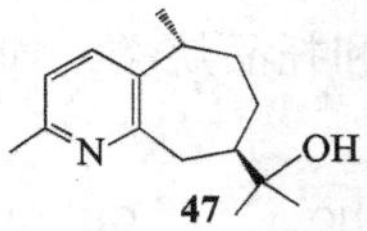

47

(11) 甾类 如贝母碱(**48**)、番茄次碱(**49**)及澳洲茄碱(**50**)。

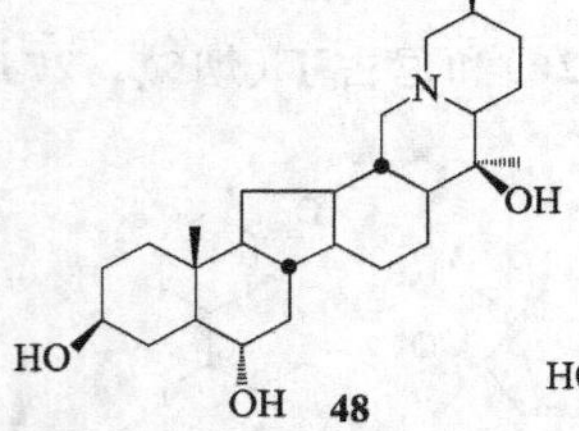

48

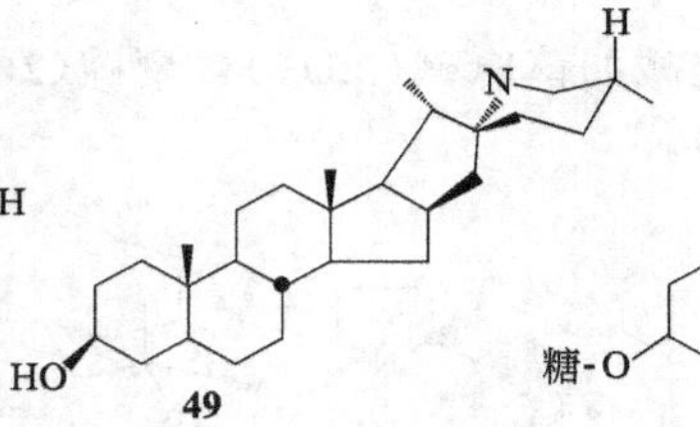

49

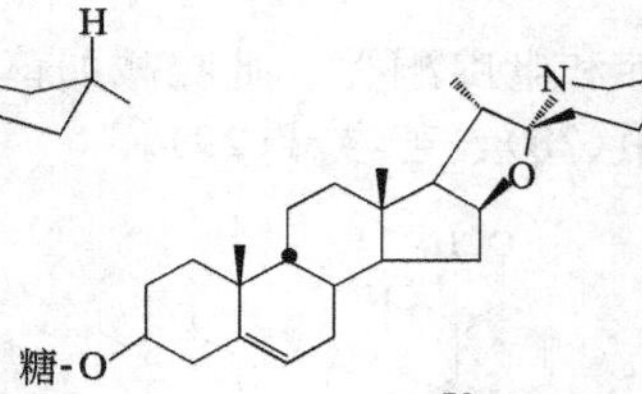

50

还有一些含氮化合物的结构类型和生源途径不易按生物碱归类，称非生物碱含氮化合物，它们的母核结构多为唑类、嘌呤和卟啉类等，如吖啶酮(**51**)和毒覃碱(**52**)等。

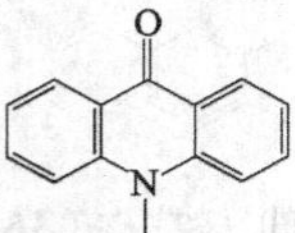

51

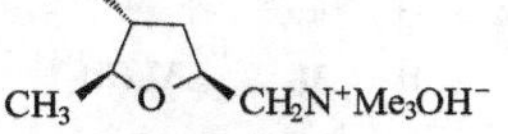

52

生物碱的研究工作涉及杂环和多环化学而极富挑战性，包括发现含有生物碱的新植物资源和从已知含有生物碱的科属植物中寻找已知生物碱的同型体或异构体，以及对生物碱的生理作用、生源过程、构效关系和全合成技术的研究开发等。

8.3 芳香族化合物

许多种类繁多而结构复杂的非生物碱属天然产物是带有苯环结构的芳香族化合物。

8.3.1 黄酮

仅存在于植物中的黄酮(flavonoids)原指基本母核为 2-苯基色原酮(2-phenylchromone,

1)的化合物，现泛指由三碳链连接两个芳环，即具有 C_6-C_3-C_6 骨架结构的化合物，一些在两个苯环间带有1个或4个碳原子的化合物也归于黄酮。[6]天然黄酮类化合物已知有近万种，分布极为广泛而种类繁多，大多在A、B、C3个环上有一个或多个羟基且以游离态或成苷的形式出现。根据中央3个碳的氧化度、是否成环及苯基所连的位置，黄酮化合物可分成黄酮(**2**)、黄酮醇(flavonols，**3**)、异黄酮(isoflavones，**4**)、查耳酮(chalcones，**5**)、异黄烷(**6**)、花色素(anthocyanins，**7**)、橙酮(aurones，**8**)、鱼藤酮(**9**)及上述各类的双氢衍生物和低聚体等结构类型。如大豆苷(**10**)和芦丁(**11**)。

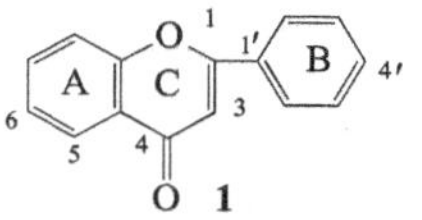

1 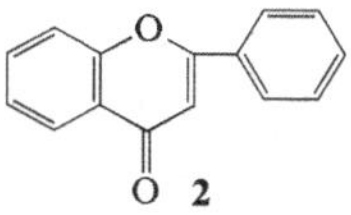 2 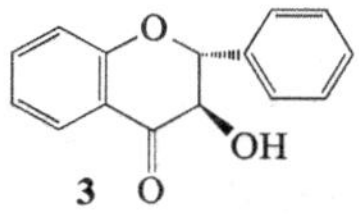 3

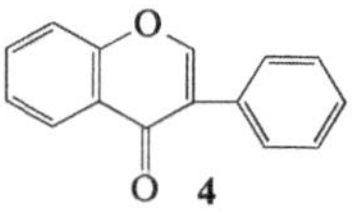

4 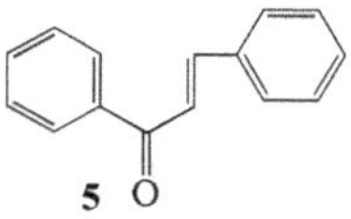 5 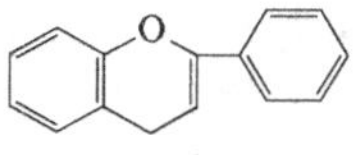 6

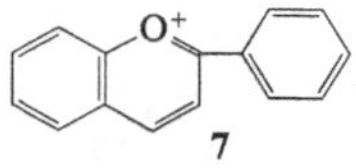

7 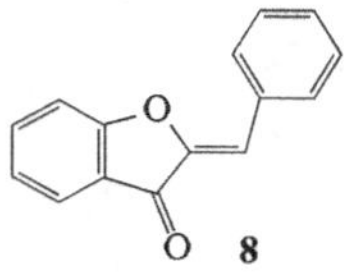 8 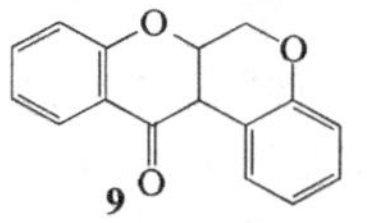 9

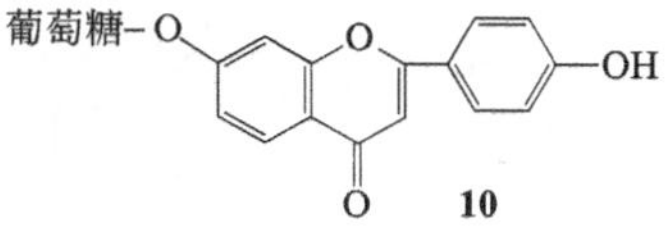

葡萄糖-O 10 11 O-芸香糖

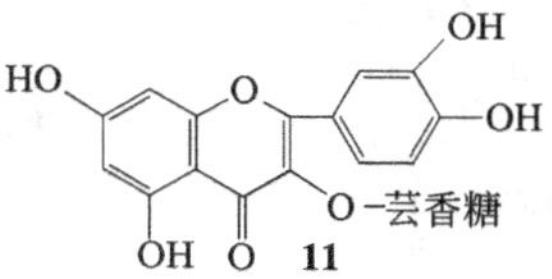

黄酮类化合物多为固体，呈黄色或淡黄色，因有酚羟基而显示酸性。生源上主要来自对羟基桂皮酰辅酶A和丙二酸单酰辅酶A经莽草酸途径先形成查耳酮再转化为其他类型的黄酮化合物。黄酮类化合物具有消炎、镇咳、抗菌、抗氧化、抗病毒、抗肿瘤及防治心血管和呼吸系统疾病等多种药理活性和免疫调节作用。

8.3.2 醌

天然醌类是分子内具有醌式环己二烯酮或易于转变为这种结构的化合物，已知的约有3000多种。苯醌和萘醌多以游离态存在，蒽醌多以成苷的形式存在。[7]天然醌类化合物主要分布于高等植物中，在菌类和一些海洋动物及昆虫中也有存在，结构上多是含羟基、甲氧基和羧基的取代蒽醌衍生物，此外还有苯醌、萘醌、呋(吡)喃醌、萜醌和其他多环醌。如大黄酸(**12**)、芦荟大黄素葡萄糖苷(**13**)、对天然蒽环类抗生素稍作修饰而成的阿霉素(**14**)、丹参酮Ⅰ(**15**)、抗病毒的信筒子醌(**16**)和抗疟的茅膏醌(**17**)。醌类化合物多因带有酚羟基而具有酸性，存在共轭体系而呈黄、红或紫等靓丽的颜色。作为天然颜料的应用不如类胡萝卜素和花青素，但如茜草、大黄等天然醌类色素早就为人所知。由于不饱和二酮与二酚类结构能通过氧化还原反应而相互转化，故具醌结构的辅酶Q和有 α-萘醌结构的维生素K等天然醌类化合物易于在细胞体内有效地参与传递电子而干扰或促进此类反应，产生致泻、抗肿瘤、抗菌、抗炎、灭螺、抗氧化和抗抑郁等多种生物活性。醌类化合物的生源前体是多样的，包括乙酸、芳香氨基酸及莽草酸等途径产生酚后再氧化而成。

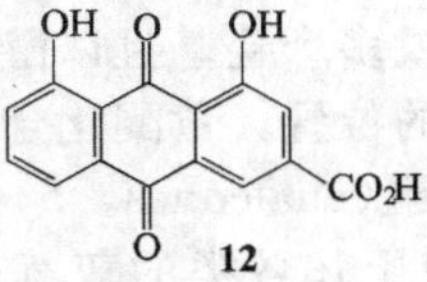

8.3.3 苯丙烯酸

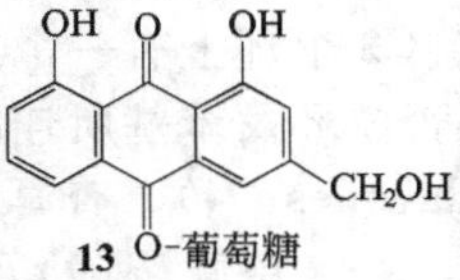

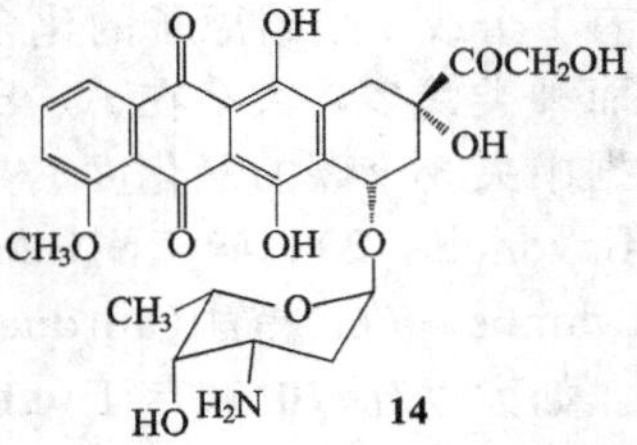

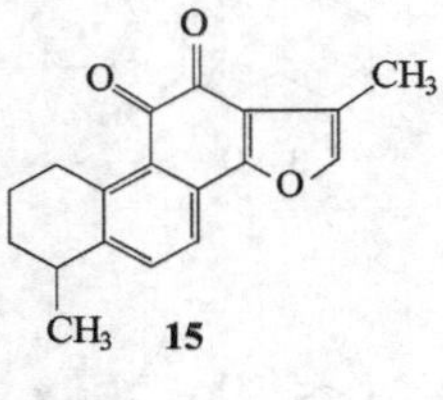

苯丙素(phenyl propanoids)类天然产物是以一个或几个 C_6-C_3 苯基丙烷单元构建而成的衍生物，主要包括苯丙烯类化合物、木脂素和香豆素。[8]它们的生源均是由莽草酸经苯丙氨酸而来的，具有丰富的化学结构和实用价值的多样性，并具有抗氧化、消炎、镇痛、抗病毒、抗肿瘤、抗真菌、光敏和杀虫等各种生物活性。生源上主要来自苯丙氨酸和酪氨酸。苯丙烯酸类化合物广泛分布于植物中，常与醇、氨基酸和糖等结合成酯的形式。简单的天然苯丙酸类化合物包括对羟基桂皮酸(**18a**)、咖啡酸(**18b**)、阿魏酸(ferulic acid，**18c**)和芥子酸(sinapic acid，**18d**)。植物中还有两分子苯丙酸聚合而成的二聚体及苯丙酸苷。**18** 与(－)-奎宁酸(quinic acid，**19**)中的 C_3-羟基成酯生成具有抗氧化和抗癌功能的绿原酸类化合物。

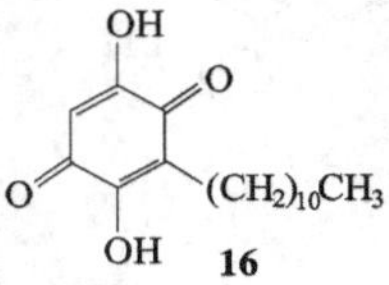

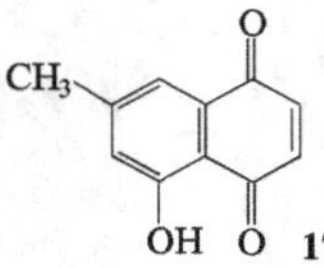

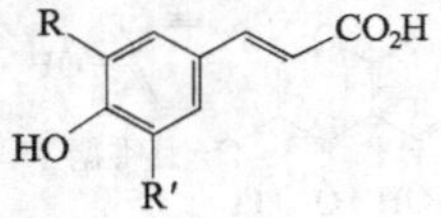

18a：R=R′=H
18b：R=OH, R′=H
18c：R=OCH_3, R′=H
18d：R=R′=OCH_3

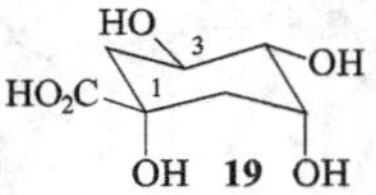

8.3.4 木脂素

木质素(lignins，**20**)因最早分离自植物的木质部和树脂提取物而得名，泛指一类由桂皮醇(酸)、烯丙基酚和丙烯基酚等苯丙烷类化合物经氧化偶联聚合而成的天然产物，相对分子质量在 3000～7000 之间。[9] C_6-C_3 苯丙烷单元的二聚体有两大类：两个单元及其衍生物以 β-碳原子相连，即 8-8′连接形成的称木脂素(lignans)或木脂体，以其他方式偶联形成的称新木脂素(neolignans)。两个 C_6-C_3 苯丙素单元之间以氧原子相连的称氧新木脂素(oxyneolignans)。C9 位上的含氧官能团还可相互脱水形成四氢呋喃、半缩醛基内酯等环状结构。参照萜类化合物的命名方法，对含有 3～6 个 C_6-C_3 苯丙素单元的木脂素类化合物可分别称倍半、双、二倍半和三新木脂烷。木脂素具有木脂烷、环木脂烷(烯)、氧杂环等各种母核结构，还有两个苯基丙烷单元氧化程度不等的衍生物和低聚体存在，缺乏共性，生源都主要来自松柏醇(coniferyl alcohol，**21**)一类 C_6-C_3 苯丙素单元经立体选择性地脱氢偶联成(＋)-松脂酚(**22**)后转化而成。

已知的木脂素有近千个，结构类型众多并伴随各种取代基和立体异构。木脂素对植物生态和人类健康都有独特的生理作用。如，食品行业中广为用作抗氧化剂的去甲基双氢愈创木酸(**23**)、有抗肿瘤作用的鬼臼毒素(podophyllotoxin，**24**)和治疗肝炎的五味子丙素(wuweizisu C，**25**)等。

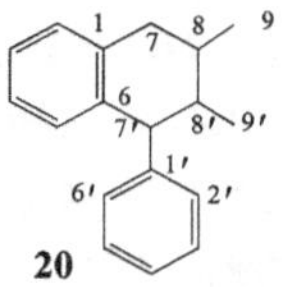
20

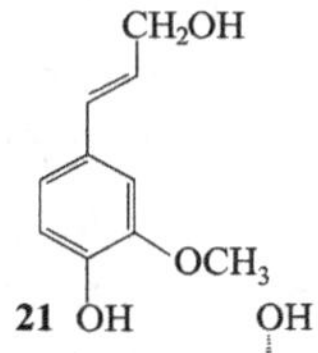
21

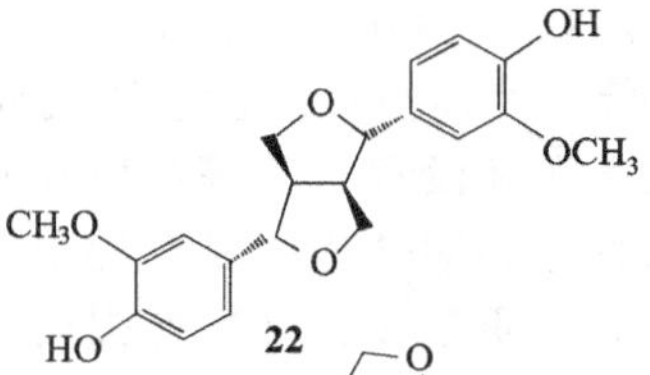
22

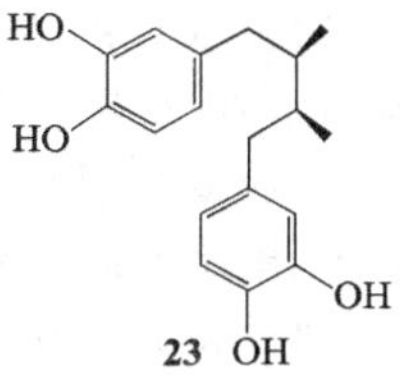
23

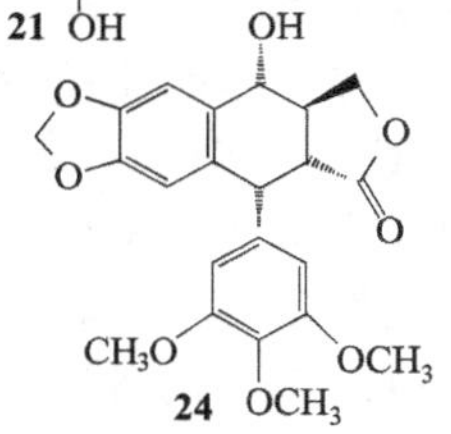
24

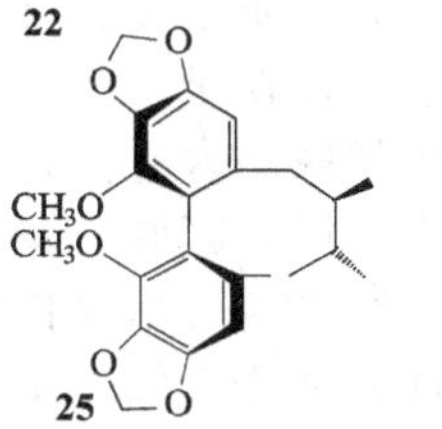
25

8.3.5 香豆素

香豆素(coumarin)泛指邻羟基桂皮酸内酯，即具有 C_6-C_3 骨架结构的苯并 α-吡喃酮(苯并吡喃-2-酮)内酯(**26**)的衍生物及一类由双分子烯丙基酚衍生物聚合而成的天然产物。[10] 天然香豆素类化合物以游离态、低聚体或成苷的形式存在于植物界，已知的有 1900 多种，因最早分离自豆科植物且具芳香味而得名。结构上看母核是由邻羟基桂皮酸内酯化而形成的，包括线形或角形的简单香豆素、呋喃香豆素、吡喃香豆素、具有苯并吡喃-1-酮结构的异香豆素(**27**)及其他香豆素等，大部分在 C7 位有含氧官能团。香豆素类化合物大多为固体，有香甜芳香气味，广泛用于日化、医药和农业等领域。如补骨脂素(**28**)、具抗艾滋活性的胡酮内酯(**29**)、真菌毒素的黄曲霉素 G_1(**30**)、甜度是蔗糖 400 倍的甜菜内酯(**31**)和当归内酯(**32**)等。

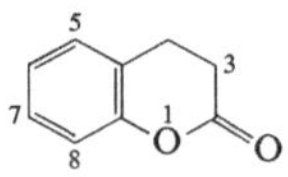
26

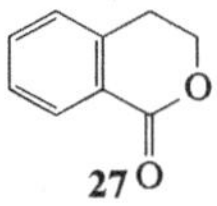
27

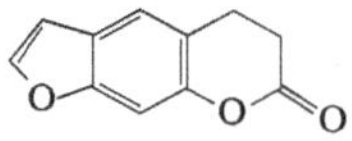
28

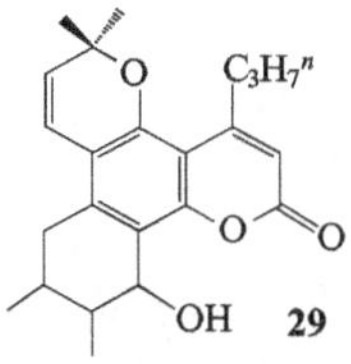
29

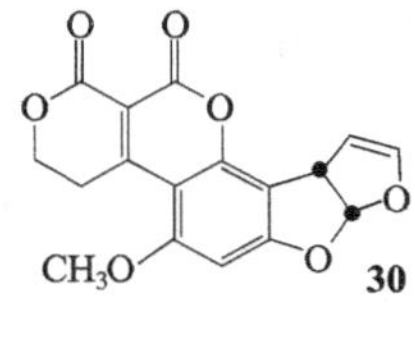
30

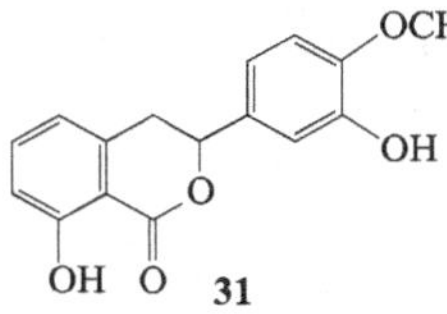
31

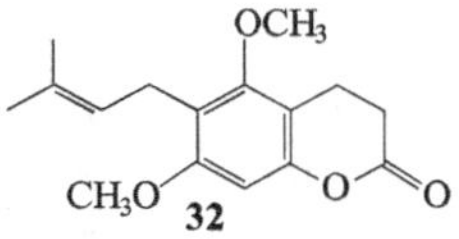
32

8.3.6 酚酸和鞣质

酚酸类天然产物是一类酚羟基和羧基衍生的多由羟基与糖、萜等结合或由羟基间脱水而形成的化合物，基本母核包括 C_6-C_1、C_6-C_3 和 C_6-C_3-C_6 骨架。[11] 某些针叶类树皮中的多酚含量高达 30%左右。酚酸类天然产物多具有收敛、消毒、驱虫、抗菌、抗凝血及抗病毒等生物活性作用。如，丹参素(**33**)、辣椒素(capsaicin，**34**)和棉酚(gossypol，**35**)；天然的芪类化合物(stilbenoids)，如葡萄皮中具有优秀抗氧化和预防癌症作用的白藜芦醇(resveratrol，**36**)是具有 1,2-二苯乙烯骨架的酚化合物；茶多酚(tea polyphenol)是一类 2-连(邻)苯酚基苯并吡喃的衍生物，按结构主要可分为儿茶酚(**37a**)、花色素(**37b**)、黄酮醇(**38**)和没食子酸(**39**)等酚酸及它们的低聚体。茶叶中的多酚类物质茶多酚是茶叶水浸液中能与亚铁离子进行配位反应的酚类化合物，含量约占茶叶干物质的 20%。这是一类红褐色的混合物，组成复杂，其抗氧化性能比维生素 E 强，还具有抗肿瘤、抗衰老、抗过敏、调血脂、抑菌消炎及改善食欲和沉淀重金属等多种药理作用。

相对分子质量在 500～3000 的由酚酸衍生的苷或酯化合物称鞣质、鞣酸或单宁(tannin)。鞣质包括三大种类：没食子酸或鞣花酸(六羟基联苯二甲酸，**40**)与醇或糖衍生的是可水解单宁，儿茶酚及没食子酸等单体相互缩合衍生的是在酸水液中不会水解的缩合单宁，另一种是兼具水解型和缩合型的复合性单宁。鞣质是一种呈褐色的水溶性多酚，易解聚或氧化再聚合，相对分子质量较大且极性强而不易分离。已分离鉴定的鞣质有 500 多种，通常以无定形固体的形式存在于如茯苓、大黄、白芍等许多药用植物及谷物、水果的皮中。如，五倍子中没食子酸鞣质的含量高达 50%。鞣质具有特别的气味，与口腔唾液蛋白结合而产生涩味，水溶液与多糖、凝胶、蛋白质、生物纤维碱及重金属盐结合生成变性沉淀。鞣质通过氢键与胶原蛋白纤维结合后能使纤维交联，人类早在 18 世纪末就知道利用此特性，鞣制生皮为致密柔韧且透水透气的皮革，并使其热稳定性和抗微生物的侵蚀性得到增强。鞣质这一功能性名词也由此而来。对酚酸类天然产物的研究也是几乎与鞣质同步开始的。鞣质还兼具抑菌、收敛止血、解毒、降脂、抗氧化、抗龋齿和产生良好口感等生物活性，在食品、日化、石油、林业和防腐抗锈等多个领域中也都有独特的应用。非鞣质多酚不具备鞣制生皮的能力，与鞣质都通称植物多酚(plant polyphenol)。

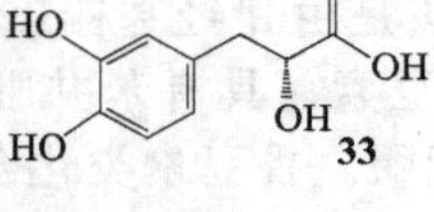

HO HO O OH OH **33**

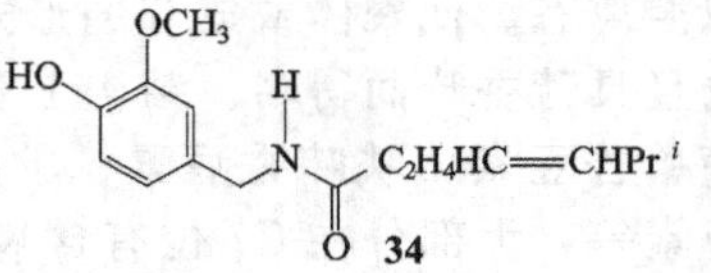

HO OCH_3 H N O $C_2H_4HC{=}CHPr^i$ **34**

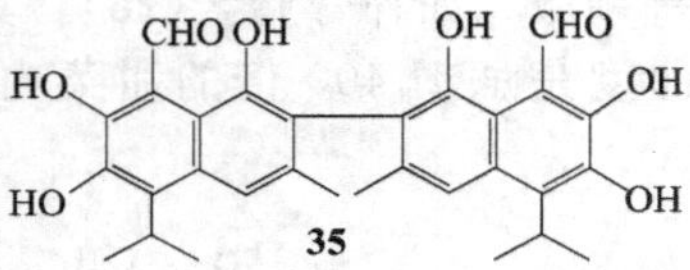

CHO OH HO HO OH CHO OH OH **35**

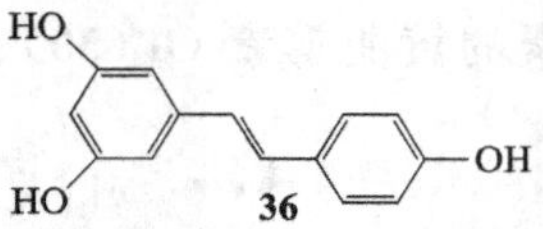

HO HO OH **36**

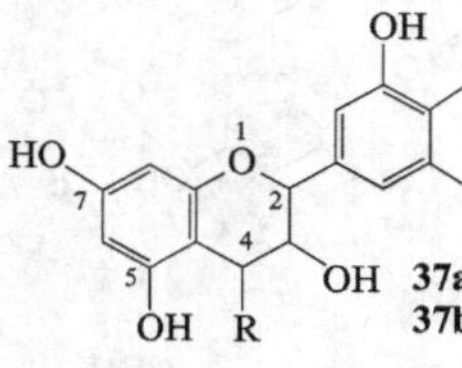

HO O 7 2 4 5 OH R OH OH H(OH) OH **37a**: R=OH **37b**: R=H

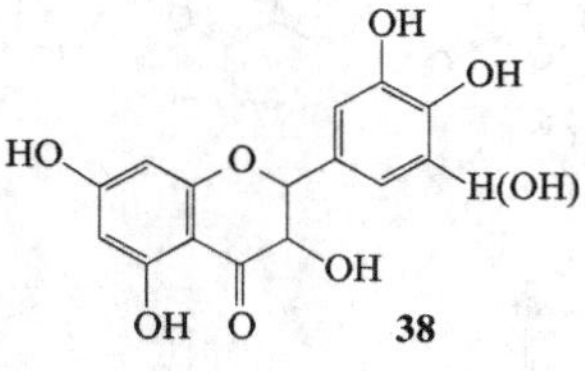

HO O OH O OH OH OH H(OH) **38**

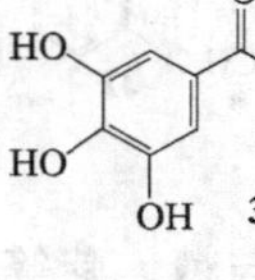

HO HO OH O OH **39**

HO HO OH O O HO OH OH HO **40**

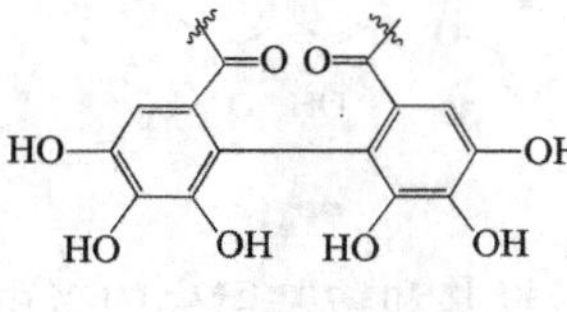

8.4 精油和萜类化合物

3000 多种植物和 1/3 的中草药可采用水蒸气蒸馏、压榨、溶剂萃取或近年来发展很快的超临界流体萃取(supercritical fluid extraction)等方法提取出俗称精油(essential oil)或香精油的挥发性液体混合物。精油又称挥发油(volatile oils)或芳香油，是一类具有芳香气味的油状液体的总称，经酸或碱处理、分馏、结晶和层析等理化方法和色谱处理可进一步分离出各种主要是萜类化合物的单一成分。

8.4.1 精油的性质和组成

大多数精油呈无色或淡黄色，具有特殊而浓烈的悦人气味。精油具有一定的折射率，不溶于水而易溶于无水乙醇和石油醚、乙醚等有机溶剂，绝大多数比水轻，具可燃性；常温下涂在滤纸上可挥发且不留持久性的油斑痕迹；少数精油低温冷却后会析出称“脑”的晶状物，如樟脑、薄荷脑和桂皮脑(醛)等。精油对温度较敏感，长时间与潮气、空气和阳光接触会氧化聚合变质，故应密封低温保存于棕色容器内。各类精油的成分不一，多而复杂，因大部分组成分子有立体源中心而具光学活性。一种植物提取的精油常有几十种化学成分，如，保加利亚玫瑰油的化学成分有近 300 种。精油中的许多成分在生物体内是以苷的状态存在的，经酶解作用下将糖分离。提取和处理过程中要注意分离效率和可能对组成分子结构产生的影响。精油广泛用作香料、日用及精细化工品的原料，也可直接药用，具有抗菌、镇痛、消炎、杀虫和消毒等多种功效。

8.4.2 萜的分类

萜类化合物(terpenoids)是次级代谢产物中种类最多的一类化合物，在自然界分布广泛，许多农用植物产物是萜类化合物。已知的天然萜类物约 2 万多个，大部分以游离态，小部分以苷或与其他天然成分结合后以聚合物或复合物的形式出现。萜类化合物在结构上是异戊二烯(烷)的聚合体及其衍生物，包括链状的、环状的和饱和程度不等的烷、烯及醇、醛(酮)、酸(酯)等含氧化合物，还有含氮、硫的衍生物，绝大多数有光学活性，通常根据分子中所含异戊二烯的单位数来分类。[12] 异戊二烯本身就是许多植物释放出的一种挥发性天然产物。具有 5 个碳原子的称半萜(hemiterpene)，如异戊醇(醛、酸)等。具有 10 个碳原子、有 2 个异戊二烯单位的称单萜(monoterpene)；具有 15 个碳原子、有 3 个异戊二烯单位的为倍半萜(diterpene)；具有 20、30 和 40 个碳原子的化合物名称二萜(sesquiterpene)、三萜和四萜，各含 4 个、6 个和 8 个异戊二烯单位；超过 40 个碳原子的化合物称多萜(polyterpene)。

单萜是精油中低沸点(100～180℃)的主要成分，具有抵御病虫害、传递生物信息等多种化学生态作用，含氧衍生物多具有芳香气味和生理活性，常用作医药、化妆品及食品工业的原料。已知的单萜有 500 多个，骨架类型则有近 30 种，其中以异丙烯基形式出现的称 α-异构体，以亚异丙基形式出现的称 β-异构体；根据环的有无和数目可分类为非环单萜、单环单萜和双环单萜。常见的如无环的月桂烯(**1**)、香茅醛(**2**)、柠檬醛(**3**)、芳樟醇(**4**)；单环的苧烯(**5**)、薄荷醇(**6**)、胡椒酮(**7**)；双环蒎烷类的 α-蒎烯(**8**)、β-蒎烯(**9**)，樟烷类的莰烷(**10**)、冰片(龙脑 **11**)、樟脑(莰酮，**12**)、异樟烷类的莰烯(**13**)，葑烷类的茴香醇(**14**)、蒈烷类的 2-长针松烯(**15**)，苧烷类的侧柏烯(**16**)，以一个环戊烷和一个二氢吡喃环顺式稠合而成的如杜仲苷元(**17**)一类环烯醚，如除虫菊酯(参见 8.10.1)和班蝥素(**18**)等一类不规则的化合物。

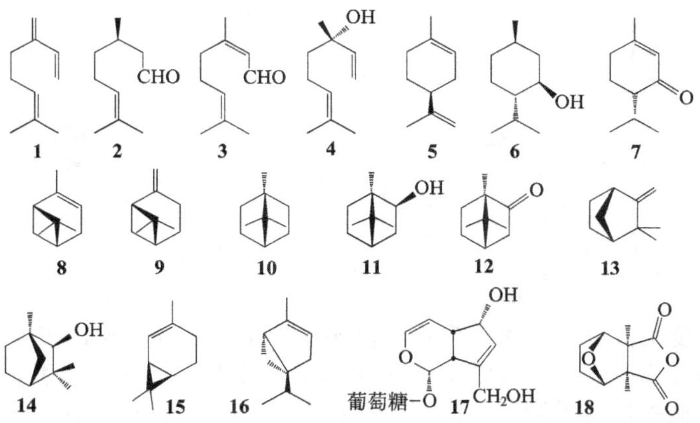

CHO CHO OH OH O
1 2 3 4 5 6 7
OH O
8 9 10 11 12 13
OH OH O
O O
14 15 16 葡萄糖-O 17 CH₂OH 18 O

倍半萜由三分子异戊二烯以各种不同的方式连接而成，多以含氧衍生物存在于挥发油的高沸点组分，骨架结构达 300 多种，数量居萜类之首。如无环的姜黄烯(**19**)；单环的保幼生物素(**20**)和来自棉花幼铃的植物生长激素脱落酸(**21**)；双环的鹰抓素(**22**)、愈创木醇(**23**)；三环的檀香醇(**24**)和长松叶烯(**25**)等。许多倍半萜化合物以内酯形式存在而有倍半萜内酯之特称，如木香内酯(**26**)、木香烯内酯(**27**)和二氢格里斯内酯(**28**)等。许多倍半萜化合物结合其他类型的天然产物而形成倍半萜生物碱、倍半萜香豆素、倍半萜醌、倍半萜苯丙素和倍半萜苷等，多有独特的抗菌、抗肿瘤、抗病毒、抗炎和驱虫、杀虫的生理作用，如山道年、青蒿素等。

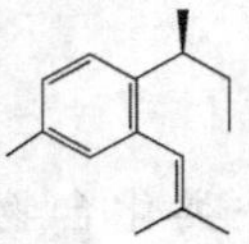
19

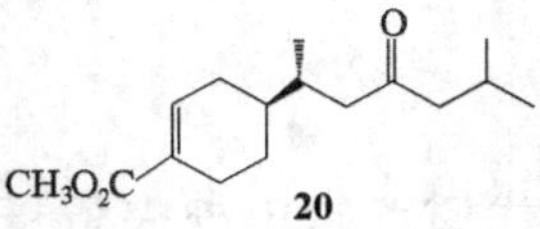

20

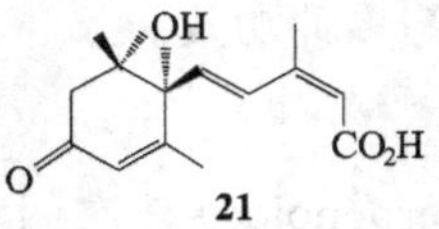

21

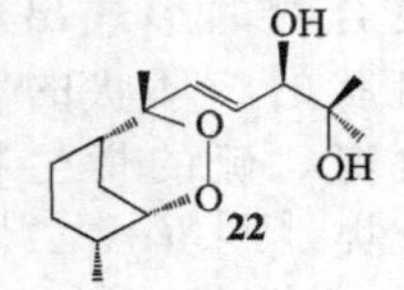

22

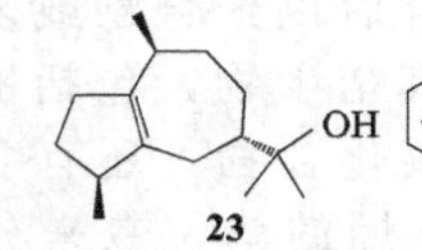

23

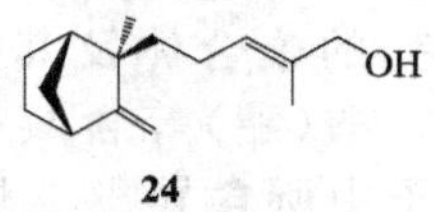

24

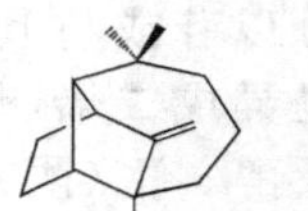
25

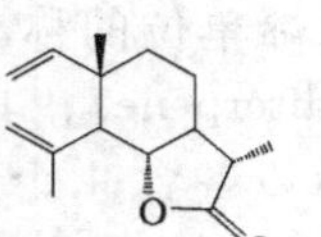
26

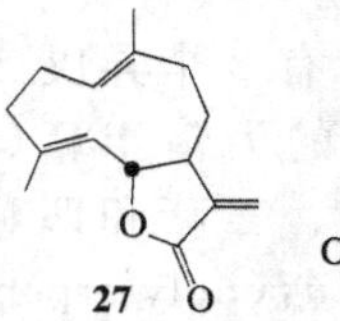
27

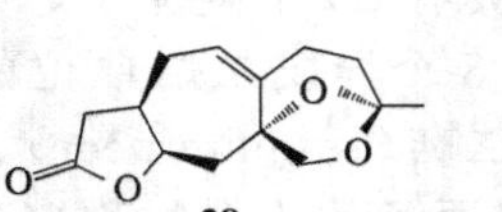
28

二萜类化合物主要来自植物、真菌和海洋生物，多以树脂或游离态的内酯或苷的形式存在，已知的有 5000 多个，结构类型多达 120 多种，也具有相当广泛的生物活性。如植醇(phytol，叶绿素和维生素 K_1 的脂溶性侧链部分，**29**)、西松烯(**30**)、银杏内酯 A(**31**)、雷公藤内酯(**32**)、穿心莲内酯(**33**)、松香酸(**34**)、甜叶菊苷(**35**)及紫杉醇、赤霉素、维生素 A 等。

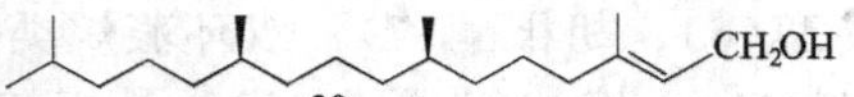

29

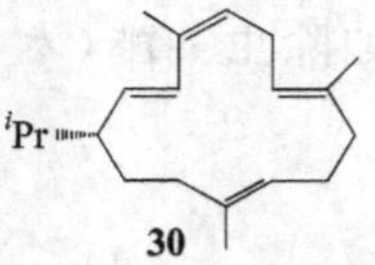

30

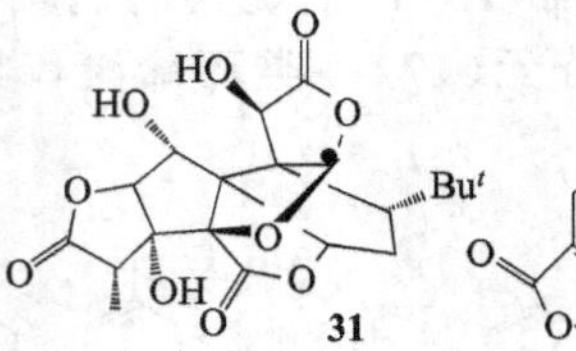

31

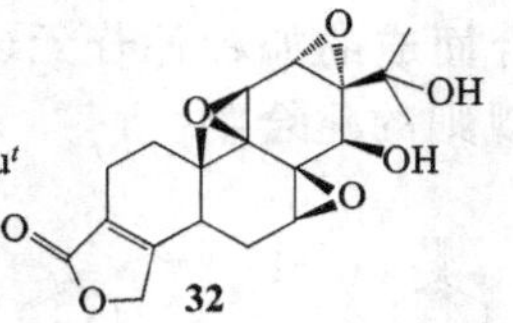

32

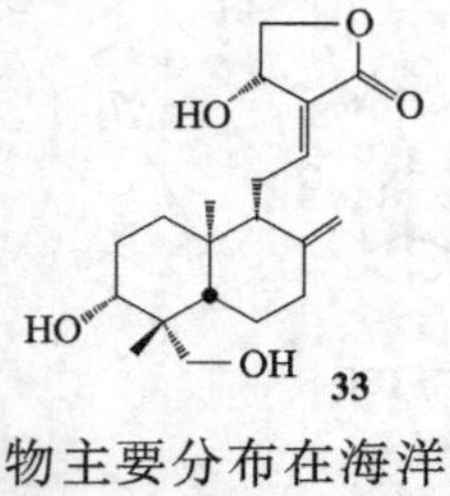

33

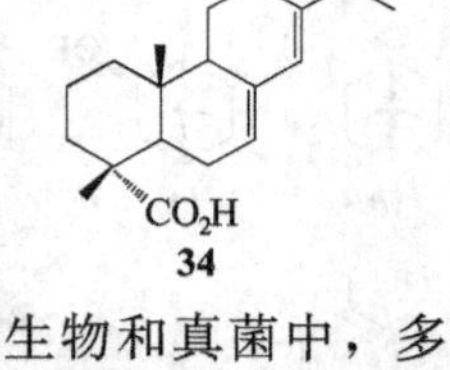

34

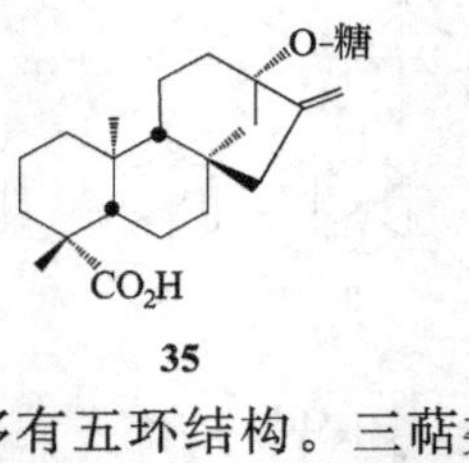

35

二倍半萜化合物主要分布在海洋生物和真菌中，多有五环结构。三萜类化合物在自然界分布较广，已知的有 1 万多个，以游离态或苷的形式存在。成苷的三萜已知的已有 2500 多个，多可溶于水，振摇后生成胶体溶液并产生持久性皂沫，故称三萜皂苷(triterpenoid saponins)。许多常用的中药如人参、三七、甘草、柴胡、五味子、灵芝、黄芪及羊毛脂、海洋生物等都有该类组分。大多数三萜化合物具有四环或五环结构，与甾体化合物在化学和生物化学上有相似之处，在生源上都由角鲨烯而来。如四环的葫芦烷(**36**)、羊毛脂烷(**37**)、甘遂烷(**38**)、达玛烷(**39**)、环阿屯烷(**40**)，五环的何帕烷(**41**)、乌苏烷(**42**)、齐墩果烷(**43**)、羽扇豆烷(**44**)、木栓烷(**45**)等。人参、红参及西洋参等植物中的有效成分主要就是以达玛烷醇为苷元的皂苷。骨架少于 30 个碳原子的降三萜类化合物的结构复杂、新颖且具独特的生物活性，也是一个非常活跃的研究课题。

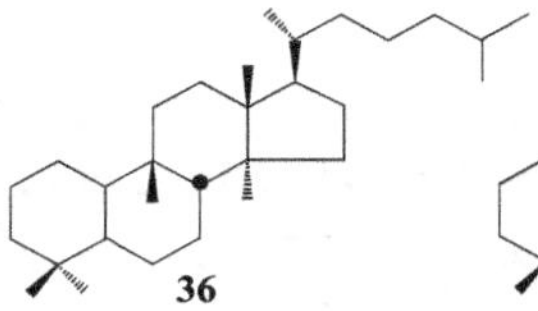

36 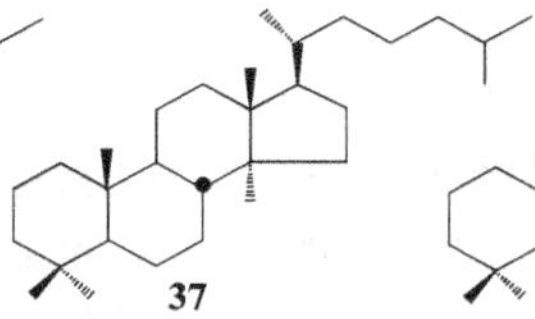 **37** 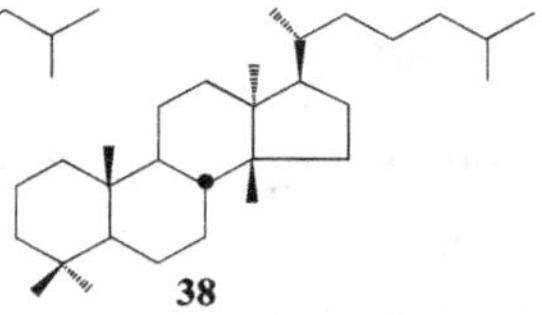 **38**

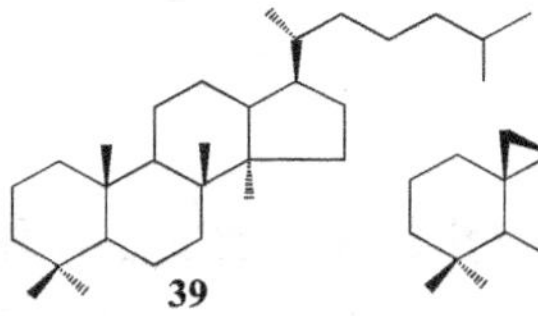

39 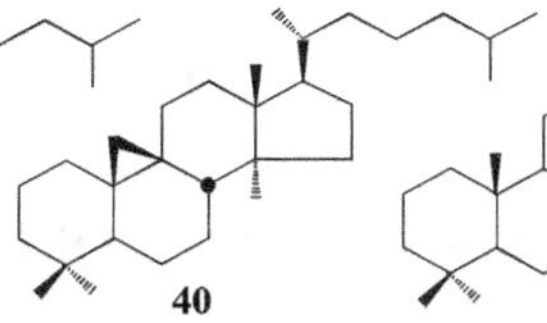 **40** 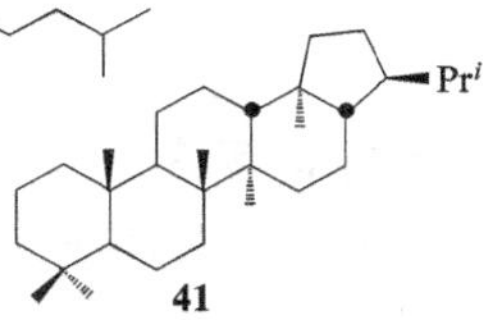 **41** Pr^i

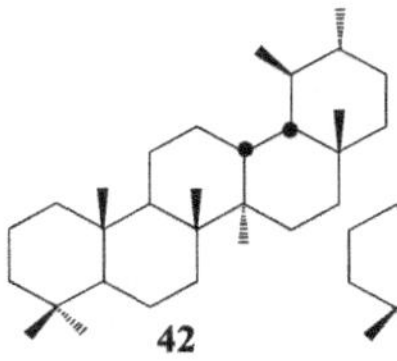

42 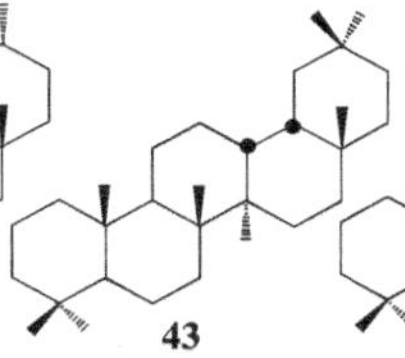 **43** 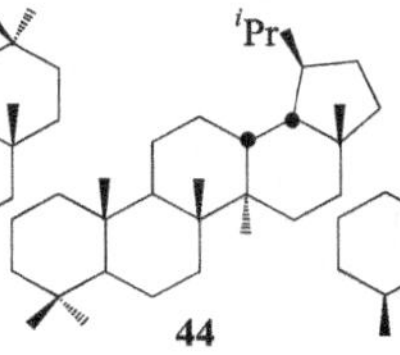 **44** 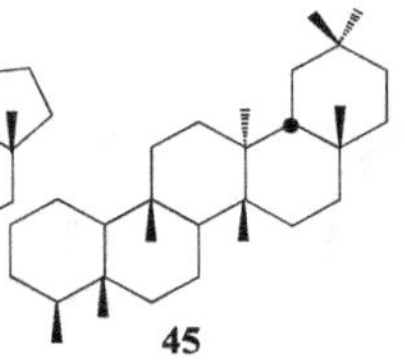 **45** ^iPr

四萜化合物较重要的是多烯烃(polyenes)，此类分子中存在一系列共轭的双键而有颜色，故又称多烯色素(polene pigments)。最早发现的多烯色素多来自与叶绿素共存于植物叶片中的胡萝卜烃(carotenes)。胡萝卜烃及其氧化衍生物都称类胡萝卜素(carotenoids)，是植物光合作用过程中形成的色素。类胡萝卜素形式上有 8 个异戊二烯单位，它们的连接和排列在分子中心是反向的，碳链上都有 11 个共轭双键，如番茄红素(lycopene，**46**)所示。已知的 1000 多种类胡萝卜素分布于几乎整个植物界和某些动物体内。可食用的类胡萝卜素有 50 多种，如，在体内能转化为维生素 A 的链两端均被环化的 β-胡萝卜素(参见 8.11.2)及一端被环化的 δ-胡萝卜素(**47**)；氧化型的玉米黄素(zeaxanthin，**48**)；存在于海洋生物中的虾青素(astaxanthin，**49**)等。类胡萝卜素有清除自由基的能力而具抗癌和免疫等作用，在高等植物及原生生物内靠自身合成，动物通过外来相关食物转化生成。但它们都不溶于水，不易被人体吸收和在组织细胞间传输。天然食用色素因安全兼具营养和保健作用而得到较多应用，合成食用色素的使用范围和用量则不断受到限制。但天然色素也有缺陷，表现为稳定性、染着性和适应性较差，对客体要求和生产成本高。

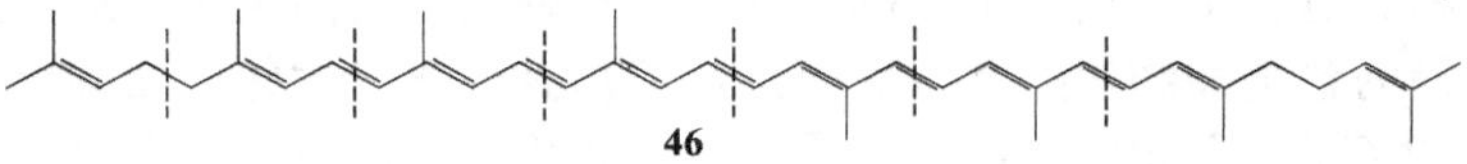

46

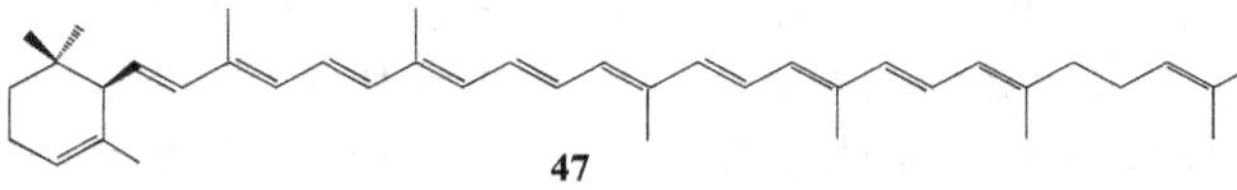

47

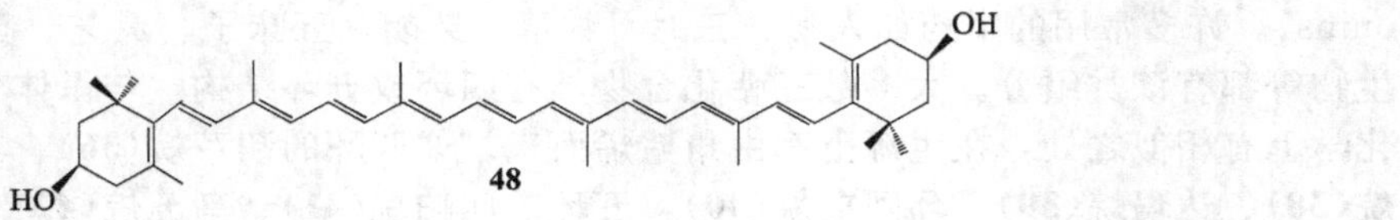

48

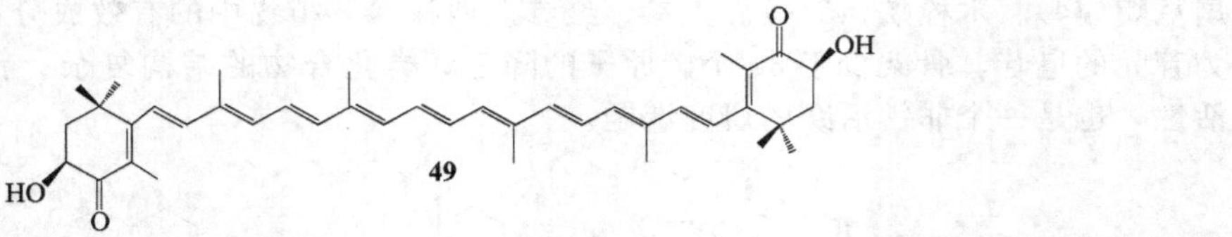

49

天然橡胶(**50**)和杜仲胶(**51**)是多萜高分子化合物，**50** 和 **51** 分别是顺式和反式聚异戊二烯，异戊二烯单元可达 1000～5000。某些植物流出的如乳液中加入乙酸后即有称生橡胶的固体物析出，经硫处理得可实用的硫化橡胶。杜仲胶的硬度大而弹性弱，实用性较差。

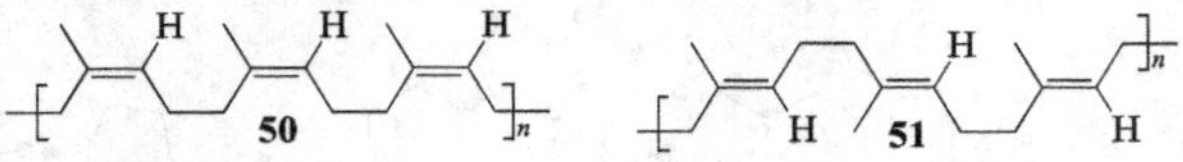

50　51

8.4.3 蒎烯碳正离子的重排反应

许多萜类化合物，特别是双环单萜类化合物在酸性条件下能发生各种复杂有趣的碳正离子重排反应。这给分离纯化带来不少困难，但也极大地丰富发展了碳正离子化学，如图 8-1 所示的蒎烯在质子催化下的一些重排反应。[13]

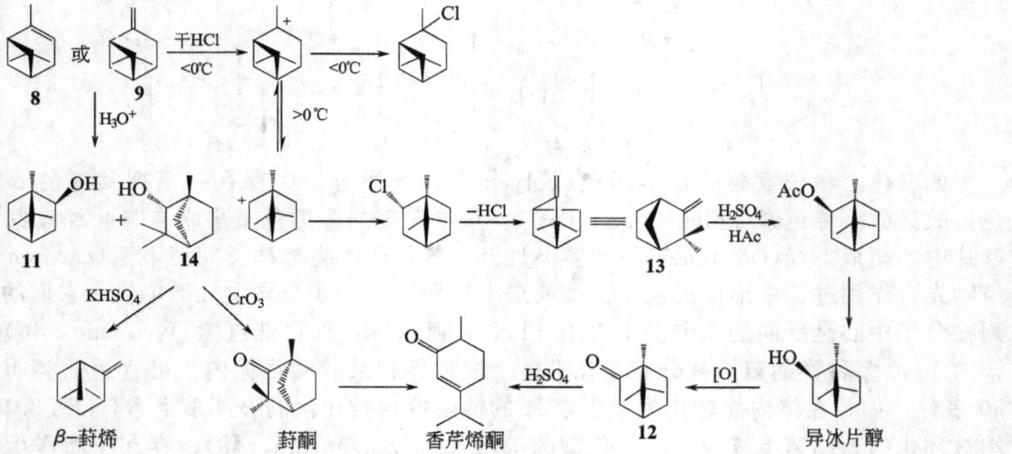

图 8-1　蒎烯在质子催化下的一些重排反应

8.4.4 异戊二烯规则

萜类化合物不但广泛存在于松节油等香精油和树脂、橡胶等植物中，动物体内也有一些具萜类结构的代谢产物。许多含氧的萜类衍生物是重要的香料、药物等精细化工产品的重要组分。萜类化合物具有克生作用，可抑制或促进其他种类植物的生长，对昆虫也有引诱、灭杀作用。尽管它们的数量和结构类型多而复杂，但仍有规律可循并为萜类化合物的定义和分类奠定基础。19 世纪末，Wallach 在对萜类化合物的结构进行归纳分析后提出一条著名的异戊二烯规则(isoprene rule)，即自然界存在的萜类分子在构造上都可以分割成头尾相接的 5 个碳的异戊二烯单元，如图 8-2 的曲折线分隔出的单元所示。[14] Wallach 因对萜类化合物结构的创造性研究荣获 1910 年诺贝尔化学奖。异戊二烯规则是非常有用的，为萜类化学从迷茫混乱到有序发展奠定了基础。绝大多数萜类分子的结构都符合异戊二烯规则。但在自然界，特别是菊科植物中也有一些异戊二烯单元不是头尾相接的或碳原子数不符合 C_5 倍数的不规则萜类化合物存在，如菊酸(chrysanthemic acid，**52**)和扁柏素(hinokitiol，**53**)等。萜类的定义已从构造的异戊二烯规则转为更多地用“所有经甲戊二羟酸生源代谢衍生且分子式符合 $(C_5H_8)_n$ 的化合物是萜类化合物(参见 8.15.5)”这一生源的异戊二烯规则(biogenetic isoprene rule)来表达。

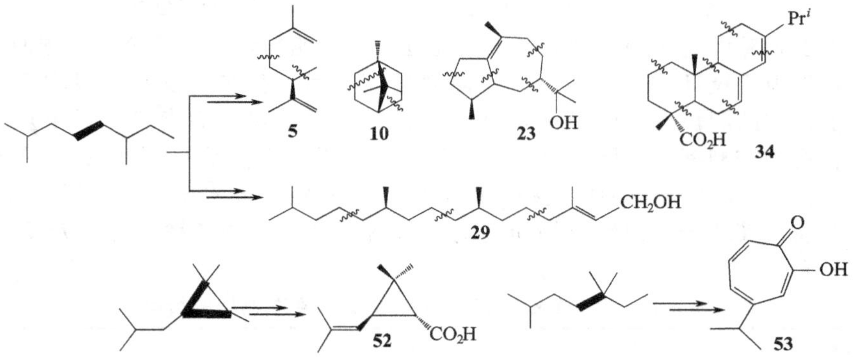

图 8-2　萜类分子由异戊二烯头尾相接而成

8.5　甾类化合物

动植物体内有一大类具有非常重要的生理作用称甾体(steroids)的化合物。[15] 甾体化合物可归于结构修饰的三萜，种类繁多，按结构和存在可分为甾醇、胆汁酸、甾激素和甾族生物碱、甾族苷等；或分为雌甾烷、雄甾烷、C_{21} 的孕甾烷、C_{23}～C_{24} 的强心甾、C_{24} 的胆烷酸、C_{27} 的胆甾和螺甾、C_{28} 的麦角甾烷和内酯、C_{29} 的豆甾烷、C_{27}～C_{29} 的昆虫变态激素等。

8.5.1　甾核的结构

甾体化合物具有以氢化程度不等的 1,2-环戊烷并全氢菲为母核的甾核结构，甾核上的 4 个环自左至右分别用 A、B、C、D 来代表。1927 年，Diels 发现所有的甾族化合物在 360℃ 经硒或硫黄处理脱氢后都生成 Diels 烃(**1**)。故甾体化合物也可定义为经硒高温处理后生成 Diels 烃的一族化合物。甾体化合物一般在母核的 C3 位上有羟基，C10、C13、C17 上有 3 个支链。我国科学家发明了一个新的象形汉字“甾”来描述：下半部的“田”代表四个稠合的环，上半部的“巛”则代表 3 个取代基。四环体系内的 A/B 有反式的胆甾烷(**2a**)和顺式的粪甾烷(**2b**)两种稠合方式。天然甾体的 B/C 环是反式稠合的，故分子扁平且细而长，C/D环之间顺式或反式稠合均有。甾核中 C10 和 C13 上的取代基多为甲基，特称角甲基，也有伯羟基或醛基的；R 多为含两个以上碳原子的碳链(图 8-3)，碳链上可有不饱和键或含氧、氮等官能团。环上也可有数目不等的各种立体取向不同的不饱和键或含氧、氮等各种官能团。以构象表示的话，环平面处于与纸平面垂直的方向上，A/B 环之间的角甲基处于环平面的上方。

甾体化合物的命名多以其来源而用俗名，C1～C19 的子结构称甾，加上前后缀指出取代基的位次和名称。母核上的碳原子位置有一定的标号规则，取代基在前方是 β-取向，用楔形线或实线相连。C10、C13 和 C17 上的取代基多为 β-取向，故 C3-OH 与 C13-CH_3 呈顺式关系的是 β-型。取代基在后方的称 α-构型，用虚线表示，故 C3-OH 与 C13-CH_3 呈反式关系的是 α-型，有时又称 *epi*-型(表型)。双链的位置可于母核前冠以希腊字母“Δ”并在 Δ 的右上角来标明。如胆甾醇的系统命名为：17-异辛甾-5-烯-3-醇，地塞米松可命名为：9α-氟-

16α-甲基-Δ^1-氢化可的松。

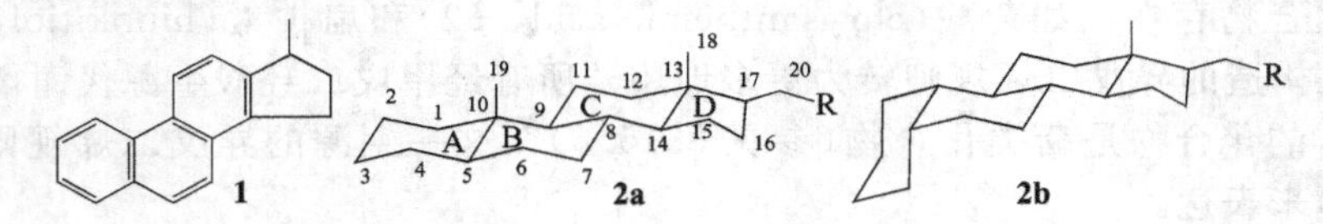

图 8-3 Diels 烃及甾核的结构和甾核上碳原子的标记位置

甾体骨架上各基团之间的排列有很多可能性。如，胆甾烷上有 8 个手性碳原子，立体化学非常复杂，但由于稠环的存在及空间位阻效应，实际上存在的仅是有限的几个稳定的构型。如，目前得到的胆甾烷结构只有 5α-H 和 5β-H 两种构型。后者又称粪甾烷，绝大多数天然甾体化合物的构型都分别属于胆甾烷或粪甾烷体系，它们是 C5 位上的差向异构体。环上取代基的 α/β 取向对生理功能影响很大，化学活性差别也很明显。反式稠合环之间的 a/e 键取向不能互换，其环合的构型也是固定的。天然甾族化合物的稠合方式及 C17 侧链的结构如表 8-1 所示。

表 8-1 天然甾族化合物的稠合方式及 C17 侧链的结构

甾族化合物	A/B 环	B/C 环	C/D 环	C17 侧链
C_{21}化合物	反	反	顺	乙酰基
皂苷	顺/反	反	反	氧杂螺环
强心苷	顺/反	反	顺	不饱和内酯环
胆酸	顺	反	反	戊酸
甾醇	顺/反	反	反	C_8～C_{10}烷基
昆虫激素	顺	反	反	

8.5.2 甾醇和胆汁酸

甾醇(sterols)多是 C3 位带有仲羟基的甾体化合物，因呈固态而又称类固醇。胆结石的 70%是胆甾醇(cholesterols，**3**)，故胆甾醇又称胆固醇，是最早得到鉴定的甾体化合物。人体内有胆甾醇 250g 左右，猪脑和蛋黄中的胆甾醇含量高达 2%。该化合物自 1769 年被发现到 1932 年确定其环戊烷并全氢菲的母体构造花了约 160 年，其三维结构然后又经过 23 年才得以阐明，看其解析过程就像读一本极富悬念的推理小说。胆甾醇在体内由羊毛甾醇转化而来，以醇或高级脂肪酸酯的形式存在于哺乳动物的各组织器官和细胞膜中，是动物组织中所有细胞膜的组成成分之一，也是合成其他甾类化合物的起始材料，而被认为是生命的基本物质。胆甾醇自食物中摄入时，其在体内的合成会减少，但总量仍会增加。肝脏中的 3-羟基-3-甲基戊二酸单酰辅酶 A 还原酶是产生胆甾醇的重要因子，该酶抑制剂对治疗高胆甾醇引发的心血管疾病有明显的药理作用。豆甾醇(stigmasterol，**4**)、谷甾醇(sitosterol，**5**)、麦角甾醇(ergosterol，**6**)和油菜甾醇(ergosterol，**7**)等甾醇广泛分布于各类植物之中，是植物、藻类和真菌细胞膜的主要组成成分，生理功能各不相同。

HO 3 HO 4 HO 5

HO 6 HO 7

动物胆囊分泌的胆汁(甾)酸(bile acid)有 100 多种，分为游离型和复合型两大种类。各种动物的胆汁含有多种胆甾酸成分，它们多由甘氨酸或牛磺酸的酰胺与 **8a** 结合而成的复合型胆盐 **8b** 与 **8c** 而非游离型的胆甾酸(**8a**)。**8b** 与 **8c** 中的甾核部分具亲脂性，盐部分具亲水性；两者的比率(**8b**：**8c**)在健康成人的胆汁中受到食物、维生素、激素及年龄的影响而有变化，通常为 2～6，在猪胆汁中大部分都是 **8b**。胆甾酸中的 A/B 环为顺式并联，C3、C7 和 C12 位上的 3 个羟基都是 α-构型。人体中的胆酸盐能在小肠中乳化脂肪、胆甾醇和脂溶性维生素，故有促进消化和吸收的作用。胆甾酸的羟基氧化为酮羰基成为具利胆作用的去氢胆甾酸；C12 位上羟基被还原后成为具降压作用的去氧胆甾酸。熊胆在中药中被认为是一种不可多得的贵重中药，熊胆汁中能提取出学名 $3\alpha,7\beta$-二羟基胆酸的熊去氧胆甾酸(**9a**)。**9a** 是鹅去氧胆甾酸($3\alpha,7\alpha$-二羟基胆酸，**9b**)的差向异构体，作为强有力的利胆药物，具有促进胆汁分泌，溶解胆石等多种生理作用，可用于治疗原发性胆汁性肝硬化。商品 **9a** 是以胆甾酸为原料于 20 世纪 50 年代就合成成功并成为主要生产方法。

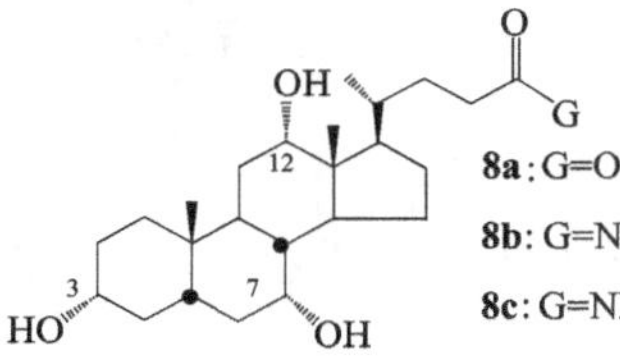

8a: G=OH
8b: G=$NHCH_2CO_2Na(K)$
8c: G=$NHCH_2CH_2SO_3Na(K)$

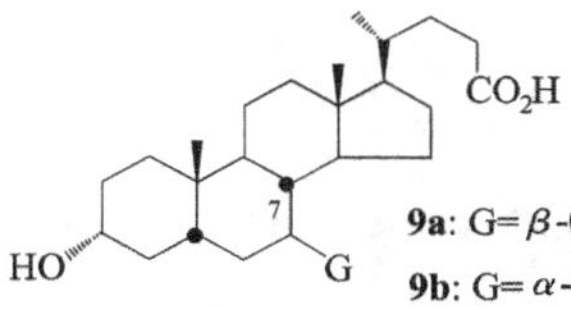

9a: G=β-OH
9b: G=α-OH

8.5.3　甾体激素

激素(hormones)指由脑、甲状腺、肾上腺和性腺等各个器官产生的经体液或细胞外液到达特定部位而引起特殊激动反应的微量有机化合物，生理功能独特。甾体激素按其来源和功能主要可分为性激素(sex hormones)、肾上腺皮质激素(adrenal cortex hormones)和蛋白同化激素。性激素产生于动物的生殖器官，控制机体组织的生成、发育和成熟，包括 4 种雄性激素、7 种雌性激素和 9 种妊娠激素。肾上腺皮质受脑垂体前叶分泌的促肾上腺皮质激素的刺激而产生的肾上腺皮质激素主要涉及糖、蛋白质、水和电解质等的代谢生理活动，包括 19 种糖皮质激素和 2 种盐皮质激素。甾体激素药物在我国是仅次于抗生素的一大品种。天然甾体激素来源稀缺，兼具多种副作用或药效不易持久等不足。甾体激素药物常以天然甾体激素为先导化合物，制备也基本靠其他丰富的天然甾体化合物，如豆甾醇、胆甾醇和基本骨架为螺甾烷(spirostanes，**10**)的薯蓣皂苷元(diosgenin，**11**)和剑麻皂苷元(**12**)等一些甾族化合物为原料经半合成来完成。

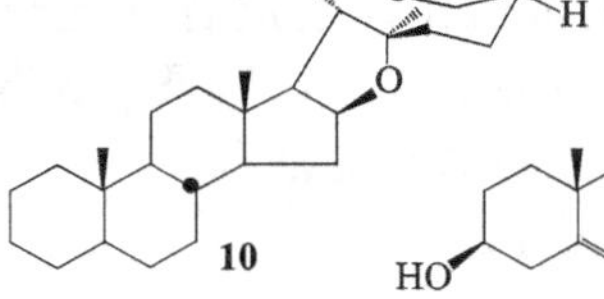

10 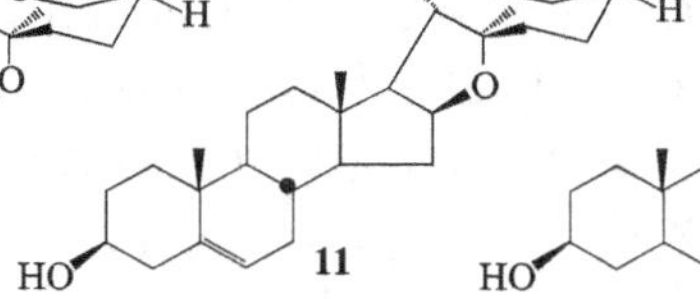　**11** 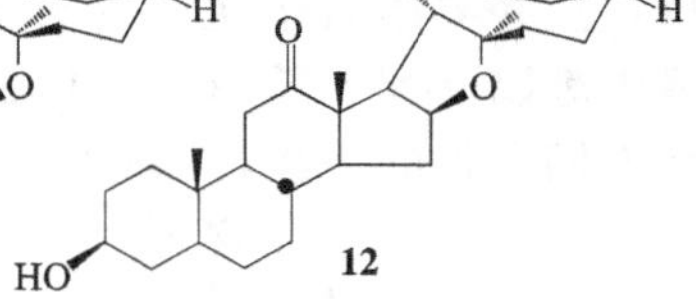　**12**

雌甾酮(**13**，参见 5.7.3)是第一个被分离成功的人性激素，于 1929 年由 Butenandt 和 Doisy 从孕妇尿中分得。Doisy 后来又从猪的卵巢中分得雌甾醇(estradiol，**14**)，随之就明白了雌甾醇才是真正的性激素，而雌甾酮是它的代谢产物。1931 年，Butenandt 从男性尿液中分得雄甾酮(testosterone，**15**)，1935 年 Laqueur 分离出雄甾醇(**16**)。同样，雄甾醇是性激素，雄甾酮是雄甾醇的代谢产物。从它们的分子结构中可以看出，雌、雄激素的差别仅在于分子骨架的 A 环中一个是苯环和酚羟基，另一个是共轭环己烯酮且多一个角甲基，这些差别就决定了人类两性的差别，它们都是胆甾醇在体内的代谢产物。

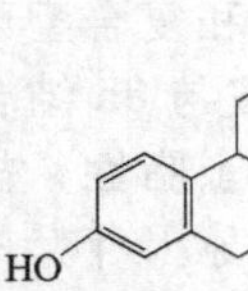

HO 13 HO 14 HO 15 O 16

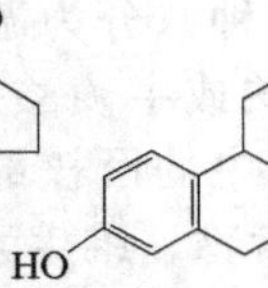

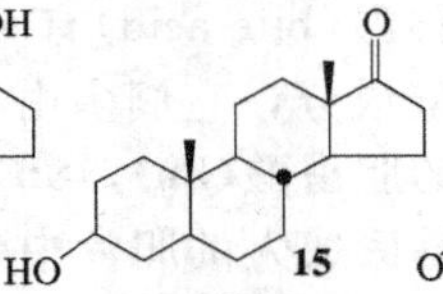

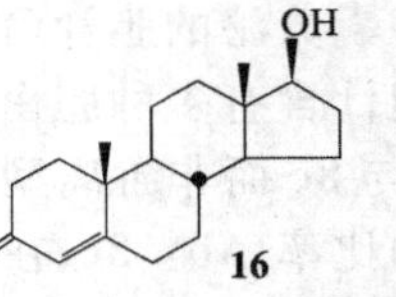

科学家在20世纪30年代已发现孕妇体内有较多孕甾酮(progesterone，**17**)分泌而起到抑制排卵的作用并导致避孕，这一机理的发现促进了人工合成避孕药物的工作。孕甾酮口服后易在消化过程中破坏而失去生理活性，需很大剂量或注射才有效。到20世纪50年代，人们知道在移去孕甾酮的C19-甲基和在C17位引入乙炔基都有增强生理功能的作用，炔雌醇(ethinylestradiol，**18**)和炔诺酮(norethisterone，**21**)等口服避孕药逐个被开发成功。炔雌醚(**19**)在代谢时缓缓放出乙炔雌二醇而成为长效避孕药。由于社会和商业上的原因，直到1960年，美国食品与药物管理局(FDA)才批准主要成分为异炔诺酮(**20**)的避孕药Enovid上市。**20**口服后在胃酸作用下发生异构化而成为**21**。

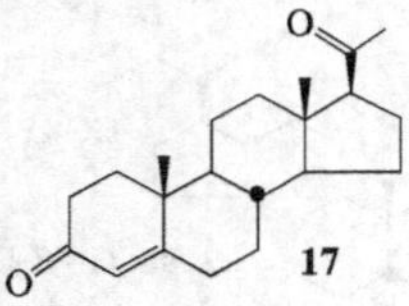

O 17 OH C≡CH HO 18 OH C≡CH O 19

OH C≡CH O 20 ⇌ OH C≡CH HO ⇌ OH C≡CH O 21

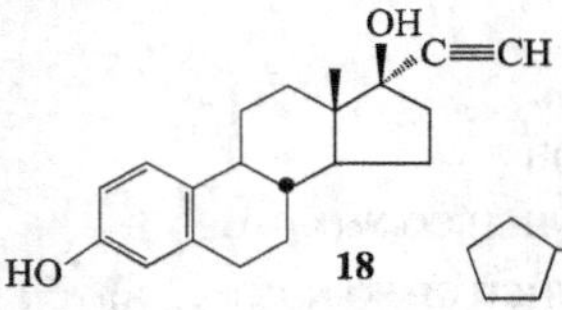

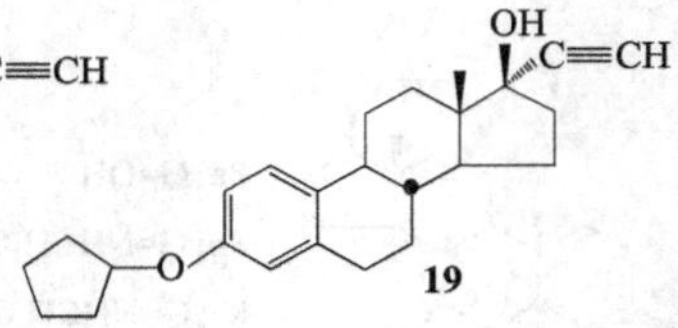

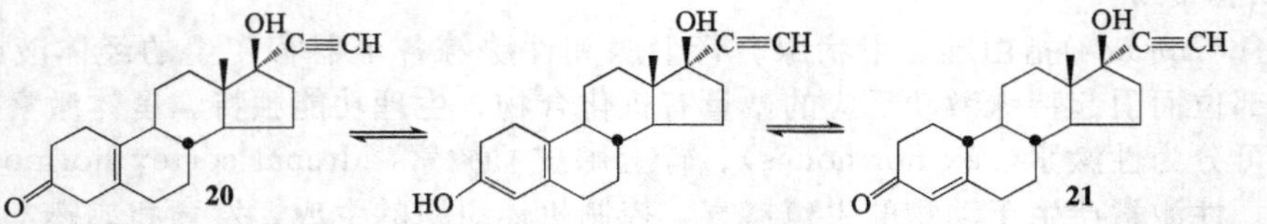

避孕药是人类历史上第一种不是用于治疗目的而仅仅单纯地为美好社会服务的药品，对当今社会面貌产生了无与伦比的影响。过去的几十年里，人类服用避孕药的数量远远超过其他任何一类药品。将戊酰雌二醇(**22**)和长效黄体酮(**23**)配伍后可得到注射用长效避孕药。此外，雄性激素由于被发现还具有促进肌肉生长发达的作用而引起注意，有些甾类激素被用于家畜饲养业。如已成为处方药的dianabol(**24**)和stanozolol(**25**)之类，但它们被严禁用于运动员作增强体能之用。*trans*-己烯雌酚(diethylstilbestrol，**26**)和内消旋己雌酚(**27**)可能与天然雌激素在空间构型上有相似之处，也有类激素作用。这些非甾类雌激素曾被广泛用作预防流产、避孕及改善孕期不适的药物，将它们埋入尚未发育完全的雄小鸡颈部可使其成为阉鸡。但后来发现，这些类激素干扰了内分泌系统的正常运作而造成各种生理紊乱和遗传疾病。它们在环境中难以降解，长期食入并在体内累积后会造成严重后果。故激素或类激素药品的使用已引起人们严密的关注，以防它们成为难以控制的环境毒素。

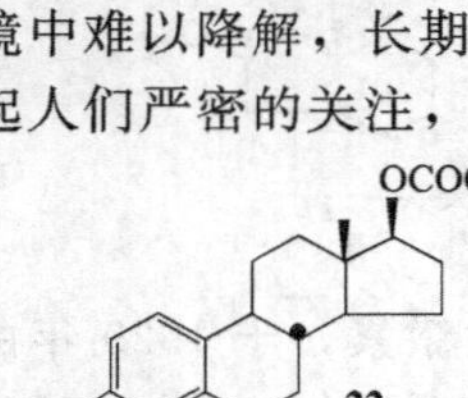

$OCOC_4H_9$ HO 22 C_4H_9OCO $COCH_3$ O 23 OH O 24

OH H—N N 25 OH HO 26 OH HO 27

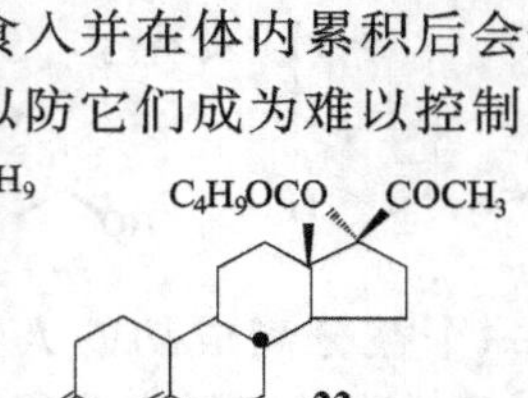

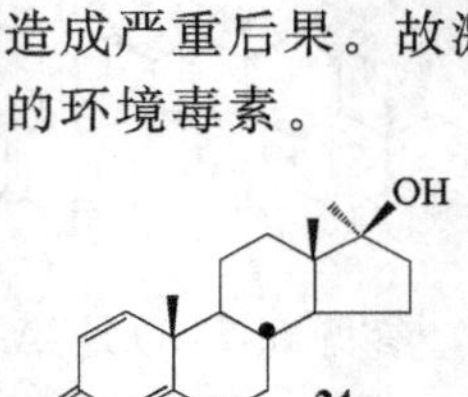

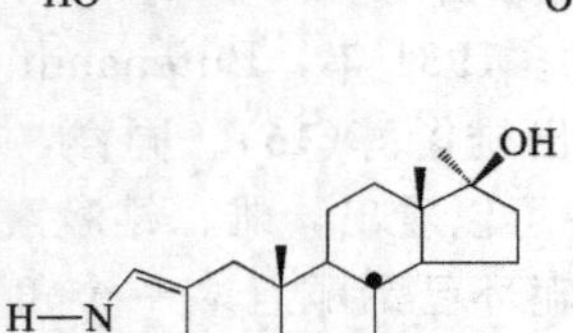

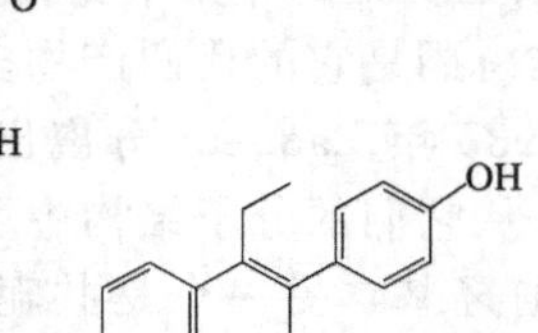

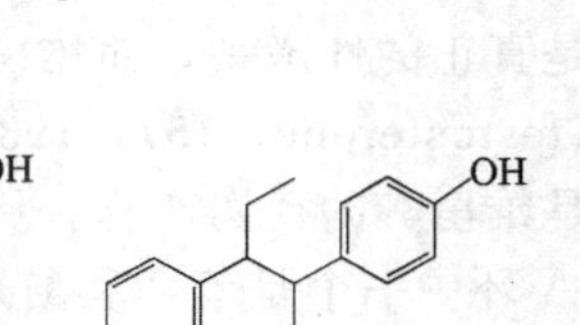

人的肾上腺素分泌30余种均为甾族化合物的激素，它们也是胆甾醇在体内的氧化代谢产物，具有控制蛋白质和糖的代谢及调节水和电解质平衡的功能，如皮甾酮(可的松，**28**)和皮甾醇(氢化可的松，**29**)等。20世纪50年代以来，许多类似结构的药物，如醋酸强的松(去氢可的松，**30**)、地塞米松(**31**)和肤轻松(**32**)等均已成功地用于风湿、炎症、过敏和气喘等疾病的治疗。但这些作为治疗炎症的甾体药物因能引起各种严重的慢性毒副作用而已被通过抑制体内前列腺素合成而抗炎的阿司匹林(**33**)、布洛芬(**34**)、萘普生(**35**)和西乐葆(Celecoxib，**36**)等非甾体类药物替代了。

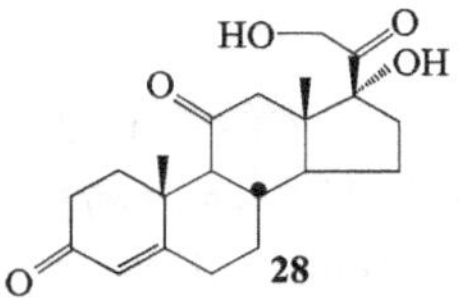

28 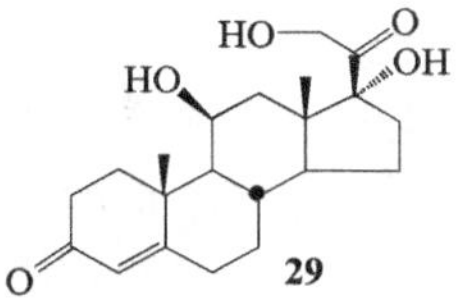 **29** 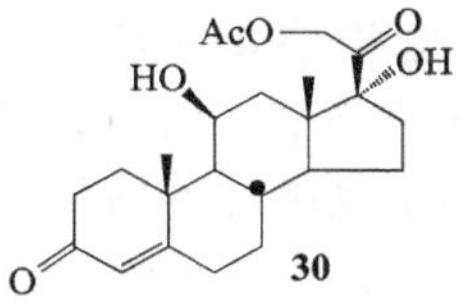 **30**

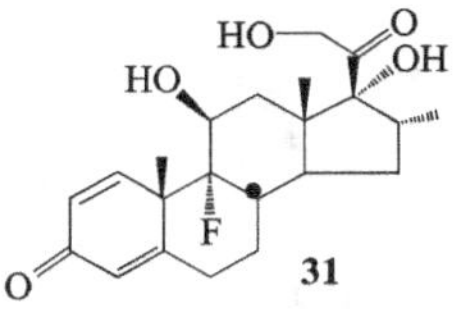

31 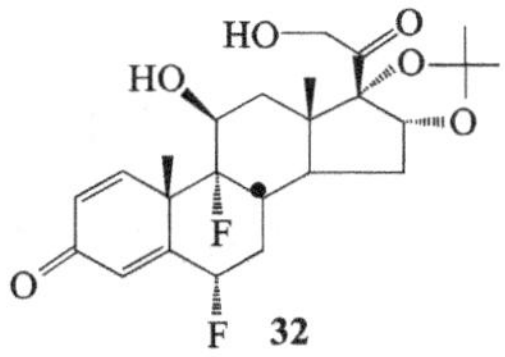 **32** 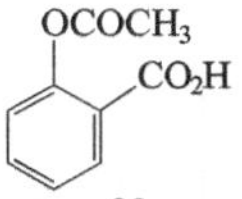 **33**

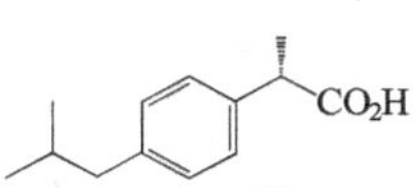

34 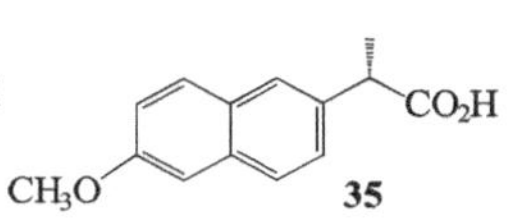 **35** 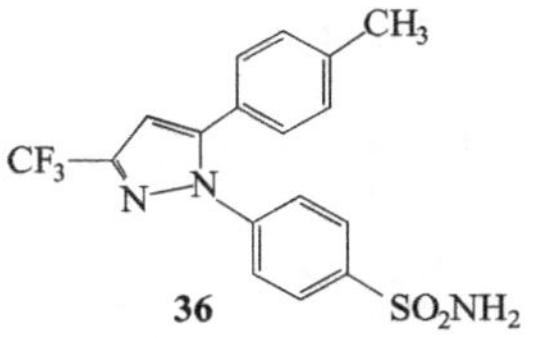 **36**

8.5.4 皂苷和强心苷

皂苷(saponines)是一类其水溶液振摇时能产生大量泡沫的复杂天然产物，广泛存在于各种植物中的皂苷已分离出10000多种。结构上可分为甾类苷元与糖组成的甾体皂苷和四环或五环三萜皂苷两大类。甾体皂苷被广泛用于甾体激素药物的原料，一般无羧基取代，称中性皂苷，如人参皂苷(**37**)。人参有兴奋或抑制中枢神经、抗疲劳及提升或降低血压的活性，但尚未能在药理学上得到证实。三萜皂苷元结构中多有羧基，称酸性皂苷，如甘草皂苷(**38**)。皂苷具有破坏红细胞的溶血特性和抗肿瘤、抗炎和调节免疫等多种生物活性。

强心苷(cardiac glycosides)存在于200多种有毒植物中，多以甾体皂苷的混合物出现，因具增强心肌收缩和脉动加速的作用而用于治疗心率衰竭等疾病。其治疗用量与中毒剂量非常接近，故使用时应严格测试控制。强心苷元(cardiac aglycones)为甾体化合物，C17位有一个不饱和的五(六)元环内酯，C3位有羟基与糖缩合成苷，如最常见的洋地黄苷元(digitoxigenin，**39**)。蟾蜍耳后腺和皮肤腺分泌的白色浆液经加工干燥得到的有色块状物是一味解毒消肿、强心升压的贵重中药，也有甾核结构的强心作用。其成分十分复杂，主要成分蟾酥毒(bufotoxin，**40**)并非苷，而是具有六元环二烯酸内酯侧链结构的甾体化合物。

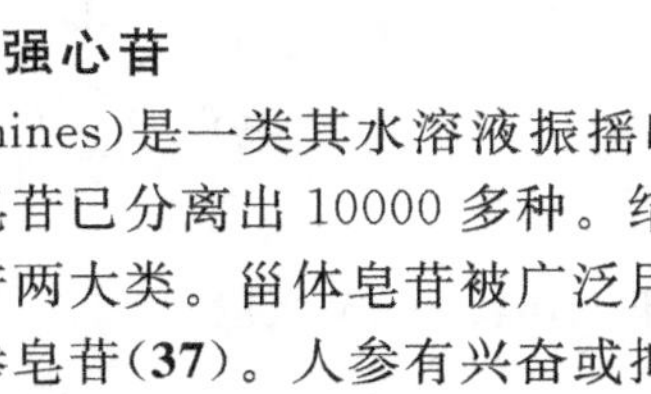

37 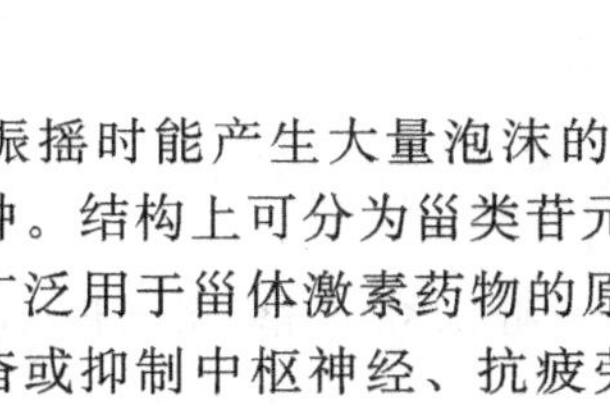 **38** 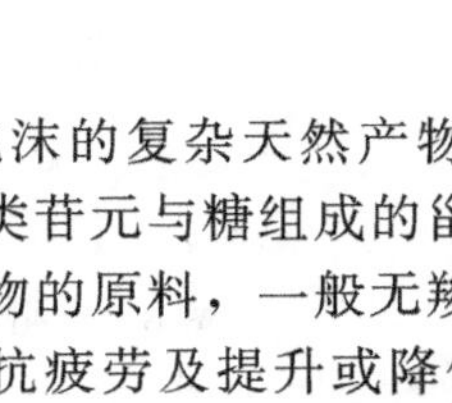 **39**

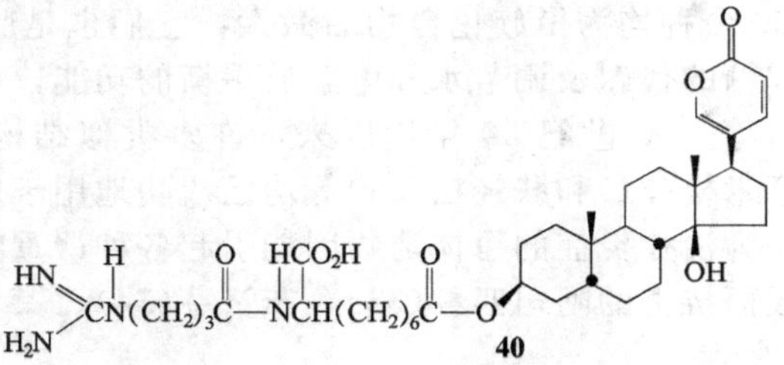

8.5.5 甾体化合物的化学反应

甾体化合物的分子结构中有双键、羟基、羰基等官能团，立体结构和众多手性碳原子的存在使其反应趋于复杂和不同寻常。如，环己烷体系的构象对反应活性和机理有很大影响，反应选择性很明显。由于分子 β-面上角甲基的立体障碍使反应受阻，许多试剂往往从位阻较小的 α-面进攻，在靠近角甲基处更是如此。如，胆甾醇 **3** 的几个反应如图 8-4 所示。

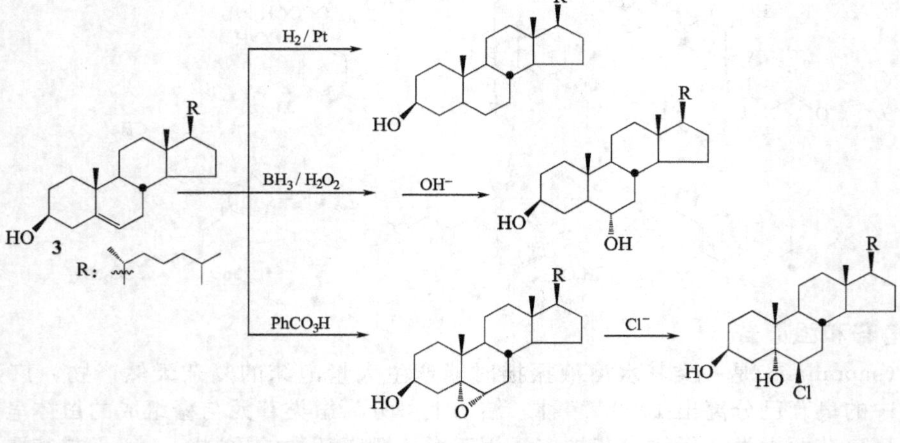

图 8-4 胆甾醇的氢化、硼氢化和环氧化-开环反应

甾体化合物中处于 e 键的官能团空间位阻较小，一般比处于 a 键上的同一官能团有更活泼的反应性。如甾体底物 **41** 和 **42** 的酯化反应主要都在 e-OH 上发生。

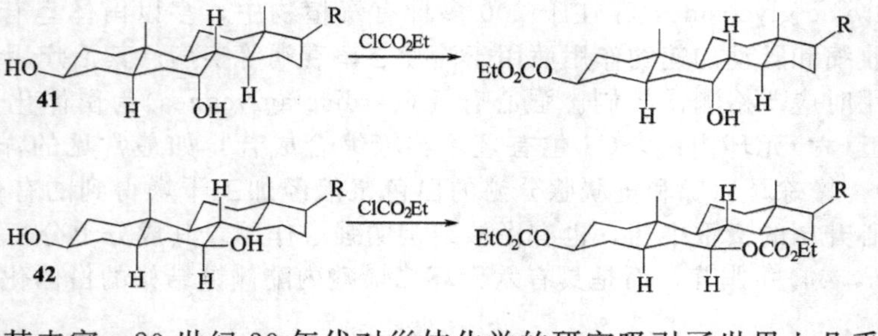

甾体化学极其丰富，20 世纪 30 年代对甾体化学的研究吸引了世界上几乎所有著名有机化学和药学实验室的兴趣。许多重要的有机化学基本理论如构象分析、生源合成等概念及专一性试剂和有机反应的发现应用都与甾体化学研究有关。甾体分子的合成是一门高超的艺术，由于其巨大的药用价值，它们的工业化生产所取得的进展也是史无前例的。先后有多人如 Alder、Butenandt、Diels、Ruzicka 和被誉为“甾体化学之父”的 Windaus 等都因甾体化学工作而荣获诺贝尔化学奖。

8.6 二十碳烯酸

天然的饱和或不饱和脂肪酸在生物体内由乙酸和丙二酸途径而来，其中 C_{16}～C_{20} 者组成油脂。油脂可分为单纯型和复合型两大类，前者包括游离脂肪酸、甘油酯和蜡，后者包括与蛋白质结合后形成细胞膜的磷脂质和糖脂质。脂肪酸不但是生物体的组成，在体内还能代谢为各种饱和程度不等的花生酸，后者再进一步代谢为一系列如前列腺素之类具有重要生理作用的化学物质。

早在 20 世纪 30 年代，人们就发现在人的新鲜精液中含有一种在激素的浓度水平上就具各种生理活性作用的微量物质，设想它可能由前列腺分泌而来，命名其为前列腺素（prostaglad-ins，PG）。[16]。实际上前列腺素既存在于如脑、肺、胰腺、肾、精束等各种组织分泌的体液中，也存在于妇女的子宫、经水和孕妇的羊水中。从一些海洋生物或珊瑚、红藻中也都分离提取过各类前列腺素。到 20 世纪 60 年代，随着分离分析技术的发展，各种前列腺素化合物开始被陆续分离并得以鉴定。这是一类 C_{20} 的不饱和脂肪酸，基本骨架为环戊烷衍生的前列腺烷酸（**1**），环戊烷上有两条相邻的具羧基的 C_7 链和具端基甲基的 C_8 链。根据五元环结构和侧链上双键数目的不同，前列腺素可命名为 PGM*n*：M 表示系列，常见的有 A、B、C、D、E、F 六大类型；*n* 为 1～3。A、B 和 C 系列是天然前列腺素的降解产物，C9 带有羰基，但环上又各带有一个不同位置的双键，它们都无生理活性。**E** 和 **F** 两个系列含量最高，研究得也更详尽。**E** 系列中 C9 有羰基，C11 有羟基；**F** 系列的 C9 和 C11 均有羟基，也有 α-和 β-两种构型。天然 PGF 的 C9 羟基都是 α-构型，其 β-异构体的活性仅为 α-构型的 0.1%。D 系列环上的 C9 接羟基，C11 是羰基，正好和 **E** 系列相反。PG 的五元环侧链上还带有 1～3 个双键，如图 8-5 所示，E 系列中侧链上带有 1 个、2 个或 3 个双键者称 E_1、E_2 或 E_3。E_1、E_2 和 E_3 各与 F_1、F_2 和 F_3 的侧链相同。前列腺素后来又扩展出在环戊烷上的官能团与前不同的 G、H、I 和 J4 种新类型，它们在生体组织中的含量更少，性能上更不稳定。

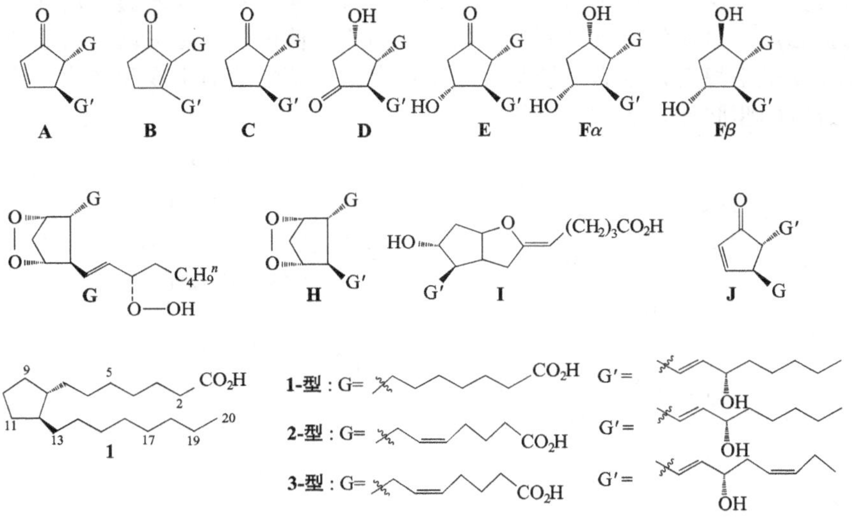

图 8-5 前列腺素的分类及结构

早期的前列腺素多通过生物合成方法得到，20 世纪 60 年代末化学全合成取得成功，但离工业化生产还有一定距离。细胞并不储存前列腺素，在各类生理反应需要时才由双同-γ-亚麻酸（$\Delta^{8,11,14}$-dihomo-γ-linolenic acid，**2**）、花生四烯酸（$\Delta^{5,8,11,14}$-eicosatetraenoic acid，二十碳四烯酸，**3**)和二十碳五烯酸($\Delta^{5,8,11,14,17}$-eicosapentaenoic acid，**4**)分别通过环化和氧化反应在体内合成释放出 1-型、2-型和 3-型前列腺素。而后又在很短的几分钟时间内被不同的前列腺素分解酶催化分解而失去活性。这些因素使前列腺素的提取与纯化遇到许多困难。前列腺素含量极微，常人每天不过含 0.1mg 左右，但它们在生命运动的各大系统中产生的生理作用是非常明显的。前列腺素会引起皮肤炎症，增加机体对痛觉的敏感性，收缩肌肉组织、降低血压、抗心律失常，或松弛或收缩支气管、抑制胃液分泌、抗孕引产、抗肿瘤和促进睡眠的作用等。PGE_2 是已知作用最强的导致人体发烧的物质。阿司匹林和消炎痛一类药物能抑制前列腺素 E_2 在体内的合成而具有退烧、抗炎和镇痛作用。1982 年的诺贝尔医学及生理奖给予了 3 位在前列腺生理作用研究上取得创造性成果的科学家。

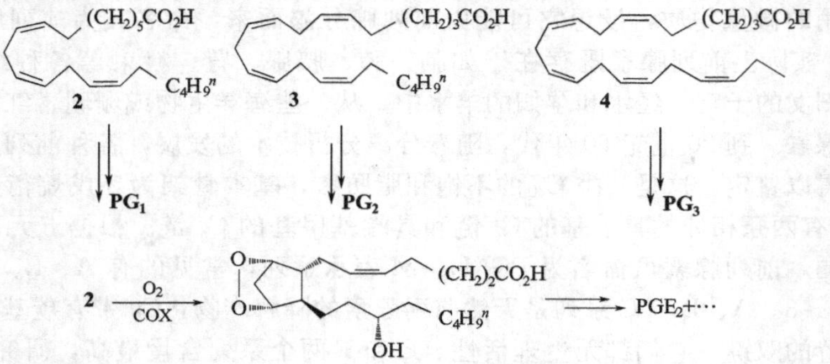

$(CH_2)_5CO_2H$　$C_4H_9^n$　**2** → PG_1

$(CH_2)_3CO_2H$　$C_4H_9^n$　**3** → PG_2

$(CH_2)_3CO_2H$　**4** → PG_3

2 $\xrightarrow[COX]{O_2}$ （O—O，$(CH_2)_3CO_2H$，$C_4H_9^n$，OH）⟹ PGE_2+⋯

花生四烯酸经环氧化酶(cycloxygenase，COX)代谢后还可产生一种具有开链三烯结构的白三烯(leukotrienes，LT)和血栓素(thromboxanes，TX)。白三烯、血栓素和前列腺素都是二十碳烯酸，根据它们在生物体内被合成的次序可分为 LT_A、LT_B……LT_F 几大类，如图 8-6 所示。这些引起变态反应的物质直到 20 世纪 70 年代末期才清楚是一些花生四烯酸通过 C5 位脂氧化酶代谢而成的白三烯类化合物。白三烯类化合物最初是从白细胞孵育产物中分离得到的，含量极微，是发生如哮喘、发炎等变态反应引起的血管渗透、白细胞迁移及平滑肌收缩等生理现象时起作用的重要化学介质。血栓素具有很强的凝血活性，与前列腺素的生理作用正相反，血栓的形成可能就是这两种物质在体内的分泌失衡而引起的。其结构中有半缩醛存在，很不稳定，合成也较困难。要稳定二十碳烯酸的生成和转化，饮食中注意摄入亚麻酸等必需的脂肪酸是非常重要的。

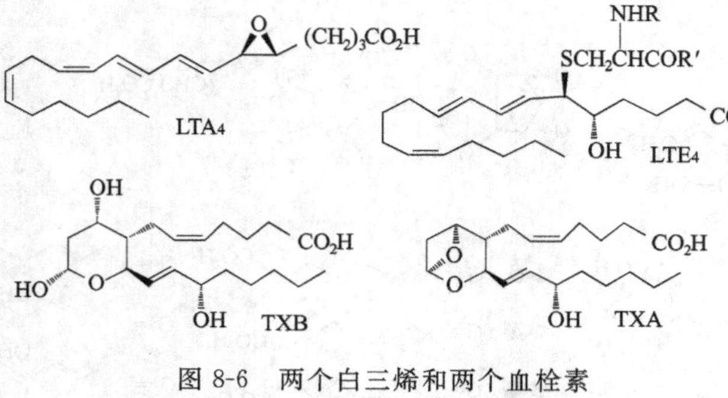

$(CH_2)_3CO_2H$　LTA_4

NHR　SCH_2CHCOR'　CO_2H　OH　LTE_4

OH　CO_2H　HO　O　OH　TXB

O　O　CO_2H　OH　TXA

图 8-6　两个白三烯和两个血栓素

8.7　海洋天然产物

海洋的面积约占地球表面积的 70%，具有与陆地生态全然不同的高盐浓度、高压、缺氧、低温且无大的温差变化等环境特点。海洋中的动物和植物共计有 30 门 50 万种以上，海洋动物的种类是陆地上的 4 倍，光是海绵的种类就有 5000 多种。海洋无脊椎动物、海藻和微生物是海洋天然产物的三大来源，它们在进化过程中产生了与陆地生物不同的生存繁殖方式和生理代谢系统，从而代谢产生结构独特的次级代谢产物。海洋生物体一般是用整个机体来吸收稀薄的营养并且较易受到病原微生物的侵袭，海洋天然产物的含量低且结构复杂，样品的采集和品种鉴定也较为困难。故其大规模研究直到 20 世纪 60 年代发现柳珊瑚中含有丰富的前列腺素后才全面得到重视。随着分离分析仪器和结构快速测定方法的改进提高，特别是进入 20 世纪 80 年代以来，高极性有机化合物的分离纯化技术、新颖生理活性实验方法的开发和手性有机合成技术的进步都使包括海洋微生物代谢产物在内的海洋天然产物的研究取得了长足的进步。现今已报道有 1 万多种海洋天然产物，每年还有新化合物近千种，其中 40%以上有生理作用。[17]头孢菌素就是首先在海洋污泥中发现的，从海洋中已经得到许多可用于治疗心律失常、结核病和抗病毒作用等有效药物，向海洋要药(drugs from sea)已成为可望实现的目标。此外，许多如深海鱼油等一些受到瞩目的新保健品种也都来自海洋生物。

许多海洋化合物具有陆地上从未发现过的新型复杂的骨架，其分离、结构鉴定和全合成的难度更大。海洋天然产物的主要类型有烃、萜、甾体、胡萝卜素、前列腺素、皂苷、大环内酯、聚醚、肽及含卤、氧、氮、硫、磷等各种元素的化合物，可谓五花八门，种类繁多。不少海洋天然产物的结构中具有陆地上极为少见的卤素、(硫)氰基等元素或官能团，如 halomon(**1**)、二溴丁二酰亚胺(**2**)、tetrachloromertensene(**3**)、cubebol(**4**)、stypolactone(**5**)及 varicin(**6**)等。**3** 和 **6** 都具有抗肿瘤活性，也都是开发抗肿瘤新药的先导化合物之一。

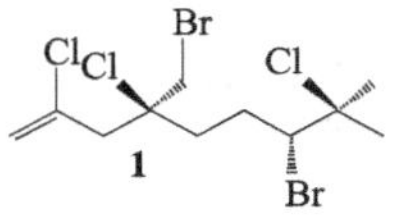

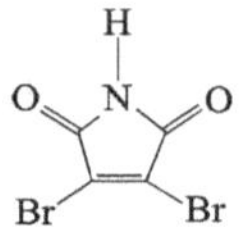

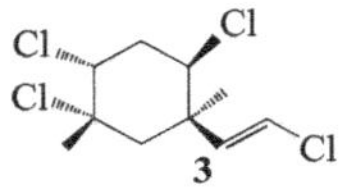

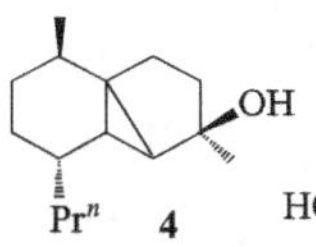

地球上有 80%的生物生活在海洋中，但已被研究过的还只有百分之几。对海洋天然产物的研究不但能促进生物学的发展，也能不断发现新型结构的化合物，提出更合理的生物合成途径，促进食物和医药农药的发展。如，从海洋异足索沙蚕中分离出一个毒性较大但结构异常简单的有效杀虫成分沙蚕毒素(**7**)。日本科学家对其构效关系作详尽研究后，从几百种相关的候选化合物中开发出巴丹(padan，**8**)这一结构简单、广谱高效且对人畜无害的农药，年产量占到日本农药总耗量的 20%以上。

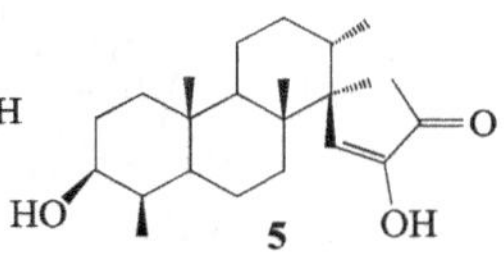

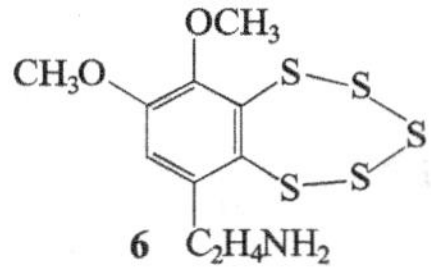

$(CH_3)_2NCH(SCONH_2)_2$ **7**

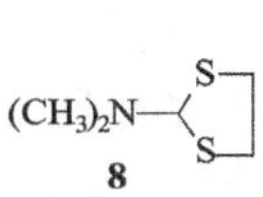

又如，从生源合成的途径看，萜类化合物在陆地上多是由质子诱导环化而成，而海洋萜类化合物却主要由卤离子特别是 Br^- 诱导而形成的，如图 8-7 所示。

美国国立肿瘤研究所每年筛选的几万种新抗肿瘤药物中 50%以上来自海洋产物。许多海洋天然产物有毒，但实际上许多抗肿瘤的活性物质也都有一定的毒性。[18]20 世纪 60 年代对河豚毒素(tetrodotoxin，TTX，**9**)和 20 世纪 70 年代对沙海葵毒素(palytoxin，PX，**10**)的研究是海洋天然产物的代表性研究成果和有机化学学科发展的标志性成就之一。河豚毒素相对分子质量虽然不大，11 个碳原子中 9 个有手性。分子具半笼状，一个羧基和一个胍基组成内盐结构而无挥发性，呈弱碱性，不溶于几乎所有的有机溶剂，但微溶于热水或稀酸性环境中。故分离不像一般有机化合物，一般的色谱和有机溶剂重结晶方法都不适用。最后通

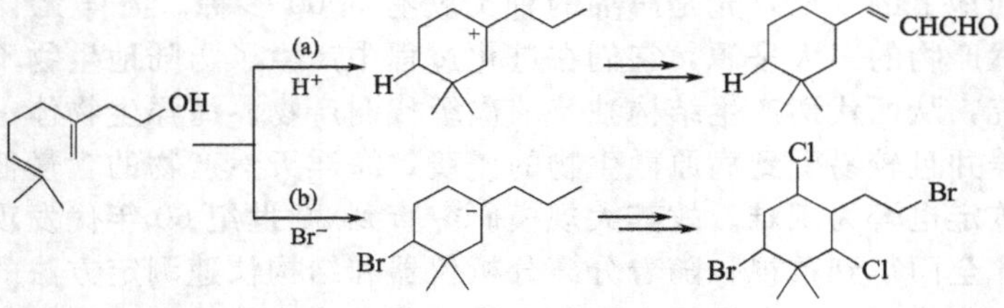

图 8-7　陆地(a)和海洋(b)的生源途径

过改进的离子交换树脂方法从 100kg 河豚卵巢中得到 2g 河豚毒素的粗品。在 1964 年的一次由 IUPAC 组织的国际天然产物会议上，美国的一个小组和日本的两个小组各自独立报告了他们的研究结果，提出了同样的又都是正确的一个结构而成为天然产物研究史上的一段佳话。不像全合成可以有各种合成路线，各显神通能得到同一目标产物那样，未知天然产物分子的结构只有一个。能首先正确解析出结构的就是这场科学竞争中的优胜者，这往往只能是一个单位能享此殊荣。1972 年，河豚毒素全合成由 Kishi 小组取得成功。[19]

河豚毒素的毒性是人所共知的，(*S*)-C9 构型对生理毒性起到关键作用，其 LD_{50} 为 8μg/kg。美国科学家经过 10 年解析从海洋腔肠动物沙海葵中分得一个毒性比 TTX 还大 10 倍的、水溶性的非结晶化合物 **10**。**10** 具有酰胺和聚醚类结构单元，是不稳定的剧毒性非蛋白质毒素之一，LD_{50} 为 0.50μg/kg；分子式为 $C_{129}H_{223}N_3O_{54}$，相对分子质量高达 2681；分子中有 64 个不对称中心，7 根双链，立体异构体数量可达 2^{71} 个，但自然界只生成单一的立体异构体。**10** 的平面及立体结构式于 1982 年由美、日等国科学家先后发表。结构确定主要通过先解析在邻二羟基位的高碘酸氧化断裂和在双键处的臭氧化断裂得到的各碎片段子结构，然后反推拼合。Kishi 等利用有机合成手段分别合成 C1～C7、C8～C22、C23～C37、C38～C51、C52～C75、C76～C84、C85～C98、C99～C115 8 个关键片断结构并与降解产物比较。在这一过程中纠正了许多最初结构测定时手性构型的错误判断，同时通过立体定向方法正确导入碳碳双键并将各片断连接起来。1989 年，全合成得到的产物与天然产物在色谱、波谱理化数据和生物活性方面是完全相同的，从而确定了沙海葵毒素的正确分子结构。

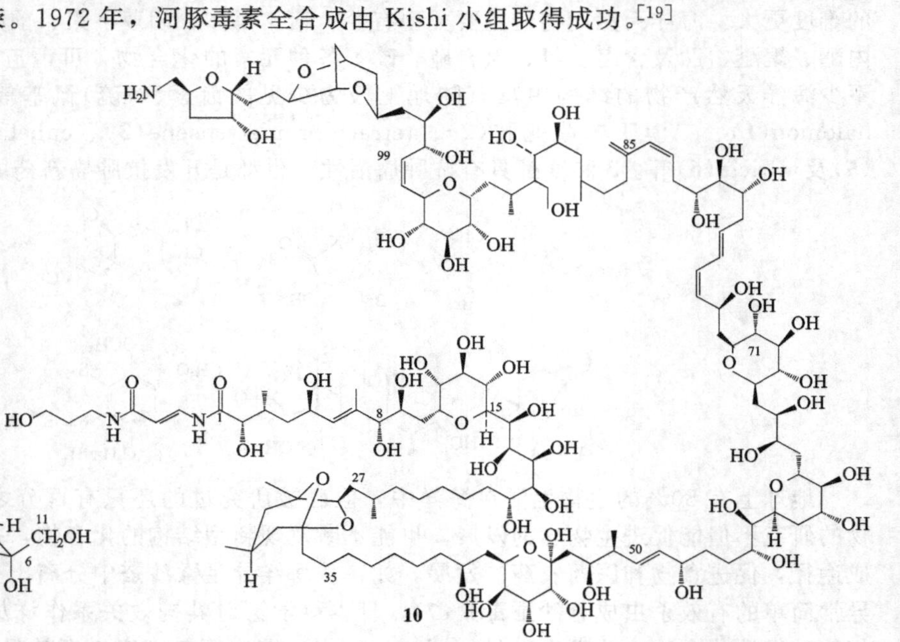

海洋是地球上生命的发源地，有机化学家对海洋天然产物的研究主要集中于以下几个方

面。一个是海洋毒素，海洋毒素对海洋的生态环境有显著的影响，会引起海洋生物死亡并随食物链影响人类食物。另一个领域是海洋药物，人们有信心并期待着从海洋生物中不断找到结构新颖、带有奇异官能团和特殊生理作用的物质。此外，对海洋生物种群之间的生态关系起控制或调节作用的微量物质，如信息素、它感物质(allelochemics)、互济物质(kairomone)、忌避物质(allomonea)、共生诱导物质(synomone)等海洋生态活性物质(ecomone)的研究也是一个重要的领域。此外，发现新的海洋有机物的代谢产物，找到活性化合物的起源微生物，通过培养和发酵技术来生产这些生理活性物质；利用海洋天然产物作为生化探针去研究基本细胞生化过程的研究等也都日趋引起重视。

8.8 昆虫激素和化学信息素

生命体内存在着各种各样在个体之间传播信息的化学信息素(semiochemicals)。化学信息素起着生命全过程的控制作用，操纵着从生到死和繁衍后代并进行正常生活的各个生命阶段，达到体内和体外的高度协调和有机统一；释放于体外则起着吸引异性、防卫自身和参与社会活动等生命现象的控制作用。化学信息素在生物体中的含量极低，生理作用却极为显著，其用量有一个阈值，并非量越大效果就越好。化学信息素的成分随控制标的不同而不同，可能是单一的手性化合物，也可能是不等量的对映异构体的混合物。结构上的立体化学和生物活性的关系十分复杂，呈现出多样性的响应关系。有的是两种构型均有活性，有的只有一种有活性，其对映体没有活性或抑制活性，等等。目前还很难对一个未经生物实验的化合物中各个手性中心产生的生物影响做出正确预测。一门研究生物之间及生物与环境之间化学信息作用的新兴学科——化学生态学(chemical ecology)已于 20 世纪 70 年代开始建立。

自然界中昆虫种类繁多，已知的有 100 多万种，占到陆地动物种类的 4/5。近千种昆虫信息素可能就是使昆虫能保持独特的生命过程和适应环境能力的主要原因之一。昆虫的一生发育过程中包括节肢动物所必需的、独有的卵孵化到幼虫，再经几个龄期成不进食的蛹，蛹变成虫再产卵的变态过程，这些变态都是受昆虫变态激素(molting hormone，MH)或称昆虫内激素控制的。昆虫内激素主要包括脑激素、蜕皮激素(ecdysone)和保幼激素(Juvenile hormone，JH)三大类。

蜕皮激素是刺激昆虫真皮细胞分裂，产生新的表皮并促使幼虫蜕皮成蛹所必需的激素，第一个被成功地分离出的昆虫激素是 Butenandt 等经 11 年的努力于 1954 年从 500kg 蚕蛹中分得的 25mg 蜕皮激素(**1**)。**1** 的结构于 1965 年经 X 衍射得以确定，包括 *α*-**1** 和 *β*-**1** 两种。*α*-**1** 无活性，转化为 *β*-**1** 而起作用。植物还会分泌抗蜕皮激素，使昆虫蜕皮时不能形成新的表皮而变态受阻，也具有杀虫效果。保幼激素主要起抑制昆虫发育变态以维持幼虫状态的作用。1956 年，从天蚕中首先获得含保幼激素(**2**)的活性油成分并于 1967 年得到了 300μg 纯品并据此定出了结构。一些存在于杉树中的倍半萜化合物(**3**)也有保幼作用，将保幼激素喷施于蚕，可使蚕体增大，生长期延长，蚕丝增产。

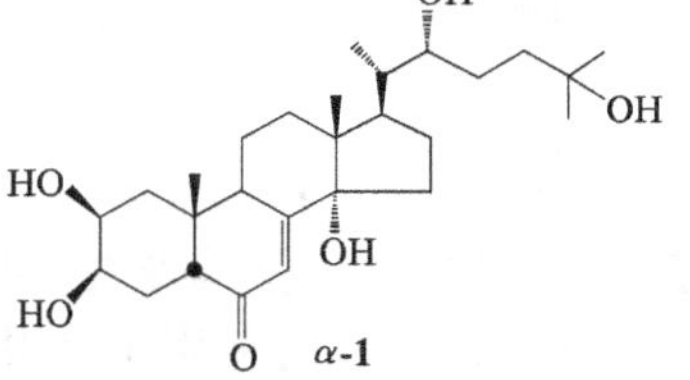

HO HO OH OH OH O *α*-**1**

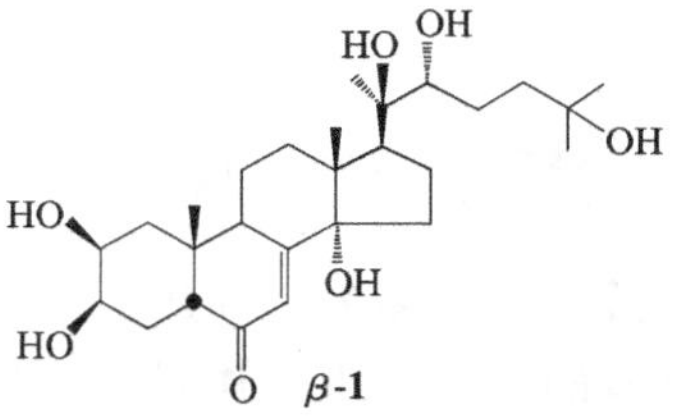

HO HO HO OH OH OH O *β*-**1**

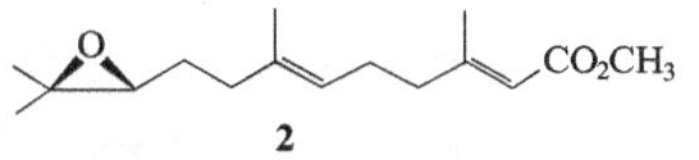

CO_2CH_3 **2**

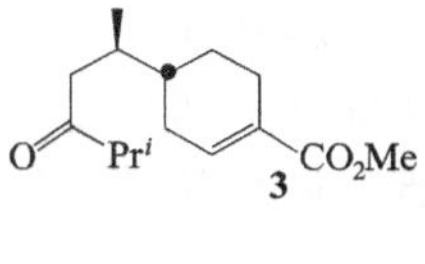

O Pr^i CO_2Me **3**

有意思的是，本来仅仅是从昆虫和甲壳动物中才获得的昆虫变态激素却发现也存在于如牛膝、百日青、露水草等近 300 种植物之中，且含量比在昆虫中的还高。一些杉树中也有保幼酮(**4**)等保幼激素存在。但仍不太清楚存在于这些植物中的蜕皮激素具有的生态意义，分泌这些可能也是植物对昆虫侵袭的一种防御手段。同样有趣的是，作用于猫的性信息素 nepetalactone(**5**)对豌豆芽虫也有效；雄性家鼠的攻击性信息素 dehydroexobrevicomin(**6**)和松树甲虫的攻击性信息素 *exo*-brevicomin(**7**)有相同的骨架结构。

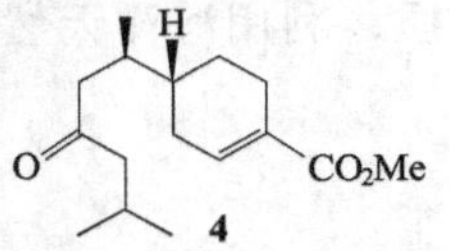

4 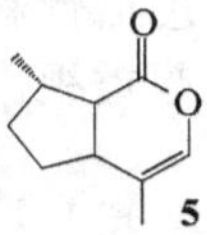 5 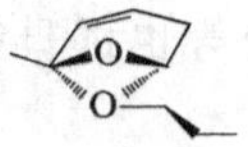 6 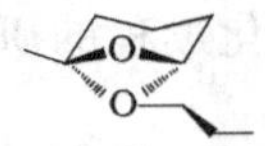 7

普通生物之间的交流方式主要依靠触觉、音觉、光觉、视觉、嗅觉及味觉等来实现的。昆虫则主要通过分泌特定的超微量化学物质，即外激素(pheromone)来用于相互之间的信息传递，起到各种生理作用。如，长结蜇蚁分泌正己醛向同伴报警，同时又分泌正己醇召唤同伴；蚁王为了控制蚁群社会而释放各种充满巢穴的信息素，既防止其他幼蚁发育成蚁王，又控制蚁巢在不同气候条件下的结构形状。昆虫外激素包括性、集结、追踪、警告、产卵等各种信息素等 2000 多种，如蜂警告信息素 2-庚酮、蚁追踪信息素(**8**)、蚱蜢警告信息素(**9**)和蚊产卵信息素(**10**)等。它们的含量极微，但生理效果十分明显。如，只要 0.05ng/cm **8** 便可使其他切蚁沿此路径前进，相当于绕地球撒一圈只要 0.33mg 就有效了。昆虫信息素中研究得最早、最多且最成功的是性信息素，它们多是一些 $C_5 \sim C_{20}$ 不饱和直链烃的醇、酮、酯等，双键的位置和构型对生理活性作用差异很大。Butenandt 经过 20 多年的努力，于 1959 年从 50 万只未交配过的雌性蚕蛾中分出 12mg 只要微克级就能使雄蚕蛾产生响应的性信息素蚕蛾醇(bombykol，**11**)。**11** 是从昆虫中发现的第一个性信息素，学名为 10*E*,12*Z*-十六碳二烯醇。各类昆虫外激素又称昆虫信息素，它们的化学构造、立体结构和释放模式的微小变化都会导致信息传导的变化，引起生理和行为反应。[20]

昆虫性信息素的个体含量一般在 $10^{-3}\mu g$ 左右。因此，要分离提纯得到一定数量作研究所需是一件富有挑战性的工作。20 世纪 60 年代需从几万只昆虫中才能收集到一定的可供研究的量。到 20 世纪 80 年代，依靠 MS、NMR 测试和全合成佐证，性信息素的鉴定只要数十只昆虫就可以了。蟑螂性信息素(**12**)是较早得到确定的一个昆虫性信息素，1993 年发现并于 2005 年通过制备气相色谱得到 $5\mu g$ 的一个新的不稳定的蟑螂性信息素小蠊醌(Blattella-quinone，**13**)，其结构经 MS、NMR 和全合成得以确认。许多性信息素是多种成分的配伍混合物而非单一化合物。

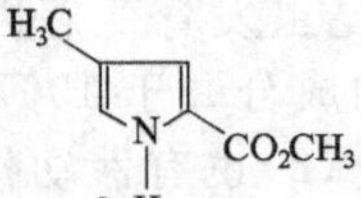

8 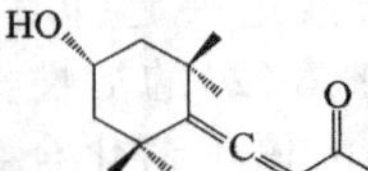 9 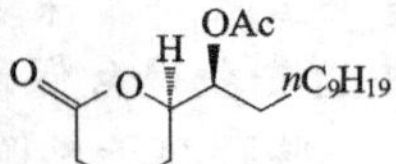 10

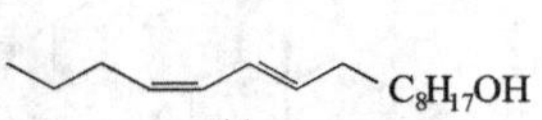

11 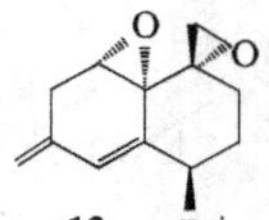 12 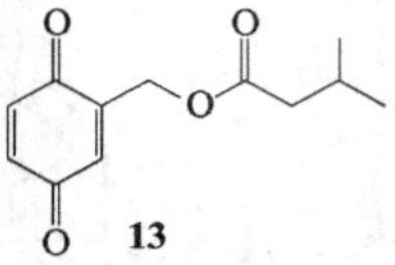 13

利用基因技术改造植物品种，释放昆虫信息素聚集昆虫后使其丧失寻找配偶的能力或再用杀虫剂灭虫是有效的，使杀虫剂用量可下降 70%。昆虫性信息素的应用兼有化学防治和生物防治的优点，属于一种高活性、高专一性和无公害的理想农药。从化学上看，昆虫性信息素的研究大大丰富和推动了超微量分离技术、结构鉴定和不对称合成的发展。20 世纪 80 年代，昆虫性信息素研究达到鼎盛，每年都有上千篇有关论文发表，但在实践应用上仍遇到不少困难。这主要是由于昆虫对信息素的感觉特别敏感单一，辨别和传递信息的能力绝对不受干扰。许多更微量的成分、复杂的组合结构和生理反应机制也远未搞清。

8.9　微生物代谢物

微生物是非常小的肉眼看不出的生物体，包括病毒、细菌、真菌和原生动物。出自土壤和海洋微生物的代谢物具有各种复杂的如内酰胺、大环内酯、烯炔、聚醚、杂环、稠环、醌、蒽、多糖、核苷及各种氨基酸衍生出的环肽、缩肽等独特结构。[21]从细菌、真菌、放线菌和黏细菌及海洋微生物的代谢物中分离的生物活性化合物已超过 2 万种，200 多种已得到临床应用。如，有致癌作用的橘霉素(**1**)、真菌黄曲霉素 B1(**2a**)及其经哺乳动物的肝脏代谢后的羟基化产物黄曲霉素 M1(**2b**)等；有的表现出杀菌、抗肿瘤、抑酶、免疫调节、降血脂、抗氧化和促进生长等多种生物活性。生物体在自然界相互依存的现象称共生，相互抗争并靠产生某类物质来危害它种生物而得以生存的现象称拮抗。抗生素就是利用拮抗来防治微生物感染而为人类健康服务的。人们早就知道并利用食物产生的霉治疗脓疮和溃疡等疾病，其标志性的近代研究始于法国科学家 Pasteur 于 19 世纪 70 年代发现空气中的一些细菌可杀灭炭疽杆菌，从而揭示出细菌既可致病也能治病及微生物具有的拮抗作用。20 世纪 40 年代前后，微生物次级代谢物，如内酰胺类青霉素、头孢菌素、大环内酯类红霉素、氨基糖苷类链霉素及聚醚类莫能霉素等各种抗生素的发现为人类的健康长寿做出了不可磨灭的贡献。20 世纪 50 年代末期开始，大量的天然抗生素经结构修饰后性能大大得以改善，以半合成和酶工程等方法得到的新颖非天然抗生素所占比例不断增加。

微生物代谢物不仅是战胜疾病的有力武器，在国民经济的各个领域也都有重要应用。它们在工业上用于预防产品的霉变，在农牧、养殖和食品工业中用于植保、杀菌和处理种子并促进增产。用于饲料添加剂和食品保鲜剂、防腐剂的抗生素与医用抗生素结构类型不同，作用机制也不同，在产品中无累积，在人体内部不吸收或无毒害。如抗皮肤真菌感染的灰黄霉素(**3**)、广谱抗寄生虫的十六元内酯阿维菌素(**4**)、含 C—P 结构的除草剂 phosphonothrixin(**5**)、抗肿瘤的柔红霉素(**6**)和链霉菌属微生物产生的广谱抗生素四环素(**7a**)、金霉素(**7b**)和土霉素(**7c**)。

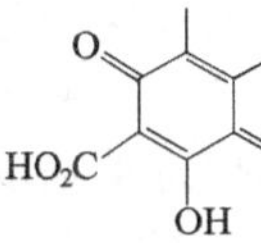

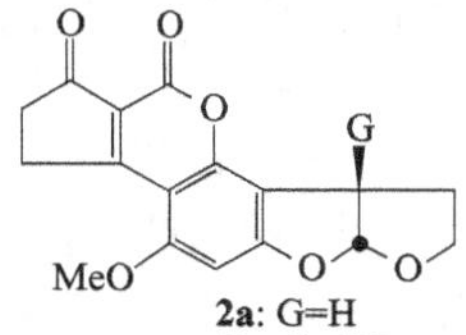

2a: G=H
2b: G=OH

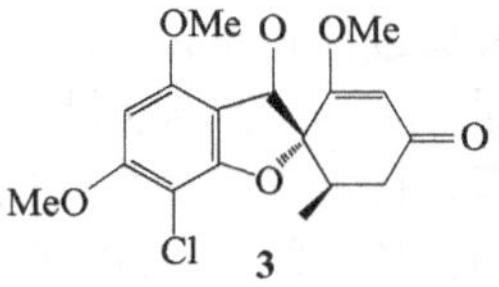

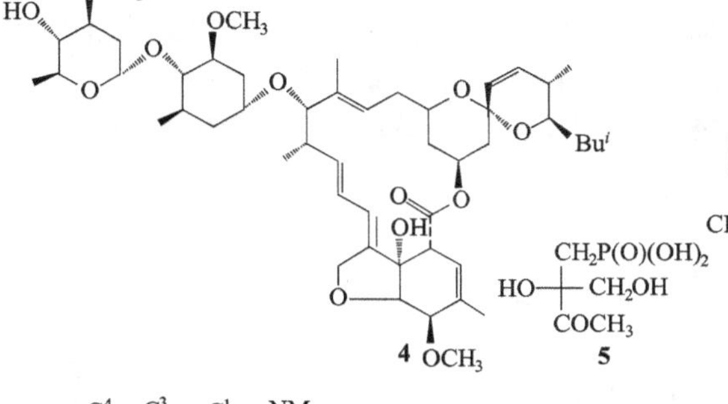

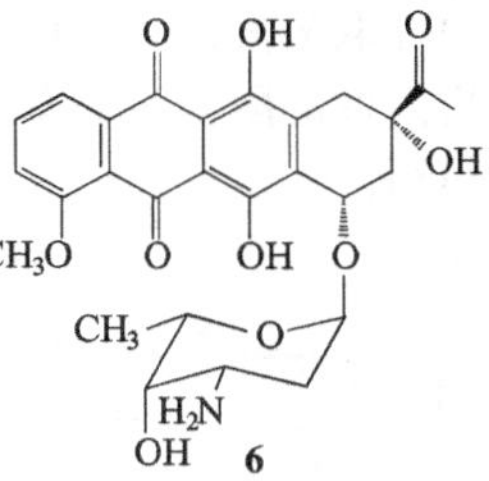

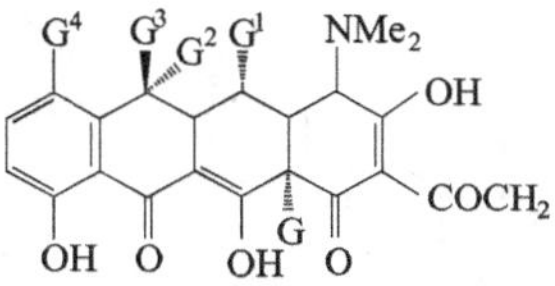

7a: G=OH, $G^1=G^4$=H, $G^2=CH_3$, G^3=OH
7b: G=OH, G^1=H, $G^2=CH_3$, G^3=OH, G^4=Cl
7c: G=OH, G^1=OH, $G^2=CH^3$, G^3=OH, G^4=H

许多病原菌对已知抗生素已产生耐药性，新的病原菌也还在不断发现或出现并对人类社会产生各种负面影响。令人期待的仍将主要是从天然产物，包括微生物代谢物中来发现更多具有全新生物活性并可直接使用或用作先导化合物的结构。有观点认为，传统上认为人体仅有十万亿个细胞和两万多个基因的数量是被大大低估了，因为人体内部存在着的数万亿微生物也应视为人体的一部分。若能利用抗体来管理而不是单纯杀灭细菌和将细菌的基因也纳入人体基因一并考虑，将对人类健康和医疗事业产生非常积极的影响。个性化药物需要将这些微生物租客考虑在内才能有效地研究成果，并被《科学》总结为 2013 年度的十大科学突破之一。

8.10 农用植物天然产物

植物的一些特定部位会产生对某些器官的发育调控起关键作用称植物激素(phytohormone)的一些微量天然产物，如，细胞激动素(kinetines)具有促进植物细胞分裂，刺激生长发育和防止衰老的作用；化学杂交剂(hybrizing agent)可阻止植株发育和自花授粉，从而通过异花授粉来获取植物杂交种子；异株克生物(allelochemicails)会直接刺激或抑制另一种作物的生长发育，或者间接通过改变土壤的性质及周围环境而对它种作物、昆虫、微生物和植物病菌产生影响。自然界本身也是创制农药的最好设计师。400 多种植物含有天然抗拒昆虫进攻的物质，如，与杀虫剂、除草剂一样的杀植物病毒剂(phytovirucides)可防止农作物减产和品质劣化，也会分泌抵御有害生物侵袭的植保素。

8.10.1 植物激素

植物激素是植物体内天然存在的一类低浓度就能调节动物或植物的大小、形态和生长的化合物，包括乙烯(市场上常用被植物吸收后能释出名为乙烯利［$ClCH_2CH_2P(O)(OH)_2$］的产品)、NO、生长素、赤霉素、细胞分裂素、油菜甾醇等。吲哚乙酸(**1**)是一种具有促进插枝生根生长作用的生长素，是 20 世纪 30 年代发现的第一种植物激素。人工合成的、具有类似植物激素作用的(如生长促进剂、抑制剂及延缓剂等)化合物称植物生长调节剂(bioregulators)。植物生长调节剂的结构和成分与植物激素可能是相同或相似的，也有的是完全不同的。如，乙烯的催熟作用是众所周知的，玉米素(**2**)能促进作物生长，脱落酸(**3**)能促进作物成熟。20 世纪 30 年代发现的赤霉素(gibberellins G，**4**)是一种强烈影响植物生长和发育的植物内源激素，它能引起稻秧疯长而变化直到枯萎，同时还有促进植物雄化、阻止老化和单性结果等作用。适当运用则可使果实肥大，打破蔬菜休眠期，促进花卉开花。氯吡脲［1-(2-氯-4-吡啶)-3-苯基脲，**5**］俗称庞大剂，可促进花芽分化，提高坐果率、促进果实膨大。植物也会分泌甘露等诱食剂来招惹动物取食，达到为其搬运种子或传播花粉的目的。20 世纪 80 年代从油菜花粉中分离得到的一类含七元环的油菜甾醇内酯(assinolides，**6**)具有增加植物营养体的生长和促进受精作用，对农业增产有明显的效果。研究者们不辞辛劳，从在油菜花上采集花粉的蜜蜂腿脚上收集花粉，从 227kg 花粉中得到 15mg 样品。至今已从植物中提取分离出 13 种具有生理活性的油菜甾醇内酯。另一方面，人们也开发出不少抑制赤霉素生物活性的阻滞剂，如矮壮素($Me_3N^+CH_2CH_2Cl^-$)之类生长调节剂以使植物节间缩短，起到增产作用。

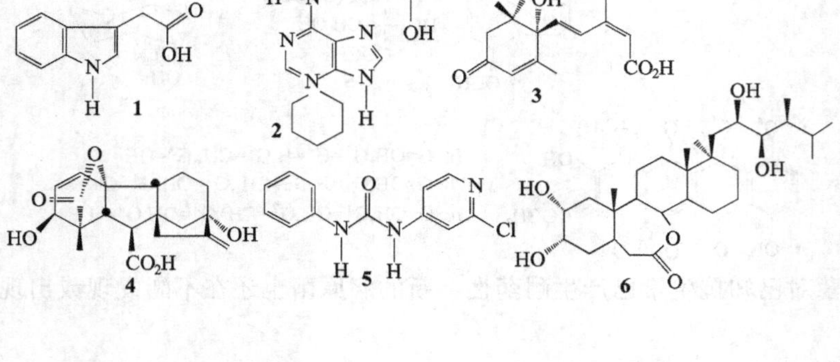

某些寄生于宿主植物的有害植物也依靠化学信息素生长。如，将得自棉花根的三环倍半萜内酯独角金萌素(strigol，**7**)撒在田间，一种名为独角金草的杂草受到引诱在不该出土的时候出土，但又找不到宿主体而枯死。出自菖蒲的菖蒲烷类化合物**8**具有抑制莴苣种子发芽的作用。得自菊科植物的柄花菊素(**9**)对双或单子叶植物的根都有抑制生长的作用。植物可在种内或种间产生异株克生作用。如，胡桃树叶片中含有胡桃氢醌，易被雨水冲入土中并氧化为对其他植物有害的胡桃醌(**10**)；桉树产生的萜类和酚类化合物也使其他植物难以在其周围生长。植物产生的次级代谢产物也会产生异株利他作用，如，麦仙翁放出的麦仙翁素可促进与其混作的小麦生长并增产。

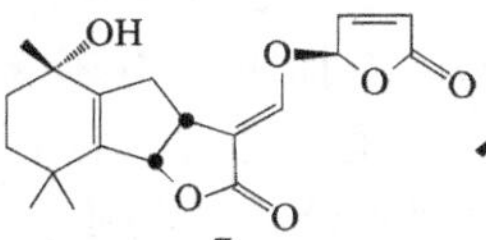

7 **8** **9**

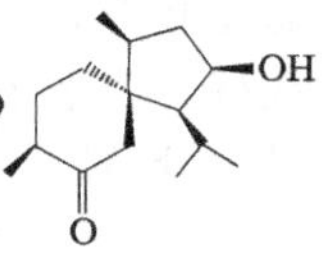

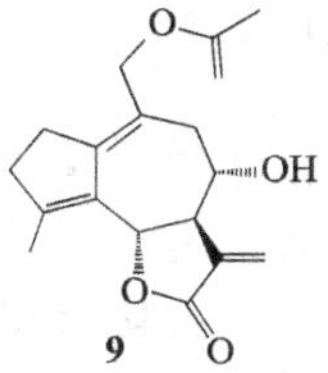

O-葡萄糖 [O] **10**

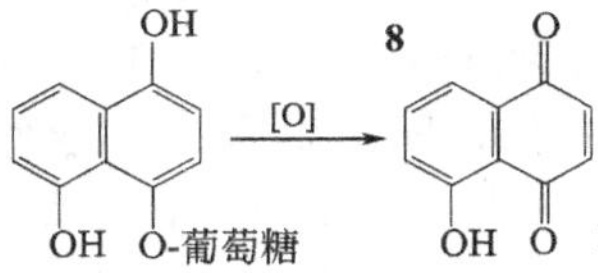

激素必须与受体靶细胞结合才能起作用。人体只有对动物激素有响应的靶细胞，接受植物激素后不会产生类似于对植物产生影响的生理、生化作用。如，瓜果中存在的乙烯不可能引起儿童早熟。植物生长调节剂虽归农药管理，但它们仅为微毒或低毒，毒性水平与食盐相仿。正常使用的情况下，植物生长调节剂对瓜果的口感并无影响，进入植物后随新陈代谢逐渐降解，残留于土壤中的也很易降解。

8.10.2 植物防御素

植物会产生植物防御素(phytoalexins)一类信息素以抵御外来生物的侵袭，诱导外来昆虫定向寄主产卵、聚集、传粉、取食或逃避，在受到害虫攻击时可释放出另一类警告同种植物、招引能抵御害虫的其他昆虫或抑制害虫取食的信息素，某些信息素则在受到病毒侵害时会释放。[22] 这些信息素又称植保素，也是非常出色的天然农药，故又称生物农药(biopesticides)，具有选择性好、作用缓慢、抗药性低、易于降解和对人畜相对安全等特点，缺点是不稳定。如，含有烟碱的植物罕有昆虫侵食；3000多种含有氰基的植物会放出氢氰酸保护自身，同时抑制它株生长。毛虫在咬杨、柳树时，会刺激树木从叶子表面释出报警素，同种植物接获信息后立即使树体内的丹宁酸分泌增加，使叶子变得苦涩不易被昆虫消化而起到集体防御作用。烟草叶受到病毒侵害时会释放2*S*-甲基-3-羟基-9*R*-异丁烯基-双环［4.4.0］-葵-4-酮(**11**)，香叶醛(**12**)对接近其的昆虫有驱逐作用。中国早在公元前就有用菊科艾属的艾蒿熏赶蚊蝇的记载。20世纪40年代有机氯、有机磷及氨基甲酸酯等化学农药出现之前，自烟草、鱼藤和除虫菊等植物提取得到的天然杀虫剂一直是最重要的农药品种。天然抗生素和生物农药的开发优化亦是新农药研究的一个热点。如，土壤中危害大豆的一种胚囊线虫的卵一旦受到促使其孵化的物质影响就开始孵化，化学家通过分离和合成方法得到这种名为glycinoeclepin A(**13**)的化合物。实验室和大田实验表明，**13**能使害虫卵在不适当的时间和地点孵化，本身则易被土壤微生物所分解或被土壤微粒吸收。

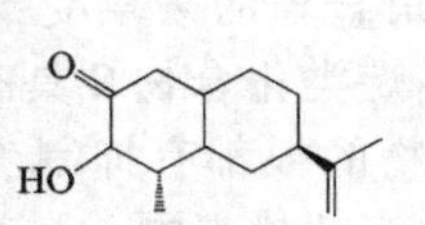

11 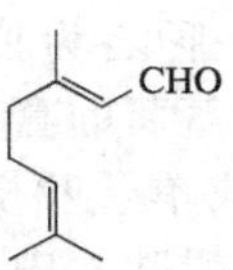 12 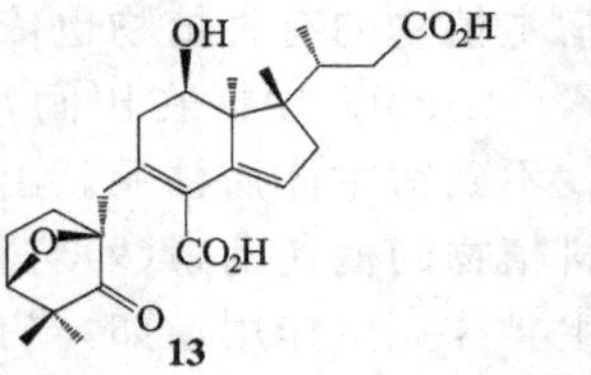 13

天然除虫菊含有一种带有三元环的名除虫菊酯(pyrethrins，**14**)的单萜混合物，共有6种活性成分，能有效地保护植物自身，是一种高效、广谱、低残留、昆虫抗性缓慢而对人畜无害的杀虫剂，但稳定性差，在自然环境中很快光解失效。除虫菊酯自20世纪40年代以来在分离、结构的鉴定、改造和全合成方面都取得很多成果，大量对日光稳定的低毒广谱的新型拟除虫菊酯得到了开发。[23]与除虫菊酯和有机磷酸酯、氨基甲酸酯等这些直接杀虫剂的生理作用不同，毒性低、活性高、专一性好且又容易降解而不污染环境的间接杀虫剂可干扰昆虫的正常生理代谢过程而达到间接杀虫的效果。如，昆虫拒食剂(antifeedants，feeding deterrents)是一类能使某些害虫接触后丧失饲食能力而被饿死的物质。一系列具沉香呋喃(**15**)骨架的倍半萜多元醇酯苦皮藤素(celangulin，**16**)对菜虫和玉米螟等害虫有拒食、麻醉和毒杀活性，存在于茼蒿等蔬菜中的茼蒿素(**17**)也有类似的功能。科学家们近年来还发现一类结构新颖的控制枝芽生长的萜类植物激素 strigolactone(**18**)。茚苦楝树(Neem Tree)具有驱杀昆虫的特性早已为人所知，其有效成分，即杀虫谱广、活性最强的拒食剂茚苦楝子素(azadirachtin，**19**)是1968年提取得到的，直到1975年才推出结构，完整的立体结构则在1986年得以确认。它的生理活性作用极为引人注目，只要2ng/m^{2}就能使接触过的沙漠蝗虫停食，但对哺乳动物的毒性极低[LD_{50}(兔)>5g/kg]，且不干扰授粉类植物和雌鸟的生理活动。**19**中有16个手性中心，7个季碳原子，9个叔碳原子，4个不同的酯基团，加上有张力的立体位阻大的环氧基团和对酸碱敏感的半缩醛官能团。结构的复杂性使人们对它的全合成一直抱有兴趣。英国剑桥大学的Ley小组经过22年的努力，30多位参与者密切合作，协同攻关，终于通过71步反应以总产率0.00015%于2007年成功地完成了全合成，这也被认为是反映该年度有机合成水平的一个标记。[24]

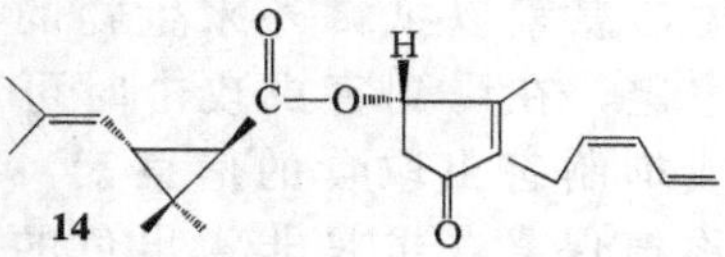

14 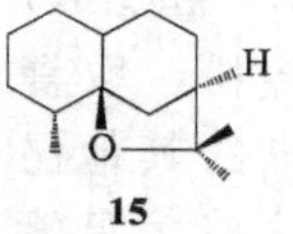 15 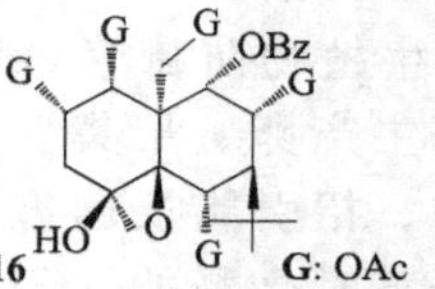 16 G: OAc

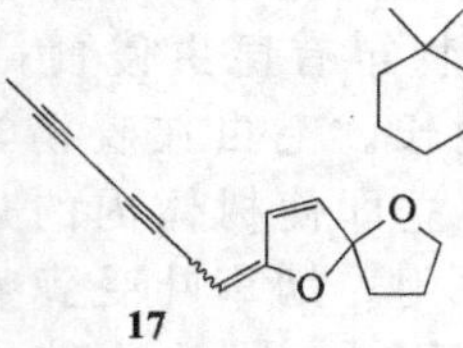

17 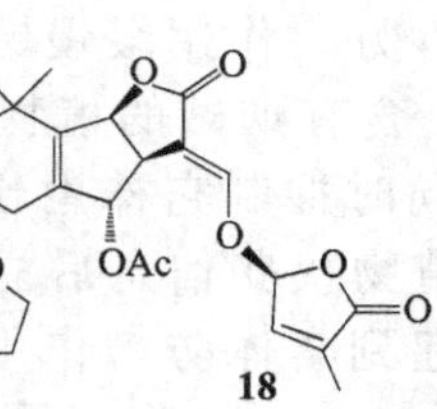 18 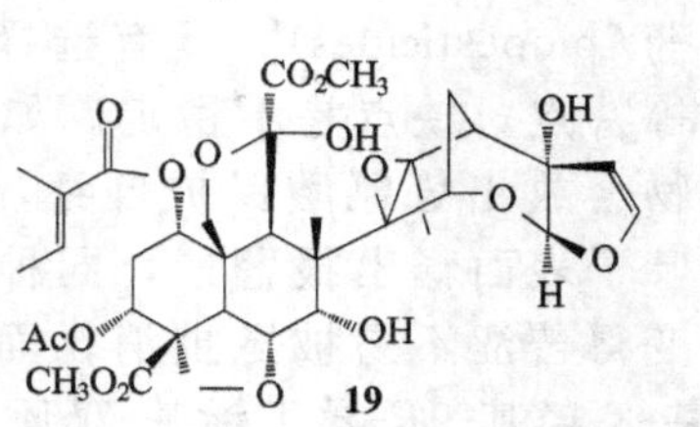 19

对异丙基苯甲酸、芸香吖啶酮(rutacridone，**20**)、黄芩素(scutellarein，**21**)、原白头翁素(protoanemonin，**22**)、大蒜素(allicin，**23**)和白果酸(ginkgolic acid，**24**)等天然产物都是来源于植物的杀菌剂。

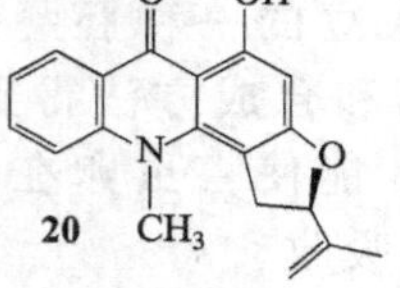

20 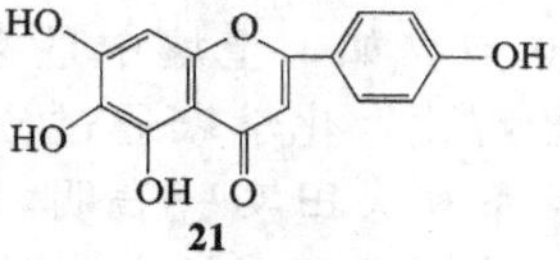 21 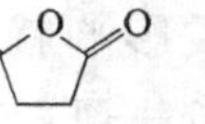 22

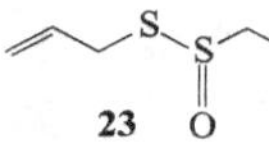

23 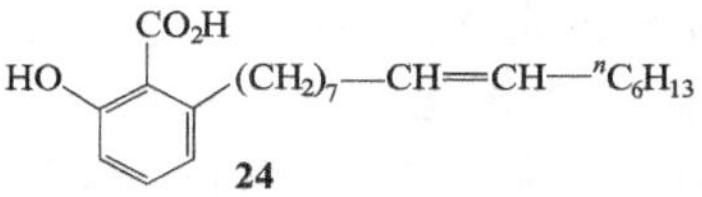 24

高效性、杀草谱广、用量小和使用方便的除草剂(herbicides)也是各类农药中发展极为迅速的一个方向。除传统的天然除草剂，如反式2-丁烯酸和1,4-桉叶素(cineole，**25**)外，新品种主要包括抑制靶标的乙酰乳酸合成酶除草剂，它们大多含有磺酰脲类结构，如兼具除草、杀菌和植物生长调节活性作用的氯黄隆(**26**)。还有一些植物产生的如α-三联噻吩(α-terthienyl，α-T，**27**)、2-取代-5-甲基-7-苯基三唑并［1,5a］嘧啶(**28**)和茵陈二炔(capillene，**29**)等光敏物质在进入其他生物机体后，能在有氧环境下，光促产生单线态氧而起到灭草或杀虫的作用，称光活化农药(light-activated pesticides)。它们本身并不介入毒杀作用，效率高、易降解、无残留是其突出的优点，且发挥活性的条件只是光能和氧气，故称生态农药。单线态氧对生物细胞的作用点较多，故这类农药还不易引致抗药性，但选择性差是该类农药的不足。为保护作物免受除草剂的伤害和消除除草剂在土壤中的残留又研究开发出不少如丙草丹(**30**)和1,8-萘二甲酐(**31**)等除草剂解毒剂(safeners of herbicides)。

25 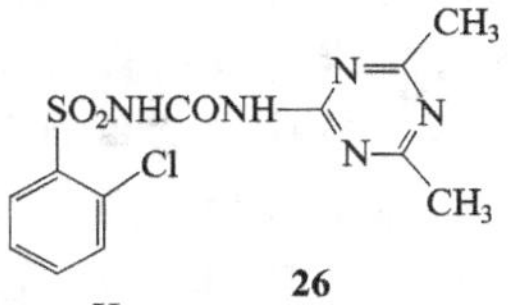 26 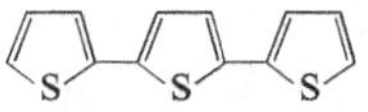 27 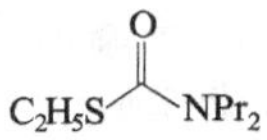 30

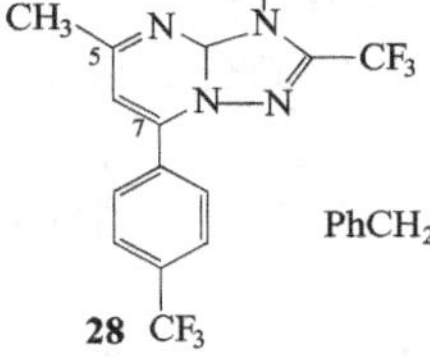

28 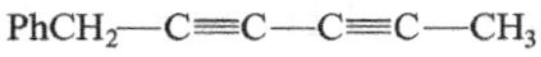 29 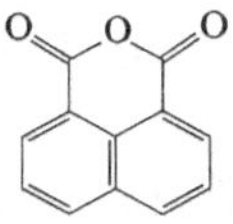 31  32

世界谷物每年因虫害和草害而损失的量分别达到产量的14%和11%以上。人类不断了解探究生物在自然界的生存能力，努力创制仿生农用药物。如，利用或模拟植物防御素开发的植物活化剂(plant activator)可在植物体内启动天然的防御病害系统。商品名为Bion®的新农药acibenzolar(**32**)就有这样一种功能，它本身虽无杀菌或其他生物活性，但施用后能使植物体内产生内吸抗性作用而抵御病害。绿色植物在进行光合作用的同时还进行着吸收氧气放出二氧化碳的另一种呼吸作用，这种光呼吸作用(photorespiration)使碳素损失，净光合率下降，导致作物产量下降。开发能对光呼吸作用进行化学控制的农用化合物的研究工作也很引人注目。当代农药化学正不断吸取分子生物学的最新成就，在保障人类健康和维持合理的生态平衡前提下，使有益生物和环境得到有效保护，有害生物得到较好抑制以促进农业增产保产。现代农药的特征不再是具有“杀灭(cide)”这唯一的特征，而更强调生长调节的作用。新颖农用活性分子的设计也由半经验方法和随机合成筛选过渡到理性地根据结构-活性定量关系(QSAR)的方法来进行。QSAR是结合如脂水分配、电子效应、空间效应、母核和各种取代基活性贡献等理化与结构参数来定量研究化合物的结构变化与生物活性关系的一种数字模型方法，是指导药物设计、预测新药生物活性、推测和阐明药物作用机理的一种新方法。[25]

8.11 维生素

维生素是支配生物体正常生理机能至关重要不可缺的一类结构和功能迥异的微量有机化合物。此类物质既不是构成机体结构所需的原料，也不是供能物质，但维生素不足将引起特殊的缺乏综合征。[26]维生素的定义并不确切，至今已知的近百种维生素能否都归入维生素是有争议的。在生物体内能代谢转化为维生素的前体物质称维生素原或前维生素(provitamin)。化学结构和生理作用类似的同一类维生素称同效维生素。酶和激素能由有机体自身合成，但维生素不能合成或合成的量不足而必须靠外来食物供给。维生素的发现大大改善了人类的健康生活，与碳水化合物、蛋白质、脂肪、水、无机盐并列为六大必需营养素，前三者为产热营养素，后三者是非能源的非产热营养素。许多维生素起辅酶作用，但许多如血红素和辅酶 Q 等由生物合成就可满足需求的辅酶不被归入维生素。

8.11.1 命名和分类

维生素的发现已有 100 多年的历史。20 世纪初人们发现在米糠、糙米和啤酒酵母中有某种成分对治疗脚气病非常有效。由于它与生命活动有关，又带有胺的成分，故命名为 Vitamine，意为 “An amine essential for life”，中文直译为维他命。后来发现，许多维生素化合物并无氨基结构，故自 1920 年起去掉了原名末尾的 e 而成为 Vitamin，简写为 V，现意译为维生素。

维生素命名大多数情况下是早期研究人员所提出的，与发现年代的历史背景和发现先后相关，而与化学性质或代谢功能无关。早期得到的许多维生素虽被确定并根据按字母次序命名，但化学结构尚未搞清且命名顺序有间隔而留有不少空缺。这里有几种因素：某些原先认为是不同的维生素实际上后来发现是同一种化合物；原来认为是维生素的，后来发现不过是必需脂肪酸或必需氨基酸；后来发现的一些如 K(凝血)、E(生育)、U(治溃疡)等维生素的功能和结构均已经能够得到确认，于是就开始以功能来分类命名；此外，原来认为是一种单一化合物的维生素后来实际上发现是几种维生素的混合物，将它们分离后也各有其独特的生理功能，于是在字母的右下方注以 1、2、3…数字加以区别，这样就有了如 B_1、B_2、B_6、B_{12}等名称。现在的命名原则是由国际营养科学联合会于 1987 年确定的，并被 IUPAC 采用。[27]

早期用字母 A 和 B 区分脂溶性和水溶性的维生素，如今维生素分类仍是按溶解度来实施的。这实际上也有一定的道理，因为脂溶性或水溶性的差异也反映出这些不同的维生素可能含有的独特生理功能。少数维生素是单一的化合物，更多的是众多生物效能不尽相同但活性相仿的一族同效维生素。

8.11.2 脂溶性维生素

脂溶性维生素有 A(A_1、A_2)、D(D_1、D_2、D_3、D_4)、E 和 K(K_1、K_2 K_3、K_4)等几类。它们的生源基本来自乙酰辅酶 A 途径生成的异戊二烯单位。维生素 A(**1**)是最早发现的维生素，亦称类视色素，形式上有维生素 A_1(**1a**)和维生素 A_2(**1b**)两种。维生素 A_1 结构上具 *β*-紫罗兰酮核，维生素 A_2 结构上具脱氢 *β*-紫罗兰酮核，但维生素 A_1 在数量和功能上都比维生素 A_2 重要得多，维生素 A 通常也指维生素 A_1。维生素 A 同效维生素是一系列视黄醇(retinol)及其衍生的视黄醛和视黄酸(酯)类物质的总称，其 4 个双键可有 16 个立体异构体，稳定的也是活性最佳的是全反式构型，但在生理作用过程中有顺反异构化发生。多数顺式异构体因立体位阻难以存在，已知的有 C11-或 C13-顺式异构体。侧链上的这些双键即使部分氢化还原也会导致消失生理活性。维生素 A 以游离醇或与乙酸、磷酸、软脂酸成酯的形式富含于动物的肝脏、禽蛋、鱼卵及奶制品中。植物中无维生素 A，但在许多非绿叶蔬菜中富含类胡萝卜素等维生素 A 原。胡萝卜素有 8 个异戊二烯单位，根据环上的双键位置和数目有 6 种不同的胡萝卜素。*α*-胡萝卜素(**2**)、*β*-胡萝卜素(**3**)和 *γ*-胡萝卜素(**4**)均能在酶作用下体内氧化裂解 C15—C15′而转化成维生素 A 醛(*E*-视黄醛，*trans*-retinal，**5**)再进一步还原为维生素 A。其中，1mol **2** 或 **4** 给出 1mol **1**，1mol **3** 则可给出 2mol **1**。维生素 A 和维生素 A 原在空气中对氧和强光非常敏感，分离提取时要注意。维生素 A 又称抗干眼病维生素，对治疗夜盲症很有效，但过量摄入维生素 A 对肝脏有害。

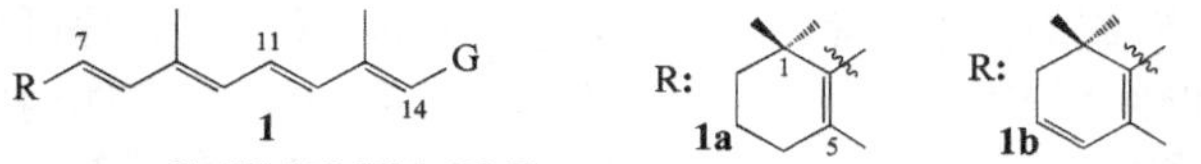

1 G: CH_2OH,CHO,CO_2H 1a 1b

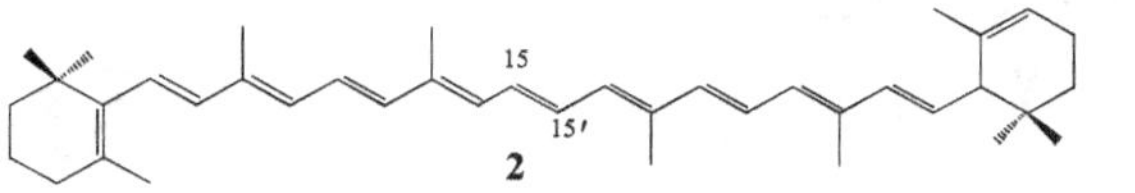

2

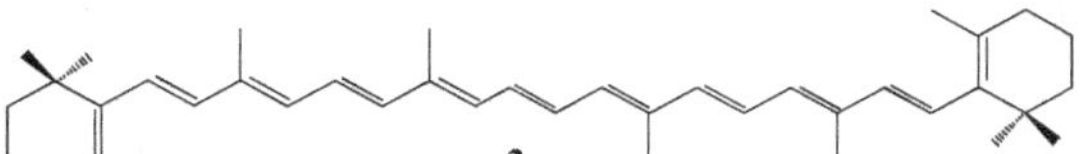

3

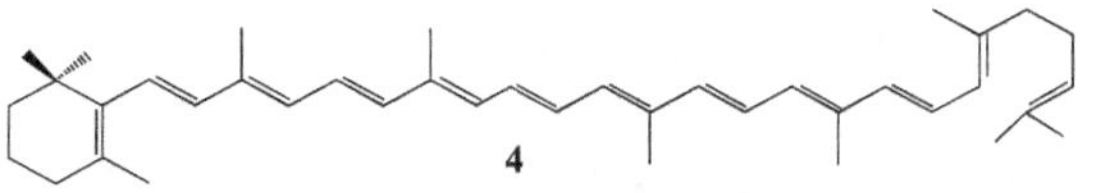

4

5 存在于人眼的光受体细胞中，在视黄醛异构化酶的催化作用下发生 C11═C12 的双键异构化而转化为一个生理活性物种 *Z*-视黄醛(**6**)，**6** 与视蛋白(opsion)中赖氨酸上的氨基反应生成具亚胺结构的光敏视紫红质(rhodopsin，**7**)。**7** 与一个光子接触时，C11═C12 的双键约在几十个皮秒(10^{-12}s)内就快速光敏异构化(若没有光促进的话，此构型异构的变化约需 1000 多年才会完成)，生成具 *E*-C11═C12 构型的变视紫红质(metarhodopsin，**8**)。光能促进分子构型变化并引发一次可被大脑觉察的视觉神经脉冲而使人体感受到光的存在，一个电子同时从 π-轨道跃迁到 π*-轨道，使双键特性瞬时破坏而能绕键旋转。**8** 同时又快速水解失去视蛋白并经过包括 C11—C12 键断裂、重组在内的多步上述重复过程再生出 **5**。整个过程极为灵敏，为生物提供了最有效的视觉功能。[28]

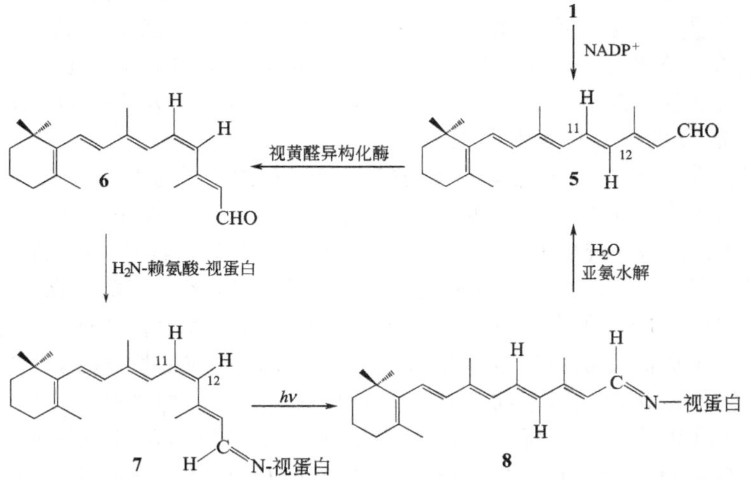

1 → NADP$^+$ → 5 —视黄醛异构化酶→ 6 —H_2N-赖氨酸-视蛋白→ 7 —$h\nu$→ 8 —H_2O 亚氨水解→ 5

维生素 D(**9**)是固醇类衍生物的总称，又称钙化醇或阳光维生素、抗佝偻病因子，共有 5 种：维生素 D_2(**9a**)、维生素 D_3(**9b**)、维生素 D_4(**9c**)、维生素 D_5(**9d**)和维生素 D_6(**9e**)。维生素 D 都由甾类化合物维生素 D 原(**10**)经紫外线光照而产生，各种维生素 D 原的差别在于对生理作用产生很大影响的 C17 上的取代基，维生素 D 原的甾核 B 环中 C5 和 C7 处有双键，光照(约 280nm)后 C9 和 C10 间的键断裂发生 6π 电环化开环反应产生前维生素 D(**11**)和双键异构体副产物(tachysterol，**11a**，参见 5.4)。**11** 再受热转化为维生素 D，**11a** 则再经双键的光敏异构化为 **11**。维生素 D 中最重要的是麦角钙化醇 D_2 和胆钙化醇 D_3，它们的维生素 D 原分别是麦角甾醇和 7-去氢胆甾醇(参见 8.5.2)。麦角甾醇最初得自麦角，现主要从酵母中提取得到；7-去氢胆甾醇存在于人体皮肤内，是由胆甾醇经酶氧化而形成的。维生素 D 与甾族结构不同，C6—C7 是可旋转的单键，分子以伸展式构象存在，对光和热都较敏感。维生素 D_3 存在于动物中，在人体内转化为反映活性的钙二醇(25-羟基维生素 D_3)和钙三醇(1α，25-羟基维生素 D_3)，促进钙和磷酸盐的吸收，增强骨钙固化而对骨骼和牙齿起到有益的保健作用。

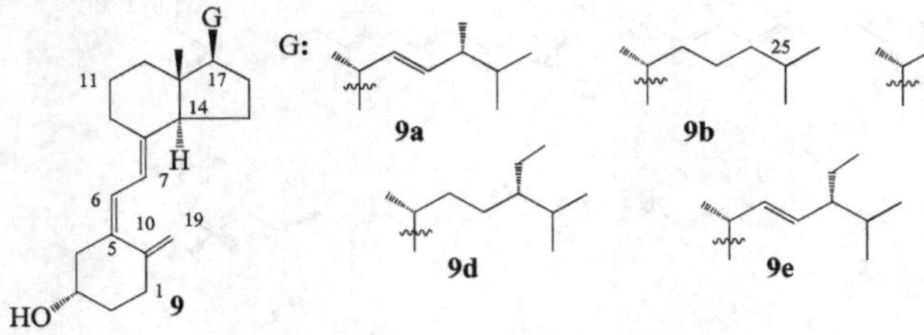

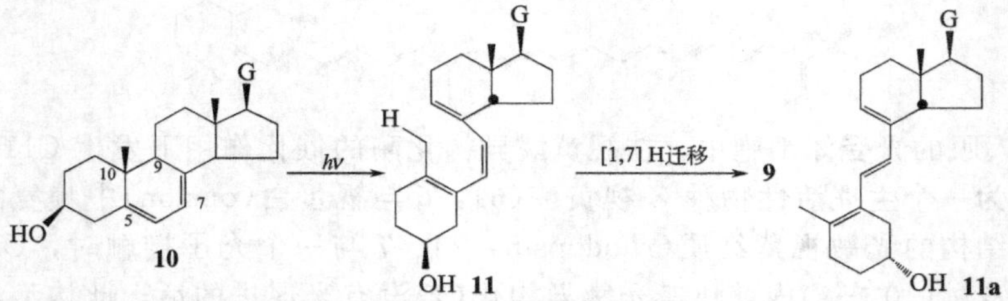

G: 9a 9b 9c 9d 9e

9

10 $h\nu$ 11 [1,7] H迁移 9 11a

维生素 D 富含于海鱼和禽畜的肝脏及蛋、奶制品中，其形成对骨骼和免疫系统是至关重要的，同时又促进和调节钙和磷在人体内的吸收和代谢。20 世纪 20 年代人们已经发现接受无玻璃阻隔的光照和补充鱼肝油有助于治疗儿童软骨症，随后就明白这是由于光照有助于维生素 D 的生成。鱼肝油内富含维生素 A 和维生素 D，而鱼类是不依靠阳光来促进维生素 D 合成的。添加人工合成的维生素 D 和麦角甾醇等到各种食品中去也有助于骨骼系统的生长发育。人体内每日可合成维生素 D_3 约 300 国际单位，只要充分接受阳光照射可以满足身体对维生素 D 的需要。深色皮肤能抵御紫外线，颜色较浅的皮肤更有利于吸收紫外线并促进维生素 D 的生成。多晒阳光会增加患皮肤癌的可能，但总体而言，由此促成的维生素 D 合成对健康更为有益。[29] 期刊“光化学和光生理科学(*Photochem. Photobiol. Sci.*)”2012 年 11 期全刊对维生素 D 的研究作了专题报道。

维生素 E 是一类具苯并二氢吡喃骨架的酚，带饱和侧链的称生育酚(tocopherol)或抗不育维生素(**12**)，带不饱和侧链的称三烯生育酚或三烯抗不育维生素(**13**)，这两类又各有 4 种，分别为 α-、β-、γ-和 δ-维生素 E。生育酚分子中有 3 个手性中心，自然界中只有全是(*R*)-构型的一种。维生素 E 富含于各种植物油、谷物的胚芽、豆类、蔬菜及禽蛋黄之中。组成类脂双分子层的磷脂分子中含有不饱和脂肪长链，带顺式双键的烯丙位上特别易于发生链式自氧化反应而生成高度亲脂的过氧化物并在细胞膜内形成活性物种。同样的过程在脂蛋白上也会产生，它们被认为是引起动脉硬化和心脏疾病及衰老和肿瘤发生的原因之一。自然界有许多抵抗自氧化的手段，在细胞膜内的维生素 E 也是自由基的良好猝灭剂，有抗氧化的作用。由于带有亲脂的长链和一个有较大位阻效应的酚羟基，它能够阻断自氧化链而对健康有益。正常饮食可满足人体对维生素 E 的需求，维生素 E 不足症并不多见。

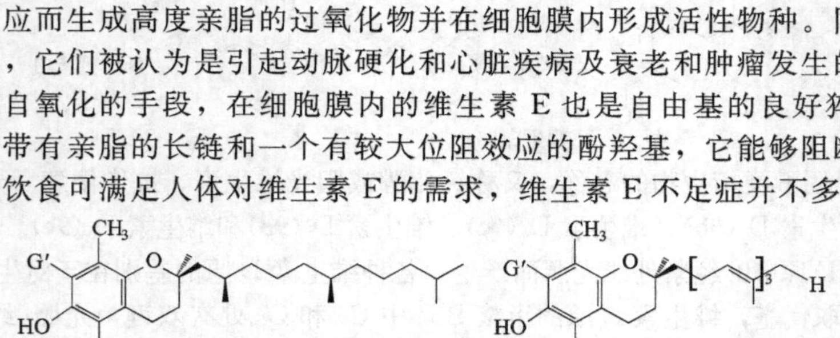

12 13

维生素E_α: G=G'=CH_3; 维生素E_β: G=CH_3;G'=H; 维生素E_γ: G=H,G'=CH_3,维生素E_δ: G=G'=H

维生素K又称抗坏血维生素(**14**)，是Dam于1929年分离并由Doisy于1939年鉴定出结构的一类带数量不等的类异戊二烯(isoprenoid，即异戊烷或异戊烯)单位侧链的2-甲基-1,4-萘醌化合物的总称。Dam和Doisy也因维生素K的工作而获得1943年度的诺贝尔生理学或医学奖。维生素K共有4种：维生素K_1(phillouinone，**14a**)、维生素K_2(menaquinone，**14b**)、维生素K_3(menadione，**15**)和维生素K_4(menadiol diacetate，**16**)。维生素K_1和维生素K_2是天然存在的最重要的维生素K。维生素K_1来自植物组织，维生素K_2由肠内细菌合成，维生素K_3和维生素K_4是人工合成的水溶性维生素。

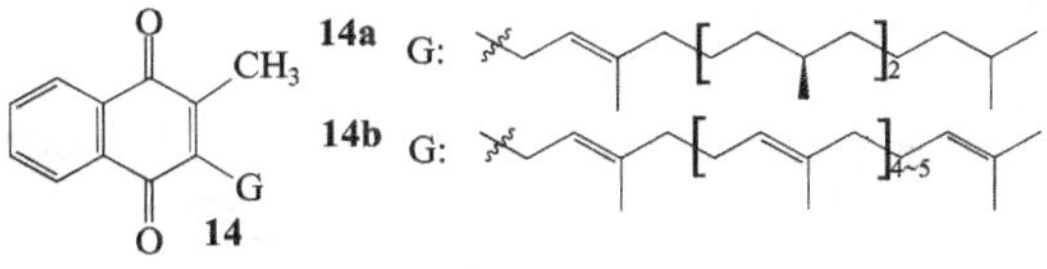

14

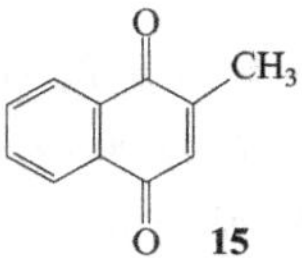
15

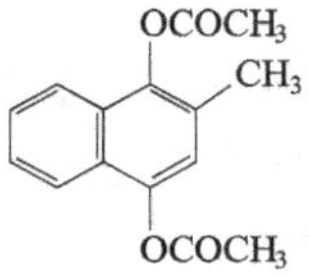
16

8.11.3 水溶性维生素

水溶性维生素有维生素B(维生素B_1、维生素B_2、维生素B_3、维生素B_6、维生素B_{12})、维生素C、维生素H、维生素M和维生素P等几类。它们的生源途径不一，相互间也无相似的结构。所有的B族维生素均溶于水，具有抗多发性神经炎和糙皮病的活性作用，以辅酶或辅基的形式存在于一切生物细胞中。B族维生素是数量最多的一族维生素，原来一直自B_1排到B_{14}，至今按B族维生素命名的有5种，分别为硫胺素(B_1，**17**)及泛酸(B_5，**18**)、吡哆醇(VB_6，**19a**)、核黄素(B_2，**20**)、钴胺素(B_{12}，**29**)和带有谷氨酰基的2-氨基-4-羟基蝶啶的衍生物叶酸(folic acid，**21**)。还有一些B族维生素是以化学名称命名的。

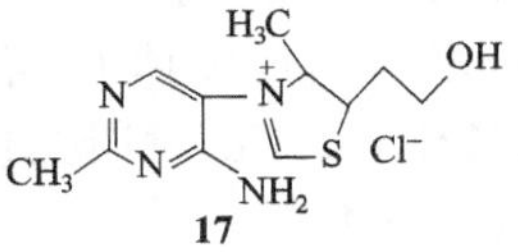
17

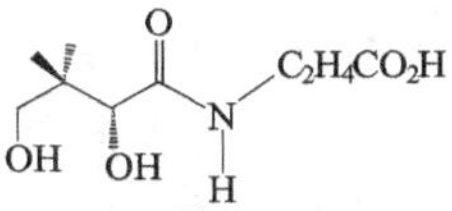
18

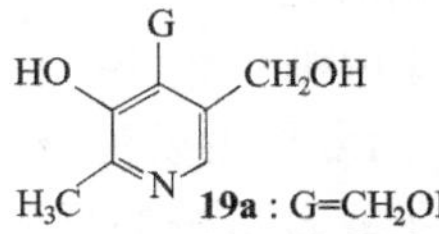

19a: G=CH_2OH
19b: G=CHO
19c; G=CO_2H
19d: G=CH_2NH_2

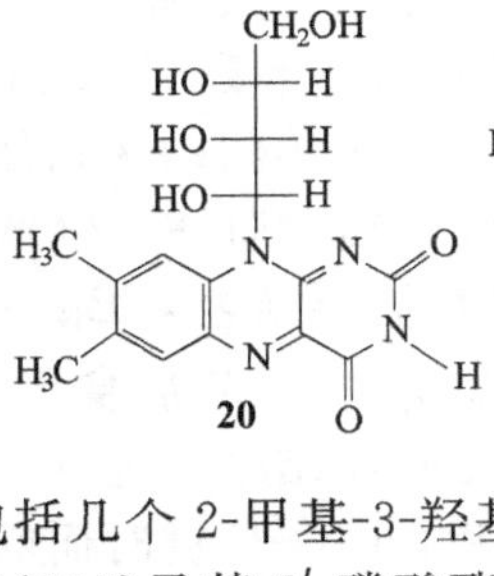
20

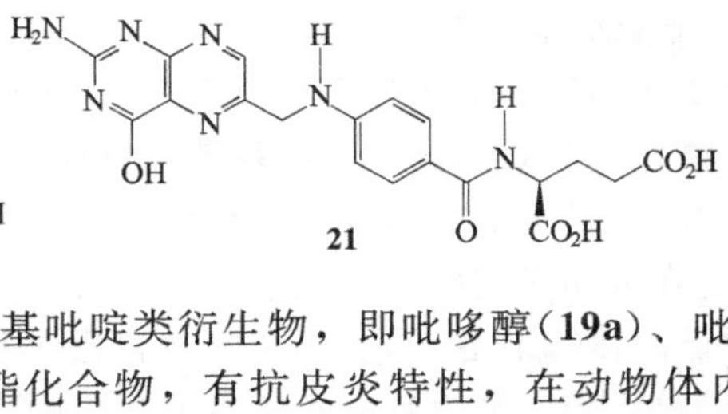
21

维生素B_6包括几个2-甲基-3-羟基吡啶类衍生物，即吡哆醇(**19a**)、吡哆醛(**19b**)、吡哆酸(**19c**)和吡哆胺(**19d**)及其5′-磷酸酯化合物，有抗皮炎特性，在动物体内的氨基酸代谢和生源合成上有极为重要的作用。5′-磷酸吡哆醛(**22**)是一个辅酶，它与酶的氨基缩合形成亚胺(**23**)是关键的一步，**23**再与一个氨基酸进行胺交换反应，氨基酸转为α-酮酸(**24**)的同时，**23**转化为5′-磷酸吡哆胺(**25**)。酶促下**25**又可转移氨基给另一个α-酮酸形成新的氨基酸(**26**)，同时又再生出**22**而完成氨基转移的全过程并给出一个氨基酸(参见8.15.1)。

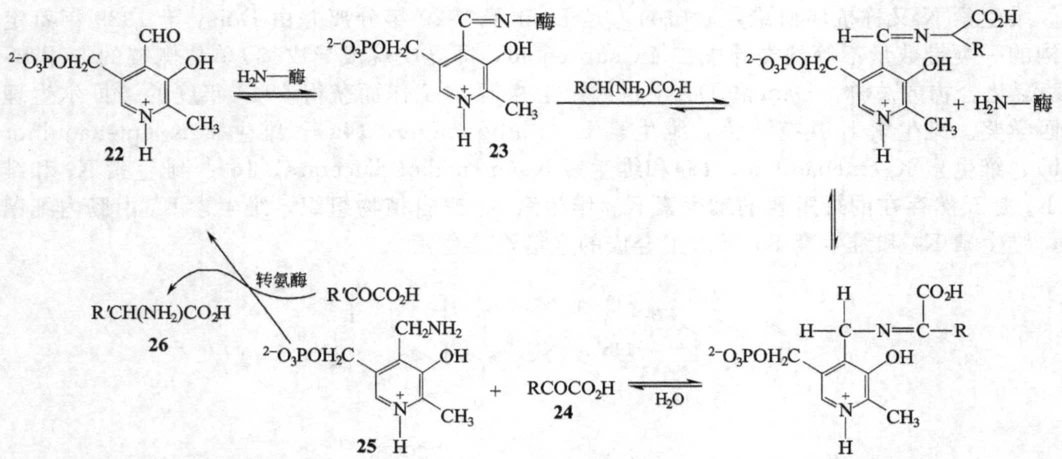

维生素 B_{12}是自然界唯一具有 M-Cσ 键的一类稳定的有机金属化合物，也是唯一含有金属元素的维生素。[30]维生素 B_{12}具有十五元环状的咕啉(corrin，**27**)结构，咕啉环的骨架结构和叶绿素、血红素及细胞色素等含有的如 **28** 所示的卟啉(pophyrin)环相仿，也有 4 个吡咯环，但有两个吡咯环直接相连而非亚甲基桥连且 4 个吡咯环中只有一个氮上连有质子。咕啉环的中心是钴离子，叶绿素的中心则是镁离子，血红素及细胞色素的中心是铁离子。八面体钴配合物的维生素 B_{12}中有 9 个手性碳原子：一价钴离子的 6 个配位键中 4 个来自咕啉环上的氮；第 5 个来自位于咕啉环下方的核苷酸链末端碱基 5,6-二甲基苯并咪唑上的氮；第 6 个来自位于咕啉环上方，去掉这第 6 个配体余下的部分称钴胺素(cobalamin，cbl，**29**)。生物体内常见的有 5′-脱氧腺苷维生素 B_{12}(**29a**)、羟基维生素 B_{12}(**29b**)、水维生素 B_{12}(**29c**)和甲基维生素 B_{12}(**29d**)及硝基、Cl、Br 和硫酸根维生素 B_{12}。此外还有最早为得到维生素 B_{12}而生成的 5′-氰基维生素 B_{12}。并不存在于生物体中的 5′-氰基维生素 B_{12}又称氰钴铵素，但常简称维生素 B_{12}。**29a** 是活性维生素 B_{12}的形式，即辅酶维生素 B_{12}。烷基的给电子效应使 Co—C 键变弱的同时活化反位的 Co—N 键，故辅酶维生素 B_{12}比维生素 B_{12}更不稳定。用途最广的 **29c** 是机体内维生素 B_{12}的实际有效形式，配位水易被其他配体 G 所取代。维生素 B_{12}在生化反应中的变化主要涉及 G 的更换和 Co 原子的氧化态，Co—N 键具有还原性，可参与各种活泼离子或自由基的反应，分子的其余部分一般保持不变。

20 世纪 20 年代，人们发现动物肝脏的提取液对治疗恶性贫血、末梢神经障碍和眼疲劳有效。德国科学家 Folkers 于 1948 年从 1t 牛肝中提取得到 20mg 的维生素 B_{12}结晶并发现只要 5μg 就对治疗恶性贫血有效。1955 年，英国科学家 Hodgkin 通过 X 衍射定出了维生素 B_{12}的八面体结构。辅酶维生素 B_{12}、维生素 B_{12}及甲基钴铵素等的结构相似，但生理功能有很大差别。高等生物体的许多生化过程，如 DNA、血红蛋白、肌酸、胆碱和氨基酸等的生物合成，碳水化合物和蛋白质的代谢，甲基转移反应等都需要维生素 B_{12}的参与。正常人体内血液中的维生素 B_{12}含量为 10^{-4} μg/mL，每日需要量 2.5μg，正常膳食不会产生维生素 B_{12}缺乏症。维生素 B_{12}在人体肠道中与胃黏膜中的一种分泌物相结合，生成一种缺少就会引起慢性贫血的内源因子。辅酶维生素 B_{12}参与各种代谢过程，Co—C 键时而断裂，时而成键的同时也改变 Co 上的氧化态，缺乏辅酶维生素 B_{12}将不能形成红细胞。市售的商品维生素 B_{12}是 **29b**，Co 为+3 价，可被生物体内含铁和硫的氧化还原蛋白(ferredoxin)还原为+2 或+1 价。当 Co 为+1 价时，成为最有力的亲核试剂，如，与 CH_3I 发生氧化加成生成强甲基供体的 **29d**。由于维生素 B_{12}结构的复杂性及其独特的疗效和生理、化学催化活性，引起了合成化学家的极大兴趣。1972 年，分别由美国的 Woodward 和瑞士的 Eschenmoser 两个小组中的 100 多位科学家经 90 多步反应并花费了 12 年的努力取得全合成成功。维生素 B_{12} 的生产在现在仍主要依靠微生物工程，但他们的工作被誉为当时有机合成艺术的顶峰，也是有机合成从艺术性走向伦理性的标志。

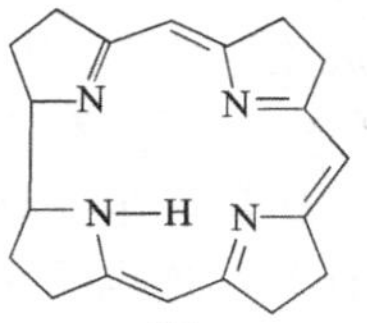

27

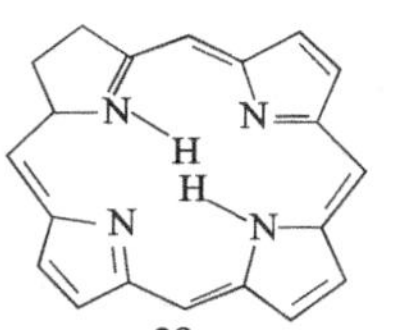

28

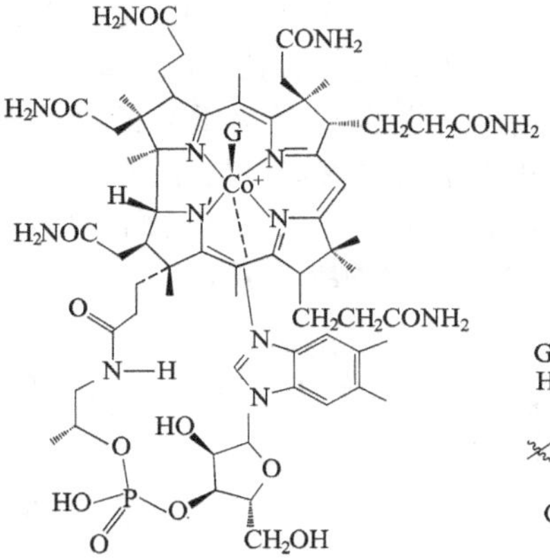

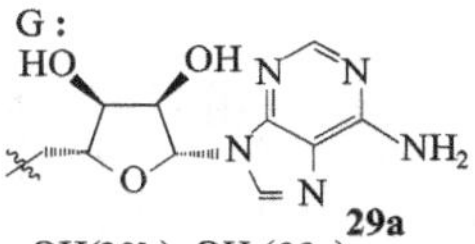

G：

29a

OH(29b), OH_2(29c), CH_3(29d)

对氨基苯甲酸、烟酸（**30a**）、烟酰胺（**30b**）、肌醇（**31**）、硫辛酸（**32**）、胆碱（$Me_3N^+CH_2CH_2OHOH^-$）、肉毒碱[$Me_3N^+CH_2CH(OH)CO_2H\ OH^-$]、吡咯并喹啉醌（pyrroloquinoline quinone，PQQ，**33**）和生物素（**34**）等也归于 B 族维生素一类或类维生素（quasi-vitamin）。[31]这几种化合物仅在少数生物体或特定条件下符合维生素的通常标准。将它们作为 B 族同效维生素是因为它们都是水溶性的，常常同时存在且都有辅酶活性。但各种 B 族维生素在化学上和功能上差异很大，缺少任何一种都会导致某种特定的维生素缺乏症。对氨基苯甲酸是叶酸（**21**）的组分之一。富含于植物叶子内又称维生素 M 或维生素 BC 的叶酸是橙黄色晶体，来源丰富，正常膳食一般就可满足人体对叶酸的需要。叶酸具有和维生素 E、维生素 C 相似的功能，曾被冠以“生长维生素”的美称而推荐服用；与维生素 B_{12} 结合有预防早老性痴呆和降低某些肿瘤发生率的作用，缺乏叶酸对贫血、畸胎、免疫和神经系统均有影响。叶酸分子中与苯相连的氮原子上的氢换成甲基后得到的衍生物对各种分裂细胞都有作用。癌细胞是分裂最快的，故这个衍生物已显示出有一定的抗癌功能。烟酸又称抗癞皮病维生素。肌醇是内消旋环己六醇，也是葡萄糖的一个同分异构体。1,4,5-三磷酸肌醇酯在 20 世纪 80 年代以来被发现在细胞信息传导过程中起到重要作用，各种肌醇磷酸酯及其类似物的生理机能得到深入研究，某些化合物具有药用前景。但肌醇磷酸酯易与铁蛋白结合而导致缺铁性贫血，故在转基因大米中增加了铁蛋白基因，使大米的营养成分更全面。硫辛酸是一些微生物的生长因子，具有消除体内自由基的作用。生物素又称维生素 H 或抗皮脂溢出维生素 B_7 或辅酶 R，在植物叶子和肉类食品中含量丰富，是整个生物界都必需的。它作为一个辅酶和羧化酶相结合，在丙酮酸吸收一分子二氧化碳并转化为草酰乙酸的生物反应中发挥关键作用。

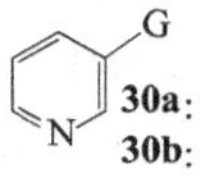

30a：G:CO_2H
30b：G:$CONH_2$

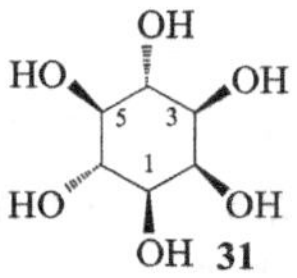

31

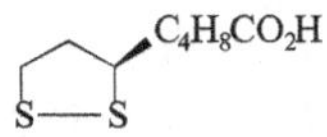

32

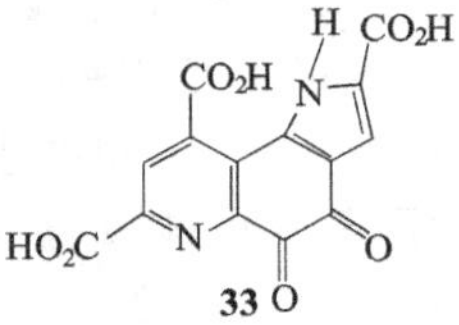

33

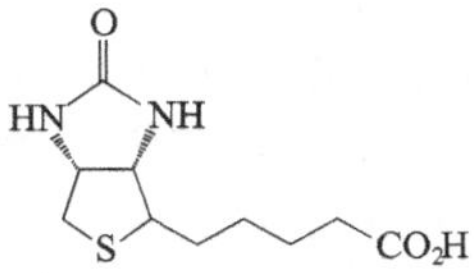

34

维生素C是具有抗坏血酸活性的化合物总称，包括抗坏血酸(**35a**)、半脱氢抗坏血酸(**35b**)和脱氢抗坏血酸(**35c**)。**35a**有两个可解离的烯醇羟基，在温和的条件下易被氧化，失去一个质子和一个电子后形成**35b**，再失去一个质子和一个电子后形成**35c**，三者组成一个可逆的氧化还原系统。**35b**单失去一个质子形成共振稳定的自由基负离子(**35d**)。维生素C富含于新鲜蔬菜、水果和马铃薯之中。绝大多数动物都能自身合成维生素C，但人和猿、猴都必须从食物中获取维生素C，故维生素C是最重要的维生素之一。维生素C在体内的各组织间起润滑剂的作用，对防止毛细管脆裂和预防治疗许多疾病有作用，但确切的生理作用仍不很清楚，可确定的是与其具有自由基猝灭特性的烯二醇结构有关。这也是第一个结构被确定的当年(1933年)就取得全合成成功的维生素。

CH_2OH HO O O HO OH **35a**　CH_2OH HO O O •O OH **35b**　CH_2OH HO O O O O **35c**

CH_2OH HO O O •O OH $\xrightarrow{-H^+}$ CH_2OH HO O O •O O^- **35d** ⟷ CH_2OH HO O O O • O^- ⟷ CH_2OH HO O O O^- • O

维生素P又称渗透性维生素(**36**)，有维持毛细管正常渗透性(permeability)的作用，在柑橘、芦丁等果实中含量较多。但维生素P需大量摄入才有效，故有观点不认为它也能属于维生素。亚油酸、亚麻酸、花生四烯酸(维生素F)、邻氨基苯甲酸、氨基嘌呤硫甲基戊糖(维生素L，**37**)、甲基蛋氨酸(维生素U，**38**)、泛醌(**39**)、乳清酸(**40**)及一些可刺激生长的天然物质，如黄酮类化合物等也都可归于类维生素一类。

HO OH OH OH OH O O 糖 **36**　NH_2 N N N N H H OH OH CHCH$_2$SCH$_3$ H H O **37**　NH_2 $(CH_3)_2S^+$ CO_2H **38**

CH_3O O CH_3O G O **39** $\underset{}{\overset{2H^+/2e}{\rightleftharpoons}}$ CH_3O OH CH_3O G OH　G: [ ]$_n$　O HN O N H CO_2H **40**

维生素在细胞水平被生物体吸收利用的速度和程度称生物利用度(bioavailability)。绝大多数维生素不能在体内合成，少数维生素能在体内形成，但数量极微，不能满足机体的正常需要，必须由食物供给补充。植物是维生素的主要来源，动物食用植物，也是人类得到维生素的间接来源。植物种胚中维生素含量较高，食用保留种胚的糙米比经过精加工而去掉了种胚的精米能得到更多的维生素和其他营养素。各种粮食和植物的维生素含量大不相同，食用五谷杂粮及各种蔬菜水果和油脂禽蛋、肉类食品对平衡摄入各种维生素是非常重要和有益的。储藏或制作食品时如果使用方法不当会导致维生素的严重损失。如，维生素A、维生素B_2、维生素E、维生素K对光不稳定，维生素B_1、维生素B_3和维生素C、维生素M等对热不稳定，维生素A、维生素C、维生素D、维生素E等易被氧化破坏。此外，维生素B_1呈碱性，维生素C呈酸性，两者同时配伍服用就不太合适。维生素的损失因素各不相同，缺少一般规律，需要针对性处理。

与一切营养物质也可能成为毒物一样，人类健康不可缺少适量的维生素，但过量摄入也会伤害人体。如，过多服用富含维生素 A、维生素 D 的鱼肝油类制品，反而造成皮肤干燥、关节胀痛和视觉混乱、组织器官慢性钙化等疾患。然而，两度诺贝尔奖得主 Pauling 认为每个人每天应服用过量的维生素 E、维生素 B 和维生素 C。他对维生素 C 尤感兴趣，并研究了 100 多种食物的维生素 C 含量。他报告说，人类的主要食物如粮食和肉类基本不含维生素 C，蔬菜虽然含有丰富的维生素 C 数量，但在储存、运输及烹饪过程中会有大量损失，而人类祖先从植物的鲜果嫩叶中得到的维生素 C 量是现代人的 100 倍。Pauling 身体力行，认为每天可摄入 2g 维生素 C，从而增强免疫系统的功能和预防感冒。除前面提到的各类维生素的生理功能外，许多人还认为维生素能增强人的思维记忆能力，使人精力集中，才思敏捷；还可解毒环境毒素，使身体不那么易受污染物的危害。维生素还可操纵某些酶的活动，使身体得以正确地利用某些重要的矿物质和微量元素；某些维生素则促进皮肤供血，防止过早起皱，增强皮下组织的活力而有美容功效。许多人如 Pauling 一样对维生素的功效深信不疑，每天大量服用。维生素制品也已成为医疗保健品市场的一大品种。但维生素专家们的看法不尽相同，尤其在医务界，更多的人对此持谨慎态度。如，大剂量服用维生素 C 可能就会增加草酸的产生而引致许多副作用。

20 世纪 30 年代是维生素研究的全盛时间，绝大部分维生素的分离、结构鉴定及全合成工作都在那个时期做的。1928 年的德国科学家 Windaus、1937 年的英国科学家 Haworth 和瑞士科学家 Karrer、1938 年的德国科学家 Kuhn、1964 年及 1965 年的英国科学家 Hodgkin 和美国科学家 Woodward 都因维生素工作的杰出贡献而获得诺贝尔化学奖。另还有 8 次医学和生理学奖也都先后授予了与维生素相关的研究工作。

8.12 毒品和违禁药品

毒品一般是指受到世界各国明文依法管理的非医疗、科研、教学需要而被滥用并使人有依赖性的麻醉和精神药品。毒品可分为四类：麻醉镇静、催眠镇静、致幻剂和中枢神经兴奋剂。海洛因、可卡因和大麻是影响最大、数量最多的三大毒品。

鸦片是由罂粟未成熟果实中的乳汁在阳光下氧化晾干后所形成的棕黑色膏状混合物，组成较为复杂。鸦片和酒一起被认为是历史最悠久的催眠药物，其发现和使用已有 5000 年的历史，最早用作药物是利用其催眠、镇咳和止泻等作用，镇痛仅是一种副作用。鸦片含有 30 多种生物碱，1847 年确定了含量约 10% 的白色结晶吗啡(参见 8.2.2)的分子式为 $C_{17}H_{19}NO_3$，1925 年其结构得以确定并于 1950 年完成全合成。吗啡的毒性比鸦片强 10 多倍，其二乙酰衍生物也是一种白色晶体，俗称白粉或海洛因，因极性比吗啡小而脂溶性更好也更易被人体吸收，效果也比吗啡强得多，极易使人上瘾中毒且无任何医疗作用，而称毒性之王。从罂粟壳提得的可待因又称甲基吗啡，医药上可用于镇咳、镇痛，毒性和成瘾性相对较小，但也不宜常用。大麻是纤维粗而坚韧的一年生草本植物，从大麻中提炼出的化合物达万余种，具有麻醉、镇静和致幻作用的是 60 多种结构有关联的萜类多酚，其主要成分是挥发性很好的四氢大麻酚(tetrahydro-cannabinol，THC，**1**)，**1** 又有解除高眼压和肌肉痉挛等正面的医疗作用。大麻的种植和加工都较方便，从中提取的大麻是毒性仅次于鸦片的一种成瘾剂，价格也相对便宜一些，故又称穷人的毒品。杜冷丁(dolantin，**2**)是以吗啡为先导化合物研制出的合成镇痛药，1939 年开始用于临床，其镇痛作用比吗啡弱，副作用也较小，但仍是一种会上瘾的依赖性药物，需处方，慎用。前述几种毒品都属于麻醉镇静一类。人工合成的水溶性大麻衍生物 **3** 则兼具镇静和无成瘾作用而受到欢迎。属于镇静催眠类的毒品主要有巴比妥和安定等类药品，安定(valium，**4**)是瑞士 Roche 公司于 1963 年研制成的苯并二氮杂䓬类药物，对失眠、焦虑不安和解痉等有一定治疗作用，安全性很好，但长期服用也会成瘾。

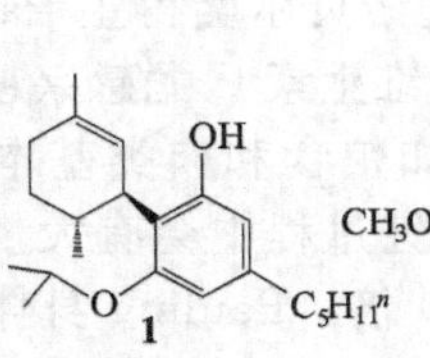

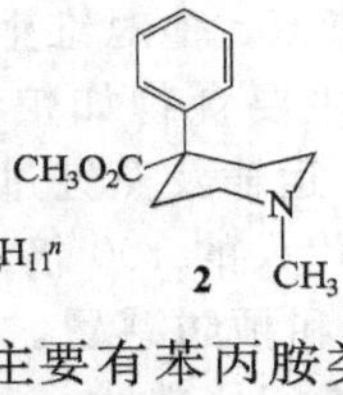

属于致幻剂类毒品的主要有苯丙胺类兴奋剂，如冰毒(**5**)、安非他命(**6**)、*N*-去甲肾上腺素(**7**)和麦角酰二乙胺(LSD，**8**)等。可卡因(参见 8.2.1)、咖啡因(**9**)和摇头丸(**10**)等属中枢神经系统兴奋剂，又称迷魂剂，使人产生知觉错位或痴傻狂喜的感觉，对健康十分有害。

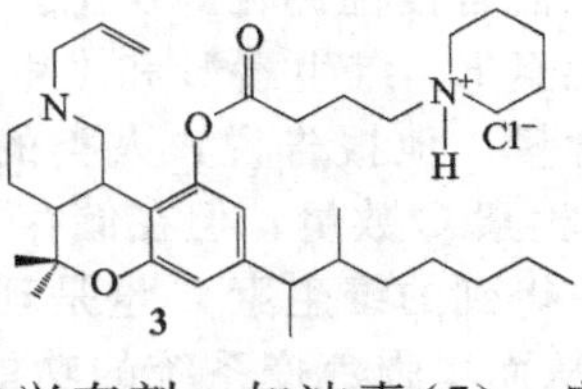

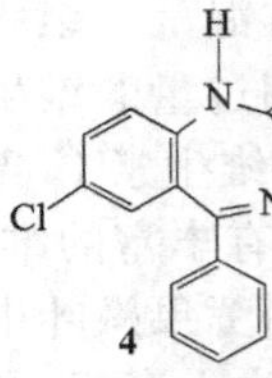

毒品是万恶之源，不仅摧残肉体，而且引发一切人间罪孽。远离毒品，打击贩毒至关重要。一旦沾染毒品，生理上通过药物戒毒尚且容易，但心理上的毒瘾不易去除。戒毒包括自然戒毒、药物戒毒、以毒攻毒和心理辅导等各种方法。长期以来人们一直在努力寻找一些有高效镇痛作用、同时又不会产生依赖成瘾的药物，对可卡因之类精神药物的结构和活性之间的关系已有许多新的认识和了解，但至今仍未有能真正令人满意的治毒药物。从一种美洲蟾蜍中分得的天然物地棘蛙素(epibatidin，**11**)和人工合成物叠氮吗啡(**12**)的镇痛效果都远强于吗啡，只是前者也有较强的毒性，后者制备困难。科学家已发现大麻建立在甘氨酸受体的蛋白介导上的镇痛机理，力图合成出保留镇痛作用、同时又能去除精神依赖副作用的新化合物。[32]

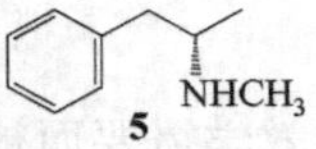

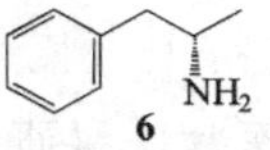

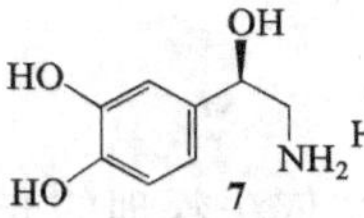

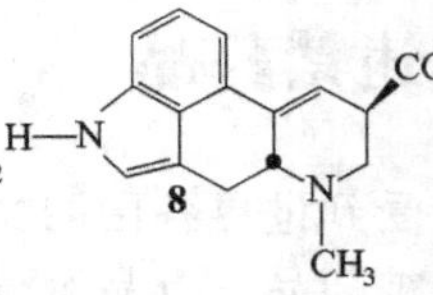

除了毒品外，另一类称兴奋剂(doping)的药物对人体健康也特别有害。非法使用兴奋剂是指“参加比赛的运动员使用任何体外异物或任何异常剂量或通过任何异常途径摄入体内的生理物质，其唯一目的在于用人为的不正当手段与方法提高竞赛成绩”。1968 年国际奥委会开始实行药物检查，禁用的兴奋剂药物已有 200 多种，包括刺激剂(通过神经系统增强精神和体力)、麻醉剂(产生痛快感和心理亢奋)、蛋白同化制剂、抗雌激素制剂、利尿剂(促进排尿、降低体重和禁用药浓度)、掩蔽剂(抑制禁用药物在尿中浓度)和肽类激素(内源性物质)等，它们或是兴奋神经，或是不正当地增强肌肉的生长发育。服用或注射兴奋剂后，这些药物及其多达 400 多种的代谢产物在一定时间内总会出现在尿液中。它们的浓度极低，一般仅在毫微克水平，且组成复杂，普通化学分析方法是无法检测的。通过分析尿样进行的兴奋剂检测又称滥用药物检测(doping control)，多用计算机控制的自动化 GC-MS 联用和 HPLC 方法检测，准确性和重现性极好。现代仪器和生物分析技术的发展再配合血检使兴奋剂检测的效率大大提高。我国的兴奋剂检测中心已在 1989 年成为当时世界上第 20 个、亚洲第 3 个

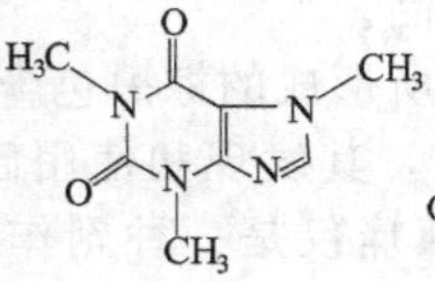

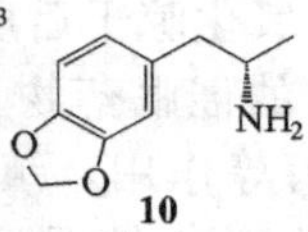

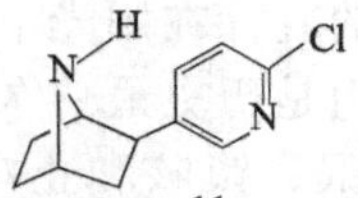

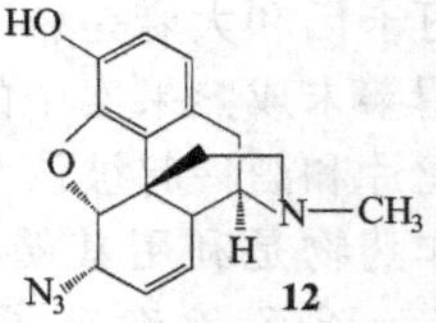

合格的实验室，可以独立承担各种运动比赛的权威有效的兴奋剂检测工作。[33]

茶、咖啡、可乐及许多含咖啡因的饮料是合法可用的兴奋剂。另外还有一些如酒精、大麻酚、局部麻醉剂、糖皮质类固醇和β-阻断剂等物质对提高运动成绩的作用不明显，由单项协会决定是否禁用。随着生物技术的进步，也有人试图依靠基因工程的方法有针对性地导入某些靶细胞来提高运动成绩。运动能力确与基因有关，如促红细胞生成素能有效促进血红蛋白的分泌。由于人体自身要正常分泌血红蛋白，确定其来自体内还是后天由外导入的虽有一定难度，但仍可通过生化属性上的差异予以识别。来源上与促红细胞生成素相似的还有更难检测的生长激素，此类违禁技术的副作用及对人体产生伤害的后果和风险极大，也有违奥林匹克精神，是要受到惩戒的。功利所在，反兴奋剂的技术手段必定是永无结局的。

8.13 气味分子的结构理论

许多醛、酮、酯等有机分子是天然花果植物和动物的发香成分。有机实验室内一般会弥漫着许多奇妙的气味，或令人不舒服或使人产生愉悦的感觉。与人类社会生活密切相关的香料化学主要就是涉及有机化合物的提取、合成和混合配制的一门学科。嗅觉是人和动物的嗅觉神经受一些挥发性气味分子刺激而产生的感觉。各种动物的嗅觉并不相同。狗能分辨200多万种物质的气味，獴的嗅觉比狗强，可训练成缉毒员。人的嗅觉器官位于鼻腔上部1/3处的鼻黏膜，上面富集有嗅觉细胞和长有许多嗅纤毛的嗅觉神经末梢。嗅觉器官及其周围支持细胞会分泌出一种黏液形成感受膜覆盖在鼻黏膜表面，起到保护嗅觉纤毛和溶解、吸附气味分子的作用。

分子的气味与结构的关系十分复杂，很多实验事实难以解释，至今也未有令人满意的理论。含相同官能团的同系物一般有相似的气味，如，己酸有山羊的膻臭味，丁酸有类似腐败黄油和动物尸臭的气味，也是俗称“人气”的组成之一；酯一般都具有花果香味，丁酸乙酯和甲酯分别具有菠萝和苹果的香味，但酯类化合物不常用于香水，它们与汗液接触后易于水解生成令人生厌的酸。气味分子往往具有特定的称为发香团的原子(团)，如羟基、醚基、醛酮基、羧酸基、酯基、酰氨基、苯基、硝基、氨基、氰基等等。发香团对分子气味的影响随其在分子中所占比例的减少而减小，而分子的形状和大小对气味的影响同时也随之增加了。如链状的醇、醛酮和酯类化合物随碳链的增长气味一般呈现出由果香型、清香型到脂肪型的变化，碳链继续增长到15个碳以上时往往变得失去气味特征。许多发香原子位于第Ⅳ到第Ⅶ族，而P、As、Sb、S、F等常是产生不愉快嗅味的原子。[34]分子的局部结构对气味往往具有很大的影响。如具有环状二酮烯醇式子结构的3个天然产物**1**、**2**和**3**都有焦糖型气味，人工合成食品香料**4**和**5**也有类似气味。

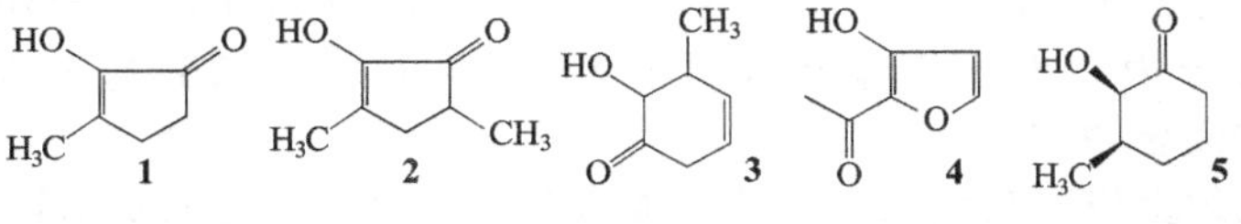

HO O H$_3$C **1**　HO O H$_3$C CH$_3$ **2**　HO CH$_3$ O **3**　HO O O **4**　HO O H$_3$C **5**

尽管没有相同的官能团，分子整体骨架相同时也会产生相似的气味。如，苯乙醛、苯乙酮、β-苯乙醇、环己基乙醛和环己基乙酸甲酯都有相似的花香气味，六元环加上两个侧链碳原子的分子骨架看来是决定它们具有同类气味的因素之一。又如樟脑、龙脑、3,3-二甲基环己醇(酮)、六氯乙烷也都有相似气味，它们的官能团和分子结构均不相同，但分子的几何形状或大小都很接近。

分子的立体异构往往也给分子气味带来很大的影响。天然产物中的链状不饱和醇或醛一般都带有顺式双键，这与它们由生源合成的全顺式天然脂肪酸衍生而来有关。非对映异构体和对映异构体之间对气味的影响有时也是非常明显的，如化合物**6**、**7**、**8**各具有清凉薄荷味、霉味和木醇甜味，**9**的气味则介于**7**和**8**之间；(*R*)-(−)-香芹酮(**10**)和(*S*)-(+)-香芹酮(**11**)各有薄荷香味和黄蒿香味；*E*-乙酸-4-叔丁基环己醇酯(**12**)基本无味，其*Z*-式异构体则有令人愉悦的香味；天然产物茉莉酮(**13**)有强烈的茉莉花香味，其反式双键异构体(**14**)则无味。

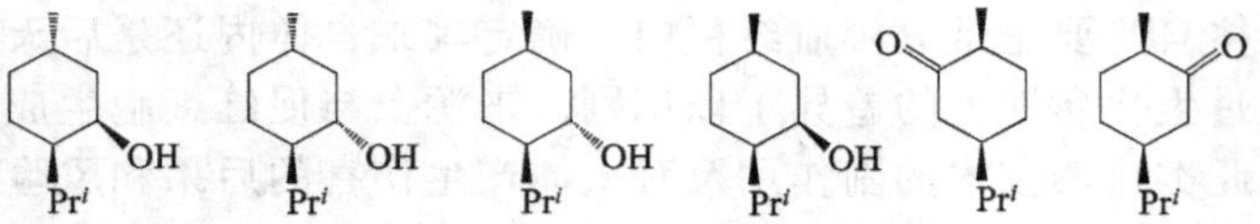

嗅觉与气味是一个很复杂的问题，涉及化学、生理学、物理学和心理学等诸门学科知识。长期以来，人们在探索嗅觉和分子结构的关系方面作了大量研究工作，也提出了不少理论给以解释。先后有50余种气味理论曾被提出，其中影响较大的有立体化学理论和外形-官能团理论两种。立体化学理论也称键与键孔学说，认为气味是由于气味分子的形状、大小及电荷亲和性等与嗅觉细胞中受体之间存在一定的互补性而产生各种不同的刺激作用。气味可归结为7种原气味，即醚、樟脑、麝香、花香、薄荷、刺激和腐烂气味，带每种原气味的分子外形较为相似。若把气味分子比作键，能够接受气味分子的嗅觉细胞上的凹形感受部位比作键孔，两者匹配就能引发嗅觉。其他气味的产生可以看作是同时插入各种相应的凹形感受部位产生不同程度的复合刺激后形成的。外形-官能团理论则认为气味除了与分子的形状和大小有关外，还与分子中的官能团及其所在位置有关。气味分子接近嗅觉器官时形成相当于反应“过渡态”，分子的排列有可能是有序的或无序的，只有有序的和定向的状态才能够产生气味刺激。只有一个官能团的气味分子在嗅觉器官上的定向有序的排列作用较强，无官能团或有太多官能团存在时会产生各种障碍，排列混乱从而使气味减弱或变味。

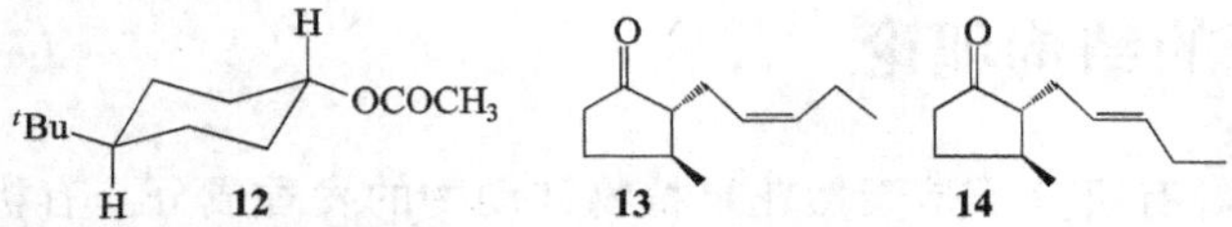

气味的评价问题有许多不确定的因素和困难：它们的特性、强度及质量难以建立一个精确的定量标准；两种或多种气味物质混合没有表现出简单的相抵或相加的效果，微量杂质的存在也会对气味产生影响；不同的人或同一个人在不同心理状态下对同一种气味物质也会产生不同的嗅觉；同种物质浓度不同，气味有可能不同甚至完全相反。如，从柚子汁里可分得含量极低的(*S*)-1-萜烯-8-硫醇(**15**)，纯的**15**有强烈的、使人恶心的气味，稀释后则产生典型的柚子汁香味，1t水中只要加入2×10^{-6}g就能产生嗅觉，也许这是自然界中最强烈的香料。产于印度尼西亚岛上的Titan arum植物所散发出的香味在数千米外仍能为人所嗅察，其中的主要致香成分为二甲基二硫醚(CH_3—S—S—CH_3)和二甲基三硫醚(CH_3—S—S—S—CH_3)等组成的混合物。

蚊子通过下颚须上极为灵敏的气味感受器来找到吸血点，对人及动物排出的混有二氧化碳的暖湿气流十分敏感，溯源而上。已发现3组能影响这些感受器的化学品：第一组如丁二酮一类可以抑制感受器，使蚊子对二氧化碳的反应灵敏度降低；第二组可以过度刺激感受器，从而使蚊子失去判断力；第三组可以模仿二氧化碳的作用，使蚊子不再能够确定真信号是来自二氧化碳还是来自诱饵。与除虫菊酯等杀虫剂不同，驱蚊产品通过干扰蚊子的感觉器官，即阻塞蚊子的感受部位而起作用。阻塞反应在几千分之一秒内就能完成，使蚊子不再能探测到宿主发出的气流，而消除阻塞效应至少需要1s。一般来说，球形分子的阻塞效果要比扁平分子更有效。如邻苯二甲酸二甲酯比其对位异构体要更有效，2-乙基-1,3-己二醇也比

1,6-己二醇异构体的效果要好。*N*,*N*-二乙基间甲基苯甲酰胺(DEET，**16**)、别名伊默宁的3-(*N*-丁基-*N*-乙酰基)-氨基丙酸乙酯(**17**)、*N*-羟乙基哌啶-4-甲酸异丁酯(**18**)、对蓋烷-3,8-二醇(**19**)和柠檬桉叶油提取物都有较好的驱蚊效果。中药制品风油精主要含有薄荷脑、樟脑、桉油、丁香酚和水杨酸甲酯；清凉油则含有薄荷脑、薄荷油、樟脑油、樟脑、桉叶油、丁香油、桂皮油和氨水。同等浓度下，合成的驱蚊剂比植物提取物驱蚊效果更好，有效时间更长，而某些植物提取物并不安全，且挥发性和刺激性也大。**16**、**17**、**18** 和 **19** 都是由美国疾控中心(Centers for Disease Control and Prevention，CDC)推荐，经美国环境保护署（Environmental Protection Agency，EPA）批准注册，可用于人体皮肤驱蚊的化学驱蚊剂。安全、有效始终是驱蚊剂能获批准使用的首要考量指标。科学家们还正在试图通过基因工程方法使生物体改变其释放出的挥发物的味道，朝着创造气味和口味的方向努力，电子、激光等手段也已用于驱、杀蚊。

SH 15　$CON(C_2H_5)_2$ CH_3 16　$CO_2C_2H_5$ N O 17　CO_2Bu^t N 18 CH_2CH_2OH　OH OH 19

8.14 中草药

地球上的植物品种接近约 50 万种，有药用价值的占 10%；我国地域辽阔，生物资源十分丰富，药用生物资源有 13000 多种。迄今人们已利用了约 5000 多种植物为粮食作物，其中不到 20 种植物提供了世界绝大部分的粮食。1/4 以上的药物是直接从植物中提取(extraction)或以植物为原料制成的，大多数药物是模仿天然植物合成的。一些沿用至今的常用药物，如平喘的麻黄碱，解痉的阿托品，抗疟的奎宁和青蒿素，强心的洋地黄毒苷，镇痛的吗啡，抗癌的长春碱、美登素、紫杉醇，降压的利血平，驱虫的鹤草酚，治疗心血管疾病的银杏黄酮，降血脂的香菇嘌呤，强身的人参皂苷等等都是研究民间草药而发掘出来的。中草药是中华民族长期同疾病作斗争和为生活更为美满而亲身体验、筛选并证实有效而保留下来的，已广泛用于医疗卫生、营养保健食品、功能化妆品和日用化学制品。[35]

8.14.1 有效部位和有效成分

从天然中草药所含的复杂组成中可提取分离出针对某一症状具有明确药效有效部位。有效部位聚集了称有效成分(active compounds)的单体化合物或混合物。有效部位或有效成分可产生生物活性(bioactivity)或生物效能(biopotency)。一种中草药中的有效成分可以不止一个而具有多种临床用途；具某一药效的有效成分也可能有好几个。有效成分既可能是如青蒿素那样单一的分子，也可能是如银杏内酯那样协同发挥作用的众多混合物。

对中草药有效成分的概念和理解存在争议。一种与西药用法较为接近的单成分或少成分论认为，有效成分只有能被吸入血液才能起效，故是有限的、少数的，强调有效成分而非有效部位。另一种取传统配伍的观点则认为所有的提取物都是有效成分，即全成分或多成分论，强调有效部位而非有效成分。目前在用的中药材总数达 12800 多种，大部分用作食物，少部分作为药用。任何药品须符合三大要素：安全、有效和可控。但中药作为药用的质量管理相对西药不够标准：安全虽无问题但药效模糊且质量难控。中药在欧美等国尚未以“药”的身份取得承认和得到法律地位。西药和中药是两回事，前者采用碾碎寻找的方法得到单体化合物，口服后直接吸收并起药效；后者是多味组方药，应用时常采用水煎法，有效成分也是水溶性的，水溶性成分比脂溶性的分离纯化要困难得多。原料药在煎泡过程中会发生复杂的物理化学变化，长时间的水煮也有可能导致有效成分丢失或结构变化。有效成分与不起药效或有副作用的其他成分一起口服并消化为其他结构后再被吸收。整个转化过程和代谢作用十分复杂多变而不易搞清，且往往还会因人而异。此外，中药是在中医理论指导下的药物，中医用药讲究对症和辨证施治；药随症变而变，没有相当中医根基的人很难用好中药。我国中草药的现状与时代要求不相适应，许多中药仍停留在“树皮草根一锅汤”的水平。如，银杏叶提取物有180多种化合物组成，其中的萜类内酯和黄酮是极为有效的血小板活化因子拮抗剂，而可用于心脑血管系统和老年性痴呆药物。我国是栽培银杏树最多的国家，但银杏叶仍处于粗加工阶段，提取物成分繁杂不一，只能低价出口。国外经精细加工后达到并满足一个可控能测的有效萜类内酯(6%～7%)和黄酮苷(24%～27%)总量指标后成为一个有高额利润的合乎现代科学要求的成药了。中草药必须能确定有效成分的科学标准，明确构效关系，在定性和定量上都能做到标准化、规范化，才能走向世界并更好地为人类健康服务。对有效部位应建立活性成分的含量标准以确保药物成品的质量和疗效。如果众多活性成分不够明确时，则必须明确最具代表性的成分。

8.14.2 预试和提取

直接对一个未知植物进行全面的成分分析是难度极大且不合适的，故在提取分离出有效成分前首先应做预试(验)，知道大致含有哪些化学成分后再继续针对性的分离工作。预试可分为系统预试和单项预试两类。前者指对各类成分进行相对全面的定性检查分析，后者指根据定向探寻某类化学成分需要而做的专项检测分析。预试工作简便而快速，且有一定的可靠性。

预试前要先了解该中草药的产地及生物学特性，借助外观并结合色、嗅、味，将总的化学组成分成几大部分，做生物活性测试和筛选，确定有效部位后再通过预试判断可能含有的天然产物类型。较常采用的分离操作是递增极性的溶剂提取法，各部分提取液经过过滤、沉淀和色谱等方法脱除单宁、叶绿素、纤维素、淀粉、蛋白质、油脂、树脂、酶及无机化合物等通常认为是无药用价值的杂质。如，依次用石油醚、乙醚、氯仿或乙酸乙酯、乙醇、水为溶剂提取后，油脂、挥发油、甾、萜等亲脂疏水的中性成分在石油醚中被提取出来；甾、黄酮、醌、内酯、有机酸、香豆素和弱碱性生物碱在乙醚中被提取出来；生物碱和许多中性成分在氯仿或乙酸乙酯中被提取出来；生物碱、苷、氨基酸、酚、鞣质等弱亲脂性成分在乙醇中被提取出来，最后得到氨基酸、多糖、蛋白质和无机盐等水溶性成分。也可先用乙醇或丙酮等弱亲脂性溶剂提取出绝大部分化学成分，残渣再用稀醋酸水液浸出多糖和蛋白质等成分。所得的有机成分和水溶性成分再分别提取分离。分开的各个部位依其可能含有的化学成分类型作如下所示的定性预试。

(1) 生物碱　生物碱与由7g碘化铋钾和10mL乙酸溶于60mL水组成的碘化铋钾试剂($KI \cdot BiI_3$)反应产生棕黄色或橘红色沉淀；与硅钨酸产生灰白色沉淀；与碘化汞钾产生白色或淡黄色沉淀；与苦味酸产生黄色沉淀；与硫氰酸铬铵产生紫红色沉淀。氮杂环化合物和季铵盐对碘化铋钾试剂也有阳性反应。

(2) 氨基酸、肽和蛋白质　0.5%茚三酮乙醇溶液加热后显色；也可在碱性条件下与5%$CuSO_4$反应或喷洒吲哚醌显色。

(3) 有机酸　用pH值试纸或喷洒1%溴酚蓝的乙醇溶液显色。

(4) 木脂素　薄板层析后喷洒5%磷钼酸或30%硫酸的乙醇溶液并加热数分钟，各类木脂素会呈现不同的颜色。

(5) 香豆素　荧光是香豆素类化合物的一个特有的物理性质，很易辨认。也可利用内酯在碱液中开环、酸化后又闭环恢复内酯结构的可逆反应所显示的清浊变化或在盐酸羟胺及碱性醇液中与1%$FeCl_3$显色予以识别。在10%$SbCl_3$氯仿液作用下也会显色。

(6) 黄酮 将含黄酮的样品置于加有镁粉的乙醇液中，滴入浓盐酸后在泡沫处会呈现桃红色；与1%$AlCl_3$或$Al(NO_3)_3$的乙醇溶液或在酸性条件下与硼酸反应呈各色荧光；与1%$Pb(OAc)_4$水溶液产生黄红色沉淀。

(7) 醌 蒽醌类化合物多有酸性，碱性溶液中颜色加深，酸化后褪色；在浓硫酸中颜色也会加深；与1%$Mg(OAc)_2$乙醇溶液反应显色。

(8) 糖 用Feiling试液检验有黄红色沉淀。纸层析后喷洒间苯二胺试液后加热数分钟显荧光；喷洒苯胺-邻苯二甲酸试液后加热数分钟，还原糖显红棕色。

(9) 皂苷、强心苷和甾类 带甾体母核的天然产物多在乙酐溶液中与浓硫酸反应后显各种红紫色反应。强心苷与5mL新配制的3% 3,5-二硝基苯甲酸的乙醇液和5mL 2mol/L的NaOH水溶液的混合试液呈蓝紫色反应。

(10) 酚酸 酚酸类化合物具有不同程度的酸性，在酸性条件下与1%$FeCl_3$显蓝绿色或喷洒5%香草醛-盐酸试液后显色。鞣质能与重金属盐生成沉淀。

(11) 挥发油及油脂 挥发性实验或与荧光素水液作用后经熏碘蒸气显色。

提取液颜色大多较深，不易观测试管内的色变，故上面提到的这些化学定性的预试分析方法多在纸片上进行。需样品量较多的预试操作简单易行但可靠性和重复性较差、反应并非专一性，假性反应也不易判别。提取液中各种混合成分、成分间相互干扰及某些有效成分的含量低等诸多因素造成的复杂性都使仅依据预试结果不能对某一成分是否存在做出判断结论，必须再结合其他的物理检测方法。

中草药有效成分的提取、分离就是一个使需要的有效成分和不需要的无生理活性作用的成分分开的过程。提取方法的设计要根据化学成分的预试结果并对有效成分的理化性质有较深刻的了解和依靠经验来摸索进行。如，已知活性成分属于生物碱的话，就可针对性地先提取分离得到总碱，然后再进行单一成分的分离；氨基酸为主要成分时，可用稀醇或水液浸取，再用离子交换树脂的方法分离。提取操作时应尽量采用快速温和的方法以避免外来产物的形成可能性。如，醇溶剂可能会与天然产物中的羧基成酯；乙酸乙酯溶剂可能会进行乙酰基转移；用水提取皂苷类化合物时可能引致苷键的断裂；醚溶剂中的过氧化物可能会使生物碱中的氮原子氧化；等等。青蒿素中具有抗疟活性的功能基团是过氧桥，故必须用低温而非常规的提取方法才能成功。

若是对有效部位所知甚少，则需较全面地提取出所有的化学成分；若是对有效部位已知所在，则应查阅相关文献资料，有针对性地采用某一方法。合适的提取在确保有效部位被提出的同时还能尽量做到不会混进杂质并方便后续有效成分的分离纯化。含挥发油较多的生材可采用直接压榨的方法。水蒸气蒸馏也是提取方法之一，适于难溶或不溶于水并在近100℃处有一定蒸气压，能随水蒸气蒸馏且长时间受热不会发生化学变化的如挥发油、小分子生物碱、酚类、萜类等成分，但要注意某些成分在此温度下不稳定的问题。新开发的从液相到气相的单一分子流流向的分子蒸馏具有样品受热时间短和分离效率更高的优点。更常使用的提取方法通常依靠溶剂提取。溶剂要经济、安全、易于回收，对所需成分溶解度大或杂质溶解度大，可以是单一的或混合的。可采用极性依次增大的溶剂对生材提取得到极性不同的各个部分。溶剂提取可用浸渍、渗漉、煎煮、回流等传统方法，超临界流体、微波及超声波等提取技术也已普遍应用于有效成分的提取。

图8-8所示的是一个常用的提取方法。乙醇对植物细胞的穿透能力强，价格便宜，毒性小。除了一些高分子化合物外，绝大部分有机化合物均可在乙醇中溶解出来。通过在互不相溶的溶剂中的分配系数之差异，将各亲水性或亲脂性不同的部位分开送生物活性测试，有效部位再作化学分离和结构分析。要注意的是，不少含卤溶剂和苯类化合物，因毒性关系在化

学上是很有效的但在实践生产中是禁用的。

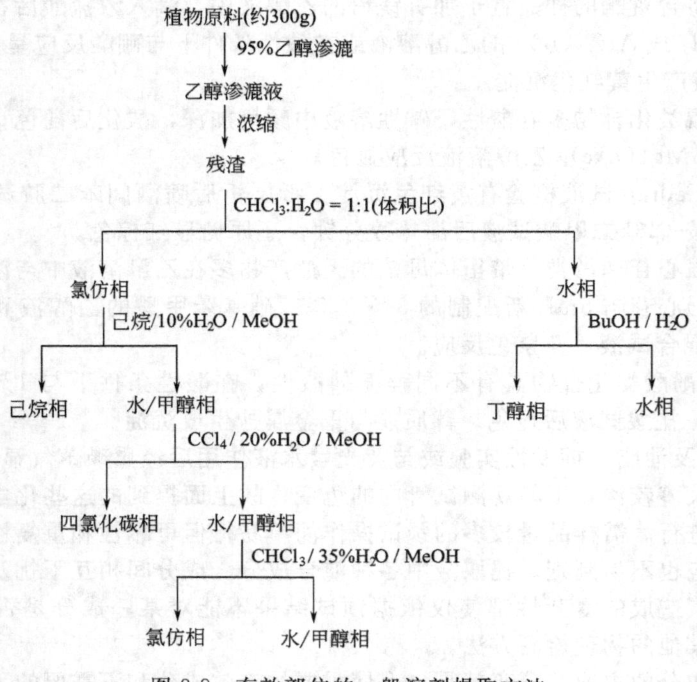

图 8-8 有效部位的一般溶剂提取方法

图 8-9 是结合生物药效分离提取青蒿素所用过的一种流程，但该流程并不适于生产。后改用高沸点石油醚或乙酸乙酯来浸提黄蒿叶粉，提取液浓缩析出青蒿素粗晶，粗晶在 50% 乙醇和 90% 乙醇中再重结晶两次即可得白色针状青蒿素晶体。结合微波辅助、超临界萃取和高速逆流分配色谱等技术，使青蒿素的提取率和产率都有长足的进步。

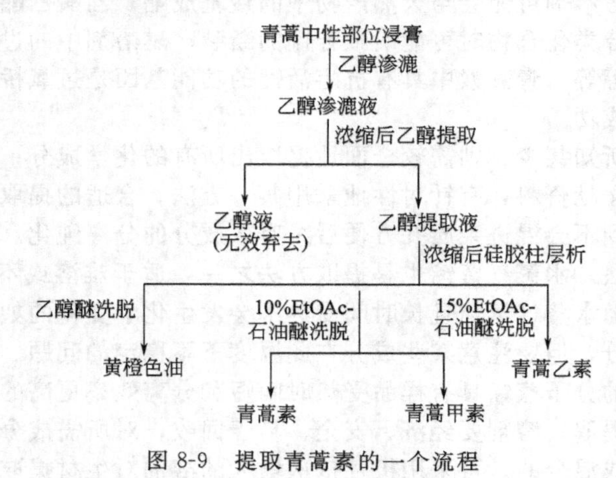

图 8-9 提取青蒿素的一个流程

8.14.3 分离纯化

大多数提取所得的有效部位仍是混合物，还需再借助于各成分的如极性、溶解度和酸碱性等差异分离(isolation)纯化后得到有效成分。分离纯化视目的不同而需采取不同的分离方法和手段：有些工作仅是得到能供结构解析所需的样品，有些工作需得到有一定数量的样品来全面测定活性、制备衍生物或生产产品。

（1）溶剂分配 按极性化合物易溶于极性溶剂、同类分子或官能团相似的彼此互溶的一般规律选择溶剂来分离纯化是最常用的方法。常见溶剂的亲水性强弱次序为：$HAc > H_2O > CH_3CN > MeOH > EtOH > (CH_3)_2CO > EtOAc > Et_2O > CHCl_3 > CH_2Cl_2 > C_6H_6 > C_2H_3Cl_3 > CCl_4 > CS_2 >$ 石油醚（低沸点→高沸点）。

（2）萃取 利用各成分在两种不相溶的溶剂中分配系数的差异来达到分离目的。通常也利用从低极性到高极性的系统溶剂和酸水、碱水来处理。

（3）分馏和沉淀 利用沸点和溶解度的差异达到分离纯化或除去杂质的目的。加入乙醇使树胶、淀粉及黏液质沉淀；将丙酮加入粗皂苷的醇溶液使皂苷成粉状物析出。

（4）盐析、透析和升华 加 NaCl 等无机盐于提取液可析出沉淀分离，膜分离可纯化蛋白质、多糖和皂苷等物质；樟脑、咖啡因可由升华方法来提取纯化。

（5）结晶和重结晶 要注意晶形、熔点、熔距及结晶条件，结合薄层层析来决定是否得到单体或仍是混合物的结晶。

（6）色谱 色谱方法最早用于分离有色成分，后已广泛应用于无色成分。故色谱一词虽沿用至今，但早已失去其原有含意，文献中也常用层析一词替代。能满足快速、不易导致样品分解和损耗等优点，各种薄层、柱层、离心分配、离子对、气相、液相、固相等方法及正相和逆相的离子交换已成为最有效的分离纯化手段。应用的载体有硅胶、氧化铝、活性炭；分离大分子的凝胶、聚酰胺和分离水溶性成分的大孔吸附树脂、离子交换树脂等。常压柱层析在天然产物的分离纯化中因操作简单和成本低廉仍是应用最为广泛的方法。1g 粒度在 100μm 左右的硅胶可载样 30mg，分离效果较差是其最大的局限。各种加压快速的柱层析技术不断涌现，不少操作已实现了机械化。高通量筛选方法和各种色谱-UV、色谱-MS、色谱-NMR 联用技术大大提高了分离纯化的效率并使有效成分的结构解析更为快速简便。[36]

分离纯化得到的样品需确定其纯度并解析结构，对所属类别及是否新成分作出判断。现代仪器分析的快速发展使分离纯化和结构解析所需的量都已微量化，微克级的样品已可得到^{13}C NMR 谱。

8.14.4 活性测试

每种中草药都含有数量众多、结构复杂和性质不同的化学成分，如，从抗疟有效成分黄蒿中，除有青蒿素外还可分得烯、炔、黄酮、香豆素和萜等 170 多个化合物。中草药多数为植物药材，有效成分包括生物碱、萜类、甾体、苷、黄酮、蒽醌、香豆素、有机酸、氨基酸、糖、蛋白质、酶等，它们的含量一般较低。纤维素、蜡、油脂、树脂、鞣质和树胶之类物质通常被认为仅具有经济价值和少有生理活性作用而作为非有效成分来处理。但对此不能一概而论，某些纤维素、油脂、树脂、鞣质和树胶等也呈现出特定的药效。

活性测试前应首先对所用材料进行原植物品种的鉴定，定出科、属、种的学名，记录采集部位、地点和时间，了解野生或栽培的来源及前人对该植物或同属植物所作化学成分的研究。在采集和烘干原料的过程中要避免外来因素的影响。如，外加农用化学品有可能残留污染；有些成分经阳光直接长时间照射后会降解。此外还需注意生物资源和物质功能的多样性。若发现某一天然产物具有令人感兴趣的功能，则从同科属的其他植物中发现其结构类似物的可能性也较大。中草药研究在文献中常有较混乱的记载，或是错用了植物学名，或一种植物先后用了几个学名，或俗名、学名混淆不清，等等。如，青蒿与黄花蒿是菊科蒿属的两个物种。中药青蒿有 17 种植物来源，而青蒿素在菊科蒿属的诸多品种中只有黄花蒿（*Arremisia annua* L. 国际通用的拉丁文双命名法，*Artemisia* 即蒿属，*annual* 为种名，L 代表命名人）在孕蕾至花前期的成株叶片中含量最高。而称青蒿（*Arremisia apiacea Hance*）的植物不含青蒿素，同一品种黄花蒿的产地、收获季节和储存时间都对青蒿素含量有很大影响。

各种生物活性的测试在整体动物上做试验是最有效的。从成本和效率考虑，开始时通常是用器官或细胞来做的。利用薄板层析进行生物活性测试具有可对大量样品进行平行处理、用量少、成本低廉、操作简单、快速有效等优点，并为随后大量样品的柱层析分离创造条件。操作时用合适的展开剂展开薄层板后喷洒显示剂或移至合适的器皿中涂抹培养剂检测抗菌、抗氧化、杀虫、清除自由基及抑酶等活性。探寻有效成分的工作并无固定的模式可以套用，需要化学、生物和医学的紧密配合，根据对象而定。也有些中草药的疗效不易通过某种生物活性指标得到正确反映。

8.15 代谢有机化学

新陈代谢是生物最基本的特征之一，包括生物体内发生的一切分解和合成作用，也是生命现象的根本要点。生物体内的各种生理现象都是错综复杂的化学变化。如，呼吸作用是糖在氧参与下的分解，生长是蛋白质、核酸的合成，运动时化学能转变为动能等等。新陈代谢包括分解代谢(catabolism，异化作用)和合成代谢(anabolism，同化作用)两大部分。前者指生物分子的分解并在此过程中放出可供合成代谢所需的能量，形成的小分子物质也可供合成代谢作为原料使用。后者指从内外环境中取得原料合成生物体的结构物质和生理功能物质的过程，完成这一过程需要获得能量。代谢过程中能量的变化又称为能量代谢。代谢过程中包含的化学反应是在温和的条件下由酶促进行的，通过一系列有中间过程的、众多相互配合的反应环环相扣而有条不紊地完成，同时还具有极为灵敏的自动调节功能。

8.15.1 糖、脂肪和蛋白质的分解代谢

如图 8-10 所示，分解代谢主要包括四步反应：第一步，食物经消化碎裂为糖、脂肪、蛋白质后继续分解为单糖、脂肪酸和氨基酸；第二步，所有小分子都在细胞中进一步降解为二碳的乙酰基并以硫酯键连接到辅酶 A 而生成乙酰辅酶 A(**1**)；第三步经柠檬酸循环(citric acid cycle)，乙酰基氧化生成 CO_2，同时放出能量；第四步在氧参与下发生电子转移链反应生成储存能量的三磷酸腺苷(ATP，**2**)。

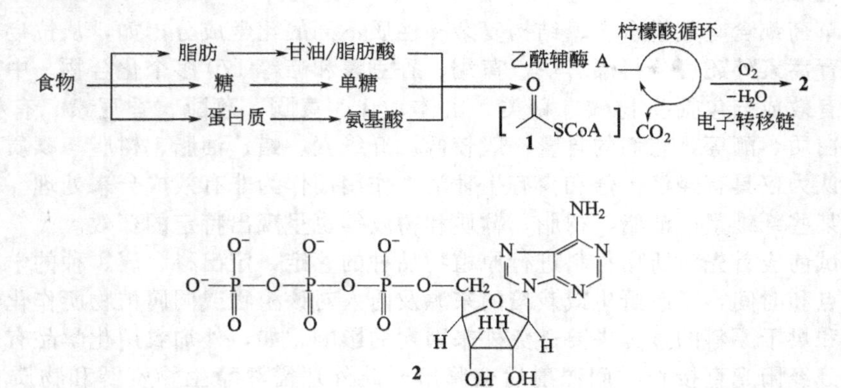

图 8-10　分解代谢

本章节的许多反应中，在表示反应进行的直接箭头上有一个弯曲的箭头符号“◡”，这种形式常见于描述生物化学反应或金属有机化学的催化循环过程。在这种表示方法中，反应物和产物的结构得以表示，但参与反应的辅酶和其他物质的结构式被简化了。

(1) 糖的代谢　植物依靠阳光进行光合作用并将空气中的二氧化碳转变为葡萄糖。葡萄糖是植物新陈代谢的燃料和基本原料，以淀粉的形式储存起来。当需要时，经 1 步酶促糖原

酵解(glycolysis)反应生成 2 分子丙酮酸(**3**)。丙酮酸在不同的条件和机理下进一步转化，其大部分过程将在 3 种酶和 4 种辅酶促进下经复杂的多步反应生成乙酰辅酶 A(**1**)，**1** 再经柠檬酸循环被彻底氧化为水和 CO_2。丙酮酸在 NADPH 参与下经无氧酵解或发酵转化为乳酸(**4**)、乙醇及其他产物，此过程产生的能量不如生成乙酰辅酶 A 的过程。人在长时间紧张地运动后肌肉会产生疲劳和酸痛的感觉，其中一个原因即是乳酸的积累所致。乳酸经呼吸作用消耗氧气生成三磷酸腺苷(adenosine triphosphate，ATP，**2**)并放出 CO_2 和水。

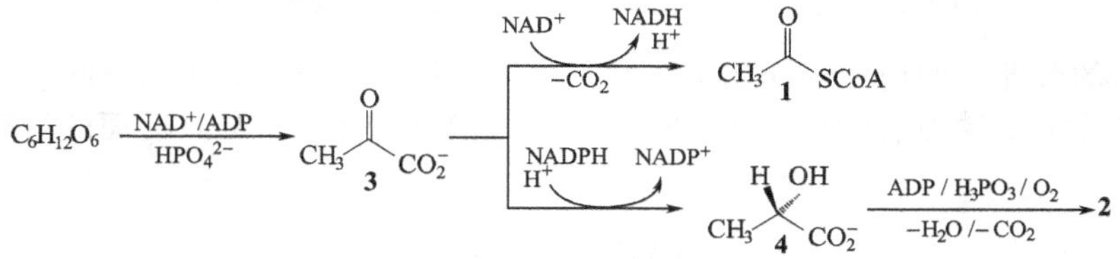

1mol 葡萄糖在体内完全氧化后生成二氧化碳和水并释放约 3000kJ/mol 热量，同时能得到可提供约 1200kJ 能量的 38mol ATP 分子。体内消化葡萄糖获得能量的效率达到 40%以上，这已经超过任何形式的人工热机效率了。ATP 在生化反应中失去磷酸根变成 ADP 并为生物体的各种活动释放出所需的能源。**1** 是植物代谢过程中提供能量的一个中心化合物，并在被称为呼吸作用的代谢过程中进行柠檬酸循环。在此循环过程中 **1** 转化回到二氧化碳和水，同时又吸收含氮物质并生成氨基酸和核酸。植物利用这一过程中产生的热力学能量将其以 ATP 的形式储存起来。柠檬酸循环就像燃料是葡萄糖的植物发动机的工作方式。光合作用提供燃料，呼吸作用烧掉燃料，全过程就是植物体内的初级代谢作用，即光合作用、糖原酵解、呼吸作用及氨基酸和核酸的合成。不在这一主流过程内生成的其他代谢产物即为次级代谢产物。**1** 的生成反应是在 ATP 作用下完成的。美国科学家 Boyer 和英国科学家 Walker 因在阐明 ATP 合成与分解的机制研究中取得出色成就而荣获 1997 年诺贝尔化学奖(丹麦科学家 Skou 同年因生物膜上的 Na^+/K^+ 泵工作共享殊荣)。

烟酰胺腺嘌呤二核苷酸(nicotinamide adenine dinucleotide，NAD^+)还原后成为还原烟酰胺腺嘌呤二核苷酸(reduced nicotinamide adenine dinucleotide，NADH)。NAD^+ 在生物反应中是最常见的将醇氧化为醛或酮的生物氧化剂。从醇中移去 2 个氢原子时，相当于移去 2 个 H^+ 和 2 个电子。反应中 2 个电子集中在一个质子上，与 NAD^+ 结合生成 NADH，另一个氢以 H^+ 形式进入溶液，如图 8-11 所示。

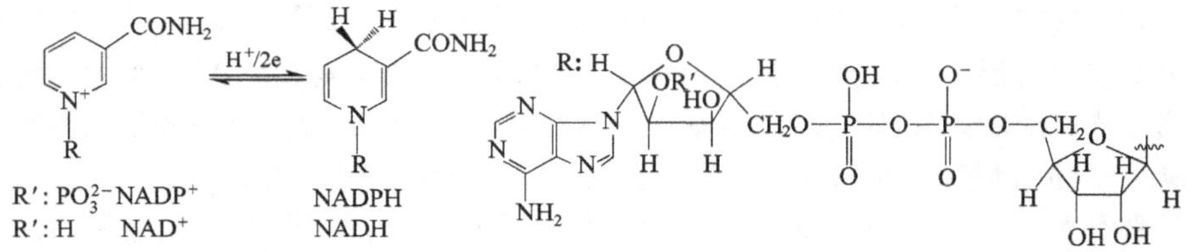

图 8-11　烟酰胺腺嘌呤二核苷酸 NAD^+ 及其衍生物的结构

烟酰胺(nicotinic acid amide，3-甲酰胺吡啶，参见 8.11.3)又称维生素 PP，是 $NADP^+$ 分子中参与催化作用的功能基团，在酶蛋白参与下它既易于从底物接受 2 个电子与 1 个质子，也容易再将它们交给其他物质。$NADP^+$ 实际上就是一种辅酶，反应中带正电荷的吡啶离子与得到电子及质子后的加氢型吡啶相互转变，从而完成在醇和醛、酮之间的递氢体的功用。各种不同的酶要求不同的辅酶参与反应。例如乳酸脱氢酶以 $NADP^+$ 作为辅酶，催化乳酸脱氢成为丙酮酸或其逆向反应，反应中由于吡啶氮正离子对电子的吸引而造成一系列电子转移，如图 8-12 所示。乙醇在肝脏中的乙醇脱氢酶则在辅酶 NAD^+ 协同作用下在体内被氧化为乙醛，亚甲基上两个异位氢中只有一个被立体专一性地除去。

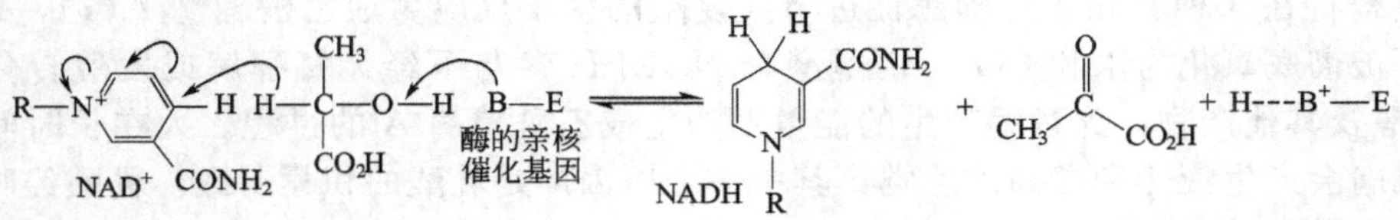

图 8-12 乳酸在乳酸脱氢酶作用下成为丙酮酸或其逆反应

(2) 脂肪的代谢 脂肪在酶作用下与 3 个水分子作用生成一分子丙三醇和 3 个脂肪酸分子。丙三醇转化为 3-磷酰甘油酸(3-PGA，**5**)后再转变成丙酮酸(**3**)，后面的过程与糖代谢是一样的。

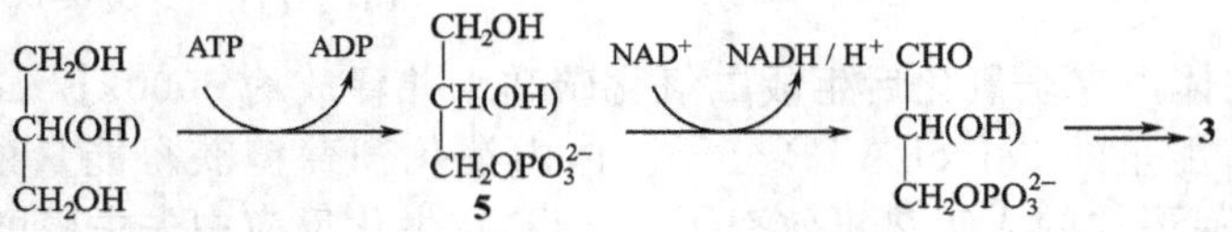

脂肪酸(**6**)代谢通过酶促的反复 4 步反应组成的全过程，每个过程都从羧酸端基碳原子上降解掉 2 个碳原子，这个过程又称 β-氧化(β-oxidation pathway)。降解下来的 2 个碳原子则成为乙酰辅酶 A(**1**)去参与柠檬酸循环。总的反应如图 8-13 所示：

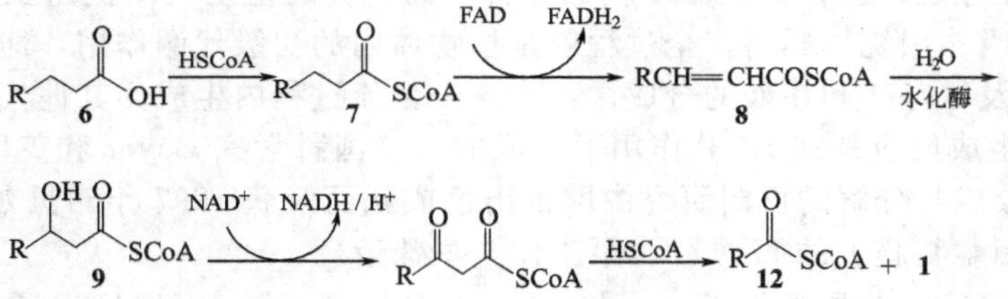

图 8-13 脂肪酸经 β-氧化代谢掉 2 个碳原子

第一步在脂肪酸与辅酶 A 作用形成硫酯，即生成脂肪酸辅酶 A(**7**)后，在乙酰辅酶 A 脱氢酶催化下生成 α,β-不饱和脂肪酸辅酶 A(**8**)。反应需在辅酶黄素 AD(flavin adenine dinucleotide，FAD，**10**)存在下进行，这种生成 α,β-不饱和键的反应也是生物反应中常见的一种类型，如图 8-14 所示。**10** 和黄素 AD 递氢体($FADH_2$，**11**)在分子中引入和还原双键，很多生物反应要用到它们。第 2 步水合反应生成 β-羟基脂肪酸辅酶 A(**9**)。第 3 步则在 NAD^+ 作为辅酶存在下发生氧化。第 4 步反应中，辅酶 A 对 β-羰基加成后在 C2—C3 处断裂生成一分子乙酰辅酶 A，失去了 2 个碳原子的脂肪酸辅酶 A(**12**)则重复前四步反应继续分解代谢下去。

大多数脂肪酸都是长链偶数碳原子，故分解代谢后可全部转变为乙酰辅酶 A。单数碳原子和有双键的脂肪酸则需要有额外的反应，但最终都是代谢为乙酰辅酶 A 进入柠檬酸循环。

(3) 蛋白质的代谢 蛋白质的代谢比脂肪和糖的代谢更为复杂。蛋白质进入人体后，在酶的作用下分解成各个氨基酸分子，氨基酸除了参与其他蛋白质的合成外还都有其自身独特的代谢途径。总的代谢结果是氮原子被移去，而剩余的物质代谢后也进入柠檬酸循环。

氨基酸通过转氨基作用(transamination)在如谷丙转氨酶(GPT)等转氨酶和辅酶磷酸吡哆醛(维生素 B_6 类)的作用下将氨基转移到另一个 α-酮酸上，而成为相应的酮酸并生成另一个氨基酸，如谷氨酸(**13**)的生成。谷丙转氨酶主要存在于肝脏内，当肝脏细胞受损时，酶就释放到血液内，使血液中的酶活力大大增高。故医学上可用 GPT 的含量作为一个指标来推断肝功能是否正常。均衡适当的饮食成分代谢后将提供各种氨基酸。这些氨基酸经重新组合

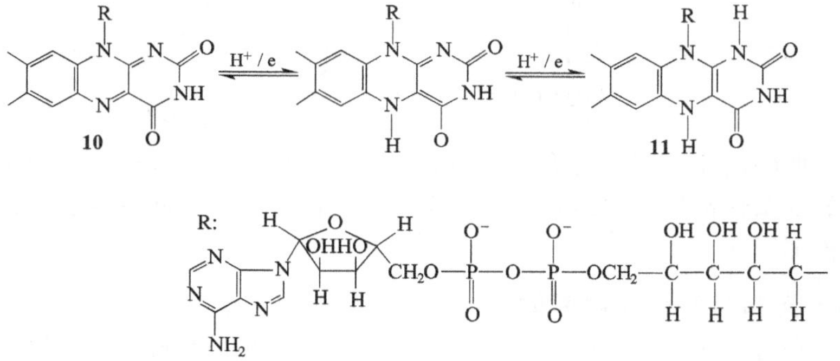

图 8-14　黄素 AD(**10**)和黄素 ADH_2(**11**)的结构

可形成各类所需蛋白质分子或转换成脂肪而储存起来；也会被代谢而提供氮原子，某些氮原子经一系列反应后被分离开来，结果形成尿素并随尿液排泄。

8.15.2　合成代谢

合成代谢又称生物(源)合成(biosynthesis)或生源途径，是最原始的由酶催化合成次级代谢产物的方式。天然产物中的不同部位可来自不同的生源途径，少数可能不是由酶催化的反应是生命体系在现存条件下自发进行的，生成称代谢偶然的一类天然产物。阐明并利用生物合成的研究可了解生物体中各种化学成分是由何种前体(precusors)，经由哪些能量来源及代谢途径而来，为推导次级代谢产物的结构、判断生物体间的亲缘关系并深化生物资源的可持续应用、提高所需天然产物的收率和生产速率、指导仿生合成和开发新药提供生物模拟依据。次级代谢产物尽管数量繁多，结构各异，但生源合成的前体都是有限的，大多数结构相似的天然产物往往具有同一生源前体，通过比较初级和次级代谢产物的结构可提出乙酸-丙二酸途径、莽草酸途径、异戊烯途径、氨基酸途径和复合途径等学说，但了解仍较肤浅。数目众多的次级代谢产物在生物体内多来源于由光合作用、糖原酵解和三羧酸循环等初级代谢途径产生的乙酰辅酶 A、1-去氧木酮糖-5-磷酸、莽草酸及甲戊二羟酸等初级代谢产物，如图 8-15 所示。[37]

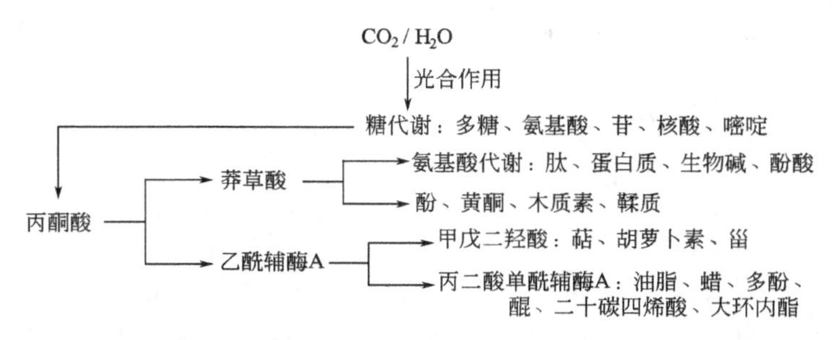

图 8-15　初级和次级合成代谢途径

如，植物能将葡萄糖转化为其他如四碳的赤藓糖磷酸酯(**14**)等糖的衍生物，**14** 再与磷酸烯醇丙酮酸作用可以形成另一个代谢中间体莽草酸(shikimic acid，**15**)，**15** 再与第二个磷酸烯醇丙酮酸分子缩合重排得到预苯酸(**16**)，**16** 是所有的植物赖以合成苯丙素及酪氨酸等的前体。

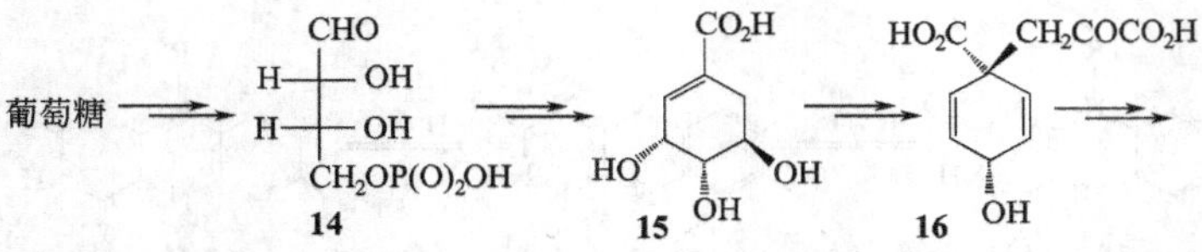

葡萄糖 ⟶ 14 ⟶ 15 ⟶ 16 ⟶

自然界在长期的进化过程中有许多相同的生源合成模式，但各种不同的生物体群体、个体和生命过程的复杂性都使代谢途径多种多样，丰富而又繁杂。同源殊途、异源同途或平行演化等各种过程都存在。

8.15.3 构造单元和生源合成中间体

从生源合成来看，每个天然产物的结构都可以分解成几个源自初级代谢产物的有限前体或称构造单元(building block)。天然产物分子就是由几种相同或不同的构造单元在酶促下重组C—C(N，O…)键加上修饰或消除而成。常见的构造单元有8种：形成甲基的C_1组分；源自乙酰辅酶A形成脂肪酸、酚、醌的C_2组分；源自甲羟戊酸形成萜、甾的C_5组分；源自各种氨基酸形成香豆素、苯丙素的C_6-C_3组分；形成苯乙胺的C_6-C_2-N组分；形成吲哚碱的C_2N组分；形成吡咯烷的C_4N组分和形成哌啶环的C_5N组分。构造单元也可由这8种基本单元组合或重排形成。这些相同或不同类型的构造单元在酶催化下依靠初级代谢提供的能量进行多步复杂的生物反应转化为各类次级代谢产物，转化涉及烷基化、糖基化、羰基缩合、脱羧、转氨基、氧化还原、偶联、亚胺化及重排等各类有机反应，过程也遵循有机反应机理的要求，如电子效应、立体效应等。

生源合成所用的一个方法是喂饲一个可能的前体化合物到生物体中，然后分离代谢产物并观察这些前体是否已经结合进代谢产物。如，以3-甲基-3,5-二羟基戊酸(简称甲戊二羟酸或甲瓦龙酸，mevalonic acid，MVA，**17**)为原料在青蒿叶子匀浆的无细胞体系中孵育可得到青蒿酸(**18**)，**18**可进一步转化为倍半萜化合物青蒿素(**19**)。由此可认为**18**是**19**的生物合成中间体，**17**是**18**的生物合成前体。加入生源合成的前体往往会增加代谢产物的得率，喂饲非前体化合物反而会降低其得率，故比较相对得率也是判别中间体变种是否成为前体被结合进代谢产物的一个方法。如，利用喂饲前体和比较相对得率的方法表明，酪氨酸(**20**)和番荔枝碱(**21**)都是吗啡(**22**)生物合成的前体。

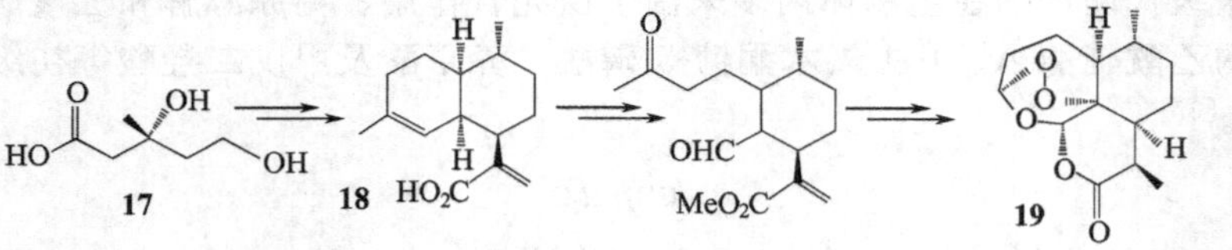

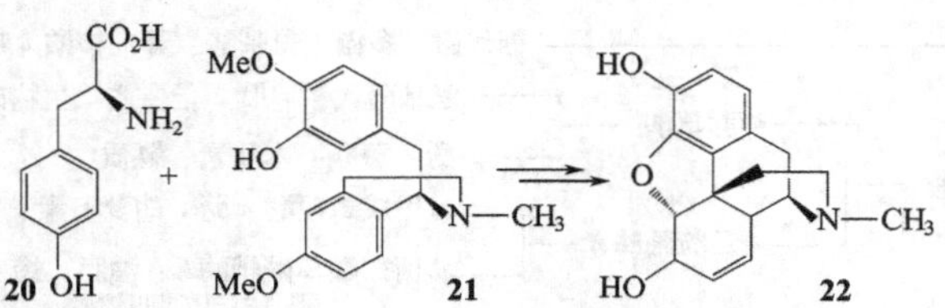

17 ⟶ 18 ⟶ ⟶ 19

20 + 21 ⟶ 22

了解生源途径的中间体后，就可人工加入所需前体而达到定向培育以增加天然产物的产量，并成功实现工业规模的人工培养技术。如，加入茉莉酸甲酯来提高紫杉醇的产率，在薯蓣的培养液中加入胆固醇可使薯蓣皂苷的含量从1.5%提高到2.5%。另一个研究生源合成的方法是通过分离、纯化和鉴定催化生物合成各个阶段的酶和变种。如，若生源途径为A→B→C→P，B和C都是中间体变种产物，P是最终生成的天然产物。若B→C的反应由于缺乏某种酶而被阻断，则B可从这个生物合成过程中聚集并得以分离。同样，第2个阻断可发生在 C→P 之间，C 能被积累并被分离。若将 B 或 C 在特定酶存在下喂饲给前一个中间体变种，则 C 或 P 将产生，从而可以得出 A→B→C→P 的生源途径。

每个天然产物都有其特有的经由多条途径组合而成的生源合成途径。动物的生源代谢过程中并无上述莽草酸途径，动物和人体自身也不会合成苯丙氨酸和酪氨酸。因此，只能从食物中来吸取这两种必需氨基酸。同样，动物也不能合成许多存在于植物中的小分子萜类化合物。生命现象有共同之处，但更多的是不同之处，这造就了如今这个丰富多彩、种类繁多的生物世界。

8.15.4 同位素生源合成

生源合成过程也可通过同位素标记方法得以明确。[38] 同位素有放射性同位素（^{3}H、^{14}C 等）和稳定性同位素（^{2}H、^{13}C、^{15}N、^{18}O 等）两种。放射性同位素可用闪烁计数器检出，稳定性同位素可从分析效率更高的 MS 或 NMR 谱图上直接检出，但灵敏度不如放射性检测。许多天然产物由乙酸头尾相接形成，用两种标记的乙酸 $^{*}CH_3CO_2H$ 和 $CH_3{}^{*}CO_2H$ 分别保存于培养液中的肝脏切片内，生物合成产生的胆甾醇内有标记碳原子存在，表明乙酸参与了生源合成过程，同时还发现生源合成时乙酸的两个碳原子出现在不同的特定位置。用 $^{*}CH_3CO_2H$ 得到的胆甾醇中某一碳原子有标记时，则在用 $CH_3{}^{*}CO_2H$ 生源合成得到的胆甾醇中该碳原子肯定没有标记。用降解的方法可以鉴别胆甾醇中的各个碳原子是来自乙酸中的甲基(m)还是羧基(c)碳原子。

喂饲双标记的前体乙酸 $^{*}CH_3{}^{*}CO_2H$，检测代谢产物中有无 $^{13}C—^{13}C$ 的自旋耦合峰可以确证前体乙酸是否参与了生源合成及其在代谢产物中的位置；没有此新峰则反映出双标记乙酸前体发生了 C—C 键断裂或重排的信息。如，对某代谢产物 **23** 的生源合成研究中喂饲双标记乙酸钠后，^{13}C 上在 δ118 和 δ136 处有耦合常数为 60Hz 的两组三重峰，它们为烯碳原子 C3 和 C4。在 δ75（C6）和 δ124（烯碳 C5）处有耦合常数为 48Hz 的两组三重峰；在 δ19.4（C1）和 δ130(C2)处有耦合常数为 43Hz 的两组三重峰。若产物分子的生源前体完全是乙酸，则应有 C7—C9 的耦合，但结果未见，这可能是乙酸前体经过包括 C—C 断裂的反应或者这两个碳原子不是由乙酸而来。再研究喂饲单标记乙酸钠后的代谢产物。当加入 $CH_3{}^{*}CO_2Na$ 时，C6、C8、C9 仍只有弱的丰度信号，但加入 $^{*}CH_3CO_2Na$ 后，C7 和 C9 的信号都增强，说明它们都起源于前体乙酸的甲基碳，从而提出了如图 8-16 所示的生源合成途径。

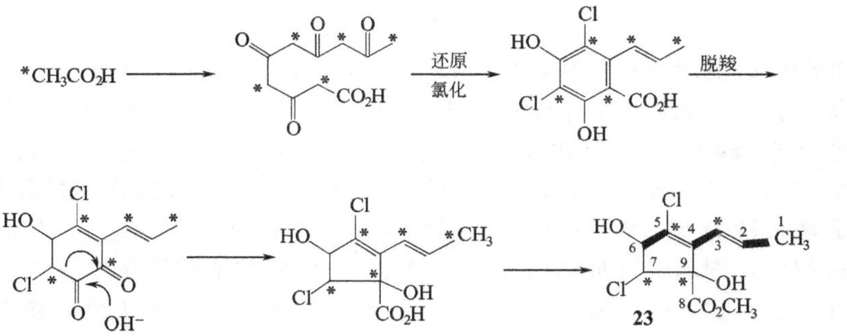

*CH₃CO₂H → 还原 氯化 → 脱羧 → → 23

图 8-16 化合物 **23** 的生源合成途径（粗黑线条代表双标记乙酸中的 C—C 键）

8.15.5 脂肪酸、萜和甾的生源途径

1 是乙酸的硫醇酯，硫原子给电子的能力比氧弱，其 3p 轨道上的孤对电子与 2p 轨道的羰基之间的共轭远不如酯氧原子的强，SR 的离去倾向和稳定性都大于 OR，故乙酰辅酶 A 上的乙酰基易受亲核进攻而发生转移；又由于硫原子给电子的能力弱，羰基的极化程度较

强，故乙酰基上 α-氢酸性增加，也易接受亲电试剂的进攻，如图 8-17 的两个反应所示。

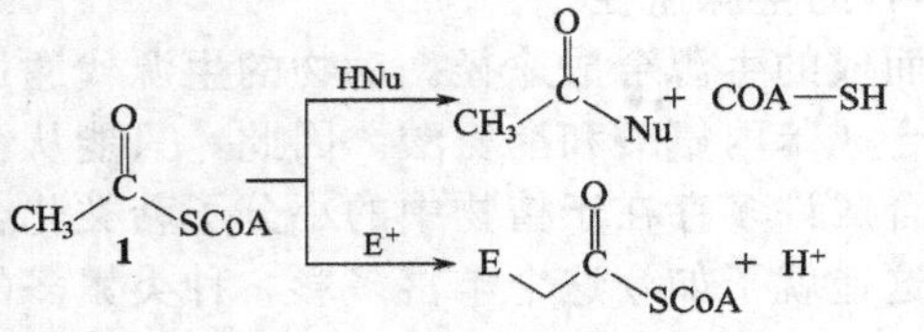

图 8-17　乙酰辅酶 A(**1**)兼具亲电和亲核活性

1 在体内结合一分子二氧化碳生成丙二酸单酰基辅酶 A(**24**)，**24** 与酰基载体蛋白(HS-ACP，**25**)结合放出辅酶 A 的同时得丙二酸单酰基硫代载体蛋白(**26**)，**26** 再与 **1** 作用放出 **25** 和二氧化碳的同时生成乙酰基乙酰辅酶 A(**27**)，**27** 具有乙酰乙酸酯的结构，具有酸性很大的 α-氢，易生成的碳负离子可再与一分子乙酰辅酶 A 进行羟醛缩合反应，得到一个六碳中间体(**28**)，而后 **28** 还原水解生成萜类的生源合成前体甲瓦龙酸(**17**)，如图 8-18 所示。这些反应如同烧瓶中的反应一样，区别在于化学方法中脱羧反应需接在缩合反应之后，但生化反应中的这两步却是同步进行的。

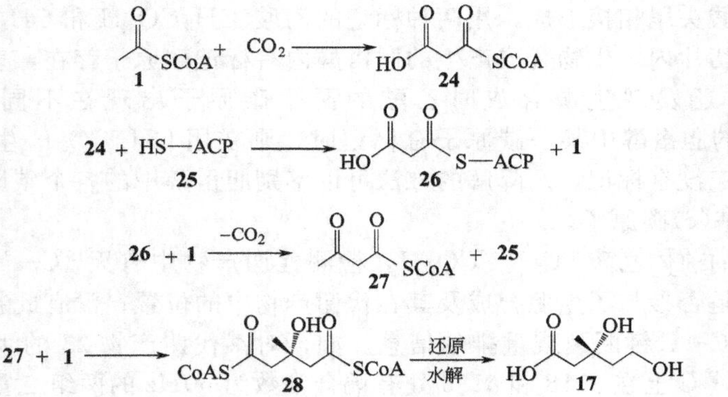

图 8-18　甲戊二羟酸(**15**)的生源途径

25 带有连接在一个蛋白质的丝氨酸残基上的辅基 4′-磷酸泛酸氨基乙硫醇。酶中 ACP 中的巯基可以结合、转运酯酰基，其结构和功能均与辅酶 A 类似。由于整个合成体系以此为中心，故这里的巯基又称为中心巯基。

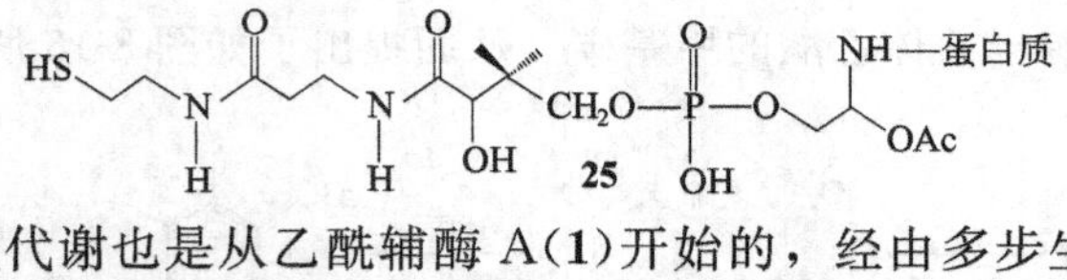

体内脂肪酸的合成代谢也是从乙酰辅酶 A(**1**)开始的，经由多步生化反应得到的 **27** 若被还原为醇并接着脱水、氢化生成水解即形成丁酸的正丁酰基辅酶 A(**29**)，如此完成了一个从 **1** 出发增加两个碳的过程。若 **29** 再反复进行如图 8-18 所示的生源途径，每次总是延长两个碳，故天然的脂肪酸绝大多数具有长链的偶数碳结构，经过 7 次这样的循环就到达 16 个碳的棕榈酸，偶数长链的上述增长反应过程到此为止，以后的增长反应过程将通过另一种反应过程。反应过程中双键的引进最终形成不饱和酸。3-磷酰甘油酸转换成的丙三醇与三个脂肪酸分子结合在一起，在人体内就产生了一个脂肪分子。酚、萘醌类天然产物也是由乙酰辅酶 A 和丙二酸途径代谢而成的。

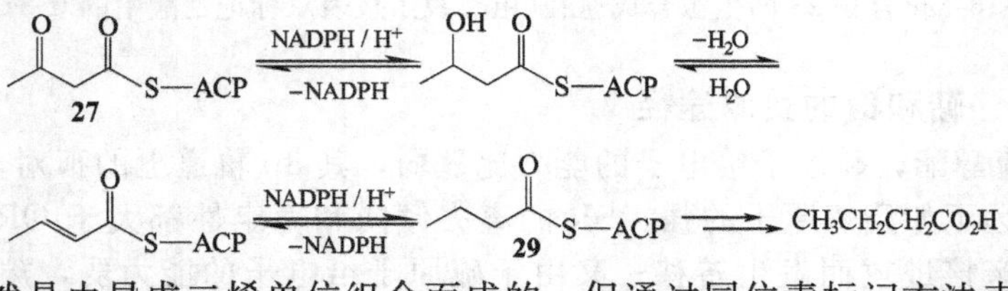

萜的骨架虽然是由异戊二烯单位组合而成的，但通过同位素标记方法表明，其生源合成

的 C_5 前体化合物是由乙酸演变而来的甲瓦龙酸(**17**)而非异戊二烯。**17** 的单酰基辅酶 A，即甲羟戊酸单酰基辅酶 A(HMGCoA，**30**)在 ATP 和脱羧酶作用下生成两个羟基分步磷酰化的产物甲戊二羟酸焦磷酸酯(MVAP，**31**)，**31** 失水脱羧得到五碳子结构的异戊烯基焦磷酸酯(IPP，**32**)。**32** 在异构酶作用下双键异构化生成二甲基烯丙基焦磷酸酯(DMAPP，**33**)。

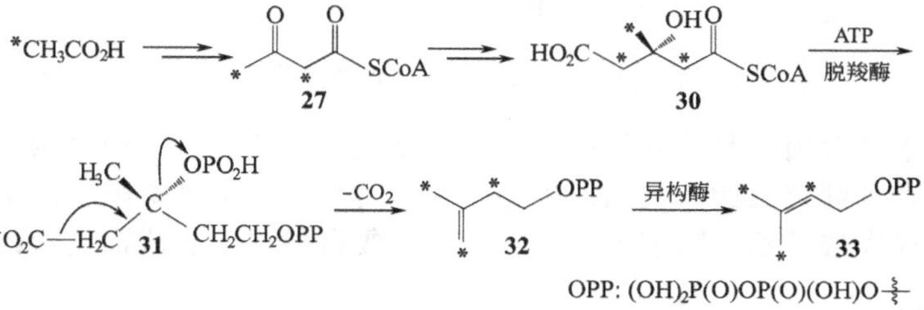

OPP: $(OH)_2P(O)OP(O)(OH)O$-

32 和 **33** 头-尾相接生成香叶基焦磷酸酯(Geranyl PP，GPP，**34**)，**34** 再和 **33** 作用得到由 3 个异戊二烯单位结合成的倍半萜法呢醇焦磷酸酯(Farnesyl PP，FPP，**35**)。这种头-尾相接的方式继续进行就能生成许多精油植物中含有的二萜化合物法呢醇(**36**)。

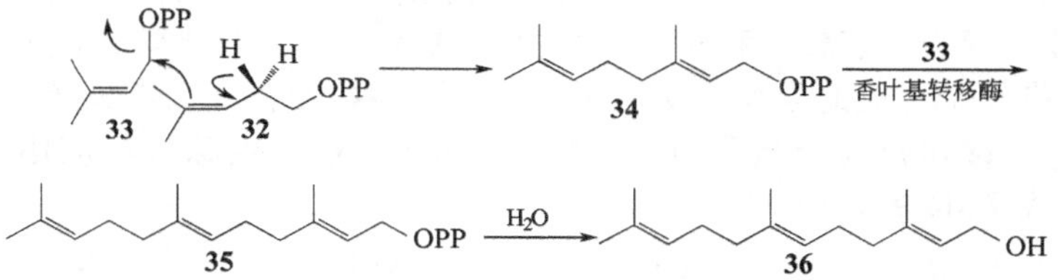

香叶醇焦磷酸酯(**37**)的双键异构化为橙花醇焦磷酸酯(**38**)，**38** 双键转位并脱去焦磷酸基生成薄荷烷骨架的 *α*-松油基碳正离子(**39**)，**39** 再进一步通过受水分子进攻、脱质子或各类异构化过程衍生出各类单萜产物。许多萜类化合物的生源过程主要依靠自然环境下不能稳定存在的碳正离子反应，这些碳正离子与对应的主要如焦磷酸酯一类负离子形成紧密离子对进行反应。

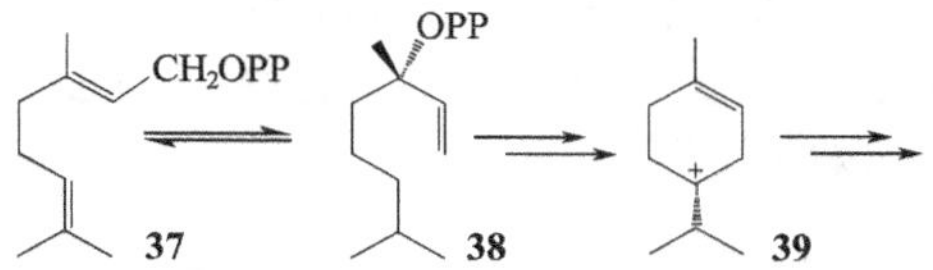

三萜类化合物并非以增长 IPP(**30**)单元来增长碳链的方式而生成的。二分子 **35** 以尾-尾相接的方式结合得到由 30 个碳原子组成的三萜类化合物角鲨烯(squalene，**40**)。尾-尾相接的方式也能生成多萜及如橡胶之类的异戊二烯多聚体。

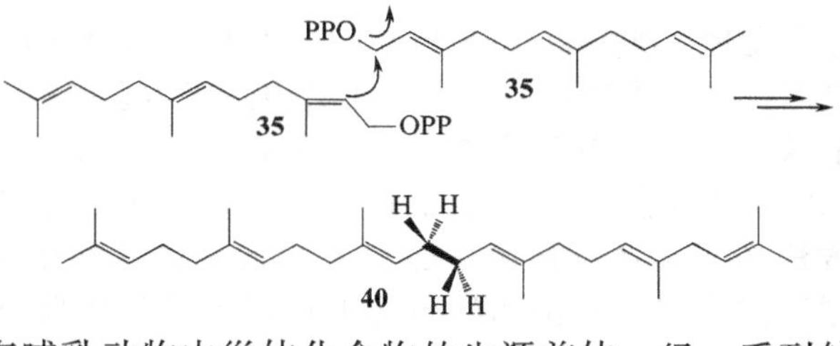

角鲨烯(**38**)是所有哺乳动物中甾体化合物的生源前体，经一系列较复杂的环化和重排等过程转化为各类甾体化合物。生源合成表明，角鲨烯上的双键为 *E*-构型，首先在端基的双键氧化形成环氧化物(**41**)，**41** 在酸催化下环氧开环并发生碳正离子诱导的协同闭环反应，得到羊毛甾醇(**42**)，**42** 再失去 3 个甲基和一个双键移位及一个双键的还原形成胆甾醇(**43**)，如图 8-19 所示。

萜类化合物的生源途径除了甲羟戊酸途径外，还有其他不依赖于甲羟戊酸的甲基季戊四

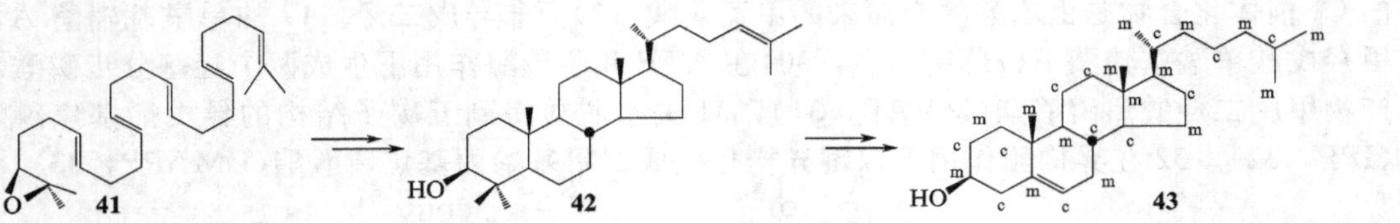

图 8-19 胆甾醇(**43**)的生源合成途径

醇磷酸化、胡萝卜烃及丙酮酸等其他一些途径。萜类、甾体和一些维生素、前列腺素、油脂和鞣质的生源途径都起自乙酸，它们统称乙酸源化合物。[39]生物碱则是由来自莽草酸途径生成的氨基酸、甲羟戊酸及乙酸为前体底物经一系列复杂的生源合成而生成的。

8.15.6 仿生合成

生物合成的研究工作可深入探索大自然生物发育的秘密并对天然产物的科学分类和结构测定做出指导和借鉴；有针对性地利用细胞、酶或追加前体等方法来模拟并在人造环境下实现自然界所发生的事情并生产所需天然产物。根据生物合成设计的仿生合成(biomimetic synthesis)往往能实现合乎逻辑、科学的奇效并完成难以用一般化学方法实现的反应。[40]利用生源过程分析指导全合成的早期成功例子是莨菪酮(**44**)的合成。诺贝尔奖得主 Willstatter 从环庚酮出发经 20 多步反应合成得到了 **44**，Robinson 根据生源过程应用 Mannich 反应仅花两步反应就完成了 **44** 的合成。[41]

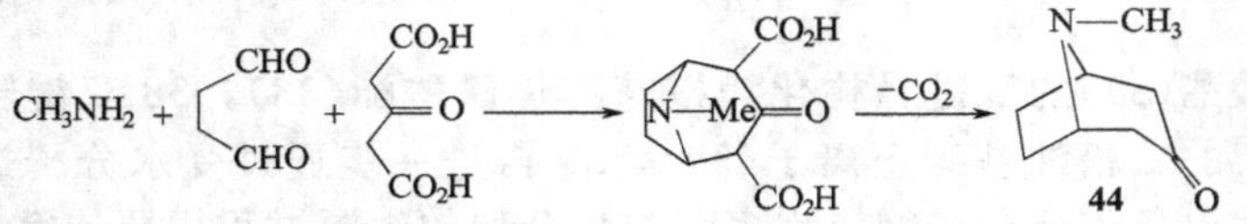

通常合成甾体骨架的方法是一步一步地组成 4 个并联的稠环，同时要解决反应中的立体化学问题。研究生物合成途径为合成甾体化合物提供了一条全新的思路：首先制备所需的多烯，并利用底物分子一端的环氧基、缩醛基、烯丙醇基或磺酸基等官能团在酸催化下形成的碳正离子来引发协同的多步反应。如，Johnson 小组就是采用此一思路完成了孕甾酮(**45**)的全合成，实现了预期的设想和效果。[42]

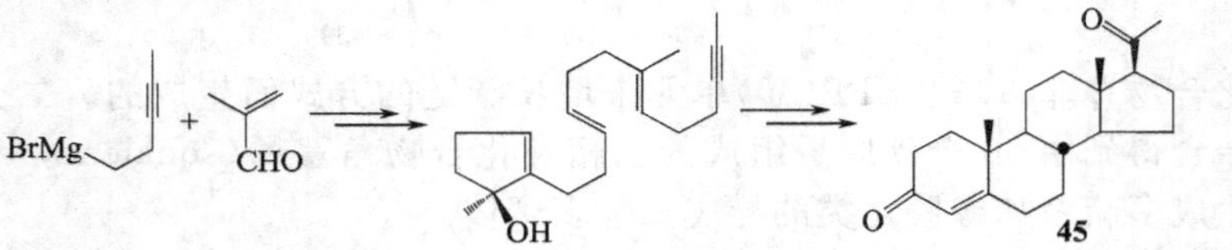

在一个生物体内还常发现一些与目标分子共生的化合物，它们的结构也稍简单，可能是生物合成的前体，也可用作全合成的前体。如黄花蒿中除青蒿素(**19**)外还发现有青蒿酸(**18**)存在，**18** 的结构简单得多，也是青蒿素生物合成的前体。所设计的以 **18** 为底物的合成路线也是相当成功的。以基因工程为主导的生物工程方法或用酶、微生物对外源化合物进行结构修饰实现合成反应的方法在天然产物研究中也有不少应用。这些生物转化(biotransformation)或称“合成生物学”方法往往在温和的条件下进行各类有机反应，选择性和立体专一性强及后处理简单，可实现一般有机合成不能或难以进行的化学过程而有着极为广泛的应用前景。[43]

从这些分解或合成代谢过程可以看到，尽管各个反应过程都极为复杂，但都是有机化学所研究的内容，如消除、亲核加成、羰基缩合、水解等等，其他的生物过程也是如此进行的。从这个意义上来看，生物化学也就是有机化学。生命活动是以一套在细胞内外发生的、为整体生物所调控的动态化学过程。但生命的停止并未意味着一切化学反应的终结，而是生物体分解降解变成无机物的另一套过程的开始。化学在研究生物体的物质基础和生命活动的基本规律中不仅提供方法和材料，还提供理论和技术。化学家从分子水平来研究如蛋白质和核酸等生命物质的结构，这就构成了当今最活跃的学科——分子生物学的基础。当代化学研究的一个特点就是越来越更紧密地与生命现象的结合。人们正在运用化学反应来解释生命过程中的各种现象，但是可否把化学反应的组合当作生物体所有表现的依据仍有不少争议。有的观点认为活细胞中的化学过程不过是实验室中这些反应的总和，但这个总和比起把所有的反应加起来还多一点，这“多一点”就是指体内进行的反应总和是有目的的。另一类观点则坚持生命科学不能还原成为化学。受人类认识客观世界的局限，至今尚未能完整地认识生命的本质，也仍不清楚由无生命的分子向生命分子转变的确切机制。不争的事实是，许多化学反应必须组织起来，协同动作才能构成一个生命系统，如何组织则仍然可以用化学过程来解释。我们既不能因批判生命力论而不去了解生命系统和无生命系统的根本差异，也不能因为批判还原论而放弃用化学反应的组合去描述生命。

天然产物占已知化合物的比例虽然不高，但以天然产物为基础而发展成为药物的比例很高。当代开发成的新药有一半以上来自天然产物。[44]天然产物化学的研究经历了提取、分离和结构解析这老三段的早期，涉及生源和全合成的中期及应用生物合成和分子生物学技术的当代发展过程，在揭示生命本质和为人类社会服务的各个方面都仍在发挥不可替代的重要作用。

习　　题

8-1　解释：

(1) 奎宁里啶(quinuclidine，**1**)和 CH_3I 的反应速率是三乙胺的 50 倍。

(2) 莰烯可由异冰片醇(**2**)用稀 H_2SO_4 处理产生，给出这个反应过程。

(3) 雄甾醇经酸处理脱水得到一个重排产物 **3**。

(4) Lithocholic 酸(**4**)也是人胆汁酸中的一个组成部分，它和下列试剂各能发生什么反应？

① CrO_3/Py.；② BH_3 再 H_3O^+；③ $(CH_3)_3SiCl/Et_3N$；④ CH_3MgBr 再 H_3O^+；⑤ $LiAlH_4$ 再 H_3O^+。

(5) 给出两个萜类化合物愈创木醇(guaiol，**5**)和雪松烯(cedrene，**6**)的异戊二烯单位，它们各有几个可能的立体异构体。

(6) 给出二氢香芹酮(**7**)和薄荷醇对映体(**8**)的稳定椅式构象。

(7) 2*β*,3*α*-二溴胆甾烷易于脱溴成烯，而 3*β*,4*α*-二溴胆甾烷却不发生脱溴反应。

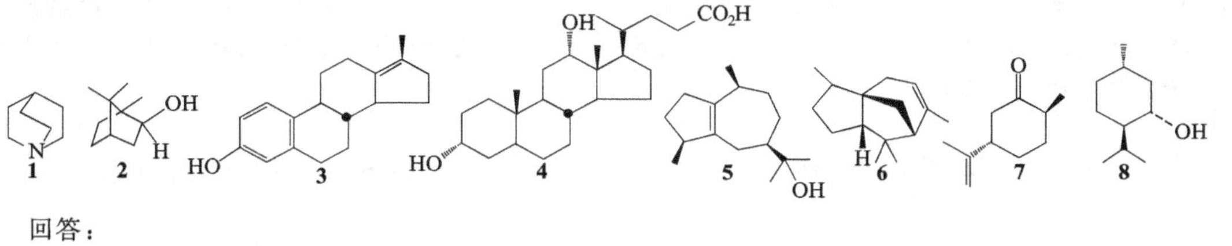

8-2　回答：

(1) 怎样转变胆甾醇为 5*α*,6*β*-二溴胆甾醇和 3*α*,5*α*,6*β*-三溴胆甾烷。

(2) 以苯酚为原料制备己雌酚。

(3) 怎样通过还原氨基化反应制备麻黄碱。

(4) 异喹啉类化合物可以通过 *N*-乙酰基-*β*-苯乙胺在强酸和 P_2O_5 存在下经 Bischler-Napieralski 反应环化后再氧化脱氢制得，给出它的反应过程。

(5) 桐酸是一个存在于桐油中的稀有脂肪酸，它经臭氧化后再用锌粉处理制得戊醛、9-氧壬酸和 2 分子乙二酸，给出桐酸的结构。

(6) 硬脂炔酸 $C_{18}H_{32}O_2$ 经催化氢化生成硬脂酸，臭氧化后用锌粉处理制得壬酸和壬二酸。给出硬脂炔酸的结构。以癸炔和 1-氯-7-碘庚烷为原料合成硬脂炔酸。

(7) pantetheine(**1**)和 pantothenic acid(**2**)是合成辅酶 A 的重要中间体，可由下法制备：

$$\text{(CH}_3)_2\text{CHCHO} + \text{HCHO} \xrightarrow[H_2O]{K_2CO_3} \underset{\mathbf{3}}{C_5H_{10}O_2} \xrightarrow{HCN} \underset{\mathbf{4}}{C_6H_{11}NO_2} \xrightarrow{H_3O^+} \underset{\mathbf{5}}{C_6H_{12}O_4}$$

$$\mathbf{5} \xrightarrow{H_3N^+CH_2CH_2CO_2^-} \text{HOCH}_2\text{C(CH}_3)_2\text{CH(OH)CONHCH}_2\text{CH}_2\text{CO}_2\text{H}\ (\mathbf{2})$$

$$\mathbf{5} \xrightarrow{H_3N^+CH_2CH_2CONHCH_2CH_2CH_2SH} \mathbf{1}$$

5 是可以拆分的，若以 **5** 的(*R*)-(－)-体反应所得 **1** 与天然的产物完全一样，给出 **3**、**4** 和 **5** 的结构和天然产物 **1** 的绝对构型。

8-3 从蛇麻草油分得的萜 karahanaenone(**2**)可由 **1** 经热分解反应制得，雌甾酮甲醚(**4**)也可由 **3** 加热得到，给出它们的反应过程。

$$\mathbf{1} \xrightarrow{\triangle} \mathbf{2}$$

$$\mathbf{3} \xrightarrow{\triangle} \mathbf{4}$$

8-4 生源合成问题：

(1) 给出由丝氨酸 $HOCH_2CNH_2HCO_2H$ 形成乙酰辅酶 A 的生源路线。

(2) 亮氨酸在生源上来自于 α-羰基异己酸，后者又来自 α-羰基异戊酸通过①与乙酰辅酶 A 反应，②水解，③脱水，④水解，⑤氧化，⑥脱羧等几步反应而生成的，给出这些反应过程。

(3) 葑酮(**1**)是一种来自于薰衣草油的、有愉悦香味的化合物，给出一条它从 GPP 而来的生源合成路线。

8-5 100g 葡萄糖降解反应中需消耗多少克乙酰辅酶 A？乙酰辅酶 A 在正常的代谢条件下经三羧酸循环产生二氧化碳，同时，它也可以转化为一种被称之为酮体的化合物供大脑作为临时营养之需，对下列各步反应作一个说明：

$$2\,CH_3COSCoA \xrightarrow{\ 1\ } CH_3CH_2COSCoA \xrightarrow{\ 2\ } CH_3COCH_2CO_2^- \xrightarrow{\ 4\ \to\ 5\ } CH_3CH(OH)CH_2CO_2^-$$

$$CH_3COCH_2CO_2^- \xrightarrow{\ 3\ } CH_3COCH_3$$

参考文献

[1] 哈成勇，沈敏敏，刘治猛．天然产物化学与应用．北京：化学工业出版社，**2003**；徐任生．天然产物化学．北京：科学出版社，**2004**；于德泉，吴毓林．天然产物化学进展．北京：化学工业出版社，**2005**；刘湘，汪秋安．天然产物化学．北京：化学工业出版社，**2005**；徐任生．天然产物化学导论．北京：科学出版社，**2006**；王锋鹏．现代天然产物化学．北京：科学出版社，**2009**；Lee K.-H. *J. Nat. Prod.*，**2010**，73：500；Fenlon E E.，Myers B J. *J. Org. Chem.*，**2013**，78：5817.

[2] Kinghorn A D., Pan L., Fletcher J N., Chai H. *J. Nat. Prod.*, **2011**, 74: 1539; Njuguna N M., Masimirembwa C., Chibale K. *J. Nat. Prod.*, **2012**, 75: 507; Nicolaou K C. *Angew. Chem. Int. Ed.*, **2013**, 52: 131.
[3] Wells W. *Chemistry & Biology*, **1999**, 6: R210; King R W. *Chemistry & Biology*, **1999**, 6: R327; 马林. 化学进展, **2006**, 18: 514; 张礼和, 王梅祥. 化学生物学进展. 北京: 化学工业出版社, **2005**; WaldmannH., Janning P. 化学生物学实验教程. 方唯硕, 赵颖, 肖志艳译. 北京: 化学工业出版社, **2006**; 马林, 古练权. 化学生物学导论. 北京: 化学工业出版社, **2006**; 刘磊, 陈鹏, 赵劲, 何川. 化学生物学基础. 北京: 科学出版社, **2010**.
[4] 杨秀伟. 生物碱. 北京: 化学工业出版社, **2005**; 王锋鹏. 生物碱化学. 北京: 化学工业出版社, **2008**.
[5] Singh S. *Chem. Rev.*, **2000**, 100: 925.
[6] 张培成. 黄酮化学. 北京: 化学工业出版社, **2009**; Verma A K., Pratap R. *Tetrahedron*, **2012**, 68: 8523.
[7] 陆阳. 醌类化学. 北京: 化学工业出版社, **2009**; Masters K.-S., Bräse S. *Chem. Rev.*, **2012**, 112: 3717.
[8] 赵毅民. 苯丙素. 北京: 化学工业出版社, **2005**.
[9] 石建功, 甘茂罗. 木脂素化学. 北京: 化学工业出版社, **2010**.
[10] 孔令义. 香豆素化学. 北京: 化学工业出版社, **2008**.
[11] 石碧, 狄莹. 植物多酚. 北京: 科学出版社, **2000**; 张东明. 酚酸化学. 北京: 化学工业出版社, **2009**.
[12] Craft P., Bajgrowicz J A., Denis C., Frater G. *Anger. Chem. Int. Ed.*, **2000**, 39: 2980; 项斌, 高建荣. 天然色素. 北京: 化学工业出版社, **2004**; 杨峻山. 萜类化合物. 北京: 化学工业出版社, **2005**; Hanson J R. *Nat. Prod. Rep.*, **2007**, 24: 1332; 庾石山. 三萜化学. 北京: 化学工业出版社, **2008**.
[13] Pemberton R P., Hong Y J., Tantillo D J. *Pure Appl. Chem.*, **2013**, 85: 1949.
[14] Christmann M. *Angew. Chem. Int. Ed.*, **2010**, 49: 9580.
[15] 林吉文. 甾体化学基础. 北京: 化学工业出版社, **1989**; 周维善, 庄治平. 甾体化学进展. 北京: 科学出版社, **2002**; 谭仁祥. 甾体化学. 北京: 化学工业出版社, **2009**; Nes W D. *Chem. Rev.*, **2011**, 111: 6423; Janeczko A. *Steroids*, **2012**, 77: 169.
[16] Das S., Chandrasekhar., Yadav J S., Gree R. *Chem. Rev.*, **2007**, 107: 3286.
[17] 林文翰. 海洋天然产物. 北京: 化学工业出版社, **2006**; 邓松之. 海洋天然产物的分离纯化与结构鉴定. 北京: 化学工业出版社, **2007**; Sashidhara K. V., White K N., Crews P. *J. Nat. Prod.*, **2009**, 72: 588; Williams R., Walsh M J., Claeboe C D., Zorn N. *Pure Appl. Chem.*, **2009**, 81: 181; Hughes C. C. Fenical W. *Chem. Eur. J.*, **2010**, 16: 12512; Thornburg C. C., Zabriskie T M., McPhail K L. *J. Nat. Prod.*, **2010**, 73: 489; Lorente A., Lamariano—Merketegi J., Albericio F., Alvarez M. *Chem. Rev.*, **2013**, 113: 4567.
[18] Beaumont S. B. Ilardi. E A. Tappin N D C. Zakarian A. *Eur. J. Org. Chem.*, **2010**, 5743; Luther G W., Boyle E A. *Chem. Rev.*, **2006**, 106: 305; Blunt J W., Copp B R., Hu W P., Munro M H G., Northcote P T., Prinsep M R. *Nat. Prod. Rep.*, **2007**, 24: 31; Paul V J, RitsonWilliams R. *Nat. Prod. Rep.*, **2008**, 25: 662; Wagner C., Omari M. E., Konig G. M. *J. Nat. Prod.*, **2009**, 72: 540; Ivanchina N V., Kicha A A., Stonik V A. *Steroids*, **2011**, 76: 425.
[19] Nishikawa T., Asai M., Isobe M. *J. Amer. Chem. Soc.*, **2002**, 124: 7847; Hinman A., Du Bois J. *J. Amer. Chem. Soc.*, **2003**, 125: 11510 Cannon J G., Burton R A., Wood S G., Owen N L. *J. Chem. Educ.*, **2004**, 81: 1457; 沙海葵毒素: Armstrong R W, Beau J, Cheon S H., Christ W J., Fujioka H., Ham W H., Hawkins L D., Jin H., Kang S H. *J. Amer. Chem. Soc.*, **1989**, 111: 7530; 赤潮素: Nicolaou K C., Frederick M O., Aversa R J. *Angew. Chem. Int. Ed.*, **2008**, 47: 7182.
[20] Mori K *Tetrahedron*, **1989**, 45: 3233; Rigatuso R., Bertoluzzo S M R., Quattrin F E., Bertoluzzo M G. *J. Chem. Educ.*, **2000**, 77: 183; Nojima S., Schal C., Webster F X., Santangelo R., G, Roelofs W L. *Science*, **2005**, 307: 1104.
[21] 张致平, 姚天爵. 抗生素与微生物产生的生物活性物质. 北京: 化学工业出版社, **2005**; 赵成英, 朱统汉, 朱伟明. 有机化学. **2013**, 33: 1195.
[22] Corey E J., Smith J G. *J. Amer. Chem. Soc.*, **1979**, 101: 1038; Schena M., Shalon D., Davis R W., Brown P O. *Science*, **1995**, 270: 467; Copping L G., Menn J J. *Pest Manag Sci.*, **2000**, 26: 651; Kelly K B., Riechers D E. *Pestic Biochem. Phys.*, **2007**, 89: 1; Spiteller P. *Chem. Eur. J.*, **2008**, 14: 9100; Cantrell C L., Dayan F E., Duke S O. *J. Nat. Prod.*, **2012**, 75: 1231.
[23] Christopher R J. *J. Agric. Food Chem.*, **1989**, 37 (3): 800; 涂君俐. 合成化学, **1995**, 3: 121; Szekely I., Lovasz-Gaspar M., Kovacs G. *Pest Manag. Sci.*, **2006**, 11 (2): 129.
[24] Rigatuso R., Bertoluzzo S M R., Quattrin F E., Bertoluzzo M G. *J. Chem. Educ.*, **2000**, 77: 183; Veitch G E., Backmann E., Burke B J., Boyer A., Maslen S L. Ley S V. *Angew. Chem. Int. Ed.*, **2007**, 46: 7629; Veitch G E., Boyer A., Ley S V. *Angew. Chem. Int. Ed.*, **2008**, 47: 9402.
[25] 马金石, 成昊, 张驿等. 化学进展, **1999**, 11: 341; 吴文君. 从天然产物到新农药创制. 北京: 化学工业出版

社，2006.

[26] 王国防．天然维生素指南．延吉：延边大学出版社，2005；郑建仙．维生素生产关键技术与典型范例．北京：科学技术文献出版社，2006；Jr. Combs G F. 维生素营养与健康基础．张丹参，杜冠华等译．北京：科学出版社，2009；Eggersdorfer M.，Laudert D.，Létinois U.，McClymont T.，Medlock J.，Netscher T.，Priv.-Doz. Bonrath W. *Angew. Chem. Int. Ed.*，**2012**，51：12960.

[27] 佚名 *Nutr. Abstr. Rev* **1978**，48*A*：831；佚名 *J. Nutr.* **1990**，120：12.

[28] Dugave C.，Demange L. *Chem. Rev.*，**2003**，103：2475；van der Horst M A.，Helingwerf K J. *Acc. Chem. Res.*，**2004**，37：13.

[29] Zhu G D.，Okamura W H. *Chem. Rev.*，**1995**，95：1877；Posner G H.，Kahraman M. *Eur. J. Org. Chem.*，**2003**，3889；Riveiros R.，Rumbor A.，Sarandeses L A.，Mourino A. *J. Org. Chem.*，**2007**，72：5477；Norval M. Bjorn L O.，De Gruijl F R. *Photochem. Photobiol. Sci.*，**2010**，9：11；Lisse T S.，Hewison M.，Adams J S. *Steroids*，**2011**，76：331；蔡祖恽．有机化学，**2013**，33：2244.

[30] Woodward R B. *Pure Appl. Chem.*，**1973**，33：145；Scott A I. *J. Org. Chem.*，**2003**，68：2529；Brown K L. *Chem. Rev.*，**2005**，105：2075；Nakamura K.，Hisaeda Y.，Pan L.，Yamauchi H. *Chem. Commun.*，**2008**，5122；Gruber K.，Puffer B.，Krautler B. *Chem. Soc. Rev.*，**2011**，40：4346；Proinsias K.，Giedyk M.，Gryko D. *Chem. Soc. Rev.*，**2013**，42：6605.

[31] Takaoki K.，Tadafumi K. *Nature*，**2003**，422：832；Kis K，Kugelbrey K.，Bacher A. *J. Org. Chem.*，**2001**，66：2555；Niki E.，Noguchi N. *Acc. Chem. Res.*，**2004**，37：45；Webster R D. *Acc. Chem. Res.*，**2007**，40：251；钟铮，武雪芬，陈芬儿．有机化学，**2012**，32：1792.

[32] Spande T F.，Garraffo H M.，Edwards M W.，Yeh H J C.，Panel L.，Daly J W. *J. Amer. Chem. Soc.*，**1992**，114：3475；Xu R.，Chu G.，Zhu X. *J. Org. Chem.*，**1996**，61：4600；高连勋，徐建平，沈家骢．有机化学，**1997**，17：97；Daly J W. *J. Nat. Prod.*，**1998**，61：162；Daly J W.，Garraffo H M.，Spande T F.，Decker M W.，Sullivan J P.，Williams M. *Nat. Prod. Rep.*，**2000**，17：131；Wei Z L.，Xiao Y.，Kellar K J.，Kozikowski A P. *Bioorg. Med. Chem. Lett.*，**2004**，14：1855.

[33] 王杉，常文保．大学化学，**2003**，18（2）：35；杨树民．大学化学，**2008**，23（2）：13.

[34] Froter G.，Bajgrowicz J A. *Tetrahedron*，**1998**，54：7633；Kraft P.，Bajgrowicz J A.，Denis C.，Frater G. *Angew. Chem. Int. Ed.*，**2000**，39：2981；Sell C S. *Angew. Chem. Int. Ed.*，**2006**，45：6254；Bentley R. *ChemRev.*，**2006**，106：4099；Polaskova P.，Herszage J.，Ebeler S E. *Chem. Soc. Rev.*，**2008**，37：2478；Wang Y.，Ho C.-T. *Chem. Soc. Rev.*，**2012**，41：4140；Winter R T.，van Beek H L.，Fraaije M W. *J. Chem. Educ.*，**2012**，89：258.

[35] 何祥久，邱峰，姚新生．化学进展，**2001**，13：481；刘成梅，游海．天然产物有效成分的分离与应用．北京：化学工业出版社，**2003**；吴立军．天然药物化学．北京：人民卫生出版社，**2003**；匡学海．中药化学．北京：中国中医药出版社，**2003**；徐筱杰，康文艺．药用天然产物．北京：化学工业出版社，**2010**；徐怀德．天然产物提取工艺学．北京：中国轻工业出版社，**2006**；杨文宇，牛锐，韩丽．天然活性成分生物技术制备方法．北京：化学工业出版社，**2006**；Pauli G. F.，Pro S. M.，Friesen J. B. *J. Nat. Prod.*，**2008**，71：1489；Nahrstedt A.，Butterweck V. *J. Nat. Prod.*，**2010**，73：1015；Cordell G A.，Colvard M D. *J. Nat. Prod.*，**2012**，75：514.

[36] Cantrell C L.，Dayan F E.，Duke S O. *J. Nat. Prod.*，**2012**，75：1231.

[37] Dewick P M. 药用天然产物的生物合成．娄红祥主译．北京：化学工业出版社，**2008**；McAlpine J B. *J. Nat. Prod.*，**2009**，72：566；于荣敏，黄璐琦主编．天然药物化学成分生物合成概论．广州：暨南大学出版社．**2011**.

[38] Leet E E. *J. Amer. Chem. Soc.*，**1977**，99：648；Herath K.，Attygalle A B.，Singh S B. *Tetrahedron Lett.*，**2008**，49：5755；Singh S B.，Herath K.，Yu N X.，Walker A A.，Connors N. *Tetrahedron Lett.*，**2008**，49：6265；Rong J.，Nelson M E.，Kusche B.，Priestley N D. *J. Nat. Prod.*，**2010**，73：2009；Zhao P-J.，Yang Y L.，Du L.，Liu J-K.，Zeng Y. *Angew. Chem. Int. Ed.*，**2013**，52：2298；Wattana-amorn P.，Juthaphan P.，Sirikamonsil M.，Sriboonlert A.，Simpson T J.，Kongkathip N. *J. Nat. Prod.*，**2013**，76：1235.

[39] Blanche F.，Cameron B.，Crouzet J.，Debussche L.，Thibaut D.，Vuilhorgne M.，Leeper F J.，Battersby A R. *Angew. Chem. Int. Ed.*，**1995**，34：383；Spenser I D.，White R L. *Angew. Chem. Int. Ed.*，**1997**，36：1032；Brown G D. *Nat. Prod. Rep.*，**1998**，15：653；Oldfield E.，Lin F.-Y. *Angew. Chem. Int. Ed.*，**2012**，51：1124.

[40] Zhou W S.，Xu X X. *Acc. Chem. Res.*，**1994**，27：211；Haynes R K.，Grepioni F. *Acc. Chem. Res.*，**1997**，30：81；Bawlings B J. *Nat. Prod. Rep.*，**1999**，16：425；Zeng Y. Li Y-Y. Chen J. Yang G. Li Y. *Chem. Asi. J.*，**2010**，5：992；Wetzel S.，Bon R S.，Kumar K.，Waldmann H. *Angew. Chem. Int. Ed.*，**2011**，50：10800；Williams R M. *J. Org. Chem.*，**2011**，76：4221；Ramil P.，Lin Q. *Chem. Commun.*，**2013**，49：11007.

［41］ Medley J W.，Movassaghi M. *Chem. Commun.*，**2013**，49：10775.
［42］ Johnson W S. *Acc. Chem. Res.*，**1968**，1：1；Johnson W S.，Plummer M S.，Reddy S P.，Bartlett W R. *J. Amer. Chem. Soc.* **1993**，115：515.
［43］ Nicolaou K C.，Montagnon T.，Snyder S A. *Chem. Commun.*，**2003**，551；卢艳花．天然药物的生物转化．北京：化学工业出版社，**2006**.
［44］ Newsman D J.，Cragg G M.，Snader K M. *J. Nat. Prod.*，**2003**，66：1022；Newman D J. *J. Nat. Prod.*，**2007**，70：461；*J. Mad. Chem.*，**2008**，51：2589；Kingston D G I. *J. Nat. Prod.*，**2011**，74：496.

9 有机反应机理和测定方法

有机化学是随着对反应机理(reaction mechanisms)的不断阐明而发展的。若将有机化学视为一门语言，反应好似词汇而机理好似语法。IUPAC 提出，反应机理是解释在一定反应条件下从底物到产物按时间顺序依次排列的所有基元步骤，并描述涉及的中间体、过渡态和所有产物的组成、结构、能量和其他性质。反应机理也称反应历程，是对有机反应表现出的宏观现象的微观解释，也是化学工作者几乎每天会思考或谈及的话题。[1]

有机反应难以计数，表面看似纷纭杂乱、互不关联，但每个反应从机理来看都是在该反应条件下的某个类同机理的通用反应之一。了解反应历程，除了满足好奇心，知其然并知其所以然外，还能导致观察有机反应的理性化、科学化和相关化、简单化。根据正确的反应历程能使相关反应按设想的方向进行，发现合适的底物和溶剂、温度等反应条件，加快反应速率，提高选择性，优化产率并抑制不需要的副反应。

9.1 提出的合理性

反应机理的研究要根据已知的化学知识和对反应体系的直观认识来提出最合理的可能性。在有机化学发展的早期，人们更多关注底物和产物而很少注意反应历程。20 世纪初，化学动力学开始应用于有机化学。1903 年，Lapworth 注意到氢化氰和丙酮的反应速率因加碱而变快，因加酸而变慢。据此他提出如图 9-1 所示的设想：羰基中的碳带正电，氧带负电，带正电的碳比带负电的氧活性更大；故决定反应速率的主要因素是 CN^- 的浓度，CN^- 先进攻羰基碳，H^+ 然后快速加到氧负离子上去完成反应；两步反应中第一步是慢反应，整个速率取决于慢反应的这一步。这样的解释符合所看到的实验结果。[2]

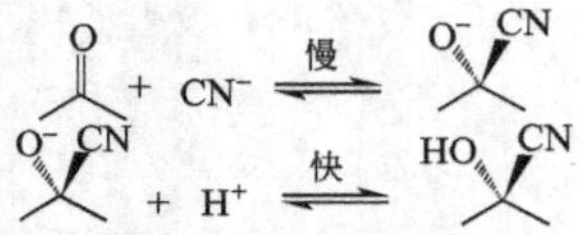

慢

快

图 9-1 氢化氰和丙酮的两步反应机理

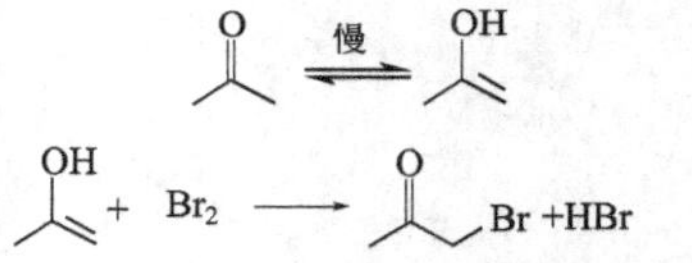

慢

$+ Br_2 \longrightarrow$ Br +HBr

图 9-2 丙酮溴化的两步反应机理

Lapworth 接着又研究了水溶液中丙酮的溴化反应，发现反应速率与丙酮的浓度成正比，但与溴的浓度无关，酸或碱都能催化反应。据此他认为反应过程应如图 9-2 所示：丙酮首先进行慢的烯醇化反应，酸或碱都可加快烯醇的生成；烯醇生成后就迅即与溴发生加成反应。Lapworth 的这两项研究被认为是有机反应机理的开创性工作。到 20 世纪 30 年代，由于 Robinson、Ingold 和 Hughes 等对电子转移及共价键的断裂和生成过程理论的贡献，有机反应机理的研究工作开始了成果频现的快速发展。

研究反应机理也遵循通常的科学研究方法：首先提出一个与已有实验事实及理论知识相符的假设；在假设的基础上设计实验，并根据实验结果对假设做出修正或推断。要使用多种实验技术全面而客观地收集所有与反应相关的结果，特别是那些与假设不合但很有可能就在其中隐藏着机理线索的实验事实并予以解释，为此要反复推敲、去伪存真。为此要做好以下 3 点：①找出原子在产物与包括底物、试剂甚至溶剂的对应关系，产物中的每个原子在底物和试剂中都有来源，发现变化的键和基团；②找出在特定主客观环境影响下底物和试剂中的酸、碱及亲核、亲电所在；③底物和试剂之间经合理的电子转移图式转化为产物(参见1.6.3)。运用众所周知的基元反应机理，避免不合理的电子移动或出现高能量的过渡态和中间体。

一个合理的机理应合乎如下4条原则：①简洁而又易于重复和证明，如避繁逐简的奥卡姆剃刀(Occam's razor)原则一样，当有多个处于竞争地位的理论模式都能解释同样的客观现象，那么越简单的那个越好，也越接近真相。②基元反应多是单分子或双分子的，很少涉及由3个以上分子参与的反应。③合乎一般的化学原则。如，正性部分总是和负性部分结合，强酸总是和强碱结合。此外还应符合最低能量要求、有序的电子运动及最小原子移动原理。④有可靠的预见性，能正确预测当反应条件或底物结构改变时新反应的速率和产物的变化。

机理的提出基于一些关键实验事实而不是要穷尽所有的实验，实际上这也是不可能做到的。提出非同一般的“新”机理时务必要谨慎，许多看似不同寻常的反应过程实际上都不过是已知的各类反应机理的结合。以2-甲基-1,3-环己二酮(**1**)与甲基乙烯基酮(**2**)在碱性醇溶液中进行Robinson增环反应(annulation)生成增环产物**3**为例：[3]

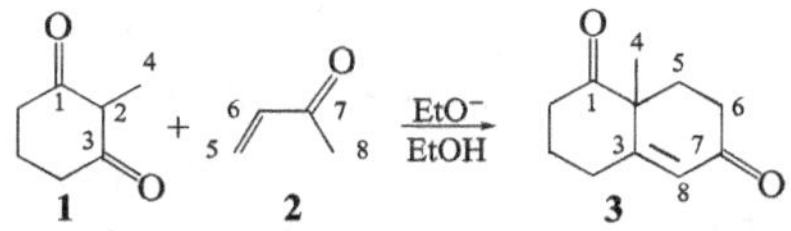

$$\mathbf{1} + \mathbf{2} \xrightarrow[\text{EtOH}]{\text{EtO}^-} \mathbf{3} \tag{9-1}$$

反应产物与底物的碳原子数没有增减，故无需再增加其他含碳原子的反应物。对产物中相关的非氢原子编号并与底物对应的操作是非常有益的，有助于理解并追踪底物中这些原子的去向，当产物的结构较复杂时更有必要先做好这一步。如式(9-1)所示的反应中C2进行共轭加成形成产物中的C2—C5键。碱性条件下，这样的反应是从烯醇化物开始的。C3在底物中与C1是化学等价的，产物中与C8形成应是脱水而来的双键。碱性醇溶液中脱水可来自*β*-羟基酮的1,4-消除，*β*-羟基酮可从中间体经aldol缩合反应而来。这样一分析就可以给出反应的前期过程：非常合乎逻辑的第一步反应是碱夺取底物中酸性最强的、位于两个羰基之间的H2，形成的烯醇化物(**4**)的C2进攻甲基烯基酮的C5，发生共轭加成形成一根新键和三羰基中间体**5**：

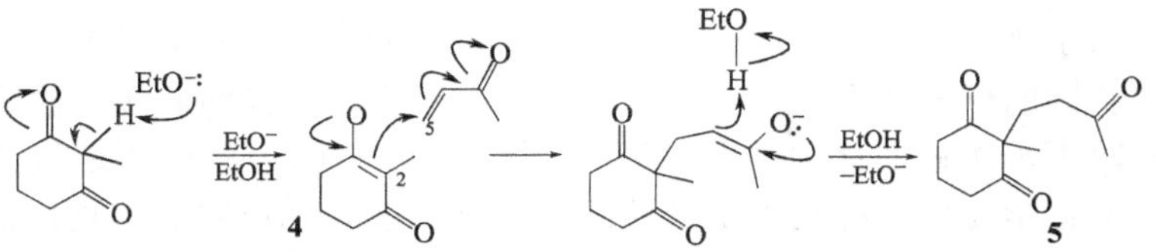

$$\xrightarrow[\text{EtOH}]{\text{EtO}^-} \mathbf{4} \longrightarrow \xrightarrow[-\text{EtO}^-]{\text{EtOH}} \mathbf{5}$$

5接下来在碱性条件下烯醇化生成**6**后再发生分子内aldol缩合反应，得到增环中间体产物(**7**)，**7**经1,4-消除失去一分子水而完成反应全过程：

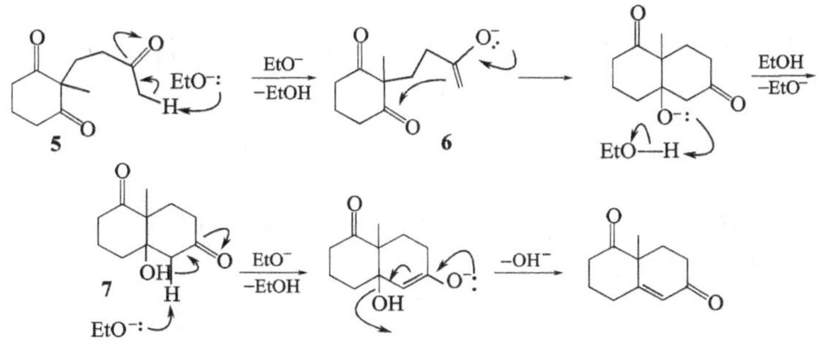

$$\mathbf{5} \xrightarrow[-\text{EtOH}]{\text{EtO}^-} \mathbf{6} \longrightarrow \xrightarrow[-\text{EtO}^-]{\text{EtOH}}$$

$$\mathbf{7} \xrightarrow[-\text{EtOH}]{\text{EtO}^-} \xrightarrow{-\text{OH}^-}$$

上述机理中所有的电子移动方向都是合理的，电子源和电子坑的位置也都是合乎化学原理的。

丙醛的乙基半缩醛 **8** 与氢化氰在碱性条件下可生成 α-羟基丙腈(**9**)：

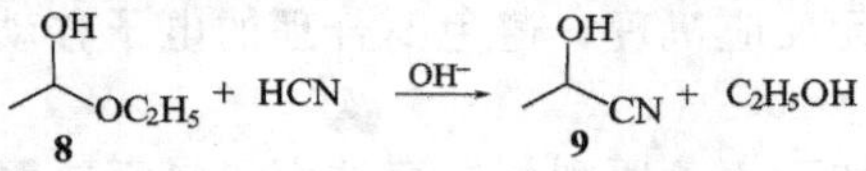

$$\mathbf{8} + HCN \xrightarrow{OH^-} \mathbf{9} + C_2H_5OH$$

表观上这似乎是一个简单的如式(9-2)所示的 S_N2 过程。若如此，则另一个产物将是碱性极强的乙氧基负离子 EtO^-，但所有的 S_N2 反应都不可能在产物中出现像 EtO^- 这样亲核能力极强的离去基团。另一方面，半缩醛上的碳并不易接受亲核试剂的进攻。故该 S_N2 机理是不合理的，应予舍弃。

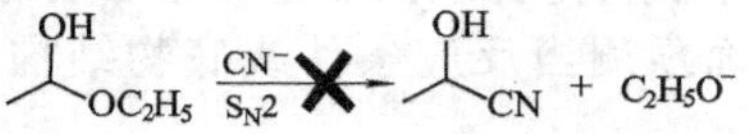

$$\mathbf{8} \xrightarrow[S_N2]{CN^-} \times \; \text{(OH)CH(CH}_3\text{)CN} + C_2H_5O^- \tag{9-2}$$

$$\mathbf{8} \xrightarrow{OH^- \text{或} CN^-} \mathbf{10} + H_2O \text{或} HCN$$

$$\mathbf{10} \longrightarrow CH_3CHO + C_2H_5O^-$$

$$CH_3CHO \xrightarrow{CN^-} \mathbf{11}$$

$$\mathbf{11} + HCN \xrightarrow{OH^-} \mathbf{9} + CN^-$$

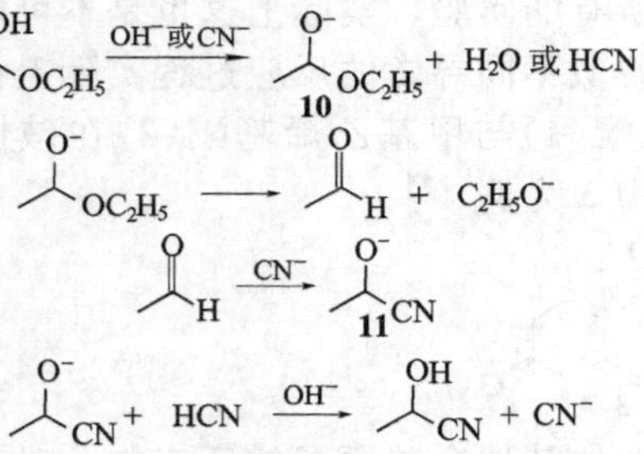

图 9-3 丙醛的乙基半缩醛与氢化氰在碱性条件下生成 α-羟基丙腈的过程

从底物来分析，**8** 首先应与碱性试剂(OH^- 或 HCN 的 CN^-)快速反应转化为氧负离子中间体(**10**)，**10** 可还原出羰基结构而形成醛。醛羰基很易接受 CN^- 的亲核进攻，形成的氧负离子(**11**)再与 HCN 发生酸碱反应，在生成产物 α-羟基丙腈时又再生出另一个 CN^- 继续反应。这样，就提出了如图 9-3 所示的 4 步反应过程，每一步反应都是有先例的，化学上是合理的，能量上是有利的通用反应。

如式(9-3)所示的酯的醇解过程中若无酸或碱催化生成的中间体产物中兼具强碱中心和强酸中心，这是不可能存在的。该反应需在碱或酸催化下才可发生。

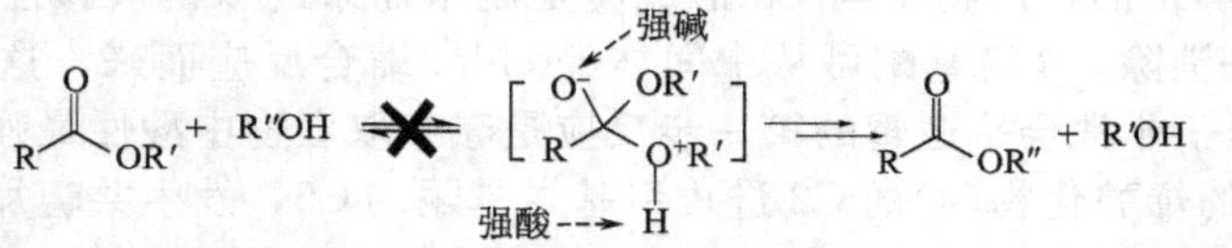

$$RCOOR' + R''OH \;\times\; \left[R\text{–}C(O^-)(OR'')\text{–}O^+(H)R' \right] \longrightarrow RCOOR'' + R'OH \tag{9-3}$$

(强碱：O^-；强酸：O^+–H)

机理研究会随着实验方法和检测手段的更新和科学理论的发展而不断修正完善。绝大多数反应过程都可归于诸如 S_N2、E1 或某某重排之类已被广泛接受或确认了的机理，但反应中旧键的断裂和新键的形成约在 10^{-13} s 完成，电子在两个原子核间的转移极为迅速，借助直接观测的经典实验不可能跟上化学过程的每一步骤(参见 1.6.7)。机理是对客观实验事实表现出的种种宏观的化学变化过程提出微观的间接推理，缺乏无可辩驳的直接证据。迄今尚未有一个反应机理被真正证实过，过程比较清楚的反应也还不是很多。反应在不同的条件下会有不同的机理，如，顺丁烯二酸(**12**)与稀盐酸共热后能很快生成反丁烯二酸(**13**)，这个反应过程至少有如下 8 个可能性可以解释。

① 反应经热或光引发，双键打开生成双自由基再结合而重排，如式(9-4)所示：

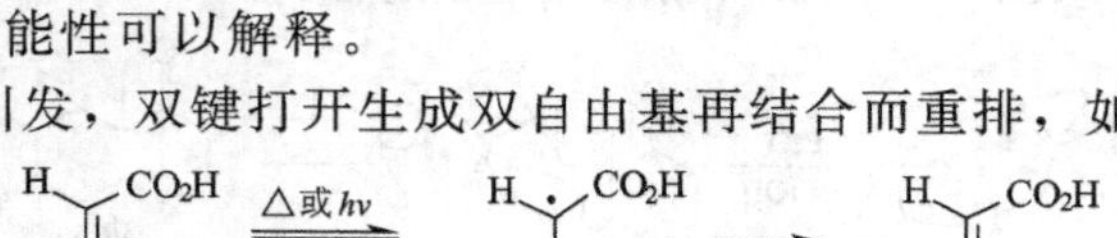

$$\mathbf{12} \underset{}{\overset{\triangle \text{或} h\nu}{\rightleftharpoons}} HO_2C\dot{C}H\text{–}\dot{C}HCO_2H \rightleftharpoons \mathbf{13} \tag{9-4}$$

② Cl^- 对烯基碳亲核加成生成负离子中间体，负离子中间体绕 C2—C3 键旋转后再脱去 Cl^- 而得到产物，如式(9-5)所示：

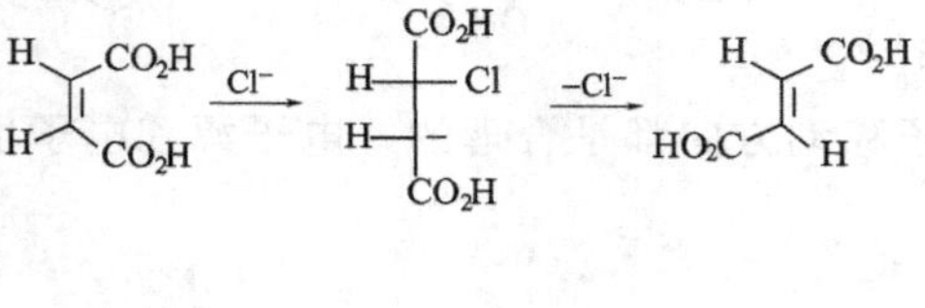

$$\text{HO}_2\text{CCH=CHCO}_2\text{H (cis)} \xrightarrow{Cl^-} HO_2C\text{–}CHCl\text{–}\bar{C}H\text{–}CO_2H \xrightarrow{-Cl^-} \text{HO}_2\text{CCH=CHCO}_2\text{H (trans)} \tag{9-5}$$

③ H^+ 对烯基碳亲电加成生成正离子中间体，正离子中间体绕 C2—C3 键旋转后再脱 H^+ 得到产物，如式(9-6)所示：

(9-6)

④ 底物与 HCl 加成生成氯代丁二酸后再消去 HCl 得到产物，如式(9-7)所示：

(9-7)

⑤ 底物与水加成生成苹果酸(2-羟基丁二酸，**14**)后再脱水生成产物，如式(9-8)所示：

(9-8)

⑥ H^+ 对烯烃亲电加成后形成内酯(**15**)，再生成苹果酸后脱水生成产物，如式(9-9)所示：

(9-9)

⑦ H^+ 对羰基进行亲电加成形成一个单键可自由旋转的共振结构(**16**)后再脱去 H^+ 生成产物，如式(9-10)所示：

(9-10)

⑧ H^+ 对羰基进行亲电加成后再加 Cl^-，经这样的 1,4-加成后再消去 HCl 得到产物，如式(9-11)所示：

(9-11)

上面这 8 个可能的机理对反应都做出了解释，还可以再提出另外一些可能性。这一看似简单的异构化反应在 19 世纪末就知道了，但直到 20 世纪中期才提出合理的机理阐述。因此，当某一反应历程对所有的实验事实都能做出圆满解释，并且根据该历程所做出的预测也能与实验结果相符合时，还不能认为这个历程就是唯一的，也许还有其他可能的机理也能得出同样的结论。不少反应的机理实际上介于几种极端的已知类型之间，与环境密切相关。

9.2　依据和研究方法

视反应的复杂程度可运用如下众多方法来研究反应机理并发现依据。

9.2.1　产物及副产物

研究反应历程一般总是从底物和产物的结构开始。反应机理应能确保物料平衡，解释所有的产物和副产物及它们之间的比例。不能说明所有产物的反应机理是不合理的或者提示可能不止一个历程。如，甲烷光照下与氯气反应产生氯甲烷和少量乙烷，自由基机理就能对此作出合理的说明；烯烃与HX在亲核性溶剂中进行加成反应时得到溶剂分子也参与反应的产物，此外还有重排产物生成，分步进行的亲电加成反应且有碳正离子中间体生成的机理能对此作出合理的说明；单萜化合物在各种催化剂存在下发生骨架异构化，生成众多产物，对这些产物的分离和结构研究表明，它们都是由碳正离子重排而来的(参见8.4.3)。

反丁烯二酸与溴进行加成反应得到赤式内消旋2,3-二溴丁二酸(**1**)，而从顺式底物出发得到的产物是一对苏式外消旋体(**2**)。立体专一性说明该加成反应必生成了环状正离子(**3**)而非开链的正离子(**4**)。[4]

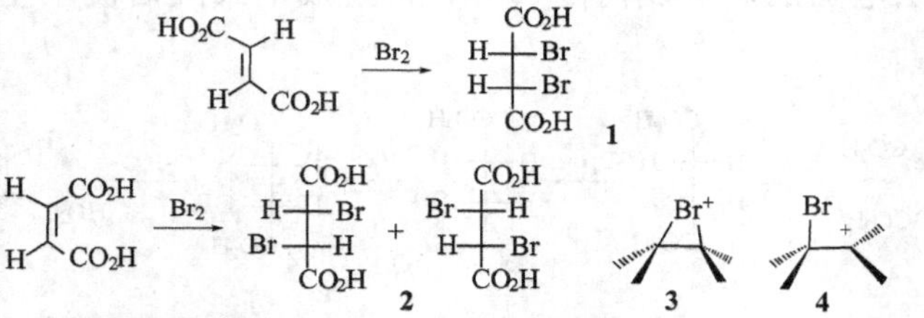

如式(9-12)所示，取代硝基苯用KCN-醇溶液反应可以得到取代苯甲酸，称von Richter羧基化反应。该类反应属邻位取代反应(cine substitution)，系产物的取代基团(羧基)占有底物离去基团(硝基)邻位的一类反应。产物的取代基团占有底物离去基团邻位更远位置的一类反应称远位取代反应(tele substitution)。[5]

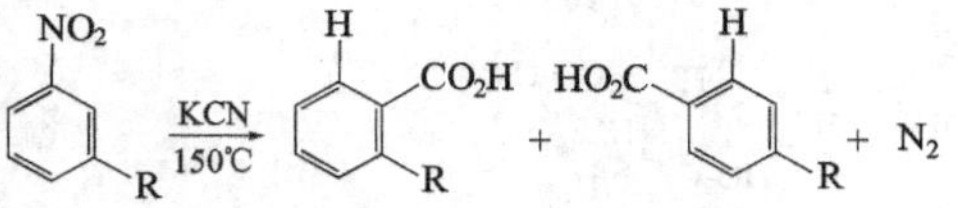

(9-12)

von Richter羧基化反应曾被认为有芳香腈中间体生成，但不能说明为何会有N_2放出。以重水为溶剂，发现取代硝基的氢来自溶剂；羧基的两个氧分别来自原料硝基和溶剂；N_2中的两个氮分别来自硝基和氰基；从其他途径得到的邻亚硝基苯甲酰胺(**5**)和不稳定的红色的吲唑酮(indazolone，**6**)在同样条件下反应也给出苯甲酸并放出氮气。综合这些结果后提出了一个能很好地说明这些实验事实的机理，如图9-4所示。[6]

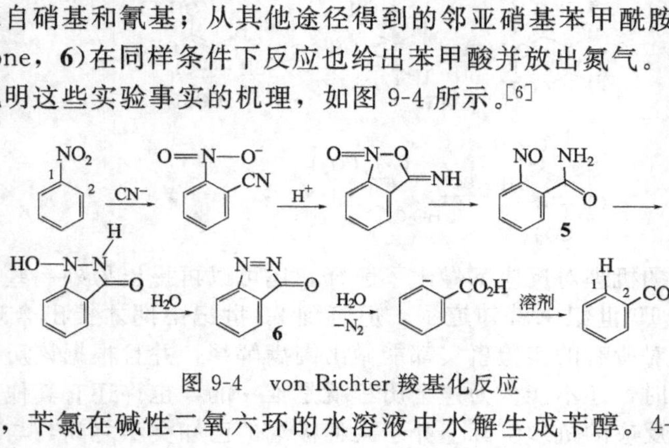

图9-4　von Richter羧基化反应

如图9-5所示，苄氯在碱性二氧六环的水溶液中水解生成苄醇。4-硝基苄氯(**7**)在同样条件下反应除生成正常的水解产物外还有 1,2-二(4-硝基苯基)乙烯(**8**)。反应产物的变化表明，这两个相同的官能团由于分子其他官能团的影响会经由不同的反应机理。前者是一般的 S_N2 反应，羟基取代氯原子；后者则由于 4-硝基苄氯的酸性足够强，羟基并未作为亲核试剂去取代，而是作为碱先夺取酸性氢生成碳负离子(**9**)，**9** 对另一个 4-硝基苄氯进行亲核进攻后再脱去氯化氢生成产物 **8**。[7]

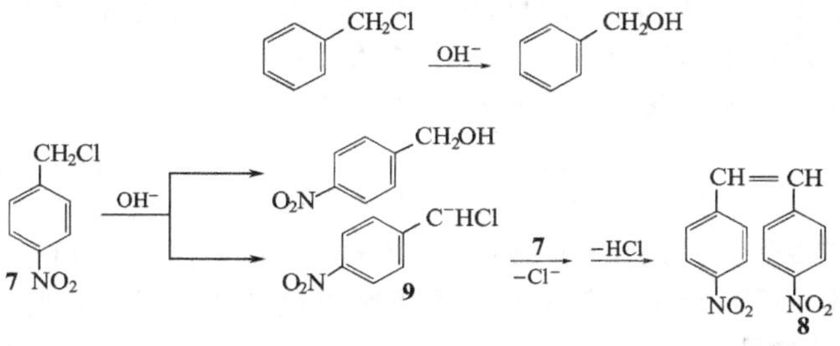

图 9-5　苄氯衍生物的碱性水解有不同的机理

产物和副产物的解析并非一定要依赖纯化合物。如，环氧底物(**10**)在碱性条件下发生 α-和 β-开环两种反应分别生成 **11** 和 **12**，在酸性条件下只发生 α-开环反应生成 **11**。开环方式还与底物的构型有关，顺式的和反式的各主要发生 β-和 α-开环。用质谱分析以 H_2^*O 为溶剂生成的产物混合物，有明显的碎片离子峰 m/z 107 [PhCH(O^+H)] 或 m/z 109 [PhCH(*OH)]，可以识别和确认 **11** 和 **12** 的生成，如图 9-6 所示。

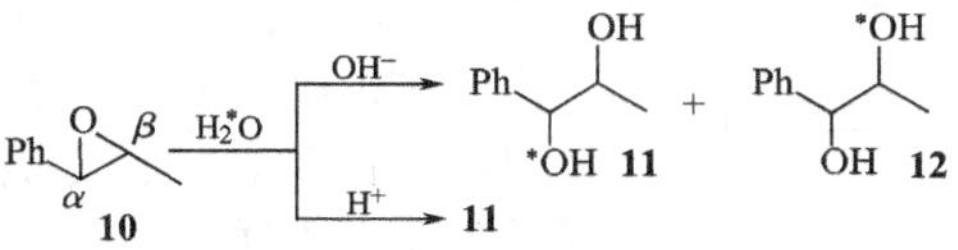

图 9-6　环氧化物在碱性或酸性环境下的开环有不同的机理

9.2.2　中间体产物

许多有机反应是多步反应，有一个或多个中间体生成。不言而喻，能分离并鉴定出中间体的存在对提出底物是经由该中间体再转变为产物的过程是合理的。反应过程中有中间体存在的最有力证据是将中间体分离出来并加以鉴定，只要中间体具有一定的稳定性，这是可以做到的。也可以从其他方法来制备所设想的某个中间体，再让其在同样条件下反应看能否以不低于原反应的速率来得到同样的产物。如，烷基苯氧化为苯甲酸的反应被认为经过苄醇这一中间体。以苄醇为底物在同样条件下反应确实得到苯甲酸，这就有力地说明苄醇是该氧化反应的中间体产物。又如，酰胺经 Hofmann 重排生成胺的反应中，中间体 N-溴代酰胺(RCONHBr)曾被离析，从其他方法得到的 N-溴代酰胺在相同条件下反应也能转化为产物，从而合理地提出该反应经过这一中间体的历程，如图 9-7 所示。[8]

$$RCONH_2 \xrightarrow[OH^-]{NaOBr} [RCONHBr \longrightarrow RCON^-Br \longrightarrow R{-}N{=}C{=}O] \longrightarrow RNH_2$$

图 9-7　Hofmann 重排反应

Friedel-Crafts 反应中的亲电试剂 E^+ 进攻芳环形成环己二烯正离子的 σ-配合物(**13**)，然后离去基团(多为氢)离去。如，间三甲基苯与氟乙烷反应生成的中间体产物(**14**)是可分离的橙色固体(mp－15℃)，这也表明了这一机理的可信性。**13** 也有可能是由 E^+ 先和苯环生成的 π-配合物(**15**)而来。[9]

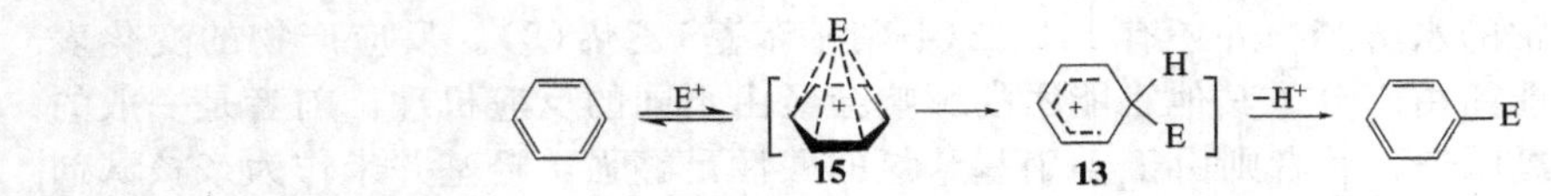

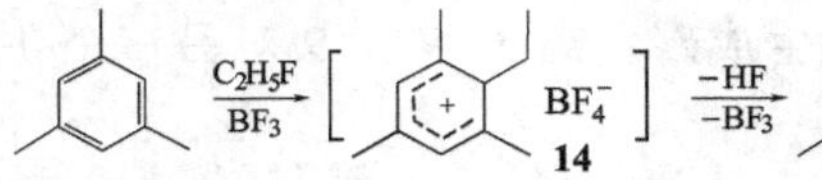

乙基碳正离子 $C_2H_5^+$ 可能有开链的结构(**16**)或二电子三中心的结构(**17**)。利用 IR 测试在氩气氛下形成的乙基碳正离子时，未发现甲基的 C—H 振动峰，从而第一次通过光谱观察论证了质子化乙烯这个三元环状的非经典结构。[10]

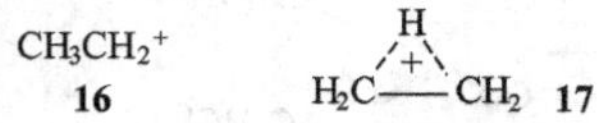

五(氧)配位的正磷化物［phosphorane，$P(OR)_5$，**19**］被认为可能是 DNA 和 RNA 发生水解反应的中间体而受到重视，但未在室温下被直接观测到过。为此，设计合成了一个能分子内环化为 **19** 的磷酸酯底物(**18**)并在反应液中加入乙酰氯，反应后分离得到两个产物 **20** 和 **21**。**20** 应来自 **19**，这也间接证实了 **19** 是可以存在于反应过程中的一个中间体物种。[11]

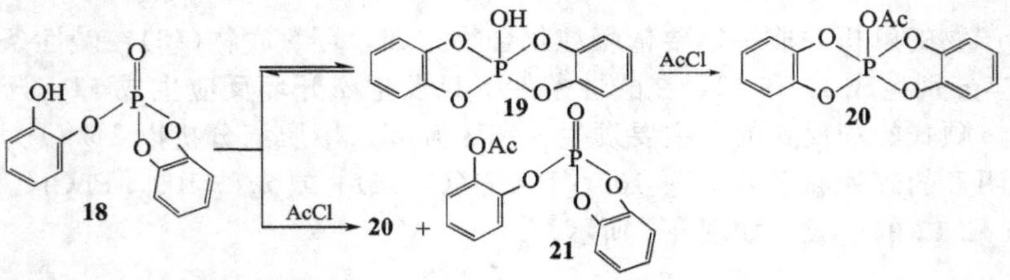

中间体（I）的确认可提供结论性的否定意见，若从 I 出发在相同条件下反应得不到同一产物 P，则可断定 I 并非反应中间体产物。但这里要注意的是，即使分离出某一中间体产物并在相同条件下反应能够以不低于整个反应速率得到产物，也不能断然下结论说产物就是经由它而来。因为有可能 P 由底物 S 直接产生或经由 I 而来，I 实际上不过是一个也可生成 P 的副产物 P′，如图 9-8(a)所示。也有这样的可能，即 I 是与主反应无关的另一个平衡副产物 P′，如图 9-8(b)所示。

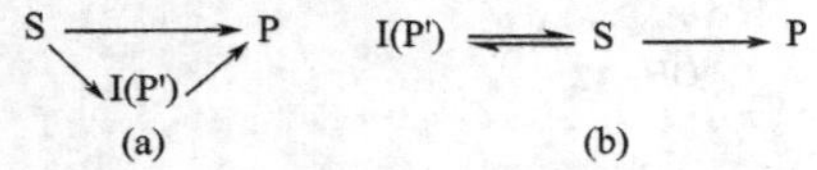

图 9-8 中间体或副产物也可能转变为产物

Claisen 酯缩合反应中可以检测出烷氧负离子的加成物(**22**)，**22** 实际上与缩合反应无关，尽管从它出发也能得到缩合产物：

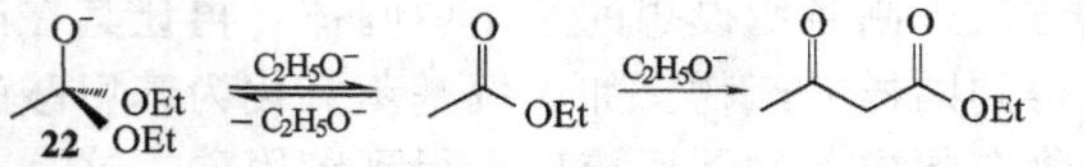

许多中间体过于活泼，生存期很短，不能被分离鉴定，但只要浓度能满足分析要求，有足够的寿命可以吸收适当的辐射，就仍可被一些不断地在快速发展的如 UV、IR、NMR、ESR、MS 等仪器检测其存在。如，自由基中间体可用 ESR 谱证实；芳香烃硝化反应中存在的 NO_2^+ 中间体可用 Raman 光谱检测确认等等。但应用这些检测方法时，必须有令人信服的证据表明检测到的数据是设想的中间体所产生的，在测试条件和反应条件不同时更需谨慎给出结论。[12]

2,3-二溴-2,3-二甲基丁烷(**23**)用等物质的量 SbF_5 处理可生成 2,3-二甲基丁烯。用^1H NMR［δ_H 2.00(*s*)］监控反应过程，在−120℃低温下只出现一种甲基氢的峰［δ 2.90(*s*)］。这就令人信服地说该反应的中间体应为如 3 那样的一个环状溴鎓离子(**24**)，若是如 4 那样的一个开链碳正离子中间体(**25**)，应可观测到两组甲基氢单峰。根据微观可逆性原理(参见

1.6.5)，其逆反应，即烯烃的溴化也应经过环状的溴𬭩离子中间体。

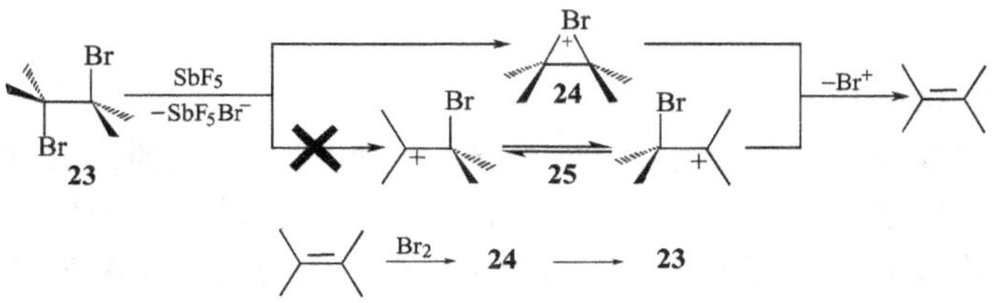

还有一些过于活泼或浓度较低的中间体既无法分离也不能被检测。这时可以往反应体系中加入能与它反应的捕获剂，中间体被捕获后从反应体系中消失或转化为一个可供鉴定的、能反映出中间体特性的新产物。[13]如，卡宾中间体可用烯烃来捕获得到三元环加成产物；苯炔中间体可用共轭双烯捕获得到 Diels-Alder 加成产物。利用 Corey-Hopkins-Winter 邻二醇成烯反应可以从邻二醇经硫代碳酸酯得到极不稳定的反式环庚烯(**26**)，**26** 的生成也是通过 Diels-Alder 反应捕获而得以证明的：[14]

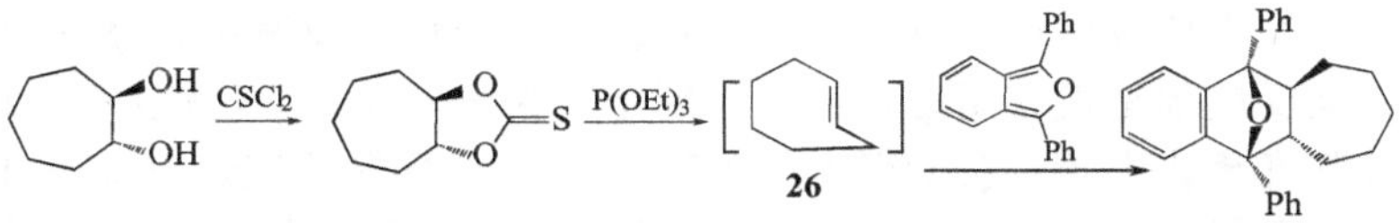

捕获方法还可对中间体存在的假设提供结论性的否定意见。如，烯丙基过氧化氢的重排反应中设想有中间体过氧环戊烷自由基(**27**)。但从其他途径得到的 **27** 可被氧气捕获生成 **28**，而在同样的氧气氛环境下烯丙基过氧化氢的重排反应并无 **28** 生成。这表明该重排反应应有其他途径，式(9-13)所示的过程是不可取的。[15]

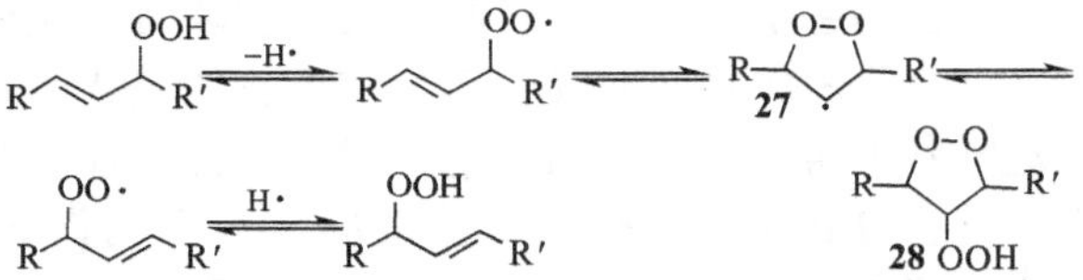

(9-13)

也可改变反应条件或设计合成一个新的与底物结构有一定相似性的另一个底物来反应以帮助论证可能的中间体。如，手性的扁桃酸［(*R*)-2-羟基苯乙酸，**29**］在扁桃酸消旋酶促进下转化为(*S*)-2-羟基苯乙酸(**29′**)的消旋化反应被认为有中间体羧基 α-位的 C2 负离子生成。为此合成了一个同系物(*R*)-2-羟基-4-溴甲基苯乙酸(**30**)。**30** 同样反应生成 2-氧代对甲基苯乙酸(**33**)。**33** 应由 C2 负离子中间体(**31**)经 1,6-消除脱溴负离子得烯醇(**32**)后再异构而成，这也可反证 **29** 在扁桃酸消旋酶促进下的消旋化反应中也有 C2 负离子中间体。[16]

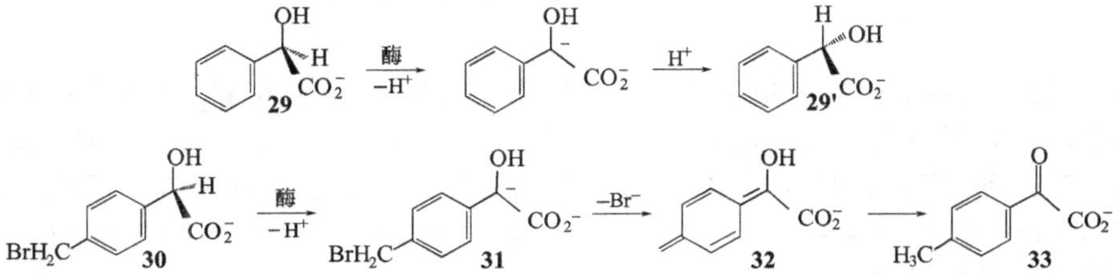

另外还可考虑创造一个特别的稳定介质(stable media)，在该介质中不存在能与活泼中间体反应的其他物种。如，在研究碳正离子时不出现有活性的亲核物种以保证碳正离子有足够的寿命。当然，运用这一策略时，活泼中间体自身是不会发生分子内重排反应或二聚、多聚的。特别活泼的中间体在一般的介质中都很难存在，此时可用到基质分离(matrix isolation)这一技术。[17]在诸如 2-甲基四氢呋喃等一类"固体溶剂(frozen solvent)"中产生的活泼中间体进行的双分子反应或单分子重排都能被完全抑制。4K 温度下以氩为固态介质，连

活化能仅需 4J/mol 的反应都不会发生，从而为利用 IR、UV 及 EPR 等光谱检测活泼中间体创造条件。

9.2.3 催化和溶剂化效应

催化剂能影响反应速率并同等加速正、逆反应。根据催化剂的性质可以获得有关反应机理的信息。[18]如，被酸催化的反应常可能存在碳正离子，被碱催化的反应则可能是涉及碳负离子的反应；被光或过氧化物所激发或在高温下发生的且能被自由基抑制剂抑止的反应常涉及自由基机理。如式(9-14)的两个反应所示，3-溴丙烯和 HBr 加成得到 1,2-二溴丙烷；过氧化物可大大加快反应速率且产物成为 1,3-二溴丙烷，加入氢醌可抑止这一反应，这些影响都说明后者是一个自由基反应机理而前者是离子型机理。

$$CH_2{=}CHCH_2Br \xrightarrow{HBr} CH_3\overset{+}{C}HCH_2Br \longrightarrow CH_3CHBrCH_2Br; \quad \xrightarrow{-O-O-} BrCH_2\dot{C}HCH_2Br \longrightarrow BrCH_2CH_2CH_2Br \qquad (9\text{-}14)$$

溶剂化效应也能为反应机理提供有益的信息。如，调整溶剂极性对分析是双分子还是单分子的取代或消除反应都是很有用的，也可判别是否为协同反应。已烷和十四碳烷有相似的极性，但已烷的黏度相比十四碳烷低得多，若在已烷中进行的反应速率比在十四碳烷中慢，往往可提示出是一个双分子反应过程；溶剂极性增加反应速率也增加的则可提示反应过渡态的极性比底物大。

9.2.4 交叉实验

交叉实验(crossover experiments)常用于众多重排反应，可以有效地说明反应是否经过某个中间体及反应是经由分子内还是分子间的过程。交叉实验常采用两种方法：一个是用两个结构有别但不会影响反应过程的底物同时反应后检测产物的组成，这两个底物之间的差异多在同位素或取代基，差异愈小结果愈能说明问题；另一个是外加参与反应的试剂后分析产物的组成。如，底物 S 反应后得到 P，结构与 S 相近的另一个底物 S′反应后得到 P′；将 S 和 S′混合后反应，若产物仍只有 P 和 P′而无第 3 种产物 P″则反映出反应过程中没有游离的中间体。如，苄基醚(**34**)在强碱正丁基锂存在下发生重排反应生成 α-取代苯甲醇(**37**)的反应有如式(9-15)所示的两种可能的机理：

$$\underset{\mathbf{34}}{PhCH_2OCR_3} \xrightarrow{BuLi} \underset{\mathbf{35}}{Ph\overset{-}{C}HOCR_3} \begin{cases} \xrightarrow{(a)} PhCH(CR_3)O^- \longrightarrow \underset{\mathbf{37}}{PhCH(CR_3)OH} \\ \xrightarrow{(b)} PhCHO + \underset{\mathbf{36}}{R_3C^-} \end{cases} \qquad (9\text{-}15)$$

机理(a)是碳负离子(**35**)一步完成的分子内协同过程；机理(b)是 **35** 生成中间体苯甲醛和碳负离子(**36**)后再在两者之间发生亲核加成的分子间分步过程。为此可采用交叉实验的方法：将全氘苯基和 CR'_3 基的底物(**38**)与原底物(**34**)的混合物在同样条件下反应。若产物中只有 **37** 和 **39** 而无交叉产物 **40** 和 **41**，则反映出是经由机理（a)，若产物含有 **37**、**39**、**40** 和 **41**，则反映出是经由机理（b)。

$$\underset{\mathbf{34}}{PhCH_2OCR_3} + \underset{\mathbf{38}}{C_6D_5CH_2OCR'_3} \xrightarrow{BuLi} \underset{\mathbf{37}}{PhCH(CR_3)OH} + \underset{\mathbf{39}}{C_6D_5CH(CR'_3)OH} + \underset{\mathbf{40}}{PhCH(CR'_3)OH} + \underset{\mathbf{41}}{C_6D_5CH(CR_3)OH}$$

式(9-16)所示的两个涉及碳负离子重排的产物都形成更稳定的苄基碳负离子结构，看似经由相同的历程得到类似的结果。[19]

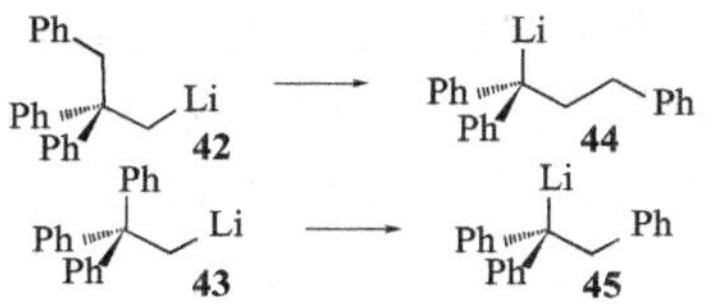

(9-16)

但如图 9-9 所示，在 **42** 重排的反应体系中外加标记的苄基锂(Ph* CH_2Li)，有标记产物 Ph_2CLiCH_2 *CH_2Ph 生成，而 **43** 重排的反应体系中外加标记的苯基锂(*PhLi)时无标记产物生成。这反映出前一个反应是分子间的过程，可能是先形成了 1,1-二苯乙烯和苄基锂再生成产物 **44**，故外加标记的 Ph*CH_2Li 也能与 1,1-二苯乙烯反应而得到标记产物。**43** 的反应是碳负离子 **46** 进行分子内的迁移重排反应，故外加标记的试剂 *PhLi 对其不产生影响，不会有标记产物生成。

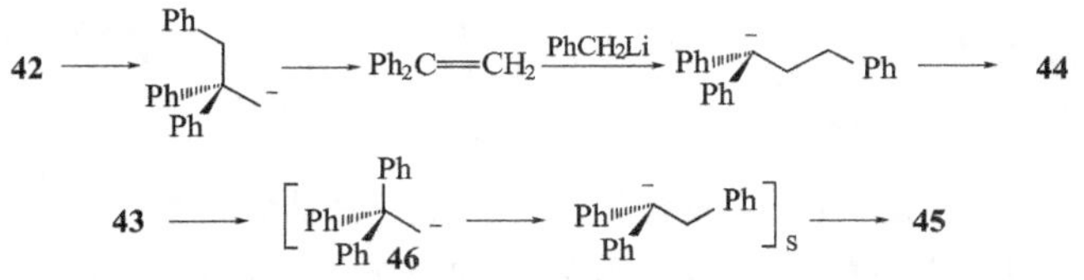

图 9-9 两个不同的 1,2-碳负离子重排反应

有混合产物的结果确可反映反应中有底物断键形成的中间体游离碎片及各种碎片重组的过程，但是无混合产物的结果也可能是底物断键形成的中间体碎片未能脱离溶剂笼就快速重组为产物的过程。故分析交叉实验的结果要注意切勿武断给出结论，需结合其他手段来辅证。

9.2.5 同位素标记

元素的相对原子质量是该元素所有同位素原子的平均质量。各种同位素丰度的分布并不相同。如，普通水含有重水约 150mg/kg，但重氢的含量在热带海域中比在极地海域中的多，因它们较重，在水蒸气从赤道向两极移动时重水相对更不易运动；^{18}O 的含量则在低温更多，水成冰后会富集^{18}O：柑橘果实中的氘含量比整棵树的平均值要高 4%。IUPAC 已建议对一些元素的相对原子质量的标注从一个固定值改为上下限值的新方法。如，氢的相对原子质量在元素周期表中现标注为［1.00704］，用上下限值的新标注为［1.00784，1.00811］，后者反映出在地球上含氢的物质中氢元素相对原子质量最小和最大的平均值。Li、B、C、S、O 和 N 等元素的相对原子质量的标注也将采用新法标注，放射性元素和无同位素的元素的相对原子质量的标注则仍用一个固定值来标注。通过检测不同区域同位素丰度的分布可用于判断一些物质来自何处。如，碳的同位素丰度在以天然产物为原料生产的药用激素中与人体自身分泌的激素中不同，从而可判断运动员是否服用过违禁药物(参见 8.12)。

交叉实验利用到的取代基差别还是有可能对反应过程产生一定的影响。相对而言，同位素标记技术和跟踪同位素标记原子在底物、中间体及产物中的位置对确认底物中哪根价键断裂和产物中新建键上的原子来源，能得到用其他方法难以得到的机理信息且对反应过程的干扰影响最小。应用同位素标记方法需有确定标记位置的底物和反应后测量标记原子位置的技术。D(^2H)、^{14}C、^{15}N、^{18}O 等是最常用的同位素，T(^3H)因有放射性且 H-T 交换不易完全而应用较少。

式(9-17)所示的酯碱性水解成酸的反应表观上就是一个 S_N2 历程：

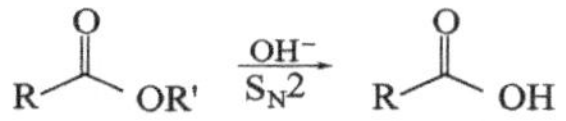

$$RCOOR' \xrightarrow[S_N2]{OH^-} RCOOH \tag{9-17}$$

但用^{18}O 标记的底物酯(**47**)经水解反应回收原料酯后发现^{18}O 的含量减少；而无^{18}O 标

记的底物酯(**48**)在标记的 $H_2^{18}O$ 中水解时，回收原料酯时会发现部分带有^{18}O。反应若按 S_N2 历程，则回收原料酯的结构不应有任何变化。故如图 9-10 所示的经亲核加成生成四面体中间产物(**49**)的过程可以解释前述现象，是较合理的。[20]

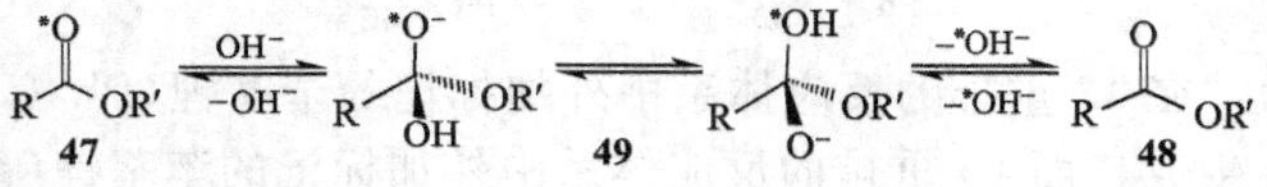

*O R C OR' (**47**) ⇌(OH⁻ / −OH⁻) *O⁻ R C OR' OH (**49**) ⇌ *OH R C OR' O⁻ ⇌(−*OH⁻ / *OH⁻) O R C OR' (**48**)

图 9-10 酯的碱性水解反应经过四面体中间体

羧酸盐与 BrCN 反应生成腈。以标记的 $R^*CO_2^-$ 为底物，反应后标记碳保留在产物的氰基上。无疑，这清楚地表明腈上的碳并非来自 BrCN。再结合其他实验事实，提出了如图 9-11 所示的较为合理的机理。[21]

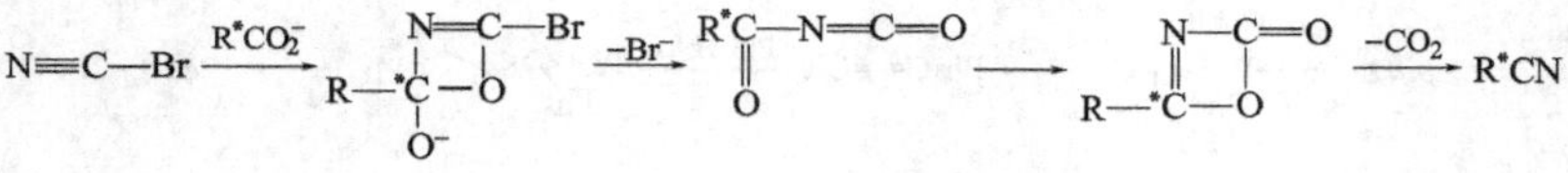

N≡C—Br →($R^*CO_2^-$) R—*C(O⁻)—O—C(Br)=N →(−Br⁻) R*C(=O)—N=C=O → R—*C—O—C(=O)—N →(−CO_2) R*CN

图 9-11 羧酸盐与 BrCN 反应生成腈的反应

苯丙氨酸在酶作用下生成酚，原以为芳环上的氢被取代后进入反应介质，但用氚标记的底物反应后检验产物发现仍有氚原子存在。由此发现了一个实际上许多芳香族分子在生物氧化反应中都会有的如式(9-18)所示的氢移位作用：

(T)H–C₆H₄–CH₂CH(NH₂)CO₂H →(苯丙氨酸羟化酶) (T)H, HO–C₆H₃–CH₂CH(NH₂)CO₂H (9-18)

苯甲醛 ArCHO 在碱性条件下发生 Cannizaro 歧化反应。该反应在重水中进行时，氘原子未进入产物苯甲醇的羟基碳原子上；若以 ArCDO 为底物，则有 $ArCD_2OH$ 生成。这都表明反应中的氢转移是在醛分子间进行的，如图 9-12 所示。[22]

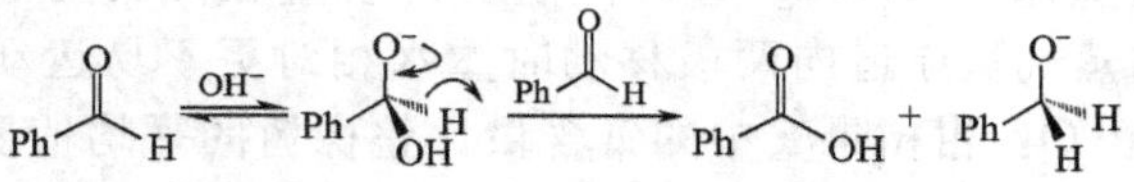

PhCHO ⇌(OH⁻) Ph–C(O⁻)(OH)H + PhCHO → PhCOOH + PhCH₂O⁻

图 9-12 Cannizaro 歧化反应

使用同位素标记技术得到的结果明确可靠，但在指定的位置引入和确定标记原子在产物分子中的位置并不简单。[23] 以前常用非常繁琐的化学方法。如，早期为了要得到 Claisen 重排反应所需的 3-* C-烯丙基标记底物(**50**)，运用了如图 9-13 所示的反应程序。

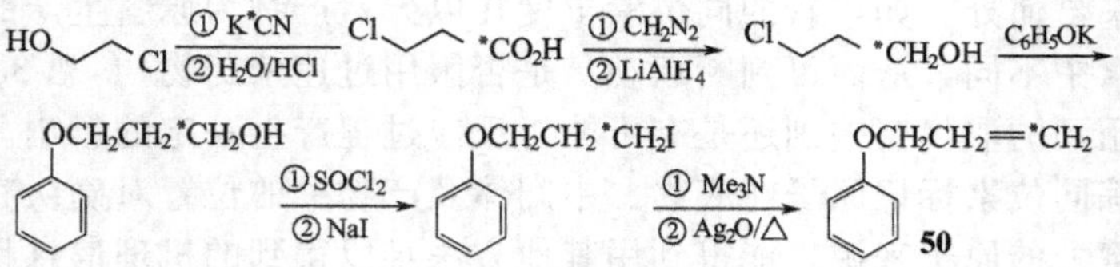

HOCH₂CH₂Cl →(① K*CN ② H₂O/HCl) ClCH₂CH₂*CO₂H →(① CH₂N₂ ② LiAlH₄) ClCH₂CH₂*CH₂OH →(C₆H₅OK) PhOCH₂CH₂*CH₂OH →(① SOCl₂ ② NaI) PhOCH₂CH₂*CH₂I →(① Me₃N ② Ag₂O/△) PhOCH₂CH₂=*CH₂ (**50**)

图 9-13 3-* C-烯丙基标记的烯丙基苯基醚的制备

50 进行热重排后所得产物再与 HIO_4/OsO_4 发生氧化反应，得到的两个醛产物中一个来自 2-(1-* C-烯丙基)酚(**51**)，另一个产物甲醛中无标记* C 存在。反映出这是一个协同的重排过程(参见 5.6.3)，如式(9-19)所示。

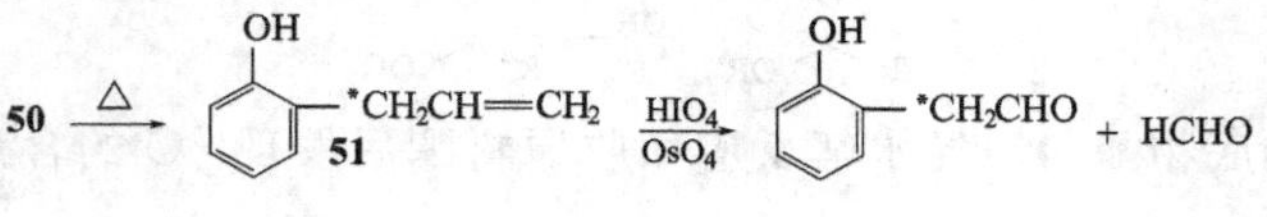

50 →(△) 2-HO–C₆H₄–*CH₂CH=CH₂ (**51**) →(HIO₄ / OsO₄) 2-HO–C₆H₄–*CH₂CHO + HCHO (9-19)

但**50**在光促下进行 Claisen 重排反应生成几乎等量的两个同位素标记产物**51**和2-(3-* C-烯丙基)酚(**52**)。这表明光促下进行的 Claisen 重排反应与热 Claisen 重排反应经由不同的反应过程，前者有自由基中间体**53**和**54**生成(参见 6.7)，它们再结合生成重排产物。[24]

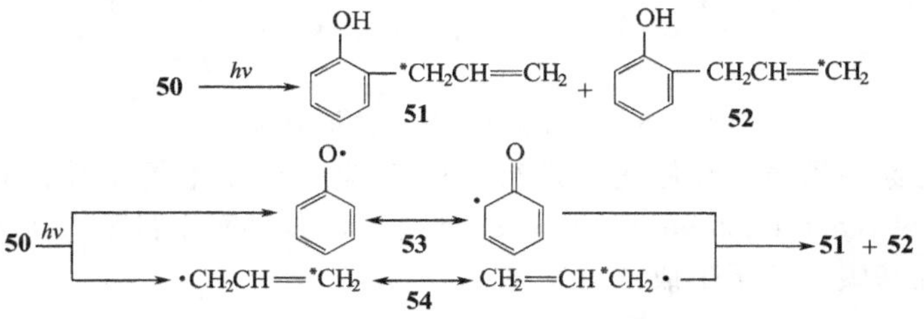

氯苯与 $NaNH_2/NH_3$ 进行亲核取代反应，底物经同位素标记后表明该反应经过苯炔机理(参见 9.3.1)，如式(9-20)所示：

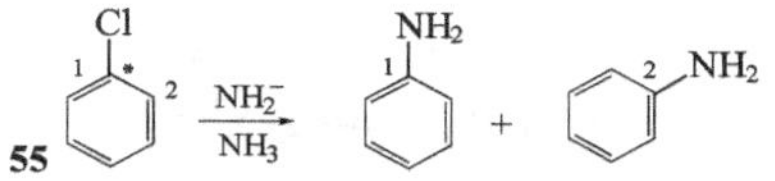

(9-20)

所得产物在早期是经由如图 9-14 所示的反应程序得以分析检验的。^{14}C1 的氯苯(**55**)反应后所得苯胺经过一系列化学反应生成 1,5-戊二胺(**56**)并放出由氯原子所在的 C1 生成的 CO_2。1,5-戊二胺再继续经过一系列化学反应后可生成 1,3-丙二胺(**57**)并放出 2mol 由 C2 和 C6 生成的 CO_2。检测哪个 CO_2 带有同位素标记就能得知氨基位于苯环上的哪个碳。

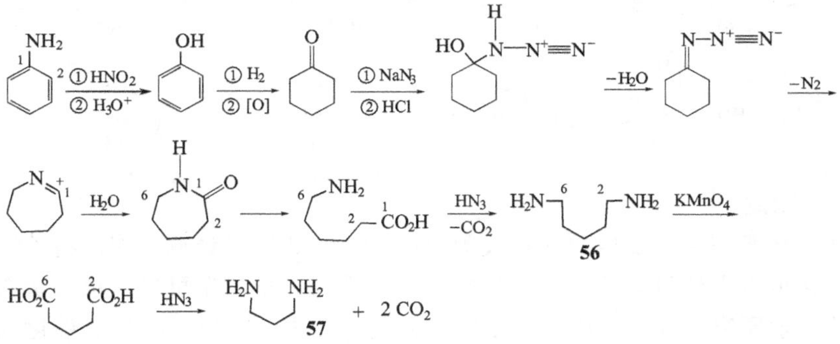

图 9-14　苯胺同位素标记位置的化学解析

用同位素标记技术研究有机反应机理时，只要部分分子中的某个原子被同位素标记就可达到目的。随着 IR、NMR 等测试手段的进步，用 D、^{13}C 等非放射性原子的标记方法已用得更多更好，检测方法也已大大简化。

9.2.6　立体化学

立体化学过程和结果的分析是提出一个合理机理的强有力依据。底物或产物若有立体异构现象时，则从构型、构象及旋光度等信息可以对有关机理作出理性的判断。如，亲核取代反应有两种极端类型：S_N1 反应中，从光学纯底物得到消旋产物，说明 S_N1 是两步反应，有一个平面型的碳正离子中间体存在；而在 S_N2 反应中，从光学纯底物得到构型完全反转的产物，反映出 S_N2 是一步反应，而且亲核进攻基团从离去基团的背后进攻。[25]合理的机理假设可以很准确地预言反应的立体化学结果。如图 9-15 所示，分子内进行的 Hofmann 重排生成胺的反应中，迁移基团的构型保持不变；酯的热解消除反应中，以光学纯的乙酸酯

(**58**)为底物，热解消除 HOAc 得 **59**，消除 DOAc 得 **60**，这就令人信服地表明，该消除反应是经由顺式共平面而进行的：[26]

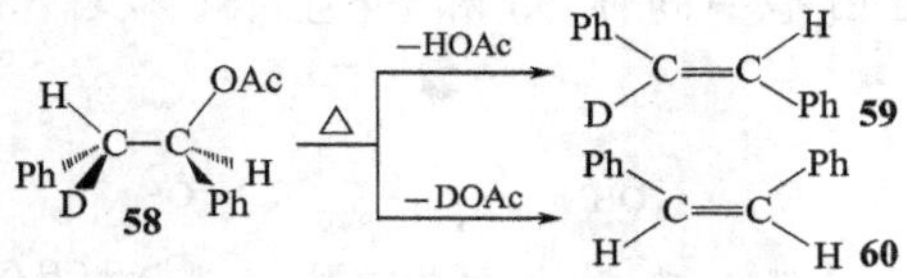

图 9-15　酯的顺式共平面热解消除反应

取代邻二醇又称频哪醇，酸催化下进行 S_N1 反应时可发生重排并得到一个酮产物，称频哪醇重排(pinacol rearrangement)，如图 9-16 所示。频哪醇重排是一个常见的反应，反应过程中只要有 α-羟基碳正离子生成就可发生。

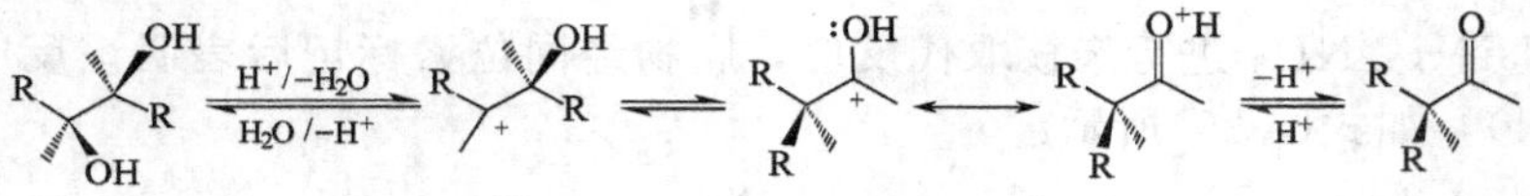

图 9-16　频哪醇重排

顺-1,2-二甲基-1,2-环己二醇(**61**)在稀硫酸作用下迅速发生频哪醇重排，得到环己酮的衍生物 **62**，而反式异构体底物(**63**)在同样条件下反应很慢，且得到的是缩环产物 **64**。这反映出迁移基团和离去基团在反应生成的碳正离子中间体中必须要处于反式共平面才能进行重排：

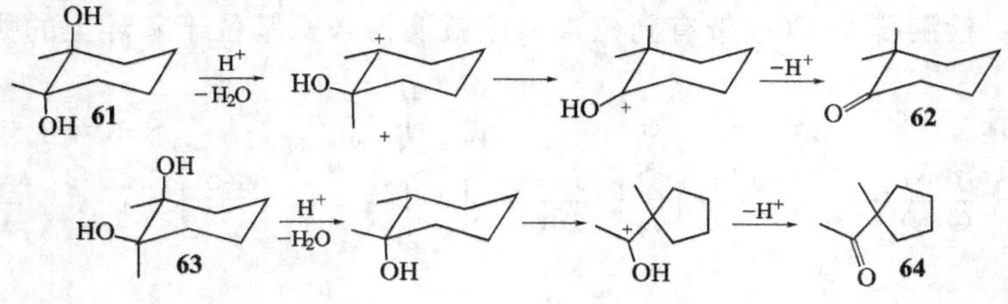

9.2.7　动力学测定

用热力学方法研究一个反应的放热或吸热的热效应或通过计算键能所得焓变估计反应前后自由能的变化可以大致得知反应的平衡常数。化学动力学数据可以提供大量有关反应过程的信息。[27]动力学研究各种反应因素如浓度、温度、压力、重力、磁场、催化剂等对反应速率的影响(参见 1.6.5)。通常在某一恒温条件下讨论浓度和反应速率的关系，确定反应速率方程，求得动力学反应级数和速率常数。通过速率常数又可以得知活化自由能和活化焓、活化熵等数值，从而了解从反应物到产物的过程中必须经过的能垒大小和特定条件下控制整个反应的决速步骤，从反应级数可以知道决速步骤中有多少分子及是什么分子参与的。这对阐明反应进程和选择实验条件都非常有用。如，在某条件下联苯胺重排反应对 [H^+] 是二级的，因此任何认为在决速步骤中未涉及两个 H^+ 参与的机理肯定是不正确的。又如，分子内反应和分子间反应的竞争中，动力学方程的反应级数中前者是一级，后者是二级。故底物的浓度是低或高会分别有利于分子内反应或分子间反应的。

分子碰撞是发生化学反应的必要条件，碰撞可分为弹性碰撞、非弹性碰撞和反应性碰撞。参与碰撞的可以是体系中存在的各种粒子，不参与化学反应的粒子是反应的陪伴者(chaperon)。只有反应性碰撞才会产生化学反应，其中发生双体碰撞而进行的单或双分子反应占绝对多数，三分子反应就很难发生了。反应分子性(molecularity)涉及基元反应过渡态中的分子数，如单分子反应、双分子反应等。基元反应过渡态中涉及的分子、原子、自由基或离子的数目称反应分子数。基元反应的反应级数与反应分子数是相同的，多步反应中每一步反应的反应级数与反应分子数也是相同的，但就整个反应而言，反应级数反映出由实验测量得出的反应速率与反应物浓度的关系，往往仅与速率最慢的一步反应相关。反应级数与决速步骤涉及的分子数在许多场合下是一致的，但并不等同，与反应方程式中各个反应物的系数也不一定一致。如，一些水解反应和溶剂解反应中的溶剂浓度可视作不变，反应的反应分子数和反应级数是不同的。故描述整个反应要用反应级数而非反应分子数的概念。

测定对位取代的苯甲酸甲酯(**65**)的碱性水解速率可以发现不同取代基 X 的速率大小为 $NO_2 > CN > CHO > Br > H > CH_3 > OCH_3 > NH_2$，这反映出有四面体碳负离子中间体 **66** 存在，反应历程为：

X—C₆H₄—CO_2CH_3 (**65**) $\xrightleftharpoons{OH^-}$ X—C₆H₄—C(O^-)(OH)OCH_3 (**66**) $\xrightarrow{-CH_3OH}$ X—C₆H₄—CO_2^-

已知胺和卤代烃 RX 作用成盐的反应对胺和 RX 都是一级的；R 基团越小反应越快；RI>RBr>RCl；极性溶剂中反应速率也增快。Ingold 对此详细研究后引入了 S_N1 和 S_N2 的概念。Brown 对此也进行了研究并发现 **67** 和 **68** 这两个叔胺的碱性相同，与 H^+ 的反应速率也几乎相等；但与碘甲烷反应，**67** 的速率是 **68** 的 1/60，从而进一步发展了影响反应速率的立体效应问题。速率的差别反映出三乙胺氮上的孤对电子受到的立体位阻影响。

67　　**68**

动力学方程指出反应决速步骤中过渡态的原子组成。$v=k[A][B]$ 表示 A 和 B 有效碰撞才能形成过渡态，碰撞频率与它们浓度的乘积成正比。某一反应的多步历程中若第一步是决速步骤，则后面的基元反应不会有动力学效应，这类反应和一步反应就完成的反应之间的差异就很难用动力学方法来予以区别。决速步骤若在后面的基元反应，则前面的快反应生成的中间体产物只有在慢步骤里用到时才出现在速率方程里。如，底物 A 和 B 反应生成产物 P，若实验结果指出反应是二级的，则有如下两种可能。一种可能是如式(9-21)所示，得到的动力学方程是 $v=k_1[A][B]$。

$$A+B \xrightarrow{k_1} P \tag{9-21}$$

另一种可能是如式(9-22)所示，但此时又有两种过程：

$$\begin{aligned} & A \underset{k_{-1}}{\overset{k_1}{\rightleftharpoons}} C \\ & B+C \xrightarrow{k_2} P \end{aligned} \tag{9-22}$$

若式(9-22)中的第一步是决速步骤，则 $v=k[A]$，但这与实验结果不合，是可否定的过程。若第二步为决速步骤，则 $v=k[B][C]$。因 $[A]/[C]=k_{-1}/k_1$，故 $v=k_2k_1/k_{-1}[A][B]=k[A][B]$。但这种可能的过程和式(9-17)所示的过程在动力学上是相等的，此时要想仅从动力学方程中提示的信息来区别这两种机理就不行了。

通过动力学研究，要先定性观察研究对象，确立检测手段，定量实验条件，做到时间的测定和反应同步，控制恒温精度，确定各反应物的动力学级数，给出速率定律。任何一种能定性定量地测量底物消失或产物出现的方法都能用于测量反应速率，如应用化学方法或各种波谱、GC、旋光纯度、连续的 pH 值测定和电导、极谱等仪器分析方法。仪器分析往往能迅速而又连续地测量反应中各物种的浓度变化，从而避免化学方法在取样和分析过程中因反应连续进行和副反应干扰所产生的问题。动力学方程并未指明过渡态中原子的排列方式，也不能提供任何有关过渡态结构的信息。故动力学研究不能证明一个机理，但不符合动力学方程式所提示的过渡态的机理则肯定是不正确的。动力学方程能排除一些不可能的机理，提示一些可能的、需运用其他实验方法再加以确证的机理。对假设的各种可能历程进行动力学分析，通过比较，去掉与实验所得定律不相符者，保留符合动力学方程的机理。与动力学方程相符的机理往往不止一个，故还须用其他方法检测确认，从动力学相等的几个可能机理中作出正确判别。

有机反应除常见的单分子或双分子基元反应外，还有如下几类复杂的过程。

(1) 假级反应　当某一反应物是溶剂体系或某反应物的浓度基本保持恒定不变，则会使动力学方程式简化。如式(9-23)所示的反应中，若 A 为溶剂或浓度相对于 B 大大过量，则实验观察到的是假一级反应，$v=k'[B]$，尽管在决速步骤中是涉及 A 和 B 两个分子。

(2) 分数级反应　动力学方程式中出现分数级浓度项。如式(9-23)所示的反应中：

$$AB \underset{k_{-1}}{\overset{k_1}{\rightleftharpoons}} A + B \qquad A + C \xrightarrow{k_2} P \tag{9-23}$$

若第二步是决速步骤，其动力学方程如式(9-24)所示：

$$v=k_2[A][C]=k_2k_1/k_{-1}[AB]^{1/2}[C]=k_{obs}[AB]^{1/2}[C] \tag{9-24}$$

(3) 连串反应　生物催化的酶反应和自由基链反应都是常见的连串反应。连串反应的动力学方程相当复杂。

(4) 平行反应　从同一底物出发常可得到各种异构体产物的反应，如，甲基苯溴化生成邻、间、对三种溴苯产物是一种平行反应，从各个产物的产率可求得各个反应的分速率常数之比。但许多反应的分速率常数值不能按产物含量求得，如式(9-25)所示的叔氯丁烷在乙醇-水中进行的溶剂解反应中异丁烯的含量是 17%，但 k_2 并不等于总反应速率 k 的 17%。因为该反应是分步过程，第一步是慢反应，总的反应速率常数由第一步决定，当碳正离子生成后才开始平行反应，且后面的这 3 个反应都是快反应，它们的速率与生成中间体的速率无关。

$$(CH_3)_3CCl \xrightarrow[\text{慢}]{k_1} (CH_3)_3C^+ \begin{cases} \xrightarrow{k_2} (CH_3)_2C{=}CH_2 \\ \xrightarrow{k_3} (CH_3)_3C{-}OH \\ \xrightarrow{k_4} (CH_3)_3C{-}OC_2H_5 \end{cases} \tag{9-25}$$

利用平行反应中的相对速率可以阐明一些反应是否经由同一中间体。如，重氮化邻苯甲酸盐(**69**)可与呋喃反应生成环加成产物(**70**)，但不能就此认为该反应必经由苯炔中间体(**71**)，因未能排除其他也可生成 **70** 的过程。另外两种前体化合物 **73** 和 **74** 也可与呋喃生成 **70**，可以认为它们和 **69** 一样都生成了同一中间体 **71**。但因为各自生成苯炔的决速步骤的速率不一，故动力学测得的绝对速率各不相同。为此用等物质的量的呋喃和环己二烯的混合物来捕获 **71**，若这些反应生成的是同一中间体，由该中间体进行平行反应的都应得到相同比例的捕获产物。产物 **70**∶**72** 的比值在 3 个反应中分别为 21.4、20.8 和 21.2，表明各个环加成反应的分速率常数基本相同，可以认为反应是经过同一个苯炔中间体 **71** 而进行的。

69　N_2^+　CO_2^-
73　N　N　S　O　O
74　F　Li
71　70　72

9.2.8 动力学同位素效应

键的基态振动能和成键原子的质量有关。同一元素的各个同位素具有相同的电子组态，故有相似的化学性质，但不同的同位素由于中子数不同而有不同的质量，故它们的化学性质又不完全相同。同位素一般能发生同样的反应，但速率不同，较重的同位素反应速率相对较慢。处于各个振动能级上的分子具有的振动能量 E 可根据谐振子运动方程式(9-26)给出：

$$E=h\left(\frac{1}{2\pi}\sqrt{\frac{k}{\mu}}\right)(\nu+1/2) \tag{9-26}$$

式中，h 是 Planck 常数；k 是力常数；μ 是折合质量(reduced mass)，其值为 $m_1m_2/(m_1+m_2)$，m 是键连原子的质量；ν 是振动能级，其值为 0、1、2……(室温时 99%以上的分子处于零级振动能级)。不同同位素的原子形成的键能不同，裂解所需的能量也不同。若该键的断裂在决速步骤，在反应速率上就能反映出来，故动力学同位素效应(kinetic isotope ettects)为提出机理提供了一种很有价值的方法。[28]

动力学同位素效应中用得较多的是稳定的重同位素，特别是取代氢原子的氘原子。底物分子中的 H 被 D 取代后，质量成倍相差，折合质量 μ 有较大变化。C—H 键和 C—D 键的基态振动能［即零点能(zero point energy，$\nu=0$)］分别为 17.4kJ/mol 和 12.5kJ/mol，如果 C—H 键的断裂是在决速步骤里，则 H 被 D 取代后反应速率 k 必然变慢，用 k_H/k_D 来表达。根据 Arrhenius 方程式［参见式(1-23)］，可得出：

$$k_H/k_D=e^{1.94}\approx 7$$

决速步骤中在断裂键上产生的同位素取代效应称一(初)级同位素效应。一级同位素效应中 k_H/k_D 的值约为 5～8。其大小与 C—H(D)键断裂及伸长或弯曲有关。$k_H/k_D\geqslant 2$ 是 C—H 键在过渡态中正在断裂的有力证据之一；对称过渡态的 k_H/k_D 理论值为 7，过渡态中键断裂程度超过或小于一半时，该值就会变小。比值小意味着 C—H(D)键在过渡态中不是断裂得较为彻底就是非常少，即过渡态的结构可能接近于底物或产物；比值接近 7，说明过渡态中新成键的原子与原来成键的原子都有相当强的成键作用。此外，k_H/k_D 比值还与温度有关，温度越高，比值越小；大于 8 的反应也有。[29]

全氘苯 C_6D_6 与苯 C_6H_6 的硝化反应在同样条件下的 k_H/k_D 约为 1.0，反映出 C—H 键的断裂并未出现在决速步骤中，可排除一步协同反应及形成配合物后的反应是慢反应的可能。该反应应是两步过程，σ-配合物 **75** 的形成是决速步骤，如式(9-27)所示：

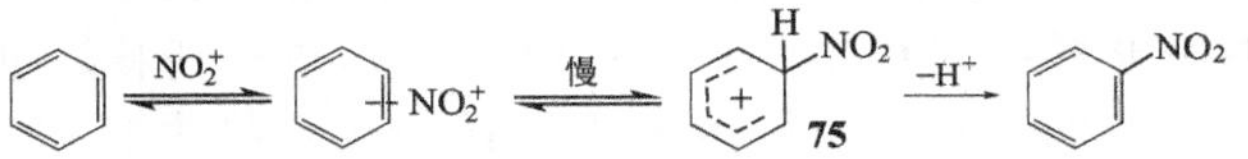

$$C_6H_6 \xrightleftharpoons{NO_2^+} C_6H_6\cdot NO_2^+ \xrightleftharpoons{慢} \mathbf{75} \xrightarrow{-H^+} C_6H_5NO_2 \tag{9-27}$$

β-H(D)的叔卤代烃和伯卤代烃发生消除反应的 k_H/k_D 分别为 1.1 和 7.0，反映出叔卤代烃的 C—H(D)键断裂未出现在决速步骤中，为 E1 机理，伯卤代烃的消除反应则为 E2 机理，决速步骤中包括 C—H 键的断裂，如图 9-17 所示。

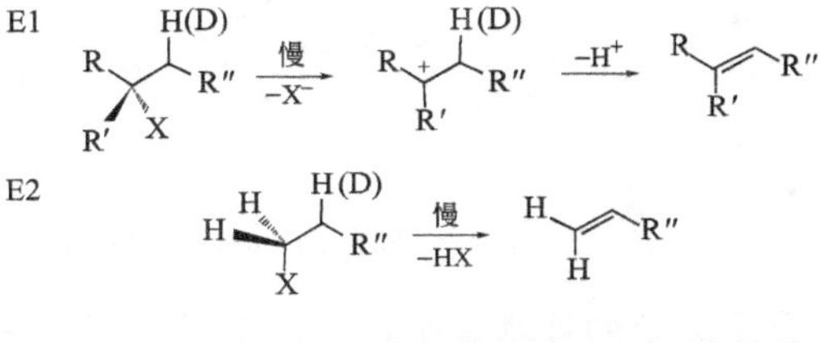

E1: $RR'C(X)-CH(D)R'' \xrightarrow[-X^-]{慢} RR'C^+-CH(D)R'' \xrightarrow{-H^+} RR'C=CHR''$

E2: $H_2C(X)-CH(D)R'' \xrightarrow[-HX]{慢} H_2C=CHR''$

图 9-17 两种 HX 消除反应涉及 C—H 键断裂

某些反应的决速步骤中未涉及 C—H 键的断裂但仍有 H—D 动力学同位素效应，通常对整个反应速率的影响较正常的一级同位素效应小，称二(次)级同位素效应，k_H/k_D 在 0.7～1。根据 H(D)相对于键断裂的位置，还可分为 α-效应和 β-效应。前者指同位素原子连在发生反应的键上，后者指同位素原子连在发生反应的键的邻位上。如式(9-28)所示 **76** 的碱性水解反应：

$$[CH(D)_3]_2CH—Br \xrightarrow{OH^-} [CH(D)_3]_2CH—OH \quad (9\text{-}28)$$

76

76 中尽管甲基上的 H 被取代成 D 后所在的键在反应中并未断裂，但仍有二级同位素效应(k_H/k_D=1.34)。这可能是由于 D 的斥电子效应比 H 强，CD_3 是比 CH_3 更好的电子供体及过渡态中存在的超共轭效应。C—D 键比 C—H 键更强，供电子超共轭效应降低，反应变慢。C—H(D)键不破裂，但包括此键的超共轭效应使碳正离子的稳定性受到影响。此外，C—D 键长比 C—H 键长短，弯曲自由度也相对小一点。在 S_N1 反应时，带 H 的 C 比带 D 的 C 更易从 sp^3 转化为 sp^2 状态或从 sp^2 转化为 sp 状态，发生 S_N1 反应的次级同位素效应的 k_H/k_D 值也比 S_N2 反应大。[30]

也有一些较为少见的含重同位素的底物比含轻同位素的底物反应更快［即 $k^l/k^h<1$，上标 l(light)和 h(heavy)分别指轻重同位素］的动力学同位素效应，称颠倒的同位素效应(inverse isotope ettects)。在某些生成过渡态时配位数增加及由 sp 变为 sp^2 或由 sp^2 变为 sp^3 的反应中，如式(9-29)所示的丁烯二酸(**77**)的双键构型发生反转反应的 k_H/k_D=0.68。[31]

$$\text{(77)}\ HO_2C(H(D))C{=}C(H(D))CO_2H \xrightarrow[KSCN]{H^+} HO_2C(H(D))C{=}C(H(D))CO_2H \quad (9\text{-}29)$$

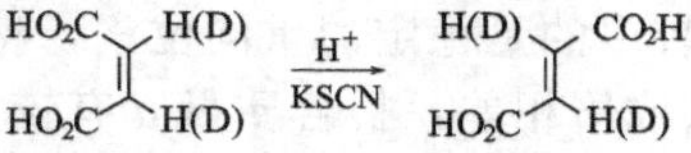

季铵盐底物(**78**)发生 Hofmann 热解消除成烯的反应中，决速步的过渡态可能是先失去 β-H(**79**)或先失去胺(**80**)或协同失去 β-H 和胺(**81**)，如图 9-18 所示。k_H/k_D 和 k^{14}_N/k^{15}_N 分别为 4.6 和 1.009，这就表明决速步骤的过渡态中 C—N 键和 C—H 键的断裂一样出现，这更像是一个协同过程而非分步过程，故 **81** 那样的过渡态更为可信。[32]

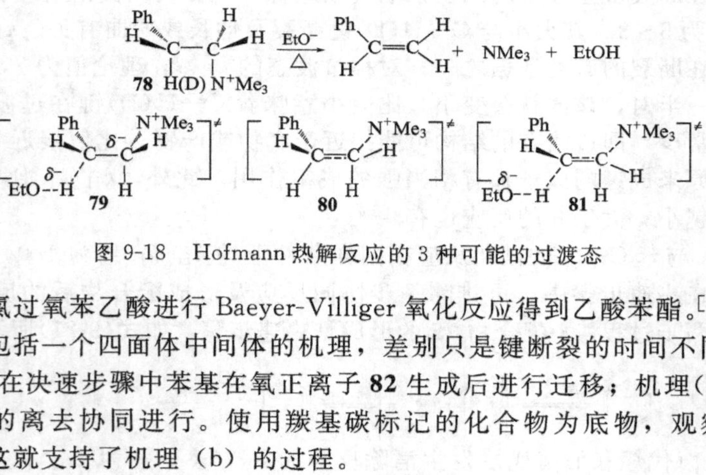

图 9-18 Hofmann 热解反应的 3 种可能的过渡态

苯乙酮与间氯过氧苯乙酸进行 Baeyer-Villiger 氧化反应得到乙酸苯酯。[33]该反应有两种较为可能的、都包括一个四面体中间体的机理，差别只是键断裂的时间不同。如图 9-19 所示的机理(a)中，在决速步骤中苯基在氧正离子 **82** 生成后进行迁移；机理(b)中，苯基的迁移和间氯苯甲酸的离去协同进行。使用羰基碳标记的化合物为底物，观察到 $k^{12}{}_C/k^{13}{}_C$ = 1.048±0.002，这就支持了机理（b）的过程。

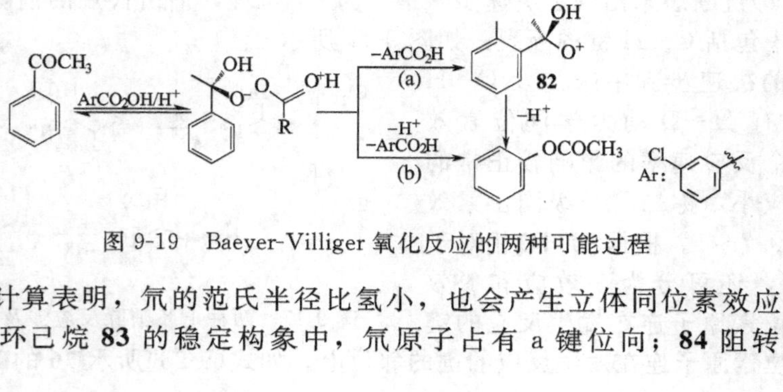

图 9-19 Baeyer-Villiger 氧化反应的两种可能过程

分子力学的计算表明，氘的范氏半径比氢小，也会产生立体同位素效应(steric isotope effect)。如，d_1-环己烷 **83** 的稳定构象中，氘原子占有 a 键位向；**84** 阻转异构化的 k_H/k_D=0.84。

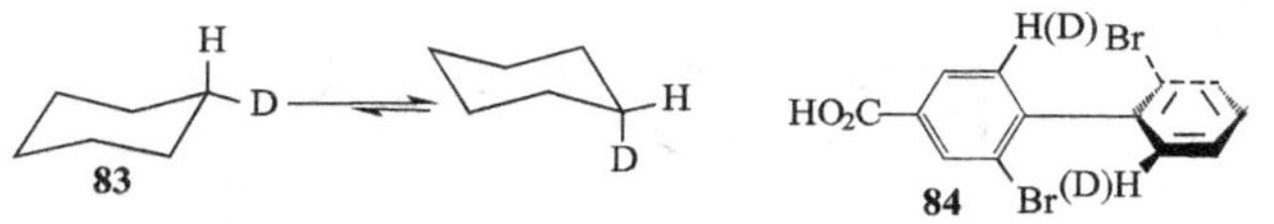

反应速率在正常溶剂和同位素溶剂条件下的变化称溶剂同位素效应。[34]大部分常见的溶剂同位素效应表现在羟基性溶剂中的 H_2O 变为 D_2O，k_H/k_D 约在 1.5～2.8。若溶剂真正参与反应过程，则溶剂同位素效应会相当明显，可对过渡态结构和溶剂化效应提供信息。引起这种变化的原因可能出自下面几种情况：溶剂本身是反应物，在决速步骤中涉及 O—H(D) 键；反应物分子经 H/D 快速交换成为标记分子造成 C—H 键的断裂变化；溶剂、溶质的相互作用改变，使过渡态能量改变，从而影响反应速率；D_3O^+ 的酸性和 OD^- 的碱性都各比 H_3O^+ 和 OH^- 强。

其他重元素，如 ^{13}C、^{18}O、^{37}Cl、^{34}S、^{15}N 等也有同位素效应，但折合质量 μ 的变化很小，故动力学同位素效应也很小。[35]如，在 25℃时，最大值的几个元素的速率常数之比为：$k^{12}{}_C/k^{13}{}_C=1.04$，$k^{12}{}_C/k^{14}{}_C=1.07$，$k^{14}{}_N/k^{15}{}_N=1.03$，$k^{16}{}_O/k^{18}{}_O=1.02$。这些比值虽小但精度较高，故也可用于研究机理问题。

上面介绍的研究反应机理的这些方法和给出的依据只是常用的、较有代表性的，绝未涵盖一切。每个反应机理的提出都需视具体反应设计具体实验而定。应用计算机软件模拟反应也可获取有益的机理信息。[36]

9.3 几个实例

研究有机反应历程的方法较多，有的方法能迅速证明一个历程是错误的，但并不能结论性地证明一个历程是正确的。大多数反应的历程虽然可知，但许多细节仍不清楚。有机反应所涉及的问题有许多可变因素，在不同条件下会以不同的机理进行，即使分子间的弱相互作用模式在也会产生影响。如图 9-20 所示：许多情况下同一底物还可经由不同的机理完成反应。6,6-二氘-6-碘-5,5-二甲基己烯(**1**)用 $LiAlH_4$ 在质子性溶剂中还原，可分别经由单电子转移的自由基中间体(**2**)再环化和夺取溶剂质子生成 **3** 的过程(a)；经由碳负离子中间体(**4**)再分子内亲核取代生成 **5** 的过程(b)；经由卡宾中间体(**6**)再得到产物 **7**、**8**、**9** 和 **10** 的过程(c)：[37]

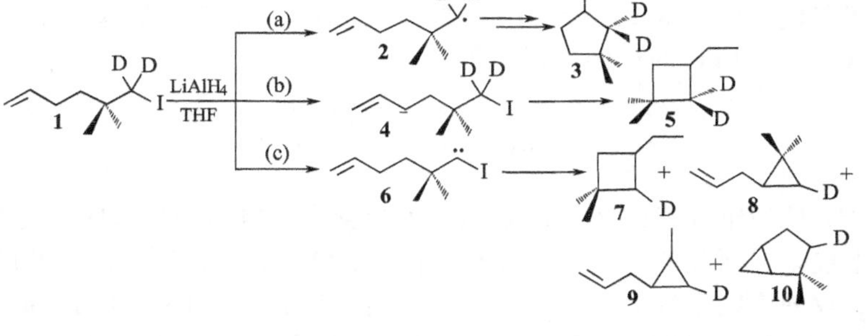

图 9-20 6,6-二氘-6-碘-5,5-二甲基己烯(**1**)用 $LiAlH_4$ 在质子性溶剂中还原可经由多种过程

下面再通过几个实例介绍研究有机反应机理时应考虑的问题及解决思路和方法。

9.3.1 苯炔

芳香族卤代物通常只有在其邻、对位带硝基一类吸电子基团时才会顺利地发生亲核取代反应。氯苯与氨基钠在乙醚相中无反应，但在液氨相中于－33℃反应即很容易地反应生成产物苯胺(1)及少许二苯胺等副产物：

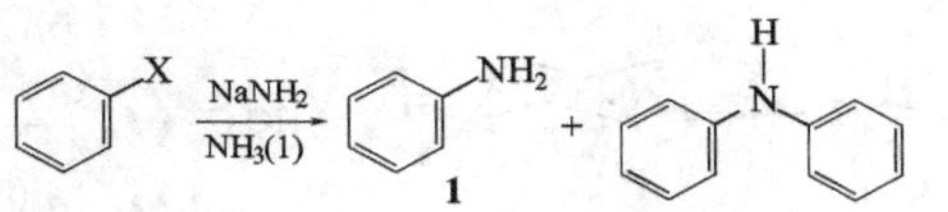

4-碘苯并呋喃(**2**)与氨基钠在液氨相中反应可得到3-氨基碘苯并呋喃(**3**)；以邻甲氧基卤苯(**4**)为底物同样反应可得到间氨基甲氧基苯(**5**)：

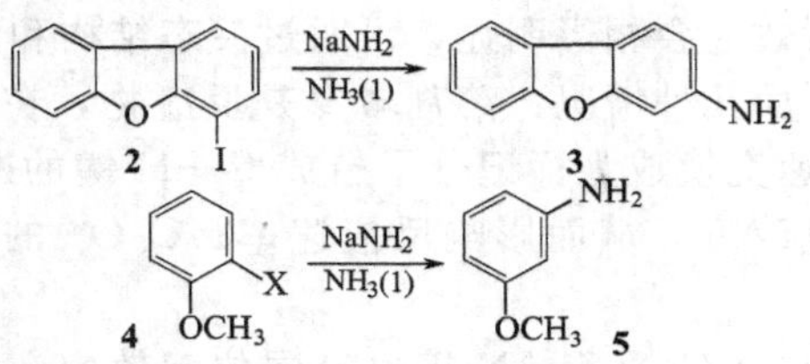

但当卤苯的卤素取代基的两个邻位均被取代时则无苯胺衍生物生成，如，**6** 在同样条件下反应无 **7** 生成：

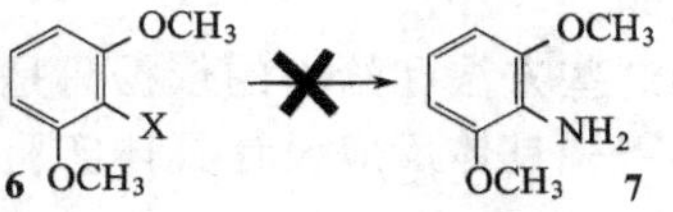

3 和 **5** 的生成表明它们并不是经由正常的芳香亲核取代反应(S_NAr)过程而来的。可以注意到这些重排反应的产物中氨基总是位于离去基的邻位；重排产物也不可能是由正常取代产物再重排形成的，底物在反应条件下也没有发生重排。一个合理的解释是此类反应经由了如图 9-21 所示的与芳香亲核取代反应不同的含苯炔(benzyne，**8**)中间体过程的消除-加成反应机理：[38]

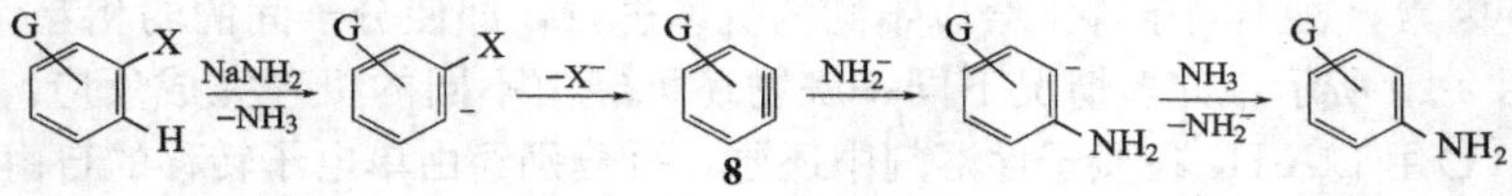

图 9-21 苯炔中间体的消除-加成反应机理

苯环上^{14}C同位素标记的氯苯(**9**)进行的反应表明苯炔机理是可信的。氨基在离去基位置上取代的直接取代(direct substitution)产物(**10**)和氨基在离去基邻位上取代的邻位取代(cine substitution)产物(**11**)的比例几近相等：

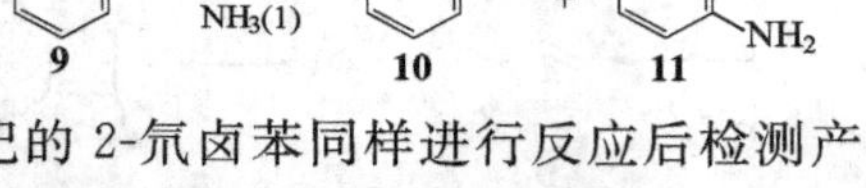

卤素的一个邻位用氘标记的2-氘卤苯同样进行反应后检测产物和底物后发现：2-氘氟苯并无苯胺产物生成，但回收的底物中混有氟苯；2-氘氯苯有取代产物间氘苯胺(**15**)和邻氘苯胺(**16**)生成，回收的底物中混有氯苯；2-氘溴苯则全生成 **15** 和 **16** 且回收的底物并无改变。这反映出2-氘氟苯只发生了快速 H/D 交换反应而无取代产物生成，如式(9-30)所示。

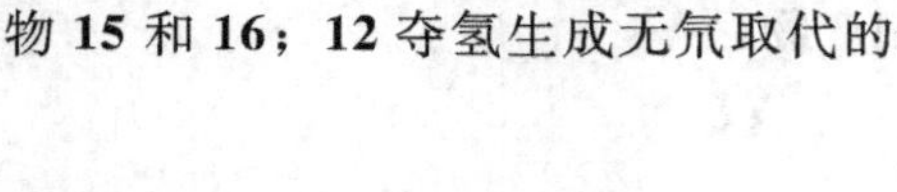

(9-30)

2-氘氯苯的反应则是经由分步过程进行的，先夺氢或氘生成两种苯基负离子(**12**)和 **13**，两种苯基负离子再生成苯炔中间体 **8**(G=H)和 **14**，**8**(Z=H)和 **14** 分别与氨反应后得到产物苯胺及相等比例的氘代衍生物 **15** 和 **16**；**12** 夺氢生成无氘取代的氯苯。

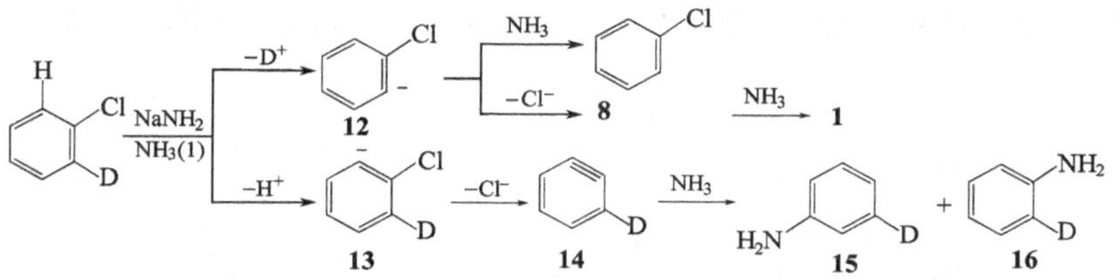

2-氘溴苯则经协同过程生成两种苯炔中间体 **8**(Z=H)和 **14**，不生成苯基负离子中间体。故回收的底物中氘不会被氢所取代，产物只是 **1**、**15** 和 **16**。当卤苯中卤素取代基的两个邻位氢均被氘代时反应速率明显变慢，$k_H/k_D=5\sim6$，反映出决速步中有质子的除去。从卤苯的反应活性来看，卤素邻位氢被氨基负离子夺取的速率是 F>Cl>Br>I，这与卤素的电负性对苯环的诱导效应大小一致；但卤素的离去能力是 F<Cl<Br<I，故卤苯总的芳香亲核取代反应的活性大小是 Br>I>Cl>F，氟苯通常不会发生芳香亲核取代反应。

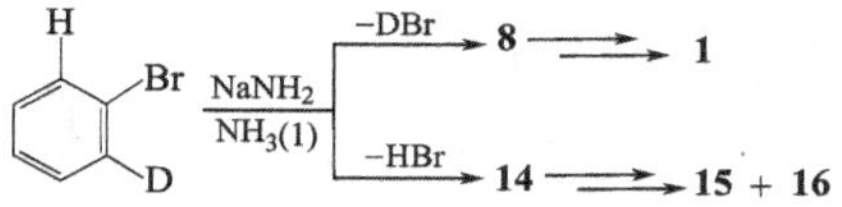

苯炔是一个不带电荷的活泼中间体，又称 1,2-双脱氢苯(1,2-bisdehydrobenzene)。其三键中一个是 σ 键，一个是参与苯环共轭体系的 π 键，还有一个是两个邻碳原子的 sp^2 轨道在苯环平面侧面重叠而成的 π 键。这后一个 π 键与苯环同平面，正交于苯环平面而与苯环上的大 π 共轭键并不相关，其键能远弱于苯环上的大 π 共轭键，极易断裂而显示出极强的化学活性。该三键键长 0.129nm，远小于正常苯环邻碳原子的键长 0.139nm，也旁证了另有相邻 sp^2 重叠的存在。苯炔的结构通常用带两个共轭的双键和一个三键的六元环，如 **17a** 所示。三键也可用在 1,3,5-共轭环己三烯的一个双键的两个碳均带有单电子的双自由基结构(**17b**)来表示。但其共振结构，即带四个双键的一个六元环的结构 **17c** 也是存在的。IR 研究表明 **17a** 较稳定一些。[39]

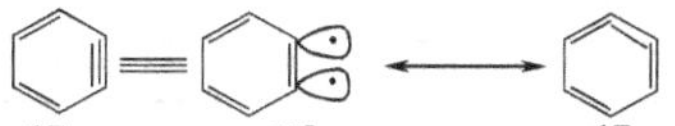

17a **17b** **17c**

邻位取代氯(溴)苯经苯炔机理得到取代苯胺异构体产物的比例与取代基的电子效应相关。氨基进攻苯炔形成的苯胺负离子中的负电荷所处的 sp^2 轨道并不与苯环上的大 π 键共轭，故取代基产生诱导效应的影响比共轭效应的大；体积效应也是不可忽视的一个因素。[40] 邻位取代苯生成 **18**，氨基负离子亲核进攻 **18** 可生成邻取代苯胺-或间-取代苯胺。取代基若是吸电子性(G=EWG)，则产生的诱导效应使中间体苯胺基负离子 **19** 的稳定性比 **20** 好，产物以间-取代苯胺(**21**)为主；反之，若取代基具供电子性(G=EDG)，则产生的诱导效应使中间体苯胺基负离子 **20** 的稳定性比 **19** 好，产物以邻取代苯胺(**22**)为主：

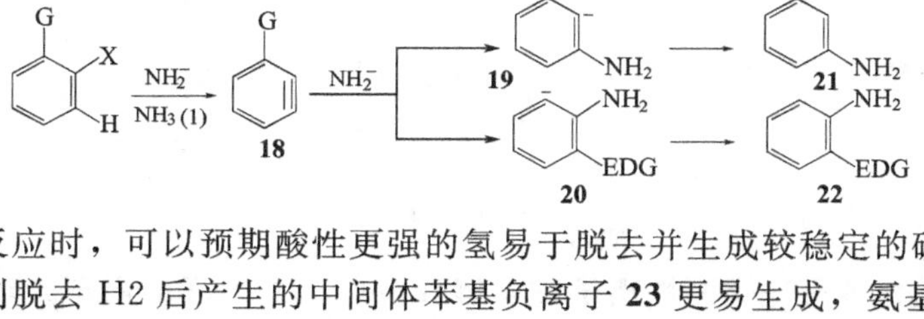

间位取代苯反应时，可以预期酸性更强的氢易于脱去并生成较稳定的碳负离子。取代基若有吸电子性，则脱去 H2 后产生的中间体苯基负离子 **23** 更易生成，氨基负离子倾向进攻 C1；反之，若取代基具供电子性，则脱去 H6 后产生的中间体苯基负离子 **24** 更易生成，氨

基负离子也更倾向进攻 C1。这两种情况均得到以间取代苯胺 **21** 为主的产物：

与邻位取代苯反应一样，对位取代苯反应也只生成一种苯炔中间体 **25**。此时取代基的诱导效应较弱，氨基负离子进攻倾向并不明显，产物是接近等量的间取代苯胺 **21** 和对取代苯胺(**26**)。

3 个不同取代基的氯(溴)苯与氨基钠在液氨相中反应得到取代苯胺异构体的比例如表 9-1 所示。CF_3 具有强吸电子诱导效应，CH_3 具有弱供电子诱导效应，OCH_3 兼具有强供电子共轭效应和强吸电子诱导效应。但 OCH_3 取代卤苯的反应结果表现出它仅具有强吸电子诱导效应。这些结果再次表明，每一个有机反应都有其独特的电性、酸碱、体积等的要求，同一取代基在各种不同的反应中产生的效应也并不总是相同的。

表 9-1　取代氯(溴)苯与氨基钠在液氨相中反应得到取代苯胺异构体的比例

取代基 G	产物/%		
	o-取代苯胺	*m*-取代苯胺	*p*-取代苯胺
o-CF_3		100	
o-CH_3	45	55	
m-CF_3		100	
m-CH_3	40	52	8
p-CF_3		50	50
p-CH_3		62	38
o-$OCH_3$①		100	
m-$OCH_3$①		100	
p-$OCH_3$①		49	51

① 底物为取代溴苯。

与卤代苯经 *β*-消除反应生成苯炔的机理一样，邻二卤代苯经有机锂或有机镁也极易生成苯炔。这类化合物中的氟化物更活泼，如，邻氟溴苯与金属镁作用生成邻氟溴化苯基镁，温度超过 0℃就转化为苯炔。而间氟溴苯与金属镁作用可生成较稳定的间氟溴化苯基镁。邻三甲基硅基苯磺酸酯(**27**)在 F^- 催化下的 1,2-消除反应是相当方便的、在室温中性的温和条件下得到苯炔的反应。[41]

X = Cl, Br, I
Y = F, Cl, OTs, OTf

由如 2-羧基重氮苯等一类两性离子的热解反应或苯并杂环的周环开环反应也都可生成苯炔，如式(9-31)所示的两个反应：

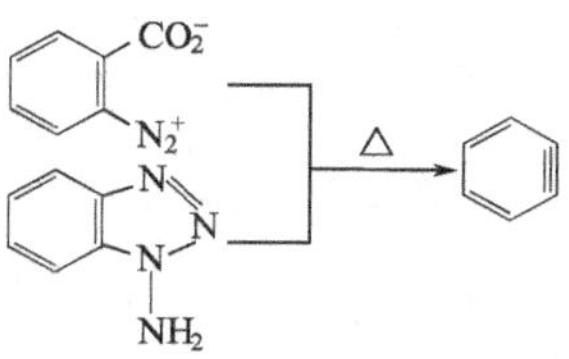

CO_2^- N_2^+ N N N NH_2 △ (9-31)

从杂环和非苯芳香化合物也可生成杂苯炔类化合物，如式(9-32)所示的两个反应：

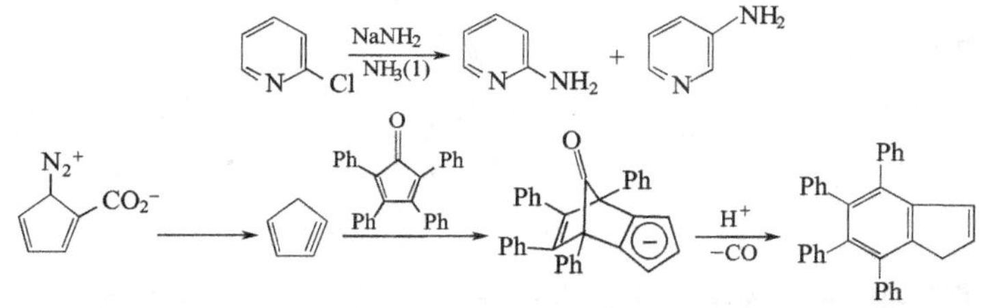

N Cl $\xrightarrow[NH_3(l)]{NaNH_2}$ N NH_2 + N NH_2

N_2^+ CO_2^- → → O Ph Ph Ph Ph → O Ph Ph Ph Ph $\xrightarrow[-CO]{H^+}$ Ph Ph Ph Ph (9-32)

苯炔是一个高度亲电的物种，反应后得到的产物恢复稳定的苯环结构。苯炔与各种带或不带电的，如氨基、卤素负离子、氰基、烷(芳)基负离子等亲核物种加成后生成苯基碳负离子并继续后续的分子间或分子内反应。苯炔还可以插入由亲电-亲核组分形成的 σ 键，如式(9-33)所示：[42]

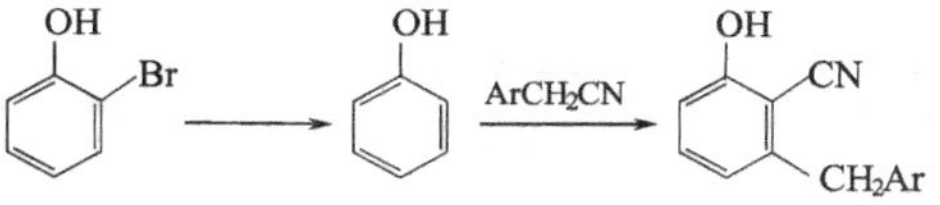

OH Br → OH $\xrightarrow{ArCH_2CN}$ OH CN CH_2Ar (9-33)

利用 **27** 得到的苯炔浓度低，使带取代基底物的后续反应更易控制和设计。[43]

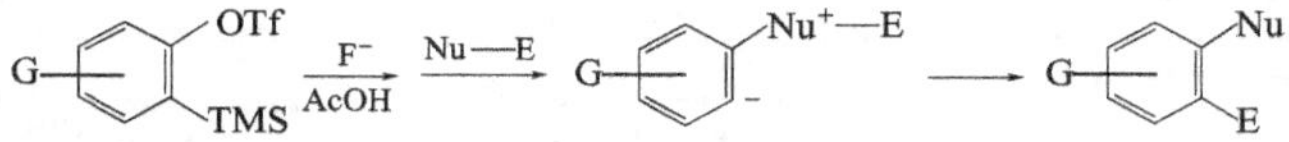

G OTf TMS **27a** $\xrightarrow[AcOH]{F^-}$ $\xrightarrow{Nu—E}$ G Nu^+—E → G Nu E

此外，苯炔也可进行为数不多的亲核加成，如式(9-34)所示的两个反应：

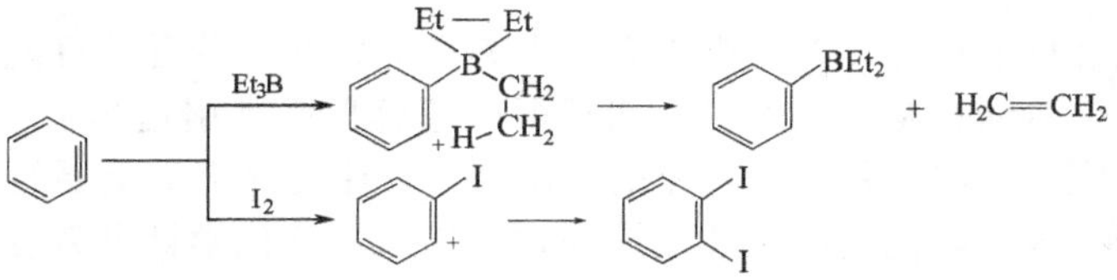

$\xrightarrow{Et_3B}$ Et — Et B CH_2 CH_2 H → BEt_2 + H_2C═CH_2 (9-34)

$\xrightarrow{I_2}$ I + → I I

除加成反应外，苯炔还能发生生成联亚甲基苯(biphenelene，**28**)和苯并［9,10］菲(triphenylene，**29**)等二聚、三聚反应。但三聚反应并非经由二聚反应中间体而来，交叉实验的方法往反应体系中加入取代联亚甲基苯并未结合进苯并［9,10］菲体系中。多聚反应可生成具有弱导电性的聚合物(**30**)。

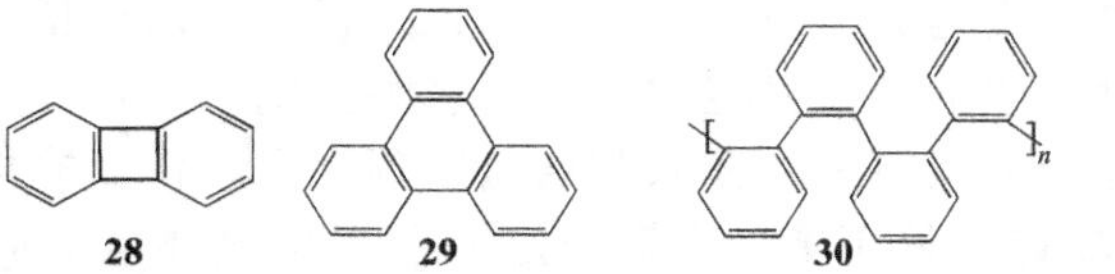

28 **29** **30** (n)

苯炔是一个很强的亲双烯体，能发生［2+2］反应、Diels-Alder 反应和 1,3-偶极环加成等反应，也可参与多组分的串连反应并用于复杂产物的全合成，如式(9-35)所示的 3 个反应：[44]

(9-35)

苯炔与蒽生成色烯(三蝶烯，**31**)及其异构体的［4+2］环加成反应也是鉴定苯炔有无产生的一个反应。[45]

9.3.2 芳香性

1865 年问世的 Kekule 苯的结构式是有机化学发展史上的一个里程碑。图 9-22 是三～八元环共轭体系的分子轨道及其能级示意图。根据分子轨道理论的分析，带 $4n+2$ 个 π 电子的、由 sp^2 碳原子组成的平面单环体系中所有的成键轨道均被占有而具有 Lewis 闭壳层构型，此类结构也被称有芳香性(aromatic)。分子是否有芳香性与其是否有苯环是无关的。苯分子、环戊二烯负离子和环庚三烯正离子均有 6 个 π 电子正好填入各自的成键轨道，环丙烯正离子则有 2 个 π 电子正好填满其成键轨道，它们都是芳香性的物种。[46]

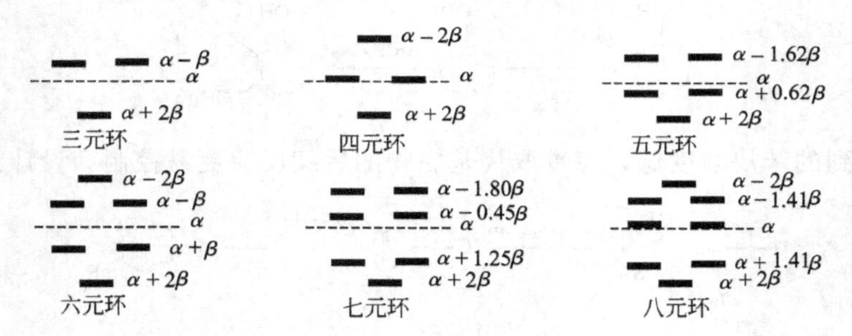

图 9-22 三～八元环共轭体系的分子轨道及其能级

已知的有机化合物中约有 2/3 多少带有一点芳香性特性。芳香性可能是有机化学中最常被提到和应用的一个名词，是无法直接观测却可以理解但又常引起争议的一个抽象性概念。Huckel 分子轨道理论(HMO)和 $4n+2$ 理论是评判芳香性的两个最重要的理论，但它们并未考虑到包括氢原子在内的取代基的立体效应问题。通过量子化学计算芳香性环电流产生的磁屏蔽值得出核独立的化学位移(nucleus-independent chemical shifts，NICS)值也可作为芳香性的一个判断。[47]芳香性的定义至今仍无明确统一的答案，通常认为一个环状的共轭体系在热力学稳定性上比其开链类似物强就是有芳香性的。但选何物为参比物并无标准，区别因芳香性还是普通共轭或几何构型产生的稳定化作用也颇有困难。键长平均化和^{1}H NMR 的化学位移到何种程度才可确定是因芳香性而产生的也无标准。从能量上看，芳香性具有额外的由共轭体系的电子离域产生的共振稳定化作用，表观上则与稳定性、反应选择性及反应产物的易得性等联系在一起。如，芳香性体系与亲电试剂发生取代而非加成；不易氧化；具有与众不同的酸碱性；C—C 键长处于单、双键长之间及因反磁环电流而生成特征光谱等。[48]尽管芳香性的确切定义依然难以给出，但芳香性概念极具生命力，芳香结构和芳香性的相互作用(aromatic interactions)作为一类重要的特殊共轭 π 电子体系在天然产物、结构化学、过渡金属的配位化学和功能材料等各方面都有广泛应用。[49]

环丁二烯是最小的中性环状共轭分子，寿命极短，极易兼具双烯体和亲双烯体的功能进行［2+2］或［4+2］二聚反应。它只能在35K温度下或包裹进惰性笼状体系使其相互分离并阻隔其他分子的情况下才能存在。环丁二烯具有矩形结构，环状共轭4π电子使其去稳定化能为145kJ/mol。故1,2-二氘环丁二烯可有两种结构形式**1a**和**1b**。取代基团的立体位阻效应可有效阻止分子间D-A二聚反应，具推-拉共振效应(参见4.5.2)。取代基团及通过η^4-配位过渡金属的存在也都能稳定环丁二烯的存在，如**2**、**3**和**4**都是能稳定存在的、带环丁二烯结构的分子。[50]

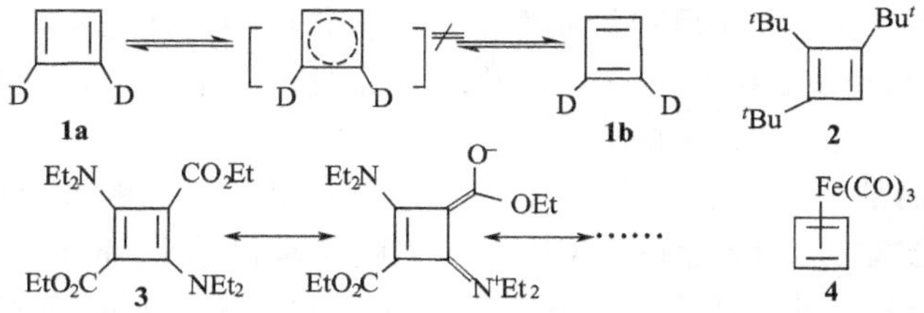

环丁二烯双负离子符合芳香性要求，但6个π电子中有4个占有非键轨道而使得该物种具有高度活泼性。如式(9-36)的两个反应所示，3,4-二氯环丁烯和萘钠反应后，用氘代甲醇处理后生成3,4-二氘环丁烯，这表明反应中似有［C_4H_4］$^{2-}$(**5**)生成，但尚无直接的实验观测；环丁二烯双正离子(**6**)也是符合芳香性的，在超酸体系中可稳定存在。[51]

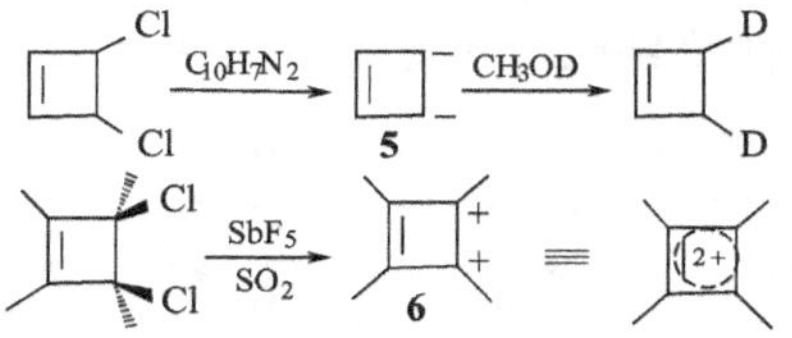

(9-36)

1,3,5,7-环辛四烯分子具有π电子定域的非平面构型(**7a**)，其平面状带8个共轭π电子的环辛四烯(**7b**)将由于π电子离域而变得不稳定，两者的内能相差10kJ/mol。**7a**的非平面构型也可从其取代物具有手性得到证明。C—C单、双键的键长分别为1.46nm和1.33nm，δ_H显示典型的烯烃特征［5.68(s)］。环辛四烯含有约0.05%的双环结构**7c**，可冷藏保存，受热会聚合；其反应性与非芳香性的线性共轭多烯烃相似；被空气氧化并可发生氢化、亲电加成和与卡宾或过酸生成三元环等反应。在SO_2Cl体系中用SbF_5还原可得环辛四烯双正离子，晶体结构表明其具有一个键长均为0.141nm的平面结构；也易被碱金属还原为环辛四烯双负离子。尽管这两个双电荷离子的平面性构型将产生较大的角张力，但它们均是芳香性物种。芳香性产生的稳定性发挥了更重要的主导作用。[52]早期用带一个圆的正六边形来表示苯的结构并扩展到用于萘(**8**)、蒽(**9**)和菲(**10**)等多环芳香族化合物。但问题也随之而生：萘中的两个圆代表12个电子？蒽中的三个圆代表三个环有相同的芳香性？这显然不符合实际情况。**7b**的结构有时也用**7d**来方便表示，但此时这一个圆又表示由8个电子组成的共轭双键。故这种表示方式因易产生误解，现在已很少用了。[53]

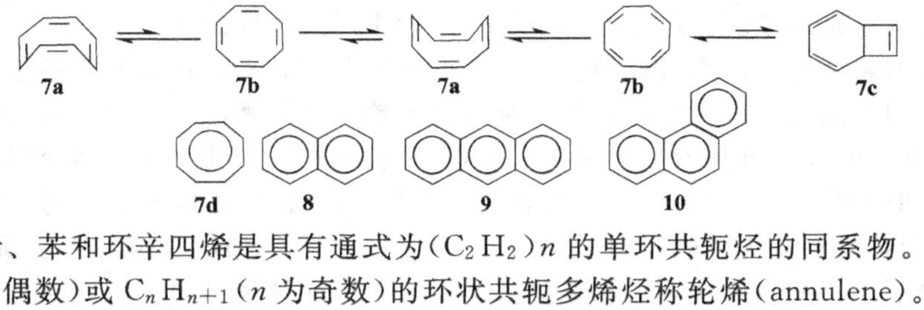

环丁二烯、苯和环辛四烯是具有通式为(C_2H_2)n的单环共轭烃的同系物。$n\geqslant7$的通式为C_nH_n(n为偶数)或C_nH_{n+1}(n为奇数)的环状共轭多烯烃称轮烯(annulene)。命名时把环上所含的碳原子数放在方括号内，后面加上轮烯。轮烯的环足够大，环上已可允许存在反式

双键，全顺式结构则将产生严重的大环角张力，而在具有顺、反双键结构的模式中由于环内氢原子造成的跨环张力也有可能使它们不能或难以达到平面结构，导致 π 电子离域程度的降低或完全消失而影响它们的稳定性。[10]轮烯有全顺式(**11**)、单反式(**12**)和双反式(**13**)3 种构型异构体。**11** 和 **12** 因为仍有相当程度的角张力，都不是稳定的非平面分子而仅能在低温下存在，且分别易异构化为相应的 9,10-二氢萘(**14**)和 **15**。**13** 中所有的键角都是 120°，因此不存在角张力，但实际上由于 H1 和 H6 靠得很近，跨环张力特别严重，很强的非键范氏张力作用使它完全失去平面性而难以存在。用适当的架桥基取代这两个环内氢将能使它形成一个周边 10π 平面分子体系。合成得到的亚甲基桥化合物(**16**)中环上 δ_H 在 7.5～6.8 处，桥亚甲基 δ_H 在 −0.5 处，反映出 **16** 中存在离域化环状 π 电子体系，是有芳香性的。X 衍射测定表明，环中的碳碳键长几乎是相等的。

[18] 轮烯(**17**)内部的空穴已足够大，环内有并无相互干扰的 6 个氢 Hb。这个分子几乎是平面的且有中心对称，较为稳定(130℃分解为苯和苯并环辛二烯)，可减压蒸馏。$C_{18}H_{18}$ 表明合乎 $4n+2$ Huckel 体系，环外氢 Ha 和环内氢 Hb 的 δ_H 各在 9.28 和 −2.99 处，充分说明它和苯环一样含有反磁环电流，是个芳香性分子。但它的某些化学行为仍与多烯相似：如，易与溴加成，与顺丁烯二酸酐发生 Diels-Alder 环加成反应等。[30] 轮烯曾被认为是第一个最小的、具有效平面构型且 π 电子完全如苯那样离域的轮烯。实验和理论都表明，[$4n+2$] 轮烯和 [$4n$] 轮烯之间的离域能的差异随环的增大而变小。大环轮烯的芳香性或反芳香性、非芳香性之间的特性差异比小环轮烯小。[54]

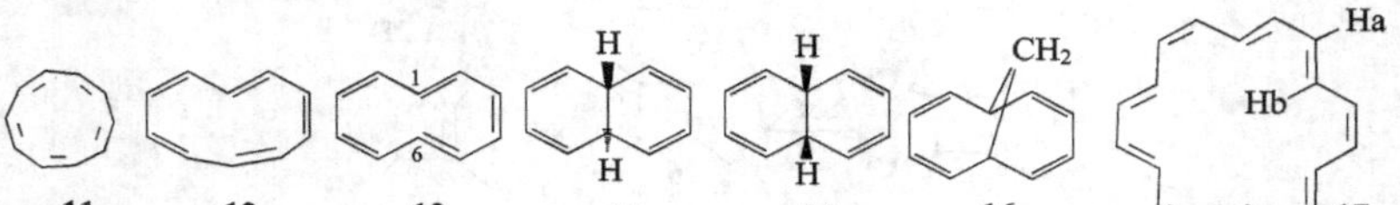

11　**12**　**13**　**14**　**15**　**16**　**17**

分子总是趋向于使其能量处于最低状态以保持较好的相对稳定性，分子诸多共振结构式中带苯环结构越多的通常也总是越稳定。凯库勒烯(Kekulene，**18**)是一个类苯化合物，并联的六元环中交替出现苯和环己烯的子结构 **18a** 要更稳定一点。由芳(杂)环和炔键构成的具有规整多边形环状分子结构的芳炔大环化合物(arylacetylene macrocycles)也因具有独特的超分子性质而受到关注。[55]

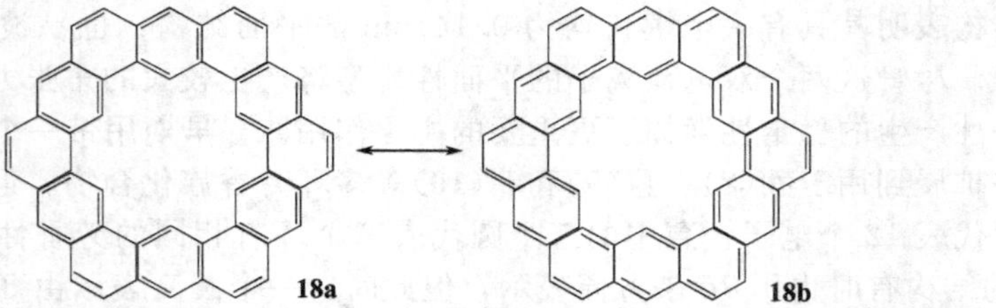

18a　**18b**

稠环分子显示的特性更多的是由各个独立的环而非整体体系所产生的。它们的芳香性问题也可用轮烯的规则来处理：尽可能多地将重键置于周边并判断其是否符合 $4n+2$ 规则；将中间的双键及与轮烯相连的双键以带分离正负电荷的单键表示，正负电荷各按 0 和 2 个电子计数；轮烯之间共用的单键可忽略，再来判别各个轮烯的芳香性。如萘、蒽和菲给出其共振结构式后以 **8b**、**9b** 和 **10b** 计数周边 π 电子数都符合 $4n+2$ 规则。**19** 的两个共振结构式 **19a** 和 **19b** 中的 **19b** 相当于是 [14]轮烯，是有芳香性的；**20** 的两个共振结构式中的 **20b** 均相当于是 [10]轮烯，是有芳香性的；**21** 的两个共振结构式中的 **21b** 均相当于是 [12]轮烯，不是芳香性的分子。一些含最大非累积双键数的单环不饱和烃也可命名为轮烯，如没有芳香性的 1*H*-[9]轮烯(**22**)。

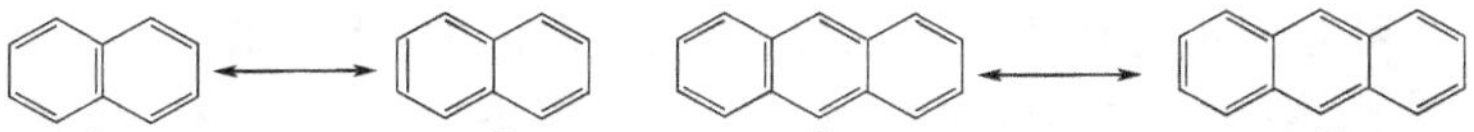

8a 8b 9a 9b

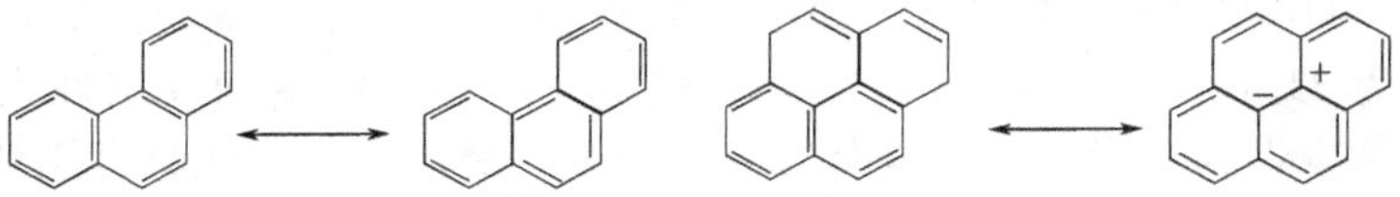

10a 10b 19a 19b

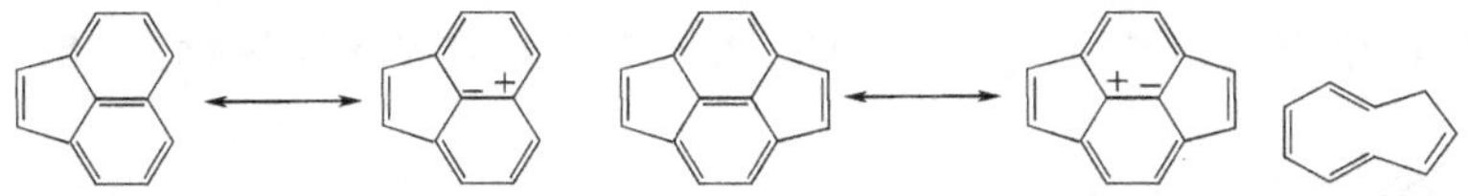

20a 20b 21a 21b 22

双环［6.2.0］-葵-1,3,5,7,9-五烯(**23**)也是一个有 10π 电子的共轭体系。但它的芳香性很弱，单、双键交替出现。低温制得的戊塔烯(pentalene，**24**)在－196℃下曾得到观测，升温后迅即发生二聚反应，其双负离子有 10π 电子体系，双锂盐的结构用 X 衍射得到解析。[56]庚塔烯(heptalene，**25**)则易于共聚及氧化，其共轭酸(**26**)因形成芳香性的环庚三烯正离子而能稳定存在。薁(azulene，**27**)是一个稳定的天蓝色晶体，故又称蓝烃，加热到 350℃可转变为萘。其偶极矩为 3.7×10^{-30}C·m，提示出结构中有芳香性的环庚三烯正离子(tropylium ion，**27a**)和环戊二烯负离子(**27b**)。薁的亲核或亲电取代分别发生在七元环或五元环上。与萘相似，薁也可视为［10］轮烯通过非对称的分子内键连从而解除 H1—H6 之间的排斥力并仍保持 C(sp^2)的键角尽量为 120°所形成的结构。

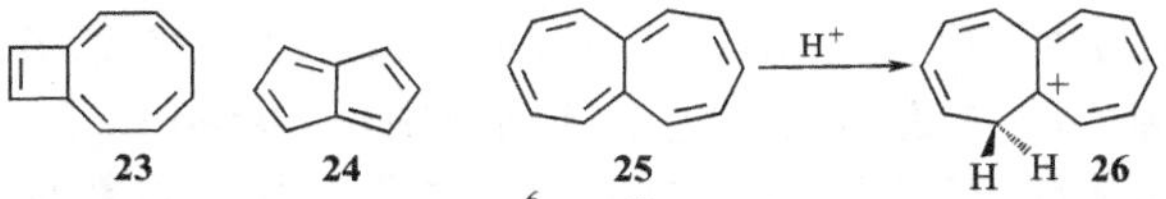

23 24 25 H^+ 26

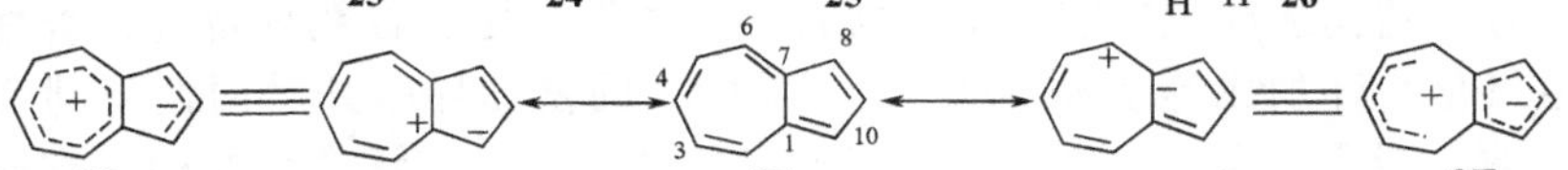

27a 27 27b

苯环和五元杂环在 2,3-位环合得到的化合物 **28** 有一个完整的苯环结构而有芳香性，比在 3，4-位环合得到的化合物 **29** 要稳定。**29** 有一个 10π 周边电子的体系，易于进行能恢复苯环结构的 D-A 反应。

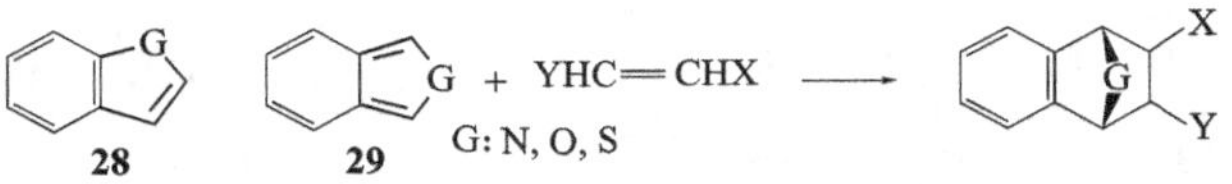

28 29 G + YHC═CHX ⟶ G: N, O, S

富瓦烯(fulvalene)体系，如亚甲基环丙烯(triafulvene，**30**)和富烯(fulvene，**31**)分子都有较大的偶极矩(6.35×10^{-30}C·m)，反映出有芳香性的环丙烯正离子和环戊二烯负离子结构的存在。杯烯(calicene，**32**)有约 30％的结构是带电荷分离的芳香性偶极结构。[57]

30 31 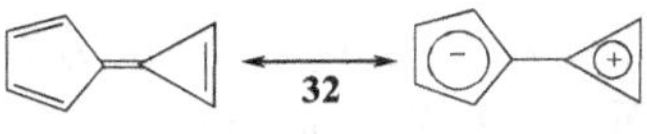 32

33、**34** 和 **35** 都无芳香性，连接两个环烯烃的双键经共振分离电荷后都会产生一个反芳香性的轮烯结构，故都不稳定并表现出多烯的性质。

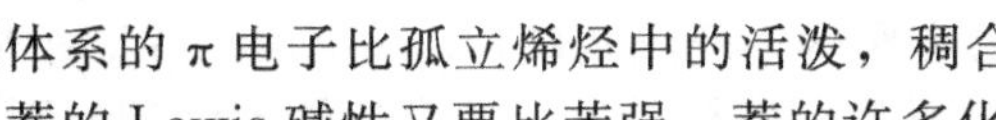

33 34 35

一般而言，封闭共轭体系的 π 电子比孤立烯烃中的活泼，稠合后 π 电子活性加大。如，蒽的 Lewis 碱性比萘强，萘的 Lewis 碱性又要比苯强。萘的许多化学反应性与苯相似，但蒽的芳香性就差了，可与溴进行加成而非取代。多芳环并联可形成芳香带(aromatic belt)。苯环直线形并联生成稠苯(polyacene，**36**，$n \geqslant 4$)，九稠苯(nonacene)衍生物已得到合成。随着稠合度的增加，HOMO和LUMO之间的能差减小，吸收波长增加。如，萘、四稠苯和六稠苯的λ_{max}各为312nm、475nm和695nm。稠苯分子的溶解度和稳定性也都随着稠合度的增加而下降，芳香性亦受影响，六稠苯在空气中是不稳定的。这些具有刚性π共轭结构的小分子间的π-π堆积会导致形成激基缔合物(excimers)而用于新型光电磁材料。[58]一些烷基取代的稠苯很易转化为亚甲基取代的异构体，如**37**易被酸催化异构化为**38**。

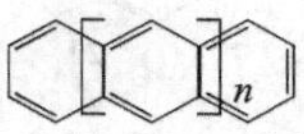

H^+

36 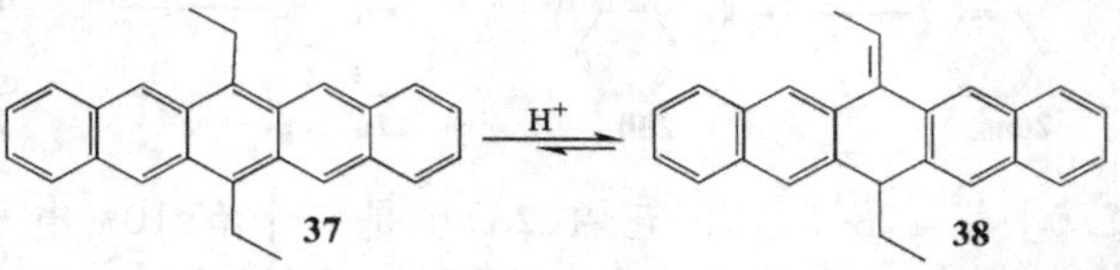 **37** **38**

苯环两维稠合后，如蔻(**39**)那样成为石墨层的一部分，更大的稠合即成为石墨烯。石墨烯只有一个原子厚度，比金刚石还硬，原子排列紧密，连氦都无法穿透，近乎透明，导电性和导热性超过目前已知的其他材料。[59]长度远大于宽度的石墨烯可成为石墨纳米带(graphene nanoribbon)，将石墨烯的两条边缘连接起来可成为单层石墨纳米管(graphene nanotube)。形成纳米管后，π体系的共平面性和p轨道的重叠都有所降低，π能级和电子性质也随其尺度而不同，有的具有金属性，有的具有半导体性。将sp^3杂化的碳原子混杂于石墨烯中可形成能成为纳米电子器件和储氢材料的三维网络。在sp^2杂化的六元环结合进一个五元环可形成一个皱褶π体系称心轮烯(corannulene，**40**)的碗状结构。由12个如心轮烯那样的五元环形成的球状石墨烯即是富勒烯(fullerene，C_{60})。C_{60}有12个正五边形和20个六边形，具Ih对称性。富勒烯的构造符合五边形分隔规则(isolated pentagon rule)，即所有五边形都被六边形分隔的构造要比有五边形直接连接的构造稳定。富勒烯也有芳香性，但比苯弱得多，可发生氧化、环加成等多种反应。比C_{60}更大的富勒烯因共平面性得到改善，其芳香性也更强了。纳米碳管、富勒烯作为一族新开发的芳香烃具有许多优秀的特性而在近年来得到广泛研究。苉(picene，**41**)中掺杂K、Rb、Ca等可产生超导性，这是第一次发现烃类化合物能有此特性。[60]

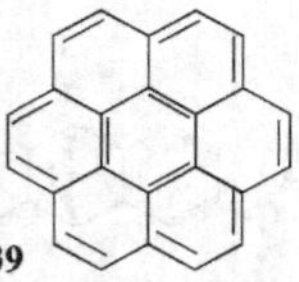

39 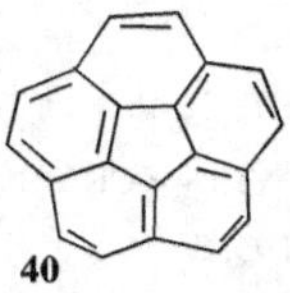 **40** 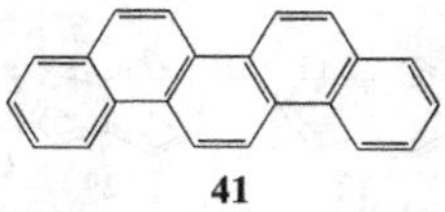 **41**

芳香性的内涵至今仍随着新型分子的出现在不断发展并从平面走向了三维空间。需要指出的是，芳香性、非芳香性和反芳香性都是定性概念，环愈大，无论是芳香性或反芳香性的特征表现愈弱，也愈接近非芳香性。[14]轮烯和[22]轮烯都不稳定，从化学性质上看没有亲电取代活性，故是没有芳香性的。但它们都可测出反磁环电流，从物理性质上看它们是有芳香性的。为此，人们把通过考察化学亲电取代反应所确定的芳香性称经典的或狭义的芳香性，通过测定环电流所确定的芳香性称现代的或广义的芳香性。

芳香化合物是由于π电子离域而得到稳定。而有些中性分子或离子却因π电子离域而变得更不稳定，这种性质称为反芳香性(antiaromtaicity)。[61]一些具有$4n\pi$电子的共轭环体系，如环丁二烯、环丙烯负离子、环戊二烯正离子和环辛四烯等是反芳香性或非芳香性的。这些体系中均含有未被占满的未成对单电子轨道而具有开壳层构型。与环丙烯相较，环丁二烯的张力比环丙烯小，但后者是可以存在的，故环丁二烯的这种高度活泼性可从反芳香性来解释。如式(9-37)的两个反应所示，环戊基碘(**42**)在乙酸中用$AgNO_3$处理生成易得的环戊基正离子而迅速发生溶剂解反应，同样条件下环戊二烯基碘(**43**)则因需生成不易产生的反芳香性环戊二烯正离子而完全不发生溶剂解反应。反芳香性使体系的能量升高。若可行的话，分子会改变平面性以抵消反芳香性的影响，如环辛四烯那样。真正具有反芳香性的分子存在的可能性是很小的，它们会转化成其他结构形式。

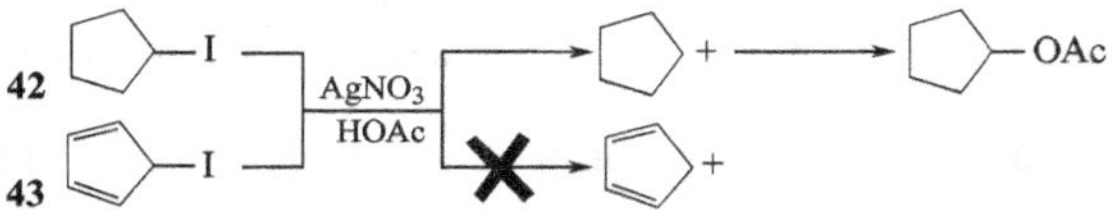

42 ⟶ (AgNO$_3$, HOAc) ⟶ 环戊基正离子 ⟶ OAc 产物；43 ✕⟶ 环戊二烯正离子 (9-37)

单双键交替的共轭体系或烯丙基中，所有相邻的 p 轨道对称轴平行排列，相互之间的重叠是 π 性质的。但在分子几何构型合适的情况下，p 轨道间的交盖或共轭还可以跨越一个或几个饱和碳原子而产生，这种交盖介于一般的 π 键和 σ 键之间，称同共轭（homoconjugation）。如图 9-23 所示。

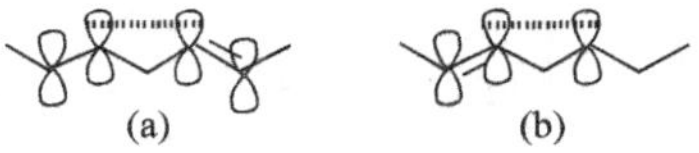

(a) (b)

图 9-23 单双键交替(a)的和烯丙基(b)的同共轭

与同共轭类似，某些芳香性体系中插入了一个或几个饱和原子所形成的体系中 π 轨道间也仍有作用而具有芳香性特性，此类体系称同芳体系。同芳体系中有破坏共轭 π 轨道连续性的外加饱和原子，该外加原子虽不参加 π 体系的离域，但其几何构型允许 p 轨道跨过而让 π 轨道仍能相互重叠。这种由于不相邻碳上 p 轨道部分重叠且具有 $4n+2$ 电子的环状排列时也会呈现出的芳香性特性称同芳性（homoaromaticity）。[62] 同芳性是 20 世纪 60 年代由 Winstein 等人发展出的、在实验和理论两方面都极富挑战的一个概念，是对芳香性概念的补充和扩展，同样可以从芳香性环电流的屏蔽效应及键长的均衡化等特性数据来检测和讨论。同芳体系中跨越一次饱和原子产生的同共轭称单同芳，跨越二次或三次饱和原子的分别称双同芳或三同芳。

最常见的同芳性跨越空间而产生。环丁烯衍生物在低温脱去一个负离子基后形成的碳正离子不是一个平面的环丁烯碳正离子而是一种更稳定的 2π 电子同芳体系，即如图 9-24 所示的单同环丙烯碳正离子（**44**）。芳香性的特征之一是体系有反磁环电流。从 NMR 上看，**44** 上的 H2 和 C2 的化学位移各为 9.72 和 188，与环戊烯或环己烯碳正离子相比都移向低场，而 H1、H3 及 C1、C3 的化学位移各为 7.95 和 130，与环戊烯或环己烯碳正离子相比都移向高场。这说明 C1 和 C3 上的 p 轨道跳过了饱和 C4 而发生交盖产生同共轭，因而正电荷较多移向 C2。**44** 还有两种折弯结构间的构型平衡，翻转能垒达 35kJ/mol，反映出该同芳离子是有一定稳定性的。

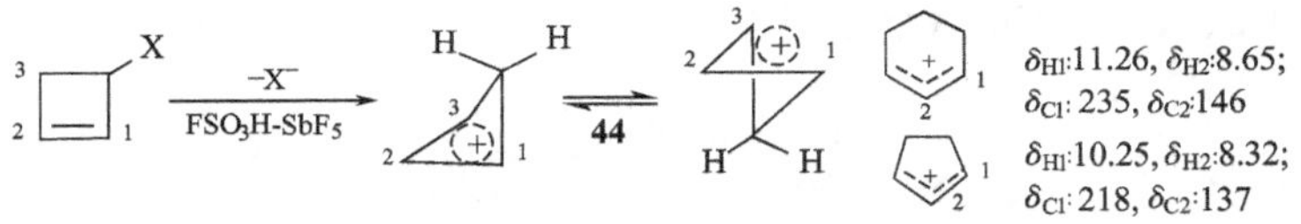

$-X^-$ / FSO$_3$H-SbF$_5$ ⟶ **44** ⇌

δ_{H1}:11.26, δ_{H2}:8.65; δ_{C1}: 235, δ_{C2}:146

δ_{H1}:10.25, δ_{H2}:8.32; δ_{C1}: 218, δ_{C2}:137

图 9-24 单同环丙烯碳正离子 **44** 及环戊烯或环己烯碳正离子的部分^{1}H NMR 和^{13}C NMR 位移

环辛四烯溶解在浓硫酸中，一个双键加上一个质子生成 6 个 π 电子分布在 7 个碳上的如图 9-25 所示的单同环庚三烯碳正离子（homotropylium，**45**），第 8 个碳是 sp^3 杂化的。为了让 p 轨道能有效重叠形成封闭环，这一桥式亚甲基碳差不多垂直于环平面之上，^{1}H NMR 清楚地显示出一个反磁环电流效应。C1—C7 键长 0.1957～0.2149nm，反映出 C1 和 C7 间有有效的、跨越空间的 π 电子交盖作用，故而是一个真正的同芳型 6π 芳香体系，而平面构型 **45a** 并不能归入芳香性体系。[63] **45** 是研究较早也相对最彻底的一个最稳定的同芳体系，也比其他同芳离子更稳定。[64]

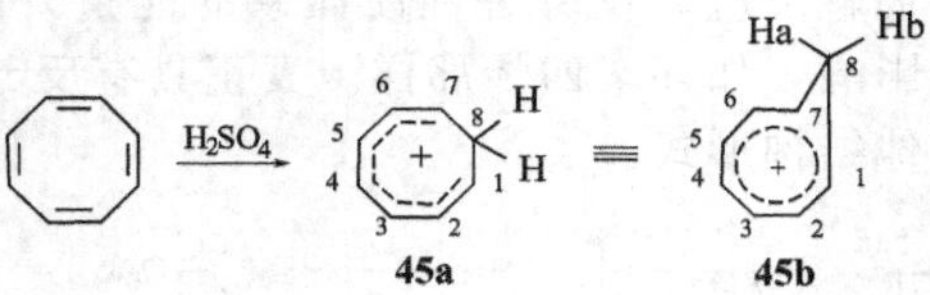

45a　　45b

δ_{H1}:6.58, δ_{H2}:8.39, δ_{H3}:8.57

δ_{H4}:8.65, δ_{Ha}: −0.63, δ_{Hb}: 5.16

图 9-25　单同环庚三烯碳正离子 **45** 及其部分^{1}H 位移

anti-7-降冰片烯对甲苯磺酸酯(**46**)及其类似物在乙酸中的溶剂解速率要比相应的饱和衍生物 **47** 大得多。如图 9-26 所示，桥的弯折程度愈大，溶剂解相对速率增加也愈大，这是由于反应中有 π 键参与形成了较为稳定的双同芳碳正离子(**48**)的结果。

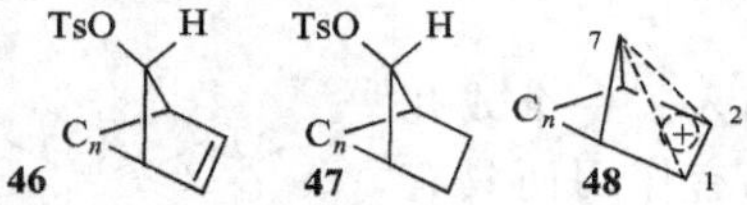

46　47　48

n	1	2	3
46	10^{15}	10^{11}	10^{8}
47	10^{5}	1	10^{3}

图 9-26　**46** 和 **47** 在乙酸中溶剂解反应的相对速率

双环 [3.2.1]-2,6-辛二烯(**49**)与^{t}BuOK 作用产生如图 9-27 所示的双同环戊二烯负离子(**50**)，**50** 中的亚甲基氢及 H6 和 H7 均在高场，H3 在低场。这说明负电荷未定域在 C4 或 C2～C4 烯丙基负离子上而是离域到 C2、C3、C4、C6 和 C7 上，即 C6-C7 的乙烯体系及 C2-C4 烯丙基体系之间的两个饱和碳 C1 和 C5 并未完全把这两个体系隔开，生成了 6π 电子同芳体系。

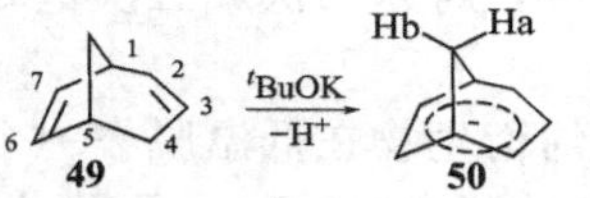

49　50

δ_{H2}: 2.57, δ_{H3}:5.41, δ_{H5}:2.55

δ_{H7}: 3.25, δ_{Ha}: 0.42, δ_{Hb}: 0.87

图 9-27　双同环戊二烯负离子(**50**)及其部分^{1}H 和^{13}C NMR 位移

双环 [6.1.0]-2,4,6-壬三烯(**51**)在超酸作用下生成 1,3-双同䓬鎓正离子(**52**)。[65] 在适当的结构体系中，由于环丙烷的参与还可形成三同环丙烯基碳正离子(**53**)。**53** 有 C_{3v} 对称元素，NMR 中 δ_{H1}、δ_{H3} 和 δ_{H5} 出现在 1.15 处，δ_{H2}、δ_{H4} 和 δ_{H6} 上的平伏氢在 2.94，直立氢在 0.20，这显示出反磁环电流的存在影响到 e 键和 a 键氢的环境，而^{13}C 仅呈现两种类型的碳原子信号，3 个等价的五配位碳的 δ_C 都在 4.9。这里 C1、C3 和 C5 上的 p 轨道各自跳跃一个饱和碳原子即 C2、C4 和 C6 而相互交盖。[66]

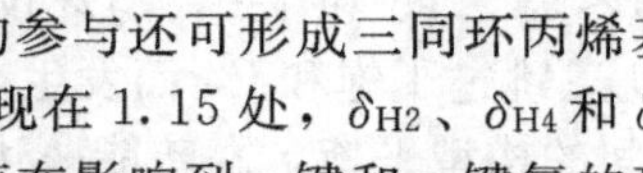

51　52

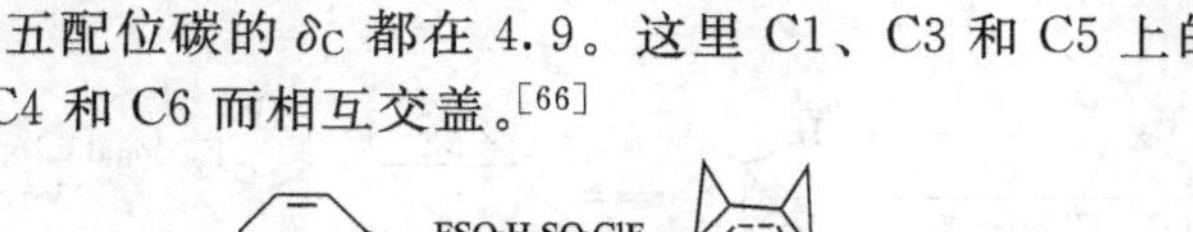

53

三环酯(**54**)与 SbF_5/SO_2ClF 在低温下给出一个对称的碳正离子，^{13}C NMR 仅呈现三类碳原子，因此这里存在着两个离域结构间的快速平衡，可以用五配位棱锥式构型来表示离域双同芳碳正离子(**55**)的结构。[67]

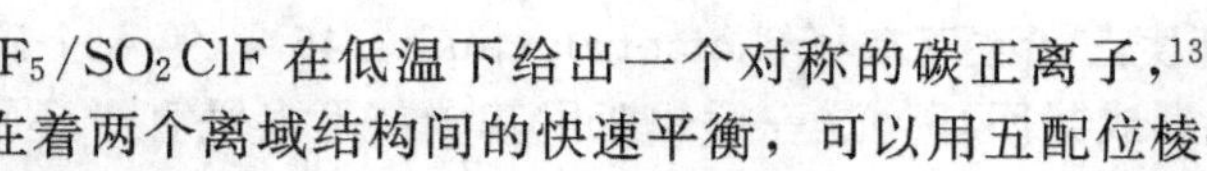

54　55

不少1,3-双同环庚三烯正离子或1,4-双同环庚三烯正离子也已被研究观察。总之，只要分子几何形态适宜，又有$4n+2$个π电子，那么π(p)电子或σ(环丙烷)电子就有可能通过空间相互作用，即产生同共轭而使π电子离域并诱导反磁环电流而产生同芳性现象并赋予体系一定的稳定性。此类π离域有时也称非经典碳正离子离域。但可以看到的是，同共轭次数和中间介入的饱和碳原子愈多，同共轭效果愈差，最终不再形成同芳体系。

目前对同芳性的评价标准还很不完善，主要是通过NMR及反应动力学的特征加以判别确认，但多缺乏X射线衍射结构分析数据，无法确切估计同芳体系中的键长、键角及其几何形态。[68]迄今为止研究同芳性的多为离子，中性的杂环化合物也已发现同样具有同芳性，如，**56**中当G为BH、AlH和Be是反芳香性的，为O、S、NH和PH是非芳香性的。在同芳性概念出现后也发现有“反同芳性”现象，如式(9-38)的两个反应所示：双环［3.2.1］辛-3,6-二烯酯(**57**)的溶剂解速率是相应单烯酯(**58**)的1/100，这即是由于产生的中间体碳正离子(**59**)是反同芳性的环戊二烯正离子，不稳定也难以生成。

G **56**　　**57** OTs $\xrightarrow[k_1]{-OTs^-}$ **59**　　**58** OTs $\xrightarrow[k_2]{-OTs^-}$　　$k_1/k_2=1/100$　　(9-38)

带有桥的取代芳烃或跨环轮烯也可视为同芳性结构，如甲苯、茚(**60**)和**61**、**62**等都是。

60　　R **61**　　**62**

芳香性概念的内涵和应用正不断扩大以包容和解释各种新颖化合物的性能。如多环芳性、[69]杂环芳性、[70]C_{60}一类球状芳性、[71]扭曲芳性、[72]胍一类Y-芳性(参见4.2.2)、Mobius芳性、[73]金属芳性[74]等都有不少新颖的理论观点和实验分析。《*Chem. Rev.*》2001年第5期对芳香性有专题综述；IUPAC会志出版了一期专刊［*Pure Appl. Chem.* 2012，84(4)］介绍了2011年在美国召开的第14届国际新颖芳香族化合物研讨会的各类报告。

9.3.3 自由基链式亲核取代反应

自由基链式亲核取代反应(sabstituted radical-Nucleophilic unimolecular reaction，$S_{RN}1$)是一个涉及单电子转移的链反应。$S_{RN}1$的命名与S_N1相似，但“1”这个数字不是由动力学数据来定义的。[75]

一个亲核取代反应的底物在离去基所在的碳原子或在易于还原的芳环邻、对位上连有吸电子基团时，底物会更易于接受一个电子生成自由基负离子，这是$S_{RN}1$反应的第一步，即引发步。而后自由基负离子断键生成一个自由基和负离子离去基团。该自由基再和亲核物种结合生成另一个新的自由基负离子，后者再转移一个电子给底物而生成产物的同时实现了链增长的反应。如式(9-39)所示，Kornblum在研究对硝基苄氯(**1**)与硝基异丙基碳负离子(**2**)的取代反应时，发现*C*-烷基化产物(**3**)的比例占到83%；若以苄基氯为底物，则反应要慢得多，且产物全为*O*-烷基化产物(**4**)，反映出这两个反应有不同的反应历程。

CH_2Cl/NO_2 (**1**) + $Me_2C^-NO_2$ (**2**) ⟶ $CH_2C(NO_2)Me_2$/NO_2 (**3**) + $CH_2CON(O)=CMe_2$/NO_2 (**4**)　　(9-39)

式(9-39)所示的反应能被电子转移试剂如 Na、Li/NH_3(l)，光照等加速，也会被氧气、二叔丁基氧化氮、对二硝基苯等自由基截获剂所抑制。*C*-烷基化的速率对离去基团的性质并不敏感(虽然 Cl 的反应最好，Br 和 I 则因易于离去而能同时发生 S_N2 反应)；反应的空间位阻作用亦不明显；当离去基 X 接在手性碳原子上时，得到的是外消旋体取代产物。所以这些实验结果都表明，反应经由如图 9-28 所示的一个自由基链式亲核取代机理。

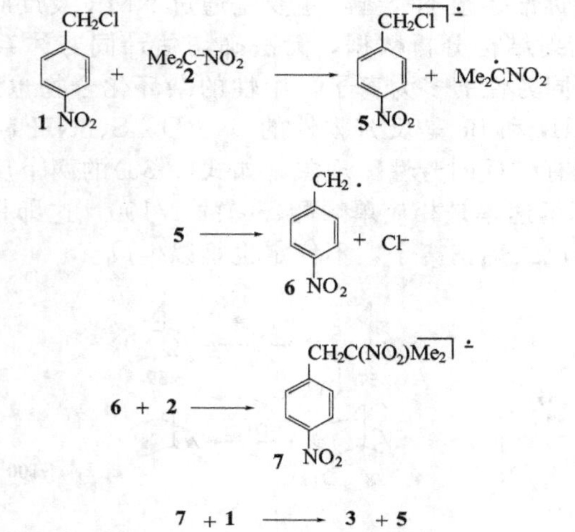

$$p\text{-}O_2NC_6H_4CH_2Cl\ (\mathbf{1}) + Me_2\bar{C}\text{-}NO_2\ (\mathbf{2}) \longrightarrow [p\text{-}O_2NC_6H_4CH_2Cl]^{\cdot-}\ (\mathbf{5}) + Me_2\dot{C}NO_2 \quad (9\text{-}40)$$

$$\mathbf{5} \longrightarrow p\text{-}O_2NC_6H_4CH_2\cdot\ (\mathbf{6}) + Cl^- \quad (9\text{-}41)$$

$$\mathbf{6} + \mathbf{2} \longrightarrow [p\text{-}O_2NC_6H_4CH_2C(NO_2)Me_2]^{\cdot-}\ (\mathbf{7}) \quad (9\text{-}42)$$

$$\mathbf{7} + \mathbf{1} \longrightarrow \mathbf{3} + \mathbf{5} \quad (9\text{-}43)$$

图 9-28 对硝基苄氯与硝基烷烃碳负离子进行的 $S_{RN}1$ 反应过程

如图 9-28 所示，反应第一步是亲核试剂通过单电子转移给底物生成负离子自由基(**5**)［反应(9-40)］，**5** 失去一个氯离子后产生自由基(**6**)［反应(9-41)］，**6** 与亲核试剂 **2** 结合形成另一个负离子自由基(**7**)［反应(9-43)］，**7** 与底物间再经单电子转移反应生成 *C*-烷基化产物 **3** 并再生出 **5**［反应(9-44)］。反应(9-41)、(9-42)、(9-43)是链式反应，最后一步再生出的 **5** 回到反应(9-41)而组成一个链循环。亲核试剂 **2** 在反应(9-40)中供给电子，又在反应(9-42)中捕获自由基。底物中对位硝基的存在既有利于捕获电子又有利于放出电子并促使 **5** 分解。无对位硝基取代的苄卤化合物(**8**)在上述条件下不能接受单电子，它只能以较慢的速率进行离子型 *O*-烷基化反应，其速率与离去基团的活性密切相关，如 I＞Br＞Cl，为典型的如式(9-44)所示的 S_N2 反应。

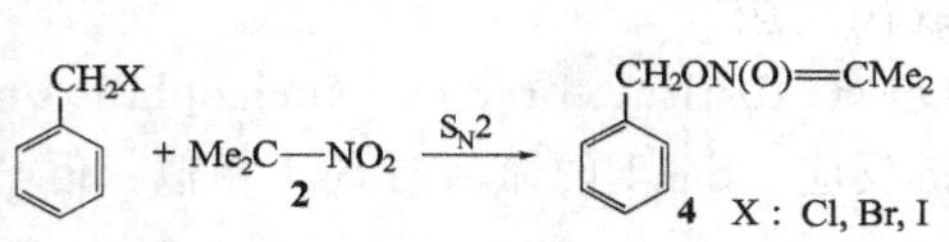

$$C_6H_5CH_2X\ (\mathbf{8}) + Me_2\bar{C}\text{—}NO_2\ (\mathbf{2}) \xrightarrow{S_N2} C_6H_5CH_2ON(O){=}CMe_2\ (\mathbf{4}) \quad X: Cl, Br, I \quad (9\text{-}44)$$

饱和碳上的亲核取代反应在不少情况下实际上是 $S_{RN}1$ 和 S_N2 机理同时存在的反应。如式(9-45)所示的 **1** 与硫酚盐的反应对光和对二硝基苯并无影响，可以认为经过 S_N2 历程，但在 ESR 上又可检测到自由基单电子信号，是两个机理并存的竞争反应。

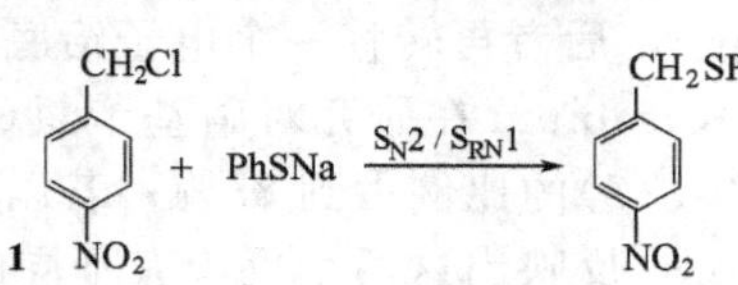

$$p\text{-}O_2NC_6H_4CH_2Cl\ (\mathbf{1}) + PhSNa \xrightarrow{S_N2\,/\,S_{RN}1} p\text{-}O_2NC_6H_4CH_2SPh \quad (9\text{-}45)$$

伯碳和仲碳原子上往往存在 $S_{RN}1$ 和 S_N2 的竞争反应，故在观测饱和碳原子上的反应时可以应用带有如 NO_2 那样离去性很差的基团的叔碳原子底物，以避免可能的 S_N2 竞争反应。如式(9-46)的亲核取代反应所示，底物 **9a** 与各种亲核试剂，如 Me_2CNaNO_2、

$PhSO_2Na$、$CH(CO_2R)_2Na$、$NaNO_2$、NaCN、萘酚钠、环烷基胺等都能在室温下几分钟或几小时内完成，取代产物 **10** 的产率达 80%以上，这在叔碳原子上发生的取代反应中是不易见到的。若 **9a** 中无对位硝基存在，则产物只有消除产物 **11** 而无 **10**。这也表明 **11** 不会再与 **2** 发生加成反应得到 **10**。故取代产物 **10** 的生成是 $S_{RN}1$ 过程，经由先消除再加成的另一条反应机理是可排除的。

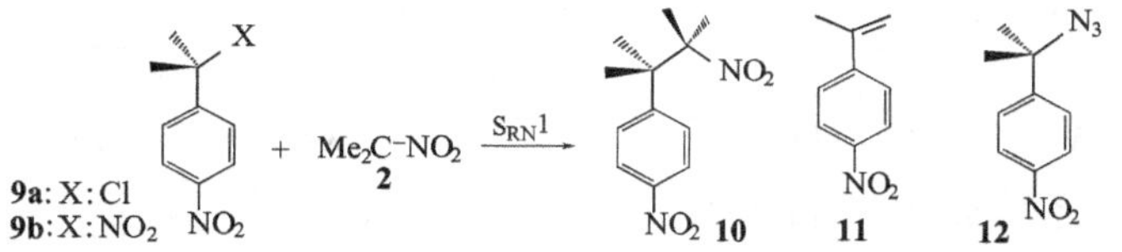

9a: X: Cl
9b: X: NO_2
$+ Me_2C^-NO_2$ (2) $\xrightarrow{S_{RN}1}$ 10, 11, 12　(9-46)

在反应(9-40)～反应(9-43)的 $S_{RN}1$ 机理中包括自由基和负离子自由基中间体而无碳正离子或碳负离子中间体。作为单电子受体的少量自由基截获剂就可有效阻止或减缓这一链式反应。如，**9a** 与 NaN_3 的反应在 HMPT 中反应 75s 生成取代产物 **12**，产率 65%；但只要体系中有 5%如对二硝基苯一类自由基抑制剂存在就无反应发生了。$S_{RN}1$ 反应又应该是能够被单电子转移剂所引发的，**9b** 与 NaN_3 在黑暗中混合 48h 没有反应，但只要有 5%萘钠存在，反应 1h 后就可得到产率为 97%的产物 **12**；存在能引发反应(9-30)的 10%$Me_2C^-NO_2$ 反应 3h 就能得到产率为 87%的产物。有利于单电子转移途径的如 DMF、DMSO 或 HMPT 等偶极非质子极性溶剂也有利于 $S_{RN}1$ 反应的进行。[76]

芳香族取代反应既有双电子的亲电(核)过程也有单电子的自由基机理，当芳香环易被还原时就易生成电荷离域的自由基负离子而发生 $S_{RN}1$ 反应。2,3,5-三甲基卤苯(**13**)和 2,4,5-三甲基卤苯(**14**)在液氨中与 KNH_2 作用，生成氨基取代产物 **15** 和 **16**。当 X 为 Cl 或 Br 时，**15**∶**16** 都为 1.47。卤素种类及取代位置对这一比例均无影响，这表明它们都经过同一苯炔中间体 **17**，如图 9-29 所示。

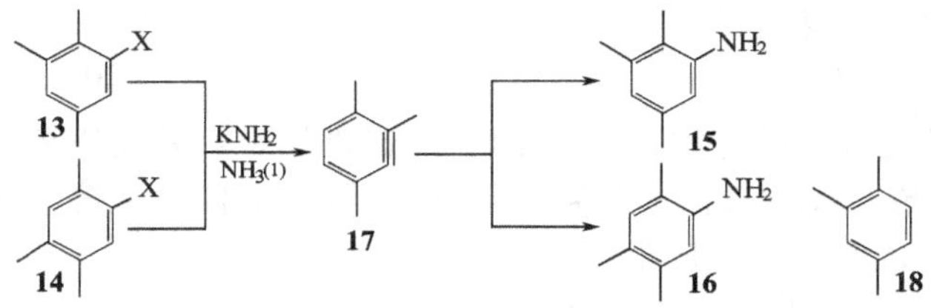

13, 14 $\xrightarrow[NH_3(l)]{KNH_2}$ 17 → 15, 16; 18

图 9-29　三甲基氯(溴)苯在液氨中与 KNH_2 反应经过同一苯炔中间体

但当 X 为 I 时，由 **13** 或 **14** 出发得到产物 **15**∶**16** 的比例分别是 6.0 和 0.62，此外还都有脱碘氢化产物 1,2,4-三甲基苯(**18**)生成。两个反应所得产物的结构及它们的相对比例反映出反应仍有苯炔中间体生成，但此时从 **13** 到 **15** 或从 **14** 到 **16** 成了主反应的结果反映出应该还有另一种过程。直接的芳香亲核取代是可否定的，因为氯(溴)代芳香族化合物而非碘代物更易直接进行芳香亲核取代反应。在反应体系中加入自由基捕获剂四苯基肼时，**15**∶**16** 又都回复到 1.47 的比例；加入金属钾或光照后都只发生不经过苯炔中间体的反应，光照的量子收率高达 50 以上，从 **13** 出发得到的产物只有 **15** 和 **18**，从 **14** 出发得到的产物只有 **16** 和 **18**。这都有力地说明了碘苯的反应还经过如图 9-30 所示的 $S_{RN}1$ 反应过程。[77]

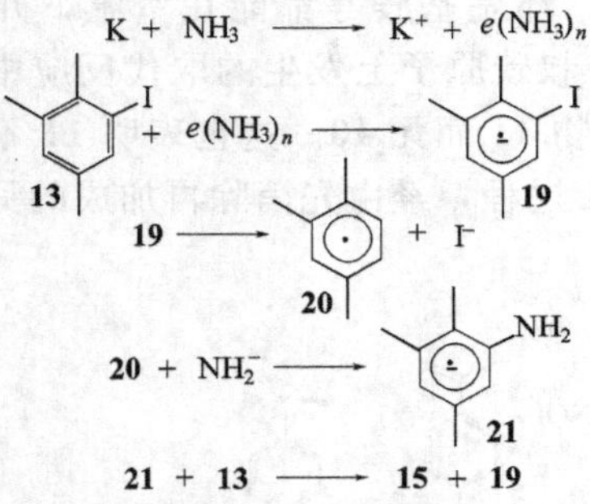

$$K + NH_3 \longrightarrow K^+ + e(NH_3)_n$$

$$\mathbf{13} + e(NH_3)_n \longrightarrow \mathbf{19}$$

$$\mathbf{19} \longrightarrow \mathbf{20} + I^-$$

$$\mathbf{20} + NH_2^- \longrightarrow \mathbf{21}$$

$$\mathbf{21} + \mathbf{13} \longrightarrow \mathbf{15} + \mathbf{19}$$

图 9-30　2,4,5-三甲基碘苯在液氨中与 KNH_2 反应的 $S_{RN}1$ 反应过程

$$ArX + e \longrightarrow \overline{ArX}]^{\dot{-}} \tag{9-47}$$

$$\overline{ArX}]^{\dot{-}} \longrightarrow Ar\cdot + X^- \tag{9-48}$$

$$Ar\cdot + Nu^- \longrightarrow \overline{ArNu}]^{\dot{-}} \tag{9-49}$$

$$\overline{ArNu}]^{\dot{-}} + ArX \longrightarrow ArNu + \overline{ArX}]^{\dot{-}} \tag{9-50}$$

图 9-31　芳环上的 $S_{RN}1$ 反应通式

$S_{RN}1$ 的受物芳环可以是带烷(氧)基、酰氧基等取代基的苯、萘、蒽、吡啶、噻吩、喹啉等，离去基团通常是卤素、PhS^-、NR_3^+、$O^-P(O)(OEt)_2$ 等，亲核试剂是各种氧化势较低而易于给出单电子的 NH_2^-、CH_2^-CN、RS^-、$PhSe^-$、$PhTe^-$、Ph_2P^-、Ph_2As^- 及各种烯醇离子和氮负离子等。反应对立体位阻并不敏感，能够在液氨、乙腈、二甲亚砜等极性溶剂中进行。整个 $S_{RN}1$ 反应的通式可如图 9-31 所示。

$S_{RN}1$ 反应过程中底物的立体构型只有在其自由基结构较难由锥形变成平面的反应中可得到保留。再分析一下 $S_{RN}1$ 反应中各个阶段的机理问题。[78]

(1) 链引发阶段　即反应(9-40)或反应(9-47)。能提供一个电子给受体使其成为负离子自由基的过程都是链引发过程，引发的条件大致有光、碱金属还原、电极产生的电子和热引发等等，Mg、Fe(Ⅱ)、Pd(0)和许多贵金属化合物也都可用作 $S_{RN}1$ 反应的引发剂。卤苯很易被溶剂化电子或电化学还原为自由基负离子基 $ArX^{[-\cdot]}$。如式(9-51)所示，对甲基碘苯加到红色的 Ph_2PK/DMSO 溶液中，颜色变成浅蓝色，生成电荷转移配合物 **22**，**22** 再分解成负离子自由基：

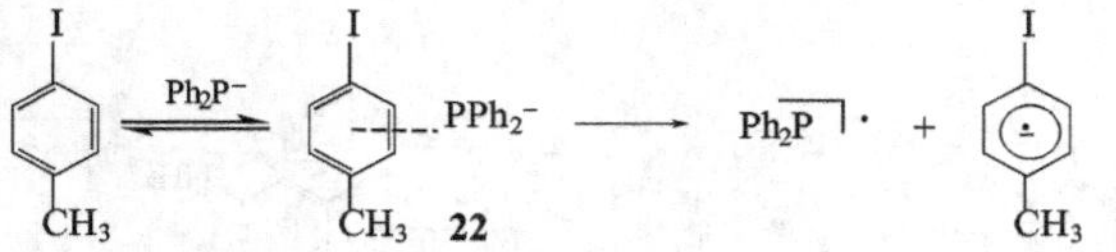

$$p\text{-}CH_3C_6H_4I \underset{}{\overset{Ph_2P^-}{\rightleftharpoons}} [p\text{-}CH_3C_6H_4I\cdots PPh_2^-]\ (\mathbf{22}) \longrightarrow \overline{Ph_2P}]\cdot + [p\text{-}CH_3C_6H_4I]^{\dot{-}} \tag{9-51}$$

光引发的 $S_{RN}1$ 反应也有许多成功的报道，光提供能量，激发态芳环易接受亲核试剂的一个单电子转移而生成负离子自由基(参见 6.12)，即产生自由基链增长剂进入反应。[79] 如图 9-32 所示的卤苯与乙腈反应生成苯乙腈的机理：

(2) 链增长阶段　即反应(9-41)～反应(9-43)和反应(9-48)～反应(9-50)。引发后生成的负离子自由基的活性受到结构、亲核试剂和环境的影响。$S_{RN}1$ 反应的关键步骤在于单电子向亲核试剂的转移，该过程可以是分步的过程或协同的过程，如图 9-33 所示。若自由基负离子足够稳定，则分步的过程更可能发生。[80]

$$PhX + CH_3CN \xrightarrow[h\nu]{NaNH_2/NH_3(l)} PhCH_2CN + NH_4X$$

$$PhX + C^-H_2CN \xrightarrow{h\nu} [PhX]^{\dot{-}} + [CH_2CN]^{\cdot}$$

$$[PhX]^{\dot{-}} \longrightarrow Ph\cdot + X^-$$

$$Ph\cdot + C^-H_2CN \longrightarrow [PhCH_2CN]^{\dot{-}}$$

$$[PhCH_2CN]^{\dot{-}} + PhX \longrightarrow PhCH_2CN + [PhX]^{\dot{-}}$$

图 9-32　光引发的卤苯与乙腈的 $S_{RN}1$ 反应

利用底物 ArX 与 2 个不同的亲核试剂之间发生的如图 9-34 所示的竞争反应，可以证实 $S_{RN}1$ 反应中负离子自由基在受到亲核试剂进攻之前离去基团已经离去的假设。

若反应是 $S_{RN}1$ 过程，则 Ar·与 Y^- 或 Z^- 的相对反应活性与离去基 X 的活性无关；若是亲核取代过程，则 ArY 与 ArZ 的相对产率应和 X 有关，特别是具有不同空

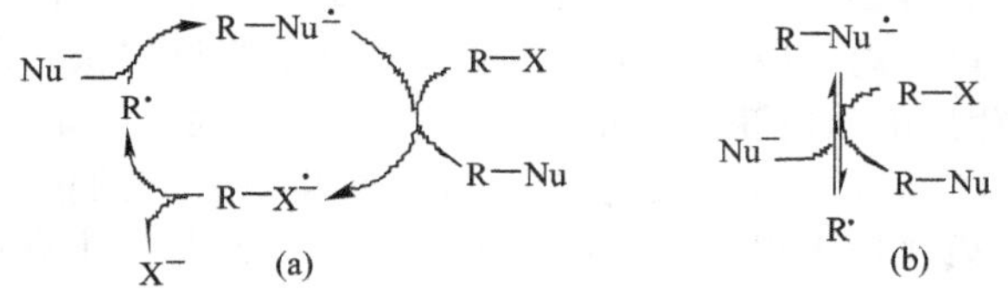

图 9-33 $S_{RN}1$ 反应中单电子向亲核试剂转移的分步过程(a)和协同过程(b)

间特性的亲核试剂的活性会随着 X 不同而有明显差异。实验表明，两个亲核试剂 $(EtO)_2PO^-$ 和 $CH_2{=}C(CH_3)O^-$ 对 6 个底物 PhX(X=F、Cl、Br、I、Ph_2S、PhN^+Me_3)的相对活性比值均为 1.37±0.11，即与离去基 X 的活性无关。同样，在两个亲核试剂 $(CH_3)_2C^-NO_2$(**2**)、$CH_3C^-(CO_2Et)_2$ 与 $XC(CH_3)_2NO_2^{[-\cdot]}$ 的反应中也显示出两个竞争产物之比与 $XC(CH_3)_2NO_2$ 的浓度及离去基 X 都无关系，反映出在这一反应中新的 C—C 键生成之前离去基团已经离去的设想。这两个反应都是 $S_{RN}1$ 机理。

(3) 链中止阶段 液氨中反应时电子由 $ArX^{[-\cdot]}$ 和 $ArNu^{[-\cdot]}$ 转移到 Ar·是链中止的主要步骤，自由基 Ar·的二聚和 $ArNu^{[-\cdot]}$ 的碎片化也不利于链增长。氢原子从溶剂中的转移也会成为链中止的一个主要过程。

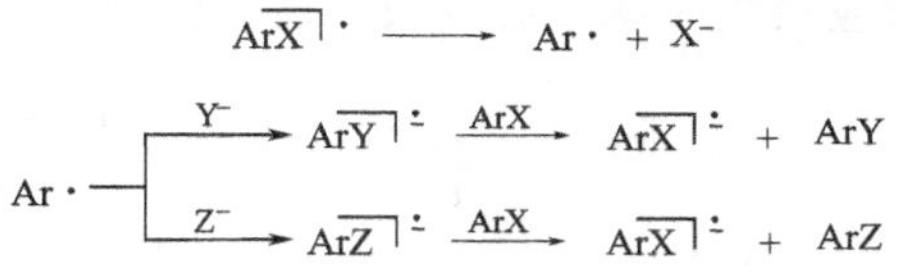

图 9-34 $S_{RN}1$ 过程中的链增长阶段

许多有机合成反应都经由 $S_{RN}1$ 过程。这类反应在分子内或分子间均可进行，易实现芳环上的多种取代反应并有高度位置选择性，产率一般较佳且产物分离方便，特别适于芳基和有大位阻烷基卤代烃的取代反应，在天然产物和杂环化合物的合成上应用较为广泛。[81] $S_{RN}1$ 对一些难以进行 S_N1 或 S_N2 的脂肪族化合物，如，全氟烷基碘化物、1-取代桥头物、取代环丙烷及新戊基卤代烃等也是可行的过程。[82]

9.3.4 邻基参与效应

亲核取代反应中底物的离去基团所在碳原子上连有 N、O、S、X 等带孤对电子的杂原子时往往会促进 S_N1 反应的发生，这是由于这些孤对电子可以通过供电子的共轭作用稳定碳正离子(参见 4.1.2)。另一方面，不与离去基团所在的碳原子直接相连的一个分子内的供电子基团也可通过供电效应经由邻基参与效应(neighboring assistance)来增加碳正离子的稳定性而有利于其产生，即分子中的亲核原子参与了分子内另一部位上的取代反应，如图 9-35 所示。

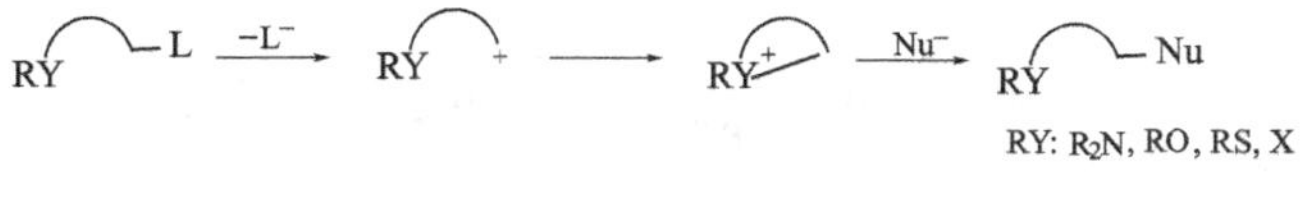

RY: R_2N, RO, RS, X

图 9-35 邻基参与效应

分子作为一个整体，各个原子(团)都是相互制约互有影响的，对分子反应中心的影响除了电子效应和立体效应外，有时还能产生一些直接作用，能部分或全部地与反应中心成键形成过渡态或中间体而影响反应过程。1939 年，Lucas 和 Winstein 在研究 3-溴-2-丁醇与 HBr 的反应中首次提出邻基效应这一概念，现在人们普遍认为邻基效应在取代、消除、重排等反应过程中是普遍存在的一种现象，这些有邻基参与作用的反应一般有如下 3 个特点。

(1) 反应速率明显加快 试剂与底物反应时两者必须进行有效碰撞才能成键。试剂和底物接近的过程必然导致活化熵变 $\Delta S^{\neq}$ 减小，邻基参与的反应是先在分子内开始的，供体和受体原子处于有利位置使 $\Delta S^{\neq}$ 很小，从而明显降低活化自由能 $\Delta G^{\neq}$ 而加速反应过程。[83] 邻基效应经由分子内的分步过程，反应中生成的桥状离子由于超共轭作用和桥连作用使正电荷得到分散，比定域的开链正离子稳定而易于生成并使反应明显加快。如，β-氯代二乙基硫醚(**1**)的水解反应速率比相应的氧醚快 10^4 倍以上。硫的亲核性、给电子能力和可极化度均比氧大，C—S 键也比 C—O 键长，当它处于与反应中心相对有利的位置时，分子内先发生反应的概率要比分子间有效碰撞大得多。即由于硫的参与而大大有助于氯的离去并形成张力较大的三元硫环中间体(**2**)，**2** 又很快水解开环生成产物 β-羟基二乙基硫醚(**3**)，如式(9-52)所示：

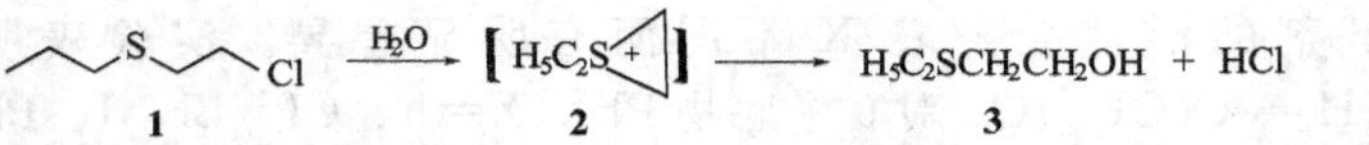

$$\mathbf{1} \xrightarrow{H_2O} [H_5C_2\overset{+}{S}\triangleleft]\ (\mathbf{2}) \longrightarrow H_5C_2SCH_2CH_2OH\ (\mathbf{3}) + HCl \tag{9-52}$$

高度有毒的芥子气(β,β'-二氯乙基硫醚，(**4**)曾在战争中用作神经毒气。如图 9-36 所示，它在生物体内生成三元环中间体(**5**)后，环硫上的正电荷使相邻的碳原子极易亲电而受到 DNA 和蛋白质之类生物分子中亲核中心的进攻，产生烷基化效应而造成生理效应。因邻基参与而使反应加快的现象称邻基协助或邻基促进。但若邻基参与不是发生在决速步骤或溶剂化效应很大时就不会或很少能看到邻基协助或促进现象。

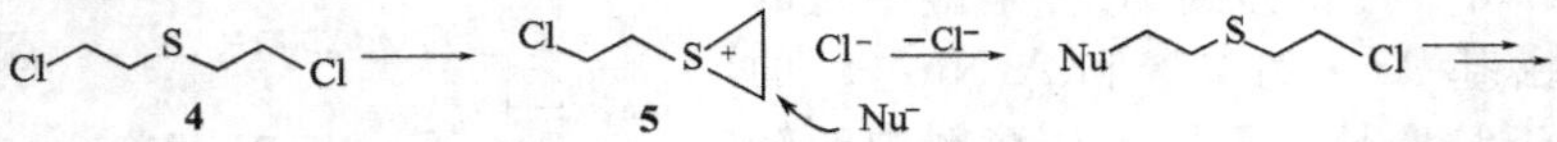

Cl, S, Cl (**4**) ⟶ Cl, S^+, Cl^- (**5**), Nu^- $\xrightarrow{-Cl^-}$ Nu, S, Cl ⟶

图 9-36　芥子气在生物体内易产生烷基化效应而造成生理效应

(2) 反应中心的构型在反应前后得到保留　如图 9-37 所示，邻基效应的反应先后经过分子内和分子间的两次 S_N2 过程，总的结果是反应中心的构型得到保留，进攻试剂 Y 占有离去基 X 原来占有的位置。

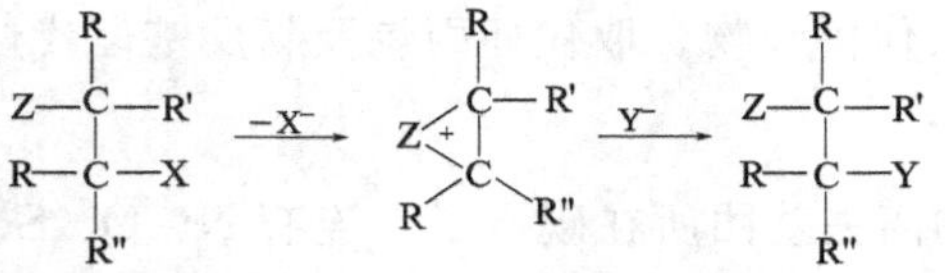

Z—C(R)(R')—C(R)(R'')—X $\xrightarrow{-X^-}$ [Z^+ 桥连] $\xrightarrow{Y^-}$ Z—C(R)(R')—C(R)(R'')—Y

图 9-37　底物中反应中心的构型因邻基参与效应可得到保留

光活性 α-溴代丙酸在浓 NaOH 溶液中发生 S_N2 反应得到构型转化的水解产物，但在稀 NaOH 溶液并有 Ag_2O 存在时得到构型完全保持的水解产物，后者经由邻基参与的反应过程，如式(9-53)所示：[84]

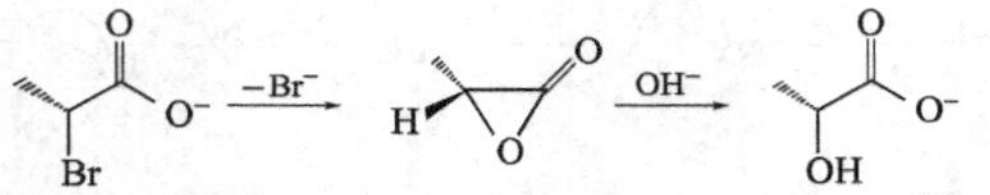

$$\xrightarrow{-Br^-} \xrightarrow{OH^-} \tag{9-53}$$

(3) 生成重排产物　邻基参与效应有环状正离子生成，第二步亲核试剂既可以进攻连有离去基团的碳原子生成正常的取代产物，也可以进攻参与桥环的另一个碳原子而生成重排产物。如式(9-54)所示，**6** 发生乙酸解反应，苯基进行邻基参与生成苯鎓离子中间体，乙酸根进攻 C1 得到正常取代产物 **7**，进攻 C2 得重排取代产物 **8**。

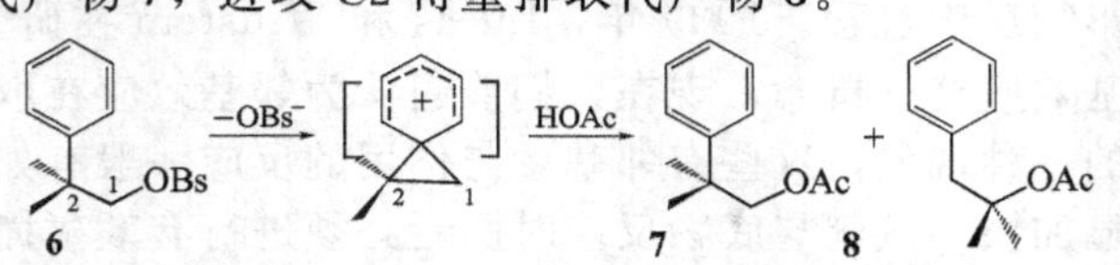

$$\mathbf{6}\ (OBs) \xrightarrow{-OBs^-} [\,\text{苯鎓离子}\,] \xrightarrow{HOAc} \mathbf{7}\ (OAc) + \mathbf{8}\ (OAc) \tag{9-54}$$

邻基参与的过程中有两点是需要考虑的：一是邻基参与是在正离子中心完全形成之后才发生的还是迁移与离去基的离去同时发生。前者是两步过程，后者经由具有桥式结构过渡态

(**9**)的一步过程。二是邻基参与过程是否仅是过渡态还是有一个碳正离子中间体(**10**)生成。[85]

能发生邻基参与效应的基团包括一系列具有未共享电子对的原子(团)及有 π 键的富电子芳基、烯烃等不饱和基团，某些 C—Cσ 键甚至 C—Hσ 键也有这类作用。它们分别被称之为 n-参与、π-参与和 σ-参与。一些 π-参与和 σ-参与的现象也可用同芳性的概念来解释(参见 9.3.2)。

(1) n-参与　n-参与是已知最常见的邻基参与，包括如 O、S、N、I、Br、Cl 等具有未共享孤对电子的原子和这些原子所形成的官能团，如 CO_2^-、CO_2R、COAr、OCOR、OH(R)、O^-、$NH(R)_2$、NHCOR、SH(R)、S^-、SO_2Ph 等。如图 9-38 所示，对溴苯磺酸-4-甲氧基丁酯(**11**)、5-甲氧基戊酯(**12**)和 3-甲氧基丙酯(**13**)的乙酸解相对速率为 657：123：1。这可归因于前两个化合物中存在着较有效的氧原子邻基参与效应，后者若发生邻基参与则由于会生成有一定张力的四元环而不如前二者有效。生成环状过渡态的能量取决于焓变和熵变，焓变值与过渡态中的张力能有关，对普环有利；而熵变值取决于过渡态中旋转自由度受限制的原子，对小环有利。两者综合的结果是邻基参与的成环大小对加快反应速率的影响为五元环＞三元环＞六元环＞四元环：[86]

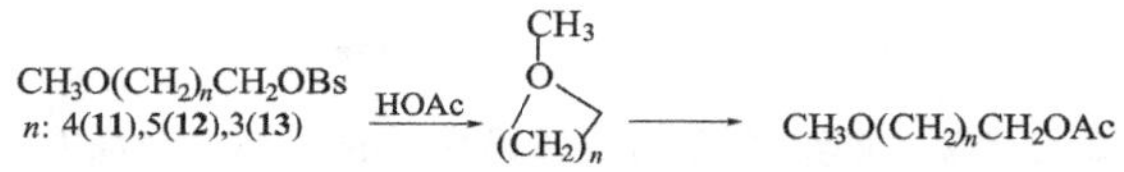

$CH_3O(CH_2)_nCH_2OBs$ (n: 4(**11**),5(**12**),3(**13**)) $\xrightarrow{HOAc}$ [环状氧鎓中间体] $\longrightarrow$ $CH_3O(CH_2)_nCH_2OAc$

图 9-38　几个对溴苯磺酸烷氧基醇酯的乙酸解相对速率

对溴苯磺酸 4-甲氧基戊酯(**14**)和其异构体对溴苯磺酸 5-甲氧基-2-戊酯(**15**)进行乙酸解反应给出同样比率的产物组成。这反映出因烷氧基在反应过程中发生了邻基参与而生成同样的环状中间体(**16**)，故反应的产物组成也一样，如图 9-39 所示。[87]

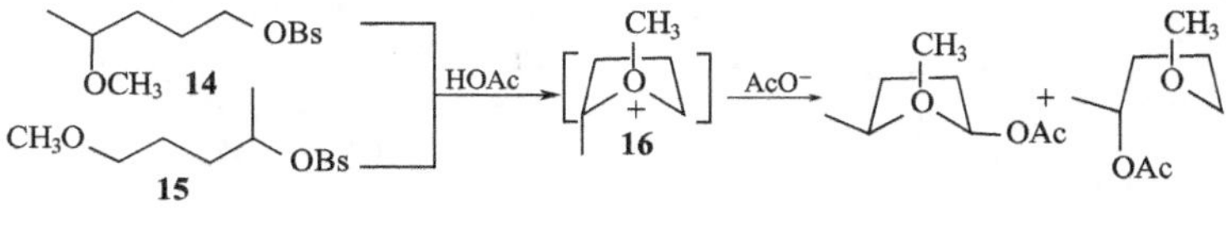

图 9-39　两个对溴苯磺酸烷氧基醇酯的产物相同

卤素参与的反应是最早发现的邻基参与反应。如图 9-40 所示，两种苏式底物 3-溴-2-丁醇(**17**)与 HBr 发生取代反应后生成苏式-2,3-二溴丁烷外消旋体；两种赤式底物 3-溴-2-丁醇(**18**)同样与 HBr 发生取代反应后则得到 2,3-二溴丁烷的内消旋体。这两个反应所得产物的构型都能很好地保持底物的构型。

如果没有邻位溴原子的参与作用而生成开链碳正离子(**19**)的话，则 Br^- 可以从碳正离子的两面进攻，导致同量的立体化学保持和反转而不可能得到上述结果。更令人信服的证明是，若由对映纯体 **17** 或 **18** 为底物得到的也分别是外消旋体或内消旋体产物，说明反应过程中因溴原子的邻基参与效应而生成了对称的溴中间体离子(**20**)(参见 9.2.2)。

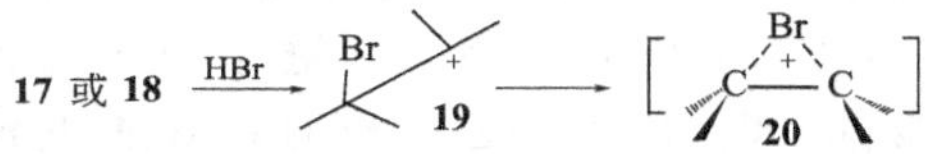

17 或 **18** $\xrightarrow{HBr}$ **19** $\longrightarrow$ [**20**]

卤素的邻基参与能力与它们的亲核能力次序是一致的，即 I＞Br＞Cl。如图 9-41 所示，

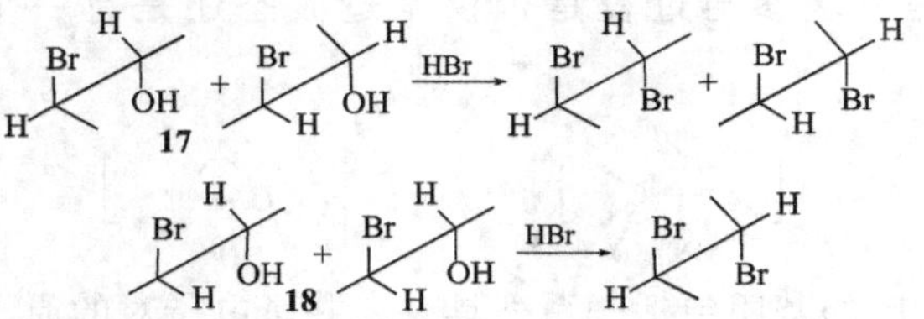

图 9-40　两种 3-溴-2-丁醇与 HBr 发生取代反应生成不同的立体异构体产物

反-对溴苯磺酸-2-卤代环己醇酯(**21**)与顺式的异构体底物相比：X 为氯、溴、碘和氧乙酰基时，两者发生乙酸解反应的相对速率为 1、270、10^6 和 670。反式底物得到反式构型保留的产物，对映纯底物得到是外消旋产物，反映出反应中有邻基参与而生成环正离子中间体(**22**)；从顺式异构体底物(**23**)出发主要得到反式产物，因为此时的反应主要是通过 S_N2 完成的而无邻基参与作用。[88]

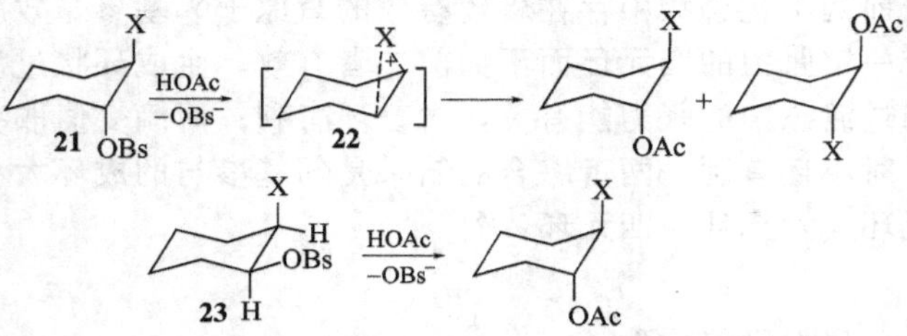

图 9-41　顺-对溴苯磺酸-2-卤代环己醇酯或反-对溴苯磺酸-2-卤代环己醇酯有不同的乙酸解速率和产物

氯是一个很弱的亲核基团，它的邻基参与只有在溶剂不发生干扰的时候才显示出来。如，对甲苯磺酸-5-氯-2-己酯(**24**)在乙酸中溶剂解时并无环正离子中间体生成，生成正常的溶剂解产物 **25**；在亲核性较弱的三氟乙酸中，乙酸解时氯的邻基参与成为反应的主要途径，有重排产物 **26** 生成，如式(9-55)的两个反应所示：[89]

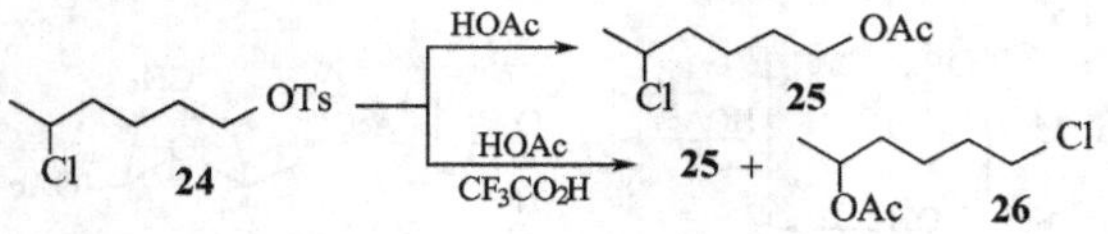

(9-55)

(2) π-参与　*trans*-7-8［2.2.1］-2-庚烯对硝基苯甲酸酯(R＝H，**27**)的乙酸解速率要比相应的饱和化合物 **28** 快 10^{11} 倍，生成构型保持的产物，这里仅用烯烃的诱导效应是难以解释的。**27** 和 **28** 乙酸解反应的 Hammett 特征常数 ρ 值分别为 −5.17 和 −2.30(参见 9.4)，说明烯基的 π 键对离域正电荷起到较大的作用，是有助于离去基团离去的，C2—C3 的 π 电子可与 C7 的空 p 轨道作用，C7 位于等分 C2—C3 键的平面上，与双键的两端都有同烯丙基参与作用形成环丙烯型正离子(**29**)，接受溶剂进攻生成的产物构型不变。[90] 当 R 为对三氟甲基苯基、苯基和对甲氧基苯基时，**27** 与 **28** 的反应速率之比分别为 75000、42 和 3，这又表明当碳正离子中心连有不同的供电子或吸电子苯基时，**27** 中的 π 键参与效应的效果不同，反映出 π 键参与只有在需要时才会产生作用。强吸电子基的对位三氟甲基苯基使苯基不能有效地通过共振离域 C7 上的正电荷，故 π 键发挥出很明显的参与作用；强推电子基的对甲氧基苯基能有效地通过共振离域 C7 上的正电荷，π 键参与虽有但作用已大大降低。*cis*-7-［2.2.1］-2-庚烯对硝基苯甲酸酯(**30**，R＝H)乙酸解时，双键并不处于能有效发生参与作用的位置上，反应速率只有 **27** 的 10^{-7}，得到构型反转的产物。

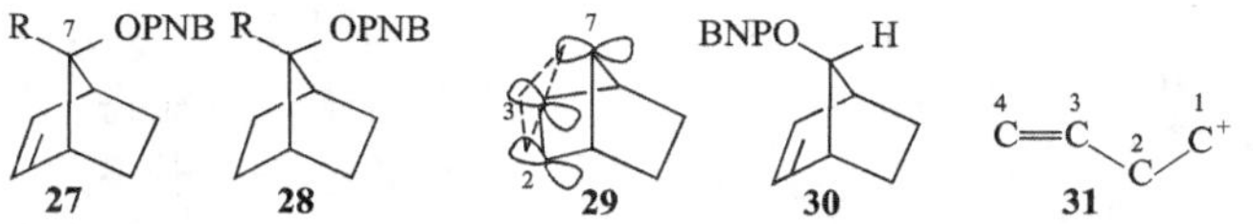

27　28　29　30　31

高烯丙基正离子(**31**)中 p 轨道间的重叠在 C3—C4 间是 π 性质的，C3—C4 双键越过 C2 而与 C1 上的空 p 轨道间也有部分 π 键和部分 σ 键间的同共轭重叠(参见 9.3.2)。如图 9-42 所示，4-甲基对甲苯磺酸-3-戊烯酯(**32**)的乙酸解速率比对甲苯磺酸乙酯快 1200 倍，且有重排产物 **33** 生成，反映出高烯丙基也有邻基效应。但高烯丙基参与的邻基效应需要双键 π 轨道与反应中心碳上的 p 轨道间有合适的相对位置。4-溴环戊烯(**34**)溶剂解时并未发现有此类参与作用，可能此时双键 π 轨道参与成键造成的张力能大于参与所能获得的稳定能之故。

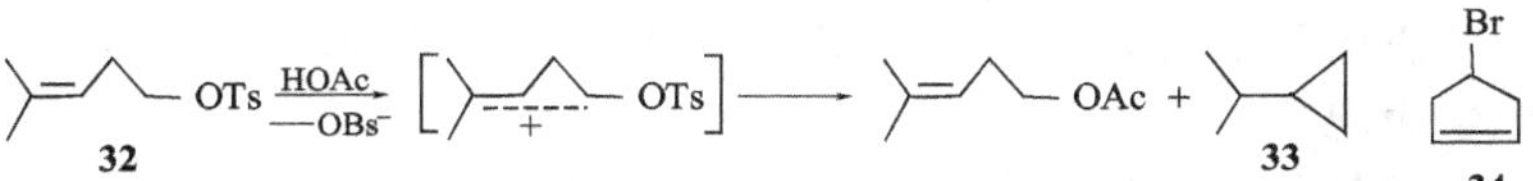

32　33　34

图 9-42　4-甲基对甲苯磺酸-3-戊烯酯(**32**)的乙酸解也有 π 参与作用

如图 9-43 所示，比较折叠状的双环化合物(**35**)的 3 个衍生物的相对乙酸解速率(k_{rel})可以看出，π 键与形成的碳正离子距离愈短，参与作用愈大。[91]

35 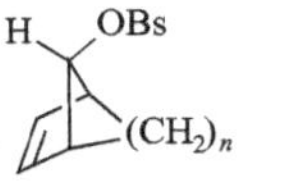

n:	1	2	3
k_{rel}:	1560000	500	1

图 9-43　双环化合物(**35**)的 3 个衍生物的乙酸解相对速率

离高烯丙基反应中心更远的烯键只要空间位置适当也可产生邻基参与效应。如，对溴苯磺酸-2-(2-环戊-3-烯)乙酯(**36**)的乙酸解速率要比相应的饱和底物快 95 倍，且产生重排产物外型乙酸原冰片酯(**38**)(参见 4.1.3)。这实际上也是通过 π-参与得到非经典原冰片正离子(**37**)后再完成反应的：[92]

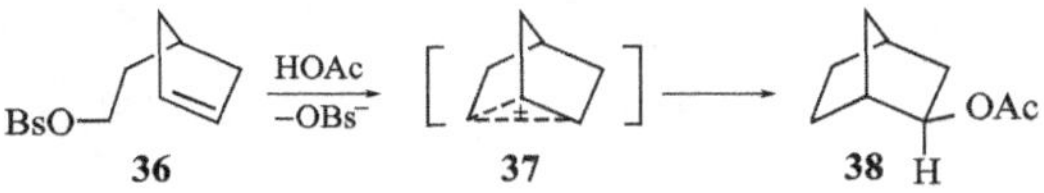

36　37　38

39 的水解速率比相应的饱和物快 1500 倍，产物为反双环-[5.3.0]-1-葵醇(**41**)和双环-[4.4.0]-2-葵醇(**42**)，反映出反应中有通过 π-参与形成的环丙烯基碳正离子中间体(**40**)。[93]

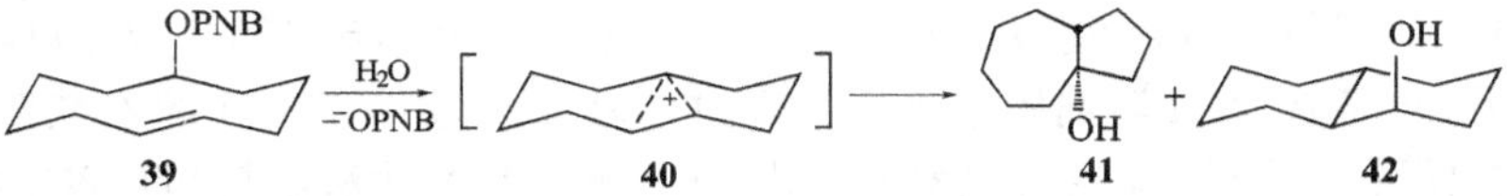

39　40　41　42

π-参与的邻基效应随 π 电子能量的降低而减弱。苯基的邻基参与效应比一般的双键弱，大多数情况下只有位于 β-位的芳香基团才有此效应。苏式-对甲苯磺酸-3-苯基-2-丁酯(**43**)在乙酸中溶剂解得到 96%苏式异构体产物的外消旋体和少量烯烃。若从赤式底物出发同样反应则得到保持赤式构型的产物。若 **43** 的两个甲基中有一个碳用同位素标记，则发现产物中同位素标记碳是等量分布的，如式(9-56)所示：[94]

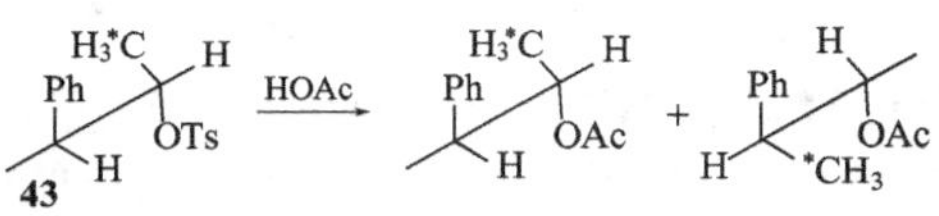

43

(9-56)

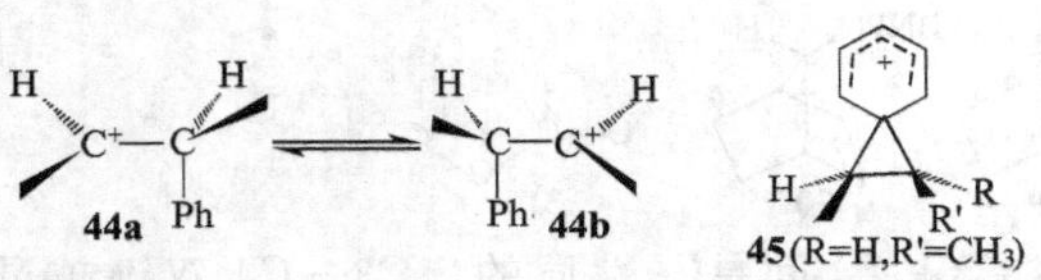

44a　44b　45(R=H,R'=CH$_3$)　46(R=CH$_3$,R'=H)

图 9-44　碳正离子邻位苯基的移动或 π-参与

如图 9-44 所示，反应通过开链状的碳正离子是不能得到这些结果的。这里或者是通过一个快速平衡的不发生分子内 C—C 单键旋转的经典离子对 **44a** 和 **44b**。在这样的平衡中，Ph 和 OTs 由于空间因素只有彼此处于反式时离解才会发生；又由于苯基的移动而阻止了溶剂分子从 OTs 背面进攻而导致反应的立体专一性。另一个可能或者是形成一个苯基桥连的对称离子。苏式底物形成的苯正离子(**45**)有对称面，是非手性的，给出外消旋产物；赤式底物形成的苯正离子(**46**)是手性的，给出手性产物。未反应的苏式底物发生消旋，赤式底物回收仍可保持手性，说明这两个苯正离子都与离去基负离子组成离子对(参见 4.4)，负离子回返回收底物，故有如此立体化学表现。[95]

苯正离子，特别是苯基上带有供电子基团的苯离子在超酸介质中是可以稳定存在的。NMR 表明它们和苯环亲电取代反应的中间体相似，有些苯离子还可以成盐而分离出来，如 **47**。[96] **48a**(R＝OMe)的乙酸解反应速率比其母体底物 **48**(R＝H)快 80 倍，比对甲苯磺酸-2-丁酯(**49**)快 2000 倍左右。这些实验现象可以用 β-苯基参与的邻基效应来说明。当然，苯离子能够在超酸介质中存在并不能证明它在溶剂解反应中也一定是存在的。

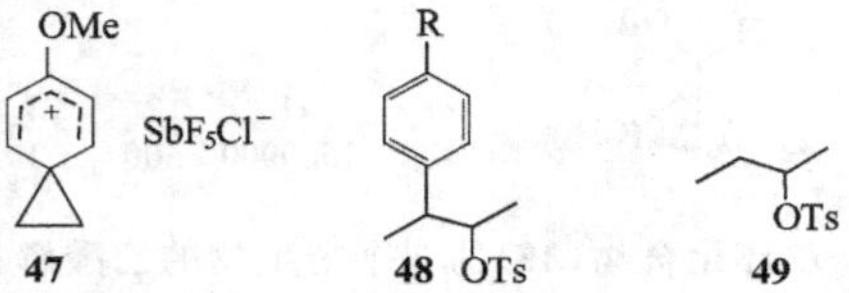

47　48　49

如式(9-57)所示，**50** 水解生成 **52** 和 **53**。**53** 的生成是有苯离子中间体(**51**)的一个有力证明，**51** 也可以和 SbF_5 在液态 SO_2 中形成稳定的盐。[97]

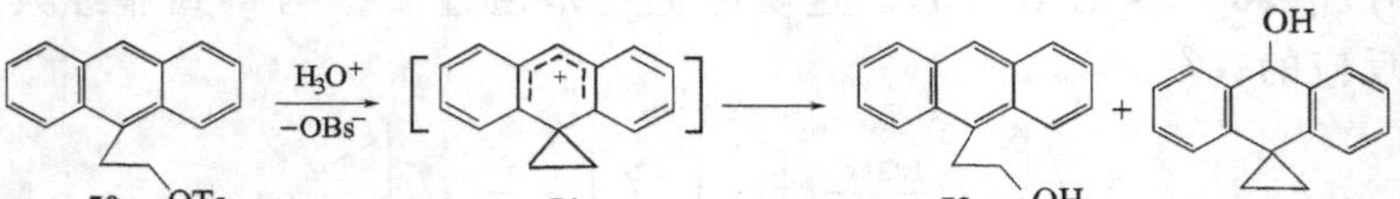

50　51　52　53　(9-57)

β-苯基发生的邻基参与效应对反应速率和产物构型的影响较为复杂，苯基邻对位取代基和溶剂的作用较大，反应可以经过邻基参与效应(k_Δ)和一般的 S_N2(k_s)过程。$PhCH_2{}^*CH(OTs)CH_3$ 发生各种溶剂解时 k_Δ/ks 比值增加的次序为：EtOH(7%)、HOAc(35%)、HCO_2H(85%)、CF_3CO_2H(100%)。反映出在乙醇中 β-苯基的邻基效应是非常小的，在亲核活性很小的 CF_3CO_2H 溶剂体系中主要经过邻基参与过程。[98] **54** 的乙酸解速率比 **55** 快 800 倍的速率差异可归因于苯基的邻基参与，因 **55** 中的苯环是无法参与邻基效应的，苯基上的 π 电子云不能与离解后形成的空 p 轨道重叠。同样，**48** 中的 R 为 OCH_3 时能大大加快反应，保持构型，当 R 为 NO_2 时，产物的构型发生了转化。因此，在讨论 β-苯基的邻基参与效应时要注意各种因素的影响，不能根据某一实验结果而轻率地做出一般结论。

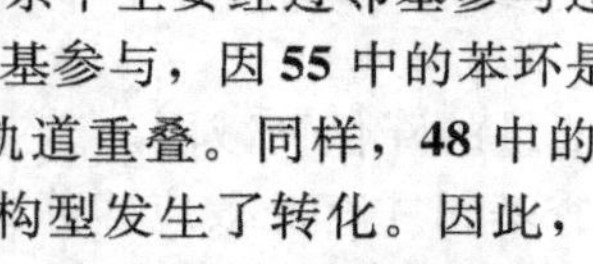

54　55

远距离苯基的参与反应也有报道。如式(9-58)所示，**56** 进行甲酸解反应，除得到正常产物 **58** 外还有并环产物 **59**。**59** 应来自于由 4-苯基参与而生成的中间体 **57**：

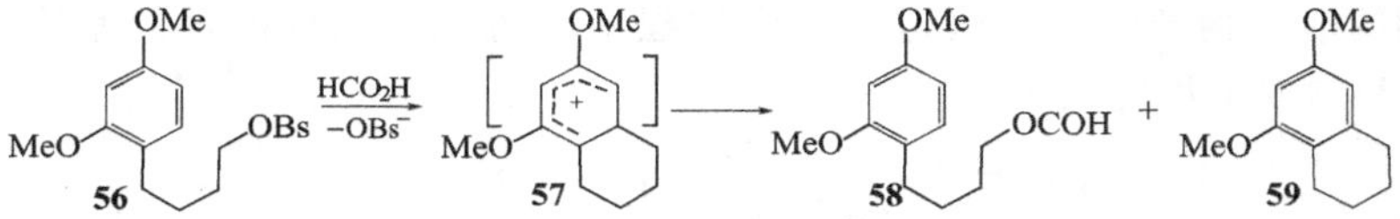

(9-58)

56 57 58 59

(3) σ-参与 环丙烷环和双键的性质有相似之处，在适当的位置也能产生邻基参与效应。如图 9-45 所示的 5 个三环 [3.2.1.0^{2,4}]-辛烷衍生物(X=OBs)的乙酸解反应中，反应速率以环丙基和离去基团 X 处于 *endo-trans* 构型的 **60** 最快，其影响甚至比双键还有效，此时环丙烷从离去基团的背后进攻，供电性的环丙烷弯曲键与碳正离子上的空 p 轨道发生正交共轭。[99]

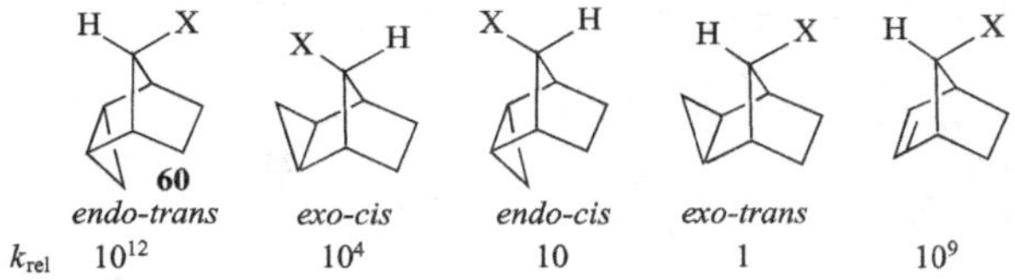

	60 *endo-trans*	*exo-cis*	*endo-cis*	*exo-trans*	
k_{rel}	10^{12}	10^4	10	1	10^9

图 9-45 5 个三环 [3.2.1.0^{2,4}]-辛烷衍生物(X=OBs)乙酸解反应的相对速率

61 进行乙酸解反应所得产物中氘原子平均分布于 C1、C3 和 C5 处，说明反应中是形成了桥连离子 **62**，即三元环发生了邻基参与作用，如图 9-46 所示。

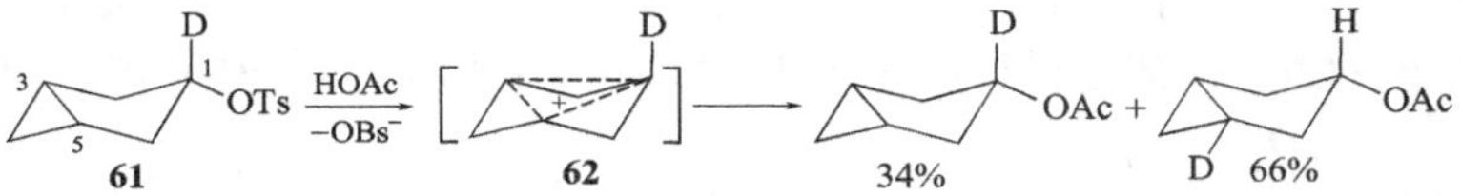

61 → 62 → 34% + 66%

图 9-46 化合物(**61**)中的三元环参与的邻基作用

环丙基甲基碳正离子体系中环丙基的 σ-邻基参与作用非常明显，如图 9-47 所示。**63** 的水解速率比对甲苯磺酸乙酯快 500 倍，且有异构化产物生成，反映出邻位的三元环有助于稳定碳正离子。正电荷向环丙基上 3 个碳原子离域，形成由 C4 上的空 p 轨道和由 C1—C2 或 C1—C3σ 键作用的三中心键。正电荷可向 C1—C2 键或 C1—C3 键离域，但不会向 C2—C3 键离域。这种碳正离子称双环丁鎓离子，结构如 **64** 所示，正电荷分布于中心键的 3 个原子之间，亲核试剂进攻 C4 得到正常产物 **65**，进攻 C1 得到环丁醇 **66**，进攻 C2 或 C3 得到烯丙基甲醇(**67**)。但环丙基甲基体系的溶剂解形成的也有可能不是 **64**，而是如 **68** 那样的等分环丙基甲基正离子。环丙基二甲基碳正离子(**68**)有两种可能的构象：若空的 p 轨道与 C2—C3 键垂直，则两个甲基的化学环境是一样的，在^{1}H NMR 上只出现一个峰，这是垂直式结构；另一种是空的 p 轨道与 C2—C3 键平行的平行式结构，此种结构中环丙基上的 H1 仅与一个甲基靠得较近，两个甲基的化学环境不同，在^{1}H NMR 上出现两个峰。测试表明，**68** 具有平行式结构。[100]

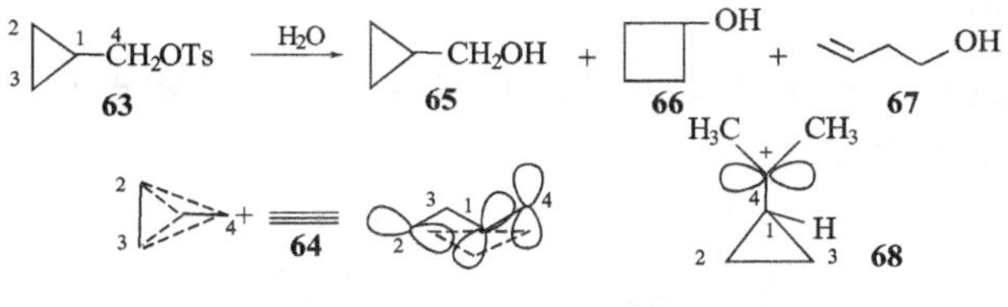

63 65 66 67 64 68

图 9-47 环丙基甲基碳正离子体系中环丙基的邻基参与作用

69 或 **70** 进行重氮化反应及烯丙基甲基对甲苯磺酸酯(**71**)在 98% 甲酸中进行溶剂解后均

得到相同比例的混合物产物，表明这些反应过程中都生成了同样的环丙基甲基正离子中间体，如式(9-59)的3个反应所示。

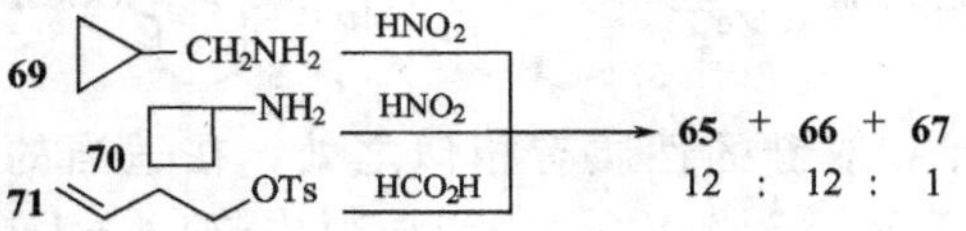

69 ▷—CH_2NH_2 $\xrightarrow{HNO_2}$; 70 □—NH_2 $\xrightarrow{HNO_2}$; 71 ⁄\⁄OTs $\xrightarrow{HCO_2H}$ → 65 + 66 + 67 (12 : 12 : 1) (9-59)

4.1.3章节中曾介绍过原冰片体系中C1—C6 σ键的参与作用，开链体系中的C—C σ键能否发生邻基参与的问题也有不少研究。[101] 如式(9-60)所示，**72** 乙酸解可以得到重排产物 **74** 和少量环丙烷衍生物 **75**，说明有 **73** 生成的可能。但不易定论 **73** 究竟是过渡态还是中间体，新键生成和旧键断裂是协同还是分步进行的也不太清楚。[102]

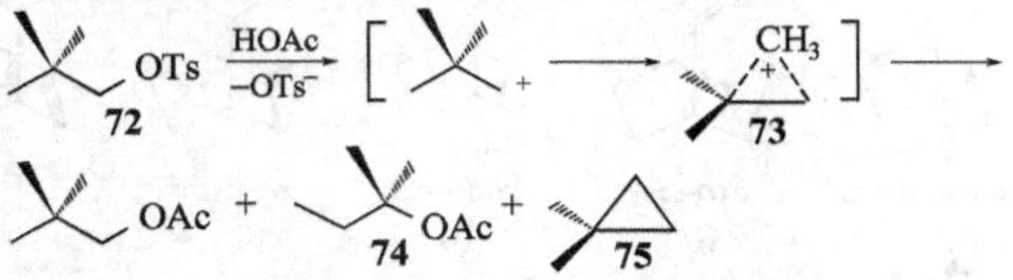

72 $\xrightarrow[-OTs^-]{HOAc}$ [碳正离子 → 73 (CH_3 桥连)] → OAc产物 + 74 + 75 (9-60)

如式(9-61)所示，**76** 在 CF_3CO_2H 中溶剂解得到两个等量的产物 **77** 和 **78**：

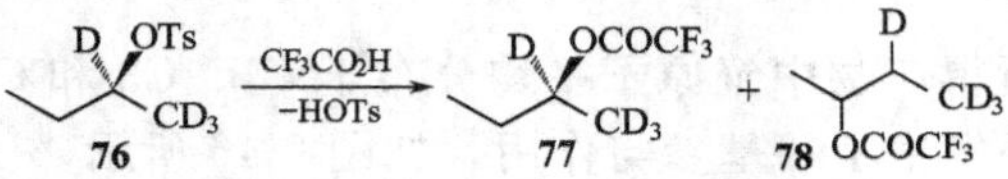

76 $\xrightarrow[-HOTs]{CF_3CO_2H}$ 77 ($OCOCF_3$, D, CD_3) + 78 ($OCOCF_3$, D, CD_3) (9-61)

如果反应中没有C—H上H的邻基参与，则产物应该只有 **77**。另一方面，如果反应中只包括开链的碳正离子并发生H的迁移时，则可以有如图9-48所示的4个碳正离子 **79**～**82** 的平衡。

76 → 79 ⇌ 80 ⇌ 81 ⇌ 82

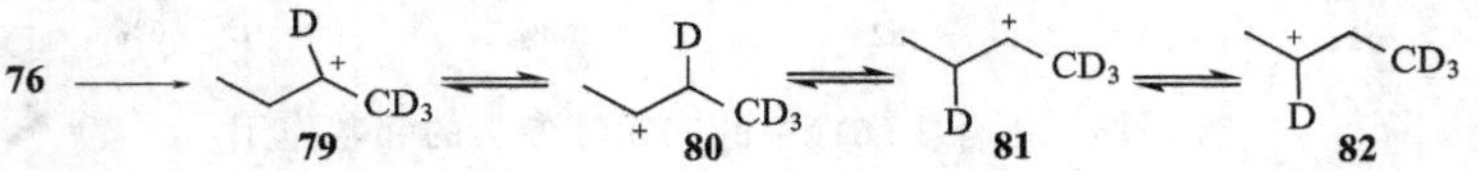

图9-48 化合物 **76** 在 CF_3CO_2H 中溶剂解可能有4个碳正离子 **79**～**82** 的平衡

若有如图9-48所示的平衡存在，则产物除从 **79** 和 **80** 而生成的 **77** 和 **78** 外，还应有从 **81** 和 **82** 而来的 **83** 和 **84**：

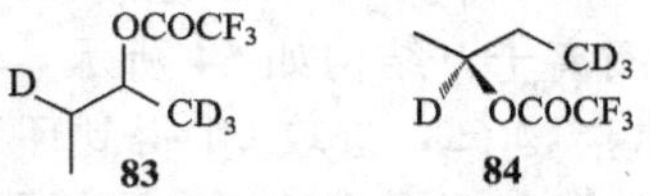

83 ($OCOCF_3$, D, CD_3)　84 (CD_3, D, $OCOCF_3$)

实验结果表明只有 **77** 和 **78** 生成，故开链的碳正离子中间体 **79**～**82** 是不存在的，反应生成由C3—H邻基参与的H桥式离子(**85**)，而后溶剂等量进攻 **85** 中的C2和C3，故产物只有 **77** 和 **78**，如式(9-62)所示：[103]

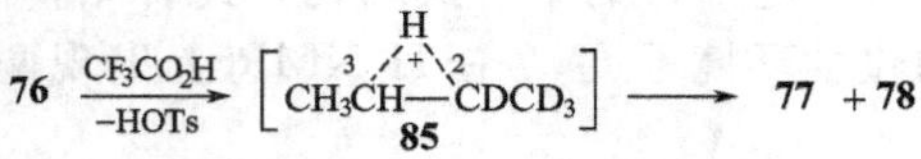

$$76 \xrightarrow[-HOTs]{CF_3CO_2H} \left[CH_3\overset{3}{C}H \cdots\overset{H^+}{}\cdots \overset{2}{C}DCD_3 \right]_{85} \longrightarrow 77 + 78 \quad (9\text{-}62)$$

9.3.5 Favorskii 重排

如式(9-63)所示的Favorskii重排指有α′-H的α-卤代酮在碱催化下重排为酯的反应，常用于合成支链的羧酸酯类化合物。[104]

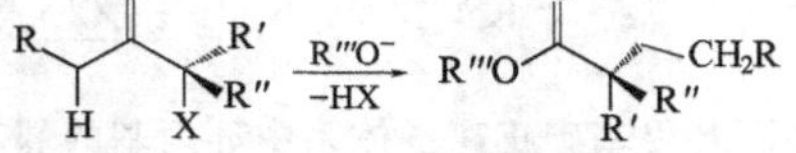

$$RCH_2C(=O)CXR'R'' \xrightarrow[-HX]{R'''O^-} R'''OC(=O)CR'R''CH_2R \quad (9\text{-}63)$$

这个反应看似连在羰基上的烷基进行了取代离去基卤原子的1,2-迁移过程，但实际并不如此简单。如式(9-64)所示，以等量的各在C1和C2位作同位素标记的2-氯环己酮底物

(1)和 **2** 为底物，反应后得到相对比例为 2∶1∶1 的标记产物 **3**、**4** 和 **5**。反应若经 1,2-迁移过程，则应得到相对比例为 1∶1 的 **3** 和 **4**。

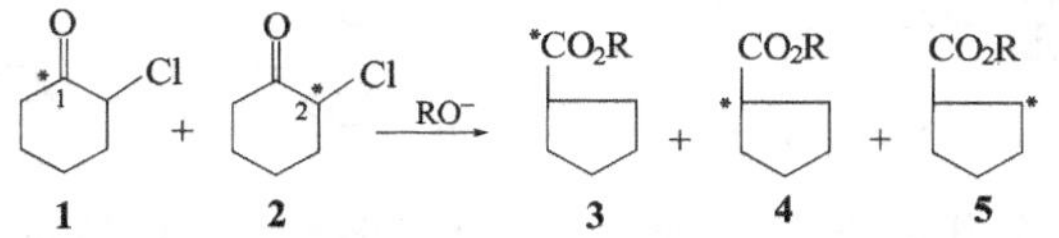

(9-64)

这表明该反应过程应是：底物在碱作用下先生成 α-烯醇盐(**6**)，**6** 进行分子内亲核取代反应经脱卤闭环形成氧代烯丙基分子(**7**)与三元环酮(**8**)平衡的中间体，**8** 接受碱的进攻开环形成产物：

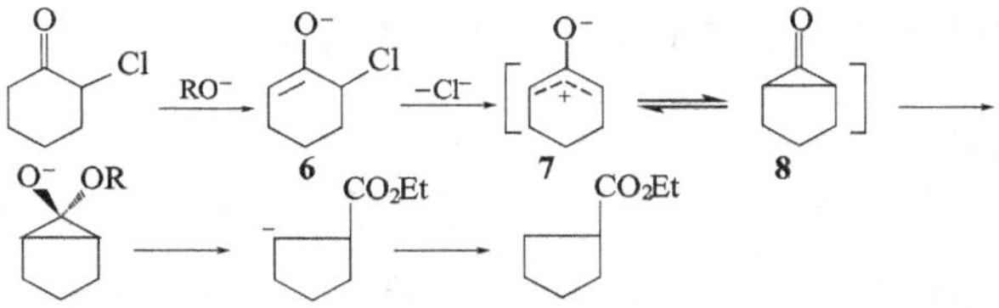

从 $PhCH_2COCH_2Cl$(**9**)和 $PhCHClCOCH_3$(**10**)出发，经 Favorskii 重排反应后都得到同一产物 $PhCH_2CH_2CO_2R$(**12**)。说明这两个底物都生成了同一种中间体产物(**11**)，**11** 接受烷氧基负离子进攻有两种不同的开环可能性，但由于苯基的电子效应和大体积影响开环只在 C1—C2 键上而几乎无另一种产物 $CH_3PhCH(CO_2R)$生成。

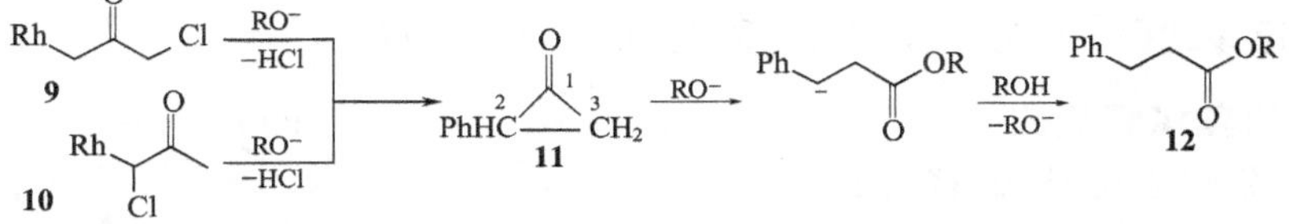

若以$(PhCHBr)_2CO$(**13**)为底物，经 Favorskii 反应后产生的三元环中间体(**14**)能被捕获并转为可以分离出来的环丙烯酮产物(**15**)。以 $PhCH_2COCHClPh$(**16**)为底物，不稳定的中间体三元环丙酮 **17** 可以和呋喃发生 Diels-Alder 反应，生成环加成产物(**18**)：

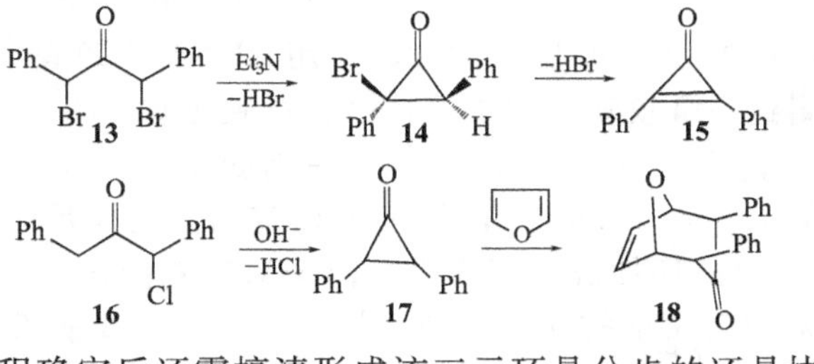

三元环中间体的过程确定后还需搞清形成该三元环是分步的还是协同的过程。分步过程是碳负离子形成后再发生分子内亲核取代；协同过程是形成碳负离子的同时卤离子离去。实验表明，Favorskii 反应在氘代溶剂中进行时回收的底物中有氘代物形成，这就提示协同机理是不可能的，不然不会产生变化了的氘代原料。以 $PhCH_2COCH_2X$(**19**)为原料，当 X 分别为溴和氯，速率常数比值 $k_{X=Br}$∶$k_{X=Cl}$为 63.5；若以 $PhCH_2COCHXCH_3$(**20**)为原料，$k_{X=Br}$∶$k_{X=Cl}$为 1。当 X 为氯，**19** 在氘代溶剂中回收到的氘代原料 *d*-**19** 是 *d*-**20** 的 16 倍。这是因为 **19** 的 Favorskii 反应中生成的碳负离子中间体进行的分子内进攻是决速步骤；而 **20** 由于甲基的位阻效应，第一步碳负离子的生成是决速步骤。**20** 的 H/D 交换比值小，反映出其第一步的离子化能力不强。该反应对溶剂的极性也较敏感：**19** 在 50%甲醇水溶液中的反应比在纯甲醇中快 100 倍以上，**20** 的反应速率仅仅增加 6 倍。这些实验结果都表明反应是分步而不是协同机理。

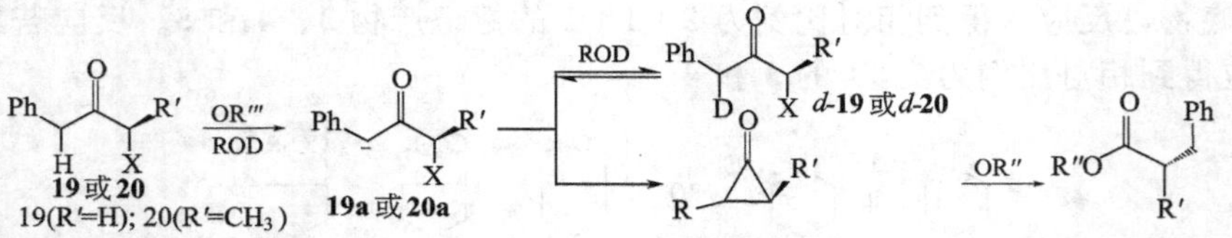

Ph, O, R′, H, X, OR‴, ROD, Ph, O, R′, X, ROD, Ph, O, R′, D, X, *d*-**19** 或 *d*-**20**, O, R′, R, OR″, R″O, O, Ph, R′

19 或 **20**
19(R′=H); 20(R′=CH_3)
19a 或 **20a**

再从立体化学角度来分析，若为分步过程，则和卤原子相接的碳在反应后应有构型反转。两个立体异构体底物 **21** 和 **22** 以 CH_3O^- 为碱在乙二醇二甲醚溶剂中反应，得到很好的立体构型反转的产物(**23**)；但若以甲醇为溶剂，则还有另一个立体异构体产物(**24**)生成。这反映出在极性溶剂中，有利于卤离子的解离，形成带有平面碳正离子的偶极离子中间体(**25**)，此时要仍然完全得到立体反转的反应结果就不可能了。

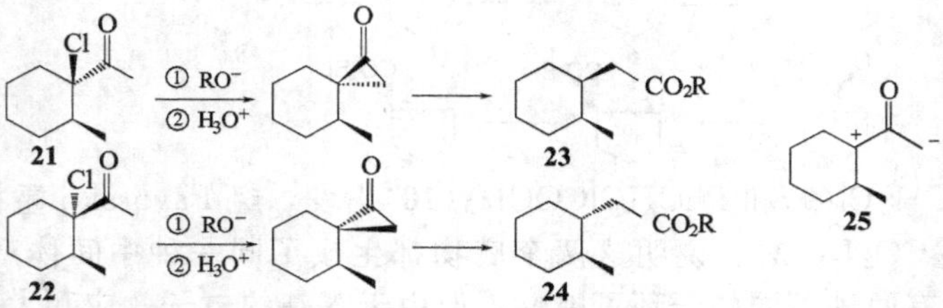

Cl, O, ① RO^-, ② H_3O^+, O, CO_2R
21　　**23**
Cl, O, ① RO^-, ② H_3O^+, O, CO_2R
22　　**24**　　**25**

α'-位无烯醇氢的 α-卤代酮(**26**)受亲核试剂进攻可发生 *quasi*(假)-Favorskii 重排，如图 9-49 所示。此时亲核试剂首先是碱对羰基加成生成四面体中间体(**27**)，**27** 发生类似 Hofmann 重排的迁移过程，反应中无氧代烯丙基中间体(**7**)生成。

9.3.6　烯烃的臭氧解反应

烯烃臭氧分解后再经 Zn 或 $(CH_3)_2S$ 还原生成醛酮化合物的反应称烯烃的臭氧解反应(ozonolysis)，如式(9-65)所示：

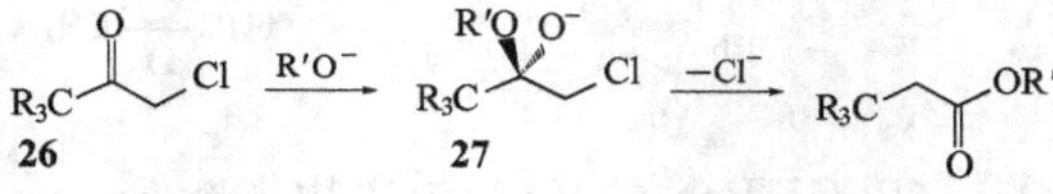

R_3C, O, Cl, $R'O^-$, R′O, O^-, R_3C, Cl, $-Cl^-$, R_3C, OR′, O
26　　**27**

图 9-49　*quasi*(假)-Favorskii 重排反应

$$R_2C{=}CR'_2 \xrightarrow{O_3} \xrightarrow{[H]} RC(O)R + R'C(O)R' \quad (9\text{-}65)$$

该反应被认为是经过如图 9-50 所示的过程。用 ^1H NMR 跟踪 *trans*-1,2-二叔丁基乙烯的臭氧化反应，只检测到一组叔碳上的质子信号，反映出如 1,3-偶极环加成反应那样生成了中间体产物 1,2,3-三氧环戊烷衍生物(**1**)。[105] 具有过氧键的 **1** 称分子臭氧化物(molozonide)或初级臭氧化物(primary ozonide)，是极不稳定的，还原后也不可能给出醛酮羰基。故 **1** 继续反应经逆 1,3-偶极环加成分解为类似离子对形式的羰基化合物(**2**)和羰基氧化物(**3**)。**3** 具有偶极离子和双自由基的共振结构，与 **2** 再发生 1,3-偶极环加成反应形成另一种较 **1** 稳定且可分离出的臭氧化物(ozonide)或次级臭氧化物(secondary ozonide)1,2,4-三氧环戊烷衍生物(**4**)：[106]

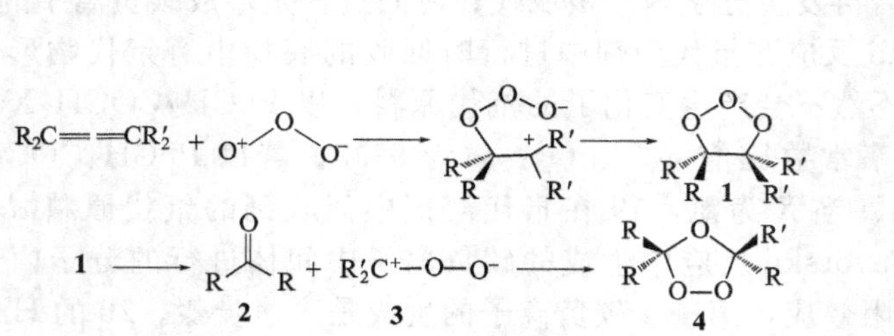

$R_2C{=}CR'_2$ + O^+–O–O^- ⟶ (R, R, R′, R′) ⟶ **1**
1 ⟶ RC(O)R (**2**) + R'_2C^+–O–O^- (**3**) ⟶ **4**

图 9-50　烯烃臭氧化反应有初级和次级臭氧化物生成

中间体 **3** 自身反应后可生成环加成的中间体二聚产物 1,2,4,5-四氧六环(**5**)和另一种二聚产物(**6**)。**5** 非常活泼，极易爆炸而很难分离，通常产生后即被还原。反应体系中若存在另一分子羰基化合物 R″CHO，则还可生成 **7**。**3** 也可与质子性溶剂反应生成与醚过氧化物相似的氢过氧化物(**8**)，也可形成聚合产物(**9**)。

$$R'_2C^+{-}O{-}O^- \longleftrightarrow R'_2C{=}O^+{-}O^- \longleftrightarrow R'_2\dot{C}{-}O{-}O\cdot \longrightarrow$$

5 + **6**　　**7**

$$\mathbf{3} \xrightarrow{ROH} R'_2C(OR)OOH\ (\mathbf{8}) \qquad {-}\!\!\left[R'_2C{-}O{-}O\right]_n\!\!{-}\ (\mathbf{9})$$

烯烃的臭氧化反应是很有用的合成反应。**3**、**4**、**5**、**6**、**7**、**8** 和 **9** 这些由烯烃的臭氧化反应产生的初始混合产物都可被分离，但通常都在体系中被直接处理转为最终产物。若在反应体系中有 $NaBH_4$ 或 $LiAlH_4$ 等还原剂存在时得醇，有 Me_2S、$(NH_2)_2C{=}S$ 或 Zn/HOAc 等还原剂存在时得醛酮；若用氧气、过氧酸或过氧化氢氧化处理得酮或酸，用 ROH/HCl 处理得酯，用 NH_3/H_2 处理得胺。上述臭氧解反应过程称 Criegee 机理。

不对称烯烃底物进行臭氧解反应可形成 3 种次级臭氧化物中间体 **10**、**11** 和 **12**，它们还有顺反立体异构体存在。对称产物 **10** 和 **12** 的比例随底物浓度降低而降低，表明稀释后 **2** 和 **3** 之间的离子对更易离解分开，返回接近的机会也小了(参见 4.3)。[107]

$$RCH{=}CHR' \xrightarrow{O_3} \left[\text{molozonide} \longrightarrow RCHO + RCH^+{-}O{-}O^- + R'CHO + R'CH^+{-}O{-}O^-\right] \longrightarrow \mathbf{10} + \mathbf{11} + \mathbf{12}$$

若在烯烃的臭氧解反应体系中外加^{18}O 标记的醛，^{18}O 标记会出现在醛酮产物(**13**)中，反映出 Criegee 机理是合理的。

$$R_2C{=}CR_2 \xrightarrow[R'CH^{18}O]{O_3} \left[R_2C{=}O + R_2C^+{-}O{-}O^- + R'CH{=}^{18}O\right] \longrightarrow \text{ozonide} \longrightarrow R'C({=}^{18}O)R\ \mathbf{13}$$

9.3.7　碳酸二甲酯与苯甲酸/DBU 的甲基化反应

无毒性的碳酸二甲酯(DMC，**1**)因可代替传统上常用的有毒、有害的碘甲烷或硫酸二甲酯等甲基化试剂的应用已日益受到重视。**1** 与羧酸、酚、苯胺或活泼亚甲基化合物通常需在高温高压下进行甲基化反应，但与苯甲酸在 1 化学计量的 1,8-二氮杂双环［5.4.0］-十一碳-7-烯(DBU，**2**)存在下，于 90℃可顺利地得到定量的甲酯产物(**3**)。该反应若以三丁胺、氢氧化铵或 4-二甲氨基吡啶(DMAP)等为碱反应时得不到酯产物，反映出 DBU 在该酯化反应中并不是简单地使苯甲酸成为苯甲酸根的碱，它是作为试剂参与反应的。此外，DBU 在反应结束后又再生而无损失。

$$PhCOOH + CO(OCH_3)_2\ (\mathbf{1}) \xrightarrow{\mathbf{2}} PhCOOCH_3\ (\mathbf{3}) \qquad \text{DBU}\ (\mathbf{2})$$

对上述反应提出了几种可能的过程。一种可能是认为 DBU 和碳酸二甲酯先形成 *N*-甲基 DBU(**4**)，**4** 与亲核物种苯甲酸根反应生成 **3**，如式(9-66)所示：

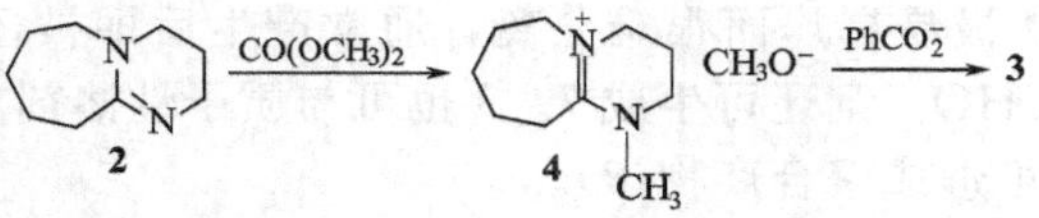

$$\mathbf{2} \xrightarrow{CO(OCH_3)_2} \mathbf{4}\ CH_3O^- \xrightarrow{PhCO_2^-} \mathbf{3} \quad (9\text{-}66)$$

如式(9-67)所示，同位素标记的**4a**与苯甲酸反应未生成标记的酯产物**3a**。显然，反应不应经由如式(9-66)所示的机理。

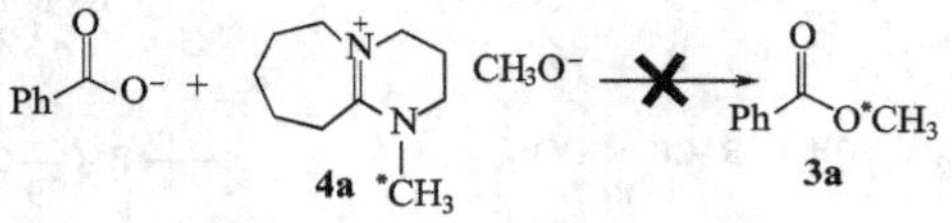

$$PhCO_2^- + \mathbf{4a}\ CH_3O^- \not\longrightarrow PhCO{-}O^*CH_3\ (\mathbf{3a}) \quad (9\text{-}67)$$

还有一种可能如图 9-51 所示，认为 DBU 与 DMC 先形成氨基甲酸甲酯(**5**)。**5**接下来有两条可行的反应途径，一是与苯甲酸根反应生成酸酐(**6**)，**6**再与甲醇反应生成酯产物**3**；另一种反应途径是**5**和苯甲酸根直接反应生成**3**。这两条途径的差异在于苯甲酸根在前者是进攻**5**中的羰基碳(途径 a)，后者是进攻**5**中的甲氧基碳(途径 b)：

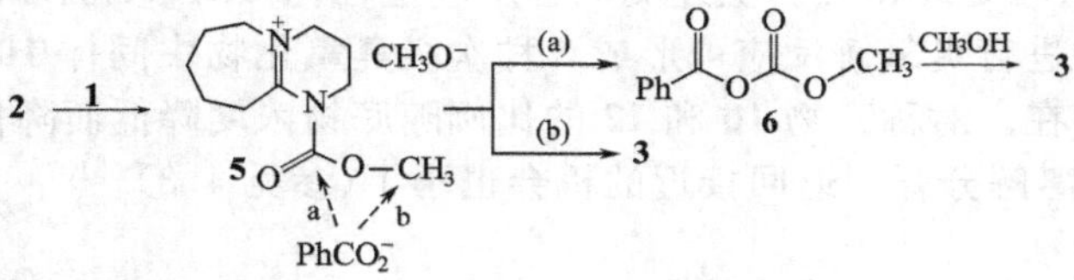

图 9-51 DBU 与 DMC 反应可能生成**5**后的两条途径

为此以^{18}O同位素标记的苯甲酸为底物在 DBU 存在下与 DMC 反应，结果得到等比例的^{18}O分别标记在甲氧基和羰基上的产物**3a**和**3b**，两种苯甲酸酯产物都有标记，如式(9-68)所示：

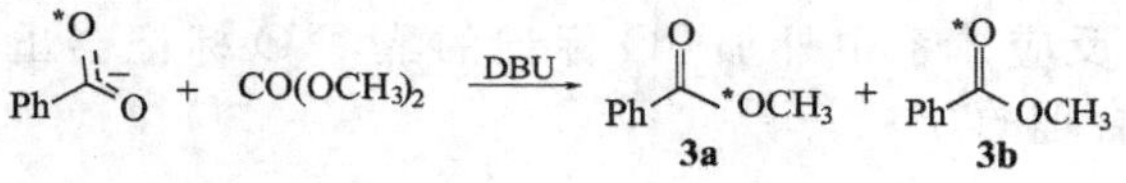

$$PhCO^*O^- + CO(OCH_3)_2 \xrightarrow{DBU} PhCO{-}{}^*OCH_3\ (\mathbf{3a}) + PhC(={}^*O)OCH_3\ (\mathbf{3b}) \quad (9\text{-}68)$$

这样，问题就比较清楚了：过程若是经由**6**反应的话［途径(a)］，将生成两种标记的酸酐中间体**6a**和**6b**，得到的产物应分别为等比例的**3**和**3b**，即应该只有一种^{18}O标记在羰基上的产物，另一种产物将是无^{18}O标记的，这与实验结果不合，故如图 9-52 所示的过程也是不可能的：

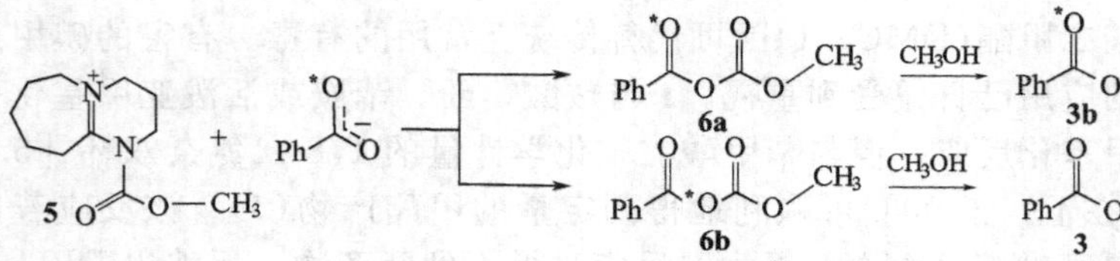

图 9-52 DBU 与 DMC 反应不可能经由**6**的途径

因此，该反应过程应是如图 9-51 所示的途径(b)：苯甲酸在**2**作用下生成苯甲酸根，苯甲酸根直接进攻**5**中甲氧基上的碳，生成等量的或在甲氧基或在羰基上有标记的产物苯甲酸酯。[108]

9.3.8 邻氨基苯甲酸酯的水解反应

酯的水解反应在酸或碱催化下经过水参与的加成消除过程。如图 9-53 所示，酸催化是羰基发生质子化再接受 H_2O 进攻，质子在生成的四面体中间体(**1**)内转移到烷氧基 R′O 上生成 **2**，**2** 离去醇 R′OH 的同时产生两羟基碳正离子(**3**)，**3** 再生出质子催化剂并形成产物羧酸(参见 1.7.3)：

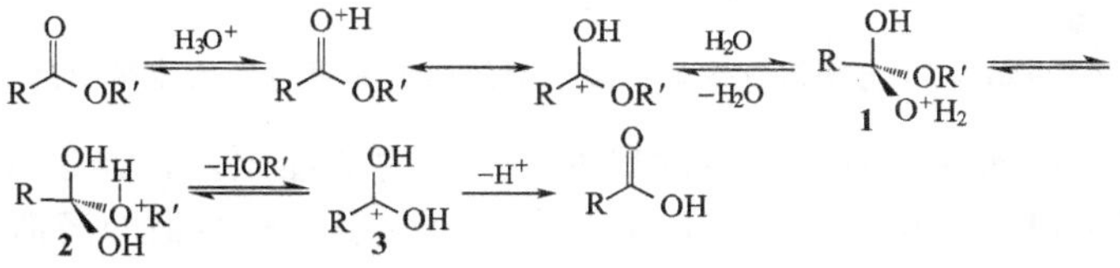

H_3O^+　H_2O　$-H_2O$　$-HOR'$　$-H^+$

1　**2**　**3**

图 9-53　酸催化下酯的水解反应

如图 9-54 所示，碱催化是 OH^- 直接作为亲核物种进攻羰基碳生成四面体中间体(**4**)，接下来烷氧基 $R'O^-$ 从 **4** 上离去并产生羧酸。但在该环境下烷氧基将夺取羧酸中的质子形成醇 R′OH 和羧酸根，羧酸根再在后处理步骤中由外加的酸性水溶液生成产物羧酸：

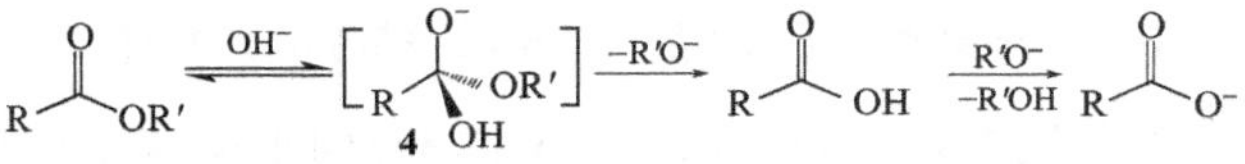

OH^-　$-R'O^-$　$R'O^-$　$-R'OH$

4

图 9-54　碱催化下的酯的水解反应

邻氨基苯甲酸酯(**5**)水解反应后生成邻氨基苯甲酸(**8**)。该反应在 pH>9 时与 $[OH^-]$ 呈一级速率关系，在 pH<4 时随 $[H_3O^+]$ 增加而降低，在 pH 为 4～8.5 时与 pH 无关。反映出该反应在不同的 pH 范围内有不同的机理。碱性条件下的反应符合上述碱催化机理。酸性环境下的苯胺易成为苯铵盐，氨基是强吸电子基团，本应有利于水分子的进攻，但实验结果并未反映出这一点，因为氨基的 pk_a 约为 4，将发生质子化。为探讨 pH 在 4～8.5 的反应机理问题，选择了 3 个不同烷氧基的邻氨基苯甲酸酯的底物：邻氨基苯甲酸苯酯(**5a**)、邻氨基苯甲酸(对硝基苯)酯(**5b**)和邻氨基苯甲酸(2,2,2-三氟乙基)苯酯(**5c**)。结果发现它们的水解速率相差不大，溶剂动力学同位素效应($k_{水}/k_{重水}$)也都在 2 左右，表明反应决速步骤中应包含质子的转移过程。另外再与苯甲酸苯酯(**6**)和对氨基苯甲酸苯酯(**7**)在同样环境下的水解速率进行比较，结果如图 9-55 所示。

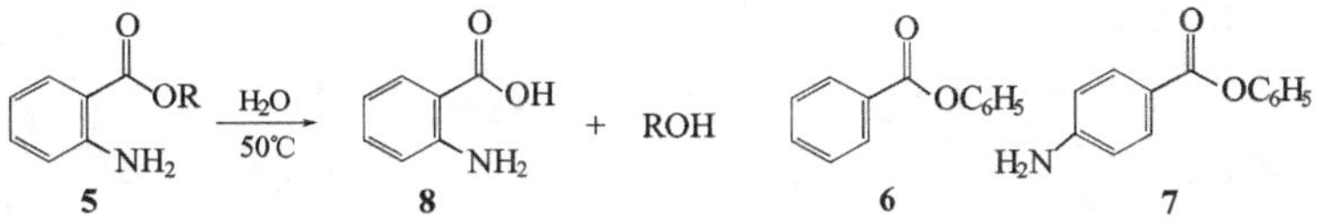

H_2O，50℃　+ ROH

5　**8**　**6**　**7**

R：C_6H_5(**5a**)，p-$NO_2C_6H_4$(**5b**)，CH_2CF_3(**5c**)

	5a	5b	5c	6	7
$k\times10^5$/s:	32	200	47	3	很小

图 9-55　几个氨基苯甲酸酯的水解速率

从 **5a** 和 **6** 的水解速率来看，氨基对水解反应速率是有重要影响的，过程中应包括氨基的参与。再比较 **5a** 和 **7** 的水解速率可发现氨基的参与是邻位效应之故，包括两条可能的途径。一种可能如图 9-56 所示，氨基先作为亲核催化试剂进攻分子内的酯羰基形成一个不稳定的四元环中间体(**9**)，而后四元环接受水分子进攻开环生成同碳双羟基化合物(**10**)并随之完成水解反应得产物 **8**。但该机理未涉及质子转移，不符合实验反映出的溶剂动力学同位素效应，是一个不合理的过程。

另一种可能是氨基作为分子内的碱试剂催化反应的过程。氮上的孤对电子先与参与进攻

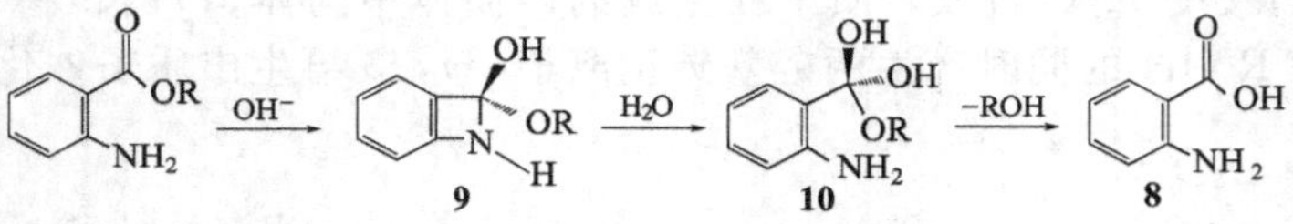

图 9-56　可能的邻氨基苯甲酸苯酯经由四元环过程的水解机理

的水分子形成氢键，继而夺取质子并促进其进攻分子内的酯羰基，经过如 **11** 那样的过渡态生成中间体偶极离子(**12**)。这是一步慢反应步骤，也合乎实验给出的溶剂动力学同位素效应结果。**12** 再转化为 **10** 并随之完成水解反应得 **8**，如图 9-57 所示。

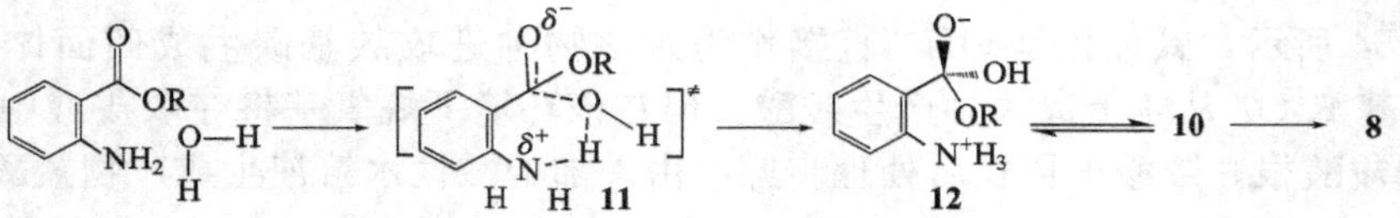

图 9-57　邻氨基苯甲酸苯酯中的氨基参与催化的水解机理

从 3 个不同烷氧基的邻氨基苯甲酸酯(**5a**、**5b** 和 **5c**)的水解速率可以看出，与一般的酯水解过程中离去基团共轭酸的 pK_a 越大反应越快不同，在本系列反应中好的离去基团 p-$O_2NC_6H_4O^-$ 和差的离去基团 $CF_3CH_2O^-$ 的差别不大，尽管这两个离去基团共轭酸的 pK_a 分别为 7.0 和 12.4，反映出这里的消除步骤是快步骤。从这些实验结果来分析，图 9-57 所示的这个分子内邻位碱催化机理是可能发生的。[109]

9.3.9　正向和反向竞争的 Knoevenagel 缩合反应

复杂目标物的多步骤全合成过程中事先应有预见性地对每一步反应都做好机理分析，对实验中发生的一些意料不到的结果能作出理性分析，理解反应过程以寻求对策。Guanacastepene A(**1**)是从真菌中分离出的一族具有抗菌活性的二萜类天然产物的母体化合物，其生理活性和结构的新颖性使其很自然地成为合成化学家的工作目标。在各类合成方案中都会涉及一个三环中间体化合物(**3**)，它应该可以较合理地由 β-酮酯(**2**)经分子内羰基缩合反应，即 Knoevenagel 反应而生成，如式(9-69)所示：

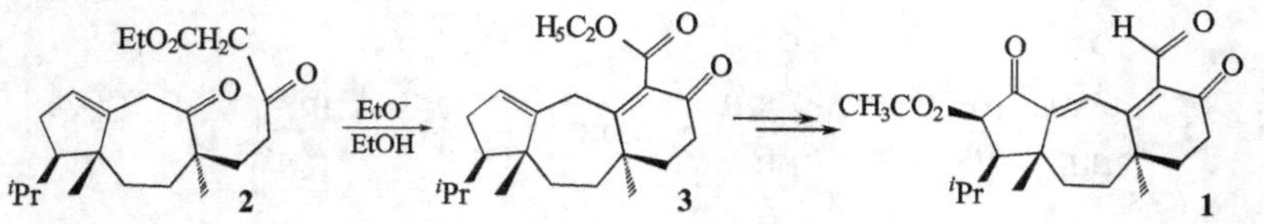

(9-69)

但 **2** 在 EtOH-EtONa 溶液中于 60℃反应并未生成所需环化产物 **3**，主产物是薁的衍生物酯(**4**)和两个副产物三环醇(**5**)和三环二酮(**6**)：

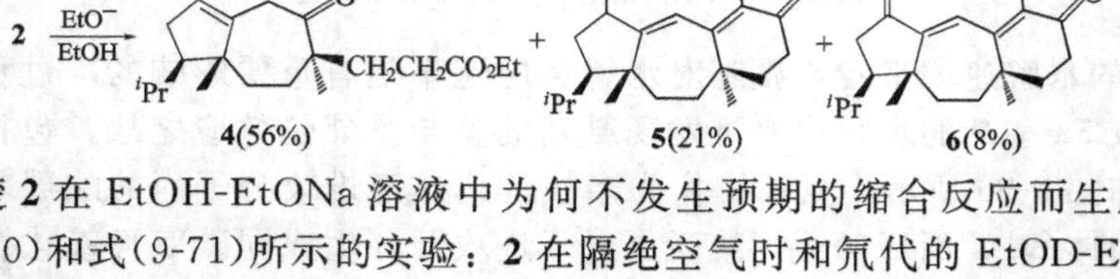

为了搞清楚 **2** 在 EtOH-EtONa 溶液中为何不发生预期的缩合反应而生成 **4** 这个问题，而做了如式(9-70)和式(9-71)所示的实验：**2** 在隔绝空气时和氘代的 EtOD-EtONa 反应确实发生了预期的缩合反应，生成有 9 个氢原子被氘代的三环中间体化合物(d_9-**3**)。d_9-**3** 暴露于空气中形成 d_8-**5**，后者的形成显然是空气氧化反应所致。以 **2** 中七元环上的羰基被保护的 **7** 为底物来同样反应后，并未生成如 **4** 那样的产物 **8**。

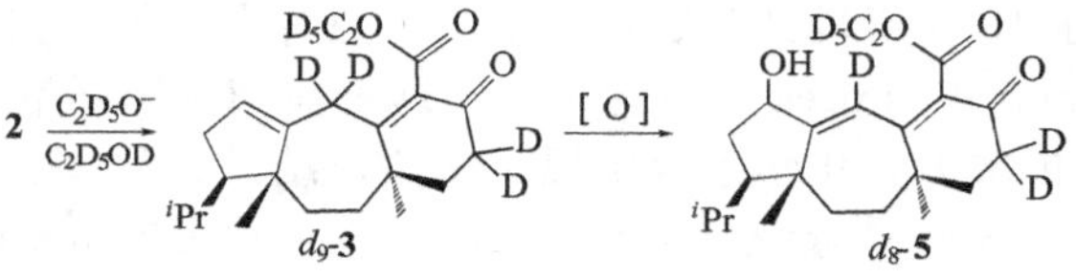

(9-70)

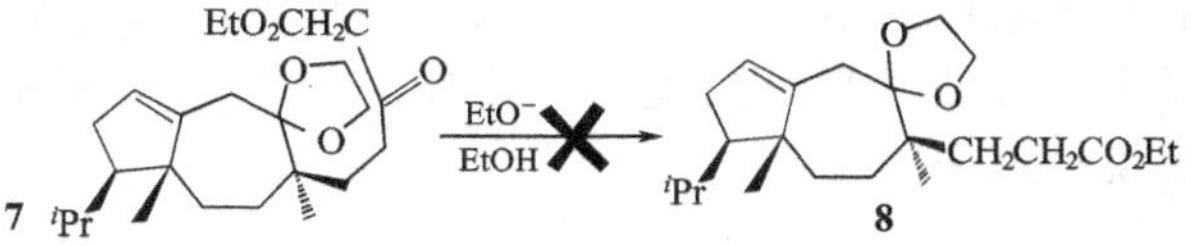

(9-71)

比较各个产物的结构可以看出 **5** 的生成是正常的 Knoevenagel 羰基缩合反应加上一个氧化反应所致：β-酮酯的烯醇负离子(**9**)分子内进攻七元环上的羰基再脱水得到 **3**，**3** 未及分离即在反应体系中快速氧化为 **5**，**5** 则又可继续氧化为 **6**，如式(9-72)所示：

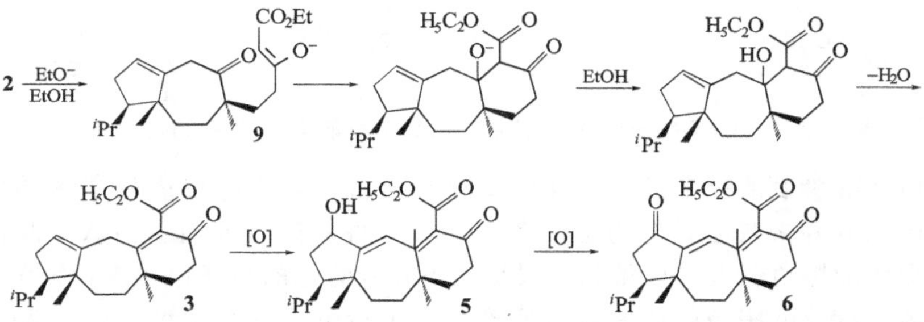

(9-72)

2 中的羰基和酯基的 β-位上共有 6 个活泼酸性氢是可以和氘代溶剂发生 H/D 交换的。此外，酯中的烷氧基也可以和氘代乙醇钠发生酯交换，故在氘代溶剂中是另一种氘代的底物 d_{11}-**2** 参与反应而生成 d_9-**3** 并随后转化为 d_8-**5**，如式(9-73)所示：

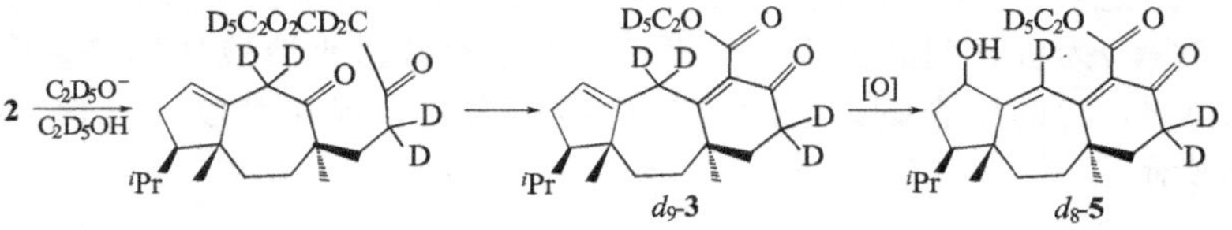

(9-73)

4 的结构与 **5** 不相关，反映出两者不会经由同一机理而来，有竞争反应存在。从 **7** 不能得到 **8** 来看，**2** 中七元环上的羰基是生成 **4** 所必需的。**2** 中的七元环上有非共轭的烯基和酮羰基协同活化的酸性氢，故也可生成七元环上的烯醇负离子 **10** 进攻环外的酮羰基而发生另一种竞争的反向羰基缩合反应，形成内酯 **11**。乙氧基再对 **11** 进行亲核加成，内酯开环生成双环主产物 **4**，如式(9-74)所示：[110]

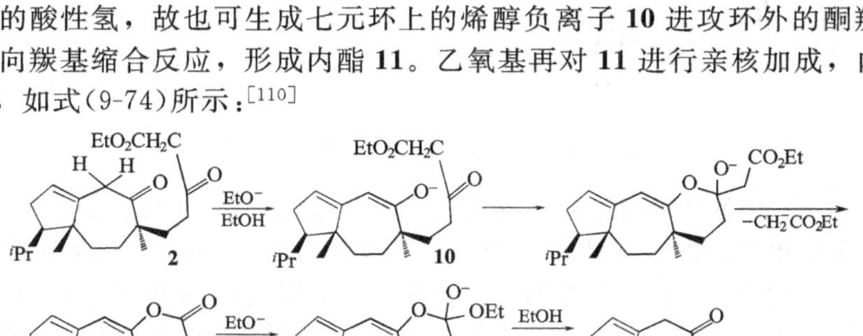

(9-74)

9.3.10 奎宁合成中的 Meerwein-Poundorf 还原反应机理和金属有机化学中的杂质问题

19 世纪初，人们已经知道金鸡纳树(quina)皮粉可用来治疗疟疾(malaria)。1820 年，躲藏在金鸡纳树皮粉中的奎宁(quinine，**1**)被分离纯化并证实是能治疗疟疾的奇效药物，其分子式($C_{20}H_{24}N_2O_2$)也在 1854 年得到确定。但奎宁来源有限，仅存在于南美和东南亚等地区的茜草科 cincona、remijia 和 cuprea 属植物中，远远不能满足民间治病所需。当时的有机合成已开始崭露头角而发挥威力，化学家也掌握了加热、结晶、萃取、蒸馏等技术手段。1856 年，在位于伦敦刚成立不久的皇家化学院(Royal College of Chemistry)任主任的 Hoffmann 根据奎宁的分子式组成而要求他的学生 Perkin 尝试从煤焦油出发，用两分子 *N*-烯丙基甲苯胺加上 3 个氧原子再脱去一分子水来得到奎宁的工作。如图 9-58 所示，从反应前后原子数的平衡来看，这似乎是说得过去的：

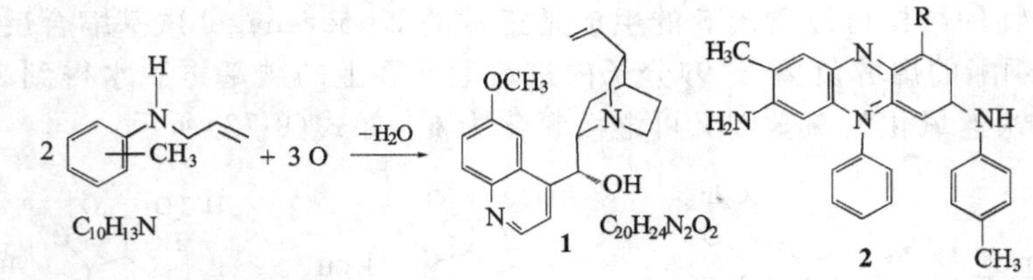

图 9-58　Perkin 合成奎宁的反应和苯胺紫(**2**)的结构

当然，Perkin 尝试的这个反应在化学上是不合理的，实际形成的产物是难以处理的棕红色沉淀。Perkin 并未灰心，努力尝试各种反应条件并改变原料。当从苯胺出发时，用乙醇萃取反应形成的黑色黏稠物后得到了很易让棉纤维着色的亮紫色溶液，该溶液浓缩后形成了美丽的晶体。Perkin 将该晶体命名为苯胺紫(mauveine，R＝H 或 CH_3，**2**)，并依此为由开创了近代染料化学和煤焦油工业。后人发现，Perkin 所用的苯胺原料混有邻甲基苯胺和对甲基苯胺杂质，而正是这些杂质的存在才生成了苯胺紫，苯胺紫也是一个混合物而非单一的化合物。[111]

当代有机立体化学和微生物学的开拓者 Pasteur 在进行对映异构体酒石酸的拆分研究中也探索过用奎宁(碱)为拆分剂的工作。他发现，奎宁用硫酸水溶液加热处理后可生成现在称奎尼辛(quinotoxin，**3**)的化合物。当时奎宁的结构未知，现在可以从机理上分析这个反应过程如图 9-59 所示。

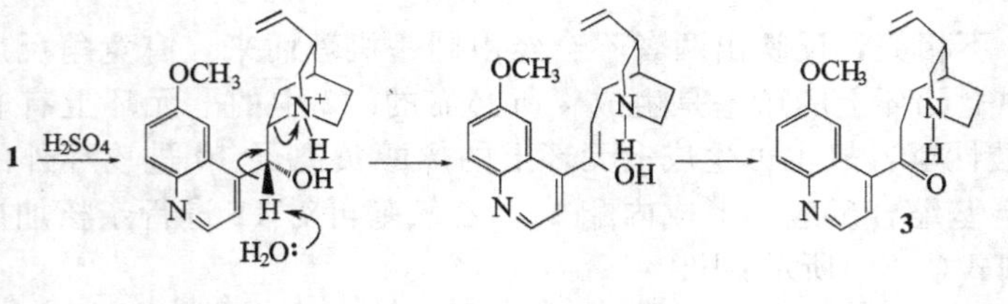

图 9-59　奎宁用酸处理生成奎尼辛(**3**)

Pasteur 于 1853 年发现的这个降解反应促成了德国化学家 Rabe 在 1908 年给出了奎宁正确的构造，从而使化学界得以理性地开始合成奎宁的设计。Rabe 认为可用 **3** 来合成奎宁。他先将 **3** 中哌啶环上的氮溴化，形成的溴化物脱溴化氢得到 **4**，**4** 中的 C8 位在反应过程中会发生对映异构化，故 **4** 是一个非对映异构体的混合物，还原后可生成奎宁，如图 9-60 所示。

当时奎宁分子的立体化学并不清楚，也无构象分析等概念。**4** 可发生酮式-烯醇式互变异构［(参见 4.2.4)，在奎宁的研究中又常称变旋作用(mutarotation)］，烯醇式(**5**)因分子内氢键而得以稳定存在，最终的还原反应是没有立体选择性的。上述反应即使从对映纯的 **3** 出发，仍因生成 C8 和 C9 这两个新的立体源中心而会形成 4 个立体异构体产物 **1a**、**1b**、**1c** 和 **1d**，其中 **1b** 是天然产物(－)-奎宁。

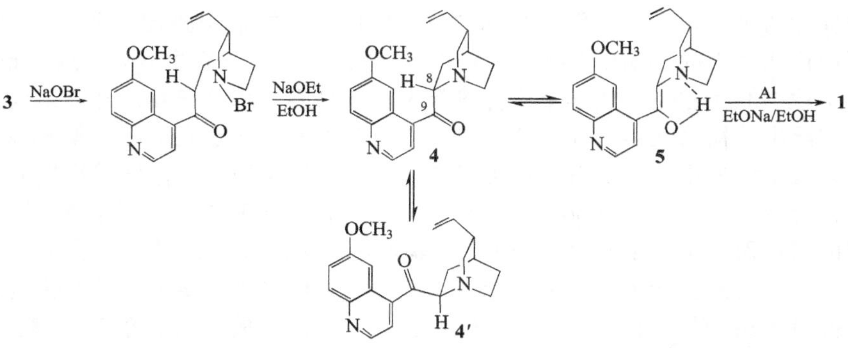

图 9-60 Rabe 合成奎宁的路线

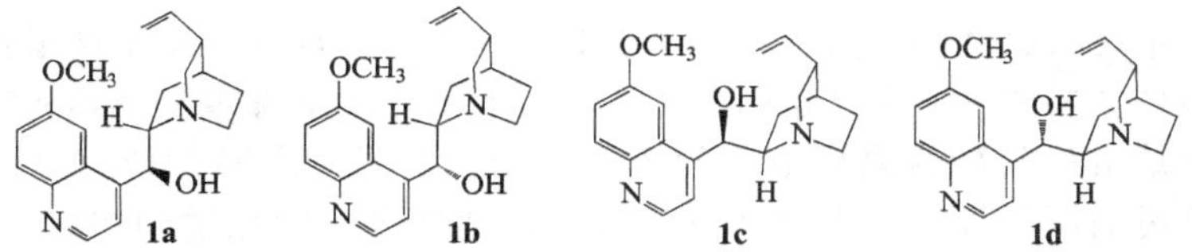

Rabe 于 1918 年发表论文报道了上述成果，并表示最后一步在 EtONa-EtOH 体系中用铝粉的还原是颇令人满意的新方法且带有普遍意义。但他在论文中并未描述铝粉的来源和性状，也无实验过程。在稍后于 1932 年发表的另一篇附有实验过程的论文中，他又提到用该还原法可还原 **4** 的类似物 **6**，但仍未涉及奎宁。

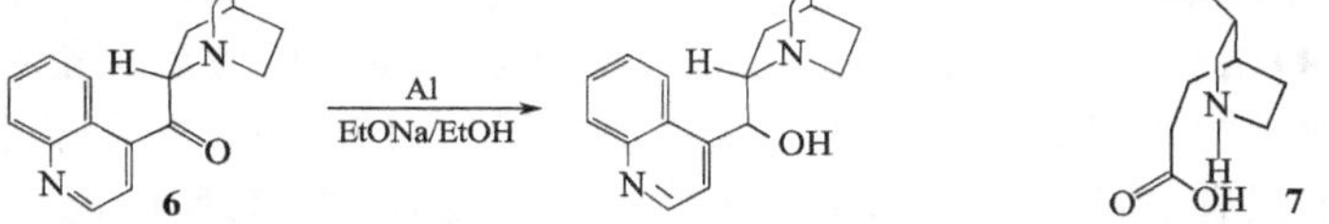

Rabe 的工作影响很大，在没有波谱解析和色谱分离技术支持下能取得这样的成果殊属不易。后人也从中得益匪浅，许多有关吡啶、喹啉等杂环化学的知识都与奎宁的这一早期的合成工作相关。1943 年，Prelog 发现从 **3** 分解产生的结构较简单的单环产物高部奎宁(homomeroquinine，**7**)可以再转变为 **3**，这一系列研究成果为合成奎宁的路线建立了可行的基础。[112]杰出的有机化学大师 Woodward 少年时就对奎宁的制备产生兴趣，据说曾自行尝试设计合成路线并由此迷恋上有机化学这一学科。他于 1944 年和后来也是卡宾化学开拓者之一的 Doering 一起从间羟基苯甲醛出发，经多步反应终于得到了立体构型得以确认的重要中间体化合物 **8**，**8** 和 **9** 经 Dieckmann 缩合后可转化生成 **3**，由于 Rabe 已经阐明从 **3** 可以得到奎宁，故 Woodward 和 Doering 完成的这一工作被认为是人类第一次实现了奎宁形式上的全合成(formal total synthesis)，如图 9-61 所示。当时正处于二次世界大战，奎宁的天然资源都为德国和日本所控制。故该成果受到了民众和媒体的普遍赞赏，当时美国的“时代”和“新闻周刊”等主要媒体都对此作了报道，Woodward 和 Doering 也成了耀眼的、令人尊崇的科学明星。该工作也被化学界誉为近代有机合成史上里程碑式的一大标志性成果[113]。

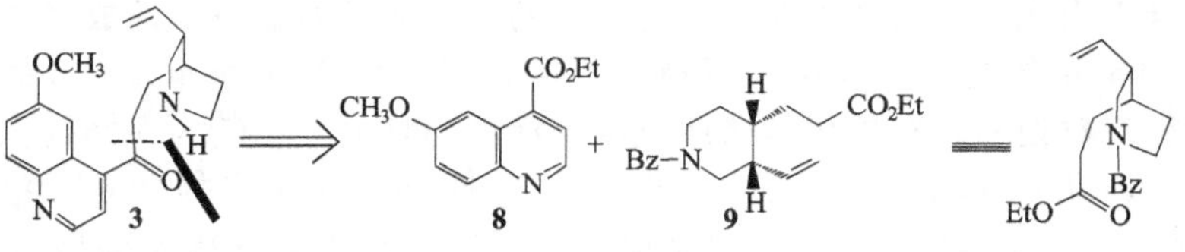

图 9-61 Woodward 和 Doering 合成奎宁的路线

立体选择性的奎宁全合成工作在 20 世纪 70 年代后不断取得进展，并于 21 世纪来临前夕由美国哥伦比亚大学的 Stork 小组得以完成。[114] 奎宁这一分子并不大，结构也不甚复杂，但因有 4 个手性中心而在立体化学上给合成带来一定难度。相较于其他许多结构更复杂的天然产物往往在给出结构的几年时间里就能实现全合成来看，奎宁在分子式被确认后过了 150 年才完成全合成工作似乎有点费解。这可能与以往总是以得到 **3** 这条路线出发的合成策略难以进行不对称合成反应有关。Woodward 和 Doering 的工作完成了 **3** 的合成但未重现 Rabe 从 **3** 到奎宁的实验而又留下了问号。因 Rabe 本人并没有发表过详尽的实验过程，仅提及有 12%的产率。凭当时的实验手段，他真能从 4 个立体异构体中分离出奎宁产物吗？因此，对 Woodward 和 Doering 的工作是否真正实现了奎宁的形式合成一直有质疑之声。Stork 在当时就写信给 Woodward 和 Doering 对此提出疑问，但未有答复。两年后 Stork 开始了自己的合成设计，并在 55 年后的 79 岁时完成了此夙愿。他在 2001 年发表的论文中再次提到埋藏于心中达半个世纪之久的疑问。这些疑问牵涉到最伟大的合成化学家早期最富创造性的标志性工作究竟有多少重要意义，自然也引起了不小的反响。有人重复过 Rabe 的实验，发现用铝粉还原这一步结束后仅能检测到痕量的奎宁产物，但用 DIBAL($^{i}Pr_2AlH$)作还原剂可有 33%的产率。这更加深了人们心中的疑惑，最富权威性之一的化学刊物“应用化学”(*AngewChemie*)为此还两次就此议题刊发文章引发讨论。[115] Doering 则在 2005 年表示，他们确实没有做过 **3** 到奎宁的实验，但仍认为 Rabe 的工作是可信的。

科罗拉多大学的 Williams 决定对 Rabe 从 **3** 到奎宁的三步实验再做一些详尽的考察。他认为，Rabe 所处时代与今不同，所用铝粉的品质和纯度也都不一定相同。他发现，**3** 和 NaOBr 反应后得到的溴化产物非常不稳定，需立即用 EtOH-EtONa 处理，得到的一对非对映异构体混合物(**4**)用从 Aldrich 公司新购得的铝粉进行还原反应后只能检测到痕量的奎宁产物。但采用其他来源的铝粉在同样条件下再反应确实可有 16%的产率生成奎宁，在最初不起作用的铝粉中混有少量 Al_2O_3 后或将纯净的铝粉通氧 72h 后反应也有接近 Rabe 报道的 13%的产率生成奎宁。为此，Williams 认为，铝粉的生产在不同时期和不同的国家地区是不一样的。当初 Rabe 所用的铝粉并不纯净，很可能是沾污了 Al_2O_3 或保存不当而被氧化了，但正是这类铝粉是适宜于该还原反应的，Rabe 的报道是可信的。为了解答当时并没有使用过现代层析等分离技术手段却实现了 4 个立体异构体的分离并得到与现在一样的产率疑问，Williams 让他的学生完全按照 20 世纪 40 年代的实验条件作分离工作，经反复摸索各种条件后确认奎宁的酒石酸盐是可以与其他立体异构体分离的，并能得到纯的(−)-奎宁(**1b**)。所有这三步反应和分离工作再经另外两个实验工作者重复得以确认。该结果于 2008 年在 *AngewChemie* 上发表并献给 Doering 教授以祝贺其九十华诞。[116]

Williams 的工作了断了一段长达 90 年的疑惑，用科学的实验确认了 Rabe 的反应及 Woodward 和 Doering 完成的第一次形式全合成奎宁的工作。“自然”和“化学工程新闻”等媒体都作了介绍，认为解决了有机合成史上一个最令人困惑的疑案。Stork 也肯定了 Williams 的出色工作，同时仍表示 Woodward 和 Doering 在当初没有能处理这一问题总有点遗憾。也有人对此有不同看法，他们认为得到社会资助的科学家们不应纠缠于几十年前的工作真伪问题，投身于当代的创新性事业，适应时代的要求而不断取得新的成果才是要更多考虑的。实际上 Williams 的这一工作不仅澄清了事实，对加深 Meerwein-Poundorf 还原反应机理的了解也是很有益处的。有机化学始终充满了活力和魅力，不断为人类提供所需的物质产品。当 Perkin、Prelog、Woodward、Doering 和 Stork 等涉足奎宁的合成研究时分别只有 18 岁、24 岁、27 岁、26 岁和 22 岁，可谓风华正茂时期。有机化学确实为所有立志于科学事业的年轻人提供了充分发挥聪明才智并能大展宏图而有所成就的大舞台。

如今全球每年仍有数亿人罹患疟疾，上百万人死于疟疾。奎宁的来源有限且长期服用毒性较大又需靠静脉注入。1948 年研发成功的抗疟药氯喹(chloroquine，**10**)不过过了 20 来年就和奎宁一样被发现已因疟原虫产生的抗药性而失去了疗效。我国的科研人员在 20 世纪 40 年代发现中药常山中含有的常山乙碱(**11**)也具有不亚于奎宁的治疟功效，但因其具有催吐和损肝的毒副作用而未能成药。如今最有效的治疟药物也是由我国的科研人员在 20 世纪 70 年代对从中药黄蒿提取出的具有环状过氧结构的天然产物青蒿素(**12**)加以修饰后研制成功的双氢青蒿素(artemisinin，**13**)、蒿甲醚(dihydroartemisinin，**14**)和青蒿琥酯钠(artesunate，**15**)及后两者的复方。它们已被世界卫生组织(WHO)列入“基本药品目录”，也是国际公认的中国原创药物，疗效明显、副作用和抗药性都很小，是远比奎宁更理想的可口服的抗疟药物。有机合成技术及利用酵母工程菌工业生产青蒿酸的成功已使青蒿素不必依赖天然来源就能满足抗疟所需了。[117]

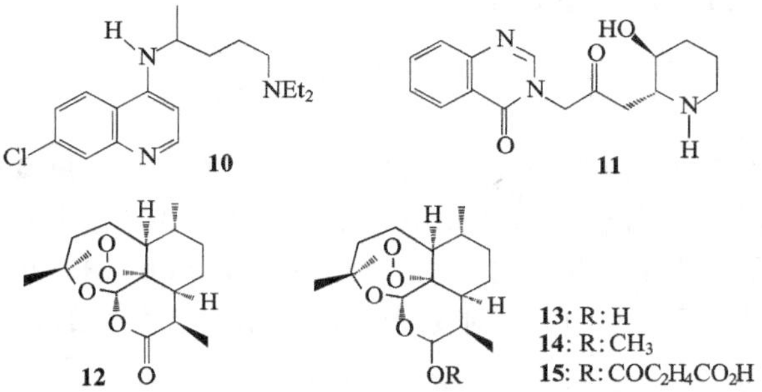

13: R: H
14: R: CH_3
15: R: $COC_2H_4CO_2H$

如 Rabe 反应那样因体系中微量金属杂质而造成的问题实际上在金属有机化学中并不罕见。[118] 2010 年度诺贝尔化学奖之一的 Suzuki 反应的奠定性工作始于 Suzuki 与其导师 Brown 分别在日本和美国于 20 世纪 60 年代中期同时进行的烷基硼烷与 α,β-不饱和羰基之间如式(9-75)所示的偶联工作。

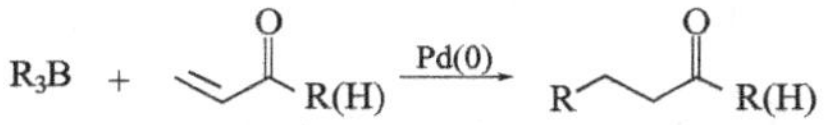

$$R_3B + CH_2{=}CHC(O)R(H) \xrightarrow{Pd(0)} RCH_2CH_2C(O)R(H) \tag{9-75}$$

该反应刚开始研究时还需无水无氧的环境，在日本做得很好，在美国做就不行。后发现只因两地在反应中作保护用的惰性气体 N_2 的纯度不一，日本用的 N_2 中混有 O_2。硼烷和氧气的组合常可引发一个自由基反应：三线态 O_2 加成到硼烷的空轨道并在硼氧原子间形成一个单电子键后接着转化为两烷基硼的过氧自由基(**16**)和烷基自由基。烷基自由基与 α,β-不饱和羰基化合物发生共轭加成反应生成的中间体与硼化物反应所得产物水解生成羰基化合物，如图 9-62 所示。

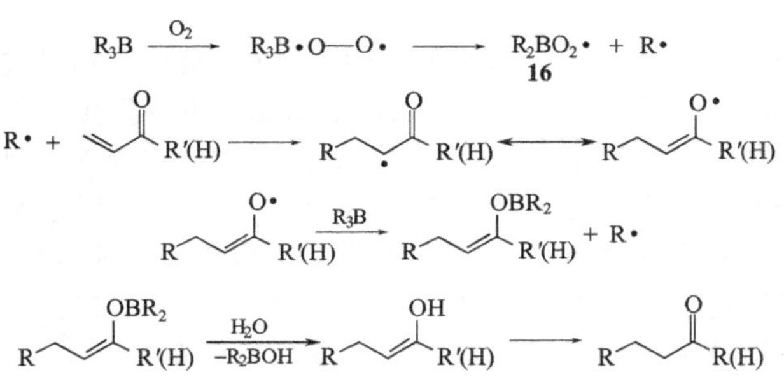

$$R_3B \xrightarrow{O_2} R_3B\cdot O{-}O\cdot \longrightarrow \underset{\mathbf{16}}{R_2BO_2\cdot} + R\cdot$$

$$R\cdot + CH_2{=}CHC(O)R'(H) \longrightarrow RCH_2\dot{C}HC(O)R'(H) \longleftrightarrow RCH_2CH{=}C(O\cdot)R'(H)$$

$$RCH_2CH{=}C(O\cdot)R'(H) \xrightarrow{R_3B} RCH_2CH{=}C(OBR_2)R'(H) + R\cdot$$

$$RCH_2CH{=}C(OBR_2)R'(H) \xrightarrow[-R_2BOH]{H_2O} RCH_2CH{=}C(OH)R'(H) \longrightarrow RCH_2CH_2C(O)R(H)$$

图 9-62　早期 Suzuki 反应的自由基机理

对该反应机理的阐明也为随后成功地再扩展出如式(9-76)所示的两个关键性偶联反应打

下了基础，从而大大发展和完善了 Suzuki 反应：

(9-76)

如式(9-77)所示，Takai 烯化反应是相当成功的从醛立体选择性制备烯基卤代烃的好方法。该反应当初同样被发现在日本做得很好，但在美国就不行。后来发现日本产的 Zn 试剂含 0.05%（摩尔分数）Pb，美国产的 Zn 试剂纯度很高，若在美国产的 Zn 试剂中再加入 0.5%（摩尔分数）$PbCl_2$ 反应也好了。[119] 但 Smith-Simmons 反应时 Zn 试剂中含 Pb 就不行，因 PbO 覆盖于 Zn 表面会影响其活性，将 PbO 去除后反应才可顺利进行。但其他微量的杂质金属对 Smith-Simmons 似乎并无影响。

$$\mathrm{RCHO} \xrightarrow[\mathrm{TiCl_4/Zn}]{\mathrm{CHX_3}} \mathrm{RCH{=}CHX} \tag{9-77}$$

也有不少金属有机反应是离不开某些微量金属存在的。如，曾有引起轰动的报道 Suzuki 反应［式(9-78)］无需 Pd 催化，只要用 $NaCO_3^-Bu_4N^+Br^-$ 在水相体系微波促进下就可，但很难重现。实际上后来发现作者所用的 $NaCO_3$ 中含 50ppb(10^{-9} mol)的 Pd，而正是这点 Pd 起了关键的催化作用，完全无 Pd 的体系中该反应是不会发生的。[120]

$$\mathrm{PhBr} + \mathrm{ArB(OH)_2} \xrightarrow{\mathrm{Pd}} \mathrm{PhAr} \tag{9-78}$$

反应(9-79)所用的 Cr 催化剂中也需 ppm(10^{-6} mol)级 Ni 杂质才可反应，但 Ni 的含量多于 0.5%（摩尔分数）又会引起副反应。[121]

$$\mathrm{R''COR'} + \mathrm{RCH{=}CHCH_2X} \xrightarrow{\mathrm{CrO_2}} \mathrm{RCH{=}CHCH_2C(OH)R'R''} \tag{9-79}$$

如式(9-80)所示的 Buchwald-Hartwig 反应中所用的 $FeCl_3$ 催化剂纯度为 99.99%时产率只有 9%，在 $FeCl_3$ 中混入 5×10^{-6} 的 Cu_2O 后产率即提升至 87%，说明起实际催化作用的还是 Cu。[122]

$$\mathrm{PhBr} + \mathrm{RGH} \xrightarrow[\triangle]{\mathrm{FeCl_3(>98\%)\text{-}Cu_2O}} \mathrm{PhGR}\quad \mathrm{G:N,O,S} \tag{9-80}$$

9.4　Hammett 线性自由能方程

有机化学中的电子效应、体积效应和溶剂效应等许多定性规则已被充分了解和认识。分子结构和反应活性之间存在某种一般关系，如，甲苯比苯更易发生亲电取代反应，硝基苯的活性比苯差，等等。但许多关系都是定性的，某类反应的定量结果也很难能用于其他反应。对分子结构和反应活性的定量研究自 20 世纪 20 年代以后开始活跃起来，其中以表达底物结构与反应速率之间定量关系的 Hammett 方程取得的进展最大、最重要和最有影响。

分子中的取代基通过诱导、场、共振、极化等电子效应和位阻效应发挥作用。Hammett 注意到苯环上的间位和对位取代基对苯甲酸酸性的影响能力，由于在这些位置上没有位阻效应，故可以观测取代基的单纯电子效应对酸性产生的影响。他发现，苯甲酸和一系列对位或间位取代苯甲酸的离解常数和这些酸酯的水解常数能用一个一般的关系式关联起来，即如式(9-81)所示的 Hammett 方程式：[123]

$$\text{G-C}_6\text{H}_4\text{-CO}_2\text{H} + \text{H}_2\text{O} \underset{}{\overset{k}{\rightleftharpoons}} \text{G-C}_6\text{H}_4\text{-CO}_2^- + \text{H}_3\text{O}^+$$

$$\lg \frac{k_x}{k_0} = \sigma\rho \tag{9-81}$$

式中，k_0 为苯甲酸的电离常数；k_x 为取代苯甲酸的电离常数。

9.4.1 Hammett 方程的相关分析

将一组数据与另一组数据相互关联起来加以整理分析并揭示出影响反应性基本因素的方法称相关分析。[124] Hammett 方程就是一种由相关分析方法得出的经验关系式，它从化学热力学和动力学方面得到一些理论依据但并无严格的证明。

每个反应的标准自由能变化如式(9-82)和式(9-83)所示：

$$\Delta G^0 = \Delta H^0 - T\Delta S^0 \qquad \Delta G_x^0 = \Delta H_x^0 - T\Delta S_x^0 \tag{9-82}$$

$$\Delta G^{01} = \Delta H^{01} - T\Delta S^{01} \qquad \Delta G_x^{01} = \Delta H_x^{01} - T\Delta S_x^{01} \tag{9-83}$$

式(9-82)中的 ΔG^0 和 ΔG_x^0 分别表示苯甲酸及取代苯甲酸发生酸离解反应的自由能变化，式(9-83)中 ΔG^{01} 和 ΔG_x^{01} 分别表示苯甲酸乙酯和取代苯甲酸乙酯的水解反应的自由能变化。设：

$$\Delta H^0 - \Delta H_x^0 = \rho^0$$

$$\Delta H^{01} - \Delta H_x^{01} = \rho^{01}$$

反应物中引入取代基后会影响反应中心的电子密度，但几乎不影响体系的熵变。因 ΔS^0 与 ΔS^{01} 相等，ΔS_x^0 与 ΔS_x^{01} 相等，则：

$$\Delta G^0 - \Delta G_x^0 = \rho^0$$

$$\Delta G^{01} - \Delta G_x^{01} = \rho^{01}$$

故有式(9-84)存在：

$$\Delta G^{01} - \Delta G_x^{01} = \frac{\rho^{01}}{\rho^0}(\Delta G^0 - \Delta G_x^0) \tag{9-84}$$

式(9-84)表明，一类反应的自由能差值变化与苯甲酸类化合物离解自由能差值的变化成正比。也就是说，自由能差值之间的正比关系呈线性自由能关系(linear free-energy relationship，LFER)。因：

$$\Delta G = -RT\ln k$$

设

$$\frac{\rho^{01}}{\rho^0} = \rho$$

则式(9-84)可表达为与式(9-81)相同的式(9-85)：

$$\lg \frac{k_x^{01}}{k^{01}} = \frac{\rho^{01}}{\rho^0} \cdot \lg \frac{k_x^0}{k^0} = \rho \cdot \lg \frac{k_x^0}{k^0} \tag{9-85}$$

式(9-85)反映出取代基在某类反应中的电子效应与其在苯甲酸解离反应中所起的电子效应呈正比线性关系，如图 9-63 所示。

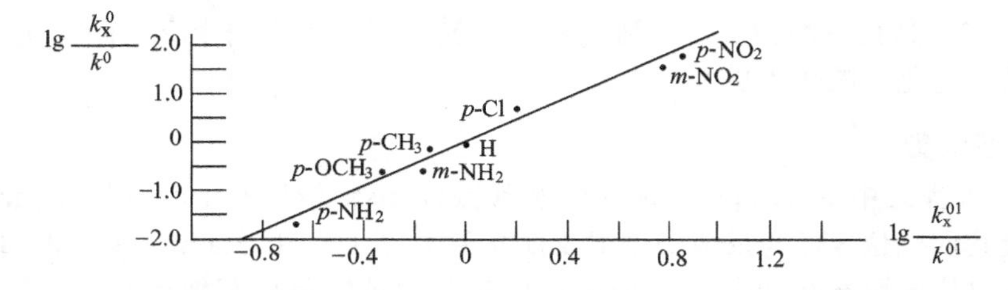

图 9-63　苯甲酸衍生物的酸解离常数和苯甲酸乙酯衍生物水解反应速率呈正比线性关系

Hammett 标准反应，即 25℃苯甲酸在水溶液中的电离反应有如式(9-86)所示的关系式。故式(9-85)可简单地表达为式(9-86)。因此，Hammett 线性自由能关系式可由两个不同反应系列的自由能变化推导而得，反映出取代基电子效应的影响对由反应物到产物的自由能变化的线性关系。知道了一个反应的 ρ 值后，可以利用 Hammett 方程计算该反应的速率常数。然而它最主要的应用是可以提供有机化合物的物理性质和反应机理的有关信息，了解反应过渡态的结构及取代基对反应的定性和定量影响。

$$\lg \frac{k_x^0}{k^0} = \sigma \tag{9-86}$$

9.4.2 特征常数

Hammett 方程式中的希腊字母 ρ(rho)是反应的特征常数或称反应常数，是表征该反应对取代基极性效应的一种敏感度量度，与取代基 X 的性质无关。ρ 值随反应类型而变，反映了反应的过渡态与基态相比电荷的变化情况及该反应对取代基电子效应的要求大小。正的 ρ 值说明 $\lg(k/k_0)$ 对 σ 成正比，σ 值越大，$\lg(k/k_0)$ 也越大，反映出反应过程中出现负电荷，吸电子取代基使反应速率加快而供电子取代基使反应速率变慢。$\rho>1$，表明所研究的反应相对于苯甲酸解离反应对取代基的极性效应更敏感；$1>\rho>0$，反映出所研究的某个反应相对于苯甲酸解离反应对取代基的极性效应不够敏感。反之，负的 ρ 值说明 $\lg(k/k_0)$ 对 σ 成反比，σ 值越大，$\lg(k/k_0)$ 越小，反映出反应过程中出现正电荷，吸电子取代基使反应速率变慢而供电子取代基使反应速率加快。

如表 9-2 所示，有机反应的 ρ 值范围大致在 0 ± 4。Hammett 定义苯甲酸在 25℃水溶液中的电离反应为指定的参考标准反应，ρ 值定为 $+1$。不管 ρ 值是正或负，其绝对值愈大，表明反应对取代基的敏感度愈大或取代基对反应速率或平衡的影响愈大。ρ 值接近 0 的反应表明速率受取代基的影响很小或该反应没有取代基效应，反映出反应在决速步中没有或很少有电荷改变。苯甲酸乙酯碱性水解的 $\rho=2.50$，反映出这一反应受取代基影响的程度比苯甲酸大，而且吸电子取代基会使反应速率加快。ρ 值是各种电子效应的综合结果，取代基距离反应中心越远，ρ 值自然也会随之变小。如图 9-64 所示的几个取代苯甲酸离解反应的 ρ 值：

Y—CO_2H

G

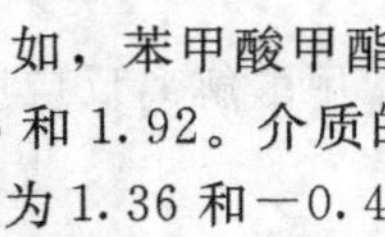

Y:	CH_2CH_2	p-C_6H_4	C≡C	CH=CH	CH_2
ρ:	+0.21	+0.24	+0.39	+0.47	+0.49

图 9-64 几个取代苯甲酸离解反应的 ρ 值

从这些 ρ 值的大小可以看出，取代基的诱导效应随着羧基和苯环之间碳链的增长而逐渐衰减。β-苯丙烯酸因除了诱导效应外还有共轭效应，故 ρ 值较 β-苯丙酸大。ρ 值还与反应环境有关。通常反应速率随温度上升而下降，这也是由于各类取代基的 σ 值对反应速率的影响随温度上升也下降的关系。如，苯甲酸甲酯在 60%丙酮-水体系的碱性水解反应于 0℃或 50℃下进行的 ρ 值分别为 2.46 和 1.92。介质的酸碱性对 ρ 值也有影响。如，苯甲酰胺的碱性或酸性水解反应的 ρ 值分别为 1.36 和 -0.48。此外，ρ 值的大小还与所用溶剂有关，苯甲酸在乙醇中解离的 ρ 值为 1.96，这可解释为由于乙醇对羧酸负离子的溶剂化作用不如水，因此取代基对羧酸负离子的稳定化影响作用更大一点。

9.4.3 取代基常数

Hammett 方程式中的 σ(sigma)称取代基常数(constantchararestic of the group)，它取决于取代基及其取代位置而与反应类型或反应条件无关。[125] 由 Hammett 方程式可知，只要测定苯甲酸和取代苯甲酸在 25℃水溶液中的电离常数就能得到某取代基的 σ 值。吸电子取代基能促进苯甲酸解离，其 σ 被定为正值；反之，σ 为负值的都是供电子取代基。

表 9-2 几个反应的 ρ 值(25℃)

反 应	溶 剂	ρ
$ArCO_2H \longrightarrow ArCO_2^- + H^+$	H_2O	1.00
$ArOH \longrightarrow ArO^- + H^+$	H_2O	2.11①
$ArCO_2Et + OH^- \longrightarrow ArCO_2^- + EtOH$	85%EtOH-H_2O	2.50
$ArCO_2H + MeOH \longrightarrow ArCO_2Me + H_2O$	MeOH	−0.52
$ArNH_2 + PhCOCl \longrightarrow ArNHCOPh + HCl$	PhH	−3.21
$ArCOCl + PhNH_2 \longrightarrow ArCONHPh + HCl$	PhH	1.18
$ArMe_2CCl \longrightarrow ArMe_2C^+ + Cl^-$	90%Me_2CO-H_2O	−4.54②
$ArCH_2Cl + H_2O \longrightarrow ArCH_2OH + HCl$	50%Me_2CO-H_2O	−1.69③
$ArNH_3^+ \longrightarrow ArNH_2 + H^+$	H_2O	2.94

① 要求使用 σ^+ 值；② 要求使用 σ^- 值；③ 测量温度为 60℃。

同一取代基的 σ 值随取代位置而异，有时甚至符号也相反。如，间羟基苯甲酸乙酯和对羟基苯甲酸乙酯的碱性水解反应中，OH^- 对酯羰基的进攻是决速步骤，吸电子效应有利于此反应，并可稳定过渡态及带负电荷的中间体，故间位羟基的 $\sigma_m = 0.12$，反映出羟基在间位取代是起吸电子作用。对位羟基的 $\sigma_p = -0.37$，反映出对位羟基既有吸电子效应又有供电子共轭效应，且后者的影响更大，总的结果是供电子效应而不利于稳定过渡态和负电荷中间体，水解速率要比未取代的母体化合物慢。

氢的 σ 值被规定为 0。取代基常数是在某位置上的取代基(G)在 C—G 键上由极性产生的总的诱导效应、场效应及通过大 π 体系传递的共轭效应的定量量度。由于间位取代基只有诱导效应，对位取代基则有诱导效应和共轭效应，故同一取代基的 σ_m 和 σ_p 的差值可定量反映出共轭效应的大小。如，Cl 的 $\sigma_p > \sigma_m$ 是因为对位 Cl 的供电子共轭效应抵消了它的吸电子诱导效应。OMe 的吸电子诱导效应使 σ_m 具有正值，但对位的供电子共轭效应远大于它的吸电子诱导效应，故 σ_p 是相当大的负值；NH_2 取代基和 OH 相仿而绝对值更大，NH_2 的供电子共轭作用更大，从而使 σ_m 也成了负值。相反，NO_2 的 $\sigma_p > \sigma_m$，对位的吸电子共轭效应增强了它的吸电子效应。甲基的 σ 值是负的，这可以从它产生的“超共轭”作用得到解释和说明。

有了各种取代基的 σ 值后通过 Hammett 方程就可以测出各种反应的 ρ 值来，从而就可确定这些取代基在其他反应中产生的影响是否与苯甲酸的情况相同。通过测量间位或对位的取代化合物的反应速率，以 $\lg(k/k_0)$ 对 σ 作 Hammett 方程式图，得到的直线的斜率即为 ρ 值。故 ρ 值也可理解为是取代基效应的敏感度在某个反应中相对于苯甲酸解离反应的比值。

9.4.4 直达共振效应

实验表明，取代基只有在间位或对位时才能建立起 Hammett 方程式的直线关系，Hammett 取代基常数也只有间位 σ_m 和对位 σ_p，$\sigma_p > \sigma_m$，体现出共轭效应的影响。但苯甲酸上的羧基负电荷既不与苯环共轭，也不会通过共轭效应离域到苯环上。在 4-取代苄基卤代烃，如式(9-87)所示的 2-氯-2-(4-取代苯基)丙烷(**1**)的离解反应中，具有供电子共轭作用的取代基需将正常的 σ_p 值左移才能符合 Hammett 方程的直线要求。这反映出这些基团在苄基卤代烃的离解反应中的作用要比在苯甲酸电离反应中的作用小：

$$G\text{-}C_6H_4\text{-}C(CH_3)_2Cl\ (\mathbf{1}) \xrightarrow{-Cl^-} G\text{-}C_6H_4\text{-}C^+(CH_3)_2 \longleftrightarrow G^+{=}C_6H_4{=}C(CH_3)_2 \qquad (9\text{-}87)$$

同样可以看到的是，当对位的取代基 G 是 NO_2 或 CN、OR 等时，在 4-取代苯酚(**2**)或苯胺的离解反应所得 Hammett 方程与正常的 Hammett 方程也有偏离，需将 σ_p 右移，即增加一定值后才能符合直线要求。这反映出这些对位取代基团因如式(9-88)所示直达共振效应在苯胺或苯酚的离解反应中的作用要比在苯甲酸电离反应中的作用大：

G—⟨苯环⟩—OH（**2**）$\xrightarrow{-H^+}$ G—⟨苯环⟩—O^- ⟷ G^-=⟨环⟩=O　　(9-88)

1 和 **2** 的离解反应分别产生正和负电荷中心。正或负电荷中心都可通过取代基的直接共轭效应得到分散而离域稳定，使运用正常 Hammett 方程的 σ 值有所偏离，为此有必要再建立另一套取代基常数 σ_p^+ 和 σ_p^-。[126] σ_p^+ 是针对具有供电子共轭作用、能稳定正电荷的对位取代基，σ_p^- 是针对如具有吸电子共轭作用、能稳定负电荷的对位取代基。σ_p^+ 以 **1** 在 25℃和 90％丙酮水溶液中的溶剂解反应为标准反应，σ_p^- 以 **2** 的离解为标准反应。一般只有那些供或吸电子共轭作用较强的取代基的 σ_p^+ 或 σ_p^- 与 σ 值有差别，间位取代基因为没有直达共振效应，大部分 σ_m^+ 都与 σ 差别不大(表 9-3)，[127] σ_m^+ 值是利用 2-氯-2-苯基丙烷的标准反应得到的 ρ 值而确定的。

表 9-3　常见官能团的取代基常数值

官能团	σ_p	σ_m	σ_p^+	σ_p^-	σ_m^+	官能团	σ_p	σ_m	σ_p^+	σ_p^-	σ_m^+
H	0	0	0	0		NH_2	−0.66	−0.16	−1.30	−0.15	−0.16
CH_3	−0.17	−0.07	−0.31	−0.06	−0.10	NMe_2	−0.83	−0.20	−1.70	−0.12	
C_2H_5	−0.15	−0.07	−0.30	−0.19		NHAc	0	0.21	−0.60	0.46	
CMe_3	−0.20	−0.10	−0.26	−0.13	−0.06	NO_2	0.78	0.71	0.79	1.27	0.73
C_6H_5	0.01	0.06	−0.18	0.02		PhN═N	0.34	0.28	0.17		
CH_2═CH	0.04	−0.06	−0.16			OH	−0.37	−0.12	−0.92	−0.37	
CH≡C	0.23	0.21	0.18	0.53		OMe	−0.27	0.12	−0.78	−0.28	0.05
CHO	0.42	0.35		1.13		OAc	0.45	0.37	0.19		
$CH_3C(O)$	0.50	0.38		0.84		CH_3S	0	0.15	−0.60	0.06	
CO_2H	0.45	0.37	0.42	0.77	0.32	CH_3SO_2	0.72	0.61		1.13	
CO_2Et	0.45	0.37	0.49	0.74	0.37	$SiMe_3$	0.07	0.04	−0.18	−0.11	
CN	0.70	0.66	0.66	1.00	0.56	N^+H_3	0.60	0.86			
CF_3	0.53	0.46	0.61	0.64	0.57	N^+Me_3	0.82	0.88	0.41	0.77	0.36
F	0.06	0.34	−0.07	−0.03	0.35	N_2^+	1.93	1.65	1.88	3.0	
Cl	0.37	0.24	0.11	0.19	0.40	O^-	−0.81	−0.47	−4.27		−1.15
Br	0.39	0.23	0.15	0.25	0.41	CO_2^-	0.11	0.02	−0.41		−0.10
I	0.35	0.18	0.13		0.36						

某些反应中应用 σ^+ 或 σ^- 比 σ 更能反映出实际情况。如式(9-89)的反应所示，苯的亲电取代反应过程中有一个缺电子的中间体 **3** 生成，故其反应速率对 σ^+ 作图比 σ 给出更好的 Hammett 直线关系：

C_6H_5G $\xrightarrow{Br_2}$ **3**（含 Br、H 的正离子中间体，G）$\xrightarrow{-H^+}$ BrC_6H_4G　　(9-89)

又如式(9-90)的反应所示，取代苯乙烯 **4** 进行水合反应的 $\rho=-3.58$，与 σ^+ 有较好的线性关系，这反映出水合反应是分步而并非协同进行的。因为前者的历程在苄基碳上有正电荷与苯环共轭，对位取代基有直达共振作用影响到这一中心。利用动力学方程是难以将这两个过程区分开来的，因为它们都是二级反应。

$$\text{G-C}_6\text{H}_4\text{-CH=CH}_2 \ (4) \xrightarrow{H_3O^+} \text{G-C}_6\text{H}_4\text{-C}^+\text{H-CH}_3 \longrightarrow \text{G-C}_6\text{H}_4\text{-CH(OH)CH}_3 \qquad (9\text{-}90)$$

9.4.5 Hammett 方程的修正

还有一些反应的取代基常数会呈现出需用到σ与σ^+或σ^-之间的中间值的情况，故提出了一些改良的再带一些参数的 Hammett 方程。Yukawa(汤川)和 Tsuno(都野)提出如式(9-91)所示的修正的 Hammett 方程式；式(9-91)中的r是共振效应存在的组分参数，该值越大，表明共振效应影响因素越强，σ值偏离正常的σ值也越大。[128]

$$\lg(k/k_0)=\rho(\sigma^0+r\Delta\sigma_{R+}) \qquad \sigma_{R+}=\sigma^+\ (\text{或}\ \sigma^-)-\sigma^0 \qquad (9\text{-}91)$$

若能够将取代基的极性效应和共振效应完全分开进行独立处理无疑是最理想的，如此处理得出一个两重取代基参数方程式的线性自由能关系，如式(9-92)所示：

$$\lg(k/k_0)=\sigma_I\rho_I+\sigma_R\rho_R \qquad (9\text{-}92)$$

式(9-92)中的ρ_I和ρ_R分别反映出体系对极性效应和共振效应的敏感程度，σ_I和σ_R是独立的只产生极性或共振效应的取代基常数。[129]实际上，取代基的效应并非一定局限于极性效应和共振效应，但这两个效应在芳香族化合物的反应中是最突出的。也有将取代基参数方程式区分为诱导(X)、场(F)、共振(R)、极化(a)这四重因素来分别讨论的 Taft-Topsom 方程式，如式(9-93)所示：[130]

$$\lg(k/k_0)=\sigma_X\rho_X+\sigma_F\rho_F+\sigma_R\rho_R+\sigma_a\rho_a \qquad (9\text{-}93)$$

间位和对位多取代的苯衍生物可以用各取代基σ值加和后由如式(9-94)所示 Hammett 方程关联：

$$\lg\frac{k_x}{k_0}=\rho\Sigma\sigma \qquad (9\text{-}94)$$

Hammett 方程也可应用于萘类稠环、联苯及芳杂环等。取代基在溶剂化、亲核(电)性和位阻影响等方面都有线性自由能关系，目前已有 100 多个取代基的σ值和 400 多个反应的ρ值得到报道。尽管不同文献报道的数值有一定偏差，但从这些已得到广泛应用的数据中已可得到更多个反应的速率和平衡常数，并对探索反应机理提供非常重要的指导意义。Hammett 方程在有机化学中并不是唯一的线性自由能关系。已经有好几种根据体积、溶剂、酸碱性、亲核(电)性等方面发生的取代基效应来定量概括这些变化对反应中心活性的线性影响。此外，苯衍生物的诸如 NMR、IR、UV、偶极矩、电负性和离子化势等许多物理性质及某些生物活性也发现有 Hammett 方程关系式。

苯衍生物中刚性的芳环在反应体系中不存在构象变化，间位或对位取代基与反应点之间无空间作用，它们的吸或供电子效应是通过极化度较大的π体系传递的。位于邻位的取代基由于靠近反应中心而兼具静电效应，在各种不同的反应中程度各不相同的复杂的空间效应。[131]脂肪族化合物则由于碳链弯曲或扭曲，构象变化易于产生基团之间复杂的空间效应，它们都不适用 Hammett 方程式。Taft 将电子效应和空间效应分开处理，提出了形式上与 Hammett 方程式相似的 Taft 方程式。[132]

9.4.6 Hammett 方程的应用

研究一个新反应时，事先并不知道最为合适的那套取代基常数。此时可建立各种基于不同σ值后给出的线性自由能关系图，哪个图偏离线性关系最小，其所应用的那套取代基常数就可视为是最合适的。当反应的σ值与 Hammett 方程不在一条直线上时，除机理变化和测量误差外多数情况下很有可能就是采用了不合适的σ值之故。[133]

二芳基氯甲烷(**5**)在乙醇中进行溶剂解反应的ρ值为-5.0，反映出推电子取代基有利于此反应，很大的ρ值支持该反应历程中有电离成正离子(**6**)的决速步骤。苯甲酰氯(**7**)乙醇解的ρ值为$+1.57$，这就提示该反应是双分子的一步历程。取代的β-苯基溴乙烷(**8**)在RO^-作用下发生的消除反应具有较大的ρ值$+2.1$，说明其过渡态中有较多碳负离子特性，如图9-65所示。

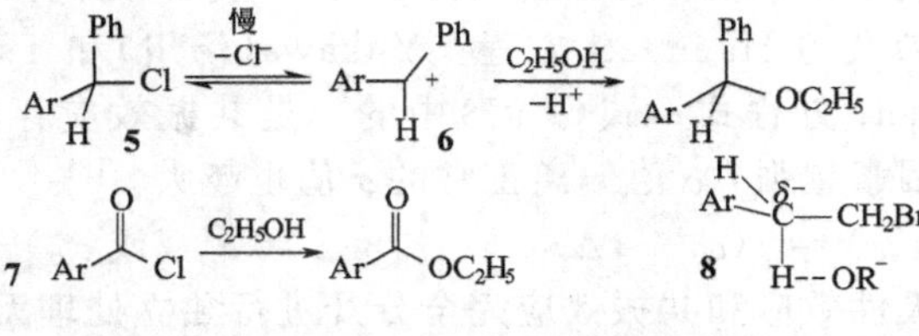

Ph Ar H Cl **5**　慢 $-Cl^-$　Ph Ar H + **6**　C_2H_5OH $-H^+$　Ph Ar H OC_2H_5

7 Ar O Cl　C_2H_5OH　Ar O OC_2H_5　　**8** H Ar δ⁻ C CH_2Br H--OR^-

图 9-65　二芳基氯甲烷和苯甲酰氯的乙醇解的ρ值提示不同的过渡态

如图9-66所示，取代苯甲酸乙酯(**9**)的水解反应是两步过程。酸和碱催化的ρ值各为$+0.14$和$+2.50$，均为正值，电荷变化的方式一致，都是两步反应，反映出取代基综合效应的结果。从ρ值看，酸催化水解第二步水分子对碳正离子的亲核进攻是决速步，涉及从强的正电荷到弱的正电荷；碱催化水解第一步是决速步，涉及从部分正电荷到部分负电荷，随后的第二步反应中苯环上的供电子基有利于OEt^-离去，如果这后一步是决速步骤的话，其ρ应为负值。

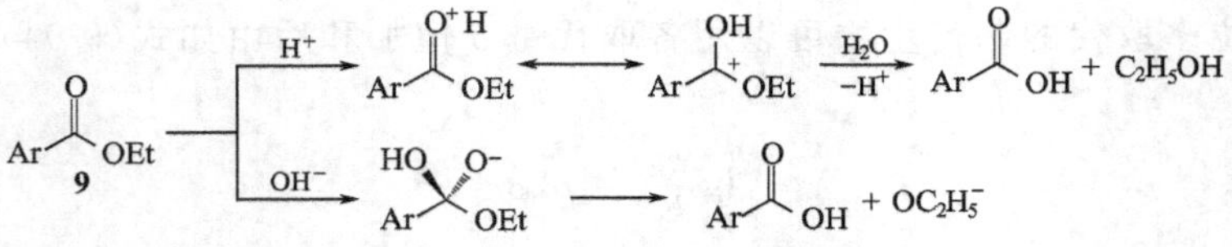

Ar O OEt **9**　H^+　Ar O^+H OEt ⟷ Ar OH + OEt　H_2O $-H^+$　Ar O OH + C_2H_5OH

OH^-　HO O^- Ar OEt ⟶ Ar O OH + $OC_2H_5^-$

图 9-66　取代苯甲酸乙酯的酸性或碱性水解反应的机理

苯胺类化合物(**10**)进行苯甲酰化反应的ρ值为-2.69，这表明涉及正离子中间体的生成。苯胺上的一对电子进攻酰氧羰基是决速步骤，供电子基使氮正离子得到稳定，反应过程如图9-67所示。

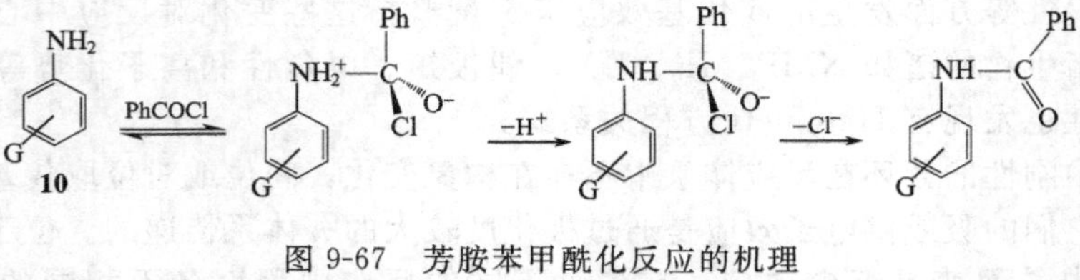

NH_2 G **10**　PhCOCl　NH_2^+ Ph C O^- Cl G　$-H^+$　NH Ph C O^- Cl G　$-Cl^-$　NH C Ph O G

图 9-67　芳胺苯甲酰化反应的机理

较小的ρ值常反映出反应可能涉及一个自由基过程或很少受电荷影响的过渡态过程。ρ值的突然变化可能反映出取代基电子效应的变化影响到反应机理不连续的变化。如，**10**与氯甲酸乙酯反应的Hammett方程图出现一个向上凹的折线，取代基是推电子基时$\rho=-5.5$，是吸电子基时$\rho=-1.6$。推电子取代基使NH_2亲核性增加，k_1变大，k_2为决速步骤，消除反应中心为正，推电子基有利于反应加速。而吸电子基使k_1成为决速步骤，NH_2在酯羰基上加成，反应中心为正。取代基的供(吸)电子性能使二步反应的决速步骤不同，但推电子基团总的使反应加速，如图9-68所示。

3-芳基-2-对溴苯磺酸丁酯(**11**)在乙酸中进行溶剂解反应，在Hammett方程图上出现一

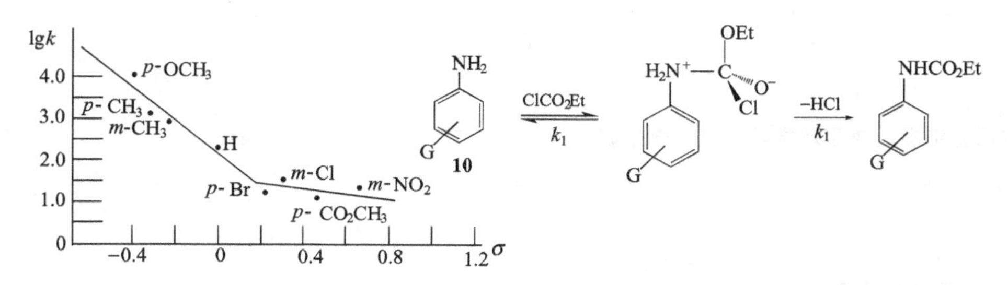

图 9-68 取代苯胺与氯甲酸乙酯的反应和 Hammett 方程图

个向上凸的折线，—NO_2、—CF_3、m-Cl 等强吸电子基在一直线上，$\rho=-1.46$，表明反应被吸电子基团减速，推测反应为 S_N2 历程。因为对溴苯磺酸是一个较好的离去基团，C—OAc 键随它的离去而逐渐生成，但离去速率相对更快一点，反映出吸电子基不利于反应。但当取代基变为供电子基团时，速率明显增加，但其 ρ 值与吸电子基团不在一条线上，向上凸起，反映出随着苯环供电性增加使苯环也具有一定亲核性，可与 OAc^- 竞争进攻形成环状苯桥正离子中间体(**12**)，这是一步决速步骤，接着 OAc^- 进攻 **12** 生成乙酸解产物，这一机理也受到其他实验结果的支持，如图 9-69 所示。

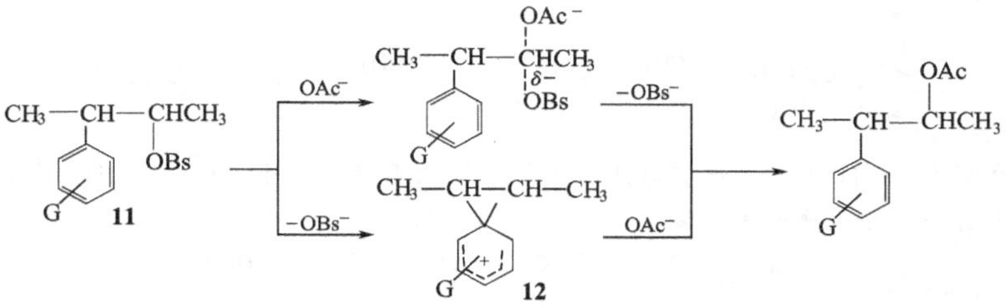

图 9-69 3-芳基-2-对溴苯磺酸丁酯(**11**)在乙酸中的溶剂解反应

图 9-70 是芳基亚胺(**13**)的酸性水解反应和 Hammett 图。该反应也是分步过程，决速步骤随着取代基诱导效应的变化而发生改变。供电子基团有利于第一步反应，使第二步反应(k_2)成为决速步骤；吸电子基团的引入增大 k_2，并最终使这一步反应不再称为决速步骤了。

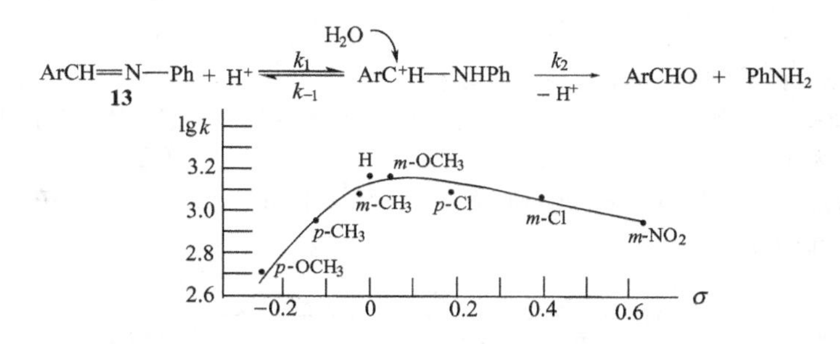

图 9-70 芳基亚胺在酸性条件下(pH＝5.7)水解反应的 Hammett 曲线

从上面这些例子可以看出，ρ 受取代基的影响或 σ 受反应的影响发生变化会造成 Hammett 图是折线而不是直线。取代基与反应中心的直接共轭引起 σ 的变化，机理或决速步骤的改变引起 ρ 的改变，弯折的 Hammett 方程图往往能比正常的 Hammett 方程图提供更多的有关反应机理的信息。但 Hammett 方程图会因多种因素的影响而产生偏差，不能单纯地归因于反应机理的复杂性。

习 题

9-1 应用稳定态近似原理推导下列反应生成C的速率公式。

$$A \underset{k_{-1}}{\overset{k_1}{\rightleftharpoons}} B$$

$$B \xrightarrow{k_2} C$$

9-2 从实验现象给出反应历程：

(1) 丙烯臭氧化反应的C1、C2位的H/D同位素效应均为0.88。这可为反应机理提供何种信息？

(2) **1**的反应在重水中进行时，若在反应完成前回收底物(**1**)有氘代原料(**1′**)生成。

$$\underset{\mathbf{1}}{R_3P^+CH_2CH_2OPh} \overset{OH^-}{\rightleftharpoons} \underset{\mathbf{2}}{R_3P^+CH{=}CH_2} + PhOH \qquad \underset{\mathbf{1'}}{R_3P^+CHDCH_2OPh}$$

(3)

$$C_6H_5CH_2{-}{}^*CH_2{-}NH_2 \xrightarrow{NaNO_2} C_6H_5{}^*CH_2{-}CH_2{-}OH + C_6H_5CH_2{-}{}^*CH_2{-}OH$$

(4)

$$\underset{\mathbf{1}}{C_6H_5CD_2CH_2OH} \xrightarrow{H_3O^+} C_6H_5CD{=}CH_2 + DOH \qquad K_H/K_D=1$$

$$\underset{\mathbf{2}}{C_6H_5CD_2CH_2Br} \xrightarrow[CH_3OH]{CH_3ONa} C_6H_5CD{=}CH_2 + DBr \qquad K_H/K_D=1$$

(5) HOCl和$CH_2{=}CHCH_2{}^*Cl$反应得到3种产物**1**、**2**和**3**，若用$CH_2{=}C(CH_3)CH_2{}^*Cl$反应，则标记$^*Cl$重排的产物比例要小得多。

$$CH_2{=}CHCH_2{}^*Cl \xrightarrow{HOCl} \underset{\mathbf{1}}{ClCH_2CH(OH)CH_2{}^*Cl} + \underset{\mathbf{2}}{ClCH_2CH({}^*Cl)CH_2Cl} + \underset{\mathbf{3}}{HOCH_2CH(Cl)CH_2{}^*Cl}$$

(6) 铬酸氧化$(CH_3)_2CD(OH)$的反应速率为氧化$(CH_3)_2CH(OD)$的1/6。

(7) 化合物**1**进行S_N1反应比**2**快，化合物**3**进行S_N2反应比**4**慢。

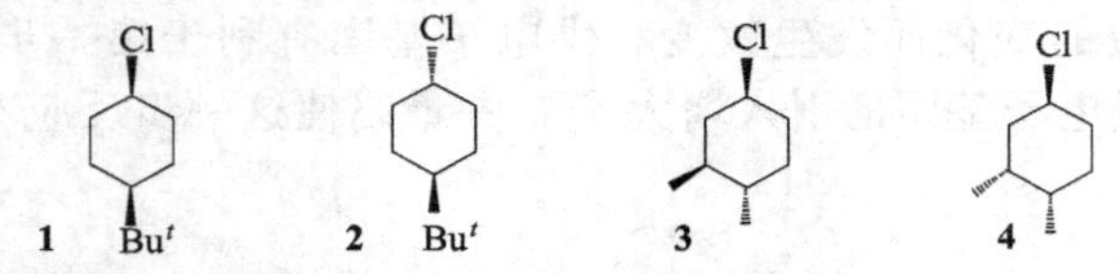

(8) 顺-1,2-环己二醇与HIO_4反应比反式异构体快。

(9) 2*R*,3*S*-3-氯-2-丁醇在$NaOH/C_2H_5OH$溶液中反应得光活性的环氧化物，再用KOH/H_2O处理得内消旋2,3-丁二醇。

(10) 下列反应在6%H_2SO_4-H_2O中进行时溶剂同位素效应k_{H_2O}/k_{D_2O}为0.75，在70%H_2SO_4-H_2O中进行时k_{H_2O}/k_{D_2O}为3.25。

$$O_2N{-}C_6H_4{-}C(OAc){=}CH_2 \xrightarrow{H_3O^+} O_2N{-}C_6H_4{-}COCH_3$$

(11) 顺-(2-溴环己基)乙酸与$NaOH/H_2O$反应得到两个都可溶于$NaHCO_3$水溶液的产物。其中一个产物在^1H NMR上显示有一个烯烃氢，另一个产物显示有2个烯烃氢。反-(2-溴环己基)乙酸同样与$NaOH/H_2O$反应后只得到一个不溶于$NaHCO_3$水溶液的产物。

(12) 反-3-甲氧基环己基甲酸与$SOCl_2$反应得到酰氯，而顺-3-甲氧基环己基甲酸除得到酰氯外还有反-3-氯环己基甲酸甲酯生成。

(13) 由3-甲基-环己-2-烯酮(**1**)和α-氰基乙酸酯(**2**)在碱性醇溶液中反应得到**3**，对此曾提出一个机理为

1 + CO_2R / CN **2** $\xrightarrow[ROH]{OR^-}$ (CN, CO_2R 碳负离子中间体) ⟶ (CN, O 环丁酮中间体) $\xrightarrow[ROH]{OR^-}$ (CN, CO_2R) $\xrightarrow[ROH]{OR^-}$

(CN, CO_2R, CO_2R) ⟶ (CN, CO_2R, OR) $\xrightarrow{-OR^-}$ (CO_2R, CN) **3**　　$^*CO_2R$ / CN **4**　　(CO_2R, CN, *C=O) **5**

但用标记的 **4** 代替 **2** 进行反应时，得到产物 **5**。请给出更合理的反应过程并说明为什么前一个机理是不正确的。

（14）设计一个实验区别二苯乙二酮在碱性条件下的重排是按分步历程(a)还是协同历程(b)进行的。

PhCOCOPh $\xrightarrow[(a)]{OH^-快}$ $PhC(=O)-C(O^-)(Ph)OH$ $\underset{}{\overset{慢}{\rightleftharpoons}}$ $Ph_2C(O^-)CO_2H$ $\xrightarrow{快}$ $Ph_2C(OH)CO_2^-$

$O=C(Ph)-C(Ph)=O$ + OH^- $\underset{(b)}{\overset{慢}{\rightleftharpoons}}$ $Ph_2C(O^-)CO_2H$ $\xrightarrow{快}$ $Ph_2C(OH)CO_2^-$

（15）分支酸酯(chorismate，**1**)在酶催化下的重排反应是生物代谢中生成带芳环化合物的重要步骤。通过在 C9 位上立体专一性地引入氚(T)后可以说明这个［3,3］重排是协同进行的并经过椅式过渡态，解释该过程。

CO_2^-, (T)H, 9, H, O, CO_2^-, OH **1** $\xrightarrow{酶}$ ^-O_2C, O, CO_2^-, OH

（16）苯并环丁烷受热反应生成苯乙烯，反应可能经过双自由基过程(a)或卡宾过程(b)，怎样区别这两者？

(a) ⟶ 双自由基 ⟶ 苯乙烯

(b) ⟶ 邻亚甲基环己二烯 ⟶ (H, CH_3 卡宾) ⟶ 甲基环庚四烯 ⟶ 卡宾 ⟶ 苯乙烯

（17）Backmann 重排反应大多是协同过程(a)，可是叔烷基取代的肟在强酸作用下的重排过程被发现是经由分步过程(b)进行的。若已经有原料肟 **1** 和 **2**，通过哪些实验现象可以说明反应是经由分步过程(b)呢？

$R'(R)C=N-O^+H_2$ $\xrightarrow[-H_2O]{(a)}$ $[R'C^+=N-R]$ $\xrightarrow{H_2O}$ $R'C(=O)NHR$

$R'(R)C=N-O^+H_2$ $\xrightarrow[-H_2O]{(b)}$ $R'-C\equiv N + R^+$ $\xrightarrow{H_3O^+}$ $R'C(=O)NHR$

N—OH **1**　　Ph, N—OH, Ph **2**

（18）化合物 **1** 与溴反应得到正常加成产物 **2**，但化合物 **3** 同样反应得到产物 **4** 而非正常加成产物 **5**。

$CH_3SO_2CH_2CH=CH_2$ **1** $\xrightarrow{Br_2}$ $CH_3SO_2CH_2CHBrCH_2Br$ **2**

$CH_3SCH_2CH=CH_2$ **3** $\xrightarrow{Br_2}$ $CH_3S-CH(CH_2Br)CH_2Br$ **4**　　$CH_3SCH_2CHBrCH_2Br$ **5**

（19）丙酮在酸性条件下与 Cl_2 反应生成 α-氯代丙酮，低浓度 Cl_2 反应时反应速率对氯是零级；高浓度 Cl_2 反应时反应速率对氯是一级。

（20）为何在氯代环辛烷(**1**)的环中不同的位置上取代一个氧原子会增加或减慢乙酸解的溶剂解反应速

率($\mathbf{1}_a$：X，Y＝H，$k_{rel}=1$；$\mathbf{1}_b$：X＝O，Y＝H，$k_{rel}=0.14$；$\mathbf{1}_c$：X＝H，Y＝O，$k_{rel}=48500$)：

(21) 下列反应在抗衡离子为 Li^+ 时卤素离子 X^- 表现出的活性为 $I^- > Br^- > Cl^-$；在抗衡离子为 Bu_4N^+ 时卤素离子 X^- 表现出的活性相反，为 $Cl^- > Br^- > I^-$。

(22) 反-2-苯基环戊醇发生脱水反应生成 9∶1 的苯基环戊烯和-2-苯基环戊烯。解释反应产物的比例：

(23) E-1-苯基丁烯与溴加成后主要得赤式产物，与氯加成后主要得苏式产物：

(24) 蒽可溶于硫酸或盐酸，为什么？其亲核或亲电取代最易发生在哪个环的哪个碳原子上？

9-3 运用简单易行的方法解答下列问题：

(1) 判别下列反应何时已完成？

(2) 判别下列反应脱去的 CO 是羰基碳还是羧基碳？

$$RCOCO_2H \xrightarrow{\triangle} RCO_2H + CO$$

(3) 证明下列反应有中间体产物(**1**)生成？

(4) 判别下列反应是经由碳负离子中间体还是卡宾中间体重排进行的？

$$(C_6H_5)_2C{=}CHX \xrightarrow{BuLi} C_6H_5{-}C{\equiv}C{-}C_6H_5$$

(5) 苯甲酰叠氮化物发生 Curtius 重排反应，放出氮气并生成异氰酸酯，有人认为可能经过一个四元环中间体(**1**)，该推测是否合理呢？

(6) 如何预测 α-环己基氯乙烷通过碳正离子进行水解的反应性比 α-苯基氯乙烷小，设计一个实验说明这两者水解时有无形成一个游离的碳正离子。

(7) Fries 重排反应是经由分子内还是分子间反应进行的？

(8) 对位甲基或硝基取代对苯乙烯与 HBr 的加成反应速率会产生什么影响？

(9) 设计多个方法判别苄氯在碱性条件下水解生成苄醇的反应是经由 S_N1 还是 S_N2 过程：

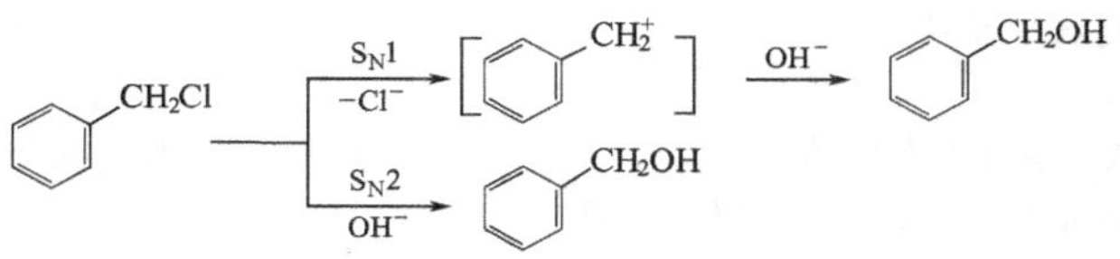

(10) 判别下列季铵盐热解成烯经由一步反应(a)还是两步反应(b)：

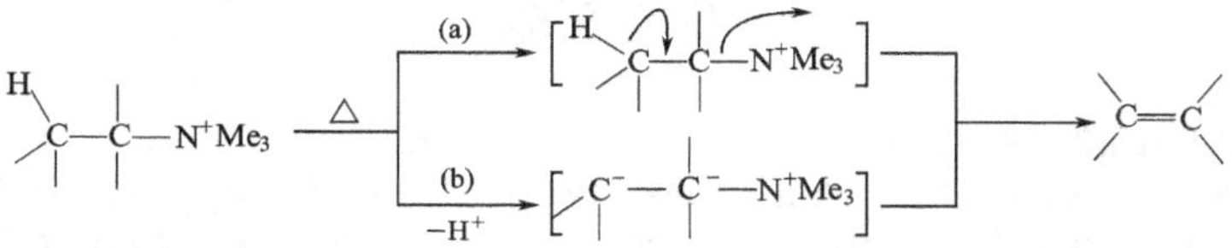

(11) 设计至少两个实验以区别下列两个机理：

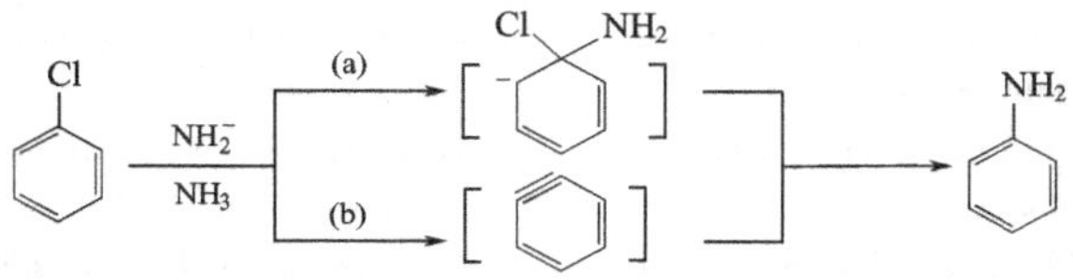

(12) 为何顺-2-苯基环己醇或反-2-苯基环己醇脱水生成不同的产物：

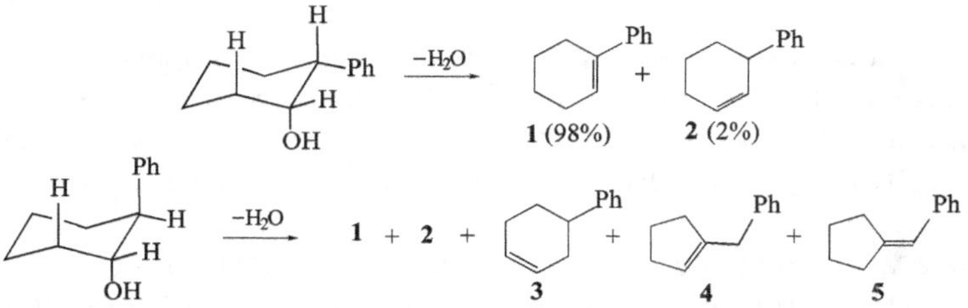

(13) 给出 **1** 在酸性条件下生成二聚产物 **2** 的反应机理。

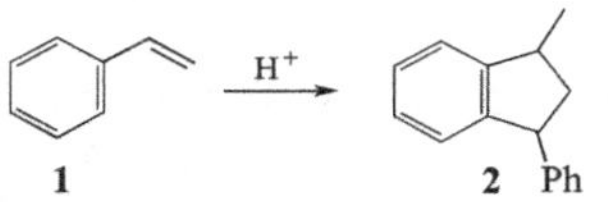

(14) 化合物 **1** 可进行如下亲核取代反应，但 1-氯萘在同样条件下是不活泼的。为什么？

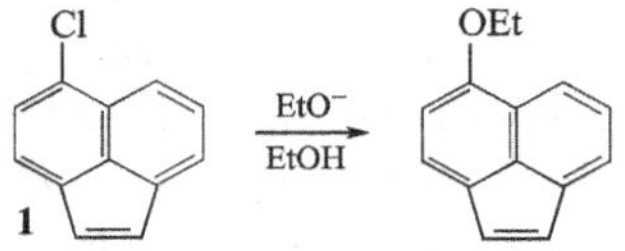

9-4 给出下列两个反应可能的 SET 机理。

(1)

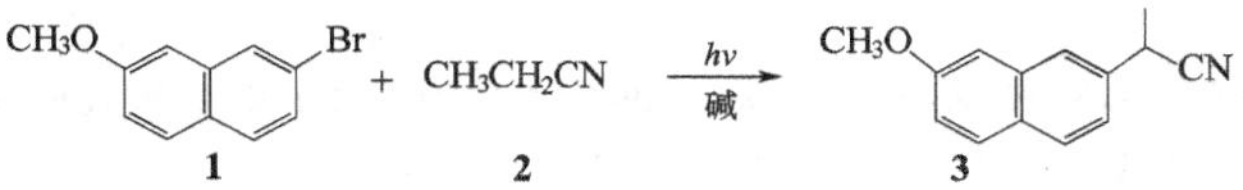

(2) $^{t}C_4H_9Cl + NO_2^- \longrightarrow {}^{t}C_4H_9ONO + Cl^-$

9-5 Hammett 方程问题：

(1) 苯甲酸甲酯的碱性水解反应的特征常数为 2.38，反应速率常数为 $2\times10^{-4}\,mol^{-1}\cdot s^{-1}$。试求间氯苯甲酸甲酯在该反应条件下的反应速率常数。

(2) 试求对硝基苄基氯和对甲基苄基氯在 50%丙酮水溶液中水解反应的相对速率大小。

(3) 氨基脲与取代苯甲醛发生加成反应的 Hammett 曲线图在 pH 为 3.9 的条件下呈现出一个向上凸的折线，这提示该反应有怎样的机理呢？

$$H_2NNHCONH_2 + ArCHO \underset{k_{-1}}{\overset{k_1}{\rightleftharpoons}} ArCH(OH)NHNHCONH_2 \xrightarrow{k_2} ArCH{=}NNHCONH_2$$

(4) 取代苯基氨基甲酸甲酯($ArNHCO_2CH_3$)在碱性条件下发生水解反应的 Hammett 曲线图呈现出一

个向上凹的折线，试解释之。

(5) $\sigma_p{}^+$ 值一般比 σ_p 值小，为什么？

(6) β-溴代乙苯在碱性条件下发生的消除反应用 σ^- 对 $\lg(k/k_0)$ 作图比用 σ 能给出更好的 Hammett 图的直线关系。这能提供反应过渡态怎样的信息？

参考文献

[1] Sykes P. 有机反应机理指南．王世椿译．上海：上海科学技术出版社，**1983**；Carpenter B M. 有机反应机理的研究方法．李崇熙，李根译．北京：北京大学出版社，**1991**；Miller B. 高等有机化学——反应和机理．吴范宏译，荣国斌校．上海：华东理工大学出版社，**2005**；Li J J. 有机人名反应——机理及应用．荣国斌译，朱士正校．北京：科学出版社，**2011**；Grove N P.，Cooper M M.，Cox E L. *J. Chem. Educ.*，**2012**，89：850.

[2] Zhang Z.，Wang Z.，Zhang R.，Ding K. *Angew. Chem. Int. Ed.*，**2010**，49：6746；Wang W. Liu X. Lin L. Feng X. *Eur. J. Org. Chem.*，**2010**，4751.

[3] Levine R.，Fernelius W C. *Chem. Rev.*，**1954**，54：506；Bergmann E D.，Ginsberg D.，Pappo R. *Org. React.*，**1959**，10：179；Liu H.-J.，Jy T.-W.，Tai C.-L.，Wu J-.，Liang J.-K.，Guo J.-C.，Tseng N.-W.，Shia K.-S. *Tetrahedron*，**2003**，59：1209；Min S J.，Danishefsky S J. *Tetrahedron Lett.*，**2008**，49：3496.

[4] Freeman F. *Chem. Rev.*，**1975**，75：439；Barlett P A *Tetrahedron*，**1980**，36：2；Okazaki T.，Laali K K. *J. Org. Chem.*，**2005**，70：9139.

[5] Novi M.，Dell'Erba.，Sancassan F. *J. Chem. Soc.*，*Perkin Trans.* 1，**1983**，1145；Suwinski J.，Swierczek K. *Tetrahedron*，**2001**，57：1639；Mesganaw T.，Fine Nathel N F.，Garg N K. *Org. Lett.*，**2012**，14：2918.

[6] Bunnett J F. *Quart. Rev.* (*London*)，**1958**，12：15；Rosenblum M. *J. Amer. Chem. Soc.*，**1960**，82：3796；Ibne-Rasa E M.，Koubek E. *J. Org. Chem.*，**1963**，28：3240；Ellis A C.，Dae I D. *J. Chem. Soc.*，*Chem. Commun.*，**1977**，152.

[7] Tewfik R.，Fouad F M.，Farrell P G. *J. Chem. Soc.*，*Perkin Trans.* 2，**1974**，31.

[8] Applequist D E.，Roberts J D. *Chem. Rev.*，**1954**，54：1065；Garcia M.，Alfonso I.，Gotor V. *J. Org. Chem.*，**2003**，68：648；Yokoyaa M.，Kashiwagi M.，Iwasaki M.，Fuhshuku K.，Ohtab H.，Sugaia T. *Tetrahedron*：*Asymmetry*，**2004**，15：2817.

[9] Farcasin D. *Acc. Chem. Res.*，**1982**，15：46；Koptyug V A. *Top. Curr. Chem.*，**1984**，122：1；Effenbeger F. *Acc. Chem. Res.*，**1989**，22：27；Hubig S M.，Kochi J K. *J. Org. Chem.*，**2000**，65：6807；Rosokha S V.，Kochi J K. *J. Org. Chem.*，**2002**，67：1727；Lenoir D. *Angew. Chem. Int. Ed.*，**2003**，42：854；DavlievaM G.，Lindeman SV.，Neretin I S.，Kochi J K. *J. Org. Chem.*，**2005**，70：4013.

[10] Andrei H. S.，Solca N.，Dopfer O. *Angew. Chem. Int. Ed.*，**2008**，47：395.

[11] Sarma R.，Ramirez F.，McKeever B.，Nowakowski M.，Marecek J F. *J. Amer. Chem. Soc.*，**1978**，100：5391.

[12] Kruger H. *Chem. Soc. Rev.*，**1982**，11：227；Todres Z V. *Tetrahedron*，**1987**，43：3839；Schrader W.，Haudayani P P.，Zhou J.，List B. *Angew. Chem. Int. Ed.*，**2009**，48：1463；Schade M A.，Fleckenstein J E.，Knochel P.，Koszinowski K. *J. Org. Chem.*，**2010**，75：6848；Maltsev O V.，Chizhov A O.，Zlotin S G. *Chem. Eur. J.*，**2011**，17：6109.

[13] Bryce M R.，Vernon J M. *Adv. Heterocycl. Chem.*，**1981**，28：183；Martin R B. *J. Educ. Chem.*，**1985**，62：789；Sygula A.，Segula R.，Rabideau P W. *Org. Lett.*，**2005**，7：4999.

[14] Corey E J.，Carey F A.，Winter R A E. *J. Amer. Chem. Soc.*，**1965**，87：934；Block E. *Org. React.*，**1984**，30：457；Nagoski R W.，Brown R S. *J. Amer. Chem. Soc.*，**1992**，114：7773.

[15] Brill W F. J. *Chem. Soc.*，*Perkin Trans.* 2，**1984**，621；Porter N.，Zuraw P. *J. Chem. Soc.*，*Chem. Commun.*，**1985**，1472.

[16] Lin D T.，Powers V M.，Reynolds L J.，Whitman C P.，Kozarich J W.，Kenyon G L. *J. Amer. Chem. Soc.*，**1988**，110：323.

[17] Laganis E D.，Janik D S.，Curphey T J.，Lemal D M. *J. Amer. Chem. Soc.*，**1983**，105：7457；Bondybey V E.，Smith A M.，Agretev J. *Chem. Rev.*，**1996**，96：2113；Andrews L.，Citra A. *Chem. Rev.*，**2002**，102：88；Jacox M E. *Acc. Chem. Res.*，**2004**，37：727.

[18] Jencks W P. *Acc. Chem. Res.*，**1976**，9：425；**1980**，13：161.

[19] Grovenstein Jr E.，Chen Y. *J. Amer. Chem Soc.*，**1972**，94：4971；Jr. Grovenstein E. *Angew. Chem. Int. Ed. Engl.*，**1978**，17：313；Patil B B.，Van Derveer D. *Tetrahedron*，**1994**，50：5971.

[20] Bender M L. *Chem. Rev*, **1960**, 60: 53; Collins C J. *Adv. Phys. Org. Chem.*, **1964**, 2: 3;
[21] Douglas D S., Burditt A M. *Can. J. Chem.*, **1958**, 36: 1256.
[22] Jacobus J. *J. Chem. Educ.*, **1972**, 49: 349; Tim B T., Cho C S., Kim T J., Shim S C. *J. Chem. Res. Synop.*, **2003**, 368; 田大年，刘万毅．有机化学，**2006**，26：1525.
[23] 范如霖．稳定同位素标记有机合成法．北京：化学工业出版社，**1986**；ThibblinA., Ahlberg P. *Chem. Soc. Rev.*, **1989**, 18: 209; 盛怀禹，陈耀焕，袁群．同位素有机化学．杭州：浙江教育出版社，**1994**.
[24] Schmid K., Schmid H. *Helv. Chim. Acta*, **1953**, 36: 687.
[25] Beak P. *Acc. Chem. Res.*, **1992**, 25: 215; Beak P. *Pure Appl. Chem.*, **1993**, 65: 611.
[26] Curtin D Y., Kellom D B. *J. Amer. Chem. Soc.*, **1953**, 75: 6011; Lee I., Cha O J., Lee B.-S. *J. Phys. Chem.*, **1990**, 94: 3926; Mohrig J R. *Acc. Chem. Res.*, **2013**, 46: 1407.
[27] Blandamer M J., Burgess J., Robertson R E., Scott J M W. *Chem. Rev.*, **1982**, 82: 259; Drenth W., Kwart H. 有机反应动力学．林树坤译．北京：高等教育出版社，**1987**；Raines R T., Hansen D. E. *J. Chem. Educ.*, **1988**, 65: 757; Reeve J C. *J. Chem. Educ.*, **1991**, 68: 728; 赵学庄，臧雅茹．大学化学，**1992**，7（5）：29；Viossat V., Ben-Aim R I. *J. Chem. Educ.*, **1993**, 70: 732; Alberty R A. *J. Chem. Educ.*, **2004**, 81: 1206.
[28] Westheimer F H. *Chem. Rev.*, **1961**, 61: 265; Schepple S E. *Chem. Rev.*, **1972**, 72: 511; Bell R P. *Chem. Soc. Rev.*, **1974**, 3: 513; Kwart H. *Acc. Chem. Res.*, **1982**, 15: 401; Sunko D E., Hehre W J. *Prog. Phys. Org. Chem.*, **1983**, 14: 205; Thibblin A., Ahlberg P. *Chem. Soc. Rev.*, **1989**, 18: 209; Pu J.; Ma S.; Garcia-Viloca M.; Gao J.; Truhlar D G.; Kohen A. *J. Amer. Chem. Soc.*, **2005**, 127: 14879; Giagou T. Meyer M P. *Chem. Eur. J.*, **2010**, 16: 10616; Gomez-Gallego M., Sierra M A. *Chem. Rev.*, **2011**, 111: 4857; Simmons E M., Hartwig J F. *Angew. Chem. Int. Ed.*, **2012**, 51: 3066; Swiderek K., Paneth P. *Chem. Rev.*, **2013**, 113: 7851; Iskenderian-Epps W S., Soltis C., O' Leary D J. *J. Chem. Educ.*, **2013**, 90: 1044; Manna R N., Dybala-Defratyka A. *J. Phys. Org. Chem.* **2013**, 26: 797.
[29] Westheimer F H. *Chem. Rev.*, **1961**, 61: 265; Bruton G., Griller D., Barclay L R C., Ingold K U. *J. Amer. Chem. Soc.*, **1976**, 98: 6803; Walt C I F. *J. Phys. Org. Chem.*, **2010**, 23: 561.
[30] Halevi E A. *Prog. Phys. Org. Chem.*, **1963**, 1: 109; Sunko D E., Hehre W J. *Prog. Phys. Org. Chem.*, **1983**, 14: 205.
[31] Seltzer S. *J. Amer. Chem. Soc.*, **1961**, 83: 1861.
[32] Cope A C., Trumbull E R. *Org. React.*, **1960**, 11: 317; Depuy C H., King R W. *Chem. Rev.*, **1960**, 60: 431; Baumgarten R J. *J. Chem. Educ.*, **1968**, 45: 122; Bach R D., Braden M L. *J. Org. Chem.*, **1991**, 56: 7194; Hernandez E., Velez J M., Vlaar C P. *Tetrahedron. Lett.*, **2007**, 48: 8972.
[33] Krow G R. *Org. React.*, **1993**, 43: 3; Brink G J., Arends I W C E., Sheldon R A. *Chem. Rev.*, **2004**, 104: 4105; Zarraga M., Salas V., Miranda A., Arroyo P., Paz C. *Tetrahedron: Asymmetry*, **2008**, 19: 796; Reyes L. Alvarez-Idaboy R. Mora-Diez N. *J. Phys. Org. Chem.* **2009**, 22: 643; Balke K., Kadow M., Mallin H., SaβS., Bornscheuer U T. *Org. Biomol. Chem.*, **2012**, 10: 6249; Taber D F., Qiu J. *J. Chem. Educ.*, **2013**, 90: 1103; 颜范勇，李楚盈，梁小乐，代林枫，王猛，陈莉．化学进展，**2013**，25：900.
[34] Schowen R L. *Prog. Phys. Org. Chem.*, **1972**, 9: 275; Boksera D., York K A., Hogg J L. *J. Org. Chem.*, **1986**, 51: 92; Alvarez F J., Schowen R L. *Isot. Org. Chem.*, **1987**, 7: 1.
[35] Shiner V J., Rapp M W., Pinnick Jr H R. *J. Amer. Chem. Soc.*, **1970**, 92: 232; Burton G W., Sims L B., Wilson J C., Fry A. *J. Amer. Chem. Soc.*, **1977**, 99: 3371; Jacober S P., Hanzlik R P. *J. Amer. Chem. Soc.*, **1986**, 108: 1594; Axelsson B S., Bjurling P., Matsson O., Langstrom B. *J. Amer. Chem. Soc.*, **1992**, 114: 1502.
[36] Chan B., Radom L. *J. Phys. Chem. A*, **2007**, 111: 6456.
[37] Ashby E C., Depriest R N., Goel A B., Wenderoth B., Pham T N. *J. Org. Chem.*, **1984**, 49: 3545.
[38] Reinecke M G. *Tetrahedron*, **1982**, 38: 427; Wenk H H., Winkler M., Sander W. *Angew. Chem. Int. Ed.*, **2003**, 42: 502; Dyke A M., Hester A J., Lloyd-Jones G C. *Synthesis*, **2006**, 4093; Sanz R. *Org. Prep. Proc. Int.*, **2008**, 40 (3): 215; Chandrasekhar S., Seenaiah M., Rao C L., Reddy C R. *Tetrahedron*, **2008**, 64: 11325; Kitamura T. *Aust. J. Chem.*, **2010**, 63: 987.
[39] Laing J., Berry R S. *J. Amer. Chem. Soc.*, **1976**, 98: 660; Wentrup C. *Aust. J. Chem.*, **2010**, 63: 979; Kitamura, T. *Aust. J. Chem.*, **2010**, 63: 987.
[40] Wotiz J H., Huba F. *J. Org. Chem*, **1959**, 24: 595; Biehl E R., Razzuk A., Jovanovic M V., Khanapure S P. *J. Org. Chem*, **1986**, 51: 5157; Liu Z., Larock R C. *J. Org. Chem.*, **2006**, 71: 3198; Wu C., Shi F. *Asia J. Org. Chem.*, **2013**, 2: 116.
[41] Pena D., Cobas A., Perez D., Guitian E. *Synthesis*, **2002**, 1454; Hoffmann R W., Suzuki K. *Angew. Chem. Int. Ed.*,

2013, 52: 2655.

[42] Pena D., Perez D., Guitian E. *Angew. Chem. Int. Ed.*, **2006**, 45: 3579; Yoshida H., Ohshita J., Kunai A. *Bull. Chem. Soc. Jap.*, **2010**, 83: 199.

[43] Wenk H H., Wenkler M., Sander W. *Angew. Chem. Int. Ed.*, **2003**, 42: 502; Dyke A M., Hester A J., L.-Jones G C. *Synthesis*, **2006**, 4093; Bhojgude S S., Biju A T. *Angew. Chem. Int. Ed.*, **2012**, 51: 1520.

[44] Dockendorff C., Sahli S., Olsen M., Milhau L., Lautens M. *J. Amer. Chem. Soc.*, **2005**, 127: 15028; yoshida H., fukushima H., Ohshita J., Kunai A. *J. Amer. Chem. Soc.*, **2006**, 128: 11040; Jin T., Yamamoto Y. *Angew. Chem. Int. Ed.*, **2007**, 46: 3323., Gampe C M., Carreira E M. *Angew. Chem. Int. Ed.*, **2012**, 51: 3766; Perez D., Peña D., Guitian E. *Eur. J. Org. Chem*, **2013**, 5981; Dubrovskiy A V., Markina N A. Larock R C. *Org. Biomol. Chem.*, **2013**, 11: 191.

[45] Klandermann B H. *J. Amer. Chem. Soc.*, **1965**, 87: 4649; Zhao D., Swager T M. *Org. Lett.*, **2005**, 7: 4357.

[46] Balaban A T. *Pure Appl. Chem.*, **1980**, 52: 1409; Wieberg K B. *Chem. Rev.*, **2001**, 101: 1317; Pierrefixe S C A H., Bickelhaupt F M. *Chem. Eur. J.*, **2007**, 13: 6321; Fowler P W., Lillington M., Olson L P. *Pure Appl. Chem.*, **2007**, 79: 969.

[47] von Schleyer P R., Maerker C., Dransfeld A., Jiao H., von Hommes N J. *J. Amer. Chem. Soc.*, **1996**, 118: 6317; von Schleyer P R. *Chem. Rev.*, **2001**, 101: 1115; Chen Z., Wannere L S., Corminboeaf C., Puchta R., von Schleyer R P. *Chem. Rev.*, **2005**, 105: 3842; 易平贵，侯博，汪朝旭，刘峥军，于贤勇，徐百元. 化学学报, **2013**, 71: 126.

[48] Schaad L J., Hess R B. *Pure Appl. Chem.*, **1982**, 54: 1097; von Schleyer P R. *Chem. Rev.*, **2001**, 101: 1115.

[49] Marshall D R. *Angew. Chem. Int. Ed. Engl.*, **1972**, 11: 404; Balaban A T. *Pure Appl. Chem.*, **1980**, 52: 1409; Krygowski T M., Cyranski M K., Czarnocki Z., Hafelinger G., Katritzky A R. *Tetrahedron*, **2000**, 56: 1783; 虞忠衡，彭晓琦，宣正乾. 有机化学, **2000**, 20: 882; Mitchell R H. *Chem. Rev.*, **2001**, 101: 1301; Balaban A T., Oniciu D C., Katritzky A R. *Chem. Rev.*, **2004**, 104: 2777; Cyranski M K. *Chem. Rev.*, **2005**, 105: 3773; Rosohka S V., Kochi J K. *J. Org. Chem.*, **2006**, 71: 9537; Chattaraj P K., Sarkar U., Roy D R. *J. Chem. Educ.*, **2007**, 84: 354; 严兢，宋寅，彭德高. 大学化学, **2007**, 22 (1): 33; Tadross P M., Stoltz B M. *Chem. Rev.*, **2012**, 112: 3550; Waters M L. *Acc. Chem. Res.*, **2013**, 46: 873.

[50] Bally T., Masamune S. *Tetrahedron*, **1980**, 36: 343; Maier G., Kalinowski H., Euler K. *Angew. Chem. Int. Ed. Engl.*, **1982**, 21: 693; Mauret P., Alphonse P. *J. Organomet. Chem.*, **1984**, 276: 249; Gompper R., Wagner H. *Angew. Chem. Int. Ed.*, **1988**, 27: 1437; Cram D J., Tanner M E., Thomas R. *Angew. Chem. Int. Ed.*, **1991**, 30: 1024; Matsuo Y., Maruyama M. *Chem. Commun.*, **2012**, 48: 9334.

[51] Olah G A., Matescu G D. *J. Amer. Chem. Soc.*, **1970**, 92: 1430; McKennis J S., Brener L., Schweiger J R., Pettit R. *J. Chem. Soc.*, *Chem. Commun.*, **1972**, 365; Bally T. *Angew. Chem. Int. Ed.*, **2006**, 45: 6616; Matsuo Y., Maruyama M. *Chem. Commun.*, **2012**, 48: 9334.

[52] Craig L E. *Chem. Rev.*, **1951**, 49: 103; Katz T J. *J. Amer. Chem. Soc.*, **1960**, 82: 3784; Paquette L A. *Tetrahedron*, **1975**, 31: 2855; Dewar M J S., Jr. Merz K M. *J. Chem. Soc.*, *Chem. Commun.*, **1985**, 343; Hrovat D A., Borden W A. *J. Amer. Chem. Soc.*, **1992**, 114: 5879; Sohlberg K., Liu X. *J. Chem. Educ.*, **2013**, 90: 463.

[53] Hafner K. *Angew. Chem. Int. Ed.*, **1979**, 18: 641; Portella G., Poater J., Sola M. *J. Phys. Org. Chem.*, **2005**, 18: 785; Havenith R W A. *J. Org. Chem.*, **2006**, 71: 3559; Ormsby J L., King B T. *J. Org. Chem.*, **2007**, 72: 4035.

[54] Oth J G M. *Pure Appl. Chem.*, **1971**, 25: 573; Schaad L J., Hess Jr B A. *J. Chem. Educ.*, **1974**, 51: 640; Baumann H., Oth J G M. *Helv. Chim. Acta*, **1982**, 65: 1885; Vogel E. *Pure Appl. Chem.*, **1982**, 54: 1015; Haddon R C., Scott L T. *Pure Appl. Chem.*, **1986**, 58: 137; Slayden S W., Liebman J E. *Chem. Rev.*, **2001**, 101: 1541; Kennedy R D., Lloyd D., McNab H. *J. Chem. Soc.*, *Perkin Trans.* 1, **2002**, 1601.

[55] Jiao H., von Schleyer P R. *Angew. Chem. Int. Ed.*, **1996**, 35: 2383; 李洁，黄鹏程. 化学进展, **2012**, 24: 1683.

[56] Hafner K. *Angew. Chem. Int. Ed. Engl.*, **1964**, 3: 165; Donges R., Hafner K., Lindner H J. *Tetrahedron Lett.*, **1976**, 17: 1345; Mitchell R H. *Isr. J. Chem.*, **1980**, 20: 233, 294; Huang N Z., Sondheimer F. *Acc. Chem. Res.*, **1982**, 15: 96; Hafner K. *Pure Appl. Chem.*, **1982**, 54: 939; Rabinovitz M., Willner I., Minsky A. *Acc. Chem. Res.*, **1983**, 16: 298; Summerscales O T., Cloke F G N. *Coord. Chem. Rev.*, **2006**, 250: 1122; Li H., Wei B., Xu L., Zhang W.-X., Xi Z. *Angew. Chem. Int. Ed.*, **2013**, 52: 10822.

[57] Neuenschwander M. *Pure Appl. Chem.*, **1986**, 58: 55; Scott A P., Agranat A., Biedermann P U., Riggs N V., Radom L. *J. Org. Chem.*, **1997**, 62: 2026; Stepien B T., Krygowski T M., Cyranski M K. *J. Org. Chem.*, **2002**, 67: 5987; Mollerstedt H., Piqueras M C., Crespo R., Ottoson H. *J. Amer. Chem. Soc.*, **2004**, 126: 13938.

[58] Anthony J E. *Chem. Rev.*, **2006**, 106: 5028; *Angew. Chem. Int. Ed.*, **2008**, 47: 452; Eisenberg D., Shenhar R., Rabinovitz M. *Chem. Soc. Rev.*, **2010**, 39: 2879; Purushothaman B., Bruzek M., Parkin S R., Miller A.-F., Anthony J E. *Angew. Chem. Int. Ed.*, **2011**, 50: 7013; Zade S S., Bendikov M. *J. Phys. Org. Chem.*, **2012**, 25: 452; Sakai S., Kita Y. *J. Phys. Org. Chem.*, **2012**, 25: 840; Watanabe M., Chen K-Y., Chang Y J., Chow T J. *Acc. Chem. Res.*, **2013**, 46: 1606; Bunz U H F., Engelhart J U., Lindner B D., Schaffroth M. *Angew. Chem. Int. Ed.*, **2013**, 52: 3810.

[59] Smalley R E. *Acc. Chem. Res.*, **1992**, 25: 98; Diederich F. *Pure Appl. Chem.*, **1997**, 69: 395; Randic M. *Chem. Rev.*, **2003**, 103: 3449; Wu Y-T., Siegel J S. *Chem. Rev.*, **2006**, 106: 4843; Prato M., Kostarelos K., Bianco A. *Acc. Chem. Res.*, **2008**, 41: 60.

[60] Mitsuhashi R., Suzuki Y., Yamanari Y., Mitamura H., Kambe T., Ikeda N., Okamoto H., Fujiwara A., Yamaji M., Kawasaki N., Maniwa Y., Kubozono Y. *Nature*, **2010**, 464: 76.

[61] Breslow R. *Acc. Chem. Res.*, **1973**, 6: 393; Balaban A T., Oniciu D C., Katritzky A R. *Chem. Rev.*, **2004**, 104: 2777; Rosokha S V., Kochi J K. *J. Org. Chem.*, **2006**, 71: 9357; Braunschweig H., Kupfer T. *Chem. Commun.*, **2011**, 47: 10903.

[62] Winstein S. *Rev. Chem. Soc.*, **1969**, 23: 141; Olah G A. *J. Amer. Chem. Soc.*, **1975**, 97: 5489; Paquett L A. *Angew. Chem. Int. Ed. Engl.*, **1978**, 17: 106; 薛价猷. 化学通报, **1983**, (11): 27; Childs R F. *Acc. Chem. Res.*, **1984**, 17: 347; Scott L T. *Pure Appl. Chem.*, **1986**, 58: 105; Williams R V. *Chem. Rev.*, **2001**, 101: 1185.

[63] Rosenberg J L., Mahler J E., Pettit R. *J. Amer. Chem. Soc.*, **1962**, 84: 2842; Olah G A. Stratal J S. Spear R J. Liang G. *J. Amer. Chem. Soc.*, **1975**, 97: 5489; Bushmelev V A., Ganaev A M., Osadchii S A., Shakirov M M., Shubin V G. *Russ. J. Org. Chem.* (*Engl. Trasl.*), **2003**, 39: 1301; Alkorta I., Elguerov J., Maksic E-M., Maksić Z B. *Tetrahedron*, **2004**, 60: 2259.

[64] Rosenberg J L, Mahler J E, Pettit R. *J. Amer. Chem. Soc.*, **1962**, 84: 2842; Warner P., Harris D L., Bradley C H., Winstein S. *Tetrahydron Lett.*, **1970**, 4013; Alkorta I., Elguero J., Eckert-Maksic M., Maksic Z B. *Tetrahedron*, **2004**, 60: 2259.

[65] Warner P., Winstein S. *J. Amer. Chem. Soc.*, **1971**, 93: 1284; Liebman J F., Paquett L A., Peterson J R., Rogers D W. *J. Amer. Chem. Soc.*, **1986**, 108: 8267; Scott L T., Cooney M J., Rogers D W. *J. Amer. Chem. Soc.*, **1988**, 110: 7244.

[66] Jorgensen W L. *Tetrahedron Lett.*, **1976**, 3029; Jorgensen W L. *Tetrahedron Lett.*, 3033; Olah G A., Praksh G K S., Rawdah T N., Whittaker D., Rees J C. *J. Amer. Chem. Soc.*, **1979**, 101: 3935; Rasul G., Pranash G K S., Olah G A. *J. Phys. Chem. A*, 110 **2006**, 11320.

[67] Masamune S., Sakai M., Kemp-Jones A V. *Can. J. Chem.*, **1974**, 52: 855; Rasul G. Prakashi G K S. Olah G A. *J. Phys. Chem. A*110., **2006**, 11320.

[68] Freeman P K. Dacres J E. *J. Org. Chem.*, **2003**, 68: 1386; Freeman P K. *J. Org. Chem.*, **2005**, 70: 1998; Chattaraj P K, Sarkar U, Roy D R. *J. Chem. Educ.*, **2007**, 84: 354; Caramori G F., de Oliveira K T., Galembeck S E., Bultinck P., Constantino M G. *J. Org. Chem.*, **2007**, 72: 76; Zhang S., Wei J., Li G., Zhan M., Luo Q., Wang C., Zhang W.-X., Xi Z F. *J. Amer. Chem. Soc.*, **2012**, 134: 11964.

[69] Randic M. *Chem. Rev.*, **2003**, 103: 3449.

[70] Balaban A T., Onicin D C., Katritsky A R. *Chem. Rev.*, **2004**, 104: 2777.

[71] Chen Z., King R B. *Chem. Rev.*, **2005**, 105: 3613.

[72] Bao P., Yu Z H. *J. Phys. Org. Chem.*, **2010**, 23: 16; Chauvin R., Lepetit C., Maraval V., Leroyer L. *Pure Appl. Chem.*, **2010**, 82: 769.

[73] Kawase T., Oda M. *Angew. Chem. Int. Ed.*, **2004**, 43: 4396; Rzepa H. *Chem. Rev.*, **2005**, 105: 3697; Herges R. *Chem. Rev.*, **2006**, 106: 4820.

[74] Roper W R. *Angew. Chem. Int. Ed.*, **2001**, 40: 2440; Tokltoh N. *Acc. Chem. Res.*, **2004**, 37: 86; Boldyrev A I., Wang L S. *Chem. Rev.*, **2005**, 105: 3716; Landort C W., Haley M M. *Angew. Chem. Int. Ed.*, **2006**, 45: 3914; Wright L J. *Dalton Trans.* **2006**, 1861; Fischer R C., Power P P. *Chem. Rev.*, **2010**, 110: 3877.

[75] Bunnett J F. *Acc. Chem. Res.*, **1978**, 11: 413; Rossi R A., Pierini A B., Paiacios S M. *J. Chem. Educ.*, **1989**, 66: 720; 陈兆斌, 张昭, 夏织中. 有机化学, **1991**, 11: 113; Bunnett J F. *Acc. Chem. Res.*, **1992**, 25: 2; Gall C., Rappoport Z. *Acc. Chem. Res.*, **2003**, 36: 580; Bowmann W R., Storey J M D. *Chem. Soc. Rev.*, **2007**, 36: 1803; Chan L C., Cox B G., Jones I C., Tomasi S. *J. Phys. Org. Chem.*, **2011**, 24: 751.

[76] Kornblum N., Cheng L., Davies T M., Earl G W., Holy N L., Kerber R C., Kestner M M., Manthey J W.,

Musser M T. *J. Org. Chem.*，**1987**，52：196.

[77] Kim J K.，Bunnett J F. *J. Amer. Chem. Soc.* **1970**，92：7463，7464.

[78] 陈庆云．有机化学，**1984**，14：165；Saveant J M. *Adv. Phys. Org. Chem.*，**1990**，26：1；Costentin C.，Hapiot P.，Medebielle M.，Saveant J M. *J. Amer. Chem. Soc.*，**1999**，121：4451；Chan L C.，Cox B G.，Jones I C.，Tomasi S. *J. Phys. Org. Chem.*，**2011**，24：751.

[79] Cornelisse J. *Pure Appl. Chem.*，**1975**，41：433；Bunnett J F. *Acc. Chem. Res.*，**1978**，11：413；吴国生，尹鹤群，李南生，邱发洋，荣国斌，詹东亮．化学学报，**1989**，47：996；Borosky G L.，Pierini A B.，Rossi R A. *J. Org. Chem.*，**1992**，57：247.

[80] Rossi R A.，Pierini A B.，Borosky G L. *J. Chem. Soc.*，*Perkin Trans.* 2，**1994**，2577.

[81] Rossi R A.，De Rossi R H. *J. Org. Chem.*，**1976**，41：3163；Nair V.，Chamberlain S D. *J. Amer. Chem. Soc.*，**1985**，107：2183；吴碧琪，曾繁之，葛明娟，程新中，吴国生．中国科学 B，**1990**，12：1246；Rossi R. A. Pierini A. B. Santiago A N. *Org. Reac.*，**1999**，54：1；Rossi R A. Penenory A B. *Chem. Rev.*，**2003**，103：71.

[82] Rossi R. A. Pierini A B.，Palacios S M. *J. Chem. Educ.*，**1989**，66：720；Borosky G L.，Pierini A B.，Rossi R A. *J. Org. Chem.*，**1992**，57：247.

[83] Capon B *Q. Rev. Chem. Soc.*，**1964**，18：45；Page M I. *Chem. Soc. Rev.*，**1973**，2：295；杜宝山，岑仁旺．化学通报，**1983**，(3)：43；Ashby E C.，Park B.，Patil G S.，Gadru K.，Gurumurthy R. *J. Org. Chem.*，**1993**，58：424；Gajewski J. *Acc. Chem. Res.*，**1997**，30：219.

[84] Winstein S.，Lucas H J. *J. Amer. Chem. Soc.*，**1939**，61：1576.

[85] Harris J M. *Prog. Phys. Org. Chem.*，**1974**，11：89；Olah G A.，Singh B P. *J. Amer. Chem. Soc.*，**1984**，106：3265.

[86] Heine H W.，Miller A D.，Barton W H.，Greiner R W. *J. Amer. Chem. Soc.*，**1953**，75：4778；Richardson W H.，Golino C M.，Wachs R H.，Yelvington M B. *J. Org. Chem.*，**1971**，36：943.

[87] Allred E L.，Winstein S. *J. Amer. Chem. Soc.*，**1967**，89：3991，3998，4012.

[88] Winstein S.，Grunwald E.，Buckles R E.，Hanson C. *J. Amer. Chem. Soc.*，**1948**，70：816；Olah G A.，Westerman P W.，Melby E G.，Mo Y K. *J. Amer. Chem. Soc.*，**1974**，96：3565；Slebocka-Tilk H.，Ball R G.，Brown R S. *J. Amer. Chem. Soc.*，**1985**，107：4504.

[89] Peterson P E. *Acc. Chem. Res.*，**1971**，4：407.

[90] Winstein S.，Shatavsky M. *J. Amer. Chem. Soc.*，**1956**，78：592；Okazaki T.，Terakawa E.，Kitagawa T.，Taeschler C. *J. Org. Chem.* **2000**，65：1680；Smith W B. *J. Org. Chem.*，**2001**，66：376；Olah G A. *J. Org. Chem.*，**2005**，70：2413.

[91] Jr. Hess B A. *J. Amer. Chem. Soc.*，**1969**，91：5657；Lambert J B.，Mark H W.，Holcomb A G.，Magyar E S. *Acc. Chem. Res.*，**1979**，12：317.

[92] Lawton R G. *J. Amer. Chem. Soc.* **1961**，83：2399；Malnar I.，Juric S.，Vrcek V.，Gjuranovic Z.，mihalic Z.，Kronja O. *J. Org. Chem.*，**2002**，67：317.

[93] Goering H L.，Closson W D. *J. Amer. Chem. Soc.*，**1961**，83：3511；Jablonski R J.，Snyder E J. *J. Amer. Chem. Soc.*，**1969**，91：4445；Mishima M.，Tsuno Y.，Fujio M. *Chem. Lett.*，**1990**，2277.

[94] Cram D J. *J. Amer. Chem. Soc.*，**1952**，74：2129；Lee C C.，Unger D.，Vassie S. *Can. J Chem.*，**1972**，50：1371.

[95] Brown H C.，Margan K J.，Chloupek F. *J. Amer. Chem. Soc.*，**1965**，87：2137；Koptyng V A. *Top. Curr. Chem.*，**1984**，122：1；Brusco Y. Berroteran N. LoronoM. Cordova T. Chuchani G. *J. Phys. Org. Chem.*，**2009**，22：1022.

[96] Ramsey B G.，Jr. Cook J A.，Manner J A. *J. Org. Chem.*，**1972**，37：3310；Olar G A.，Spear R J.，Forsyth D A. *J. Amer. Chem. Soc.*，**1976**，98：6284.

[97] Brown H C.，Kim C J. *J. Amer. Chem. Soc.*，**1971**，93：5765；Olar G E.，Singh B P. *J. Amer. Chem. Soc.*，**1984**，106：3265；Mishima M.，Tsuno Y.，Fujio M. *Chem. Lett.*，**1990**，2277.

[98] Schadt Ⅲ F L.，Lancelot C J.，von Schleyer P R. *J. Amer. Chem. Soc.*，**1978**，100：228.

[99] Haywood F J. *Chem. Rev.*，**1974**，74：315；Takakis I M.，Rhodes Y E. *Tetrahedron Lett.*，**1983**，24：4959.

[100] Mazur R H.，White W N.，Semenow D A.，Lee C C.，Silver M S.，Roberts J D. *J. Amer. Chem. Soc.*，**1959**，81：4390；Roberts D D. *J. Org. Chem.*，**1965**，30：23；Sarel S.，Yovell J.，SarelImber M. *Angew. Chem. Int. Ed. Engl.*，**1968**，7：577；Peters E N.，Brown H C. *J. Amer. Chem. Soc.*，**1973**，95：2397；Roberts D D.，Jr. Snyder R C. *J. Org. Chem.*，**1979**，44：2860；Kevill D N.，Abduljaber M H. *J. Org. Chem.*，**2000**，65：2548.

[101] Olah G A. *Angew. Chem. Int. Ed. Engl.*，**1973**，12：173；Carneiro J W.，von Schleyer P r.，Koch W.，Raghava-

chari K. *J. Amer. Chem. Soc.*, **1990**, 112: 4064.

[102] Yamataka H., Ande T., Nagase S., Hanamura M., Morokuma K. *J. Org. Chem.*, **1984**, 49: 631; Johnson S A., Clark D T. *J. Amer. Chem. Soc.*, **1988**, 110: 4112.

[103] Allen A D., Ambidre I C., Tidwell T T. *J. Org. Chem.*, **1983**, 48: 4527; Imhoff M A., Ragain R M., Moore K., Shiner V J. *J. Org. Chem.*, **1991**, 56: 3452.

[104] Kende A S. *Org. React.*, **1960**, 11: 261; Chenier P J. *J. Chem. Educ.*, **1978**, 55: 286; Hamblin G D., Jimenez R P., Sorensen T S. *J. Org. Chem.*, **2007**, 72: 8033.

[105] Bailey P S. *Chem. Rev.*, **1958**, 58: 925; Murray R W. *Acc. Chem. Res.*, **1968**, 1: 313; Criegee R. *Angew. Chem. int. Ed.*, **1975**, 14: 745; Kuczkowski R L. *Acc. Chem. Res.*, **1983**, 16: 42; Kuczkowski R L. *Chem. Soc. Rev.*, **1992**, 21: 79; Ponec R., Yuzhakov G., Haas Y., Samuni U. *J. Org. Chem.*, **1997**, 62: 2757; 沙跃武，王欣. 有机化学，**1999**，19: 224; Smith A B., Mesaros E F., Meyer E A. *J. Amer. Chem. Soc.*, **2006**, 128: 5292.

[106] Murray R W., Su J. *J. Org. Chem.*, **1983**, 48: 817; Sander W. *Angew. Chem. Int. Ed.*, **1990**, 29: 344; Brunelle W H. *Chem. Rev.*, **1991**, 91: 335; Santos C., de Rosso C R S., Imamura P M. *Synth. Commun.*, **1999**, 29: 1903.

[107] Keul H., Kuczkowski R L. *J. Amer. Chem. Soc.*, **1985**, 50: 3371; Kamata M., Komatsu K I., Akaba R. *Tetrahedron Lett.*, **2001**, 42: 9203; Sander W. *Angew. Chem. Int. Ed.*, **2014**, 53: 362.

[108] Shieh W C., Dell S., Repic O. *J. Org. Chem.*, **2002**, 67: 2188.

[109] Fife T H., Singh R., Bembi R. *J. Org. Chem.*, **2002**, 67: 3179.

[110] Tan D S., Dudley G B., Danishefsky S J. *Angew. Chem. Int. Ed.*, **2002**, 41: 2185; Mandel M., Yun H., Dudley G B., Lin S., Tan D S., Danishefsky S J. *J. Org. Chem.*, **2005**, 70: 10619; Naifeld S V., Lee D. *Synlett*, **2006**, 1623.

[111] Perkin W H. *J. Chem. Soc.*, **1896**, 69: 596; Appendino G., Zanardi F., Casiraghi G. *Chemtracts: Org. Chem.*, **2002**, 15: 175; 秦川，荣国斌. 大学化学，**2010**，25 (4): 36.

[112] Prostenik M., Prelog V. *Helv. Chim. Acta*, **1943**, 26: 1965.

[113] Woodward R B., Von Doering W E. *J. Amer. Chem. Soc.*, **1944**, 66: 849; 1945, 67: 860; Seeman I. *Angew. Chem. Int. Ed.*, **2007**, 46: 1378; Craig G. W. *Helv. Chim Acta*, **2011**, 94: 923; Souza K F D., Porto P A. *J. Chem. Educ.*, **2012**, 89: 58.

[114] Gutzwiller J., Uskokovic M R. *J. Amer. Chem. Soc.*, **1978**, 100: 576; Stork G., Niu D., Fujimoto A., Koft E R., Balkovec J M., Tata J R., Dake G R. *J. Amer. Chem. Soc.*, **2001**, 123: 3239; Seeman J I. *Angew. Chem. Int. Ed.*, **2012**, 51: 3012.

[115] Rouhi M. *Chem. Eng. News*, **2001**, 79: 54; Kaufman T S., Ruveda E A. *Angew. Chem. Int. Ed.*, **2005**, 44: 854; Seeman J I. *Angew. Chem. Int. Ed.*, **2007**, 46: 1378.

[116] Smith A C., Williams R M. *Angew. Chem. Int. Ed.*, **2008**, 47: 1736.

[117] 刘春朝，王玉春，欧阳藩，叶和春，李国风. 化学进展，**1999**，11: 41; Li Y., Wu Y L. *Curr. Med. Chem.*, **2003**, 10: 2197; 李英. 青蒿素研究. 上海：上海科学技术出版社，**2007**；屠呦呦. 青蒿及青蒿素类药物. 北京：化学工业出版社，**2009**；Chaturvedi D., Goswami A., Saikia P P., Barua N C., Rao P G. *Chem. Soc. Rev.*, **2010**, 39: 435; 吴毓林. 化学进展，**2009**，21: 2365; 大学化学，**2010**，25 (增刊): 12; Levesque F., Seeberger P H. *Angew. Chem. Int. Ed.*, **2012**, 51: 1706.

[118] Thome I., Nijs A., Bolm C. *Chem. Soc. Rev.*, **2012**, 41: 979.

[119] Takai K., Kakiuchi T., Kataoka Y., Utimoto K. *J. Org. Chem.*, **1994**, 59: 2668. Takai K., Kakiuchi T., Utimoto K. *J. Org. Chem.*, **1994**, 59: 2671. Furstner A. *Chem. Rev.*, **1999**, 99: 991. Wessjohann L A., Scheid G. *Synthesis*, **1999**, 1.

[120] Leadbeater N E., Marco M. *Angew. Chem.*, *Int. Ed.*, **2003**, 42: 1407; Arvela R K., Leadbeater N E., Sangi M S., Williams V A., Granados P., Singer R D. *J. Org. Chem.*, **2005**, 74: 161.

[121] Jin H., Uenish J I., Christ W J., Kishi Y. *J. Amer. Chem. Soc.*, **1986**, 108: 5644; Takai K., Tagashira M., Kuroda T., Oshima K., Utimoto K., Nozaki H. *J. Amer. Chem. Soc.*, **1986**, 108: 6048.

[122] Buchwald S L., Bolm C. *Angew. Chem.*, *Int. Ed.*, **2009**, 48: 5586. Larsson P.-F., Correa A., Carril M., Norrby P.-O., Bolm C. *Angew. Chem.*, *Int. Ed.*, **2009**, 48: 5691.

[123] Hammett L H. *Chem. Rev.*, **1935**, 17: 125; Jaffe H H. *Chem. Rev.*, **1953**, 53: 191; Seeman J I. *Chem. Rev.*, **1983**, 83: 83; Shorter J. *Prog. Phys. Org. Chem.*, **1990**, 17: 1; Jiang X K. *Acc. Chem. Res.*, **1997**, 30: 283; Lorand J P. *J. Phys. Org. Chem.*, **2011**, 24: 267.

[124] Charton M. *Prog. Phys. Org. Chem.*, **1973**, 10: 81; Shoter J. 有机化学中的相关分析——线性自由能关系引论. 何宗士译，北京：化学工业出版社，**1986**.

[125] Swain C G., Jr. Lupton E C. *J. Amer. Chem. Soc.*, **1968**, 90: 4328; Lee I., Shim C S., Chung S Y., Kim H

Y., Lee H W. *J. Chem. Soc.*, *Perkin Trans.* 2, **1988**, 1919.

[126] Stock L M., Brown H C. *Adv. Phys. Org. Chem.*, **1963**, 1: 35; Hansch C., Gao H. *Chem. Rev.*, **1997**, 97: 2995.

[127] Bowden K., Grubbs E. J. *Chem. Soc. Rev.*, **1996**, 25: 171.

[128] Tsuno Y., Fujio M. *Chem. Soc. Rev.*, **1996**, 25: 129.

[129] Charton M. *Prog. Phys. Org. Chem.*, **1981**, 13: 119.

[130] Jr. Taft R W. *J. Amer. Chem. Soc.*, **1953**, 75: 4321; Gallo R. *Prog. Phys. Org. Chem.*, **1983**, 14: 115; McClelland R A., Steenken S. *J. Amer. Chem. Soc.*, **1988**, 110: 5860.

[131] Hansch C., Leo A., Jr. Taft R W. *Chem. Rev.*, **1991**, 91: 165.

[132] Jr. Taft R W. *J. Amer. Chem. Soc.*, **1953**, 75: 4237; Grob C A. *Angew. Chem.*, *Int. Ed. Engl.*, **1976**, 15: 569.

[133] Schleck J O. *J. Chem. Educ.*, **1971**, 48: 103.

部分习题参考答案

1-1

(1) 氢键。

(2) 甲醛共振结构中的偶极因氧的电负性而产生的诱导偶极作用而加强，一氧化碳共振结构中的偶极方向和诱导偶极作用方向相反；另外，一氧化碳键长较短：$\ddot{\underset{\cdot\cdot}{O}}{=}C{:} \longleftrightarrow \underset{\cdot\cdot}{O}^{+}{\equiv}C{:}^{-}$；甲酰胺的偶极矩大、可极化性强、有氢键。

(3) 氢键；*s-cis* 的偶极矩比 *s-trans* 大：C═O 和 H—O 的偶极方向几乎平行。

(4) 薁的五元环带负电荷，七元环带正电荷；Br 的电负性比 F 小，但 C—Br 键长。

(5) 丙腈有很大的极性。

(6) 溶剂化作用，水分子与 Cl^- 可形成氢键。

(7) 醇分子中的烷基体积愈大，烷基相互接近缔合的机会愈小，水分子的体积小，仍可与醇形成氢键。

(8) 与电负性相关，高电负性使其提供孤对电子形成氢键的能力减弱。

(9) 烯醇式中 N 上孤对电子位于与 π 体系不共轭的 sp^2 轨道上，酮式中孤对电子位于与 π 体系共轭的 p 轨道上，是环 π 体系的组成部分，形成有芳香性的两亲离子的共振结构，偶极矩也较大，溶液中可被稳定。

(10) 有氢键。

(11) 电负性强的 sp^2 碳原子比电负性小的 sp^3 碳原子更易被极化。

(12) 位阻效应。

(13) 螺戊烷，螺碳原子的角张力和扭转张力都更大。

(14) C—C 成键电子比 C—H 成键电子有更大的排斥作用。

(15) sp^2 转化为 sp^3 后，五元环能消除更多张力。

(16) C2 位的共轭因位阻效应受阻。

2-1

(1) 溶剂化效应；溴的体积和极化度比氯大，但电负性比氯小；氢键；溶剂化效应。

(2) CN 分散负电荷的能力比 SO_2Ph 弱。

(3) 氢键。

(4) 氢键。

(5) NO_2 的吸电子共轭效应较强，Cl 有供电子共轭效应和吸电子诱导效应。

(6) 乙醇的碱性和溶剂化都比水弱。

(7) 1,3-环戊二酮的共平面性比 1,3-环己二酮好，羰基的 p 轨道和 C—Hσ 键能较好地并列排列。

(8) 吡啶氮原子的碱性更强，其共轭酸的正电荷可共振离域分散到另一个 N 上。氨基上的质子化产生定域的正电荷，又无与 N 相连的 π 键；2-氨基吡啶质子化后两个 N 上的质子都带有部分正电荷，距离近，排斥强。

(9) 体积效应。

(10) 邻位氯的场效应最强。

(11) 场效应与诱导效应都相同。

(12) 芳香性。

(13) 氢键。

(14) **6** 是质子海绵。

(15) **7** 是高度不稳定的。

(16) CN^- 既是一个强的亲核物种，又是一个良好的离去基团，其吸电子性能促进 C—H 键的解离和碳负离子的生成。OH^- 只是强碱，缺乏 CN^- 的性能。

(17) 硼原子有空 p 轨道，能接受水中氧原子的孤对电子，使水离解出质子；Ag^+ 是强 Lewis 酸，能与溴配位而促进叔丁基溴的解离。

(18) 质子性溶剂中，氧负离子易成氢键而降低其亲核能力。

(19) 气相中与甲基的供电子诱导效应一致，水相中氮上的氢愈多，溶剂化作用愈强；甲基取代使分子体积增大，也使溶剂化效应变弱。

(20) 碱性条件下羧酸的酸性促进酯的水解，反应朝羧酸盐和醇的方向进行；酸性条件下无此酸-碱平衡，酯化反应更有效。

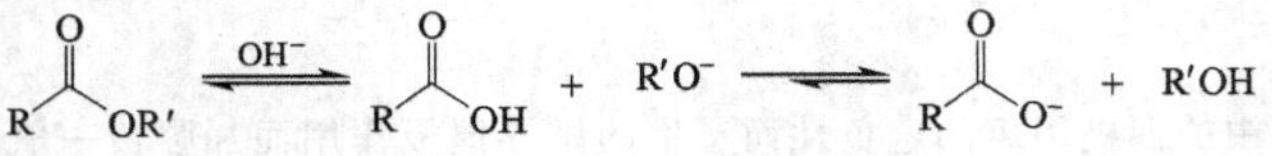

2-2

(1) **1**，芳香性。

(2) **2**，负电荷落在电负性大的氮上。

(3) **1**，共轭分散负电荷更有效。

(4) **1**，构型有利。

(5) **1**，**2** 有分子内氢键。

2-3、**2-4** 和 **2-5** 均涉及酸碱软硬匹配。

2-6

(1)

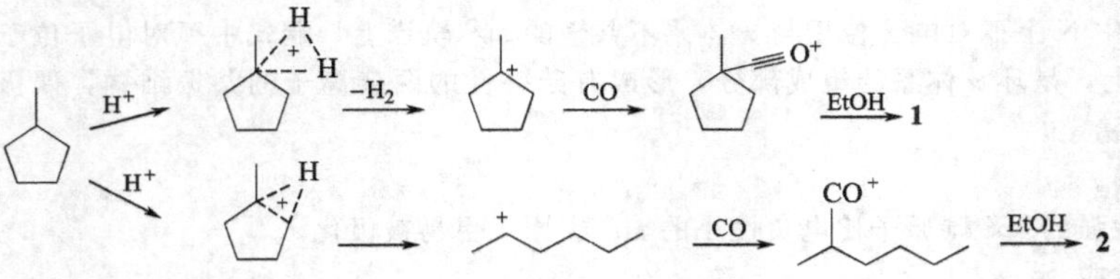

(2)

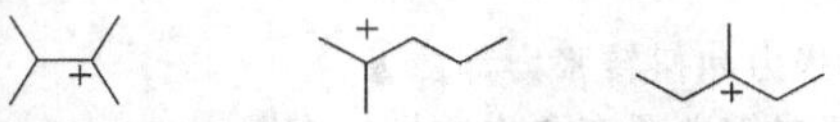

2-7 Lewis 酸 $MgCl_2$ 能与醛基氧配位并再与邻位氧形成稳定的六元环而使该苄基接受亲核进攻而离去。

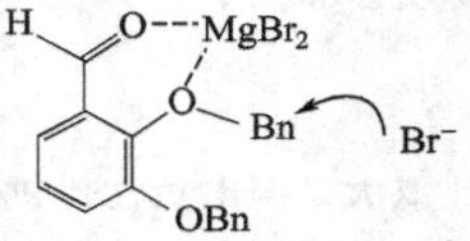

2-8

(1) 根据式(2-1)，HA 即为 **1** 或 **2**，该溶液中有 H_3O^+、**1**、**2** 和它们相同的共轭碱。它们的浓度由两个 k_a 值决定，[**2**] 比 [**1**] 小约 10 倍，故 **2** 的 k_a 约大 10 倍，pK_a 比 **1** 约大 1，约为 23。

(2) 根据式(2-15)，$\lg([BH^+]/[B]) = -1.8$；$[BH^+]/[B] = 10^{-1.8}$。

3-1

(1)

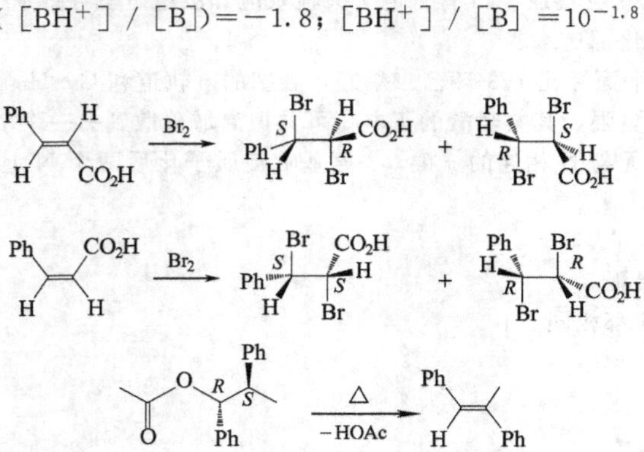

(2)

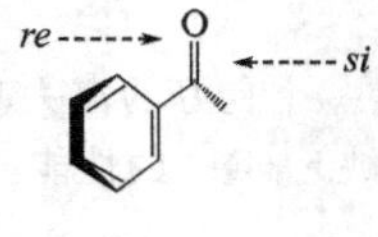

（3） *pro-S*-H H -----→ *pro-R*- （O）

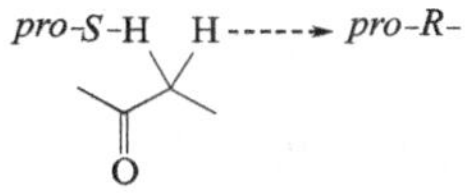

（4）

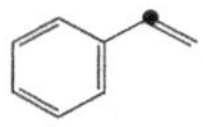

（5） **4**

（6） 羟基与羰基重叠

（7） NH_2, H_3C, OH, H, C_2H_5, C_2H_5 > NH_2, HO, C_2H_5, H, C_2H_5, CH_3 > NH_2, H_5C_2, CH_3, H, C_2H_5, OH

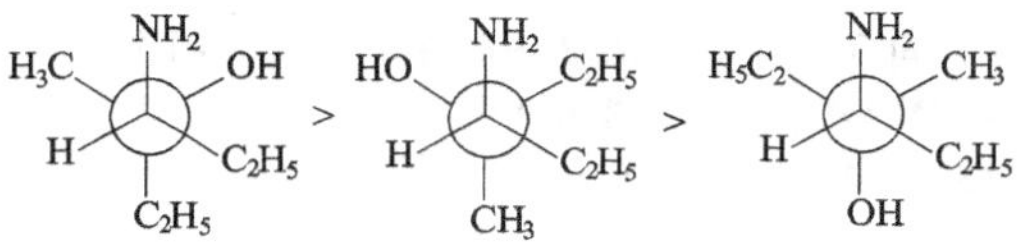

3-2

(1) OH **1**

(2) **2** ⟶ H, OH; **3** ⟶ OH, H

(5) O, H; O, H **6**

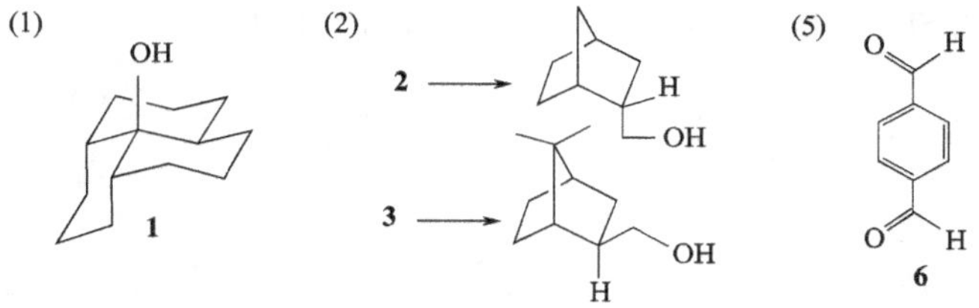

（3） (*S*)-

（4） *anti*-

3-3

（1）、（2） 和 （3） 均为立体位阻。

（4） 环己烷上发生 E2 或分子内缩环反应。

（5） 顺式羟基位于 a 键相位，张力相对较大；甲基取代的转化为 aa 键需要的能量低。

（6） 六元环椅式构象的 e-H 和 C—N^+ 键可处于反式共平面而进行 E2 消除反应，但在五元环上无此效应。

（7） $\overset{EtO^-}{\rightleftharpoons}$ TsO—N, O^-, OTs ⟶

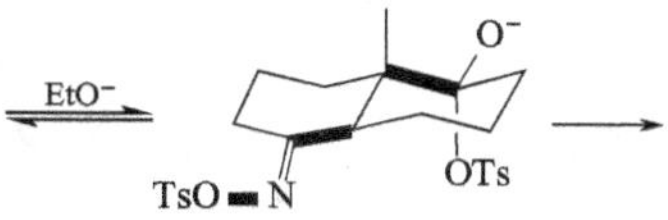

（8） 羰基平面是对映异位面，可以生成两个互为对映异构体关系的手性产物。

3-4

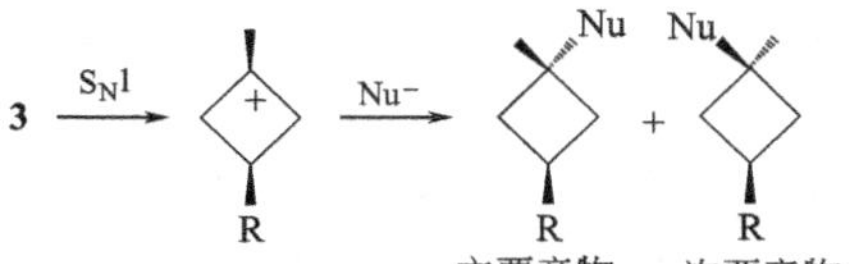

3 $\xrightarrow{S_N1}$ (+, R) $\xrightarrow{Nu^-}$ (Nu, R) + (Nu, R)

主要产物　次要产物

3-5 **1b** 中的叔丁基无 1,3-直立键作用，**1a** 中的甲基有 1,3-直立键作用。

3-6

（1） σ_{C-F} 与 σ^*_{C-F} 之间有超共轭效应。

（2） 孤对电子与 σ^*_{C-F} 之间有超共轭效应。

（3） 碳负离子上的负电荷与 e 键上的 σ^*_{C-S} 之间有超共轭效应。

（4） 底物可取双 a 键取代构象。

4-1

$C_2H_5^+$ **1**　$CH_3CH:$ **2**　$CH_3CH_2\cdot$ **3**　$CH_3CH_2\ddot{O}H$ **4**　$H_2C{=}\ddot{O}^+H \longleftrightarrow H_2C^+{-}OH$ **5**　$R{-}\dot{C}{=}\dot{C}{-}R$ **6**

4-2

（1） S 上的孤对电子与溶剂解形成的碳正离子间距离近而有作用，产物能保持底物的立体构型。

(2) S_N1，有离子对效应。
(3) 推拉效应。
(4) S_N1，前者所得碳正离子共轭分散正电荷更有效。
(5) 形成芳香性环戊二烯负离子后不断发生 H/D 交换反应。
(6) 生成环己基正离子后再与负离子反应形成氯代环己烷和乙酸环己基酯。
(7) **1** 发生酰氧断裂，**2** 发生烷氧断裂可生成较稳定的碳正离子。
(8) 苄基氢的酸性大。
(9) 自由基稳定性。
(10) 浓度大时易于进行分子间反应夺氢，浓度小时易进行分子内重排。
(11) 质子化反应是第一步，溶剂笼中生成紧密离子对。
(12) 酰基正离子分子内加成反应。
(13) pinacol 重排。
(14) 环戊二烯的大，反芳香性。
(15) 重排产物经由 SET 过程生成自由基负离子中间体而产生的。
(16) 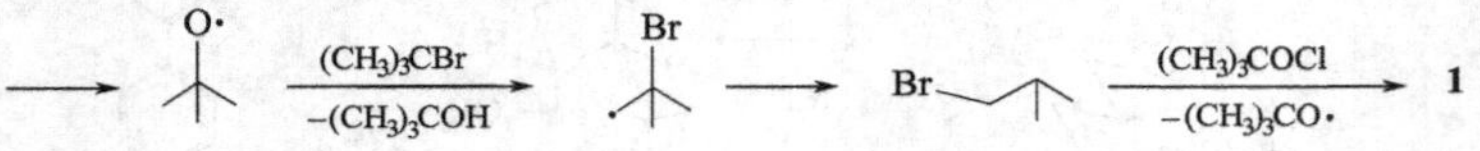 ⟶ O· ⟶[$(CH_3)_3CBr$ / $-(CH_3)_3COH$] Br ⟶ Br ⟶[$(CH_3)_3COCl$ / $-(CH_3)_3CO\cdot$] **1**

4-3

(1) 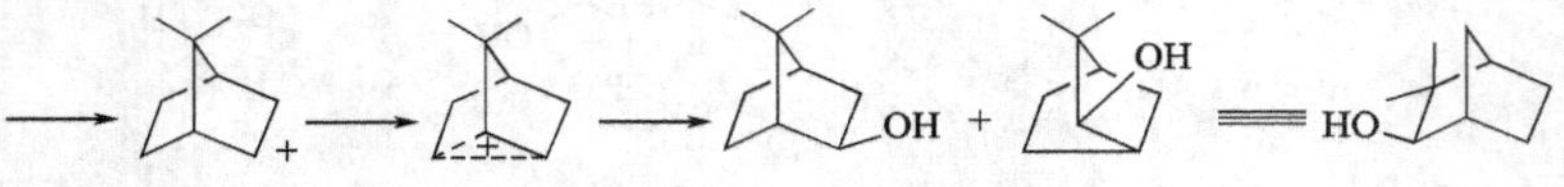 ⟶ + ⟶ ⟶ OH + OH ≡ HO

(2) 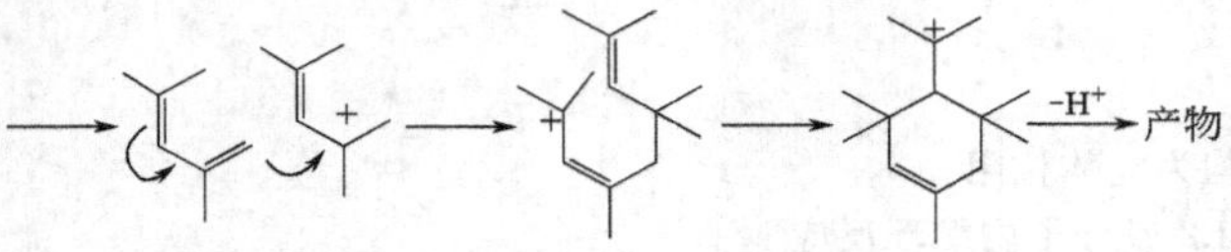 ⟶ + ⟶ + ⟶ ⟶[$-H^+$] 产物

(3) 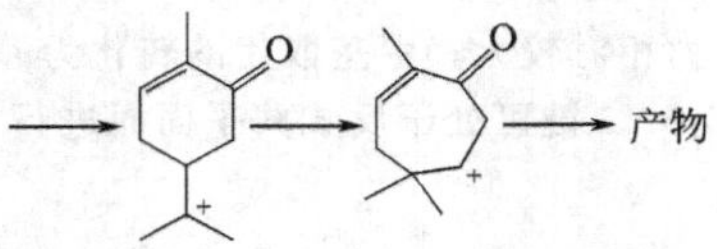 O + ⟶ O + ⟶ 产物

(4) 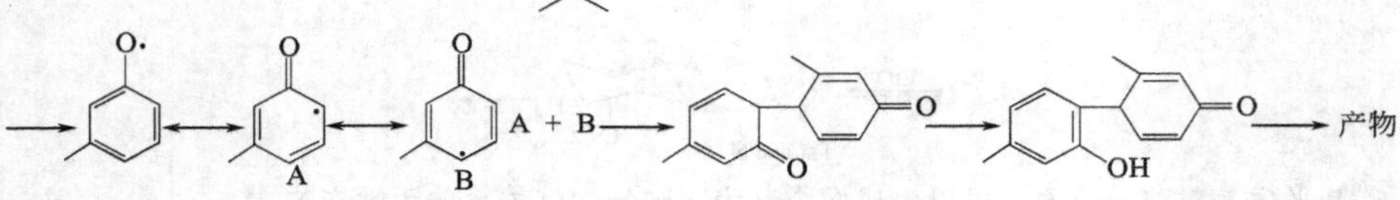 ⟶ O· ⟷ O · A ⟷ O · B A + B ⟶ O O ⟶ OH O ⟶ 产物

(5) 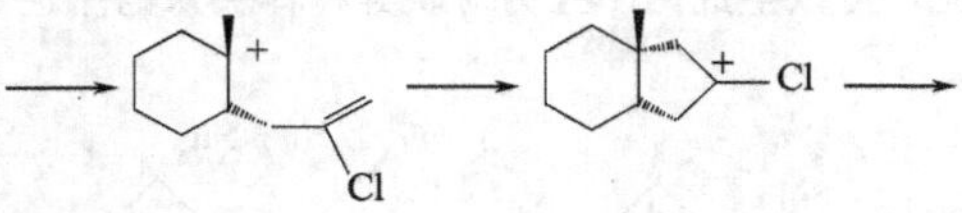 ⟶ + Cl ⟶ + Cl ⟶

(6) 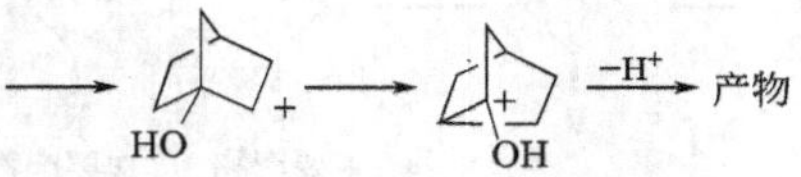 ⟶ HO + ⟶ + OH ⟶[$-H^+$] 产物

(7) 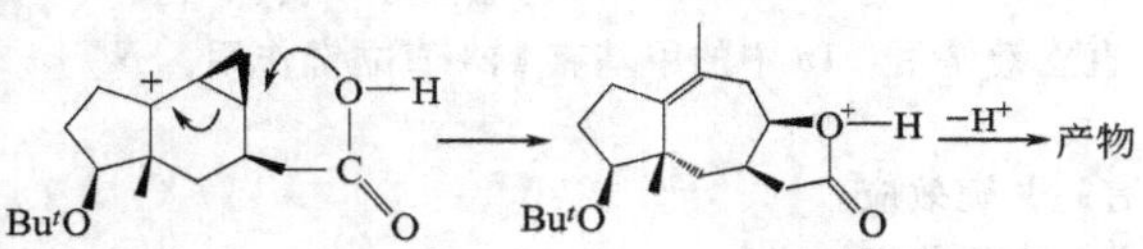 + O—H O Bu^{t}O ⟶ O^+—H O Bu^{t}O ⟶[$-H^+$] 产物

(8) 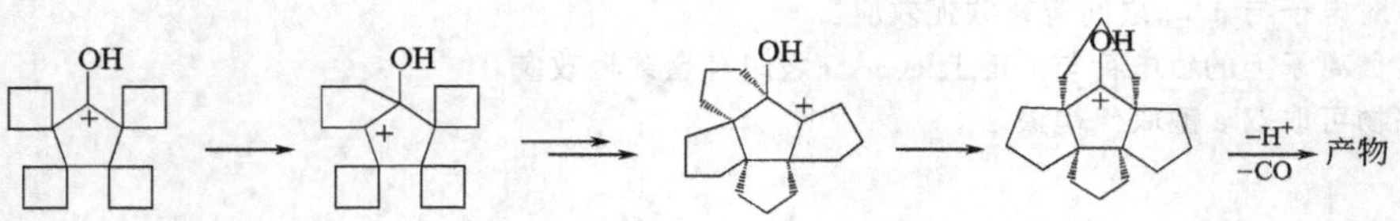 OH + ⟶ OH + ⟶ OH ⟶ OH + ⟶[$-H^+$ / $-CO$] 产物

(9) 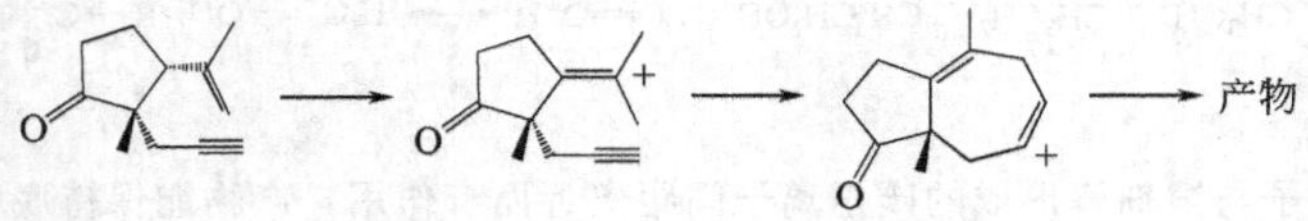 O ⟶ O + ⟶ O + ⟶ 产物

(10) → O, Cl ↔ O^-, Cl → C=O $\xrightarrow{H_2O}$ 产物

(11) → R, $H\overset{+}{O}$ → R, HO → R, HO $\xrightarrow{-H^+}$ 产物

(12) $\xrightarrow{-NH_3}$ O, O, O $\xrightarrow{H_2\overset{*}{O}O}$ 产物 (13) → O, H, Br 或 O, H, Br $\xrightarrow{OAc^-}$ 产物

(14) → O → O → H, O → 产物

(15) → CD_2I + $\ddot{C}D$ + $\dot{C}D_2$ → 产物

(16) → Cl, D → D, Cl → 产物

(17) Ph, Ph → Ph → 产物

(18) → O^-, CN → O, H + CN^- → NC, O, H → 产物

(19) → O^+H, H → OH, H^+ → OH + OH → 产物

(20) → O=N—O → $\xrightarrow{-NO\bullet}$ O• → OH → $\xrightarrow{NO\bullet}$

OH, NO → OH, =NOH → OH, H, O → 产物

4-4 (1)

H, CH_3, H H, CH_3, H CH_2CH_3 CH_2CH_3 CH_3CH_2

(2) 乙烯酮生成卡宾，反应形成自由基中间体。氩气加入，稀释反应物浓度有利于三线态反应，副产物产量增加，氧气的加入猝灭三线态，抑制副产物的生成。单线态卡宾夺氢的选择性较差，三线态卡宾的反应有利于异丁烷的生成。

(3) C—F p-p 共轭最有效。

(4) **1** 和 **2** 由迁移而形成，**3** 由插入而形成；**4** 由氮宾插入而形成。

→ $COCHN_2$ → CH=C=O $\xrightarrow{PhCH_2OH}$ **5**

4-5 *α*-环戊二酮构型限制，烯醇式可形成分子内氢键；*α*-戊二酮以 *s-trans* 二羰基为稳定。

OH----O O, O

5-1

(1) 4e顺旋；高温双键构型反转。

(2) 6e对旋；6e光顺旋；6e对旋。

(3) 8e顺旋；6e对旋。

(4) $R'O_2C—C≡C—CO_2R'$。

(5) [3+4] 环加成。

(6) 逆 [4+2] 环加成；CN进行 [1,5] σ迁移；多次 H [1,5] σ迁移。

(7) 烷基 [1,5] σ迁移再 H [1,5] σ迁移。

(8) D [1,5] σ迁移再 D [1,5] σ迁移。

(9) [3,3] σ迁移。

(10) H [1,5] σ迁移；逆 [4+2] 环加成。

(11) 逆 [4+2] 环加成；H [1,5] σ迁移；[4+2] 环加成。

(12) [4+2] 环加成；逆 [4+2] 环加成。

(13) ene反应。

(14) 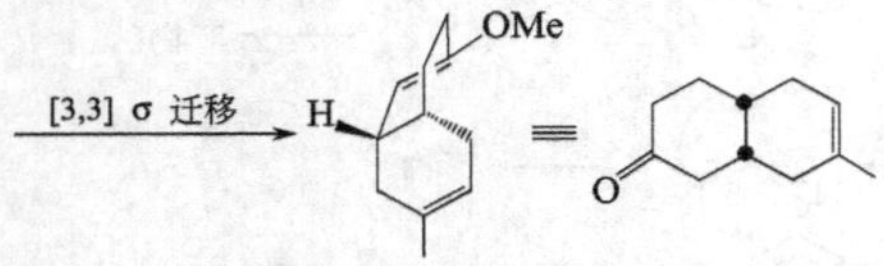 —[3,3] σ 迁移→ OMe H ≡ O

(15) H [1,5] σ迁移和分子内 D-A 反应，[3,3] σ迁移。

(16) 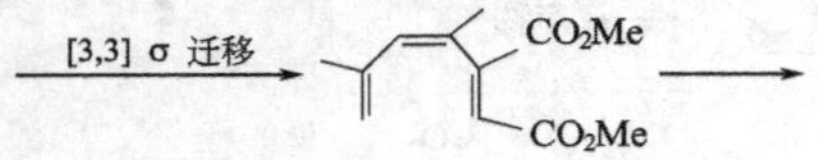 —[3,3] σ 迁移→ CO_2Me CO_2Me ⟶

(17) 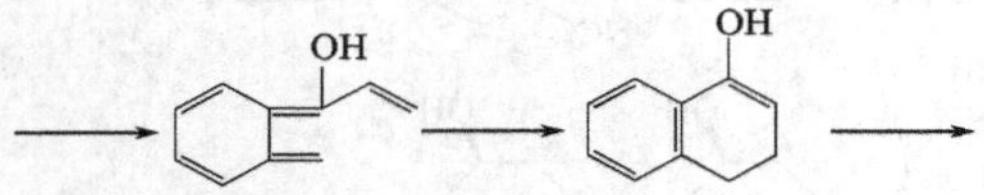 ⟶ OH ⟶ OH ⟶

(18) ⟶ OMe NMe_2 ⟶ NMe_2 ⟶

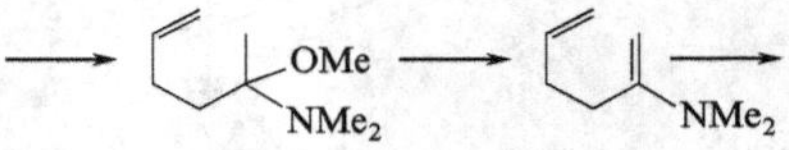

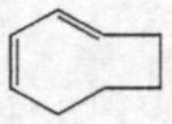

1 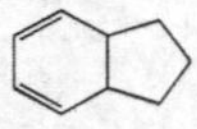 2  3 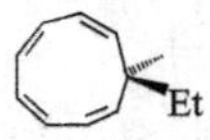 4 Et 5 CO_2R H N^+Ar $R'O_2C$ H + 6 $R'O_2C—C≡C—CO_2R'$

7 Br Br O 8 I I O 9 I ONa 10 + ONa 11 CN CN 12 NC CN

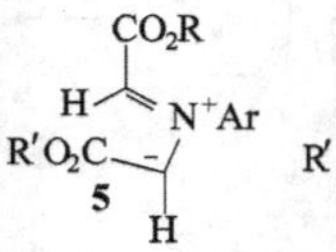

13 CH_3 D 14 15 H O O —H [1,5] σ 迁移→ C O H O 16 O O 17 O O

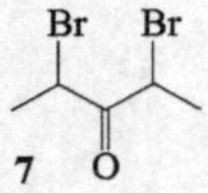

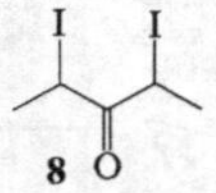

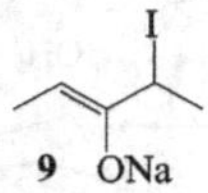

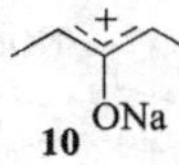

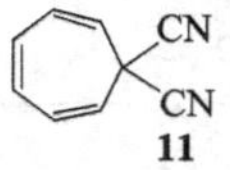

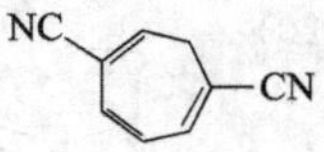

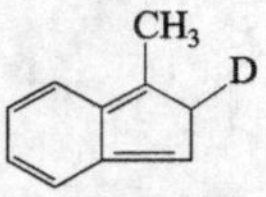

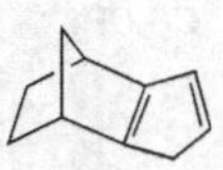

5-2

(1) Me_3SiCl 1 2 CO_2Me (2) 3 OLi 4 OH O 5 O 6 $NaBH_4$

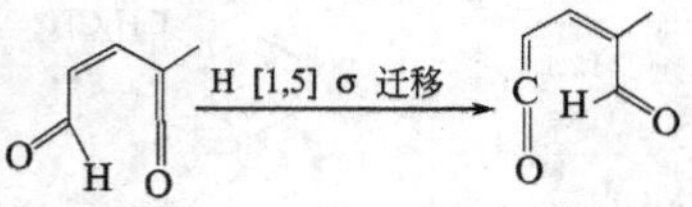

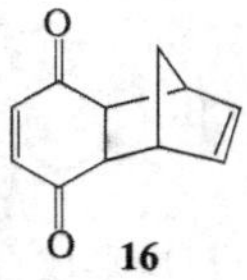

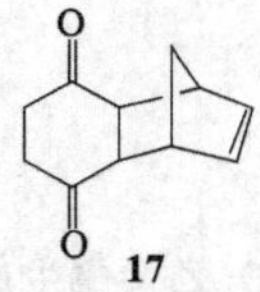

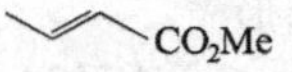

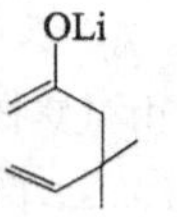

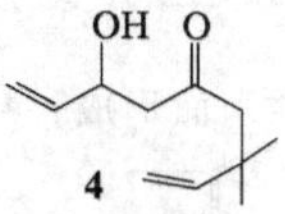

7 OH (3) 8 CHO 9 O EtO OEt (4) 10 R O

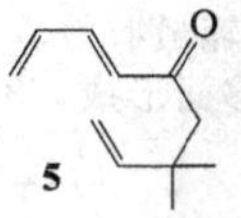

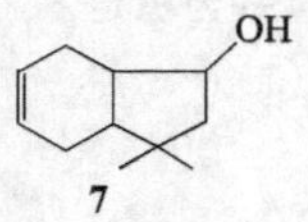

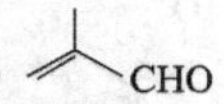

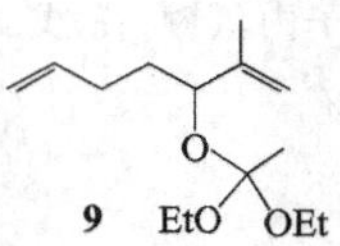

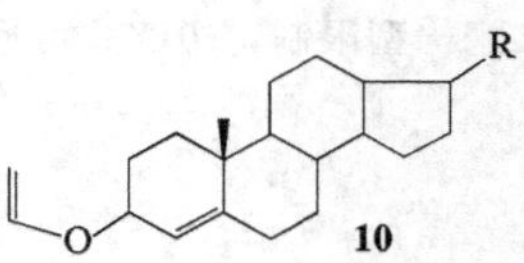

（5）先 ene 反应然后 D-A 反应。

（6）4 组外消旋体产物：

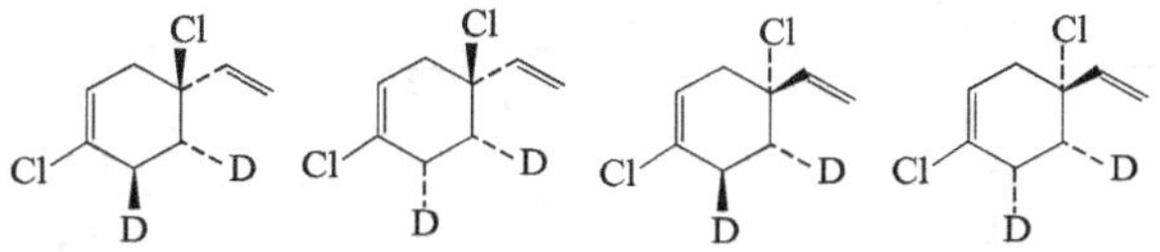

5-3

（1）

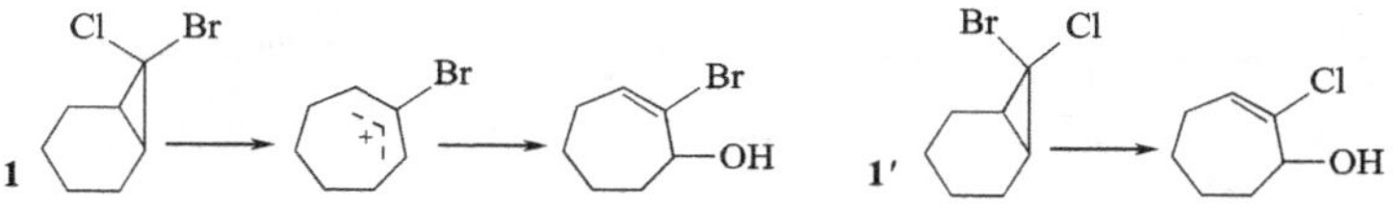

（2）

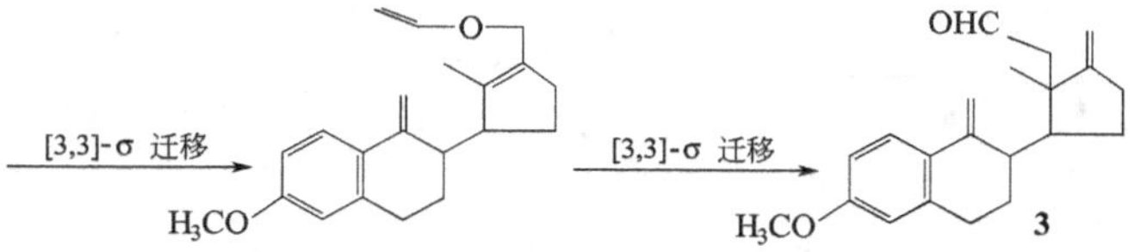

（3）双环化合物 **5** 若发生周环反应时，要生成带反式双键的环辛烯衍生物而难以进行，该反应经高温双自由基历程发生。

（4）叔丁基的位阻效应使 **7** 难以形成，**6** 形成 Kekule 结构不能经过周环反应来实现。

（5）位阻效应使丁二烯共轭性能下降。

（6）Lewis 酸与酯基配位降低其 LUMO 能量。

（7）-167℃下，5.59：H2 和 H7；5.08：H3 和 H6；3.16：H1；2.83：H5；2.79：H4 和 H8；-103℃下，5.05：H3 和 H6；4.17：H2、H4、H7 和 H8；2.98：H1 和 H5。

（8）128.1：C2、C7 和 C8；127.2：C3、C6 和 C9；30.0：C1；20.5：C4、C5 和 C10。

（9）Cope 重排，椅式过渡态中较大的苯基位于平伏键的更有利

（10）

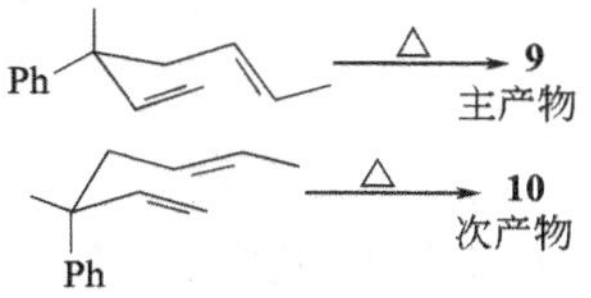

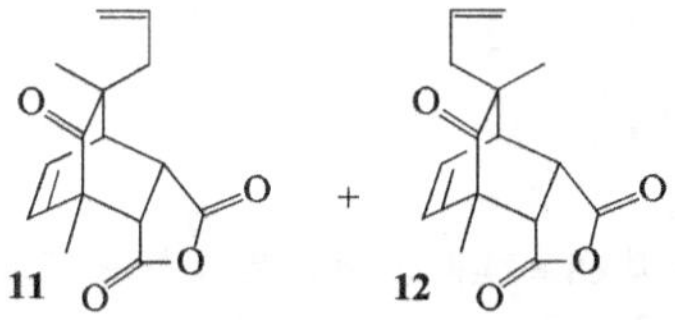

5-4

（1）ene 反应。

（2）1,3-偶极环加成。

（3）和（4）均为 Cope 反应。

（5）Claisen 重排。

（6）ene 反应。

（7）2,3-σ 重排反应。

（8）烯醇化后发生 Claisen 重排再脱羧。

6-1

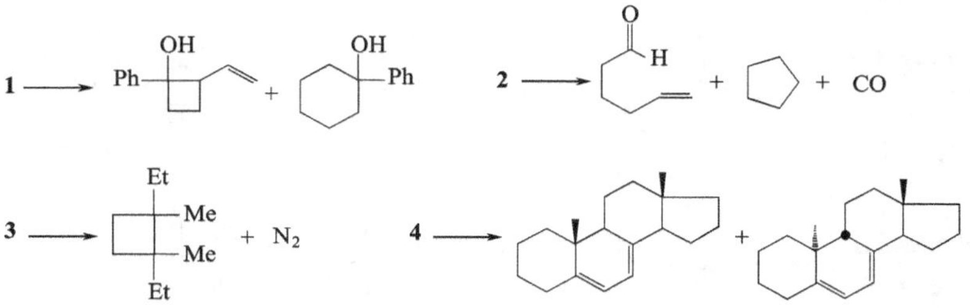

6-2

(1) 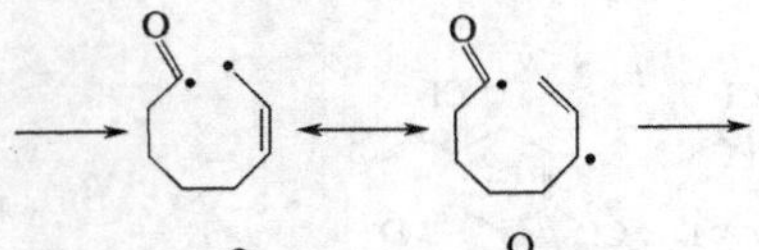 → → (2) 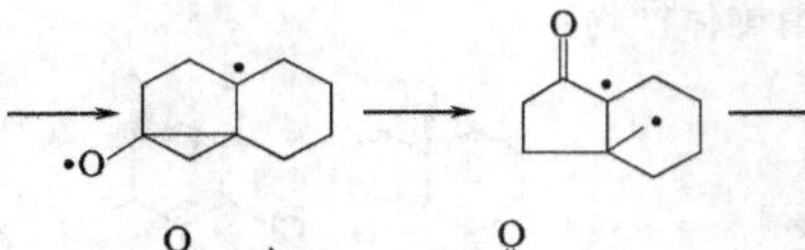 → •O → → (3) 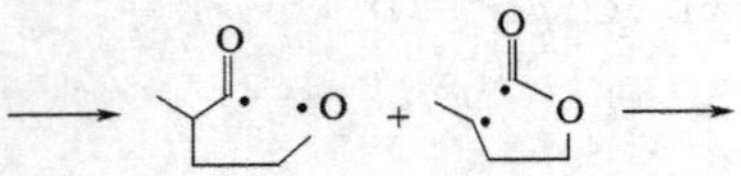 → •O + O → (4) 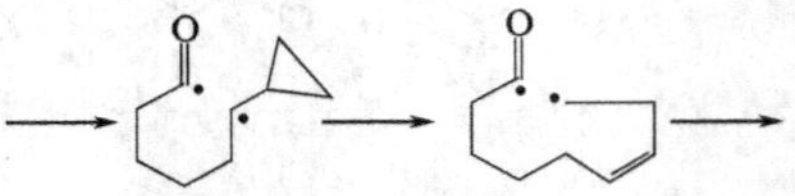 → → (5) 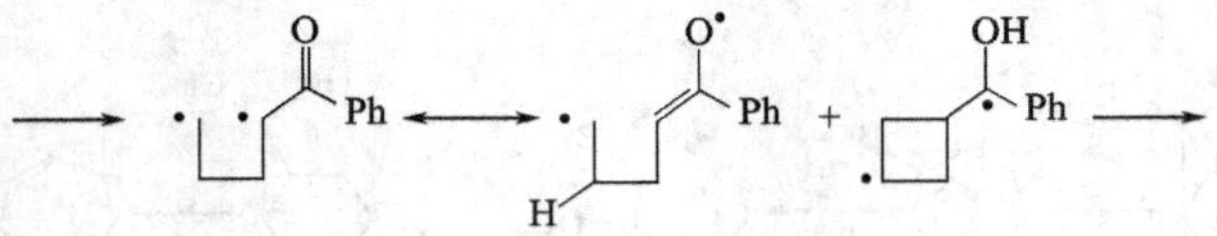 → Ph → Ph + OH Ph → H (6) 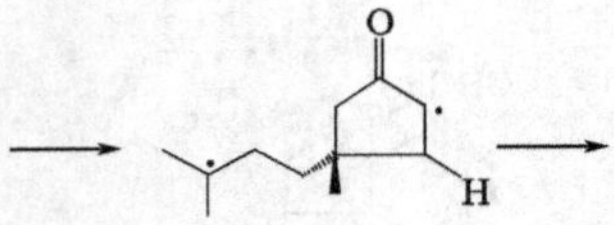 → H → (7) 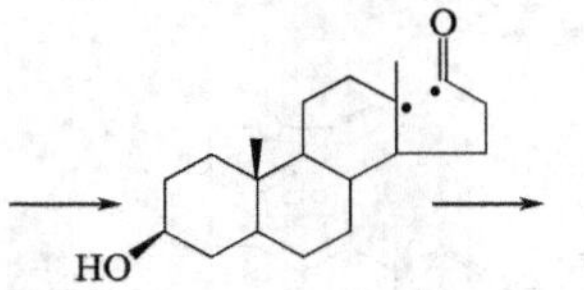 → HO → (8) 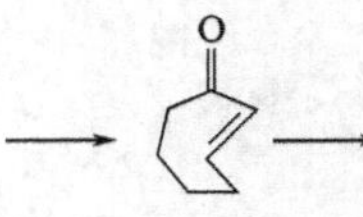 →

6-3

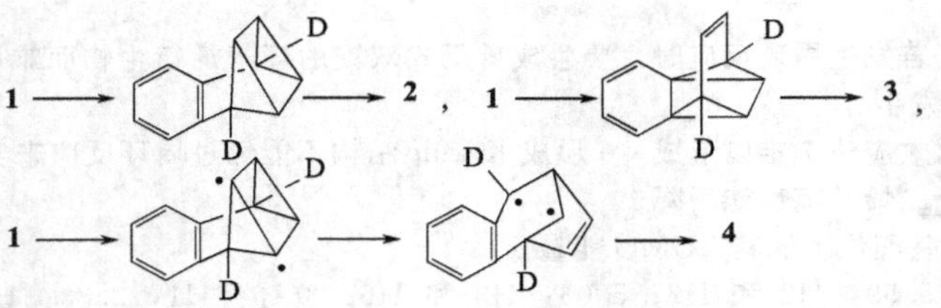

1 → D D → 2，1 → D D → 3，

1 → D D → D D → 4

6-4

→ OH OH —$-H_2O$→

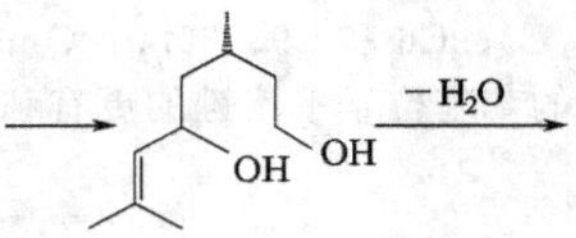

6-5 同位素标记。

6-6

(1) *cis*-的大。

(2) 前者的丙基在e键向位上，与羰基氧接近，可发生NorrishⅡ型反应夺取γ-H，后者的丙基在e键向位，只发生NorrishⅠ型反应。

(3) 交叉实验。

(4) 光激发下生成具有极不稳定的高张力反式环己烯而能被水以合乎马氏规则的方式质子化生成碳正离子后得到产物醇。

6-7

(1) 生成中间体**1**。

(2) 底物羰基先与苯环发生分子内NorrishⅡ型反应，生成中间体**2**再与反式丁烯二酸二酯发生D-A反应。

(3) 一个二-π-甲烷重排的机理，有中间体**3**和**4**。

(4) C—O键双自由基而非C—C键双自由基更易生成，相对较稳定的自由基中间体**5**生成主要产物，**6**生成次要产物。

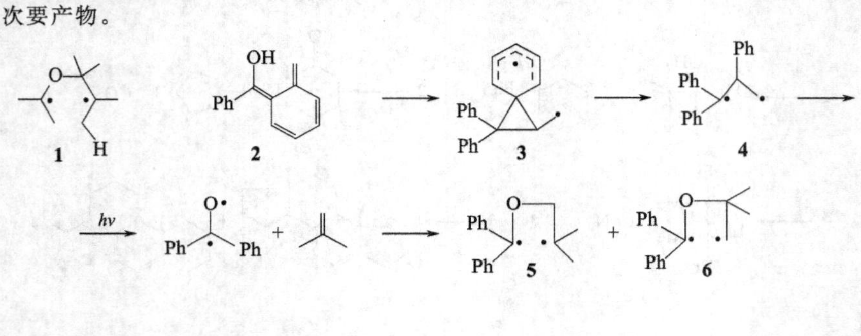

1 H　OH Ph 2 → Ph Ph 3 → Ph Ph Ph 4 →

$\xrightarrow{h\nu}$ Ph Ph + → Ph Ph 5 + Ph Ph 6

7-1

（2）甲基体积比硼大，硼原子小，难以结合进二聚体；与氢就可。羧酸中的羰基先和三烷基硼配位，使 B—C 键处于易受质子从分子内进攻的位置。

（3）碳链比硅链短，取代基的相互排斥和分子张力都更大。

7-2

（1）**1**：18e，Ir(Ⅴ)，d^4；**2**：16e，Ti(Ⅳ)，d^0；**3**：18e，Ru(Ⅷ)，d^0；**4**：16e，Pt(Ⅱ)，d^8；**5**：η^6-C_6H_5-η^1-$PhCr(CO)_3$；**6**：两个 Re 原子间有四重键以满足 16 电子构型。

（2）**1**：6 个 L 配体，18e，W(Ⅴ)，d^6；**2**：5 个 L 配体，2 个 X 配体，16e，W(Ⅳ)，d^0。

（3）①底物和产物的 Fe 均为零价；配位和插入。②底物和产物的 Fe 分别为负二价和负一价；氧化加成和解离。③底物和产物的 Fe 分别为二价和零价；还原消除。④底物和产物的 Fe 分别为正一价和正三价，氧化加成。

（4）前者可形成稳定的五元环。

（5）过氧化物将氧原子转移给 Os(Ⅳ)，使其再生为 OsO_4；进入反应。

（6）会生成一个 14 电子的产物。

（7）氧化加成后会很快发生 β-氢消除。

7-3

（1）$\xrightarrow{\text{配位解离和加成}}$ $\xrightarrow{\text{插入}}$ $(OC)L_2Rh$—$C(CO_2CH_3)$=CH—CO_2CH_3 $\xrightarrow{CH_3I}$ $(OC)(CH_3)(I)L_2Rh$—$C(CO_2CH_3)$=CH—CO_2CH_3 $\xrightarrow{\text{还原消除}}$ 产物

（2）$CpCo(CD_3)_2(PPh_3)$ $\underset{}{\overset{\text{配位解离},\ -PPh_3}{\rightleftharpoons}}$ $CpCo(CD_3)_2$ $\xrightarrow{\text{配位加成},\ H_2C{=}CH_2}$ $CpCo(CD_3)_2(\eta^2\text{-}CH_2{=}CH_2)$ $\xrightarrow{\text{插入}}$ $CpCo(CD_3)(CH_2CH_2CD_3)$ $\xrightarrow{\text{反插入}}$ $CpCo(CD_3)(H)(\eta^2\text{-}CH_2{=}CHCD_3)$ $\xrightarrow[PPh_3]{\text{配位解离和加成},\ H_2C{=}CH_2}$ 产物

7-4

（1）$\xrightarrow{\text{氧化加成}}$ $L_2Rh(D)_2Cl$ $\xrightarrow[\text{②插入}]{\text{①配位解离和加成}}$ $L_2(D)(Cl)Rh$---$CH(CO_2Et)$—$CH(CO_2Et)D$ $\xrightarrow[\text{②配位加成}]{\text{①还原消除}}$ 产物

（2）$\xrightarrow{\text{氧化加成}}$ $L_2Rh(COCH_2Ph)Cl_2$ $\xrightarrow[\text{插入}]{\text{配位解离}}$ $L_2Rh(CH_2Ph)(CO)Cl_2$ $\xrightarrow{\text{还原消除}}$ 产物

（3）$\xrightarrow[-LiCl]{\text{氧化加成}}$ C_2H_5—C(=O)—Rh—OC_2H_5 $\xrightarrow{\text{氧化加成}}$ C_2H_5—C(=O)—Rh(OC_2H_5)(NHBu)(H) $\xrightarrow{\text{还原消除}}$ 产物

（4）$\xrightarrow[-LiCl]{\text{氧化加成}}$ $(Ph_3P)_3RhCH_3$ $\xrightarrow{\text{氧化加成}}$ $(Ph_3P)_3Rh(Ph)(CH_3)I$ $\xrightarrow{\text{还原消除}}$ 产物

（5）$(\eta^5\text{-}Cp)_2Ni \rightleftharpoons (\eta^5\text{-}Cp)(\eta^1\text{-}Cp)Ni \xrightarrow{L} (\eta^5\text{-}Cp)(\eta^1\text{-}Cp)NiL \xrightarrow{CH_3I}$ 产物

7-5

（1）$NiL_2X_2 \xrightarrow[-2\ MgX_2]{2\ RMgX} R_2NiL_2 \xrightarrow[-R{-}R]{ArX} L_2Ni(X)(Ar)$；循环：$L_2Ni(X)(Ar) \xrightarrow[-MgX_2]{RMgX} L_2Ni(R)(Ar) \xrightarrow[-R{-}Ar]{ArX} L_2Ni(X)(Ar)$

(2) $Pd(PPh_3)_4$ Pd[0] $\xrightleftharpoons{-2\,PPh_3}$ $PPh_3—Pd—PPh_3$ Pd[0] $\xrightarrow{RX}$ $R(X)Pd(PPh_3)_2$ Pd[II] → $[R(X)(R')Pd(PPh_3)_2]^-$ Pd[II] → $R(R')Pd(PPh_3)_2$ Pd[II] → R—R′

OH⁻和B键结合使R′更具亲核性并迁移到Pd上，无OH⁻存在，这一步难以发生。

7-6

$PdL_2X_2 \xrightarrow{-2X^-} Pd(0)L_2$ (3) $\xrightarrow{RX} RPdL_2X$ (4) $\xrightarrow{-L}$ RPdLX → H—C(R)—C(PdL_2X) (5) $\xrightarrow{cis\text{-}\beta\text{-H消除}}$ $HPdL_2X$ (6) $\xrightarrow{碱}$ 碱.HX + Pd(0)L_2

7-7

$IrCl_3 + C_2H_5OH \xrightarrow[-HCl]{PPh_3(L)} CH_3HC(O)(H)IrCl_2L_2 \xrightarrow{-CH_3CHO} HIrCl_2L_2 \xrightarrow{-HCl}$

$IrClL_2 \xrightarrow{CH_3CHO} CH_3C(=O)—IrHClL_2 \longrightarrow CH_3IrCl(CO)HL_2 \xrightarrow{-CH_4} IrCl(CO)L_2$

7-8

M=CHG; X; M; G; M; X; M; X; + M═; X; X; M; X; M; + $H_2C═CH_2$

8-1 (2) 脱水后碳正离子重排

(6) 7 ≡ ⇌ ; 8 ≡ Prⁱ OH ⇌ ⁱPr HO

8-2

(1) Br_2；PBr_3/Br_2　(2) $\xrightarrow{K_2CO_3/CH_3Br}$ $\xrightarrow{CH_3CH_2COCl}$ 酮 $\xrightarrow{NaBH_4}$ $\xrightarrow{PBr_3}$ $\xrightarrow{Mg}$ $\xrightarrow{酮}$ 产物

(3) Ph—CH(OH)—C(=O)—CH₃ + CH_3NH_2 ⟶ 产物　(4) NHAc $\xrightarrow[P_2O_5]{H_3PO_4}$ N $\xrightarrow{HNO_3}$ N

(5) CO_2H

（7） 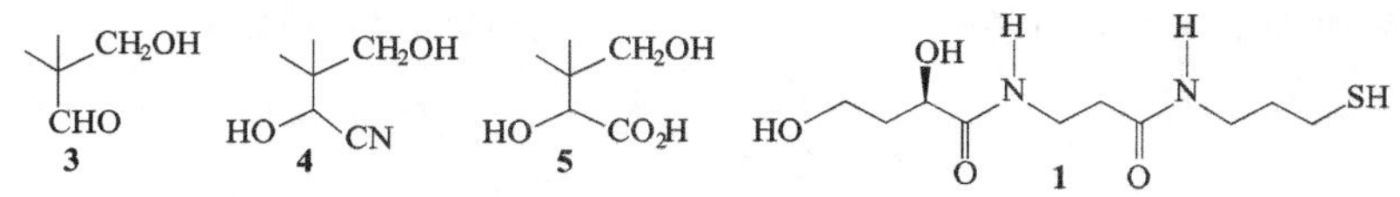 CH_2OH, CHO **3**；CH_2OH, HO, CN **4**；CH_2OH, HO, CO_2H **5**；HO, OH, H, N, O, H, N, O, SH **1**

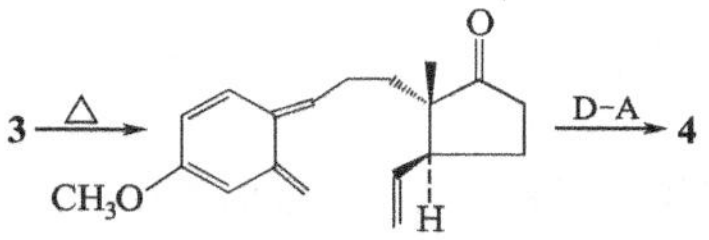

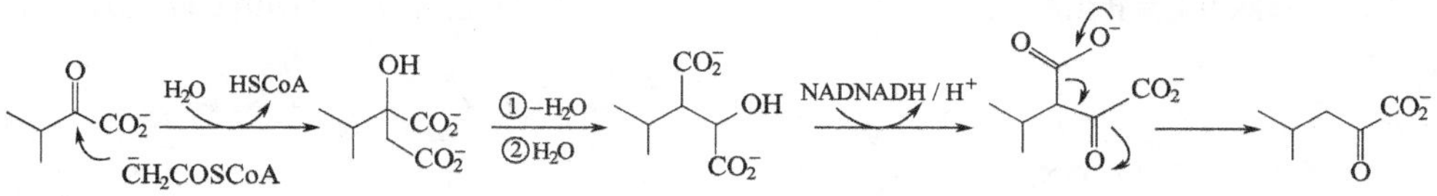

8-3

（1）［3,3］σ重排 （2）$3 \xrightarrow{\triangle}$ CH_3O, O, H $\xrightarrow{D\text{-}A}$ 4

8-4

（1） 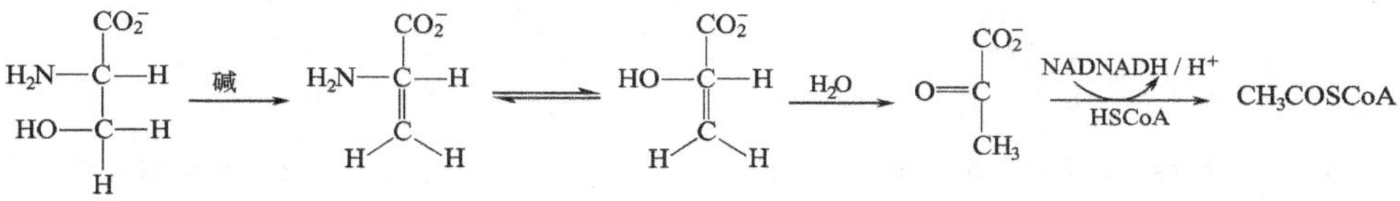 CO_2^-, $H_2N—C—H$, $HO—C—H$, H $\xrightarrow{\text{碱}}$ CO_2^-, $H_2N—C—H$, C, H, H $\rightleftharpoons$ CO_2^-, $HO—C—H$, C, H, H $\xrightarrow{H_2O}$ CO_2^-, $O=C$, CH_3 $\xrightarrow[HSCoA]{NADNADH/H^+}$ $CH_3COSCoA$

（2） O, CO_2^-, $^-CH_2COSCoA$ $\xrightarrow{H_2O\ \ HSCoA}$ OH, CO_2^-, CO_2^- $\xrightarrow[②H_2O]{①-H_2O}$ CO_2^-, OH, CO_2^- $\xrightarrow{NADNADH/H^+}$ O, O^-, CO_2^-, O $\longrightarrow$ CO_2^-, O

（3） PPO $\longrightarrow$ + $\longrightarrow$ + $\equiv$ + $\longrightarrow$ + $\longrightarrow$ HO $\xrightarrow{[O]}$ 1

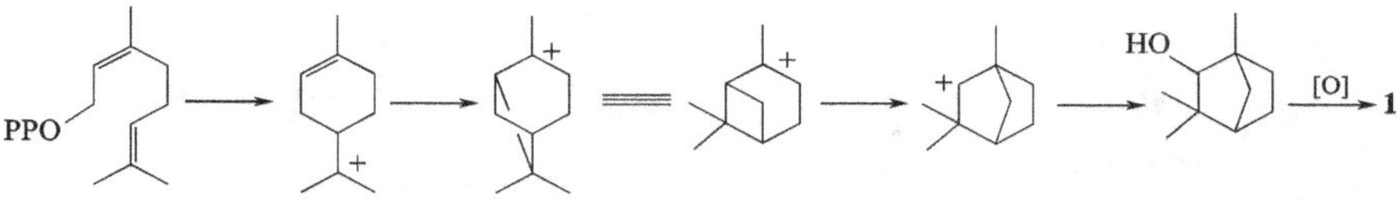

8-5 450g；**1** 和 **2**：HSSCoA；**3**：CO_2；**4**：$NADH/H^+$；**5**：NAD。

9-1

$$\frac{d[B]}{dt}=k_1\times[A]-k_2[B]-k_{-1}[B]=0 \qquad [B]=\frac{k_1\times[A]}{k_2+k_{-1}}$$

$$V=\frac{d(C)}{dt}=k_2\times[B]=\frac{k_2\times k_1}{k_2+k_{-1}}[A]$$

9-2（1）第一步是决速步，协同加成反应生成臭氧化物，与取代基无关。

（2） 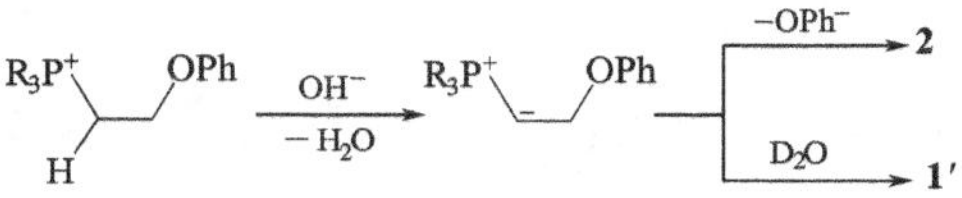 R_3P^+, OPh, H $\xrightarrow[-H_2O]{OH^-}$ R_3P^+, OPh $\xrightarrow{-OPh^-}$ 2；$\xrightarrow{D_2O}$ 1′

（3） 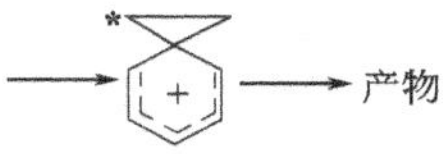 $\longrightarrow$ *, + $\longrightarrow$ 产物

（4） 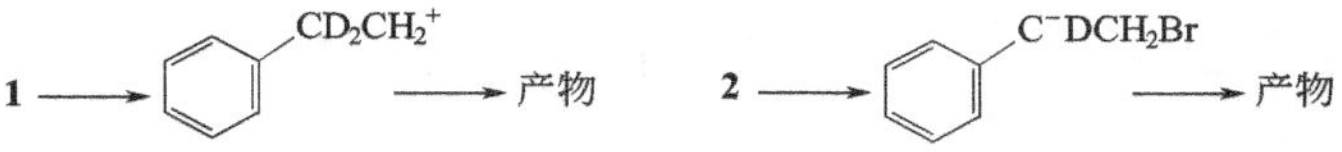 $1 \longrightarrow$ $CD_2CH_2^+$ $\longrightarrow$ 产物 $2 \longrightarrow$ C^-DCH_2Br $\longrightarrow$ 产物

（5）H 换成甲基后，敞开的叔碳正离子 **4** 较稳定，重排产物减少。

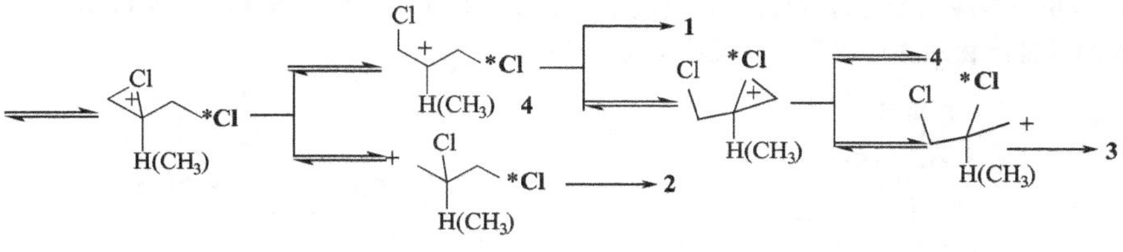

$\rightleftharpoons$ Cl, +, *Cl, H(CH₃) — $\rightleftharpoons$ Cl, +, *Cl, H(CH₃) **4** — $\longrightarrow$ 1；$\rightleftharpoons$ Cl, *Cl, +, H(CH₃) — $\rightleftharpoons$ 4；$\rightleftharpoons$ Cl, *Cl, +, H(CH₃) $\longrightarrow$ 3；$\rightleftharpoons$ Cl, +, *Cl, H(CH₃) $\longrightarrow$ 2

（6）第一步夺取羟基氢(氘)是决速步：

$\longrightarrow (CH_3)_2C(H(D))—O—CrO_3H \longrightarrow$

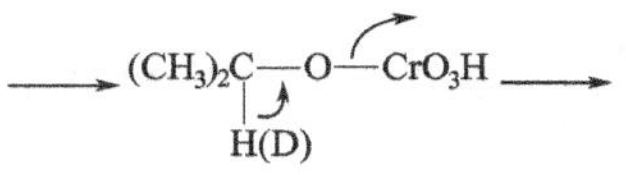

(7) **1** 有较强的 A[1,3] 张力，Cl 易于离去。**3** 经 S_N2 反应受到的立体位阻比 **4** 小。

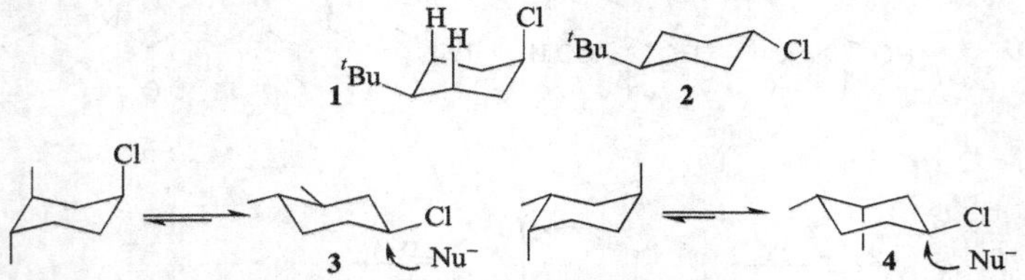

(8) 反式不易生成环状高碘酸酯中间体，不利于氧化反应的进行。

(9)

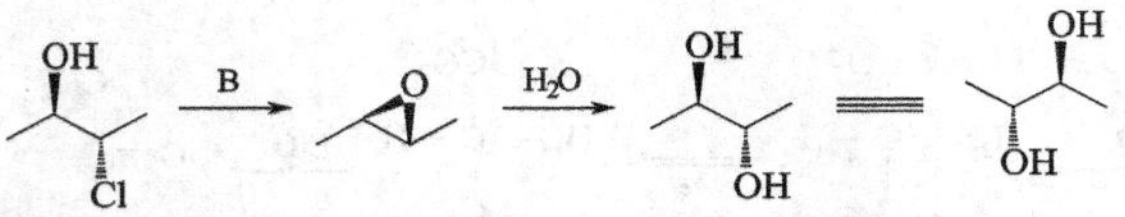

(10) D_3O^+ 酸性强，质子化酯 **1** 浓度比水体系高。稀酸中水分子进攻 **1**，反应速率相对与在 H_2O 中相仿；浓酸中 **1** 易转化成碳正离子 **2**，水进攻碳正离子，决速步包括 O—H(D)键断裂，故反应较慢。

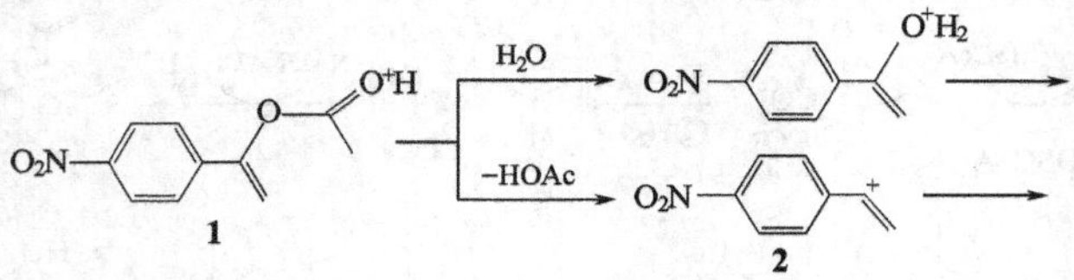

(11)

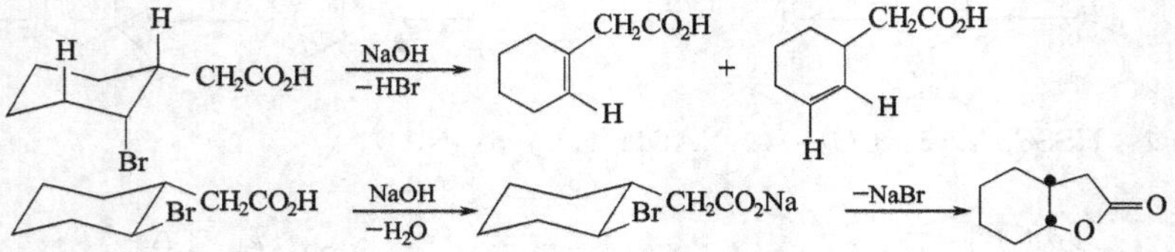

(12)

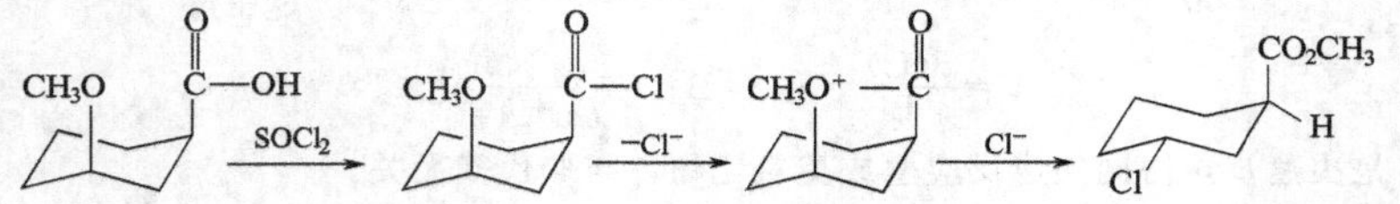

(13)

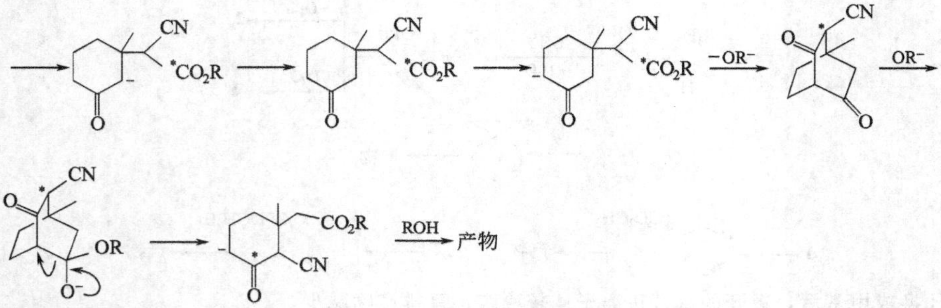

(14) 以 *OH^- 为碱，若为机理(a)，在反应未完成前回收底物可检测到 PhC* OCOPh。

(15) 检测重排产物的立体化学可以说明反应进程：

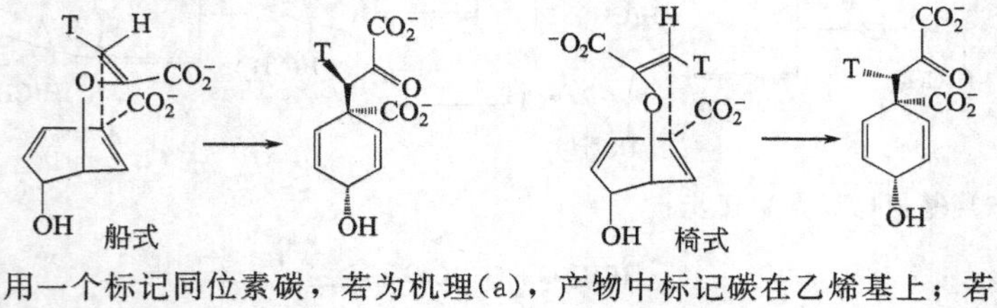

船式　　椅式

(16) 环丁烷上用一个标记同位素碳，若为机理(a)，产物中标记碳在乙烯基上；若为机理(b)，苯环上会出现标记碳。

(17) 将 **1** 和 **2** 一起反应，经由协同过程(a)只能得到产物 **3** 和 **4**，若经由分步过程(b)，则除了 **3** 和 **4** 外还可得交叉重排产物 **5** 和 **6**。若再以光学活性叔烷基取代肟为原料，若经由分步过程(b)，产物无光学活性。

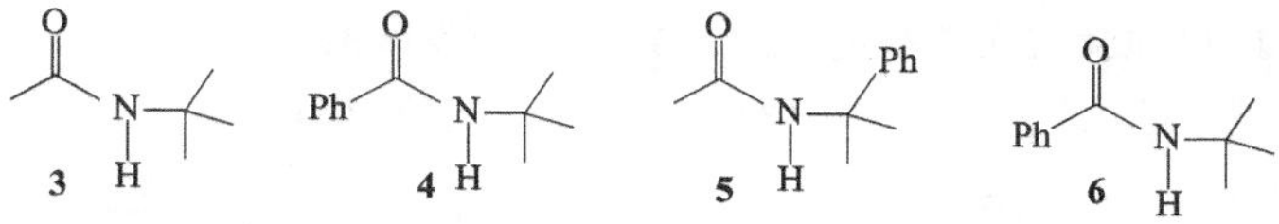

(18)

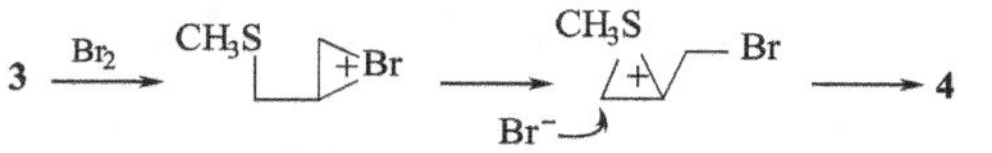

(19) [Cl_2] 低时，烯醇的形成是慢步骤，对 [Cl_2] 是零级；[Cl_2] 高时，烯醇和 Cl_2 的反应是慢步骤，对 [Cl_2] 是一级。

(20) 4-氧杂(**1b**)不易作为亲核试剂参与分子内邻基反应，氧原子的吸电子诱导效应减缓离子化；5-氧杂(**1c**)可产生跨环邻基效应。

(21) 因 Li^+ 的半径小且是硬的 Lewis 酸，与 Cl^- 的结合最强，使 Cl^- 的活性相对最小；Bu_4N^+ 体积大，不易形成离子对，Cl^- 的半径小，电荷密度大，亲核性最好。

(22) 与苯基相连 H 的酸性大，反应以顺式消除为主。

(23) 与溴加成主要经溴鎓离子中间体，与氯加成主要经桥苯离子中间体。

(24) C6 或 C10 以分别生成芳香性的正或负离子 [参见 9.3.2 中分子(**27**)的结构式]。

9-3 (1) IR 检测原料羰基峰。

(2) 以 RCO^*CO_2H 为原料。

(3) ^1H NMR 检测反应过程，若有，可在 $\delta 1.8$ 处有峰。

(4) 各以 **1** 或 **2** 为底物，若为碳负离子历程，产物为 $Ar^*C\equiv C—Ph$ 或 $Ph—^*C\equiv CAr$；若为卡宾历程，产物为混合物，无立体专一性。

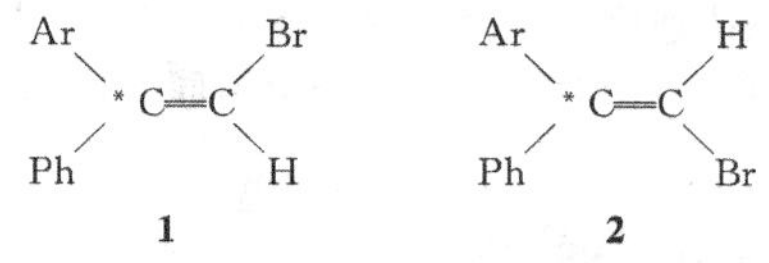

(5) 以 Ph^*CON_3 为底物，若为四元环中间体历程，产物苯胺的氨基邻位碳应为 $^*C$，实验表明 $^*C$ 是氨基所在碳，故所提四元环中间历程不正确。

(6) 以光学纯 $^cC_6H_{11}(Ph)^*CHClCH_3$ 为底物，若生成游离碳正离子，产物为外消旋体，无光学活性。

(7) 选择两种底物，如 $PhOCOCH_3$ 和 $PhOCOC_2H_5$ 混合在一起反应，看有无交叉产物。

(8) 甲基取代的有利于苄基正离子的形成，反应快。

(9) 可用 3 种方法：①用手性 C_6H_5CHDCl 为底物；②测反应速率；③测苯环的间位或对位上带取代基的 RC_6H_4CHDCl 反应给出的 Hammett 方程值，负的值为 S_N1，正的值为 S_N2。

(10) 用 ^{15}N 同位素底物，一步反应有同位素效应；分步反应时脱质子是慢步骤，无 ^{15}N 同位素效应。

(11) ①动力学：过程(a)是两级反应，过程(b)是一级反应；②加呋喃看有无苯炔中间体能捕获；③过程(a)有大的正 ρ 效应，过程(b)有小的取代基效应。

(12) 顺式底物经过 E2 机理；反式底物经过 E1 机理，苯基发挥邻基效应生成苯鎓离子后转化为碳正离子并脱氢或重排得到产物：

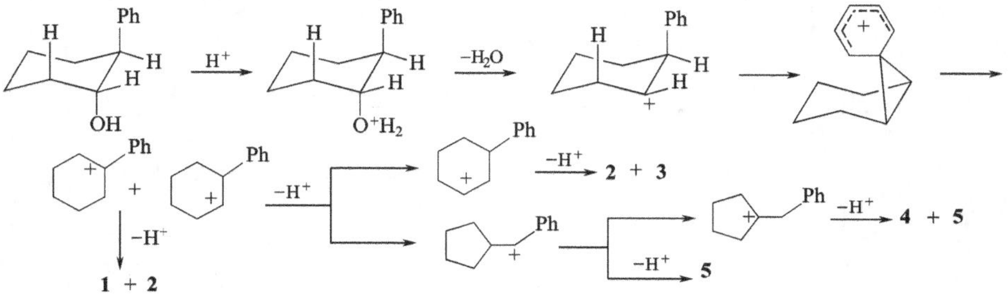

（13）$1 \xrightarrow{H^+}$ [PhCH⁺CH₃] $\xrightarrow{1}$ [carbocation, Ph] $\xrightarrow{-H^+} 2$

（14）化合物**1**可生成稳定的芳香性环戊二烯负离子中间体**3**：

$1 \xrightarrow{EtO^-}$ [Cl, OEt] $\longleftrightarrow$ [Cl, OEt] **3** $\xrightarrow{-Cl^-}$

9-4

（1）$1 \longrightarrow$ [Br] **4** $\xrightarrow{-Br^-}$ [radical] $\xrightarrow{CH_3CH^-CN}$ [CN] **5**

5 + **1** ⟶ **3** + **4**

（2）

$^tC_4H_9Cl + NO_2^- \longrightarrow {^tC_4H_9Cl}^{\overline{\cdot}} + NO_2\cdot$
　　　　　　　　　　　　3

$3 \longrightarrow {^tC_4H_9}\cdot + Cl^-$
　　　　　4

$4 + NO_2^- \longrightarrow {^tC_4H_9ONO}^{\overline{\cdot}}$

5 + **1** ⟶ **2** + **4**

9-5

（1）$\lg\dfrac{k_{m-Cl}}{k_H}=\sigma_{m-Cl}\times\rho=0.37\times2.38=0.88$　　$\dfrac{k_{m-Cl}}{k_H}=10^{0.88}$

$k_{m-Cl}=10^{0.88}\times2\times10^{-4}\,mol^{-1}\cdot s^{-1}$

（2）$\lg\dfrac{k_{p\text{-}NO_2}}{k_H}=(-1.69)\times0.78$　$\lg\dfrac{k_{p\text{-}CH_3}}{k_H}=(-1.69)\times(-0.17)$　$\dfrac{k_{p\text{-}NO_2}}{k_{p\text{-}CH_3}}=10^{-1.61}$

（3）决速步骤在不同的供电子基团或吸电子基团存在下发生改变。

（4）在不同的供电子基团或吸电子基团存在下反应经由不同的机理过程。

$ArNHCO_2CH_3 \overset{OH^-}{\rightleftharpoons} ArNH\text{-}C(O^-)(OH)OCH_3 \xrightarrow{-CH_3OH} ArNHCO_2^-$

$ArNHCO_2CH_3 \overset{OH^-}{\rightleftharpoons} ArN^-CO_2CH_3 \xrightarrow{-CH_3O^-} ArN{=}C{=}O$

$\xrightarrow[-CO_2^-]{H_2O} ArNH_2$

（5）过渡态中从取代基到反应中心有更大的电子转移。

（6）表明过渡态(**1**)在α-C上有富电荷中心存在。

[Ph–C(H)(H···B)⋯C(H)(H)⋯Br]$^{\neq}$ **1**

主题词索引

D

E

F

G

H

J

K

L

M

N

O

P

Q

R

S

T

V

W

Y

Z

西文(中文)人名索引

S

T

U

V

W

Y

Z

西文符号及缩写

a（键）
A［（电子）受体、吸光度、酸、张力］
A（反对称）
ab initio 计算
AD（腺嘌呤二核苷酸）
ADMEP（非环的二烯聚合反应）
AIBN（偶氮双异丁腈）
Ansa（桥）
anti（反型）
ATP（三磷酸腺苷）

B［带（uv）］
（碱）
BDE（键离解能）
BINAP［1,1-联萘-2,2′-二（二苯基）膦］
BINOL（1,1′-联萘-2,2′-二酚）
Bipy（2,2′-联吡啶）
bmim（N,N′-二甲基咪唑基）
BOC（氯甲酸叔丁酯）
Bz（苯甲酰基）

c（浓度、光速、）
C（对称轴）
CBZ（氯甲酸苄酯）
CD（圆二色谱）
CDC（美国疾病与预防控制中心）
CE（毛细管电泳色谱）
CE-MS（TOFMS）（毛细管电泳色谱质谱）
CI（化学电离）
CIDNP（化学诱导动态核极化）
CIP（Cahn-Ingold-Prelog 次序规则）
cis（顺式）
cisoid［构型（顺式）］
CM（交叉的烯烃复分解反应）
C*N*（配位数）
COD（1,3 环辛二烯）
COSY（化学位移相关谱图）
COX（环氧化酶）
Cp（茂基）
CPL（圆偏振光）
CT（计算机断层扫描）
CW-NMR（连续波核磁共振）
Cy（环己基）

d（右旋）
D（电子）供体
［相对构型（糖）］
DBN（1,5-二氮杂双环［4.3.0］壬-5-烯）
DBU（1,8-二氮杂双环［5.4.0］十一碳-7-烯）
DCC（二环己基碳二亚胺）
DDT［1,1′-二（对氯苯基）三氯乙烷］
de（非对映异构体过量）
DEET（*N*,*N*-二乙基间甲基苯甲酰胺）
DFT（密度泛函理论）
dibal-H（二异丁基氢化铝）
dig（线性体）
DKR（动态动力学拆分）
DMAP（4-二甲氨基吡啶）
DMAPP（二甲基烯丙基焦磷酸酯）
DMC（碳酸二甲酯）
DMF（二甲基甲酰胺）
dmpe（$Me_2PCH_2CH_2PMe_2$）
DMSO（二甲亚砜）
d_n（d 轨道价电子数）
DNA（脱氧核糖核酸）
DOPA（L-3,4-二羟基苯丙氨酸）
DPM（1,3-双叔丁基-1,3-丙二酮）
dppe（$Ph_2PCH_2CH_2PPh_2$）
dppf［Fe（$Ph_2PC_5H_5$）$_2$］
DPPH（*N*,*N*-二苯基-*N*-苦味基肼基自由基）
Ds(g) 构型［*α*-氨（羟）基酸］
DTBTMDSK［二（二甲基叔丁基硅基）氨基钾］

e（电子、键）
E（构型、环境因子、振动能量）
EA（亲和势能）
EAN（有效原子序数）
E1CB（单分子共轭碱消除反应）
EDG（供电子官能团）
ee（对映异构体过量）
EE（*α*-乙氧基乙基醚）
EI（电子轰击）
emim（*N*-乙基,*N*′-甲基咪唑基
endo（内型）
ent（构型）
EPA（美国环境保护署）
epi（构型）

erythro 构型（赤式）
ESCA（光电分光）
esr［顺磁光谱（电子自旋共振谱）］
EWG（吸电子基团）
exo（外型）

FAD（黄素腺嘌呤二核苷酸）
FDA（美国食品和药物管理局）
FPP（法呢醇焦磷酸酯）

g（位相）对称
G（反应自由能）
GFP（绿色荧光蛋白）
GPP（龙牛儿基焦磷酸酯）

h（普朗克常数）
H［（反应热）焓］
（硬）
H（酸度函数）
HIA（负氢离子亲和值）
HMDSK［二（三甲硅基）氨基钾］
HMDSLi［二（三甲硅基）氨基锂］
HMO（Huckel 分子轨道）
HMPA（六甲基磷酰三胺）
HOMO（最高已占轨道）
HPDC（高效取代色谱）
hvf（荧光）
HVFP（高真空闪光光解）
hp（磷光）

i（对称中心）
I（光强度、诱导效应、中间体）
IC（内部转化）
ICP（诱导耦合等离子质谱）
IL（离子液体）
in 构型（内向）
IP（离子势能）
IPP（焦磷酯异戊烯酯）
IR（红外光谱）
ISC（系间窜越）
IUPAC（国际纯粹和应用化学联合会）

J 定则（判别数）
（耦合常数）
J_0（酸度函数）

K［带（uv）］
k（反应常数）
k（力常数）
k_e（H/D 交换的速率常数）
k_a（外消旋化的速率常数）

l（厚度、构型相关）
L（离去基团）
（配体，泛指双电子成键的配体）
［相对构型（糖）］
LDA（二异丙基氨基锂）
LFER（线性自由能关系）
LHMDS［二（三甲硅基）氨基锂］
lk（相对构型）
LiTMP（2,2,6,6-四甲基哌啶锂）
LO（脂氧化酶）
Ls（*g*）构型［α-氨（羟）基酸］
LSD（麦角酰二乙胺
LT（白三烯）
LUMO（最低未占轨道）

m（对称平面）
M（电子状态多重性）
M［中等吸收（IR）］
M 构型（螺旋）
MALDI/SLD（基质辅助的软激光解析）
m_{CXY}（亲和性参数）
MEM（β-甲氧基乙氧基甲基醚）
MH（变态激素）
MO（分子轨道）
MOM（甲氧基甲醚）
MRI（核磁共振成像）
MS（质谱）
MVA（甲瓦龙酸）
MVAP（甲戊二羟酸焦磷酸酯）

N（元素周期表中的族数）
n（元素周期表中的周期数）
NAD^+（烟酰胺腺嘌呤二核苷酸）
NADH（还原烟酰胺腺嘌呤二核苷酸）
NBS（*N*-溴代丁二酰亚胺）
NHC（*N*-氮杂卡宾）
NICS（核独立的化学位移）
NMR（核磁共振）
NOE（核的 Overhauser 效应）
NVE（价电子数）

OA（氧化加成）
OAc（氧乙酰基）
OBn（苄氧基）

OBs（对溴苯磺酰基）
OMCOS（有机金属导向的有机合成）
OP（旋光纯度）
OPNB（对硝基苯磺酸酯）
ORD（旋光谱）
OS（氧化态）
OTs（对甲苯磺酸酯）
out（构型）

P［产物分子、烯烃激发态的垂直构型、构型（螺旋）］
parf（构型）
PCR（聚合酶链反应）
PDT（光动力疗法）
PG（前列腺素）
pmim（*N*-正丙基，*N*′-甲基咪唑基）
PNB（对硝基苯甲酸酯）
PQQ（吡咯并喹啉醌）
pref（构型）
PX（沙海葵毒素）
Py（吡啶）

Q（废料对环境给出的不友好程度）
QD（1-氮杂双环［2.2.2］辛烷）
QSAR（结构活性定量关系）

r 构型（参考）
re 构型（前手性面）
rel 构型（参考）
R 构型（绝对）
［带（uv）］
（底物分子）
RCM（环合烯烃复分解反应）
RE（还原消除）
ROM（开环烯烃复分解反应）
ROMP（开环烯烃复分解聚合反应）

s［强吸收（IR）］
S（底物、单线态、基态、电子自旋状态的总和、对称、轨道、软、熵）
S（构型、交替对称轴）
SD（氘代溶剂）
SET（单电子转移）
SH（质子性溶剂）
SH^+（溶剂化质子）
Si 构型（前手性面）
SM（简单的烯烃复分解反应）
S_N（亲核取代）

SOD（超氧化物歧化酶）
SOMO（单电子占有轨道）
$S_{RN}1$（自由基链式亲核取代反应）
syn（顺型）

T（三线态、过渡态、型）
T（透光率）
TAS［三（二烷基氨基）酚锍盐］
TCNQ（1,4-二氰基亚甲基环己-2,5-二烯）
tet（四面体）
TFA（三氟乙酸）
TfO（三氟磺酸）
THF（四氢呋喃）
threo 构型（苏式）
TMEDA（*N*,*N*,*N*′,*N*′-四甲基乙二胺）
TMM（三亚甲基甲烷）
TOF（单位时间催化剂消耗量与底物转化量比值）
TON（催化剂消耗量与已转化产物量比值）
trans（反式）
transoid［构型（反式）］
trig（三角体）
TS（过渡态）
TTF［双（二硫亚乙烯基）乙烯］
TTX（河豚毒素）
TX（血栓素）

U 型排列
u（构型）
ul（构型）
UV（紫外和可见光谱）

V（维生素）
VC（振动阶式消失）
VCD（振动圆二色谱）
VOCs（挥发性有机化合物）
vs［很强吸收（IR）］
VSEPR（价层电子对排斥规则）

W［弱吸收（IR）、瓦特］
W 型排列
WADA（世界反兴奋剂署）
WHO（世界卫生组织）

X（单电子成键的配体）

Z（双键构型）

α（旋光度、甾体上取代基的立体构型、Bronsted

斜率）
β（甾体上取代基的立体构型）
$^1\Delta$（氧的第一激发单线态）
δ（硬度、部分电荷、NMR 位移）
ε（摩尔消光系数）
Σ（氧的激发三线态）
Φ（摩尔旋光、量子产率）
ϕ（状态有效性）
η_n（键联碳原子数）
η（硬度）
κ（金属杂原子键合）
λ［吸收波长（uv）］
μ［桥、（π）酸键、（位相）反对称、折合质量］
ν（频率）
π（轨道、电子、酸、供体、效应）
ρ（特征常数）
σ（碱、轨道、电子、酸、供体、取代基常数、软度）
τ（键）
ω（非键轨道）
ξ 键（取代基不定取向）
ψ（分子轨道）
* 激发态

有机化学学科常用英文期刊及其缩写

Accounts of ***Chem***ical ***Res***earch
Acta Chemica ***Scand***inavia
Advances in ***Carbo***cation ***Chem***istry
Advances in ***Carbohydr***ate ***Chem***istry and ***Biochem***istry
Advances in ***Catal***ysis
Advances in ***Cycloadd***ition
Advances in ***Free Radical Chem***istry
Advances in ***Heterocycl***ic ***Chem***istry
Advances in ***Met***al-***Org***anic ***Chem***istry
Advances in ***Mol***ecular ***Model***ing
Advances in ***Organomet***allic ***Chem***istry
Advances in ***Oxygenated Proc***esses
Advances in ***Photochem***istry
Advances in ***Phys***ical ***Org***anic ***Chem***istry
Advances in ***Protein Chem***istry
Advances in ***Theor***etically ***Interesting Mole***cules
Advances in ***Polym***er ***Sci***ence
Advanced ***Synth***esis & ***Catal***ysis
AldriChimica ***Acta***
Analytical Chemistry
Angewandte ***Chem***ie
Angewandte ***Chem***ie. ,***Int***ernational ***Ed***ition
Angewandte ***Chem***ie. ,***Int***ernational ***Ed***ition in ***Engl***ish
Applied ***Organomet***allic ***Chem***istry
Australian ***J***ournal of ***Chem***istry
Berrichte
Biochimica et ***Biophys***ica ***Acta***(BBA)—proteins and Proteomics
Biorganic and ***Med***ical ***Chem***istry
Bioorganic and ***Med***icinal ***Chem***istry ***Lett***ers
Bioorganic ***Chem***istry
Bulletin of the ***Chem***ical ***Soc***ietry of ***Jap***an
Canadian ***J***ournal of ***Chem***istry
Carbohydrate ***Res***earch
Catalisis ***Rev***iews: Science & Enginnering.
Catalysis ***Today***
Chemical ***Commun***ications
Chemische ***Ber***ichte
Chemical & ***Eng***ineering ***News***
ChemInform
Chemical & ***Pharm***aceutical ***Bulletin***
Chemical ***Rev***iews
Chemical ***Sci***ence
Chemical ***Soc***iety ***Rev***iews
Chemistry & ***Biology***
Chemistry ***Edu***cation ***Res***earch and ***Pract***ice
Chemistry—An ***As***ian ***J***ournal
Chemistry—A ***Eur***opean ***J***ournal
Chemistry and ***Ind***ustry(London)
Chemistry ***Lett***ers
ChemBioChem
ChemPhyChem
Chemical ***Phys***ics ***Lett***ers
Chemtracts: ***Org***anic. ***Chem***istry
Chimia
Chinese Chemical ***Lett***ers
Chinese Journal of ***Chem***istry
Chirality
Collection of ***Czech***oslovak ***Chem***ical ***Commun***ications
Coordination ***Chem***istry ***Rev***iews
Current ***Med***icinal ***Chem***istry
Current ***Org***anic ***Chem***istry
Dalton Transactions
Doklady ***Akad***emii ***Nauk SSSR***
Education in ***Chem***istry
European ***J***ournal of ***Biochem***istry
European ***J***ournal of ***Inorg***anic ***Chem***istry
European ***J***ournal of ***Org***anic ***Chem***istry
European ***J***ournal of ***Med***icinal ***Chem***istry
Experientia
Fluorine Chemistry ***Rev***iews
Frontiers in ***Nat***ural ***Prod***uct
Chemistry.
Fuel
Green Chemistry
Helvetica ***Chim***ica ***Acta***
Heteroatom ***Chem***istry
Heterocycles
Inorganic. ***Chem***istry.
International ***J***ournal of ***Chem***ical ***Kinet***ics
International ***J***ournal of ***Mass Spectrom***etry
Isotopes in ***Org***anic ***Chem***istry
Israel ***J***ournal of ***Chem***istry
Journal für ***Prakt***ische ***Chem***ie

Journal of **Agri**cultural and **Food Chem**istry
Journal of **Antibiot**ics.
Journal of **Bio**ogical **Inorganic Chemistry**
Journal of **Chem**ical **Res**earch, **(S)ynop**ses
Journal of **Chem**ical **Scien**ces
Journal of **Comput**ational **Chem**istry
Journal of **Fluorine Chem**istry
Journal of **Heterocycl**ic **Chem**istry
Journal of **Labelled Comp**onud **Radiopharm**acy
Journal of **Med**icinal **Chem**istry
Journal of **Mol**ecular **Struct**ure
Journal of **Nanoscience** and **Nanotech**nology.
Journal of **Nat**ural **Prod**uctse
Journal of **Nutr**ition
Journal of **Org**anic **Chem**istry **USSR** (**Engl. Trans.**)
Journal of **Organomet**allic **Chem**istry
Journal of **Pest Sci**ence.
Journal of **Photochem**istry and **Photobio**logy, **A**: Chemistry
Journal of **Photochem**istry and **Photobio**logy, **C**: **Photochem**istry Reviews
Journal of **Phys**ical **Chem**istry
Journal of **Phys**ical **Org**anic **Chem**istry
Journal of **Solar Energy Eng**ineering
Journal of the **Am**erican **Chem**ical **Soc**iety
Journal of the **Am**erican **OilChem**ists'**Soc**iety
Journal of the **Chem**ical **Soc**iaty. ,**Chem**ical **Commun**ications
Journal of the **Chem**ical **Soc**iety. ,**Dalton Trans**actions
Journal of the **Chem**ical **Soc**iety. ,**Perkin Trans**actions Ⅰ
Journal of the **Chem**ical **Soc**iety. ,**Perkin Trans**actions Ⅱ
Journal of the **Indian Chemical Soc**iety
Journal of **Mol**ecular **Modeling**
Journal of **Mol**ecular **Struct**ure
Journal of **Polym**er **Sci**ence **Part A**: **Polym**e mer **Chem**istry
Khimiya **Geterotsikl**icheskikh **Soedin**enii
Liebigs Annalen der **Chem**ie
Macromolecules
Mendeleev Communications
Metalloorganicheskaya **Khim**iya
Methods in **Enzymol**ogy
Molecular **Struct**ure and **Energ**etics
Monatshefte für **Chem**ie
Nature **Commun**ication
Nature **Chem**istry
Natural **Prod**uct **Rep**orts
New Journal of **Chem**istry
Nutrition **Abstr**acts and **Rev**iews Series A
Organic & **Bio**molecular **Chem**istry
Organic **Lett**ers
Organic **Mass Spectrom**etry
Organic **Photochem**istry
Organic **Prep**arations and **Proced**ures **Int**ernational
Organic. **Process**. **Res**earch **Dev**elopment
Organic **React**ions
Organic **Synth**esis: **Theory** and **Appl**ications
Organometallic **React**ions
Organometallics
Pest Management **Sci**ence
Photochemistry and **Photobiol**ogy
Photochemical & **Photobiol**ological **Sciences**
Phosphorus, **Sulfur** & **Silicon** & the **Relat**ed **Elem**ents
Polish **J**ournal of **Chem**istry
Proceedings of the **Nat**ional **Acad**emy of **Sci**ences of the **U**nited **S**tates of **A**merica
Progress in **Heterocycl**ic **Chem**istry
Progress in **Macrocycl**ic **Chem**istry
Progress in **Phys**ical **Org**anic **Chem**istry
Pure and **Appl**ied **Chem**istry
Quarterly **Rev**iews-**Chem**istry **Soc**iety(London)
Reactive **Int**ermediates(Plenum)
Reactive **Int**ermediates(Wiley)
Recueie des **Trav**aux **Chim**iques des **Pays-Bas**: Journal of the Royal Netherlands Chemical Society
Research on **Chem**ical **Intermed**iates
Russian **Chem**ical **Bull**etin
Russian **Chem**ical **Rev**iew
Russian **J**ournal of **Organic Chemistry** (**English Traslation**)
Soviet **Sci**entific **Rev**iews, **Sec**tion **B**, Chemistry Reviews
Steroids
Sulfur **Lett**ers
Sulfur Reports
Survey of **Prog**ress in **Chem**istry
Synlett
Synthesis
Synthetic **Commun**ications

Tetrahedron
Tetrahedron Letters
Tetrahedron: ***Asymmetry***
The ***J***ournal of ***Org***anic ***Chem***istry
The ***Chem***ical ***Record***
Topics in ***Curre***nt ***Chem***istry
Topics in ***Phys***ical ***Organomet***allic ***Chem***istry
Topics in ***Stereochem***istry
Ultrasonic ***Sonochem***istry.
Uspekhi ***Khim***ii and its English Translation:
Russian ***Chem***ical ***Re***views
Zhurnal ***Obshch***ei ***Khim***ii
Zhurnal ***Org***anicheskoi ***Khimii***